BAKA (Hrsg.)/IFB **Bauen im Bestand**

Bauen im Bestand

Schäden, Maßnahmen und Bauteile –
Katalog für die Altbauerneuerung

2., aktualisierte und erweiterte Auflage

mit 735 Abbildungen und 51 Tabellen

Bundesarbeitskreis Altbauerneuerung e. V. (BAKA) (Hrsg.)
Institut für Bauforschung e. V. (IFB)

Bibliografische Information der Deutschen Nationalbibliothek
Die Deutsche Nationalbibliothek verzeichnet diese Publikation in der Deutschen Nationalbibliografie; detaillierte bibliografische Daten sind im Internet über http://dnb.d-nb.de abrufbar.

2., aktualisierte und erweiterte Auflage 2009

© Verlagsgesellschaft Rudolf Müller GmbH & Co. KG, Köln 2009
Alle Rechte vorbehalten

Das Werk einschließlich seiner Bestandteile ist urheberrechtlich geschützt. Jede Verwertung außerhalb der engen Grenzen des Urheberrechtsgesetzes ist ohne die Zustimmung des Verlages unzulässig und strafbar. Dies gilt insbesondere für Vervielfältigungen, Bearbeitungen, Übersetzungen, Mikroverfilmungen und die Einspeicherung und Verarbeitung in elektronische Systeme.

Maßgebend für das Anwenden von Normen ist deren Fassung mit dem neuesten Ausgabedatum, die bei der Beuth Verlag GmbH, Burggrafenstraße 6, 10787 Berlin, erhältlich ist. Maßgebend für das Anwenden von Regelwerken, Richtlinien, Merkblättern, Hinweisen, Verordnungen usw. ist deren Fassung mit dem neuesten Ausgabedatum, die bei der jeweiligen herausgebenden Institution erhältlich ist. Zitate aus Normen, Merkblättern usw. wurden, unabhängig von ihrem Ausgabedatum, in neuer deutscher Rechtschreibung abgedruckt.

Das vorliegende Werk wurde mit größter Sorgfalt erstellt. Verlag, Herausgeber und Autoren können dennoch für die inhaltliche und technische Fehlerfreiheit, Aktualität und Vollständigkeit des Werkes keine Haftung übernehmen.

Herausgeber ist der Bundesarbeitskreis Altbauerneuerung e. V. (BAKA)
mit einem Geleitwort von Wolfgang Tiefensee, Bundesminister für Verkehr, Bau und Stadtentwicklung,
mit Beiträgen von
Dipl.-Ing. Jasmin Fischer,
Dipl.-Des. Joachim F. Giessler, 1. Vorsitzender des Instituts Wohnen im Alter e. V.,
Rüdiger Heuer, Steuerberater,
Lorenz Kneer, Rechtsanwalt,
Dr.-Ing. Alexander Renner, Referent Bundesministerium für Verkehr, Bau und Stadtentwicklung,
Dr. Thomas Spiegels, Rechtsanwalt,
Dipl.-Ing. Anton Spindler, BAKA-Berater,
Dipl.-Ing. Ulrich Zink, BAKA-Vorstandsvorsitzender,
und dem Institut für Bauforschung e. V. (IFB):
Prof. Dr.-Ing. Martin Pfeiffer, wiss. Berater, Architekt,
Dipl.-Ing. Tania Brinkmann, Leiterin IFB-Forschung, Architektin,
Dipl.-Ing. (FH) Dirk Fanslau-Görlitz, Leiter IFB-Beratung, Architekt,
Horst Helmbrecht, wiss. Mitarbeiter, Rechtsanwalt,
Dipl.-Ing. Silke Nicole Klein, wiss. Mitarbeiterin, Architektin,
Dipl.-Ing. Janet Simon, wiss. Mitarbeiterin,
Dipl.-Ing. (FH) Yasemin Wildebrand, wiss. Mitarbeiterin, Architektin

Wir freuen uns, Ihre Meinung über dieses Fachbuch zu erfahren. Bitte teilen Sie uns Ihre Anregungen, Hinweise oder Fragen per E-Mail: fachmedien.bau@rudolf-mueller.de oder Telefax: 0221 5497-6141 mit.

Umschlaggestaltung: Pizzicato Design-Agentur, Köln
Satz: Satz+Layout Werkstatt Kluth GmbH, Erftstadt
Druck und Bindearbeiten: Media-Print Informationstechnologie GmbH, Paderborn
Printed in Germany

ISBN 978-3-481-02430-7

Geleitwort

Bauen im Bestand: Das ist eine herausragende wirtschaftliche, energetische, ökologische und kulturelle Gesellschaftsaufgabe unserer Zeit. Die Erhaltung und der Umbau von Städten, Quartieren und baulichen Ensembles trägt zur Erhaltung unserer städtebaulichen Errungenschaften in erheblichem Maße bei. Denn Inspirationen für Veränderungen im Stadtbild schöpfen wir auch aus der Bewahrung des Alten und Vertrauten.

Inzwischen dienen mehr als die Hälfte aller Bauleistungen im Wohnungsbau nach Angaben des Deutschen Instituts für Wirtschaftsforschung der Erhaltung und Verbesserung des Bestandes.

Dieser – wie ich meine – positive Trend wird sich in den nächsten Jahren noch verstärken. Rund 75 % der Gebäude in Deutschland entsprechen nicht mehr dem Stand der Technik, den heutigen Komfortansprüchen und den Anforderungen des Klimaschutzes. In Deutschland verbrauchen Gebäude rund 40 % des gesamten Energiebedarfs! Nur energieeffiziente Gebäude schützen deshalb die Bürgerinnen und Bürger langfristig vor steigenden Energiekosten.

Das energetische Gebäudesanierungsprogramm der Bundesregierung leistet nicht nur einen wichtigen Beitrag zum Klimaschutz und zur Einsparung kostbarer Energie. Es trägt darüber hinaus zum Werterhalt bei, setzt insbesondere für die mittelständisch geprägte Bauwirtschaft in den Regionen wichtige Impulse und schafft bzw. sichert Arbeitsplätze. Mit den seit 2006 geförderten Maßnahmen wird der CO_2-Ausstoß jährlich um mehr als 2 Mio. t verringert. Für die Verbraucherinnen und Verbraucher ergibt sich daraus bis Ende 2008 eine Heizkosteneinsparung von insgesamt über 500 Mio. Euro. Durch die seit 2006 finanzierten Investitionen wurden jährlich zwischen 100.000 und 220.000 Arbeitsplätze im Baugewerbe und in den vor- und nachgelagerten Bereichen gesichert und zum Teil geschaffen. Die Nachfrage nach dem Programm ist so groß, dass die für 2008 zur Verfügung stehenden Haushaltsmittel bereits Ende Juli ausgeschöpft waren. Wir haben schnell und entschlossen gehandelt und kurzfristig Mittel in Höhe von 500 Mio. Euro bereitgestellt.

Auch die Energieeinsparverordnung (EnEV) hilft maßgeblich, beim Neubau oder bei einer Bestandssanierung die möglichen Energieeinsparpotenziale zu erschließen. Im Vergleich zum unsanierten Altbau, in dem man durchschnittlich rund 20 l Heizöl pro m^2 und Jahr benötigt, ist der Verbrauch bei den Neubauten dank der Verordnung auf derzeit rund 7 l gesunken. Die zukünftige EnEV 2009 wird die Anforderungen noch einmal um durchschnittlich 30 % verschärfen. Mit der bereits seit 2002 bestehenden Pflicht zur Ausstellung von Energieausweisen für neu errichtete Gebäude, die mit der EnEV 2007 auf veräußerte oder neu vermietete Bestandsgebäude ausgedehnt wurde, ist ein Instrumentarium geschaffen worden, um die energetische Qualität von Gebäuden transparent zu machen.

Um zielgenaue Entscheidungen treffen zu können, bedarf es einer guten Analyse und einer wirtschaftlich, energetisch, ökologisch und städtebaulich sinnvollen, also nachhaltigen Planung. Wer baut und modernisiert, muss lernen, ganzheitlich zu denken. Es geht nicht mehr nur um die reinen Investitionskosten, sondern insbesondere auch um die Nutzungskosten eines Gebäudes. Mit dem vorliegenden Werk liegt eine Handreichung für Planer, Bauhandwerker und Bauherren gleichermaßen vor. Ich wünsche allen, die an dieser verantwortungsvollen Aufgabe teilhaben, viel Erfolg.

Wolfgang Tiefensee

Bundesminister für Verkehr, Bau und Stadtentwicklung

DELTA® System

DELTA® schützt Werte. Spart Energie. Schafft Komfort.

DÖRKEN

Wohlfühl-Duo

PREMIUM-QUALITÄT

DELTA®-MAXX COMFORT
DELTA®-NOVAFLEXX

Zukunftweisendes Energiespar-Duo für Dachsanierungen. Robuste Unterdämmbahn mit integrierter 3 cm starker Wärmedämmung: reduziert Wärmeverluste, schließt Wärmebrücken, erhöht die Wohnqualität. Handwerksgerechte Luft- und Dampfsperre mit Spezialvlies und eingebautem „Feuchtesensor": Vermindert das Risiko der Tauwasserbildung.

Dörken GmbH & Co. KG · 58311 Herdecke · Tel.: 0 23 30/63-0 · Fax: 0 23 30/63-355 · bvf@doerken.de · www.doerken.de

Ein Unternehmen der Dörken-Gruppe.

Inhaltsverzeichnis

I	**Einführende Grundlagen**	19
I.1	Baubestand	19
I.1.1	Fachwerkhäuser	19
I.1.1.1	Typische Konstruktionsmerkmale	19
I.1.1.2	Typische Mängel und Schäden	20
I.1.1.3	Maßnahmen	20
I.1.1.4	Schadstoffe	20
I.1.1.5	Maßnahmen bei Schadstoffbelastungen	20
I.1.2	Gründerzeit-Bauten	21
I.1.2.1	Typische Konstruktionsmerkmale	22
I.1.2.2	Typische Mängel und Schäden	22
I.1.2.3	Maßnahmen	22
I.1.2.4	Schadstoffe	22
I.1.2.5	Maßnahmen bei Schadstoffbelastungen	23
I.1.3	Gebäude der 20er-Jahre	23
I.1.3.1	Typische Merkmale	24
I.1.3.2	Typische Mängel und Schäden	24
I.1.3.3	Maßnahmen	24
I.1.3.4	Schadstoffe	25
I.1.3.5	Maßnahmen bei Schadstoffbelastungen	25
I.1.4	Die Architektur unter dem Einfluss des Nationalsozialismus	25
I.1.4.1	Typische Konstruktionsmerkmale	26
I.1.4.2	Typische Mängel und Schäden	26
I.1.4.3	Maßnahmen	26
I.1.4.4	Schadstoffe	26
I.1.4.5	Maßnahmen bei Schadstoffbelastungen	27
I.1.5	Die Nachkriegszeit, der Wiederaufbau	27
I.1.5.1	Typische Konstruktionsmerkmale	27
I.1.5.2	Typische Mängel und Schäden	28
I.1.5.3	Maßnahmen	28
I.1.5.4	Schadstoffe	28
I.1.5.5	Maßnahmen bei Schadstoffbelastungen	28
I.1.6	Gebäude der 60er-Jahre	29
I.1.6.1	Typische Konstruktionsmerkmale	29
I.1.6.2	Typische Mängel und Schäden	29
I.1.6.3	Maßnahmen	29
I.1.6.4	Schadstoffe	29
I.1.6.5	Maßnahmen bei Schadstoffbelastungen	30
I.1.7	Gebäude der 70er-Jahre	30
I.1.7.1	Typische Konstruktionsmerkmale	30
I.1.7.2	Typische Mängel und Schäden	30
I.1.7.3	Maßnahmen	31
I.1.7.4	Schadstoffe	31
I.1.7.5	Maßnahmen bei Schadstoffbelastungen	31
I.1.8	Gebäude der 80er-Jahre	31
I.1.8.1	Typische Konstruktionsmerkmale	32
I.1.8.2	Schadstoffe	32
I.1.8.3	Maßnahmen bei Schadstoffbelastungen	32
I.1.9	Gebäude ab dem Jahr 2000	32

I.2	Planen und Bauen im Bestand	34
I.2.1	Begriffe und Definitionen	34
I.2.2	Leistungen zum Planen und Bauen im Bestand	35
I.2.2.1	Bestandsaufnahme, Bestandsanalyse, Bestandsbewertung	35
I.2.2.2	Qualitätssicherung	36
I.2.3	Bauphysikalische Grundlagen	37
I.2.3.1	Wärmeschutz	37
I.2.3.2	Schallschutz	38
I.2.3.3	Brandschutz	39
I.2.4	Schadstofffreies Bauen im Bestand	39
I.2.4.1	Luftverunreinigung	39
I.2.4.2	Innenraumbelastungen	40
I.2.4.3	Grenz- und Richtwerte	40
I.2.4.4	Schadstoffe in Innenräumen	41
I.2.4.5	Schadstofffreie Baustoffe	42
I.3	Regeln, Gesetze und Verordnungen	43
I.3.1	Das öffentliche Baurecht	43
I.3.1.1	Bauplanungsrecht	43
I.3.1.2	Bauordnungsrecht	44
I.3.1.3	Sonstige Rechtsbereiche	45
I.3.2	Das private Baurecht	48
I.3.2.1	Bauvertragsrecht nach BGB	48
I.3.2.2	Vergabe- und Vertragsordnung für Bauleistungen	49
I.3.2.3	Nachbarrecht	49
I.3.3	Normen und Richtlinien	50
I.3.3.1	Normen	50
I.3.3.2	Merkblätter und Richtlinien	51
II	**Methodik Planen und Bauen im Bestand**	**53**
II.1	Gebäudediagnose „idi-al"	53
II.1.1	Allgemeines	53
II.1.2	Methodische Bestandsanalyse	53
II.1.2.1	Erfassung und Eingabe relevanter Daten	54
II.1.2.2	Bewertung einzelner Bauteile	54
II.1.3	Maßnahmenplanung	55
II.1.4	Kostenschätzung	56
II.1.5	Netzwerk für den Anwender	56
II.1.6	Folgekosten	56
II.1.7	Wirtschaftlichkeit	57
II.1.8	Schnittstellen zu Fördermöglichkeiten	57
II.1.9	Schnittstellen für die Energieberechnungen	57
II.1.10	Module zu „idi-al"	58
II.1.11	„Idi-al" in der Anwendung	58
II.1.11.1	Villa Seeblick, Heringsdorf	58
II.1.11.2	Wohnhaus Ravenweg, Berlin	63
II.1.11.3	Doppelhaus Sonnenwalder Weg, Berlin	68
II.1.11.4	Montessori-Grundschule in Berlin-Pankow	76
II.2	Die EnEV und der Energieausweis	77
II.2.1	Einleitung	77
II.2.2	Vorgaben der europäischen Richtlinie	77
II.2.3	Geltungsbereich der EnEV	77
II.2.4	Genereller Ansatz der EnEV	78
II.2.5	Von der Wärmeschutzverordnung zur Energieeinsparverordnung	78
II.2.6	Berechnung des Jahresprimärenergiebedarfs und des Transmissionswärmeverlusts	79
II.2.6.1	DIN V 4108-6 in Verbindung mit DIN V 4701-10	79
II.2.6.2	DIN V 18599	80
II.2.7	Anforderungswerte der EnEV für Wohngebäude	82
II.2.8	Anforderungswerte der EnEV für Nichtwohngebäude	82
II.2.9	Nachweis des sommerlichen Wärmeschutzes	83
II.2.10	Nachweis von Bestandsgebäuden	83
II.2.11	Zukünftige EnEV 2009	84

II.2.12	Energieausweise	84
II.2.12.1	Ausstellung von Energieausweisen	84
II.2.12.2	Energieausweisformulare	85
II.3	Fördermöglichkeiten für Wohngebäude im Bestand	88
II.3.1	Energieberatungen	88
II.3.2	Sanierung und Modernisierung	88
II.3.2.1	CO_2-Gebäudesanierungsprogramm	88
II.3.2.2	Wohnraum modernisieren	89
II.3.3	Nutzung erneuerbarer Energien	89
II.3.3.1	Marktanreizprogramm	89
II.3.3.2	Erneuerbare-Energien-Gesetz (EEG)	89
II.3.3.3	Solarstrom erzeugen	89
II.4	Juristische Aspekte beim Bauen im Bestand	90
II.4.1	Rechtliche Besonderheiten beim Planen im Bestand	90
II.4.1.1	Haftung des Architekten beim Planen im Bestand	90
II.4.1.2	Honorar des Architekten beim Bauen im Bestand	92
II.4.2	Vertragsgestaltung beim Erwerb und bei der Veräußerung von Bestandsbauten	93
II.4.2.1	Öffentlich-rechtliche grundstücksbezogene Rechtsfragen	94
II.4.2.2	Zivilrechtliche grundstücksbezogene Rechtsfragen	95
II.4.2.3	Miet- und Pachtverhältnisse	96
II.4.2.4	Sachmängelhaftung	96
II.4.3	Die EnEV und ihre rechtlichen Auswirkungen auf die Planung, den Bau, den Kauf und die Vermietung einer Immobilie	97
II.4.3.1	Rechtsgrundlage	97
II.4.3.2	Die wesentlichen Regelungen der EnEV im Überblick	97
II.4.3.3	Auswirkungen der EnEV auf die Planung und den Bau von Gebäuden	99
II.4.3.4	Auswirkungen der EnEV auf den Verkauf und die Vermietung von Gebäuden	99
II.5	Steuerliche „Fallstricke" beim Bauen im Bestand	101
II.5.1	Abgrenzung zwischen Werbungskosten, Anschaffungskosten und Herstellungskosten	101
II.5.2	Verteilung größerer Erhaltungsaufwendungen	104
II.5.3	Anschaffungsnaher Aufwand (15 %-Grenze)	104
II.5.4	Vereinfachungsregelung bis 4000,- €	104
II.5.5	Abschreibungsmöglichkeiten	105
II.5.6	Erhaltungsaufwand bei eigengenutzten Wohnungen	105
II.6	Aktives Wohnen im Alter – Generationenhaus	106
II.6.1	Allgemeines	106
II.6.1.1	Definition barrierefrei	106
II.6.2	Zielsetzung	106
II.6.3	Aufgabenstellung	106
II.6.4	Wohnanpassung	106
II.6.4.1	Präventive Wohnanpassung bei Renovierungen	107
II.6.4.2	Anbau an den Bestand	108
II.6.5	Nutzungsänderungen an Bestandswohnungen	108
II.6.5.1	Anpassung des Wohnumfeldes	108
II.6.5.2	Nutzungsänderung bestehender und nicht mehr benötigter Gemeinschaftseinrichtungen	108
II.6.5.3	Schrittweises Anpassen im Wohnbestand	109
III	**Bauteile und Baukonstruktionen**	**111**
III.1	Gründungen und erdberührte Bauteile	111
III.1.1	Allgemeines zu Gründungen und erdberührten Bauteilen	111
III.1.1.1	Vorschriften und Regeln	111
III.1.1.2	Bauphysikalische und bautechnische Anforderungen	112
III.1.1.3	Konstruktionsmerkmale	114
III.1.1.4	Material	116
III.1.2	Typische Mängel und Schäden	117
III.1.2.1	Bauphysikalische und bautechnische Mängel und Schäden	117
III.1.2.2	Konstruktionsbedingte Mängel und Schäden	119

III.1.2.3	Materialbedingte Mängel oder Schäden	122
III.1.2.4	Schadstoffe	122
III.1.3	Maßnahmen	123
III.1.3.1	Bauphysikalische und bautechnische Maßnahmen	123
III.1.3.2	Maßnahmen bei konstruktionsbedingten Mängeln und Schäden	126
III.1.3.3	Maßnahmen bei materialbedingten Mängeln und Schäden	127
III.1.3.4	Maßnahmen bei Schadstoffbelastungen	127
III.2	Außenwände	128
III.2.1	Allgemeines	128
III.2.1.1	Vorschriften und Regeln	128
III.2.1.2	Bauphysikalische und bautechnische Anforderungen	128
III.2.1.3	Konstruktionsmerkmale	131
III.2.2	Typische Mängel und Schäden	138
III.2.2.1	Bauphysikalische und bautechnische Mängel und Schäden	138
III.2.2.2	Konstruktionsbedingte Mängel und Schäden	140
III.2.2.3	Sonstige Mängel und Schäden	141
III.2.2.4	Schadstoffe	141
III.2.3	Maßnahmen	144
III.2.3.1	Beseitigung von bauphysikalischen und bautechnischen Mängeln und Schäden	145
III.2.3.2	Beseitigung von konstruktionsbedingten Mängeln und Schäden	150
III.2.3.3	Beseitigung von materialbedingten Mängeln und Schäden	151
III.2.3.4	Sonstige Maßnahmen	151
III.2.3.5	Maßnahmen bei Schadstoffbelastungen	153
III.3	Fenster	155
III.3.1	Allgemeines	155
III.3.1.1	Vorschriften und Regeln	155
III.3.1.2	Bauphysikalische und bautechnische Anforderungen	155
III.3.1.3	Konstruktionsmerkmale	157
III.3.1.4	Material	159
III.3.1.5	Verglasung	160
III.3.1.6	Fensterbänke	160
III.3.1.7	Rollläden	160
III.3.1.8	Fensterläden	161
III.3.2	Typische Mängel und Schäden	161
III.3.2.1	Bauphysikalische und bautechnische Mängel und Schäden	161
III.3.2.2	Konstruktionsbedingte Mängel und Schäden	162
III.3.2.3	Materialbedingte und sonstige Mängel und Schäden	163
III.3.2.4	Schadstoffe	164
III.3.3	Maßnahmen	166
III.3.3.1	Maßnahmen bei bauphysikalischen und bautechnischen Mängeln und Schäden	167
III.3.3.2	Maßnahmen bei konstruktionsbedingten Mängeln und Schäden	168
III.3.3.3	Maßnahmen bei materialbedingten und sonstigen Mängeln und Schäden	168
III.3.3.4	Maßnahmen bei Schadstoffbelastungen	169
III.4	Türen und Tore	171
III.4.1	Türen	171
III.4.1.1	Allgemeines	171
III.4.1.2	Typische Mängel und Schäden	177
III.4.1.3	Maßnahmen	181
III.4.2	Tore	183
III.4.2.1	Allgemeines	183
III.4.2.2	Typische Mängel und Schäden	185
III.4.2.3	Maßnahmen	187
III.5	Innenwände	189
III.5.1	Allgemeines	189
III.5.1.1	Vorschriften und Regeln	189
III.5.1.2	Bauphysikalische und -technische Anforderungen	189
III.5.1.3	Konstruktion und Material	191
III.5.2	Typische Mängel und Schäden	193
III.5.2.1	Risse in Innenwänden aus Mauerwerk	193

III.5.2.2	Typische Mängel und Schäden an Innenwänden aus Beton	193
III.5.2.3	Typische Mängel und Schäden an Innenwänden aus Trockenbaumaterial	193
III.5.2.4	Schadstoffe	194
III.5.3	Maßnahmen	196
III.5.3.1	Risssanierung bei Innenwänden aus Mauerwerk	196
III.5.3.2	Maßnahmen bei Mängeln und Schäden an Innenwänden aus Beton	196
III.5.3.3	Maßnahmen bei Mängeln und Schäden an Innenwänden aus Trockenbaumaterial	196
III.5.3.4	Maßnahmen bei Schadstoffbelastungen	197
III.6	Decken	198
III.6.1	Allgemeines	198
III.6.1.1	Vorschriften und Regeln	198
III.6.1.2	Bauphysikalische Anforderungen	198
III.6.1.3	Massivdecken	199
III.6.1.4	Holzdecken	199
III.6.1.5	Unterdecken und Deckenbekleidungen	200
III.6.2	Typische Mängel und Schäden	200
III.6.2.1	Schadstoffe	201
III.6.3	Maßnahmen	204
III.6.3.1	Maßnahmen bei Schadstoffbelastungen	206
III.7	Treppen	208
III.7.1	Allgemeines	208
III.7.1.1	Vorschriften und Regeln	208
III.7.1.2	Bauphysikalische und bautechnische Anforderungen	208
III.7.1.3	Material	209
III.7.2	Typische Mängel und Schäden	210
III.7.2.1	Bauphysikalische und bautechnische Mängel und Schäden	210
III.7.2.2	Konstruktionsbedingte Mängel und Schäden	210
III.7.2.3	Materialbedingte Mängel und Schäden	210
III.7.2.4	Schadstoffe	210
III.7.3	Maßnahmen	213
III.7.3.1	Bauphysikalische und bautechnische Verbesserungen	213
III.7.3.2	Maßnahmen bei konstruktionsbedingten Mängeln und Schäden	213
III.7.3.3	Maßnahmen bei materialbedingten Mängeln und Schäden	213
III.7.3.4	Maßnahmen bei ausgetretenen Stufen	213
III.7.3.5	Maßnahmen bei Schadstoffbelastungen	214
III.8	Balkone	215
III.8.1	Allgemeines	215
III.8.1.1	Vorschriften und Regeln	215
III.8.1.2	Bauphysikalische und bautechnische Anforderungen	215
III.8.1.3	Konstruktion und Material	216
III.8.2	Typische Mängel und Schäden	216
III.8.2.1	Bauphysikalische und bautechnische Mängel und Schäden#	216
III.8.2.2	Mangelhafte Bauteilanschlüsse	216
III.8.2.3	Mängel und Schäden an Balkonabdichtungen	217
III.8.2.4	Mängel und Schäden durch Setzungen	217
III.8.2.5	Planungsfehler	217
III.8.2.6	Schadstoffe	217
III.8.3	Maßnahmen	218
III.8.3.1	Maßnahmen bei unzureichendem Wärmeschutz	218
III.8.3.2	Maßnahmen bei mangelhaften Abdichtungen	218
III.8.3.3	Austausch von Belägen	219
III.8.3.4	Maßnahmen bei Mängeln und Schäden im Bereich von Gründungen	219
III.8.3.5	Maßnahmen bei Schadstoffbelastungen	219
III.8.3.6	Nachträglicher Anbau von Balkonen	219
III.9	Geländer und Brüstungen	220
III.9.1	Allgemeines	220
III.9.1.1	Vorschriften und Regeln/Anforderungen	220
III.9.2	Typische Mängel und Schäden	221
III.9.2.1	Unzureichende Verkehrssicherheit	221
III.9.2.2	Materialbedingte Mängel und Schäden	221

III.9.2.3	Schadstoffe	221
III.9.3	Maßnahmen	222
III.9.3.1	Maßnahmen bei unzureichender Verkehrssicherheit	222
III.9.3.2	Maßnahmen bei materialbedingten Mängeln und Schäden	222
III.9.3.3	Maßnahmen bei Schadstoffbelastungen	222
III.10	Böden und Bodenbeläge	224
III.10.1	Allgemeines	224
III.10.1.1	Vorschriften und Regeln	224
III.10.1.2	Estriche	224
III.10.1.3	Fliesen und Platten	225
III.10.1.4	Holz (s. a. Kap. V.4)	225
III.10.1.5	Elastische Beläge	226
III.10.1.6	Textile Beläge	227
III.10.1.7	Beschichtungen	228
III.10.1.8	Anforderungen	228
III.10.2	Typische Mängel und Schäden	229
III.10.2.1	Mängel und Schäden an Estrichen (s. a. Kap. V.3)	229
III.10.2.2	Mängel und Schäden an Fliesen und Platten (s. a. Kap. V.7)	229
III.10.2.3	Mängel und Schäden an Holz (s. a. Kap. V.4)	229
III.10.2.4	Mängel und Schäden an elastischen Belägen	231
III.10.2.5	Mängel und Schäden an textilen Belägen	231
III.10.2.6	Mängel und Schäden an Beschichtungen	231
III.10.2.7	Schadstoffe	232
III.10.3	Maßnahmen	234
III.10.3.1	Maßnahmen an Estrichen (s. a. Kap. V.3)	234
III.10.3.2	Maßnahmen an Trockenestrichen	234
III.10.3.3	Maßnahmen an Fliesen und Platten (s. a. Kap. V.7)	234
III.10.3.4	Maßnahmen an Holz (s. a. Kap. V.4)	234
III.10.3.5	Maßnahmen an elastischen Belägen	235
III.10.3.6	Maßnahmen an textilen Belägen	235
III.10.3.7	Maßnahmen an Beschichtungen	236
III.10.3.8	Maßnahmen bei Schadstoffbelastungen	236
III.11	Geneigte Dächer	238
III.11.1	Allgemeines	238
III.11.1.1	Vorschriften und Regeln	238
III.11.1.2	Bauphysikalische und bautechnische Anforderungen	238
III.11.1.3	Konstruktionsmerkmale	238
III.11.1.4	Material	239
III.11.1.5	Dachbelichtung	241
III.11.1.6	Entwässerung	241
III.11.2	Typische Mängel und Schäden	242
III.11.2.1	Bauphysikalische und bautechnische Mängel und Schäden	242
III.11.2.2	Konstruktionsbedingte Mängel und Schäden	242
III.11.2.3	Materialbedingte Mängel und Schäden	242
III.11.2.4	Typische Mängel und Schäden im Bereich der Dachbelichtung	243
III.11.2.5	Typische Mängel und Schäden im Bereich der Entwässerung	243
III.11.2.6	Schadstoffe	243
III.11.3	Maßnahmen	244
III.11.3.1	Bauphysikalische und bautechnische Maßnahmen	244
III.11.3.2	Maßnahmen bei konstruktionsbedingten Mängeln und Schäden	247
III.11.3.3	Maßnahmen bei materialbedingten Mängeln und Schäden	247
III.11.3.4	Maßnahmen bei Mängeln und Schäden im Bereich der Dachbelichtung	247
III.11.3.5	Maßnahmen bei Mängeln und Schäden im Bereich der Entwässerung	248
III.11.3.6	Maßnahmen bei Schadstoffbelastungen	248
III.11.3.7	Aufstockung	249
III.12	Flache Dächer	250
III.12.1	Allgemeines	250
III.12.1.1	Vorschriften und Regeln	251
III.12.1.2	Bauphysikalische und bautechnische Anforderungen	251
III.12.1.3	Konstruktion	251
III.12.1.4	Nutzung	251
III.12.1.5	Dachneigung	252

III.12.1.6	Material	253
III.12.1.7	Entwässerung	253
III.12.1.8	Belichtung	253
III.12.2	Typische Mängel und Schäden	254
III.12.2.1	Bauphysikalische und bautechnische Mängel und Schäden	254
III.12.2.2	Konstruktionsbedingte Mängel und Schäden	254
III.12.2.3	Materialbedingte Mängel oder Schäden	254
III.12.2.4	Mängel und Schäden an der Entwässerung	255
III.12.2.5	Mängel und Schäden an der Belichtung	255
III.12.2.6	Schadstoffe	255
III.12.3	Maßnahmen	256
III.12.3.1	Bauphysikalische und bautechnische Maßnahmen	256
III.12.3.2	Maßnahmen bei konstruktionsbedingten Mängeln und Schäden	257
III.12.3.3	Maßnahmen bei materialbedingten Mängeln und Schäden	257
III.12.3.4	Maßnahmen im Bereich der Entwässerung	258
III.12.3.5	Maßnahmen bei Schadstoffbelastungen	259
III.12.3.6	Belichtung	259
III.12.3.7	Aufsattelung	259
III.13	Abgasanlagen und Schächte	261
III.13.1	Abgasanlagen	261
III.13.1.1	Allgemeines	261
III.13.1.2	Typische Mängel und Schäden	263
III.13.1.3	Maßnahmen	265
III.13.2	Schächte	266
IV	**Technische Anlagen**	267
IV.1	Wasser- und Abwasseranlagen	267
IV.1.1	Wasserversorgungsanlagen	267
IV.1.1.1	Anforderungen an Wasserversorgungsanlagen	267
IV.1.1.2	Eigenschaften von Wasserversorgungsanlagen	267
IV.1.1.3	Sanitärarmaturen	269
IV.1.1.4	Dezentrale Wassererwärmer	269
IV.1.2	Abwasseranlagen	275
IV.1.2.1	Abwasserleitungen und Abläufe	275
IV.1.2.2	Abwasserhebe- und Pumpanlagen	280
IV.1.2.3	Abwasseraufbereitung	281
IV.1.3	Dämmung von Wasser- und Abwasseranlagen	283
IV.1.3.1	Wärme-, Brand- und Schallschutz	283
IV.1.3.2	Mängel	284
IV.2	Gasanlagen	285
IV.2.1	Gasverteilnetze	285
IV.3	Wärmeversorgungsanlagen	288
IV.3.1	Allgemeine Anforderungen	288
IV.3.2	Einzelheizungen	289
IV.3.2.1	Öfen, Kamine und Kaminöfen	290
IV.3.2.2	Elektrische Raumheizsysteme	292
IV.3.2.3	Gaseinzelheizungen	294
IV.3.3	Zentrale Heizungsanlagen	297
IV.3.3.1	Wärmeerzeuger	297
IV.3.3.2	Zentrale Wassererwärmer	301
IV.3.3.3	Wärmeverteilnetze	305
IV.3.3.4	Heizflächen	308
IV.3.4	Alternative Wärmeenergienutzung	311
IV.3.4.1	Kraft-Wärme-Kopplung im Blockheizkraftwerk	311
IV.3.4.2	Solarenergie	313
IV.3.4.3	Wärmepumpe	314
IV.4	Elektrische Anlagen	315
IV.4.1	Niederspannungsinstallationen	315
IV.4.1.1	Sicherheit	315
IV.4.1.2	Installationen	316
IV.4.1.3	Prüfung der Anlage	317

IV.4.1.4	Modernisierungsmaßnahmen	317
IV.4.2	Blitzschutz, Erdung und Überspannungsschutz	317
IV.4.2.1	Äußerer Blitzschutz	318
IV.4.2.2	Innerer Blitzschutz	319
IV.4.2.3	Modernisierung und Umnutzung	320
IV.5	Lufttechnische Anlagen	321
IV.5.1	Raumlufttechnische Anlagen	321
IV.5.1.1	Klassifizierung	321
IV.5.1.2	Anforderungen an raumlufttechnische Anlagen	322
IV.5.1.3	Lüftungsanlagen	323
IV.5.1.4	Klimaanlagen und Teilklimaanlagen	324
IV.5.1.5	Mängel und Schäden	325
IV.6	Aufzüge	327
IV.6.1	Anforderungen	327
IV.6.2	Aufzugsarten	328
IV.6.3	Antriebsarten	328
IV.6.4	Steuerungskonzepte	329
IV.6.5	Sicherheitstechnische Einrichtungen	330
IV.6.6	Nachträglicher Einbau	330
V	**Baustoffe und Materialien**	333
V.1	Mauerwerk	333
V.1.1	Allgemeines	333
V.1.1.1	Begriffe und Definitionen	334
V.1.1.2	Einsatzgebiete und Verwendung	335
V.1.1.3	Anforderungen	335
V.1.1.4	Steinarten	336
V.1.1.5	Mauerwerksarten	337
V.1.1.6	Mauerverbände	338
V.1.1.7	Steinformate	339
V.1.2	Typische Mängel und Schäden	340
V.1.2.1	Ausblühungen (Kalkauslaugungen)	341
V.1.2.2	Risse	343
V.1.2.3	Zerfall von Mauermaterial	345
V.1.2.4	Biologischer Bewuchs	345
V.1.2.5	Mängel und Schäden an Mörtelfugen	346
V.1.2.6	Mängel und Schäden an Natursteinmauerwerk	347
V.1.2.7	Mängel und Schäden bei Verblendmauerwerk	347
V.1.2.8	Frostschäden	348
V.1.2.9	Schadstoffe	348
V.1.3	Maßnahmen	348
V.1.3.1	Allgemeines zu Maßnahmen	348
V.1.3.2	Reinigung von Mauerwerksfassaden	349
V.1.3.3	Sanierung von Stein- und Fugennetzrissen	350
V.1.3.4	Steinaustausch	350
V.1.3.5	Injektionsmörtel	350
V.1.3.6	Verfugung und Verfestigung des Mauerwerks	351
V.1.3.7	Sanierung von Mauerwerksrissen	351
V.1.3.8	Maßnahmen zur Beseitigung von Mängeln und Schäden am Verblendmauerwerk	351
V.1.3.9	Instandsetzungsmaßnahmen an Naturstein	352
V.1.3.10	Hydrophobierung und Imprägnierung	352
V.1.3.11	Maßnahmen bei Schadstoffbelastungen	352
V.2	Beton	353
V.2.1	Allgemeines	353
V.2.1.1	Begriffe und Definitionen	353
V.2.1.2	Einsatzgebiete und Verwendung	353
V.2.2	Typische Mängel und Schäden	353
V.2.2.1	Risse	354
V.2.2.2	Ausblühungen und Krusten	355
V.2.2.3	Korrosion von Bewehrungsstählen	355

V.2.2.4	Sonstige Mängel und Schäden	356
V.2.2.5	Durchfeuchtung	356
V.2.2.6	Fugen	356
V.2.2.7	Schadstoffe	356
V.2.3	Maßnahmen	357
V.2.3.1	Instandsetzungsprinzipien	357
V.2.3.2	Schutz- und Instandsetzungsmaßnahmen	359
V.2.3.3	Schadensbehebung bei Durchfeuchtungen	361
V.2.3.4	Schadensbehebung an Fugen	361
V.2.3.5	Schadensbehebung bei Ausblühungen und Krusten	361
V.2.3.6	Untergrundvorbereitung	361
V.2.3.7	Sanierung schadstoffbelasteten Betons und Stahlbetons	362
V.3	Estrich	363
V.3.1	Allgemeines	363
V.3.1.1	Begriffe und Definitionen	363
V.3.1.2	Einsatzgebiete und Verwendung	364
V.3.1.3	Anforderungen	364
V.3.1.4	Besondere Eigenschaften	365
V.3.2	Typische Mängel und Schäden	365
V.3.2.1	Risse	365
V.3.2.2	Einbrüche, Zerfall und Absenkungen	366
V.3.2.3	Verformungen, Verwölbungen und Aufwölbungen	366
V.3.2.4	Schadstoffe	366
V.3.3	Maßnahmen	368
V.3.3.1	Risssanierung	368
V.3.3.2	Oberflächenbehandlungen	368
V.3.3.3	Erneuerung	369
V.3.3.4	Maßnahmen bei Schadstoffbelastungen	369
V.4	Holz und Holzwerkstoffe	370
V.4.1	Allgemeines	370
V.4.1.1	Definitionen und Begriffe	370
V.4.1.2	Eigenschaften und Anforderungen	372
V.4.1.3	Einsatzgebiete und Verwendung	375
V.4.2	Typische Mängel und Schäden	375
V.4.2.1	Schwinden und Quellen	376
V.4.2.2	Holzzerstörende Pilze	376
V.4.2.3	Holzverfärbende Pilze	378
V.4.2.4	Holzzerstörende Insekten	378
V.4.2.5	Vergrauung	380
V.4.2.6	Biologischer Bewuchs	380
V.4.2.7	Korrosion der Befestigungsmittel	380
V.4.2.8	Chemische Korrosion	381
V.4.2.9	Schadstoffe	381
V.4.3	Maßnahmen	381
V.4.3.1	Konstruktiver Holzschutz	382
V.4.3.2	Vorbeugender chemischer Holzschutz	383
V.4.3.3	Bekämpfender Holzschutz	385
V.4.3.4	Sanierung schadstoffbelasteter Holzbauteile	386
V.5	Metall	387
V.5.1	Allgemeines	387
V.5.1.1	Begriffe und Definitionen	387
V.5.1.2	Einsatzgebiete und Verwendung	388
V.5.2	Typische Mängel und Schäden	389
V.5.2.1	Aufstauchungen und Risse	389
V.5.2.2	Bauteile aus Stahl	389
V.5.2.3	Bauteile aus Kupfer	389
V.5.2.4	Bauteile aus Blei	390
V.5.2.5	Bauteile aus Zink	390
V.5.2.6	Bauteile aus Aluminium	390
V.5.2.7	Schadstoffe	390
V.5.3	Maßnahmen	391
V.5.3.1	Mängel und Schäden an Bauteilen aus Stahl	391

V.5.3.2	Mängel und Schäden an Bauteilen aus Kupfer	391
V.5.3.3	Mängel und Schäden an Bauteilen aus Blei	391
V.5.3.4	Mängel und Schäden an Bauteilen aus Zink	392
V.5.3.5	Mängel und Schäden an Bauteilen aus Aluminium	392
V.5.3.6	Maßnahmen bei Schadstoffbelastungen	393
V.6	Glas	394
V.6.1	Allgemeines	394
V.6.1.1	Begriffe und Definitionen	394
V.6.1.2	Anforderungen	395
V.6.1.3	Einsatzgebiete und Verwendung	397
V.6.2	Typische Mängel und Schäden	397
V.6.2.1	Glasbruch	397
V.6.2.2	Verätzung	397
V.6.2.3	Erblinden	398
V.6.2.4	Oberflächenfehler	398
V.6.2.5	Glasfehler	398
V.6.2.6	Schadstoffe	398
V.6.3	Maßnahmen	398
V.6.3.1	Austausch	398
V.6.3.2	Verätzungen und Kratzer	398
V.6.3.3	Sanierung schadstoffbelasteter Baugläser	398
V.7	Fliesen und Platten	399
V.7.1	Allgemeines	399
V.7.1.1	Begriffe und Definitionen	399
V.7.1.2	Anforderungen	399
V.7.1.3	Einsatzgebiete und Verwendung	401
V.7.2	Typische Mängel und Schäden	402
V.7.2.1	Verschmutzungen	402
V.7.2.2	Risse	402
V.7.2.3	Ausblühungen und Eluierungen	403
V.7.2.4	Ablösungen vom Untergrund	403
V.7.2.5	Frostbeanspruchung	403
V.7.2.6	Abschieferungen und Absplitterungen	403
V.7.2.7	Mangelhafte Mörtelfugen	404
V.7.2.8	Schadstoffe	404
V.7.3	Maßnahmen	404
V.7.3.1	Oberflächenbehandlung	404
V.7.3.2	Beseitigung von Rissen	404
V.7.3.3	Beseitigung von Ausblühungen und Eluierungen	405
V.7.3.4	Austausch	405
V.7.3.5	Schadstoffsanierung	405
V.8	Natur- und Betonwerkstein	406
V.8.1	Allgemeines	406
V.8.1.1	Begriffe und Definitionen	406
V.8.1.2	Anforderungen	409
V.8.1.3	Einsatzgebiete und Verwendung	412
V.8.2	Typische Mängel und Schäden	413
V.8.2.1	Naturwerkstein	413
V.8.2.2	Schadstoffe	416
V.8.2.3	Betonwerkstein	416
V.8.3	Maßnahmen	416
V.8.3.1	Naturwerkstein	416
V.8.3.2	Sanierung schadstoffbelasteter Naturwerksteine	417
V.8.3.3	Maßnahmen an Betonwerkstein	418
V.9	Wärmedämmstoffe	419
V.9.1	Allgemeines	419
V.9.1.1	Begriffe und Definitionen	421
V.9.1.2	Anforderungen	424
V.9.1.3	Einsatzgebiete und Verwendung	425
V.9.2	Typische Mängel und Schäden	426
V.9.3	Maßnahmen	428

V.10	Gipsbauplatten und Trockenbaumaterial	432
V.10.1	Allgemeines	432
V.10.2	Begriffe und Definitionen	432
V.10.2.1	Anforderungen und Eigenschaften	433
V.10.2.2	Einsatzgebiete und Verwendung	434
V.10.3	Typische Mängel und Schäden	436
V.10.3.1	Risse und Verformungen	436
V.10.3.2	Schadstoffe	436
V.10.4	Maßnahmen	436
V.10.4.1	Maßnahmen bei Rissen und Verformungen	436
V.10.4.2	Maßnahmen bei Schadstoffbelastungen	436
V.11	Putz	437
V.11.1	Allgemeines	437
V.11.1.1	Anforderungen	437
V.11.1.2	Einsatzgebiete und Verwendung	439
V.11.2	Mängel und Schäden	440
V.11.2.1	Putzgrund	440
V.11.2.2	Putzablösungen	440
V.11.2.3	Putzrisse	440
V.11.2.4	Gips- und Anhydritputze	441
V.11.2.5	Schadstoffe	442
V.11.3	Maßnahmen	442
V.11.3.1	Putzgrundvorbereitung und -vorbehandlung	442
V.11.3.2	Hydrophobierung als Untergrundvorbehandlung	442
V.11.3.3	Putzablösungen	442
V.11.3.4	Putzrisse	442
V.11.3.5	Gips- und Anhydritputze	444
V.12	Anstriche und Beschichtungen	445
V.12.1	Allgemeines	445
V.12.1.1	Begriffe und Definitionen	445
V.12.1.2	Anforderungen	446
V.12.1.3	Einsatzgebiete und Verwendung	446
V.12.2	Mängel und Schäden	447
V.12.2.1	Allgemeines	448
V.12.2.2	Innenanstriche	448
V.12.2.3	Außenanstriche	450
V.12.2.4	Schadstoffe	452
V.12.3	Maßnahmen	452
V.12.3.1	Allgemeines	452
V.12.3.2	Innenanstriche	454
V.12.3.3	Außenanstriche	455
V.12.3.4	Maßnahmen bei Schadstoffbelastungen	456
V.13	Abdichtungsstoffe und Abdichtungsbahnen	457
V.13.1	Allgemeines	457
V.13.1.1	Definitionen und Begriffe	457
V.13.1.2	Anforderungen	457
V.13.1.3	Einsatzgebiete und Verwendung	462
V.13.2	Typische Mängel und Schäden	467
V.13.2.1	Bauwerksabdichtungen	467
V.13.2.2	Fugenabdichtungen von Außenwänden	468
V.13.2.3	Dachabdichtungen	470
V.13.2.4	Schadstoffe	470
V.13.3	Maßnahmen	470
V.13.3.1	Maßnahmen bei Mängeln und Schäden an Bauwerksabdichtungen	472
V.13.3.2	Maßnahmen bei Mängeln und Schäden an Fugenabdichtungen von Außenwänden	478
V.13.3.3	Maßnahmen zur Beseitigung von Mängeln und Schäden an Dachabdichtungen	480
V.13.3.4	Maßnahmen bei Schadstoffbelastungen	480
V.14	Dachdeckungsmaterialien	481
V.14.1	Allgemeines	481

V.14.1.1	Begriffe und Definitionen	481
V.14.1.2	Anforderungen	481
V.14.1.3	Einsatzgebiete und Verwendung	483
V.14.2	Typische Mängel und Schäden	486
V.14.2.1	Ziegel	486
V.14.2.2	Schiefer	487
V.14.2.3	Faserzement	488
V.14.2.4	Holzschindeln und Bretter	489
V.14.2.5	Bitumen	490
V.14.2.6	Metall	490
V.14.2.7	Schadstoffe	490
V.14.3	Maßnahmen	490
V.14.3.1	Ziegel	491
V.14.3.2	Schiefer	491
V.14.3.3	Faserzement	492
V.14.3.4	Holzschindeln und Bretter	492
V.14.3.5	Bitumen	493
V.14.3.6	Maßnahmen bei Schadstoffbelastungen	493
VI	**Analysemethoden und -geräte**	495
VI.1	Analysemethoden	495
VI.1.1	Allgemeines	495
VI.1.2	Feuchtegehalt von Baustoffen	496
VI.1.3	Wärmeleitfähigkeit von Baustoffen	498
VI.1.4	Luftdichtheit von Gebäuden	498
VI.1.5	Baugrund	498
VI.1.6	Bauteile aus Beton	499
VI.1.7	Bauteile aus Holz	499
VI.1.8	Anstriche und Beschichtungen	500
VI.1.9	Keramische Fliesen und Platten	501
VI.1.10	Risse in Bauteilen	501
VI.2	Analysegeräte	502
VI.2.1	Allgemeines	502
VI.2.2	Messgeräte zur Ermittlung des Feuchtegehaltes von Baustoffen und -teilen	502
VI.2.3	Messgeräte zur Ermittlung der Festigkeit von Baustoffen und -teilen	503
VI.2.4	Messgeräte zur Ermittlung von Gefügestörungen in Bauteilen	503
VI.2.5	Messgeräte zur Ermittlung von Rissen in Bauteilen	503
VI.2.6	Geodätische Messgeräte	503
VII	**Anhang**	505
VII.1	Literaturverzeichnis	505
VII.2	Stichwortverzeichnis	509
VII.3	Angaben zum BAKA e.V. und IFB e.V.	515
VII.3.1	Bundesarbeitskreis Altbauerneuerung e.V. (BAKA)	515
VII.3.2	Institut für Bauforschung e.V. (IFB)	516

Inserenten

conluto Baustoffe aus Lehm	519
Desoi GmbH	519
Dörken GmbH & Co. KG	6
Deutsche Rockwool Mineralwoll GmbH & Co. OHG	332
Schomburg GmbH	517
VHV Holding AG	52

Die nebenstehende Ikone verweist im nachfolgenden Text auf ergänzende Filmausschnitte zum jeweiligen Thema auf einer separat erhältlichen DVD „Energieeffiziente Sanierung – Von der Bestandsaufnahme bis zur Fertigstellung", ISBN 978-3-481-02522-9.

I Einführende Grundlagen

I.1 Baubestand

Autoren: Dipl.-Ing. Silke Nicole Klein, Architektin; Prof. Dr.-Ing. Martin Pfeiffer, Architekt; Dipl.-Ing. Janet Simon; Dipl.-Ing. (FH) Yasemin Wildebrand, Architektin

I.1.1 Fachwerkhäuser

Fachwerkhäuser nehmen im Gebäudebestand eine Sonderstellung ein und lassen sich baugeschichtlich keiner Epoche zuordnen. Noch heutzutage werden an historische Konstruktionen angelehnte Fachwerkhäuser errichtet.

Fachwerkhäuser sind überwiegend Solitäre in eher ländlichen Regionen. In innerstädtischen Bereichen sind sie meist Bränden zum Opfer gefallen. Die wenigen erhaltenen innerstädtischen Fachwerkhäuser finden sich meist in geschlossenen Blockstrukturen, teils mit bekleideten Fassaden, teils mit sichtbarem Fachwerk.

Fachwerkhäuser bestehen meist aus einem tragenden Holzskelett mit Ausfachungen, die je nach Alter und Region entweder mit Lehm oder Mauersteinen ausgeführt sind. Das direkte Aufeinandertreffen dieser unterschiedlichen Baustoffe, die auf Feuchte und äußere Einflüsse unterschiedlich reagieren, führt zwangsläufig zu zahlreichen fachwerkspezifischen Problemen wie z. B. Rissbildungen und klaffende Fugen zwischen Tragwerk und Ausfachungen.

Das äußere Erscheinungsbild von Fachwerkhäusern mit ihrer sichtbaren Konstruktion erfordert einen besonderen Umgang bei jeglichen Sanierungsmaßnahmen. Die geringen Querschnitte der Konstruktionshölzer lassen meist nur vorsichtige Eingriffe zu. Zur Erhaltung des äußeren Erscheinungsbildes oder aus Gründen des Denkmalschutzes kommt eine Bekleidung der Fassade oft nicht infrage.

Ein großer Teil der heutzutage noch erhaltenen historischen Fachwerkgebäude steht unter Denkmalschutz. Für diese Bauten gelten Sonderbestimmungen im Hinblick auf die Anforderungen an den Wärme-, Schall- und Brandschutz. Bei Neubauten müssen die heutigen Anforderungen an Wärme-, Schall- und Brandschutz erfüllt werden.

Eine grundlegende Modernisierung macht meist die komplette Freilegung der Holzkonstruktion und die anschließende Neuausfachung unumgänglich. Dabei sollten die notwendigen Sicherungsmaßnahmen nicht unterschätzt werden.

I.1.1.1 Typische Konstruktionsmerkmale

Folgende typische Konstruktionsmerkmale sind für Fachwerkhäuser insbesondere zu benennen:

Außenwände:
Holztragwerk, Ausfachungen (Gefache) aus Lehm (Stroh) oder Mauerwerk, einschalig, geringe Wanddicken, sichtbare oder bekleidete Konstruktionen,

Dächer:
meist Tonziegel als Deckung, regional bedingt: Schiefer, Schindeln oder Reet als Deckung, meist ungedämmt,

Fenster:
kleinformatige, einfach verglaste Holzfenster, meist mit Sprossenteilung, oft nach außen zu öffnen, selten Kastenfenster,

Decken:
Holzbalkendecken mit Lehm-, Sand- oder Schlackenfüllung, Holzdielung als Bodenbelag, niedrige Raumhöhen.

Abb. I.1.01: Historische Fachwerkhäuser

Abb. I.1.02: Haus „Paradies" – zeitgenössisches Fachwerkhaus

Abb. I.1.03: Erhaltenes Fachwerkhaus

Abb. I.1.04: Fachwerkhaus in einer Altstadt

I.1.1.2 Typische Mängel und Schäden

Außenwände:
Schädlingsbefall aller Holzteile durch holzzerstörende Pilze und Insekten, ungenügende Schlagregendichtheit unbekleideter Fassaden, Bauwerksschiefstellungen, Schieflagen,

Innenwände:
mangelhafter Brand- und Schallschutz,

Dächer:
Schädlingsbefall, Dacheindeckung, Dachaufbauten, Kaminköpfe undicht, unzureichender Wärme- und Feuchteschutz, schadhafte Dachrinnen, Fallrohre, Dachanschlüsse,

Decken:
starke Durchbiegungen, faulende Holzbalkenköpfe am Balkenauflager, unterdimensionierte Holzbalken, Schädlingsbefall,

Fenster und Türen:
undichte, verzogene, verfaulte Holzfenster und Türen, Einfachverglasung mit ungenügendem Wärme- und Schallschutz, schadhafte Beschläge,

Böden und Treppen:
durchgetretene Holzdielen und Stufen, beschädigte oder lose Geländer, Schädlingsbefall, breite Fugen und Risse im Holz,

Sanitär:
unbrauchbare Wasser- und Abwasserleitungen, unterdimensionierte, zugesetzte Leitungen, defekte, unzureichende Sanitärausstattung,

Heizung:
Einzelöfen, versottete Kamine,

Elektrik:
unbrauchbare Installationen und Absicherungen, unterdimensionierter Hausanschluss.

I.1.1.3 Maßnahmen

Eine komplette Modernisierung eines Fachwerkhauses ist meist nur durch das völlige Freilegen der Holzkonstruktion möglich. In vielen Fällen ist ein völliges Entkernen des Gebäudes notwendig, um anschließend die neuen Maßnahmen z. B. zum Ausbau entsprechend dem heutigen Stand der Technik ausführen zu können.

Allgemein:
Statische Sicherung, Verbesserung des Wärme-, Schall- und Feuchteschutzes,

Außenwände:
Freilegen geschädigter Konstruktionshölzer, Austausch schadhafter Hölzer, Instandsetzung oder Erneuerung der Gefache, Innendämmung, wenn das Fachwerk sichtbar bleiben soll,

Decken:
Austausch schadhafter Holzbalken oder Reparatur schadhafter Balkenköpfe, Aufarbeiten oder Erneuern der Beläge, Verbesserung der Trittschalldämmung,

Fenster und Türen:
Aufarbeiten oder Erneuern,

Dächer:
Reparatur oder Erneuerung des Dachstuhls und der Eindeckung, Dämmmaßnahmen,

Sanitär, Heizung und Elektrik:
komplette Erneuerung der Gebäudetechnik, oft inklusive der Hausanschlüsse.

I.1.1.4 Schadstoffe

Außenwände

Das Holztragwerk kann durch chemische Holzschutzmittel (HSM) – Einsatz der Wirkstoffe Lindan und PCP und des Insektizids DDT – belastet sein. Früher wurde PAK-haltiges Teeröl in HSM eingesetzt. Weiterhin können Schadstoffbelastungen von Ausfachungen im Zusammenhang mit lösemittel- und schwermetallhaltigen Beschichtungen entstehen.

Innenwände

Innenwände können lösemittel- und schwermetallhaltige Beschichtungen aufweisen.

Dächer

Dächer können mit Asbestschindeln oder Asbestzement-Wellplatten (regional bedingt) eingedeckt sein. Schadstoffbelastungen von Dachbalken können im Zusammenhang mit chemischen HSM auftreten.

Decken

Holzbalkendecken können insbesondere schwermetallhaltige Schlackefüllungen und PAK-haltige Dachpappen aufweisen.

Fenster, Türen

Schadstoffbelastungen können vorwiegend durch lösemittel- und schwermetallhaltige Beschichtungen sowie durch PCB-belastete Dichtungsmaterialien entstehen.

Böden, Treppen

Holzdielen und Stufen können lösemittel- und schwermetallhaltige Beschichtungen aufweisen.

I.1.1.5 Maßnahmen bei Schadstoffbelastungen

Maßnahmen bei Schadstoffbelastungen sind im Zusammenhang mit der gesundheitsgefährdenden Wirkung von Materialien zu betrachten.

Gemäß dem Vorsorgeprinzip sollten

- Lindan-, PCP- und DDT-belastete Hölzer von Außenwänden und Dächern,
- lösemittel- und schwermetallhaltige Beschichtungen von Außen- und Innenwänden, Fenstern, Türen, Böden und Treppen,
- Asbestschindeln und Asbestzement-Wellplatten von Dächern,
- schwermetallhaltige Schlackenfüllungen von Decken,
- PAK-haltige Dachpappen von Decken sowie
- PCB-belastetes Dichtungsmaterial in Anschlussfugen von Fenstern und Türen

beseitigt und durch schadstoffarme Materialien ersetzt werden.

I.1.2 Gründerzeit-Bauten

Die sogenannte Gründerzeit mit ihrer Rückbesinnung auf frühere Epochen, wie die Gotik, Renaissance und das Barock, prägte das äußere Erscheinungsbild der Gebäude in Deutschland insbesondere nach Ende des Deutsch-Französischen Krieges, also ab ca. 1871. Als Folge des Klassizismus entstanden reichlich verzierte Fassaden im Stile der Neogotik, Neorenaissance sowie des Neobarock, wobei sich das Schmuckwerk auch gleichzeitig an verschiedenen vorausgegangenen Epochen orientierte.

Die Gründerzeit wurde durch Art déco, Art nouveau und Jugendstil abgelöst. Eine Unterscheidung ist aufgrund der Bauzeiten und Stilelemente im Bestand nicht immer eindeutig möglich.

Die Gebäude des späten 19. und frühen 20. Jahrhunderts wurden jedoch auch durch regionale und formalistische Einflüsse geprägt. Der Einsatz neuer Techniken und Entwicklungen zeichnete sich zunächst vor allem im Ingenieurbau, insbesondere bei Brücken und anderen Stahlkonstruktionen, ab. Meilensteine dieser Zeit waren der Kristallpalast, der 1851 zur Weltausstellung in London präsentiert wurde, und der Eiffelturm, der 1889 die Pariser Ausstellung auszeichnete.

Der Siedlungsbau wurde in diesen Jahren von den ersten Gartenstadtprojekten aus England, in Deutschland insbesondere durch die Siedlung Hellerau bei Dresden (ab 1906, H. Tessenow, R. Riemerschmid und H. Muthesius), geprägt.

Trotz der zunehmenden Einflüsse der zweiten Industrialisierung auf das Bauen und der Gründung des Deutschen Werkbundes, der auch in der Architektur eine Vereinheitlichung einzelner Bauelemente durch industrielle Fertigung anstrebte, setzten sich diese Tendenzen zunächst nicht durch.

Die sogenannte Gründerzeit ist gekennzeichnet durch den Historismus als angedachte Gegenbewegung des Klassizismus und orientierte sich beispielhaft an früheren Epochen der Baugeschichte.

Auch die fortlaufende Industrialisierung nahm großen Einfluss auf verschiedene Lebensbereiche, so auch auf das Bauen und die Architektur. Die in England initiierte Bewegung „Arts and Crafts" hielt Einzug im kontinentalen Bereich.

Ende des 19. Jahrhunderts wurde der Historismus durch den Jugendstil/Art déco abgelöst. Es zeigten sich zudem zu Beginn des Ersten Weltkrieges Tendenzen zur Industrialisierung des Bauens, die jedoch vorerst scheiterten. Trotz der Gründung des Deutschen Werkbundes setzte sich beispielsweise die industrielle Fertigung von Bauelementen zunächst nicht durch.

Städtisches Wohnen

Die Wohnbauten der Gründerzeit, meist in einer geschlossenen oder offenen Blockstruktur angeordnet, gehören heutzutage zu den bevorzugten innerstädtischen Wohnlagen. Sie wirken einerseits repräsentativ und weisen sehr großzügige Raumzuschnitte auf. Andererseits erfüllen sie nach entsprechenden Renovierungs- bzw. Modernisierungsmaßnahmen die heutigen Ansprüche an das gehobene innerstädtische Wohnen.

Das Erscheinungsbild von Gründerzeitgebäuden wird vor allem durch die straßenseitigen Schaufassaden geprägt, die reichlich mit Stuckornamenten, Säulen und Gesimsen geschmückt wurden. Die rückwärtigen Fassaden wurden meist nicht ausgestaltet und bestehen oftmals aus schlichtem Sichtmauerwerk.

Charakteristisch sind die großzügigen, offenen Grundrissstrukturen. Dadurch ist heutzutage auch in den weniger großen Wohnungen dieser Zeit der nachträgliche Einbau von Nasszellen, wie beispielsweise ein großzügiges Bad und 2 separate WCs, problemlos möglich.

Selbst bei einer Aufteilung in kleinere Wohneinheiten oder bei der Zusammenlegung mehrerer Wohnungen lassen sich ansprechende Grundrisse realisieren, die den heutigen Ansprüchen an Miet- bzw. Eigentumswohnungen genügen.

Abb. I.1.05: Hauszeile in geschlossener Blockstruktur

Als extremes Gegenteil dieser repräsentativen Wohnbauten entstanden aufgrund der zunehmenden Landflucht in die Städte erste Geschosswohnbauten mit geringem Wohnkomfort.

Im Bereich des großstädtischen Wohnens beschränkte sich der Einfamilienhausbau meist auf luxuriöse Villen in prädestinierter Lage, die neben den repräsentativen Empfangsbereichen und Wohntrakten auch Nebenanlagen für das notwendige Personal anboten. Diese heutzutage noch erhaltenen Stadtvillen verfügen oft über parkähnliche Gärten und werden häufig nicht mehr zu Wohnzwecken genutzt.

Wohnen außerhalb der Großstädte

Im Gegensatz zu den städtischen Repräsentativbauten entstanden auf dem Land die typischen Mehrgenerationen-Häuser des vorletzten Jahrhunderts. Da diese Bausubstanz im Laufe der Zeit vielfach umgebaut und erweitert wurde, finden sich heutzutage nur wenige Häuser, die zeitlich klar einzuordnen sind.

Siedlungsbau

Der Siedlungsbau des späten 19. und frühen 20. Jahrhunderts wurde vor allem von der Industrialisierung geprägt. Es entstanden erste Arbeiterwohnheime und später auch Arbeitersiedlungen in unmittelbarer Nähe zu den Produktionsstätten. Die werksnahen Arbeiterwohnheime wichen meist der Vergrößerung der Werksgelände.

Die ersten Arbeitersiedlungen wurden in Form von Ein- oder in der Mitte geteilten Zweifamilienhäusern errichtet. Sie sind heutzutage oft im Besitz ihrer langjährigen Bewohner oder von Wohnungsbaugenossenschaften.

I.1.2.1 Typische Konstruktionsmerkmale

Im Wohnungsbau sollten der meist weit über Geländeniveau liegende Erdgeschossboden und die Verwendung von Naturstein im Sockelbereich ein Aufsteigen der Bodenfeuchte in die Wohngeschosse verhindern. Weitere typische Konstruktionsmerkmale der einzelnen Bauteile sind:

Außenwände:
Mauerwerk aus Vollziegel- oder Naturstein, einschalig, selten zweischalig mit Luftschicht, Wanddicken 25 bis 51 cm, verklinkert oder verputzt, straßenseitig oft mit Stuck- bzw. Mauerwerksornamentik,

Dächer:
meist Tonziegel als Deckung, seltener Betonschindeln als Deckung, regional bedingt Schiefer oder Schindeln als Deckung, keine Dämmung, U-Wert zwischen 1,8 und 3 $W/(m^2 \cdot K)$,

Fenster:
einfach verglaste Holzfenster mit Sprossen, oft mit Rundbögen und Oberlichtern, selten Kastenfenster,

Kellerdecken:
Holzbalkendecken mit Lehmschlag und oberseitiger Dielung, Massivdecken mit Stahlträgern und flachen Ziegelgewölben oder Ortbetonfüllung, Einschubdecken,

Geschossdecken:
Holzbalkendecken mit Lehm-, Sand- oder Schlackenfüllung, oberseitig mit Holzdielung, in Gebäuden des gehobenen Standards Nassräume mit Fliesen oder Terrazzo, selten Ortbetondecken, U-Wert ca. 2,2 $W/(m^2 \cdot K)$, Geschosshöhen bis zu 4 m.

I.1.2.2 Typische Mängel und Schäden

Außenwände:
feuchte Keller- und Erdgeschossaußenwände, vertikal und horizontal fehlende Feuchtesperren, unzureichende Wärmedämmung, korrodierte Stahlträger, Putzschäden, z. B. Risse, Abplatzungen und Hohlstellen, aussandende Fugen bei Sichtmauerwerk,

Innenwände:
geringe Wandstärken, mangelhafter Brand- und Schallschutz, insbesondere bei Treppenhaus- und Wohnungstrennwänden,

Dächer:
Schädlingsbefall der Dachkonstruktion, Dacheindeckung, Dachaufbauten, Kaminköpfe undicht, unzureichender Wärme- und Feuchteschutz, beschädigte Dachrinnen, Fallrohre, Dachanschlüsse,

Decken:
faulende Holzbalkenköpfe am Balkenauflager, unterdimensionierte Holzbalken, Schädlingsbefall, statisch unterdimensionierte Stahlträger, Korrosionsschäden, abgelöster Deckenputz, schadhafte Putzträger,

Fenster und Türen:
Witterungsschäden, Fäulnisschäden, Undichtheiten, verzogene Türen und Fenster, Einfachverglasung mit ungenügendem Wärme- und Schallschutz, beschädigte Roll- und Klappläden, schadhafte Beschläge und Schlösser,

Böden und Treppen:
durchgetretene Holzdielen und Stufen, beschädigte oder lose Geländer, Schädlingsbefall, breite Fugen und Risse im Holz, Risse in Fliesen und Platten,

Sanitär:
unbrauchbare Wasser- und Abwasserleitungen, unterdimensionierte, zugesetzte Leitungen, defekte Sanitäreinrichtungen,

Heizung:
Einzelöfen, versottete Kamine,

Elektrik:
Installationen und Absicherungen unzureichend, unterdimensionierter Hausanschluss.

I.1.2.3 Maßnahmen

Allgemein:
Verbesserung des Wärme- und Feuchteschutzes von Fassade, Dach und Keller,

Keller- und Außenwände:
Abdichtung gegen eindringende und aufsteigende Feuchte,

Innenwände:
Verbesserung des Schallschutzes bei Wohnungstrennwänden, Verbesserung des Schall-, Wärme- und Brandschutzes bei Treppenhauswänden,

Decken:
Reparatur von Deckenbalken,

Fenster und Türen:
Reparatur bzw. Erneuerung der Fenster und Türen aus wärme- und schallschutztechnischen Gründen,

Böden und Treppen:
Aufarbeitung der Beläge, Reparatur und Sicherung der Geländer,

Dächer:
Reparatur bzw. Erneuerung der Dacheindeckung und des Dachstuhls, Dämmmaßnahmen,

Sanitär, Heizung und Elektrik:
Erneuerung der kompletten Gebäudetechnik und deren Einbauten, neue Hausanschlüsse.

I.1.2.4 Schadstoffe

Außenwände

Erdberührte Bauteile können PAK-haltige Bitumen- sowie Teeranstriche aufweisen.

Weiterhin können Schadstoffbelastungen von Außenwänden im Zusammenhang mit lösemittel- und schwermetallhaltigen Beschichtungen entstehen.

Innenwände

Innenwände können lösemittel- und schwermetallhaltige Beschichtungen aufweisen.

Dächer

Dächer können regional bedingt mit Asbestschindeln oder Asbestzement-Wellplatten eingedeckt sein. Schadstoffbelastungen von Dachbalken können im Zusammenhang mit chemischen HSM auftreten. Zudem können für Dächer PAK-haltige Bitumen- und Steinkohlenteer-Produkte wie z. B. Teer- und Bitumen-Dachbahnen verwendet werden.

Decken

Holzbalkendecken können vorwiegend schwermetallhaltige Schlackenfüllungen und PAK-haltige Dachpappen aufweisen.

Fenster, Türen

Schadstoffbelastungen von Fenstern und Türen können vorwiegend im Zusammenhang mit lösemittel- und schwermetallhaltigen Beschichtungen sowie PCB-belasteten Dichtungsmaterialien entstehen.

Böden, Treppen

Schadstoffbelastungen von Böden und Treppen gehen vorwiegend von Fertigparkett (Formaldehyd) und weichmacherhaltigen Linoleumbelägen aus. Holzdielen und Stufen können darüber hinaus lösemittel- und schwermetallhaltige Beschichtungen aufweisen.

I.1.2.5 Maßnahmen bei Schadstoffbelastungen

Maßnahmen bei Schadstoffbelastungen sind im Zusammenhang mit der gesundheitsgefährdenden Wirkung von Materialien zu betrachten.

Gemäß dem Vorsorgeprinzip sollten
- Lindan-, PCP- und DDT-belastete Hölzer von Dächern,
- lösemittel- und schwermetallhaltige Beschichtungen von Außen- und Innenwänden, Fenstern, Türen, Böden und Treppen,
- PAK-haltige Bitumen- sowie Teeranstriche von Außenwänden,
- Asbestschindeln und Asbestzement-Wellplatten von Dächern,
- schwermetallhaltige Schlackenfüllungen sowie PAK-haltige Dachpappen von Decken,
- PCB-belastetes Dichtungsmaterial in Anschlussfugen von Fenstern und Türen und
- formaldehydhaltiges Fertigparkett sowie weichmacherhaltige Linoleumbeläge von Böden und Treppen

beseitigt und durch schadstoffarme Materialien ersetzt werden.

I.1.3 Gebäude der 20er-Jahre

Die Jahre nach dem Ersten Weltkrieg ermöglichten einen Neuanfang und den Einzug der Moderne in die deutsche Architektur. Die dekorativen Einflüsse des Historismus, aber auch des Jugendstils bzw. des Art déco wichen klaren, einfachen Formen. An die Stelle reich verzierter Stuckfassaden traten zunächst einfache Putzfassaden und später hauptsächlich Ziegelfassaden. Die meisten Bauten aus dieser Zeit entsprechen den Gestaltungsmerkmalen der Moderne, Einflüsse des Traditionalismus sind jedoch ebenfalls vertreten.

Die funktionalen und gestalterischen Ansprüche, vor allem im Wohnungs- und Industriebau, wurden neu definiert. Die veränderte wirtschaftliche und soziale Situation zeigte sich besonders deutlich im Siedlungsbau an den Stadträndern durch deutlich kleinere Wohnungszuschnitte. Das einfache, schnelle, kostengünstige und standardisierte Bauen rückte in den Vordergrund. Das „Neue Bauen" entwickelte zukunftsweisende Gebäude und experimentierte mit neuen Konstruktionen (z. B. die Skelettbauweise) und Baumaterialien, wie z. B. Leichtbeton.

Städtisches Wohnen

Das städtische Wohnen erlebte in diesen Jahren eine Revolution, die sich heutzutage noch an einigen beispielhaften Bauten, wie großzügigen Wohnanlagen, aufzeigen lässt.

Das repräsentative, dekorative äußere Erscheinungsbild trat immer mehr in den Hintergrund. Stattdessen wurde mehr Wert auf die Bedürfnisse der Bewohner und die Erfüllung neuer Ansprüche an die Bau- und Anlagentechnik gelegt. Dies zeichnet sich vor allem an der Grundrissstruktur, der Zuordnung der Räume untereinander und der gebäudetechnischen Ausstattung mit Heizungen, warmem Wasser u. Ä. ab.

Wohnen außerhalb der Großstädte

Im Gegensatz zur Entwicklung innerhalb der Großstädte hatte die aufkommende Moderne auf das Bauen im ländlichen Bereich praktisch keine Auswirkungen. Zwischen den Wohnbedürfnissen der Landbevölkerung und denen der Großstädter gab es soziokulturell kaum Übereinstimmung.

Die Landbevölkerung war noch mit dem Wiederaufbau nach dem Ersten Weltkrieg beschäftigt oder zog vom Land in die Stadt. Die Wohnformen auf dem Land veränderten sich nur im Bereich der Küchen und sanitären Anlagen, die klar dem Wohnen zugeordnet wurden. Landwirtschaftliche und gewerbliche Bereiche wurden zunehmend vom Wohnbereich getrennt.

Abb. I.1.06: 20er-Jahre-Gebäude

Abb. I.1.07: Innerstädtische Wohnanlage 1927 bis 1929

Abb. I.1.08: Haus Weißenhofsiedlung 1927

Siedlungsbau

Der Siedlungsbau dieser Jahre zeichnet sich durch fortschrittliche Tendenzen aus, die in dieser Form niemals wiederkehrten. Die Siedlungen der 20er- und 30er-Jahre entstanden vor allem am Stadtrand und weisen kleine Wohnungsgrößen mit meist funktioneller Grundrissstruktur auf. Die Großzügigkeit der Gründerzeit weicht dem Funktionalismus und passt sich der veränderten wirtschaftlichen und sozialen Situation an.

Außergewöhnliche Siedlungen der Moderne, wie die Weißenhofsiedlung in Stuttgart, die vom Deutschen Werkbund initiiert wurde, zeigen richtungsweisende Ideen, die sich jedoch nicht durchsetzten.

Am Rande der deutschen Großstädte wurden ähnliche Siedlungen errichtet, wie z. B. die von Zeilenbauten geprägte Siedlung Dammerstock in Karlsruhe. In Berlin entstanden die ersten Groß-

Abb. I.1.09: Industriebau

siedlungen. Die Siedlungsbauinitiative dieser Jahre dauerte bis zu Beginn des Zweiten Weltkrieges an.

Nicht-Wohnungsbau

Auch im Industriebau zeichnen sich die Tendenzen der Moderne deutlich ab. Neben Anforderungen aus dem Produktionsablauf zeigt auch hier die Industrialisierung des Bauens ihre Einflüsse. Alle Industriebauten dieser Zeit zeichnen sich durch einfache und klare Formen aus, reagieren deutlich auf den Produktionsablauf und zeigen diesen auch bewusst.

Bei den Bürogebäuden bleibt das Erscheinungsbild deutlich. Repräsentative Verkaufsgebäude zeichnet meist ein formalästhetisches Äußeres aus.

I.1.3.1 Typische Merkmale

Außenwände:
Mauerwerk aus Voll- oder Lochziegeln, Bims- und Bimshohlblocksteinen, strukturierte Putz- oder Klinkerfassaden, teilweise mit straßenseitiger Putz- oder Ziegelornamentik, gegen Ende der 20er-Jahre zunehmend Mauerwerk aus Kalksandsteinen, Beton-, Betonschalungs- oder Betonhohlblocksteinen mit Zuschlägen,

Dächer:
meist Tonziegel, seltener Betondachsteine als Deckung, regional bedingt Schiefer oder Schindeln als Deckung, keine Dämmung,

Fenster:
einfach verglaste Holzfenster, selten Kastenfenster, statisch anspruchsvolle Konstruktionen wie z. B. Eckfenster,

Kellerdecken:
Holzbalkendecken mit Lehmschlag und oberseitiger Dielung, Massivdecken aus Stahlträgern mit Ortbeton ausgegossen, Einschubdecken, Hohlsteindecken, erste Betondecken mit geringem Querschnitt,

Geschossdecken:
Holzbalkendecken mit Lehm-, Sand- oder Schlackenfüllung, oberseitig mit Dielung, Linoleum (Küche), Nassräume und Küchen mit Fliesen oder Terrazzo, selten Ortbetondecken, U-Wert ca. 2,2 W/(m² · K).

I.1.3.2 Typische Mängel und Schäden

Außenwände:
feuchte Keller- und Erdgeschosswände, vertikal und horizontal fehlende Feuchtigkeitssperren, korrodierte Stahlträger, Putzschäden, z. B. Risse, Abplatzungen und Hohlstellen, aussandende Fugen bei Sichtmauerwerk, mangelnder Wärmeschutz,

Innenwände:
geringe Wanddicken, mangelhafter Brand- und Schallschutz, insbesondere bei Treppenhaus- und Wohnungstrennwänden,

Dächer:
Schädlingsbefall der Dachkonstruktion, Dacheindeckung, Dachaufbauten, Kaminköpfe undicht, unzureichender Wärme- und Feuchteschutz, beschädigte Dachrinnen, Fallrohre, Dachanschlüsse,

Decken:
faulende Holzbalkenköpfe am Balkenauflager, unterdimensionierte Holzbalken, Schädlingsbefall, statisch unterdimensionierte Stahlträger, Korrosionsschäden, abgelöster Deckenputz, schadhafte Putzträger,

Fenster und Türen:
Witterungsschäden, Fäulnisschäden, Undichtheiten, Einfachverglasung mit ungenügendem Wärme- und Schallschutz, beschädigte Roll- und Klappläden, schadhafte Beschläge und Schlösser, verzogene Fenster und Türen,

Böden und Treppen:
durchgetretene Holzdielen und Stufen, beschädigte oder lose Geländer, Schädlingsbefall, breite Fugen oder Risse im Holz, Risse in Fliesen und Platten,

Sanitär:
unbrauchbare Wasser- und Abwasserleitungen, unterdimensionierte, zugesetzte Leitungen, defekte Sanitäreinrichtung,

Heizung:
Einzelöfen, versottete Kamine,

Elektrik:
unzureichende Installationen und Absicherungen, unterdimensionierter Hausanschluss.

I.1.3.3 Maßnahmen

Allgemein:
Verbesserung der meist sehr beengten Wohnungszuschnitte, vor allem im Bereich der Bäder,

Keller und Außenwände:
Abdichtung gegen eindringende und aufsteigende Feuchte, Verbesserung der Wärmedämmung,

Innenwände:
Verbesserung des Schall- und Brandschutzes bei Wohnungstrennwänden, Verbesserung des Schall-, Wärme- und Brandschutzes bei Treppenhauswänden,

Decken:
Reparatur oder Austausch geschädigter Deckenbalken, Schallschutzmaßnahmen,

Fenster und Türen:
Reparatur bzw. Erneuerung der Fenster und Türen, insbesondere aus schall- und wärmeschutztechnischen Gründen,

Böden und Treppen:
Aufarbeitung der Beläge, Reparatur und Sicherung der Geländer,

Dächer:
Reparatur bzw. Erneuerung der Dacheindeckung, Dämmmaßnahmen,

Sanitär:
Vergrößerung der Bäder,

Heizung und Elektrik:
Erneuerung der kompletten Gebäudetechnik.

I.1.3.4 Schadstoffe

Außenwände

Außenwände erdberührter Bauteile können PAK-haltige Bitumen- und Teeranstriche sowie lösemittel- und schwermetallhaltige Beschichtungen enthalten.

Innenwände

Innenwände können lösemittel- und schwermetallhaltige Beschichtungen aufweisen.

Dächer

Dächer können regional bedingt mit Asbestschindeln oder Asbestzement-Wellplatten eingedeckt sein. Schadstoffbelastungen von Dachbalken können im Zusammenhang mit chemischen HSM auftreten. Weiterhin können Dächer PCB-haltige Bitumen- und Steinkohlenteer-Produkte wie z. B. Teer- und Bitumen-Dachbahnen (Abdichtungen) aufweisen.

Decken

Holzbalkendecken können schwermetallhaltige Schlackenfüllungen, PAK-haltige Dachpappen sowie lösemittel- und schwermetallhaltige Beschichtungen aufweisen. Zudem können Kellerdecken mit PAK-haltigen Bitumen- sowie Teeranstrichen behandelt sein.

Fenster, Türen

Schadstoffbelastungen von Fenstern und Türen können vorwiegend im Zusammenhang mit lösemittel- und schwermetallhaltigen Beschichtungen sowie PCB-belasteten Dichtungsmaterialien entstehen.

Böden, Treppen

Schadstoffbelastungen von Böden und Treppen gehen vorwiegend von lösemittelhaltigen Beschichtungen sowie weichmacherhaltigen Linoleumbelägen aus. Holzdielen und Stufen können darüber hinaus lösemittel- und schwermetallhaltige Beschichtungen aufweisen.

I.1.3.5 Maßnahmen bei Schadstoffbelastungen

Maßnahmen bei Schadstoffbelastungen sind im Zusammenhang mit der gesundheitsgefährdenden Wirkung von Materialien zu betrachten.

Nach dem Vorsorgeprinzip sollten

- Lindan-, PCP- und DDT-belastete Hölzer von Dächern,
- lösemittel- und schwermetallhaltige Beschichtungen von Außen- und Innenwänden, Decken, Fenstern, Türen, Böden und Treppen,
- PAK-haltige Bauprodukte von Außenwänden, Dächern und Decken,
- Asbestschindeln und Asbestzement-Wellplatten von Dächern,
- schwermetallhaltige Schlackenfüllungen von Decken,
- PCB-belastetes Dichtungsmaterial in Anschlussfugen von Fenstern und Türen sowie
- weichmacherhaltige Linoleumbeläge von Böden und Treppen

entfernt und durch schadstoffarme Materialien ersetzt werden.

I.1.4 Die Architektur unter dem Einfluss des Nationalsozialismus

Die formale Entwicklung der Moderne und des „Neuen Bauens" der Weimarer Republik (1918 bis 1933) fand mit der Machtergreifung durch die Nationalsozialisten ein jähes Ende. Kennzeichnend für das öffentliche Bauen war insbesondere ein Gigantismus mit Einflüssen aus der griechischen Antike, der sich in großen Freitreppen, hohen, wuchtige Säulen, schnurgeraden breiten Prachtstraßen und riesige Hallen zeigte.

Im Siedlungs- und Wohnungsbau, der Dorfgestaltung und „Heimatpflege" hielt der Traditionalismus Einzug. Neben dem Berliner Olympiagelände von 1936, dem Reichsparteitagsgelände in Nürnberg oder dem Kraft-durch-Freude-Seebad Prora auf Rügen sind Ausbildungs- und Kultstellen wie die Ordensburg Vogelsang oder die Wewelsburg typische Zeugnisse des Bauens dieser Zeit.

Städtisches Wohnen

Das städtische Wohnen blieb vom Einfluss des Nationalsozialismus größtenteils verschont, da sich derartige Planungen auf die Städte Berlin, Nürnberg, München, Hamburg und Linz konzentrierten. Aufgrund des Ausbruches des Zweiten Weltkrieges konnten

Abb. I.1.10: Wohnhaus von 1935

Abb. I.1.11: Siedlung aus 15 identischen „Einfamilienhäusern 1939 bis 1941"

diese Planungen jedoch nur ansatzweise verwirklicht werden.

Stadtplanungen

In den Vorzeigestädten sollten ganze Stadtviertel abgerissen oder verlegt werden, um breiten Prachtstraßen und repräsentativen Gebäuden Platz zu machen. Es wurden sogenannte „Entschandelungsmaßnahmen" durchgeführt, um die vorhandene Bausubstanz dem herrschenden Architekturideal anzupassen. An wichtigen Industriestandorten kam es sogar zur Neugründung von Städten, so entstand z. B. Wolfsburg.

Wohnen außerhalb der Großstädte

Nach Industrialisierung und Landflucht blieb vor allem der Teil der Landbevölkerung zurück, der als Haupt- oder Nebenerwerb von der Landwirtschaft lebte oder sich in Großfamilien versorgen konnte.

In den Bergbauregionen und an Industriestandorten entwickelten sich die typischen Arbeitersiedlungen weiter.

Siedlungsbau

Die Gestaltung im Siedlungsbau orientierte sich stark an den traditionellen Bauformen und nahm große Rücksicht auf regionale Besonderheiten. Die Häuser waren meist giebelständig.

Es entstanden offene Siedlungen, häufig aus Einfamilienhäusern mit Stall und Garten, die dem Selbstversorgungsgedanken der damaligen Zeit gerecht wurden. Die 1927 noch hoch gelobte Weißenhofsiedlung wurde nun als „Araberdorf" diffamiert und deklassiert.

I.1.4.1 Typische Konstruktionsmerkmale

Außenwände:
Mauerwerk aus Voll- oder Lochziegeln, Kalksandsteinen, Beton-, Betonschalungs- oder Betonhohlblocksteinen, Putz- oder Klinkerfassaden,

Dächer:
meist Tonziegel und Betonschindeln als Deckung, selten, regional bedingt Schiefer oder Schindeln als Deckung, keine Dämmung, U-Wert 1,8 bis 3 W/(m² · K),

Fenster:
einfach verglaste Holzfenster,

Kellerdecken:
Holzbalkendecken, Massivdecken mit ausgemauerten Stahlträgern, Stahlbetondecken, Hohlsteindecken,

Geschossdecken:
Holzbalkendecken mit Lehm-, Sand- oder Schlackenfüllung, oberseitig mit Holzdielung, selten Linoleum (Küchen), Nassräume mit Fliesen oder Terrazzo, selten Ortbetondecken, U-Wert ca. 2,2 W/(m² · K).

I.1.4.2 Typische Mängel und Schäden

Außenwände:
Durchfeuchtung, vertikal und horizontal fehlende Feuchtesperren, Risse, korrodierte Stahlträger, Putzschäden wie hohl liegende Außenputze, Abplatzungen, aussandende Fugen bei Sichtmauerwerk,

Innenwände:
mangelhafter Brand- und Schallschutz, insbesondere bei Treppenhaus- und Wohnungstrennwänden,

Dächer:
Schädlingsbefall, Dacheindeckung, Dachaufbauten, Kaminköpfe undicht, mangelhafter Wärme- und Feuchteschutz, beschädigte Dachrinnen, Fallrohre, Dachanschlüsse,

Decken:
faulende Holzbalkenköpfe am Balkenauflager, statisch unterdimensionierte Stahlträger, Korrosionsschäden, unterdimensionierte Holzbalken, Schädlingsbefall, abgelöster Deckenputz, schadhafte Putzträger,

Fenster und Türen:
undichte, verzogene, verfaulte Fenster und Türen, Einfachverglasung mit unzureichendem Wärme- und Schallschutz, beschädigte Roll- und Klappläden, schadhafte Beschläge und Schlösser,

Böden und Treppen:
durchgetretene Holzdielen und Stufen, beschädigte oder lose Geländer, Schädlingsbefall, breite Fugen und Risse im Holz, Risse in Fliesen und Platten,

Sanitär:
unbrauchbare Wasser- und Abwasserleitungen, unterdimensionierte, zugesetzte Leitungen, defekte Sanitäreinrichtungen,

Heizung:
Einzelöfen, versottete Kamine,

Elektrik:
unbrauchbare Installationen und Absicherungen, unterdimensionierter Hausanschluss.

I.1.4.3 Maßnahmen

Keller- und Außenwände:
Abdichtung gegen eindringende und aufsteigende Feuchtigkeit, Wärmedämmmaßnahmen,

Innenwände:
Verbesserung des Schall- und Brandschutzes bei Wohnungstrennwänden, Verbesserung des Schall-, Wärme- und Brandschutzes bei Treppenhauswänden,

Geschossdecken:
Reparatur von Deckenbalken, Schallschutzmaßnahmen,

Fenster und Türen:
Reparatur bzw. Erneuerung der Fenster und Türen, insbesondere aus schall- und wärmeschutztechnischen Gründen,

Böden und Treppen:
Aufarbeitung der Beläge, Reparatur und Sicherung der Geländer,

Dächer:
Reparatur bzw. Erneuerung der Dacheindeckung, Dämmmaßnahmen,

Sanitär:
Vergrößerung der Bäder,

Heizung und Elektrik:
Erneuerung der kompletten Gebäudetechnik.

I.1.4.4 Schadstoffe

Außenwände

PAK-haltige Bitumen- sowie Teeranstriche an Außenwänden können zu Schadstoffbelastungen führen. Weiterhin können Außenwände lösemittel- und schwermetallhaltige Beschichtungen aufweisen.

Innenwände

Innenwände können lösemittel- und schwermetallhaltige Beschichtungen aufweisen.

Dächer

Schadstoffbelastungen von Dachbalken können im Zusammenhang mit chemischen HSM auftreten. Darüber hinaus können Dächer PCB-haltige Bitumen- und Steinkohlenteer-Produkte wie z. B. Teer- und Bitumen-Dachbahnen (Abdichtung) aufweisen.

Decken

Holzbalkendecken können schwermetallhaltige Schlackenfüllungen, PAK-haltige Dachpappen sowie lösemittel- und schwermetallhaltige Beschichtungen aufweisen. Kellerdecken können PAK-haltige Bitumen- sowie Teeranstriche aufweisen.

Fenster, Türen

Schadstoffbelastungen von Fenstern und Türen können vorwiegend im Zusammenhang mit lösemittel- und schwermetallhaltigen Beschichtungen sowie PCB-belasteten Dichtungsmaterialien entstehen.

Böden, Treppen

Schadstoffbelastungen von Böden und Treppen gehen vorwiegend von lösemittel- und schwermetallhaltigen Beschichtungen aus.

I.1.4.5 Maßnahmen bei Schadstoffbelastungen

Maßnahmen bei Schadstoffbelastungen sind im Zusammenhang mit der gesundheitsgefährdenden Wirkung von Materialen zu betrachten.

Nach dem Vorsorgeprinzip sollten

- Lindan-, PCP- und DDT-belastete Hölzer von Dächern,
- lösemittel- und schwermetallhaltige Beschichtungen von Außen- und Innenwänden, Decken, Fenstern, Türen, Böden und Treppen,
- PAK-haltige Bauprodukte von Außenwänden, Dächern und Decken,
- schwermetallhaltige Schlackefüllungen von Decken sowie
- PCB-belastetes Dichtungsmaterial in Anschlussfugen von Fenstern und Türen

entfernt und durch schadstoffarme Materialien ersetzt werden.

I.1.5 Die Nachkriegszeit, der Wiederaufbau

Während der Nachkriegsjahre stand vor allem innerhalb der Großstädte der Wiederaufbau im Mittelpunkt. Die große Wohnungsnot verlangte schnell neuen Wohnraum. Innerhalb kürzester Zeit mussten hunderttausende preiswerte Wohnungen geschaffen werden. Die Baustoffknappheit während dieser Zeit zeigt sich heutzutage in einer minderen Bauqualität der Nachkriegsgebäude.

Die Architektur stand nach den Zerstörungen vor einem Neuanfang. Städtebauliche Strukturen wurden neu formuliert und neue Wohntypen entwickelt. Bei den Nichtwohngebäuden hielt Ende der 50er-Jahre der sogenannte Expressionismus Einzug, der durch freie Formen und die Verwendung neuer Materialien, wie z. B. Trockenbaumaterialien, auffällt.

Wohnungsbau

Die Geschosswohnungsbauten der 50er-Jahre füllten zunächst durch Kriegsschäden entstandene Baulücken auf. Ihre Bauweise ist von Sparsamkeit und Materialknappheit geprägt. Die meisten Häuser weisen Außenwände mit kleinen Querschnitten und entsprechend schlechten Wärme- und Schallschutzeigenschaften auf. Die Grundrisszuschnitte sind meist beengt, eigene kleine Bäder und Balkone gehören jedoch zum Standard.

Erst gegen Ende der 50er-Jahre zeigt sich eine Gegenentwicklung zur gestalterischen Einfachheit der Bauten. Der Aufbruch in eine neue Moderne ist zu spüren und eine neue Wohnform entwickelt sich: Viele Einfamilienhäuser entstehen als Reihenhäuser.

Siedlungsbau

1957 wird mit der Interbau in Berlin eine internationale Bauausstellung eröffnet, von der entscheidende Impulse für den Wiederaufbau erwartet werden. Im vom Krieg zerstörten Hansa-Viertel entstehen z. B. insgesamt 48 Wohnbauten internationaler Architekten. Diese Bauten signalisierten aufgrund ihrer Form und der Grundrissorganisation eine neue Richtung des sozialen Wohnungsbaus, die heutzutage noch als richtungsweisend anerkannt wird.

Sonstige Bauten

Im Gegensatz zu der zunächst wenig spektakulären Entwicklung im Wohnungsbau entstehen die ersten heutzutage noch bewunderten Solitäre des Expressionismus, wie z. B. Hans Scharouns „Neue Philharmonie" in Berlin, der innerhalb der nächsten Jahre ähnliche Gebäude folgen.

Ein weiteres ungewöhnliches Beispiel des innovativen Bauens der späten 50er-Jahre ist die sogenannte „Schwangere Auster", das heutige „Haus der Völker", von Hugh A. Stubbins, das als Konferenzgebäude zur Interbau 1957 in Berlin entstand.

I.1.5.1 Typische Konstruktionsmerkmale

Außenwände:
Mauerwerk aus Voll- oder Lochziegeln, Bims-, Beton-, Betonschalungs- oder Betonhohlblocksteinen, einschalig, Wanddicken 24 bis 30 cm, schlichte Putzfassaden, selten Verblendmauerwerk,

Dächer:
meist Tonziegel als Deckung, auch Betonschindeln als Deckung, Sparren sichtbar oder mit Mineralwolle bekleidet und verputzt oder Mineralwolle-Stepppplatten unter der Dachlattung,

Abb.I.1.12: Verwaltungsbau

Abb.I.1.13: Geschosswohnungsbau

Abb. I.1.14: Frei stehendes Einfamilienhaus

Abb. I.1.15: Siedlungsbau Interbau

Abb. I.1.16: „Neue Philharmonie" von Scharoun

Fenster:
ein- bis zweiflügelige Holzfenster mit Einfachverglasung, minimale Querschnitte, Verwendung ungeeigneter, minderwertiger Holzarten, selten Verbundfenster,

Kellerdecken:
Ortbetondecken, oberseitig mit Dielung oder Estrich, Holzbalkendecken, unterseitig Putzträger,

Geschossdecken:
Ortbetondecken, oberseitig mit Verbundestrich, selten Linoleum (Küchen), Nassräume mit Fliesen oder Terrazzo, kleine auskragende Balkone ohne thermische Trennung.

I.1.5.2 Typische Mängel und Schäden

Außenwände:
Durchfeuchtungen, besonders bei Kellerwänden, Rissbildung,

Innenwände:
geringe Wandstärken, Putzschäden, unzureichender Brand- und Schallschutz,

Dächer:
Schädlingsbefall, fehlende Feuchteabdichtung, Dachdeckung, Dachaufbauten, Kamine beschädigt, schadhafte Regenrinne und Fallrohre,

Decken:
gerissene Deckenputze, Schädlingsbefall bei Holzkonstruktionen,

Fenster und Türen:
undichte Blend- bzw. Flügelrahmen, verzogene oder verfaulte Fenster, Fensterbänke und Türen, schadhafte Beschläge und Schlösser, Einfachverglasung mit unzureichendem Wärme- und Schallschutz, beschädigte Roll- und Klappläden,

Böden und Treppen:
breite Fugenbildung, angefaulte durchgetretene Holzteile, Estrichschäden, Risse in Fliesen oder Platten,

Sanitär:
verstopfte, zugesetzte Wasser- und Abwasserleitungen, veraltete Sanitärausstattung,

Heizung:
Einzelöfen, versottete Kamine, veraltete Wärmeerzeuger und Heizkörper, mangelhafte Steuerung, überdimensionierte Leitungen,

Elektrik:
erneuerungsbedürftige Elektroinstallation, unterdimensionierter Hausanschluss.

I.1.5.3 Maßnahmen

Keller und Außenwände:
Abdichtung gegen eindringende und aufsteigende Feuchte, Wärmedämmmaßnahmen,

Innenwände:
Verbesserung des Schall- und Brandschutzes bei Wohnungstrennwänden, Verbesserung des Schall-, Wärme- und Brandschutzes bei Treppenhauswänden,

Decken:
Schallschutzmaßnahmen,

Fenster und Türen:
Reparatur bzw. Erneuerung der Fenster und Türen, insbesondere aus schall- und wärmeschutztechnischen Gründen,

Böden und Treppen:
Erneuerung ausgetretener Estriche,

Dächer:
Reparatur bzw. Erneuerung der Dacheindeckung, Wärmeschutzmaßnahmen,

Sanitär, Heizung und Elektrik:
Erneuerung der Heizungsanlagen, Erneuerung von Sanitärleitungen, Erneuerung der Elektroinstallation inklusive Hausanschluss.

I.1.5.4 Schadstoffe

Außenwände

Außenwände können insbesondere PCB-belastete Dichtungsmaterialien, PAK-haltige Bitumen- und Teeranstriche sowie lösemittel- und schwermetallhaltige Beschichtungen aufweisen.

Innenwände

Schadstoffbelastungen von Innenwänden können insbesondere im Zusammenhang mit lösemittel- und schwermetallhaltigen Beschichtungen auftreten.

Dächer

Schadstoffbelastungen von Dachbalken können im Zusammenhang mit chemischen HSM auftreten. Darüber hinaus können Dächer u. a. aus PAK-haltigen Bitumen- und Steinkohlenteer-Produkten wie z. B. Teer- und Bitumen-Dachbahnen (Abdichtungen) sowie künstlichen Mineralfasern (KMF) bestehen.

Decken

Holzbalkendecken können asbesthaltige Steinholzestriche und Teerasphaltestriche sowie lösemittel- und schwermetallhaltige Beschichtungen aufweisen.

Fenster, Türen

Schadstoffbelastungen von Fenstern und Türen können vorwiegend im Zusammenhang mit PCB-belasteten Dichtungsmaterialien sowie lösemittel- und schwermetallhaltigen Beschichtungen entstehen.

Böden, Treppen

Böden und Treppen können lösemittel- und schwermetallhaltige Beschichtungen aufweisen. Weiterhin können PAK-haltige Teerklebstoffe auf der Basis von Steinkohlenteerpech oder Bitumen für Parkettböden zu Schadstoffbelastungen führen.

I.1.5.5 Maßnahmen bei Schadstoffbelastungen

Maßnahmen bei Schadstoffbelastungen sind im Zusammenhang mit der gesundheitsgefährdenden Wirkung von Materialien zu betrachten.

Nach dem Vorsorgeprinzip sollten

- Lindan-, PCP- und DDT-belastete Hölzer von Dächern,
- lösemittel- und schwermetallhaltige Beschichtungen von Außen- und Innenwänden, Decken, Fenstern, Türen, Böden und Treppen,
- PAK-haltige Bauprodukte von Außenwänden, Dächern, Decken sowie Böden und Treppen,
- künstliche Mineralfasern (KMF) von Dächern,
- Asbestschindeln und Asbestzement-Wellplatten von Dächern,
- schwermetallhaltige Schlackenfüllungen von Decken sowie
- PCB-belastetes Dichtungsmaterial in Anschlussfugen von Fenstern und Türen

entfernt und durch schadstoffarme Materialien ersetzt werden.

I.1.6 Gebäude der 60er-Jahre

In den 60er-Jahren prägen neue Materialien, neue Konstruktionen und neue Formen das Bauen in Deutschland. Die Wohnungsnot der Nachkriegszeit ist bewältigt. Die Materialknappheit wird abgelöst durch Experimente mit neuen Baustoffen, z. B. Betonfertigteilelementen, und neuen Konstruktionen, z. B. in Form reiner Betonkonstruktionen. Amerika wird zum großen Vorbild dieser Zeit, an dem sich auch die Architekten zunehmend orientieren.

Das äußere Erscheinungsbild der Gebäude wird abwechslungsreicher. Es werden neue Wege beschritten und mit freien, auch konstruktivistischen Formen experimentiert.

Im Wohnungsbau setzt sich die klare Trennung von Wohn- und Schlafbereichen endgültig durch. Die Grundrisse werden wieder großzügiger und offener.

Städtisches Wohnen

Das Wohnen in den Städten wird durch mehrgeschossige, kubische Gebäude mit streng gerasterten Fassaden und Flachdächern geprägt. Die neuen Bauten schließen Baulücken und setzen städtebauliche Akzente.

Wohnen außerhalb der Städte

Am Rande der Städte und Dörfer entstehen Einfamilien- und Mehrfamilienhäuser, entweder in offener Bauweise oder in Form von Reihenhäusern oder neuen Wohnsiedlungen mit dazugehöriger Infrastruktur, wie z. B. Einkaufsmöglichkeiten, Schulen, Kirchen u. Ä.

I.1.6.1 Typische Konstruktionsmerkmale

Allgemein:
nahezu kein konstruktiver Wärmeschutz, keine thermische Trennung,

Außenwände:
Mauerwerk aus Lochziegeln, Betonsteinen oder Kalksandsteinen, minimale Wanddicken, Fassadenbekleidungen, Betonsandwichelemente mit Kerndämmung,

Dächer:
meist Tonziegel und Betondachsteine als Deckung, unzureichende Dämmung bei Steildächern, unzureichende oder fehlende Dämmung bei Flachdächern,

Fenster:
Holz-, Aluminium- und Kunststofffenster, großformatige Fensteröffnungen, Einfach- und Isolierverglasung,

Geschossdecken:
Betondecken mit schwimmendem Estrich, Balkone und Loggien ohne thermische Trennung,

Treppen:
Betontreppen.

I.1.6.2 Typische Mängel und Schäden

Außenwände:
unzureichende oder beschädigte Wärmedämmung, durchfeuchtete Kellerwände, Fensterbrüstungen mit Wärmebrücken,

Innenwände:
geringe Wanddicken, mangelhafter Schallschutz,

Dächer:
unzureichende Dämmung der Steil- und Flachdächer, Undichtigkeiten bei Flachdächern,

Decken und Treppen:
mangelhafte Trittschalldämmung,

Fenster und Türen:
mangelhafter Wärme- und Schallschutz, verzogene Fensterrahmen, ungedämmte Metallfenster ohne thermische Trennung, reparaturbedürftige Türen,

Sanitär:
erneuerungsbedürftige, veraltete Sanitärausstattung,

Heizung:
überwiegend veraltete Zentralheizungen, mangelhafte Steuerungsmöglichkeiten,

Elektrik:
erneuerungsbedürftige Gesamtanlage.

Abb. I.1.17: Universitätsgebäude

Abb. I.1.18: Typischer 60er-Jahre-Bau

I.1.6.3 Maßnahmen

Allgemein:
Verbesserung des Wärmeschutzes, Fassadensanierung, Betonsanierung, Sanierung der Flachdächer, zusätzliche Dämmung der Steildächer, Erneuerung bzw. Optimierung der gebäudetechnischen Anlagen.

I.1.6.4 Schadstoffe

Außenwände

Außenwände können insbesondere PCB-belastete Dichtungsmaterialien, formaldehydhaltige Spanplatten, lösemittel- und schwermetallhaltige Beschichtungen, chemische HSM, PAK-belastete Abdichtungsmaterialien, asbesthaltige Fassadenplatten sowie künstliche Mineralfasern (KMF) aufweisen.

Innenwände

Schadstoffbelastungen von Innenwänden können insbesondere im Zusammenhang mit formaldehydhaltigen Spanplatten, lösemittel- und schwermetallhaltigen Beschichtungen entstehen.

Dächer

Schadstoffbelastungen von Dachbalken können im Zusammenhang mit chemischen HSM auftreten. Darüber hinaus können Dächer PAK-haltige Bitumen- und Steinkohlenteer-Produkte wie z. B. Teer- und Bitumen-

Abb. I.1.19: Universitäts- und Verwaltungsgebäude aus den 70er-Jahren

Abb. I.1.20: Wohngebäude-Siedlung

dachbahnen (Abdichtung) sowie künstliche Mineralfasern (KMF) aufweisen.

Decken

Schadstoffbelastungen von Holzbalkendecken können insbesondere im Zusammenhang mit formaldehydhaltigen Spanplatten auftreten. Weiterhin können Holzbalkendecken asbesthaltige Steinholzestriche, PAK-haltige Teerasphaltestriche sowie lösemittel- und schwermetallhaltige Beschichtungen aufweisen.

Fenster, Türen

Fenster und Türen können insbesondere PCB-belastete Dichtungsmaterialien sowie lösemittel- und schwermetallhaltige Beschichtungen aufweisen.

Böden, Treppen

Böden und Treppen können lösemittel- und schwermetallhaltige Beschichtungen sowie PAK-haltige Teerklebstoffe auf der Basis von Steinkohlenteerpech oder Bitumen aufweisen.

I.1.6.5 Maßnahmen bei Schadstoffbelastungen

Maßnahmen bei Schadstoffbelastungen sind im Zusammenhang mit der gesundheitsgefährdenden Wirkung von Materialien zu betrachten.

Nach dem Vorsorgeprinzip sollten

- Lindan-, PCP- und DDT-belastete Hölzer von Außenwänden und Dächern,
- lösemittel- und schwermetallhaltige Beschichtungen von Innen- und Außenwänden, Decken, Fenstern, Türen, Böden und Treppen,
- PAK-haltige Bauprodukte von Außenwänden, Dächern, Decken sowie Böden und Treppen,
- künstliche Mineralfasern (KMF) von Außenwänden und Dächern,
- asbesthaltige Bauprodukte von Außenwänden und Decken,
- formaldehydhaltige Spanplatten von Außen- und Innenwänden sowie
- PCB-belastetes Dichtungsmaterial von Außenwänden, Fenstern und Türen

entfernt und durch schadstoffarme Materialien ersetzt werden.

I.1.7 Gebäude der 70er-Jahre

In den 70er-Jahren wurde das Bauen zunehmend industrialisiert. Durch die Vorfertigung von Bausystemen in Fabriken fernab der Baustelle und in hohen Stückzahlen sollten insbesondere die Produktivität und Effizienz gesteigert und die Baukosten gesenkt werden. Es entstanden in dieser Zeit zahlreiche Universitäts- und Verwaltungsgebäude.

Siedlungsbau

Am Rand der Städte entstanden in den 70er-Jahren vermehrt Großsiedlungen, die in Fertigteilbauweise in kurzer Zeit errichtet wurden. Typische Gestaltungsmittel sind grellbunte Farben, die im Sinne von „Kunst am Bau" Akzente setzen sollten. Trotz der bewussten Einbettung der Siedlungen in die Landschaft, der Angliederung an eine funktionierte Infrastruktur und des ausreichenden Angebots an sozialen Einrichtungen werden diese von der Bevölkerung schon nach kurzer Zeit abgelehnt. Während die in der DDR entstandenen sogenannten Plattenbauten sich anfangs großer Beliebtheit erfreuten, wirken sie heutzutage aufgrund ihrer Uniformität und Massivität abschreckend und haben sich teilweise zu sozialen Brennpunkten entwickelt.

Die Bausysteme der Beton-Großtafelbauweise sind zunächst nicht gedämmt.

Steigende Rohstoffkosten (erste Ölpreiskrise) führen jedoch dazu, dass zunehmend gedämmte und mehrschalige Bausysteme eingesetzt werden. Entsprechend ist die Energieeffizienz dieser Gebäude vergleichsweise gut, jedoch aus heutiger Sicht nicht ausreichend.

Sonstige Bauten

Neben den Großsiedlungen entstanden in den 70er-Jahren auch zahlreiche Universitäts- und Verwaltungsgebäude aus den neuen Fertigteilbausystemen. Die Gestaltung dieser Bauten ist geprägt durch das Produktionsraster der Fertigteile, die strikte Einhaltung von Funktionsschemata und die Reduktion auf den Baustoff Beton.

I.1.7.1 Typische Konstruktionsmerkmale

Außenwände:
industriell vorgefertigte Stahlbetonbauteile, zunächst schlecht wärmegedämmt, mangelhafter Schallschutz, Mauerwerk aus Lochziegeln, Betonsteinen, Kalksandsteinen, Wanddicken 30 bis 40 cm, Putzfassaden,

Dächer:
zunehmend Flachdächer,

Fenster:
Holz-, Aluminiumfenster, häufig Kunststofffenster, großformatige Fensteröffnungen, Einsatz sogenannter Isolierverglasung,

Decken:
Betondecken, schwimmende Estriche, Küche mit PVC-Bodenbelägen, Nassräume gefliest oder mit PVC-Bodenbelägen,

Heizung:
Zentralheizungen.

I.1.7.2 Typische Mängel und Schäden

Außenwände:
Betonabplatzungen, unterdimensionierte Wärmedämmung, Feuchteschäden,

Innenwände:
mangelhafter Schallschutz,

Dächer:
mangelhafte Wärmedämmung, Flachdächer mit undichten Anschlüssen, reparaturbedürftige Dachrinnen und Fallrohre,

Decken:
Wärmebrücken bei auskragenden Teilen,

Fenster:
ungedämmte Metallfenster, verzogene Fensterflügel, unzureichender Wärmeschutz,

Böden, Treppen:
erneuerungsbedürftige Kunststoff- und Textilbeläge,

Heizung:
ungenügende Steuerungseinrichtungen, veraltete Wärmeerzeuger.

I.1.7.3 Maßnahmen

Allgemein:
Verbesserung des äußeren Erscheinungsbildes, Wärmedämmmaßnahmen, Verbesserung des Brandschutzes (Rettungswege, Aufzugsanlagen), Fassadensanierung, Betonsanierung, Fugensanierung, Sanierung der Flachdächer, Erneuerung bzw. Optimierung der gebäudetechnischen Anlagen, vor allem bei Hochhäusern.

I.1.7.4 Schadstoffe

Außenwände

Außenwände können PCB-belastete Dichtungsmaterialien, PAK-haltige Abdichtungsbahnen, formaldehydhaltige Holzwerkstoffe wie Spanplatten, asbesthaltige Fassadenplatten sowie künstliche Mineralfasern (KMF) aufweisen.

Innenwände

Schadstoffbelastungen von Innenwänden können insbesondere im Zusammenhang mit formaldehydhaltigen Holzwerkstoffen auftreten.

Dächer

Dächer können PAK-haltige Bitumen- und Steinkohlenteer-Produkte wie z. B. Teer- und Bitumen-Dachbahnen (Abdichtung), formaldehydhaltige Spanplatten sowie künstliche Mineralfasern (KMF) aufweisen.

Decken

Schadstoffbelastungen von Decken können vorwiegend im Zusammenhang mit teerhaltigen Bitumenasphaltestrichen sowie formaldehydhaltigen Spanplatten auftreten.

Fenster, Türen

Fenster und Türen können PCB-belastete Dichtungsmaterialien aufweisen.

Böden, Treppen

Böden und Treppen können PAK-belastete teerhaltige Bitumenkleber für Parkettböden sowie weichmacherhaltige PVC-Beläge aufweisen.

I.1.7.5 Maßnahmen bei Schadstoffbelastungen

Maßnahmen bei Schadstoffbelastungen sind im Zusammenhang mit der gesundheitsgefährdenden Wirkung von Materialien zu betrachten.

Gemäß dem Vorsorgeprinzip sollten

- Lindan-, PCP- und DDT-belastete Hölzer von Außenwänden,
- PAK-haltige Bauprodukte von Außenwänden, Dächern, Decken sowie Böden und Treppen,
- künstliche Mineralfasern (KMF) von Außenwänden und Dächern,
- asbesthaltige Bauprodukte von Außenwänden,
- formaldehydhaltige Spanplatten von Innen- und Außenwänden, Dächern und Decken,
- PCB-belastetes Dichtungsmaterial von Außenwänden, Fenstern und Türen sowie
- weichmacherhaltige PVC-Beläge von Böden und Treppen

beseitigt und durch schadstoffarme Materialien ersetzt werden.

I.1.8 Gebäude der 80er-Jahre

Gegen Ende der 70er-Jahre hat die technische Entwicklung im Baubereich ein hohes Niveau erreicht. Es wird mit neuen Formen (Olympiabauten in München 1972) und Materialien experimentiert.

Die erste Wärmeschutzverordnung von 1977 gibt erstmals klare Grenzwerte für Wärmeverluste vor, die jedoch durch neue innovative Baustoffe bzw. Bauweisen problemlos einzuhalten sind.

Während sich der Wohnungsbau neuen ökologischen und energetischen Anforderungen anpasst, wird gleichzeitig immer filigraner gebaut. Glas erlebt als Baustoff eine Renaissance. Vor allem im Verwaltungs- und Gewerbebau, aber auch bei öffentlichen Gebäuden, Sportstätten usw. steht die Transparenz und Leichtigkeit im Vordergrund.

Die Gestaltungstendenzen sind vielfältig: Dem Konstruktivismus steht der Dekonstruktivismus gegenüber, der Moderne die Postmoderne, Strukturalismus, Funktionalismus, organische Formen bis hin zum Versuch der Entmaterialisierung des Raumes prägen die Architektur.

Die Wärmeschutzverordnung

Auf den deutlichen Anstieg der Energiekosten reagierte 1977 die Einführung der Wärmeschutzverordnung (WSchV), die den Jahresheizwärmebedarf auf 200 kWh/(m$^2 \cdot$ a) begrenzte. Die Novellierung der Wärmeschutzverordnung 1982 reduzierte den Jahresheizwärmebedarf erneut auf 150 kWh/(m$^2 \cdot$ a).

Neben der Endlichkeit fossiler Energiequellen rückten die negativen Folgen der CO_2-Emissionen in den Vordergrund. Im Zuge dieser Entwicklung wurde die Wärmeschutzverordnung 1995 erneut novelliert und der zulässige Jahresheizwärmebedarf auf 100 kWh/(m$^2 \cdot$ a) herabgesetzt. Als „Niedrigenergiehäuser" gelten seitdem Gebäude mit einem Jahresheizwärmebedarf von ca. 30 bis 70 kWh/(m$^2 \cdot$ a), Passivhäuser liegen bei ca. 15 kWh/(m$^2 \cdot$ a). Sogenannte Nullenergiehäuser mit einem Jahresheizwärmebedarf von unter 5 kWh/(m$^2 \cdot$ a) werden angestrebt.

Wohnungsbau

Im Wohnungsbau entwickelt sich ein Trend zum ökologischen Bauen. Der Einsatz ökologischer Baustoffe, die Energieeinsparung und ein schonender Umgang mit der Natur rücken immer mehr in den Vordergrund. Die Flächenversiegelung auf privaten Grundstücken nimmt ab, und seit den 90er-Jahren werden die Grundstücke für frei stehende Einfamilienhäuser deutlich kleiner als in den Jahren zuvor.

Abb. I.1.21: Ökologisches Reihenwohnhaus

I.1.8.1 Typische Konstruktionsmerkmale

Die Querschnitte der Außenbauteile erhöhen sich aufgrund der verschärften Anforderungen der Wärmeschutzverordnung. Andererseits werden viele Glasbauten immer filigraner, da die Tragkonstruktionen minimiert werden.

I.1.8.2 Schadstoffe

Außenwände

Außenwände können formaldehydhaltige Holzwerkstoffe, asbesthaltige Fassadenplatten, lösemittelhaltige Beschichtungen sowie künstliche Mineralfasern (KMF) aufweisen.

Innenwände

Schadstoffbelastungen von Innenwänden können insbesondere im Zusammenhang mit formaldehydhaltigen Holzwerkstoffen sowie lösemittelhaltigen Beschichtungen entstehen.

Dächer

Dächer können formaldehydhaltige Holzwerkstoffe sowie künstliche Mineralfasern (KMF) aufweisen.

Decken

Schadstoffbelastungen von Decken können insbesondere im Zusammenhang mit formaldehydhaltigen Holzwerkstoffen sowie lösemittelhaltigen Beschichtungen entstehen.

Fenster, Türen

Fenster und Türen können insbesondere lösemittelhaltige Beschichtungen aufweisen.

Böden, Treppen

Lösemittelhaltige Beschichtungen sowie weichmacherhaltige PVC-Beläge von Böden und Decken können zu Schadstoffbelastungen führen.

I.1.8.3 Maßnahmen bei Schadstoffbelastungen

Maßnahmen bei Schadstoffbelastungen sind im Zusammenhang mit der gesundheitsgefährdenden Wirkung von Materialien zu betrachten.

Nach dem Vorsorgeprinzip sollten

- PAK-haltige Bauprodukte von Böden und Treppen,
- künstliche Mineralfasern (KMF) von Außenwänden und Dächern,
- lösemittelhaltige Beschichtungen von Innen- und Außenwänden, Decken, Fenstern, Türen, Böden und Treppen,
- Asbestzementplatten von Außenwänden,
- formaldehydhaltige Spanplatten von Innen- und Außenwänden, Dächern und Decken,
- PCB-belastetes Dichtungsmaterial von Fenstern und Türen sowie
- weichmacherhaltige PVC-Beläge von Böden und Treppen

beseitigt und durch schadstoffarme Materialien ersetzt werden.

I.1.9 Gebäude ab dem Jahr 2000

Innerhalb der letzten Jahre wurde das Bauen zunehmend von den immer weiter steigenden Anforderungen, insbesondere an den Wärmeschutz, geprägt.

Die bereits Ende des letzten Jahrtausends beim Bau von meist Einfamilien-, Doppel- sowie Reihenhäusern üblichen Niedrig-, aber auch Passivhausbauweisen finden zunehmend Einzug in alle Bereiche des Bauens, gleichermaßen auch beim Bauen im Bestand.

Während die Wärmeschutzverordnung und gleichermaßen die DIN 4108 „Wärmeschutz im Hochbau" (s. Kap. I.2.3.1) zunächst keine Anforderungen bei einer Modernisierung, einem Umbau oder anderen baulichen Maßnahmen an Bestandsgebäuden stellten, beinhaltete die Energieeinsparverordnung (EnEV) (s. Kap. I.2.3.1 und Kap. II.2) diese. Im Zuge der Novellierung wurden diese Anforderungen erneut erhöht, sodass Modernisierungen inzwischen insbesondere von energetischen Aspekten geprägt werden.

Der innerhalb der nächsten Jahre gesetzlich zwingend angeordnete Austausch bestehender gebäudetechnischer Anlagen (s. Kap. VI) unterstützt diese Entwicklung deutlich.

Die zu Beginn des neuen Jahrtausends entstandenen Gebäude wurden entsprechend zunehmend von diesen Anforderungen geprägt.

Der Einsatz diesen Anforderungen entsprechender Baustoffe veränderte jedoch das äußere Erscheinungsbild der Neubauten nur unwesentlich.

Insbesondere repräsentative Büro- und Verwaltungsgebäude erscheinen durch ihre großzügigen Verglasungen weiterhin transparent. Filigrane Einfachverglasungen wurden zunächst durch doppelte Verglasungen, die natürlich zu be- und entlüftende Elemente, wie z. B. Kastenfenster, enthielten, ersetzt.

Die seit den 90er-Jahren fortschreitende Entwicklung der Gebäude-Automation, insbesondere aufgrund des technischen Gebäude-Management im Facility-Management, lässt nunmehr sowohl bei Neubauten als auch bei baulichen Maßnahmen im Gebäudebestand zu, den heutigen, aber auch den zukünftigen Anforderungen gerecht zu werden.

Fazit

Das Bauen zu Beginn des 21. Jahrhunderts stellt grundlegend neue Anforderungen an Bauherren, Planer, Ausführende und Betreiber.

Neben der Einbeziehung eines Planers gewinnen Fachplaner, insbesondere im Bereich der Bauphysik, des technischen Ausbaus bzw. der Gebäudetechnik bei größeren Gebäuden bzw. baulichen Maßnahmen eine zunehmend maßgebende Rolle.

Ausblick

Ein einfacher Umbau, Ausbau eines Dachgeschosses sowie z. B. die Erneuerung einer bestehenden Fassade eines Bestandsgebäudes unterliegen heutzutage Anforderungen, die meist ohne die Unterstützung von Fachleuten, wie Architekten und Ingenieuren, nicht ausführbar sind.

Durch die Einführung der Energieeinsparverordnung EnEV 2002 und ihre Novellierung 2004 sind deutliche Einflüsse auf Baumaßnahmen im Neubau und in der Bestandspflege hinsichtlich des Energieverbrauchs spürbar (s. Kap. II.2). Im Gegensatz zu der Novellierung der Wärmeschutzverordnung 1995, die ihr Augenmerk auf Neubauten richtete, erkannte man die große Bedeutung energie- und emissionseinsparender Maßnahmen im Baubestand. Von 2002 ausgehend wurde in der Verordnung ein Minderungspotenzial von 37 bis 50 % innerhalb der nächsten 20 Jahre angestrebt. Mit der Einführung der EnEV 2007 soll bis zum Jahr 2020 weltweit der CO_2-Ausstoß um erneute 20 % reduziert werden. Zudem wurde der Energieausweis verpflichtend eingeführt.

Zu den wesentlichen Anforderungen des Bauens gehört die Umsetzung der Energieeinsparverordnung beim Bauen im Bestand. Neben den Sanierungs-, Modernisierungs- und Renovierungsmaßnahmen der Wohnbebauung stellt die Umnutzung alter Industriebrachen und ähnlicher Sonderbauten besondere Anforderungen an Planung und Bauausführung im Nicht-Wohnbaubereich.

I.2 Planen und Bauen im Bestand

Autoren: Prof. Dr.-Ing. Martin Pfeiffer, Architekt; Dipl.-Ing. (FH) Dirk Fanslau-Görlitz, Architekt; Dipl.-Ing. Janet Simon; Dipl.-Ing. Tania Brinkmann, Architektin

Nachhaltiges Planen, Bauen, Bewirtschaften und Rückbauen im Bestand ist die Zukunftsaufgabe in Europa. Für diese Aufgaben ist es notwendig, Wissen zum Planungs-, Bau-, Bewirtschaftungs- und Rückbauprozess zu haben, um umweltverträgliche, kostengünstige und nutzergerechte Lösungen zu finden. Diese ganzheitlichen Lösungen zu Bauwerken müssen als Werk nach den (allgemein) anerkannten Regeln der Technik sach- und rechtsmangelfrei und vor allem erfolgreich beschaffen sein.

I.2.1 Begriffe und Definitionen

Das Planen und Bauen im Bestand umfasst insbesondere Maßnahmen wie:

- Modernisierung,
- Instandhaltung,
- Instandsetzung,
- Umbau,
- Erweiterungsbau, wie z. B. Anbau und Aufstockung,
- Wiederaufbau.

Die Honorarordnung für Architekten und Ingenieure (HOAI) § 3 bestimmt diese Begriffe, um auch eine spätere Einordnung in Honorarzone, Honorartafel und Leistungsphasen zu gewähren. § 24 der HOAI beinhaltet Angaben zu Umbauten und Modernisierungen von Gebäuden, § 27 HOAI zu Instandsetzungen und -haltungen.

Modernisierungen sind nach HOAI § 3 bauliche Maßnahmen zur nachhaltigen Erhöhung des Gebrauchswertes eines Objekts, einschließlich der durch diese Maßnahmen verursachten Instandsetzungen.

Instandhaltungen sind Maßnahmen zur Erhaltung des Sollzustands eines Objekts.

Instandsetzungen sind nach HOAI § 3 Maßnahmen zur Wiederherstellung des zum bestimmungsmäßigen Gebrauch geeigneten Zustands (Sollzustands) eines Objekts.

Umbauten sind nach HOAI § 3 Umgestaltungen eines vorhandenen Objekts mit wesentlichen Eingriffen in Konstruktion oder Bestand.

Erweiterungsbauten sind nach HOAI § 3 Ergänzungen eines vorhandenen Objekts, z. B. durch Aufstockung oder Anbau.

Wiederaufbauten bezeichnen nach HOAI § 3 die Wiederherstellung zerstörter Objekte auf vorhandenen Bau- oder Anlageteilen. Sie gelten als Neubauten, sofern eine neue Planung erforderlich ist.

Im Gegensatz zu den in der Honorarordnung für Architekten und Ingenieure bestimmten Begriffen werden üblicherweise dem Planen und Bauen im Bestand auch folgende Begriffe zugeordnet:

- Renovierung,
- Sanierung,
- Reparatur,
- Wartung,
- Konservierung,
- Rekonstruktion,
- Translokation,
- Restaurierung,
- (Bauwerks-)Erhaltung, Instandhaltung und -setzung.

Renovierung

Maßnahmen zur Instandsetzung von Gebäuden mit Mängeln und Schäden, die durch gewöhnlichen Gebrauch entstanden sind, werden bei Gebäuden als Renovierung bezeichnet. Entsprechend der Übersetzung „erneuern" (lat. renovare = erneuern) wird damit die Wiederherstellung des ursprünglichen Zustands angestrebt.

Sanierung

Maßnahmen, die vorhandene strukturelle Defizite beseitigen, werden als Sanierung (lat. sanare = heilen) bezeichnet.

Diese Maßnahmen sind meist weitgehender als die einer Renovierung oder Modernisierung. Neben deutlichen Eingriffen in die vorhandene Bausubstanz kommt es beispielsweise auch zu Nutzungsänderungen.

Reparatur

Der Vorgang, ein beschädigtes Objekt in den ursprünglichen Zustand zurückzuversetzen, wird als Reparatur bezeichnet. Eine Reparatur kann den Austausch, das Hinzufügen oder die Neuordnung von Teilen beinhalten.

Der Begriff wird bei Gebäuden insbesondere dann verwendet, wenn einzelne Elemente wie beispielsweise ein einziges oder ein geringer Anteil Fenster oder ein oder wenige Risse repariert werden.

Wartung

Als Wartung werden die turnusgemäße und gleichzeitige Kontrolle, Instandsetzung und Reparatur von Gebäuden und technischen Anlagen bezeichnet.

Eine regelmäßige Wartung ermöglicht eine lange Lebensdauer und einen geringfügigen Verschleiß, wenn anfallende Arbeiten, wie z. B. Reinigungsarbeiten, regelmäßig erfolgen.

Konservierung

Der Begriff der Konservierung (lat. conservare = erhalten, bewahren) bezeichnet bei Gebäuden eine Erhaltung, deren Ziel es ist, den Originalzustand möglichst unverändert zu lassen.

Der Vorgang spielt vor allem im Denkmalschutz eine wichtige Rolle und wird überwiegend zur Bewahrung wertvoller historischer Bausubstanz eingesetzt.

Rekonstruktion

Eine Rekonstruktion (lat. reconstruare = wieder aufbauen) ist ein Nachbau eines völlig oder größtenteils zerstörten Werks. Sowohl dieser Vorgang als auch sein Ergebnis werden dabei als Rekonstruktion bezeichnet.

Translokation

Eine Translokation bezeichnet den Ab- und anschließenden Wiederaufbau eines Gebäudes an einem anderen Ort. Eine der berühmtesten Umsetzungen fand beim Bau des Assuan-Staudamms statt, als der Philaetempel auf die Insel Agilkia versetzt wurde.

Restaurierung

Eine Restaurierung dient zur Erhaltung von z. B. Kunstwerken. Früher wurde die Wiederherstellung eines früheren, als Ursprung betrachteten Zustands darunter verstanden. Dabei werden sowohl der Bestand als auch die ideelle Bedeutung, z. B. der Ausbau des Kölner Doms ab Beginn des 20. Jahrhunderts, in Bezug gebracht.

Erhaltung

Die Erhaltung von Bauwerken umfasst lediglich die Sicherung des Sollzustands eines Gebäudes. Der Sollzustand beinhaltet alle erforderlichen Gebrauchseigenschaften unter Berücksichtigung der voraussehbaren Einwirkungen (z. B. durch Nutzung und Umwelt).

Von Instandhaltung eines Bauwerks wird gesprochen, wenn der Zustand des Bauwerks aufrechterhalten wird. Eine Begriffsbestimmung liefert die II. Berechnungsverordnung (II. BV), eine deutsche Rechtsverodnung, in der die Wirtschaftlichkeitsberechnung von Wohnraum geregelt ist. Instandhaltungsmaßnahmen sind demnach Maßnahmen, *„die während der Nutzungsdauer der Erhaltung des bestimmungsgemäßen Gebrauchs und zur Beseitigung der durch Abnutzung, Alterung und Witterungseinwirkung entstehenden baulichen und sonstigen Mängel dienen"*.

Unter Instandsetzung im Rahmen der Erhaltung des Bauwerks wird die Behebung bereits eingetretener Mängel verstanden. Sie entspricht der Wiederherstellung des Bauwerks. In § 177 Baugesetzbuch (BauGB) hat der Gesetzgeber eine Begriffsbestimmung zu Instandsetzungsarbeiten gegeben. Darin werden die Tatbestände, die eine Instandsetzung notwendig machen, als Mängel bezeichnet. Instandsetzungen sind somit Maßnahmen, die Mängel infolge von Abnutzung, Alterung, Witterung, Einwirkungen Dritter usw. beheben.

Bauschadensursachen

Bauschadensursachen sind – in Abgrenzung zu Bauschadensquellen – bautechnische und bauphysikalische Bedingungen, die unmittelbar auf die Baumaßnahme wirken und zum Eintreten von Bauschäden auf der Baustelle oder in deren Einflussbereich führen, wie z. B. die ungenügende Standsicherheit von Fundamenten als Ursache für einen Gebäudeeinsturz oder aber der nicht ausreichende vorläufige Wetterschutz bei Dacharbeiten als Ursache für Wasserschäden im Gebäude.

Bauschadensquellen

Bauschadensquellen sind – in Abgrenzung zu Bauschadensursachen – Vorgänge, Ereignisse oder Umstände, die den physikalisch-technisch begründbaren Schadenshergang eintreten lassen. In den Bauschadensquellen liegen die eigentlichen Fehler, die das Wirksamwerden einer Bauschadensursache erst ermöglichen. Bauschadensquellen sind z. B. Planungs-, Ausführungsfehler und nicht vermeidbare Einflüsse.

Als Planungsfehler werden in der Praxis von Bausachverständigen oder Gutachtern, die bei streitigen Auseinandersetzungen über Bauschäden beim Bauen im Bestand bemüht werden, Fehler und Mängel der Architekten- und Ingenieurleistung gewertet. Dies können z. B. mangelhafte Planung, Verstoß gegen die anerkannten Regeln bzw. den Stand der Technik, unzureichende Voruntersuchungen, mangelnde Koordination der verschiedenen Gewerke, unzureichende Bauleitung sowie Termin- und Kostenüberschreitungen sein. Direkte Folge einer fehlerhaften Planung sind zudem auch Ausschreibungsfehler.

Ausführungsfehler sind Verstöße der ausführenden Bauunternehmen gegen die anerkannten Regeln bzw. den Stand der Technik die Ausführung betreffend. Sofern es sich um die Umsetzung einer offensichtlich fehlerhaften Planungsvorgabe handelt, wird auch dies als Ausführungsfehler gewertet. In diesen Fällen trifft das Bauunternehmen der Vorwurf, ihrer Prüf- und Hinweispflicht nicht nachgekommen zu sein.

Nicht vermeidbare Einflüsse liegen vor, wenn weder Ausführungs- noch Planungsfehler nachweisbar und gleichzeitig alle dem Objekt angemessenen Planungs- und Ausführungsmaßnahmen tatsächlich auch getroffen worden sind.

I.2.2 Leistungen zum Planen und Bauen im Bestand

Das Planen und Bauen im Bestand wird im Gegensatz zu der Errichtung eines Neubaus von einer Vielzahl weiterer Faktoren beeinflusst, die bereits zu Beginn von Planungs- und Bauleistungen berücksichtigt werden müssen.

Zu den wesentlichen Einflussfaktoren gehören insbesondere:

- Planungsprozesse mit planerischer Berücksichtigung des Bestandes,
- Bauprozesse mit bauausführender Berücksichtigung des Bestandes,
- Bauarbeiten in bewohnten Gebäuden bzw. bei laufender Arbeit/Produktion,
- Bewohner, die während der Bauphase umziehen müssen (Kostenfaktor),
- Anforderungen an den Denkmal- bzw. Ensembleschutz,
- logistische und infrastrukturelle Einschränkungen.

I.2.2.1 Bestandsaufnahme, Bestandsanalyse, Bestandsbewertung

Modernisierung, Instandsetzung und Instandhaltung, aber auch Umbau und Erweiterungsbau gehören zu den wesentlichen Maßnahmen im Umgang mit der bestehenden Bausubstanz beim Planen und Bauen im Bestand.

Eine detaillierte Bestandsaufnahme dient dabei als Grundlage für eine Bewertung der Bausubstanz und zur Zielsetzung der Leistungen zum Planen und Bauen im Bestand.

Methoden der Bestandsaufnahmen (s. Kap. VI)

Bestandsaufnahme am Bauwerk

Die Bestandsaufnahme am Bauwerk umfasst insbesondere:

- Handaufmaß,
- CAD-gestütztes Handaufmaß,
- Tachymetrie (s. Kap. VI),
- Fotogrammmetrie (s. Kap. VI),
- Erfassen vorhandener Bestandspläne zur EDV-gestützten Weiterverarbeitung bzw. Archivierung usw.

Erfolgt diese Bestandsaufnahme zunächst anhand bestehender Baupläne, müssen diese überprüft werden, da sie nicht zwingend mit dem Istzustand übereinstimmen. Bestandspläne z. B. der Baubehörden und anderer Beteiligter zum Bauwerk sind zu überprüfen.

Bautechnische Bestandsaufnahme

Die bautechnische Bestandsaufnahme beinhaltet die genaue Untersuchung der Bautechnik und die anschließende Bewertung ihres Istzustands.

Übliche Untersuchungen/Messungen sind z. B.:

- Untersuchungen zur Tragfähigkeit (s. Kap. VI),
- Feststellung von Materialfestigkeiten (s. Kap. VI),
- Feststellung von Materialwechseln oder Verwitterungstiefen durch Ultraschallmessung (s. Kap. VI),
- Feuchtemessungen (s. Kap. VI),
- Salzuntersuchungen (s. Kap. VI),
- Ermittlung der Schichtdicke und des Schichtaufbaus (s. Kap. VI),
- Wärmebrücken lokalisieren, Gebäudehülle beurteilen mit thermografischen Untersuchungen (s. Kap. VI),
- Luftdichtheit beurteilen mit Blower-Door-Test (s. Kap. VI),
- Messungen von Luftfeuchte, Lufttemperatur, Luftströmung und Oberflächentemperatur (Klimaerfassung) (s. Kap. VI),
- einfache Messmethoden, beispielsweise Gipsmarken (s. Kap. VI), Karsten'sches Prüfröhrchen (s. Kap. VI).

Anlagentechnische und energetische Bestandsaufnahme

Eine energetische Bestandsaufnahme prüft zunächst die bestehenden Anlagen auf Vollständigkeit, Art, Zustand und technische Richtigkeit. Dimensionierung und Auslegung sowie Bilanzierungen und Verbräuche sind wichtige zu erhebende Grundlagen zur Anlagentechnik. In diesem Zusammenhang ist die Nutzerbehaglichkeit in Bezug auf das Bauwerk ein wichtiger Parameter.

Eine energetische Bestandsaufnahme ermittelt die Kenngrößen zur energetischen Bilanzierung eines Bauwerks. Energieausweise werden in Zukunft als bundesweite Dokumentation zu Bauwerken Auskünfte geben.

Die Ermittlung z. B. des Jahresheizwärmebedarfs zeigt die Notwendigkeit energetischer Modernisierungsmaßnahmen für Gebäude, insbesondere derer, die Ende der 80er-Jahre erstellt wurden.

Über den Istzustand technischer Anlagen geben beispielsweise folgende energetisch relevante Parameter Aufschluss:

- Dimensionierung und Zustand der Wärmeerzeugungs- und Lüftungsanlagen,
- Leitungsführung,
- Dämmung der Wärme zuführenden Leitungen,
- Dimensionierung und Betriebstemperatur der Heizflächen,
- Energieverbrauch.

Die Vornorm DIN V 4701-12 (02/2004) „Energetische Bewertung heiz- und raumlufttechnischer Anlagen im Bestand – Teil 12: Wärmeerzeuger und Trinkwassererwärmung" bietet Berechnungsverfahren zur energetischen Bewertung der Gebäudetechnik an.

Eine Ermittlung des Istzustands „baulicher Wärmeschutz" der Bausubstanz erfolgt insbesondere durch die Berechnung der Wärmedurchgangskoeffzienten der Außenbauteile. Grundlage dafür ist beispielsweise die Ermittlung der Schichtdicken und des -aufbaus und eine Bestandsaufnahme mit Angabe der Orientierung der Flächen der einzelnen Außenbauteile.

Anhand dieser Angaben wird der Jahresheizwärmebedarf ermittelt. Es ist sinnvoll, die Bauteile einzeln zu betrachten, um die Transmissionswärmeverluste zu vergleichen und dadurch die Schwachstellen beurteilen zu können.

Dokumentation von Schwachstellen, Mängeln und Schäden

Zur Dokumentation von Schadensbildern bietet sich eine Kartierung der Schwachstellen, Mängel und Schäden in einem Kataster an. Diese Kataster enthalten z. B. Zeichnungen oder Fotografien zum Bauwerksbestand mit der Dokumentation des Zustands.

I.2.2.2 Qualitätssicherung

Planen und Bauen strebt für den Bestand Qualität an. Der qualitätsvolle Bestand an Bauwerken schafft Orientierung und Werte, Erhalt und Wertschöpfung, schont materielle Ressourcen und sorgt für wahrnehmbare gebaute Kontinuität. Bezogen auf das Gesamtbauvolumen in Deutschland wird langfristig weit über die Hälfte der Aufgaben Planen und Bauen im Bestand sein. Die innovative Integration der Qualitätssicherung in die Planungs- und Bauprozesse ist ein Ziel ganzheitlicher Bauwerkswertförderung.

Planen und Bauen im Bestand erfordern neben der Qualifikation der Auftraggeber und der Planer und Bauausführenden auch ein neues partnerschaftliches, integrales Miteinander aller Beteiligten mit dem Ziel optimaler Qualität bei günstigen Kosten, Umweltverträglichkeit und sozialer Verträglichkeit.

Die Bestandssituation an Bauwerken in Deutschland verdeutlicht das große Potenzial an Wertschöpfung und Qualitätssicherung in allen Planungs- und Baubereichen. Natürlich ist jede Plan- und Bauqualität von Bauwerken im Bestand unterschiedlich z. B. nach Anspruch, Kriterien, Baujahr, Bauart, Gestaltung usw. Wichtig ist es, zu wissen, welche Qualität beim Planen und Bauen im Bestand zu welchem Preis zu bekommen ist, wer diese schuldet und wie diese Qualität zu sichern ist.

Prüffähige Baupläne und -beschreibungen sind die Grundlage einer zusätzlichen planungsbegleitenden – Qualitätssicherung bzw. -prüfung. Die zeitliche und fachliche Integration in den Bauprozess ist die Basis einer zusätzlichen baubegleitenden Qualitätssicherung und -prüfung. Je besser die geprüfte Plan- und Bauqualität sind, umso besser sind die Qualitätseigenschaften von nachhaltigen bestehenden Bauwerken. Ebenso wichtig ist es, die Anlagentechnik in ihrer Qualität zu sichern, da sie insbesondere die Betriebskosten im Nutzungszeitraum von Bauwerken beeinflusst.

Allerdings werden oft erst zusätzliche Qualitätsprüfungen beim Planen und Bauen im Bestand deutlich machen, wie der Qualitätsstandard bewertet wird. Wo liegen die Schwächen des Bauwerks (Schwachstellen, Mängel, Schäden usw.)? Das kann ein Ausgangspunkt für eine langfristige, kostengünstige Qualitätssicherungsstrategie sein. Der Qualitätsvorgabe der Auftraggeber folgen dann die Maßnahmen des Planens und Bauens im Bestand. Es werden Prioritäten gesetzt und nach der Lebensdauer und den Bau-Nutzungskosten auch zukünftige Maßnahmen definiert und damit auch die Wirtschaftlichkeit und Umweltverträglichkeit über längere Zeiträume eingeschätzt. Insoweit entsteht für Auftraggeber mehr Sicherheit für Entscheidungen zur Qualität und Werterhaltung ihrer Immobilien.

Qualitätssicherungsmaßnahmen beim Planen und Bauen im Bestand:

1. Festlegung und regelmäßige Überprüfung der gewünschten Eigenschaften,
2. kompetente Informationen zum richtigen Zeitpunkt,
3. richtige Auswahl der am Planen, Bauen und Betreiben Beteiligten,
4. rechtzeitige Einschaltung der Beteiligten und vertragliche Absicherung der Teambildung (Rollenverteilung, Verantwortung),
5. Austausch zwischen Planung und Ausführung,
6. eindeutige Leistungs- und Qualitätsbeschreibungen,
7. abgeschlossene Planung vor Baubeginn,
8. zusätzliche Qualitätsprüfung, planungs- und baubegleitend,
9. Vergabe nur an leistungsfähige Bieter,
10. sinnvolle Bündelung von Leistungsbereichen,
11. Produktqualität, z. B. durch Vorfertigung,
12. Einbeziehung der Baustoffhersteller und -lieferanten,
13. Einrichtung von Qualitätsmanagement und Dokumentationen.

I.2.3 Bauphysikalische Grundlagen

I.2.3.1 Wärmeschutz

Unter Wärmeschutz werden Maßnahmen zur Verringerung der Wärmeübertragung zwischen Räumen und der Außenluft und zwischen Räumen mit verschiedenen Raumtemperaturen verstanden. Der Wärmeschutz eines Gebäudes ist abhängig von der Wärmeleitfähigkeit der umschließenden Bauteile wie Wände, Decken, Dächer, Fenster und Türen. Die Anforderungen an den Wärmeschutz sind in der DIN 4108-2 „Wärmeschutz und Energie-Einsparung in Gebäuden – Teil 2: Mindestanforderungen an den Wärmeschutz" und in der Energieeinsparverordnung (EnEV) (s. Kap. I.3) festgelegt.

Anforderungen der Energieeinsparverordnung

Die Anforderungen der Energieeinsparverordnung (EnEV 2007) gelten für (neu) zu errichtende Gebäude (Wohngebäude, Nichtwohngebäude, kleine Gebäude mit weniger als 50 m² Grundfläche, beheizte und gekühlte Räume, die aufgrund ihrer bestimmungsgemäßen Nutzung direkt oder durch Raumverbund beheizt oder gekühlt werden) einschließlich ihrer Heizungs-, raumlufttechnischen und zur Warmwasserbereitung dienenden Anlagen. Für bestehende Gebäude und Anlagen gelten die Anforderungen an energetische Qualitäten bzw. Bilanzen, wenn nach § 9 (4)

- Erweiterungen oder der Ausbau eines Gebäudes um beheizte oder gekühlte Räume mit zusammenhängend mindestens 15 m² bzw. maximal 50 m² erfolgt,
- Änderungen an Außenwänden, außen liegenden Fenstern, Fenstertüren und Dachflächenfenstern mit mehr als 20 % der Bauteilflächen gleicher Orientierung durchgeführt werden,
- Änderungen an Außenbauteilen mit mehr als 20 % der gesamten Bauteilfläche erfolgen.

Die häufigsten Änderungen an bestehenden Gebäuden sind erfahrungsgemäß die Instandhaltung und energetische Modernisierung von einzelnen oder mehreren Außenbauteilen. Dem Stand der Technik entsprechend sind umfangreiche Modernisierungsmethoden in die Anforderungen der EnEV einbezogen worden. Werden bei beheizten Gebäuden die nachfolgend beschriebenen Änderungen (EnEV, Anlage 3, Nr. 1 bis 6) vorgenommen und betreffen mehr als 20 % der Bauteilfläche, dürfen die in der Anlage 3, Tabelle 1 (s. Tabelle 4.3.1) festgelegten Wärmedurchgangskoeffizienten U_{max} der betroffenen Außenbauteile nicht überschritten werden:

- Außenwände:
  Ersatz, Einbau, Erneuerung, z. B. durch das Anbringen von Bekleidungen, Verschalungen, Vorsatzschalen, Dämmschichten, Außenputz, Ausfachungen,
- Fenster, Fenstertüren, Dachflächenfenster:
  Ersatz, Einbau, Erneuerung durch Einbau von Vor- oder Innenfenstern, Ersatz der Verglasung; separate Anforderungen für Sonderverglasungen,
- Außentüren:
  Erneuerungen,
- Decken (oberste Geschossdecken), Steildächer, Flachdächer:
  Ersatz oder Neuaufbau der Dachhaut oder außenseitigen Bekleidung/Verschalung, Aufbringen oder Erneuern innenseitiger Bekleidungen/Verschalungen, Einbau von Dämmschichten, Einbau zusätzlicher Bekleidungen oder Dämmschichten an Wänden zum unbeheizten Dachraum,
- Wände und Decken gegen unbeheizte Räume und gegen Erdreich:
  Anbringen oder Erneuern von Bekleidungen, Verschalungen, Feuchtigkeitssperren, Dränagen, Fußbodenaufbauten, Deckenbekleidungen, Dämmschichten,
- Vorhangfassaden:
  Ersatz oder erstmaliger Einbau des gesamten Bauteils oder Ersatz der Füllung – Verglasung oder Paneele.

Die Höchstwerte der Wärmedurchgangskoeffizienten bei erstmaligem Einbau, Ersatz oder Erneuerung von Bauteilen nach Energiesparverordnung (EnEV) sind in Tabelle I.2.01 enthalten.

Regeln und Normen

Aus Gesundheits- und Hygienegründen entstand um 1920 der Begriff „Mindestwärmeschutz" und wurde 1952 in der DIN 4108 „Wärmeschutz im Hochbau" festgeschrieben. Die Norm orientierte sich an den damals üblichen Wanddicken und legte Mindestwärmedurchlasswiderstände 1/λ für 3 verschiedene Wärmedämmgebiete fest. 1/λ beschreibt den Widerstand, den ein bestimmter Baustoff der Wärme beim Durchgang durch ein Bauteil entgegensetzt. Der Wärmedurchlasswiderstand für das Wärmedämmgebiet I (nord- und westdeutsche Gebiete mit milden Wintern) entsprach z. B. etwa einer 30 cm dicken Wand aus Vollziegeln mit der Folge entsprechend niedriger Temperaturen auf den inneren Wandoberflächen.

Mit der Wärmeschutzverordnung (WSchV) wurden auf der Grundlage des „Gesetzes zur Einsparung von Energie in Gebäuden" (Energieeinspargesetz 1976) im Jahr 1977 zusätzlich Vorschriften erlassen, die eine wirtschaftlich sinnvolle Beschränkung des Energieverbrauchs forderten. Da hierin jedoch nur mittlere Wärmedurchgangskoeffizienten (k-Werte) festgeschrieben waren, galt weiterhin die DIN 4108 von 1952. Im Jahr 1981 wurde die DIN 4108 „Wärmeschutz im Hochbau" daraufhin erstmals neu bearbeitet. Von 1996 bis 2001 traten wiederum überarbeitete bzw. neu erarbeitete Teile in Kraft.

I.2.3.2 Schallschutz

Da die Gesundheit der Menschen auch durch ständigen Lärm gefährdet ist, ist es eine Aufgabe von Bautechnik und Bauphysik, Lärm in Wohnungen und Arbeitsräumen durch geeignete Maßnahmen zur Schalldämmung oder Schallabsorption in erträglichen Grenzen zu halten aber auch Schallkomfort zu erzeugen für das Wohlbefinden.

Die Musterbauordnung (MBO November 2002) fordert in § 15 (2) einen der Gebäudenutzung entsprechenden Schallschutz. Die DIN 4109 „Schallschutz im Hochbau", die in den einzelnen Bundesländern als technische Baubestimmung eingeführt ist, stellt die Grundlage der schalltechnischen Anforderungen und Bewertungen dar.

Die Anforderungen der Norm sind jedoch Mindestwerte, sie entsprechen dem geschuldeten Mindestschallschutz. Im Beiblatt 2 zur DIN 4109 „Schallschutz im Hochbau" werden die erhöhten Anforderungen an den Schallschutz als Empfehlungen aufgeführt.

Die Anforderungen an den Schallschutz gegen Außenlärm sind der DIN 4109 „Schallschutz im Hochbau", in Abhängigkeit von der Nutzung des Gebäudes und des maßgeblichen Außenlärmpegels, zu entnehmen. Beim Nachweis des vorhandenen Schalldämm-Maßes einer Außenwand muss der jeweilige Wandaufbau berücksichtigt werden.

Zur Beurteilung des Schallschutzes im Gebäudeinneren ist zwischen dem Schallschutz innerhalb des eigenen Wohn- und Arbeitsbereiches und dem Schallschutz gegenüber fremden Wohn- und Arbeitsbereichen zu unterscheiden.

Eine schallschutztechnische Ertüchtigung gehört beim Bauen im Bestand zu den typischen Bauaufgaben. Abgesehen von Innen- und Außenwänden inklusive Fenstern und Türen wird ein besserer Schallschutz insbesondere bei Fußböden- bzw. Deckenkonstruktionen und Treppen gewünscht.

Tabelle I.2.01: Höchstwerte der Wärmedurchgangskoeffizienten bei erstmaligem Einbau, Ersatz und Erneuerung von Bauteilen (Quelle: EnEV)

Zeile	Bauteil	Maßnahme nach	Wohngebäude und Zonen von Nicht-wohngebäuden mit Innentemperaturen von ≥ 19 °C	Zonen von Nicht-Wohngebäuden mit Innentemperaturen von 12 bis < 19 °C
			maximaler Wärmedurchgangskoeffizient U_{max} [1] in W/(m² · K)	
1 a)	Außenwände	allgemein	0,45	0,75
b)		Nr. 1 b, d und e	0,35	0,75
2 a)	außen liegende Fenster, Fenstertüren, Dachflächenfenster	Nr. 2 a und b	1,7[2]	2,8[2]
b)	Verglasungen	Nr. 2 c	1,5[3]	keine Anforderungen
c)	Vorhangfassaden	allgemein	1,9[4]	3,0[4]
3 a)	außen liegende Fenster, Fenstertüren, Dachflächenfenster mit Sonderverglasungen	Nr. 2 a und b	2,0[2]	2,8[2]
b)	Sonderverglasungen	Nr. 2 c	1,6[3]	keine Anforderungen
c)	Vorhangfassaden mit Sonderverglasungen	Nr. 6 Satz 2	2,3[4]	3,0[4]
4 a)	Decken, Dächer und Dachschrägen	Nr. 4.1	0,3	0,4
b)	Flachdächer	Nr. 4.2	0,25	0,4
5 a)	Decken und Wände gegen beheizte Räume oder Erdreich	Nr. 5 b und e	0,4	keine Anforderungen
b)		Nr. 5 a, c, d und f	0,5	keine Anforderungen

[1] Wärmedurchgangskoeffizient des Bauteils unter Berücksichtigung der neuen und der vorhandenen Bauteilschichten; für die Berechnung opaker Bauteile ist DIN EN ISO 6946: 1996-11 zu verwenden.
[2] Bemessungswert des Wärmedurchgangskoeffizienten des Fensters; der Bemessungswert des Wärmedurchgangskoeffizienten des Fensters ist technischen Produkt-Spezifikationen zu entnehmen oder gemäß den nach den Landesbauordnungen bekannt gemachten energetischen Kennwerten für Bauprodukte zu bestimmen. Hierunter fallen insbesondere energetische Kennwerte aus europäischen technischen Zulassungen sowie energetische Kennwerte der Regelungen nach der Bauregelliste A Teil 1 und aufgrund von Festlegungen in allgemeinen bauaufsichtlichen Zulassungen.
[3] Bemessungswert des Wärmedurchgangskoeffizienten der Verglasung; der Bemessungswert des Wärmedurchgangskoeffizienten der Verglasung ist technischen Produkt-Spezifikationen zu entnehmen oder gemäß den nach den Landesbauordnungen bekannt gemachten energetischen Kennwerten für Bauprodukte zu bestimmen. Hierunter fallen insbesondere energetische Kennwerte aus europäischen technischen Zulassungen sowie energetische Kennwerte der Regelungen nach der Bauregelliste A Teil 1 und aufgrund von Festlegungen in allgemeinen bauaufsichtlichen Zulassungen.
[4] Wärmedurchgangskoeffizient der Vorhangfassade; er ist nach allgemein anerkannten Regeln der Technik zu ermitteln.

Trittschall

Der Schallschutz bei Fußboden- und Deckenkonstruktionen inklusive Treppen bezieht sich meist auf den Trittschallschutz, dessen Anforderungen in der DIN 4109 „Schallschutz im Hochbau" wie folgt definiert werden:

- In Einfamilienhäusern und innerhalb einer Wohnung werden keine Anforderungen an den Trittschallschutz gestellt.
- In Mehrfamilienhäusern beträgt die Anforderung an den Trittschallschutz zwischen Aufenthaltsräumen von Wohnungen und fremden Räumen $L'_{n,l\,w,\,erf.}$ = 53 dB, von Treppenhäusern $L'_{n,l\,w,\,erf.}$ = 58 dB und von Spiel- oder Gemeinschaftsräumen $L'_{n,l\,w,\,erf.}$ = 46 dB.

Bei der Berechnung des Schallschutzes dürfen weiche Fußbodenbeläge (z. B. Teppiche) aufgrund ihrer Austauschbarkeit nicht eingerechnet werden.

Eine effiziente Trittschalldämmung wird durch das Einbringen geeigneter Dämmstoffe erreicht. Im Gegensatz zu anderen Dämmstoffen benötigen Trittschalldämmstoffe ein ausreichendes Federungsvermögen, das als dynamische Steifigkeit bezeichnet und gekennzeichnet wird. Je niedriger die dynamische Steifigkeit, desto elastischer, dicker und somit wirksamer ist der Trittschalldämmstoff. Dabei muss jedoch berücksichtigt werden, dass der Trittschalldämmstoff über eine ausreichende Mindestdruckfestigkeit verfügen muss, um neben der Last des Estrichs auch weitere Verkehrslasten aufnehmen zu können. Zur Trittschalldämmung werden insbesondere Mineralfaserplatten, expandierte, elastifizierte Polystyrole und Kokosfaserdämmstoffe verwendet.

I.2.3.3 Brandschutz

Der Brandschutz steht beim Bauen im Bestand in einem engen Zusammenhang mit dem sogenannten Bestandsschutz (s. Kap. I.3.1.3). Entsprechend sind die Anforderungen an den Brandschutz zwingend zu erfüllen. Sie sind geregelt in der DIN 4102 „Brandverhalten von Baustoffen und Bauteilen" bzw. in der DIN EN 13501 „Klassifizierung von Bauprodukten und Bauarten zu ihrem Brandverhalten – Teil 1: Klassifizierung mit den Ergebnissen aus den Prüfungen zum Brandverhalten von Bauprodukten", den Landesbauordnungen und den zusätzlichen Bestimmungen, wie z. B. Hochhaus-Richtlinien bzw. -Verordnungen, Verordnungen über Garagen, Verordnungen bzw. Richtlinien über den Bau und Betrieb von Gaststätten, Verkaufsstätten, Baulicher Brandschutz im Industriebau, Richtlinie für die Verwendung brennbarer Baustoffe im Hochbau (RbBH). Hinzu kommen aber auch teilweise Richtlinien für spezielle Gebäude, wie Krankenhäuser, Heime, Schulen und Kindergärten.

Die an einen Neubau bzw. infolge einer Nutzungsänderung gestellten Anforderungen sollten in jedem Falle beachtet und größtmöglich berücksichtigt werden, um Bewohner bzw. Nutzer nicht zu gefährden.

Neben der Betrachtung der Baustoffe und -teile aus brandschutztechnischer Sicht rücken beim Bauen im Bestand Brandschutzkonzepte wie z. B. das nachträgliche Anbringen einer notwendigen sogenannten Fluchttreppe, von Rettungssystemen, Sprinkleranlagen und insbesondere der Einbau von Rauch- und Wärmeabzugsanlagen (RWA) in den Vordergrund.

Rauch- und Wärmeabzugsanlagen (RWA) haben die Aufgabe, im Brandfall Rauch abzuleiten, und tragen je nach Art und Nutzung eines Gebäudes dazu bei, Nutzern zu ermöglichen, sich in Sicherheit zu bringen. Rettungsmannschaften geben sie die Möglichkeit, Menschen, Tiere und Sachwerte zu retten. Außerdem dienen sie einer wirksamen Brandbekämpfung und können Brandfolgeschäden durch Brandgase und thermische Zersetzungsprodukte verringern.

Eine brandschutztechnische Ertüchtigung gehört beim Bauen im Bestand zu den typischen Bauaufgaben. Eine Optimierung des Brandschutzes ist insbesondere wegen des Brandüberschlages bei z. B. Fußböden- bzw. Deckenkonstruktionen, Dachkonstruktionen und Treppen erforderlich. Insbesondere Schächte, Installationsführungen und -leitungen müssen beim Bauen im Bestand beachtet werden.

Abb. I.2.01: Eine Lichtkuppel als Bestandteil einer Rauch- und Wärmeabzugsanlage (RWA) ermöglicht, entsprechend ausgerüstet, die natürliche Entlüftung als Rauch- und Wärmeabzug.

I.2.4 Schadstofffreies Bauen im Bestand

Gesundes, schadstofffreies Wohnen ist ein elementares Bedürfnis. Durch eine intensive öffentliche Diskussion über das Thema gesundes Wohnen und Vermeidung von Schadstoffbelastungen in Innenräumen hat die Sensibilisierung der Bürger für diese Zusammenhänge in den letzten Jahren erheblich zugenommen. Auch wenn es heute zum Allgemeinwissen gehört, dass Bauprodukte gesundheitsschädliche Stoffe enthalten können, wurde dieses Thema bis Ende der 1970er-Jahre kaum beachtet. Erst die allmähliche Erkenntnis über die gesundheitlichen Auswirkungen von Schadstoffemissionen auf den Organismus haben das öffentliche Bewusstsein entscheidend verändert.

I.2.4.1 Luftverunreinigungen

Als Luftverunreinigung werden gasförmige oder als Feststoffpartikel in der Luft schwebende Stoffe (Staub und Aerosole) bezeichnet. In § 3 Art. 4 BImSchG (Gesetz zum Schutz vor schädlichen Umwelteinwirkungen durch Luftverunreinigungen, Geräusche, Erschütterungen und ähnliche Vorgänge – Bundes-Immissionsschutzgesetz) sind Luftverunreinigungen definiert als *„Veränderungen der natürlichen Zusammensetzung der Luft, insbesondere durch Rauch, Ruß, Staub, Gase, Aerosole, Dämpfe oder Geruchsstoffe".*

Häufig auftretende Bestandteile verunreinigter Luft sind insbesondere

- gasförmige anorganische Stoffe wie Schwefeldioxid (SO_2), Schwefelwasserstoff (H_2S), Stickstoffdioxid (NO_2), Stickstoffmonoxid (NO), Ammoniak (NH_3), Kohlenstoffmo-

noxid (CO), Kohlenstoffdioxid (CO_2) und Ozon (O_3),
- organische Stoffe wie Aldehyde (z. B. Formaldehyd), Kohlenwasserstoffe (z. B. Methan, Benzol), Ketone (z. B. Aceton), Phenole, polycyclische aromatische Kohlenwasserstoffe (PAK) und Fluorchlorkohlenwasserstoffe (FCKW),
- partikelförmige Stoffe, Stoffgemische und Stäube wie Ruß, Flugasche, Zementstaub, Abbrände (Metalloxide), Blei, Cadmium, Chrom und Mangan,
- faserförmige Stoffe wie Asbest und künstliche Mineralfasern (KMF).

Die meisten der aufgeführten Stoffe und Verbindungen gelten auch als Luftschadstoffe.

I.2.4.2 Innenraumbelastungen

Untersuchungen des Umweltbundesamtes (UBA) haben ergeben, dass sich Erwachsene im Durchschnitt etwa 20 Stunden am Tag in Innenräumen aufhalten, was hochgerechnet ca. 80 bis 90 % ihrer Lebenszeit ausmacht. Die Qualität der Innenraumluft hat daher eine entscheidende Bedeutung für die Gesundheit und das Wohlbefinden. Trotzdem ist der Innenraumluftbereich bisher weder durch Gesetze und Verordnungen oder andere rechtlich verbindliche Vorgaben geregelt. Die existierenden Grenz- und Richtwerte für Schadstoffe wurden ursprünglich für Arbeitsplätze, an denen mit Gefahrstoffen umgegangen wird, erarbeitet (z. B. Maximale Arbeitsplatz-Konzentration – MAK-Wert, 2005 durch den Arbeitsplatzgrenzwert – AGW ersetzt).

Ursächlich für die Innenraumbelastungen sind insbesondere die Anwendung zahlreicher schadstoffhaltiger Artikel im Haushalt, wie beispielsweise:

- Spanplatten und Möbel (Formaldehyd),
- Teppichböden und Fußbodenkleber (Weichmacher, Vinylchlorid),
- Parkettkleber auf Teerbasis (PAK),
- Farben, Lacke, Kleber, Spachtel- und Dichtungsmassen (Lösemittel),
- Dämmstoffe (KMF),
- alte Thiokol-Dichtungsmassen (PCB),
- Biozidanwendung zum Schutz von Holz (chemische Holzschutzmittel),
- Mittel zur Ungezieferbekämpfung (Insektizide).

Viele dieser Produkte können über Tage, einige sogar über Jahre, durch ihre Emissionen die Innenraumluft belasten und die Gesundheit der sich dort aufhaltenden Menschen schädigen. Darüber hinaus haben Faktoren wie die zunehmende Wärmedämmung und Abdichtung der Räume (aus Energieeinsparungs- und Lärmschutzgründen) sowie die häufig ungenügende aktive Raumlüftung die Belastung der Innenraumluft mit Schadstoffen noch erhöht.

Innenraumbelastungen können individuell sehr unterschiedliche gesundheitliche Auswirkungen haben. Diese hängen dabei vor allem von der Aufenthaltsdauer in den belasteten Räumen, von der Konstitution, dem Alter, der individuellen Veranlagung und der Sensibilisierung der jeweilig betroffenen Person ab.

Nach Untersuchungen des Bundesministeriums für Umwelt, Naturschutz und Reaktorsicherheit (BMU) können Innenraumschadstoffe Reizerscheinungen der Atemwege und Allergien bis hin zu toxischen Effekten bei extremen Belastungssituationen bewirken. Die Studie („Verbesserung der Luftqualität in Innenräumen – Ausgewählte Handlungsschwerpunkte aus Sicht des BMU", 03/2005) besagt weiterhin, dass zahlreiche Krankheitserscheinungen wie allergische Reaktionen der Haut (Neurodermitis) oder der Schleimhäute, Bronchitis bis Asthma, Störungen des Nervensystems oder auch Immunschäden und Symptome wie Müdigkeit, Gedächtnis- und Konzentrationsstörungen, Kopfschmerzen, sogar Depressionen oder andere mentale Veränderungen und sensorische Störungen ihre Ursache in einer unzureichenden Innenraumluftqualität haben können.

I.2.4.3 Grenz- und Richtwerte

In Deutschland beschäftigt sich vor allem die Innenraumlufthygiene-Kommission (IRK) mit dem Thema Innenraumluftqualität. Die für die Erarbeitung von Richtwerten zuständige Arbeitsgruppe hat bislang u. a. Empfehlungswerte für organische Verbindungen (z. B. Toluol, Dichlormethan, Pentachlorphenol, Styrol, Naphthalin), für aromatenarme Kohlenwasserstoffgemische und einige anorganischen Gase (Kohlenstoffmonoxid, Stickstoffdioxid) sowie für die Summe flüchtiger organischer Verbindungen (TVOC, engl.: total volatile organic compounds) abgeleitet. Auch wenn diese Richtwerte (RW II/RW I) für Schadstoffe in Innenräumen rechtlich nicht bindend sind, werden sie in der Praxis durchaus als Orientierung genutzt.

RW II/RW I

Gemäß der Definition der zuständigen Arbeitsgruppe (Bund/Länder-Arbeitsgruppe ad-hoc-IRK-AOLG) stellt der Richtwert II (RW II) *„die Konzentration eines Stoffes dar, bei deren Erreichen bzw. Überschreiten unverzüglich Handlungsbedarf besteht, da diese Konzentration geeignet ist, insbesondere für empfindliche Personen bei Daueraufenthalt in den Räumen eine gesundheitliche Gefährdung darzustellen"*. Der Richtwert I (RW I) dient als Sanierungszielwert, der nach Möglichkeit unterschritten werden sollte. Laut Definition handelt es sich dabei um die Konzentration eines Stoffes in der Innenraumluft, *„bei der im Rahmen einer Einzelstoffbetrachtung nach gegenwärtigem Erkenntnisstand auch bei lebenslanger Exposition keine gesundheitlichen Beeinträchtigungen zu erwarten sind"*. Bei Überschreitung des Empfehlungswertes liegt dagegen eine über das übliche Maß hinausgehende unerwünschte Belastung der Innenraumluft vor.

Nachfolgend aufgeführte weitere Richt- und Grenzwerte werden ebenfalls häufig als Orientierungshilfe zur Beurteilung der Innenraumluft herangezogen. Sie sind an Werte angelehnt, die für die Beurteilung der Luft an Arbeitsplätzen vorgegeben sind.

MAK-Wert

Die MAK-Werte (Maximale Arbeitsplatz-Konzentration) werden von der Deutschen Forschungsgemeinschaft (DFG) jährlich als Mitteilungen der Senatskommission zur Prüfung gesundheitsschädlicher Arbeitsstoffe veröffentlicht. Definiert wird der MAK-Wert als „*die höchstzulässige Konzentration eines Arbeitsstoffes als Gas, Dampf oder Schwebstoff in der Luft am Arbeitsplatz, die nach dem gegenwärtigen Stand der Kenntnis auch bei wiederholter und langfristiger, in der Regel täglich achtstündiger Exposition, jedoch bei Einhaltung einer durchschnittlichen Wochenarbeitszeit von 40 Stunden im Allgemeinen die Gesundheit der Beschäftigten nicht beeinträchtigt und diese nicht unangemessen belästigt*".

Mit dem Inkrafttreten der neuen Gefahrstoffverordnung (GefStoffV) im Jahr 2005 wurde u. a. der MAK-Wert durch den neu eingeführten Arbeitsplatzgrenzwert (AGW) ersetzt. Die alte Bezeichnung MAK-Wert kann und soll jedoch bis zur vollständigen Umsetzung der Verordnung als Richt- und Orientierungsgröße weiter verwendet werden.

NOAEL

Der NOAEL (engl.: no-observed-adverse-effect-level) ist ein Maß für die höchste Dosis eines Stoffes, die Organismen verabreicht werden kann, ohne erkennbare toxische Wirkungen hervorzurufen. Der Grenzwert wird von der amerikanischen Umweltbehörde EPA herausgegeben.

Eine weitere Orientierungshilfe stellt der von der IRK veröffentlichte „Leitfaden für die Innenraumlufthygiene in Schulgebäuden" dar, der auch auf den Wohnbereich angewendet werden kann.

I.2.4.4 Schadstoffe in Innenräumen

Die Luftbelastungen in Innenräumen werden u. a. in folgende Kategorien eingeteilt:

- leicht flüchtige Schadstoffe (VOC),
- schwer flüchtige Schadstoffe (SVOC),
- faserförmige Schadstoffe.

Leicht flüchtige Schadstoffe

Leicht flüchtige Schadstoffe werden auch als leicht flüchtige organische Verbindungen (VOC, engl.: volatile organic compounds) bezeichnet. Zu den relevanten VOC zählen insbesondere der Einzelstoff Formaldehyd sowie die Schadstoffgruppe der Lösemittel.

Folgende Substanzen werden u. a. zu den Lösemitteln gezählt:

- aromatische Lösemittel (z. B. Toluol, Xylole),
- chlorierte Lösemittel (z. B. Perchlorethylen, Dichlormethan),
- Alkohole, Aldehyde, Ketone und Ester (z. B. Methanol, Methylethylketon, Ethylacetat),
- Glykolverbindungen (z. B. Butylglykol, Ethylglykol, Ethylenglykolether),
- Terpene (Pinen, Caren, Limonen).

Die Leichtflüchtigkeit erklärt sich dadurch, dass sich diese Substanzen vergleichsweise schnell in der Luft verteilen und bei häufigem Lüften auch schnell wieder verschwinden. Bei einigen lösemittelhaltigen Lacken sind in der Innenraumluft schon wenige Tage nach der Verarbeitung keine gesundheitsschädlichen Emissionen mehr nachweisbar. Bei formaldehydhaltigen Spanplatten hingegen ist auch noch nach Jahren eine Belastung der Innenraumluft durch Formaldehyd festzustellen.

Die Innenraumbelastungen durch leicht flüchtige Schadstoffe basieren vor allem auf den Emissionen aus Holzwerkstoffen (z. B. Phenol, Terpene, Formaldehyd), Klebstoffen (z. B. Aromaten, Ester, Ketone, aliphatische Lösemittel), PVC-Belägen und Kunststoffbeschichtungen (z. B. Alkohole, Weichmacher, Vinylchlorid), Lacken (z. B. Aromaten, Ketone, Ester, Alkohole) und Dispersionsfarben (z. B. Glykole, Alkohole).

Zu den VOC sind einige Verbindungen zu zählen, die als hochgiftig eingestuft sind. Sie schädigen das Nervensystem sowie Leber und Nieren und lösen Allergien aus. Einige VOC haben krebserregende und fruchtschädigende Wirkungen. Typische Symptome sind z. B. Kopfschmerzen, Sehstörungen, Atemwegs- und Schleimhautreizungen, Gliederschmerzen, Schwäche, Schwindel und Müdigkeit sowie eine erhöhte Infektionsanfälligkeit.

Schwer flüchtige Schadstoffe

Schwer flüchtige Schadstoffe werden auch als (mittel- bis) schwer flüchtige organische Verbindungen (SVOC, engl.: semivolatile organic compounds) bezeichnet. Bei den relevanten SVOC handelt es sich insbesondere um organische Molekülverbindungen, die im Vergleich zu den leicht flüchtigen Stoffen wesentlich weniger stark ausgasen. Die schwer flüchtigen Verbindungen sind daher nur in sehr geringer Konzentration in freier Form (als Gas) in der Innenraumluft vorhanden, da sie sich schnell wieder an Oberflächen wie z. B. Staubpartikel (Hausstaub), Einrichtungsgegenständen, Tapeten und Vorhängen anlagern. Auf diese Weise kann es zu einer für die Innenraumbelastung bedeutenden Anreicherung von Schadstoffen kommen. Viele dieser gesundheitsgefährdenden Substanzen sind noch über Jahre in den Innenräumen nachweisbar.

Schwer flüchtige Schadstoffe werden häufig nicht nur nach ihrer chemischen Zusammensetzung, sondern auch nach der Art ihrer Anwendung eingeteilt und benannt. Zu den wichtigsten SVOC zählen:

- Biozide (z. B. Insektizide, Fungizide, Herbizide; chemische Holzschutzmittel),
- Flammschutzmittel,
- Weichmacher (Phthalate),
- sonstige Schadstoffe wie z. B. polycyclische aromatische Kohlenwasserstoffe (PAK) und polychlorierte Biphenyle (PCB).

Die Innenraumbelastungen durch schwerflüchtige Schadstoffe basieren vor allem auf den Emissionen aus PVC-Belägen und Kunststoffen allgemein (Phthalate), Teerölprodukten (PAK), Fugendichtmassen (PCB), chemischen Holzschutzmitteln (Biozide), Klebern und Lacken (Phthalate) sowie Montageschäumen (Flammschutzmittel).

Einige SVOC sind krebserregend, erbgut- und fruchtschädigend (Biozide). Sie schädigen das Nervensystem sowie Leber und Nieren und lösen Allergien aus. Bei SVOC auf Phosphorbasis (Flammschutzmittel) handelt es sich um klassische Nervengifte, die zudem in Verdacht stehen, eine erbgutverändernde Wirkung zu haben. Das gesundheitsgefährdende Potenzial durch Weichmacher (Phthalate) ist trotz der großen Einsatzbreite noch wenig erforscht. Wissenschaftlichen Untersuchungen in den USA zufolge sind diese Stoffe als krebserregend einzustufen.

Faserförmige Schadstoffe

Weitere zusätzliche Belastungen der Innenraumluft gehen von freigesetzten Asbest- und künstlichen Mineralfasern (KMF) aus.

Asbest ist ein Sammelname für silikatische Mineralfasern (Silikate). Da Asbest unbrennbar und chemisch sehr resistent ist, wurde es in der Vergangenheit als Baumaterial vor allem im Brandschutz verwendet. Überwiegend wurde Asbest in Dach- und Fassadenplatten, Feuerschutzwänden, Rohrleitungen und Dichtungsmaterialien sowie Spachtelmassen und Fensterkitten verwendet. Darüber hinaus finden sich Asbestfasern in Fußbodenbelägen und Parkettklebern. Asbest kann durch z. B. Verarbeitungs- und Verschleißvorgänge in die Umwelt bzw. in die Innenraumluft gelangen. Das Einatmen von Asbestfasern kann zu Lungenschäden führen, die bei chronischer Belastung eine Asbestose sowie Lungenkrebs erzeugen können. Die Einstufung von Asbest erfolgt nach der Gefahrstoffverordnung (GefStoffV) in die Kategorie der krebserzeugenden, erbgutverändernden und fruchtbarkeitsgefährdenden Gefahrstoffe. In Deutschland wurde Asbest 1994 auf Grundlage der Chemikalien-Verbotsverordnung (ChemVerbotsV) bis auf wenige Ausnahmen endgültig verboten.

KMF-Produkte umfassen industriell gefertigte silikatische Fasern mit unterschiedlicher chemischer Zusammensetzung. Als wichtigste Produktgruppen sind die Mineralwolle-Erzeugnisse zu nennen, die vor allem in Glaswolle und Steinwolle unterteilt werden. KMF werden insbesondere für wärme- und schallschutztechnische Zwecke verwendet, z. B. im Dachausbau, für Außenfassaden, in Leichtbauwänden und Akustikdecken sowie als Trittschalldämmung in Fußbodenkonstruktionen. Eine gesundheitsschädigende Wirkung kann bei künstlichen Mineralfasern durch Einatmen auftreten. Ähnlich wie bei Asbestfasern wirken sie dann krebserzeugend. Auch im Feinstaubbereich sind sie besonders schädlich für die Lunge. Bei direktem Kontakt können KMF Hautreizungen auslösen. Seit 1996 werden KMF der „neuen Generation" hergestellt, die als nicht krebserzeugend eingestuft sind. Bei dem Umgang mit KMF der „alten Generation" (Produkte, die vor 1996 hergestellt worden sind) ist dagegen von einem hohen gesundheitsgefährdenden Potenzial auszugehen.

Aufnahme von Schadstoffen

Die Aufnahme von gesundheitsschädlichen Stoffen in den menschlichen Organismus kann auf unterschiedliche Weise erfolgen:

- inhalativ, über die Atmung (Lunge),
- dermal, über den direkten Kontakt (Haut, Schleimhaut),
- oral, über die Nahrung (Magen-Darm-Trakt).

Die Aufnahme der Schadstoffe erfolgt vorwiegend über die Atemwege und die Lunge (Inhalationstoxikologie).

I.2.4.5 Schadstofffreie Baustoffe

Für neu einzubauende Materialien im Rahmen von z. B. Sanierungen ist die Gesundheitsverträglichkeit durch entsprechende Nachweise oder Gütesiegel meist problemlos nachzuvollziehen. Schwieriger ist es bei den im Bestand verbauten Baustoffen. Oftmals haben Bestandsgebäude bereits einen oder mehrere Eigentümer- und Nutzungswechsel hinter sich, und nicht immer ist klar ersichtlich, welche Materialien sich im Bauwerk befinden.

Die gesundheitstechnischen Anforderungen an Bauwerke und Gebäude sind in den jeweiligen Bauordnungen der Länder geregelt. Daraus geht hervor, dass von baulichen Anlagen keine Gefahr für das Leben, die Gesundheit und die natürlichen Lebensgrundlagen ausgehen darf. Darüber hinaus dürfen die Bewohner bzw. Nutzer der Gebäude nicht durch chemische, physikalische oder biologische Einflüsse belästigt oder gar gefährdet werden. Da diese Ansprüche relativ abstrakt formuliert sind, konnte in der Vergangenheit nicht verhindert werden, dass schadstoffhaltige Bauprodukte verwendet wurden. Noch bis Ende der 1980er-Jahre wurden beispielsweise chemische Holzschutzmittel, asbesthaltige Baustoffe und teerölhaltige Parkettkleber eingesetzt, die heutzutage als allergie-, reiz- und krebserzeugend eingestuft sind und vermieden werden müssen.

Um eventuelle Verunsicherungen bei Eigentümern von Altimmobilien zu vermeiden, soll darauf hingewiesen werden, dass Altlasten, die sich gesundheitsschädigend auswirken, nicht der Normalfall sind. Bestehen Zweifel an der gesundheitlichen Unbedenklichkeit eines Baustoffes, sollte ein Sachverständiger (z. B. Baubiologe, Umweltmediziner) zur Begutachtung hinzugezogen und bei einem negativen Befund zusätzlich mit den notwendigen Sanierungsmaßnahmen betraut werden.

I.3 Regeln, Gesetze und Verordnungen

Autoren: Dipl.-Ing. Silke Nicole Klein, Architektin; Dipl.-Ing. (FH) Dirk Fanslau-Görlitz, Architekt; RA Horst Helmbrecht

Das sogenannte Baurecht umfasst alle Regeln, Gesetze, Vorschriften und Normen, die sich in irgendeiner Weise mit dem Bauen befassen. Das Baurecht unterteilt sich in das öffentliche Baurecht und das private Baurecht.

I.3.1 Das öffentliche Baurecht

Das öffentliche Baurecht behandelt die Pflichten und Ansprüche des Einzelnen im Verhältnis zum Gemeinwesen. In diesem Rahmen befasst sich das öffentliche Baurecht zum einen mit den rechtlichen Bedingungen der Bodennutzung und zum anderen mit denen des konkreten Bauwerks. Entsprechend gliedern sich die Gesetzesgrundlagen in das Bauplanungsrecht und das Bauordnungsrecht.

I.3.1.1 Bauplanungsrecht

Das Bauplanungsrecht liegt in der Gesetzgebungskompetenz des Bundes und hat zum Ziel, die verschiedenen Möglichkeiten der Bodennutzung – und hier im Besonderen die einer Bebauung – nach ordnungsrechtlichen Gesichtspunkten zu regeln. Ziel dabei ist, bundeseinheitliche Bedingungen zu schaffen, die untereinander ausgewogen sind und den verschiedenen Anforderungen möglichst gerecht werden.

Dabei müssen neben dem gültigen Bauplanungsrecht das Bauordnungsrecht und Inhalte sonstiger Rechtsbereiche wie z. B. des Straßen- und Wegerechts, Naturschutzrechts und des Denkmalschutzrechts erfüllt werden.

Während sich auf der Bundes- bzw. Länderebene die Raumordnung und Landesplanung mit der übergeordneten Strukturentwicklung befasst, liegt korrespondierend dazu die Umsetzung des städtebaulichen Planungsrechts in der Zuständigkeit der kommunalen Gebietskörperschaften. Diese haben auf der Grundlage des vom Staat geschaffenen Gesetzeswerks das Recht der selbstbestimmten Entwicklung des eigenen gemeindlichen Hoheitsgebietes.

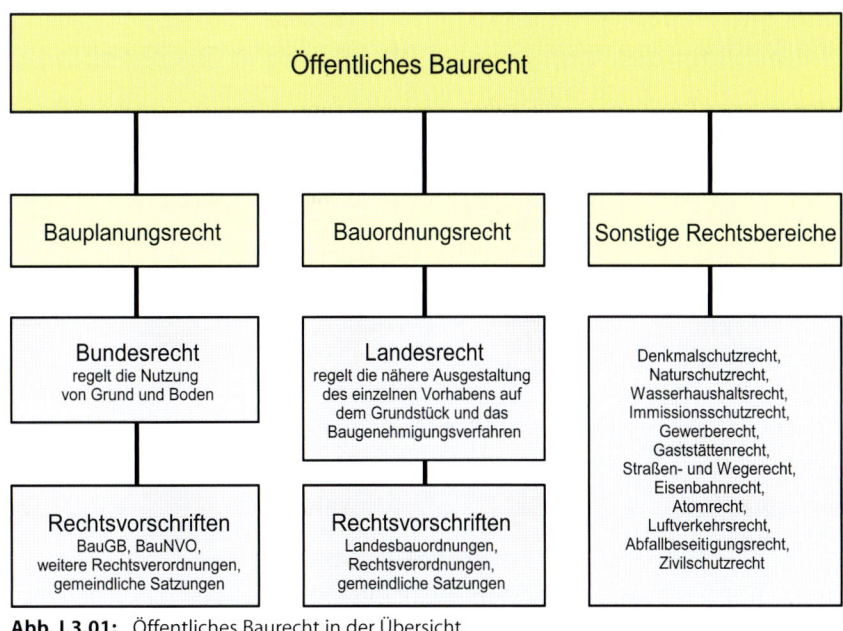

Abb. I.3.01: Öffentliches Baurecht in der Übersicht

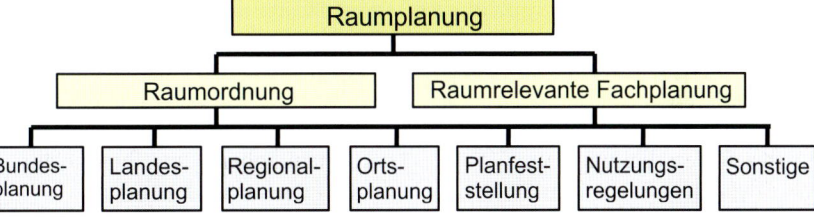

Abb. I.3.02: Raumplanung in der Übersicht

Bauleitplanung

Neben weiteren Instrumenten dient zum städtebaulichen Planungsrecht insbesondere die zweistufige Bauleitplanung. Erste Stufe ist der Flächennutzungsplan als vorbereitender Bauleitplan, der das gesamte Gemeindegebiet planerisch erfasst. Darauf aufbauend besteht eine zweite Stufe der verbindlichen Bauleitplanung aus den Bebauungsplänen, die für Teilbereiche der Gemeinde konkrete Festlegungen trifft. In Hinsicht auf Hochbauten wird darin letztgültig festgeschrieben, welche Nutzungsart, welche Bebauungsdichte und welche Bauform zulässig sind. Mit der Neufassung des Baugesetzbuches (BauGB) vom 23. September 2004 im Rahmen des Europarechtsanpassungsgesetzes Bau (EAG Bau) wurde die Pflicht eingeführt, grundsätzlich mit allen Bauleitplanungen eine Umweltprüfung durchzuführen und die entsprechenden Auswirkungen der jeweiligen Planung mit abzuwägen. BauGB-Novelle (Gesetz zur Erleichterung von Planungsvorhaben für die Innenentwicklung der Städte) vom 21. Dezember (in Kraft getreten am 1. Januar 2007) wurde die durch das EAG-Bau eingeführte förmliche Umweltprüfung für Bauleitpläne erheblich eingeschränkt.

Mit dem Bauplanungsrecht verfügen die Gemeinden auch über die Möglichkeit, im Bestand bestimmte städtebauliche Gebote zu erlassen. So können sie Bau-, Modernisierungs- und Instandsetzungs-, Pflanz-, Rück- oder Entsiegelungsgebote aussprechen (§§ 175 ff. BauGB), Satzungen zur Erhaltung bestimmter baulicher Anlagen erlassen (§§ 172 ff. BauGB) oder die Sanierung von Ortsteilen einleiten (§§ 136 ff. BauGB).

Das maßgebliche Werk zum Bauplanungsrecht, welches verschiedene relevante Rechtsbereiche zusammenführt, ist das Baugesetzbuch (BauGB). In Ergänzung hierzu bzw. im direkten Bezug zum Bauplanungsrecht stehen folgende exemplarisch aufgeführte Gesetze und Verordnungen:

- Durchführungsverordnung zum BauGB als landesrechtliche Bestimmung (z. B.: BauGBDVO – Hessen, DVO-BauGB – Berlin, Niedersach-

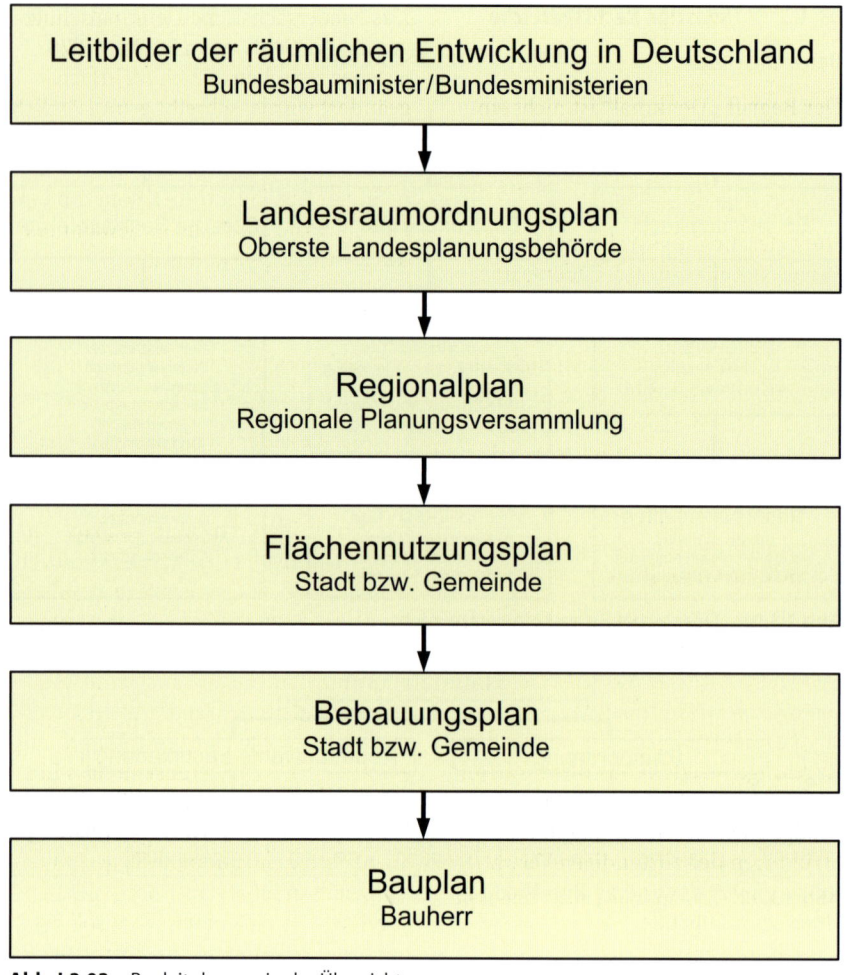

Abb. I.3.03: Bauleitplanung in der Übersicht

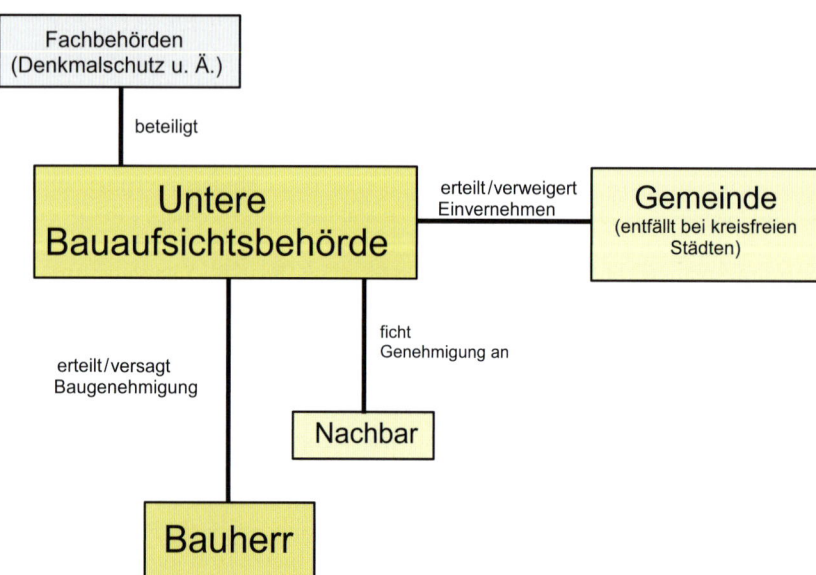

Abb. I.3.04: Baugenehmigung in der Übersicht

sen, NRWDV-BauGB – Nordrhein-Westfalen, BauGB-DVO – Baden-Württemberg),
- Verwaltungsvorschriften (VV) zum BauGB,
- Maßnahmengesetz zum BauGB (BauGBMaßnG),
- Wohnungsbau-Erleichterungsgesetz (WoBauErlG),
- Städtebauförderungsgesetz (StBauFG),
- Baunutzungsverordnung (BauNVO),
- Planzeichenverordnung (PlanzV),
- Wertermittlungsverordnung (WertV),
- Bodenschutzgesetz (z. B.: BBodSchG – Bund, BayBodSchG – Bayern, NBodSchG – Niedersachsen),
- Raumordnungsgesetz (ROG),
- Bundesnaturschutzgesetz (BNatSchG),
- Bundesimmissionsschutzgesetz (BImSchG) usw.

I.3.1.2 Bauordnungsrecht

Das heutige Bauordnungsrecht ist sogenanntes Landesrecht und obliegt der Verantwortung der einzelnen Bundesländer. Das Bauordnungsrecht ist in seinen Anfängen auf das preußische Polizeirecht zurückzuführen. Da das Polizeirecht im föderalen System der Bundesrepublik jedoch grundsätzlich nicht der Gesetzgebung des Bundes unterliegt, wurde auch das Bauordnungswesen in der Zuständigkeit der einzelnen Bundesländer belassen. Um einem gravierenden Auseinanderfallen der Regelinhalte der verschiedenen Landesbauordnungen (LBO) entgegenzuwirken, wurde bereits 1960 eine Musterbauordnung geschaffen. An dieser – unterdessen fortgeschriebenen – Musterbauordnung orientieren sich alle Länderbauordnungen.

Die über das Bauplanungsrecht hinausgehenden Vorschriften, die die Bebauung von Grundstücken regeln, sind zunächst in den Landesbauordnungen enthalten. Ein jedes Bauvorhaben ist grundsätzlich nur dann rechtmäßig, wenn es sowohl dem Bauplanungs- als auch dem Bauordnungsrecht nicht entgegensteht bzw. mit beiden vereinbar ist.

In den LBO werden die vom Gesetzgeber gestellten Anforderungen an bauliche Anlagen formuliert. Durchführungsverordnungen und Technische Baubestimmungen präzisieren diese Anforderungen. Des Weiteren regeln die LBO die Genehmigungsbedürftigkeit von Baumaßnahmen, die zugehörigen Verfahren und schreiben die Verantwortlichkeiten der am Bau Beteiligten fest.

Vom Grundsatz her sind die Regelungen der LBO auf den Wohnungsbau ausgerichtet. Andere Nutzungsarten – einhergehend mit anderen Gebäudetypen – bedingen daher noch weiterführende Regelungen. Beachtlich ist letztlich die Rechtsgrundlage, die den betrachteten Fall konkret regelt.

So sind im Umfeld der LBO und zusätzlich zum vorgenannten Bauplanungsrecht noch eine Vielzahl weiterer Rechtsvorschriften zu beachten, die bei den verschiedenen Bauvorhaben zu berücksichtigen sind. Auch hier sind exemplarisch einige relevante Regelungen aufgeführt:

- Schulbaurichtlinien,
- Versammlungsstättenverordnung (VStättV, VStättVO),
- Garagenverordnung (GaVO, GarVO),
- Verkaufsstättenverordnung (VkV, VkVO),
- Musterbauordnung (MBO),
- Krankenhausbauverordnung (KhBauVO),
- Richtlinie über brandschutztechnische Anforderungen an Leitungsanlagen (LAR),
- Arbeitsschutzgesetz (ArbSchG)/Arbeitsstättenverordnung (ArbStättV)/Arbeitsstättenrichtlinien (ASR),
- Betriebsstättenverordnung (BetrStättV), Betriebssicherheitsverordnung (BetrSichV),
- Gefahrstoffverordnung (GefStoffV)/ Technische Regeln zur Gefahrstoffverordnung (TRGS),
- Bauproduktengesetz (BauPG),
- Bauvorlagenverordnung (BauVorlVO),
- Prüfeinschränkungsverordnung (PrüfeVO),
- Baugebührenordnung (BauGebO, Bau GO, BbgBauGebO) usw.

Die Klärung der Angelegenheiten des Bauordnungsrechts wurde von den Bundesländern grundsätzlich den kommunalen Gebietskörperschaften, d.h. den dortigen unteren Bauaufsichtsbehörden, zugewiesen. Ausnahmen von deren Regel-Zuständigkeit liegen insbesondere im bauaufsichtlichen Widerspruchsverfahren bzw. im Genehmigungsverfahren für den staatlichen Hochbau.

I.3.1.3 Sonstige Rechtsbereiche

Denkmalschutz

Der Begriff „Denkmal" ist nicht eindeutig definiert. Die Gesetzgebung der einzelnen Bundesländer unterscheidet in ihrer Begrifflichkeit.

Die Erfassung, die Wahrung und der Erhalt kulturhistorisch bedeutsamer Objekte sind Gegenstand der Denkmalpflege. Denkmalpflegerisch relevante Objekte befinden sich nicht nur in staatlicher, sondern auch in privater Hand. So auch Bauwerke, die sich – baukulturell hochwertig und erhaltungswürdig – in großer Anzahl in privatem Vermögen befinden.

Rechtliche Grundlagen

Zum Denkmalschutz gibt es keine Rahmengesetzgebung des Bundes. Daher obliegt die Organisation des Denkmalschutzes den Bundesländern, die in eigener Zuständigkeit die notwendigen Regelungen treffen. Aus diesem Grund kann es in der Ausformung der diesbezüglichen Gesetzgebung und den Strukturen der zuständigen Verwaltung von Bundesland zu Bundesland Unterschiede geben.

Innerhalb der meisten Bundesländer obliegt der Denkmalschutz der Oberen Denkmalschutzbehörde, die ihre Zuständigkeit in der Regel auf Landesebene wahrnimmt. Daneben gibt es die Unteren Denkmalschutzbehörden, die auf Ebene der Kreise, kreisfreien Städte und Gemeinden agieren.

Die Denkmalpflege wird vom jeweiligen Landesamt für Denkmalpflege überwacht. Eine enge Zusammenarbeit mit den jeweiligen Bereichen Archäologie und Kunst besteht meist, da ihre Arbeit sich häufig überschneidet.

Die Führung einer einheitlichen Denkmalliste aller Bundesländer wird in Deutschland angestrebt, ist aber nicht zuletzt wegen der Kulturhoheit der Länder noch nicht umgesetzt. Während einige Bundesländer ihre Denkmalliste bereits fertiggestellt und teilweise auch im Internet zugänglich gemacht haben, beschäftigen sich andere noch mit dem Aufbau.

Im Folgenden wird anhand der Regelungen des Landes Niedersachsen ein Überblick zum Denkmalschutz gegeben.

Das Niedersächsische Denkmalschutzgesetz (NDSchG) vom 30. Mai 1978, welches zwischenzeitlich mehrfach geändert wurde, schreibt grundsätzlich eine Erhaltungspflicht von Kulturdenkmälern vor. Verantwortung dafür trägt nicht nur der Eigentümer, sondern ein jeder, der die tatsächliche Gewalt über das jeweilige Objekt ausübt.

Die Erhaltungspflicht geht grundsätzlich jedoch nur so weit, wie die im Gesetz definierte wirtschaftliche Zumutbarkeit noch gegeben ist.

Die Wirkung der Denkmaleigenschaft bezieht sich zunächst auf das jeweilige Objekt selbst. Eingriffe in ein Baudenkmal, wie z. B. durch einen Umbau – außen wie innen – oder auch das Ändern der Nutzung, sind genehmigungspflichtig. Dies gilt auch für Instandsetzungsarbeiten, sofern denkmalpflegerisch relevante Bauteile betroffen sind. Bei einem Baudenkmal kann dessen Denkmaleigenschaft auch auf die Umgebung ausstrahlen. Folge kann sein, dass Eingriffe in Nachbargebäude, die selbst keine baukulturelle Wertigkeit haben, ebenfalls einem denkmalpflegerischen Vorbehalt unterliegen. Durch diesen sogenannten Ensembleschutz soll verhindert werden, dass das eigentliche Baudenkmal beeinträchtigt wird.

Ist ein Baudenkmal z. B. durch mangelnde Bauunterhaltung in seinem Bestand bedroht und ist darüber hinaus auch nicht absehbar, wann die erforderlichen Instandsetzungsarbeiten erfolgen werden, besteht darüber eine Anzeigepflicht gegenüber der zuständigen Denkmalpflegebehörde.

Je nach der Art oder Schwere von etwaigen Verstößen gegen diese Pflichten verfügen die zuständigen Behörden über verschiedene Möglichkeiten zum Durchsetzen der denkmalschutzrechtlichen Belange wie Veranlassen/ Anordnung einer Handlung, Verlangen der Wiederherstellung des ursprünglichen Zustands, Festsetzung eines Bußgeldes, Einleitung eines Strafverfahrens, Streichung von Zuschüssen oder steuerlichen Abschreibungsmöglichkeiten.

Im Zuge der aktuellen Neuordnung der Verwaltung in 2005 (Verwaltungsrechtsreform per 1. Januar 2005) wurden beispielsweise in Niedersachsen die wesentlichen Vollzugsaufgaben zur Denkmalpflege auf der kommunalen

Ebene gebündelt. Die dort angesiedelte Untere Denkmalschutzbehörde wird seitdem in ihrer Zuständigkeit durch die Beratungsangebote des Landesamtes für Denkmalpflege fachlich unterstützt.

Die Denkmalschutzbehörden haben im Rahmen ihrer Zuständigkeit die Möglichkeit, Ausnahmen und Befreiungen gemäß der Bauordnung zu gewähren, wie z. B. im Bereich des baulichen Wärmeschutzes. Bei sicherheitsrelevanten Fragen – beispielsweise hinsichtlich des vorbeugenden baulichen Brandschutzes – ist jedoch zu erwarten, dass rein denkmalpflegerische Aspekte nicht vorrangig entschieden werden.

Genehmigungspflicht und Genehmigungsfreiheit

Eine grundsätzliche Genehmigungspflicht ist außer bei denkmalgeschützten Gebäuden bzw. innerhalb solcher Bereiche immer dann zwingend notwendig, sobald es sich um Anbauten im Sinne von Erweiterungen handelt oder die Tragfähigkeit eines Gebäudes beeinträchtigt wird, wie beispielsweise bereits bei einem Durchbruch in einer tragenden Wand oder Decke.

Die geltenden gesetzlichen Bestimmungen obliegen den Bundesländern und sind in den Landesbauordnungen verankert.

Während Modernisierungs- und Instandsetzungsmaßnahmen grundsätzlich nicht der Genehmigungspflicht unterliegen, muss auch bei Bereichen innerhalb eines gültigen Bebauungsplanes beachtet werden, dass vereinfachte Verfahren z. B. Erweiterungen und zusätzliche baulichen Maßnahmen nicht immer berücksichtigen.

Genehmigungsfrei sind meist bauliche Maßnahmen innerhalb des eigenen Gebäudes, wenn dies nicht denkmalgeschützt ist bzw. innerhalb eines solchen Bereiches liegt und das Tragwerk nicht beeinflusst wird.

Die Beurteilung einer etwaigen Beeinflussung des Tragwerks, also der Statik eines Gebäudes, sollte unbedingt durch Fachleute erfolgen (s. Kap. VI), da eine laienhafte sowie unzureichende Beurteilung fatale Folgen mit sich bringen kann.

Eigentums- und Bestandsschutz

Der Schutz des Eigentums ist im Artikel 14 Grundgesetz (GG) verankert. Zugleich wird dem jeweiligen Eigentümer die Möglichkeit zugestanden, mit seinem Eigentum weitestgehend nach Belieben zu verfahren. Bezogen auf Grundstücke zählen als wichtige Bestandteile des Eigentumsinhaltes der Grundsatz der Baufreiheit und der Schutz der auf dem Grundstück errichteten Gebäude.

Der Grundsatz der Baufreiheit besagt, dass jeder das grundsätzliche Recht besitzt, die bauliche Nutzung seines Grundstücks selbst zu bestimmen. Dieses Recht wird heutzutage jedoch durch die Bestimmungen der Baugesetze stark eingeschränkt.

Die Gesetzgebung zeigt Schranken und Inhalt der Baufreiheit und des Eigentumsrecht auf.

Bestimmungen außerhalb der Baugesetzgebung wie z. B. die Denkmalschutzgesetze, das Naturschutzgesetz sowie das Nachbarrecht beschränken die Nutzung des Eigentums zusätzlich.

Der Eigentumsschutz ist folglich zugleich Inhalts- und Schrankenbestimmungen unterworfen. Als solche qualifiziert das Bundesverwaltungsgericht (BVerwG) auch die baurechtlichen Vorschriften, die z. B. regeln, wo und wie gebaut werden darf. Die im Grundgesetz verankerte Eigentumssicherung ist also durch eine weiterführende Gesetzgebung eingeschränkt.

Da aber Rechtsvorschriften, wie z. B. die Landesbauordnungen, fortgeschrieben werden und sich ändern können, ist eine umfassende Unbedenklichkeitsbestätigung für ein einmal errichtetes Gebäude von erheblicher Bedeutung. Diese Absicherung des Bestandes geschieht durch einen feststellenden Verwaltungsakt, die behördliche Baugenehmigung. Der staatliche Hochbau ist stattdessen einem besonderen verwaltungsinternen Verfahren, der bauaufsichtlichen Zustimmung, unterworfen. Ein Schutz auf Dauer wird jedoch nur für formell und materiell legal Geschaffenes umfassend gewährt, d. h. also für solche Bauten, die nach den gültigen Vorschriften errichtet wurden. Dieser Schutz bezieht sich sowohl auf die Gebäudesubstanz als auch auf die Nutzung.

Entsprechend dieser Gesetzeslage darf z. B. ein Handwerksbetrieb, der genehmigt wurde, in einem später zum reinen Wohngebiet umbenannten Bereich ohne zusätzliche Auflagen, wie z. B. Lärmschutz, bestehen bleiben.

Ebenso ist es z. B. seitens der Behörden nur unter sehr eingeschränkten Bedingungen möglich, ein Gebäude bzw. Grundstück seiner eigentlichen bzw. ursprünglichen Nutzung zu entziehen bzw. ein Grundstück im Zuge einer neu geplanten Baumaßnahme, wie z. B. einer (Umgehungs-)Straße, zu enteignen. Dazu bedarf es immer einer Interessenabwägung zwischen den Eigentumsrechten des Einzelnen nach Artikel 14 GG und dem sogenannten Allgemeinwohl. Gleichwohl sind enteignende staatliche Eingriffe gegen Entschädigungsleistung sehr wohl möglich. Eine Enteignung ist also die rechtmäßige Entziehung oder Belastung des Eigentums durch einen staatlichen Hoheitsakt zum Wohle der Allgemeinheit.

Einzelgesetze, die Enteignungen begründen können, sind z. B.:

- das Baugesetzbuch (BauGB),
- das Bundesfernstraßengesetz (FStrG),
- Landesstraßengesetze,
- Luftverkehrsgesetz (LuftVG),
- Allgemeines Eisenbahngesetz (AEG),
- Bundeswasserstraßengesetz (WaStrG),
- Landeswasserstraßengesetze.

Der Bestandsschutz endet zunächst mit dem Abriss, der Zerstörung oder der Baufälligkeit einer baulichen Anlage. Auch ein Gebäude, das z. B. durch Umbaumaßnahmen so erhebliche Änderungen erfahren hat, dass ein „Identitäts"-Verlust gegenüber der ursprünglich bestandsgeschützten Anlage eintritt, verliert das Privileg des Bestandsschutzes (BVerwG BauR 1993, 445). Es kommt dabei jedoch entscheidend auf Art und Umfang der baulichen Umgestaltung an. Des Weiteren geht der rechtswirksame Bestandsschutz nach der endgültigen Aufgabe einer genehmigten Nutzung verloren (BVerwG BauR 2001, 610) – wie beispielsweise bei der Aufgabe der militärischen Nutzung einer Kaserne.

Darüber hinaus gibt es noch weitere Sachverhalte, die den Bestandsschutz einschränken und auch bei formell und materiell legal errichteten Gebäuden den Behörden nachträgliche Eingriffe in die Bausubstanz ermöglichen.

So kann bzw. muss beim Vorliegen einer konkreten, von einem Gebäude ausgehenden Gefahr für die öffentliche Sicherheit die Bauaufsichtsbehörde eine bauliche Anpassung, d. h. die Beseitigung vorliegender baulicher Mängel, verlangen. Die anordnende Behörde ist jedoch gehalten, die Gefahrenlage für Leben und Gesundheit anhand von Tatsachen nachzuweisen.

Diese Situation tritt vor allem dann ein, wenn Einsturzgefahr besteht bzw. einige Bauteile, wie z. B. Ziegel oder Fassadenplatten, abgängig sind, Gefahrenstoffe gelagert oder sonstige unerträgliche Belästigungen, wie z. B. Emissionen von einem Gebäude bzw. Grundstück, ausgehen.

Um bestehenden Bestandsschutz nicht zu gefährden, darf zunächst die Nutzung eines Gebäudes bzw. Grundstücks grundsätzlich nicht ohne behördliche Genehmigung verändert werden. Wird beispielsweise ein altes Schulgebäude in Wohnraum verwandelt, liegt eine Nutzungsänderung vor, die den Bestandsschutz erlöschen lässt. Der Ausbau eines Dachgeschosses in einem Gebäude, das nur zu Wohnzwecken oder zu Wohn- und Gewerbezwecken genutzt wird, greift den Bestandsschutz jedoch nicht an.

Ist die Frage einer möglichen Nutzungsänderung nicht eindeutig zu klären, sollte die zuständige Behörde zu Rate gezogen werden, um im Einzelfall festzustellen, welche Auflagen bei einer Umnutzung bzw. veränderten Nutzung im Sinne einer Genehmigungsfähigkeit zu beachten sind. Diese Auflagen richten sich insbesondere an den Brandschutz (s. Kap. I.2.3.3).

Wärmeschutzverordnung (WSchV)

Die 1. Wärmeschutzverordnung aus dem Jahr 1977 wurde 1982 novelliert und enthielt neben den Anforderungen an den Wärmeschutz neu zu errichtender Gebäude erstmals Anforderungen an einen erhöhten Wärmeschutz bei baulichen Veränderungen an bestehenden Gebäuden. Die 2. Wärmeschutzverordnung trat 1984 in Kraft und galt bis einschließlich 1994. Die Nachweisverfahren der 3. Wärmeschutzverordnung galten von 1995 bis einschließlich

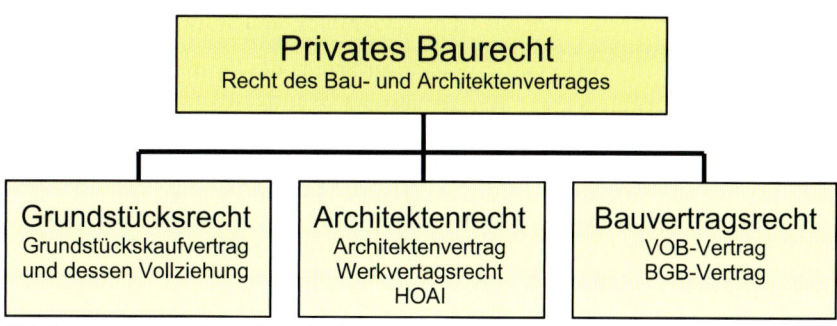

Abb. I.3.05: Privates Baurecht in der Übersicht

2001 für neu zu errichtende Gebäude bzw. Erweiterungen an bestehenden Gebäuden. Dabei wurden erstmals nicht mehr abstrakte Größen (Wärmedurchgangskoeffizienten) begrenzt, sondern auch Forderungen an den maximalen Jahresheizwärmebedarf von Gebäuden gestellt. Der Nachweis zur Erfüllung der Anforderungen der 3. Wärmeschutzverordnung hatte wärmeschutztechnische Mindestanforderungen zum Ergebnis.

Der Wärmeschutznachweis enthielt neben der Begrenzung der Transmissionswärmeverluste die Berücksichtigung der Lüftungswärmeverluste, der solaren Wärmegewinne und der internen Wärmegewinne.

Nicht berücksichtigt wurden jedoch Wärmebrückeneffekte, Luftundichtheiten, spezielles Nutzerverhalten, Heizungsart und -betriebsweise, Einfluss der Wärmespeicherfähigkeiten und regional unterschiedliche Klimabedingungen.

Energieeinsparverordnung (EnEV)

Mit der Einführung der Energieeinsparverordnung (EnEV) im Februar 2002 sollte der Energiebedarf von Gebäuden erneut um durchschnittlich 30 % gesenkt und damit der CO_2-Ausstoß nochmals reduziert werden. Grundlage der Verordnung ist wie bei den Wärmeschutzverordnungen das „Gesetz zur Einsparung von Energie in Gebäuden", das sogenannte „Energieeinspargesetz", das im Jahr 1976 aufgrund der ersten Ölpreiskrise zwischen 1972 und 1974 erlassen wurde.

Ziele der EnEV sind:

- Verschärfung der energetischen Anforderungen an das Gebäude,
- Schaffung von mehr Transparenz für den Verbraucher,
- Förderung innovativer Technik,
- Abgleich der deutschen Regelungen mit den EU-Regelungen.

Durch die Einführung der EnEV 2002 und ihre Novellierung 2004 wurden die Wärmeschutz- und die Heizungsanlagenverordnung zusammengefasst und durch ein geändertes Bilanzierungsschema eine ganzheitliche Betrachtung der Wärmeverluste und -gewinne von Gebäudehülle und Anlagentechnik der Gebäude ermöglicht. Die 2004 in Kraft getretene EnEV sollte einerseits den Fortschritt der Bautechnik berücksichtigen und andererseits Fehler der EnEV 2002 beseitigen.

Grundlage sind die geänderten Bilanzgrenzen. Betrachtet wird, wie viel Energie dem Gebäude von außen zugeführt werden muss, damit der Jahresheizwärmebedarf und der Warmwasserbedarf gedeckt werden, d. h., die Bilanzgrenzen erstrecken sich bis zur Übergabe der Energie an das Gebäude. Alle wesentlichen Parameter wie die Energieverluste bei der Wärmeerzeugung, -bereitstellung und -verteilung für Raumheizung und Brauchwassererwärmung werden erfasst. (Zum Vergleich: In der Wärmeschutzverordnung wurde ermittelt, welcher Wärmebedarf für die Beheizung besteht, d. h., die Bilanzgrenzen waren die Gebäudekanten, Anlagentechnik und Warmwasserbereitung blieben unberücksichtigt.)

Die sogenannte Endenergie als alleiniges Bewertungskriterium der Energieeinsparverordnung hätte jedoch umweltschutztechnische und wirtschaftliche Ungleichbehandlungen zur Folge, da einige Energieumwandlungsprozesse bereits außerhalb des betrachteten Gebäudes stattfinden (z. B. Strom, Fernwärme). Deshalb werden als neue Anforderungen der bezogene Jahresprimärenergiebedarf und der spezifische, auf die Wärme

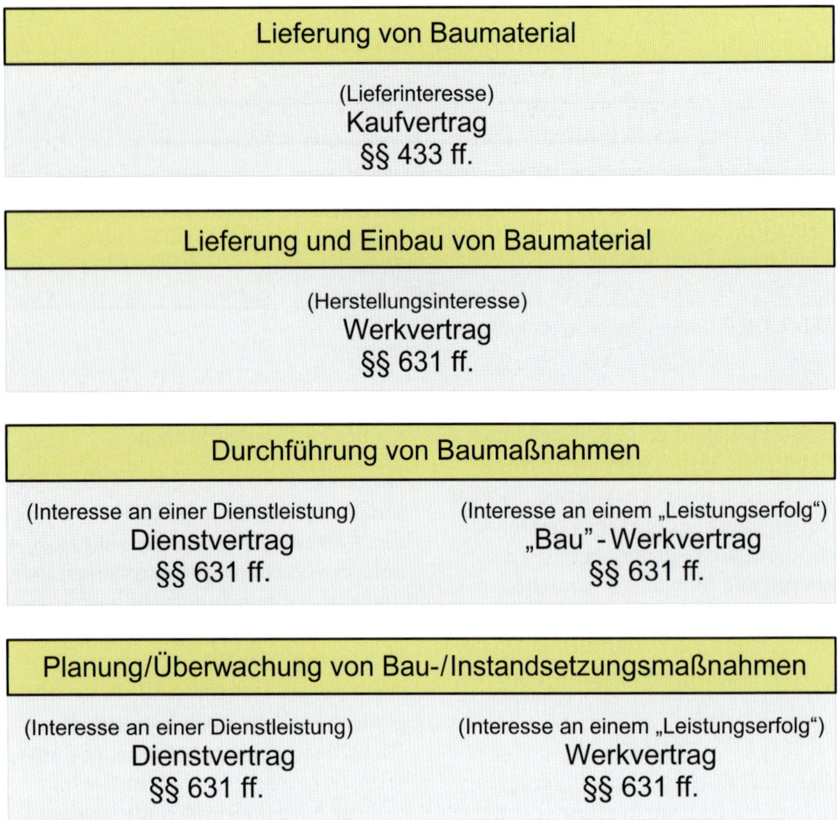

48 I Einführende Grundlagen

Lieferung von Baumaterial
(Lieferinteresse) **Kaufvertrag** §§ 433 ff.

Lieferung und Einbau von Baumaterial
(Herstellungsinteresse) **Werkvertrag** §§ 631 ff.

Durchführung von Baumaßnahmen	
(Interesse an einer Dienstleistung) **Dienstvertrag** §§ 631 ff.	(Interesse an einem „Leistungserfolg") **„Bau"-Werkvertrag** §§ 631 ff.

Planung/Überwachung von Bau-/Instandsetzungsmaßnahmen	
(Interesse an einer Dienstleistung) **Dienstvertrag** §§ 631 ff.	(Interesse an einem „Leistungserfolg") **Werkvertrag** §§ 631 ff.

Abb. I.3.06: BGB-Planungsleistung in der Übersicht

übertragende Umfassungsfläche bezogene Transmissionswärmeverlust begrenzt. Somit wird sichergestellt, dass unterschiedliche Vorketten bei der Energieumwandlung und beim Hilfsenergiebedarf der Anlagentechnik hinreichend berücksichtigt werden (Jahresprimärenergiebedarf) und das Niveau des baulichen Wärmeschutzes nach der WSchV bei Einbau primärenergetisch günstiger Heiz- und Warmwasserversorgungssysteme nicht unterschritten wird.

Mit der Einführung der EnEV 2007 soll bis zum Jahr 2020 weltweit der CO_2-Ausstoß um erneute 20 % reduziert werden. Zudem wurde der Energieausweis verpflichtend eingeführt. Bei Verkauf oder Neuvermietung von Wohngebäuden im Bestand ist der Energieausweis vorzulegen. Dies gilt ab dem 1. Juli 2008 für Wohngebäude, die bis 1965 errichtet wurden, und ab dem 1. Januar 2009 für Wohngebäude, die ab dem Jahr 1965 gebaut wurden.

Grundlagen der Rechenverfahren zur Energieeinsparverordnung sind die neuen deutschen und europäischen Normen. Der Jahresprimärenergiebedarf Q_P ist nach DIN EN 832 „Wärmetechnisches Verhalten von Gebäuden – Berechnung des Heizenergiebedarfs – Wohngebäude" in Verbindung mit der DIN V 4108-6 „Wärmeschutz und Energie-Einsparung in Gebäuden – Teil 6: Berechnung des Jahresheizwärme- und des Jahresheizenergiebedarfs" und der DIN V 4701-10 „Energetische Bewertung heiz- und raumlufttechnischer Anlagen – Teil 10: Heizung, Trinkwassererwärmung, Lüftung" zu ermitteln. Der spezifische Transmissionswärmeverlust HT ist nach DIN EN 832 mit den in der DIN V 4108-6, Anhang D genannten Randbedingungen zu berechnen.

I.3.2 Das private Baurecht

Das private Baurecht bezeichnet die Regelung der zivilrechtlichen Rechtsverhältnisse zwischen allen am Bau Beteiligten, also sowohl zwischen dem Bauherrn und den ausführenden Baufirmen, General- bzw. Subunternehmern als auch Architekten, Ingenieuren und anderen Fachplanern. Zu beachten ist, dass sich die Rechtsbeziehungen der am Bau Beteiligten untereinander teilweise überschneiden.

Zu den wichtigsten Regelwerken des privaten Baurechts gehören:

- BGB – Bürgerliches Gesetzbuch, insbesondere §§ 631ff. BGB,
- VOB – Vergabe- und Vertragsordnung für Bauleistungen (DIN 1961), insbesondere Teil B: Allgemeine Vertragsbedingungen für die Ausführung von Bauleistungen (aktueller Stand 2006),
- HOAI – Honorarordnung für Architekten und Ingenieure,
- Verordnung über die Honorare für Leistungen der Architekten und der Ingenieure usw.

Dabei umfasst das private Baurecht das Bauvertragsrecht nach BGB (Bürgerliches Gesetzbuch) und VOB sowie das Bauhaftungsrecht inklusive strafrechtlicher Bezüge wegen Baufehlern. Im Einzelnen geht es folglich um Bauvertragsregelungen, Regelungen zur Ausschreibung von Bauleistungen, Prüfung und Wertung von Angeboten, Wirksamkeit von Vertragsabschlüssen bei Bauverträgen, Einheitspreis- oder Pauschalverträge, Nachträge, Terminvereinbarungen, Abnahme, Baumängel, Gewährleistung, Abrechnung und Sicherheitsleistungen sowie die eigentlichen Aufgaben der am Bau Beteiligten.

Ebenso gehören nachbarschaftliche Regelungen wie das Nachbarschaftsrecht bzw. Nachbarschaftsgesetz und Bestimmungen über Licht, Fenster- und Traufhöhen, Grenzwände und Grenzabstände von Bepflanzungen sowie Einfriedungen zum privaten Baurecht.

I.3.2.1 Bauvertragsrecht nach BGB

Nach dem Bürgerlichen Gesetzbuch (BGB) werden Bauverträge als sogenannte Werkverträge nach §§ 631 ff. BGB abgeschlossen.

Diesen Gesetzen entsprechend ist der ausführende Unternehmer verpflichtet, das Werk so herzustellen, dass es die vereinbarte Beschaffenheit hat.

Ist die Beschaffenheit nicht vereinbart, ist das Werk nur frei von Sachmängeln, wenn es sich für die nach dem Vertrag vorausgesetzte, sonst für die gewöhnliche Verwendung eignet und eine Beschaffenheit aufweist, die bei den Werken der gleichen Art üblich ist und die der Besteller nach Art des Werks erwarten kann (sogenannter „dreistufiger Mangelbegriff").

Bei Ausführungsfehlern, die zu Mängeln und Schäden führen können, müssen die Besteller eine Mängelbeseitigung, die nicht den vertraglich geschuldeten Erfolg herbeiführt, grundsätzlich nicht akzeptieren.

Der Unternehmer ist gegebenenfalls zum Schadenersatz verpflichtet. Der Schadenersatzanspruch umfasst dann alle Aufwendungen, die für die ordnungsgemäße Herstellung des vom Unternehmer vertraglich geschuldeten Werks erforderlich sind. Er beschränkt sich nicht auf die geringeren Kosten einer Ersatzlösung, die den vertraglich geschuldeten Erfolg nicht herbeiführt.

Die Besteller müssen sich auch nicht darauf verweisen lassen, dass der durch eine nicht vertragsgemäße Nachbesserung verbleibende Minderwert durch einen Minderungsbetrag abgegolten wird.

Zu den zu ersetzenden notwendigen Aufwendungen für die Mängelbeseitigung gehören auch diejenigen Kosten, die Besteller bei verständiger Würdigung für erforderlich halten durften, beispielsweise Gutachterkosten.

I.3.2.2 Vergabe- und Vertragsordnung für Bauleistungen

Die Vergabe- und Vertragsordnung für Bauleistungen (VOB) ist ein mehrteiliges Klauselwerk, das Regelungen für die Vergabe von Bauaufträgen auch durch öffentliche Auftraggeber und für den Inhalt von Bauverträgen enthält.

Den aktuellen Namen führt die Vergabe- und Vertragsordnung für Bauleistungen erst seit der Neufassung 2002. Vor der Umbenennung hieß sie Verdingungsordnung für Bauleistungen. Die Abkürzung VOB blieb unverändert.

Die VOB besteht aus 3 Teilen:

Teil A: Allgemeine Bestimmungen für die Vergabe von Bauleistungen (VOB/A).

Dieser Teil beinhaltet Vorschriften, die bei der Vergabe von Bauaufträgen durch öffentliche Auftraggeber zu beachten sind.

Teil B: Allgemeine Vertragsbedingungen für die Ausführung von Bauleistungen (VOB/B).

Dieser Teil beinhaltet zusätzliche Regelungen für Bauverträge, die die geltenden Vorschriften des BGB über den Werkvertrag hinaus ergänzen. Die VOB/B muss von öffentlichen Auftraggebern zum Bestandteil des Bauvertrags gemacht werden. In der Praxis wird sie häufig zwischen Privaten (Auftraggebern/-nehmern) in Bauverträgen vereinbart.

Teil C: Allgemeine Technische Vertragsbedingungen für Bauleistungen (VOB/C).

Dieser Teil gilt nach § 1 Nr. 1 Satz 2 VOB/B dann, wenn im Bauvertrag die Geltung der VOB/B vereinbart ist, und befasst sich mit den Allgemeinen Technischen Vertragsbedingungen für Bauleistungen.

Die erste Fassung der VOB stammt von 1926. Seit 1947 gehört es insbesondere durch die Fortschreibung der VOB zu den satzungsmäßigen Aufgaben des Deutschen Verdingungsausschusses (DVA), Grundsätze für die sachgerechte Vergabe und Abwicklung von Bauaufträgen zu erarbeiten und weiterzuentwickeln.

In den Jahren 1952, 1973, 1979, 1988, 1990, 1992, 1996, 1998 und 2000 wurden jeweils überarbeitete Fassungen der VOB herausgegeben. Erhebliche Änderungen enthalten die Fassungen von 2000 und 2002, insbesondere letztere diente der Anpassung an das Gesetz zur Modernisierung des Schuldrechts. Aktuell gilt die Fassung 2006.

I.3.2.3 Nachbarrecht

Das Bauen im Bestand verlangt mehr als das Errichten eines neuen Gebäudes, so z. B. viel Feingefühl im Umgang mit Nachbarn, Mitbewohnern bzw. anderen Eigentümern oder Mietern.

In einigen der 16 deutschen Bundesländer gibt es gesetzliche Regelungen zur Ausgestaltung des Nachbarschaftsrechts.

Interessant sind hier insbesondere die Normen des sogenannten Hammer- und Leiterrechts, daraus ergeben sich zum Teil Rechte, im Zuge einer Baumaßnahme benachbarte Grundstücke durch das Betreten, das Aufstellen von Gerüsten bis hin zur Lagerung von Baumaterialien oder Baustoffen, wie beispielsweise dem Zwischenlagern von Mutterboden, zu nutzen.

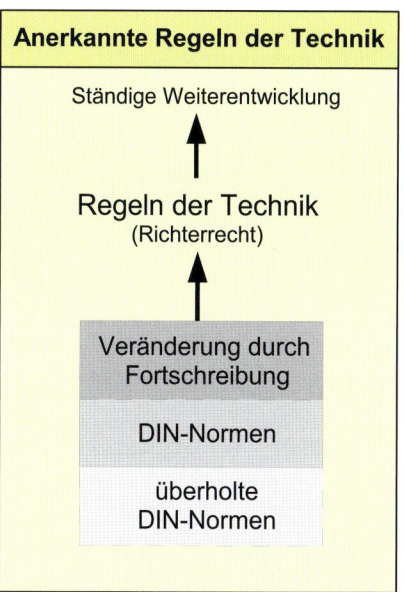

Abb. I.3.07: Anerkannte Regeln der Technik in der Übersicht

Trotz dieser rechtlichen Verankerung sollten bei allen Maßnahmen des Bauens im Bestand Nachbarn, Eigentümer bzw. Mieter frühzeitig über geplante Maßnahmen informiert werden, um auch ihnen die Möglichkeit zu geben, individuell auf Belästigungen durch Lärm, Schmutz u. Ä. zu reagieren.

Im innerstädtischen Bereich, insbesondere in verkehrsberuhigten Zonen wie Fußgängerzonen, sollte zusätzlich bedacht werden, dass das Aufstellen von Gerüsten z. B. zwingend notwendige Rettungswege einschränkt und parkende Autos beauftragter Baufirmen diese Zugänge oft komplett beschränken.

Um Anzeigen und strafrechtliche Sanktionen zu verhindern, sollte auch ohne Genehmigungspflicht das zuständige Amt, meist das Ordnungsamt, durch eine einfache Anzeige über solche Maßnahmen informiert werden. Im Zuge dessen werden seitens der Behörden auch weitere Tipps gegeben und Maßnahmen wie z. B. das Aufstellen von Verkehrszeichen (Park- bzw. Halteverbote) oder besondere Parkgenehmigungen bewilligt.

I.3.3 Normen und Richtlinien

Allgemein anerkannte Regeln der Technik und allgemein anerkannte Regeln der Baukunst

Der feststehende Begriff der (allgemeinen) anerkannten Regeln der Technik bzw. der innerhalb des Baurechts vielfach benutzte Begriff (allgemein) anerkannte Regeln der Baukunst finden sich in vielen Vorschriften (zum Teil ungeschrieben) und Verträgen wieder.

Darunter sind die Regeln zu verstehen, die in der Wissenschaft als theoretisch richtig anerkannt sind und feststehen, in der Praxis bei den nach neuerem Erkenntnisstand fortgebildeten Technikern durchgehend bekannt sind und sich aufgrund fortdauernder praktischer Erfahrung bewährt haben. Sie sind im Werkvertragsrecht des BGB allen 3 Stufen des sogenannten dreistufigen Mangelbegriffs immanent, d. h. sie stellen für den Sollzustand eines zu erstellenden Werkes gewissermaßen die Minimalforderung dar. Die allgemein anerkannten Regeln der Technik sind nicht automatisch identisch mit z. B. DIN-Normen. Vielmehr gehen sie durch ständige Weiterentwicklung über allgemeine technische Vorschriften vielfach hinaus. Gleichwohl besteht für DIN-Normen die widerlegbare Vermutung, dass sie den allgemein anerkannten Regeln der Technik entsprechen.

Anerkannte Regeln der Technik dienen umgekehrt als Grundlagen für technische Regelwerke wie Normen, Merkblätter, Richtlinien und bilden oft einen Teil der zu den Landesbauordnungen gehörenden Durchführungsverordnungen bzw. die Technischen Richtlinien.

Die anerkannten Regeln der Technik dürfen im Übrigen nicht verwechselt werden mit dem Begriff „Stand der Technik". Letzterer bezeichnet ein höheres Anforderungsniveau, das jeweils dem Stand der neuesten technischen Entwicklungen entspricht.

I.3.3.1 Normen

Das Deutsche Institut für Normung e.V. (DIN) erarbeitet die DIN-Normen in über 70 Normenausschüssen und 4 Kommissionen nebst angegliederten Arbeitsausschüssen und nimmt die nationalen Interessen auch in den übernationalen Normungsorganisationen wahr.

Die fachliche Arbeit wird von Experten geleistet, die von den interessierten Kreisen (z. B. Hersteller, Verbraucher, Handel, Wissenschaft, Prüfinstitute) delegiert werden.

Wenn bei einem Normungsprojekt intern ein Konsens unter den Beteiligten über die Ergebnisse ihrer Arbeit erreicht ist, werden diese in Form eines Norm-Entwurfes öffentlich zur Diskussion gestellt. Nach erfolgreichem Abschluss der Beratungsphase wird der Norm-Entwurf als Norm verabschiedet.

Normung in Europa und weltweit

Im Zuge der Globalisierung wird weltweit durch die ISO und in Europa durch die EN-Normen eine Angleichung der Normen der einzelnen Länder angestrebt, um Kompatibilität, Austauschbarkeit von Komponenten, Anforderungen an Produkte u. Ä. zu ermöglichen. Wichtige Ziele sind der Abbau von Handelshemmnissen sowie die Schaffung von Chancengleichheit für die Unternehmen auf den Märkten, mithin deren Harmonisierung. Deshalb ist heute die Normungsarbeit des DIN zu fast 90 % europäisch und international ausgerichtet.

Rechtsverbindlichkeit

Die Anwendung von DIN-Normen steht grundsätzlich jedermann frei. Im Prinzip können sie, müssen aber nicht angewendet werden. Sie sind verbindlich, wenn dies z. B. durch Bezugnahme in einem Vertrag oder durch Gesetze und Verordnungen verbindlich vereinbart wurde oder vorgeschrieben ist.

Der Vorteil der Normen liegt darin, dass sich Rechtsstreitigkeiten von vornherein vermeiden lassen, weil die Normen eindeutige Festlegungen darstellen. Bezugnahmen in Verträgen, Gesetzen und Verordnungen entlasten sowohl den Staat als auch den Einzelnen von zum Teil umständlichen Detailregelungen.

Bezeichnungen

- DIN … (z. B. DIN 4701):
  Dabei handelt es sich um eine DIN-Norm mit ausschließlich oder überwiegend nationaler Bedeutung oder um eine Vorstufe zu einem internationalen Dokument.

Entwürfe zu Normen werden zusätzlich mit einem „E", Vornormen mit einem „V" gekennzeichnet.

Es kann sich zusätzlich jedoch auch um eine sogenannte Restnorm handeln. Derartige Restdokumente (Restnormen oder -zulassungen) können europäisch-harmonisierte Norm dort ergänzen, wo bestimmte Produkte oder Produkteigenschaften nicht geregelt sind. Solche Restdokumente sollen zwar nach Möglichkeit vermieden werden, gleichwohl gibt es sie.

- DIN EN … (z. B. DIN EN 71):
  Dabei handelt es sich um eine Europäische Norm, die von allen Mitgliedern der gemeinsamen europäischen Normungsorganisation CEN/CENELEC unverändert übernommen wurde.

- DIN EN ISO …
  (z. B. DIN EN ISO 306):
  Dabei handelt es sich um eine Norm, die nationale, europäische und weltweite Gültigkeit hat.
  Diese Normen entstehen, wenn auf Grundlage einer Norm der internationalen Normungsorganisationen ISO eine Europäische Norm erarbeitet wird und diese als DIN-Norm übernommen wird.

- DIN ISO … (z. B. DIN ISO 720):
  Dabei handelt es sich um eine Norm der ISO, die als nationale Norm unverändert übernommen wurde.

Zu den für den Baubereich und insbesondere beim Bauen im Bestand sehr häufig genutzten Normen zählen:

DIN 105 „Mauerziegel", in Ergänzung mit der DIN V 105
DIN V 106 „Kalksandsteine mit besonderen Eigenschaften",
DIN 1045 „Tragwerke aus Beton, Stahlbeton und Spannbeton",
DIN 1053 „Mauerwerk",
DIN 1054 „Baugrund – Sicherheitsnachweise im Erd- und Grundbau",
DIN 1055 „Einwirkungen auf Tragwerke",
DIN 4102 „Brandverhalten von Baustoffen und Bauteilen",
DIN 4103 „Nichttragende innere Trennwände",
DIN 4108 „Wärmeschutz und Energie-Einsparung in Gebäuden",
DIN 4109 „Schallschutz im Hochbau; Anforderungen und Nachweise",
DIN 18055 „Fenster; Fugendurchlässigkeit, Schlagregendichtheit und mechanische Beanspruchungen; Anforderung und Prüfung",

DIN 18168 „Gipsplatten-Deckenbekleidungen und Unterdecken"
DIN 18180 „Gipsplatten – Arten und Anforderungen"
DIN 18181 „Gipsplatten im Hochbau – Verarbeitung",
DIN 18183 „Trennwände und Vorsatzschalen aus Gipsplatten mit Metallunterkonstruktionen",
DIN 18195 „Bauwerksabdichtungen",
DIN V 18550 „Putz und Putzsysteme"
DIN 18560 „Estriche im Bauwesen",
DIN EN 13162 „Wärmedämmstoffe für Gebäude – Werkmäßig hergestellte Produkte aus Mineralwolle (MW)",
DIN EN 13163 „Wärmedämmstoffe für Gebäude – Werkmäßig hergestellte Produkte aus expandiertem Polystyrol (EPS)",
DIN EN 13164 „Wärmedämmstoffe für Gebäude – Werkmäßig hergestellte Produkte aus extrudiertem Polystyrolschaum (XPS)",
DIN EN 13165 „Wärmedämmstoffe für Gebäude – Werkmäßig hergestellte Produkte aus Polyurethan-Hartschaum (PUR)",
DIN EN 13166 „Wärmedämmstoffe für Gebäude – Werkmäßig hergestellte Produkte aus Phenolharzschaum (PF)",
DIN EN 13167 „Wärmedämmstoffe für Gebäude – Werkmäßig hergestellte Produkte aus Schaumglas (CG)",
DIN EN 13168 „Wärmedämmstoffe für Gebäude – Werkmäßig hergestellte Produkte aus Holzwolle (WW)",
DIN EN 13169 „Wärmedämmstoffe für Gebäude – Werkmäßig hergestellte Produkte aus Blähperlite (EPB)",
DIN EN 13170 „Wärmedämmstoffe für Gebäude – Werkmäßig hergestellte Produkte aus expandiertem Kork (ICB)",
DIN EN 13171 „Wärmedämmstoffe für Gebäude – Werkmäßig hergestellte Produkte aus Holzfasern (WF)".

I.3.3.2 Merkblätter und Richtlinien

Merkblätter und Richtlinien werden meist von Berufs- und Fachverbänden herausgeben. Sie beinhalten Fachregeln zur Bauausführung bzw. zur Verarbeitung. Ihre Geltung kann ähnlich wie bei Normen einerseits über technische Vorschriften der Landesbauordnungen, andererseits durch besondere Vertragszusätze bestimmt werden.

Oft entsprechen solche Merkblätter und Richtlinien im Vertrag vereinbarten „(allgemein) anerkannten Regeln der Technik". Sie stützen sich auf jahrelange Erfahrungen, die sich in der Praxis bewährt haben.

Besonders relevante Herausgeber und deren Regelwerke sind:

Zentralverband des Deutschen Dachdeckerhandwerks – Fachverband Dach-, Wand- und Abdichtungstechnik – e. V.:

- Fachregeln für Dächer mit Abdichtungen – Flachdachrichtlinien,
- Fachregeln für Dachdeckungen,
- Fachregeln für Außenwandbekleidungen,
- Fachregeln für Metallarbeiten im Dachdeckerhandwerk.

Zentralverband des Deutschen Baugewerbes (ZDB):

- ZDB-Merkblatt: Keramische Fliesen und Platten, Naturwerkstein und Betonwerkstein auf zementgebundenen Fußbodenkonstruktionen mit Dämmschichten, 1995,
- ZDB-Merkblatt: Hinweise für die Ausführung von Verbundabdichtungen mit Bekleidungen und Belägen aus Fliesen und Platten für den Innen- und Außenbereich, 2005.

Bundesverbände Glasfaserhandwerk, Metallhandwerk, Holz und Kunststoff:

- Richtlinie: Einbau und Anschluss von Fenstern und Fenstertüren, 2002.

Bundesverband Flächenheizungen e.V. (BVF):

- Richtlinie für die Installation von Flächenheizungen und Flächenkühlungen bei der Modernisierung von bestehenden Gebäuden – Anforerungen und Hinweise,
- Richtlinie zur Herstellung dünnschichtiger, beheizter/gekühlter Verbundkonstruktionen im Wohnungsbau,
- Richtlinie zur Herstellung beheizter/gekühlter Fußbodenkonstruktionen im Wohnungsbau,
- Richtlinie zur Wärme- und Trittschalldämmung beheizter Fußbodenkonstruktionen,
- Schnittstellenkoordination bei beheizten Fußbodenkonstruktionen.

VDI – Gesellschaft Technische Gebäudeausrüstung – Heizungs-, Klima-, Haustechnik:

- VDI 2719 08.87 Schalldämmung von Fenstern und deren Zusatzeinrichtungen,
- VDI 3807 Energieverbrauchskennwerte für Gebäude,
- Blatt 1, 06.94, Grundlagen,
- Blatt 2, 06.98, Heizenergie- und Stromverbrauchskennwerte.

Institut für Fenstertechnik e.V.:

- Tabelle: Anstrichgruppen für Fenster und Außentüren, 05.83,
- Richtlinie: Verglasung von Holzfenstern ohne Vorlegeband, 09.83,
- Richtlinie: Verträglichkeit von Dichtprofilen mit Anstrichen aus Holz, 07.86,
- Richtlinie: Aluminium-Holzfenster, 06.92,
- Merkblatt: Lasierende Anstrichsysteme für Holzfenster und -türen, 03.94,
- Richtlinie: Einsatzempfehlungen für Fenster und Außentüren, 08.05.

Deutscher Ausschuss für Stahlbeton:

- Schutz und Instandsetzung von Betonbauteilen (Instandsetzungs-Richtlinie).

II Methodik Planen und Bauen im Bestand

II.1 Gebäudediagnose „idi-al"

Autor: Dipl.-Ing. Ulrich Zink, freier Architekt

II.1.1 Allgemeines

Wesentliche Arbeitsschritte beim Planen und Bauen im Bestand sind die gewissenhafte und detaillierte Zustands- und Bestandsanalyse. Dabei ist die Qualität von Erneuerungsmaßnahmen an Altbauten stark vom Detaillierungsgrad und von der strukturellen Aufbereitung der Bestandsdaten abhängig. Ein Werkzeug für die Erfassung und Diagnose des Gebäudezustandes ist die Intelligente Diagnosemethode Altbau („idi-al"). Mithilfe der Software lassen sich die Gebäudedaten sicher und lückenlos aufnehmen und weiterverarbeiten.

Dabei werden die einzelnen Bauteile im sogenannten Schwächen-Stärken-Profil (SSP) zusammengefasst und mittels vorgefertigter Textbausteine qualitativ bewertet. Zusätzlich werden Fotos der Gebäudeelemente hinterlegt, die mit den im Programm implementierten Referenzbauteilen abgeglichen werden können.

Durch die gleichzeitige Darstellung sowohl der Schwächen als auch der Stärken wird das Ergebnis im Ganzen dokumentiert und bewertet. Zudem analysiert „idi-al" nicht nur den Zustand des Gebäudes, sondern begleitet es über den gesamten Lebenszyklus und stellt damit auch eine Grundlage für die Gebäudeunterhaltung dar.

In der Lebenszyklusbetrachtung einer Immobilie sind Nachhaltigkeitskriterien mit Wartungshinweisen kombinierbar. Das System kann für alle Arten von Immobilien angewendet werden: für Wohngebäude und Nichtwohngebäude, für Altbauten sowie für historische Gebäude.

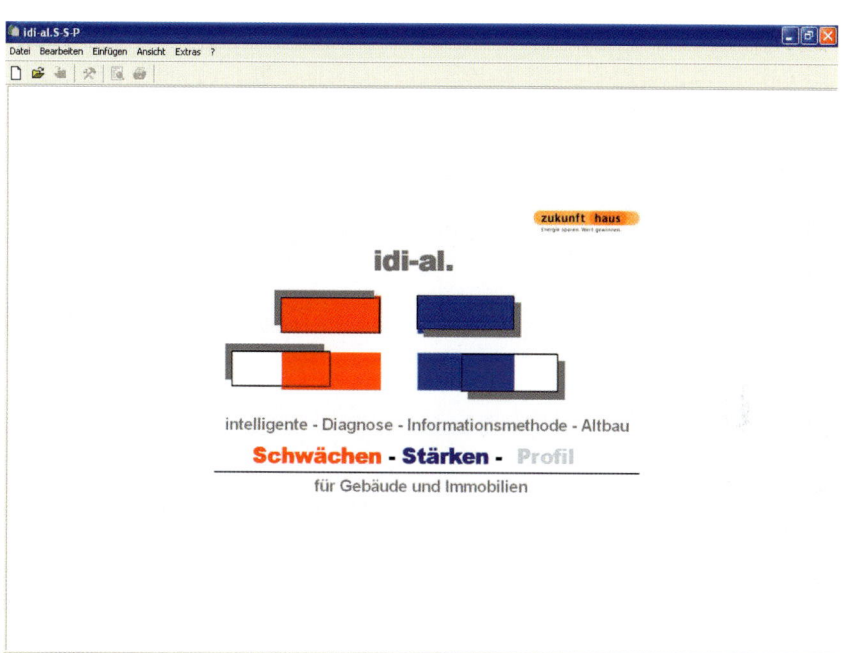

Abb. II.1.01: Die Basis der Gebäudediagnosemethode bildet das Schwächen-Stärken-Profil: Auf einer Skala von 1 bis 5 sind die Schwächen des Gebäudes rot (−) und die Stärken blau (+) markiert.

Das Gebäudediagnose-Tool „idi-al" schließt somit die Lücke zwischen der ganzheitlichen Analyse eines Gebäudes (Status quo) und den praxisorientierten Modernisierungsempfehlungen unter Berücksichtigung der wirtschaftlichen Rahmenbedingungen (Umsetzungsstrategie). Sowohl das eine, als auch das andere ist nicht neu. Neu hingegen sind die Ganzheitlichkeit der Betrachtung und die nutzerfreundliche Aufbereitung als EDV-Werkzeug.

Die Gebäudediagnosemethode „idi-al" ist Entscheidungshilfe für Bauherren und Investoren, denn die Dokumentation des Schwächen-Stärken-Profils lässt eine ganzheitliche Betrachtung und Einschätzung der Immobilie zu. Mit einer schlichten grafischen Benutzeroberfläche sind sämtliche Zustände und Ereignisse für alle Beteiligten begreifbar. Das jeweilige Ergebnis bleibt immer sichtbar und ist so auch für den Laien verständlich aufbereitet.

II.1.2 Methodische Bestandsanalyse

Die Methodik besteht darin, alle Gebäudeteile zu betrachten und nach festgelegten Kriterien zu dokumentieren und zu bewerten. Die Bewertung der Gebäudebauteile erfolgt mithilfe der im Programm hinterlegten Textbausteine, die eine möglichst objektive Zustandsbeschreibung zulassen. Dabei werden sowohl negative (−1 bis −5) als auch positive Merkmale (+1 bis +5) der einzelnen Bauteile berücksichtigt (s. Tabelle II.1.01).

Das Schwächen-Stärken-Profil ist in 7 unterschiedliche Kategorien gegliedert, die das Gebäude in seinen Teilen beschreiben (s. Tabelle II.1.02). So werden in der Kategorie „A – Abdich-

Tabelle II.1.01: Die Bewertungsbausteine in „idi-al" zeigen die Bereiche auf, wo dringender Handlungsbedarf besteht (−1 bis −5) und wo die Stärken des Gebäudes liegen (+1 bis +5).

Bewertung:	Erklärung:	
−5	Zustand mangelhaft/katastrophal, Substanz nicht mehr verwendbar, Erneuerung/Austausch einzelner oder kompletter Bauteile erforderlich (z. B. Installation, Leitungen, Geräte, Apparate, Fenster usw.)	
−4	Zustand sehr bedenklich, weitere Schäden nicht auszuschließen, Erneuerung erforderlich, Substanz zum großen Teil nicht mehr verwendbar	
−3	Zustand bedenklich, Reparatur, Erneuerung, Sanierung erforderlich, Teilsubstanz noch verwendbar, unter Berücksichtigung weiterer Untersuchungen Erneuerung angeraten	Schwächen
−2	Zustand mit höherem Reparaturrückstau, Bauwerksunterhaltung nicht erkennbar	
−1	Zustand eher leicht bedenklich	
0	Derzeit ist eine genauere Aussage erst nach weiterer Untersuchung möglich. Wird auf eine weitere Untersuchung verzichtet, sind weitere Mängel/Schwächen nicht auszuschließen. Konkret: Risikofaktor in der noch nicht weiter untersuchten Bausubstanz ist zu bewerten	
+1	Zustand leicht gepflegt, Erhaltung möglich	
+2	Zustand gut bei Reparatur und Modernisierung, Verbesserung der Substanz im Sinne der einfachen Erhaltung möglich	
+3	Zustand gepflegt, teilweise erneuert, teilweise bereits modernisiert oder auch komplett erneuert, Stand der Technik erreicht, keinerlei Mängel, Lebenserwartung im durchschnittlichen Rahmen, mittlere Qualität ohne Einschränkung der Nutzbarkeit, Abnutzungsgrad 0	
+4	Zustand gepflegt, teilweise erneuert, teilweise bereits modernisiert oder auch komplett erneuert, Stand der Technik erreicht, keinerlei Mängel, Lebenserwartung im überdurchschnittlichen Rahmen, gehobene Qualität ohne Einschränkung der Nutzbarkeit, Abnutzungsgrad 0, Nachweis für besondere wartungsfreundliche Lösung, niedrige Unterhaltungskosten	Stärken
+5	Zustand gepflegt, teilweise erneuert, teilweise bereits modernisiert oder auch komplett erneuert, Stand der Technik erreicht, keinerlei Mängel, Lebenserwartung im überdurchschnittlichen Rahmen, hohe Qualität ohne Einschränkung der Nutzbarkeit, Abnutzungsgrad 0, Nachweis für besondere wartungsfreundliche Lösung, sehr niedrige bzw. keine Unterhaltungs- und Wartungskosten	

ten/Feuchtigkeit" alle Bauteile zusammengefasst, die gegen Feuchtigkeit geschützt oder abgedichtet werden müssen (s. auch Kap. III und V). Unter „B – Fassade/Außenhaut" wird die thermische Hülle des Gebäudes erfasst (s. auch Kap. II, III und V), und die Kategorie „C – Konstruktion/Mauerwerk/Decken" enthält tragende und nicht tragende Bauteile innerhalb der Gebäudehülle (s. auch Kap. I, II, III und V).

Die Kategorie „D – Gebäudetechnik H-S-L-E/Ausstattung" dokumentiert die technischen Anlagen (s. auch Kap. IV), während in den Kategorien „E – Außenanlagen" und „F – Grundstück und Erschließung" die nähere Umgebung des Bestandsgebäudes beschrieben wird. Unter „G – Immaterielle Wertigkeit" kann der Nutzer beispielsweise Angaben zur Architektur, zu Raumgrößen oder zu besonders kunstvoll gestalteten Bauteilen hinterlegen.

II.1.2.1 Erfassung und Eingabe relevanter Daten

Als erste Basisinformation werden die Eckdaten des zu untersuchenden Gebäudes in das „idi-al"-Programm eingegeben: Daten des Auftraggebers und des Eigentümers und Daten zum Gebäude wie Art, Grundstücksgröße, Gebäudealter, Geschossfläche, Grundbucheintragung, Nutzflächen und Wohnflächen, Kaltmieten und Nebenkosten und die vollständige Adresse des Objektes. In einem separaten Ordner werden Bestandsfotos erfasst und für die weitere Bearbeitung vorgehalten. Zudem können hier Daten des Auftrages wie Termine und vereinbarte Kosten/Honorar vermerkt werden.

II.1.2.2 Bewertung einzelner Bauteile

Nach Eingabe der Adress- und Basisdaten des Objektes erfolgt der wesentliche Schritt der Gebäudediagnose – die Bewertung der Bauteile. Die erste Darstellung ist zunächst auf die groben Elemente des Gebäudes beschränkt. Soweit zum Zeitpunkt der Besichtigung vor Ort nicht alle Bauteile einsehbar sind, kann ein Risiko bewertet werden. Unter Berücksichtigung von Risikomerkmalen nicht untersuchter Bausubstanz (gekennzeichnet durch ein rotes Kreuz) und Wichtigkeitsfaktoren ist die strategisch wirksame Maßnahmenplanung und Kostenschätzung möglich. Vor allem aber wird aufgezeigt, an welchen Bauteilen exakte Detailuntersuchungen zwingend erforderlich sind.

Die Einschätzung sowohl negativer als auch positiver Merkmale wird im Schwächen-Stärken-Profil dargestellt. In diesem Prozess müssen die Schwächen und Stärken des jeweiligen Bauteils gleichzeitig bewertet werden. An dieser Stelle beginnt die „Spurensuche" nach Missständen, Mängeln und Bauschäden, vor allem aber auch nach positiven Merkmalen der vorhandenen Bausubstanz. Dabei sind jedem einzelnen Bewertungspunkt konkrete Beschreibungen oder Fotos als Referenzen zugeordnet.

Nach Eingabe der Gebäudedaten und Einschätzung bzw. Bewertung der Bauteile erfolgt eine erste Auswertung, ein erster Gebäudecheck, der bereits aufzeigt, was dringend der Sanierung bedarf.

Sollte diese erste Auswertung bzw. Untersuchung noch keine präzise interpretierbaren Ergebnisse bringen, müssen Fachingenieure z. B. für Bauphysik oder Bauchemie als zweite Diagnose-Ebene hinzugezogen werden, die weitere Spezialuntersuchungen wie Thermografien oder Laboruntersuchungen in die Wege leiten (s. Kap VI).

Die Analyseergebnisse fließen dann in das Schwächen-Stärken-Profil ein. Denn jeder Bewertungskategorie aus der ersten Diagnosephase liegt das gleiche Verfahren auch auf der zweiten Ebene zugrunde.

Der Althausspezialist fasst in seiner Diagnose zusammen, was er erkannt, untersucht und ausgewertet hat. Die Chancen einer positiven Entwicklung werden erkennbar und die Risiken überschaubar. Der Diagnose aus der zweiten Untersuchungsebene folgt nun der Maßnahmenplan.

II.1.3 Maßnahmenplanung

Die Maßnahmenplanung ist erst auf Basis der ersten Auswertung aus dem SSP möglich. Dennoch muss dieser Prozess im permanenten Abgleich zu den bereits erfassten Daten und Information und den noch vorhandenen Risikomerkmalen erfolgen. Dabei können auch in einer vertiefenden Auswertung des Schwächen-Stärken-Profils, also nach der Einschätzung von Spezialisten, neue Kriterien und Sachverhalte mit einfließen (z. B. Befund mit Hausschwamm).

Mit dieser erweiterten Analyse können die Prioritäten für Maßnahmen, die erste Kostenschätzung und eine mögliche Terminplanung entwickelt werden. Bereits jetzt können die ersten Entscheidungen getroffen werden, unter welchen Voraussetzungen das untersuchte Gebäude saniert werden kann.

Entsprechend der jeweiligen Risikozuordnung ist die Maßnahmenplanung mit unterschiedlichen Wichtungsfaktoren zu verknüpfen. So wird rechtzeitig angezeigt, welche der Maßnahmen am dringendsten sind. Auch die Entscheidung, ob die Baukosten in verschiedene Bauabschnitte zu verteilen sind, kann hier schon als strategischer Schritt eingeplant werden. Methodisches Vorgehen wird dabei durch das SSP als Navigationsinstrument ermöglicht. So bleibt der „Überblick" sowohl für den Anwender als auch für den Bauherrn auch bei Veränderungen von Bewertungskriterien oder der Maßnahmenplanung bewahrt.

Tabelle II.1.02: Das Schwächen-Stärken-Profil ist in 7 Kategorien gegliedert, die das Gebäude in seinen Teilen beschreiben.

Kategorien:	Kapitel[1]:
A – Abdichten/Feuchtigkeit:	
Dachdeckung	III.11, III.12, V.13, V.14
Schornstein	III.13
Dachrinne/Fallrohr	III.11, III.12, V.13, V.14
Außenwände	III.2, V.1, V.2
Balkon/Terrasse	III.8, III.9
Fenster	III.3
Türen	III.4
UG-/EG-Wände	III.2, III.5
B – Fassade/Außenhaut:	
Dach	III.11, III.12, V.13, V.14
Putz	V.11
Verkleidungen/Vordach	V.4
Wärmedämmung	V.9
Türen	III.4
Fenster, Wintergarten/Erker	III.3
Energiebilanz	II.2
Energiepass: Zuordnung	II.2
Q_P	II.2
Denkmalschutz	
C – Konstruktion/Mauerwerk/Decken:	
Außenwände	III.2
Dachstuhl	III.11
Decken	III.6
Innenwände, leichte Trennwände	III.5
Trennwände, tragende Wände	III.5
Treppenhaus	III.7
Fußböden	III.10
Innentüren	III.4
Verkleidungen, Oberflächen an Wand und Decke	V.4, V.10, V.11, V.12
Grundriss/Raumkonzept	II.6
Statik, Konstruktion, tragende Bauteile	III.2, III.11
Brandschutz	I.2
Schallschutz	I.2
Denkmalschutz	
Schadstoffbelastung	
Barrierefreiheit	
D – Gebäudetechnik H-S-L-E/Ausstattung:	
Heizung	IV.2, IV.3
Sanitär	IV.1
Elektro	IV.4
Lüftung	IV.5
Ausstattung (Aufzug)	IV.6
Energiebilanz	
Energiepass: Zuordnung	
Q_P	
Brandschutz	
E – Außenanlagen:	
Gartenanlage/Bäume/Pflanzen	
Einfriedung	
Grundleitungen/Wasser/Abwasser	
F – Grundstück und Erschließung:	
städtebauliche Situation	
Lage Grundstück	
Umfeld zu Grundstück/Gebäude	
Erschließung Straße	
Erschließung Medien	
G – Immaterielle Wertigkeit:	
Architektur	
Ausstrahlung/Ambiente	
Raumklima/Behaglichkeit	
Raumgröße/Raumhöhe	
Dach (Form, Anordnung)	
Fenster (Größe, Proportionen, Aufteilung)	
Türen (Schnitzereien, Ornamente)	
Wände (Stuck, Marmor)	
Decken (Stuck, Holz)	
Schadstoffe/Immission	

[1] Kapitel, in denen die genannten Bauteile mit Schadensbildern und Maßnahmenplanung umfassend behandelt werden

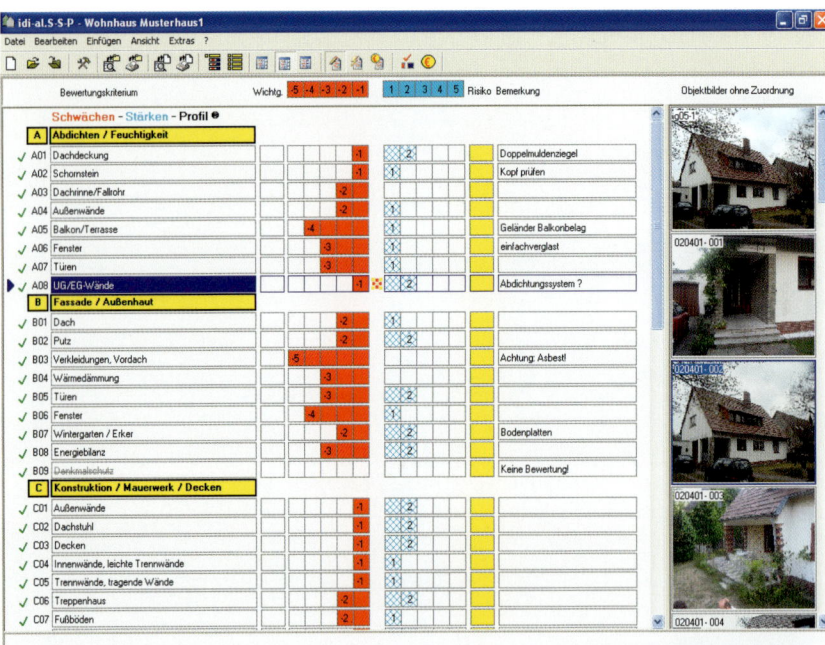

Abb. II.1.02: Nach der Zustandsanalyse dokumentiert das Schwächen-Stärken-Profil die Mängel des Bestandsgebäudes als rote Balken.

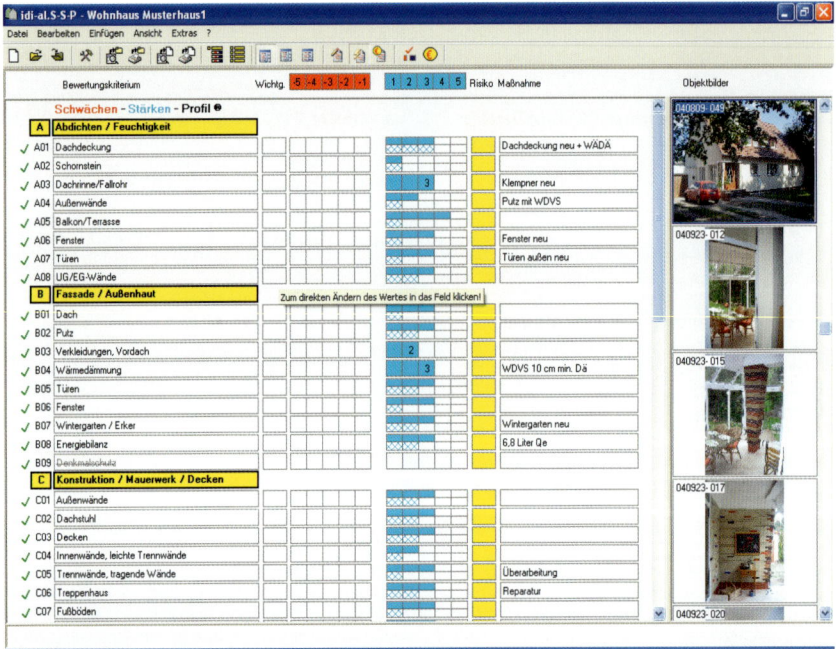

Abb. II.1.03: Nach der Sanierung zeigt das Schwächen-Stärken-Profil „Fertig" keinerlei Mängel mehr auf.

Abb. II.1.04: Eine vom Spezialisten angestellte Untersuchung wie die Thermografie bringt eindeutig interpretierbare Ergebnisse zum Zustand eines Bauteils. (Quelle: Lutz Gruhle, thermophot)

Die Benutzeroberfläche garantiert mit dem Schwächen-Stärken-Profil den kontinuierlichen Statusbericht über den Gebäudezustand im Ganzen, das heißt, auch während und nach erfolgter Sanierung. Letztlich entsteht bei baubegleitender Nutzung das Schwächen-Stärken-Profil „Fertig", das den Zustand des Altbaus nach Erneuerung darstellt. Hier lässt sich erkennen, dass die Maßnahmen die Schwächen in Stärken umgewandelt haben. Außerdem zeigt das Profil, ob an einzelnen Bauteilen noch Nacharbeiten erforderlich sind.

II.1.4 Kostenschätzung

Mit „idi-al" ist auch eine aussagekräftige Kostenschätzung möglich. Zwischen der ersten Groborientierung nach Euro/m² (Wohn- und Nutzfläche) ist alternativ oder zusätzlich die Berechnung nach Bauteilen möglich. Dabei stützt sich der Planer oder Architekt auf seine langjährigen Erfahrungen oder nutzt externe Vergleichsdatenbanken, die für einen weiteren Abgleich der Erfahrungswerte sorgen können.

II.1.5 Netzwerk für den Anwender

Bei der Gebäudediagnose „idi-al" fließen erfasste Daten und deren Auswertungen in eine zentrale Datenbank ein. Hier werden sie gesammelt und ausgewertet. So entsteht eine Referenzdatenbank, die dem Anwender fundierte Kostenwerte bereits realisierter Objekte zur Verfügung stellt und ihm somit Anhaltspunkte für das weitere Vorgehen gibt. Zudem werden gewonnene Erfahrungen, insbesondere durch die aktuellen Referenzprojekte, dauerhaft ausgewertet und machen diese auch für Wissenschaft und Forschung sowie den Anwender zugänglich.

II.1.6 Folgekosten

Durch die stetige Erfassung der Kosten, auch für die Gebäudeunterhaltung, werden ein lückenloses Gebäudeprofil erstellt und die Lebenszykluskosten detailliert und umfangreich dokumentiert. Wenn die Folgekosten bereits bei der Maßnahmenplanung mit einbezogen werden, lassen sich Fehlerquellen, z. B. die Auswahl falscher Baumaterialien und -bauteile, vermeiden.

II.1.7 Wirtschaftlichkeit

Im Ganzen betrachtet, lassen sich durch die Möglichkeit eines Datentransfers alle Daten dauerhaft zur Wirtschaftlichkeitsbetrachtung nutzen. Dazu müssen allerdings Nachhaltigkeitskriterien bereits in den Planungsprozess einfließen.

Die Gebäudediagnose stellt den wirtschaftlichen und sozialen Nutzen der Immobilie transparent dar und dient der nachhaltigen Verbesserung des Gebäudezustandes. Mit der damit verbundenen Verbesserung der Qualität wird der Wert der Immobilie gesteigert. Mit der Reduzierung von Risikofaktoren wird die Erhöhung der Lebensdauer ermöglicht. Dies wiederum verbessert den Wertindex. Als ständiger Begleiter über alle Lebenszyklen sammelt das System fortlaufend die Ereignisse sowie Kenndaten am und vom Gebäude und stellt diese dem Anwender für die tägliche Arbeit ausgewertet wieder zur Verfügung.

II.1.8 Schnittstellen zu Fördermöglichkeiten

Zusammen mit der Maßnahmenplanung lassen sich auch aktuelle Fördermöglichkeiten zeitnah einbinden. Dabei gilt es, die Wirtschaftlichkeit der Maßnahmen rechtzeitig auch mit der Möglichkeit von Förderprogrammen abzugleichen, wie z. B. die strategische Planung gemäß den Vorgaben der einzelnen Förderrichtlinie.

Die Zusammenarbeit mit einem Energieberater gehört zu den vornehmlichen Aufgaben bei der Gebäudesanierung. Über entsprechende Kontaktstellen kann man einen Energieberater seiner Wahl hinzuziehen. Die notwendigen energetischen Berechnungen werden dann von einem Bauphysiker in Begleitung des Architekten vorgenommen.

II.1.9 Schnittstellen für die Energieberechnungen

Über weitere Schnittstellen zu externen Softwarelösungen kann beispielsweise die energetische Berechnung direkt eingebunden werden. Sowohl der Primärenergieverbrauch als auch der CO_2-Verbrauch fließen in die Gesamtauswertung und die weitere Maßnahmenplanung mit ein. So wird der Anwender von „idi-al" den Ener-

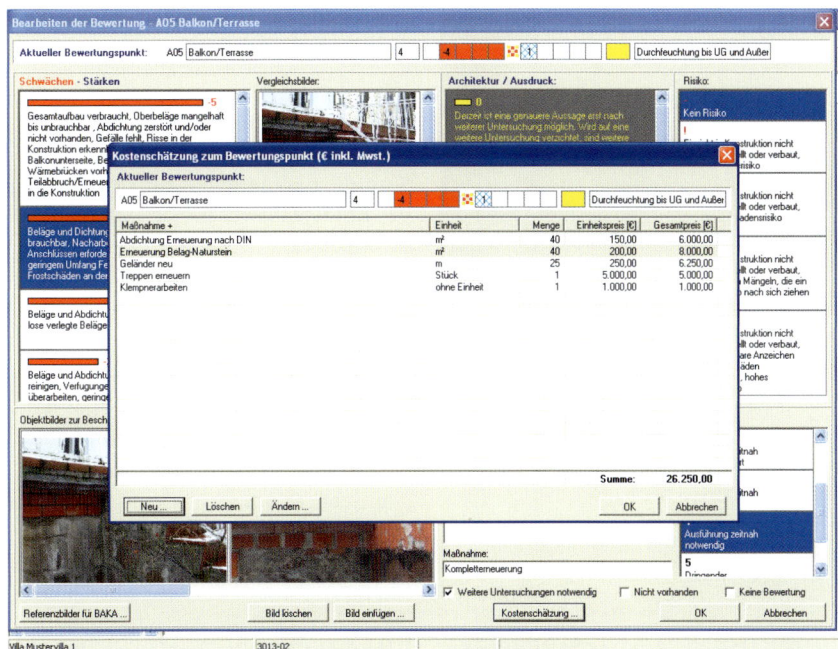

Abb. II.1.05: Gebäudeeinschätzung nach „idi-al" mit Kostenschätzung

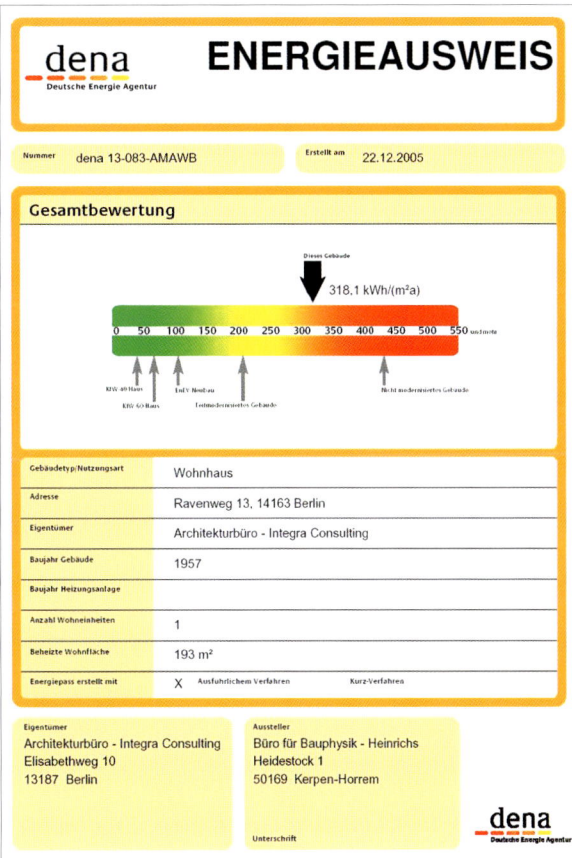

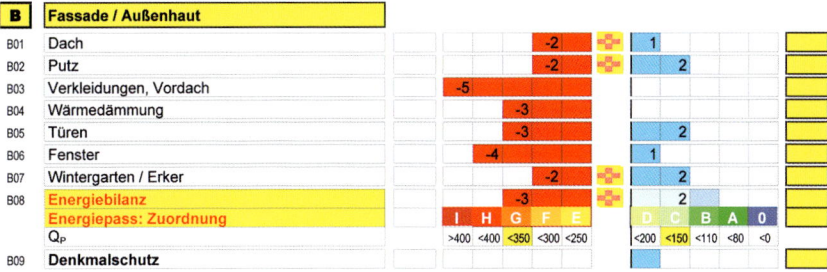

Abb. II.1.06: Die Auswertung der Energiebilanz nach „idi-al" ähnelt dem Aufbau des Energieausweises. (Quelle: BMVBS/dena-Feldversuch)

Abb. II.1.07: Die Villa Seeblick in Heringsdorf vor der Sanierung, Frontansicht

Abb. II.1.08: Putzschäden an der Fassade setzten dem Mauerwerk zu.

Abb. II.1.09: Aufsteigende Feuchtigkeit im Untergeschoss ließ auf eine fehlende Horizontalabdichtung schließen.

Abb. II.1.10: Die Terrassen waren nicht abgedichtet. Feuchtigkeit drang in das Mauerwerk und in die darunterliegenden Räume ein.

gieausweis selbst ausstellen können, sofern er die Zulassung dazu erworben hat.

Das Bundesministerium für Verkehr, Bau und Stadtentwicklung (BMBVS) wird die Bedingungen zur Erstellung des Energieausweises vorgeben (s. Kap. II.2).

II.1.10 Module zu „idi-al"

Zusätzlich zur „idi-al"-Basisausstattung können auch weitere Profile wie z. B. für die Nutzer, Betreiber und Bauherren erstellt werden. So können die für die weitere Planung der zukünftigen Gebäudenutzung wichtigen Rahmenbedingungen erfasst und ausgewertet werden. Dazu zählen auch das Raumprogramm, die Ausstattung, insbesondere auch die wirtschaftlichen Rahmenbedingungen wie Investitionsvolumen und Mieten etc.

II.1.11 „idi-al" in der Anwendung

Referenzbeispiele von:
Dipl.-Ing Ulrich Zink, Vorstandsvorsitzender des BAKA,
Dipl.-Ing. Anton Spindler, BAKA-Berater

II.1.11.1 Villa Seeblick, Heringsdorf

Gebäudeeckdaten	
Baujahr:	1876
Sanierung:	2005
WF + NF:	450 m²
BRI:	1500 m³

Die unter Denkmalschutz stehende Villa Seeblick im Ostseebad Heringsdorf auf Usedom wurde im Jahre 1876 erbaut. Das Gebäude umfasst 3 Etagen mit insgesamt etwa 450 m² Wohn- und Nutzfläche. Sowohl für den Bauherrn als auch für den Architekten galt es, dieses kulturelle Erbe in angemessener Form zu sanieren und zu restaurieren. Viele Ereignisse haben die Altbauerneuerung über 14 Jahre verhindert. Der vom Alteigentümer gestellte Rückübertragungsantrag im Jahr 1990 führte erst 1998 zum Erfolg. 2004 begann die Sanierung auf Grundlage der Gebäudediagnosemethode „idi-al".

Methodisches Vorgehen nach „idi-al" als strategischer Fahrplan:

- Historie,
- IST-Zustand,
- Planung,
- Ausführung,
- Qualitätssicherung,
- Ergebnis.

Zustandsanalyse, Gebäudediagnose, Bewertung

Die Analyse des Gebäudezustandes und dessen Dokumentation nach dem Schwächen-Stärken-Profil brachte die Bauschäden, Mängel und Missstände, aber vor allem auch die unbedingt zu restaurierenden, charakteristischen Bauelemente der Villa zutage. Schwerpunktmäßig stellten sich Schäden durch Nässe und Feuchtigkeit aufgrund fehlender oder defekter Abdichtungen an Dach, Decken, Wänden und Fußböden heraus. Ebenfalls befand sich die Fassade in einem desolaten Zustand.

Maßnahmenplanung, Kostenplanung

Zusammen mit dem Bauherrn, der Denkmalbehörde und dem Architekten wurde eine individuelle Maßnahmenplanung nach wirtschaftlichen, energetischen und denkmalpflegerischen Gesichtspunkten erstellt.

Das Planungskonzept der Villa umfasst insgesamt 5 Wohneinheiten sowie den Fitnessbereich im Souterrain. Das Dachgeschoss sollte für 2 Ferienwohnungen ausgebaut und maximal ausgenutzt werden. Zielsetzung war gleichzeitig die Reduzierung des jährlichen Heizölverbrauchs von 45 l je m² Wohnfläche auf 5 l pro m² im Jahr.

Folgende Maßnahmenplanung wurde für die Sanierung aufgestellt:

- Trockenlegung des Gebäudes im Sockelbereich,
- Abdichtung und Sanierung der Terrassen,
- Restaurierung der gesamten Stuckfassade,
- Erneuerung bzw. Rekonstruktion der Fenster nach historischem Vorbild,
- Neudeckung des gesamten Daches mit Naturschiefer, ganz nach historischen Vorlagen,
- Einbau von Dachgauben,
- Dämmung des Daches, der Souterrainaußenwände und der Bodenplatte,

- Erneuerung der Gebäudetechnik mit Lüftungsanlage und Fußbodenheizung mit besonders niedrigem Aufbau,
- Regenentwässerung über Rigolen auf dem Grundstück,
- Beantragung von Fördermitteln aus dem KfW-Programm.

Ausführung

Die unerlässliche Trockenlegung des Granitsockels erfolgte mittels Injektion im Niederdruckverfahren. Zudem wurde eine Horizontalabdichtung in den Sockel eingebracht. Von außen wurde im erdberührten Bereich eine Vertikalabdichtung mit einer 3 mm dicken Bitumenbeschichtung aufgebracht.

Die denkmalgeschützte Fassade konnte nur von innen gedämmt werden. Im Erdgeschoss war die Isolierung der Außenwände überhaupt nicht möglich. Die Innendämmung der Außenwände im Dachgeschoss und im Souterrain erfolgte durch eine Vorsatzschale. Die Metallunterkonstruktion wurde mit einer Klimamembran abgedichtet und abschließend einlagig mit 18 mm dicken Gipskartonplatten beplankt. In den Zwischenraum zur Außenwand wurde 100 mm Mineralwolle eingebracht. Der U-Wert des gedämmten Wandaufbaus liegt nun bei 0,38 W/(m² · K).

Ein weiterer Schwerpunkt bei der Sanierung war die Dachkonstruktion, die neben der notwendigen Belichtung auch die entsprechende Kopfhöhe zulassen musste. Dazu wurden 5 Dachgauben als filigrane Alu-Stahl-Glaskonstruktion eingebaut. Durch die Verwendung einer 23 mm dicken Vakuumdämmplatte konnte der ansonsten übliche Dachaufbau der Gaube um 15 cm verringert werden. Die Bitumenschindeldeckung der vergangenen Jahrzehnte entsprach nicht dem historischen Vorbild. Das Dach wurde mit Schiefer neu gedeckt und in Kombination aus Zwischensparrendämmung mit 200 mm dicker Mineraldämmwolle (Wärmeleitgruppe 035) und zusätzlicher Untersparrendämmung von 23 mm isoliert.

Die Stuckdecken der Erdgeschossräume konnten bis auf eine Ausnahme alle restauriert werden. Die Deckenkonstruktion war so desolat, dass eine Restaurierung nur mit sehr großem Aufwand möglich war. Auch das Ab-

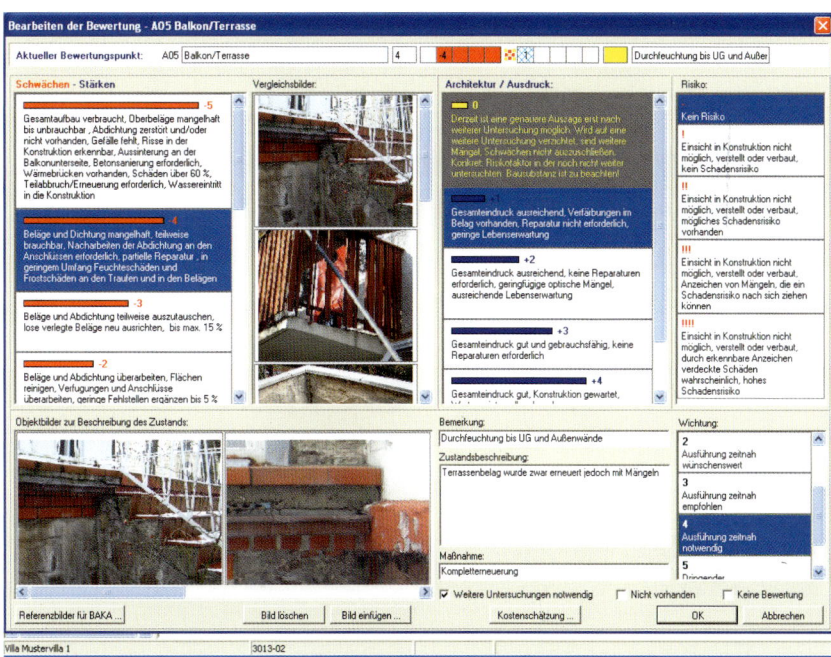

Abb. II.1.11: Einschätzung nach „idi-al" mit Text und Referenzfoto im Vergleich

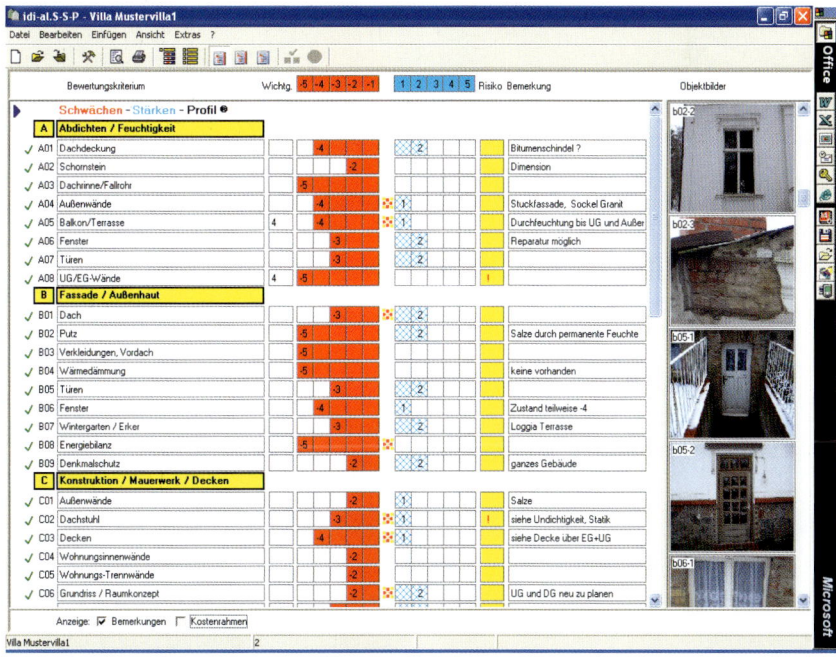

Abb. II.1.12: Nach der Zustandsanalyse dokumentiert das Schwächen-Stärken-Profil der Villa die Mängel als rote Balken.

Abb. II.1.13: Zustand der Holzfenster vor der Sanierung

Abb. II.1.14: Die Holzbalkendecke wies insgesamt eine Durchbiegung/Verformung von 80 mm auf.

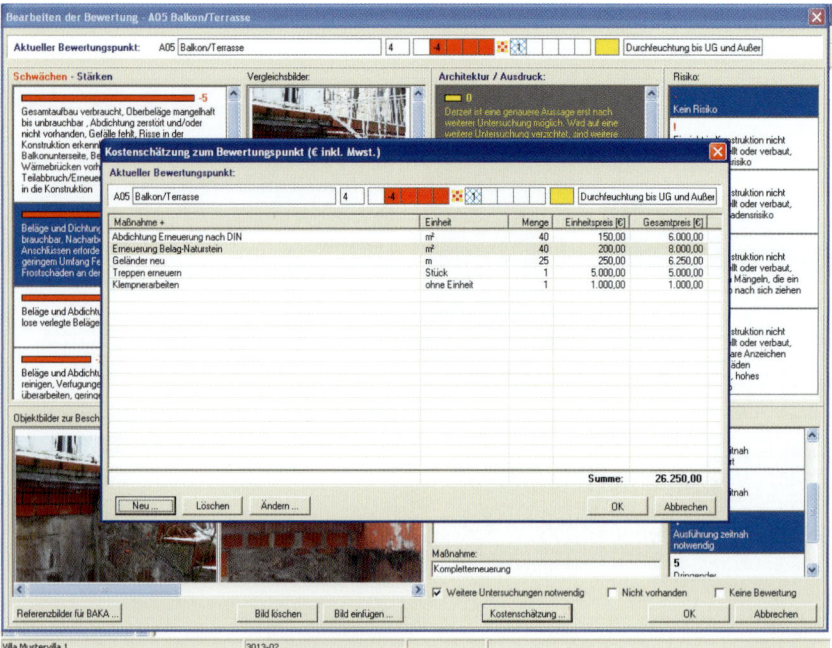

Abb. II.1.15: „idi-al"-Einschätzung samt Kostenschätzung im Detail pro Bauteil

Abb. II.1.16: Das Dach wurde wärmegedämmt. Wohndachfenster sorgen für Helligkeit unter den Dachschrägen. (Quelle: Knauf/Isover)

Abb. II.1.17: Die Dachgauben, eine Alu-Stahl-Glaskonstruktion, verbessern die Nutzungsmöglichkeiten des Dachbereiches. (Quelle: Knauf/Isover)

Abb. II.1.18: Restaurierung der denkmalgeschützten Stuckfassade

Abb. II.1.19: Die Villa Seeblick nach der Sanierung (Quelle: Knauf/Isover)

Abb. II.1.20: Die Technik zur Be- und Entlüftung ist unterhalb der Fensterbänke in die Wand integriert.

hängen der Decke war durch die historische Situation nicht möglich. Bauherr und Architekt entschieden sich in denkmalfreien Teilbereichen, vor allem auch im Souterrain, für ein freitragendes Deckensystem.

Bei dieser neuen Trockenbaulösung sorgen Verbundprofile für das statische Tragsystem, das aus 2 an der Rückseite miteinander verschraubten CW-Profilen gefertigt wird. Entlang der Wände verdübelte UW-Profile bilden die seitlichen Auflager für die CW-Doppelprofile. Die Beplankung erfolgte mit 20 mm dicken Gipskartonplatten. Zwischen den Profilen wurde Mineralwolle als zusätzliche Wärmedämmung, aber auch als Schalldämmung, eingebracht.

Auch die Decken im Souterrain und unter den Terrassen wurden mit dem freitragenden Deckensystem abgehängt, mit 200 mm dicken mineralischen Dämmplatten der Wärmeleitgruppe 035 gedämmt und ebenfalls mit einer Klimamembran abgedichtet. Die Terrassen mussten nach Flachdachrichtlinien abgedichtet werden und erhielten passend zum historischen Umfeld einen Belag aus achteckigen, 40 mm dicken Muschelkalkfliesen aus der Fränkischen Schweiz.

Um den herrlichen Blick von der Loggia hinter der großen Seeterrasse zur Uferpromenade auch im Winter und bei regnerischer Witterung uneingeschränkt genießen zu können, wurde eine Glaskonstruktion vorgesetzt. Eingebaut zwischen den Außenwänden und hinter 2 Säulen kommt diese Konstruktion ohne sichtbare Metallkonstruktion aus. Die Glasfläche auf einer Höhe von 4 m wurde in der ganzen Höhe als Viermetertafeln eingesetzt.

Eine Innovation stellt bei der Erneuerung der Fenster die gleichzeitige Installation einer Be- und Entlüftung mit Wärmerückgewinnung in der Fensterbank dar. Die Zu- und Abluftöffnungen der Lüftungsanlage mussten in die historische Fassade sozusagen unsichtbar integriert werden. Es entstand dabei ein neues Detail mit einem Fensterbank-Lüftungskanalsystem.

Eingebaut wurden 8 Fensterbänke mit Zuluftöffnung und 2 Fensterbänke mit Zu- und Abluftöffnung, Luftfeuchtigkeitssensor und integrierter Wärmerückgewinnung. Die Lüftungsöffnungen verschwanden so jeweils unsichtbar unter der Fensterbank.

Die nach historischem Vorbild gefertigten Holzfenster mit Wärmeschutzverglasung besitzen einen U_G-Wert $< 1{,}1 \ W/(m^2 \cdot K)$ und erfüllen damit die gesetzlichen Anforderungen.

Bei der Heiztechnik entschieden sich Bauherr und Architekt für eine Sole-/Wasser-Wärmepumpe und einen Gas-Brennwertkessel mit zentraler Warmwasserbereitung. Die Grundlast wird von der Wärmepumpe getragen, bei Spitzenlastzeiten schaltet sich der moderne Brennwertkessel dazu. Damit liegt die Aufwandszahl bei niedrigen 0,915. Der Einbau und die Installation einer Fußbodenheizung im Dachgeschoss und im Erdgeschoss wurden durch ein Fußbodenheizsystem mit sehr niedrigem Aufbau ermöglicht. Die Bodenunebenheiten von einigen Millimetern konnten mit einem Ausgleichsestrich gegen 0 ausgeglichen werden. Zusätzlich wurden Wandflächenheizungen und Heizkörper im Erdgeschoss installiert.

Die energetischen Möglichkeiten wurden in Zusammenarbeit mit dem Architekten von Fachingenieuren, Bauphysikern, Herstellern und dem Bauherrn erarbeitet. Jedes Bauteil wurde bauphysikalisch einzeln betrachtet und auf mögliche Dämmmaßnahmen untersucht. Das hochgesteckte Ziel vom 45-Liter-Haus zum 5-Liter-Haus wurde durch das folgende energetische Konzept erreicht:

- Innendämmung mit Vorsatzschale in Verbindung mit einer Klimamembran und der Nachweis für den Tauwasserausfall; Gebäudetechnik mit einer Erdwärmepumpe und Gas-Brennwerttechnik;
- Flächenheizsysteme an Wänden und auf Fußböden;
- Entlüftungssystem mit feuchtigkeitsgesteuerter Regulierung und mit Wärmerückgewinnung;
- Erneuerung der Fenster jeweils mit einem U_G-Wert $< 1{,}1 \ W/(m^2 \cdot K)$.

Baubegleitende Qualitätsüberwachung, Abnahme

Mit Beendigung der Baumaßnahmen erfolgt erneut die Einschätzung des Gebäudezustands mit „idi-al". Es entsteht das sogenannte Schwächen-

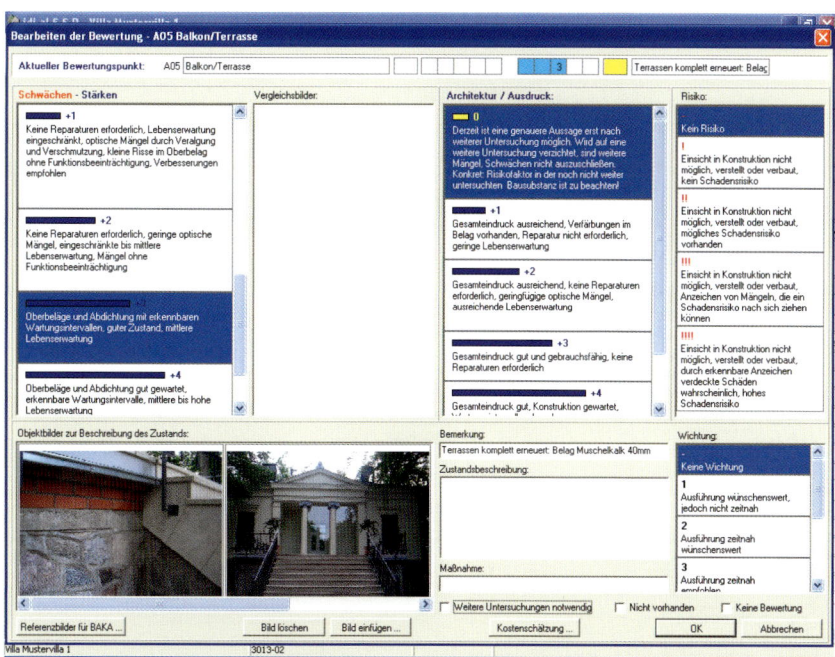

Abb. II.1.21: „idi-al"-Einschätzung der Terrasse nach Sanierung mit +3 = mängelfrei

Abb. II.1.22: Fensterbank mit feuchtigkeitsgesteuerter Be- und Entlüftungstechnik und Wärmerückgewinnung

Abb. II.1.24: Sämtliche Bauteile wurden mithilfe der Thermografie sowohl vor als auch nach der Sanierung auf Transmissionswärmeverluste überprüft.

Abb. II.1.23: Von außen ist die Fassade unversehrt, denn die Zuluftöffnungen sind in die Fensterbank integriert.

Abb. II.1.25: Die Luftdichtigkeit wurde während und nach den Bauarbeiten mittels Blower-Door-Test überprüft.

62 II Methodik Planen und Bauen im Bestand

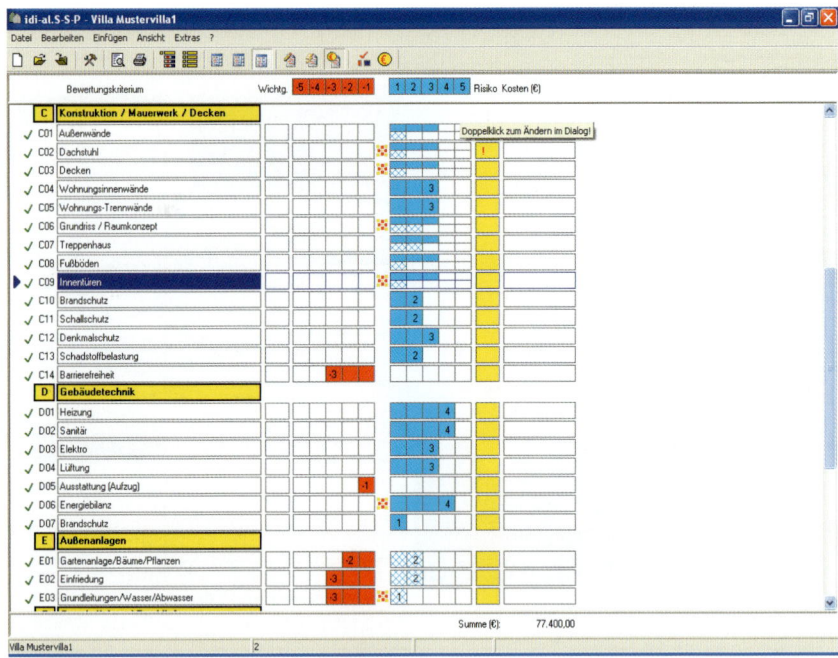

Abb. II.1.26: Schwächen-Stärken-Profil nach der Sanierung; die Mängel (rot) wurden beseitigt und zählen nun als Stärken (blau). Die Restarbeiten für den 2. Bauabschnitt bleiben rot.

Abb. II.1.31: Grundriss Untergeschoss der Villa Seeblick nach der Sanierung mit 2 Wohneinheiten

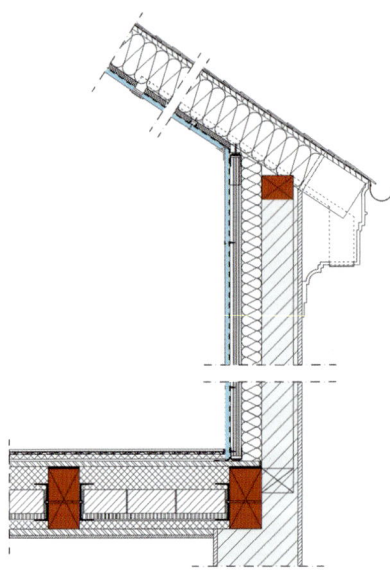

Abb. II.1.27: Zustand der Villa Seeblick nach der Sanierung, Frontansicht (Quelle: Knauf/Isover)

Abb. II.1.29: Querschnitt Wohnungstrenndecke, Außenwand, Dach nach der Sanierung

Abb. II.1.32: Grundriss Erdgeschoss der Villa Seeblick nach der Sanierung mit einer Wohneinheit

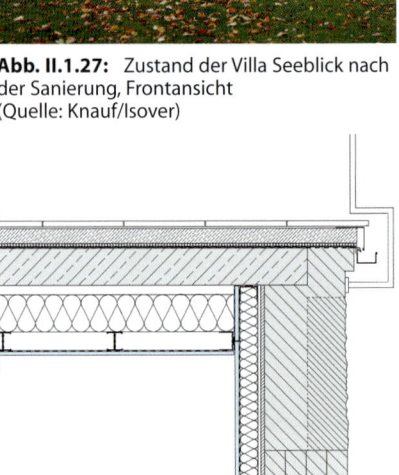

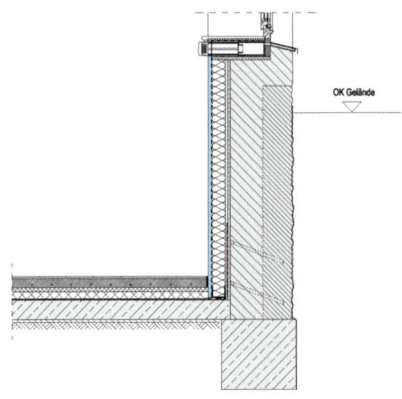

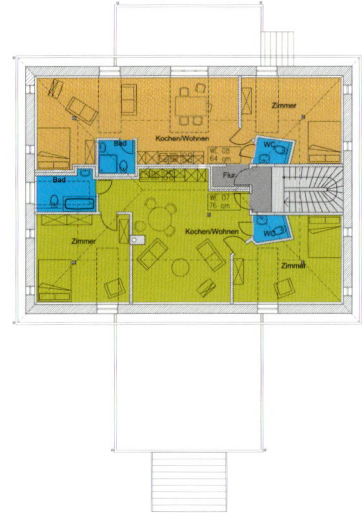

Abb. II.1.28: Querschnitt Terrassen nach der Sanierung

Abb. II.1.30: Querschnitt Souterrain nach der Sanierung

Abb. II.1.33: Grundriss Dachgeschoss der Villa Seeblick nach der Sanierung mit 2 Wohneinheiten

Stärken-Profil „Fertig", bei dem gleichzeitig die Qualität der fertiggestellten Baumaßnahme Bewertung fand. Bereits während der gesamten Bauzeit wurden die Bauarbeiten überwacht und regelmäßig kontrolliert, denn nur so kann die Luftdichtigkeit als Basis für ein funktionierendes Energiespar-„Klimasystem" garantiert werden. Der Nachweis der Luftdichtigkeit erfolgte mithilfe der Thermografie und der Blower-Door-Messung. Die A-Messung des Blower-Door-Tests ergab als Abschlussmessung eine Luftwechselrate von < 1,5. Damit sind die Forderungen der Energieeinsparverordnung (EnEV) erfüllt.

Soll-Ist-Vergleich, Ergebnis, Nachbetrachtung

Zur Verbesserung des baulichen Wärmeschutzes stellte das historische Denkmalgebäude Architekt, Bauingenieure und Bauphysiker vor schwierige Aufgaben, die es zu lösen galt.

Der Jahresendenergiebedarf Q_E verringert sich von anfänglichen 452,6 kWh/(m² · a) auf 47,7 kWh/(m² · a). Das bedeutet eine Reduzierung des Heizölverbrauchs von 45 l/(m² · a) auf 5 l/(m² · a) (gerundet). Insgesamt werden 89 % der Energie eingespart. Auch der CO_2-Ausstoß konnte um 65 % gesenkt werden.

Die Villa Seeblick in Heringsdorf steht beispielhaft für die moderne Gebäude-Diagnose-Methode „idi-al", die eine optimale Sanierung des Baudenkmals sicherte und gleichzeitig eine Heizöleinsparung von 40 l/(m² · a) ermöglichte.

Details, Planungshinweise und integrale Planungsprozesse

Für die Ausführungsqualität unabdingbar sind Detaillösungen, deren Umsetzung in Detailzeichnungen dargestellt werden müssen. Dabei muss sich die planerische Zielstellung auf praktisch umsetzbare Systemlösungen konzentrieren. Das Zusammenwirken mehrerer Gewerke wie z. B. Trockenbau, Fensterbau, Heizung und Lüftung sowie Elektro gehört zu den wichtigen Kriterien einer praktisch orientierten integralen Planung.

II.1.11.2 Wohnhaus Ravenweg, Berlin

Gebäudeeckdaten	
Baujahr:	1958
Sanierung:	2004
WF + NF:	316 m²
BRI:	1060 m³

Das Einfamilienhaus wurde Ende der 50er-Jahre errichtet und besitzt die typischen Stilelemente jener Zeit: Rundfester, konische Dachvorsprünge und Stützen, Terrazzoböden, farbige Keramikplatten an der rückseitigen Fassade, Zierelemente an Fenstern und Türen, teilweise abgerundete Balkonplatten. Diese architektonischen Stilelemente sollten erhalten bleiben. Gleichzeitig forderten die Bauherren eine größtmögliche Energieeffizienz des Hauses.

Das ehemalige Elternhaus sollte zum komfortablen Altersruhesitz werden. Die Erweiterung der Wohnfläche durch einen Wintergarten und die Zusammenlegung der bisher getrennten Wohneinheiten im Erd- und Dachgeschoss waren Hauptschwerpunkte der Planung. Im Hinblick auf eine spätere Nutzung durch die Kinder wünschten die Bauherren jedoch, dass die Option auf eine erneute Trennung der Wohneinheiten erhalten bleibt.

Ausgangssituation und IST-Zustand

Das 1958 gebaute Wohnhaus war auch energetisch gesehen ein typischer Vertreter seiner Zeit: nicht gedämmte Außenwände aus Ziegel- und Bimssteinmauerwerk, unzureichende Dämmung des Daches sowie Fenster, die dem damaligen Stand der Technik entsprachen. Nach heutigen Gesichtspunkten sind die teilweise vorhandene Einfachverglasung und alte Isolierverglasungen unzureichend. Das Haus war in 2 Wohneinheiten jeweils im Erd- und Dachgeschoss unterteilt, der Zugang erfolgte über den gemeinsamen Hauseingang.

Abb. II.1.34: Frontansicht des Wohnhauses Ravenweg vor der Sanierung

Abb. II.1.35: Der Eingangsbereich mit Treppe und konischem Stützpfeiler lag zur Straßenseite.

Abb. II.1.36: Das Haus verfügte über Rundfenster mit Gittern.

Abb. II.1.37: Auch vor einigen Verbundfenstern waren Ziergitter angebracht.

Abb. II.1.38: Altes Balkongeländer aus rot lackiertem Metall

Abb. II.1.39: Ansichten des Wohnhauses vor der Sanierung

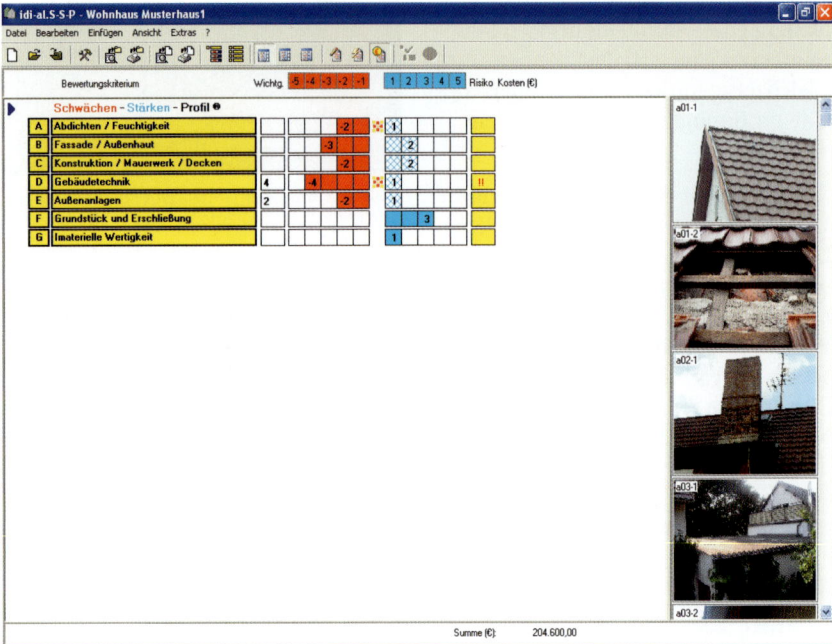

Abb. II.1.40: „Bestand" des Wohnhauses Ravenweg vor der Sanierung

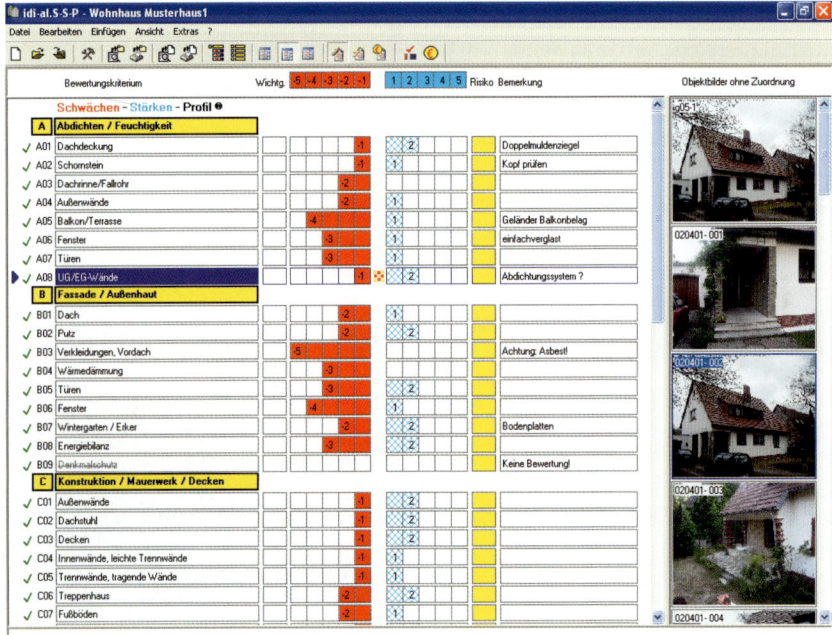

Abb. II.1.41: Das Schwächen-Stärken-Profil „Bestand" nach der genauen Gebäudediagnose

Der Jahresheizwärme-Bedarf des Altbaues, dessen beheizte Wohnfläche von 158 auf 186 m² erweitert werden sollte, lag bei 211,25 kWh/(m² · a), was einem jährlichen Heizölverbrauch von 21,13 l/m² entspricht.

Erst vor 3 Jahren hatte ein mit Öl betriebener Niedertemperaturkessel den alten, unwirtschaftlichen Kessel ersetzt. Weder aus wirtschaftlicher noch aus ökologischer Sicht wäre es vertretbar gewesen, ihn zum jetzigen Zeitpunkt schon wieder auszumustern. Sinnvoller war es, in diesem Modernisierungsschritt die Weichen zu stellen für den späteren Einsatz innovativer Heiztechniken, einschließlich der Nutzung erneuerbarer Energien.

Zustandsanalyse, Gebäudediagnose und Bewertung

Die erste Auswertung der Gebäudediagnose „idi-al" zeigte, dass besonders die Bereiche Gebäudetechnik und Fassade ernst zu nehmende Mängel aufwiesen.

Das Schwächen-Stärken-Profil „Bestand" dokumentiert die Schwachstellen des Hauses: Die Fassade und das Vordach sowie veraltete Fenster und Türen mussten erneuert werden. Die Abdichtung des Balkons und das Balkongeländer wiesen massive Mängel auf.

Das Dach war in Teilbereichen mit maximal 100 mm dicker Zwischensparrendämmung der Wärmeleitgruppe 040 unzureichend gedämmt und entsprach nicht den gesetzlichen Anforderungen der Energieeinsparverordnung (EnEV). Auch die Dämmung der Decke zum Dachboden bestand aus einer veralteten Dämmschicht. Einzelne Dachziegel waren schadhaft. Die 300 mm starken Außenwände waren ungedämmt und entsprachen mit einem U-Wert von 1,58 W/(m² · K) nicht den gesetzlichen Wärmeschutzbestimmungen. Die Gebäudetechnik musste unter Integration des bereits neu installierten Öl-Niedertemperaturkessel komplett erneuert werden.

Maßnahmen- und Kostenplanung

Da die Bauherren einen Teil der Maßnahmen über das CO_2-Gebäudesanierungsprogramm der Kreditanstalt für Wiederaufbau (KfW) finanzieren wollten, war das Ziel der Sanierung von vornherein definiert: Um den Höchstfördersatz in Anspruch nehmen zu können, musste eine Kohlendioxid-Einsparung von mindestens 40 kg CO_2 pro m² Gebäudenutzfläche nachgewiesen werden. Für das Wohnhaus bedeutete das konkret: die komplette Dämmung des Daches, die Wärmedämmung der Fassade, der Einbau von Wärmeschutzfenstern und die Installation eines modernen Heiz- und intelligenten Lüftungssystems.

Nach Anforderungen des Wärmeschutzes und der Energieeinsparung sowie unter Berücksichtigung der Vorgaben der Bauherren wurde folgende individuelle Maßnahmenplanung erstellt:

- Erhaltung der Architektur,
- Berücksichtigung der maximalen energiesparenden Maßnahmen,
- Einbau einer Heizung mit Flächenheizsystemen,
- Installation eines feuchtigkeitsgesteuerten Entlüftungssystems,
- Zusammenlegung der Wohneinheiten,
- Antrag auf KfW-Förderung CO_2-Gebäudesanierungsprogramm.

Ausführung

Für einen lückenlosen Wärmeschutz aller wärmeübertragenden Gebäudeteile wurden vor die Fassade ein 100 mm starkes Wärmedämmverbundsystem der Wärmeleitgruppe 035 auf mineralischer Basis angebracht, die Balkonplatte unterseitig gedämmt sowie Kunststofffenster mit Zweischeiben-Isolierverglasung [$U_W = 1{,}3$ W/(m² · K)] eingebracht.

Obwohl die Dachdeckung nur partiell erneuert werden musste und die Räume im Obergeschoss bereits ausgebaut waren, entschied man sich für die Dämmung des Daches von außen mit einem neuartigen Sanierungssystem. Kernstück des Systems ist eine Dampfbremsfolie, die ihre Wasserdampfdurchlässigkeit den Umgebungsbedingungen anpasst. Die Sparren wurden um 40 mm aufgedoppelt und eine 160 mm dicke Dämmung mit einem U-Wert von 0,27 W/(m² · K) eingebaut.

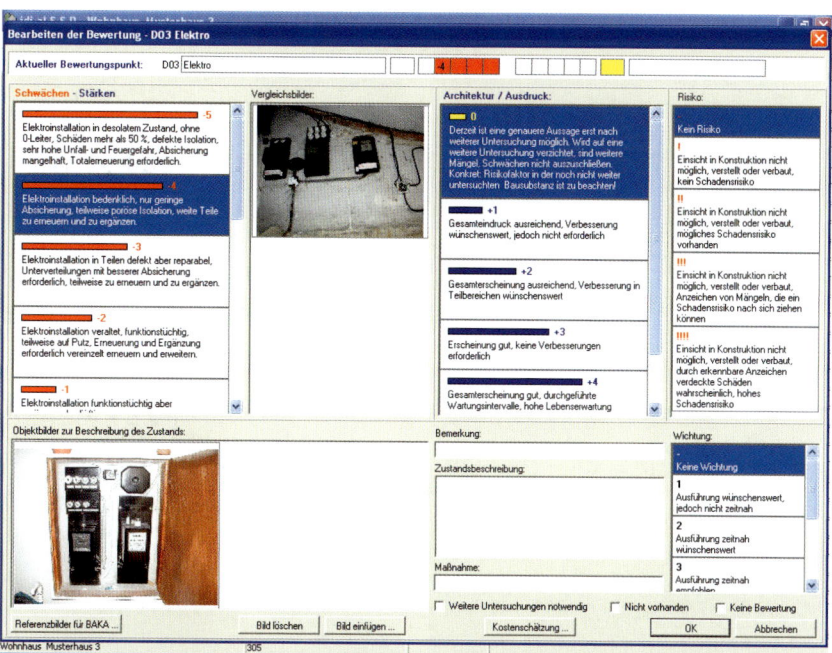

Abb. II.1.42: „idi-al"-Einschätzung Elektro: –4

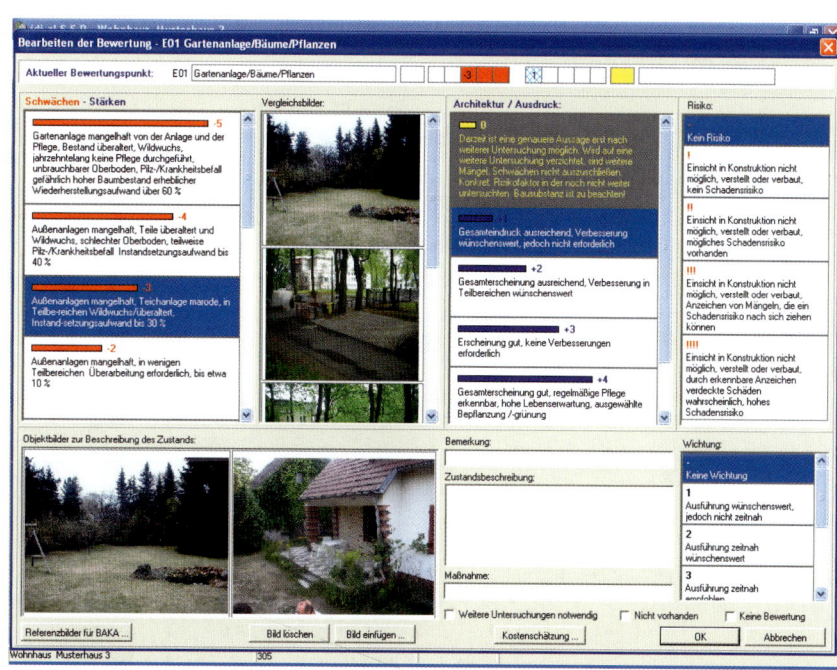

Abb. II.1.43: „idi-al"-Einschätzung Gartenanlage: –3

Abb. II.1.44: Das Dach wurde von außen zwischen und über die Sparren mit einer speziellen Dampfbremse abgedichtet und anschließend wärmegedämmt.

Abb. II.1.45: Im Bad wurden eine Fußboden- und eine Wandheizung installiert sowie die Sanitäranlagen komplett erneuert.

Abb. II.1.46: Eine Wandheizung sorgt für eine angenehme, gesunde Strahlungswärme.

Abb. II.1.47: Bis unter die Dachschräge wurden die Wandheizungsrohre verlegt.

Abb. II.1.48: Nach einigen Nachbesserungen ergab die A-Messung des Blower-Door-Tests eine Luftwechselrate von 1,3.

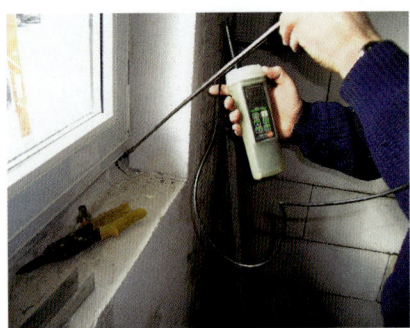

Abb. II.1.49: Qualitätsprüfung während der Baumaßnahmen

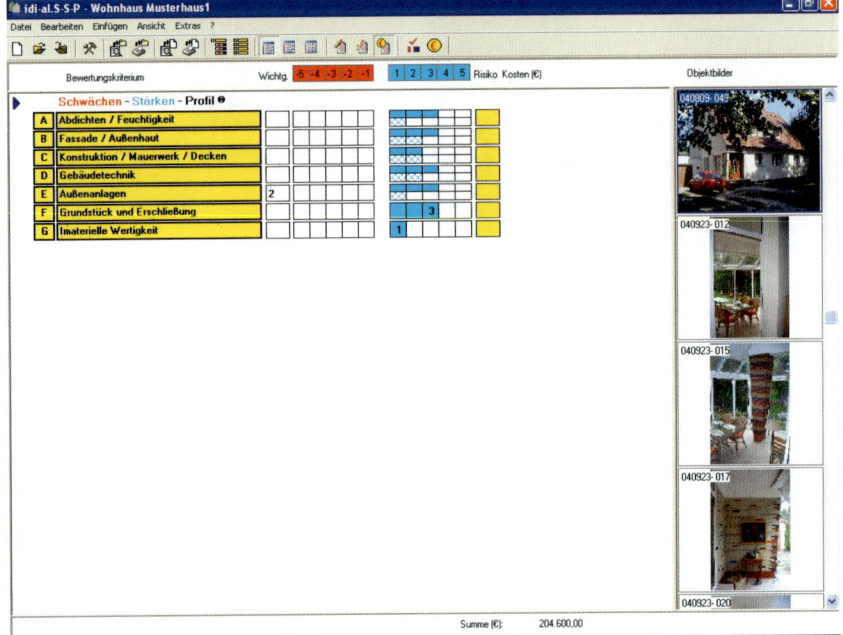

Abb. II.1.50: Das Schwächen-Stärken-Profil (SSP) „Fertig" nach der Sanierung

Die vorhandene Heizungsanlage wurde auf Niedrigtemperaturbetrieb mit einer Vorlauftemperatur von maximal 35 °C umgestellt. Das ermöglichte den Einbau einer Fußbodenheizung im neu geschaffenen Wintergarten und im Wohnraum des Erdgeschosses sowie die Installation von Wand- und Deckenheizungssystemen in den übrigen Räumen.

Das Rohrleitungsnetz und die Elektroinstallation wurden erneuert. Die Option für den späteren Einsatz einer thermischen Solaranlage zur Brauchwassererwärmung und die Einbindung eines Kachelofens in das Heizsystem wurden ermöglicht. Insbesondere sollte eine spätere Nutzung von Erdwärme durch eine Wärmepumpe ohne größeren Aufwand möglich sein. Ebenfalls kann ein BUS-System nachträglich installiert werden.

Baubegleitende Qualitätsüberwachung, Abnahme

Die Verwendung moderner Sanierungssysteme führen aber nicht automatisch zu einer luftdichten Gebäudehülle. Noch während der Bauphase ergab die Messung im Blower-Door-Test eine 2,3-fache Luftwechselrate bei einem Winddruck von 50 Pa. Notwendige Nachbesserungsarbeiten führten dann zu einem 1,3-fachen Luftwechsel, der die Forderung von < 1,5 erfüllt.

Soll-Ist-Vergleich, Ergebnis und Nachbetrachtung

Neben den nutzungsoptimierten Änderungen der Bausubstanz, die neben weiteren Maßnahmen zu einer deutlichen Erhöhung des Wohnwertes führten, konnten die geltenden gesetzlichen Wärmeschutzbestimmungen der Energieeinsparverordnung (EnEV) eingehalten werden. Allein durch die konsequente Wärmedämmung aller wärmeübertragenden Gebäudeteile, die luftdichte Ausführung, die Umstellung der Heizanlage auf Niedertemperaturbetrieb und den Einbau eines mechanischen Entlüftungssystems mit thermisch gesteuerten Nachströmöffnungen und feuchtigkeitsgesteuerter Regelung wurde der Jahresheizwärmebedarf des Wohnhauses um fast 70 % von 211,25 kWh/($m^2 \cdot a$) auf 67,14 kWh/($m^2 \cdot a$) gesenkt. Der jährliche Heizölverbrauch liegt nun bei 6,7 l pro m^2.

II.1 Gebäudediagnose „idi-al"

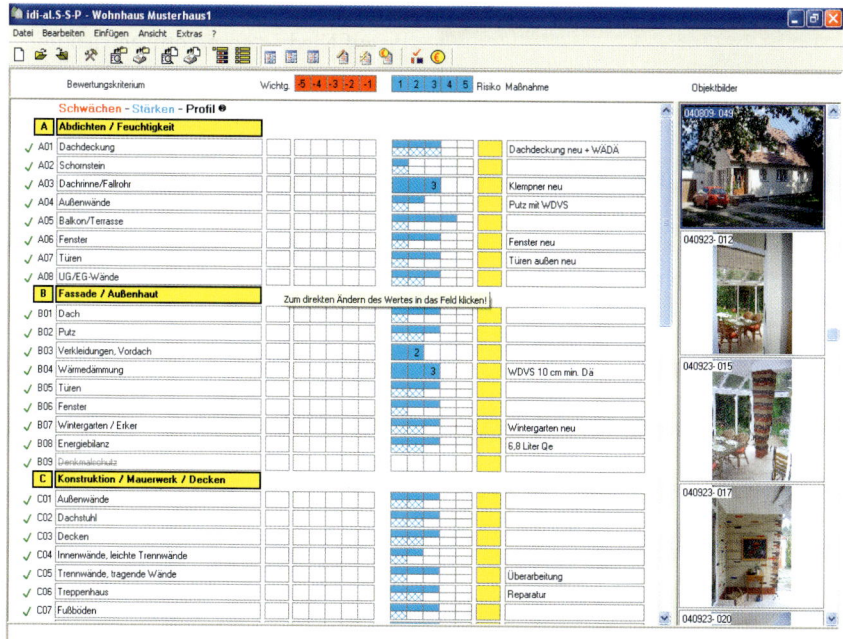

Abb. II.1.51: Nach der Sanierung zeigt das detaillierte S-S-P keinerlei Mängel mehr auf.

Abb. II.1.58: Terrasse vorher

Abb. II.1.52: Wohnhaus Ravenweg vorher

Abb. II.1.53: Wohnhaus Ravenweg nachher

Abb. II.1.59: Terrasse vorher

Abb. II.1.54: Hauseingang vor der Sanierung

Abb. II.1.55: Hauseingang nach der Sanierung

Abb. II.1.60: Wintergarten nachher

Abb. II.1.56: Diele im Erdgeschoss vorher

Abb. II.1.57: Diele im Erdgeschoss nachher

Abb. II.1.61: Wintergarten nachher

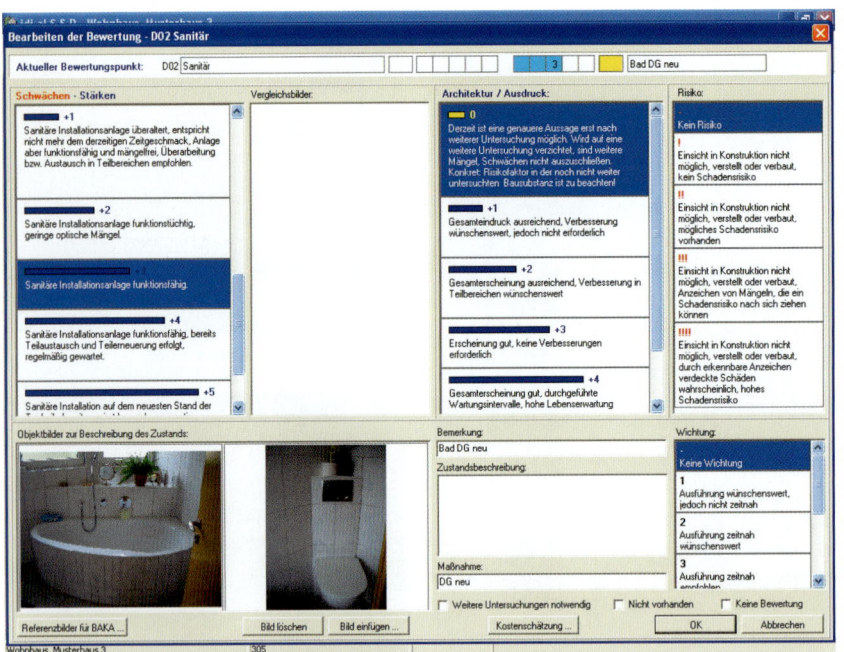

Abb. II.1.62: „idi-al"-Einschätzung Sanitär: +3

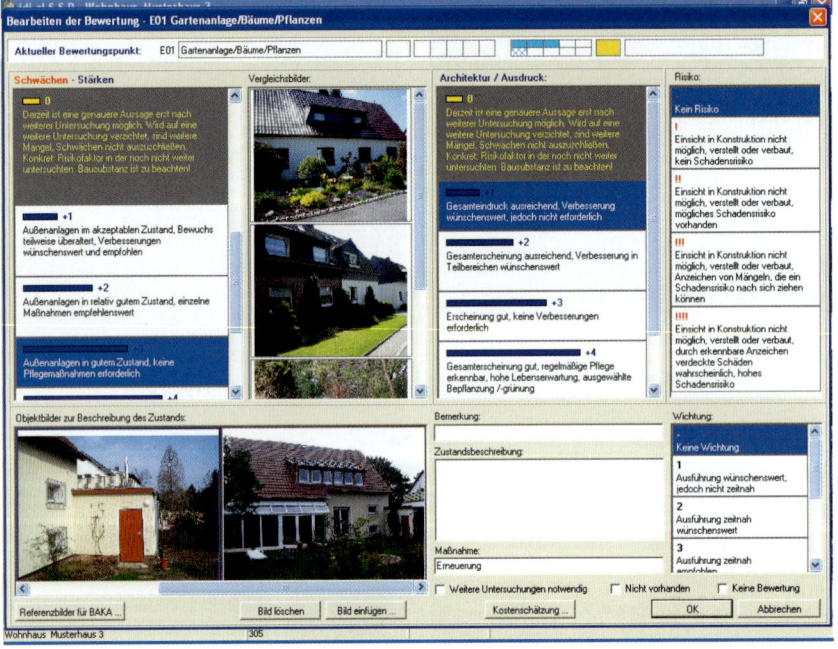

Abb. II.1.63: „idi-al"-Einschätzung Gartenanlage: +3

Auch die CO_2-Minderung bewegt sich in ähnlicher Größenordnung. Mit 54,76 kg/(m² · a) Kohlendioxid-Einsparung wurden die Förderbedingungen des CO_2-Gebäudesanierungsprogramms von 40 kg/(m² · a) nicht nur einhalten, sondern deutlich übertroffen.

II.1.11.3 Doppelhaus Sonnenwalder Weg, Berlin

Gebäudeeckdaten	
Baujahr:	1938
Sanierung:	2007
WF:	110 m²
BRI:	340 m³
Grundstück:	510 m²

Das Wohnhaus in Berlin-Heiligensee befindet sich in der historischen Borsigsiedlung. Die in den 30er- und 40er-Jahren erbaute Siedlung der Borsigwerke ist mit ihren eher ländlich geprägten Typenhäusern in einer schlichten Bauweise entstanden.

Die meist als Doppelhäuser konzipierten Gebäude sollten ausschließlich für die Arbeiter der Borsigwerke zur Verfügung stehen. Heute unterliegt die Siedlung einer gesonderten Gestaltungsverordnung. Bauart, Materialien sowie die gesamte städtebauliche Situation müssen entsprechend berücksichtigt werden, um die Siedlung mit ihren charakteristischen Elementen zu erhalten.

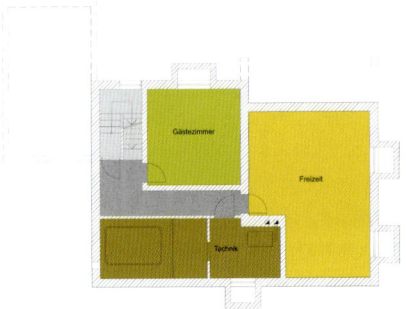

Abb. II.1.64: Grundriss Keller

Abb. II.1.65: Grundriss Erdgeschoss nach der Sanierung mit Wintergarten und offener Diele

Abb. II.1.66: Grundriss Dachgeschoss mit der Option auf Wohnungstrennung

II.1 Gebäudediagnose „idi-al" 69

Abb. II.1.67: Die Straßenansicht der Doppelhaushälfte vor der Sanierung

Die Bauherren suchten ein passendes Wohnhaus für sich. Das zur Auswahl gestandene Doppelhaus samt Grundstück schien dem Anforderungsprofil zu entsprechen. Für die spätere Nutzung war die Lage des Grundstücks ebenso von Bedeutung wie die Veränderbarkeit des Grundrisses. Es sollte ein neues offenes Raumkonzept nach den Wünschen des Ehepaares entstehen, verbunden mit einer energetischen Modernisierung.

Für die zukünftigen Bauherren stand fest, dass die Entscheidung über den Erwerb eines Hauses auf Basis der idi-al-Gebäudediagnose erfolgen sollte. Die erforderliche Sanierung und Modernisierung musste auf dem Schwächen-Stärken-Profil (SSP) des Gebäudes aufbauen.

Abb. II.1.68: Mit der Bewertung des Gebäudes und des Umfelds zeigte das Schwächen-Stärken-Profil auf, an welchen Gebäudeteilen Maßnahmen erforderlich waren.

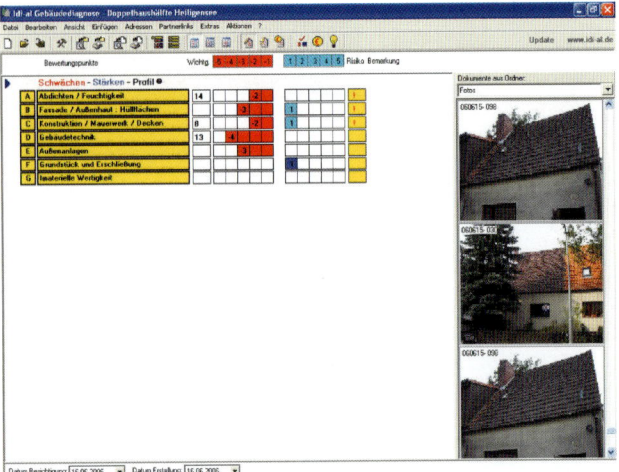

Abb. II.1.69: Die konzentrierte Darstellung der grundlegenden Bewertungskriterien ergab ein erstes Bild der Immobilie.

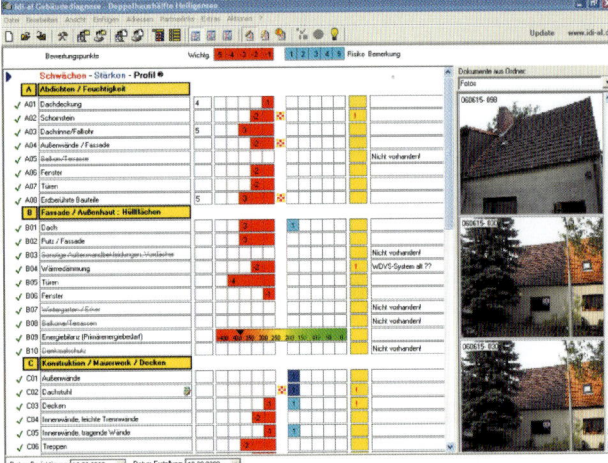

Abb. II.1.70: Die Hauptbewertungskriterien gliedern sich in einzelne Bauteile auf.

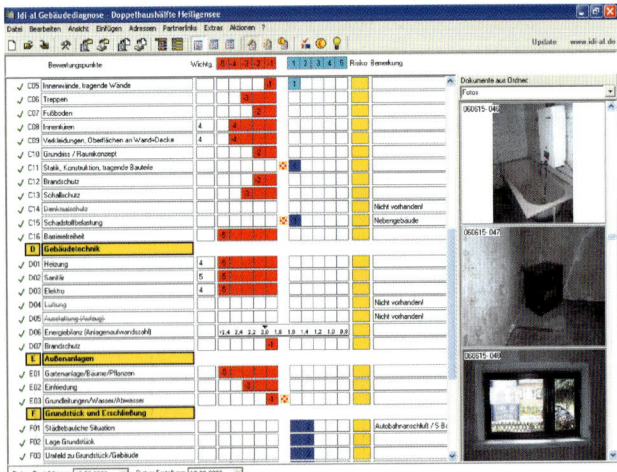

Abb. II.1.71: Der Zustand der Gebäudetechnik ließ sich nur noch mit –5 bewerten, da eine weiterführende Nutzung nicht mehr möglich war.

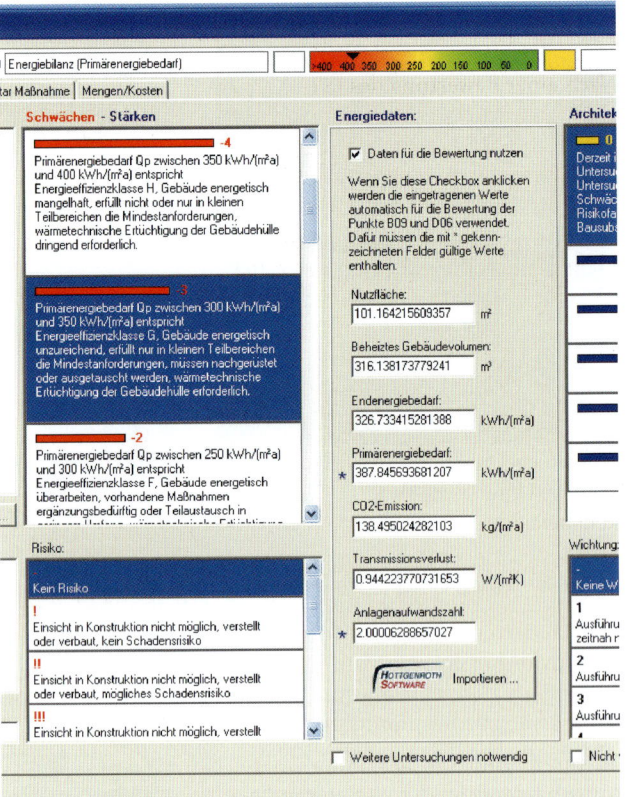

Abb. II.1.72: Über eine Schnittstelle lassen sich problemlos Energiekenndaten importieren.

Die Bewertung erfolgte mit dem idi-al-Diagnosewerkzeug in folgenden Schritten:

- Historie mit bisherigen baulichen Veränderungen,
- IST-Zustand,
- Auswertung des Befundes im Ganzen (SSP),
- Grundplanung mit neuem Raumkonzept,
- Maßnahmenplanung mit dem Energiekonzept,
- Kostenplanung,
- Ausführung,
- Qualitätssicherung,
- Ergebnis.

Zustandsanalyse, Gebäudediagnose, Bewertung

Nach einer Bewertung des IST-Zustands, der Berücksichtigung des Raumkonzepts, der Zusammenstellung aller Informationen über das Gebäude, das Grundstück und das städtebauliche Umfeld und die Festlegung der finanziellen Rahmenbedingungen fiel die endgültige Entscheidung zum Kauf und zur ganzheitlichen Modernisierung. Das historische Erscheinungsbild und die Grundkonstruktion des Gebäudes bildeten die Grundlage für die weitere Planung.

Weitere Untersuchungen zur Feuchtigkeitsbelastung, zur Stabilität des Tragwerks, zum Wärmeschutz sowie zur gesamten Energiebilanz waren aufgrund altersbedingter Mängel notwendig. Die Feuchtigkeitssperre mit horizontaler und vertikaler Abdichtung war nicht vorhanden. Zudem war die vorgefundene Wärmedämmung aus 40 mm dickem Styropor unter einem Kunstharzputz an den Außenwänden aus bauphysikalischer Sicht nicht optimal.

Die Bewertung der gesamten Gebäudetechnik wie Heizung, Sanitär- und Elektroinstallation lag bei –5, da Komponenten und Bauteile fehlten oder nicht mehr funktionsfähig waren und damit den heutigen Anforderungen nicht entsprachen. Zudem entsprachen der vorliegende Grundriss, der Zuschnitt sowie die innere Erschließung der Räume nicht den Vorstellungen des Ehepaares. Aus dem kleinräumigen Raumkonzept sollte ein großzügiger Entwurf entstehen.

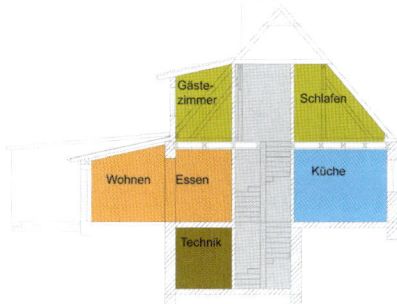

Abb. II.1.73: Schnitt

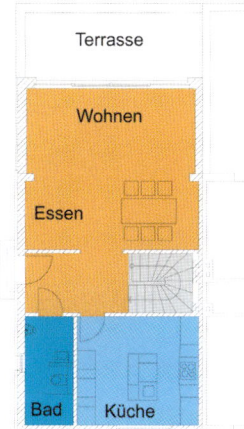

Abb. II.1.74: Grundriss Erdgeschoss

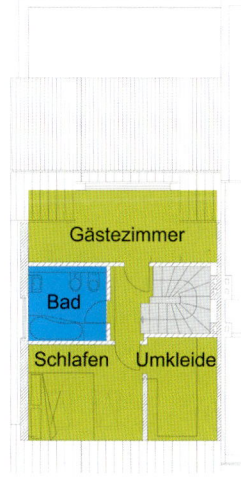

Abb. II.1.75: Grundriss Dachgeschoss

Abb. II.1.76: Der entkernte Dachraum erschloss neue Planungsmöglichkeiten für die Wohnräume.

Abb. II.1.77: Bei der Instandsetzung des Wohnhauses hatte die Trockenlegung und Erneuerung der Wärmedämmung höchste Priorität.

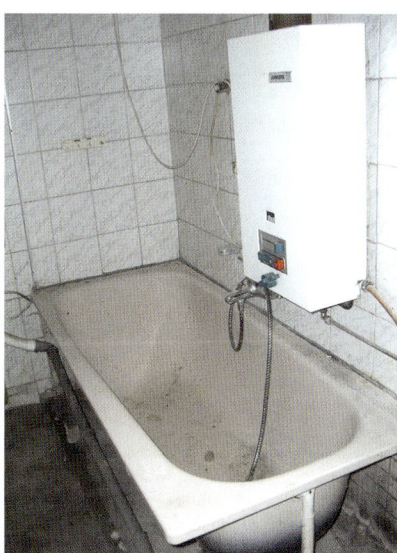

Abb. II.1.78: Sanitärinstallation im Erdgeschoss vor den Modernisierungsmaßnahmen

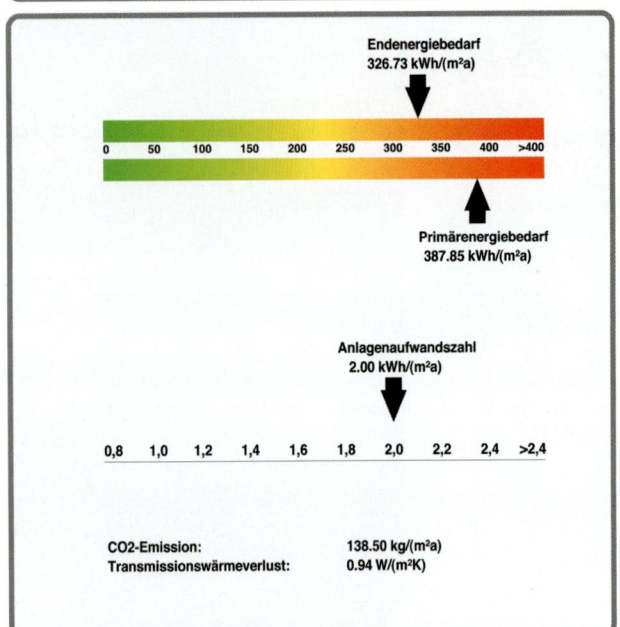

Abb. II.1.79: Energiesteckbrief vor den Sanierungsmaßnahmen

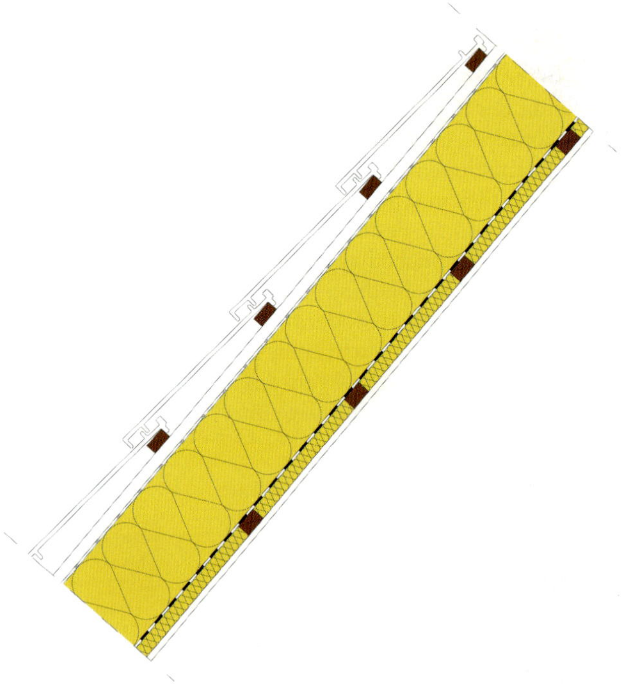

Abb. II.1.82: Dachaufbau längs nach der Sanierung

Abb. II.1.80: Die der Feuchtigkeit ausgesetzten, erdberührten Bauteile erhielten eine horizontale (Verkieselung) sowie eine vertikale (Bitumenbeschichtung) Abdichtung.

Abb. II.1.81: Die statische Verstärkung ermöglichte die großzügige Wohnraumerweiterung mit Anbau zur Gartenseite.

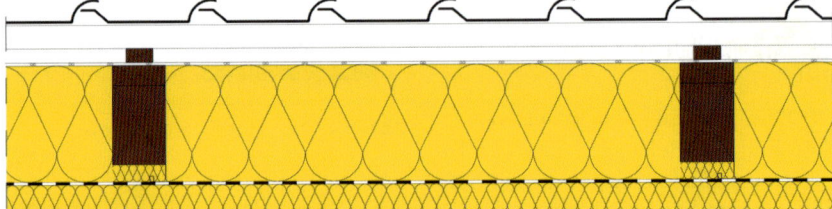

Abb. II.1.83: Dachaufbau quer nach der Sanierung

Maßnahmenplanung

Ausgehend von der Schwächen-Stärken-Analyse, den Ergebnissen des Befunds sowie der ganzheitlichen Planung erfolgte die Zusammenstellung des „Netzwerkes". Dazu zählten der planende Architekt, der Energieberater und Bauphysiker, der Statiker/Tragwerksplaner, die Experten für die Finanzierung (z. B. der KfW) sowie einzelne Sondergutachter.

Unter der Maßgabe des erhöhten Klimaschutzes ist der „Energiesteckbrief" für die Energiebilanz im Bestand mit allen sich daraus ableitenden idi-al-Schnittstellen einer der wichtigsten Bestandteile der Maßnahmenplanung. Das zu entwickelnde Maßnahmenkonzept auf Basis der gängigen Energieberechnungsprogramme ist nach technologischen und bauphysikalischen Kriterien und unter Berücksichtigung der Fördermöglichkeiten zu erstellen. Die energetischen Varianten werden in einem Energiesteckbrief abgebildet und dienen als Basis für das energetische Gesamtkonzept.

In Abstimmung mit der Hausbank wurde ein Finanzierungsplan mit Fördermitteln der KfW erarbeitet. Gleich 2 KfW-Programme konnten genutzt werden: das Wohnungseigentumprogramm für den Erwerb des Gebäudes mit dem Grundstück sowie das CO_2-Gebäudemodernisierungsprogramm.

Das Doppelhaus musste komplett entkernt werden – bis auf die Fundamente, Außenwände, Decken und Dachbalken wurden alle vorhandenen Bauteile und Konstruktionen entfernt.

Folgende **Maßnahmen** wurden für die ganzheitliche Modernisierung festgelegt und durchgeführt:

Abb. II.1.84: In der statisch verstärkten Dachkonstruktion wurde durch zusätzliche Balkennivellierprofile die Dämmebene vergrößert.

Abb. II.1.86: Die eingebauten Dachfenster mussten sorgfältig in die Luftdichtigkeitsebene eingebunden werden.

Abb. II.1.85: Der Dachaufbau wurde vollständig erneuert.

Abb. II.1.87: Sämtliche Fenster wurden durch „Passivhausfenster" mit einem U_w-Wert 0,7 ersetzt.

- **Kellergeschoss:**
  - Trockenlegung des Gebäudes, vertikal und horizontal,
  - Neueinbindung der Medien: Wasser, Abwasser, Strom, Kabel, Telefon,
  - Schaffung eines neuen Technikraumes.

- **Erdgeschoss:**
  - Komplettsanierung mit Trockenlegung im nicht unterkellerten Bereich,
  - Erweiterung der Wohnfläche durch einen gartenseitigen Anbau,
  - Einbau neuer Wände/Rückbau alter Wände,
  - Einbau einer neuen platzsparenden Treppe,
  - Deckenverstärkung,
  - Fenstererneuerung.

- **Dachgeschoss:**
  - statische Verstärkung des Dachstuhls sowie zusätzliche Aufdoppelung der Sparren für das Dämmpaket in der Dicke von 25 cm,
  - Erweiterung des Dachraums mit Einbau einer Gaube, Rückbau der alten Drempel,
  - Einbau von Dachflächenfenstern,
  - Neueinrichtung des Bad- und Sanitärbereichs,
  - Neueindeckung des Dachs.

- **energetische Maßnahmen:**
  - Dämmung der Bodenplatte mit 120 mm WLG 035 und der Kellerwände gegen Erdreich mit 100 mm WLG 035,
  - Vollwärmeschutz der Fassade mit 12 bis 16 cm WLG 035 mineralisch,
  - Dämmung des Daches mit 250 mm WLG 035 mineralisch,
  - Neueinbau der Holzfenster und der Eingangstür nach dem Standard des Passivhauses ($U_w = 0{,}7 / U_g = 0{,}5$),

Abb. II.1.88: Im gesamten Erdgeschoss wurde eine Fußbodenheizung verlegt.

  - komplette Neuinstallation der Heizungsanlage mit einer Erdwärmepumpe und einem Flächenheizungssystem (Fußbodenheizung),
  - komplette Neuinstallation der Lüftung mit Feuchtigkeitssensoren, intelligenten Nachstromöffnungen im Bereich der Fensterstürze und in der Dachebene.

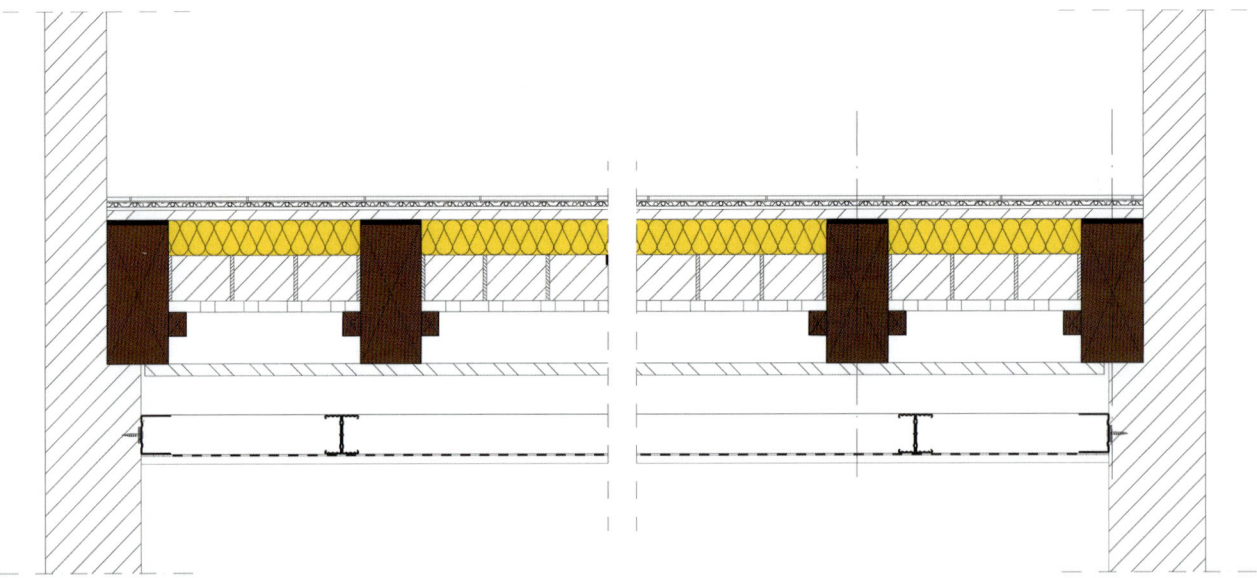

Abb. II.1.89: Fußbodenaufbau nach der Sanierung

Abb. II.1.90: Die Blower-Door-Messung erwies sich als sichere Kontrollinstanz während des Bauprozesses.

Abb. II.1.91: Mit dem Ergebnis der A-Messung ließ sich nicht nur die Luftwechselrate feststellen, sondern auch die Qualität der ausgeführten Arbeiten.

Ausführung, Qualitätssicherung

Alle Maßnahmen erfolgten auf Basis der systematisch abgestimmten Detailplanungen und Bewertungen nach der Methode idi-al. Dies war die solide Startposition, um Schritt für Schritt aufeinander abgestimmtes Handeln und Umsetzen der handwerklichen Leistungen auf der Baustelle zu erzielen. Erfahrungen im Umgang mit bestehenden Gebäuden, Materialien und Ausführungsqualitäten sind wichtig, für den Architekten, Bauleiter und Handwerker gleichermaßen. Doch jede Immobilie muss individuell bearbeitet werden. Daher ist es von unschätzbarer Wichtigkeit, diese Bearbeitung qualifiziert methodisch zu gestalten.

Die Sicherung der Gebäudesubstanz erfordert hohe Qualitätsmaßstäbe. Im Sonnenwalder Weg waren diese mit der Planung vorgegeben und wurden zusammen mit den Bauherren definiert. Für die Qualitätssicherung kam ferner hinzu, dass neue Produkte und Verarbeitungstechniken umgesetzt werden mussten, um die vorgegebenen Standards zu erreichen.

An erster Stelle der Qualitätssicherung stand die Umsetzung nach anerkannten Regeln des Bauhandwerks. Die Ausführungskontrolle durch den begleitenden Architekten ermöglichte, die vorgegebenen Qualitätsmerkmale in deren Umsetzung zu prüfen und sicherzustellen. Die Gebäudediagnose in dieser Phase angewandt, zeigte die Veränderungen in dem dann erstellten Schwächen-Stärken-Profil je nach Arbeitsstand auf und wurde so zu einem Instrument der Qualitätskontrolle am Bau. Das ermöglichte, notwendige Entscheidungen schneller zu treffen und erforderliche Kontrollinstrumente einzusetzen – etwa zu entscheiden, wo und wann in der Rohbauphase eine Blower-Door-Messung durchgeführt wurde, um so Dichtigkeiten und Anschlüsse zu prüfen und Leckagen zu beseitigen. Die abschließende Messung nach Fertigstellung ist zwar notwendig und empfehlenswert, jedoch ist die Fehlersuche und -beseitigung dann schwierig.

Jede Modernisierungsleistung unterliegt der Abnahme nach der VOB. Dies ist ein wichtiger rechtlicher Vorgang. Wird in dieser Phase die idi-al-Gebäudediagnose eingesetzt, erfolgt eine differenziertere Bewertung. Die Qualitätsvorgaben und die Ausführungskriterien geben das zu erwartende Ergebnis vor. Bei der Abnahme entsteht so ein genaues Bild. Ein wichtiges Kriterium für den Erfolg.

Soll-Ist-Vergleich, Ergebnis, Nachbetrachtung

Maßstab für eine erfolgreiche Modernisierung ist der Nachweis, dass sich die in der Schwächen-Stärken-Analyse festgestellten Schwächen (in roter Farbe) in den positiven Bewertungsbereich mit Werten von mindestens +3 (in blauer Farbe) verbessert haben. Die Veränderungen, sprich die bautechnischen, bauphysikalischen und energetischen Verbesserungen, müssen nachgewiesen werden.

Beim Doppelhaus Sonnenwalder Weg konnte mittels der Blower-Door-Abschlussmessung die geforderte maximale Luftwechselrate von 1,5 m³/h mit dem Ergebnis von 1,3 m³/h unterschritten werden. Das ist ein sehr gutes Ergebnis. In angemessenem Abstand empfiehlt es sich, die Gebäudediagnose idi-al zur Qualitätskontrolle zu wiederholen.

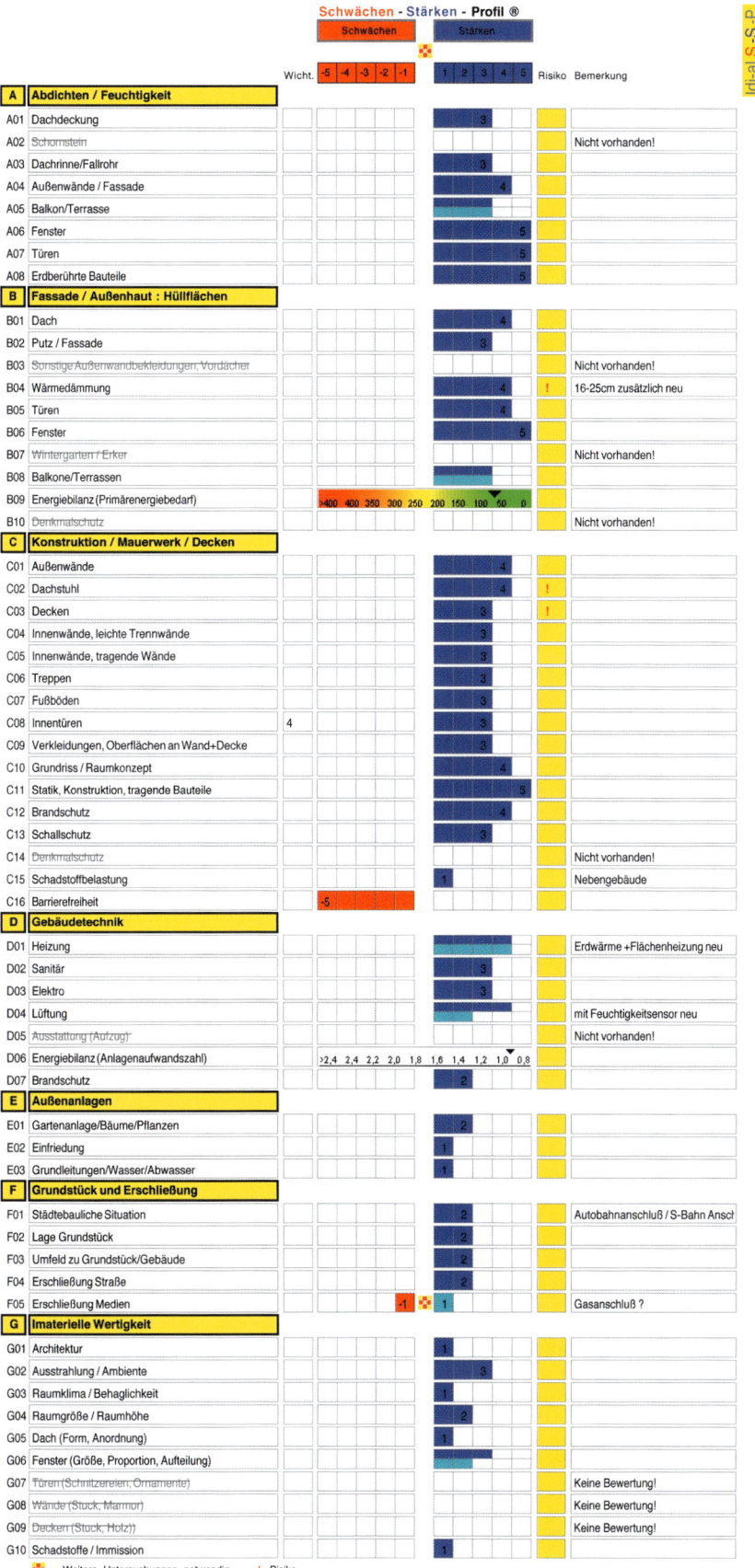

Abb. II.1.92: Nach Durchführung der Maßnahmen wird der Gebäudezustand erneut nach idi-al bewertet.

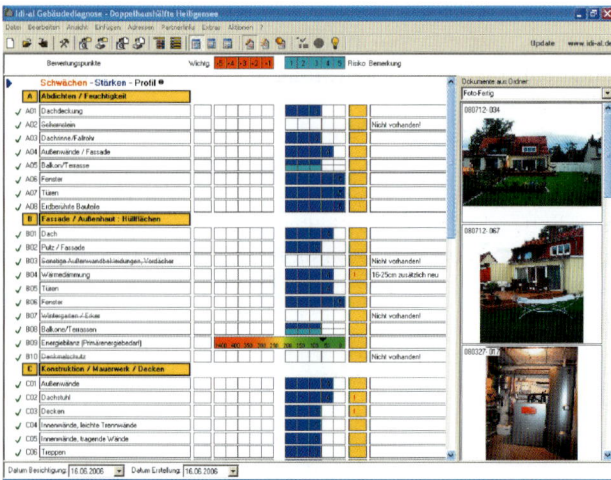

Abb. II.1.93: Die idi-al Bewertung wies nach der Gebäudesanierung keine Mängel auf.

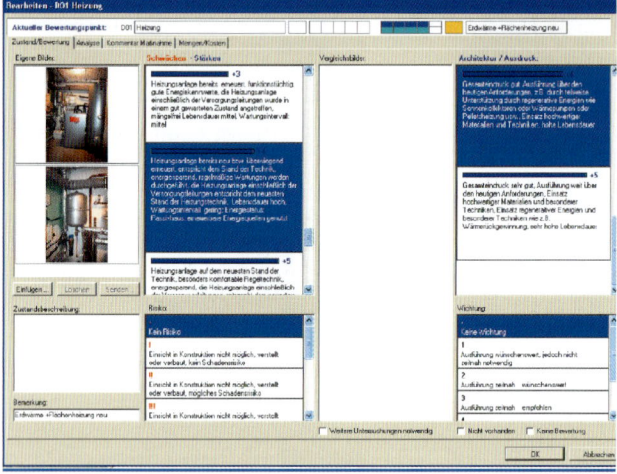

Abb. II.1.94: SSP nach der Sanierung, Detail Heizung: +4

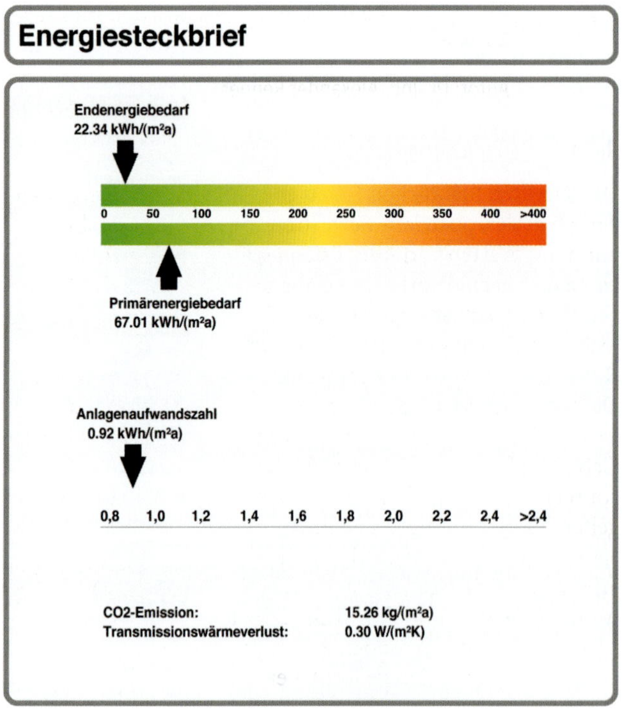

Abb. II.1.95: Energiesteckbrief nach den Sanierungsmaßnahmen

Abb. II.1.96: Die Gartenansicht mit der Dachgaube und dem Anbau

II.1.11.4 Montessori-Grundschule in Berlin-Pankow

Gebäudeeckdaten	
Baujahr:	1900–1901
Sanierung:	2007
HNF + NF:	956 m²
BRI:	2414 m³

Das ehemalige evangelische Gemeindehaus wurde 1900 erbaut und steht heute unter Denkmalschutz. Es hat eine gleichermaßen ortsgeschichtliche wie städtebauliche Bedeutung und symbolisiert pädagogische und kulturelle Ziele. Ob als Kindergarten, Gemeindesaal, Wohnraum oder evangelische Grundschule genutzt, war das viergeschossige, nicht unterkellerte Gebäude in allen Jahren ein Ort der Begegnung. Das Haus konnte trotz mehrmaligen Umbaus in den vergangenen Jahren und der kriegsbedingten Einflüsse mit seinem durch neugotische Elemente verzierten Klinkerbau, Putz- und Stuckelementen erhalten werden.

Der KARUNA e.V. in Berlin entschied sich im Herbst 2006 für das Gebäude als Standort für die freie integrative Montessori-Grundschule Pankow. Mit Blick auf den Zustand des Gebäudes entwickelte sich unter der Schirmherrin Hannelore Elsner und RTL eine Spendeninitiative. Der BAKA übernahm die bauliche Gesamtbetreuung. Mitglieder des BAKA engagierten sich und ermöglichten die Finanzierung, Ausführung und Fertigstellung durch Planungs- und Arbeitsleistungen sowie durch Sach- und Geldspenden.

Die Baumaßnahme unter der Trägerschaft des KARUNA e.V. und BAKA wurde zu einem Modellprojekt für ganzheitlichen Klimaschutz und nachhaltige Gebäudesanierung im Denkmalbereich. Eine ausführliche Dokumentation enthält die Video-DVD „Energieffiziente Sanierung".

Abb. II.1.97: Nachhaltige Gebäudesanierung im Denkmalbereich

> Dieses und weitere Projekte sind unter der Rubrik „Modellprojekte" auf www.bauenimbestand.com dokumentiert.

II.2 Die EnEV und der Energieausweis

Autor: Dr.-Ing. Alexander Renner

II.2.1 Einleitung

Die Klimaschutzziele der Bundesregierung bis 2020 und darüber hinaus können ohne eine erhöhte Energieeffizienz unserer Gebäude und ohne den verstärkten Einsatz erneuerbarer Energien nicht nachhaltig erreicht werden. Rund 40 % der Gesamtenergie in Deutschland wird für Beheizung, Warmwasserversorgung und Strom in Gebäuden verbraucht. Auch die Ressourcen aus erneuerbaren Energien gelten als beschränkt und sollten sparsam eingesetzt werden. Die Energieeffizienz von Gebäuden muss deshalb weiter gesteigert und der noch verbleibende Energiebedarf möglichst durch erneuerbare Energien gedeckt werden. Dies betrifft Neubauten ebenso wie die rund 17,3 Mio. Wohn- und 1,5 Mio. Nichtwohngebäude aus dem Gebäudebestand. Bis 2020 soll die Sanierungsquote auf 3 % gesteigert werden, in der Summe also rund $^1/_3$ des Altbaubestandes.

Am 1. Oktober 2007 ist die Energieeinsparverordnung (EnEV) in Kraft getreten. Ziel gegenüber der alten Verordnung (EnEV 2004) war die vollständige Umsetzung der europäischen Richtlinie 2002/91/EG vom 16. Dezember 2002 über die Gesamtenergieeffizienz von Gebäuden (ABl. EG 2003 Nr. L 1 S. 65) in deutsches Recht. Weite Bereiche der Richtlinie waren bereits mit der EnEV 2004 und durch landesrechtliche Vorschriften und andere Rechtsvorschriften, z. B. die erste Bundesimmissionsschutzverordnung über kleine und mittlere Feuerungsanlagen (1. BImSchV), umgesetzt. Die erforderlichen Ergänzungen der Verordnungsermächtigung wurden mit dem Zweiten Gesetz zur Änderung des Energieeinsparungsgesetzes vom 1. September 2005 vorgenommen.

Darüber hinaus gilt es in zukünftigen Novellierungen der EnEV die Beschlüsse der Bundesregierung vom 23. August 2007 umzusetzen. Diese wurden im Integrierten Energie- und Klimaprogramm (IEKP) formuliert. Das IEKP sieht unter anderem vor, die EnEV um durchschnittlich 30 % im Neubau und bei Sanierung des Gebäudebestandes zu verschärfen. Am 5. Dezember 2007 wurde dem Bundeskabinett ein erster Entwurf der EnEV 2009 vorgelegt, am 18. Juni 2008 wurde der Kabinettsentwurf von der Bundesregierung beschlossen. Der Bundesrat befasst sich ab Herbst 2008 mit dem Entwurf, nach dessen Beschluss die neue Verordnung in Kraft treten kann.

II.2.2 Vorgaben der europäischen Richtlinie

Die europäische Richtlinie enthält im Wesentlichen Anforderungen hinsichtlich eines allgemeinen, ganzheitlichen Ansatzes für die Ermittlung der Gesamtenergieeffizienz von Gebäuden unter Einbeziehung von Kühlung und bei Nichtwohngebäuden auch von eingebauter Beleuchtung. Regelungen für die regelmäßige Inspektion von Klimaanlagen und Heizkessel sind zu treffen. Heizungsanlagen, deren Kessel älter als 15 Jahre sind, sind komplett zu überprüfen. Darüber hinaus enthält die Richtlinie Anforderungen hinsichtlich der Anwendung energetischer Mindestanforderungen an die Gesamtenergieeffizienz von Neubauten und von bestehenden, zu sanierenden Gebäuden. Nicht zuletzt ist die Einführung von Energieausweisen für Gebäude in nationales Recht zu regeln. Die Richtlinie überlässt den Mitgliedstaaten die Festlegung des Anforderungsniveaus.

In der EnEV 2004 waren bereits viele Vorgaben der EU-Richtlinie erfüllt, wie z. B. der ganzheitliche Ansatz bei der Ermittlung der Gesamtenergieeffizienz von Gebäuden, Mindesteffizienzstandards für Neubauten und bei größeren Sanierungen von bestehenden Gebäuden sowie die regelmäßige Inspektion von Heizkesseln. Auch wurde seinerzeit keine Veranlassung gesehen, das Anforderungsniveau über das gültige Niveau hinaus zu verschärfen. Die EnEV musste daher insbesondere erweitert werden bei der Pflicht zur Ausstellung von Energieausweisen, den Anforderungen an regelmäßige Inspektion von Klimaanlagen in Gebäuden und die Einbeziehung des Energieanteils von Klimaanlagen bei allen Gebäuden und eingebauter Beleuchtung bei Nichtwohngebäuden in die Gesamtenergiebilanz. Umzusetzen war auch die Pflicht zur Berücksichtigung der technischen, ökologischen und wirtschaftlichen Einsetzbarkeit alternativer Energieversorgungssysteme bei Neubauten mit einer Gesamtnutzfläche von über 1000 m^2. Nicht zuletzt waren strukturelle und begriffliche Anpassungen in der EnEV erforderlich. So mussten die bis dahin weitgehend einheitlichen Regelungen hinsichtlich des Anforderungsniveaus für Wohn- und Nichtwohngebäude wegen unterschiedlicher europäischer Anforderungen zukünftig getrennt geregelt werden. Abschließend wurde mit der EnEV 2007 die europäische Gesamteffizienz-Richtlinie in Deutschland vollständig umgesetzt.

II.2.3 Geltungsbereich der EnEV

Die EnEV gilt zunächst für alle Gebäude, die zum Zweck ihrer Nutzung beheizt oder gekühlt werden müssen. Der Regelungsbereich umfasst im Grundsatz alle neu zu errichtenden Gebäude oder zu verändernden Bestandsgebäude einschließlich ihrer Gebäudehülle und Anlagentechnik. Als anlagentechnische Komponenten gelten Einrichtungen der Heizungstechnik, Kühltechnik und der Warmwasserversorgung, bei Nichtwohngebäuden darüber hinaus auch für Anlagen der Raumlufttechnik und eingebauter Beleuchtung.

Bei neu zu errichtenden Gebäuden unterscheidet die Verordnung nach der Art des Gebäudes und dem Temperaturniveau der beheizten Bereiche des Gebäudes. Dabei wird im Wesentlichen zwischen Wohngebäuden und Nichtwohngebäuden unterschieden. Des Weiteren erfolgt eine Einteilung in normal beheizte Gebäude und solche, die niedrig beheizt werden. Entsprechend sind die Anforderungen unterschiedlich geregelt. Kleine Gebäude, Gebäude, die nach ihrer Nutzung weniger als 4 Monate beheizt werden, unterschiedliche Betriebsgebäude (z. B. zur Haltung von Tieren) und provisorische Gebäude sind von der Verordnung ausgenommen.

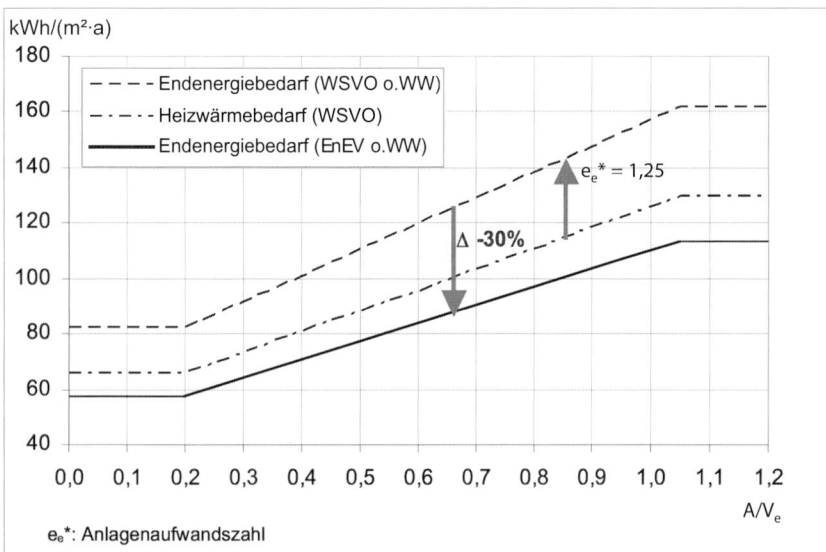

Abb. II.2.01: Schema der endenergetischen Verschärfung des Anforderungsniveaus von der WSchVO zur EnEV 2002

Eine Ausnahmeregelung sieht die EnEV für kleine Gebäude mit nicht mehr als 50 m² Nutzfläche vor, unabhängig von der Art der Nutzung und Beheizung. Um den Planungsaufwand möglichst wirtschaftlich zu halten, ist für derartige Gebäude ein reiner Bauteilnachweis nach Anlage 3 der EnEV zu führen. Ist auch der Nachweis der Inbetriebnahme von Heizkesseln gegebenenfalls an Klimaanlagen und raumlufttechnischen Anlagen sowie an Verteileinrichtungen und Warmwasseranlagen eingehalten, gilt die EnEV für Gebäude als erfüllt.

II.2.4 Genereller Ansatz der EnEV

Der bauliche Mindestwärmeschutz und der Einbau von Heizungsanlagen zur Deckung des Wärmebedarfs soll die Aufrechterhaltung gewünschter Solltemperaturen im Gebäude unter hygienisch und gesundheitlich unbedenklichen Verhältnissen sicherstellen. Aus Sicht des Umweltschutzes und wegen zunehmender Verknappung und Verteuerung der fossilen Energieträger Öl und Gas gilt es, die Wärmeverluste von Gebäuden möglichst gering zu halten. Zunehmende Bedeutung erhält neben dem winterlichen Wärmeschutz auch der sommerliche Wärmeschutz von Gebäuden, derzeit vor allem bei Nichtwohngebäuden, zukünftig sicherlich auch vermehrt bei Wohngebäuden.

Die Regelungen des Bundes zur Sicherstellung der Energieeffizienz von Gebäuden basieren auf dem Energieeinspargesetz (EnEG). Es ermächtigt den Bund, Anforderungen an den baulichen sommerlichen und winterlichen Wärmeschutz und an Anlagen zur Beheizung, Kühlung und Warmwasserbereitung zu stellen. Das Gesetz schränkt dabei den Verordnungsspielraum auf wirtschaftliche Maßnahmen ein. Die Anforderungen an Gebäude sind so zu stellen, dass sie nach dem Stand der Technik und des Wissens als erfüllbar und wirtschaftlich vertretbar gelten. Das bedeutet u. a. für die EnEV, dass die Anforderungen mit marktüblichen und verfügbaren Produkten und Bautechniken vollziehbar sein müssen. Die aus den energetischen Anforderungen resultierenden Mehrinvestitionen müssen sich in angemessenen Zeiträumen durch die eingesparten Energiebezugskosten amortisieren. Dies gilt sowohl für die Anforderungen an den Neubau als auch an den Bestand.

II.2.5 Von der Wärmeschutzverordnung zur Energieeinsparverordnung

Während die Wärmeschutzverordnung (WSchVO) nur Anforderungen an den Heizwärmebedarf von Gebäuden stellte, bewertet die EnEV das gesamte Gebäude einschließlich der Verluste der Anlagentechnik. Um das höhere Anforderungsniveau der EnEV aus der WSchVO ableiten zu können, wurde zunächst ein Referenzgebäude einschließlich Anlagentechnik festgelegt. Als Heizungsanlage wurde ein Niedertemperatursystem mit einem endenergetischen Gesamtnutzungsgrad von 0,8 bilanziert. Aus dem Kehrwert ergab sich eine anlagentechnische Aufwandszahl von 1,25 (e_e^*). Anschließend wurden die alten Anforderungen der Wärmeschutzverordnung um durchschnittlich 30 % verschärft. Die Verschärfung erfolgte abhängig von der Kompaktheit der Gebäude in unterschiedlicher Größenordnung. Aufgrund von Wirtschaftlichkeitsuntersuchungen konnte bei großen Gebäuden eine Verschärfung um rund 40 % vorgenommen werden, bei kleinen Gebäuden um rund 23 %. Als Kennwert für die Kompaktheit wurde das Verhältnis Außenfläche zu Gebäudevolumen (A/V_e) festgelegt (s. Abb. II.2.01).

Die Konsequenz der neuen Anforderung war, dass Defizite im Bereich des baulichen Wärmeschutzes mit effizienter Anlagentechnik ausgeglichen werden konnten. Gleichfalls mussten weniger effiziente Systeme durch höhere energetische Anforderungen an die Gebäudehülle ausgeglichen werden.

Seit der EnEV 2002 wird das Anforderungsniveau primärenergetisch festgelegt. Auch hinsichtlich des Primärenergiebedarfs orientieren sich die Anforderungen an einem Referenzfall, der auf den beiden meistgenutzten Energieträgern Erdgas und Erdöl beruht. Der Primärenergiefaktor f_p für diese beiden fossilen Energieträger beträgt 1,1. Zusätzlich müssten die elektrischen Hilfsenergien mit einem Primärenergiefaktor von 3 bewertet werden.[1] Daraus ergab sich ein gewichteter mittlerer Primärenergiefaktor für den Referenzfall von 1,15, mit dem der Endenergiebedarf multipliziert wurde. Bei der Festlegung des Anforderungsniveaus der EnEV 2002 wurde zusätzlich unterschieden nach der Art der Warmwasserbereitung. Einen eigenen Anforderungswert erhielten Systeme mit überwiegender Warmwasserbereitung aus elektrischem Strom (s. Abb. II.2.02).

---

[1] Mittlerweile wurde der Faktor aufgrund des Anteils erneuerbarer Energien im Strom-Mix Deutschlands von rund 10 % auf den Wert 2,7 abgesenkt.

Neben den Höchstwerten an den Jahresprimärenergiebedarf werden auch Anforderungen an den spezifischen, auf die wärmeübertragende Umfassungsfläche bezogenen Transmissionswärmeverlust H'$_T$ gestellt. Berücksichtigung finden darin auch die Wärmebrückenverluste und die abweichenden Wärmeverluste über Bauteile, die nicht an Außenluft grenzen. Diese werden durch einen Temperaturkorrekturfaktor (F$_x$) gewichtet, z. B. für Erdreich berührte Bauteile. H'$_T$ kann näherungsweise als mittlerer Wärmedurchgangskoeffizient angesehen werden. Mit der Begrenzung von H'$_T$ wird eine Mindestenergieeffizienz der Gebäudehülle sichergestellt.

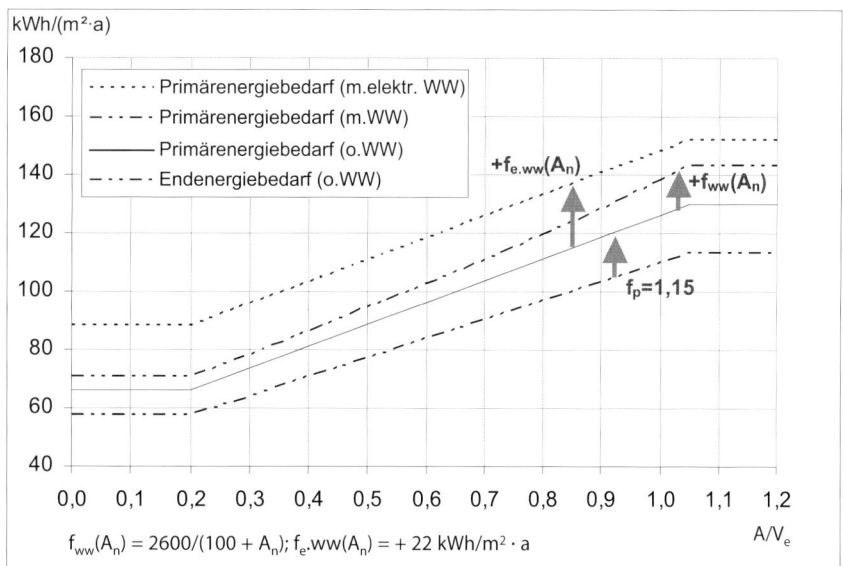

Abb. II.2.02: Schema der primärenergetischen Verschärfung des Anforderungsniveaus von der WSVO zur EnEV 2002

II.2.6 Berechnung des Jahresprimärenergiebedarfs und des Transmissionswärmeverlusts

II.2.6.1 DIN V 4108-6 in Verbindung mit DIN V 4701-10

Das Bilanzierungsverfahren für Wohngebäude nach § 3 der EnEV basiert auf einem Rechenverfahren der DIN V 4108-6 „Wärmeschutz und Energieeinsparung in Gebäuden" in Verbindung mit der DIN V 4701-10 „Energetische Bewertung heiz- und raumlufttechnischer Anlagen".

Das Berechnungsverfahren geht von stationären Verhältnissen bei der Energiebilanz aus unter Berücksichtigung der zeitlich dynamischen Einwirkung von internen und solaren Wärmegewinnen. Die Abfolge kann in folgenden Schritten verlaufen:

1. Ermittlung der Hüllfläche und des Bruttovolumens aufgrund der Systemgrenzen des Gebäudes mithilfe von Außenmaßen,
2. Berechnung der spezifischen Transmissions- und Lüftungswärmeverluste unter Beachtung der Wärmebrückeneffekte und Bestimmung der Temperatur-Korrekturfaktoren für nicht an Außenluft grenzende Bauteile,
3. Bestimmung der monatlichen Außenlufttemperaturen anhand meteorologischer Daten,
4. Bilanzierung der nutzbaren monatlichen internen und solaren Wärmegewinne,

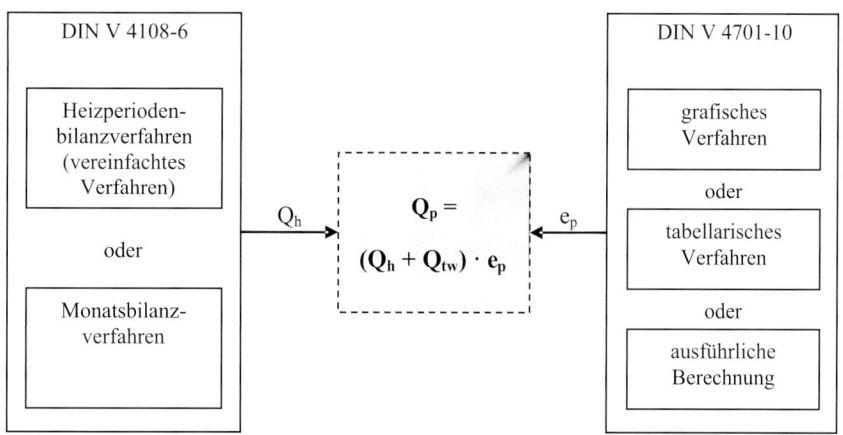

Abb. II.2.03: Schema des Bilanzierungsverfahrens nach DIN V 4108-6 in Verbindung mit DIN V 4701-10

5. Berechnung der wirksamen Wärmespeicherfähigkeit von Bauteilen für die mögliche Ausnutzung der Wärmegewinne sowie der instationären Wärmeeffekte (z. B. Nachtabsenkung/-schaltung der Heizung),
6. Berechnung des Jahresheizwärmebedarfs,
7. Berechnung des Jahresheizenergiebedarfs,
8. Bilanzierung der Wärmeverluste der Anlagentechnik und Bestimmung der primärenergetischen Anlagenaufwandszahl,
9. Berechnung des Jahresprimärenergiebedarfs.

Tabelle II.2.01: Normenteile der DIN V 18599

DIN V 18599	Bezeichnung	Relevanz WG	Relevanz NWG
Teil 1	Allgemeine Bilanzierungsverfahren, Begriffe, Zonierung und Bewertung der Energieträger	•	•
Teil 2	Nutzenergiebedarf für Heizen und Kühlen von Gebäudezonen	•	•
Teil 3	Nutzenergiebedarf für die energetische Luftaufbereitung		•
Teil 4	Nutz- und Endenergiebedarf für Beleuchtung		•
Teil 5	Endenergiebedarf von Heizsystemen	•	•
Teil 6	Endenergiebedarf von Wohnungslüftungsanlagen und Luftheizungsanlagen für den Wohnungsbau	•	
Teil 7	Endenergiebedarf von Raumlufttechnik- und Klimakältesystemen für den Nichtwohnungsbau		•
Teil 8	Nutz- und Endenergiebedarf von Warmwasserbereitungssystemen	•	•
Teil 9	End- und Primärenergiebedarf von Kraft-Wärme-Kopplungsanlagen		
Teil 10	Nutzungsrandbedingungen, Klimadaten	•[1)]	•

[1)] Der Teil 10 reduziert sich bei Wohngebäuden auf wenige Seiten.

Bei der Ermittlung der Anlagenverluste für die Heizung und die Warmwasserbereitung stellt die DIN V 4701-10 das grafische Kurzverfahren, das tabellarische Verfahren und die ausführliche Berechnung zur Verfügung. Alle 3 Verfahren sind für den öffentlich-rechtlichen Nachweis nach EnEV zugelassen (s. Abb. II.2.03).

Der Primärenergiebedarf Q_P ergibt sich aus der Summe des Heizwärmebedarfs Q_h und des Wärmebedarfs für die Warmwasserbereitung Q_{tW} multipliziert mit der primärenergetisch bewerteten Anlagenaufwandszahl e_p:

$$Q_p = (Q_h + Q_{tW}) \cdot e_p$$

Das Monatsbilanzverfahren bilanziert den Heizwärmebedarf als Differenz aus den monatlichen Verlusten Q_L und den nutzbaren Gewinnen Q_g. Die Nutzbarkeit wird über den Faktor η (Ausnutzungsgrad) berücksichtigt:

$$Q_h = Q_L - \eta \cdot Q_g$$

Die Verluste ergeben sich aus den Transmissionswärmeverlusten H_T und den Lüftungswärmeverlusten H_V:

$$Q_L = 0{,}024 \cdot (H_t + H_V) \cdot \Delta\Theta \cdot t$$

H_T Transmissionswärmeverlust
H_V Lüftungswärmeverlust
$\Delta\Theta$ Temperaturdifferenz zwischen Innen- und Außenluft
t   Anzahl der Tage eines Monats

Die Wärmegewinne errechnen sich entsprechend nach folgender Gleichung:

$$Q_g = 0{,}024 \cdot (\Phi_s + \Phi_i) \cdot t$$

Φ_s mittlerer, monatlicher solarer Strahlungswärmegewinn
Φ_i Wärmegewinn aus internen Quellen
t   Anzahl der Tage eines Monats

II.2.6.2 DIN V 18599

Anders als die DIN V 4108-6/DIN V 4701-10 verfolgt die mit der Normenreihe DIN V 18599 „Energetische Bewertung von Gebäuden" durchgeführte Energiebilanz einen ganzheitlichen, integralen Ansatz, d. h., es erfolgt eine gemeinschaftliche Bewertung des Baukörpers, der Nutzung und der Anlagentechnik unter iterativer Berücksichtigung der gegenseitigen Wechselwirkungen. Die Norm wurde allgemeingültig formuliert und die Randbedingungen sind weitestgehend frei wählbar, sie dient aber in erster Linie der öffentlich-rechtlichen Nachweisführung der EnEV. Die Normenreihe besteht aus 10 Teilen (s. Tabelle II.2.01). Speziell für die Bewertung von Wohngebäuden sind nicht alle Teile relevant.

Teil 1 gibt einen Überblick über das Vorgehen bei der Berechnung des Nutz-, End- und Primärenergiebedarfs für die Heizung, Kühlung, Beleuchtung und Warmwasserbereitung von Gebäuden und stellt die zentralen Bilanzgleichungen dar. Auch werden die Begrifflichkeiten allgemeingültig für alle anderen Teile übergreifend definiert. Das Bilanzierungsverfahren wird vorgestellt, wobei gesonderte Hinweise für die Berechnung von Wohn- und Nichtwohngebäuden gegeben werden (s. Abb. II.2.04). Auch sind im Anhang A die Primärenergiefaktoren in Abhängigkeit des jeweils verwendeten Energieträgers zusammengestellt. Teil 1 behandelt darüber hinaus die Zonierung von Gebäuden. Wichtigstes Merkmal einer Zone ist die gleiche Nutzung und gleiche Art der Konditionierung aller in ihr enthaltenen Räume. Für jede Zone wird entsprechend der Nutzenergiebedarf für Heizen und/oder Kühlen getrennt bestimmt.

In **Teil 2** wird der Nutzenergiebedarf zonenbezogen bilanziert auf der Grundlage des bereits aus der DIN V 4108-6 bekannten Monatsbilanzverfahrens (s. Kap. II.2.6.1). Die innerhalb einer Gebäudezone bzw. an deren Bauteilgrenzen auftretenden Wärmeströme wirken sich entweder als nutzbare Wärmequelle (z. B. Wärmeeinträge,

Wärmegewinne) oder als Wärmesenke (z. B. Kälteeinträge, Wärmeverluste) aus. In der Energiebilanz wird die Summe der Wärmesenken und die der Wärmequellen bilanziert, um daraus den Heizwärme- und den Kühlbedarf zu bestimmen:

$Q_{h,b} = Q_{sink} - \eta \cdot Q_{source}$

$Q_{h,b}$ Heizwärmebedarf in der Gebäudezone
Q_{sink} Summe der Wärmesenken in der Gebäudezone
Q_{source} Summe der Wärmequellen in der Gebäudezone
η monatlicher Ausnutzungsgrad der Wärmequellen

Teil 2 bildet zusammen mit Teil 3 (Luftaufbereitung; nur NWG) die Grundlage für die Berechnung des Endenergiebedarfs (Teile 5 und 8) und der primärenergetischen Bewertung (Teil 1). Der Kühlbedarf ergibt sich analog aus dem Anteil der für Heizzwecke nicht nutzbaren Wärmegewinne:

$Q_{c,b} = (1 - \eta) \cdot Q_{source}$

$Q_{c,b}$ Kühlbedarf in der Gebäudezone
Q_{source} Summe der Wärmequellen in der Gebäudezone
η monatlicher Ausnutzungsgrad der Wärmequellen

Dieser Anteil bewirkt eine Erhöhung der Raumtemperatur in einer Zone, sofern er nicht durch Kühlung oder Lüftung ausgeglichen wird. Für gekühlte Räume stellt dieser Anteil also genau die Wärmemenge dar, die durch Kühlung abgeführt werden muss.

Eine weitere Neuerung, die sich durch den integralen Ansatz der bau- und anlagentechnischen Bilanzierung ergibt, ist die Bestimmung der ungeregelten Wärmeeinträge des Heizsystems bzw. Kälteeinträge des Kühlsystems. Bisher gab es hierfür pauschale Ansätze, mit der DIN V 18599 werden diese gegebenenfalls nicht unerheblichen Nebeneinträge bedarfsorientiert bilanziert.

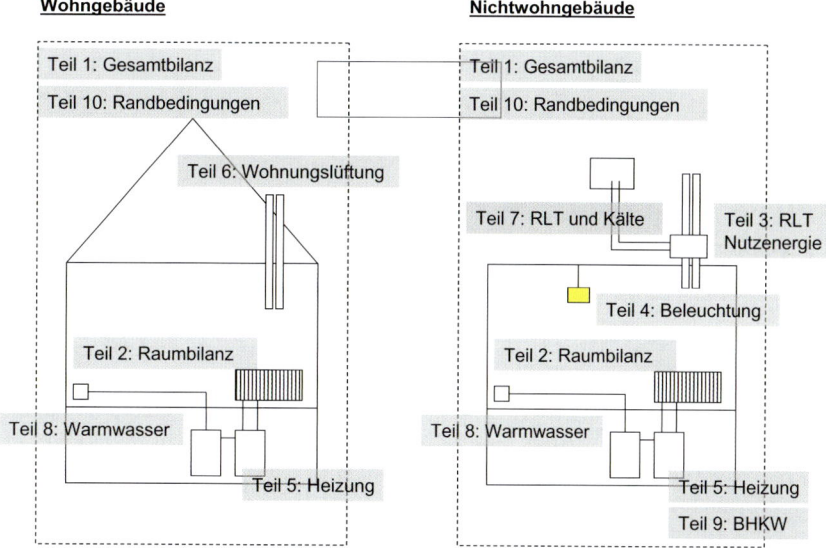

Abb. II.2.04:   Schema des Bilanzierungsverfahrens nach DIN V 18599 für Wohn- und Nichtwohngebäude

Teil 3 behandelt den Nutzenergiebedarf für Heizen, Kühlen, Be- und Entfeuchten in zentralen RLT-Anlagen in Nichtwohngebäuden sowie den Energiebedarf für die Luftförderung in derartigen Anlagen. Der Energieeinsatz dient in erster Linie der Temperierung von Gebäuden, in solchen Fällen aber auch der Sicherstellung von Raumluftqualität und Raumluftfeuchte. Die möglichen Anlagen und sinnvollen Kombinationen sind in Teil 3 in einer Matrix mit Energiekennzahlen zusammengeführt. Hinsichtlich der Zuluftströme und -temperaturen sind insbesondere die entsprechenden Angaben in Teil 2 und Teil 3 zu beachten.

Teil 4 berücksichtigt bei Nichtwohngebäuden beleuchtungstechnische Einflüsse, die installierte Anschlussleistung des Beleuchtungssystems, die Tageslichtversorgung, die Kontroll- und Steuerungssysteme und die Nutzungsanforderungen. Bewertet wird nur die fest installierte Beleuchtung. Der Energiebedarf wird als Produkt aus elektrischer Anschlussleistung und der effektiven Betriebszeit ermittelt. Die Bewertungsleistung kann über

- ein Tabellenverfahren,
- ein Wirkungsgradverfahren oder
- eine detaillierte Fachplanung

bestimmt werden. Teil 4 berücksichtigt außerdem tageslicht- und präsenzabhängige Beleuchtungskontrollsysteme.

Für das vereinfachte Tabellenverfahren dienen als Eingangsgrößen die Beleuchtungsart (direkt, direkt/indirekt oder indirekt), der Lampentyp (Glühlampen, Kompaktleuchtstofflampen etc.), der Typ des Vorschaltgeräts (KVG, EVG) und der Einfluss der Raumgeometrie als Eingangsgröße.

Die künstliche Beleuchtung wirkt als Wärmequelle und geht entsprechend in die thermische Gesamtbilanz ein. Im Winter reduziert sie den Heizwärmebedarf, im Sommer hingegen erhöht sie die Wärmeeinträge, die dann gegebenenfalls durch Kühlung zur Vermeidung von Überhitzung abgeführt werden müssen.

Teil 5 beschreibt ein Verfahren zur energetischen Bewertung von Heizsystemen, das auf der vorhandenen Methodik der DIN V 4701-10 basiert. Die anlagentechnischen Bilanzabschnitte Übergabe, Verteilung, Speicherung und Erzeugung wurden beibehalten. Die wesentliche Neuerung ist die Umstellung auch bei der anlagentechnischen Bewertung auf ein Monatsbilanzverfahren. Die DIN V 4701-10 unterstellt dagegen eine zeitlich starre Heizperiode von 185 Tagen. Die Ermittlung der anlagentechnischen Verluste erfolgt in DIN V 18599 getrennt nach Energieträgern und Hilfsenergien, die monatlichen Kenngrößen werden über Belastungsgrade bestimmt. Es können auch Bestandsgebäude und bestehende Anlagen mit entsprechend definierten Randbedingungen abgebildet werden.

Neu ist auch die wesentlich näher an der Realität liegende Bilanzierung der Anlagenwärmeverluste innerhalb der thermischen Hülle. Diese werden nicht mehr wie noch in DIN V 4701-10 pauschal verringert, sondern über eine iterative Bilanzierung der Gewinne und Verluste in die Zonenbilanz eingebunden. Aufgrund der Berücksichtigung der wechselseitigen Einflüsse der Energiequellen und -senken erfordern Variantenbildungen auch hier jeweils eine Neuberechnung des Gesamtsystems.

Teil 6 beinhaltet ein Verfahren zur energetischen Bewertung von Wohnungslüftungsanlagen mit oder ohne Abwärmenutzung durch Wärmerückgewinnung sowie Luftheizungsanlagen. Dieser Teil ist bislang noch nicht öffentlich-rechtlich relevant, weil die EnEV das Verfahren nach DIN V 18599 für Wohngebäude noch nicht zulässt.

Teil 7 beschreibt ein Verfahren zur Berechnung des Endenergiebedarfs für die Raumlufttechnik und die Kälteerzeugung. Ausgehend von zuvor festgelegten Randbedingungen und tabellierten Kennwerten wird der Nutzenergiebedarf für die Raumkühlung und die Außenluftaufbereitung berechnet und daraus, inklusive der Übergabe- und Verteilungsverluste, der Endenergiebedarf bestimmt.

Teil 8 liefert ein Verfahren zur energetischen Bewertung von Warmwassersystemen, das auf der Methodik der DIN V 4701-10 aufbaut. Abgebildet werden können sowohl zentrale wie auch dezentrale Systeme auf der Basis von fossilen Energieträgern, Strom, Fernwärme oder erneuerbaren Energien. Die Warmwasserbedarfswerte sind als Randbedingung in Abhängigkeit vom Nutzungsprofil aus Teil 10 der DIN V 18599 zu entnehmen.

Teil 9 berechnet den Endenergieaufwand für Kraft-Wärme-Kopplungsanlagen (z. B. Blockheizkraftwerk), die im Gebäude als Wärmeerzeuger eingesetzt werden. Die Verluste und Hilfsenergieaufwendungen werden für die Wärmeerzeugung ermittelt und anschließend in die relevanten Teile der Norm überführt. Der zusätzlich erzeugte KWK-Strom wird der Gesamtbilanz unter Berücksichtigung der primärenergetischen Aufwendungen gutgeschrieben.

Teil 10 legt abschließend die Nutzungsrandbedingungen für Wohn- und Nichtwohngebäude sowie die Klimadaten für das Referenzklima „Deutschland" fest. Insgesamt sind für den öffentlich-rechtlichen Nachweis nach EnEV 33 Nutzungsprofile definiert, die Angaben zu Nutzungs- und Betriebszeiten, Beleuchtung, Raumklima, Wärmequellen, Raumlufttemperatur und Trinkwarmwasser enthalten.

II.2.7 Anforderungswerte der EnEV für Wohngebäude

Neu zu errichtende Wohngebäude sind prinzipiell so auszuführen, dass sie den Höchstwert des Jahresprimärenergiebedarfs nach EnEV nicht überschreiten. Der Anforderungswert richtet sich nach der Geometrie des Gebäudes (Kompaktheit A/V_e) und der Art der Warmwasserbereitung (zentral, dezentral, elektrisch etc.). Der Anforderungswert unterscheidet zwischen zentralen Systemen und solchen mit überwiegend elektrischer Warmwasserbereitung (s. Abb. II.2.02).

Neben dem Höchstwert für den Jahresprimärenergiebedarf ist auch der Höchstwert des spezifischen, auf die wärmeübertragende Umfassungsfläche bezogenen Transmissionswärmeverlusts H'_T einzuhalten. H'_T beschreibt einen Wärmestrom durch 1 m² der Gebäudehülle je Kelvin Temperaturdifferenz (s. Abb. II.2.05).

Untersuchungen zeigen, dass Wärmebrückenverluste insbesondere bei Gebäuden mit einem hohen baulichen Wärmeschutz einen Anteil von 20 % und mehr an den gesamten Transmissionswärmeverlusten haben können. Die EnEV berücksichtigt Wärmebrücken innerhalb der Transmissionswärmeverluste durch einen pauschalen Zuschlag auf die gesamte wärmeübertragende Gebäudehülle. Ohne weitere Nachweise muss ein Wärmebrückenzuschlag U_{WB} von 0,1 Watt pro m² Bauteilfläche und Kelvin angesetzt werden. Darüber hinaus sollten Konstruktionen Wärmebrücken im Bereich von Bauteilanschlüssen, Versprüngen, Auskragungen etc. minimieren. Werden die Details entsprechend oder gleichwertig zu Beiblatt 2 DIN V 4108 ausgeführt, kann ein halbierter Wärmebrückenzuschlag U_{WB} von 0,05 Watt pro m² Bauteilfläche und Kelvin angenommen werden. Als dritte Möglichkeit kann ein genauer rechnerischer Nachweis der Wärmebrücken geführt werden. Bei guter Detailplanung kann Letztere zu einem Wärmebrückenzuschlag deutlich unter 0,05 W/(m² · K) führen. Zuletzt lässt es die EnEV zu, dass Wärmebrückeneinflüsse bereits bei der Bestimmung des Wärmedurchgangskoeffizienten U von Bauteilen berücksichtigt werden dürfen. Für die Berücksichtigung des verbleibenden pauschalen Wärmebrückenzuschlags ist die Bezugsfläche dann um die entsprechende Bauteilfläche zu vermindern.

Durch Begrenzung der Höchstwerte soll eine Mindesteffizienz der Gebäudehülle sichergestellt werden.

II.2.8 Anforderungswerte der EnEV für Nichtwohngebäude

Neu zu errichtende Nichtwohngebäude sind prinzipiell so auszuführen, dass sie den Höchstwert des Jahresprimärenergiebedarfs nach EnEV nicht überschreiten. Der Anforderungswert berechnet sich nach einer Referenzausführung gleicher Geometrie (Kompaktheit A/V_e), Gebäudenutzfläche, Ausrichtung, Nutzung und Beleuchtung wie das reale Gebäude. Ansonsten gelten für das Referenzgebäude feste Vorgaben an die Bauteile und die Anlagentechnik.

Auch für Nichtwohngebäude wird der Wärmeverlust über die Gebäudehülle begrenzt. Der Höchstwert an den Transmissionswärmetransferkoeffizienten wird nach dem Fensterflächenanteil (A_W) unterschieden. Für Gebäude mit einem Fensterflächenanteil von über 30 % werden geringere Anforderungen gestellt, liegt der Anteil unter 30 %, entsprechen die Anforderungen denen für Wohngebäude (s. Abb. II.2.05).

II.2.9 Nachweis des sommerlichen Wärmeschutzes

Sowohl bei Wohn- als auch bei Nichtwohngebäuden erfolgt in der EnEV der Nachweis des sommerlichen Wärmeschutzes nach dem in DIN V 4108-2:2003-07 genannten Verfahren. Der Sonneneintragskennwert ist bei Nichtwohngebäuden für jede Gebäudezone zu bestimmen. Wohngebäude werden grundsätzlich als Einzonenmodell gerechnet. Es sind die nach Abschnitt 8 der DIN V 4108-2 festgelegten Höchstwerte der zulässigen Sonneneintragskennwerte einzuhalten. Der Nachweis für die Begrenzung der solaren Wärmeeinträge ist für „kritische" Räume an der Außenfassade, die der Sonneneinstrahlung besonders ausgesetzt sind, durchzuführen.

II.2.10 Nachweis von Bestandsgebäuden

Auch die energetischen Anforderungen, die bei Änderung von Bauteilen gestellt werden, unterliegen dem Wirtschaftlichkeitsgebot des EnEG. Werden ohnehin Sanierungsmaßnahmen an Bauteilen oder gesamten Gebäuden erforderlich, sind auch ergänzende energetische Modernisierungen oftmals kostengünstig durchführbar. Die energetische Qualität des Bauteils muss bei Sanierungen mindestens die Anforderungswerte nach Anlage 3 der EnEV („Bauteilverfahren") oder alternativ des gesamten Gebäudes („140 %-Regel") berücksichtigen.

Das Bauteilverfahren stellt bedingte Anforderungen an den Wärmedurchgangskoeffizienten von Bauteilen, wenn mindestens 20 % der Bauteilflächen gleicher Orientierung geändert werden (Bagatellgrenze nach § 9, Abs. 4 der EnEV) (s. Tabelle II.2.02).

Die EnEV stellt für besonders wirtschaftliche Maßnahmen sogenannte **Nachrüstverpflichtungen**. Diese gelten nach § 10 im Regelfall für Heizkessel, die vor dem 1. Oktober 1978 eingebaut oder aufgestellt wurden, mit Ausnahme von Niedertemperatur- und Brennwertkesseln. Die Bagatellgrenze gilt für Heizkessel, deren Nennleistung weniger als 4 kW beträgt. Darüber hinaus müssen ungedämmte und zugängliche Wärmeverteilungs- und Warmwasserleitungen sowie Armaturen, die sich in unbeheizten Räumen befinden, gedämmt werden.

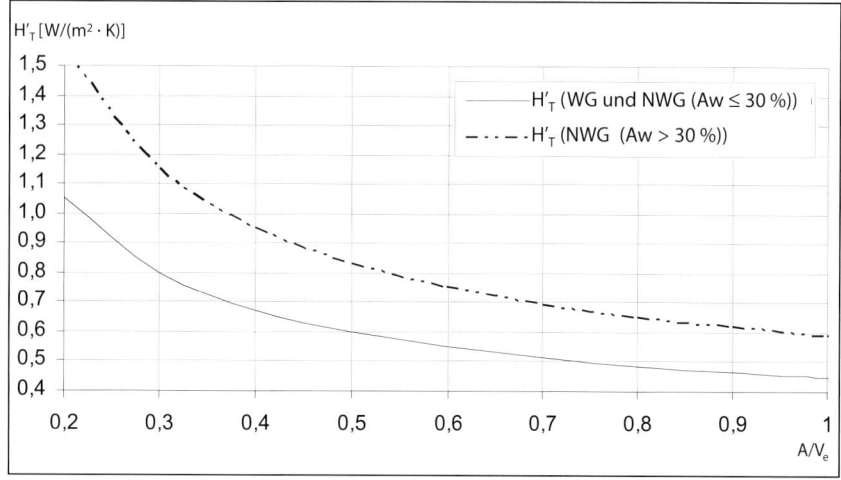

Abb. II.2.05: Höchstwerte des Transmissionswärmetransferkoeffizienten von Wohn- und Nichtwohngebäuden (WG und NWG)

Tabelle II.2.02: Höchstwerte an die Wärmetransferkoeffizienten von Bestandsgebäuden nach Anlage 3 der EnEV

Zeile	Bauteil	Maßnahme nach	Wohngebäude und Zonen von Nichtwohngebäuden mit Innentemperaturen ≥ 19 °C	Zonen von Nicht-Wohngebäuden mit Innentemperaturen von 12 bis < 19 °C
			maximaler Wärmedurchgangskoeffizient U_{max} [1] in W/(m² · K)	
1 a)	Außenwände	allgemein	0,45	0,75
b)		Nr. 1 b, d und e	0,35	0,75
2 a)	außen liegende Fenster, Fenstertüren, Dachflächenfenster	Nr. 2 a und b	1,7[2]	2,8[2]
b)	Verglasungen	Nr. 2 c	1,5[3]	keine Anforderung
c)	Vorhangfassaden	allgemein	1,9[4]	3,0[4]
3 a)	außen liegende Fenster, Fenstertüren, Dachflächenfenster mit Sonderverglasungen	Nr. 2 a und b	2,0[2]	2,8[2]
b)	Sonderverglasungen	Nr. 2 c	1,6[3]	keine Anforderung
c)	Vorhangfassaden mit Sonderverglasungen	Nr. 6 Satz 2	2,3[4]	3,0[4]
4 a)	Decken, Dächer und Dachschrägen	Nr. 4.1	0,3	0,4
b)	Flachdächer	Nr. 4.2	0,25	0,4
5 a)	Decken und Wände gegen beheizte Räume oder Erdreich	Nr. 5 b und e	0,4	keine Anforderung
b)		Nr. 5 a, c, d und f	0,5	keine Anforderung

[1] Wärmedurchgangskoeffizient des Bauteils unter Berücksichtigung der neuen und der vorhandenen Bauteilschichten; für die Berechnung opaker Bauteile ist DIN EN ISO 6946: 1996-11 zu verwenden.
[2] Bemessungswert des Wärmedurchgangskoeffizienten des Fensters; der Bemessungswert des Wärmedurchgangskoeffizienten des Fensters ist technischen Produkt-Spezifikationen zu entnehmen oder gemäß den nach den Landesbauordnungen bekannt gemachten energetischen Kennwerten für Bauprodukte zu bestimmen. Hierunter fallen insbesondere energetische Kennwerte aus europäischen technischen Zulassungen sowie energetische Kennwerte der Regelungen nach der Bauregelliste A Teil 1 und aufgrund von Festlegungen in allgemeinen bauaufsichtlichen Zulassungen.
[3] Bemessungswert des Wärmedurchgangskoeffizienten der Verglasung; der Bemessungswert des Wärmedurchgangskoeffizienten der Verglasung ist technischen Produkt-Spezifikationen zu entnehmen oder gemäß den nach den Landesbauordnungen bekannt gemachten energetischen Kennwerten für Bauprodukte zu bestimmen. Hierunter fallen insbesondere energetische Kennwerte aus europäischen technischen Zulassungen sowie energetische Kennwerte der Regelungen nach der Bauregelliste A Teil 1 und aufgrund von Festlegungen in allgemeinen bauaufsichtlichen Zulassungen.
[4] Wärmedurchgangskoeffizient der Vorhangfassade; er ist nach allgemein anerkannten Regeln der Technik zu ermitteln.

Für Besitzer von Ein- und Zweifamilienhäusern gilt für die Nachrüstverpflichtungen ein Ausnahmetatbestand, solange kein Eigentumswechsel stattgefunden hat.

II.2.11 Zukünftige EnEV 2009

Am 18. Juni 2008 hat das Bundeskabinett die Novellierung der Energieeinsparverordnung (EnEV 2009) beschlossen. Gegenüber der bisher gültigen EnEV soll der Anforderungswert an den Jahresprimärenergiebedarf um durchschnittlich 30 %, die Nebenanforderung an den baulichen Wärmeschutz im Mittel um 15 % verschärft werden. Darüber hinaus sieht der Entwurf die nachfolgenden Änderungen vor:

- Der Höchstwert an den Primärenergiebedarf wird zukünftig auch bei Wohngebäuden nach dem Referenzgebäudeverfahren ermittelt. Das Referenzgebäude entspricht dem real zu bilanzierenden Gebäude in Geometrie, Gebäudenutzfläche, Ausrichtung und Nutzung. Von den Referenzanforderungen kann grundsätzlich innerhalb der Grenzen der Mindestanforderungen und bei Einhaltung des Primärenergiebedarfs abgewichen werden.
- Als Bilanzierungsverfahren gilt weiterhin die mit der EnEV 2007 für Nichtwohngebäude eingeführte DIN V 18599. Die Anwendbarkeit der DIN V 18599 wird für den öffentlich-rechtlichen Nachweis auf Wohngebäude erweitert. Das bisherige Verfahren nach DIN V 4108-6 in Verbindung mit DIN V 4701-10 behält aber seine volle Gültigkeit. Beide Verfahren dürfen uneingeschränkt gleichwertig und gleichberechtigt angewandt werden. Eine Kombination beider Verfahren ist nicht erlaubt. Das heißt, dass das reale Gebäude und das Referenzgebäude mit demselben Verfahren zu bilanzieren sind.
- Eine wesentliche Änderung gegenüber dem bereits bekannten Referenzgebäude liegt in der Definition der Randbedingung an die Gebäudehülle. Zukünftig wird die Referenz über U-Werte von Bauteilen und nicht mehr wie bisher über den Transmissionswärmekoeffizienten H'_T festgelegt.

Referenz-Wohngebäude

Die wärmeübertragende Gebäudehülle des Referenzgebäudes wird über bauteilabhängige Referenz-U-Werte beschrieben. Darüber hinaus wird das zukünftige Referenzwohngebäude über weitere technische Randbedingungen beschrieben, wie z. B. den Wärmebrückenzuschlag, die Luftwechselrate, die Wärmebereitstellung für Heizung und Warmwasser und die Lüftungsanlage. Eine Kühlung ist für den Referenzfall nicht vorgesehen.

Auch in der EnEV 2009 wird die Begrenzung des spezifischen Transmissionswärmeverlusts (H'_T) beibehalten, um so eine Mindesteffizienz der Gebäudehülle zu gewährleisten. Auch für diese Werte ist eine gebäudeabhängige Differenzierung vorgesehen.

Referenz-Nichtwohngebäude

Das bereits bekannte Referenzgebäude für Nichtwohngebäude wird beibehalten und neben den Referenz-U-Werten für Bauteile auch durch den Wärmebrückenzuschlag und die Luftdichtheit der Gebäudehülle ergänzt. Die Referenzvorgaben an die Wärmeerzeugung für Heizung und Warmwasserbereitung, an raumlufttechnische Anlagen, an die Raumkühlung und Beleuchtung werden gegenüber der gültigen EnEV derart angepasst, dass in der Summe ein um 30 % verschärfter Anforderungswert entsteht.

Bestandsgebäude

Für den Gebäudebestand wird der Bauteilnachweis nach Anlage 3 der EnEV weiterhin möglich sein. Die Anforderungswerte der Anlage 3 werden ebenfalls um durchschnittlich 30 % verschärft. Auch der Gesamtnachweis der Anforderungswerte, die 140 %-Regel, wird beibehalten. Damit dürfen die Anforderungswerte für Neubauten um 40 % überschritten werden. Die bisherige Bagatellgrenze wird im Wesentlichen unverändert beibehalten, bezieht sie sich aber zukünftig auf die gesamte jeweilige Bauteilfläche („10 %-Bagatellregel").

Neben den bedingten Anforderungen ist ferner eine Ausweitung einzelner Nachrüstpflichten vorgesehen. Die Pflicht zur Dämmung von obersten Geschossdecken wird zukünftig unter bestimmten Voraussetzungen auf begehbare Geschossdecken und Dächer ausgedehnt. Der U-Wert darf künftig den Höchstwert von 0,24 W/(m² · K) nicht überschreiten.

II.2.12 Energieausweise

II.2.12.1 Ausstellung von Energieausweisen

Energieausweise sind stets für ein Gebäude und nicht für einzelne Wohnungen oder andere Nutzungseinheiten zu erstellen.

Seit der EnEV 2001 besteht die Pflicht zur Ausstellung von Energieausweisen bei neu errichteten und wesentlich geänderten Gebäuden, die in den Anwendungsbereich der EnEV fallen. Die Pflicht zur Ausstellung obliegt dem Eigentümer oder Bauherrn. Der Ausweis bildet den Zustand des Gebäudes bei der Fertigstellung eines Neubaus oder bei Abschluss einer wesentlichen Änderung an einem bestehenden Gebäude ab. Die Länder können im Rahmen verfahrensrechtlicher Anforderungen im Bauordnungsrecht andere Regelungen treffen, z. B. beim Nachweis über die Einhaltung der EnEV auf der Grundlage der Gebäudeplanung.

Mit der EnEV 2007 wurde diese Pflicht auch auf **Bestandsgebäude** ausgedehnt, bei Verkauf, Vermietung, Verpachtung oder Leasing eines Gebäudes, einer einzelnen Wohnung oder einer anderen Nutzungseinheit. Es gelten die gleichen Regeln wie für neu errichtete Gebäude.

Kleine Gebäude (s. Kap. II.2.3) sind von dieser Pflicht ausgenommen.

Zuletzt sind nach jeweiligem Landesrecht geschützte **Baudenkmäler** von der Pflicht zur Ausstellung von Energieausweisen befreit. Die Befreiung gilt nicht für die Aushangpflicht von Energieausweisen nach § 16 (3) der EnEV.

Der Energieausweis kann prinzipiell auf der Grundlage des berechneten Energiebedarfs oder des erfassten Energieverbrauchs ausgestellt werden. Werden Gebäude neu errichtet oder bestehende Gebäude wesentlich geändert, dürfen Energieausweise nur auf der Grundlage des Energiebedarfs ausgestellt werden. Im Falle des Verkaufs, der neuen Vermietung, der Verpachtung oder bei Leasing sind Energieausweise für Wohngebäude als Bedarfsausweise auszustellen, wenn das Gebäude weniger als 5 Wohneinheiten hat und noch nicht die Anforderungen der ersten Wärmeschutzverordnung vom 11. August 1977 einhält. Vereinfachend heißt das, dass kleine, alte, unsanierte Wohngebäude im Regelfall einen Energiebedarfsausweis erhalten, wohingegen bei allen anderen Gebäuden die Wahl zwischen bedarfs- und verbrauchsorientierten Ausweisen besteht. Die Pflicht zur Ausstellung gilt für derartige Gebäude ab dem 1. Juli 2008 und für alle anderen Wohngebäude ab dem 1. Januar 2009. Für alle Nichtwohngebäude gilt die Pflicht zur Ausstellung und gegebenenfalls zum Aushang ab dem 1. Juli 2009 (s. Abb. II.2.06).

Energieausweise müssen nach Inhalt und Aufbau den Mustern der Anlagen 6 bis 9 der EnEV entsprechen und mindestens die dort für die jeweilige Ausweisart geforderten und nicht als freiwillig (optional) gekennzeichneten Angaben enthalten (s. Abb. II.2.07 bis II.2.10). Zusätzliche Angaben können grundsätzlich beigefügt werden. Der Aussteller darf vom Eigentümer bereitgestellte Daten verwenden, sofern diese keinen begründeten Anlass zu Zweifeln an ihrer Richtigkeit geben. Der Ausweis ist vom Aussteller unter Angabe von Name, Anschrift und Berufsbezeichnung eigenhändig oder durch Nachbildung der Unterschrift zu unterschreiben. Energieausweise haben generell eine Gültigkeitsdauer von 10 Jahren.

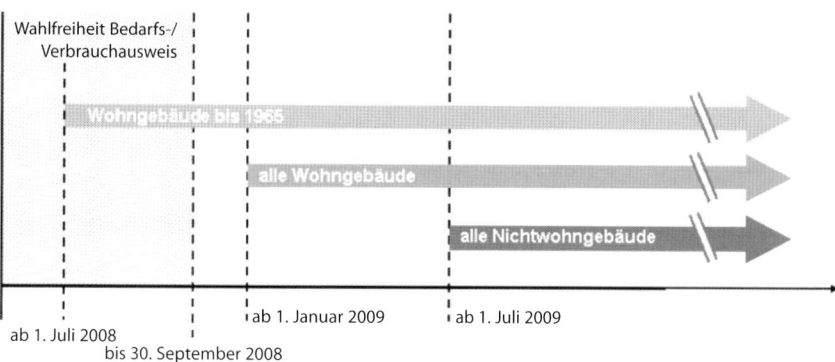

Abb. II.2.06: Pflichten zur Ausstellung von Energieausweisen bei Bestandsgebäuden

Energieausweisen sind grundsätzlich Empfehlungen für kostengünstige Verbesserungen der Energieeffizienz des Gebäudes beizufügen, sofern derartige Empfehlungen möglich sind. Diese hat der Aussteller dem Eigentümer in Form von Modernisierungsempfehlungen nach Anlage 10 der EnEV auszustellen und dem Energieausweis beizufügen (s. Abb. II.2.11).

II.2.12.2 Energieausweisformulare

Energieausweise können wie beschrieben auf der Grundlage des Energiebedarfs oder Energieverbrauchs ausgestellt werden. Eine Bedarfsberechnung nach den in der EnEV genannten normativen Grundlagen wird unter normierten Annahmen für das Klima und die Nutzung erstellt. Damit ist eine weitestgehend neutrale Bewertung von Gebäuden möglich. Der Einfluss des individuellen Nutzerverhaltens spielt keine Rolle. Gebäude lassen sich so in ihrer Qualität nicht nur bewerten, sondern auch vergleichen. Vereinfachung bei der Datenaufnahme und hinreichend genauer Abschätzung von Randbedingungen sind in der entsprechenden Bekanntmachung des Bundesministeriums für Verkehr, Bau und Stadtentwicklung (BMVBS) zur EnEV veröffentlicht und anwendbar.

Eine Beurteilung auf der Grundlage des gemessenen Energieverbrauchs bildet dagegen den tatsächlichen Verbrauch eines Gebäudes ab – und damit insbesondere das Nutzerverhalten, die Nutzungsintensität und auch die Klimaeinflüsse. Bei Wohngebäuden ist der Energieverbrauch für Heizung und zentrale Warmwasserbereitung zu ermitteln und in kWh pro Jahr und m² Gebäudenutzfläche anzugeben. Bei Nichtwohngebäuden ist zusätzlich der Verbrauch für Kühlung, Lüftung und eingebaute Beleuchtung zu ermitteln. Der Energieverbrauch für Heizung ist einer Witterungsbereinigung zu unterziehen, um den Einfluss des Klimas zu neutralisieren.

Für Gebäude mit mehr als 1000 m² Nutzfläche, in denen Behörden und sonstige Einrichtungen für eine große Anzahl von Menschen öffentliche Dienstleistungen erbringen und die deshalb von diesen Menschen häufig aufgesucht werden, ist der Energieausweis an einer für die Öffentlichkeit gut sichtbaren Stelle auszuhängen. Der Aushang kann auch nach dem Muster für Aushangausweise nach Anlage 8 oder 9 der EnEV vorgenommen werden (s. Abb. II.2.12 und II.2.13). Als typische öffentliche Dienstleistungen gelten Leistungen von Gemeinde-, Landes- oder Bundesämtern mit erheblichem Publikumsverkehr. Zum Aushang verpflichtet ist der Gebäudeeigentümer. Dies gilt auch im Falle der Anmietung von Flächen durch eine Behörde.

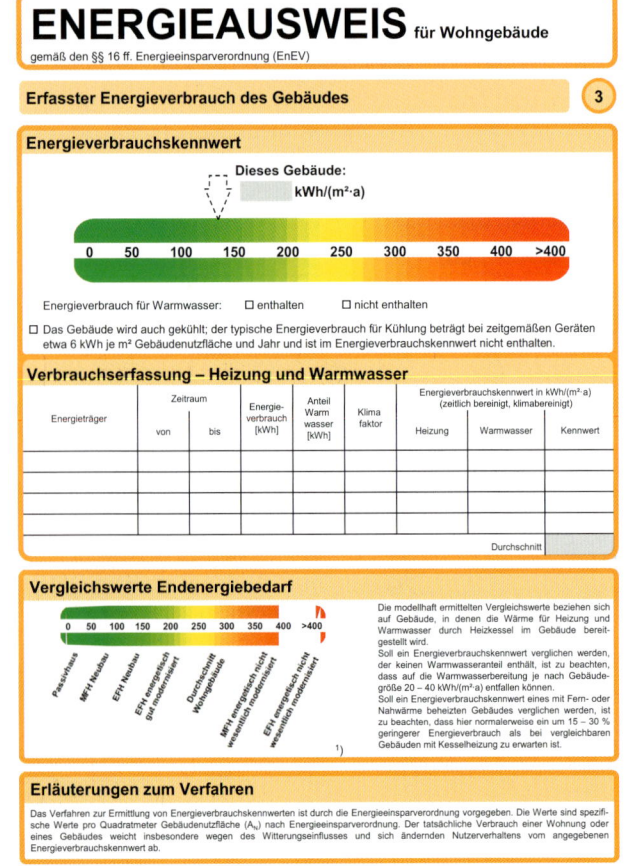

Abb. II.2.07: Energieausweis für Wohngebäude, Seite 1

Abb. II.2.08: Energieausweis für Wohngebäude, Seite 2

Abb. II.2.09: Energieausweis für Wohngebäude, Seite 3

Abb. II.2.10: Energieausweis für Wohngebäude, Seite 4

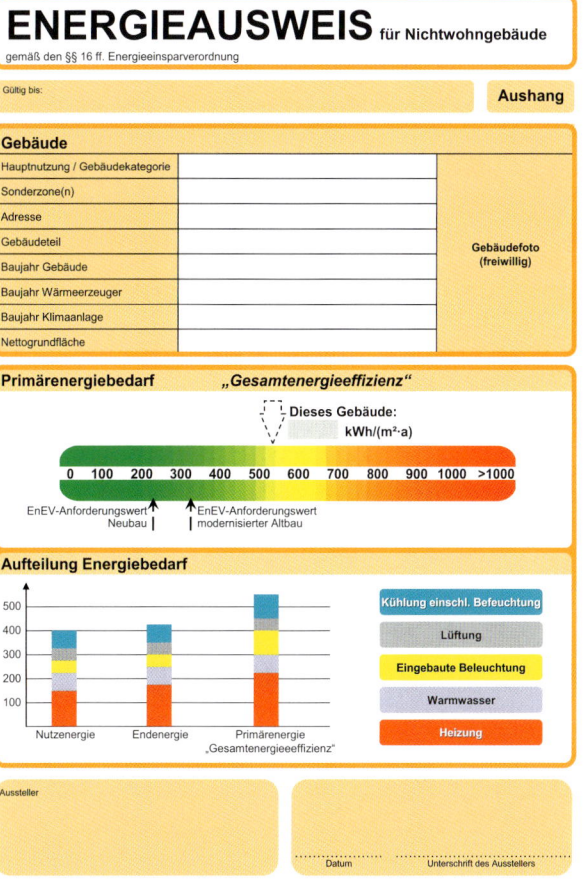

Abb. II.2.11: Modernisierungsempfehlung für Energieausweise

Abb. II.2.12: Aushangausweis auf der Grundlage des Energiebedarfs (Anlage 8 der EnEV 2007)

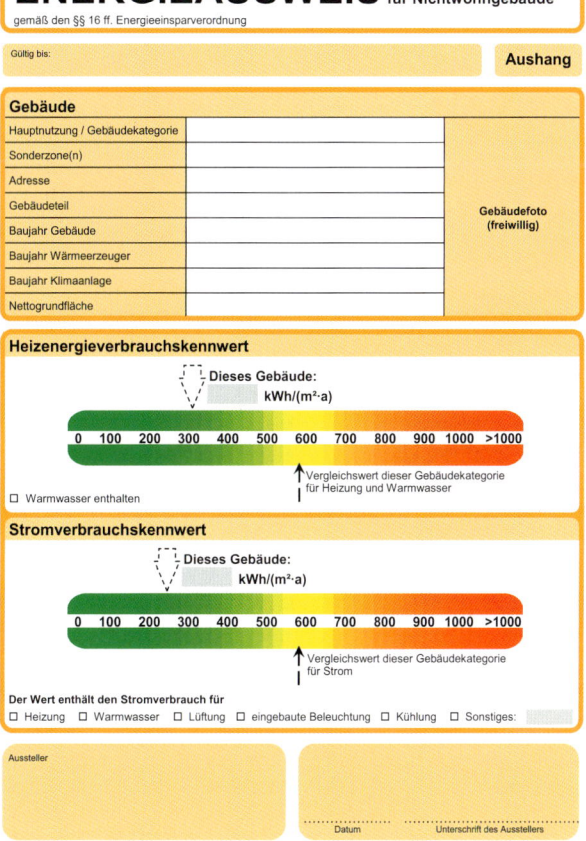

Abb. II.2.13: Aushangausweis auf der Grundlage des Energieverbrauchs (Anlage 9 der EnEV 2007)

II.3 Fördermöglichkeiten für Wohngebäude im Bestand

Autorin: Dipl.-Ing. Jasmin Fischer

Bund, Länder, Kommunen und Energieversorgungsunternehmen stellen jährlich Milliarden Euro an Fördergeldern für Maßnahmen an Bestandsbauten zur Verfügung. Für die Inanspruchnahme von Energieberatungen als Anleitung zur Vornahme von Energieeinsparinvestitionen, für energetische Sanierungsmaßnahmen und Modernisierungen von Gebäuden sowie für den Einsatz erneuerbarer Energien werden Zuschüsse oder zinsgünstige Kredite gewährt.

Vor Baubeginn sollte sich der Träger von Investitionsmaßnahmen über die Möglichkeiten der Inanspruchnahme von Fördermitteln informieren und rechtzeitig den Antrag stellen. Wichtige bundesweit fördernde Institutionen sind die Kreditanstalt für Wiederaufbau (KfW Förderbank: www.kfw-foerderbank.de) und das Bundesamt für Wirtschaft und Ausfuhrkontrolle (BAFA: www.bafa.de).

Auch sollten steuerliche Abschreibungsmöglichkeiten z. B. von Handwerkerleistungen geprüft werden.

Im Folgenden dargestellt sind wichtige Förderprogramme des Bundes (Stand September 2008). Die Förderdatenbank des Bundes (www.foerderdatenbank.de) gibt einen Überblick über die Förderprogramme des Bundes, der Länder und der Europäischen Union.

II.3.1 Energiesparberatung

Das Bundesamt für Wirtschaft und Ausfuhrkontrolle (BAFA) bewilligt einen Zuschuss zu einer umfassenden Energiesparberatung in Form einer „Vor-Ort-Beratung". Der Berater muss vom BAFA zugelassen sein. Gegenstand der Beratung können Wohngebäude sein, deren Bauantrag oder Bauanzeige bis zum 31. Dezember 1994 gestellt bzw. erstattet worden ist. Weitere Voraussetzungen sind, dass die Gebäudehülle nicht zu einem späteren Zeitpunkt zu mehr als 50 % verändert worden ist und dass mehr als die Hälfte der Gebäudefläche zu Wohnzwecken ständig genutzt wird. Die Förderung beträgt maximal 50 % der Beratungskosten. Das sind zurzeit bis zu 300 Euro für Gebäude mit maximal 2 Wohneinheiten und bis zu 360 Euro für Gebäude mit mindestens 3 Wohneinheiten. Für ergänzende Hinweise zur Stromeinsparung sowie für thermografische Untersuchungen wird ein Bonus bzw. Zuschuss gewährt. Die Vor-Ort-Beratung erfolgt durch Übergabe und Erläuterung eines ausführlichen Beratungsberichtes, der aus der Analyse des energetischen IST-Zustandes, der Ermittlung von Schwachstellen und einer Darstellung und Bewertung von Energiesparmaßnahmen besteht. Den Antrag auf Bezuschussung stellt der Energieberater.

II.3.2 Sanierung und Modernisierung

Die KfW Förderbank fördert energetische Sanierungsmaßnahmen an Wohngebäuden sowie an Wohn-, Alten- und Pflegeheimen durch das „CO_2-Gebäudesanierungsprogramm" und das Programm „Wohnraum modernisieren". Die Anträge sind vor Beginn des Vorhabens zu stellen.

II.3.2.1 CO_2-Gebäudesanierungsprogramm

Das „CO_2-Gebäudesanierungsprogramm" ist Bestandteil des Nationalen Klimaschutzprogramms sowie des Programms der Bundesregierung für Wachstum und Beschäftigung. Finanziert werden umfangreiche Sanierungsmaßnahmen an Altbauten. Zu den förderfähigen Investitionskosten gehören alle Kosten, die unmittelbar für die Ausführung der energetischen Maßnahmen erforderlich sind. Dies sind neben den Materialkosten und den Kosten der Handwerkerleistungen u. a. Architekten- und Ingenieurleistungen sowie die Kosten für die notwendigen Nebenarbeiten. Voraussetzung für die Gewährung der Fördermittel ist die Durchführung der Maßnahmen durch ein Fachunternehmen.

Eine Kreditvariante steht allen Trägern von Investitionsmaßnahmen an Wohngebäuden zur Verfügung. Privatpersonen stellen den Antrag bei einem frei wählbaren Kreditinstitut. Eine Kombination der KfW-Darlehen mit anderen Fördermitteln ist zulässig, sofern deren Summe die Summe der Aufwendungen nicht übersteigt. Die Zuschussvariante können natürliche Personen als Eigentümer von Ein- und Zweifamilienhäusern sowie Eigentumswohnungen nutzen. Der Antrag auf Zuschuss ist direkt bei der KfW zu stellen. Eine Kombination der Zuschüsse mit anderen Zuschüssen ist möglich, die gleichzeitige Inanspruchnahme von Krediten aus anderen Förderprogrammen jedoch nicht.

Es werden 2 Kategorien unterschieden:

- Kategorie A fördert bis zum 31. Dezember 1983 fertig gestellte Gebäude, die durch die energetische Sanierung mindestens Neubau-Niveau nach Energieeinsparverordnung (EnEV) erreichen.

  Der Kreditbetrag beläuft sich auf bis zu 100 % der förderfähigen Investitionskosten und 50.000 Euro je Wohneinheit. Der Zinssatz ist auf 10 Jahre festgeschrieben. Bei Erreichung des Neubau-Niveaus wird ein Tilgungszuschuss von 5 % gewährt, bei Unterschreitung des Neubau-Niveaus um 30 % liegt der Zuschuss bei 12,5 %. Die Sanierung auf Neubau-Niveau nach EnEV minus 50 % wird gesondert gefördert.

  Bei Inanspruchnahme der Zuschussvariante werden bei Einhaltung der Neubauwerte 10 % der Investitionskosten, höchstens 5000 Euro je Wohneinheit, als Zuschuss gewährt. Bei Unterschreitung des Neubau-Niveaus um 30 % erhöht sich der Zuschuss auf 17,5 % bzw. maximal 8750 Euro je Wohneinheit.

  Ein Sachverständiger bestätigt die geplanten Maßnahmen sowie nach Durchführung die planmäßige Ausführung.

  Eigentümer von Ein- und Zweifamilienhäusern können einen Antrag auf Zuschuss für Baubegleitung stellen. Er beträgt 50 % der förderfähigen Beratungs-, Planungs- und Baubegleitungskosten, maximal 1000 Euro pro Wohneinheit.

- Kategorie B finanziert Maßnahmenpakete für Gebäude, die bis zum 31. Dezember 1994 errichtet wurden. Ein Maßnahmenpaket ist eine Kombination aus mindestens 3 einzelnen energetischen Sanierungsmaßnahmen. Insgesamt stehen 5

Maßnahmenpakete zur Verfügung, die Einzelmaßnahmen wie die Wärmedämmung der Außenwände, des Daches, der Kellerdecke oder der erdberührten Wand- und Bodenflächen ebenso umfassen wie den Austausch der Fenster, der Heizung oder den Einbau einer Lüftungsanlage. Grundsätzlich sind alle Flächen eines Bauteils zu dämmen bzw. auszutauschen. Ausnahmen vom Umfang sind in Maßnahmenpaket 4 möglich und von einem Sachverständigen zu begründen.

Die Durchführung eines Maßnahmenpakets wird von der KfW mit einem zinsgünstigen Darlehen bis zu 50.000 Euro oder einem 5%igen Investitionszuschuss mit bis zu 2500 Euro je Wohneinheit unterstützt.

II.3.2.2 Wohnraum modernisieren

Das Programm „Wohnraum modernisieren" fördert CO_2-Minderungs- und Modernisierungsmaßnahmen in 2 Varianten:

- Für Standardmaßnahmen wird die Basisförderung STANDARD angeboten. Diese umfasst bauliche Maßnahmen zur Verbesserung der allgemeinen Wohnverhältnisse, Maßnahmen zur Behebung baulicher Mängel sowie „standardenergetische" Maßnahmen wie den Austausch der Fenster, die Dämmung der Gebäudehülle nach gesetzlichen Mindestforderungen sowie die Erneuerung der Heizungsanlage durch Zentralheizungsanlagen auf Basis der Brennwerttechnologie.
- Klimaschutzrelevante Maßnahmen werden in der Programmvariante ÖKO-PLUS mit einem besonders günstigen Zinssatz gefördert. Die ÖKO-PLUS-Maßnahmen umfassen Investitionen in eine besondere Dämmung der Gebäudehülle, die Erneuerung der Heizungstechnik auf Basis erneuerbarer Energien, Kraft-Wärme-Kopplung oder den Anschluss an Nah- oder Fernwärmenetze sowie den Austausch von Kohle-, Öl- und Gaseinzelöfen durch den Einbau von Zentralheizungsanlagen mit Brennwerttechnik.

Gefördert werden bis zu 100 % der förderfähigen Kosten, in der Variante STANDARD maximal 100.000 Euro je Wohneinheit und in der Variante ÖKO-PLUS maximal 50.000 Euro je Wohneinheit. Die Kreditlaufzeiten können bis zu 30 Jahre betragen mit einem festen Zinssatz für die ersten 5 oder 10 Jahre. Der Kredit kann mit anderen KfW-Krediten und anderen Fördermitteln kombiniert werden, solange die Summe der Fördermittel nicht die Summe der Aufwendungen übersteigt. ÖKO-PLUS- Maßnahmen müssen grundsätzlich von Fachunternehmen durchgeführt werden. Private Antragsteller stellen den Antrag bei einem frei wählbaren Kreditinstitut.

II.3.3 Nutzung erneuerbarer Energien

II.3.3.1 Marktanreizprogramm

Im Rahmen des Bundesprogramms zur Förderung von „Maßnahmen zur Nutzung erneuerbarer Energien im Wärmemarkt" (Marktanreizprogramm) bezuschusst das BAFA u. a. die Installation von Solarkollektoranlagen, Biomasseanlagen und effizienten Wärmepumpen.

Die Erstinstallation von Solarkollektoranlagen zur Warmwasserbereitung wird zurzeit mit 60 Euro je m² Bruttokollektorfläche, mindestens jedoch mit 410 Euro je Anlage gefördert. Anlagen zur kombinierten Warmwasserbereitung und Heizungsunterstützung werden mit 105 Euro je m² bis 40 m² Bruttokollektorfläche bezuschusst.

Automatisch beschickte Anlagen zur Verfeuerung fester Biomasse mit einer installierten Nennwärmeleistung von 5 bis 100 kW werden mit 36 Euro je kW gefördert, Pelletöfen mit mindestens 1000 Euro, Pelletkessel mit mindestens 2000 Euro. Anlagen zur Verfeuerung von Holzhackschnitzeln werden mit 1000 Euro bezuschusst, Scheitholzvergaser mit 1125 Euro.

Effiziente Luft-/Wasserwärmepumpen werden im Gebäudebestand mit 10 Euro je m² Wohnfläche gefördert, maximal mit 1500 Euro je Wohneinheit. Andere effiziente Wärmepumpen werden mit 20 Euro je m² Wohnfläche bezuschusst, höchstens jedoch mit 3000 Euro je Wohneinheit. Bei Gebäuden mit mindestens 3 Wohneinheiten ist der Zuschuss auf 10 % bzw. 15 % der Nettoinvestitionskosten begrenzt.

Zusätzlich zu dieser Basisförderung werden für besonders effiziente Anwendungen Bonusförderungen gewährt. Ein Kombinationsbonus wird bewilligt für die gleichzeitige Installation eines Brennwertkessels oder eines förderfähigen Biomassekessels oder einer förderfähigen Wärmepumpe mit einer Solaranlage. Besonders effiziente Umwälzpumpen bzw. Solarkollektorpumpen werden honoriert. Außerdem werden Innovationsförderungen gewährt.

Anträge im Rahmen der Basisförderung und gegebenenfalls mit Bonusförderung sind innerhalb von 6 Monaten nach Herstellung der Betriebsbereitschaft der Anlage zu stellen.

II.3.3.2 Erneuerbare-Energien-Gesetz (EEG)

Das Erneuerbare-Energien-Gesetz (EEG) regelt u. a. den vorrangigen Anschluss von Anlagen zur Erzeugung von Strom aus Wasserkraft, Deponie-, Klär- und Grubengas, Biomasse, Geothermie, Windenergie sowie solarer Strahlungsenergie. Weiter regelt es die vorrangige Abnahme, Übertragung und Vergütung dieses Stroms durch die Netzbetreiber. Die Vergütung ist in der Regel vom Zeitpunkt der Inbetriebnahme für 20 Jahre zuzüglich des Jahres der Inbetriebnahme garantiert.

Derzeit beträgt die Vergütung für Strom aus solarer Strahlungsenergie, der auf Dächern produziert wird, 46,75 Cent pro kWh. Für Fassadenanlagen ist die Vergütung um 5 Cent pro kWh höher. In dem EEG von 2004 ist die Degression der Vergütung für Strom aus solarer Strahlungsenergie mit 5 % jährlich festgesetzt. Die Novellierung des Gesetzes berücksichtigt durch eine höhere Degression den technologischen Fortschritt und die Kostensenkungen.

Anträge können beim BAFA gestellt werden.

II.3.3.3 Solarstrom erzeugen

Die Kreditanstalt für Wiederaufbau (KfW) finanziert mit dem Programm „Solarstrom erzeugen" die Errichtung, die Erweiterung und den Erwerb von kleineren und mittleren Fotovoltaik-Anlagen mit bis zu 50.000 Euro.

II.4 Juristische Aspekte beim Bauen im Bestand

Autoren: RA Dr. Thomas Spiegels; RA Lorenz Kneer

Das Planen und das Bauen im Bestand erfordern von allen am Bau Beteiligten besondere Fähigkeiten. Sowohl der Planer als auch die beteiligten Bauunternehmen und Handwerker sollen nicht nur eine eigene Werkleistung im Sinne einer Neuschöpfung erbringen, sie müssen sich dabei auch am Bestand orientieren. Ihre Werkleistung hängt damit in besonderer Weise sowohl von den individuellen Wünschen des Bauherrn als auch den individuellen Anforderungen der Bausubstanz und der Umgebungsbebauung ab. Das Bauen im Bestand prägt damit in besonderer Weise die zu erbringende Leistung, die Haftungsrisiken der Auftragnehmer und ihren Werklohn bzw. ihr Honorar.

Der folgende Abschnitt stellt die wesentlichen rechtlichen Besonderheiten der Haftung und des Honorars der Architekten beim Planen und Bauen im Bestand dar. Anschließend stehen die Rechte und Pflichten der Käufer und Verkäufer von Bestandsimmobilien im Fokus. Der Erwerb und die Veräußerung von Bestandsimmobilien erfordern nicht nur eine gründliche Analyse der technischen und kaufmännischen Aspekte, sondern insbesondere auch der rechtlichen Rahmenbedingungen, die sich erheblich von denen eines Neubaus unterscheiden. Der dritte Abschnitt beleuchtet die Energieeinsparverordnung (EnEV) und ihre wesentlichen rechtlichen Auswirkungen auf Bestandsimmobilien.

II.4.1 Rechtliche Besonderheiten beim Planen im Bestand

Das Planen im Bestand stellt den Architekten vor besondere Herausforderungen. Die Rechtsprechung weist dem Architekten im Allgemeinen und beim Planen im Bestand im Besonderen eine umfangreiche Haftung zu. Gleichzeitig gewährt die HOAI ihm wegen der besonderen Anforderungen des Planens im Bestand ein erhöhtes Honorar.

II.4.1.1 Haftung des Architekten beim Planen im Bestand

Der Umfang der Haftung des Architekten wird durch den Umfang der geschuldeten Leistungen bestimmt. Der Architekt schuldet eine genehmigungs- und umsetzungsfähige Planung, im Rahmen der Bauüberwachung schuldet er einen störungsfreien Bauablauf. Da sich die Bestimmung der geschuldeten Leistung im Einzelnen in den Architektenverträgen üblicherweise an den Leistungsphasen (LP) der HOAI orientiert, werden im Folgenden die besonderen Risiken beim Planen im Bestand innerhalb der Leistungsphasen dargestellt.

Grundlagenermittlung und Vorplanung (LP I + II HOAI)

Gerade beim Bauen im Bestand ist die sorgfältige und umfassende Grundlagenermittlung sehr wichtig. Dabei ist zwischen der technischen und der rechtlichen Bestandsaufnahme zu unterscheiden.

Technische Bestandsaufnahme

Eine herausragende Bedeutung beim Bauen im Bestand hat bei der Bestandsaufnahme die Ermittlung der vorhandenen Bausubstanz. Dabei ist festzustellen, ob alters- oder herstellungsbedingte Baumängel bestehen und ob die technischen Anforderungen der zukünftigen Nutzung durch die vorhandene Bausubstanz überhaupt gewährleistet werden können. Daher sind alle Bauteile umfassend auf ihre bauphysikalischen Eigenschaften zu überprüfen. Aus rechtlicher Sicht sei hier auf einige Beispiele verwiesen:

- Ein ehemaliges Stallgebäude soll in ein Büro umgebaut werden. Erst im Nachhinein stellt sich heraus, dass die Außenwand zur Gewährleistung einer hinreichenden Innentemperatur isoliert werden muss. Das Gericht geht von einem Planungsfehler des Architekten im Rahmen der technischen Bestandsaufnahme aus (OLG Schleswig, Urteil vom 3. November 2004, BauR 2005, 604).
- Ein hinreichender Trittschallschutz ist nach geltendem Stand der Technik (DIN 4109) für jede Wohnnutzung zu gewährleisten. Dies gilt auch beim Umbau eines Altbaus. Der Architekt muss daher grundsätzlich klären, ob die vorhandene Bausubstanz hinreichenden Trittschallschutz gewährleisten kann, und gegebenenfalls den Bauherrn auf die vorhandenen Defizite des Altbaus aufmerksam machen (vgl. LG Hannover, Urteil vom 24. Oktober 2002; s. auch OLG Nürnberg, Urteil vom 15. Dezember 2005 – 13 U 1911/05; LG Karlsruhe, Urteil vom 28. Oktober 2005, BauR 2006, 1003).
- Der Architekt muss die vorhandene Bausubstanz auf etwaige Schadstoffbelastungen überprüfen. Bei besonderen Feuchteschäden muss er dabei insbesondere Hinweisen auf Schwammbefall des Hauses nachgehen (OLG Köln, Urteil vom 6. Dezember 1995, BauR 1997, 469).
- Für den bevorstehenden Umbau des Bestandsgebäudes sind alle vorhandenen Bauteile und das Tragwerk im Hinblick auf eine unfallfreie Baustelle, auf das Anbringen von Gerüsten o. Ä. zu überprüfen.
- Auch beim Umbau von Bestandsbauten muss der Architekt bei der Überprüfung des vorhandenen Baugrunds besondere Anforderungen erfüllen. Er muss die nutzungsbedingten technischen Anforderungen der Statik, der Isolierung und der Bodendichte gewährleisten können. In einem vom OLG Düsseldorf (Urteil vom 5. März 2004, IBR 2005, 474) zu beurteilenden Fall hatte der planende Architekt unberücksichtigt gelassen, dass eine umzubauende Gaststätte nur zum Teil unterkellert und teilweise unmittelbar auf dem Baugrund errichtet worden war. Dort fehlten horizontale Feuchtigkeitssperren, was nach Abschluss der Baumaßnahme zu aufsteigender Feuchtigkeit und dadurch zu vom Architekten zu ersetzenden Feuchteschäden führte.

Rechtliche Bestandsaufnahme

Neben den technischen Rahmenbedingungen, die bei der Bestandsaufnahme zu prüfen sind, gelten auch besondere rechtliche Rahmenbedingungen. Dabei handelt es sich vornehmlich um baurechtliche Rahmenbedingungen, je nach Vorhaben sind jedoch auch weitere Fachgesetze zu beachten, beim Bauen im Bestand insbesondere aus den Bereichen Denkmalschutz und Urheberrecht.

a) Öffentliches Baurecht

Das öffentliche Baurecht unterscheidet im Wesentlichen 2 Teilbereiche, das Bauplanungs- und das Bauordnungsrecht. Unter das Bauordnungsrecht fallen auch besondere bautechnische Vorgaben.

Im Hinblick auf das Bauplanungsrecht muss bereits bei der Bestandsermittlung berücksichtigt werden, wie das vorhandene Objekt bebauungsrechtlich einzuordnen ist, um die Genehmigungsplanung vorbereiten zu können. Der Architekt muss überprüfen, ob das konkrete Bauvorhaben hinsichtlich Art und Ausmaß der Nutzung mit den Vorgaben des Bebauungsplans oder der §§ 34, 35 BauGB übereinstimmt (zu einer umfassenden Haftung des Architekten und einem Kündigungsrecht des Bauherrn vgl. OLG Nürnberg, Urteil vom 27. Juli 2005, 6 U 117/05). Kommt der Architekt trotz umfassender Bestandsaufnahme nicht zu einem eindeutigen Ergebnis, muss er dem Bauherrn dazu raten, mit einer Bauvoranfrage bzw. einem Bauvorbescheid die bebauungsrechtliche Zulässigkeit des konkreten Bauvorhabens klären zu lassen (OLG Düsseldorf, Urteil vom 20. Juni 2000, IBR 2001, 211).

Auch ist bereits vor Beginn der Genehmigungsplanung zu überprüfen, ob die geplante Nutzung aufgrund der bestehenden Situation mit dem Bauordnungsrecht übereinstimmt. Dabei ist insbesondere die Ausweisung ausreichender Stellplätze zu beachten. Anhand der Genehmigungsunterlagen ist zu überprüfen, ob die vorhandene Genehmigung die geplante Nutzungsänderung oder den geplanten Umbau im Sinne eines fortwirkenden Bestandsschutzes deckt. Bei einer bereits genehmigten Nutzung und einer bereits erfolgten Ausweisung der notwendigen Stellplätze besteht die behördlich abschließend festgestellte Legalisierungswirkung der Baugenehmigung trotz eventueller baulicher Änderungen fort, sodass u. U. eine erneute Baugenehmigung, verbunden mit einer erweiterten Ausweisung von Stellplätzen, nicht erforderlich ist.

b) Denkmalschutz

Der Denkmalschutz ist in den Denkmalschutzgesetzen der einzelnen Bundesländer geregelt. Bundesweit findet das Denkmalschutzrecht unter folgenden Bedingungen Anwendung:

- Bauen im Denkmal,
- Bauen im Denkmalensemble,
- Bauen in der engeren Umgebung eines Denkmals,
- Bauen im erhaltenswerten Bestand.

„Denkmäler sind Sachen ... und Teile von Sachen, an deren Erhaltung und Nutzung ein öffentliches Interesse besteht, wenn die Sachen bedeutend für die Geschichte des Menschen, für die Städte und Siedlungen oder für die Entwicklung der Arbeits- und Produktionsverhältnisse sind und für die Erhaltung und Nutzung künstlerische, wissenschaftliche, volkskundliche oder städtebauliche Gründe vorliegen." (Quelle: § 2 DSchG NRW)

Da die Einordnung, ob es sich bei dem umzubauenden Gebäude oder bei den angrenzenden Gebäuden um ein Denkmal im vorgenannten Sinne handelt, trotz dieser gesetzlichen Definition schwierig ist, ziehen die meisten Bundesländer ein weiteres Kriterium heran. Entscheidend ist danach nicht nur, ob das Gebäude die materiellen Anforderungen an ein Denkmal im vorgenannten Sinn erfüllt, sondern darüber hinaus, ob es (formell) in die **Denkmalliste** eingetragen wurde. Die Denkmalliste erhält in diesem Fall eine konstitutive Bedeutung für die Denkmaleigenschaft. Viele Bundesländer (Baden-Württemberg, Bayern, Berlin, Brandenburg, Bremen, Hessen, Mecklenburg-Vorpommern, Niedersachsen, Saarland, Sachsen, Sachsen-Anhalt und Thüringen) verzichten auf diese konstitutive, formelle Voraussetzung, sodass die Denkmaleigenschaft dort jeweils im Einzelfall nach Rücksprache mit der Denkmalschutzbehörde festzustellen ist. Neben der Denkmalliste führen auch Denkmalschutzsatzungen der Gemeinde oder ausgewiesene Denkmalbereiche zur Denkmaleigenschaft im formellen Sinn.

Das Denkmalschutzrecht begründet eine besondere Erlaubnispflichtigkeit baulicher Veränderungen eines Denkmals oder eines Gebäudes in einem Denkmalensemble. Zudem ist eine behördliche Erlaubnis auch dann einzuholen, wenn in der näheren Umgebung eines Denkmals gebaut bzw. umgebaut werden soll und dadurch das Erscheinungsbild des Denkmals beeinflusst werden könnte (vgl. § 9 Abs. 1 b DSchG NRW). Die denkmalschutzrechtliche Erlaubnis kann im Rahmen der Baugenehmigung erteilt werden, die Baugenehmigung besitzt eine Konzentrationswirkung auch im Hinblick auf das Denkmalschutzrecht. Bei baugenehmigungsfreien Vorhaben ist sie als eigenständige Genehmigung einzuholen.

c) Urheberrecht

Ein weiterer elementarer Aspekt der rechtlichen Rahmenbedingungen des Bauens im Bestand ist das Urheberrecht. Zum Schutz eines Werkes der Baukunst findet § 2 Nr. 4 Urheberrechtsgesetz (UrhG) Anwendung. Ein Werk der Baukunst ist nach allgemeiner Ansicht dann urheberrechtlich geschützt, wenn es sich von den durchschnittlichen Zweckbauten durch seine individuelle Gestaltung abhebt. Das Urheberrecht schützt den Gebäudekomplex, das gesamte Bauwerk sowie Einzelteile des Bauwerks inklusive der Entwurfspläne, unabhängig von der jeweiligen Objektart, beispielsweise die Museumsmeile, den Museumsbau, das Einfamilienhaus, die besondere Fassade, das besondere Treppenhaus oder Treppengeländer u. a.

In zeitlicher Hinsicht besteht das Urheberrecht bis zum Ablauf von 70 Jahren nach dem Tod des Urhebers fort, d. h., es kann innerhalb dieser Zeit von dessen Erben geltend gemacht werden.

Das Urheberrecht steht grundsätzlich dem Urheber zu. Es ist für sich genommen vertraglich nicht disponibel. Möglich ist allerdings die vertragliche Vereinbarung zur Nutzung des Urheberrechts, die dem Bauherrn oder einem anderen Dritten übertragen werden kann (vgl. § 39 Abs. 1 UrhG). Bei der Bestandsaufnahme ist deshalb für geplante Umbaumaßnahmen zu überprüfen, wem die Nutzung des Urheberrechts zusteht und ob der jetzige Bauherr darüber verfügen darf. Erfolgt eine Umbaumaßnahme, die eine Verletzung des Urheberrechts darstellt, haftet der Bauherr gegenüber dem Urheber, nicht der Architekt. Dem Architekten obliegt jedoch die vorrangige Hinweispflicht gegenüber dem Bauherrn bezüglich des Urheberrechts. Bei Missachtung dieser Pflicht haftet er gegenüber dem Bauherrn.

Das Urheberrecht enthält im Wesentlichen 2 Verbote:

- Gemäß dem **Änderungsverbot** (§ 39 Abs. 1 UrhG) sind Änderungen des Werkes grundsätzlich unzulässig, außer
  - es besteht eine entsprechende vertragliche Vereinbarung mit dem Urheber oder
  - die Eigentümerinteressen gehen im Einzelfall vor, weil die Änderungen geringfügig sind, den individuellen Schöpfungsgrad nicht beeinträchtigen und der Gesamteindruck des Kunstwerkes nicht gestört wird, bspw. bei reinen Instandhaltungs- oder Modernisierungsmaßnahmen.
- Gemäß dem **Entstellungsverbot** ist der Eingriff in das geistige und persönliche Interesse des Urhebers z. B. durch entstellende, gestalterische Eingriffe in das Erscheinungsbild des Werkes unzulässig (vgl. § 14 UrhG).

Allerdings schützt das Urheberrecht nicht vor einer vollständigen Beseitigung des Werkes. Ein Schutz vor Abriss besteht nur, wenn das abzureißende Bauwerk Teil eines urheberrechtlich geschützten Ensembles ist (OLG München, Urteil vom 21. Dezember 2000, IBR 2003, 139).

Ausführungsplanung und Ausschreibung (LP V + VI HOAI)

Bei der Ausführungsplanung und Ausschreibung sind u. a. die besonderen vorhabenspezifischen Bauprodukte und Bauarten für die geplante und die vorhandene Nutzung zu berücksichtigen. Dies betrifft insbesondere die Wechselwirkungen zwischen vorhandener und neuer Bausubstanz. Hier sei auf die sogenannte „Zweimetallheizkörperentscheidung" des BGH vom 6. Mai 1985 (BauR 1985, 567; bestätigt vom OLG Hamm vom 27. Oktober 2005, BauR 2006, 861) verwiesen. Die Unverträglichkeit von Aluminium und Messing wäre danach auch vom Architekten bzw. vom Ingenieur beim Umbau oder Anbau an eine vorhandene Heizungsanlage zu berücksichtigen gewesen.

Bei einem umfangreichen Umbau eines Bestandsgebäudes besteht die Gefahr, dass die Planung aufgrund behördlicher Auflagen beispielsweise zum Brandschutz angepasst werden muss. Der Architekt schuldet in diesem Fall die Fortschreibung und Ergänzung der Detailplanung mitsamt der entsprechenden Ausschreibungsleistungen (OLG Hamburg, Urteil vom 10. März 2004, BauR 2005, 1220).

Objektüberwachung (LP VIII HOAI)

Besondere Haftungsrisiken birgt das Bauen im Bestand bei der Objektüberwachung. Dabei ist grundsätzlich die plan- und fachgerechte Ausführung der Bauarbeiten zu gewährleisten. Es besteht nach allgemeiner Rechtsprechung eine persönliche Überwachungspflicht des Architekten für diejenigen Tätigkeiten, die über sogenannte handwerkliche Routine hinausgehen, vor allem bei kritischen und schadensträchtigen Bauarbeiten.

- Enthält die Baugenehmigung für die Umbaumaßnahme beispielsweise besondere Nebenbestimmungen, die auf den Erhalt besonderer Bauteile abzielen, dann muss der Architekt die Abbrucharbeiten in besonderer Weise überwachen (OLG Oldenburg, Urteil vom 29. Mai 1991, BauR 1992, 258).
- Treten bereits während der Bauausführung Mängel im neuen bzw. auch insbesondere im alten Bauwerk auf, dann muss der Architekt die Ursachen finden und kurzfristig Gegenmaßnahmen einleiten (vgl. BGH, Urteil vom 8. Mai 2003).
- Daher ist die vorhandene Bausubstanz während der Bauausführung fortlaufend zu überprüfen. Stellt ein Bauhandwerker beispielsweise beim Fußbodenbau in einem Geschoss fest, dass die vorhandene Bausubstanz einen fachgerechten Fußbodenaufbau nicht gewährleistet, dann muss der Architekt den Fußbodenaufbau in allen Geschossen überprüfen (BGH, Urteil vom 18. Mai 2000, ZfBR 2000, 475).
- Besondere Überwachungspflichten beim Bauen im Bestand bestehen für die Schnittstellen des Altbestandes mit dem Neubestand. Die fachgerechte Ausführung der Anschlussstellen, der Dachdeckergewerke sowie der Abdichtungsmaßnahmen ist vom Architekten persönlich zu kontrollieren.

II.4.1.2 Honorar des Architekten beim Bauen im Bestand

Das Honorar des Architekten kann grundsätzlich frei vereinbart werden, es sei denn, der Anwendungsbereich der HOAI ist eröffnet – was in der Regel der Fall sein dürfte.

Honorar des Architekten außerhalb der HOAI

Leistungen des Architekten sind selbstverständlich auch dann zu entlohnen, wenn der Anwendungsbereich der HOAI nicht eröffnet ist. Außerhalb der HOAI ist das Honorar frei vereinbar. Dies betrifft insbesondere Leistungen der Leistungsphase „0", beispielsweise bei der Ausstellung eines Energieausweises oder auch bei der Gebäudediagnose außerhalb einer Bestandsaufnahme im Sinne der Leistungsphase I. Werden diese Leistungen allerdings als „besondere Leistungen" neben und im Zusammenhang mit den Grundleistungen nach HOAI vom Architekten erbracht, sind sie nur vergütungspflichtig, wenn darüber eine schriftliche Honorarabrede besteht (OLG Köln, Urteil vom 12. Februar 1998, IBR 2000, 334).

Honorar des Architekten innerhalb der HOAI

Das Honorar des Architekten nach Maßgabe der HOAI ist in 3 Schritten zu berechnen:

- Ermittlung der anrechenbaren Kosten
- Ermittlung der maßgeblichen Honorarzone
- Ansatz der erbrachten Leistungen

Ermittlung der anrechenbaren Kosten (§ 10 HOAI)

Das Honorar des Architekten beruht gemäß § 10 HOAI auf den anzusetzenden Baukosten. Diese sind grundsätzlich gemäß DIN 276 anhand der ortsüblichen Preise zu ermitteln, je nach abzurechnender Leistungsphase gemäß der Kostenschätzung/-berechnung (LP I–IV), des Kostenanschlags (LP V–VII) sowie der Kostenfeststellung (LP VIII–IX).

Für das Bauen im Bestand sind bei der Ermittlung der Baukosten vorhandene und vorbeschaffte Baustoffe oder -teile zu berücksichtigen (§ 10 Abs. 3 Nr. 4 HOAI). Dies betrifft z. B. Innentüren, Altdielen, Fliesen u. a., deren Materialwert in die anzusetzenden Baukosten einfließt. Fehlt eine ausdrückliche vertragliche Regelung zur Höhe dieses Materialwertes, dann fließt er nach „ortsüblichen Preisen" in die Baukosten ein. Aus Sicht des Architekten empfiehlt es sich daher, insbesondere bei wertvollen einzubauenden Unikaten eine entsprechende Regelung in den Architektenvertrag aufzunehmen.

Anrechnung der vorhandenen Bausubstanz

Daneben ist auch die vorhandene Bausubstanz, die technisch oder gestalterisch mitverarbeitet wird, bei den anrechenbaren Kosten angemessen zu berücksichtigen (§ 10 Abs. 3a HOAI).

Anrechenbar ist zunächst nur die Bausubstanz, die tatsächlich mitverarbeitet wird, d. h., die bei der Planung und Umplanung berücksichtigt wurde. Keine Anrechnung findet dagegen die vorhandene Bausubstanz bei einem „Neubau innerhalb eines Altbaus", wenn beispielsweise technische Anlagen neu geplant werden, die in gleicher Weise auch in einem Neubau hätten eingebaut werden können (vgl. OLG Brandenburg, Urteil vom 5. November 1999, BauR 2000, 1221; s. auch BGH, Urteil vom 27. Februar 2003, BauR 2003, 745).

Die Bausubstanz ist dabei „angemessen" zu berücksichtigen. Da eine weitergehende konkrete gesetzliche Regelung fehlt, entsteht bei der Bemessung der vorhandenen Bausubstanz oft Streit, der durch eine klare vertragliche Regelung vermieden werden kann. Üblich ist eine Bemessung nach folgender Formel:

ortsübliche (Neu-)Herstellungskosten des Gesamtobjekts
– nicht mitverarbeitete vorhandene Bausubstanz
– Abbruchkosten
– Wertminderung
_____
= anrechenbare Kosten für die vorhandene Bausubstanz

Ermittlung der anzusetzenden Honorarzone beim Bauen im Bestand

Nach Ermittlung der Baukosten ist das umzubauende Objekt in die 5 Honorarzonen für Leistungen bei Gebäuden gemäß § 11 HOAI einzuordnen. Da die Objektliste des § 12 HOAI beim Bauen im Bestand grundsätzlich keine Anwendung findet, ist die Honorarzone aufgrund der Bewertungsmerkmale des § 11 HOAI zu ermitteln. Beim Bauen im Bestand sind vor allem folgende Bewertungsmerkmale zu berücksichtigen:

- Einbindung in die Umgebung,
- Anzahl der Funktionsbereiche,
- gestalterische Anforderungen,
- konstruktive Anforderungen,
- technische Gebäudeausrüstung.

Erbrachte Leistungen des Architekten, Umbauzuschlag

Das Honorar des Architekten bemisst sich grundsätzlich nach den tatsächlich beauftragten Leistungen. Bei umfangreichen Umbaumaßnahmen ist daher eine detaillierte Leistungsbeschreibung der Planungs- und Überwachungstätigkeiten des Architekten ratsam. Eine kurze Bezugnahme auf § 15 HOAI ohne inhaltliche Eingrenzung sollte in einem Architektenvertrag nicht vorgenommen werden, da im Zweifelsfall dann auch alle in § 15 HOAI genannten Grundleistungen zu erbringen sind.

Dem Architekten steht bei Umbauten und Modernisierungen von Gebäuden ein Umbauzuschlag gemäß § 24 bzw. § 25 HOAI zu. Hat der Architekt mit dem Bauherrn darüber keine gesonderte schriftliche Vereinbarung getroffen, gilt bei einem durchschnittlichen Schwierigkeitsgrad ein Zuschlag von 20 % bei Umbauten sowie von 25 % bei raumbildenden Ausbauten. Außerdem sind Vereinbarungen eines Umbauzuschlags von 20 bis 33 % gemäß § 24 HOAI sowie von 25 bis 50 % gemäß § 25 HOAI zulässig. Bei einem erhöhten Schwierigkeitsgrad (beispielsweise bei besonderen Anforderungen wegen der Einbindung der vorhandenen Konstruktion, der Vielfalt der erforderlichen Details, der aufwendigen Einweisung der Handwerker usw.) ist auch die Vereinbarung eines höheren Zuschlags zulässig. Der Umbauzuschlag kann nur für Umbauten geltend gemacht werden. Besteht die bauliche Anlage beispielsweise aus einem zuschlagsfreien Neubau (z. B. einem Wintergarten) und einem zuschlagspflichtigen Umbau (des bestehenden Wohnhauses), ist eine getrennte Schlussrechnung für die Neubau- und Umbaumaßnahme zu erstellen (OLG Hamm, Urteil vom 24. Januar 2006 – 21 U 139/01).

II.4.2 Vertragsgestaltung beim Erwerb und bei der Veräußerung von Bestandsbauten

Der Erwerb oder die Veräußerung von Bestandsimmobilien erfordern eine gründliche Analyse nicht nur der technischen und kaufmännischen Aspekte, sondern insbesondere auch der rechtlichen Rahmenbedingungen. Die in den folgenden Kapiteln dargelegten Aspekte sollten bei diesem Vertrag über den Erwerb eines Grundstücks berücksichtigt werden, der immer der notariellen Form bedarf.

II.4.2.1 Öffentlich-rechtliche grundstücksbezogene Rechtsfragen

Öffentlich-rechtliche Genehmigung der vorhandenen Nutzung

Ein wesentlicher Prüfungsaspekt beim Erwerb und bei der Veräußerung einer Bestandsimmobilie ist das Vorliegen und die Reichweite einer baurechtlichen Genehmigung. Diese Prüfung ist insbesondere von Bedeutung, wenn nach der baulichen Umgestaltung die zu erwerbende Bestandsimmobilie nicht wie bisher genutzt werden soll. Bei einer grundlegenden Umgestaltung (Konversion) des Bestandes (Umbau einer Industriehalle zu Wohnzwecken, Umnutzung eines historischen Museums zu Bürozwecken, Umgestaltung einer Industriebrache) entfällt der Bestandsschutz, da die bisherige Nutzung endgültig aufgegeben wird. Die Genehmigungsbehörde muss die Genehmigungsfähigkeit der beabsichtigten Nutzung und der baulichen Maßnahme gesondert prüfen und dabei insbesondere die sich möglicherweise verändernde bauplanerische Situation berücksichtigen.

Ausnahmsweise bleibt der Bestandsschutz trotz einer Nutzungsänderung in gesetzlich definierten Fällen erhalten. Diese Fälle betreffen Außenbereichsanlagen von ehemals zumeist landwirtschaftlich genutzten Gebäuden, die eine erhaltenswerte Bausubstanz aufweisen (vgl. § 35 Abs. 4 S. 1 Nr. 1 bis 4 BauGB).

Grundvoraussetzung für Bestandsschutzüberlegungen ist stets, dass ein Gebäude zuvor entweder formell oder materiell zulässig war. Schwarzbauten oder ohne Genehmigung aufgenommene Nutzungen erlangen auch über Jahrzehnte hinweg keinen Bestandsschutz. Es ist also wichtig, die Genehmigung eines vorhandenen Gebäudes genau zu prüfen und entsprechende Zusicherungen in den Kaufvertrag aufzunehmen.

Von erheblicher wirtschaftlicher Bedeutung ist außerdem die Stellplatzfrage. Auch hier spielt der Bestandsschutz eine bedeutende Rolle. Wesentliche Änderungen an Gebäuden oder Anlagen oder wesentliche Änderungen der Nutzung können neue Stellplatznachweispflichten auslösen, die oft auf dem Grundstück selbst nicht gestellt werden können und daher abgelöst werden müssen. Die Regelung in den Landesbauordnungen der einzelnen Bundesländer ist dazu uneinheitlich: Bei unwesentlichen Änderungen von Gebäuden und Nutzungen ist in NRW ein gesteigerter Stellplatzbedarf nicht mehr zusätzlich nachzuweisen. In Schleswig-Holstein und in der Freien und Hansestadt Hamburg ist beim Umbau von Bestandsbauten eine Stellplatzpflicht nur im Einzelfall nach Anordnung durch die Bauaufsichtsbehörde vorgesehen. In Rheinland-Pfalz sind Änderungen zur Schaffung von Wohnraum in besonderer Weise privilegiert (vgl. im Einzelnen § 51 Abs. 2 BauO NRW, § 55 Abs. 3 BauO SH, § 48 Abs. 2 HBauO, § 47 Abs. 2 BauO RP, zur stellplatzrelevanten Nutzungsänderung in der Freien und Hansestadt Hamburg s. OVG Hamburg, Urteil vom 10. April 2003, IBR 2004, 222).

Erlangung erforderlicher neuer Genehmigungen

Grundlegende Umgestaltungen eines Altbestandes, beispielsweise einer Industriebrache in Eigentumswohnungen, sind in der Regel vollumfänglich genehmigungspflichtig. Hier sollte sich der Erwerber entweder vertraglich die Zusicherung über die öffentlich-rechtliche Genehmigungsfähigkeit seiner Bau- und Nutzungsabsichten geben lassen oder selbst die Genehmigungsfähigkeit durch Vorbescheide klären. Sollte eine Änderung oder Neuaufstellung eines Bebauungsplans erforderlich sein, empfiehlt es sich, im Grundstücksvertrag die Nutzungsabsichten möglichst präzise und umfassend festzuschreiben. Auch könnte ein Rücktrittsvorbehalt für den Fall aufgenommen werden, dass der erforderliche Bebauungsplan in dieser Form nicht beschlossen wird bzw. eine bestimmte Baugenehmigung mit diesem Inhalt nicht erlassen wurde.

Sonstige öffentlich-rechtliche Rahmenbedingungen

Beim Erwerb eines Bestandsgebäudes spielen noch viele weitere öffentlich-rechtliche Aspekte eine Rolle. Dazu zählt insbesondere der Denkmalschutz (s. Kap. II.4.1.1), aber auch beispielsweise aufgrund des Hochwasserschutzes können sich Beeinträchtigungen für Nutzungsabsichten ergeben. Ist die vom Erwerber geplante Nutzung des Bestandsgebäudes realisierbar oder gibt es Einschränkungen durch den Denkmalschutz aufgrund zwingender gestalterischer Vorgaben bzw. durch den Hochwasserschutz aus wasser- und damit ordnungsrechtlichen Gründen? Diese öffentlich-rechtlichen Beschränkungsmöglichkeiten müssen im Vorfeld des Erwerbs sorgfältig geprüft werden, um die geplante Nutzungsänderung oder Umbaumaßnahme nicht zu gefährden.

Baulasten

Wichtig ist bei der Prüfung der öffentlich-rechtlichen Rahmenbedingungen eines Bestandsgebäudes auch das Vorliegen erforderlicher Baulasten bzw. die Klärung, ob hinsichtlich der zukünftigen Nutzungsabsicht bereits Baulasten zugunsten benachbarter Grundstücke im Baulastenverzeichnis eingetragen sind. Baulasten existieren in sämtlichen Bundesländern mit Ausnahme von Bayern und Brandenburg. Die Baulast beinhaltet eine öffentlich-rechtliche Verpflichtung des Grundstückseigentümers zu einem sein Grundstück betreffenden Tun, Dulden oder Unterlassen. Auskunft darüber gibt das Baulastenverzeichnis, das bei der Bauaufsichtsbehörde geführt wird. Zusätzlich sollten aus der Sicht des Käufers auch die Zusicherungen des Verkäufers über das Bestehen oder Nicht-Bestehen von Baulasten im Kaufvertrag festgehalten werden. Dies empfiehlt sich aus Sicherheitsgründen für den Erwerber, denn Baulasten können bis zur Eintragung einer entsprechenden Vormerkung auch noch nach Kaufvertragsschluss bewilligt und eingetragen werden.

II.4.2.2 Zivilrechtliche grundstücksbezogene Rechtsfragen

Dienstbarkeiten: Wegerechte, Leitungsrechte usw.

Von der öffentlich-rechtlichen Baulast ist die zivilrechtliche Dienstbarkeit zu unterscheiden. Die Baulast regelt die Verpflichtung des Grundstückseigentümers in öffentlich-rechtlicher Hinsicht, die Dienstbarkeit bezeichnet einen individuellen zivilrechtlichen Anspruch, der sich aus der Baulast nicht zwingend ergibt. Dienstbarkeiten werden nach ihrer notariellen Vereinbarung in das Grundbuch eingetragen.

Wer einen Stellplatznachweis auf einem benachbarten, ihm nicht gehörenden Grundstück führen will und hierfür eine Baulast beibringt, sollte die Nutzungsbedingungen zivilrechtlich gesondert und vollständig regeln. Gleiches gilt auch für die durch eine Baulast gesicherte Erschließung über ein Nachbargrundstück. Dabei ist zur Absicherung auch ein zivilrechtliches Wegerecht zwingend erforderlich.

Gegenstand einer Dienstbarkeit kann auch die Übernahme einer öffentlich-rechtlich notwendigen Abstandsfläche sein. Ist durch den Umbau oder die Umnutzung die Eintragung einer Dienstbarkeit erforderlich, dann sollte die Einverständniserklärung dafür möglichst im Vorhinein eingeholt werden. Auch an weniger offensichtliche zivilrechtliche grundstücksbezogene Aspekte ist zu denken, beispielsweise an ein Lichtrecht, das in den landesrechtlichen Nachbarrechtsgesetzen geregelt ist und Anbauverbote auslösen kann. Auch dieses Anbauverbot kann individuell vertraglich über eine Dienstbarkeit abbedungen werden.

Grenzdarstellung, Unter- und Überbau

Bäume im Grenzbereich oder eine sogenannte Nachbarwand, eine Gebäudeabschlusswand, die von der Grenze eines Grundstücks geschnitten wird, können im Einzelfall erhebliche Schwierigkeiten bei Nutzungsänderungen auslösen. Deshalb ist es in jedem Fall erforderlich, die Grenzsituation zu klären und gegebenenfalls entsprechende schriftliche Zusicherungen des Veräußerers hierüber einzuholen. Häufig wird die eigentumsrechtliche Frage nur unzureichend beachtet und geprüft. Beispielsweise werden Reihenhäuser über einer großen Tiefgarage errichtet oder eine auf dem Nachbargrundstück stehende Schlitzwand wird in die Gründung eines Gebäudes einbezogen, ohne dass die damit verbundenen eigentumsrechtlichen Fragen dezidiert geklärt und durch entsprechende Grundstückseintragungen in Form von Dienstbarkeiten gesichert sind. Kosten- und zeitaufwendig wird die Situation, wenn etwa bei der Beleihung eines Grundstücks Zweifel an der eigentumsrechtlichen Zuordnung bestehender Gebäude aufkommen.

Deshalb ist vor dem Kauf dringend zu klären, ob alle Gebäude und Gebäudeteile auf dem zu erwerbenden Grundstück stehen und ob vorhandene Über- und Unterbauten eigentumsrechtlich klar zugeordnet oder mit entsprechenden Dienstbarkeiten in den jeweiligen Grundbüchern abgesichert sind.

Erschließungs- und Ausbaukosten

Ein ebenfalls grundsätzlich zu regelnder zivilrechtlicher Aspekt im Grundstückskaufvertrag sind mögliche Erschließungs- und Bauausbaukosten. Hier haben sich Regelungen durchgesetzt, dass Erschließungs- und Ausbaubeiträge nach dem BauGB und dem KAG (Kommunalabgabengesetz) für die zum Zeitpunkt des Besitzübergangs vorhandenen Erschließungsanlagen wie Straßen und Kanalisation unabhängig vom Zeitpunkt der Entstehung vom Veräußerer getragen werden.

Andere vertragliche Regelungen betreffen den Zugang von Beitragsbescheiden. Dabei muss der Erwerber darauf achten, dass Erschließungskosten bisweilen erst Jahre, im Extremfall auch Jahrzehnte nach der Erstellung einer Erschließungsstraße abgerechnet und durch Bescheid geltend gemacht werden. Es reicht jedoch nicht immer aus, bei den zuständigen Gemeinden zu klären, ob künftig noch Erschließungskosten anfallen werden. Diese Auskünfte werden von den Verwaltungsgerichten regelmäßig als Wissens- und nicht als Willenserklärungen verstanden, d. h., sie können richtig oder falsch sein, sie beseitigen jedoch eine nach Recht und Gesetz bestehende Beitragspflicht nicht.

Daher empfiehlt es sich, den Veräußerer vertraglich zu verpflichten, für Erschließungskosten einzustehen, die nach dem Erwerb für bereits vorhandene Erschließungseinrichtungen noch erhoben werden. Da eine derartige Abrede an der grundsätzlichen Einstandspflicht des neuen Grundstückseigentümers für derartige Erschließungskosten nichts ändert, empfiehlt es sich darüber hinaus, sich den Anspruch auf erbrachte Vorausleistungen in jedem Fall vorsorglich abtreten zu lassen.

Hausunterlagen

Aufgrund der rechtlichen Aspekte, die beim Erwerb einer Bestandsimmobilie zu bedenken sind, sollte in den Kaufvertrag eine Klausel aufgenommen werden, dass die kompletten Hausunterlagen, insbesondere Objektpläne, Baugenehmigungsunterlagen und Gebrauchsabnahmescheine, Unterlagen über sonstige behördliche Genehmigungen, Revisionsunterlagen, technische Zulassungen, TÜV-Abnahmen, Bescheinigungen des Bezirksschornsteinfegers, Wartungsunterlagen, Wartungsverträge oder Flächenberechnungen vom Veräußerer mit dem Besitzübergang an den Erwerber vollständig und im Original ausgehändigt werden müssen.

II.4.2.3 Miet- und Pachtverhältnisse

Ein weiteres wichtiges Thema beim Erwerb von Bestandsimmobilien sind bestehende Miet- und Pachtverhältnisse. Die Wirksamkeit der zugrunde liegenden Verträge spielt einerseits eine Rolle, wenn wichtige Ankermieter nach dem Erwerb der Immobilie gehalten werden sollen. Andererseits sind sie zu prüfen, wenn zur Durchführung der geplanten Bauarbeiten eine möglichst frühzeitige Freisetzung eines Gebäudes beabsichtigt ist.

Besonders zu beachten ist in jedem Fall die Form bestehender Mietverträge, sowohl unter dem Gesichtspunkt der möglichen vorzeitigen Beendigung langfristiger Mietverhältnisse als auch unter dem Gesichtspunkt der Bestandswahrung. Gemäß § 550 BGB gilt ein Mietvertrag für mehr als ein Jahr als auf unbestimmte Zeit geschlossen, wenn die Schriftform nicht beachtet wurde. Bei Wohnraum ist dann beispielsweise eine Kündigung frühestens zum Ablauf eines Jahres nach der Überlassung zulässig. Die Schriftform erfordert eine von beiden Parteien unterschriebene einheitliche Urkunde. Dabei müssen die einzelnen Blätter samt Anlagen in einer körperlichen Verbindung stehen bzw. eindeutige Merkmale auf ihre Zusammengehörigkeit, wie einheitliche grafische Gestaltung oder inhaltlicher Zusammenhang des Textes, aufweisen. Dieser schriftliche Vertrag beinhaltet mindestens die wesentlichen Bedingungen eines Mietverhältnisses zu den Vertragspartnern, zum Mietgegenstand, zum Mietpreis und zur Mietdauer sowie zur Nebenkostenabrede. In der Praxis ist die Schriftform dann nicht hinreichend eingehalten, wenn es sich um Nachträge und Ergänzungen, insbesondere auch in Anlagen zum Mietvertrag, handelt. Auch diese nachträglichen Änderungen des Mietvertrages unterliegen der Schriftform, müssen von den Unterschriften gedeckt sein und inhaltlich einen hinreichenden Bezug zur Haupturkunde aufweisen. Zu prüfen ist in diesem Zusammenhang zudem, ob die Unterschriften auch von den Personen vollzogen wurden, die eine hinreichende Vertretungsbefugnis zum Abschluss der Mietverträge haben.

Wenn das Bestandsinteresse im Vordergrund steht, dann sollte ein Erwerber durch eine entsprechende Vereinbarung im Kaufvertrag sicherstellen, dass der Veräußerer bestehende Mängel der Form zu übernehmender Mietverträge mit dem Mieter einvernehmlich behebt, die Verträge eventuell erneuert und dadurch eine sichere Mietvertragsgrundlage schafft.

II.4.2.4 Sachmängelhaftung

Reichweite eines Gewährleistungsausschlusses

Beim Erwerb von Bestandsimmobilien, also Gebäuden, die bereits seit längerem im Gebrauch sind, ist ein vollständiger Ausschluss der Gewährleistung möglich, wirksam und üblich. Anders ist es nach der höchstrichterlichen Rechtsprechung zu beurteilen, wenn beim Erwerb eines Altbaus der Veräußerer Sanierungsleistungen übernimmt, die nach Art und Umfang mit Neubauarbeiten vergleichbar sind. Dann gelten uneingeschränkt die Gewährleistungsregelungen des Werkvertragsrechts, auch wenn der Veräußerer die Sanierungsarbeiten zum Zeitpunkt des Vertragsschlusses bereits fertiggestellt hat (vgl. BGH, Urteil vom 16. Dezember 2004, NJW 2005, 1115).

Wenn übernommene Um- und Ausbauverpflichtungen nach Art und Umfang nicht mit Neubauarbeiten vergleichbar sind, beschränkt sich die Anwendung der Gewährleistungsregelungen des Werkvertragsrechts auf die übernommenen Bauverpflichtungen. Für die hiervon nicht berührten Gebäudeteile bleibt das Kaufrecht anwendbar, mit der Folge, dass ein Gewährleistungsausschluss, wie er regelmäßig beim Erwerb von Altbauten vereinbart wird, gilt.

Im Einzelfall dürfte es nicht leicht zu beurteilen sein, ob übernommene Baumaßnahmen nach Art und Umfang einer Neubebauung gleichkommen oder ob es sich um weniger bedeutsame Bauverpflichtungen handelt, mit der Folge, dass werkvertragliche Haftungsregelungen neben dem wirksamen kaufrechtlichen Gewährleistungsausschluss für die Altbausubstanz gelten.

Ein um Haftungsbegrenzung bemühtes Unternehmen, das sich mit der Sanierung von Altsubstanz befasst, sollte auf werbliche Formulierungen wie „eine Sanierung bis auf die Grundmauern" verzichten, um keine umfassende werkvertragliche Haftung für die gesamte Bausubstanz auf sich zu ziehen.

Da beim Erwerb von Bestandsimmobilien der Gewährleistungsausschluss für die Altsubstanz ganz oder zumindest teilweise mit einer formelhaften Klausel wirksam vereinbart werden kann, verlagert sich die Gewährleistungshaftung häufig in den Bereich der Offenbarungspflichten.

Offenbarungspflicht des Veräußerers und arglistige Täuschung

§ 444 BGB bestimmt, dass sich ein Verkäufer auf eine Vereinbarung, die die Rechte des Käufers wegen eines Mangels ausschließt oder beschränkt, nicht berufen kann, wenn er einen Mangel arglistig verschwiegen hat. Die damit sanktionierte Offenbarungspflicht des Verkäufers bezieht sich nicht nur auf die hier diskutierten Sachmängel, sondern auch auf andere Umstände, die erkennbar von Bedeutung für die gegnerische Vertragspartei sind und deren Mitteilung erwartet werden darf. Das heißt, ein Mangel muss nicht besonders schwerwiegend sein, vielmehr reicht es aus, wenn eine verständige Vertragspartei auf ihn reagieren würde. Für die Sachmängelgewährleistung ist es von großer Bedeutung, in welchem Umfang eine Offenbarungspflicht besteht. Nach vorherrschender Meinung gibt es jedenfalls keine uneingeschränkte Offenbarungspflicht gerade in Bezug auf kleinere Mängel bei einer Bestandsimmobilie.

Vorhandene Altlasten oder Hausschwamm sind 2 umstrittene Bereiche in Bezug auf arglistige Täuschung. Wenn der Veräußerer Kenntnis von einem Altlastenverdacht auf dem Grundstück hat, muss er dies in jedem Fall mitteilen, auch wenn er davon ausgeht, dass das Grundstück nicht saniert werden muss. Wenn er Kenntnis hat, dass das Gebäude einmal von Hausschwamm befallen war, muss er auch dies offenbaren, selbst dann, wenn ihm Fachfirmen zugesichert haben, dass das Problem fachgerecht gelöst sei. Anders liegt der Fall, wenn von dritter Seite Hausschwammverdacht geäußert wird und der Veräußerer einen Sachverständigen beauftragt, der ihm bestätigt, dass kein Hausschwamm vorliegt. Dann besteht für den Veräußerer kein Anlass, den von dritter Seite geäußerten Verdacht, der durch ein Sachverständigengutachten widerlegt wurde, zu offenbaren.

II.4.3 Die EnEV und ihre rechtlichen Auswirkungen auf die Planung, den Bau, den Kauf und die Vermietung einer Immobilie

II.4.3.1 Rechtsgrundlage

Die Energieeinsparverordnung (EnEV) beruht auf dem Energieeinsparungsgesetz (EnEG) des Bundes vom 1. September 2005 und dort auf der Ermächtigungsgrundlage des § 5a EnEG. Die EnEV trat am 1. Oktober 2007 in Kraft. Die Vorschriften des EnEG und der EnEV gehen auf die Richtlinie 2002/91/EG des europäischen Parlaments und des Rates vom 16. Dezember 2002 über die Gesamtenergieeffizienz von Gebäuden (Gebäudeenergieeffizienzrichtlinie) zurück.

Mit der EnEV wurde die bis dato geltende Wärmeschutz- und Heizungsanlagenverordnung zusammengefasst und die zugrunde liegenden energiesparrechtlichen Vorschriften an die Weiterentwicklung der technischen Regeln, insbesondere der europäischen Normen, angepasst. Die Motivation des europäischen wie auch des nationalen Gesetzgebers bestand darin, eine gesamtheitliche Beurteilung der Energieeffizienz eines Gebäudes unter Einbeziehung von Wärmedämmung, Heizungsanlagen, Warmwasserversorgung, Klima- und Belüftungsanlagen, Beleuchtung und Belichtung zu ermöglichen. Daneben soll die EnEV zu einer ganzheitlichen Betrachtung von Neu- sowie Bestandsgebäuden unter Einbeziehung der Anlagentechnik und der Gebäudehülle führen. Der Einsatz erneuerbarer Energien zur Heizung, Lüftung und Warmwasseraufbereitung soll erleichtert werden. Ein Anreiz zur Energieeinsparung sollte auch durch die erweiterten Einsatzmöglichkeiten des Energieausweises geboten werden.

II.4.3.2 Die wesentlichen Regelungen der EnEV im Überblick

Anwendungsbereich der EnEV

Die EnEV findet gemäß § 1 Abs. 1 EnEV umfassende Anwendung für grundsätzlich alle Gebäude, deren Räume mit Einsatz von Energie beheizt oder gekühlt werden, und für Anlagen und Einrichtungen der Heizungs-, Kühl-, Raumluft- und Beleuchtungstechnik sowie der Warmwasserversorgung in beheizten bzw. gekühlten Gebäuden. Sie findet jedoch u. a. keine Anwendung bei

- unbeheizten bzw. nur bis zu 4 Monaten beheizten Gebäuden,
- Betriebsgebäuden zur Tierhaltung oder großflächigen offenen Betriebsgebäuden,
- unterirdischen Bauten,
- Gewächshäusern o. Ä.,
- Traglufthallen, Zelten oder ähnlichen Gebäuden temporärer Nutzung,
- Kirchen,
- Wohngebäuden, die für eine Nutzungsdauer von weniger als 4 Monaten jährlich bestimmt sind (Wochenend- und Ferienhäuser).

Technische Anforderungen der EnEV

Die EnEV enthält im Wesentlichen energetische Mindestanforderungen für Außenbauteile und technische Anlagen von Neu- und Bestandsgebäuden zur Senkung des Jahresprimärenergiebedarfs. Daneben trifft die EnEV Regelungen zur Modernisierung von Heizkesseln, Verteilungs- und Warmwassereinrichtungen.

Gemäß § 3 Abs. 1 in Verbindung mit Anlage 1 Tabelle 1 EnEV sind neue Wohngebäude so zu errichten, dass der Jahresprimärenergiebedarf für Heizung, Warmwasserbereitung und Lüftung sowie der Transmissionswärmeverlust die Höchstwerte der genannten Anlage nicht überschreiten. Der **Primärenergiebedarf** eines Jahres berücksichtigt neben dem Endenergiebedarf für Heizung und Warmwasser auch die Verluste, die von der Gewinnung des Energieträgers an seiner Quelle über die Aufbereitung und den Transport bis zum Gebäude sowie bei der Verteilung und Speicherung im Gebäude anfallen. Bei Zugrundelegen des Jahresprimärenergiebedarfs als Hauptanforderung der EnEV wird der Zweck der ganzheitlichen Betrachtung des Energiebedarfs in besonderer Weise deutlich. Der **Transmissionswärmeverlust** beschreibt maßgeblich den Wärmeverlust und den Wärmestrom durch die Außenbauteile. Je niedriger dieser Wert ist, umso besser ist die Dämmwirkung der Gebäudehülle. Zudem sind die Anforderungen an den sommerlichen Wärmeschutz nach Anlage 1 Nr. 2.9 EnEV einzuhalten (§ 3 Abs. 4 EnEV).

Bei Nichtwohngebäuden sind grundsätzlich die Jahresprimärenergiebedarfswerte bzw. die Transmissionswärmetransferkoeffizienten der Anlage 2 Tabelle 1 bzw. 2 EnEV einzuhalten.

Die Einhaltung der Richtwerte soll im Wesentlichen über die Dämmung der Fassade des Daches, der Fensteranlagen sowie weiterer Bauteile wie Rollladenkästen, Türen usw. gewährleistet werden. In Bezug auf die Dichtheit der genannten Bauteile verlangt § 6 EnEV eine besondere Dichtheitsprüfung mit einem bestimmten Mindestluftwechsel (Blower-Door-Test). Das zu errichtende Gebäude ist grundsätzlich so auszuführen, dass die Wärme übertragenden Umfassungsflächen einschließlich der Fugen entsprechend den anerkannten Regeln der Technik dauerhaft luftundurchlässig abgedichtet sind.

Bestehende Gebäude

Für bestehende Gebäude findet die EnEV grundsätzlich nur bei relevanten baulichen Änderungen Anwendung. Darüber hinaus enthält die EnEV besondere einzelne Nachrüstungspflichten, die für sämtliche Bestandsgebäude gelten.

Danach findet die EnEV Anwendung für die (relevanten) **Änderungen** von Außenwänden, außen liegenden Fenstern, Fenstertüren und Dachflächenfenstern sowie Außenputzerneuerungen oder Änderungen der Bodenplatten, Kellerdecken, obersten Geschossdecken oder Dachflächen, die **mehr als 20 % der vergleichbaren Bauteilflächen** des Gebäudes betreffen (vgl. § 9 Abs. 4 in Verbindung mit Anlage 1 Tabelle 2 EnEV). Dabei sind die in

Anlage 3 Tabelle 1 EnEV bezifferten Wärmedurchgangskoeffizienten einzuhalten. Alternativ gelten diese Vorgaben als erfüllt, wenn der zulässige Jahresprimärenergiebedarf für Neubauten zzgl. 40 % im Hinblick auf das gesamte Gebäude eingehalten wird (vgl. § 9 Abs. 1und Abs. 3 EnEV). Besteht die Änderung des Bestandsgebäudes in einer Erweiterung, dann muss der neue Gebäudeteil die Vorschriften für neu zu errichtende Gebäude nach §§ 3 oder 4 EnEV einhalten, wenn die neu hinzukommende zusammenhängende Nutzfläche größer als 50 m² ist (§ 9 Abs. 6 EnEV). Bei Erweiterungen zwischen 15 und 50 m² gelten die Richtwerte der Anlage 3 (§ 9 Abs. 5 EnEV).

Bei Umbauten und baulichen Veränderungen ist auch § 11 Abs. 1 EnEV zu beachten, dass Außenbauteile nicht in einer Weise verändert werden dürfen, die die energetische Qualität des Gebäudes verschlechtert. Das Gleiche gilt für heizungstechnische und Warmwasseranlagen.

Regelungen für Bestandsgebäude enthält die EnEV darüber hinaus mit besonderen **Nachrüstungspflichten** und Mindestanforderungen bestehender Anlagen wie **Heizkesseln und Warmwasseranlagen** (§§ 10 ff. EnEV), unabhängig von einer Änderung des eigentlichen Gebäudes. **Klimaanlagen** sind ebenfalls generell einer energetischen Inspektion gemäß § 12 EnEV zu unterziehen. Unabhängig von der Frage einer Instandsetzung oder einer Sanierung ergibt sich aus § 10 Abs. 2 Nr. 3 EnEV eine Pflicht zur Nachrüstung für die nicht begehbaren, aber zugänglichen **obersten Geschossdecken** beheizter Räume. Dies bedeutet, dass Geschossdecken oberhalb von beheizten Räumen so zu dämmen sind, dass der Wärmedurchgangskoeffizient der Geschossdecke 0,3 W/m² · k nicht überschreitet. Dies gilt auch für Flachdächer und Dachterrassen, bei denen die Terrasse das Dach der darunter liegenden Wohnung darstellt. Die Pflicht besteht für den Fall eines Eigentümerwechsels nach dem 1. Februar 2002 und für Wohngebäude mit nicht mehr als 2 Wohnungen, von denen der Eigentümer eine Wohnung am 1. Februar 2002 selbst bewohnt hat.

Energieausweis

Die Ausstellung und Verwendung von Energieausweisen ist im 5. Abschnitt (§§ 16 ff. EnEV) geregelt. Der Ausweis muss nach Inhalt und Aufbau einem in der EnEV 2007 vorgegebenen Muster entsprechen und mindestens die dort für die jeweilige Ausweisart geforderten, nicht als freiwillig gekennzeichneten Angaben enthalten (§ 17 Abs. 4 EnEV). Die Muster finden sich in den Anlagen 6 bis 9 der EnEV 2007.

Die EnEV unterscheidet den **Energiebedarfsausweis** und den **Energieverbrauchsausweis**. Der **Energiebedarfsausweis** stellt den unter normierten Bedingungen **errechneten** theoretischen Energiebedarf eines Gebäudes dar. Seine Aussagen müssen dementsprechend alle geometrischen, konstruktiven und energetischen Gebäudedaten erfassen. Der **Energieverbrauchsausweis** basiert auf dem tatsächlich **gemessenen** Energieverbrauch eines Gebäudes, der witterungsbereinigt auf der Grundlage der letzten Heizkostenabrechnungen o. Ä. errechnet wird. Welche Art von Energieausweis auszustellen ist, hängt davon ab, ob es sich um ein neu errichtetes Gebäude bzw. um eine wesentliche Änderung an einem bestehenden Gebäude im Sinne des § 16 Abs. 1 EnEV oder um ein Bestandsgebäude im Sinn des § 16 Abs. 2 EnEV handelt. Bei Letzterem ist der Typ des Energieausweises abhängig von der Größe, der Nutzung, dem Alter oder der energetischen Qualität des Gebäudes.

In **sachlicher** Hinsicht ist ein Energieausweis auszustellen bzw. vorzulegen, wenn ein Gebäude errichtet, verkauft oder vermietet wird (§ 16 Abs. 1 und Abs. 2 EnEV). Für öffentliche Gebäude mit mehr als 1.000 m² Nutzfläche ist der Energieausweis gemäß § 16 Abs. 4 EnEV nach dem Muster der Anlage 7 auszustellen. Für sogenannte „kleine Gebäude" muss kein Energieausweis ausgestellt werden. Ein kleines Gebäude liegt gemäß der Begriffsbestimmung des § 2 Nr. 3 EnEV dann vor, wenn es nicht mehr als 50 m² Nutzfläche aufweist. Darüber hinaus müssen beim Verkauf bzw. der Vermietung von Baudenkmälern Energieausweise nicht zugänglich gemacht werden (§ 16 Abs. 4 S. 2 in Verbindung mit Abs. 2 EnEV).

Energieausweispflicht:
Baufall (+)
Verkaufsfall (+)
Vermietungs-/Leasingfall (+)
kleine Gebäude (kleiner 50 m² NF) (–)
Denkmäler (–)

§ 17 Abs. 2 EnEV regelt, **welche Art von Energieausweis** (Verbrauchs- oder Bedarfsausweis) auszustellen ist. Dementsprechend ist zu unterscheiden:

- In den „Baufällen" darf der Energieausweis nur auf der Grundlage des **Energiebedarfs** ausgestellt werden (ein „Verbrauch" liegt noch nicht vor).
- In den „Vermietungs- und Verpachtungsfällen" sind ab dem 1. Oktober 2008 Energieausweise für Wohngebäude, die weniger als 5 Wohnungen haben und für die der Bauantrag vor dem 1. November 1977 gestellt wurde, auf der Grundlage des **Energiebedarfs** auszustellen, es sei denn, das Wohngebäude hält die Vorgaben der Wärmeschutzverordnung vom 10. August 1977 ein (vgl. § 17 Abs. 2 EnEV).
- Bei sonstigen Wohngebäuden und bei Nichtwohngebäuden besteht ein **Wahlrecht** zwischen dem Energiebedarfsausweis und dem Energieverbrauchsausweis.

In zeitlicher Hinsicht sind die Regelungen zum Energieausweis gemäß Tabelle II.4.01 anzuwenden.

Tabelle II.4.01: Zeitliche Regelungen zum Energieausweis

Gebäudeart, Baujahr (für Bestandsgebäude)	Energieausweis-Pflicht
Wohngebäude, Baujahr bis 1965	ab 1. Juli 2008
Wohngebäude, Baujahr ab 1966	ab 1. Januar 2009
Nichtwohngebäude, baujahrunabhängig	ab 1. Juli 2007

II.4.3.3 Auswirkungen der EnEV auf die Planung und den Bau von Gebäuden

Planung von Gebäuden

Die Einhaltung der Vorgaben der EnEV ist bei der Planung und Errichtung eines Gebäudes Pflicht für jeden mit der Planung bzw. Bauüberwachung betrauten Architekten oder Sonderfachmann. Der Architekt schuldet grundsätzlich eine mangelfreie und genehmigungsfähige Planung. Dementsprechend sind die Vorgaben der EnEV bzw. der ihr zugrunde liegenden DIN- und EN-Normen als anerkannte Regelungen der Baukunst und als aktueller Stand der Technik zu beachten. Zudem sind sie bei der Beantragung der Baugenehmigung einzuhalten, denn eine Baugenehmigung kann nur dann erteilt werden, wenn die energetischen Vorgaben der EnEV beachtet werden.

Dies bedeutet für den Architekten, dass er im Rahmen der Grundlagenermittlung (Leistungsphase I HOAI) als Voraussetzung zur Lösung der Bauaufgabe den voraussichtlichen Jahresprimärenergiebedarf ermitteln muss, der als Grundlage für die weitere Detailplanung dient. Im Rahmen der Leistungsphasen IV und V HOAI (Genehmigungs- und Ausführungsplanung) sind die Vorgaben der EnEV bei der bedarfs- und energiegerechten Planung, insbesondere der Heizung, der Warmwasserversorgung und der Wärmedämmung, zu beachten. Außerdem ist bei zu errichtenden Gebäuden mit mehr als 1.000 m² Nutzfläche die technische, ökologische und wirtschaftliche Einsetzbarkeit alternativer Systeme, insbesondere dezentraler Energieversorgungssysteme auf der Grundlage erneuerbarer Energieträger, Kraft- und Wärme-Kopplung, Fern- und Blockheizung usw., zu prüfen. Diese Forderung aus § 5 EnEV hat zur Folge, dass der Architekt bei Planungsbeginn den Bauherrn auf die vorbezeichneten Techniken hinweisen und diesen Hinweis möglichst dokumentieren sollte. Einen zwingenden Einsatz erneuerbarer Energien sieht die EnEV jedoch nicht vor. Für die Leistungsphasen VI bis VII HOAI fordert die EnEV, dass bei der Ausschreibung und Vergabe nur hinreichend geprüfte Bauprodukte und Bauarten mit ausreichenden energetischen Kennwerten Verwendung finden dürfen.

Bau

Eine vergleichbare Bedeutung hat die EnEV auch beim Bau eines neuen oder beim Umbau eines Bestandsgebäudes. Auch hier ist die EnEV als Konkretisierung der anerkannten Regeln der Technik zu beachten (vgl. § 13 Nr. 1 VOB/B; vgl. OLG Düsseldorf, Urteil vom 23. Dezember 2005, IBR 2006, 549, zur parallelen Bewertung der Wärmeschutzverordnung). In diesem Zusammenhang sei darauf hingewiesen, dass mit der Schaffung der EnEV 2007 auf der Basis des EnEG die Änderung der einschlägigen DIN-Bestimmungen korrespondiert, insbesondere der DIN EN 832 („Wärmetechnisches Verhalten von Gebäuden – Berechnung des Heizenergiebedarfs – Wohngebäude") in Verbindung mit der Vornorm DIN 4108-6. Auch bei der Bauausführung dürfte eine den Vorgaben der EnEV 2007 widersprechende Bauausführung als Baumangel zu qualifizieren sein. Besondere Bedeutung kommt der Dichtigkeitsprüfung bei neu zu errichtenden Gebäuden zu. Gemäß § 6 EnEV sind neue Gebäude so auszuführen, dass die Wärme übertragende Umfassungsfläche einschließlich der Fugen entsprechend den anerkannten Regeln der Technik dauerhaft luftundurchlässig abgedichtet ist. Daneben muss die Fugendurchlässigkeit außen liegender Fenster den energetischen Anforderungen nach Anlage 4 Nr. 1 EnEV genügen. Bei der Prüfung der Dichtheit sind einerseits die besonderen Anforderungen nach Anlage 4 Nr. 2 EnEV einzuhalten (Blower-Door-Test). Andererseits sind zu errichtende Gebäude so auszuführen, dass der für die Gesundheit und Beheizung erforderliche Mindestluftwechsel sichergestellt ist (§ 6 Abs. 2 EnEV).

II.4.3.4 Auswirkungen der EnEV auf den Verkauf und die Vermietung von Gebäuden

Verkauf von Gebäuden

Der Verkäufer einer Immobilie haftet gemäß §§ 433, 434 BGB grundsätzlich für den mangelfreien Gebäudezustand, die vertraglich vereinbarte Vermietbarkeit mit entsprechenden Mieterträgen sowie die baurechtliche Nutzbarkeit des Gebäudes. Grundlage der Haftung ist eine Abweichung des tatsächlichen Ist-Zustandes vom vertraglich vorausgesetzten Soll-Zustand. Daneben haftet er für das Vorhandensein individuell zugesicherter Eigenschaften.

Ansonsten sind – insbesondere beim Verkauf von Bestandsimmobilien – weitreichende Haftungsbeschränkungen und Haftungsausschlüsse üblich, z. B.: „Das Grundstück wird verkauft, wie es steht und liegt. Der Käufer hatte hinreichend Gelegenheit, das Grundstück nebst aufstehenden Gebäuden zu besichtigen."
Grundsätzlich und insbesondere beim Verkauf von Neugebäuden und „voll sanierten" Altbauten haftet der Verkäufer jedoch für die Mangelfreiheit des Gebäudes. Auch hier ist zu berücksichtigen, dass das Verkaufsobjekt die in der EnEV konkretisierten allgemeinen Regeln der Technik und vor allem die technischen Anforderungen gemäß §§ 3, 7, 9 EnEV mit den darin enthaltenen energetischen Höchstwerten einhalten muss. Mangelhaft ist das Gebäude u. a. auch, wenn die Heiz- und Warmwassertechnik (§§ 12 ff. EnEV) nicht ordnungsgemäß nachgerüstet oder die oberste Geschossdecke (§ 10 Abs. 2 Nr. 3 EnEV) unzureichend wärmegedämmt ist.

Nicht eindeutig ist die Rechtslage im Hinblick auf die Auswirkungen des Energieausweises beim Verkauf von Gebäuden. Der Energieausweis soll grundsätzlich nur einen informatorischen Charakter aufweisen. Die Ermächtigungsgrundlage zum Erlass der EnEV (§ 5a S. 3 EnEG) sowie Art. 7 Abs. 2 S. 3 der europäischen Richtlinie 2002/91/EG lauten ausdrücklich:

„Die Energieausweise dienen lediglich der Information."

Die Pflicht zur Erstellung des Energieausweises ist daher rein öffentlich-rechtlich und hat für sich genommen keine Auswirkungen auf den Verkauf oder die Vermietung des Objekts. Damit wird jedoch keine Aussage dazu getroffen, welche Rechtswirkungen der Inhalt eines erstellten und im Rahmen des Vertragsverhältnisses präsentierten Energieausweises hat.

Die Auswirkungen des Energieausweises auf den Verkauf von Gebäuden sind davon abhängig, inwieweit der Energieausweis Gegenstand des Kaufvertrags geworden ist. Hier sind die vertraglichen Regelungen zu den Eigenschaften des Gebäudes bzw. zu den Gewährleistungsansprüchen des Käufers entsprechend auszulegen und jeweils individuell zu bestimmen, ob die Vertragsparteien den Energieausweis einbeziehen wollten oder nicht. Wird im Rahmen des Kaufvertrags auf den Energieausweis Bezug genommen – und sei es nur mit einem Hinweis darauf, dass für das Gebäude ein Energieausweis erstellt und dem Käufer übergeben wurde – spricht vieles dafür, dass der Verkäufer sich die Aussagen des Energieausweises zu eigen macht und dementsprechend auch dafür haften will. Eine umfassende Haftung des Verkäufers für die im Energieausweis enthaltenen Berechnungen des Energiebedarfs bzw. des Energieverbrauchs ist auch dann anzunehmen, wenn der Verkäufer im Kaufvertrag oder zuvor in Prospekten, in der Baubeschreibung usw. auf die Energiewerte des Gebäudes ausdrücklich hinweist.

Wegen seiner grundsätzlich vom Gesetzgeber vorgegebenen öffentlich-rechtlichen Wirkung hat der Energieausweis keine Bedeutung für die Gewährleistungsansprüche des Käufers, wenn weder im Kaufvertrag noch in den Kaufvorgesprächen eine ausdrückliche Bezugnahme auf den Inhalt des Energieausweises erfolgt. Wird eine Bezugnahme, beispielsweise im Kaufvertrag, hergestellt, kann eine entsprechende Haftung des Verkäufers ausgeschlossen werden, wenn der Kaufvertrag eine entsprechende Einschränkung enthält, wie sie vergleichbar auch in den Mustern der Verordnung (vgl. Anlage 6 EnEV) formuliert ist:

„Der Energieausweis dient lediglich der Information. Der Energieausweis ist lediglich dafür gedacht, einen überschlägigen Vergleich von Gebäuden zu ermöglichen. Der Verkäufer steht für die genannten Werte nicht ein. Eine diesbezügliche Haftung besteht nicht."

Miete

Der Vermieter haftet gegenüber dem Mieter für die Tauglichkeit des Gebäudes, für den vertragsgemäßen Gebrauch sowie für die zugesicherten Eigenschaften. Ein Mangel liegt vor, wenn der vertragsgemäße Gebrauch vollkommen oder erheblich eingeschränkt wird.

Technische Mängel, die zu Gewährleistungsansprüchen des Mieters, insbesondere zu Mietminderungsansprüchen, führen, liegen beispielsweise bei überhöhten Heizkosten aufgrund einer unzulänglichen Isolierung oder einer überalterten Heiztechnik vor. Auch hier ist jedoch entscheidend, inwieweit die Parteien die vertragliche Soll-Beschaffenheit des Mietobjekts vereinbart haben. Möglich ist auch, dass der Mieter das Mietobjekt ausdrücklich in einem unmodernisierten Zustand übernommen hat. Eine generelle Modernisierungspflicht des Vermieters zur Anpassung des Mietobjekts an die allgemeinen Regeln der Technik besteht im Unterschied zum Kauf- und Werkvertragsrecht nicht. Wird die Mietsache allerdings modernisiert oder wesentlich verändert, darf der Mieter davon ausgehen, dass die Maßnahme nach dem gegenwärtigen Stand der Technik durchgeführt wurde und die einschlägigen technischen Normen – also auch der EnEV – eingehalten werden (BGH, Urteil vom 6. April 2004, ZMR 2005, 108). Der Vermieter kann seinerseits nach erfolgter Modernisierung die Miete erhöhen (§§ 554, 559 ff. BGB).

Ob das Fehlen des Energieausweises bzw. die Nichteinhaltung der im Energieausweis dargestellten Energiewerte zu Gewährleistungsansprüchen des Mieters führen, ist davon abhängig, inwieweit der Energieausweis in den Mietvertrag einbezogen wurde. Auch hier könnte ein Sachmangel im Sinne von § 536 Abs. 1 BGB vorliegen. Ein Sachmangel ist die für den Mieter nachteilige Abweichung des tatsächlichen Ist- von dem vertraglich vorausgesetzten Soll-Zustand der Mietsache. Dabei ist zunächst davon auszugehen, dass der Vermieter bei Vorlage des Energieausweises seinen öffentlich-rechtlichen Verpflichtungen gemäß § 16 Abs. 2 EnEV nachkommt und keine weitergehende vertragliche Beschaffenheitsvereinbarung abschließen wollte. Dies ergibt sich nicht zuletzt aus den der EnEV zugrunde liegenden Motiven des Gesetzgebers. Anders gestaltet sich die Lage, wenn der Mietvertrag ausdrücklich Bezug auf den Energieausweis und die darin enthaltenen Energiewerte nimmt. Eine Vereinbarung zur Soll-Beschaffenheit der Mietsache könnte beispielsweise lauten: „Der Vermieter übergibt dem Mieter den Energieausweis vom … (Ausstellungsdatum) des … (Name des Ausstellers). Die Parteien vereinbaren auf der Grundlage des vorstehend vorgelegten Energieausweises einen Wert von … (Wert in kWh/m-a) auf der Grundlage der bisherigen Nutzung bzw. des derzeitigen Bauzustandes als Soll-Beschaffenheit der Mietsache. Abweichungen von bis zu … (+/– n % Toleranzrahmen) stellen keinen Mangel dar."

Fazit

Zusammenfassend kann gesagt werden, dass die EnEV mit den darin konkretisierten Regeln der Technik mittelfristig zu einer umfassenden energetischen Sanierung des Gebäudebestandes führen wird, wenn dieser umgebaut oder geändert wird. Die rechtlichen Auswirkungen des Energieausweises sind dagegen nicht einheitlich zu beurteilen. Sie hängen von der jeweiligen vertraglichen Gestaltung ab. Zudem schafft der Energieausweis eine Transparenz über den Energiebedarf eines Gebäudes, die bei steigenden Energiekosten am Markt mittelbar einen Zwang zur Modernisierung auslösen wird. Damit werden die Ziele des Gesetzgebers erreicht.

II.5 Steuerliche „Fallstricke" beim Bauen im Bestand

Autor: Dipl.-Finanzwirt Rüdiger Heuer

Bei Gebäuden, die zur Erzielung von Einkünften dienen, ist die Unterscheidung zwischen den Anschaffungskosten des Grundstücks, den Anschaffungs- oder Herstellungskosten des Gebäudes und dem Erhaltungsaufwand von erheblicher steuerlicher Bedeutung. Die steuerliche Bewertung von Aufwendungen für vermietete Immobilien bietet immer wieder Anlass für Auseinandersetzungen mit der Finanzverwaltung. Dabei hat die Finanzrechtsprechung in einer ganzen Reihe von Urteilen in der jüngsten Zeit den Fiskus in seine Schranken verwiesen.

II.5.1 Abgrenzung zwischen Werbungskosten, Anschaffungskosten und Herstellungskosten

1. Instandsetzungs- bzw. Instandhaltungskosten, die regelmäßig anfallen

Dazu zählen z. B. Reparaturen und der Austausch von Teilen, oftmals in Kombination mit Vollwartungsverträgen. Auch kontinuierliche Instandsetzungs- bzw. Instandhaltungskosten sind steuerlich gesehen Erhaltungsaufwand und damit sofort abzugsfähige Werbungskosten. Sie erhöhen nicht den Gebäudewert, sondern erhalten ihn.

2. Instandsetzungskosten im Zusammenhang mit dem Erwerb einer Immobilie

Gemäß dem Handelsrecht (§ 255 Abs. 1 HGB) gehören zu den Anschaffungskosten auch die Aufwendungen zur Herstellung der Betriebsbereitschaft zeitnah nach dem Erwerb der Immobilie. Es handelt sich dabei um Aufwendungen für Maßnahmen, durch die im Zeitpunkt des Erwerbs funktionsuntüchtige Gebäudeteile wiederhergestellt werden (z. B. Instandsetzung einer nicht mehr funktionsfähigen Heizung). Ohne zeitlichen Zusammenhang mit der Anschaffung wären dies Erhaltungsaufwendungen. Als Teil der Anschaffungskosten werden sie jedoch über die Abschreibungen auf den Nutzungszeitraum verteilt.

Eine Sonderregelung gilt für Rechnungen bis 4000,– € (s. Kap. II.5.4).

3. Instandhaltungs- bzw. Instandsetzungskosten, die zeitlich zusammenfallen

Unabhängig von der Größenordnung sind z. B. die Erneuerung der Dacheindeckung oder der Fenster steuerlich gesehen Erhaltungsaufwand und daher sofort abziehbare Werbungskosten. Eine Ausnahme gilt, wenn durch die Maßnahmen der Wohnstandard erhöht wird (s. Punkt 6).

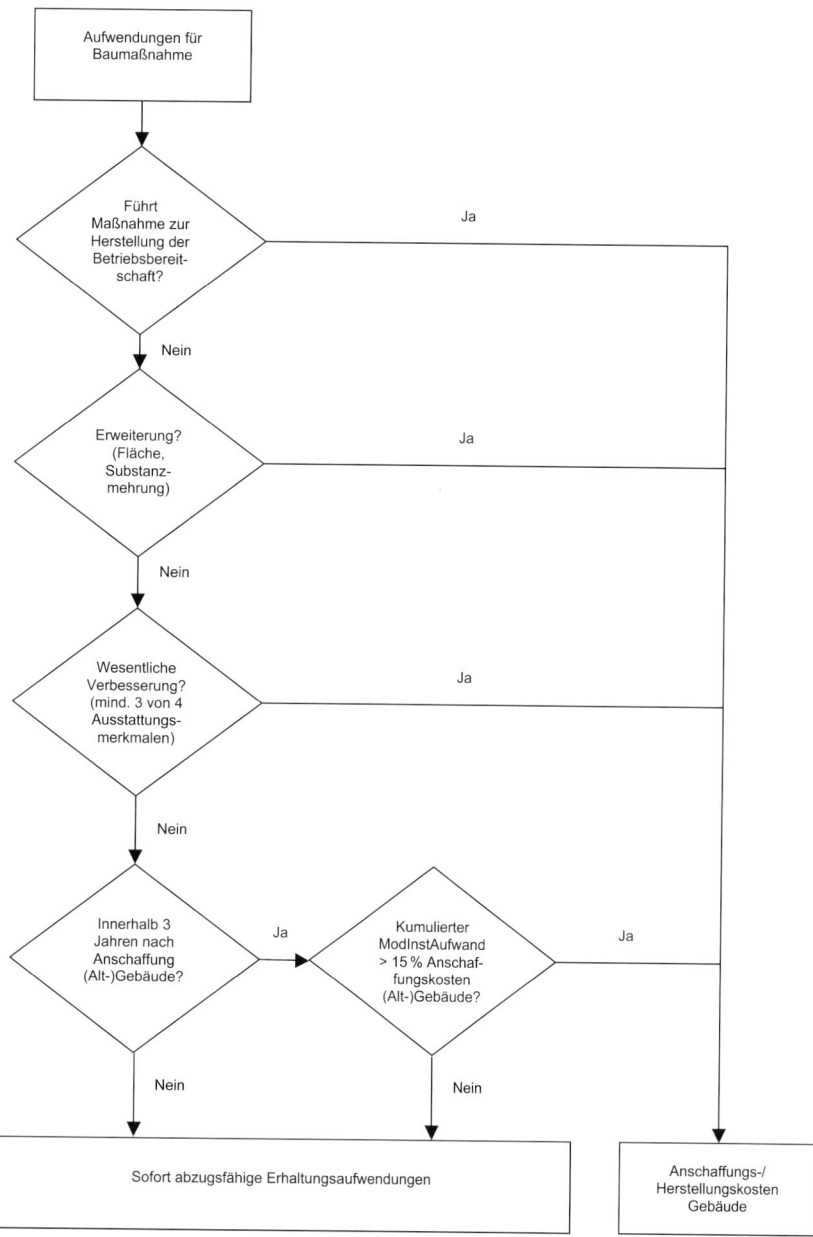

Abb. II.5.01: Anschaffungs-/Herstellungskosten oder sofort abzugsfähige Erhaltungsaufwendungen (Quelle: Sven Balster, Berlin)

4. Anschaffungsnaher Herstellungsaufwand innerhalb von 3 Jahren nach Erwerb

Dazu zählen umfangreiche Aufwendungen an gebrauchten Bestandsobjekten, oft auch im Zusammenhang mit baulichen Modernisierungsmaßnahmen zeitnah zur Anschaffung. Wenn die Aufwendungen innerhalb der ersten 3 Jahre nach der Anschaffung einen Betrag von 15 % der Anschaffungskosten des Gebäudes (ohne Grund und Boden) übersteigen, können diese nur im Rahmen der Abschreibungen berücksichtigt werden (s. Kap. II.5.3).

5. Instandsetzungs- bzw. Instandhaltungskosten im engen Zusammenhang mit baulichen Maßnahmen der Herstellung neuer Gebäudeteile

Diese gelten grundsätzlich als Erhaltungsaufwand. Wenn jedoch ein zwingender Zusammenhang mit der Herstellung neuer Gebäudeteile besteht (z. B. Dachgeschossausbau oder Aufstockung), dann ist genau zu prüfen, ob ein enger Zusammenhang mit den Herstellungsmaßnahmen besteht oder ob diese Maßnahmen zufällig zeitnah dazu vorgenommen wurden.

6. Instandhaltungs- bzw. Instandsetzungskosten im Zusammenhang mit umfassenden Modernisierungsmaßnahmen und einer Standardverbesserung

Darunter fallen umfangreiche Aufwendungen an Bestandsobjekten, die den ursprünglichen Zustand wesentlich verbessern, die mehr als eine modernisierende substanzerhaltende Baumaßnahme beinhalten und den Gebrauchswert bzw. den Standard des Gebäudes deutlich erhöhen.

Als ursprünglicher Zustand wird der Zustand des Gebäudes im Zeitpunkt der Herstellung oder der Anschaffung durch den aktuellen Eigentümer oder seinen Rechtsvorgänger (im Fall des unentgeltlichen Erwerbs) bezeichnet. Bei Entnahmen aus dem oder Einlagen in das Betriebsvermögen ist der Zeitpunkt der Entnahme oder der Einlage entscheidend.

Dazu ist der Zustand des Gebäudes im Zeitpunkt der Herstellung oder Anschaffung mit dem Zustand zu vergleichen, in den es durch die vorgenommenen Instandsetzungs- oder Modernisierungsarbeiten versetzt wurde.

Zu unterscheiden sind hier die Standardstufen

- einfach,
- mittel,
- sehr anspruchsvoll.

Der Standard eines Wohngebäudes bezieht sich auf die Eigenschaften der Wohnungen. Wesentliche Kriterien für

Tabelle II.5.01: Beispielhafte Ausstattungsstandards nach Bundesverband deutscher Wohnungsunternehmen e. V.

Ausstattung	einfacher Standard	mittlerer Standard	sehr anspruchsvoller Standard
1. Hauptkriterien			
Fenster	Einfachverglasung, Holzkastenfenster, Holzverbundfenster	Kunststoffverbundfenster, Isolierverglasung	Wärmeschutzverglasung, Schallschutzverglasung, Aluminiumrahmen, aufwendige Fensterkonstruktionen
Heizung	Einzelöfen, elektrische Speicherheizung	Mehrraum-Warmkachelofen, Schwerkraftheizungen, Zentralheizungen mit Radiatoren	Energetisch optimierte Zentralheizung, z. B. mit Flachheizkörpern, Flächenheizungen (z. B. Fußbodenheizung, Wandheizung), Solarthermie
Warmwasserversorgung	Boiler für Warmwasser	dezentrale Warmwasserversorgung	zentrale Warmwasserversorgung
Sanitärbereich			
Sanitärausstattung	Einfach-Bad, z. B. mit freistehender Badewanne	Bad mit Handwaschbecken, Einbauwanne oder Einbaudusche und WC	Bad mit Einbauwanne und Einbaudusche, 1 bis 2 Handwaschbecken, separates WC, Bidet, sonstige aufwendige Sanitärausstattung
Installationen	Installationen auf Putz	Installationen unter Putz	Vorwandinstallation
Wandbehandlung	Ölanstrich, Fliesenspiegel	Fliesensockel bis 1,40 m	Fliesen: tür- oder raumhoch
Bodenbelag	Kunststoff	Fliesen	großformatige Fliesen, Naturbodenbeläge
Elektroinstallation/ Informationstechnik	1 Lichtauslass und 1 bis 2 Steckdosen	1 bis 2 Lichtauslässe und 2 bis 3 Steckdosen pro Raum	aufwendige Elektroinstallation, informationstechnische Anlagen mit Sternverkabelung
	Installation auf Putz	Installation unter Putz, Gemeinschaftsantenne mit Baumverkabelung	Breitbandkabel oder Satellitenanlage
			Türöffner/Gegensprechanlage mit Video
	Klingelanlage	einfache Türöffner/Gegensprechanlage	Sicherheitstechnik
2. Ergänzungskriterien			
Fassade, Dach, oberste Dachdecke, Kellerdecke (Wärmedämmstandard)	ohne/einfach	Wärmeschutzverordnung des Baujahres	Energieeinsparverordnung (EnEV)
Fußböden	Kunststoff, Holzdielen	Teppichboden, hochwertige Kunststoffe	hochwertige Teppichböden, Parkett, Naturstein, Fliesen
Türen	einfache Wohnungseingangstür	einbruchshemmende Wohnungseingangstür	Eingangstür mit hohem Sicherheitsstandard, erhöhtem Schallschutz und Wärmedämmung

die Bestimmung sind vor allem Umfang und Qualität der zentralen Ausstattungsmerkmale wie Heizungs-, Sanitär- und Elektroinstallationen sowie der Fenster. Führt ein Bündel von Baumaßnahmen in mindestens drei Bereichen der zentralen Ausstattungsmerkmale zu einer Erhöhung und Erweiterung des Gebrauchswertes, dann erhöht sich der Standard eines Gebäudes (vgl. Tabelle II.5.01).

Einfacher Standard

Ein einfacher Wohnungsstandard liegt vor, wenn die zentralen Ausstattungsmerkmale zum Zeitpunkt der Anschaffung nur im nötigen Umfang oder in einem technisch überholten Zustand vorhanden sind.

Beispiele:
- Das Bad besitzt kein Handwaschbecken.
- Das Bad ist nicht beheizbar.
- Eine Entlüftung ist im Bad nicht vorhanden.
- Die Wände im Bad sind nicht überwiegend gefliest.
- Die Badewanne steht ohne Verblendung frei.
- Es ist lediglich ein Badeofen vorhanden.
- Die Fenster haben nur eine Einfachverglasung.
- Es ist eine technisch überholte Heizungsanlage vorhanden (z. B. Kohleöfen).
- Die Elektroversorgung ist unzureichend.

Mittlerer Standard

Ein mittlerer Standard liegt vor, wenn die zentralen Ausstattungsmerkmale durchschnittlichen und selbst höheren Ansprüchen genügen.

Sehr anspruchsvoller Standard (Luxussanierung)

Ein sehr anspruchsvoller Standard liegt vor, wenn beim Einbau der zentralen Ausstattungsmerkmale nicht nur zweckmäßige, sondern vor allem außergewöhnlich hochwertige Materialien verwendet wurden (Luxussanierung).

Liegt nach Abschluss der Baumaßnahmen eine Verbesserung des Standards vor, dann sind die damit verbundenen Kosten nachträglicher Herstellungsaufwand und kein Erhaltungsaufwand.

Nach Auffassung der Finanzverwaltung ist dies der Fall, wenn mindestens drei der vier nachfolgend genannten Modernisierungsmaßnahmen (zentrale Ausstattungsmerkmale) zusammentreffen:

- eine erhebliche Erweiterung oder Ergänzung der Sanitärinstallationen mit Steigerung des Komforts,
- der Ersatz der alten Heizungsanlage durch eine dem gegenwärtigen Stand der Technik entsprechende Heizungsanlage (z. B. Kohleöfen durch Gastherme),
- die Modernisierung der Elektroinstallation mit Erweiterung der Leistungskapazität,
- der Ersatz einfach verglaster Fenster durch Isolierglasfenster.

Nach Auffassung der Finanzverwaltung sind Aufwendungen für Baumaßnahmen innerhalb eines Veranlagungszeitraumes oder Wirtschaftsjahres allerdings Herstellungskosten im Sinne von § 255 Abs. 2 Satz 1 HGB, wenn die Baumaßnahmen zwar für sich gesehen noch nicht zu einer wesentlichen Verbesserung führen, jedoch Teil einer Gesamtmaßnahme sind, die sich planmäßig in zeitlichem Zusammenhang über mehrere Veranlagungszeiträume erstreckt und insgesamt zu einer Hebung des Standards führt (Sanierung in Raten). Davon ist grundsätzlich auszugehen, wenn die Maßnahmen innerhalb eines Fünfjahreszeitraumes durchgeführt wurden.

Fallbeispiele

Ein Hauseigentümer führt an einem Altbauobjekt (Baujahr 1925, einfacher Standard im Zeitpunkt des Kaufes, angeschafft vor 10 Jahren) folgende Maßnahmen durch:

- aufwendige Instandsetzung der Bausubstanz im Außen- und Innenbereich,
- Instandsetzung, Erneuerung und Teilaustausch des Treppeneingangs,
- Komplettaustausch des Regenrinnensystems,
- Teilaustausch des Dachsystems,
- Komplettaustausch des Heizungssystems durch Gas-Zentralheizung (vorher Kohleöfen),
- Komplettaustausch des Zu- und Abwassersystems,
- Austausch der vorhandenen Elektrik,
- Schönheitsreparaturen (Renovierung aller Räume) im Inneren,
- Modernisierung der Sanitärräume auf aktuellen Standard.

Durch die Baumaßnahmen mit einem Gesamtaufwand von 150.000,– € wird der Wohnstandard auf einen mittleren Standard gehoben, in vergangenen Jahrzehnten waren keine Sanierungsmaßnahmen durchgeführt worden.

Lösung: Jede einzelne Baumaßnahme für sich genommen wäre grundsätzlich Erhaltungsaufwand. Wegen der Zusammenballung der Baumaßnahmen und der Erhöhung des Wohnstandards liegt jedoch Herstellungsaufwand vor. Mit der Sanierung der Heizungs-, Sanitär- und Elektroinstallationen wurden mindestens 3 zentrale Ausstattungsmerkmale verändert.

Der Hauseigentümer hat das Objekt von seinen Großeltern geerbt. Im Zeitpunkt der Errichtung im Jahr 1925 hatte das Haus nach den damaligen Wohnverhältnissen einen mittleren Standard.

Lösung: Hierbei handelt es sich um einen sofort abzugfähigen Erhaltungsaufwand. Für die Prüfung des Wohnstandards ist der Standard zum Zeitpunkt der Herstellung bzw. Anschaffung durch die Rechtsvorgänger maßgeblich. Da zu diesem Zeitpunkt bereits ein mittlerer Wohnstandard vorhanden war und lediglich der ursprüngliche Standard wiederhergestellt wurde, liegt keine Hebung des Wohnstandards vor. Ein Aufholen des Instandhaltungsrückstaus auch für lange Zeiträume ist in diesem Fall nicht schädlich.

7. Instandsetzungs- und Modernisierungsaufwendungen bei Erweiterungen

Aufwendungen für Instandsetzung und Modernisierung sind unabhängig von ihrer Höhe Herstellungskosten, wenn die Baumaßnahmen eine Erweiterung im Sinne von § 255 Abs. 2 Satz 1 HGB darstellen.

Es kann sich dabei um die Aufstockung oder den Anbau zum bzw. am vorhandenen Baukörper handeln. Im Einzelnen sind dies:

- eine Vergrößerung der nutzbaren Fläche (z. B. Dachgeschossausbau, Aufstockung um ein Wohngeschoss, Anbau von Balkonen, Anlage von Terrassen);
- die Mehrung der Substanz durch den erstmaligen Einbau einer Aufzugsanlage, die Errichtung einer Außentreppe, den Einbau einer Alarmanlage, den Einbau zusätzlicher Trennwände (strittig, lt. Bundesfinanzhof gilt dies nicht für den Einbau von Rigipswänden in ein Großraumbüro) oder ähnliche Maßnahmen. Eine Mehrung der Substanz ist jedoch nicht gegeben beim Anbringen einer zusätzlichen Fassadenverkleidung zu Wärme- oder Schallschutzwecken, bei der Umstellung einer Heizungsanlage von Einzelöfen auf eine Zentralheizung, beim Ersatz eines Flachdaches durch ein Satteldach, beim Vergrößern eines bereits vorhandenen Fensters, beim Versetzen von Wänden oder beim zusätzlichen Einbau einer Solaranlage sowie
- ein baulicher Aufwand, der eine Erhöhung des Gebäudewertanteils bewirkt.

II.5.2 Verteilung größerer Erhaltungsaufwendungen

Sind in einem Jahr durch umfangreichere Instandhaltungsmaßnahmen (z. B. eine neue Dacheindeckung oder Heizungsanlage) größere steuerliche Erhaltungsaufwendungen entstanden, dann können diese sofort im Jahr des Zahlungsabflusses als Werbungskosten angesetzt werden.

Für seit dem Jahr 2004 entstandene Erhaltungsaufwendungen ist eine Verteilung auf mehrere Veranlagungszeiträume möglich. Nach § 82b der Einkommensteuer-Durchführungsverordnung (EStDV) kann bei Gebäuden, die überwiegend Wohnzwecken dienen, größerer Erhaltungsaufwand auch auf 2 bis 5 Jahre gleichmäßig verteilt als Werbungskosten abgezogen werden.

Dadurch kann die steuerliche Auswirkung aufgrund der Progression (höherer Steuersatz bei höherem Einkommen) optimiert werden.

Wird ein Gebäude während des Verteilungszeitraums veräußert oder in ein Betriebsvermögen eingebracht, dann ist derjenige Restbetrag des Erhaltungsaufwands, der infolge der Verteilung auf 2 bis 5 Jahre noch nicht berücksichtigt wurde, im Jahr der Veräußerung als Werbungskosten sofort absetzbar. Bei unentgeltlichem Erwerb kann der Rechtsnachfolger die Verteilung fortsetzen. Eine Verteilung auf 2 bis 5 Jahre ist nach §§ 11a und 11b EStG auch bei bestimmten Erhaltungsaufwendungen an Gebäuden in Sanierungs- und Entwicklungsgebieten und an Baudenkmälern zulässig.

Fallbeispiele: Verteilungsmöglichkeiten

Ausgehend vom Fallbeispiel im Kap. II.5.1 betragen die anerkannten Erhaltungsaufwendungen in der Summe 150.000,– €. Welche Verteilungsmöglichkeiten für die Aufwendungen gibt es?

Lösung: Neben einem Sofortabzug kann auch die Verteilung der Aufwendungen auf 5 Jahre zu je 30.000,– €, auf 4 Jahre zu je 37.500.– € oder auf 3 Jahre zu je 50.000,– € gewählt werden.

II.5.3 Anschaffungsnaher Aufwand (15 %-Grenze)

Zu den Herstellungskosten eines Gebäudes gehören seit dem Jahr 2004 auch Aufwendungen für Instandsetzungs- und Modernisierungsmaßnahmen, die innerhalb von 3 Jahren nach der Anschaffung des Gebäudes durchgeführt werden, wenn die Aufwendungen ohne die Umsatzsteuer 15 % der Anschaffungskosten des Gebäudes – ohne den Wertanteil für den Grund und Boden – übersteigen (anschaffungsnahe Herstellungskosten, § 6 Abs. 1 Nr. 1a EStG).

Dazu gehören nicht nur die Aufwendungen für Erweiterungen im Sinne des § 255 Abs. 2 Satz 1 des Handelsgesetzbuchs sowie Aufwendungen für Erhaltungsarbeiten, die jährlich üblicherweise anfallen.

Bei Baumaßnahmen mit einem Baubeginn bis zum 31. Dezember 2003 gilt die steuerlich günstigere höchstrichterliche Rechtsprechung, wonach Instandsetzungs- und Modernisierungsaufwendungen in Zeitnähe zur Anschaffung im Einzelfall bezüglich einer Standardverbesserung zu überprüfen sind.

Da eine mögliche Überschreitung der 15 %-Grenze erst nach Ablauf von 3 Jahren geprüft werden kann, werden die Finanzämter im Regelfall die Steuerbescheide für diese Zeiträume mit einem Vorläufigkeitsvermerk nach § 165 der Abgabenordnung erlassen. So können die Steuerfestsetzungen in diesem Punkt noch geändert werden.

Keine anschaffungsnahen Herstellungskosten und damit nicht in die Prüfgrenze von 15 % einzubeziehen sind Erweiterungen im Sinne von § 255 Abs. 2 Satz 1 HGB (z. B. Dachausbau, Anbau von Balkonen), Aufwendungen für jährlich üblicherweise anfallende Erhaltungsarbeiten (z. B. Instandhaltungskosten für kleinere Arbeiten an Sanitäreinrichtungen oder Heizungsanlagen, Schönheitsreparaturen) und Aufwendungen für die einzelne Baumaßnahme je Gebäude von nicht mehr als 4000,– € ohne Umsatzsteuer.

Hinweis: Rechnungen trennen

Wenn ein Eigentümer im Zuge des Dachausbaus (Herstellungsaufwand, AfA) zugleich auch die Fenster erneuern lässt (Erhaltungsaufwand, sofort abschreibungsfähig), dann kann die Folge sein, dass die Finanzbehörde den Erhaltungsaufwand (Fenster erneuern) nicht anerkennt und dem Herstellungsaufwand (Dachausbau) zurechnet.

Um dies zu vermeiden, sollte der Eigentümer vom Bauunternehmen jeweils getrennte Rechnungen und Belege verlangen, damit die Herstellungs- und Erhaltungskosten sauber voneinander zu trennen sind.

II.5.4 Vereinfachungsregelung bis 4000,– €

Die Finanzverwaltung erkennt aus Vereinfachungsgründen auf Antrag Aufwendungen nach der Fertigstellung eines Gebäudes für die einzelne Baumaßnahme als Erhaltungsaufwand an, wenn die Kosten nicht mehr als 4000,– € ohne Umsatzsteuer betragen (R 21.1 Abs. 2 EStR). Treffen Herstellungsaufwand und Erhaltungsaufwand zeitlich zusammen, dann liegt insgesamt Herstellungsaufwand nur vor, wenn auch ein bautechnischer Zusammenhang besteht.

Hinweis: Dokumentation als Nachweis

Das Finanzamt erwartet dabei vom Steuerpflichtigen eine erhöhte Mitwirkung. Wichtig ist es, den Zustand der Immobilie vor der Renovierung nachzuweisen, beispielsweise durch Fotos, die vor, während und nach dem Abschluss der Baumaßnahmen gemacht wurden.

II.5.5 Abschreibungsmöglichkeiten

Wenn es sich bei den Aufwendungen für Baumaßnahmen um Anschaffungs- oder (nachträgliche) Herstellungskosten handelt, dann können die Aufwendungen nur über jährliche Abschreibungen steuerlich geltend gemacht werden.

Die Abschreibungshöhe richtet sich hierbei grundsätzlich nach den für das Altgebäude geltenden Abschreibungssätzen. Die lineare Abschreibung beträgt grundsätzlich für alle Gebäude 2 %. Sofern das Gebäude vor dem 1. Januar 1925 fertiggestellt wurde, beträgt der Abschreibungssatz 2,5 %.

Die degressive Abschreibung ist für Wohngebäude im Privatvermögen, die nach dem 31. Dezember 2005 angeschafft (Datum des Kaufvertrags) oder hergestellt wurden, nicht mehr möglich.

Bei in Sanierungsgebieten oder städtebaulichen Entwicklungsbereichen gelegenen Gebäuden können erhöhte Abschreibungen für Herstellungskosten für Modernisierungs- und Instandsetzungsmaßnahmen im Sinne des § 177 Baugesetzbuch (BauGB) in Anspruch genommen werden (§ 7h EStG).

Die Abschreibungssätze betragen für die ersten 8 Jahre jeweils bis zu 9 % und für die folgenden 4 Jahre jeweils bis zu 7 %. Bemessungsgrundlage sind allerdings nur die um gewährte Zuschüsse aus Sanierungs- und Entwicklungsförderungsmitteln gekürzten Herstellungskosten. Die zuständige Gemeindebehörde muss die bau- und raumordnungsrechtlichen Verhältnisse (Modernisierung oder Instandsetzung) sowie die Höhe der Sanierungs- und Entwicklungsförderungsmittel bescheinigen.

Die gleichen Abschreibungsmöglichkeiten bestehen bei Herstellungskosten für Baumaßnahmen an Baudenkmälern, soweit die Baumaßnahmen nach Art und Umfang zur Erhaltung des Gebäudes als Baudenkmal oder zu seiner sinnvollen Nutzung erforderlich sind (§ 7i EStG). Diese Voraussetzungen sowie die Höhe der Aufwendungen und der gewährten Zuschüsse für die Baumaßnahme müssen von der Denkmalbehörde bescheinigt werden. Begünstigt sind dabei nur die um die Zuschüsse geminderten Aufwendungen.

II.5.6 Erhaltungsaufwand bei eigengenutzten Wohnungen

Nach dem Wegfall der Nutzungswert-Besteuerung ist auch die Berücksichtigung von Erhaltungsaufwand steuerrechtlich ausgeschlossen.

Wenn ein bislang vermietetes Objekt später eigengenutzt wird und angemessene Erhaltungsarbeiten noch deutlich vor der Selbstnutzung (während der Vermietungszeit) durchgeführt werden, dann können diese nach der Steuerrechtsprechung als Werbungskosten abgezogen werden.

Reparaturaufwendungen, die nach Beendigung der Vermietung und vor Aufnahme der Selbstnutzung entstehen, sind ausnahmsweise als Werbungskosten abziehbar, wenn sie Schäden beseitigen, die eine gewöhnliche Abnutzung der Mietsache deutlich übersteigen, insbesondere mutwillig verursachte Schäden.

Bei Gebäuden in Sanierungsgebieten und bei Baudenkmälern können die Aufwendungen ähnlich wie bei vermieteten Wohnimmobilien als Sonderausgaben abgezogen werden (§ 10f EStG), allerdings verteilt auf zehn Jahre zu jeweils 9 %.

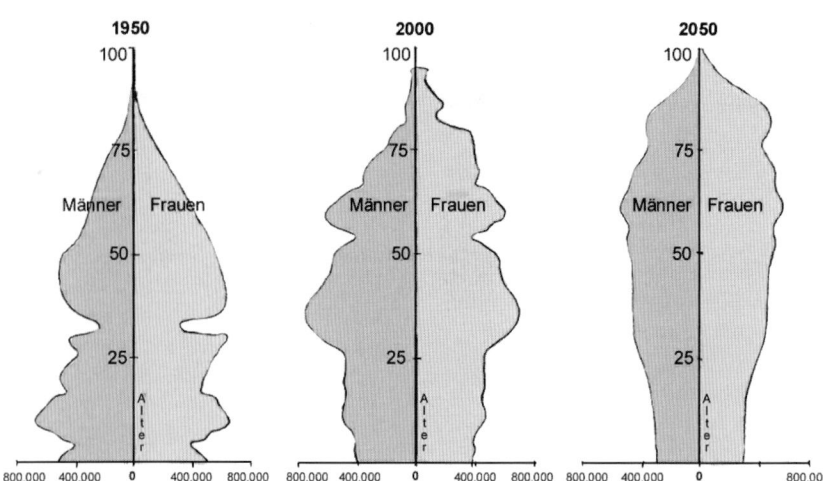

Abb. II.6.01: Schematische Darstellung der Entwicklung der Bevölkerungspyramide, die Lebenserwartung der Frauen wird auf 81,3 Jahre und die der Männer auf 75,6 Jahre steigen

II.6 Aktives Wohnen im Alter – Generationenhaus

Autor: Dipl.-Des. Joachim F. Giessler

II.6.1 Allgemeines

Der demografische Wandel innerhalb unserer Gesellschaft wird es über kurz oder lang erforderlich machen, Wohnbestand an die aus den Veränderungen entstehenden Bedürfnisse anzupassen. Aufgrund des Geburtenrückgangs wird sich die Bevölkerungszahl der Bundesrepublik Deutschland in den kommenden Jahren um etwa 18 Mio. Menschen verringern. Gleichzeitig wird die Gruppe der über 60-Jährigen erheblich anwachsen. 2030 werden es etwa 24,4 Mio. sein, 2050 entsprechend mehr. Innerhalb Deutschlands nimmt diese Gruppe dann 35 % der gesamten Bevölkerung ein.

Von den 35 % der über 60-Jährigen wollen 94 % ein selbst bestimmtes Leben in der eigenen Wohnung führen. Nur 6 % der über 65-Jährigen leben in Heimen. Heute schon leben 79 % der Pflegebedürftigen in Privathaushalten. 85 % davon nehmen keine professionelle Hilfe in Anspruch. Gleichzeitig werden Leistungen für soziale und medizinische Leistungen im zweistelligen Prozentsatz anwachsen. Die bestehenden barrierefreien Einrichtungen werden den wachsenden Bedarf nicht decken können – Neu- und vor allem Umbaumaßnahmen an bestehenden Wohn- und Gemeinschaftseinrichtungen müssen realisiert werden.

II.6.1.1 Definition barrierefrei

Die Zielgruppe für barrierefreies Wohnen definiert sich nicht ausschließlich aus Rollstuhlfahrern. Beim barrierefreien Bauen ist nicht nur die technische Anwendung der zu erwartenden DIN 18030 gefragt, sondern das Einbeziehen der wohnpsychologischen und sozialen Aspekte bei der Schaffung von Wohnraum und dem dazugehörenden Wohnumfeld. Lebensfreude, Aktivität, Individualität und Kreativität sind vorrangig maßgebende Ausgangspunkte. Eine solche Veränderung beim Bauen im Bestand kann auch unter den Gesichtspunkten der Bequemlichkeit, des Komforts und der Verbesserung von Wohnfunktionen vorgenommen werden.

Es gilt, diese Kriterien miteinander zu verbinden und vorausschauend das Wohnen und das Wohnumfeld so zu gestalten, dass sie an die sich verändernden Gegebenheiten im Leben angepasst werden können. Barrierefrei bauen bedeutet auch, ein Wohnumfeld zu schaffen, das den hohen Ansprüchen an ein komfortables Wohnen im Alter gerecht wird.

II.6.2 Zielsetzung

Bauen im Bestand eröffnet die Möglichkeit, nicht nur im Sinne der Sanierung der Bausubstanz aktiv tätig zu werden, sondern durch Baumaßnahmen vor allem die Lebensqualität für die Bewohner zu verbessern. Es gilt, neben geeigneten Sanierungsmethoden lebenswerte Wohnformen zu entwickeln, die ohne großen Aufwand realisierbar sind. Unter Beachtung folgender Maßnahmen kann das Ziel, Wohnraum und Wohnumfeld so zu verändern, dass sie den künftigen Anforderungen einer älter werdenden Bevölkerung genügen, erreicht werden:

- Planung der zur Verfügung stehenden Wohnfläche für eine variable Nutzung,
- Schaffung eines veränderbaren und den Lebensumständen anpassbaren Wohnumfeldes,
- Schaffung von Wohnungen mit Bequemlichkeit und Komfort durch den Einbau von am Markt befindlichen, bezahlbaren Einrichtungen und Ausstattungen,
- Abbau von Hindernissen und Barrieren im Wohnumfeld und in anderen wichtigen Lebensbereichen,
- Auswahl des Wohnungsstandortes nach Kriterien der sich verändernden Lebenssituation.

II.6.3 Aufgabenstellung

Zu den vordringlichen Aufgaben bei der Anpassung des Baubestands an die Bedürfnisse der demografisch anwachsenden Bevölkerung gehört die stimmige Veränderung der Bereiche Wohnen, Arbeiten und Freizeit. Neben der Anpassung der Wohnsituation muss präventiv auch in der Arbeitswelt eine unterstützende und alltagspraktische Umgebung gestaltet werden. Der Gestaltungsbereich der Freizeit ist insofern bedeutend, da er die größte Nutzergruppe umfasst. Er betrifft Menschen jeden Alters, jeder Größe, von verschiedener Gesundheit oder Fähigkeiten. Und er muss den unterschiedlichsten Anforderungen an Hindernisfreiheit und Nutzbarkeit gerecht werden können. Die Grundsätze der Barrierefreiheit im weitesten Sinn gelten also in allen 3 Feldern in besonderem Maße.

II.6.4 Wohnanpassung

Aus Sicht des älteren Menschen haben der Wohnraum und seine Umgebung einen besonderen Status. Die Anpassung des Wohnraums kann in verschiedenen Stufen mit unterschiedlichem Umfang erfolgen, z. B. die Wohnanpassung im Bestand in kleiner Form – wenn plötzlich eine Behinderung nach einem Unfall oder nach Eintreten einer starken Sehbehinderung eingetreten ist. Dabei werden am häufigsten folgende Anpassungen vorgenommen:

Beispiel einer Wohnraumanpassung im Sanitärbereich

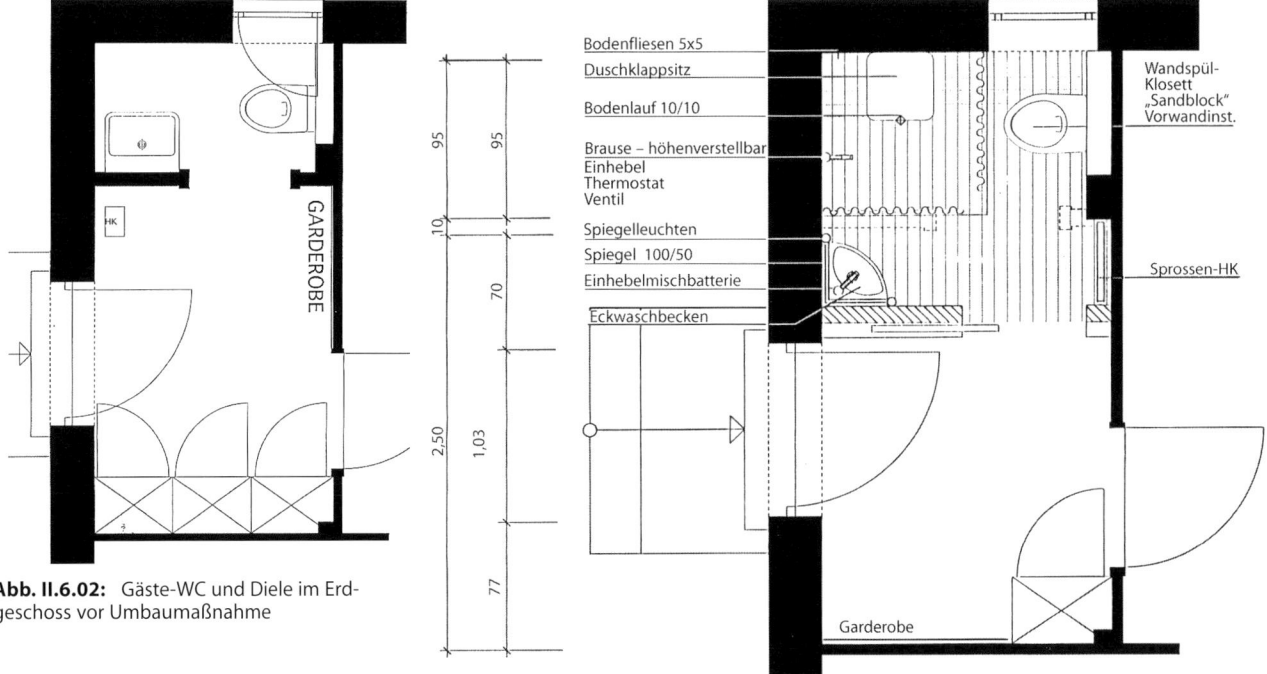

Abb. II.6.02: Gäste-WC und Diele im Erdgeschoss vor Umbaumaßnahme

Abb. II.6.03: Bad im Erdgeschoss nach Umbaumaßnahme

- Treppenänderung und Sanierung ausgetretener Stufen,
- Herausnehmen von zu schmalen Badezimmertüren und Verändern der Anschlagrichtung,
- Entfernen von Schwellen innerhalb der Wohnung und Ersetzen durch schwellenfreie Konstruktionen,
- Herausnehmen von Badewannen und Ersetzen durch ebene Duschen,
- Ersetzen veralteter Sanitärarmaturen,
- Austausch von zu niedrigen Toiletten durch höhere oder verstellbare Modelle,
- Ersetzen unerreichbarer Fenstergriffe durch erreichbare,
- Ergänzen von Steckdosen in erreichbarer Höhe und an benötigten Stellen,
- Installieren einer Lichtanzeige für die Haustürklingel oder das Telefon,
- Ändern von Grundrissen zur Anpassung von Wohnfunktionen an die Bedürfnisse der jeweiligen Lebenssituation,
- Nachrüsten eines zusätzlichen zweiten Handlaufs an der Treppe,
- Einbau einer neuen oder Änderung an der vorhandenen Küchenzeile,
- Installieren einer Gegensprechanlage, eines TV- und Telefonanschlusses, eines Türöffners und anderer Bedienelemente im Bettbereich,

- Absenken von Fensterbrüstungen für einen Ausblick in sitzender Position,
- farbliche Absetzung von Treppenstufen,
- Kennzeichnen von Glastürkanten,
- farbliche Kontrastierung der Türzargen.

II.6.4.1 Präventive Wohnanpassung bei Renovierungen

Eine vorausschauende Wohnanpassung von Bestandsbauten bedeutet, alle infrage kommenden Gegebenheiten in die Maßnahmenplanung mit einzubeziehen, z. B. den Auszug der Kinder und die damit verbundene Neuordnung des Lebensstandards. Aber auch sich verändernde Kriterien außerhalb des Wohnraumes, z. B. die Anpassung von Arbeitsräumen und Freizeiteinrichtungen, müssen in die Planung mit einbezogen werden. Dazu zählen:

- die sinnvolle Verlegung oder Veränderung eines Hauseingangs, wenn dieser nicht barrierefrei zu begehen ist,
- das Hinzufügen einer Eingangsüberdachung zur bequemeren und sicheren Nutzung des Hauseingangs,
- die barrierefreie Gestaltung des Hausvorplatzes z. B. durch die Auswahl eines geeigneten Materials mit dafür passender Oberflächenstruktur,

- die zur Verfügung stehende Parkplatzgröße sinnvoll planen und so anordnen, dass im Bedarfsfall ausreichende Bewegungsflächen für das Ein- und Aussteigen geschaffen werden können,
- genügend Stauraum für Sportgerät, Fahrräder und später erforderlichen Platz für einen Rollator oder Rollstuhl einplanen,
- die Mülllagerung und -entsorgung so überlegen, dass sie in jeder Lebensphase leicht bewerkstelligt werden können.

Diese Punkte gelten nicht nur bei der Anpassung eines Wohnhauses an die Bedürfnisse und Anforderungen für ein Leben und Wohnen im Alter, sondern auch bei Eintreten eines Notfalls wie durch Unfall oder Krankheit. Darüber hinaus lassen sich im Zuge einer beabsichtigten Renovierung weitere Maßnahmen planen und umsetzen:

- Herausnehmen von statisch nicht erforderlichen Wänden und eventuell darin befindlichen, nicht erforderlichen Türen,
- Planung und Einbau von Leichtbauwänden, um Räume später schnell und kostengünstig zusammenlegen bzw. deren Funktion verändern zu können,

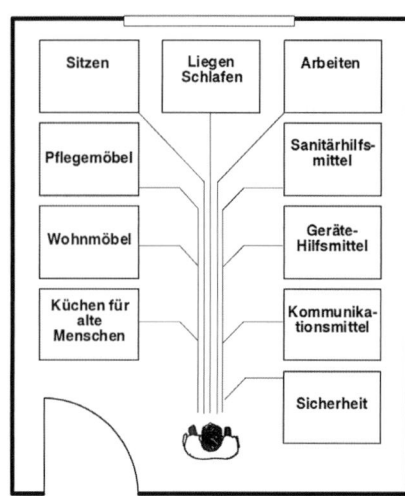

Abb II.6.04: Altersgerechtes und barrierefreies Wohnen in der Wohnung mit Möbeln und Einrichtung

- Berücksichtigung der Möglichkeit, die Badewanne gegen eine bodengleiche Dusche auswechseln zu können,
- tragfähige Wände dort einplanen, wo bei Bedarf schwere Hilfsmittel eingesetzt werden könnten,
- Ausgleich der unterschiedlichen Höhen der Fußböden in den Zimmern einer Ebene und damit Schaffung einer schwellenfreien Fläche,
- Absenken zumindest eines Fensters mit optisch inhaltsvollem Blick nach draußen auf eine Brüstungshöhe von etwa 60 cm,
- Umbau und Einbau von breiteren Türen mit einer Mindestdurchgangsbreite von 80 cm,
- Planung und Einbau von Leerrohren für eine spätere Installation von Kommunikationsbausteinen.

II.6.4.2 Anbau an den Bestand

Eine Alternative ist natürlich auch die Überlegung, dass die Kinder das Haus nicht verlassen und 2 bis 3 Generationen zukünftig zusammenbleiben. Das könnte im Zuge der Renovierung bedeuten, einen geeigneten Anbau an den Bestand vorzunehmen oder sogar auf dem vorhandenen Grundstück ein zweites kleineres Gebäude mit etwa 60 bis 70 m² zu errichten, das den Eltern als zukünftige Wohnung dient. Hier liegt die Aufgabenstellung bei der Entwicklung neuer, modularer, leichter, moderner und vielleicht sogar mobiler Wohnstrukturen.

II.6.5 Nutzungsänderungen an Bestandswohnungen

Eine Möglichkeit, Wohn- und Hausgemeinschaften für ältere Menschen zu schaffen, sind Strukturveränderungen an großen Bestandswohnungen in einer Ebene, bestehenden großen Villen und in Mehrfamilienhäusern. Hier ist sehr genau zwischen privatem und gemeinsam genutztem Wohnraum zu unterscheiden. Gemeinsames, aktives Wohnen mit der Möglichkeit, sich gegenseitig zu helfen und zu pflegen, wird somit möglich. Die weitere Entwicklung wird genau zu beobachten sein.

II.6.5.1 Anpassung des Wohnumfeldes

Nicht nur die Wohnungen sind anzupassen, sondern auch die öffentlichen Einrichtungen wie Theater, Rathaus, Krankenhaus, Museum oder das Sportstadion. Diesen Forderungen werden auch die öffentlich zugänglichen Einrichtungen wie Post, Supermarkt, Arztpraxis, Apotheke, Hotel und Gaststätte gerecht werden müssen. Im Wohnumfeld findet die spürbare Überschneidung der Bereiche Wohnen – Arbeiten – Freizeit statt.

II.6.5.2 Nutzungsänderung bestehender und nicht mehr benötigter Gemeinschaftseinrichtungen

Durch den Strukturwandel in der Gesellschaft ist abzusehen, dass leer stehende und nicht mehr in Benutzung befindliche Gemeinschaftseinrichtungen einer alternativen Nutzung zugeführt werden müssen. Das kann den Umbau eines Kindergartens zur Tagesheimstätte oder einer Tagespflege für ältere Menschen bedeuten. Das ermöglicht begleitende ambulante Servicedienste und ein menschenwürdiges Versorgen und Aktivieren von älteren Menschen.

Zu den wichtigen Aufgaben unserer Gesellschaft muss die Entwicklung angepasster Einrichtungen und Hilfsmittel werden, die als Mehrgenerationenprodukte von der Industrie hergestellt und vertrieben werden und die es ermöglichen, aktives Leben und Wohnen für ältere Menschen zu gestalten. Dort, wo uns Erkenntnisse fehlen, muss Forschung betrieben werden. Bereits heute gehen Experten Forschungen nach, die erwiesenermaßen wichtige Erkenntnisse liefern für eine Mehrgenerationengesellschaft ohne Kompromisse:

- Bestimmung der Farben, die von älteren Menschen bevorzugt und abgelehnt werden,
- Entwicklung eines geeigneten Umgangs mit Licht für ältere Menschen,
- Einflussgrößen auf die Funktionen Schmecken, Sehen, Hören, Riechen, Fühlen,
- Erstellung und Veröffentlichung geeigneten statistischen Materials,
- Anzahl der betroffenen Menschen und Betrachtung bereits angestellter Prognosen.

Wir müssen, wie in Amerika praktiziert, mehr Mobilität für den Wohnungswechsel erreichen.

Wir müssen den Staat dazu veranlassen, staatliche Zuschüsse bei der Schaffung von barrierefreiem und altersgerechtem Wohnraum zu geben, so wie er das im Bereich der Energieeinsparung bereits tut.

Präventives, barrierefreies Planen und Bauen im Bereich des Neubauens und der Renovierung muss allen am Bau Beteiligten selbstverständlich werden.

Die Modelle, die wir entwickeln, müssen generationsübergreifend sein und dem jeweiligen Wandel gesellschaftlicher Ansprüche gerecht werden.

II.6.5.3 Schrittweises Anpassen im Wohnbestand

Ein Anpassen eines Einfamilienhauses im Bestand an barrierefreien bzw. teilbarrierefreien Standard kann in folgenden Schritten erfolgen:

1. Zugang zum Haus barrierefrei gestalten:

- durch sechsprozentige Rampe über eine Stufe,
- durch Verlegung des Hauseingangs in einen eventuell vorhandenen ebenerdigen Bereich,
- durch Einbau einer schwellenfreien Haustür.

2. Erneuern der Wohnungseingangstür und der Innentüren:

- Wohnungseingangstür mit Baurichtmaß 101 cm, wenigstens aber mit End-Durchgangslichte von 80 cm,
- Innentüren mit Baurichtmaß 101 cm, wenigstens aber mit End-Durchgangslichte von 80 cm,
- Türen zu Badezimmern und WC nach außen aufgehen lassen,
- Wohnungseingangstüren ausstatten mit:
  - Spione, zweifach,
  - einbruchsicherem Schließsystem,
  - Videoüberwachung,
  - Sprechanlagen,
  - Türschließhilfe.

(Austausch im Zusammenhang mit Ausgleich der Bodenhöhen und Erneuerung der Böden)

3. Ausgleich von unterschiedlichen Bodenhöhen in den einzelnen Räumen der Wohnungen:

- bei Erneuerung von Bodenbelägen Feststellen der Estrichdicken in den sanitären Bereichen (12 cm über Rohboden ermöglicht den Einbau von bodengleichen Duschsystemen),
- Ausgleich der Bodenhöhen zur Schaffung einer schwellenfreien Ebene innerhalb der Wohnung,
- prüfen, ob unnötige Türen und Wandteile, z. B. zwischen Diele und Wohnbereich oder Küche, weggelassen werden können,
- schwellenfreie Übergänge herstellen.

4. Auflösungen von verschachtelten Grundrissen zur Schaffung von Bewegungsfreiheit in der Wohnung durch:

- Veränderung von Türöffnungsrichtungen für ein reibungsloseres Bewegen in der Wohnung,
- Entfernen nicht tragender und tragender Wände zur Schaffung von Bewegungsfläche,
- Zusammenlegen von Räumen, auch für Funktionsänderungen.

5. Auswechseln der Terrassen und Balkontüren:

- schwellenfreie Gestaltung der Durchgangstüren zu Terrasse und Balkon,
- Umgestaltung der dafür erforderlichen Terrassen und Balkonkonstruktionen und deren Entwässerung.

6. Erschließung der Geschossebenen durch einen Aufzug:

- Treppenlift, falls möglich ins Obergeschoss,
- Treppenlift, falls möglich auch in den Keller zu Hobby- und Funktionsräumen,
- durch Hebebühne.

7. Einbau von bodengleichen Sanitärzellen:

- Schaffen der erforderlichen Abläufe über Rohboden,
- Aufbau von bodengleichen Systemen mit rutschsicheren Fliesensystemen und handelsüblichen Planduschtassen und deren Dichtungssystemen,
- Badewanne auf Fliesenboden ohne festen Einbau (ermöglicht den Austausch der Wanne und schafft Platz für die spätere bodengleiche Dusche; Abläufe wären dann schon vorhanden),
- Verwendung von rutschhemmenden Fliesen der angebotenen Klassifizierung in Sanitärräumen und Küche.

8. Im Zuge der Erneuerung von Fenster:

- Schaffen von wenigstens einem ausreichend breiten Fenster mit Brüstungshöhe von 60 cm,
- Absturzschutz in dem Raum, von dem der Bewohner aus sitzender Position Sichtkontakt zum Außengeschehen hat,
- transparente Gestaltung der Balkonbrüstung, durch die der Bewohner aus sitzender Position schauen kann,
- Auswechseln der bisher nicht einbruchsicheren Fensterscheiben gegen einbruchsichere Verglasung.

9. Anpassung der Treppen im Bereich der Beläge vor dem Eintritt und nach dem Austritt aus der Treppe:

- zweiter Handlauf,
- bei Erneuerung der Flurbeläge in den einzelnen Etagen: Einsetzen von strukturiertem Material vor dem Eintritt in die Treppe zur taktilen Erkennung,
- bei Erneuerung von Treppen: Beachtung der Vorgaben der DIN 18025.

10. Einbau eines Aufzugs über mindestens 2 Geschosse:

Der Aufzug sollte der DIN 18025 entsprechen, zumindest was die Innenlichte des Aufzuges betrifft:

- Einmannlift oder Hebeplattform nur in das Obergeschoss oder das Kellergeschoss,
- herkömmlicher Lift:
  - im vorhandenen Treppenauge,
  - durch bauliche Veränderungen im Innenbereich des Gebäudes,
  - vor der Außenfassade.

11. Veränderung und Ergänzung von elektrischen Installationen:

- prüfen, ob Versetzen von Schaltern auf eine Bedienhöhe von 85 cm gemäß der DIN 18025 erforderlich ist,
- Ergänzung elektrischer Bauteile und elektrischer Ausstattung durch:
  - mehr Steckdosen in geeigneter Höhe,
  - Infrarotschalter zur bedienfreien Schaltung von Funktionen,
  - Steckdosen und Schalter mit Abstand von 50 cm von der Innenecke,
  - Rauchmelder in Räumen,
  - Leerrohre für ein späteres Netzwerk, z. B. für die Kommunikati-

on mit der Außenwelt bei eintretender Pflegebedürftigkeit oder Mobilitätsverlust,
- sinnvolle Anordnung von Lichtquellen ohne gefährdenden oder störenden Schlagschatten.

12. Gestaltung der Sicherheit für Erdgeschosswohnungen:

Für Wohnungen im Erdgeschoss gelten in zunehmendem Maß erhöhte Ansprüche an die Sicherheit, vor allem beim Einbruchschutz. Davon können folgende Bauteile betroffen sein:

- Hauseingangstüren,
- Wohnungseingangstüren,
- Erdgeschossfenster in den verschiedenen Sicherheitsklassen A1 bis B1 gemäß DIN,
- Kommunikationseinrichtungen wie z. B. die Türüberwachung,
- geeignetes Licht,
- Alarmanlagen.

Geeignete Vorgaben hierfür machen die dafür geschaffenen Stellen der jeweiligen Landeskriminalämter.

13. Barrierefreie Gestaltung des Hausbereichs:

- barrierefreie Müllentsorgung,
- Schaffen von Stauraum für die barrierefreie Nutzung von Fahrzeugen und die Unterbringung von Hilfsmitteln,
- Erweiterung oder Umgestaltung zu enger Hauszugänge,
- Änderung einer ungeeigneten Hofpflasterung,
- Umgestaltung eines noch genutzten Gartens,
- Kontrollsysteme zur Eingangsüberwachung,
- infrarotgeschaltete Außenbeleuchtung.

III Bauteile und Baukonstruktionen

III.1 Gründungen und erdberührte Bauteile

Autoren: Dipl.-Ing. (FH) Yasemin Wildebrand, Architektin; Dipl.-Ing. (FH) Dirk Fanslau-Görlitz, Architekt

III.1.1 Allgemeines zu Gründungen und erdberührten Bauteilen

Gründungen haben die Aufgabe, die Standfestigkeit des Bauwerks zu gewährleisten und ungleichmäßige Setzungen zu verhindern. Die Gründung nimmt die am Bauwerk auftretenden Lasten auf und überträgt sie in den Baugrund. Sie kann als Flachgründung oder als Tiefgründung ausgeführt werden.

Erdberührte Bauteile sind z. B. Fundamente, Gründungen, Bodenplatten und Außenwände. Sie bilden die tragfähige Einheit eines Bauwerks und müssen entsprechend der Bodenart nach den statischen Anforderungen ausgebildet werden.

Erdberührte Außenwände sind in Kellergeschossen, Untergeschossen und bei Hanggeschossen zu finden. In jüngster Zeit hat sich die Tendenz verstärkt, nicht nur Nebenräume in Geschosse mit erdberührten Außenwandbereichen zu verlegen, sondern auch hochwertige Nutzungsräume. Grundsätzlich sind erdberührte Bauteile abzudichten (s. Kap. V.13) und vor Feuchteeintrag zu schützen.

Eine wichtige Aufgabe erfüllt die Dränanlage. Sie wird zur Entwässerung des Bodens vor, über oder unter erdberührten Bauteilen angeordnet. Sie soll die Entstehung von drückendem Wasser verhindern. Zu einer Dränanlage gehören die Dränschicht und die zugehörige Dränleitung, welche unter dem Begriff Drän zusammengefasst werden, sowie die Kontrolleinrichtungen. Die Dränschicht wird flächig vor der Wand, unter Bodenplatten oder auf der erdüberschütteten Decke verlegt. Die Dränleitung hat die Aufgabe, das Wasser aus der Dränschicht aufzunehmen und einem Vorfluter zuzuführen. Das Eindringen von Bodenfeinstteilchen in die Dränanlage ist zu verhindern.

III.1.1.1 Vorschriften und Regeln

Entsprechend den bauphysikalischen und bautechnischen Anforderungen, die an Gründungen und erdberührte Bauteile gestellt werden, sind eine Reihe von Vorschriften und Regeln zu beachten, wie u. a.:

- DIN 1045 „Tragwerke aus Beton, Stahlbeton und Spannbeton",
- DIN 1054 „Baugrund – Sicherheitsnachweise im Erd- und Grundbau",
- DIN 4095 „Baugrund; Dränung zum Schutz baulicher Anlagen; Planung, Bemessung und Ausführung",
- DIN 4123 „Ausschachtungen, Gründungen und Unterfangungen im Bereich bestehender Gebäude",
- DIN EN 12716 „Ausführung von besonderen geotechnischen Arbeiten (Spezialtiefbau) – Düsenstrahlverfahren (Hochdruckinjektion, Hochdruckbodenvermörtelung, Jetting)",
- DIN 4017 „Baugrund – Berechnung des Grundbruchwiderstands von Flachgründungen",
- DIN 18195-4 „Bauwerksabdichtungen – Teil 4: Abdichtungen gegen Bodenfeuchte (Kapillarwasser, Haftwasser) und nichtstauendes Sickerwasser an Bodenplatten und Wänden, Bemessung und Ausführung",
- DIN 18195-5 „Bauwerksabdichtungen – Teil 5: Abdichtungen gegen nichtdrückendes Wasser auf Deckenflächen und in Nassräumen; Bemessung und Ausführung",
- DIN 18195-6 „Bauwerksabdichtungen – Teil 6: Abdichtungen gegen von außen drückendes Wasser und aufstauendes Sickerwasser; Bemessung und Ausführung",

Abb. III.1.01: Bodenplatte aus Ortbeton (Quelle: BAKA, Berlin)

Abb. III.1.02: Sicherung der Nachbargrundstücke für Gründungsarbeiten im Altbaubestand

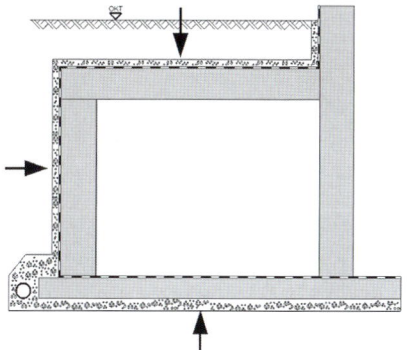

Abb. III.1.03: Schematische Darstellung der Dränung erdberührter Bauteile

- DIN 18195-10 „Bauwerksabdichtungen – Teil 10: Schutzschichten und Schutzmaßnahmen",
- DIN 1053 „Mauerwerk",
- DIN EN 206 „Beton" usw.

III.1.1.2 Bauphysikalische und bautechnische Anforderungen

Anforderungen an den Feuchteschutz

Eine zweckmäßige Planung und Ausführung des Bauwerks, insbesondere der abzudichtenden erdberührten Bauteile, ist Grundvoraussetzung für die dauerhafte Wirksamkeit einer Bauwerksabdichtung. Die Gründung und die Umfassungswände sind nach den anerkannten Regeln der Technik zu bemessen und auszuführen. Dabei müssen Setzungsunterschiede, Erddruck und gegebenenfalls der Lastfall „drückendes Wasser" berücksichtigt werden. In die Gesamtplanung des Bauwerks oder Bauteils ist jede Abdichtung vorab einzubeziehen. Die statischen, konstruktiven und bauphysikalischen Erfordernisse sind schon im Vorfeld zu beachten. Die Eigenschaften des Baugrunds sind, falls notwendig, mit einem Bodengutachten vor Planungsbeginn zu klären. Zur fachgerechten Planung einer Abdichtung ist die Kenntnis des Bemessungswasserstands nach DIN 18195-7 „Bauwerksabdichtungen; Abdichtungen gegen von innen drückendes Wasser; Bemessung und Ausführung" unerlässlich. Hiernach wird der Bemessungswasserstand wie folgt definiert: *„der höchste nach Möglichkeit aus langjähriger Beobachtung ermittelte Grundwasser-/Hochwasserstand und bei von innen drückendem Wasser der planmäßige Wasserstand".*

Wird bei schwach durchlässigem Boden (k ≤ 10^{-4} m/s) eine Dränung nach DIN 4095 „Baugrund; Dränung zum Schutz baulicher Anlagen; Planung, Bemessung und Ausführung" vorgesehen, dann muss vorher geklärt werden, wie das anfallende Dränwasser sicher abgeleitet werden kann, da viele Kommunen in den Abwassersatzungen ein Einleitungsverbot für Dränwasser verankert haben. Als Grundlage für die Planung und Herstellung von Anlagen zur Versickerung von Dränwasser auf dem Grundstück dient u. a. das Arbeitsblatt ATV-DVWK-A 138 „Planung, Bau und Betrieb von Anlagen zur Versickerung von Niederschlagswasser" des DWA, Deutsche Vereinigung für Wasserwirtschaft, Abwasser und Abfall e. V.

Anforderungen an den Wärmeschutz

Soweit beheizte Räume, Decken und Wände an unbeheizte Räume oder an Erdreich grenzen und sie ersetzt, erstmalig eingebaut oder in der Weise erneuert werden, dass

a) außenseitige Bekleidungen oder Verschalungen, Feuchtigkeitssperren oder Dränagen angebracht oder erneuert werden,
b) innenseitige Bekleidungen oder Verschalungen an Wände angebracht werden,
c) Fußbodenaufbauten auf der beheizten Seite aufgebaut oder erneuert werden,
d) Deckenbekleidungen auf der Kaltseite angebracht oder
e) Dämmschichten eingebaut werden,

sind nach der „Verordnung über energiesparenden Wärmeschutz und energiesparende Anlagentechnik bei Gebäuden (Energieeinsparverordnung – EnEV)" vom 26. Juli 2007, Anlage 3, Nr. 5 „Wände und Decken gegen unbeheizte Räume und gegen Erdreich", die Anforderungen nach Tabelle 1 „Höchstwerte der Wärmedurchgangskoeffizienten bei erstmaligem Einbau, Ersatz und Erneuerung von Bauteilen", Zeile 5, einzuhalten, wenn die Änderung nicht von Nr. 4.1 „Steildächer" erfasst wird. Die Anforderungen an den Wärmeschutz gelten nach Buchstabe d) für den Fall, dass „Fußbodenaufbauten auf der beheizten Seite aufgebaut oder erneuert werden", als erfüllt, wenn ein Fußbodenaufbau mit der ohne Anpassung der Türhöhen höchstmöglichen Dämmschichtdicke – bei einem Bemessungswert der Wärmeleitfähigkeit λ = 0,04 W/(m·K) – ausgeführt wird.

Zur Berechnung des Wärmedurchlasswiderstandes bei Bauteilen mit Abdichtung werden, gemäß der DIN 4108-2 „Wärmeschutz und Energie-Einsparung in Gebäuden; Mindestanforderungen an den Wärmeschutz", Nr. 5.3.3 „Bauteil mit Abdichtungen", nur die raumseitigen Bauteilschichten bis zur Bauwerksabdichtung berücksichtigt. Ausgenommen davon sind Wärmedämmschichten aus extrudergeschäumtem Polystyrolschaum und Schaumglas (s. Kap. V.9). Für andere Wärmedämmstoffe wie z. B. EPS- oder PUR-Hartschaumstoffe muss im bauaufsichtlichen Genehmigungsverfahren der Verwendbarkeitsnachweis durch eine allgemeine bauaufsichtliche Zulassung (AbZ) erbracht werden. Um beim Wärmeschutznachweis berücksichtigt werden zu können, muss bei außenseitiger Dämmung erdberührter Bauteile der Wärmedämmstoff eine bauaufsichtliche Zulassung besitzen. In der bauaufsichtlichen Zulassung für die Wärmedämmung erdberührter Bauteile (Perimeterdämmung) sind Anforderungen an die konstruktive Ausführung definiert. Die Konstruktion einer Bauwerksabdichtung mit Perimeterdämmung wird seit 1970 mit extrudierten Polystyrol-Hartschaumplatten (XPS-Dämmplatten) ausgeführt. Zum Zeitpunkt der ersten bauaufsichtlichen Zulassung waren Perimeterdämmungen im Grundwasser noch ausdrücklich ausgeschlossen. Das Deutsche Institut für Bautechnik (DIBt) hat die Anwendung auch im Grundwasser unter Einhaltung folgender Bedingungen bauaufsichtlich zugelassen.

Die Auftriebssicherung im Bereich von ständig oder lang anhaltend drückendem Wasser gilt als nachgewiesen, wenn

- die Extruderschaumplatten vollflächig mit dem zu dämmenden Bauteil verklebt und so befestigt werden, dass ein Hinterlaufen der Wärmedämmung mit Wasser nicht möglich ist,
- bei einer Dicke der Dämmstoffplatten von 120 mm der Grundwasserhöchststand bis 1 m unter Geländeoberkante liegt,
- bei einer Dicke der Dämmstoffplatten von 80 mm der Grundwasserhöchststand bis 0,5 m unter Geländeoberkante reicht (Zwischenwerte können interpoliert werden),
- die Extruderschaumplatten gegen Auftrieb gesichert sind. Dies können auch konstruktive Vorkehrungen sein (z. B. mechanische Befestigung der obersten Plattenreihe, Halteleiste etc.).

Keine zusätzliche Auftriebssicherung ist bei der Bauart „Weiße Wanne" (WU-Beton) erforderlich und der Grundwasserstand darf bis zur Geländeoberkante ansteigen. Die Extruderschaumplatten können max. 3,5 m in das Wasser eintauchen (Wassereintauchtiefe).

Anforderungen an den Baugrund

Der Baugrund besteht aus unterschiedlichen Bodenarten und setzt sich aus organischen sowie aus anorganischen Stoffen zusammen. Organische Stoffe sind z. B. Humus oder Torf. Anorganische Stoffe sind z. B. Sand oder Kies. Bei der Beurteilung von Bauwerken bezüglich ihrer Tragfähigkeit sind die jeweiligen Bodenarten hinsichtlich ihrer unterschiedlichen Tragfähigkeit zu berücksichtigen. Sie werden unterteilt in gewachsenen Boden, Fels und geschütteten Boden. Es gilt die Norm DIN 1054 „Baugrund – Sicherheitsnachweise im Erd- und Grundbau".

Gewachsener Boden

Gewachsener Boden ist unberührter Boden, der durch Verwitterung und Ablagerungen entstanden ist. Er wird unterteilt in nicht bindige, bindige und organische Böden.

Nicht bindige Böden sind Kiese, Sande, Steine und deren Mischungen. Die einzelnen Körner haben keine Verkittung untereinander. Nicht bindige Böden sind wasserdurchlässig. Je größer die einzelnen Körner und je dichter deren Lagerung ist, desto größer wird die Tragfähigkeit. Nicht bindige Böden gelten als guter Baugrund.

Bindige Böden sind Lehm, Ton, Mergel und ihre Mischungen. In trockenem Zustand sind bindige Böden ein guter Baugrund. Feuchtigkeit wird je nach Sandgehalt langsam aufgenommen, aber ebenso langsam wieder abgegeben. Einmal aufgenommene Feuchtigkeit lässt bindige Böden weich werden, die Tragfähigkeit nimmt dadurch ab. Besteht der Baugrund aus feuchtem Lehm und Ton, kann die Tragfähigkeit des Bodens ausreichend sein. Ist jedoch Kalk eingeschlossen, wie z. B. bei Knollenmergel, ist der Boden als Baugrund ungeeignet.

Organische Böden, wie z. B. Torf, haben fast keine Tragfähigkeit und sind deshalb als Baugrund ungeeignet.

Fels

Fels besteht aus dichtem, fest gelagertem Gestein und gilt als tragfähiger Baugrund. Locker gelagerte, zerklüftete Gesteine werden als leichter Fels bezeichnet. Soll auf leichtem Fels gegründet werden, ist loses Gestein abzuräumen.

Geschütteter Boden

Geschütteter Boden ist durch Aufschütten oder Aufspülen entstanden. Er kann als unverdichtete Schüttung in beliebiger Zusammensetzung vorkommen, wie z. B. bei Müllplätzen oder aufgefüllten Gruben. Die aufgefüllten Stoffe setzen sich zwar mit der Zeit und die Lagerung wird dichter, aber ihre Tragfähigkeit als Baugrund reicht nicht aus. Bei verdichteter Schüttung wird geschütteter Boden oder Bauschutt mit Hilfe von Maschinen so verdichtet, dass er gegebenenfalls als Baugrund verwendet werden kann.

Anforderungen an Dränanlagen

Für eine Regelausführung sind entsprechend der DIN 4095 „Baugrund; Dränung zum Schutz baulicher Anlagen; Planung, Bemessung und Ausführung" folgende Anforderungen zu erfüllen: Der Drän muss filterfest sein, die anfallende Abflussspende muss in der Dränschicht drucklos abgeführt und vom Dränrohr bei einem Aufstau von höchstens 0,2 m, bezogen auf die Dränsohle, aufgenommen werden, Dränanlagen sind vor Wänden und unter Bodenplatten auszuführen.

Sind folgende Bedingungen gegeben, kann für die Ausführung einer Dränanlage vom Regelfall ausgegangen werden:

- Richtwerte zu Wänden:
  – ebenes, leicht geneigtes Gelände,
  – schwache Durchlässigkeit des Bodens,
  – Einbautiefe bis 3 m,
  – Gebäudehöhe bis 15 m und
  – Länge der Dränleitung zwischen Hochpunkt und Tiefpunkt < 60 m.
- Richtwerte zur Bodenplatte:
  – schwache Durchlässigkeit des Bodens und
  – bebaute Fläche < 200 m².

Bei der Planung einer Dränanlage ist diese in den Entwässerungsplan aufzunehmen.

Schutz- und Trennschicht als Dränelement

Die Schutzschicht ist die Schicht vor erdberührten Wänden und auf Decken, die deren Abdichtung vor Zerstörungen schützt. Die Dränschicht kann ebenfalls die Schutzschicht darstellen.

Die Trennschicht soll ein Einschlämmen von Zementleim in die Dränschicht verhindern und befindet sich zwischen Bodenplatte und Dränschicht.

Der Schutz aller Abdichtungen vor mechanischen Beschädigungen und Durchwurzelungen ist nach DIN 4095 „Baugrund; Dränung zum Schutz baulicher Anlagen; Planung, Bemessung und Ausführung" zu gewährleisten. Eine Vielzahl von Schutzschichtmaterialien sind auf dem Markt verfügbar wie z. B. Hartschaumschutzplatten, Wellplatten, Noppenbahnen, Drahtgeflechte, Betonsteine und Dränschutzplatten mit oder ohne Wärmedämmfunktionen (Perimeterdämmung) usw. Aufgeführt und geregelt sind Schutzschichten und Schutzmaßnahmen in DIN 18195-10 „Bauwerksabdichtungen – Teil 10: Schutzschichten und Schutzmaßnahmen".

Schutzplatten dürfen erst nach vollständigem Trocknen der Abdichtung angeklebt werden. Bei Dränanlagen sind vor den Schutzschichten zusätzliche senkrechte Dränschichten erforderlich. Es gibt kombinierte Dränschutzschichten sowohl als Dränschutzplatten, Dränschutzmatten, Dränschutzsteine usw., aber auch wasserdurchlässige Füllstoffe wie Kies, Sand und Schotter.

Schutzschichten sind i. Allg. keine Dränschichten, da sie auch mit Steinschichten oder mit Bahnen verschiedenster Form und aus unterschiedlichen Werkstoffen hergestellt werden können. Diesen Elementen fehlt selbst eine Filterschicht. Sie dürfen nicht als Dränelemente verwendet werden, auch dann nicht, wenn sie sickerfähige Hohlräume aufweisen und am Wandfuß eine Dränleitung unter einer Grobkiespackung angeordnet wird. Es können aber mit Dränelementen in aller Regel Schutzschichten hergestellt werden.

Abb. III.1.04: Stahlbeton-Streifenfundamente und -Einzelfundamente

Abb. III.1.05: Stahlbeton-Plattenfundament

Abb. III.1.06: Stahlbeton-Köcherfundament

Abb. III.1.07: Stahlbeton-Streifenfundament; der Randstreifen ist Wärmedämmung und Randabschalung zugleich.

Abb. III.1.08: Stahlbeton-Fundamentplatte

III.1.1.3 Konstruktionsmerkmale

Flachgründungen

Flachgründungen sind Gründungen, bei denen die Bauwerkslasten flächenförmig auf den Baugrund abgeleitet werden. Zu den Flachgründungen zählen Einzelfundamente, Streifenfundamente, Fundamentplatten/Bodenplatten und Wannengründung. Die Anwendung von Flachgründungen setzt einen ausreichend tragfähigen Baugrund voraus. Grundsätzlich sind alle Flachgründungen gemäß DIN 1054 „Baugrund – Sicherheitshinweise im Erd- und Grundbau" frostsicher auszuführen, d. h., der Boden unter den Fundamenten muss außerhalb der Frostzone liegen. Das entspricht einer Mindestfrosttiefe von 80 cm.

Maßgebend für die Bemessung eines Fundaments sind die Auflast und die Tragfähigkeit des Baugrunds. Gemäß DIN 1054 ist die zulässige Bodenpressung für die verschiedenen Bodenarten einzuhalten. Außerdem ist bei Fundamenten die Einbindetiefe, d.h. das Maß von der Baugrubensohle bis zur Fundamentsohle, zu berücksichtigen.

Einzelfundamente

Einzelfundamente werden bei punktförmiger Belastung, z. B. durch Einzelstützen und Pfeiler angeordnet. Dabei wird unterschieden in Block-, Platten- und Köcherfundamente.

Blockfundamente kommen häufig beim Wohnhausbau zur Anwendung, z. B. unter Balkonpfeilern oder Kaminen sowie beim Bau von Freianlagen, wie z. B. Pergolen. Sollten durch höhere Einzellasten größere Fundamentflächen erforderlich werden, so können abgetreppte oder abgeschrägte Fundamente angeordnet werden, mit dem Vorteil der Einsparung von Beton. Die Form des Fundaments richtet sich dann nach einem Lastausbreitungswinkel im Beton von 60°. Abgetreppte Fundamente werden aufgrund der aufwendigen Schalung eher selten eingesetzt.

Plattenfundamente werden bei großen Einzellasten eingesetzt. Aufgrund der geringen Plattendicke sind Plattenfundamente eine wirtschaftlich herzustellende Gründungsart, sie sind aber gegen Bruch der Platte außerhalb des Lastverteilungswinkels und gegen Durchstanzen der aufgestellten Stütze zu bewehren.

Köcherfundamente, auch Becher- oder Hülsenfundamente genannt, werden oft als Einzelfundamente für Stützen im Fertigteilbau ausgeführt. Diese Fundamente sind bewehrt und bestehen aus einer lastverteilenden Fundamentplatte und einem ebenfalls bewehrten Köcher zur Einspannung der Stütze.

Streifenfundamente

Streifenfundamente werden unter Bauteilen angeordnet, die gleichmäßig belastet werden, wie z. B. Wände. Sie haben einen rechteckigen Querschnitt und sind in der Länge fortlaufend. Streifenfundamente bestehen meist aus unbewehrtem Beton oder aus Mauerwerk (s. Kap. III.1.1.4).

Fundamentplatten/Bodenplatten

Fundamentplatten (Sohlplatten) sind Stahlbetonplatten, bei denen die Last des Bauwerks auf die gesamte Platte verteilt und somit die Bodenpressung herabgesetzt wird. Fundamentplatten werden als Gründungen bei wenig tragfähigem Baugrund, bei Baugrund aus unterschiedlichen Bodenarten, bei Einzelfundamenten, die zu dicht beieinanderliegen, sowie bei hohem Grundwasserstand eingesetzt.

Wannengründungen

Wenn neben den senkrechten auch größere waagerecht oder schräg angreifende Kräfte aufgenommen werden müssen, kommen Wannengründungen zum Einsatz. Bodenplatte, Umfassungswände und Zwischenwände sind durch ihre Bewehrung zu einem einheitlichen Tragwerk verbunden. Die so entstehende Wanne überträgt die Kräfte von der Bodenplatte und den Umfassungswänden in das Erdreich.

Tiefgründungen

Die Notwendigkeit von Tiefgründungen ist immer dann gegeben, wenn ein Bauwerk z. B. auf stark wasserhaltigem oder moorigem Boden gegründet wird. Die Bodenschichten mit nicht ausreichender Tragfähigkeit werden dabei durchstoßen und bis auf den darunterliegenden höher belastbaren Baugrund gegründet. Es wird unterschieden in Pfeilergründungen, Pfahlgründungen, Druckluftgründungen und Schwimmkastengründungen.

Pfeilergründung

Pfeilergründungen werden in Einzelfällen anstelle von durchgehenden Fundamenten verwendet. Dabei werden einzelne Fundamentpfeiler auf tragfähigem Grund errichtet. Sie werden oben, jedoch noch unterhalb der Erdoberfläche, durch Stahlbetonbalken oder Platten miteinander verbunden.

Pfahlgründung

Pfahlgründungen übertragen die Lasten auf den tragfähigen Boden. Meist sind die Pfähle so tief in das Erdreich gerammt, dass sie die nicht tragfähigen Bodenschichten durchstoßen. Die Lasten des Bauwerks können aber auch durch die Reibung zwischen der Pfahloberfläche und dem Erdreich (Mantelreibung) in den Baugrund übertragen werden, wenn der Baugrund nur aus weichen Bodenschichten besteht. Dieses Verfahren wird als schwebende Gründung bezeichnet. Für die Pfahlgründung werden Ortbetonpfähle, bei denen Bohrpfähle in den Baugrund betoniert werden, und Fertigpfähle verwendet. Bei Fertigpfählen werden im Fertigteilwerk vorproduzierte Betonpfähle in den Boden gerammt, eingerüttelt, eingeschwemmt oder in ein vorbereitetes Bohrloch eingestellt. Der Querschnitt der Fertigpfähle kann rund, quadratisch, rechteckig oder doppel-T-förmig sein. Ihre Länge kann bis zu 40 m betragen.

Druckluftgründung

Bei Druckluftgründungen wird das Fundament auf dem Baugelände als unten offener, kastenförmiger Körper (Caisson) betoniert. Zum Absenken des Kastens wird der Boden unter dem Kasten ausgehoben. Um zu verhindern, dass Wasser eindringen kann, wird durch Druckluft in bzw. unter dem Kasten ein entsprechender Gegendruck erzeugt.

Schwimmkastengründung

Bei der Schwimmkastengründung schwimmt das Stahlbetonbauteil im Wasser. Es ist hohl und zunächst mit Luft gefüllt. Befindet sich das Stahlbetonbauteil an der Einbaustelle, wird es mit Wasser gefüllt und abgesenkt.

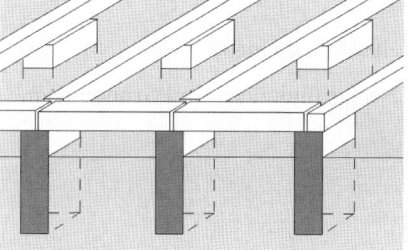

Abb. III.1.09: Pfeilergründung, Isometrie ohne Maßstab

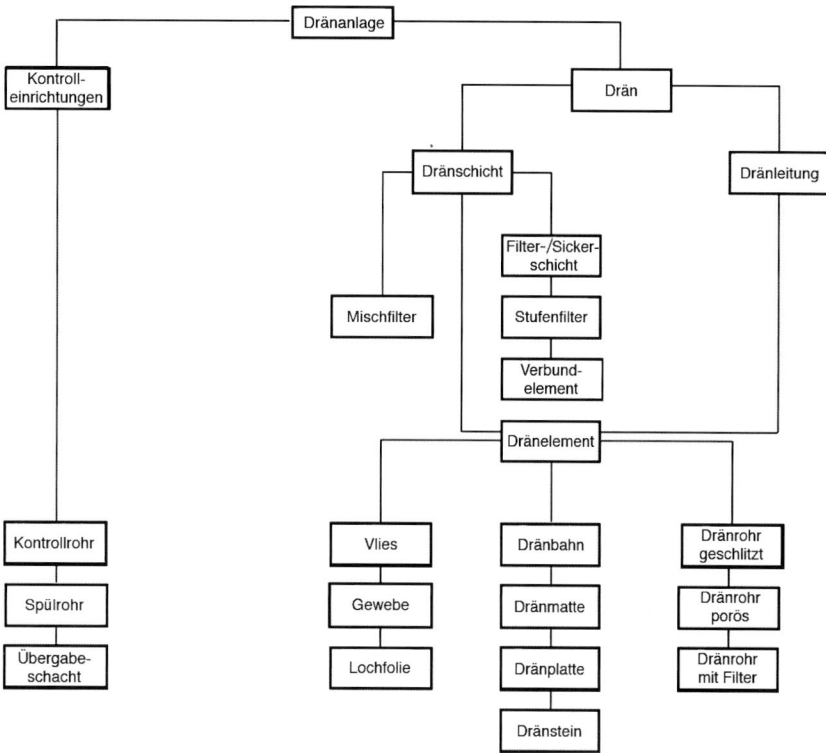

Abb. III.1.10: Bestandteile einer Dränanlage

Dränanlage

Die Dränanlage wird unterteilt in Drän, Kontroll- und Spüleinrichtungen sowie Ableitungen.

Für die Bauteile einer Dränanlage sind ebenso die verschiedenen Begriffe wie auch die in Plänen zu verwendenden Zeichen in der DIN 4095 „Baugrund; Dränung zum Schutz baulicher Anlagen; Planung, Bemessung und Ausführung" normativ festgelegt.

Drän

Der Sammelbegriff Drän umfasst die Dränschicht und die Dränleitung.

Die Dränschicht wird als wasserdurchlässige Schicht bezeichnet und besteht aus einem Stufenfilter mit Filterschicht und Sickerschicht. Der Stufenfilter ist der Bestandteil der Dränschicht, der aus mehreren unterschiedlich durchlässigen Filterschichten besteht. Stufenfilter werden im Regelfall nicht mehr aus mineralischen Schichten, sondern mit Verbundelementen aus Kunststoff hergestellt.

Die Filterschicht ist der Bestandteil der Dränschicht, der infolge des fließenden Wassers das Ausschlämmen von Bodenteilchen verhindert. Die Filterschicht kann als Schüttung aus Mineralstoffen, wie Sand oder Kiessand, bestehen. Sie wird vor allem bei der Anwendung von Dränelementen als Einzelelement oder Verbundelement aus einem Geotextil hergestellt. Verwendet werden meist Vliesstoffe als Spinnvliese oder Nadelvliese. DIN 4095

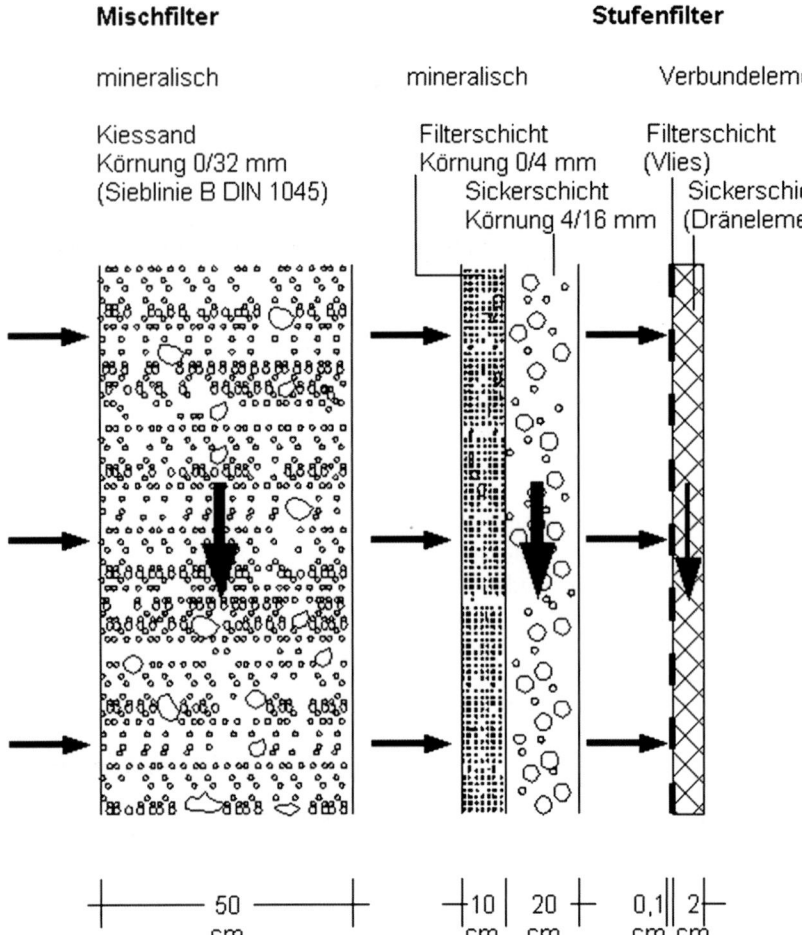

Abb. III.1.11: Aufbau einer Dränschicht in Schichtenfolge

enthält über Geotextilien keine weiteren normativen Festlegungen, so fehlen insbesondere Angaben über die erforderliche Mindestfestigkeit, die Stoffverträglichkeit gegenüber der Sickerschicht, über Alterungsbeständigkeit, Durchlässigkeit und Filterfestigkeit.

Die Sickerschicht ist der Bestandteil der Dränschicht, der das Wasser wegführt, oder einer filterfesten Sickerschicht (Mischfilter). Der Mischfilter ist gemäß DIN 4095 der Bestandteil der Dränschicht, der aus einer gleichmäßigen Schicht abgestufter Körnung besteht, oder einer Schicht, hergestellt aus Einzelelementen, beispielsweise aus Dränmatten, Dränbahnen, Dränplatten oder Dränsteinen, die als Dränelemente bezeichnet werden.

Ein weiteres Dränelement ist das Dränrohr. Es ist ein Rohr, das Wasser aufnehmen und abgeben kann. Dränrohre sind gelocht sowie quer oder längs geschlitzt. Die Rohre können aus Beton, Faserzement, Kunststoff oder Steinzeug bestehen sowie poröse Rohre aus haufwerksporigem Beton sein. Die Wassereintrittsfläche muss nach DIN 4095 mindestens 20 cm^2 je m Rohrlänge betragen. Vollporöse Dränrohre aus haufwerksporigem Beton haben der Güterichtlinie für poröse Filterrohre aus Beton und DIN 4262-3 „Sicker- und Mehrzweckrohre für Verkehrswege- und Tiefbau aus Beton; Anforderungen und Prüfungen" zu entsprechen. Geschlitzte Dränrohre aus Kunststoff, die als Stangenrohre hergestellt werden, sind in DIN 4262-1 „Rohrleitungssysteme für die unterirdische Entwässerung von Ingenieurbauten – Teil 1: Kunststoffrohre" und DIN 19666 „Sickerrohr- und Versickerrohrleitungen – Allgemeine Anforderungen" genormt.

Die Dränleitung ist im Regelfall mit Rohren der Nennweite DN 100 und einem Gefälle von 0,5 % auszuführen. Sie ist allseitig mit einem filterfesten Material zu umhüllen, beispielsweise mit einem Mischfilter oder einem Stufenfilter, und mit ausreichender Höhe in die Dränschicht der Wand einzubinden.

Kontroll- und Spüleinrichtungen

Die Kontrolleinrichtungen sind zur Überwachung und Reinigung der Dränrohre erforderlich. Kontrolleinrichtungen sind u. a. Kontrollrohre, Spülrohre und Übergabeschächte. Bei einem Richtungswechsel der Dränleitung ist ein Kontrollschacht anzuordnen, um die Funktionsfähigkeit der Leitung prüfen und von hier aus eine Spülung vornehmen zu können. Die DIN 4095 verlangt für die Kontrollschächte Spülrohre mit einem Nenndurchmesser von DN 300.

III.1.1.4 Material

Flachgründung

Einzelfundamente werden aus Stahlbeton, Stahl oder Holz hergestellt, wogegen Streifenfundamente meist aus unbewehrtem Beton oder aus Mauerwerk bestehen.

- Mauerwerk (s. Kap. V.1):
  Als Baustoffe für Streifenfundamente wurden in der Vergangenheit Ziegelmauerwerk und Natursteinmauerwerk verwendet. Das Mauerwerk wurde unter Verwendung von Luftkalk, hydraulischem Kalk oder Zement hergestellt.
- Beton (s. Kap. V.2):
  Seit Mitte des 19. Jahrhunderts wurde vor allem Stampfbeton angewendet. Zur Herstellung des Betons wurde z. B. Portlandzement mit scharfem Mauersand und Steinschlag im Verhältnis 1:3:5 vermengt. Teilweise wurde dem Zementmörtel Kalk beigemischt.
- Stahlbeton (s. Kap. V.2) wird bei Fundamentplatten/Bodenplatten eingesetzt.

Tiefgründung

Pfeilergründungen bestehen aus Mauerwerk, Beton oder Stahlbeton. Pfahlgründungen, wie Ortbetonpfähle, können aus unbewehrtem oder bewehrtem Beton und Fertigpfähle aus Holz, Stahl, Stahlbeton oder Spannbeton ausgeführt werden. Schwimmkastengründungen bestehen aus Stahlbeton.

III.1.2 Typische Mängel und Schäden

Die typischen Mängel und Schäden an Gründungen und erdberührten Bauteilen lassen sich unterscheiden in bauphysikalische und bautechnische Mängel und Schäden, konstruktionsbedingte Mängel und Schäden und materialbedingte Mängel und Schäden.

III.1.2.1 Bauphysikalische und bautechnische Mängel und Schäden

Bei älteren Bauwerken treten häufig Risse in den Wänden und Decken auf, die auf einen Verlust der Gebrauchstauglichkeit oder gar der Tragfähigkeit der Gründung zurückzuführen sind. Ursachen sind u. a. Kriechsetzungen. Des Weiteren gehören zu den Ursachen Setzungen infolge Lasterhöhung, Setzungen durch zyklische oder dynamische Einwirkungen, Versagen von alten Holzpfählen, Untergrundsetzungen infolge Grundwasserabsenkungen, Einsturz von Hohlräumen bei Bergsenkungen, Auslaugungen oder Ausspülungen im Baugrund, Aufweichen bindiger Böden bei Wasserzutritt aus defekten Kanälen und Fallrohren wie auch Schrumpfen von bindigen Böden bei Wasserentzug. Zur Ertüchtigung stehen zahlreiche Verfahren des Spezialtiefbaus zur Verfügung. Sie unterscheiden sich im Umfang des Eingriffs, in der Zuverlässigkeit und in den Kosten.

Typische Mängel historischer Gründungen

Der Baugrund historischer Bauwerke kann in vielen Fällen als weich und setzungsempfindlich eingestuft werden. Häufig anzutreffende Gründungen sind Streifenfundamente auf Packlage und Holzgründungen. Typische Schäden an historischen Gebäuden sind u. a. Setzungen bei Holzgründungen, Setzungen durch Veränderung des Wassergehaltes im Boden und Rissbildung in Mauerwerksscheiben durch Setzungsunterschiede.

Setzungen entstehen aufgrund der zu geringen Tragfähigkeit des Baugrunds unmittelbar unterhalb der Fundamente oder der Bodenplatte. Die Ursachen sind einerseits in der unzureichenden Lastabtragung der Fundamente und andererseits in der Reduzierung der Scherfestigkeit des bindigen Bodens begründet. Die Scherfestigkeit verringert sich dabei durch Veränderung der Konsistenz infolge Wasseraufnahme. Auch Belastungsänderungen des Bauwerks, Veränderungen des Baugrundzustands (z. B. Bodenaushub, Bergbau, Grundwasserabsenkung) oder unterschiedliche Baugrundverformungen beeinflussen die Standsicherheit des Bauwerks. Hinzu kommen dynamische (Straßenbahn u. a. m.) und thermische Einwirkungen.

Wird die Belastbarkeit des Baugrunds überschritten, kann ein Grundbruch eintreten. Dabei weicht der Boden entlang einer Gleitfuge seitlich aus und das Bauwerk sinkt ein, sodass Risse die Folge sein können. Im schlimmsten Fall stürzt das Bauwerk ein.

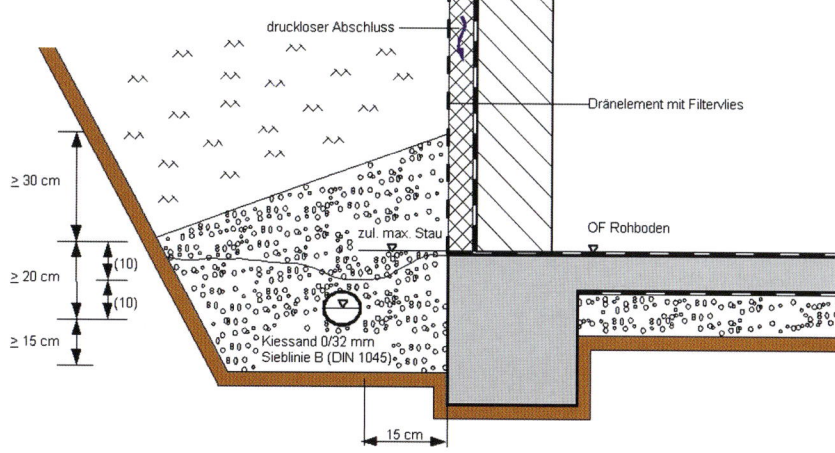

Abb. III.1.12: Normgerechte Ausführung einer Dränleitung in einem Mischfilter

Abb. III.1.13: Verlust der Gebrauchstauglichkeit eines Bauwerks durch ungenügende Tragfähigkeit der Gründung

Abb. III.1.14: Ein Grundbruch kann zu schwerwiegenden Rissen in der tragenden Struktur eines Gebäudes führen.

Abb. III.1.15: Während einer Ausschachtung eingestürzter Windfang

Abb. III.1.16: Unsachgemäße Sicherung eines Bruchsteinmauerwerks gegen Grundbruch

Nach DIN 4123 „Ausschachtungen, Gründungen und Unterfangungen im Bereich bestehender Gebäude" wird empfohlen, dass die Größe und die Richtung von in den Baugrund abzuleitenden Kräften im Einflussbereich der geplanten Baumaßnahme bekannt sein müssen. Des Weiteren muss insbesondere festgestellt werden, ob waagerechte Kräfte, z. B. aus waagerecht beanspruchten Bauteilen (wie Gewölben oder Rahmen) oder aus dem Erddruck, der gegebenenfalls durch Auflasten erhöht ist, vom Verbau oder von Unterfangungen aufgenommen werden müssen. Zudem ist festzustellen, welche zusätzlichen statischen Aufgaben der für den Aushub vorgesehene Erdkörper für andere bestehende Bauwerke erfüllt, z. B. für die Aufnahme von Ankern, Schrägpfählen oder sonstigen Verankerungskörpern.

Setzungen bei Holzgründungen

Holzpfahlgründungen tragen die Lasten auf tonige oder organische Schichten ab. Deshalb wird die Gründungsart als „schwimmende Holzkonstruktion" bezeichnet. Die Holzgründung bildet ein System aus Schwellen, Pfählen und Boden. Zu einem Grundbruchversagen kann es kommen, wenn sich das Holz (Holzpfahlgründung) unter Wasser entfestigt oder eine Verrottung des Holzes über dem Grundwasserspiegel einsetzt. Zu dieser Entfestigung der Holzsubstanz, verursacht durch Bakterien und Hydrolyse, kann es kommen, wenn die Holzgründung im Grundwasser steht. Der Zeitraum, innerhalb dessen das Holz an Substanz verliert, ist abhängig von der Holzart. Bei Weichhölzern kann der Abbau Jahrhunderte, bei Harthölzern Jahrtausende betragen. Die Zerstörung der Holzsubstanz kann durch Luftzufuhr und durch Pilzbefall begünstigt werden. Zu einer Luftzufuhr kommt es durch eine Grundwasserabsenkung, weil sich infolgedessen die Gründungselemente oberhalb des Wasserspiegels befinden. Der Abbau kann in diesem Fall nach wenigen Stunden einsetzen. Der Wiederanstieg des Wasserspiegels reduziert oder beendet den Zerstörungsprozess. Holzqualitäten verschiedener Art können durch ihre unterschiedlichen Zersetzungsgrade Setzungsunterschiede im Gründungsbereich bewirken.

Setzungen durch Absenkung des Grundwasserspiegels

Setzungen können durch Absenkung des Grundwasserspiegels verursacht werden und sind oftmals bei einem Baugrund aus Torf oder weichem Ton zu beobachten. Sollte ein Wiederanstieg des Grundwasserspiegels eintreten, ist mit Hebungen zu rechnen. Je nach Untergrund können die Hebungen 1 bis 10 % betragen. Tonige Untergründe begünstigen stärkere Hebungen. Ursachen für die Entwässerung des Bodens und damit für das Absenken des Grundwasserspiegels im Bereich des Bauwerks können z. B. große Bäume in der Nähe eines Gebäudes sein. Bereits die Verlegung der historischen Dachentwässerung, die oftmals ins Erdreich führt und die im Zuge einer Sanierungsmaßnahme häufig an die örtliche Kanalisation angeschlossen wird, kann die Reduzierung des Gesamtwassergehalts im Boden im Bereich des Bauwerks verursachen. Infolgedessen können Schrumpfsetzungen entstehen.

Rissbildung in Mauerwerksscheiben

Schäden können infolge ungleichmäßiger Setzungen auftreten. Eine einseitige Bauwerksverschiebung führt zu einer Schiefstellung des Gebäudes. Diese Art der Setzung ist häufig zu beobachten bei steifen Gebäuden, z. B. Türmen, Wasserbehältern oder Silos. Das Absenken der Bauwerkskante wird zusätzlich durch die Schiefstellung und die damit verbundene Verlagerung des Schwerpunktes des Gebäudes zur geneigten Seite hervorgerufen. Verursacht werden ungleichmäßige und ungleichförmige Setzungen durch inhomogenen Baugrund, exzentrische, unterschiedlich große Lasten und Spannungsüberschneidungen.

Belastungsänderungen des Bauwerks

Bauwerkschäden können durch Lasterhöhung am Bauwerk aufgrund von Umbauten, Aufstockungen, Nutzungsänderungen, Rissen usw. hervorgerufen werden. Weiterhin kann es durch Laständerung des Baugrunds, z. B. durch Bodenabtrag, Baugruben oder Bodenaufschüttungen, zu Schäden am Bauwerk kommen.

Baugrundverformung

Verformungen entstehen durch Veränderung des Grundwasserspiegels, wenn z. B. wasserempfindliche Bodenschichten in unterschiedlicher Stärke unterhalb von Fundamenten vorhanden sind, die Fundamente in verschiedenen Tiefen gegründet wurden, Flachgründungen und Holzpfahlgründungen das Bauwerk tragen oder unterschiedliche Grundwasserstände unter dem Bauwerk vorhanden sind.

Der Grundwasserspiegel wird durch Bodenversiegelung, Geländeeinschnitt (Trassenführung für den Straßenverkehr), Vorflutregulierung, Entfernung einer Bodenversiegelung, Bepflanzung, Klimabelastung, Flusspegel, Baugruben, Bergbau usw. beeinflusst.

III.1.2.2 Konstruktionsbedingte Mängel und Schäden

Jedes erdberührte Bauwerksteil kann den Abfluss des Wassers behindern. Vor dem Bauwerk (Außenwand, Stützmauer oder Treppenanlage) kommt es dann zeitweise zu einem mehr oder weniger großen Wasseraufstau. Je nach Höhe des Wasserstaus entsteht dadurch auf das Bauwerksteil ein hydrostatischer Druck.

Insbesondere Bodenplatten, aufgehende Wände, geplante oder ungeplante Dehnungsfugen sowie Setzungsrisse bilden die typischen Schwachstellen an einem Bauwerk, in die das Wasser eindringen kann. Durchdringungen und unsachgemäß ausgeführte Betonierabschnitte sind ebenfalls typische Schwachstellen. Oft zu beobachten ist der Wassereintritt durch die Bodenplatte nach einer Sanierung der Kelleraußenwände mit innen liegenden Dichtputzen ohne äußere Dränung. Die Ursachen der Schäden an erdberührten Bauteilen sind Fehler bei der Ausführung der Abdichtung und Dränung sowie falsche Einschätzung des Lastfalles.

Nach der DIN 18195 „Bauwerksabdichtungen" sind erdberührte Bauteile durch geeignete Abdichtungen gegen das Eindringen von Wasser zu schützen. Geeignete Abdichtungen laut DIN 18195-1 bis 10 sind Bitumenbahnen und -massen, Kunststoff- und Elastomer-Dichtungsbahnen, Metallbänder, Asphaltmastix und kunststoffmodifizierte Bitumen-Dickbeschichtungen. Werden z. B. zementgebundene Dichtschlämme, Bentonitabdichtungen oder wasserundurchlässige Betone (WU-Beton) für Abdichtungen verwendet, kann die DIN 18195 herangezogen werden. Für die Produkte und ihre Verarbeitung gelten die entsprechenden allgemeinen bauaufsichtlichen Zulassungen oder die Empfehlungen der Hersteller.

Es sollten nur Produkte eingesetzt werden, die eine allgemeine bauaufsichtliche Zulassung erhalten haben. Die DIN 18195 ist seit 1983 keine eingeführte Technische Baubestimmung (ETB) mehr.

Ist die Abdichtung sowie die Dränanlage entsprechend der Beanspruchungsart nicht ausreichend ausgeführt oder weisen diese Mängel auf bzw. sind nicht vorhanden, stellen sich typische Schadensbilder ein, die je nach Art des Wasserandranges in die Lastfälle Bodenfeuchte, nicht drückendes Wasser und drückendes Wasser unterschieden werden.

Für die Abdichtung erdberührter Wände und Bodenplatten sind laut DIN 18195 zwei Lastfälle zu unterscheiden:

- DIN 18195-4 „Bauwerksabdichtungen – Teil 4: Abdichtungen gegen Bodenfeuchte (Kapillarwasser, Haftwasser) und nichtstauendes Sickerwasser an Bodenplatten und Wänden, Bemessung und Ausführung": Bodenfeuchte und nicht stauendes Sickerwasser,
- DIN 18195-6 „Bauwerksabdichtungen – Teil 6: Abdichtungen gegen von außen drückendes Wasser und aufstauendes Sickerwasser; Bemessung und Ausführung": von außen drückendes und aufstauendes Sickerwasser.

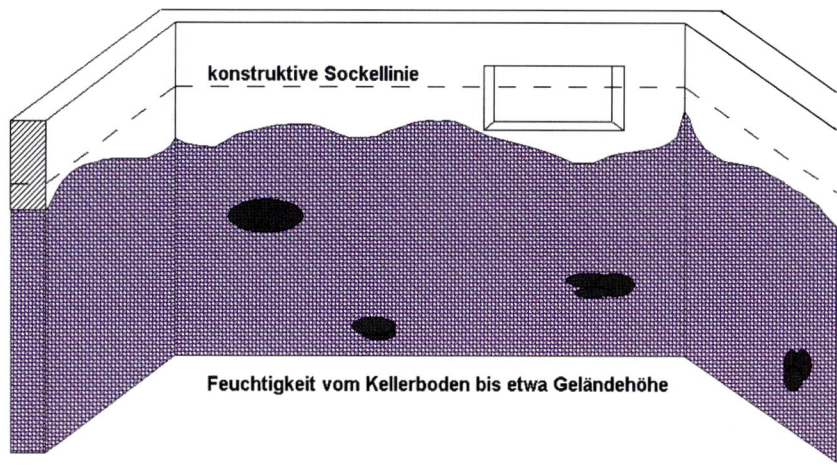

Abb. III.1.17: Typisches Schadensbild im Bauwerkstiefgeschoss, Bodenfeuchte, nicht stauendes Sickerwasser

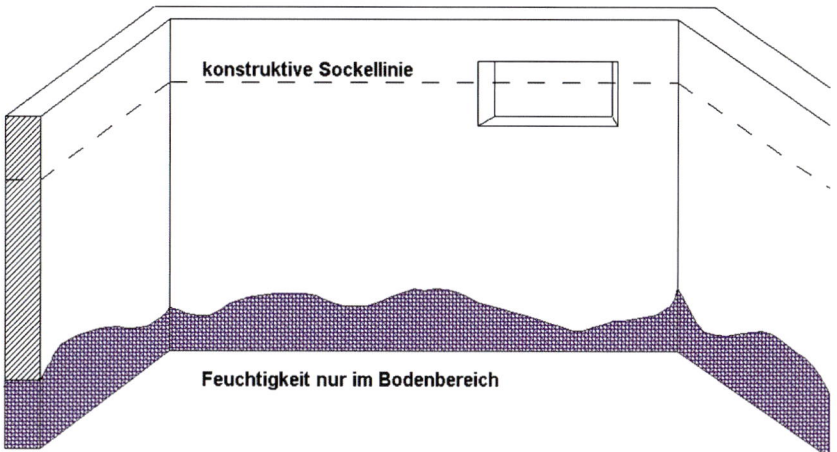

Abb. III.1.18: Typisches Schadensbild im Bauwerkstiefgeschoss, aufstauendes Sickerwasser

Bodenfeuchte

Das Schadensbild bei anstehender Bodenfeuchte ist eine gleichmäßige oder fleckenförmige, meist bis zur Geländehöhe reichende Durchfeuchtung der Wand. Wird dieses Schadensbild hinter Möbeln oder in den Raumecken angetroffen, ist zu untersuchen, ob es sich nicht um Kondenswasser handelt. Dies führt häufig zu Feuchte- und Schimmelpilzschäden und tritt oftmals bei mangelhafter Lüftung in Räumen mit abgesenkter Raumtemperatur auf.

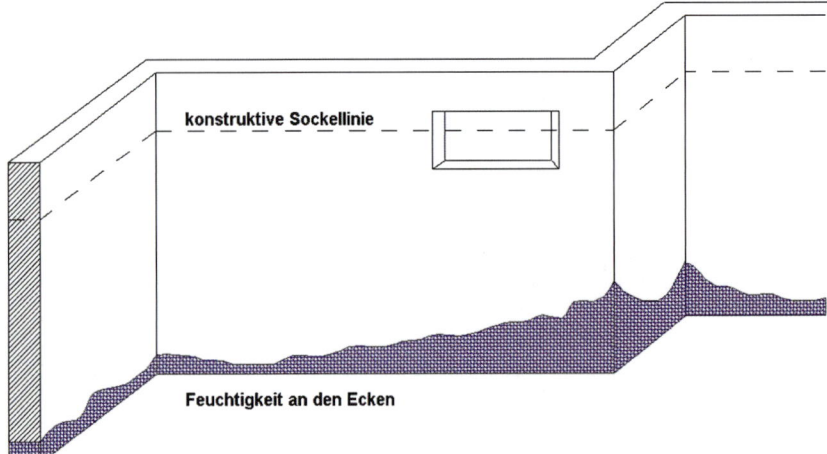

Abb. III.1.19: Typisches Schadensbild im Bauwerkstiefgeschoss, von außen drückendes Wasser, Isometrie ohne Maßstab

Abb. III.1.20: Fleckenförmige Durchfeuchtung der Innenseite einer Bauwerksaußenwand bei Bodenfeuchte

Abb. III.1.21: Wassereintritt durch die Fuge zwischen Kellerwand und Fundament in Höhe des Kellerbodens bei nicht drückendem Wasser

Abb. III.1.22: Verschieden hohe Feuchtigkeitshorizonte bei zeitweise drückendem Grundwasser

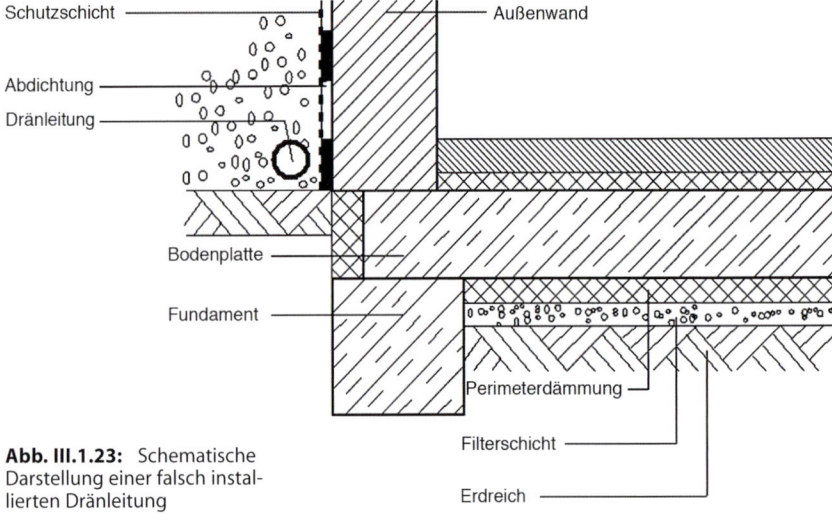

Abb. III.1.23: Schematische Darstellung einer falsch installierten Dränleitung

Nicht drückendes Wasser

Das Schadensbild bei nicht drückendem Wasser tritt häufig bei Fugen zwischen Kellerwand und Fundament in Höhe des Kellerbodens als stauendes Wasser auf, das nicht oder nur mangelhaft über eine Dränleitung abgeleitet wird.

Drückendes Wasser

Das Schadensbild bei zeitweise drückendem Wasser ist durch verschieden hohe Feuchteränder gekennzeichnet. Die Feuchte im Putz kann u. U. kapillar aufsteigen, z. B. wenn die horizontale Abdichtung vollständig fehlt oder nicht funktionsfähig ist. Der Lastfall „drückendes Wasser" liegt vor, wenn das anfallende Wasser (Stauwasser, Schichtwasser) nicht beseitigt wird oder das Bauwerk in das Grundwasser oder bei Hochwasser in den Überflutungsbereich eines Gewässers reicht. Da i. Allg. für das Beseitigen von Grundwasser über eine Dränanlage keine wasserrechtliche Genehmigung erteilt wird und Hochwasser nicht durch eine Dränung beherrscht werden kann, ist der unterhalb des Bemessungshochwasserstands liegende Bauwerksteil mit einer wasserdruckhaltenden Abdichtung oder als Wanne auszuführen. Drückendes Wasser entsteht z. B. an der Bauwerkswand, vor allem an Hanglagen, wenn sich vor der Bauwerkswand, zeitweise und jahreszeitlich begrenzt, Schichtenwasser oder Wasser staut, welches nicht abfließen kann.

Planungs- und Ausführungsfehler

Neben der untauglichen oder fehlenden Bauwerksabdichtung zählen auch die fehlerhafte Ausführung der Grundstücksentwässerung und Dränung zu den Verursachern schwerer Mängel bzw. Schäden an erdberührten Bauteilen. Bauwerksabdichtungen müssen durch Schutzschichten dauerhaft vor schädigenden Einflüssen z. B. statischer, dynamischer und thermischer Art geschützt werden. Diese Schutzfunktion kann durch Schäden an der Schutzschicht beeinträchtigt werden.

Fehlerhafte Ausführung der Dränanlage

Ist beispielsweise die Dränleitung mit Gegengefälle zu hoch oder zu weit vom Gebäude entfernt ausgeführt, kann nach längeren Regenfällen drückendes Wasser entstehen, das nicht abfließen kann. Ist außerdem die Bauwerksabdichtung untauglich, kann Wasser durch Abdichtungsschwachstellen eindringen.

Ist die Dränleitung durch einen Rückstauverschluss verriegelt, kann dies nach starken Regenfällen zu Rückstau von Drän- und Oberflächenwasser in der Dränanlage und dem Arbeitsraum führen.

Schäden an und durch Schutzschichten

Bituminierte Wellplatten können durch den Erddruck oder beim Verdichten der Auffüllungen zusammengedrückt oder bei Auffüllungen mit Schotter perforiert werden. Zementgebundene Wellplatten können brechen. Bei einlagigen Noppenbahnen ohne zweite Gleitschicht kann es infolge von Erddruck an der Abdichtungsseite zum Durchstanzen der bituminösen Abdichtung durch die Noppenbahnen kommen. Die Abdichtung wird beschädigt bzw. zerstört.

Schäden durch fehlende Filterschicht

Feuchteschäden werden häufig durch den Einbau einer Schutzschicht ohne funktionstüchtige Filterschicht verursacht. Die Schutzschicht darf aber nicht als Dränelement verwendet werden, da sie keine Filterschicht besitzt.

Wellplatten aus Asbestzement oder bituminierte Wellpappen wurden oft als Schutzschicht eingebaut. Zum Schaden kommt es, wenn aufgrund einer fehlenden Filterschicht Erdmaterial zwischen die Schutzschicht und die Bauwerkswand gelangt. Dadurch kann drückendes Wasser an der Bauwerkswand entstehen und bei untauglicher Abdichtung zum Schaden führen.

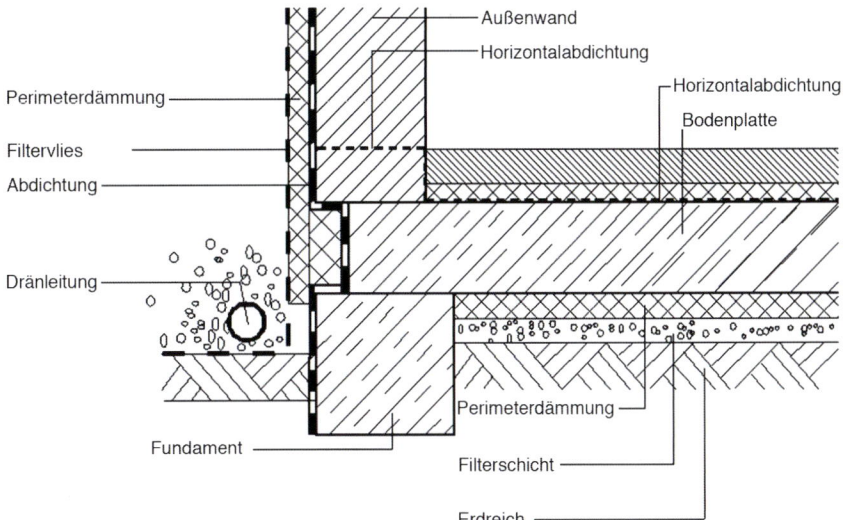

Abb. III.1.24: Schematische Darstellung einer richtig installierten Dränleitung

Abb. III.1.25: Wassereintritt wegen Abdichtungsfehlern und fehlerhaftem Dränageanschluss

Abb. III.1.26: Ungeeignete Schutzschicht führt zum Durchstanzen der Abdichtungsschicht.

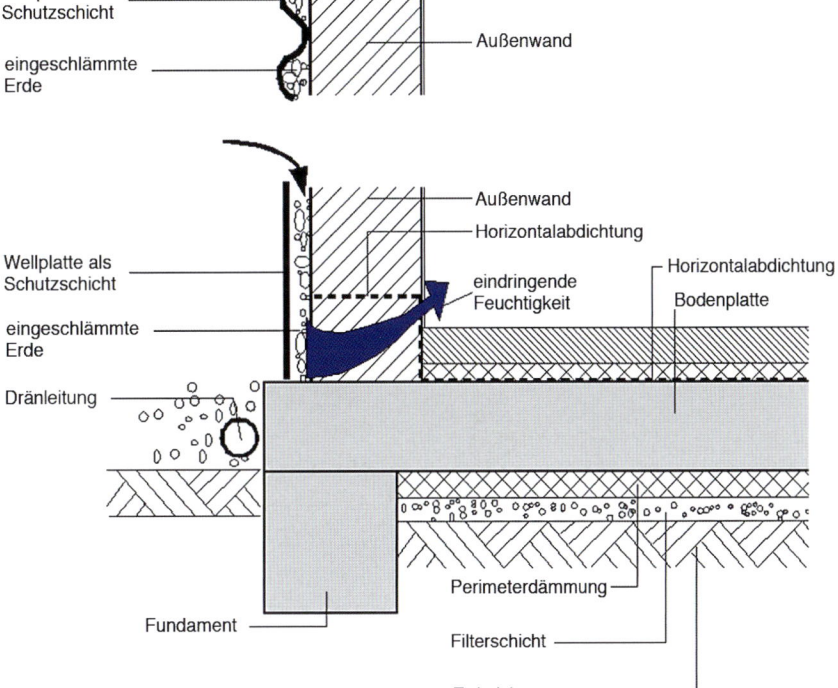

Abb. III.1.27: Eingeschlämmte Erde hinter der Außenwand-Schutzschicht kann die Abdichtung zerstören.

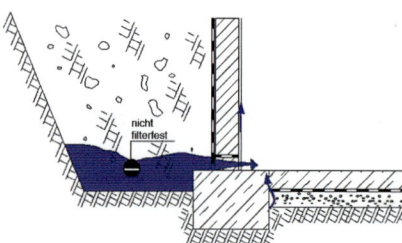

Abb. III.1.28: Nicht filterfeste Dränleitung

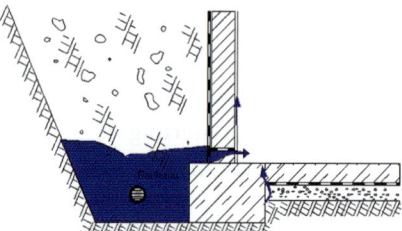

Abb. III.1.29: Rückstau des Wassers aus dem Kanal

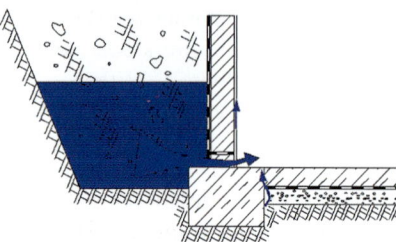

Abb. III.1.30: Keine Dränleitung vorhanden

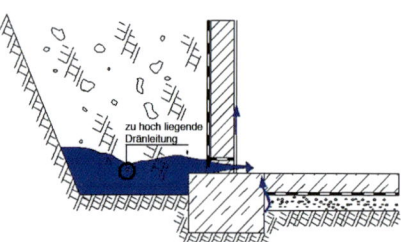

Abb. III.1.31: Dränleitung liegt zu hoch.

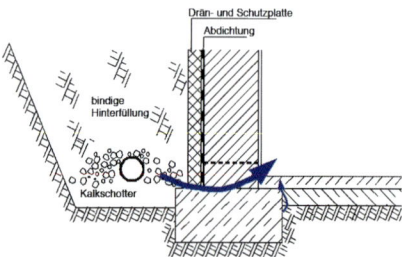

Abb. III.1.32: Zugesetzte Dränleitung in Kalksteinschotter

Dränleitungen

Die häufigsten Schadensquellen bei der Dränung von erdberührten Bauteilen sind eine fehlende Dränleitung, eine zu hoch liegende oder eine nicht filterfeste Dränleitung und Rückstau des Wassers aus dem Kanal.

Fehlende Dränleitung

Ist keine Dränleitung vorhanden und ist die Abdichtung funktionsuntüchtig, kann sich das Wasser auf der Gründungssohle stauen und in das erdberührte Bauteil eindringen.

Zu hoch liegende Dränleitung

Wurde die Dränleitung zu hoch verlegt, d.h. in Höhe der horizontalen Abdichtungsebene oder sogar darüber, kann sich das Wasser auf der Gründungssohle stauen und bei funktionsuntüchtiger Abdichtung in das erdberührte Bauteil eindringen.

III.1.2.3 Materialbedingte Mängel oder Schäden

Alterung der Dränanlage

Die chemische Beschaffenheit des Wassers muss bekannt sein oder ermittelt werden, um das Entstehen von Ablagerungen aus Kalk (Versintern) oder Eisen (Verockern) abschätzen zu können. Dabei sind vor allem jene Stoffe von Bedeutung, die bei Änderungen von Druck, Temperatur oder Sauerstoffkontakt zum Ausfällen neigen. Betonaggressives Wasser kann zu Kalkausfällungen führen, vor allem Rohrauflager aus Magerbeton oder bei Verwendung von Kalkgestein als Dränschicht. Beim Einsatz von Filtermaterialien, z. B. von Geotextilien, in hartem bis sehr hartem Sickerwasser ist grundsätzlich mit der Gefahr der Verringerung des Rohrquerschnitts u. a. durch Versintern zu rechnen.

Versintern

Unter Versintern werden Ablagerungen aus Kalk verstanden, die durch die Veränderung des Kalk-Kohlensäure-Gleichgewichtes im Wasser begünstigt werden. Mit dem Versintern ist bei hartem und sehr hartem Wasser (Karbonathärten ≥ 18 °dH [≥ 180 mg/l CaO]) zu rechnen. Bei Karbonathärten im Bodenwasser ≤ 7 °dH (≤ 70 mg/l CaO) besteht i. Allg. keine Verkalkungsgefahr. Bei der Verwendung von Kalksteinschotter als Dränmaterial können sich bei sehr aggressivem Wasser die Schlitze und die Dränleitung zusetzen. Kalkablagerungen entstehen ebenfalls bei starken Turbulenzen in der Strömung, aber auch an Stellen mit sehr geringen Fließgeschwindigkeiten.

Verockern

Verockern ist das Ausfällen von unlöslichen Oxidhydraten aus eisen- oder manganhaltigem Wasser. Der zunächst gallertartige, im Wasser schwebende Ocker lagert sich, nach Alterung und Dehydration, tapetenartig ab und verfestigt sich als Ockerplättchen an den Schlitzen und Rohrwandungen.

Weitere Schäden im Laufe der Lebensdauer einer Dränanlage können durch Wurzeln entstehen. Einwachsende Wurzeln, die Wassereintrittsöffnungen verschließen, und der im Rohr entstehende Wurzelzopf verringern den Abflussquerschnitt. Es kann bis zum Verschluss des Rohres kommen. Bei einer Bepflanzung mit Stauden und flach wurzelnden Sträuchern ist diese Gefahr nur gering, bei Bäumen sollte ein Abstand vom Gebäude von mindestens 6 m eingehalten werden.

III.1.2.4 Schadstoffe

PAK

Schadstoffbelastungen von Gründungen und erdberührten Bauteilen können vorwiegend im Zusammenhang mit bitumen- und teerhaltigen Stoffen auftreten. Trag-/Dränschichten unter Bodenplatten und an erdberührten Bauteilen (z. B. Außenwänden) wurden in der Vergangenheit mit teerhaltigem Bitumen und Steinkohlenteerpech (Schwarzanstrich), die insbesondere gegen kapillaren Wasseraufstieg (Isolieranstrich) eingesetzt wurden, versehen.

Bitumen- und teerhaltige Stoffe bestehen hauptsächlich aus Kohlenwasserstoffverbindungen. Bitumen, Teer, Pech, Mineralöle und daraus hergestellte Produkte weisen u. a. große Mengen an polycyclischen aromatischen Kohlenwasserstoffen (PAK) auf. PAK ist eine Sammelbezeichnung aromatischer Einzelverbindungen, wie z. B. Naphthalin und Benzo(a)pyren (BaP), die aus mindestens 2 miteinander verbundenen Benzolringen bestehen. Mit steigender Anzahl der Benzolringe sind sie mittel bis schwer flüchtig (SVOC, engl.: semivolatile organic compounds). PAK entstehen durch die unvollständige Verbrennung organischer Materialien (Pyrolyse). PAK-haltige Produkte wurden von Anfang des 19. Jahrhunderts bis Ende der 1960er-Jahre verwendet. Seit den 1970er-Jahren wurde bei der Herstellung von Bitumen (schonende Aufbereitung von Erdöl) kein Teer mehr beigemischt, sodass Bitumen nur noch geringe Konzentrationen PAK aufweist.

Das Ausgasungsverhalten von PAK-belasteten Produkten wird von unterschiedlichen Faktoren, wie u. a. Konsistenz, Alter und Zustand des Produktes, beeinflusst. Die Erkrankungsgefahr ist beispielsweise durch die Hautaufnahme und insbesondere durch das Einatmen PAK-belasteter Stäube (PAK gebunden an Staubpartikel) gegeben. Nach der Weltgesundheitsorganisation wurden einige dieser Produkte eindeutig als krebserregend eingestuft (WHO, 1987). Darüber hinaus kann der Umgang mit PAK-haltigen Produkten zu Schleimhautreizungen, Kopfschmerzen und Übelkeit führen. Weiterhin besteht die Möglichkeit der Fruchtschädigung oder Beeinträchtigung der Fortpflanzungsfähigkeit.

III.1.3   Maßnahmen

Die Aufnahme und Analyse (s. Kap. VI.1) der Schäden und die Ermittlung der Schadensursache sind Grundvoraussetzung jeder Instandsetzungsmaßnahme von Gründungen. Weiterhin ist die Feststellung der Standsicherheitsdefizite notwendig. Das Erfassen der Tragstruktur und die Art, Lage und Beschaffenheit der Gründung des Gebäudes ist festzustellen. Weiterhin sind der Baugrund mit seinen bodenmechanischen Eigenschaften durch Bodenuntersuchungen zu erkunden und die äußeren Einwirkungen auf das Bauwerk und auf dessen Gründung zu beurteilen bzw. zu prognostizieren.

III.1.3.1   Bauphysikalische und bautechnische Maßnahmen

Wenn sich die Baugrundverhältnisse, z. B. durch Schwankungen des Grundwasserspiegels, oder die Lastabtragung über die Fundamente in den Baugrund infolge baulicher Maßnahmen oder Nutzungsänderungen ändern, kann die Notwendigkeit von Instandsetzung bzw. Sanierung von vorhandenen Fundamenten bestehen. Zu beachten sind hierbei nicht nur das Zusammenwirken von Unterfangungen und Baugrund, sondern auch mögliche Auswirkungen auf das Gesamtgebäude.

Bei den Maßnahmen zur Erhöhung der Gebrauchstauglichkeit der Gründungen kann zwischen konventionellen Fundamentverstärkungen, Verpressungen und Vermörtelungen, dem Einbau von Pfahlgründungen und indirekten Maßnahmen (Bodenverbesserungen) unterschieden werden.

Mit Ausnahme von denkmalgeschützten Objekten ist die Wirtschaftlichkeit der Instandsetzungsmaßnahmen ein Hauptkriterium.

Fundamentverstärkung

Bei ausreichend tragfähigem Baugrund ist zur Reduzierung von Zusatzsetzungen und der Grundbruchgefahr eine Verbreiterung der Fundamente oder eine Tieferlegung der Gründungssohle ausreichend. Zur Tieferlegung von Streifenfundamenten können gemäß DIN 4123 „Ausschachtungen, Gründungen und Unterfangungen im Bereich bestehender Gebäude" konventionelle Unterfangungen ausgeführt werden. Streifen- und Einzelfundamente können durch beidseitige Balken aus Beton bzw. durch umlaufende Manschetten verbreitert werden. Eine weitere Maßnahme zur Fundamentverstärkung ist die nachträgliche Gründung auf Stahlbetonbalken.

Die DIN 4123 gilt für herkömmliche Unterfangungen von Gebäudeteilen in schmalen Streifen mit Mauerwerk, Beton oder Stahlbeton. Sie enthält Angaben darüber, wie diese Arbeiten durchgeführt werden müssen, dass die Standsicherheit und die Gebrauchstauglichkeit der bestehenden Gebäude erhalten bleiben, sowie Angaben über zu erbringende Nachweise. Hiernach ist bei Grundbruchgefahr abschnittsweise eine Verstärkung der Fundamente vorzusehen. Der Kraftschluss wird durch eine Verzahnung bzw. durch Joche erreicht. Es kann auch eine Verspannung mit Ankerstäben vorgenommen werden. Wurden die Fundamente aus Naturstein hergestellt, sollte der Gründungskörper verpresst, vernadelt und somit stabilisiert werden.

Abb. III.1.33: Freigelegte Gründung bei einem bestehenden Gebäude (Quelle: BAKA, Berlin)

Fundamentverbreiterung

Fundamente können mit beidseitigen Balken verbreitert werden. Eine statisch saubere Lösung wäre das abschnittsweise Ersetzen der Grundmauern durch Stahlbeton. Vorgeschlagen wird oft das Anklemmen der Betonbalken an das Mauerwerk über dem losen Fundamentbereich mittels Spanngliedern. Dauerhaft werden die Schubkräfte von den Balken in das Mauerwerk nur übertragen, wenn dieses fest genug ist oder in sich stabilisiert wird und die Spannkraft langfristig groß genug bleibt. Die Balken müssen durch Einpressen einer mineralischen Paste in Spalten kraftschlüssig mit dem Boden verbunden werden, um zusätzliche Setzungen klein genug zu halten. Kraftumlagerungen und Verformungen im Gründungsbereich sind schwer zu durchschauen und zu kontrollieren, die historische Gründungssubstanz wird irreversibel eingekapselt.

Unterfangungen

Das Fundament ist auf die Länge der zu verstärkenden Gründung und in einem Übergangsbereich zu unterfangen. Bei diesen Arbeiten müssen Erschütterungen, die das Gebäude oder die Arbeiten selbst beeinträchtigen können, vermieden werden. Eine mögliche Anwendung für Unterfangungen ist z. B., wenn die Gründungssohle eines neu zu errichtenden Bauwerks tiefer als die des bestehenden Gebäudes liegt. Zu beachten ist, dass sich auch das bestehende Bauwerk infolge der zusätzlichen Belastung des Baugrunds setzen kann.

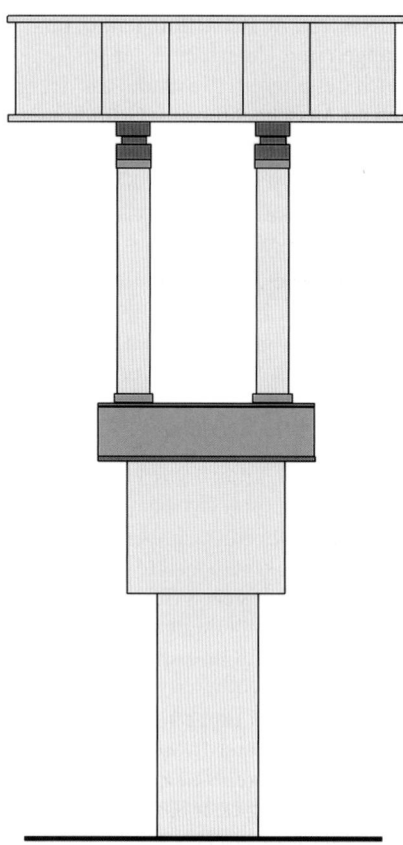

Abb. III.1.34: Ansicht eines Pfahlkopfes

Nachträgliche Gründung auf Stahlbetonbalken

Die nachträgliche Gründung von Bauwerken auf einem Stahlbetonbalken kann z. B. durch Umnutzung des Bauwerks oder das Verschieben ganzer Bauwerke notwendig werden. Hierzu werden die Wände mit Stahlspindeln (Gewindestangen) zunächst auf Hilfsfundamenten abgesetzt. Der so entlastete Gründungskörper kann dann freigelegt, entfernt und durch einen Stahlbetonbalken mit durchgehender Bewehrung ersetzt werden. Die Stahlspindeln der Hilfsgründung werden in das neue Fundament eingegossen. Gegenüber der abschnittsweisen Unterfangung hat dies den Vorteil, dass eine durchgehende Bewehrung hergestellt werden kann.

Verpressung und Vermörtelung

Durch Verpressen und Vermörteln kann die Tragfähigkeit des Baugrunds verbessert und damit die Gebrauchstauglichkeit bestehender Gründungen erhöht werden. Die Anwendungen reichen von der Poreninjektion zur Verfestigung nicht bindiger Böden bis zum Düsenstrahlverfahren, bei dem durch Vermörtelung des Bodens unter bestehenden Fundamenten ein neuer Tragkörper hergestellt wird. Weiche bindige wie auch organische Böden lassen sich zwar vermörteln, aber die erforderliche Druckfestigkeit lässt sich nur mit zusätzlichen Maßnahmen erreichen. Durch Poreninjektionen mit Zementsuspensionen lassen sich nur in grobkörnigen, homogenen Böden definierte Verfestigungskörper herstellen. In solchen Böden sind aber wegen der guten Tragfähigkeit nur selten Nachgründungen erforderlich. In bindigen Böden wie auch in den gemischt körnigen Auffüllungen kann kein zuverlässiger Verfestigungskörper hergestellt werden.

Das Düsenstrahlverfahren hat die Poreninjektion bei Nachgründungen bis auf wenige Ausnahmen verdrängt. Es ist in nahezu allen Bodenarten einsetzbar und weist in inhomogenen Böden eine deutlich größere Toleranz auf.

Nach der DIN EN 12716 „Ausführung von besonderen geotechnischen Arbeiten (Spezialtiefbau) – Düsenstrahlverfahren (Hochdruckinjektion, Hochdruckbodenvermörtelung, Jetting)" bewirkt das Düsenstrahlverfahren eine Zerlegung von Boden oder mäßig festem Gestein in seine Bestandteile. Der Boden wird mit einer zementhaltigen Mischung versetzt und zum Teil durch diese Mischung ersetzt. Das Bodengefüge wird durch einen starken Flüssigkeitsstrahl aufgelöst, wobei die Flüssigkeit die Zementsuspension sein kann. Mit dem Düsenstrahlverfahren nach der DIN EN 12716 werden im Baugrund säulenartige Elemente hergestellt. Unter dem Fundament entsteht in der Summe ein geschlossener Verfestigungskörper mit kraftschlüssigem Verbund.

Das Verfahren eignet sich zur Verstärkung von Gründungsstrukturen und zur Erhöhung der Tragfähigkeit weicher Böden. Sind Schäden auf eine zu geringe Tragfähigkeit des Baugrunds unmittelbar unterhalb der Fundamente zurückzuführen, können diese mit dem Düsenstrahlverfahren saniert werden. Anwendungsgrenzen des Düsenstrahlverfahrens bei der Sanierung historischer Bausubstanz ergeben sich oft durch Relikte früherer Fundamente und durch unterirdische Hohlräume, deren Lage oft nicht bekannt ist.

Pfahlkonstruktionen

Pfahlkonstruktionen werden zur Nachgründung von Einzel- und Streifenfundamenten immer dann eingesetzt, wenn der Baugrund in der Lastzone keine ausreichende Tragfähigkeit besitzt, sodass zur Sanierung überschaubare Lasten tiefer gegründet werden müssen. Typische Anwendungsgebiete sind verrottete Holzpfahlgründungen historischer Bauwerke und Verstärkung tief gegründeter Fundamente oder nachträgliche Tiefgründung punktueller Fundamentbereiche bei Verlust der Tragfähigkeit infolge Vernässung. Ebenso werden Pfahlkonstruktionen als temporäre Abfangung bei Unterfangungen, Umlastungen und bei der nachträglichen Herstellung von Tiefgeschossen unter oder neben dem Bestand eingesetzt.

Wegen der speziellen Anforderungen, die sich aus Zugänglichkeit, begrenzter Arbeitshöhe und Tragverhalten ergeben, haben sich verschiedene Pfahlsysteme durchgesetzt, die sich in Kleinbohrpfähle (Ortbeton- und Verbundpfähle) und in Segmentpfähle (Presspfähle) gliedern.

Kleinbohrpfähle

Die Ortbeton- und Verbundpfähle haben Durchmesser von 100 bis 300 mm und sind gemäß der DIN EN 14199 unter dem Begriff „Ausführung von besonderen geotechnischen Arbeiten (Spezialtiefbau) – Pfähle mit kleinen Durchmessern (Mikropfähle)" genormt. Diese Kleinbohrpfähle, auch Wurzelpfähle oder Stabverpresspfähle genannt, können mit kompakten Bohrgeräten unter beengten Verhältnissen, z. B. in Kellerräumen mit Arbeitshöhen ab ca. 2 m, hergestellt werden. Die Pfähle werden verrohrt gebohrt, vereinzelt auch gerüttelt oder gerammt. In die Verrohrung wird als Tragglied ein Vollstab, Profilstahl, Stahlrohr oder ein kleiner Bewehrungskorb eingestellt. Zur Herstellung des Schaftes wird beim Ziehen der Verrohrung Beton oder Zementmörtel verpresst. Die Lasten werden über Mantelreibung abgetragen. Erfahrungswerte sind in DIN EN 14199 und in DIN 1054 angegeben.

Segmentpfähle

Mit Verpresspfählen lassen sich Wände und Einzelstützen sicher und setzungsarm nachgründen. Anwendungskriterien sind neben der Wirtschaftlichkeit auch der verfügbare Arbeitsraum, der Zustand, die Belastung und der Kraftfluss in der Konstruktion. Hinzu kommt die statische Verträglichkeit von Verformungen bei Zwischenbauzuständen. Hinsichtlich Herstellungstechnik und statischer Wirkung unterscheiden sich die Anwendungen im Wesentlichen in der räumlichen Anordnung und in der Kraftübertragung vom Gründungskörper auf die Pfahlkonstruktion.

Alle Segmentpfähle besitzen ein Nut- und Federsystem, mit welchem sich alle erforderlichen Pfahllängen realisieren lassen. Das Einpressverfahren ist oft die einzige Möglichkeit, Pfähle erschütterungsfrei und lärmarm in den Baugrund einzubringen. Daher werden Presspfähle überwiegend bei der Nachgründung von erhaltungswürdigen und setzungsempfindlichen Bauwerken angewendet.

Konstruktive Verstärkungen

Zur Instandsetzung der Gründungen können konstruktive Verstärkungen eingesetzt werden. Konstruktive Verstärkungen sind u. a. Querbalken auf Pfählen, Wurzelpfähle oder Stopfen des Bodens.

Querbalken auf Pfählen

Beidseitig des Fundaments lassen sich Kleinbohrpfähle störungsarm bis zum tragfähigen Boden niederbringen. Ein Anschluss mit durch das Mauerwerk geführten Querbalken ist statisch einwandfrei, wenn die Konstruktion aus Beton und/oder Stahl besteht. Das dafür durchlöcherte Mauerwerk ist dieser zusätzlichen Beanspruchung aber oft nicht gewachsen und muss dann verstärkt oder durch Beton oder Stahl ersetzt werden. Wie bei Bergschadensicherungen muss die Konstruktion zur Herstellung eines verformungsarmen Kraftschlusses nachstellbar sein und ist dadurch sehr aufwendig. Ein erheblicher Teil der Denkmalsubstanz geht verloren. Balkenkonstruktionen sind in sichtbaren Raum- und Außenbereichen u. U. gestalterisch störende Fremdkörper.

Wurzelpfähle

Sogenannte Wurzelpfähle können schräg und über Kreuz durch das Gründungsmauerwerk bis zum tragfähigen Boden führen. Bei Ziegel- und Werksteinmauerwerk hat sich diese Bauweise im Ausland bewährt, kommt aber in Deutschland wegen statischer Bedenken nicht zur Anwendung. Geschwächtes Mauerwerk muss zunächst durch Verpressen und Vernadeln verstärkt werden. Feldsteinunterlagen bilden praktisch unüberwindliche Bohrhindernisse.

Stopfen des Bodens

Von schrägen Bohrlöchern beiderseits des Fundaments aus kann chemisch neutrales mineralisches Granulat (z. B. Sand) in den Untergrund und in die Auffüllung eingetrieben werden. Die Bohrlöcher sind noch dünner als für Kleinbohrpfähle und lassen sich durch Verdrängen mit vorsichtigem Schlagen gefahrlos herstellen. Das Granulat wird mittels rückwärts gedrehter Schnecke bei konstanter Axialkraft eingetrieben. Dabei treten praktisch keine Setzungen auf. Anders als beim Einpressen von Fluiden breiten sich eingestopfte neutrale Granulate kontrollierbar aus und verändern sich danach nicht. Je weicher der Untergrund anfangs ist, umso mehr Granulat nimmt er auf und wird zu einem ausreichend festen und steifen Baugrund. Alle organischen oder tonigen weichen Böden lassen sich so verdichten und verspannen.

Die Fundamente können sich dadurch nicht spreizen und setzen sich auch unter erhöhter Last nur wenig. Tragfähigkeits- und Verformungsnachweise lassen sich nachprüfbar durchführen. Die historische Substanz bleibt vollständig erhalten, der Bodenaustausch ist sogar reversibel (etwa für spätere archäologische Grabungen). Arbeits-, Geräte- und Materialaufwand sind geringer als bei den vorher genannten Verfahren.

Bauausführungsprozess im Bestand

Beim Bauausführungsprozess im Bestand ist die temporäre Standsicherheit bestehender baulicher Anlagen sicherzustellen. So sind z. B. die Scheibenwirkung der Wände und somit die Standsicherheit des bestehenden Bauwerks zu gewährleisten und bei Arbeiten im und am Erdreich ist der Grundwasserspiegel zu überprüfen und gegebenenfalls eine Grundwasserabsenkung vorzunehmen. Weiterhin gibt die DIN 4123 „Ausschachtungen, Gründungen und Unterfangungen im Bereich bestehender Gebäude" für Arbeiten an Ausschachtungen, Gründungen und Unterfangungen Regelausführungen vor.

Standsicherheit

Ist es erforderlich, die Standsicherheit vorhandener baulicher Anlagen zu verbessern oder wiederherzustellen, werden in der DIN 4123 folgende Empfehlungen gegeben:

- Instandsetzung von Mauerwerk oder Beton, z. B. kraftschlüssiges Schließen von Rissen, welche die Standsicherheit beeinträchtigen,
- Rückverankerung gefährdeter Gebäudeteile gegen Gebäudeteile, die nicht im Einflussbereich der geplanten Baumaßnahme liegen,
- Versteifen von Wänden, deren Scheibenwirkung infrage gestellt ist, z. B. durch Ausmauern von Öffnungen oder Anbringen von Zangen,
- Verbesserung oder Sicherung des Verbundes zwischen der zu unterfangenden Wand und von Querwänden, Decken und gegebenenfalls der Kellersohle,
- Abstützen gefährdeter Gebäudeteile durch Aussteifungen gegen benachbarte Bauwerke oder andere Widerlager, wobei die auftretenden waagerechten und senkrechten Kräfte nur in Höhe von Massivdecken bzw. in aussteifende Querwände oder in Fundamentbalken bzw. -platten eingeleitet werden dürfen, und
- Aussteifen oder Verankern des bestehenden Gebäudes gegen bereits fertiggestellte Teile des neuen Gebäudes.

Scheibenwirkung der Wände

Die Beschaffenheit von Wänden und Decken ist in jedem Fall zu berücksichtigen. Gemäß der DIN 4123 müssen die Wände als Scheiben wirken, um die Standsicherheit des bestehenden Bauwerks zu gewährleisten. Dies setzt voraus, dass vorhandene Wandöffnungen so ausgefacht werden, dass die Scheibenwirkung erhalten bleibt. Auch der Zustand der Wände ist zu untersuchen. Ist der Verbund der verwendeten Materialien nicht mehr vorhanden, ist die Wand zunächst zu sanieren.

Grundwasserspiegel

Der Grundwasserspiegel muss während der Bauausführung im Bereich des stehen bleibenden Erdblockes, der vorhandenen Fundamente und des Kellerfußbodens mindestens 50 cm unter der geplanten Aushubsohle liegen. Gegebenenfalls ist er durch eine Schwerkraftentwässerung oder durch eine Vakuum-Wasserhaltung bis auf diese Tiefe abzusenken. Dies gilt auch für gespanntes Grundwasser und für Schichtenwasser. Der Erfolg von Grundwasserabsenkungsmaßnahmen ist vor Beginn und während der Aushubarbeiten durch Messungen, z. B. durch Pegelstandsmessungen, zu überprüfen. Die Grundwasserabsenkung ist jedoch nur zulässig, wenn dadurch keine Schäden an der bestehenden Gründung oder in der Umgebung zu erwarten sind.

Grundwasserabsenkung

Liegt die Baugrubensohle tiefer als der vorhandene Grundwasserspiegel, so ist eine Grundwasserabsenkung mit Beginn der Erdarbeiten erforderlich. Der Grundwasserspiegel wird dabei über Saugrohre, die in geringen Abständen um die Baugrube angeordnet und durch eine Ringleitung mit einer Saugpumpe verbunden sind, um mindestens 50 cm unter die Baugrubensohle abgesenkt. Dadurch kann die Baugrube für die Arbeiten im Gründungsbereich trocken gehalten werden. Es ist zu beachten, dass Grundwasserabsenkungen zu Bauwerkssetzungen, Beeinträchtigungen der Wasserversorgung sowie zu Veränderungen der Vegetation in der Umgebung führen können.

Regelausführung

Für die Durchführung der Arbeiten bei Ausschachtungen, Gründungen und Unterfangungen gibt die DIN 4123 Regelausführungen vor, die keines weiteren Nachweises bedürfen, sofern die Voraussetzungen dieser Norm erfüllt sind:

- Im Einflussbereich der vorhandenen Fundamente und im stehen bleibenden Erdblock müssen mindestens mitteldicht gelagerte nicht bindige oder mindestens steife bindige Böden anstehen.
- Die DIN 4123 fordert, dass bei den örtlichen Untersuchungen der Sicherheitszustand des Gebäudes zu überprüfen ist. Insbesondere sind Art, Abmessungen, Gründungstiefe und Zustand der im Einflussbereich der Baugrube bestehenden Wände und Fundamente festzustellen. Die Lage von Versorgungs- und Abwasserleitungen sowie anderer baulicher Anlagen ist zu erkunden.
- Es muss nachgewiesen sein, dass in dem Bauzustand, in dem bis zur vorgesehenen Bermenoberfläche ausgehoben wurde, die zulässigen Bodenpressungen nach DIN 1054 „Baugrund – Sicherheitsnachweise im Erd- und Grundbau" nicht überschritten werden bzw. die Grundbruchsicherheit nach DIN 4017 „Baugrund – Berechnung des Grundbruchwiderstands von Flachgründungen" sichergestellt ist.

Gründung neuer Bauwerke neben bestehenden Bauwerken

Wird ein Bauwerk neben vorhandenen Bauten errichtet, ist es erforderlich, sich über die räumlichen und statischen Gegebenheiten der bestehenden Gebäude zu informieren. Erst wenn diese ausreichend untersucht sind, kann beim Bauen im Bestand mit der Planung des neuen Gebäudes begonnen werden. Die Gründungsebene kann dabei in gleicher Tiefe wie Bestand, tiefer als Bestand oder höher als Bestand liegen.

Oftmals ist die alte Bebauung auf nicht ausreichend tragfähigem Untergrund errichtet worden, z. B. dem Bauschutt älterer Gebäude oder im Bereich verlandeter Flussarme. Häufig sind beim Freilegen der Gründungen leere oder mangelhaft aufgefüllte Kellergewölbe zu finden.

Gründungsebene in gleicher Tiefe wie Bestand

Befindet sich die Gründungsebene des neuen Bauwerks in gleicher Tiefe wie die des bestehenden Gebäudes, muss die Baugrube zunächst ausgehoben werden. Veränderungen am bestehenden Fundament, z. B. das Entfernen eines über die Wandflucht hinaus vorhandenen Überstandes, müssen beim Nachweis, dass die Bodenpressungen unter dem Fundament des bestehenden Gebäudes die in DIN 1054 „Baugrund – Sicherheitsnachweise im Erd- und Grundbau" angegebenen Werte nicht überschreiten bzw. dass die Grundbruchsicherheit sichergestellt ist, berücksichtigt werden.

Gründungsebene tiefer als Bestand

Wenn die neue Gründungsebene tiefer als die bestehende liegen soll, so ist das vorhandene Fundament nach den Regeln für Unterfangungen herzustellen.

Gründungsebene höher als Bestand

Befindet sich die Gründungsebene des neuen Gebäudes höher als die Gründungsebene des bestehenden Gebäudes, muss nachgewiesen werden, dass die aus der neuen Gründung sich ergebenden Lasten von dem bestehenden Gebäude aufgenommen werden können. In diesem Fall würde das bestehende Gebäude je nach den statischen Gegebenheiten als Stütze für das neue Gebäude wirken. Gemäß der DIN 4123 ist es notwendig, die Zustimmung des Nachbarn einzuholen und eine rechtliche Sicherung im Grundbuch für diese Situation anzustreben.

III.1.3.2 Maßnahmen bei konstruktionsbedingten Mängeln und Schäden

Die DIN 18195-4 „Bauwerksabdichtungen – Teil 4: Abdichtungen gegen Bodenfeuchte (Kapillarwasser, Haftwasser) und nicht stauendes Sickerwasser an Bodenplatten und Wänden, Bemessung und Ausführung" gilt für Abdichtungen an senkrechten und unterschnittenen Wandbauteilen gegen nicht stauendes Sickerwasser aus Niederschlägen. Nicht stauendes Sickerwasser darf dann angenommen werden, wenn der Baugrund bis zu einer ausreichenden Tiefe unter Fundamentsohle und auch das Verfüllmaterial der Arbeitsräume aus stark durchlässigem Boden bestehen oder wenn bei wenig durchlässigem Boden eine Dränung nach DIN 4095 „Baugrund; Dränung zum Schutz baulicher Anlagen; Planung, Bemessung und Ausführung" angeordnet wird, deren Funktionsfähigkeit auf Dauer gegeben ist.

Steht hingegen Wasser ständig oder zeitweise als Grundwasser oder Hochwasser am Bauwerk an oder wird anfallendes aufstauendes Sickerwasser nicht abgeführt, so gilt die DIN 18195-6 „Bauwerksabdichtungen – Teil 6: Abdichtungen gegen von außen drückendes Wasser und aufstauendes Sickerwasser; Bemessung und Ausführung". Die DIN 18195-5 „Bauwerksabdichtungen – Teil 5: Abdichtungen gegen nicht drückendes Wasser auf Deckenflächen und in Nassräumen; Bemessung und Ausführung" gilt nur noch für die Abdichtung horizontaler und geneigter Flächen im Freien und im Erdreich. Sie gilt nicht mehr für die Abdichtung erdberührter Bauwerkswände und Bodenplatten.

Maßnahmen bei Schäden durch Feuchte

Wassereintritt über undichte Bodenplatte

Wenn der nachträgliche Einbau einer wirksamen Flächendränung unter der Bodenplatte nicht mehr möglich ist, obwohl eine nachträgliche Abdichtung der Bodenplatte gegen drückendes und aufstauendes Wasser erforderlich wird, sind nach intensivem örtlichen Untersuchen und genauer Beobachtung des Grundwasserspiegels folgende Maßnahmen zu treffen:

- Entfernen der Fußbodenaufbauten gegebenenfalls mit Fußbodenheizung,
- Verkieseln der Stahlbetonbodenplatte,
- Abdichtung der Durchdringungen z. B. durch Klebeflansche,
- Abdichtung gegen Kapillar- und Diffusionsfeuchte durch diffusionsdichte Abdichtungsbahnen auf der Bodenplatte und
- Erneuern der Fußböden, gegebenenfalls der Fußbodenheizung und schwimmenden Estriche sowie Oberbeläge.

Untaugliche Dräninstallation und Verschluss des Rückstauverschlusses

Ist die Dränleitung durch einen Rückstauverschluss verschlossen sowie verriegelt und somit die Dränanlage funktionsuntauglich, sind folgende Arbeitsschritte durchzuführen:

- Ausgraben des gesamten Gebäudes,
- Entfernen von Schutzschichten und Perimeterdämmungen,
- vollständige Abdichtung der Außenwände gegen nicht drückendes und aufstauendes Wasser,
- Anbringen neuer Perimeterdämmungen und geeigneter Schutzschichten,
- Einbau einer funktionsfähigen Dränung nach DIN 4095 „Baugrund; Dränung zum Schutz baulicher Anlagen; Planung, Bemessung und Ausführung" und
- Wiederauffüllen der Arbeitsräume.

Dränung von Kellerwänden

Beim Lastfall „nicht stauendes Sickerwasser" muss das zur Bauwerkswand andrängende Wasser über eine Dränschicht, die aus einem Mischfilter oder einer Sickerschicht mit Filterschicht besteht, zur Dränleitung abgeführt werden.

Die Dränschicht kann aus mineralischen Schüttbaustoffen bestehen, wie Sanden oder Kiessanden mit nur geringem Schluffanteil. Grobe Schüttstoffe, wie Kiese, sind mit einer Filterschicht zu schützen. Filterschicht und Sickerschicht müssen filterfest aufeinander abgestimmt sein. Beim Einbau kann entweder der gesamte Arbeitsraum mit diesen Materialien verfüllt werden oder sie sind mithilfe von Ziehbohlen einlagig oder zweilagig als Stufenfilter einzubauen. Zunehmend werden vorgefertigte Dränelemente verwendet, wie Dränsteine, Dränplatten, Dränbahnen oder Dränmatten, die filterfest aufgebaut sind.

Zur Dränung von Kellerwänden können Dränelemente verwendet werden, die z. B. aus Polystyrol-Extruderschaum bestehen und über eingefräste vertikale Rillen verfügen. Sie besitzen ein aufkaschiertes Filtervlies und dienen als Sickerschicht. Die Rillen ermöglichen das drucklose Abführen des Wassers. Das Filtervlies überlappt an einer Längsseite und an einer kurzen Seite. Gemäß DIN 4095 muss die Abflussspende von Dränelementen vor Wänden 0,3 l/(s · m) betragen. Die Verlegung dieser extrudierten Polystyrol-Hartschaumplatte erfolgt dicht gestoßen im Verband und vertikal. Die Rillen müssen zum Erdreich angeordnet sein, damit das Wasser direkt zum Dränrohr abgeführt werden kann.

III.1.3.3 Maßnahmen bei materialbedingten Mängeln und Schäden

Schadensvermeidung bei Schäden durch Alterung der Dränanlage

Ist mit Alterungserscheinungen zu rechnen, z. B. durch Versintern oder Verockern, ist die Dränanlage zu überwachen und in regelmäßigen Abständen zu warten, erforderlichenfalls zu spülen. Vor und nach dem Spülen ist ihr Zustand nach Möglichkeit mit einer Kamera zu prüfen. Vor allem bei alten, aus Tondränrohren bestehenden Leitungen ist beim Spülen mit einem Verschieben der Rohre zu rechnen. Da außerdem mit einer Kornumlagerung im Außenbereich des Dränrohres gerechnet werden muss, sind Dränspülungen nur behutsam durchzuführen.

Versintern, Verockern

Die chemischen Vorgänge sind sowohl bei Versinterung als auch bei Verockerung durch Luftabschluss der Leitungen zu verhindern. Die Leitungen sind so zu verlegen, dass sie stets voll gefüllt sind. Dieses Verfahren kann in der landwirtschaftlichen Dränung angewendet werden, ist aber bei der Bauwerksdränung nur eingeschränkt zu empfehlen. Für die Bauwerksabdichtung ist der Dränauslauf beispielsweise über einen Siphon (Düker) unter Wasser auszuführen. Es sollen keine Geotextilien, sondern organische Stoffe (z. B. Stroh) als Filter verwendet werden. Außerdem sollten bei mittlerer und starker Verockerungsneigung keine Bauwerksdränungen ausgeführt werden.

III.1.3.4 Maßnahmen bei Schadstoffbelastungen

PAK

Polycyclische aromatische Kohlenwasserstoffe (PAK) sollten im Innenraum von Gebäuden nicht nachweisbar sein. Sind PAK-haltige Baustoffe vorhanden, bedeutet das nicht zwangsläufig, dass eine Gesundheitsgefahr besteht. Es ist im Einzelfall zu prüfen, wie das teerhaltige Material verbaut wurde und ob mit einer relevanten Schadstoffemission zu rechnen ist. Die Gefährdungsbeurteilung sowie die Feststellung, ob Sanierungsmaßnahmen getroffen werden müssen, sollten ausschließlich durch einen Sachverständigen erfolgen.

Sanierungsarbeiten an PAK-belasteten Materialien (> 50 mg/kg Benzo(a)pyren) unterliegen der Gefahrstoffverordnung (GefStoffV), insbesondere den Technischen Regeln für Gefahrstoffe TRGS 551 „Teer und andere Pyrolyseprodukte aus organischem Material" und TRGS 524 „Sanierung und Arbeiten in kontaminierten Bereichen" sowie den BG-Richtlinien für Arbeiten in kontaminierten Bereichen (s. BGR 128 „Kontaminierte Bereiche").

Abb. III.2.01: Wechselspiel zwischen Steinen und Fugen (Quelle: BAKA, Berlin)

Abb. III.2.02: Außenwände aus Mauerwerk (Quelle: BAKA, Berlin)

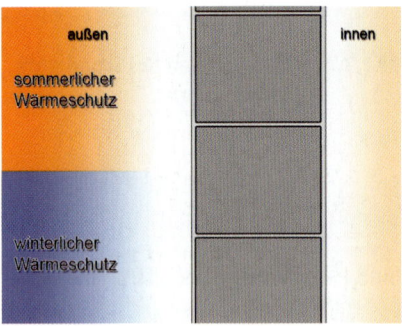

Abb. III.2.03: Sommerlicher und winterlicher Wärmeschutz, prinzipielle Anforderungen an Außenwände

III.2 Außenwände

Autoren: Dipl.-Ing. (FH) Dirk Fanslau-Görlitz, Architekt; Dipl.-Ing. Silke Nicole Klein, Architektin; Dipl.-Ing. Janet Simon; Dipl.-Ing. (FH) Yasemin Wildebrand, Architektin

III.2.1 Allgemeines

Außenwände sollen den visuellen Gesamteindruck eines Gebäudes repräsentieren. Hinzu kommen vielfältige Schutzfunktionen insbesondere gegen Wärmeverluste, Schall- und Feuchteeinwirkung sowie Brandbeanspruchungen. Das äußere Erscheinungsbild eines Gebäudes wird u. a. durch Farbe, Struktur und Art der in der Fassade sichtbaren Baustoffe geprägt. Der optische Eindruck der Fassade ist vor allem von einer sorgfältigen handwerklichen Ausführung abhängig. Diesbezüglich soll z. B. das Wechselspiel zwischen Steinen und Fugen bei einer Außenwand aus Mauerwerk so beschaffen sein, dass ein Betrachter es als gleichmäßig und ansehnlich empfindet.

Neben unterschiedlichen Wandkonstruktionen sind im Bestand auch verschiedene Materialien bei Außenwänden vorzufinden. Klassische Baustoffe sind Holz, Mauerwerk und Beton. Viele Außenwände sind von außen verkleidet.

Außenwände müssen gegen Niederschläge, Spritzwasser, Feuchtigkeit im Erdreich, Schichten- und Grundwasser, Baufeuchte sowie Wasserdampf ausreichenden Schutz bieten. Neben den bauphysikalischen Anforderungen müssen die Wände tragfähig sein, sie müssen Lasten aus Eigengewicht und Verkehrslasten der aufgelagerten Decken und Dächer übernehmen sowie den Horizontalkräften aus Winddruck, Windsog und anderen Bauteilen standhalten.

III.2.1.1 Vorschriften und Regeln

Entsprechend den bauphysikalischen und bautechnischen Anforderungen, die an Außenwände gestellt werden, sind heutzutage eine Reihe von Vorschriften und Richtlinien zu beachten. Insbesondere die nachfolgend aufgeführten Normen, Richtlinien und Merkblätter geben Hinweise auf die im Zusammenhang mit den Außenwänden stehenden Anforderungen:

- DIN 1045 „Tragwerke aus Beton, Stahlbeton und Spannbeton",
- DIN 1053 „Mauerwerk",
- DIN 4102 „Brandverhalten von Baustoffen und Bauteilen",
- DIN 4108-2 „Wärmeschutz und Energie-Einsparung in Gebäuden – Teil 2: Mindestanforderungen an den Wärmeschutz",
- DIN 4108-3 „Wärmeschutz und Energie-Einsparung in Gebäuden – Teil 3: Klimabedingter Feuchteschutz; Anforderungen, Berechnungsverfahren und Hinweise für Planung und Ausführung",
- DIN 4109 „Schallschutz im Hochbau; Anforderungen und Nachweise",
- DIN 4172 „Maßordnung im Hochbau",
- DIN 18000 „Modulordnung im Bauwesen",
- DIN 18807 „Trapezprofile im Hochbau; Stahltrapezprofile; Allgemeine Anforderungen, Ermittlung der Tragfähigkeitswerte durch Berechnung",
- DIN EN 12326 „Schiefer und andere Natursteinprodukte für überlappende Dachdeckungen und Außenwandbekleidungen",
- DIN EN 13162 „Wärmedämmstoffe für Gebäude – Werkmäßig hergestellte Produkte aus Mineralwolle (MW) – Spezifikation",
- DIN EN 13501 „Klassifizierung von Bauprodukten und Bauarten zu ihrem Brandverhalten",
- DIN EN ISO 13788 „Wärme- und feuchtetechnisches Verhalten von Bauteilen und Bauelementen – Raumseitige Oberflächentemperatur zur Vermeidung kritischer Oberflächenfeuchte und Tauwasserbildung im Bauteilinneren – Berechnungsverfahren",
- DIN EN ISO 6946 „Bauteile – Wärmedurchlasswiderstand und Wärmedurchgangskoeffizient – Berechnungsverfahren",
- DIN EN 206 „Beton",
- EnEV „Verordnung über den energieeinsparenden Wärmeschutz und energieeinsparende Anlagentechnik bei Gebäuden (Energieeinsparverordnung – EnEV)".

III.2.1.2 Bauphysikalische und bautechnische Anforderungen

Wärmeschutz

Außenwandkonstruktionen müssen die Anforderungen an den winterlichen und den sommerlichen Wärmeschutz dauerhaft erfüllen. Im Sinne der „Verordnung über den energieeinsparenden Wärmeschutz und energieeinsparende Anlagentechnik bei Gebäuden (Energieeinsparverordnung – EnEV)", § 7 „Mindestwärmeschutz, Wärmebrücken" sind die Bauteile bei zu errichtenden Gebäuden, die gegen Außenluft, das Erdreich oder Gebäudeteile mit wesentlich niedrigeren Innentemperaturen abgrenzen, so auszuführen, dass die Anforderungen des Mindestwärmeschutzes nach den (allgemein) anerkannten Regeln der Technik eingehalten werden. Weiterhin gibt die EnEV in § 9 „Änderung von Gebäuden" vor, wie Änderungen im Sinne der Anlage 3 „Anforderungen bei Änderung von Außenbauteilen und bei Errichtung kleiner Gebäude; Randbedingungen und Maßgaben für die Bewertung bestehender Wohngebäude" nach Nr. 1 (Außenwände) bis Nr. 5 (Wände und Decken gegen unbeheizte Räume und gegen Erdreich) sowie Nr. 6 (Vorhangfassaden) bei beheizten oder gekühlten Räumen auszuführen sind. Gemäß DIN 4108-2 „Wärmeschutz und Energie-Einsparung in Gebäuden – Teil 2: Mindestanforderungen an den Wärmeschutz" ergibt sich diesbezüglich ein Mindestwert für den Wärmedurchlasswiderstand (R) der Außenwand von R = 1,2 m² · K/W. Daraus resultiert die Bestimmung des maximalen Wärmedurchgangskoeffizienten (U-Wert) nach DIN EN ISO 6946 für die Außenwand von U = 0,83 W/(m² · K).

Die Energieeinsparverordnung mit Gültigkeit ab 1. Oktober 2007 fordert wesentliche Verbesserungen der Wärmedämmung insbesondere der Außenwände von Wohngebäuden in Deutschland. Die Möglichkeiten, diesen erhöhten Wärmeschutz zu realisieren, sind vielfältig. Architekten, Planer, Ingenieure und Bauherren stehen damit vor der Aufgabe, sowohl aus altbewährten Baustoffen und Konstruktionsarten als auch aus alternativen Neuentwicklungen bautechnisch, wirtschaftlich und ökologisch qualitätsvolle Lösungen auszuwählen.

Soweit bei beheizten oder gekühlten Räumen Außenwände ersetzt, erstmalig eingebaut oder in der Weise erneuert werden, dass

a) Bekleidungen in Form von Platten oder plattenartigen Bauteilen oder Verschalungen sowie Mauerwerks-Vorsatzschalen angebracht werden,
b) innenseitige Bekleidungen oder Verschalungen an Wände angebracht werden,
c) Dämmschichten eingebaut werden,
d) bei einer bestehenden Wand mit einem Wärmedurchgangskoeffizienten ≥0,9 W/(m² · K) der Außenputz erneuert wird,
e) neue Ausfachungen in Fachwerkwände eingesetzt werden,

sind nach der Energieeinsparverordnung, Anlage 3, Nr. 1 „Außenwände" die jeweiligen Höchstwerte der Wärmedurchgangskoeffizienten nach Tabelle 1 „Höchstwerte der Wärme-

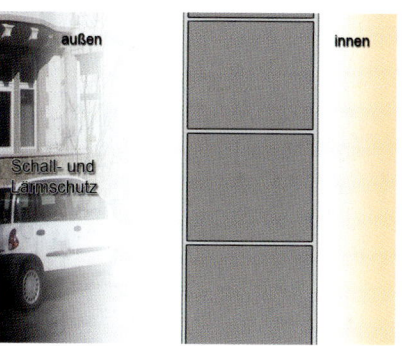

Abb. III.2.04: Schall- und Lärmschutz, prinzipielle Anforderungen an Außenwände

durchgangskoeffizienten bei erstmaligem Einbau, Ersatz und Erneuerung von Bauteilen", Zeile 1 einzuhalten (s. Tabelle III.2.01). Bei einer Kerndämmung von mehrschaligem Mauerwerk gemäß Buchstabe c) hingegen gilt die Anforderung als erfüllt, wenn der vorhandene Hohlraum zwischen den Schalen gänzlich mit Dämmung ausgefüllt wird.

Soweit bei beheizten Räumen Wände, die an unbeheizte Räume oder an Erdreich grenzen, ersetzt, erstmalig eingebaut oder in der Weise (wie in der Anlage 3, Nr. 5 der EnEV vorgegeben) erneuert werden, sind die jeweiligen Höchstwerte der Wärmedurchgangskoeffizienten nach Tabelle 1, Zeile 5 einzuhalten (s. Tabelle III.2.01), wenn die Änderung nicht von Nr. 4.1 „Steildächer" der Anlage 3 erfasst wird.

Schallschutz

Außenwände müssen die Anforderungen an den Schallschutz dauerhaft erfüllen. Unter dem Oberbegriff „baulicher Schallschutz" werden Maßnahmen verstanden, die eine von einer Schallquelle ausgehende Schallübertragung außer- oder innerhalb eines Gebäudes verringern. Somit gehört der bauliche Schallschutz zu den Hauptkriterien für die Qualitätsbewertung eines Gebäudes. Nach dem Bauordnungsrecht legt die DIN 4109 den vorgesehenen Mindestschallschutz zwischen fremden Nutzungsbereichen fest. Diese Mindestanforderungen dürfen nicht unterschritten werden.

Brandschutz

Im Hinblick auf den Brandschutz müssen Außenwände die Anforderungen nach DIN 4102 und der entsprechenden Muster- bzw. Landesbauordnungen erfüllen. Die zusätzlichen Bestim-

Tabelle III.2.01: Zulässige Werte der Wärmedurchgangskoeffizienten in W/(m² · K) für Außenwände bestehender Gebäude, die erstmals eingebaut, ersetzt oder erneuert werden (Quelle: EnEV)

	Außenwände, die an Außenluft grenzen	Außenwände, die an Erdreich grenzen
Ersatz erstmaliger Einbau		$U_{AW, zul} \geq 0{,}50$
neue Ausfachung von Fachwerkwänden	$U_{AW} \geq 0{,}9$ W/(m² · K); $U_{AW, zul} \geq 0{,}45$	
innenseitige Bekleidung oder Verschalung		$U_{AW, zul} \geq 0{,}50$
außenseitige Bekleidung oder Verschalung		$U_{AW, zul} \geq 0{,}40$
Mauerwerksvorsatzschalen		
Einbau von Wärmedämmung	$U_{AW} \geq 0{,}9$ W/(m² · K); $U_{AW, zul} \geq 0{,}35$	$U_{AW, zul} \geq 0{,}50$
Erneuerung des Außenputzes bei bestehenden Wänden mit $U_{AW} \geq 0{,}9$ W/(m² · K)		
außenseitige Feuchtigkeitssperre oder Dränage		$U_{AW, zul} \geq 0{,}40$

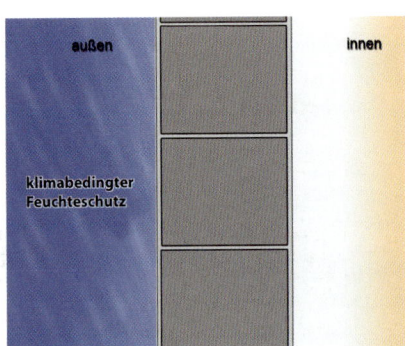

Abb. III.2.05: Feuchte- und Witterungsschutz, prinzipielle Anforderungen an Außenwände

mungen der Richtlinien für die Verwendung brennbarer Baustoffe im Hochbau müssen beachtet werden. Auf der Grundlage der europäischen Klassifizierungsnorm DIN EN 13501 wird das Brandverhalten in sogenannten Euroklassen angegeben. Diesbezüglich werden allgemein das Brandverhalten von Baustoffen und das Brandverhalten von Bauteilen unterschieden, die meist aus mehreren Baustoffen zusammengesetzt sind. Bei Gebäuden, die z. B. direkt an Nachbargebäude angrenzen, ist im Falle eines Brandes ein Brandüberschlag von einem Gebäude auf das Nachbargebäude zu vermeiden.

Die Anforderungen des Brandschutzes an Außenwände sind in den Bauordnungen der Bundesländer in Deutschland festgelegt. Feuerbeständige Außenwandkonstruktionen müssen danach die Forderungen der Landesbauordnungen nach F 90-A (DIN 4102) sowie R 90 bzw. REI 90 (DIN EN 13501) und B 1 für Außenbekleidungen (DIN 4102) erfüllen. Dies bedeutet beispielsweise bei einem raumabschließenden tragenden Bauteil mit der Klassifizierung REI 90, dass die Wandkonstruktion während der Prüfung mindestens 90 Minuten standhalten und die Kriterien E für Raumabschluss und I für Wärmedämmung erfüllen muss.

Feuchte- und Witterungsschutz

Häufig entstehen Schäden am Bauwerk durch eindringende Feuchte. Als Feuchteschutz werden alle Maßnahmen bezeichnet, die das Bauwerk vor dem Eindringen von Wasser und Feuchtigkeit schützen. Feuchte begünstigt insbesondere das Auslaugen von Mörtel und Beton, das Verwittern von Holz und Stein sowie das Oxidieren von Stahlbauteilen. Des Weiteren können sich Putze und Lacke ablösen. Enthält die eindringende Feuchte zusätzlich schädigende Stoffe, so verstärkt sich ihre zerstörende Wirkung. Dies wird auch als „aggressives Wasser" bezeichnet.

Wasser ist ein bis zu 25-mal besserer Wärmeleiter als Luft. Aufgrund dessen wird der Wärmeschutz durch feuchte Bauteile (z. B. durchfeuchtetes Dämmmaterial) erheblich vermindert. Im Hinblick auf den Feuchte- und Witterungsschutz sind insbesondere die Beanspruchungsarten Tauwasserbildung im Wandinneren und auf den inneren Wandoberflächen, Schlagregen und Spritzwasser zu unterscheiden.

Tauwasserschutz

Die Bildung von Tauwasser in Bauteilen ist gemäß DIN 4108-3 unschädlich, wenn durch Erhöhung des Feuchtigkeitsgehalts der Bau- und Dämmstoffe der Wärmeschutz und die Standsicherheit der Bauteile nicht gefährdet werden. Dies ist der Fall, wenn folgende Bedingungen erfüllt sind:

- Das während der Tauperiode im Innern des Bauteils anfallende Wasser muss während der Verdunstungsphase wieder an die Umgebung abgegeben werden können.
- Die Baustoffe, die mit Tauwasser in Berührung kommen, dürfen nicht geschädigt werden (z. B. Pilzbefall etc.).
- Bei Dach- und Wandkonstruktionen darf eine Tauwassermasse von insgesamt 1 kg/m² nicht überschritten werden.
- Tritt Tauwasser an Berührungsflächen von kapillar nicht wasseraufnahmefähigen Schichten auf, so darf zur Begrenzung des Ablaufens oder Abtropfens eine Tauwassermenge von 0,5 kg/m² nicht überschritten werden.

Insbesondere während der kälteren Jahreszeiten liegt der Wasserdampfgehalt der Raumluft erheblich über dem der Außenluft. Die aus den Wasserdampfgehalten resultierenden Dampfdrücke sind stets bestrebt, sich auszugleichen. Die Folge ist, dass der Dampfdruckausgleich durch die Außenbauteile hindurch erfolgt (Dampfdiffusion). Die Durchlässigkeit der einzelnen Baustoffe wird durch die Wasserdampfdiffusionswiderstandszahl (µ-Wert) gekennzeichnet. Sie drückt aus, um wievielmal größer der Diffusionswiderstand eines Stoffes ist als der einer gleich dicken Luftschicht.

Im Hinblick auf die Anordnung der einzelnen Baustoffe über den Außenbauteilquerschnitt sollte daher Folgendes beachtet werden:

- Eine dampfdichte Ausbildung (Baustoffe mit hohem µ-Wert) ist raumseitig zu empfehlen. Der Dampfstrom wird hierdurch gebremst und gelangt nur in geringem Maße in den Außenbauteilquerschnitt.
- Außenseitig sind möglichst diffusionsoffene Baustoffe (niedrige µ-Werte) zu wählen, damit Wasserdampf, welcher im Winter bestrebt ist, von innen nach außen zu diffundieren, nicht im Querschnitt gehalten wird, sondern an die Außenluft abgegeben werden kann.
- Innerhalb von Außenbauteilen sollten die Schichten so angeordnet werden, dass deren Wasserdampfdiffusionswiderstandszahlen von innen nach außen abnehmen und ihre Wärmedurchlasswiderstände von innen nach außen zunehmen.

Weitere Hinweise sowie Anforderungen zur Vermeidung von Tauwasserbildung sind der DIN 4108-3 zu entnehmen. Um Tauwasserbildung im Bereich der Fugenflanken zu unterbinden, ist raumseitig eine dampfdichte Fugenausbildung zu wählen und/oder außenseitig möglichst eine diffusionsoffene Fugenausbildung anzuordnen. Vorausgesetzt wird hierbei die Erfüllung der Anforderungen an den Wärmeschutz und die luftdichte Ausführung der Fugen.

III.2.1.3 Konstruktionsmerkmale

Außenwände können grundsätzlich tragend, aussteifend oder nicht tragend sein. Außerdem können sie in einschalige und zweischalige Wände unterteilt werden. Hinzu kommen Außenwände, an deren Außenseite Plattenwerkstoffe vorgehängt werden. Diese heißen bekleidete Wandkonstruktionen.

Tragende Außenwände

Überwiegend auf Druck beanspruchte scheibenartige Außenbauteile, die lotrechte Lasten (z. B. Bauteillasten) und waagerechte Lasten (z. B. Windlasten) aufnehmen, werden als tragende Außenwände bezeichnet. Sie werden in tragende Außenwände und tragende Kelleraußenwände unterschieden. Tragende Außenwände müssen die Anforderungen des Wärmeschutzes gemäß EnEV inklusive Begleitnormen, des Schallschutzes gemäß DIN 4109 und Feuchteschutzes gemäß DIN 4108 und DIN EN ISO 13788 sowie je nach Lage und Nutzung im Bauwerk des Brandschutzes (Klassifizierung nach DIN 4102-2 „Brandverhalten von Baustoffen und Bauteilen; Bauteile, Begriffe, Anforderungen und Prüfungen") erfüllen. Tragende Kelleraußenwände müssen die Anforderungen an den Wärme- und Feuchteschutz (s. Kap. III.1) erfüllen.

Aussteifende Außenwände

Scheibenartige Außenbauteile, die als Querwände dem Ausknicken der tragenden Konstruktion entgegenwirken, werden als aussteifende Außenwände bezeichnet. Sie gelten stets auch als tragende Wände. Länge und Höhe einer aussteifenden Wand müssen in einem bestimmten Verhältnis zueinander stehen. So gilt z. B. für eine Mauerwerkswand: Die Länge muss mindestens $1/5$ ihrer Höhe betragen. Die Abstände aussteifender Wände sind nach den statischen Gegebenheiten festzulegen.

Nicht tragende Außenwände

Als nicht tragende Außenwände werden scheibenartige Außenbauteile bezeichnet, die überwiegend durch ihre Eigenlast belastet werden und nicht die Funktion der Knickaussteifung tragender Wände übernehmen.

Einschalige Außenwände

Eine einschalige Außenwand ist über die ganze Wanddicke tragfähig und stellt sich als beidseitig verputzt oder an der Außenseite mit frostbeständigen Materialien ausgeführt dar.

Zweischalige Außenwände

Bei zweischaligen Außenwänden dient die Innenschale zur Lastabtragung. Die äußere Schale wirkt als Wetterschutz. Die Schicht zwischen Innen- und Außenschale kann als Luftschicht ausgeführt oder mit Dämmung gefüllt sein. Die Außenschale wird häufig als Sichtmauerwerk hergestellt.

Außenwände aus Mauerwerk

Außenwände aus Mauerwerk bezeichnen ein aus natürlichen oder künstlichen Steinen zusammengefügtes Bauteil, das aus einzelnen Steinen besteht, die aufeinander geschichtet sind. Zu den verschiedenen Arten von Steinen zählen u. a. (s. Kap. V.1) künstliche Steine (Ziegel oder Klinker, Kalksandsteine bzw. andere Formsteine, z. B. Beton- oder Gasbeton-Steine) und Natursteine (Sedimentgesteine wie Kalkstein oder Sandstein, Tiefengesteine, z. B. Granit).

Zum Vermauern von z. B. Ziegeln zu Mauerwerk (Mauermörtel) oder zum Verputzen (Putzmörtel) von Wänden wird zusätzlich Mörtel eingesetzt. Mörtel ist ein Baustoff, der mit Wasser angerührt nach gewisser Zeit erhärtet. Es kann je nach der Beständigkeit des erhärteten Mörtels unterschieden werden zwischen (s. Kap. V.1) wasserunbeständigem Mörtel wie Luftmörtel (z. B. Kalk und Gips) und wasserbeständigem Mörtel, dem Wassermörtel (z. B. Portlandzement und Tonerdzement).

Zusätzlich sind die verschiedenen Arten des Mauerwerks und die Unterscheidung der Mauerverbände von Bedeutung. Zu erwähnen sind in diesem Zusammenhang die Steinformate, die DIN 4172 und die DIN 18000.

Einschaliges Mauerwerk

In der Praxis wird zwischen einschalig verputztem Mauerwerk und einschaligem Sichtmauerwerk unterschieden. Ist das einschalige Mauerwerk als Sichtmauerwerk ausgeführt, sind Vor- und Hintermauerung homogen im

Abb. III.2.06: Monolithische Außenwand, außen verputzt

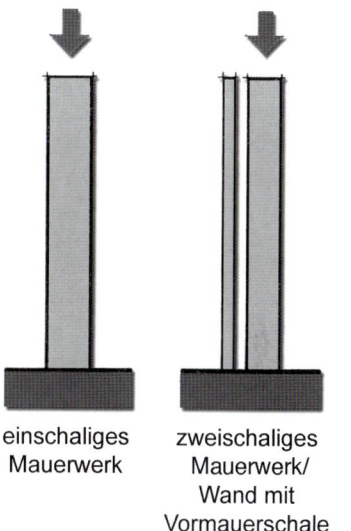

einschaliges Mauerwerk | zweischaliges Mauerwerk/ Wand mit Vormauerschale

Abb. III.2.07: Statische Belastung der unterschiedlichen Außenwandkonstruktionen

Abb. III.2.08: Einschalig verputztes Mauerwerk (Quelle: Springer BauMedien GmbH, Celle)

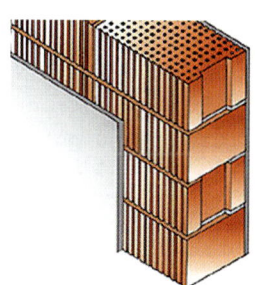

Verband verzahnt, sodass der gesamte Querschnitt statisch wirksam ist.

Für das einschalig verputzte Mauerwerk, das sogenannte Hintermauerwerk, eignen sich alle Steinarten und Steinformate. In einer Wand sind gleiche Steinarten zu verwenden. Das Mauerwerk wird im regelrechten Verband gemauert. Gemäß DIN 1053 muss die Wanddicke für Räume, die dem dauernden Aufenthalt von Menschen dienen, ≥ 24 cm betragen, wenn der Witterungsschutz nur durch Putz erfolgt. Der Fachverband Ziegelindustrie empfiehlt ≥ 30 cm. Die Innenseiten der Außenwände werden meist verputzt, um einen ebenen und glatten Untergrund zu erhalten, auf den dann

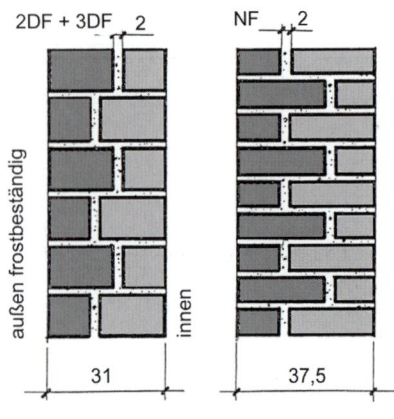

versetzte Längsfugen
Abb. III.2.09: Einschaliges Sichtmauerwerk

Abb. III.2.10: Zweischaliges Mauerwerk (Quelle: Springer BauMedien GmbH, Celle)

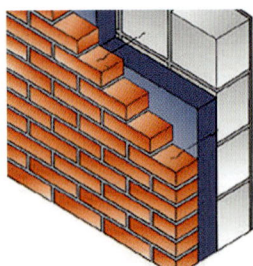

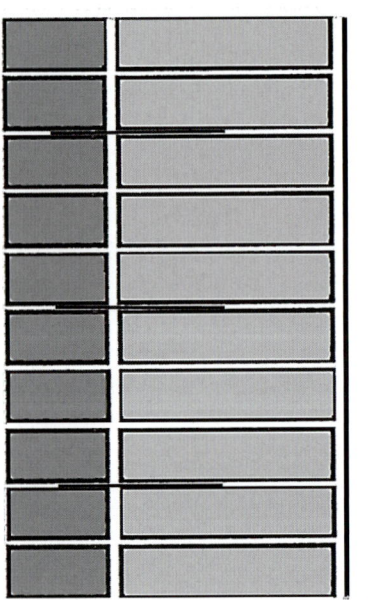

Abb. III.2.11: Zweischaliges Mauerwerk mit Putzschicht auf der Innenseite; die Außenschale ist mit der Innenschale durch einzelne Mauersteine verankert.

Fliesenbeläge, Strukturputze, Anstriche, Tapeten und Bekleidungen aufgebracht werden können. Erst nach dem Verputzen der Innenseiten der Außenwände ist die luftdichte Ebene hergestellt. Die Außenseiten der Außenwände übernehmen die Funktion des Feuchte- und Witterungsschutzes, um das Eindringen von Regenwasser zu verhindern.

Die Außenseite von einschaligem Sichtmauerwerk ist mit frostbeständigen Steinen auszuführen. Der Wandquerschnitt übernimmt Funktionen wie z. B. die Lastabtragung, den Wärme- und Feuchteschutz. Zur Erhöhung des Schlagregenschutzes ist hinter jeder äußeren Steinreihe eine 2 cm dicke Längsfuge anzuordnen. Dadurch erhöht sich die Mauerdicke gemäß DIN 1053 jeweils um 1 cm, z. B. von 30 auf 31 cm oder von 36,5 auf 37,5 cm. Alle Fugen müssen vollfugig und haftschlüssig vermörtelt werden. Bei einschaligem Sichtmauerwerk gehört die Sichtfläche zum tragenden Querschnitt. Für die zulässige Beanspruchung ist die im Querschnitt verwendete niedrigste Steinfestigkeitsklasse maßgebend.

Zweischaliges Mauerwerk

Gemäß DIN 1053 wird zweischaliges Mauerwerk mit Putzschicht auf der Innenseite, zweischaliges Mauerwerk mit Luftschicht, zweischaliges Mauerwerk mit Luftschicht sowie Wärmedämmung und zweischaliges Mauerwerk mit Kerndämmung unterschieden.

Ein zweischaliges Mauerwerk mit Putzschicht besteht aus einer Innenschale und einer Außenschale (Verblendschale). Die Innenschale ist eine ≥ 11,5 cm dicke Wand, deren Dicke je nach den statischen und wärmetechnischen Anforderungen variiert. Auf der Innenschale ist raumseitig eine zusammenhängende Putzschicht aufgebracht. Die Außenschale besteht z. B. aus einer ≥ 9 cm dicken Verblendung aus frostbeständigen Mauersteinen. Da die Baustoffe der Innen- und Außenschale unterschiedliche Eigenschaften zeigen, sind die beiden Schalen durch eine Luftschicht (Fingerspalt) zu trennen. Die Außenschale ist mit der Innenschale gemäß DIN 1053 zu verankern.

Ein zweischaliges Mauerwerk mit Luftschicht ist durch eine klare Trennung der Funktionen für Vorsatz und tragende Innenschale gekennzeichnet. Dieser Mauerwerkstyp mit 6 bis 15 cm durchgehender, dicker Luftschicht wird vorwiegend dort ausgeführt, wo die Außenschale hohen Witterungsbeanspruchungen durch Regen und Wind ausgesetzt ist (z. B. Norddeutschland). Der sogenannte äußere Wettermantel bewahrt die tragende Innenschale vor Temperatur- und Feuchtigkeitsschwankungen. Die ≥ 9 cm (besser 11,5 cm) dicke Außenschale (Verblendschale) kann aus Vormauerziegeln oder aus Klinkern bestehen. Die beiden Mauerwerksschalen sind durch Drahtanker aus nicht rostendem Stahl gemäß DIN 1053 zu verankern. Für die Hinterlüftung sind in der Außenschale offene Stoßfugen anzuordnen.

Ein zweischaliges Mauerwerk mit Luftschicht und Wärmedämmung besteht aus zwei miteinander verankerten Mauerschalen mit dazwischenliegender Luftschicht und Dämmschicht. Gemäß DIN 1053 beträgt das Mindestmaß für die Außenschale ≥ 9 cm, für die Innenschale ≥ 11,5 cm und für die Luftschicht ≥ 4 cm. Das lichte Maß zwischen Innen- und Außenschale beträgt ≤ 15 cm.

Bei nachträglicher Dämmung der Außenwände sind z. B. Einschlaganker zu verwenden und diese mit aufgesteckten Hülsen in vorgebohrte Löcher mit Kunststoffdübeln einzuschlagen.

Das zweischalige Mauerwerk mit Kerndämmung besteht aus einer Innen- und Außenschale, die durch eine Dämmschicht (Kerndämmung) getrennt sind. Beide Mauerschalen sind gemäß DIN 1053 ≥ 11,5 cm dick auszubilden und durch Drahtanker zu verbinden. Die sogenannte Kerndämmung sollte eine Dicke von ≤ 15 cm haben. Werden Dämmplatten wie z. B. Mineralfasermatten oder Hartschaumplatten verwendet, sollten nur einseitig umgebogene Drahtanker eingesetzt werden. Wird der Raum zwischen den Mauerschalen mit Dämmschüttung gefüllt, ist diese jeweils mit dem Hochmauern der Außenschale lagenweise einzubringen. Die Schüttung besteht aus wasserabweisendem Leichtzuschlag, z. B. aus vulkanischem Gestein.

Natursteinmauerwerk

Die Mauerwerksarten bei Natursteinmauerwerk (s. Kap. V.1) werden nach der Art der Ausführung und nach der Bearbeitung der Natursteine in Trockenmauerwerk, Bruchsteinmauerwerk, Schichtenmauerwerk, Zyklopenmauerwerk und Verblendmauerwerk unterschieden.

Außenwände aus Beton

Der Aufbau einer Außenwand aus Beton kann ein-, zwei- oder mehrschalig sein. Je nach Art der Herstellung wird zwischen verschiedenen Betonsorten unterschieden, die wiederum in Ortbeton oder Betonfertigteile untergliedert werden. Übliche Betonfertigteilkonstruktionen sind sogenannte Mehrschichttafeln, Sandwichelemente bzw. -wände oder Verbundbauteile. Sie werden seit den 50er-Jahren in Deutschland eingesetzt.

Heutzutage werden mehrschichtige Platten selten eingesetzt. Sie sind im Gegensatz zu hinterlüfteten Konstruktionen schadenanfällig und die Schäden lassen sich nur schwer beheben. Eine Ausnahme bilden Betonfertigteilelemente im Industriebau.

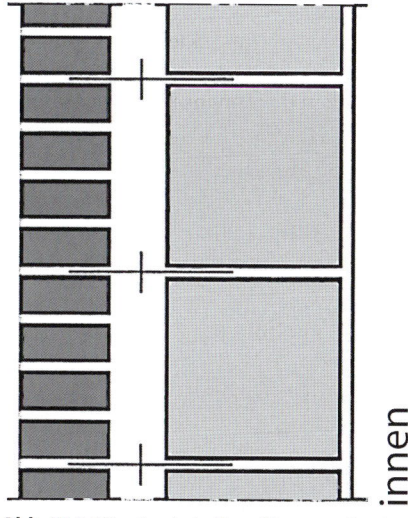

Abb. III.2.12: Zweischaliges Mauerwerk mit Luftschicht

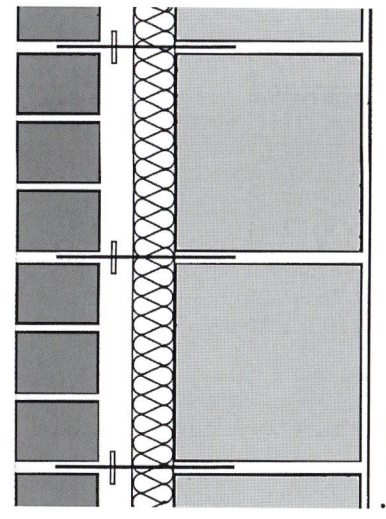

Abb. III.2.13: Zweischaliges Mauerwerk mit Luftschicht und Wärmedämmung

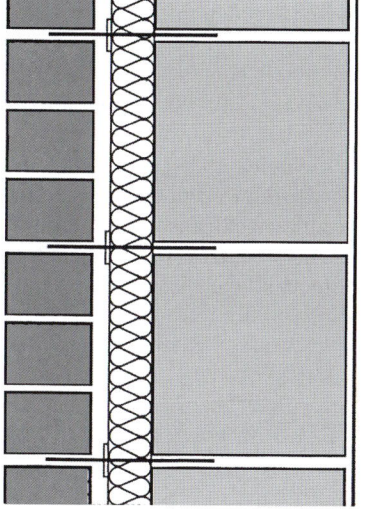

Abb. III.2.14: Zweischaliges Mauerwerk mit Kerndämmung

Abb. III.2.15: Natursteinmauerwerk

Abb. III.2.16: Betonaußenwand mit Verblendschale

Mehrschichttafel

Als Mehrschichttafel bzw. Sandwichtafel bezeichnet die DIN 1045-1 „Tragwerke aus Beton, Stahlbeton und Spannbeton – Teil 1: Bemessung und Konstruktion" ein Betonfertigteil, das i. Allg. aus einer nicht tragenden Vorsatzschicht und einer tragenden Schicht aus Stahlbeton mit einer dazwischenliegenden Wärmedämmschicht besteht.

Weitere geläufige Bezeichnungen sind (Beton-)Sandwichelemente oder (Beton-)Sandwichwände.

Abb. III.2.17: Betonkelleraußenwand

Abb. III.2.18: Betonfertigteil zur Aufnahme einer Ortbetonschicht

Abb. III.2.19: Außenwand aus Holz inklusive Holzbekleidung

Abb. III.2.20: Fachwerkhaus

Verbundbauteile (Beton)

Als Verbundbauteil bezeichnet die DIN 1045-1 ein Betonbauteil, das aus einem Betonfertigteil und einer Ortbetonschicht mit oder ohne Verbindungselemente besteht.

Außenwände aus Holz

Außenwände aus Holz gibt es in unterschiedlichen Konstruktionsweisen. Im Bestand können prinzipiell Holzskelettbau und Massivholzbau unterschieden werden, darüber hinaus gibt es weitere Holzbauarten. Dabei ist häufig der Übergang zwischen den Bauweisen gleitend.

Massivholzbau

Als Massivholzbauweise wird eine Holzbauart bezeichnet, bei der die Bauteile durchgehend aus Holz bestehen. Die Wärmedämmschicht ist beim Massivholzbau statt in der Tragebene meist auf der Innen- oder auf der Außenseite angeordnet oder kann bei der Sanierung nachträglich dort angebracht werden. Heute werden zudem auch doppelschalige Blockbohlenwände hergestellt, der Hohlraum dazwischen wird gedämmt. Der älteste, für das Bauen im Bestand relevante Vertreter des Massivholzbaus ist der Blockhausbau. Früher wurden für Blockhäuser meist Rundhölzer verwendet. Heutzutage werden Blockbohlen verwendet, die in verschiedenen Techniken miteinander verbunden werden.

Holzskelettbau

Der Holzskelettbau ist eine traditionelle, stabförmige Bauweise, bei der die Aussteifung über Streben erreicht wird. Das klassische deutsche Fachwerkhaus wurde und wird in Skelettbauweise errichtet. Sämtliche Verbindungen sind aus Holz, die Dämmung wird in der Tragebene (im Gefach) oder außen bzw. auf das Ständerwerk montiert. Im Holzskelettbau wirken die Bekleidungen nicht aussteifend. Die Sicherung gegen Windschub übernehmen stattdessen diagonale Holzstreben, aber auch Stahlverspannungen oder schubsteif ausgebildete Teile des Baukörpers, wie das Treppenhaus. Nicht tragende Wände können an beliebig wählbaren Positionen auch außerhalb des Stützenrasters angeordnet sein und später bei Bedarf einfach versetzt werden. Ebenso können Wände und Decken auch weitgehend fehlen.

Vermeidung von Konstruktionsfehlern

Zur Vermeidung von Konstruktionsfehlern beim Instandsetzen von Außenwänden aus Holz sind u. a. nachfolgende Aspekte zu beachten:

- Alle Holzauflager, wie z. B. Schwellen und Ständer, sind gegen Feuchte abzusperren. Das kann durch Unterlagen aus Bitumenpappe oder Dichtungsbahnen geschehen.
- Besonders das Hirnholz ist vor eindringender Feuchte zu schützen, da seine offenen Zellen überproportional viel Wasser aufsaugen.
- Auskragende und überstehende Holzteile sind so auszubilden, dass eine Tropfkante oder Wassernase entsteht, im Zweifelsfall sind zusätzliche Abdeckungen notwendig.
- Balkenköpfe sind luftumspült zu ummanteln.
- Holz ist möglichst nicht durch Einmauern zu verschließen, da einerseits die Gefahr besteht, dass das Holz über Mauerwerk Feuchte aufnimmt, und andererseits die Feuchte nicht schnell genug oder gar nicht aus dem Holz verdunsten kann.
- Die Fugen eines Fundaments oder eines Sockelmauerwerks einer Außenwand aus Holz unter- und oberhalb der Geländeoberkante werden häufig durch Niederschlagswasser ausgeschwemmt. Aus diesem Grund sollten Fugen immer, also auch bei Trockenlegungsverfahren, sorgfältig gereinigt und mehrlagig verfugt werden, um die Gefahr eines wiederholten Feuchtigkeitseintrages zu vermeiden.
- Kondensatbildungen sollten in und an Holzkonstruktionen verhindert werden. Entsteht Tauwasser, sollte dieses, um Schäden zu verhindern, aus der Konstruktion abgeleitet werden.

- Die Wasserführung an der Fassade ist exakt zu planen und auszuführen, um ein möglichst schnelles Ablaufen des Regenwassers zu ermöglichen.
- Stockwerks- und Dachüberstände sind ein wirksamer Schutz der Fassade gegen Witterungseinflüsse, z. B. Schlagregen.
- Beim Holzskelettbau sollten Holzskelett und Ausfachung bündig liegen. Vor- oder Rücksprünge zwischen den Holzstäben und Ausfachungen begünstigen das Eindringen von Feuchtigkeit in die Konstruktion.

Außenwandbekleidungen

Außenwandbekleidungen lassen sich in nicht hinterlüftete Konstruktionen und hinterlüftete Außenwandbekleidungen (auch Vorhangfassaden genannt) unterscheiden.

Nicht hinterlüftet ist z. B. eine angemörtelte Verblendbekleidung. Bei der hinterlüfteten Außenwandbekleidung wird die Dämmschicht mit korrosionsbeständigen Befestigungsmitteln direkt auf die Außenwand aufgebracht. Der Wetterschutz ist durch die Bekleidung aus Metall, Holz oder z. B. Dachdeckungsmaterial gewährleistet. Zwischen der äußeren Bekleidung und der Dämmschicht bleibt ein Luftraum, der für den Abtransport der Feuchte von innen und außen sorgt. Auch bei Altbauten kann mit dieser Konstruktion nachträglich ein guter Wärmeschutz erzielt werden.

Außenwandbekleidung aus Holz

Außenwandbekleidungen aus Holz haben bei sach- und fachgerechter Ausführung eine lange Lebensdauer. Das Hauptaugenmerk gilt diesbezüglich dem Holzschutz (s. Kap. V.4). Außenwandbekleidungen aus Holz kommen u. a. als Außenwandbekleidungen aus Schindeln und als Außenwandbekleidungen aus Brettern vor (s. Kap. III.2.1.4).

Außenwandbekleidungen aus Holzschindeln werden vorgehängt. Sie werden aus witterungsbeständigen Holzarten wie Fichtenholz hergestellt. Für die Schindelherstellung ist nur astfreies, wintergefälltes Holz geeignet. Das Holz wird sorgfältig getrocknet, bis es zu Klötzen der gewünschten Schindellänge zugeschnitten wird. Danach wird es in Schindeln gesägt oder handgespalten, wobei handgespaltene Schindeln qualitativ hochwertiger sind. Die fertigen Schindeln werden anschließend nochmals getrocknet. Handgespaltene oder gesägte Schindeln werden in Längen von 120 bis 800 mm hergestellt und fallen in unregelmäßigen Breiten zwischen 50 und 350 mm an. Gesägte Schindeln sind meist keilförmig geformt. Die Dicke sollte am oberen Ende ca. 1 mm und am Fuß mindestens 8 mm betragen. Andere Abmessungen sind für Sonderfälle möglich. Gespaltene Schindeln werden auf dem Schneidesel mit dem Zugmesser konisch geputzt und auf Wunsch am Schindelfuß rund, schräg, konisch oder abgeeckt zugerichtet. Eine zusätzliche Kesseldruckimprägnierung kann die Haltbarkeit der Schindeln weiter erhöhen. Die Verlegung von Außenwandbekleidungen aus Holzschindeln erfolgt zweilagig. Für die Unterkonstruktionen kommen überwiegend Kanthölzer bzw. Latten aus Nadelholz zum Einsatz.

Außenwandbekleidungen aus Brettern können als horizontale oder als vertikale Bekleidung ausgebildet werden. Für die Befestigung haben sich Nägel und Schnellbauschrauben bewährt. Sichtbar bleibende Nägel oder Schrauben sollen nach den Handwerksregeln aus nicht rostendem Stahl bestehen. Bei der Befestigung sollte darauf geachtet werden, dass jedes Brett für sich befestigt wird, überlappende Teile dürfen nicht durchgenagelt oder -geschraubt werden, da sonst Risse entstehen können. Diese Befestigung erleichtert auch den Austausch schadhafter Bretter.

Ausfräsungen in profilierten Brettern sind bei horizontalen Bekleidungen genau wie die horizontale Bekleidung selbst immer so anzuordnen, dass Wasser nach unten ablaufen kann.

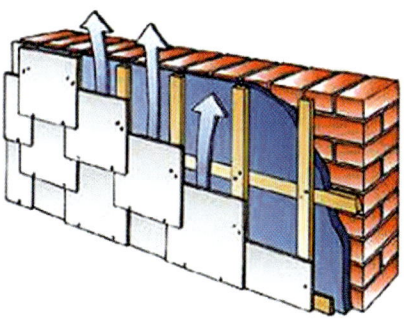

Abb. III.2.21: Vorgehängte Fassade (Schema) (Quelle: Springer BauMedien GmbH, Celle)

Abb. III.2.22: Außenwandbekleidung aus Holz

Abb. III.2.23: Außenwandbekleidung (Boden-Deckel-Schalung) aus Brettern

Abb. III.2.24: Außenwandbekleidung aus Metall

Abb. III.2.25: Außenwandbekleidung aus Stahlblech

Abb. III.2.26: Außenwandbekleidung aus Kupferblech

Abb. III.2.27: Außenwandbekleidung aus Zinkblech

Abb. III.2.28: Außenwandbekleidung aus Bleiblech

Außenwandbekleidung aus Metallblech

Aufgrund ihrer Eigenschaften haben metallische Werkstoffe in den letzten Jahrzehnten zunehmend als Bekleidungsmaterial für Außenwände an Bedeutung gewonnen. Metallfassaden sind entweder als vorgehängte Schale oder als aus dünnen Blechen gefertigte Metallbekleidung ausgeführt. Besonders im gewerblichen und Verwaltungsbau bestimmen Metallfassaden mehr und mehr das Erscheinungsbild.

Bekleidungen aus Stahlblech in Form von Vorhangfassaden oder auch Fassadenbekleidungen können mit flächenbildenden Stahlbauteilen sowohl ganz oder teilweise hergestellt werden. Für Fassaden bewährte Bauelemente sind Stahltrapezprofile, Stahlkassettenprofile (DIN 18807-1) und Sandwichelemente. Für die Befestigung der Fassadenelemente wird ebenfalls Stahl eingesetzt, insbesondere nicht rostender Stahl.

Bekleidungen aus Kupferblech gelten seit Jahrhunderten als langlebig und ästhetisch anspruchsvoll. Hauptsächlich angewendete Verarbeitungstechnik für das Anbringen von Kupferfassaden ist die Falzverbindung. Dabei werden Kupfertafeln oder Kupferbänder von 0,6 bis 0,7 mm Dicke untereinander und auf der Deckunterlage befestigt.

Bekleidungen aus Zinkblech werden seit Beginn der industriellen Herstellung von Zinkblechen aus bandgewalztem Titanzink hergestellt. Titanzink findet darüber hinaus bei Dachdeckungen, Giebelbekleidungen und Dachrinnen Anwendung. Titan-Zinkbleche werden in Blechdicken von 0,7 bis 2,0 mm hergestellt.

Bleiblechbekleidungen gelten als besonders langlebig. Bei richtiger Verarbeitung können sie mehrere Jahrhunderte erhalten bleiben. Bleifassaden werden überwiegend in Spiegeldeckung, mit versetzten, waagerecht verlaufenden Querverbindungen, ausgeführt. Aufgrund der Gesundheitsgefährlichkeit und der hohen Kosten von Blei werden Bleifassaden heutzutage nur noch vereinzelt eingesetzt. Bei der Verarbeitung für Fassadenbekleidungen sind die materialspezifischen Eigenschaften von Bleiblechen zu berücksichtigen. Wegen der geringen Eigensteifigkeit des Materials muss die Blechdicke mindestens 2 mm betragen, um die mechanische Beanspruchung in den Wulst- und Falzverbindungen aufzunehmen.

Fassaden aus Aluminiumblech können sowohl als Vorhangfassade als auch als Fassadenbekleidung hergestellt werden. Die Bedeutung von Aluminium als Baumaterial liegt in seiner Witterungsbeständigkeit, guter Formbarkeit, geringem Gewicht und den verschiedenen Legierungsqualitäten.

Außenwandbekleidung aus Dachdeckungsmaterialien

Außenwandbekleidungen aus Dachdeckungsmaterialien gelten als langlebig, pflegeleicht und dienen dem Schutz und der Gestaltung des Gebäudes. Die wichtigste Anforderung an die Fassadenbekleidung ist die Gewährleistung des Feuchteschutzes. Außenwandbekleidungen werden an tragenden Wandkonstruktionen aus schuppen- oder tafelförmig angebrachten ebenen oder profilierten klein- oder großformatigen Elementen hergestellt. Merkmale von Außenwandbekleidungen aus Dachdeckungsmaterial sind insbesondere die allgemein schützenden Wirkungen (Feuchteschutz) der dahinterliegenden Schichten, die schallschützende Wirkung, die Brandschutzwirkung und der Schutz vor Korrosion (s. Kap. III.2.1.4).

Zu den typischen Außenwandbekleidungen aus Dachdeckungsmaterialien zählen u. a. Außenwandbekleidungen aus Ziegeln, Bitumen, Faserzement und Schiefer.

Ziegel für die Fassadenbekleidung sind flächige, keramische Bauteile, die aus tonigen Massen geformt und anschließend gebrannt werden. Außenwandbekleidungen aus Ziegel eignen sich gleichermaßen für den Neubau wie auch im Bereich der Altbausanierung sowohl im Wohnungsbau als auch im Gewerbebau. Wichtige Anforderungen an Fassadenziegel sind Formhaltigkeit, Schlagregensicherheit und Frostbeständigkeit. Fassadenbekleidungen aus Ziegel werden meist durch Befestigungselemente aus Edelstahl oder Aluminium auf einer Aluminium- oder Holzunterkonstruktion montiert.

Außenwandbekleidungen aus Bitumen gelten als Alternative zu Schiefer und Faserzement. Sie sind frostbeständig und können trotz ihres geringen Gewichts mit hoher Bruchfestigkeit aufwarten. Hinzu kommt die Elastizität des Materials. Für Außenwandbekleidungen sind Bitumenplatten relevant. Hier wird zwischen Bitumenschindeln und Bitumenwellplatten unterschieden.

Für hinterlüftete Außenwandbekleidungen werden vorwiegend ebene Faserzementplatten in verschiedenen Formaten, Dicken und Oberflächen verwendet. Als wichtige Grundlage für die Haltbarkeit von Außenwandbekleidungen aus Faserzement gilt die chemische Beständigkeit des Zementes, die jedoch durch die hygroskopische Wirkung der Fasern herabgesetzt wird. Aus Faserzement werden unter hohem Druck Faserzementplatten in Form von Schindeln, Fassadenplatten oder Wellplatten hergestellt. Faserzement ist nicht brennbar, leicht, witterungsbeständig, hitzebeständig sowie resistent gegen Fäulnis und Korrosion. Faserzementplatten gibt es in unterschiedlichen Formen, Farben und Strukturen. Sie werden üblicherweise mit Nägeln oder Schrauben befestigt.

Außenwandbekleidungen aus Schiefer gelten als langlebig, pflegeleicht und wartungsfreundlich. Unter dem Begriff Schiefer werden alle Gesteine zusammengefasst, die sich von Natur aus spalten lassen. Für Fassadenbekleidungen finden hauptsächlich Tonschiefer in Dicken von 5 bis 6 mm Anwendung, in einigen Regionen wird Schiefer aber auch aus spaltbarem Jurakalk hergestellt. Schiefer wird mit Nägeln oder Schrauben auf einer Holzunterkonstruktion befestigt. Darüber hinaus werden Schieferplatten für eine hinterlüftete Fassadenbekleidung mit Trag- und Halteankern in der Vertikalfuge befestigt. Beim Bauen im Bestand sind auch Außenwandbekleidungen aus in Mörtelbett verlegten Schieferplatten anzutreffen. Für dauerhafte Außenwandbekleidungen sollte darauf geachtet werden, dass der verwendete Schiefer den Anforderungen der DIN EN 12326 entspricht.

Abb. III.2.29: Außenwandbekleidung aus Aluminiumblech

Abb. III.2.30: Außenwandbekleidung mit Dachdeckungsmaterialien

Abb. III.2.31: Außenwandbekleidung aus Ziegeln

Abb. III.2.32: Außenwandbekleidung aus Faserzementplatten

Abb. III.2.33: Außenwandbekleidung aus Schiefer

Abb. III.2.34: Nachträgliche Dämmung der Außenwände

III.2.2 Typische Mängel und Schäden

Die typischen Mängel und Schäden an Außenwänden lassen sich prinzipiell unterscheiden in bauphysikalische und bautechnische Mängel und Schäden, wie z. B. fehlende bzw. unzureichende Wärmedämmung, konstruktionsbedingte Mängel und Schäden, wie z. B. Verlust der Standfestigkeit der Verblendschale eines zweischaligen Mauerwerks, und materialbedingte Mängel und Schäden.

III.2.2.1 Bauphysikalische und bautechnische Mängel und Schäden

Fehlende bzw. unzureichende Wärmedämmung

Der unzureichende, mangelhafte Wärmeschutz bei Gebäuden im Bestand ist meist durch fehlende bzw. unzureichende Wärmedämmung der Außenwände gekennzeichnet. Die Bauteile entsprechen nicht den heutigen Anforderungen. Des Weiteren sind Energieverluste u. a. auf fehlenden bzw. mangelhaften Wärmeschutz der Gebäudehülle zurückzuführen. Eine Beeinträchtigung der Behaglichkeit der Innenräume wird ebenso begünstigt. Sach- und fachgerecht geplanter und ausgeführter Wärmeschutz der Außenwände ist eine effektive und kostengünstige Möglichkeit, den Heizwärmeverbrauch zu reduzieren, ein behagliches Innenraumklima für den Nutzer zu schaffen und einen Beitrag zum Schutz der Umwelt durch die Verminderung der Schadstoffemissionen zu leisten. Die Auswahl der dabei einzusetzenden Wärmedämmstoffe sollte deshalb nicht nur unter Kostengesichtspunkten, sondern vor allem unter Beachtung bautechnischer, gesundheits- und umweltrelevanter Kriterien erfolgen. Nach ihrer Herkunft und Herstellung lassen sich Dämmstoffe (s. Kap. V.9) in künstliche organische, mineralische und natürliche organische Dämmstoffe einteilen.

Als Ursache für eine Beeinträchtigung der Wärmedämmung der Außenbauteile sind konstruktionsbedingte Mängel zu nennen. Aufgrund der geringen Anforderungen an den Wärmeschutz in den Jahren vor der 1. Wärmeschutzverordnung (1977) und dem Energieeinspargesetz (1976) ist bei Gebäuden im Bestand fehlende Wärmedämmung die Regel. Nach heutigem Standard entsprechen, falls vorhanden, die Wärmedämmungen bei Gebäuden im Bestand nicht den Anforderungen der EnEV. Insbesondere die Behaglichkeit in den Innenräumen und das Raumklima sind aufgrund dessen eingeschränkt. Des Weiteren fehlen Maßnahmen zur Vermeidung von Wärmebrücken, sodass z. B. die Gefahr von Schimmelpilzbildung besteht. Große Wärme- und Energieverluste sind in diesem Zusammenhang festzustellen (s. Abb. III.2.35, III.2.36).

Schadensbilder bei Außenwänden mit Wärmedämm-Verbundsystem (WDVS)

Die unterschiedlichen WDVS-Varianten sind in Abhängigkeit von der Verankerung an der tragenden Konstruktion, dem gewählten Wärmedämmstoff (s. Kap. V.9) sowie der Art der Beschichtung unterteilt. Da die Eigenschaften von WDVS wesentlich durch die Abstimmung der Materialkomponenten, wie z. B. der Kombination von Dämmung und Putzsystem, von Unter- und Oberputz bestimmt werden, sind systemkonforme Materialien zu verwenden. Der Austausch einzelner Komponenten oder die Kombination einzelner Komponenten unterschiedlicher Hersteller ist unzulässig. Die allgemeinen bauaufsichtlichen Zulassungen sind somit auch als „System-Zulassungen" zu verstehen, da im Rahmen der Zulassungsprüfungen, insbesondere im Hinblick auf die Gebrauchsfähigkeit, Systemprüfungen durchgeführt werden. Sind Schäden an WDVS festzustellen, können entsprechend dem Aufbau bzw. dem Bauablauf bei der Ausführung unterschiedliche Schadenursachen benannt werden, wie z. B. der Untergrund, die Verklebung, das Verlegen der Wärmedämmplatten oder die Verdübelung. Häufig zu beobachten sind Mängel wie Schimmelpilzbewuchs und Algenbildung (s. Kap. V.9).

Untergrund

Mögliche Ursachen für Schäden am WDVS stellen problematische Untergründe dar, z. B. staubige bzw. sandende Untergründe, Altanstriche auf tragendem Untergrund oder feuchter Untergrund.

Staubige bzw. sandende Untergründe sind problematisch, weil sie eine Trennschicht zwischen dem tragenden Untergrund und der Verklebung der Wärmedämmplatten bilden und so zum Haftungsverlust führen können.

Bei Altanstrichen auf tragendem Untergrund kann es zwischen dem vorhandenen Altanstrich auf dem tragenden Untergrund und dem Kleber für das Anbringen der Wärmedämmplatten zu Wechselwirkungen kommen, sodass die Verklebung ihre Funktionsfähigkeit verliert und es zum Haftungsverlust kommt.

Sind die Untergründe der Wärmedämmplatten durch Tauwasserbildung bzw. stetige Niederschläge durchfeuchtet, sodass die oberflächennahen Poren der Wand mit Wasser gefüllt sind, ist die Haftung des Klebers mit der Wand nicht mehr gewährleistet.

Verklebung

Die Standsicherheit des Wärmedämm-Verbundsystems ist gefährdet, wenn die Mindestklebefläche nicht eingehalten wird. Dies ist der Fall, wenn z. B. Dämmstoffplatten nur punktuell verklebt sind und umlaufende Klebewulste fehlen oder eine zusätzliche Verdübelung mit Dübeln vorgenommen wurde, die an ihrer Oberseite keinen Tellerkopf aufweisen, sodass die Dämmstoffplatten nicht ordnungsgemäß befestigt werden konnten. Mineralfaser-Lamellenplatten dagegen müssen vollflächig verklebt werden.

Bei Dämmplatten aus Polystyrol, die nur punktweise befestigt wurden und eine Verdübelung nicht vorgenommen wurde, ist die Standsicherheit ebenfalls nicht gewährleistet. Dies ist insbesondere dann der Fall, wenn während der Verarbeitung auch der punktuell aufgebrachte Klebemörtel nicht hinreichend fest angedrückt wurde, sodass ein ausreichender Haftverbund nicht zustande kam. Entsprechend den allgemeinen bauaufsichtlichen Zulassungen sind mindestens 40 % der Dämmplatte mit Kleber zu versehen. Wärmedämmplatten (mit Ausnahme der Lamellenplatten) sind grundsätzlich in der Wulst-Punkt-Methode zu verkleben. Es muss darauf geachtet werden, dass bei der Verklebung nach der Wulst-Punkt-Methode in der Mitte der Dämmstoffplatten mindestens 2 Klebepunkte vorhanden sind. Um dies zu gewährleisten, ist einerseits eine ausreichende Haftzugfestigkeit der Dämmplatten am Untergrund sicherzustellen und andererseits ein Aufwölben (Bombieren) der Dämmplatten zu vermeiden.

Eine ausreichende Verklebung mit dem Untergrund kommt nicht zustande, wenn die Wärmedämmplatten mit einem aufgezogenen Klebemörtel nicht satt an den Untergrund angedrückt werden.

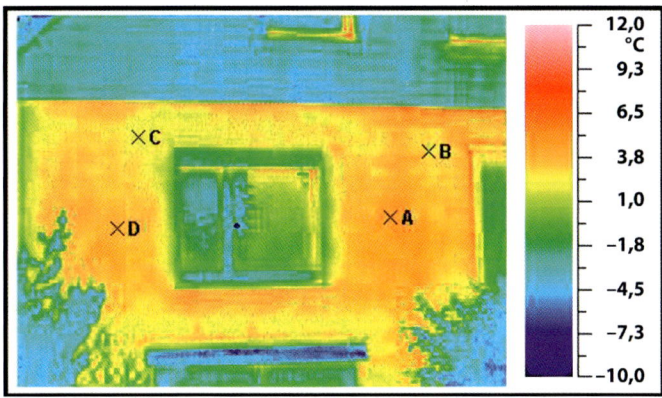
Abb. III.2.35: Thermografieaufnahme: Außenwand ohne Dämmung

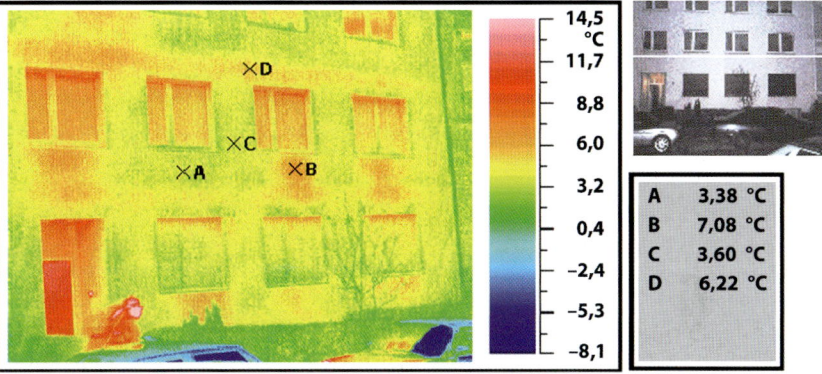
Abb. III.2.36: Thermografieaufnahme: Außenwand ohne Dämmung

Abb. III.2.37: Algenbildung an einem bestehenden WDVS

Abb. III.2.38: Unzureichender Untergrund für ein WDVS

Abb. III.2.39: Polystyrol-Dämmplatten auf geeignetem Untergrund

Abb. III.2.40: Ausführung des WDVS entgegen der allgemein anerkannten Regeln der Technik, Versprünge im Bereich der Kreuzungspunkte von Dämmstößen

Abb. III.2.41: Verlegung der Dämmplatten entgegen den allgemein anerkannten Regeln der Technik; Nut und Feder müssen ineinandergreifen.

Abb. III.2.42: Optische Beeinträchtigung aufgrund fehlender Überdeckungsstärke und sich abzeichnender Befestigungspunkte

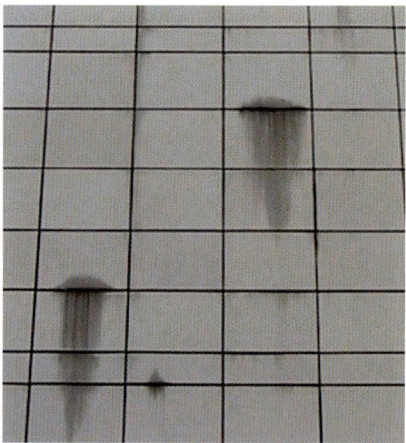

Abb. III.2.43: Verschmutzungen der Fassade aufgrund mangelhafter Fugenabdichtung

Abb. III.2.44: Riss in der Außenwand durch ungenügende Tragfähigkeit der Gründung

Verlegung der Wärmedämmplatten

Wärmedämmplatten werden im Verband verlegt. Bei der Anordnung der Dämmplatten mit Kreuzfugen kann es zu Versprüngen im Bereich des Kreuzungspunktes kommen. Versprünge im Wärmedämm-Verbundsystem können eine Veränderung der Dicke im Oberputz nach sich ziehen, sodass die Gefahr von Rissbildungen besteht. An offenen Stoßfugen kann Putzmörtel in die Fugen eindringen. Daraus können aufgrund der unterschiedlichen Ausdehnungseigenschaften der Dämm- und Putzmaterialien (s. Kap. V.11) zwangsbedingte Risse wie z. B. Kerbrisse sowie Wärmebrücken resultieren.

Verdübelung

Die Dübelteller sind bündig mit der Dämmplattenoberfläche zu setzen, um ein Abzeichnen der Dübelteller im Putz zu vermeiden. Bei Dübeln, die das Bewehrungsgewebe umfassen, ist der Deck- bzw. Oberputz entsprechend dick auszuführen und es muss der Putz wirksam hydrophobiert sein. Es dürfen nur Dübel entsprechend den bauaufsichtlichen Zulassungen für das jeweilige WDVS verwendet werden. Es ist insbesondere auf die vorgeschriebene Größe des Dübeltellers zu achten, um nicht die Standsicherheit des WDVS zu gefährden. Des Weiteren sind Dübel mit einer geringen Wärmeleitfähigkeit zu bevorzugen.

Funktionsverlust der Abdichtung der Außenwände gegen Wasser

Typische Mängel und Schäden an Fugenabdichtungen der Außenwände sind insbesondere (s. Kap. V.13) Mängel und Schäden an Fugen mit Dichtungsmassen, an Fugen mit elastischen oder vorkomprimierten Bändern und an Fugen mit Fugenprofilen.

III.2.2.2 Konstruktionsbedingte Mängel und Schäden

Mechanische Beschädigungen

Mechanische Beschädigungen sind Schäden, die durch statische Beeinträchtigungen verursacht werden können. Sie können auftreten durch unterschiedliche Setzung oder Bewegung des Fundamentes, Veränderung der Bodenbeschaffenheit oder des Wasserspiegels, wiederholte thermische Ausdehnung und Kontraktion aufgrund physikalischer Ursachen (s. Kap. III.1). Die Folge können Spaltungen oder Risse sein.

Spaltung

Eine Spaltung ist eine durch Zugspannung verursachte Teilung des Materials in getrennte Bruchstücke. Typische Schadensquellen sind unterschiedliche Setzung des Fundamentes, thermische Ausdehnung und Kontraktion, Veränderungen der Bodenverhältnisse und Veränderungen des Wasserspiegels.

Mängel und Schäden an der Verankerung des Verblendmauerwerks

Das Verblendmauerwerk (s. Kap. V.1) zweischaliger Außenwände unterliegt hauptsächlich der Beanspruchung durch horizontale Winddruck- und -sogkräfte. Darüber hinaus wird das Verblendmauerwerk durch sein Eigengewicht sowie durch eigene material- oder temperaturbedingte Verformungen infolge der Witterung belastet. Fehlende oder korrodierte Drahtanker können die Standsicherheit der Verblendschale gefährden.

III.2.2.3 Sonstige Mängel und Schäden

Ablagerungen an Außenwänden

Ablagerungen befinden sich auf der Oberfläche des Materials und bestehen aus angesammeltem oder ausgefälltem Material. Ablagerungen werden nach dem Ursprung des abgelagerten Materials in exogene Ablagerungen und endogene Ablagerungen unterschieden. Das Erscheinungsbild sind Verschmutzungen, Graffiti oder Verkrustungen.

Endogene Ablagerungen

Endogene Ablagerungen haben ihren Ursprung im Mauerwerksmaterial selber: Ausblühungen sind endogene Ablagerungen, die sich durch die Bildung löslicher Salze meist in weißer Form darstellen. Ausblühungen entstehen durch Kapillartransport und Trocknung. Dabei wird Salzlösung durch Kapillartransport an die Oberfläche eines porösen Baustoffes transportiert, das Wasser verdunstet und das Salz wird nach der Kristallisation sichtbar. Ausblühungen sind häufig ein Hinweis auf im Material verborgene Salzkristallisation. Folgeschäden können Abmehlen, Blasenwerfen oder Abblättern sein.

Exogene Ablagerungen

Exogene Ablagerungen entstehen durch Einflüsse aus der Luft (Staub und Schmutz) und haben ihren Ursprung nicht im Mauerwerksmaterial.

Verschmutzungen sind exogene Ablagerungen aus nicht kristallinem und nicht verfestigtem Material. Sie sind an Flächen anzutreffen, die nicht vom Regen abgewaschen werden. Sie entstehen durch Ablagerung von Fremdmaterial auf der originalen Oberfläche. Die Verschmutzung kann als Film auftreten, der meist dunkler als die Untergrundfarbe ist. Es kann sich um eine Schmutzablagerung handeln oder um eine Ansammlung von Sedimenten oder anderen unverfestigten Feststoffen. Des Weiteren können durch organisches Material, wie getrocknete Algen, Verschmutzungen auftreten.

Graffiti sind exogene Ablagerungen von Farbe, Tinte oder anderen Beschichtungen auf der Mauerwerksoberfläche.

Eine Verkrustung ist eine exogene Ablagerung aus herausgelaugten Mörtelbestandteilen. Ihr Erscheinungsbild ist weißlich und kann in gewissem Maße nach der Ablagerung (in Gips) umgewandelt werden. Eine Verkrustung haftet gut und hat eine dichte und glasige Struktur. Verursacht werden Verkrustungen durch Kristallisation eines aus dem Bindemittel des Mörtels mehr oder weniger löslichen Salzes (Kalzit) auf der Wandoberfläche.

III.2.2.4 Schadstoffe

Schadstoffbelastungen von Außenwänden werden oftmals durch PCB (polychlorierte Biphenyle) verursacht. PCB können vorwiegend Dichtungsmaterialien z. B. von Gebäudedehnungsfugen und Bewegungsfugen zwischen Betonfertigteilen aufweisen. Auch können Schadstoffbelastungen durch Holzschutzmittel (HSM) hervorgerufen werden. Oftmals sind hier die Verbindungen Lindan (Hexachlorhexan), PCP (Pentachlorphenol) sowie DDT (Dichlordiphenyltrichlorethan) vorhanden. Weitere Schadstoffbelastungen können von Asbestzement-Fassadenplatten, künstlichen Mineralfasern (KMF) als Dämmstoffe, -platten und -matten in Außenwänden und Vorhangfassaden sowie von Lösemitteln und Schwermetallen in Beschichtungsstoffen verursacht werden.

Abb. III.2.45: Ausblühungen auf Mauerwerk

Abb. III.2.46: Graffiti auf Mauerwerk

Abb. III.2.47: Verkrustung auf Mauerwerk

PCB

Für Dichtungsmaterialien, wie z. B. Kitte, Spachtel-, Dichtungs- und Vergussmassen, wurden früher Weichmacher in Form von polychlorierten Biphenylen (PCB) verwendet. PCB wurden ab etwa 1930 produziert und umfassen eine Gruppe aus insgesamt 209 chemischen Chlorverbindungen. Unterschieden werden sie durch ihren Chloranteil und ihre chemische Struktur. Sie zählen zu den schwer flüchtigen Schadstoffen und sind sehr schwer brennbar, sehr beständig und widerstandsfähig gegen Säuren und Laugen. Ausgasende PCB, insbesondere aus dauerelastischen Dichtungsmaterialien, binden sich u. a. an Staubpartikel und verursachen hohe Raumluftbelastungen. Sie sind biologisch schwer abbaubar.

PCB-belastetes Dichtungsmaterial wurde vor allem in den Jahren zwischen 1950 und 1970 verbaut. Es ist davon auszugehen, dass bei mehreren Tausend Mehrgeschossbauten aus Betonfertigteilen, die gegen Ende der 1960er-Jahre errichtet wurden, PCB-haltiges Dichtungsmaterial verarbeitet wurde. Mittlerweile sind viele dieser Wohnblöcke saniert.

PCB werden im menschlichen Fettgewebe langfristig gespeichert und können zu diversen Erkrankungen führen. Neben Kopfschmerzen, Nierenschäden, Schwächung des Immunsystems, Ödemen und fruchtschädigender, fruchtbarkeits- sowie entwicklungsschädigender Wirkung stehen sie in begründetem Verdacht, ein krebserregendes Potenzial zu haben. Eine Erkrankungsgefahr besteht insbesondere bei oraler Aufnahme und beim Einatmen von PCB-belasteten Stäuben.

In der BRD wurde das Gefährdungspotenzial von PCB erst in den 1960er-Jahren erkannt. Im Jahr 1973 empfahl der Rat für wirtschaftliche Zusammenarbeit und Entwicklung (OECD), PCB nicht mehr in offenen Systemen (z. B. Dichtungsmaterialien im Wohnungsbau) einzusetzen. Im Jahr 1978 setzte die Bundesregierung diese Empfehlung in deutsches Recht um, seit 1983 werden PCB in der BRD nicht mehr hergestellt. Aufgrund der inzwischen aufgehobenen „Verordnung zum Verbot von polychlorierten Biphenylen, polychlorierten Terphenylen und zur Beschränkung von Vinylchlorid (PCB-, PCT-, VCVerbotsverordnung)" vom 18. Juli 1989 wurde das Inverkehrbringen und Verwenden von Stoffen, Zubereitungen und Erzeugnissen, die bestimmte PCB oder PCB in definierten Konzentrationen enthalten, verboten. Heute gelten insoweit die Verbote nach § 1 der „Verordnung über Verbote und Beschränkungen des Inverkehrbringens gefährlicher Stoffe, Zubereitungen und Erzeugnisse nach dem Chemikaliengesetz" (Chemikalien-Verbotsverordnung – ChemVerbotsV) vom 14. Oktober 1993 (s. „Richtlinie für die Bewertung und Sanierung PCB-belasteter Baustoffe und Bauteile in Gebäuden [PCB-Richtlinie]".

Lindan, PCP, DDT

Schadstoffbelastungen von Außenwänden aus Holzbauteilen bestehen insbesondere im Zusammenhang mit dem chemischen Holzschutz (s. Kap. V.4.2). Vor allem in den 1970er-Jahren wurden in Deutschland große Mengen an Holzschutzmitteln (HSM) verwendet, sowohl im Außenbereich als auch in Wohnräumen (z. B. Außenwände aus Holz – Holzskelettbau, Außenwandbekleidungen).

Der Einsatz der Wirkstoffe Lindan (Hexachlorhexan) und PCP (Pentachlorphenol) in HSM ist in Deutschland seit 1989 verboten, da PCP als eindeutig krebserzeugend eingestuft worden ist; bei Lindan wird derzeit über die kanzerogene Wirkung diskutiert. In der DDR wurde zudem bis 1989 das Insektizid DDT (Dichlordiphenyltrichlorethan) eingesetzt, das in der alten Bundesrepublik bereits seit 1972 verboten war. DDT wird von der Umwelt nur langsam abgebaut. Es ist erbgutverändernd und steht im Verdacht, Krebs zu erzeugen. Bei Abbruch- und Sanierungsarbeiten an behandelten Holzbauteilen kann DDT in größeren Mengen freigesetzt werden.

Bei chemischen Holzschutzmitteln wie PCP, Lindan oder DDT handelt es sich um sogenannte schwer flüchtige Verbindungen. Sie sind meist nur in geringer Konzentration in der Luft vorhanden, da sie sich nach dem Ausgasen schnell wieder an Oberflächen (z. B. Staubpartikel/Hausstaub, Einrichtungsgegenstände) abscheiden. Dadurch kann es zu einer für die Innenraumbelastung gravierenden Anreicherung von Schadstoffen kommen. Viele dieser Schadstoffe sind oft über Jahre hinweg nachweisbar.

Asbest

Insbesondere bis Ende der 1970er-Jahren wurden in Deutschland asbesthaltige Baumaterialien in und an Gebäuden verwendet. Für die Bekleidung von Außenwänden wurden Asbest-Fassadenplatten (z. B. Asbestzement-Wellplatten sowie Asbestzement-Dachplatten) eingesetzt. Diese Baustoffe enthalten üblicherweise fest gebundene Asbestfasern.

Asbest ist eine Gruppenbezeichnung für verfilzte, faserartige Mineralien. Da Asbest unbrennbar und chemisch sehr resistent ist, wurde es in der Vergangenheit als Baumaterial vor allem im Brandschutz verwendet. Der Schmelzpunkt der verschiedenen Asbestarten liegt in etwa zwischen 1100 und 1500 °C. Asbest wird in die Hauptgruppen der Serpentinasbeste (z. B. Chrysotilasbest, auch als „Weißasbest" bekannt) und Amphibolasbeste (z. B. Krokydolith, auch „Blauasbest" genannt) unterschieden. Weiterhin lässt sich Asbest in fest gebundene (Dichte > 1400 kg/m^3) und schwach gebundene (Dichte < 1000 kg/m^3) Asbestprodukte differenzieren.

Asbest besteht nicht aus kompakten Kristallen, wie fast alle Mineralien, sondern aus winzigen, parallel zueinander liegenden Mikrofasern, die weniger als ein tausendstel Millimeter dünn (< 1 μm) und bis zu mehrere Zentimeter lang sind. Die größte Gefahr ergibt sich durch die Fähigkeit von Asbest, sich längs in immer dünnere Fasern zu spalten, was das Material in gesundheitlicher Hinsicht so kritisch macht. Durch die Kleinfaserigkeit besteht die Möglichkeit, dass die Fasern in Lunge, Bronchien und Rippenfell eindringen und sich dort über Jahrzehnte halten. Eine kritische Faserkonzentration kann Asbestose und Lungenkrebs erzeugen.

Die Einstufung von Asbest erfolgt nach der Gefahrstoffverordnung (GefStoffV) in die Kategorie der krebserzeugenden, erbgutverändernden und fruchtbarkeitsgefährdenden Gefahrstoffe. In Deutschland wurde Asbest 1994 auf Grundlage der Chemikalien-Verbotsverordnung (ChemVerbotsV) bis auf wenige Ausnahmen endgültig verboten.

Dennoch ist die Gesundheitsgefährdung durch Asbest für die Allgemeinbevölkerung relativ gering. Im Bestand vorhandene, fest gebundene Asbestzementbauteile wie z. B. Asbestzement-Wellplatten und -Dachplatten verursachen durch Abwitterung kaum nennenswerte Emissionen.

KMF

Künstliche Mineralfasern (KMF) werden in Form von Glas-, Stein- und Mineralwolle zur Wärmedämmung und Schallisolierung von Außenwänden verwendet. Schadstoffbelastungen können von KMF als Dämmstoffe, -platten oder -matten in Außenwänden und Vorhangfassaden ausgehen.

KMF sind anorganische silikatische Fasern, die aus Glas-, Gesteins- oder Schlackeschmelzen durch Ziehen, Blasen oder Schleudern hergestellt werden. Die Fasern mit einem Durchmesser von 2 bis 20 μm werden unterteilt in Mineralwoll- und Keramikfasern. Anders als Asbestfasern können KMF sich nicht aufspalten und somit immer dünner werden, sondern nur durchbrechen und somit bei gleicher Dicke immer kürzer werden. Darüber hinaus werden KMF im Gegensatz zu Asbest im Organismus schneller abgebaut. Diese Kriterien führen zu der Einschätzung, dass künstliche Mineralfasern zumindest weit weniger gesundheitsschädlich sind als Asbestfasern.

Beim Umgang mit KMF kann es zu Haut- und Atemwegsreizungen kommen. Weisen die Fasern kritische Abmessungen auf (Durchmesser < 3 μm, Länge > 5 μm), verfügen sie ähnlich wie Asbest über ein krebserzeugendes Potenzial. Da von KMF-Produkten unterschiedliche Gesundheitsgefahren ausgehen, werden sie in sogenannte „alte" und „neue" Produkte eingeteilt. Unter „alten" KMF werden Produkte zusammengefasst, die nicht eines der Freizeichnungskriterien nach der Gefahrstoffverordnung (GefStoffV) erfüllen und somit als krebserzeugend oder krebsverdächtig gelten. Alte KMF sind dabei insbesondere Produkte, die vor 1996 verwendet worden sind. Daher sollte bei Verdacht auf das Vorhandensein dieser Materialien nach dem Vorsorgeprinzip gehandelt und eine Entsorgung der bedenklichen Produkte vorgenommen werden.

Lösemittel

Schadstoffbelastungen treten insbesondere im Zusammenhang mit lösemittelhaltigen Beschichtungen von Außenwänden auf. Lösemittel haben die Aufgabe, andere feste, flüssige oder gasförmige Stoffe in Lösung zu halten und den Anstrichstoff streich- und sprühfähig zu machen. Es gibt eine große Anzahl an lösemittelhaltigen Stoffen, die aus unterschiedlichen Stoffgemischen bestehen. Organische Lösemittel gehören zu den typischen leicht flüchtigen organischen Verbindungen (VOC, engl.: volatile organic compounds) und besitzen einen Siedepunkt zwischen 50 und 200 °C. Lösemittelhaltige Beschichtungen können während und nach der Verarbeitung zu hohen Raumluftbelastungen führen, da die Lösemittel unter atmosphärischen Bedingungen in die Raumluft entweichen. Sie verdampfen langsam und sind über einen längeren Zeitraum in der Raumluft nachweisbar.

Organische Lösemittel sind u. a. Gemische auf der Basis leicht flüchtiger aromatischer Kohlenwasserstoffe (BTX – Benzol, Toluol, Xylol), aliphatischer Kohlenwasserstoffe (z. B. Hexan, Oktan, Dekan, Dodekan) und verschiedener Ester, Alkohole und Glykole. Sie werden hauptsächlich als Verdünnungs- und Lösemittel in Nitrocelluloselacken (Nitrolacke) und Alkydharzlacken eingesetzt. Der Anteil organischer Lösemittel liegt bei Nitrolacken bei bis zu 70 %, bei Alkydharzlacken bei 30 bis 60 %. Weiterhin gibt es einige Lösemittel aus der Gruppe der aliphatischen Chlorkohlenwasserstoffe (CKW), wie z. B. Dichlormethan, Trichlorethylen sowie Tetrachlorethylen (Perchlorethylen). Diese werden heute noch meist als Abbeizmittel zum Entfernen von Oberflächenbeschichtungen verwendet. Trichlorethylen wird seit den 1920er-Jahren und Tetrachlorethylen seit den 1950er-Jahren produziert. Beide Stoffe wurden in unterschiedlichen Bereichen eingesetzt.

Da aromatische Lösemittel, wie z. B. Benzol, Toluol, Xylol, Aufsehen erregt haben, wurden in den letzten 20 Jahren zunehmend Glykole als Lösemittel für wasserbasierte Beschichtungssysteme verwendet. In diesem Zusammenhang muss der unterschiedliche Gebrauch des Begriffes „Lösemittel" erläutert werden. Die Technische Regel für Gefahrstoffe TRGS 610 „Ersatzstoffe und Ersatzverfahren für stark lösemittelhaltige Vorstriche und Bodenbelagsklebstoffe für den Bodenbereich" definiert das Wort „Lösemittel" als „… *flüchtige organische Stoffe sowie deren Mischungen mit einem Siedepunkt < 200 °C, die bei Normalbedingungen (20 °C und 1013 hPa) flüssig sind und dazu verwendet werden, andere Stoffe zu lösen oder zu verdünnen, ohne sie chemisch zu verändern."* Da Glykole im Vergleich zu „herkömmlichen Lösemitteln" einen höheren Siedepunkt besitzen, trifft auf sie diese Definition daher nicht zu. Anstrichstoffe mit einem Glykolgehalt bis zu 10 % dürfen als lösemittelfrei bezeichnet werden.

Glykole werden aufgrund ihrer Wassermischbarkeit vorwiegend in wasserverdünn- und wasservermischbaren Produkten, wie Dispersionsfarben, z. B. Kunststoffdispersionsfarben (KD-Farben), Kunstharzdispersionsfarben sowie Dispersionslackfarben, eingesetzt. Zu der Gruppe der Glykole zählen alle Glykolverbindungen, wie Glykolether (z. B. 2-Butoxyethanol, Propylenglykolether) und Glykolester (Acetate von Glykolether). Glykole sind farblose, fast geruchlose Flüssigkeiten, die sich gut mit Wasser mischen lassen. Im Vergleich zu herkömmlichen Lösemitteln besitzen Glykole einen höheren Siedepunkt, sodass sie sehr langsam an die Raumluft abgegeben werden und über einen längeren Zeitraum nachweisbar sind.

Die Aufnahme von gesundheitsgefährdenden Lösemitteldämpfen oder Aerosolen kann durch das Einatmen, das Verschlucken, durch die Aufnahme über die Haut bei hautresorptiven Stoffen wie Xylol oder Ethylbenzol oder durch direkten Augenkontakt geschehen. In Abhängigkeit von der Konzentration und der Einwirkungsdauer kann dies unterschiedliche Auswirkungen auf den menschlichen Körper haben. Einige Lösemittel führen zu Atemwegs- und Schleimhautreizungen sowie Kopfschmerzen, andere schädigen das Nervensystem, können Leber- und Nierenschäden hervorrufen oder besitzen krebserregendes und fruchtschädigendes Potenzial. Die Toxizität von Glykol ist innerhalb der Stoffgruppe sehr unterschiedlich und kaum bekannt. Bei den kaum untersuchten Glykolverbindungen zeigen sich aber zum Teil gleichartige toxische Wirkungen wie bei anderen herkömmlichen Lösemitteln.

CKW zählen zu den schädlichsten Chemikalien in Bezug auf Gesundheit und Umwelt. Trichlorethylen ist seit Ende 2001 in die Kategorie der krebserzeugenden, erbgutverändernden Gefahrstoffe, Tetrachlorethylen in die Kategorie der krebserzeugenden Gefahrstoffe eingestuft worden (s. Technische Regel für Gefahrstoffe TRGS 905 „Verzeichnis krebserzeugender, erbgutverändernder oder fortpflanzungsgefährdender Stoffe"). Nach Anhang IV „Herstellungs- und Verwendungsverbote" der Gefahrstoffverordnung (GefStoffV) gilt für z. B. Benzol, Toluol und aliphatische Chlorkohlenwasserstoffe (mit wenigen Ausnahmen) ein Herstellungs- und Verwendungsverbot.

Schwermetalle

Schadstoffbelastungen von Außenwänden können u. a. im Zusammenhang mit Schwermetallen in Beschichtungen auftreten. Zu den Schwermetallen zählen u. a. Blei und Bleiverbindungen (z. B. Bleioxid [Blei-Mennige], Bleinitrat, Bleiacetat, Bleicarbonat), Cadmium und Cadmiumverbindungen (z. B. Cadmiumsulfat, Cadmiumsulfid, Cadmiumchlorid, Cadmiumoxid, Cadmiumhydroxid) sowie Zink und Zinkverbindungen (z. B. Zinkchromat).

Blei-, Cadmium- und Zinkverbindungen können in den Pigmenten von Farben und Lacken auftreten. Blei kommt häufig als Bleiweiß in weißen oder hellen Farben, Cadmium (z. B. Cadmiumsulfid) in gelben bis tiefroten Farbpigmenten und Zinkchromat (Zinkgelb) in gelben Farbpigmenten vor. Weiterhin wurde Zinkchromat (starkes Oxidationsmittel) vielfach in Korrosionsschutzgrundfarben eingesetzt. Blei-Mennige wird wie Zinkchromat zur Herstellung korrosionsschützender Anstrichstoffe für Metalloberflächen verwendet. Im 19. Jahrhundert wurde dazu der Stoff mit Leinöl und/oder Terpentinöl vermischt und verstrichen. Später wurden die Öle durch flüchtige Lösemittel wie z. B. Alkohole (Methanol, Ethanol) ersetzt, um die Trocknungszeit zu verkürzen.

Werden blei- und cadmiumbelastete Anstriche mechanisch durch Abbrennen oder Abschleifen entfernt, können durch den freiwerdenden Staub hohe Schadstoffbelastungen entstehen. Beim Umgang mit Zinkchromat kann es zu Haut- und Atemwegsreizungen kommen. Darüber hinaus gilt Zinkchromat als eindeutig krebserzeugend (Lungenkrebs) und erbgutschädigend. Blei-Mennige ist toxisch, sobald es durch Verschlucken oder Einatmen in den Körper gelangt. Bei einmaliger Aufnahme kann es allerdings nicht zu Vergiftungserscheinungen kommen. Blei-Mennige als Korrosionsschutzmittel ist in Deutschland verboten. Nach der Technischen Regel für Gefahrstoffe TRGS 905 „Blei" wird bioverfügbares Blei-Metall in die Kategorie $R_E 1$ (fruchtschädigend) sowie Kategorie $R_F 3$ (Beeinträchtigung der Fortpflanzungsfähigkeit – Fruchtbarkeit) und Cadmiumverbindungen (bioverfügbar, in Form atembarer Stäube/Aerosole) in die Kategorie der krebserregenden Gefahrstoffe (K2) eingestuft.

Nach Anhang IV „Herstellungs- und Verwendungsverbote" der Gefahrstoffverordnung (GefStoffV) gilt mit wenigen Ausnahmen für Bleikarbonate, Bleisulfate, Cadmium und Cadmiumverbindungen ein Herstellungs- und Verwendungsverbot. Bleiverbindungen wie wasserfreies neutrales Bleikarbonat, Bleihydrokarbonat und Bleisulfate dürfen nicht als Farben verwendet werden. Dies gilt jedoch nicht, wenn die Verwendung von Ersatzstoffen nicht möglich ist, wie z. B. zur Erhaltung oder originalgetreuen Wiederherstellung von z. B. historischen Bestandteilen denkmalgeschützter Gebäude. Cadmium und seine Verbindungen dürfen nicht zum Einfärben von Erzeugnissen oder ihren Bestandteilen, die aus bestimmten Stoffen und Zubereitungen, z. B. Harnstoffformaldehyd (UF), Polyvinylchlorid (PCV), Epoxidharze, hergestellt wurden, verwendet werden. In Farbpigmenten dürfen Cadmium oder Cadmiumverbindungen maximal zu 0,01 % enthalten sein. Für die Zubereitungen von Farbpigmenten mit hohem Zinkanteil darf ein Massengehalt von Cadmium oder Cadmiumverbindungen von 0,1 % nicht überschritten werden.

III.2.3 Maßnahmen

Zu den Maßnahmen bei typischen Mängeln und Schäden an Außenwänden zählen sowohl die Wiederherstellung der Funktionsfähigkeit als auch die Modernisierung der Außenwandkonstruktion entsprechend den Anforderungen der EnEV.

Diesbezüglich lassen sich die Maßnahmen prinzipiell unterscheiden in:

- Maßnahmen zur Beseitigung von bauphysikalischen und bautechnischen Mängeln und Schäden wie z. B. nachträgliche Wärmedämmung der Außenwände,
- Maßnahmen zur Beseitigung von konstruktionsbedingten Mängeln und Schäden,
- Maßnahmen zur Beseitigung von materialbedingten Mängeln und Schäden wie z. B.: Reinigung der Außenwandfassade und
- Maßnahmen zur Beseitigung von sonstigen Mängeln und Schäden wie z. B. Graffitientfernung.

III.2.3.1 Beseitigung von bauphysikalischen und bautechnischen Mängeln und Schäden

Nachträgliche Wärmedämmung der Außenwände

Es gibt eine Reihe verschiedener Möglichkeiten, den Wärmeverlust über die Außenwände zu verringern. Sie richten sich nach der vorhandenen Wandkonstruktion, nach bauaufsichtlichen Auflagen sowie nach den zur Verfügung stehenden finanziellen Mitteln und persönlichen Wünschen des Bauherrn.

Von den nachträglichen Dämmmaßnahmen ist das Aufbringen von Wärmedämmung auf der Außenseite der Umfassungswände eine häufig praktizierte Verbesserung des Wärmeschutzes. Es stellt eine bauphysikalisch erprobte Lösung dar und ist ohne größere Belästigung der Bewohner (Lärm, Schmutz) ausführbar. Durch den damit gleichzeitig verbundenen Schutz der Bausubstanz vermindert eine nachträgliche Außenwanddämmung vorhandene Wärmebrücken, verhindert auf diese Weise zukünftige Bauschäden, verlängert die Lebensdauer und trägt zum Werterhalt des Gebäudes bei. In der Außenwand verlegte Rohrleitungen werden zudem gegen Frosteinwirkungen geschützt.

In der Praxis häufig angewendete nachträgliche Dämmmaßnahmen zur Verbesserung des Wärmeschutzes an Außenwänden sind Wärmedämmung als Wärmedämm-Verbundsystem (Thermohaut, Thermoklinker), Wärmedämmung mit einer Vorhangfassade und Wärmedämmung als Kerndämmung durch Ausfüllen der Luftschicht bei zweischaligem Mauerwerk.

Wärmedämmung als Wärmedämm-Verbundsystem

Beim Wärmedämm-Verbundsystem werden die Dämmplatten unmittelbar auf die Außenwand aufgebracht und beschichtet. Dieses Verfahren ist ein häufig eingesetztes Verfahren und bietet sich dort an, wo aus architektonischen oder z. B. denkmalpflegerischen Gründen der Charakter der Putzfassade erhalten bleiben soll oder eine Putzfassade gewünscht wird.

Bei größeren Gebäuden können aus gestalterischen und technischen Gründen auch Kombinationen aus Wärmedämm-Verbundsystem und Vorhangfassade ausgeführt werden. Wärmedämm-Verbundsysteme haben sich als Außenwanddämmung bewährt. Sie werden seit etwa 30 bis 35 Jahren mit Erfolg angewendet. Als Materialien für die Wärmedämmung kommen z. B. Hartschaumplatten (s. Kap. V.9), (hydrophobierte) Mineralwolle-Dämmplatten (s. Kap. V.9) oder Korkplatten (s. Kap. V.9) zum Einsatz. Die Dämmmaterialien müssen mindestens schwer entflammbar sein, d.h. der Baustoffklasse B 1 entsprechen.

Wärmedämm-Verbundsysteme sind jedoch nur als Gesamtsystem zugelassen, d. h., die Einzelkomponenten (Dämmstoff, Armierung und Putz) verschiedener Systeme dürfen nicht miteinander kombiniert werden.

Die Dämmschicht kann in Abhängigkeit von der Wärmeleitfähigkeitsgruppe, der Zulassung des Dämmstoffes sowie entsprechend den energetischen und bauphysikalischen Anforderungen der Außenwand zwischen 60 und 200 mm dick sein. Üblich bzw. energetisch, bauphysikalisch und wirtschaftlich sinnvoll sind z. B. Dämmschichtdicken zwischen 80 und 160 mm. Bei einem gut erhaltenen Außenputz werden die Platten, nachdem der Putz mit einem Tiefengrundhärter behandelt wurde, direkt mit einem Spezialkleber aufgebracht. Durch die Entwicklung von mechanischen Befestigungssystemen wie Kunststoffdübeln oder Aluminiumprofilen ist es möglich, die Platten auch auf sprödem und rissigem Grund oder auf aggressiven Farbanstrichen anzubringen. Aufgrund der geringeren Wärmebrückenwirkung werden in der Praxis Dämmplatten verwendet, die gemäß DIN EN ISO 6946 lückenlos eingebaut werden müssen. Auf nicht profilierte Dämmplatten wird ein Glasfasergewebe aufgebracht und mit Kunstharzputz beschichtet. Für die Verwendung mineralischer Putze werden wegen des besseren Haftgrunds stark profilierte Dämmplatten verwendet.

Abb. III.2.48: Nachträgliche Wärmedämmung der Außenwände

Abb. III.2.49: Stadthaus vor der energetischen Modernisierung

Abb. III.2.50: Stadthaus nach der energetischen Modernisierung

Abb. III.2.51: Energetisch saniertes Einfamilienhaus mit Anbau

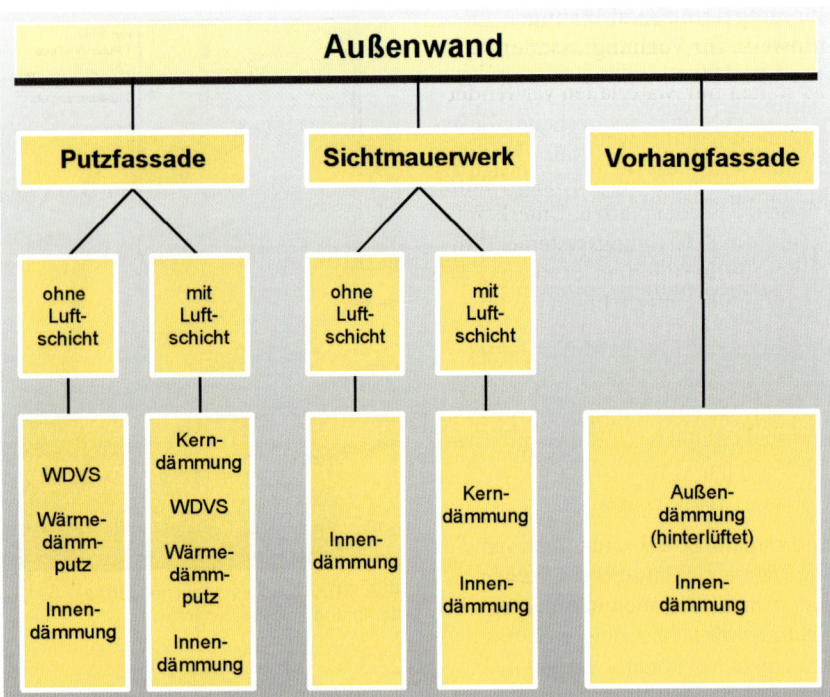

Abb. III.2.52: Schematische Darstellung nachträglicher Außenwand-Dämmmaßnahmen

Abb. III.2.53: Wärmedämmung als WDVS

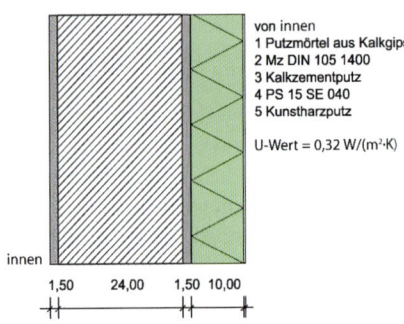

Abb. III.2.54: Aufbau einer Wand mit Wärmedämm-Verbundsystem

Tabelle III.2.02: Beispiel einer nachträglichen Außenwand-Dämmmaßnahme (WDVS)

Wandaufbau		
– Kalkgipsputz innen – Ziegel-Mauerwerk (24 cm) – Kalkzementputz außen	alt	
– Kleber – PS-Hartschaumplatten (10 cm) – Putzgrundvoranstrich und Glasfasergewebe – Kunstharzputz		neu
U-Wert (W/[m² · K])	1,61	0,32

Planungs- und Ausführungshinweise für Wärmedämm-Verbundsysteme

Es sind Komplettsysteme zu verwenden, die eine entsprechende Zulassung besitzen. Die ausführende Firma hat über entsprechende Erfahrungen und Fachkompetenz zu verfügen. Wärmeleitfähigkeitsgruppe (WLG) und Schichtdicke der Dämmung sind vor dem Einbau zu prüfen. Bei der Verwendung von Hartschaum-Dämmplatten sind abgelagerte Platten zu verwenden, sodass das Anfangsschwinden des Baustoffes bereits abgeklungen ist. Es sollten keine feuchten Wände bekleidet werden, andernfalls kann sich Kondensationsfeuchte im Dämmstoff bilden, der die Dämmwirkung herabsetzt und Schäden verursachen kann. Die Dämmplatten sind lückenlos zu stoßen und die Dämmstöße sind sauber abzukleben. Die Anschlüsse/Überbindemaße (z. B. an Fenstern, Türen) sind fachgerecht, dauerhaft und luftdicht herzustellen. Dunkle Farben für die Oberfläche des Putzes sollten vermieden werden, da sie in hohem Maße durch die Sonnenstrahlung erwärmt werden. Dies kann zu erhöhten Spannungen und zu Rissbildungen und Abplatzungen führen.

Wärmedämmung als Vorhangfassade

Die hinterlüftete Vorhangfassade als nachträgliche Verbesserung des Wärmeschutzes von Außenwänden ist eine bewährte, bauphysikalisch ausgereifte Konstruktion, die sich anbietet, wenn die architektonische Gestaltung der Außenhaut des Gebäudes verändert werden soll oder wenn diese Veränderung ohne gestalterische Bedenken möglich ist. Als Dämmmaterial können z. B. entsprechend zugelassene Mineralwolle-Dämmplatten (s. Kap. V.9) nach DIN EN 13162 verwendet werden. Insbesondere bei Anforderungen an den Schall- und Brandschutz sind entsprechend zugelassene Mineralwolle-Dämmplatten einsetzbar. Die Platten sollten je nach Wärmeleitfähigkeitsgruppe und Zulassung sowie entsprechend den energetischen und bauphysikalischen Anforderungen z. B. zwischen 60 und 150 mm dick sein. Energetisch, bauphysikalisch und wirtschaftlich sinnvoll sind z. B. Dämmschichtdicken zwischen 80 und 150 mm.

Als Bekleidungsmaterial werden i. Allg. Kunststoff- oder Faserzementplatten unterschiedlicher Form, Farbe und Dicke verwendet. Daneben ist aber auch die Verwendung anderer Bekleidungen z. B. Holz, Leichtmetallprofiltafeln, Betonwerkstein- oder Natursteinplatten möglich. Abhängig ist die Materialwahl von statischen, optischen und nicht zuletzt finanziellen Aspekten.

Als Unterkonstruktion werden Holz-, Aluminium- oder Stahlprofile verwendet. Beim Einsatz von Aluminium und Stahl ist wegen der hohen Wärmeleitfähigkeit des Materials eine thermische Trennung zwischen Unterkonstruktion und Außenwand vorzusehen, um die Wärmebrückenwirkung zu reduzieren. Weiterhin sollte die Anzahl der Befestigungspunkte (soweit dies statisch möglich ist) minimiert werden.

Vor Anbringung der Unterkonstruktion ist das Mauerwerk auf seine statische Belastbarkeit zu prüfen. Darüber hinaus müssen die DIN 18516 „Außenwandbekleidungen, hinterlüftet", die technischen Baubestimmungen für Fassadenbekleidungen und die entsprechenden Zulassungen für die Befestigungssysteme berücksichtigt werden. Inwiefern eine Hinterlüftung der Vorhangfassade vorzusehen ist, ist im Rahmen der Planung bauphysikalisch zu prüfen. Untersuchungen des Fraunhofer-Instituts für Bauphysik (Stuttgart) zeigen, dass bei vorgesetzten Fassadenbekleidungen aus kleinformatigen Elementen (z. B. Faserzementplatten, Holzschindeln), die schuppenförmig übereinander an horizontalen Holzlatten oder Metallprofilen befestigt werden, im Hinblick auf die Trocknung des Mauerwerks eine Hinterlüftung nicht unbedingt erforderlich ist. Dies kann eine Arbeits- und Kostenersparnis bedeuten und zu einer Reduzierung der Konstruktionsabmessungen (Bauteildicke) führen, setzt jedoch die langfristige Vermeidung eines zu hohen Feuchtigkeitsgehalts voraus.

Planungs- und Ausführungshinweise für Vorhangfassaden

Es sollten nur Materialien verwendet werden, die eine entsprechende Zulassung besitzen und den Anforderungen der DIN 4108-10 entsprechen (Dämmplatten, Fassadenplatten, Unterkonstruktion, Befestigungssysteme, Produkte zur thermischen Trennung). Das ausführende Unternehmen hat über entsprechende Erfahrungen und Fachkompetenz zu verfügen. Wärmeleitfähigkeitsgruppe (WLG) und Schichtdicke des Dämmmaterials sind vor dem Einbau zu prüfen. Es sollten keine feuchten Wände bekleidet werden, andernfalls könnte sich Kondensationsfeuchtigkeit im Dämmstoff bilden, der die Dämmwirkung herabsetzen und Schäden verursachen kann. Die Dämmplatten sind gleichmäßig und lückenlos einzubauen. Die Anschlüsse/Überbindemaße (z. B. an Fenstern, Türen) sind fachgerecht und dauerhaft herzustellen.

Wärmedämmung als Kerndämmung

Die nachträgliche Kerndämmung bei vorhandenen Außenwänden setzt eine zweischalige Mauerwerkskonstruktion mit einer Luftschicht voraus, wie sie vorwiegend im nord- und nordwest-

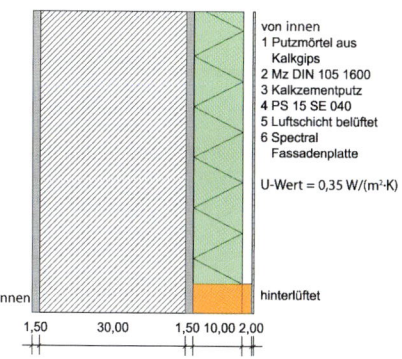

Abb. III.2.55: Aufbau einer Wand mit Vorhangfassade

Abb. III.2.56: Nachträgliche Außenwand-Dämmmaßnahme (Vorhangfassade)

Tabelle III.2.03: Beispiel einer nachträglichen Außenwand-Dämmmaßnahme (Vorhangfassade)

Wandaufbau		
– Innenputz – Ziegel-Mauerwerk (30 cm) – Außenputz	alt	
– Mineralwolle-Dämmplatten (10 cm) – Luftschicht – Holzunterkonstruktion – Faserzementplatten		neu
U-Wert (W/[m² · K])	1,54	0,35

Tabelle III.2.04: Beispiel einer nachträglichen Dämmmaßnahme (Kerndämmung)

Wandaufbau		
– Innenputz – KS-Mauerwerk (17,5 cm) – Luftschicht (7,5 cm)	alt	
– Bläh-Perlit-Dämmung (7,5 cm)		neu
– Vormauerschale Mauerklinker (11,5 cm)	alt	
U-Wert (W/[m² · K])	1,56	0,50

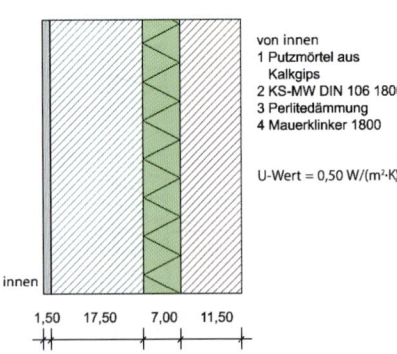

Abb. III.2.57: Wand mit Kerndämmung

von innen
1 Putzmörtel aus Kalkgips
2 KS-MW DIN 106 1800
3 Perlitedämmung
4 Mauerklinker 1800

U-Wert = 0,50 W/(m²·K)

1,50   17,50   7,00   11,50

Abb. III.2.58: Nachträgliche Kerndämmung

deutschen Raum anzutreffen ist. Als Dämmstoffe (s. Kap. V.9) können Blähton, Blähperlit oder andere zugelassene Dämmmaterialien wie z. B. lose Mineralwolle eingebracht werden. Die Dämmstoffe werden entweder über Öffnungen der Außenschale in die Luftschicht geschüttet oder eingeblasen.

Bei der nachträglichen Dämmung von zweischaligem Mauerwerk wird Blähperlit als schüttbares Dämmmaterial häufig und seit ca. 20 Jahren eingesetzt. Blähperlit ist mineralischen Ursprungs und daher nicht brennbar (Baustoffklasse A 1 gemäß DIN 4102 „Brandverhalten von Baustoffen und Bauteilen"). Das Material besitzt dauerhaft wasserabweisende Eigenschaften. Die Ausfüllung der Luftschicht mit Perliten und Mineralwolle ist eine firmengebundene Ausführungsart. Für Material und Verfahren liegt ein Zulassungsbescheid des Deutschen Instituts für Bautechnik (Berlin) vor. Durch Einfüllöffnungen (Bohrungen oder Entfernen einzelner Klinker in der Vorsatzschale) wird das Dämmmaterial mittels Einfüllgebläse in die Hohlschicht eingebracht. Dies erfolgt mit einem leichten Überdruck, sodass die Dämmstoffkörnung sehr dicht abgelagert und eine geschlossene, hohlraumfreie Verfüllung erzielt wird. Die Einfüllöffnungen sollten so hoch wie möglich in der Mauerwerksschale in horizontalen Abständen von 2,5 bis 3 m vorgesehen werden. Unter jedem Fenster ist eine zusätzliche Einfüllöffnung notwendig, um eine gleichmäßige Verteilung des Materials zu gewährleisten. Für die Arbeit an Einfamilienhäusern ist meist kein Gerüst erforderlich.

In ähnlicher Weise erfolgt das Ausschäumen der Luftschicht mit Kunststoffschaum. Langzeiterfahrungen liegen hier noch nicht vor. Es ist zu prüfen, ob eine Zulassung des Deutschen Instituts für Bautechnik (Berlin) vorliegt. Da die Kerndämmung von Altbauten aus bauphysikalischer Sicht nicht unproblematisch ist, ist eine kombinierte U-Wert-/Wasserdampfdiffusionsberechnung anhand der Baustoffparameter und des Wandaufbaus dringend zu empfehlen. Die Ergebnisse entscheiden im Einzelfall, ob dieses Verfahren angewendet werden kann.

Planungs- und Ausführungshinweise für Kerndämmungen

Mit einer bauphysikalischen Berechnung anhand der Gebäudeparameter ist zu prüfen, ob eine nachträgliche Kerndämmung möglich ist. Es sollten nur Dämmmaterial und Einbauverfahren verwendet werden, die eine entsprechende Zulassung für diese Anwendung besitzen. Das ausführende Unternehmen hat über entsprechende Erfahrungen und Fachkompetenz zu verfügen. Die Dämmung ist gleichmäßig und lückenlos einzubauen, gegebenenfalls sollte als Qualitätskontrolle eine thermografische Überprüfung (s. Kap. IV) vereinbart werden.

Wärmedämmung durch Wärmedämmputz

Überall dort, wo das bestehende Mauerwerk die Anforderungen an den Mindestwärmeschutz mit einer zusätzlichen geringen Dämmstoffdicke erfüllt, können Dämmputze eingesetzt werden. Dämmputze von 5 bis 10 cm Dicke werden durch Aufschäumen des Mörtels, Zuschlag aufgeschäumter Kunststoffe oder Zuschlag geblähter Mineralstoffe hergestellt.

Dämmputzschichten bis zu 5 cm Dicke werden in einem Arbeitsgang, größere Dicken in mehreren Arbeitsgängen ausgeführt. Die Endbeschichtung erfolgt mit mineralischem Putz. Die wärmedämmende Wirkung ist, mit $\lambda = 0{,}07$ W/(m · K) bis $0{,}12$ W/(m · K), größer als bei herkömmlichen mineralischen Außenputzen, jedoch wesentlich geringer als bei anderen Maßnahmen zur Verbesserung der Dämmwirkung der Außenwand. Durch die Anforderungen der Energieeinsparverordnung spielt deshalb das Aufbringen von Wärmedämmputzen eine untergeordnete Rolle, kann jedoch in Sonderfällen angewendet werden.

Planungs- und Ausführungshinweise für Wärmedämmputze

Mit einer Wärmeschutzberechnung ist zu prüfen, ob eine Wärmedämmung mit Wärmedämmputz energetisch und wirtschaftlich sinnvoll ist und den Anforderungen der EnEV entspricht. Dämm- und Deckputz sind als System mit einer entsprechenden Zulassung einzusetzen. Fassadenanstriche müssen auf das System des Dämmputzes abgestimmt sein. Für Dämmputze, bei denen der Leichtmörtel aus organischen Zuschlägen wie Polystyrol besteht, ist eine bauaufsichtliche Zulassung, in der u. a. der Rechenwert der Wärmeleitfähigkeit festgelegt wird, erforderlich.

Wärmedämmung als Innendämmung

Die Verbesserung der Wärmedämmung durch Innendämmungen wird vor allem bei historischer Bausubstanz oder besonders erhaltenswerten Fassaden praktiziert. Innengedämmte Außenwände sind jedoch bauphysikalisch komplizierte Systeme, die vermieden werden sollten. Sind Innendämmungen unumgänglich, gehören die Dämmarbeiten in jedem Fall in die Hände erfahrener Fachfirmen. Von Eigenleistungen ist grundsätzlich Abstand zu nehmen.

Innendämmungen können bei denkmalgeschützten oder erhaltenswerten Fassaden und bei der Dämmung von Heizkörpernischen vorteilhaft sein. Weiterhin empfehlen sie sich, wenn die zu beheizenden Räume nur zeitlich begrenzt genutzt werden.

Nachteile der Innendämmung sind unvermeidbare Wärmebrücken in der Außenwand, in Wohnraumecken, an Decken und Innenwänden, Tauwasserprobleme, verminderte wärmespeichernde Wirkung der Außenwand sowie mögliche Erhöhung der Schalllängsleitung zwischen den Räumen und Verringerung der Stellflächen (Auswirkungen z. B. auf Einbaumöbel).

Innendämmungen können als Bekleidungen oder Vorsatzschalen ausgeführt werden. Als Dämmmaterialien werden z. B. Mineralwolle-Dämmmatten oder -platten, Kunststoff-Hartschaumplatten, Holzwolle-Leichtbau- und Verbundplatten, Kokosmatten oder Mehrschicht-Leichtbauplatten verwendet. In diesem Zusammenhang sind insbesondere Calcium-Silikat-Dämmplatten als Dämmstoff zu erwähnen (s. Kap. V.9). Bei einer Plattenbekleidung werden sie zwischen einer Holzlattung eingebaut und raumseitig mit Bauplatten, verputzten Trägerplatten oder einer Holzverschalung versehen. Innere Vorsatzschalen aus wärmedämmendem Mauerwerk oder Leichtlehm haben eine geringere Dämmwirkung. Sie müssen aus diesem Grund dicker ausgeführt werden. Trotzdem kann eine innere Vormauerung sinnvoll sein, z. B. zur Schallschutzverbesserung von Fachwerkwänden. Dafür ist jedoch eine ausreichende Tragfähigkeit des Untergrundes sicherzustellen.

Mit einer Wärmedämmung auf der Innenseite lässt sich jedoch keine homogene, geschlossene Dämmung für die Außenbauteile herstellen, wie es bei außenseitigen Dämmungen möglich ist. An Zwischenwänden und Decken wird die Dämmung zwangsläufig unterbrochen. Wärmebrücken entstehen, die zu Tauwasserproblemen an und in der Konstruktion und damit zu schwerwiegenden Bauschäden führen können. Bei einigen Konstruktionen kann es erforderlich sein, zwischen der Dämmschicht und der raumseitigen Bekleidung eine Dampfsperre (PE-Folie, Aluminiumfolie) einzubauen. Anhand bauphysikalischer Berechnungen muss dies im Einzelfall geprüft werden.

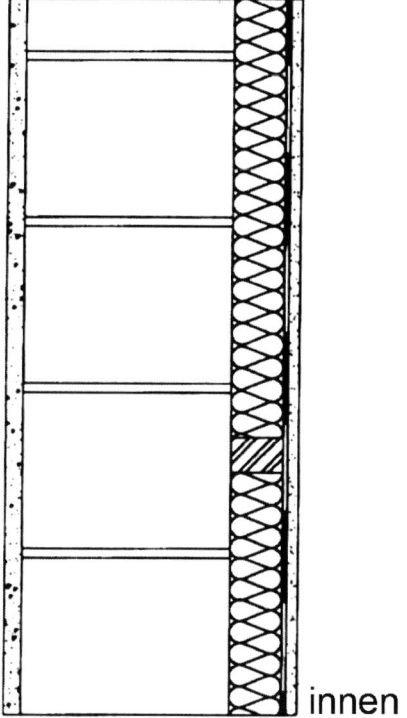

Abb. III.2.59: Wand mit Innendämmung

Planungs- und Ausführungshinweise für Innendämmungen

Mit einer Wärmeschutz- und einer bauphysikalischen Berechnung (kombinierte U-Wert-/Wasserdampfdiffusionsberechnung) und anhand der Gebäudeparameter ist zu prüfen, ob eine Innendämmung möglich und ob der Einbau einer Dampfsperre erforderlich ist. Bei Notwendigkeit ist der Einbau fachgerecht (vor allem dauerhaft dicht) durchzuführen. Es sollten nur Materialien verwendet werden, die eine entsprechende Zulassung (DIN 4108-10 „Wärmeschutz- und Energie-Einsparung in Gebäuden – Teil 10: Anwendungsbezogene Anforderungen an Wärmedämmstoff – Werkmäßig hergestellte Wärmedämmstoffe") für diese Anwendung besitzen.

Tabelle III.2.05: Beispiel einer nachträglichen Dämmmaßnahme und Wandaufbau (Innendämmung)

Wandaufbau		
– Gipskartonplatten – Dampfsperre – Mineralwolle-Dämmplatten (6 cm)/Lattung	neu	
– Innenputz – KS-Mauerwerk (24 cm) – Außenputz	alt	
U-Wert (W/[m² · K])	1,50	0,40

Wiederherstellung der Abdichtung gegen Wasser bei Außenwänden

Hydrophobierung

Unter Hydrophobierung wird die wasserabweisende (oder wasserabstoßende) Imprägnierung von mineralischen Untergründen, insbesondere von Fassaden, Sichtmauerwerk und Beton, genauso wie die Hydrophobierung in der Masse z. B. des Mörtels verstanden. Da bei der Hydrophobierung die Poren offen bleiben, behält der Baustoff seine Atmungsaktivität bei. Somit wird die Wasserdampfdurchlässigkeit nicht oder nur unwesentlich beeinträchtigt.

Die Hydrophobierung erfüllt die Funktion, die Kapillarsaugfähigkeit aufzuheben oder stark zu reduzieren, damit die Fassade nach der Reinigung und Instandsetzung (s. Kap. V.1) dauerhaft gegen Niederschläge geschützt wird. Ursachen wie z. B. kapillar aufsteigende Feuchte oder konstruktiv bedingte Mängel der Wasserführung müssen vor einer Hydrophobierung beseitigt werden. Das Hinterwandern von Feuchte mit den darin gelösten Salzen hinter die Hydrophobierungsebene muss verhindert werden, da Folgeschäden, wie z. B. Frostschäden, Abplatzungen und Salzsprengungen, begünstigt werden. Des Weiteren sind Schmutz, Algen und Moos zu entfernen. Es gibt keine Universalhydrophobierung für alle Untergründe. So benötigen unterschiedliche Untergründe angepasste Systeme. Hydrophobierungen für Putze oder Beton müssen beispielsweise alkalistabil sein.

- Arbeitsschritte vor einer Hydrophobierung:
  1. Ermittlung der Schadensursachen,
  2. Materialanalyse (Steinuntersuchung),
  3. Festlegung des Konservierungsverfahrens,
  4. Probeimprägnierung auf einer Musterfläche (Wasseraufnahme, Saugfähigkeit des Untergrunds, gewünschte Eindringtiefe).
- Anwendung:
  Mittels Spritzgerät, bei komplizierteren Flächen auch mit Pinsel oder Rolle, trägt der Fachmann das Hydrophobierungsmittel satt auf. Die Schutzsysteme verhindern dauerhaft die Aufnahme von Wasser, ohne die Poren zu verstopfen. Durch diese Maßnahme verringert der Stein bei optimalen Bedingungen die Wasseraufnahme um ca. 70 %, ohne dass Farbveränderungen zu bemerken sind.
- Hydrophobierungsmittel:
  Alle Hydrophobierungsmittel auf Basis siliciumorganischer Verbindungen benötigen Feuchtigkeit für die Reaktion zum endgültigen Wirkstoff (Silikonharz), die auf jedem Baustoff in ausreichender Menge vorhanden ist (adsorbiert). Zur optimalen Wirksamkeit müssen die Silikonharzmoleküle chemisch fest auf der Baustoffoberfläche gebunden werden und ihre wasserabstoßenden Molekülteile (die Kohlenwasserstoffketten) in den freien Porenraum hineingeben können.
- Hydrophobierungsverfahren:
  Es gibt unterschiedlichste Verfahren, mit denen die Hydrophobierung auf die Fassade aufgebracht wird. Stand der Technik sind Sprühverfahren. Dabei wird im einfachsten Fall mit einer Gartenspritze die Oberfläche des Baustoffs so lange besprüht, bis sie mattfeucht glänzt. Spezialisierte Betriebe setzen Airless-Spritzgeräte ein, die zwar ökonomischer sind, deren Funktionsweise sich aber nicht grundsätzlich von der Gartenspritze unterscheidet. Mit diesen Geräten muss eine Flüssigkeitsmenge aufgetragen werden, die groß genug ist, um Eindringtiefen von mehreren Millimetern zu gewährleisten. Aber auch andere Methoden wie Kasten- und Flutverfahren sowie herkömmliche Pinsel und Quasten werden eingesetzt.
- Wirksamkeit der Hydrophobierung:
  Je höher die Eindringtiefe ist, desto besser ist die Wirksamkeit der Imprägnierung. Unter wirtschaftlichen Gesichtspunkten liegt die optimale Eindringtiefe normaler Fassaden bei 2 bis 4 mm, während bei Flächen, die einer Frost-Tausalz-Beanspruchung ausgesetzt sind, die optimale Eindringtiefe deutlich höher ist (6 bis 8 mm).

Grundsätzlich hängt die erzielbare Eindringtiefe ab von der

a) Saugfähigkeit des zu imprägnierenden Baustoffes und dessen Feuchtegehalt zum Zeitpunkt der Imprägnierung,
b) Art des Wirkstoffes,
c) Konzentration des Wirkstoffes (ein üblicher Wirkstoffgehalt ist 5 %),
d) Art des Lösungsmittels (je nach Wirkstoff und Untergrundgegebenheiten wechselt das optimale Lösungsmittel),
e) Anwendungstechnik, d. h. der Verarbeitungsweise, der Auftragsmenge, der Kontaktzeit, der Anzahl der einzelnen Arbeitsgänge und der Zeitabstände zwischen den Arbeitsgängen.

Wiederherstellung der Funktionsfähigkeit von Fugenabdichtungen in Außenwänden

Um die Funktionsfähigkeit der Fugenabdichtungen von Außenwänden wiederherzustellen bzw. aufrechtzuerhalten, können mehrere Sanierungs- und Instandsetzungsmaßnahmen angewendet werden. Die unterschiedlichen Schäden der verschiedenen Fugenmaterialien erfordern je nach Beeinträchtigung differenzierte Instandsetzungsmethoden, wie z. B. (s. Kap. V.13) Instandsetzung der Fugen mit Dichtungsmassen, mit elastischen oder vorkomprimierten Bändern oder mit Fugenprofilen.

III.2.3.2 Beseitigung von konstruktionsbedingten Mängeln und Schäden

Mangelhafte Konstruktionen von Holzfachwerkwänden

Holzfachwerkwände gelten gerade beim Bauen im Bestand als bewährte Außenwände. Schadensbilder oder Mängel an Holzfachwerkwänden entstehen vor allem erst durch den falschen Umgang mit dem Material Holz und sind oft auf Planungs- und Ausführungsfehler oder Nichtbeachtung materialspezifischer oder systemspezifischer Eigenschaften zurückzuführen.

Mangelnder konstruktiver Holzschutz (s. Kap. V.4) ist ein Problem an Holzfachwerkwänden. Ist die Schwelle ungenügend geschützt und verfault das Holz daraufhin, müssen die verfaulten Holzbauteile ausgetauscht werden. Die neue Schwelle muss dann konstruktiv vor Feuchteeinflüssen durch Spritzwasser und Schlagregen geschützt werden. Schwellen sollten z. B. mindestens 30 cm, besser sogar 50 cm über Gelände liegen. Ist die notwendige Schwellenhöhe nicht gegeben, so muss durch Tieferlegen der entsprechenden Flächen, durch Abgrabungen oder Böschungen Abhilfe geschaffen werden. Dabei ist darauf zu achten, dass der Gebäudesockel nicht zusätzlichen Feuchtebelastungen ausgesetzt wird. Darüber hinaus sollte der Sockel konstruktiv abgeschrägt werden, damit das Regenwasser ablaufen und stehendes Wasser das Holz nicht schädigen kann.

Kommt es aufgrund extremer Witterungsbelastungen an ungeschützten Fassaden zu Durchfeuchtungen und daraufhin zum Befall durch pflanzliche Holzschädlinge oder sogar zu Frostschäden, so sind die befallenen Teile der Wand auszutauschen. Zum Schutz vor starken Witterungseinflüssen, insbesondere Schlagregen, sollte besonders an sogenannten Wetterseiten eine Außenwandbekleidung aus Schiefer, Tonziegel, Biberschwänzen oder Verbretterungen angebracht werden.

Undichtigkeit durch einen fehlerhaften Anschluss zwischen Hölzern und Gefachen beim Fachwerk lässt sich ausschließlich durch den Einbau von Dreikantleisten sanieren. Maßnahmen, bei denen die Fugen mit dauerelastischen oder dauerplastischen Massen ausgespritzt werden, stellen keine dauerhafte Sicherung gegen Regen und Schlagregen dar. Bauteile, an denen schon Feuchteschäden und als Folge Befall durch pflanzliche Holzschädlinge und Fäulnis (s. Kap. V.4) entstanden sind, müssen vorher ausgetauscht werden.

III.2.3.3 Beseitigung von materialbedingten Mängeln und Schäden

Maßnahmen bei materialbedingten Mängeln und Schäden an Außenwänden lassen sich entsprechend den Baustoffen und Materialien wie folgt unterteilen:

Maßnahmen bei typischen Mängeln und Schäden an Mauerwerk

Zu den Maßnahmen bei typischen Mängeln und Schäden an Mauerwerk zählen u. a. (s. Kap. V.1) die Reinigung der Fassadenfläche, die Sanierung von Stein- und Fugennetzrissen, die Auswechslung beschädigter oder frostgeschädigter Steine, eine Mauerwerksinjektion oder Neuverfugung des Mauerwerks, die Sanierung von Außenwandrissen sowie Instandsetzungsmaßnahmen an Natursteinmauerwerk (s. Kap. V.8).

Maßnahmen bei typischen Mängeln und Schäden an Außenwänden aus Beton

Zu den Schutz- und Instandsetzungsmaßnahmen des Betons zählen nach einer ausreichenden Vorbereitung des Betonuntergrunds u. a. (s. Kap. V.2) das Füllen von Rissen und Hohlräumen mit Reaktionsharz, Zementleim oder -suspension (Verpressung), das Ausfüllen örtlich begrenzter Fehlstellen mit Mörtel oder Beton (Spachtelmethode), großflächiges Auftragen von Mörtel oder Beton (Flächenbeschichtung) sowie Auftragen von Hydrophobierungen, Imprägnierungen oder Beschichtungen.

Maßnahmen bei typischen Mängeln und Schäden an Außenwänden aus Holz

Zu den Maßnahmen bei typischen Mängeln und Schäden an Außenwänden aus Holz zählen u. a. (s. Kap. V.4) Maßnahmen bei Schwinden bzw. Quellen, Verwitterung, Befall durch Holz zerstörende Insekten, Pilzbefall usw.

III.2.3.4 Sonstige Maßnahmen

Graffitientfernung

Liegt eine optische Beeinträchtigung der Oberfläche durch Graffiti vor, ist es notwendig die Graffitientfernung umweltschonend und rückstandslos auf ökologischer Basis durchzuführen. Die Graffitientfernung ist insbesondere auf nicht überstreichfähigen Flächen wie z. B. Naturstein, Klinker oder Kunststoffen zu empfehlen. Gestrichene Fassaden dagegen lassen sich in den meisten Fällen zu 100 % in den Urzustand zurückversetzen. Zu beachten ist hierbei, dass ein Überstreichen zuerst wirtschaftlicher erscheint, jedoch die Gefahr von sichtbaren Farbansätzen nach dem Überstreichen immer besteht. Die Wahl geeigneter Verfahren zur Graffitientfernung bzw. des zu verwendenden Reinigers hängt insbesondere davon ab, ob eine Oberfläche präventiv geschützt wurde (Anti-Graffiti-Schutzsysteme).

Unterschieden werden die Reinigung von geschützten Flächen und die Reinigung von ungeschützten Flächen. Die Graffitientfernung, Graffitiprophylaxe (Anti-Graffiti-Schutzsysteme), Material zur Graffitientfernung und Material zu Graffitiprophylaxe unterliegen dem „RAL-Gütezeichen Anti-Graffiti". Die unsachgemäße Anwendung von Reinigungsmitteln und Verfahren kann jedoch zu irreversiblen Schäden an der Bausubstanz führen. Deshalb ist es unbedingt erforderlich, dass die Reinigungsarbeiten von sachkundigen Betrieben bzw. sachkundigem Reinigungspersonal durchgeführt werden. Im Vorfeld einer Reinigungsmaßnahme sollte immer eine sorgfältige Planung von einem Sach- und Fachkundigen durchgeführt werden. Dazu gehört die Ermittlung des chemischen und mineralogischen Aufbaus des Baustoffes, um schädliche Wechselwirkungen zwischen Baustoff und Reinigungsmittel zu verhindern. Weiterhin sollten Musterflächen an dem zu reinigenden Objekt angelegt werden und insbesondere bei beschichteten Oberflächen ein Test an verdeckter Stelle durchgeführt werden.

Verfahren zur Graffitientfernung

Es gibt verschiedene Verfahren zur Graffitientfernung. Eingetrocknete Sprayfarben können von Fassaden und anderen Untergründen chemisch unterstützt schonend entfernt werden. Dabei werden pastöse Reiniger aufgetragen und eine Einwirkungszeit abgewartet, bis die Farbschicht aufquillt bzw. sich ablöst. Daraufhin wird vorsichtig die gelöste Farbe mit dem Heißwasserhochdruckstrahl abgestrahlt. Überschüssige Pastenreste müssen vor dem Abstrahlen entfernt

Abb. III.2.60: Graffiti als Graffitischutz z. B. in U-Bahn-Stationen oder Parkhäusern

Abb. III.2.61: Graffiti

werden. Verbleibende Farbreste in den Poren werden mit sich wiederholenden, vorab genannten Arbeitsgängen beseitigt.

Mit Heißwasserhochdrucktechnik können Schmierereien von Untergründen abgeschält werden, die mit Anti-Graffiti-Systemen beschichtet sind.

Im Niederdruck-Feuchtstrahlverfahren werden Graffiti schonend mechanisch entfernt.

Mit dem manuellen Verfahren können trockene Sprayfarben von glatten und teilweise auch saugfähigen Untergründen entfernt werden. Dafür wird ein pastöser Reiniger aufgetragen und eine Einwirkungsdauer zugelassen. Die Farbschicht quillt auf bzw. löst sich ab. Danach werden Farbschicht und Reiniger miteinander verrieben. Mit saugfähigem Material (Schwamm) wird anschließend das Farb-Reiniger-Gemisch entfernt und die Fläche mit Wasser nachgewaschen.

Anti-Graffiti-Schutzsysteme

Anti-Graffiti-Schutzsysteme sind u. a. Beschichtungssysteme, die aus Rezepturen aus mehreren Komponenten bestehen. Sie bedecken bzw. durchdringen den Untergrund der zu schützenden Fläche. Sie bilden beim Trocknen bzw. Aushärten an der Oberfläche bzw. in den Poren dünne Hydrophobe, oleophobe und/oder quellfähige dünne Schichten (Hüllen), die die direkte Haftung von Sprayfarben und Tinten am Untergrund verschlechtern bzw. unterbinden. Infolgedessen wird das Entfernen von Graffiti auf geschützten Flächen erleichtert. Es gibt kein System, das sich für alle unterschiedlichen Untergründe (Beton, Klinker, Putz, Kunststoff usw.) eignet. Die entsprechenden Anti-Graffiti-Schutzsysteme und deren qualifizierte Ausführung sollte von zertifizierten Fachbetrieben durchgeführt werden.

Die Einteilung der Anti-Graffiti-Schutzsysteme basiert auf dem Verhalten der Sperrschichten bezüglich des Reinigungsverfahrens. Die dabei gewählten Bezeichnungen permanent, semipermanent und temporär haben nichts mit der Lebensdauer des betreffenden Systems zu tun, sondern geben an, ob die Schutzschicht bei der Reinigung entfernt wird oder nicht.

- Permanente Systeme:
  Bei diesen Systemen handelt es sich um mehrschichtige Schutzsysteme auf der Basis chemisch resistenter Epoxidharze (EP) oder Polyurethane (PUR), die als Sperrschichten wirken. Sie sind meist über viele Jahre witterungsbeständig und werden von den üblichen Reinigungsverfahren nicht angegriffen. Ihre Schutzwirkung verringert sich erst nach einer größeren Anzahl von Graffitientfernungen (Lebensdauer: ca. 50 Reinigungen). Das Erscheinungsbild und die Wasserdampfdurchlässigkeit behandelter Oberflächen werden allerdings meist deutlich verändert und es besteht keine Reversibilität dieser Systeme. Häufig werden Grundierungen als Haftvermittler zum Untergrund eingesetzt.

- Semipermanente Systeme:
  Semipermanente Systeme sind ein- oder mehrlagig und enthalten hydrophobierende und/oder oleophobierende Substanzen. Sie sind eine Kombination eines permanenten Systems mit einem temporären Schlussanstrich, z. B. oligomere Siloxane als Grundierung (Hydrophobierung) kombiniert mit einem Spezialwachs als Schutzschicht, der sogenannten Opferschicht. Da die Schutzwirkung dieser Systeme durch Reinigungen deutlich verringert wird, muss nach einer Graffitientfernung eine neue Schutz- oder Opferschicht aufgetragen werden.

- Temporäre Systeme:
  Temporäre Systeme sind Schutzschichten (Opferschichten) und können aus unterschiedlichen Stoffen bestehen (z. B. Acrylate, Biopolymere, Wachse). Sie werden mehrfach aufgetragen, sind kaum sichtbar und meist entfernbar. Sie zeichnen sich durch eine hohe Wasserdampfdurchlässigkeit aus, die allerdings langfristig und bei sehr häufiger Wiederholung nachlassen kann. Die regelmäßige Wartung und Pflege dieser Systeme ist besonders zu beachten. Die Erneuerung der Schutzbehandlung ist nach jeder Graffitientfernung erforderlich. Auch bei starker natürlicher Beanspruchung, wie z. B. durch Schlagregen und Temperaturwechsel, sollte die Schutzwirkung von Jahr zu Jahr überprüft werden, damit Nachbehandlungen rechtzeitig erfolgen können (Lebensdauer: ca. 3 bis 5 Jahre).

Gemäß der Gütegemeinschaft Anti-Graffiti e. V. und deren vorliegenden Erkenntnissen sind die Anti-Graffiti-Schutzvarianten Beschichtung von Natursteinen mit Polyurethanen, Beschichtung von Wärmedämmverbunden (gegebenenfalls nach Einzelfallprüfung möglich) und Beschichtung von Dispersionsfarbanstrichen (gegebenenfalls nach Einzelfallprüfung möglich) nicht zu empfehlen.

III.2.3.5 Maßnahmen bei Schadstoffbelastungen

PCB

Sanierungsarbeiten an PCB-belasteten Materialien (PCB-Gehalt > 50 mg/kg) unterliegen der Gefahrstoffverordnung (GefStoffV), insbesondere der Technischen Regel für Gefahrstoffe TRGS 524 „Sanierung und Arbeiten in kontaminierten Bereichen" sowie der BG-Richtlinie BGR 128 „Kontaminierte Bereiche" für Arbeiten in kontaminierten Bereichen.

In der PCB-Richtlinie werden Empfehlungen zur Vorgehensweise bei der Sanierung von PCB-belasteten Gebäuden gegeben. Hiernach hat eine Sanierung PCB-belasteter Gebäude zum Ziel, die Raumluftbelastung durch PCB-haltige Produkte dauerhaft zu senken. Dies kann beispielsweise geschehen, indem PCB-haltige Produkte wie Dichtungsmaterialien entfernt, abgetrennt oder beschichtet werden, wobei sich die Beschichtung von Primärquellen bisher nicht bewährt hat. Für die nachhaltige Sanierung PCB-haltiger Dichtungsmassen kommt im Regelfall nur das Entfernen primärer Emissionsquellen infrage. Können solche Maßnahmen an den Primärquellen die PCB-Raumluftkonzentration nicht unter den von der PCB-Richtlinie empfohlenen Sanierungsleitwert absenken, ist auch die Sanierung der Sekundärquellen (z. B. Bauteile) notwendig. Darüber hinaus sollten kontaminierte Gegenstände (z. B. Teppiche) gründlich gereinigt werden. Sekundär kontaminierte Materialien, wie beispielsweise Fußleisten oder Bodenbeläge, die beachtlich zur Raumluftbelastung beitragen können und nicht beschichtet oder ausreichend gereinigt werden können, sollten entfernt werden.

Lindan, PCP, DDT

Eine Sanierung von schadstoffbelasteten Holzbauteilen ist je nach Situation und Konzentration unterschiedlich. Die Entfernung biozidbehandelter Hölzer erfolgt unter Beachtung der Entsorgungsvorschriften (z. B. „Gesetz zur Förderung und Sicherung der umweltverträglichen Beseitigung von Abfällen [Kreislaufwirtschafts- und Abfallgesetz]", PCP-Richtlinie). In der PCP-Richtlinie werden Empfehlungen für die Sanierung PCP-belasteter Räume gegeben. Eine Sanierung PCP-haltiger Bauteile kann beispielsweise durch Beschichtung und Bekleidung oder Entfernung geschehen.

Asbest

Aufgrund der gesundheitsschädlichen Wirkung von Asbestfasern bestehen für Sanierung, Abbruch und Entsorgung asbesthaltiger Baustoffe besondere Anforderungen. Diese Arbeiten dürfen ausschließlich von Fachunternehmen durchgeführt werden, die einen entsprechenden Sachkundenachweis vorlegen können.

Die nach der Gefahrstoffverordnung (GefStoffV) vorgeschriebenen Schutzmaßnahmen und organisatorischen Voraussetzungen für Abbruch-, Sanierungs- oder Instandhaltungsarbeiten (ASI-Arbeiten) sowie der Entsorgung sind in der Technischen Regel für Gefahrstoffe TRGS 519 „Asbest; Abbruch-, Sanierungs- oder Instandhaltungsarbeiten" zusammengefasst. Die Berufsgenossenschaften haben zudem die Arbeitsanweisung BGI 664 „Verfahren mit geringer Exposition gegenüber Asbest bei Abbruch-, Sanierungs- und Instandhaltungsarbeiten" herausgegeben, mit der sichergestellt werden soll, dass bei Abbruch- bzw. Ausbauarbeiten keine Asbestbelastung entsteht.

KMF

Der Umgang mit alten Mineralwolle-Produkten ist nur noch im Zuge von Abbruch-, Sanierungs-, Instandhaltungs- und Instandsetzungsarbeiten zulässig. Für diese Arbeiten gilt die Technische Regel für Gefahrstoffe TRGS 521 „Abbruch-, Sanierungs- und Instandhaltungsarbeiten mit alter Mineralwolle". Derzeit besteht für alte KMF-Produkte jedoch keine Sanierungspflicht. Neue KMF gelten als nicht krebserzeugend. Bei Sanierungsarbeiten sind daher lediglich die üblichen Mindestschutzmaßnahmen anzuwenden.

Lösemittel

Generell sollten Lösemittelkonzentrationen in der Raumluft so gering wie möglich gehalten werden. Daher sollten die identifizierten Emissionsquellen beseitigt werden, was in der Praxis oft mit erheblichen Kosten verbunden ist.

Es gibt verschiedene Verfahren, alte Beschichtungen zu entfernen. Anstriche auf der Innenseite von Außenwänden sollten mechanisch, Anstriche von Fassaden durch Ablaugen oder Abbeizen entfernt werden. Bei der mechanischen Entfernung besteht die Gefahr, dass giftige Metallverbindungen wie Blei, Cadmium und Zink (s. Schwermetalle), die sich in den Pigmenten von Farben und Lacken befinden können, durch den frei werdenden Staub zu gesundheitsgefährdenden Emissionen führen. Das Entfernen alter Anstriche unterliegt den Bestimmungen des Umweltbundesamtes (Gesetz über die Umweltverträglichkeit von Wasch- und Reinigungsmitteln [Wasch- und Reinigungsmittelgesetz – WRMG]). Danach müssen alte polymere Beschichtungen (Dispersionsfarben, Kunstharzputze und lösemittelhaltige Beschichtungsstoffe) möglichst mit umweltfreundlichen, biologisch leicht abbaubaren Abbeizern entfernt werden.

Bei der Sanierung schadstoffbelasteter Beschichtungen sind entsprechende berufsgenossenschaftliche Vorschriften wie die Technische Regel für Gefahrstoffe TRGS 524 „Sanierung und Arbeiten in kontaminierten Bereichen", die BG-Richtlinie für Arbeiten in kontaminierten Bereichen (s. BGR 128 „Kontaminierte Bereiche") und die Gefahrstoffverordnung (GefStoffV) zu berücksichtigen. Weiterhin ist bei der Entfernung belasteter Beschichtungen das Kreislaufwirtschafts- und Abfallgesetz „Gesetz zur Förderung und Sicherung der umweltverträglichen Beseitigung von Abfällen (Kreislaufwirtschafts- und Abfallgesetz)" zu beachten.

Die „Chemikalienrechtliche Verordnung zur Begrenzung der Emissionen flüchtiger organischer Verbindungen (VOC) durch Beschränkung des Inverkehrbringens lösemittelhaltiger Farben und Lacke (Lösemittelhaltige Farben- und Lack-Verordnung – ChemVOCFarbV)" regelt die Begrenzung der Emissionen flüchtiger organischer Verbindungen (VOC) durch Beschränkung des Inverkehrbringens lösemittelhaltiger Farben und Lacke. Nach § 1 „Zweck und Anwendungsbereich" ist u. a. der Gehalt an flüchtigen organischen Verbindungen in bestimmten Farben und Lacken zur Beschichtung von Gebäuden, ihren Bauteilen und dekorativen Bauelementen zu begrenzen. Hier sind Grenzwerte für den VOC-Höchstgehalt von Farben und Lacken angegeben.

Schwermetalle

Eine Sanierung von mit Schwermetallen belasteten Beschichtungen fällt je nach Situation und Konzentration unterschiedlich aus. Gemäß dem Vorsorgeprinzip sollten belastete Beschichtungsstoffe prinzipiell beseitigt werden,

Die Entfernung schadstoffbelasteter Stoffe erfolgt unter besonderer Berücksichtigung des Chemikaliengesetzes (ChemG), der Gefahrstoffverordnung (GefStoffV), der Technischen Regeln für Gefahrstoffe TRGS 602 „Ersatzstoffe und Verwendungsbeschränkungen – Zinkchromate und Strontiumchromat als Pigmente für Korrosionsschutz – Beschichtungsstoffe" und TRGS 505 „Blei". Die Arbeiten sollten ausschließlich von Fachunternehmen durchgeführt werden, die über ausreichend Erfahrung und Fachkenntnis verfügen.

Weiterhin stellen Hersteller oder Händler Datenblätter, wie technische Merkblätter oder DIN- bzw. EG-Sicherheitsdatenblätter, zur Verfügung. Diese Informationen und Hinweise sollten unbedingt eingesehen und beachtet werden.

III.3 Fenster

Autoren: Dipl.-Ing. (FH) Yasemin Wildebrand, Architektin; Dipl.-Ing. Silke Nicole Klein, Architektin

III.3.1 Allgemeines

Fenster dienen der Belichtung und Belüftung von Gebäuden und bieten als Verbindungselemente Sichtbeziehungen zwischen dem Innenraum und der Außenwelt.

Beim Bauen im Bestand ist das Holzfenster als Einfach- oder Doppelfenster häufig anzutreffen. Vorwiegend ist es durch Sprossen unterteilt, deren Wirkung auf das äußere Erscheinungsbild eines Gebäudes, aber auch auf den Innenraum nicht unterschätzt werden sollte. Da das äußere Erscheinungsbild bestehender Gebäude erheblich von der Wirkung der Fenster bestimmt wird, steht bei der Sanierung oder Modernisierung insbesondere die Betrachtung der gesamten Gebäudehülle im Vordergrund. Hierdurch wird oft die zusätzliche Frage gestellt, ob die Gebäudehülle nicht im gleichen Zuge, z. B. während eines Fensteraustauschs, modernisiert werden sollte. Bei der Modernisierung von Fenstern sollte auch überlegt werden, ob die vorhandenen Fenster aufgearbeitet werden können oder ein Austausch gegen neue Fenster die optimale Lösung darstellt.

III.3.1.1 Vorschriften und Regeln

Eine im Bereich der Fenster wichtige Norm ist die DIN 107 „Bezeichnung mit links oder rechts im Bauwesen". Laut dieser Norm wird bei Drehflügeltüren, -fenstern oder -läden in Links- und Rechtsflügel unterschieden. Dabei ist ein Linksflügel ein Flügel, dessen Drehachse bei Blickrichtung auf seiner Öffnungsfläche links liegt, und ein Rechtsflügel, dessen Drehachse bei Blickrichtung auf seiner Öffnungsfläche rechts liegt.

Des Weiteren sind für Fenster u. a. die im Folgenden aufgeführten Vorschriften und Regeln zu beachten:

- DIN 4172 „Maßordnung im Hochbau",
- DIN 18055 „Fenster; Fugendurchlässigkeit, Schlagregendichtheit und mechanische Beanspruchung; Anforderungen und Prüfung",
- DIN 18056 „Fensterwände; Bemessung und Ausführung",
- DIN 18195 „Bauwerksabdichtungen"
- DIN EN 1522 „Fenster, Türen, Abschlüsse – Durchschusshemmung – Anforderungen und Klassifizierung",
- DIN V ENV 1627 „Fenster, Türen, Abschlüsse – Einbruchhemmung – Anforderungen und Klassifizierung",
- DIN 4108 „Wärmeschutz im Hochbau",
- DIN 4108-2 „Wärmeschutz und Energie-Einsparung in Gebäuden – Teil 2: Mindestanforderungen an den Wärmeschutz",
- DIN 4108-3 „Wärmeschutz und Energie-Einsparung in Gebäuden – Teil 3: Klimabedingter Feuchteschutz; Anforderungen, Berechnungsverfahren und Hinweise für Planung und Ausführung",
- DIN 4109 „Schallschutz im Hochbau",
- DIN EN 12207 „Fenster und Türen – Luftdurchlässigkeit – Klassifizierung",
- VDI-Richtlinie 2719 „Schalldämmung von Fenstern und deren Zusatzeinrichtungen",
- EnEV „Verordnung über den energieeinsparenden Wärmeschutz und energiesparende Anlagentechnik bei Gebäuden (Energieeinsparverordnung – EnEV)".

III.3.1.2 Bauphysikalische und bautechnische Anforderungen

Als Bestandteil der Außenhülle von Gebäuden müssen Fenster den Anforderungen in Bezug auf Wärmeschutz, Schallschutz, Brandschutz, Schlagregendichtheit, Luftdichtheit, Tauwasserschutz und Einbruchschutz genügen.

Abb. III.3.01: Modernisierte Fassade im Bestand

Wärmeschutz

Die Anforderungen an den Wärmeschutz werden in der Norm DIN 4108 „Wärmeschutz im Hochbau" und der „Energieeinsparverordnung" (EnEV) geregelt. Die DIN 4108 „Wärmeschutz im Hochbau" gibt neben den allgemeinen Mindestanforderungen auch Planungs- und Ausführungsempfehlungen zur Erstellung von luftdichten Anschlüssen vor. Auch die EnEV 2007 spricht in Satz 1 des § 6 „Dichtheit, Mindestluftwechsel" die Luftdichtheit an, die zunehmend zu den geforderten Energieeinsparungen beiträgt, aber auch für eine thermische Behaglichkeit durch höhere Oberflächentemperaturen und verminderte Luftströmungen sorgt.

Fenster im Altbau gelten wärmetechnisch als Schwachstellen in der Gebäudehülle, da der eintretende Wärmeverlust durch Altbaufenster ungleich höher ist als bei anderen Bauteilen, wie z. B. opaken Wandbauteilen. Der Wärmetransport erfolgt durch Wärmeleitung, -strahlung und -konvektion im Bereich undichter Fugen und Wärmebrücken. Ohne die Berücksichtigung der gesamten Gebäudehülle führt der Austausch der veralteten Fenster durch neue, energetisch hochwertigere Fenster oft nicht zu den gewünschten Einsparungen und zu behaglichem Raumklima, sondern ruft eventuell sogar Feuchte- und Schimmelpilzschäden hervor.

Heutzutage darf das Fenster einen Wärmedurchgangskoeffizient (U-Wert) von 1,7 W/(m² · K) nicht überschreiten.

Schallschutz

Die Anforderungen an den Schallschutz regeln die DIN 4109 „Schallschutz im Hochbau" und die VDI-Richtlinie 2719 „Schalldämmung von Fenstern und deren Zusatzeinrichtungen". Die DIN 4109 teilt die Mindestanforderungen an die Luftschalldämmung von Außenwandbauteilen in 7 Lärmpegelbereiche mit maßgeblichen Außenlärmpegeln ein.

Gefordert wird ein erforderliches, resultierendes Schalldämmmaß erf. $R'_{w,rew}$ des Außenbauteils, d. h. der Außenwand und des Fensters. Im Gegensatz hierzu teilt die VDI-Richtlinie 2719 „Schalldämmung von Fenstern und deren Zusatzeinrichtungen" die Anforderungen in 6 Schallschutzklassen (SSK) ein. Maßgeblich ist dabei das bewertete Schalldämmmaß des Fensters im funktionstüchtigen eingebauten Zustand.

Für Neubauten ist die DIN 4109 „Schallschutz im Hochbau" verbindlich. Die VDI-Richtlinie 2719 „Schalldämmung von Fenstern und deren Zusatzeinrichtungen" wird in Fällen, in denen die DIN 4109 nicht gilt, vereinbart.

Brandschutz

Der Brandschutz wird beim Bauen im Bestand erst dann für Gebäude baurechtlich relevant, wenn eine Nutzungsänderung vorliegt. Bei der Modernisierung von Außenbauteilen, wie Fenstern, herrscht Bestandsschutz (s. Kap. I.3), d. h. es werden keine neuen Auflagen erhoben.

Schlagregendichtheit

Die DIN 4108 „Wärmeschutz im Hochbau" bezeichnet eine ausreichende Sicherheit eines eingebauten Fensters oder einer eingebauten Außentür gegen das Eindringen von Wasser in das Innere des Gebäudes bei einer gegebenen Windstärke, Regenmenge und Beanspruchungsdauer als Schlagregendichtheit. Die Schlagregendichtheit hängt von der Ausbildung, Art und Lage der Falzdichtungen und der Entwässerung sowie dem Druckausgleich des Falzraumes ab.

Fenster und Außentüren werden in 4 Beanspruchungsgruppen unterteilt:

- A Fenster in einer Höhe bis 8 m,
- B Fenster in einer Höhe bis zu 20 m,
- C Fenster in einer Höhe bis zu 100 m und
- D Einzelfallregelung.

Die Anforderungen an die Schlagregendichtheit regelt die DIN EN 12208 „Fenster und Türen – Schlagregendichtheit – Klassifizierung". Dabei werden Fenster und Türen in die Klassen 1A bis 9A und 1B bis 9B, wobei A für ungeschützten und B für teilweise geschützten Einbau steht, unterteilt.

Luftdichtheit

Wegen undichter Konstruktions- und Funktionsfugen kann es im Bereich der Fenster zu Wärmeverlusten durch Luftaustausch kommen.

Die Anforderungen an die Luftdurchlässigkeit bzw. -dichtheit regeln DIN 4108 „Wärmeschutz im Hochbau" und die EnEV.

Die Fugendurchlässigkeit wird nach DIN EN 12207 als die Gesamtdurchlässigkeit Q bezeichnet, die dem Luftstrom (m^3/h) entspricht, der bei einem Druckunterschied von 100 Pascal in einer Stunde durch eine 1 m lange Fuge zwischen Rahmen und Flügel hindurchgeht.

Der Luftaustausch ist abhängig von der Windgeschwindigkeit, der Form des Gebäudes und der Topografie.

Die EnEV schreibt für außen liegende Fenster, Fenstertüren und Dachflächenfenster eine Fugendurchlässigkeit der Klasse 2 bei Gebäuden bis zu 2 Vollgeschossen und der Klasse 3 bei Gebäuden mit mehr als 2 Vollgeschossen vor (s. Anlage 4 [zu § 6] „Anforderungen an die Luftdichtheit und den Mindestluftwechsel", Tabelle 1 „Klassen der Fugendurchlässigkeit von außen liegenden Fenstern, Fenstertüren und Dachflächenfenstern"). Der Fugendurchlässigkeitskoeffizient a für Fenster beträgt laut DIN 4108 für Klasse 2 2 $m^3/(m \cdot h \cdot daPa^{2/3})$ und für Klasse 3 1 $m^3/(m \cdot h \cdot daPa^{2/3})$. Die Anforderungen an die Bauteilanschlüsse sind noch höher. Diese Werte sind sowohl beim Neubau als auch bei der Sanierung einzuhalten.

Tauwasserschutz

Die Anforderungen an den Tauwasserschutz regelt die DIN 4108 „Wärmeschutz im Hochbau".

Luft kann in Abhängigkeit zu ihrer Temperatur eine gewisse Menge Feuchte bis zur sogenannten Sättigungsgrenze aufnehmen. Warme Luft kann mehr Feuchte aufnehmen als kalte. Zur Tauwasserbildung kommt es, wenn die Luft durch Abkühlung nicht mehr in der Lage ist, die ursprüngliche Menge Feuchte zu speichern.

Die Temperatur, bei der dieser Effekt eintritt, wird als Taupunkt bezeichnet. Das Tauwasser schlägt sich im Bereich der kältesten Bauteile im Rauminneren nieder. Dies sind insbesondere im Altbau die Fenster, also die Verglasung und nicht zuletzt die Rahmen.

Obwohl die Anforderungen der DIN 4108 nur an neu zu errichtende Gebäude gestellt werden, sollten sie auch bei der Modernisierung eines bestehenden Gebäudes beachtet und so weit wie möglich bauphysikalisch, -konstruktiv und -chemisch erfüllt bzw. angewandt werden.

Einbruchschutz

Die Anforderungen an den Einbruchschutz für Gebäude regelt die DIN V ENV 1627 „Fenster, Türen, Abschlüsse – Einbruchhemmung – Anforderungen und Klassifizierung".

Bei der Altbausanierung kommt es vor, dass aufgrund konstruktiver Vorgaben und Zwänge von der geprüften Montage abgewichen werden muss. Dennoch sollte auch in alten Gebäuden, ebenso wie im Neubau, darauf geachtet werden, dass Fenster von außen nur mit möglichst hohem Aufwand und großem Lärm geöffnet werden können. Besteht bei dem zu sanierenden Gebäude eine hohe Anforderung an den Einbruchschutz, sollte überlegt werden, das Objekt durch andere Maßnahmen zu sichern, wie z. B. durch eine Einbruchmeldetechnik.

III.3.1.3 Konstruktionsmerkmale

Blendrahmenfenster

Holzfenster werden meist als Blendrahmenfenster eingesetzt. Der Blendrahmen ist der starre Teil des Fensters, der an der Fensterlaibung befestigt wird und als Innen- oder Außenanschlag für den Fensterrahmen dient. Dabei ist die Dicke des Blendrahmens gleich der Dicke des Flügelrahmens. Die Breite des Blendrahmens ist von der Anschlagsart abhängig.

Blockrahmenfenster

Bereits früher wurden Blockrahmenfenster nur in Ausnahmefällen eingesetzt. Blockrahmen werden auch Stockrahmen genannt und sind ohne Anschlag „stumpf" eingebaute Fenster- und Türrahmen. Heutzutage finden sie so gut wie keine Verwendung mehr. Blockrahmenkonstruktionen kamen beim Einbau von Türen zum Einsatz.

Zargenfenster

Zargenfenster gelten als Sonderform der Blockrahmenfenster und werden heutzutage außer in Sonderfällen, wie z. B. bei reinen Holzbauten, kaum noch eingesetzt, da sie anschlaglos „stumpf" an die Laibung der Fenster- und Türöffnungen montiert werden müssen. Werden sie bei Holzfenstern verwendet, wird ein an der Außenwand flach anliegender Montagerahmen, der den Sturz mitträgt, eingesetzt.

Verbundfenster

Verbundfenster (Doppelfenster) bestehen aus 2 gekoppelten Flügelrahmen mit gemeinsamem Drehpunkt an einem gemeinsamen Blendrahmen. Der innere Flügel ist dabei tragend, der äußere zur Reinigung entkoppelbar. Im Verhältnis zu Einfachfenstern bieten Verbundfenster einen deutlich höheren Schall- und Wärmeschutz.

Kastenfenster

Kastenfenster sind doppelte Einfachfenster, deren „Kasten" außer aus den beiden Blendrahmen noch zusätzlich aus einem Futterstück besteht. Ihr Einsatz ist von der Anschlagart unabhängig. Im Bestand bestehen Kastenfenster überwiegend aus Holz. Heute werden sie darüber hinaus aus Kunststoff-, Metall- oder als Mischkonstruktionen der genannten verschiedenen Werkstoffe hergestellt.

Fensteranschlag

Fenster können auf verschiedene Arten angeschlagen werden. Es werden Innen-, Außen- oder stumpfer Anschlag unterschieden. Welche Anschlagsart zu wählen ist, hängt vom Material der Außenwand, deren Querschnitt und verschiedenen bauphysikalischen und konstruktiven Überlegungen ab.

Innenanschlag

Der Innenanschlag ist ein typischer Mauerwerksanschlag mit einer üblichen Anschlagbreite von 62,5 mm. Der Blendrahmen sitzt auf der Innenseite des Anschlages. Der Anschlag wird oben und seitlich, der Aufsatz unten stumpf ausgebildet.

Vorteile:
- im Vergleich zu anderen Anschlagarten verminderte Gefahr von Wärmebrückenbildung,
- Fuge zwischen Mauerwerk und Rahmen liegt geschützt (kein Wassereintritt),
- gute Abdichtungsmöglichkeiten,
- Blendrahmen liegt geschützt,
- auch bei schmalen Blendrahmen ausreichend Platz für Fensterbank und Beschlag,
- Montage von innen bei geringem Arbeitsaufwand möglich,
- ungenaue Maurer- und Schreinerarbeiten können leicht ausgeglichen werden usw.

Nachteile:
- tiefe Sohlbank,
- Staub- und Schmutzfang,
- ablaufendes Wasser kann zu Ablagerungen an der Fassade führen (Schmutzfahnen).

Außenanschlag

Der Außenanschlag wird kaum noch ausgeführt. Er zählt wie der Innenanschlag zu den typischen Mauerwerksanschlägen. Der Blendrahmen sitzt außen am Anschlag. Im Baubestand ist der Außenanschlag insbesondere bei nach außen aufschlagenden Fenstern anzutreffen.

Abb. III.3.02: Doppelfenster

Abb. III.3.03: Kastenfenster

Abb. III.3.04: Schwingflügelfenster

Abb. III.3.05: Sprossenfenster

Abb. III.3.06: Fenster mit tragenden Sprossen

Abb. III.3.07: Fenster mit aufgeklebten Sprossen

Nachteile:
- Gefahr von Wärmebrückenbildung,
- Fuge zwischen Mauerwerk und Fenster ist der Witterung ausgesetzt (drückendes Wasser),
- Blendrahmen liegt ungeschützt,
- größeres Blendrahmenprofil für Fensterbank und Beschlag notwendig,
- Montage von innen schwierig usw.

Stumpfer Anschlag

Der stumpfe Anschlag von Fenstern wird bevorzugt im Stahlbeton- und Mauerwerksbau eingesetzt. Stumpf bedeutet dabei, dass eigentlich kein Anschlag vorhanden ist. Das Fenster wird an einer beliebigen Stelle in die Öffnung montiert und rundum abgedichtet.

Der Vorteil besteht darin, dass die Lage des Fensters sich innerhalb der Öffnung nach der jeweiligen Gestaltungsabsicht richten kann. Fassadenbündige Fenster bringen allerdings Probleme beim Schall- und Wärmeschutz mit sich und sollten nicht ausgeführt werden.

Nachteile ergeben sich beim stumpfen Anschlag dadurch, dass die Gefahr der Wärmebrückenbildung besteht, bei wärmegedämmter Innenlaibung ein großer Blendrahmen notwendig ist und der Blendrahmen ungeschützt liegt.

Öffnungsbewegung

Fenster lassen sich auch hinsichtlich ihrer Öffnungsbewegung unterscheiden. Neben dem am häufigsten verwendeten Drehkippflügel kommen vor allem im Baubestand noch Drehflügel, Kipp- und Klappflügel, Schwing- bzw. Wendeflügel, Schiebefenster, Faltfenster, aber auch feststehende Fenster und Versenkfenster zum Einsatz.

Drehflügel

Drehflügel werden meist nur bei schmalen Fenstern eingesetzt.

Drehkippflügel

Der Drehkippflügel ist ein im Wohnungsbau häufig verwendeter Fenstertyp. Er ist nur nach innen zu öffnen und von innen problemlos zu reinigen.

Kipp-/Klappflügel

Kippflügel und Klappflügel werden überwiegend als Oberlicht eingesetzt. Schwierigkeiten bringt die Reinigung der Außenfläche des Kipp- und Klappflügels mit sich. Bei geöffneten Fenstern wird ein innen liegender Sonnenschutz behindert und an der Außenfassade aufsteigende Warmluft kann ungehindert in das Gebäude eindringen.

Schwing-/Wendeflügel

Schwing- oder Wendeflügel ermöglichen große Fensterbreiten.

Schwingflügel schwingen bis zu 180° um die waagerechte Mittelachse, Wendeflügel um die senkrechte. Die Fensterflügel lassen sich in jedem gewünschten Winkel feststellen.

Die äußere und die innere Fensterfläche lässt sich von innen gut reinigen.

Ein Sonnenschutz kann innen auf dem Flügel oder zwischen den Scheiben angebracht werden.

Schiebefenster

Schiebefenster lassen sich vertikal oder horizontal verschieben, teilweise auch versenken. Hierdurch stellen die geöffneten Flügel keinerlei Behinderung im Innen- oder Außenraum dar.

Versenkfenster

Versenkfenster sind Sonderformen von Schiebefenstern. Sie können vertikal in einem Schacht versenkt werden.

Festverglasungen

Fest stehende Fenster sind für fast jede Fenstergröße geeignet. Da eine Reinigung der Außenfläche jedoch nur von außen erfolgen kann, sind entsprechende Vorkehrungen zu treffen, z. B. Wartungsbalkone.

Fensterteilung

Im Altbaubestand sind häufig Sprossenfenster anzutreffen. Sie bestimmen in hohem Maße das Erscheinungsbild der Fassaden.

Um weder das äußere Erscheinungsbild der Fassaden noch des Innenraums zu verändern, sollten Sprossenfenster im Falle eines Austausches möglichst durch ebensolche ersetzt werden.

Die Sprossen können als tragende, glasteilende Sprossen ausgeführt sein oder lediglich aufgeklebt oder im Scheibenzwischenraum angeordnet sein.

Tragende Sprossen, die konstruktive Zwecke erfüllen, sind erst bei größeren Scheibenformaten unbedenklich einsetzbar, da sie bis zu einer Kantenlänge von 60 cm und bei ungünstigen Kantenverhältnissen zu Glasbruch führen können. Ein weiterer Nachteil ist die relativ große Profiltiefe, die bei kleinen Fenstern zu einer deutlich größeren Verschattung des Innenraumes führt und die Fassadengestaltung negativ beeinflusst.

Auf die Glasoberfläche aufgeklebte Sprossen werden mit und ohne Abstandhalter zum Glas angeboten. Die Alternative ohne Abstandhalter verfälscht durch eine unerwünschte Schattenbildung das ursprüngliche Fassadenbild. Das äußere Erscheinungsbild wird durch Sprossenfenster mit innen liegenden, aufgeklebten Sprossen mit Abstandhalter weniger beeinflusst.

Im Scheibenzwischenraum eingebettete Sprossen werden meist aus Metall hergestellt. Gestalterisch stellen sie, insbesondere für den Denkmalschutz, keine zufriedenstellende Lösung dar, da durch die fehlende Profilierung der Glasoberfläche keinerlei Schattenwirkung entsteht.

Aufgesetzte Sprossenrahmen werden meist aus Holz hergestellt und können zum Reinigen der Fenster abgenommen werden. Neben den durch Regen entstandenen Schmutzspuren auf der Glasfläche bewirkt die Fuge zwischen Rahmen und Glas durch unerwünschte Schattenbildung eine Verfälschung des Fassadenbildes.

III.3.1.4 Material

Im Baubestand sind im Wesentlichen Holzfenster zu finden, obwohl auch Kunststofffenster insbesondere im Wohnungsbaubestand immer häufiger anzutreffen sind und Holzfenster in ihrer Verbreitung zum Teil bereits überholt haben.

Kunststofffenster sind pflege- und wartungsärmer als Holzfenster, die regelmäßig lasiert oder gestrichen werden sollten. Ebenso sind Metallfenster z. B. aus Aluminium pflege- und wartungsarm. Aluminiumfenster zeichnen sich

Abb. III.3.08: Sprossen im Scheibenzwischenraum

Abb. III.3.09: Holzfenster

darüber hinaus durch ihr geringes Gewicht aus.

Holzfenster

Holzfenster werden aus Weich- und Harthölzern wie Kiefer, Fichte, Eiche, Mahagoni, Meranti, Oregon Pinie, Lärche (s. Kap. V.4) u. a. hergestellt. Fenster im Baubestand bestehen üblicherweise aus Eiche, Fichte oder Kiefer.

Holzfenster zeichnen sich durch ihre guten Wärmedämmeigenschaften und durch ihre formstabile, funktionssichere Konstruktion aus. Sie sind bei entsprechender Pflege, wie z. B. regelmäßiger Oberflächenbehandlung und entsprechender Vorbehandlung, langlebig, resistent gegen Witterungseinflüsse sowie Insekten- und Pilzbefall.

Abb. III.3.10: Kunststofffenster

Abb. III.3.11: Metallfenster

Kunststofffenster

Kunststofffenster werden aus Polyvinylchlorid (PVC) hergestellt und gelten als witterungs- und korrosionsbeständig, pflege- und wartungsarm. Sie bestehen aus stabilen Ein- oder Mehrkammer-Hohlprofilen, gegebenenfalls mit Metall-Aussteifungen, oder Profilen mit ausgeschäumtem Kern.

Metallfenster

Bei Metallfenstern im Bestand handelt es sich meist um Stahl- oder Aluminiumkonstruktionen (s. Kap. V.5). Fenster aus Edelstahl sind nur in Einzelfällen zu finden.

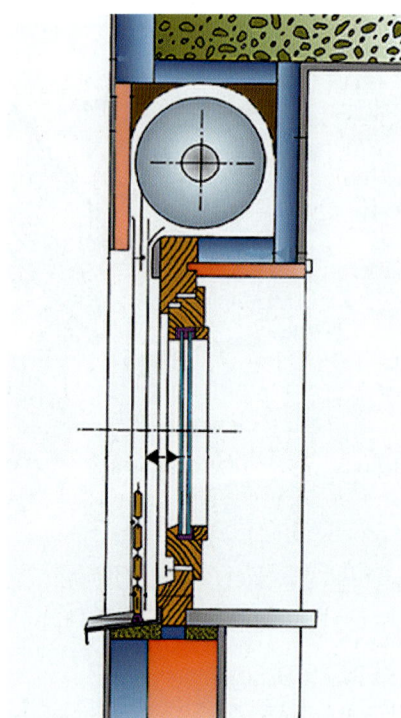

Abb. III.3.12: Fenster mit Rollladen
(Quelle: Springer BauMedien GmbH, Celle)

Aluminiumfenster

Aluminiumfenster zeichnen sich insbesondere durch ihr geringes Gewicht aus. Sie sind witterungsbeständig, langlebig sowie pflege- und wartungsarm. Im Baubestand finden sich größtenteils Aluminiumfenster mit ungedämmten, thermisch nicht getrennten Profilen, die den heutigen Anforderungen nicht mehr gerecht werden.

Stahlfenster

Stahlfenster im Bestand zeichnen sich durch schlanke Profile aus. Sie sind meist thermisch nicht getrennt. Heutzutage können jedoch auch thermisch getrennte Stahlfenster gefertigt werden, die u. a. auch im Denkmalschutz Verwendung finden. Im Gegensatz zu Aluminiumfenstern zeichnen sie sich durch eine hohe Biege- und Torsionsfestigkeit bei geringen Profilquerschnitten aus.

Korrosionsschutz

Die Oberflächenbehandlung bzw. der Schutz vor Korrosion (s. Kap. V.5) von Fensterrahmen und -flügeln aus Metall ist entscheidend für die Langlebigkeit von Metallfenstern.

Der Korrosionsschutz von Stahl erfolgt üblicherweise durch eine geeignete Beschichtung, einen metallischen Überzug (s. Kap. V.5.3.2) oder durch sogenannte Duplexsysteme, eine Kombination aus Verzinken und Beschichten.

Für den Oberflächenschutz von Aluminiumfenstern steht insbesondere die Eloxierung im Vordergrund.

Darüber hinaus müssen alle Metalle ausreichend gegen Kontaktkorrosion (s. Kap. V.5.3.2) geschützt werden, die zu erheblichen Schäden führen kann.

III.3.1.5 Verglasung

Ein wesentlicher Teil eines Fensters bzw. einer Fenstertür ist die Verglasung (s. Kap. V.6). Die früher übliche Einfachverglasung aus gezogenem Glas wurde Mitte des letzten Jahrhunderts durch das sogenannte Floatglas abgelöst. An älteren Gebäuden im Baubestand sind auch Fenster mit Bleiverglasung, Butzenscheiben, Gussgläsern und Ätzgläsern zu finden.

Aus Gründen des Wärmeschutzes kommt eine Einfachverglasung, auch aus Floatglas, in der Praxis nur noch bei der äußeren Verglasung von Doppelfenstern zum Einsatz.

Der Markt bietet heute eine Vielzahl von Verglasungen an, die verschiedenste Anforderungen und Funktionen erfüllen und sich auch größtenteils kombinieren lassen, so z. B. Wärmeschutzglas, Schallschutzglas, Sonnenschutzglas, Brandschutzglas, Sichtschutzglas und weitere Spezialgläser, die zur Lichtlenkung bzw. -streuung dienen. Sie können bedruckt oder bedampft werden oder mit im Scheibenzwischenraum liegendem Sonnenschutz ausgestattet sein.

III.3.1.6 Fensterbänke

Fensterbänke werden grundsätzlich in innere und äußere Brüstungsabdeckungen unterschieden.

Die innere Fensterbank wird insbesondere als aufgemörtelte Natur- oder Kunststeinplatte (s. Kap. V.8) oder als kunststoffbeschichtete Holzpressplatten (s. Kap. V.4.1) ausgeführt. Entweder sind im Rahmen entsprechende Nuten vorgesehen oder die Fensterbänke werden in dafür vorgesehene Aussparungen eingeschoben. Ihre Abdichtung erfolgt zwischen Rahmen und Brüstung und wird seitlich weitergeführt.

Die äußere Brüstungsabdeckung, die gleichzeitig den unteren Bauwerksabschluss des Fensters bildet, ist im Gegensatz zur inneren der Witterung ausgesetzt. Eine Aufgabe ist, das anfallende Regenwasser vom Fenster abzuleiten, um Verschmutzungen sowie Durchfeuchtungen der Fassade zu vermeiden. Die äußeren Fensterbänke sollten deshalb mindestens 30 bis 40 mm überstehen und Tropfkanten aufweisen. Die seitlichen Anschlüsse an die Fensterlaibungen müssen zusätzlich das Eindringen von Niederschlagswasser verhindern.

Äußere Fensterbänke werden heutzutage häufig aus Aluminium- oder Kunststoffprofilen hergestellt. Im Wohnungsbaubestand finden auch Materialien wie Ziegel, Natur- und Werkstein (s. Kap. V.8) Verwendung.

Im Baubestand sind Fensterbänke aus Spaltplatten, Klinkerplatten, sonstigen Mauer-, Form-, Natur- und Betonwerksteinen und bei Gebäuden aus Sichtmauerwerk sogenannte Ziegel-Rollschichten anzutreffen. Außenfensterbänke aus Holz (s. Kap. V.4.1.2) sind oftmals bereits gegen andere Materialien ausgetauscht. Weitere verwendete Materialien sind Zink- und Kupferbleche (s. Kap. V.5.2.5).

III.3.1.7 Rollläden

Rollläden dienen insbesondere als Sicht- und Sonnenschutz. Sie verbessern je nach Bauart den Einbruchschutz. Die Anforderungen an Rollläden sind in der DIN 18073 „Rollabschlüsse, Sonnenschutz- und Verdunkelungsanlagen im Bauwesen; Begriffe, Anforderungen" und der DIN 18358 „VOB Verdingungsordnung für Bauleistungen – Teil C: Allgemeine Technische Vertragsbedingungen für Bauleistungen (ATV); Rollladenarbeiten" geregelt.

Die DIN 18073 „Rollabschlüsse, Sonnenschutz- und Verdunkelungsanlagen im Bauwesen; Begriffe, Anforderungen" definiert den Rollladen als einen Rollabschluss, der neben einem Fenster oder einer Fenstertür als zusätzlicher Abschluss einer Öffnung dient.

Rollläden bestehen aus einem Rollkasten, in dem der zusammengerollte Rollpanzer, der aus einzelnen Rollladenstäben besteht, zusammengerollt wird. Durch einen Auslassschlitz im Rollkasten wird der Rollpanzer mithilfe eines Gurtes entlang seitlicher Führungsschienen auf- und abgerollt.

Rollladenpanzer bestehen aus Holz (s. Kap. V.4), Aluminium, Stahl, Edelstahl (s. Kap. V.5) oder Kunststoff. Beim Einbau wird zwischen unter dem Fenstersturz bzw. unter dem Unterzug eingebauten, tragenden Rollladenkästen, aber auch Vorbaurollladenkästen, die sich vor allem zur Nachrüstung im Bereich des Baubestandes eignen, unterschieden. Der Antrieb eines Rollladens kann manuell, aber auch durch einen Elektromotor erfolgen.

Anforderungen und Einsatzbereiche

Rollläden müssen Anforderungen an den winterlichen und an den sommerlichen Wärmeschutz erfüllen. Zur Vermeidung von Wärmebrücken sollte beachtet werden, dass der Rollladen mit einem Abstand von mindestens 40 mm zur äußeren Ebene des Fensterrahmens eingebaut wird. Sowohl die seitlichen Führungsschienen als auch der Schlussstab müssen mit Dichtungsprofilen versehen werden, um dicht zu schließen. Auch der Auslassschlitz im Bereich des Rollladenkastens muss elastisch abgedichtet werden.

In der Praxis werden ausgeschäumte Profile angeboten, die die Gefahr von Wärmebrücken vermindern können. Rollläden dienen als wesentlicher Faktor für den sommerlichen Wärmeschutz.

Bei erhöhten Anforderungen an den Schallschutz können ausgeschäumte Profile und biegesteife Rollladenpanzer mit hohem Gewicht eingesetzt werden.

Neben dem Sichtschutz können Rollläden auch dem Sonnen- und Blendschutz dienen. Dazu eignen sich vor allem Rollläden, die sich nach außen ausstellen lassen und mit größeren durchscheinenden Lichtschlitzen ausgestattet sind.

Rollläden schützen Fenster und Verglasung vor Schlagregen, Wind und anderen Witterungseinflüssen.

Um einen ausreichenden Einbruchschutz zu gewähren, muss der Rollpanzer aus Stäben mit hoher Biegefestigkeit, wie z. B. aus Aluminium, bestehen. Der fachgerechte Einbau und Spezialbeschläge, die ein Hochschieben von außen verhindern, sind Voraussetzung für den wirksamen Einbruchschutz.

III.3.1.8 Fensterläden

Fensterläden dienen sowohl dem Wärme-, Schall-, Sicht- und Sonnenschutz als auch der Einbruchhemmung. Sie werden in Klapp- und Schiebeläden unterteilt und aus Holz (s. Kap. V.4), Kunststoff oder Leichtmetallen (s. Kap. V.5) hergestellt. Fensterläden bestehen aus einem Rahmen mit einer vollflächigen Füllung oder aus eingeschobenen, schräg gestellten Leisten, die das Lüften und einen reduzierten Lichteinfall ermöglichen.

Fensterläden werden insbesondere unterschieden in Klappläden und Schiebeläden.

Klappläden sind entweder am Fenster oder an der Außenwand befestigt. Sie werden von Hand oder durch einen Elektroantrieb bedient. Sie prägen das äußere Erscheinungsbild einer Fassade und sind im Zuge einer Sanierung oft erhaltenswert.

Schiebeläden sind meist in der Dämmebene, also zwischen Fenster und Fassadenbekleidung bzw. Außenwand, angebracht. Die obere Führungsschiene sollte immer witterungsgeschützt sein. Sie werden vor allem als Einbruchschutz bei großen Fensterflächen eingesetzt, wenn Klappläden wegen eines zu hohen Flügelgewichtes nicht mehr funktionieren würden.

III.3.2 Typische Mängel und Schäden

Die typischen Mängel und Schäden an Fenstern bzw. Fenstertüren lassen sich insbesondere unterscheiden in bauphysikalische und bautechnische Mängel und Schäden, konstruktionsbedingte Mängel und Schäden, wie z. B. eine zu gering ausgebildete Tropfkante, und materialbedingte Mängel und Schäden, wie z. B. das Verspröden bzw. Verwittern des Kunststoffes.

Abb. III.3.13: Eckspaltenbildung an einem Holzfenster

III.3.2.1 Bauphysikalische und bautechnische Mängel und Schäden

Mängel und Schäden an Holzfenstern

An Holzfenstern können insbesondere an den unteren Eckverbindungen häufig sogenannte Eckspaltenbildungen, aber auch Holzverwerfungen entstehen.

Grund für eine Eckspaltenbildung ist z. B. das ständige Quellen und Schwinden, d. h. die abwechselnde Feuchteaufnahme und -abgabe des Holzes (s. Kap. V.4).

Der Quellvorgang wird von außen durch Niederschlagswasser und von innen durch Kondensatbildung und der Schwindvorgang von außen durch Sonneneinstrahlung und von innen durch Heizungswärme gefördert. Wiederholen sich diese Vorgänge über einen längeren Zeitraum, können sich Spalten bilden. Als Folge solcher Eckspaltenbildungen kann es zum Pilzbefall kommen, da Sporen und Feuchte in die Hirnholzflächen der Rahmenteile eindringen können.

Holzverwerfungen entstehen im Bereich der Blend- und Flügelrahmen als unregelmäßig klaffende Spalten, die zu Regen-, Luft- und Windundichtheiten führen können. Als Ursache dafür gelten unzureichende Kenntnisse über das Austrocknungsverhalten insbesondere bei fremdländischen Hölzern.

Abb. III.3.14: Risse in der Fensterscheibe verursacht durch äußere Einflüsse

Abb. III.3.15: Blindheit

Abb. III.3.16: Verkratzte Fensterverglasung

Abb. III.3.17: Schadhafte Kittfuge an einem Fenster

Mängel und Schäden an Kunststofffenstern

Eine Ausnahme in der Schadenanfälligkeit und einen Sonderfall stellen Kunststofffenster mit dunklen Profilfarben dar. Infolge direkter Sonneneinstrahlung lässt sich das Entstehen von Mängeln und Schäden beobachten, die auf eine hohe thermische Ausdehnung aufgrund der Profilfarbe zurückzuführen sind. Dazu gehören insbesondere Risse in den Rahmen bzw. Profilen, aber auch Funktionsstörungen durch Festhaken oder Klemmen bis hin zum Glasbruch.

Zu den Produktions-, Transport- und Montagefehler gehören bei Kunststofffenstern vor allem Risse, die sich entweder durch den ganzen Querschnitt erstrecken oder entlang der Schweißnähte entstehen.

Mängel und Schäden an Fensterverglasungen

Zu den typischen Mängeln und Schäden an Fensterverglasungen gehören u. a. Glasbruch, Blindheit, Verschmutzung bzw. Verätzung, wie z. B. durch Mörtel- oder Farbspritzer sowie Verkratzung und mangelhafte Verkittung der Fensterverglasung.

Glasbruch

Als Glasbruch wird die völlige Zerstörung einer Verglasung bezeichnet. Diese Zerstörung kann punktuell, z. B. durch Durchschüsse, linear, z. B. durch Risse, oder komplett, durch Zerspringen aufgrund äußerer Einwirkungen, Kräfte bzw. Zwänge oder auch durch eine zerstörte Glashalterung, geschehen.

Blindheit von Fensterverglasungen

Vor allem bei älteren Fensterverglasungen kann es zur Blindheit (Verlust der Transparenz) kommen, was zu einer optischen Gebrauchsuntauglichkeit führt. Grund für die Blindheit ist eine Undichtheit im Randverbund. Hierdurch kann Feuchtigkeit in den Scheibenzwischenraum eindringen und sich dort ablagern, was somit zu einer fleckenhaften oder kompletten Blindheit des Fensters führt. Darüber hinaus kann der Austausch des im Glaszwischenraum befindlichen Gases durch Luft zum Verlust der dämmenden Funktion führen.

Verschmutzung bzw. Verätzung und Verkratzung der Verglasungen

Zu Verschmutzung bzw. Verätzung und Verkratzung der Verglasungen kommt es vor allem während der Baumaßnahmen oder bei einer falschen Lagerung der Fenster bzw. Fenstertüren. Verglasungen reagieren auf Mörtel- und Farbspritzer, aber auch auf Auswaschungen aus Beton, indem sie sich grau verfärben bzw. sich Zementschlieren an der Verglasung bilden.

Mangelhafte Verkittung

Insbesondere bei älteren Fenstern mit Einfachverglasung kann es durch Feuchte- oder Lichteinwirkung zur völligen Verwitterung der Verkittung kommen. Wird dieser Schaden nicht rechtzeitig bemerkt, entstehen hierdurch vor allem bei älteren Fenstern ohne Verklotzungen Folgeschäden die u. a. zum Herausfallen der Scheibe aus dem Rahmen und zu Rissen in der Verglasung usw. führen.

III.3.2.2 Konstruktionsbedingte Mängel und Schäden

Zu den konstruktionsbedingten Mängeln und Schäden gehören u. a. Mängel und Schäden im Anschlussbereich von Fenstern, an Dichtungsprofilen sowie an Beschlägen, Mängel und Schäden durch eine zu gering ausgebildete Tropfkante und durch unzureichende Dämmung von Rollläden.

Mängel und Schäden im Anschlussbereich von Fenstertüren

Zu den typischen schadhaften Anschlusspunkten angrenzender Bauteile gehören neben Fensterbänken und Rollladenkästen insbesondere Fußpunkte von Fenstertüren. Aus einer fehlerhaften Schwellenausbildung können eine Vielzahl baulicher Mängel und Schäden wie z. B. die Holzdurchfeuchtung des Rahmens (Schwellenholz), die Durchfeuchtung des Fußbodenaufbaus, sogar bis in die darunterliegenden Räume, aber auch Zugerscheinungen resultieren.

Mängel und Schäden an Dichtungsprofilen

Mängel und Schäden an Dichtungsprofilen können infolge aufgegangener Eckverbindungen oder auch durch Versprödung der Dichtungen, sodass diese aus ihren Haltenuten herausrutschen und zwischen Blend- und Flügelrahmen eingequetscht werden können, entstehen. Dies kann zu Zugerscheinungen, Wassereintritt oder Durchfeuchtung angrenzender Bauteile führen.

Mängel und Schäden im Bereich der Beschläge

Mängel und Schäden im Bereich der Beschläge kommen in der Praxis selten vor.

Diese entstehen durch eine mangelhafte Montage oder durch zu große Belastungen insbesondere bei Kunststoff- und Metallfenstern.

Bei sehr alten Fenstern kann es zur Zerstörung der Beschläge durch eintretende Feuchte und Korrosion (s. Kap. V.5.2.2) kommen.

Darüber hinaus gewährleisten ältere Beschläge oft keinen ausreichenden Einbruchschutz.

Mängel und Schäden an Fensterbänken

Konstruktive Fehler, wie z. B. eine zu gering ausgebildete Tropfkante, Ausführungsfehler, mangelhafte Abdichtungen oder Anschlüsse der Außenfensterbänke können zu deutlich sichtbaren Durchfeuchtungen und Verschmutzungen der Fassade führen.

Durch den Feuchteeintrag können auch Folgeschäden, wie z. B. Schäden an Innenfensterbänken, entstehen.

Mängel und Schäden an Rollläden

Rollläden, vor allem im Altbau, sind häufig wärmetechnische Schwachstellen in der Außenhülle eines Gebäudes. Meist sind die Rollladenkästen nur unzureichend gedämmt und/oder nicht richtig abgedichtet. Vor allem die Öffnungen für den Gurt können in Altbauten erhebliche Undichtheiten aufweisen. Es kommt zu Zugluftscheinungen und hohen Wärmeverlusten, da die warme Raumluft unkontrolliert nach außen strömen kann.

Durch Wärmebrücken und Tauwasser können im Bereich des Sturzes z. B. Feuchte- und Schimmelpilzschäden auftreten.

Durch hohe Windlasten können Rollläden, die z. B. aus Aluminium bestehen, so verbogen werden, dass ihre Funktionsfähigkeit stark eingeschränkt wird oder komplett verloren geht.

III.3.2.3 Materialbedingte und sonstige Mängel und Schäden

Materialbedingte und sonstige Mängel und Schäden können u. a. an Holzfenstern infolge eines Pilzbefalls, an Metallfenstern durch fehlenden Korrosionsschutz, bei Kunststofffenstern insbesondere durch das Verspröden bzw. Verwittern des Materials und bei Fensterläden durch eine Materialermüdung im Bereich der Befestigung, Klapp- bzw. Schiebefunktion auftreten.

Mängel und Schäden an Holzfenstern

Mängel und Schäden an Holzfenstern lassen sich mit denen anderer Außenbauteile aus Holz vergleichen. Neben Verwitterung und Vergrauung werden Holzfenster vor allem durch Holz zerstörende Insekten (s. Kap. V.4.2.4) und Holz verfärbende oder Holz zerstörende Pilze (s. Kap. V.4.2.2) geschädigt.

Mängel und Schäden an Metallfenstern

Zu den typischen Mängeln und Schäden an Metallfenstern zählen insbesondere Schäden durch mangelhaften oder fehlenden Korrosionsschutz (s. Kap. V.5.1), Anstrich- bzw. Beschichtungsschäden sowie Mängel und Schäden durch Kontaktkorrosion (s. Kap. V.5.2).

Mängel und Schäden an Kunststofffenstern

Ein typischer materialbedingter Schaden ist das Verspröden bzw. Verwittern des Kunststoffes. Kunststoff zeigt nach einigen Jahren, insbesondere wenn angemessene Pflege und Reinigung fehlen, Zerstörungen an der Oberfläche. Solche Mängel und Schäden können ebenso durch die Verwendung ungeeigneter Reinigungsmittel verursacht werden. Bei Kunststofffenstern sollten die Angaben zu Reinigung und Pflege des Herstellers beachtet werden.

Abb. III.3.18: Gerissenes Dichtungsprofil

Abb. III.3.19: Mangelhafte Außenfensterbank (klaffende Stoßfuge, mangelhafte Tropfkante)

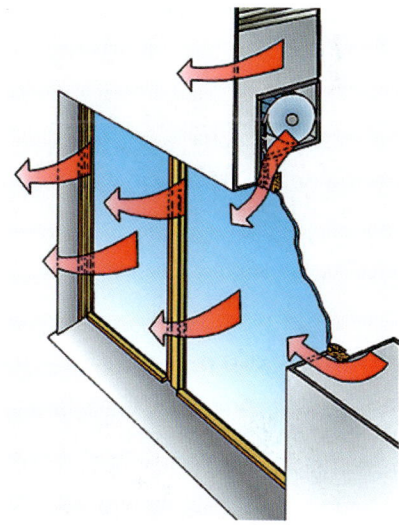

Abb. III.3.20: Wärmeverluste im Fenster-/Rollladenbereich, Isometrie ohne Maßstab (Quelle: Springer BauMedien GmbH, Celle)

Mängel und Schäden an Fensterbänken

An Außenfensterbänken können die im Folgenden beschriebenen materialbedingten Schäden auftreten:

- Fensterbänke aus Metall: Korrosion, Kontaktkorrosion (s. Kap. V.5.2),
- Fensterbänke aus Kunststoff: Verspröden bzw. Verwittern,
- Fensterbänke aus Natur-, Betonwerk-, Form- und sonstigen Steinen: mangelhafte Fugenausbildung, Durchfeuchtungen, Frostschäden, Risse, Abplatzungen (s. Kap. V.8.2),
- Fensterbänke aus Holz: Insektenbefall, Vergrauen, Pilzbefall, Fäulnis, Verwitterung usw. (s. Kap. V.4.2).

Mängel und Schäden an Fensterläden

Zu den Mängeln und Schäden an Fensterläden gehören insbesondere Mängel und Schäden im Bereich der Befestigung, Klapp- bzw. Schiebefunktion. An Klappläden lassen sich solche vor allem auf Materialermüdung zurückführen. Dazu zählt auch die Korrosion von Metallteilen (s. Kap. V.5.2), die dauerhaft den äußeren Witterungseinflüssen ausgesetzt sind. An Schiebeläden kann es ebenfalls durch Korrosion oder Materialermüdung zu Mängeln und Schäden an den Führungsschienen kommen. Funktionsbeeinträchtigungen sind meist auf verformte Elemente zurückzuführen und machen sich durch Klemmen und Probleme beim Öffnen und Schließen bzw. Schieben bemerkbar. Vor allem an Holzklappläden können Schäden durch Verwitterung, Vergrauung, Insekten- und/oder Pilzbefall (s. Kap. V.4.2) usw. auftreten. Des Weiteren kann das ständige Schwinden und Quellen des Holzes (s. Kap. V.4.2.1) Risse verursachen.

Mängel und Schäden an Rollläden

An Rollläden werden im Wesentlichen folgende materialbedingten Mängel und Schäden festgestellt:

- Rollläden aus Metall: Korrosion, Kontaktkorrosion (s. Kap. V.5.2),
- Rollläden aus Kunststoff: Verspröden bzw. Verwittern,
- Rollläden aus Holz: Schädlingsbefall, Vergrauung, Verformungen, Verwitterung usw. (s. Kap. V.4.2).

III.3.2.4 Schadstoffe

Neben Schadstoffbelastungen durch Lösemittel und Schwermetalle (s. Kap. III.2) in Beschichtungen können Dichtungsmaterialien von Fenstern häufig PCB (polychlorierte Biphenyle) enthalten. Weitere Schadstoffbelastungen können durch asbestzementhaltige Fensterbänke verursacht werden.

Lösemittel

Schadstoffbelastungen durch Lösemittel treten insbesondere im Zusammenhang mit lösemittelhaltigen Beschichtungen wie Farben und Lacke von Fenstern auf.

Lösemittel haben die Aufgabe, andere feste, flüssige oder gasförmige Stoffe in Lösung zu halten und den Anstrichstoff streich- und sprühfähig zu machen. Es gibt eine große Anzahl an lösemittelhaltigen Stoffen, die aus unterschiedlichen Stoffgemischen bestehen. Organische Lösemittel gehören zu den typischen leicht flüchtigen organischen Verbindungen (VOC, engl.: volatile organic compounds) und besitzen einen Siedepunkt zwischen 50 und 200 °C. Lösemittelhaltige Beschichtungen können während und nach der Verarbeitung zu hohen Raumluftbelastungen führen, da die Lösemittel unter atmosphärischen Bedingungen in die Raumluft entweichen. Sie verdampfen langsam und sind über einen längeren Zeitraum in der Raumluft nachweisbar.

Organische Lösemittel sind u. a. Gemische auf der Basis leicht flüchtiger aromatischer Kohlenwasserstoffe (BTX – Benzol, Toluol, Xylol), aliphatischer Kohlenwasserstoffe (z. B. Hexan, Oktan, Dekan, Dodekan) und verschiedener Ester, Alkohole und Glykole. Sie werden hauptsächlich als Verdünnungs- und Lösemittel in Nitrocelluloselacken (Nitrolacke) und Alkydharzlacken eingesetzt. Der Anteil organischer Lösemittel liegt bei Nitrolacken bei bis zu 70 %, bei Alkydharzlacken bei 30 bis 60 %. Weiterhin gibt es einige Lösemittel aus der Gruppe der aliphatischen Chlorkohlenwasserstoffe (CKW), wie z. B. Dichlormethan, Trichlorethylen sowie Tetrachlorethylen (Perchlorethylen). Diese werden heute noch meist als Abbeizmittel zum Entfernen von Oberflächenbeschichtungen verwendet. Trichlorethylen wird seit den 1920er-Jahren und Tetrachlorethylen seit den 1950er-Jahren produziert; beide Stoffe wurden in unterschiedlichen Bereichen eingesetzt.

Da aromatische Lösemittel, wie z. B. Benzol, Toluol, Xylol, Aufsehen erregt haben, wurden in den letzten 20 Jahren zunehmend Glykole als Lösemittel für wasserbasierte Beschichtungssysteme verwendet. In diesem Zusammenhang muss der unterschiedliche Gebrauch des Begriffes „Lösemittel" erläutert werden. Die Technische Regel für Gefahrstoffe TRGS 610 „Ersatzstoffe und Ersatzverfahren für stark lösemittelhaltige Vorstriche und Bodenbelagsklebstoffe für den Bodenbereich" definiert das Wort „Lösemittel" als „... *flüchtige organische Stoffe sowie deren Mischungen mit einem Siedepunkt < 200 °C, die bei Normalbedingungen (20 °C und 1013 hPa) flüssig sind und dazu verwendet werden, andere Stoffe zu lösen oder zu verdünnen, ohne sie chemisch zu verändern.*" Da Glykole im Vergleich zu „herkömmlichen Lösemitteln" einen höheren Siedepunkt besitzen, trifft auf sie diese Definition daher nicht zu. Anstrichstoffe mit einem Glykolgehalt bis zu 10 % dürfen als lösemittelfrei bezeichnet werden.

Glykole werden aufgrund ihrer Wassermischbarkeit vorwiegend in wasserverdünn- und wasservermischbaren Produkten, wie Dispersionsfarben, z. B. Kunststoffdispersionsfarben (KD-Farben), Kunstharzdispersionsfarben sowie Dispersionslackfarben, eingesetzt. Zu der Gruppe der Glykole zählen alle Glykolverbindungen wie Glykolether (z. B. 2-Butoxyethanol, Propylenglykolether) und Glykolester (Acetate von Glykolether). Glykole sind farblose, fast geruchlose Flüssigkeiten, die sich gut mit Wasser mischen lassen. Im Vergleich zu herkömmlichen Lösemitteln besitzen Glykole einen höheren Siedepunkt, sodass sie sehr langsam an die Raumluft abgegeben werden und über einen längeren Zeitraum nachweisbar sind.

Die Aufnahme von gesundheitsgefährdenden Lösemitteldämpfen oder Aerosolen kann durch das Einatmen, das Verschlucken, durch die Aufnahme über die Haut bei hautresorptiven Stoffen wie Xylol oder Ethylbenzol oder durch direkten Augenkontakt geschehen. In Abhängigkeit von der

Konzentration und der Einwirkungsdauer kann dies unterschiedliche Auswirkungen auf den menschlichen Körper haben. Einige Lösemittel führen zu Atemwegs- und Schleimhautreizungen sowie Kopfschmerzen, andere schädigen das Nervensystem, können Leber- und Nierenschäden hervorrufen oder besitzen krebserregendes und fruchtschädigendes Potenzial. Die Toxizität von Glykol ist innerhalb der Stoffgruppe sehr unterschiedlich und kaum bekannt. Bei den kaum untersuchten Glykolverbindungen zeigen sich aber zum Teil gleichartige toxische Wirkungen wie bei anderen herkömmlichen Lösemitteln.

CKW zählen zu den schädlichsten Chemikalien in Bezug auf Gesundheit und Umwelt. Trichlorethylen ist seit Ende 2001 in die Kategorie der krebserzeugenden, erbgutverändernden Gefahrstoffe, Tetrachlorethylen in die Kategorie der krebserzeugenden Gefahrstoffe eingestuft worden (s. Technische Regel für Gefahrstoffe TRGS 905 „Verzeichnis krebserzeugender, erbgutverändernder oder fortpflanzungsgefährdender Stoffe"). Nach Anhang IV „Herstellungs- und Verwendungsverbote" der Gefahrstoffverordnung (GefStoffV) gilt für z. B. Benzol, Toluol und aliphatische Chlorkohlenwasserstoffe (mit wenigen Ausnahmen) ein Herstellungs- und Verwendungsverbot.

PCB

Für Dichtungsmaterialien, wie z. B. Kitte, Spachtel-, Dichtungs- und Vergussmassen, wurden früher Weichmacher in Form von polychlorierten Biphenylen (PCB) verwendet. PCB wurden ab etwa 1930 produziert und umfassen eine Gruppe aus insgesamt 209 chemischen Chlorverbindungen. Unterschieden werden sie durch Ihren Chloranteil und ihre chemische Struktur. Sie zählen zu den schwer flüchtigen Schadstoffen und sind sehr schwer brennbar, sehr beständig und widerstandsfähig gegen Säuren und Laugen.

Ausgasende PCB, insbesondere aus dauerelastischen Dichtungsmaterialien, binden sich u. a. an Staubpartikel und verursachen hohe Raumluftbelastungen. Sie sind biologisch schwer abbaubar.

PCB-belastetes Dichtungsmaterial wurde vor allem in den Jahren zwischen 1950 und 1970 verbaut. Es ist davon auszugehen, dass bei mehreren Tausend Mehrgeschossbauten aus Betonfertigteilen, die gegen Ende der 1960er-Jahre errichtet wurden, PCB-haltiges Dichtungsmaterial verarbeitet wurde. Mittlerweile sind viele dieser Wohnblöcke saniert.

PCB werden im menschlichen Fettgewebe langfristig gespeichert und können zu diversen Erkrankungen führen. Neben Kopfschmerzen, Nierenschäden, Schwächung des Immunsystems, Ödemen und fruchtschädigender, fruchtbarkeits- sowie entwicklungsschädigender Wirkung stehen sie in begründetem Verdacht, ein krebserregendes Potenzial zu haben. Eine Erkrankungsgefahr besteht insbesondere bei oraler Aufnahme und beim Einatmen von PCB-belasteten Stäuben.

In der BRD wurde das Gefährdungspotenzial von PCB erst in den 1960er-Jahren erkannt. Im Jahr 1973 empfahl der Rat für wirtschaftliche Zusammenarbeit und Entwicklung (OECD), PCB nicht mehr in offenen Systemen (z. B. Dichtungsmaterialien im Wohnungsbau) einzusetzen. Im Jahr 1978 setzte die Bundesregierung diese Empfehlung in deutsches Recht um, seit 1983 werden PCB in der BRD nicht mehr hergestellt. Aufgrund der inzwischen aufgehobenen „Verordnung zum Verbot von polychlorierten Biphenylen, polychlorierten Terphenylen und zur Beschränkung von Vinylchlorid (PCB-, PCT-, VCVerbotsverordnung)" vom 18. Juli 1989 wurde das Inverkehrbringen und Verwenden von Stoffen, Zubereitungen und Erzeugnissen, die bestimmte PCB oder PCB in definierten Konzentrationen enthalten, verboten. Heute gelten insoweit die Verbote nach § 1 der „Verordnung über Verbote und Beschränkungen des Inverkehrbringens gefährlicher Stoffe, Zubereitungen und Erzeugnisse nach dem Chemikaliengesetz" (Chemikalien-Verbotsverordnung – ChemVerbotsV)

vom 14. Oktober 1993 (s. „Richtlinie für die Bewertung und Sanierung PCB-belasteter Baustoffe und Bauteile in Gebäuden [PCB-Richtlinie]").

Asbest

Schadstoffbelastungen von Fenstern können insbesondere im Zusammenhang mit asbestzementhaltigen Fensterbänken auftreten. Asbestfasern und Zement wurden zu dem Baustoff Asbestzement verarbeitet. Asbest ist eine Gruppenbezeichnung für verfilzte, faserartige Mineralien. Da Asbest unbrennbar und chemisch sehr resistent ist, wurde es in der Vergangenheit als Baumaterial vor allem im Brandschutz verwendet. Der Schmelzpunkt der verschiedenen Asbestarten liegt in etwa zwischen 1100 und 1500 °C. Asbest wird in die Hauptgruppen der Serpentinasbeste (z. B. Chrysotilasbest, auch als „Weißasbest" bekannt) und Amphibolasbeste (z. B. Krokydolith, auch „Blauasbest" genannt) unterschieden. Weiterhin lässt sich Asbest in fest gebundene (Dichte > 1400 kg/m^3) und schwach gebundene (Dichte < 1000 kg/m^3) Asbestprodukte differenzieren.

Asbest besteht nicht aus kompakten Kristallen, wie fast alle Mineralien, sondern aus winzigen, parallel zueinanderliegenden Mikrofasern, die weniger als ein Tausendstel Millimeter dünn (< 1 μm) und bis zu mehrere Zentimeter lang sind. Die größte Gefahr ergibt sich durch die Fähigkeit von Asbest, sich längs in immer dünnere Fasern zu spalten, was das Material in gesundheitlicher Hinsicht so kritisch macht. Durch die Kleinfaserigkeit besteht die Möglichkeit, dass die Fasern in Lunge, Bronchien und Rippenfell eindringen und sich dort über Jahrzehnte halten. Eine kritische Faserkonzentration kann Asbestose und Lungenkrebs erzeugen.

Die Einstufung von Asbest erfolgt nach der Gefahrstoffverordnung (GefStoffV) in die Kategorie der krebserzeugenden, erbgutverändernden und fruchtbarkeitsgefährdenden Gefahrstoffe. In Deutschland wurde Asbest 1994 auf Grundlage der Chemikalien-Verbotsverordnung (ChemVerbotsV) bis auf wenige Ausnahmen endgültig verboten.

Abb. III.3.21: Ausgetauschte Fenster in einer sanierten Gebäudefassade

III.3.3 Maßnahmen

Zu den typischen Sanierungsmaßnahmen gehören sowohl eine komplette Fenstererneuerung als auch eine Runderneuerung, Teilerneuerung oder eine Instandsetzung, die nicht mit einer Instandhaltung verwechselt werden sollte.

Welche dieser Maßnahmen geeignet erscheint, sollte aus der Analyse des Istzustandes (s. Kap. VI.1.1) und dem eigenen Anforderungsprofil hervorgehen.

Zur Feststellung von Schäden können je nach Material verschiedene Prüfungen wie z. B. die Messung der Holzfeuchte mittels eines Messgerätes (s. Kap. VI.2.2) durchgeführt werden. Zur Ortung von Wärmebrücken und Undichtheiten beispielsweise an Fensterbänken, Rollladenkästen usw. kann eine Thermografie oder ein Blower-Door-Test durchgeführt werden.

Fenstererneuerung

Bei einer Fenstererneuerung kann entweder ein komplett neues Fenster eingesetzt werden (Totalerneuerung) oder es wird lediglich der Flügelrahmen ersetzt und in den bestehenden Blendrahmen eingebaut. Es sollte berücksichtigt werden, dass mit dem Austausch der Fenster ein großer Aufwand verbunden ist, der Innen- und Außenwände stark beeinträchtigen kann.

Runderneuerung

Im Zuge einer Runderneuerung werden alle Fensterbestandteile einzeln aufgearbeitet und instand gesetzt. Die Runderneuerung bietet sich insbesondere bei gut erhaltenen Fenstern oder denkmalwerten Gebäuden an.

Typische Arbeiten im Rahmen einer Runderneuerung sind:

- Demontage und Überarbeiten aller Beschlagteile inklusive Entfernung von Altanstrichen,
- gegebenenfalls Wiederherstellen der Sprossenteilung,
- Erhalten oder Erneuern der originalen Profilierungen an Schlagleisten, von Zierprofilierungen und Kapitellen,
- Ausbau und gegebenenfalls Erneuerung der Verglasung,
- Entfernung der Verkittung,
- Entfernung von Altanstrichen, Abbeizen der Flügel- und Blendrahmen,
- Ausbildung von Tropfnasen,
- Überarbeitung der Flügel- und Blendrahmen,
- Herstellen einer äußeren Falzprofilierung an den Blendrahmen-Unterstücken,
- Einfräsen von Nuten zur Aufnahme von Dichtungen an Innenflügeln,
- Lackierung der Flügel z. B. mit dreischichtigen Acryllacksystemen,
- Einsatz einer Wärmeschutzverglasung mit elastischer Versiegelung,
- Einsatz von umlaufender Lippendichtung an Innenflügeln usw.

Teilerneuerung

Im Zuge einer Teilerneuerung werden einzelne Teile des Fensters, wie z. B. die Glasverklotzung, Verglasung, Falzdichtung, Regenschutzschiene, Oberfläche und/oder Beschlagteile, erneuert.

Instandsetzung

Eine Instandsetzung erfolgt z. B., wenn an Fenstern die Verglasungen, Falzbereiche und/oder Baukörperanschlüsse neu abgedichtet, Flügel gangbar gemacht oder die Beschläge neu eingerichtet werden.

Instandhaltung

Die Instandhaltung bezeichnet die Pflege und Wartung eines Bauteils, die zum Erhalt der Funktion, des Schutzes und Aussehens notwendig ist.

Die Instandhaltung von Fenstern erfolgt im Wesentlichen durch folgende Punkte:

- Überprüfung bzw. eventuell Wiederherstellung der Gängigkeit beweglicher Teile,
- Überprüfung bzw. eventuell Wiederherstellung der Dichtheit von Fugen, sowohl bei der Verglasung als auch beim Einbau,
- Überprüfung bzw. eventuell Erneuerung der Dichtungen,
- Überprüfung bzw. eventuell Ausbesserung der Beschichtungen usw.

Insbesondere sollten diese Punkte an Holzfenstern regelmäßig überprüft werden, da z. B. kleine Fehlstellen in der Beschichtung zu Mängeln führen können. Als Pflegeintervall gelten bei Lasuren 3 Jahre und bei deckenden Anstrichen 4 Jahre.

III.3.3.1 Maßnahmen bei bauphysikalischen und bautechnischen Mängeln und Schäden

Maßnahmen bei Mängeln und Schäden an Holzfenstern

Weisen Holzfenster Mängel und Schäden wie Eckspaltenbildungen sowie einen Pilzbefall auf, können diese je nach Schadenfall behoben werden, indem der Austausch ganzer Holzteile erfolgen sollte, wenn die Holzzerstörung den ganzen Querschnitt eines Rahmens bzw. Flügels erreicht hat. Der Austausch von einzelnen Holzbereichen dient zur Behebung lokal begrenzter Holzzerstörungen, wie z. B. im Bereich der Eckverbindungen.

Reparatur von Holzverwerfungen

Verwerfungen an Rahmenhölzern, die meist zu Problemen der Dichtheit sowie der Bedienbarkeit führen, treten vor allem in Verbindung mit gelösten Rahmenecken auf und können daher oft vor dem neuen Verleimen des Rahmens repariert werden, ohne dass dazu Holzteile ausgetauscht werden müssen. Hierzu steht einerseits das Einleimen von flachen Schlitzen in die Schlitz-Zapfen-Verbindung und andererseits das Schlitzen und Einleimen von Keilleisten zur Verfügung.

Reparatur von Holzverkrümmungen

Eine Reparatur von verkrümmten Rahmenhölzern ist zu empfehlen, wenn wenige Fenster des Gesamtbestandes betroffen sind und deren Profile eine äußerst aufwendige Fertigung verlangen, z. B. bei denkmalgeschützten Fassaden (inklusive der Fenster). Ansonsten ist eine Neuanfertigung der Rahmen zu empfehlen, da eine erfolgreiche Instandsetzung nicht garantiert werden kann. Eine Instandsetzung von Fenstern aus Rahmenhölzern ist nur möglich, wenn sie in eine Richtung verkrümmt sind. Es wird zwischen einer Verkrümmung in der Scheibenebene und einer Verkrümmung senkrecht zur Scheibenebene unterschieden. In beiden Fällen stehen zur Instandsetzung einerseits ein Trennschnitt mit anschließend überspannter Verleimung und andererseits das Einfräsen einer Nut im Falzbereich, die dann mit einer Leiste ausgeleimt wird, zur Verfügung.

Baulicher Holzschutz

Insbesondere an maßhaltigen Bauteilen, wie Fenstern und Türen, tritt der bauliche Holzschutz (s. Kap. V.4.3) am Bauteil selber in den Vordergrund. So ist bei der Erneuerung von alten Fenstern oder einem detailgetreuen Nachbau darauf zu achten, dass alle konstruktiven Details auch den heutigen (allgemein) anerkannten Regeln der Technik entsprechen, so z. B. die Abrundung der Eckkanten mit einem Radius von mindestens 2 mm, das Abschrägen der horizontalen Rahmenteile um 15°, die Ausbildung von Tropfkanten, das korrekte Anbringen eines Wetterschutzschenkels bzw. einer Regenschutzschiene, die bauwerksseitige An- und Abdichtung usw.

Maßnahmen bei Mängeln und Schäden an Kunststofffenstern

Dunkle Kunststofffenster müssen ein gleichmäßiges und hinreichend großes Flügelspiel zwischen Flügel- und Schließblech besitzen. Können Funktionsstörungen wie z. B. das Festhaken oder Klemmen nicht durch das Justieren des Flügels behoben werden, so muss je nach Schadenfall der komplette Fensterflügel erneuert werden. Wichtig ist, dass vor einer Erneuerung die Möglichkeit der Scheiben-Nachklotzung genutzt wird, um den Fensterflügel durch die richtige Positionierung im Fensterelement gangbar zu machen.

Sind Risse nach Produktions-, Transport- und Montagefehlern an Kunststofffenstern ersichtlich, sollten die davon betroffenen Rahmen erneuert werden.

Maßnahmen bei Mängeln und Schäden an Verglasungen

Sowohl bei Glasbruch als auch bei Blindheit einer Scheibe ist der Austausch der Fensterverglasung erforderlich.

Beseitigung von Verschmutzungen bzw. Verätzungen und Kratzern

Verschmutzungen bzw. Verätzungen durch Mörtel- und Farbspritzer, aber auch Kratzer lassen sich mit Schleif- und Polierverfahren beseitigen. Ein gängiges Verfahren ist das mehrmalige Abschleifen sowie anschließend das einmalige Polieren der Verglasung.

Abb. III.3.22: Tropfkante an einem Fenster, Blick von außen auf die Gebäudehülle

Abb. III.3.23: Die alte Verkittung wurde durch eine neue Versiegelung ersetzt.

Sind keine sehr tiefen Kratzer entstanden, genügt meist ein zweifacher Schleifvorgang. Im Gegensatz hierzu lassen sich Verätzungen lediglich durch einen Poliervorgang entfernen. Jedoch sollte bei diesen Verfahren berücksichtigt werden, dass die Kosten solcher Arbeiten oftmals die des Austausches der Verglasung übersteigen.

Maßnahmen bei mangelhafter Verkittung

Treten Mängel und Schäden an der Verkittung der Verglasung auf, lassen sich diese recht einfach beseitigen, indem die Verkittung entfernt und durch eine neue Versiegelung ersetzt wird. Dabei sollte jedoch darauf geachtet werden, dass es im Bestand noch Fenster gibt, deren Verglasung nur durch Kitt gehalten wird. Inzwischen werden alle Scheiben verklotzt, um einen sichereren Halt der Verglasung zu gewährleisten. Im Gegensatz zu den früher üblichen Kitten sind die heutigen Versiegelungen wesentlich elastischer und witterungsbeständiger.

III.3.3.2 Maßnahmen bei konstruktionsbedingten Mängeln und Schäden

Maßnahmen bei Mängeln und Schäden im Anschlussbereich von Fenstertüren

Der notwendige Abstand zur Wasser führenden Schicht muss laut DIN 18195 „Bauwerksabdichtungen" im Bereich der Schwelle mindestens 15 cm betragen. Die Flachdachrichtlinie bezeichnet den Abstand von der Oberfläche zu waagerechten Anschlüssen als notwendigen Abstand und fordert ebenfalls 15 cm. Ist der erforderliche Abstand von 15 cm im Einzelfall jedoch nicht möglich, sind dort besondere Maßnahmen (z. B. durch ausreichend große Vordächer, Rinnen mit Abdeckungen oder Gitterrost) gegen das Eindringen von Wasser oder das Hinterlaufen der Abdichtung einzuplanen (s. Punkt 6 „Anordnung" der DIN 18195-4 „Bauwerksabdichtungen – Teil 4: Abdichtung gegen Bodenfeuchte [Kapillarwasser, Haftwasser] und nichtstauende Sickerwasser an Bodenplatten, Wänden, Bemessung und Ausführung").

Eine nach DIN 18195 „Bauwerksabdichtungen" geforderte Schwelle von mindestens 15 cm ist konstruktiv ausführbar, erfordert allerdings einen hohen Aufwand und äußere Voraussetzungen, die gerade bei einem Austausch einer bestehenden Fenstertür oder einem nachträglichen Einbau beim Bauen im Bestand nur selten gegeben sind. Jedoch müssen vor der grundsätzlichen Mangelbehebung der zu geringen Schwelle die hieraus resultierenden Schäden, wie z. B. die Durchfeuchtung des Fußbodenaufbaus, beseitigt werden.

Maßnahmen bei Mängeln und Schäden an Dichtungsprofilen

Da vor allem bei alten Holzfenstern und -fenstertüren das Fehlen von Dichtungsprofilen zu erheblichen Beeinträchtigungen führt, besteht die Möglichkeit, auch bei diesen Fenstern neue Dichtungsprofile nachträglich anzubringen, indem sie entweder einfach aufgeklebt oder besser eingenutet werden, was einen späteren Austausch erleichtert.

Maßnahmen bei Mängeln und Schäden im Bereich der Beschläge

Mängel wie schwer zu öffnende oder zu schließende Fenster lassen sich häufig durch das Nachstellen der Beschläge beseitigen.

Wurden die Beschläge alter Fenster bzw. Fenstertüren jedoch aufgrund eintretender Feuchte (Korrosion des Materials) zerstört, ist es auch aus Sicherheitsgründen sinnvoll, diese gegen neue Beschläge auszutauschen.

Maßnahmen bei Mängeln und Schäden an Fensterbänken

Über Außenfensterbänken aus z. B. Mauerwerk, Natur- oder Betonwerkstein, die Risse oder Abplatzungen, jedoch noch keine Folgeschäden aufweisen, kann eine Fensterbankabdeckung aus Zinkblech angebracht werden, um das Eindringen von Feuchte in die Konstruktion zu verhindern. Konstruktive Fehler, wie z. B. zu kurze Tropfkanten, lassen sich durch den nachträglichen Einbau tieferer Fensterbänke ausgleichen.

Treten an Innenfensterbänken Folgeschäden auf, sollte zuerst die Ursache beseitigt und dann je nach Schadensbild (s. Kap. VI) über einen Austausch oder eine Reparatur der Fensterbank entschieden werden.

Durchfeuchtungen im Brüstungsbereich hängen ursächlich mit dem Fassadenaufbau, mit Undichtheiten am Fenster oder mit Mängeln und Schäden im Bereich der Fensterbänke zusammen. Ein teilweiser Ausbau bzw. eine Erneuerung ist je nach Einbauart mit erheblichem Aufwand verbunden, sodass eine wirksame und dauerhafte Abhilfe oft erst im Zuge einer Erneuerung der Fenster erfolgen kann.

Vor der Erneuerung von Abdichtungen ist die vorhandene alte Dichtung sorgfältig zu entfernen.

Maßnahmen an Rollläden bei unzureichender Dämmung

Mängel und Schäden im Bereich des Fenstersturzes/Rollladenkastens können durch den Ausbau und erneuten Einbau mit komplett neuer Abdichtung und ausreichender Wärmedämmung behoben werden.

Sind jedoch bereits resultierende Schäden wie Durchfeuchtungen der Fassade aufgetreten, sollten diese zunächst beseitigt werden.

Aufgrund materialbedingter Mängel und Schäden sollte ebenfalls ein Austausch stattfinden, da der Reparaturaufwand unter Beibehaltung des alten Rollladens unverhältnismäßig hoch ist.

Schäden im Bereich der Führungsschienen lassen sich dagegen einfach reparieren.

III.3.3.3 Maßnahmen bei materialbedingten und sonstigen Mängeln und Schäden

Maßnahmen bei Mängeln und Schäden an Holzfenstern

Mängel und Schäden an Holzfenstern, wie z. B. Holzzerstörungen infolge von Pilzbefall (s. Kap. V.4.2.2), Fäulnis usw., lassen sich oft durch deren Ausbau und eine anschließende Reparatur beheben.

Durch die Behandlung mit Holzschutzmitteln (s. Kap. V.4.3) können sowohl neue als auch alte Holzfenster geschützt werden.

Maßnahmen bei Mängeln und Schäden an Metallfenstern

Materialbedingte Mängel und Schäden an Metallfenstern, wie Mängel und Schäden durch mangelhaften oder fehlenden Korrosionsschutz, Anstrich- bzw. Beschichtungsschäden, und Mängel und Schäden durch Kontaktkorrosion (s. Kap. V.5.2) lassen sich oftmals durch eine Beseitigung der Schäden und eine nachfolgende erneute Oberflächenbehandlung in Form eines geeigneten Korrosionsschutzes (s. Kap. V.5.3) und einer geeigneten Beschichtung beseitigen.

Diese Maßnahmen sind in der Praxis jedoch mit erheblichem Aufwand verbunden und erfordern je nach Art und Umfang des Schadens meist den Ausbau der Fenster. Da es sich im Baubestand überwiegend um Metallfenster mit thermisch nicht getrennten und nicht ausreichend wärmegedämmten Profilen handelt, ist häufig der Austausch gegen neue Fenster die wirtschaftlich und energetisch effektivere Maßnahme.

Maßnahmen bei Mängeln und Schäden an Kunststofffenstern

Versprödungen und Verwitterungen beeinträchtigen meist lediglich die Optik und wirken sich selten negativ auf die Funktion der Fenster aus. Eine Schadensbehebung ist nur durch den kompletten Austausch des Kunststofffensters möglich.

Maßnahmen bei Mängeln und Schäden an Fensterläden

Treten im Bereich der Befestigungen von Klappläden Mängel oder Schäden auf, sollten die Befestigungselemente ausgetauscht oder neu verankert werden. Bei Mängeln und Schäden an den Führungsschienen von Schiebeläden muss abhängig vom Schadenfall entschieden werden, ob diese gerichtet bzw. repariert werden oder ein Austausch erforderlich ist.

Mängel und Schäden an Fensterläden, wie Anstrichschäden (s. Kap. V.12.2) oder unzureichende Befestigungen der Fensterläden, lassen sich ohne größeren Aufwand beheben.

Insbesondere bei Klappläden, die ein wichtiges Gestaltungselement der Fassade darstellen, ist der Ausbau und der nach Überarbeitung anstehende Wiedereinbau anzuraten, da diese Maßnahmen meist ohne Probleme durchzuführen sind. Eine Vielzahl von Schäden, wie z. B. Holzzerstörung infolge Pilzbefall, kann behoben werden (s. Kap. V.4.3).

Da vor allem die vor der Fassade liegenden Klappläden ständig der Witterung ausgesetzt sind, sollten sie möglichst baulich, wie z. B. durch einen ausreichenden Dachüberstand, geschützt sein. Des Weiteren sollte darauf geachtet werden, dass die waagerechten Profile, ähnlich wie bei Holzfenstern, so abgerundet werden, dass Niederschlagswasser schnell abfließen kann.

III.3.3.4 Maßnahmen bei Schadstoffbelastungen

Lösemittel

Generell sollten Lösemittelkonzentrationen in der Raumluft so gering wie möglich gehalten werden. Daher sollten die identifizierten Emissionsquellen beseitigt werden, was in der Praxis oft mit erheblichen Kosten verbunden ist.

Es gibt verschiedene Verfahren, alte Beschichtungen zu entfernen. Anstriche von Innenwänden sollten mechanisch, Anstriche von Außenwänden durch Ablaugen oder Abbeizen entfernt werden. Bei der mechanischen Entfernung besteht die Gefahr, dass giftige Metallverbindungen wie Blei, Cadmium und Zink (s. Kap. III.2, Schwermetalle), die sich in den Pigmenten von Farben und Lacken befinden können, durch den freiwerdenden Staub zu gesundheitsgefährdenden Emissionen führen. Das Entfernen alter Anstriche unterliegt den Bestimmungen des Umweltbundesamtes (Gesetz über die Umweltverträglichkeit von Wasch- und Reinigungsmitteln [Wasch- und Reinigungsmittelgesetz – WRMG]. Danach müssen alte polymere Beschichtungen (Dispersionsfarben, Kunstharzputze und lösemittelhaltige Beschichtungsstoffe) möglichst mit umweltfreundlichen, biologisch leicht abbaubaren Abbeizern entfernt werden.

Bei der Sanierung schadstoffbelasteter Beschichtungen sind entsprechende berufsgenossenschaftliche Vorschriften wie die Technische Regel für Gefahrstoffe TRGS 524 „Sanierung und Arbeiten in kontaminierten Bereichen", die BG-Richtlinie für Arbeiten in kontaminierten Bereichen (s. BGR 128 „Kontaminierte Bereiche") und die Gefahrstoffverordnung (GefStoffV) zu berücksichtigen. Weiterhin ist bei der Entfernung belasteter Beschichtungen das Kreislaufwirtschafts- und Abfallgesetz „Gesetz zur Förderung und Sicherung der umweltverträglichen Beseitigung von Abfällen (Kreislaufwirtschafts- und Abfallgesetz)" zu beachten.

Die „Chemikalienrechtliche Verordnung zur Begrenzung der Emissionen flüchtiger organischer Verbindungen (VOC) durch Beschränkung des Inverkehrbringens lösemittelhaltiger Farben und Lacke (Lösemittelhaltige Farben- und Lack-Verordnung – ChemVOCFarbV)" regelt die Begrenzung der Emissionen flüchtiger organischer Verbindungen (VOC) durch Beschränkung des Inverkehrbringens lösemittelhaltiger Farben und Lacke. Nach § 1 „Zweck und Anwendungsbereich" ist u. a. der Gehalt an flüchtigen organischen Verbindungen in bestimmten Farben und Lacken zur Beschichtung von Gebäuden, ihren Bauteilen und dekorativen Bauelementen zu begrenzen. Hier sind Grenzwerte für den VOC-Höchstgehalt von Farben und Lacken angegeben.

Bei dem Einsatz von Anstrichen und Lacken sollten schadstofffreie oder zumindest schadstoffarme und natürliche Produkte bevorzugt und sparsam verwendet werden. Weiterhin stellen Hersteller oder Händler Datenblätter, wie technische Merkblätter oder DIN- bzw. EG-Sicherheitsdatenblätter, zur Verfügung. Diese Informationen und Hinweise sollten unbedingt eingesehen und beachtet werden.

PCB

Sanierungsarbeiten an PCB-belasteten Materialien (PCB-Gehalt > 50 mg/kg) unterliegen der Gefahrstoffverordnung (GefStoffV), insbesondere der Technischen Regel für Gefahrstoffe TRGS 524 „Sanierung und Arbeiten in kontaminierten Bereichen" sowie der BG-Richtlinie BGR 128 „Kontaminierte Bereiche" für Arbeiten in kontaminierten Bereichen.

In der PCB-Richtlinie werden Empfehlungen zur Vorgehensweise bei der Sanierung von PCB-belasteten Gebäuden gegeben. Hiernach hat eine Sanierung PCB-belasteter Gebäude zum Ziel, die Raumluftbelastung durch PCB-haltige Produkte dauerhaft zu senken. Dies kann beispielsweise geschehen, indem PCB-haltige Produkte wie Dichtungsmaterialien entfernt, abgetrennt oder beschichtet werden, wobei sich die Beschichtung von Primärquellen bisher nicht bewährt hat. Für die nachhaltige Sanierung PCB-haltiger Dichtungsmassen kommt im Regelfall nur das Entfernen primärer Emissionsquellen infrage. Können solche Maßnahmen an den Primärquellen die PCB-Raumluftkonzentration nicht unter den von der PCB-Richtlinie empfohlenen Sanierungsleitwert absenken, ist auch die Sanierung der Sekundärquellen (z. B. Bauteile) notwendig. Darüber hinaus sollten kontaminierte Gegenstände (z. B. Teppiche) gründlich gereinigt werden. Sekundär kontaminierte Materialien, wie beispielsweise Fußleisten oder Bodenbeläge, die beachtlich zur Raumluftbelastung beitragen können und nicht beschichtet oder ausreichend gereinigt werden können, sollten entfernt werden.

Asbest

Aufgrund der gesundheitsschädlichen Wirkung von Asbestfasern bestehen für Sanierung, Abbruch und Entsorgung asbesthaltiger Baustoffe besondere Anforderungen. Diese Arbeiten dürfen ausschließlich von Fachunternehmen durchgeführt werden, die einen entsprechenden Sachkundenachweis vorlegen können.

Die nach der Gefahrstoffverordnung (GefStoffV) vorgeschriebenen Schutzmaßnahmen und organisatorischen Voraussetzungen für Abbruch-, Sanierungs- oder Instandhaltungsarbeiten (ASI-Arbeiten) sowie der Entsorgung sind in der Technischen Regel für Gefahrstoffe TRGS 519 „Asbest; Abbruch-, Sanierungs- oder Instandhaltungsarbeiten" zusammengefasst. Die Berufsgenossenschaften haben zudem die Arbeitsanweisung BGI 664 „Verfahren mit geringer Exposition gegenüber Asbest bei Abbruch-, Sanierungs- und Instandhaltungsarbeiten" herausgegeben, mit der sichergestellt werden soll, dass bei Abbruch- bzw. Ausbauarbeiten keine Asbestbelastung entsteht.

III.4 Türen und Tore

Autoren: Dipl.-Ing. Janet Simon; Dipl.-Ing. Silke Nicole Klein, Architektin; Dipl.-Ing. (FH) Yasemin Wildebrand, Architektin

III.4.1 Türen

III.4.1.1 Allgemeines

Türen bestehen aus einem fest mit der Wand verbundenen Rahmen (auch Türzarge genannt) und einem beweglichen Türblatt (Türflügel). Sie sind in erster Linie für den Durchgang von Personen vorgesehen.

Der bewegliche Flügel der Tür ist überwiegend an mindestens 2 Türbändern am Rahmen befestigt oder er wird als Schiebeelement durch oben und/oder unten montierte Führungsschienen gehalten.

Außentüren

Außentüren sind Bestandteil der Gebäudehülle und dienen als Hauseingang. Sie gehören genau wie die Fenster zu den wesentlichen äußeren Gestaltungselementen.

Innentüren

Innentüren verbinden und trennen Räume oder Bereiche unterschiedlicher Nutzung innerhalb von Gebäuden. Sie sind Öffnung und Abschluss zugleich. Art, Erschließung und Nutzung des Raumes sowie der Zweck der Tür bestimmen weitgehend deren Form, Material, Konstruktion und Gestaltung.

Zu den Innentüren gehören Wohn- und Badezimmertüren sowie Windfangtüren, aber auch Sondertüren, wie beispielsweise Wohnungseingangstüren, Nass- und Feuchtraumtüren.

Schutztüren

An Schutztüren werden je nach Einsatzort und -zweck besondere Anforderungen gestellt. Schutztüren sind z. B. Feuerschutztüren, Rauchschutztüren, einbruchhemmende Türen Strahlenschutztüren, Schallschutztüren, beschussfeste Türen usw.

Vorschriften und Regeln

Die DIN 107 „Bezeichnung mit links oder rechts im Bauwesen" unterscheidet in Links- und Rechtsflügel. Dabei liegt bei einem Linksflügel die Drehachse des Türblatts, von der Seite aus betrachtet, nach der sich der Flügel öffnet, auf der linken Seite. Bei einem Rechtsflügel liegt die Drehachse entsprechend auf der rechten Seite.

Öffnungsmaße für Innentüren enthält die DIN 18100 „Wandöffnungen für Türen", diese entsprechen den Vorgaben der DIN 4172 „Maßordnung im Hochbau". Im Gegensatz zu Innentüren liegen für Außentüren, obwohl teilweise von „Normtüren" gesprochen wird, keine Maßfestlegungen vor.

Einzige Ausnahme bilden die Laubengangtüren, die sich nach der DIN 18101 „Türen für den Wohnungsbau" an den Wohnungsabschlusstüren orientieren.

Bauphysikalische und bautechnische Anforderungen

Mindestanforderungen an Innen- und Außentüren

Zu den Mindestanforderungen an Türen zählen Funktionssicherheit, Schallschutz, Fugendichtheit, Schutz gegen mechanische Beanspruchung, Einbruchschutz und Verformungsstabilität.

Aufgrund der zunehmenden Lärmbelästigung im Außenbereich vor allem durch Verkehrslärm gelten für Außentüren inzwischen hohe Anforderungen an den Schallschutz. Sie werden in der DIN 4109 „Schallschutz im Hochbau" und der VDI-Richtlinie 3728 „Schalldämmung beweglicher Raumabschlüsse; Türen, Tore und Mobilwände" geregelt.

Einen wesentlichen Einfluss auf die Schalldämmwerte einer Tür haben die Ausbildung des Türblatts und dessen Flächengewicht. Durch den Einsatz von einschaligen (ein- oder mehrschichtig) und mehrschaligen Türblättern sowie durch entsprechend sorgfältigen Einbau und Ausbildung aller Dichtungen können Türen hohe Anforderungen an den Schallschutz erfüllen.

Abb. III.4.01: Hauseingangstür aus Holz

Abb. III.4.02: Innentür aus Holz

Tabelle III.4.01: Erforderliche Luftschalldämmung von Türen zum Schutz gegen Schallübertragung aus einem fremden Wohn- oder Arbeitsbereich (nach DIN 4109, Tabelle 3)

	Bauteile	Anforderungen erf. $R_w{}^{1)}$ in dB	Anforderungen einschl. Vorhaltemaß (+ 5 dB) $R_w{}^{1)}$ in dB
Geschosshäuser mit Wohnungen und Arbeitsräumen	Türen, die von Hausfluren oder Treppenräumen in Flure und Dielen von Wohnungen und Wohnheimen oder Arbeitsräumen führen	27 (37)[2]	32 (42)[2]
	Türen, die von Hausfluren oder Treppenräumen unmittelbar in Aufenthaltsräume – außer Flure und Dielen – von Wohnungen führen	37	42
Beherbergungsstätten	Türen zwischen Fluren und Übernachtungsräumen	32 (37)	37 (42)
Krankenanstalten Sanatorien	Untersuchungs- bzw. Sprechzimmern, Fluren und Untersuchungs- bzw. Sprechzimmern	37	42
	Türen zwischen Fluren und Krankenräumen, Operations- bzw. Behandlungsräumen, Fluren und Operations- bzw. Behandlungsräumen	32 (37)	37 (42)
Schulen und vergleichbare Unterrichtsbauten	Türen zwischen Unterrichtsräumen und ähnlichen Räumen und Fluren	32	37

[1] Bei Türen gilt statt R_w' der Wert R_w.
[2] Vorschläge für erhöhten Schallschutz gemäß DIN 4109 „Schallschutz im Hochbau" Beiblatt 2

Tabelle III.4.02: Konstruktionsempfehlungen für Türen im Außenklima und Freiluftklima

Beanspruchung	Konstruktionsgruppe	Konstruktionsmerkmale		
		Aluminium	**Holz**	**Kunststoff**
Außenklima[1)a)]	A	keine Einschränkungen		
gemindertes Freiluftklima[1)b)]	B		keine großflächigen Füllungen mit elastischen Abdichtungen	
			keine Kapillarfugen	
		keine schwellenlosen Bodendichtungen		
		große räumliche Trennung zwischen Wind- und Regensperre		
gemindertes Freiluftklima[1)c)]	C	Einschränkungen wie bei Konstruktionsgruppe B zzgl.:		
			keine dunklen Oberflächen bei rissanfälligen Hölzern	keine dunklen Oberflächen
			keine Leimfugen in der Bewitterung	
		keine PVC-Sandwichfüllungen mit dunklen Oberflächen	keine furnierten Oberflächen	keine PVC-Sandwichfüllungen mit dunklen Oberflächen
		verbessertes Verformungsverhalten		
Freiluftklima[1)d)]	D	kritisch auch bei ausgereiften Konstruktionen		

[1] Definition nach DIN 50010
[a] vollständiger Schutz gegen Schlagregen und direkte Sonneneinstrahlung
[b] vereinzelte Schlagregenbelastung; keine direkte Sonneneinstrahlung
[c] vereinzelte Schlagregenbelastung; direkte Sonneneinstrahlung
[d] bei normaler und extremer direkter Bewitterung

Die Anforderungen an die Fugendichtheit regeln die DIN 4108 „Wärmeschutz im Hochbau" und die Energieeinsparverordnung (EnEV).

Der Fugendurchlasskoeffizient muss laut DIN 4108 „Wärmeschutz im Hochbau" für Außentüren ≤ 2 m³/(m · h · daPa$^{2/3}$) betragen, da zwischen Falz- und Bodendichtung eine Funktionsfuge vorliegt. Entsprechend sollten die Dichtungen so angeordnet werden, dass eine umlaufende Dichtungsebene – auch im Bereich der Schwelle – möglich ist.

Türen werden z. B. durch Stöße und Erschütterungen durch Zuschlagen mechanisch belastet. Die mechanische Beanspruchung wird in 3 Beanspruchungsgruppen unterteilt: normale Beanspruchung (Wohnbauten), mittlere Beanspruchung (Büro- und Verwaltungsbauten) und starke Beanspruchung (Schulen, Krankenhäuser u. Ä.).

Die Anforderungen an die Einbruchsicherheit regelt die DIN V ENV 1627 „Fenster, Türen, Abschlüsse – Einbruchhemmung – Anforderungen und Klassifizierung".

Im Bereich der Altbaumodernisierung muss in der Praxis von der eigentlichen geprüften Montageanleitung für Türen abgewichen werden. Trotzdem sollte darauf geachtet werden, dass die zugänglichen Befestigungsmittel nicht mit einfachen üblichen Werkzeugen gelöst oder gar entfernt werden können.

Besteht bei dem zu modernisierenden Gebäude jedoch eine hohe Anforderung an den Einbruchschutz, sollten andere Möglichkeiten gefunden werden, das Objekt zu sichern, wie z. B. durch den Einsatz von Einbruchmeldetechnik.

Spezielle Anforderungen an Außentüren

Spezielle bauphysikalische und bautechnische Anforderungen werden an Außentüren hinsichtlich des Wärmeschutzes, der Schlagregendichtheit und des Schutzes gegen Feuchtebeanspruchung gestellt. Diese gehen über die Mindestanforderungen an Innen- und Außentüren hinaus.

Die Anforderungen an den Wärmeschutz regeln die DIN 4108 „Wärmeschutz im Hochbau" und die „Energieeinsparverordnung" (EnEV).

Außentüren gelten, wie Fenster, im Altbau wärmetechnisch als Schwachstellen in der Gebäudehülle. Der mögliche Wärmeverlust ist dort ungleich höher als bei anderen Bauteilen wie z. B. Wänden oder Decken. Der Wärmetransport erfolgt durch Wärmeleitung, Konvektion, Luftströmungen im Bereich undichter Fugen und über Wärmebrücken.

Laut „Energieeinsparverordnung" (EnEV) Anhang 3 darf die Türfläche einer Außentür im Baubestand nach einer Erneuerung einen Wärmedurchgangskoeffizienten U_D = 2,9 W/(m² · K) nicht überschreiten (s. Kap. I.2, Tabelle I.2.01).

Die DIN 4108 „Wärmeschutz im Hochbau" definiert Schlagregendichtheit als eine ausreichende Sicherheit von Außentüren gegen das Eindringen von Wasser in das Innere des Gebäudes bei einer vorgegebenen Windstärke, Regenmenge und Beanspruchungsdauer. Die Schlagregendichtheit wird gemäß DIN EN 1027 „Fenster und Türen; Schlagregendichtheit, Prüfverfahren" bestimmt. Hiernach wird sie als die Fähigkeit des Prüfkörpers, dem Wassereintritt in geschlossenem und verriegeltem Zustand unter den Prüfbedingungen bis zu einem Druck P_{max} (Grenze der Schlagregendichtheit) zu widerstehen, definiert. Die Schlagregendichtheit hängt von der Ausbildung, Art und Lage der Falzdichtungen, der Entwässerung und dem Druckausgleich des Falzraumes ab.

Die Anforderungen an die Schlagregendichtheit regelt die DIN EN 12208 „Fenster und Türen – Schlagregendichtheit – Klassifizierung". Sie unterteilt dabei Fenster und Türen in die Klassen 1A bis 9A und 1B bis 9B, wobei A für ungeschützten und B für teilweise geschützten Einbau steht.

Türen reagieren auf äußere Einflüsse, wie Feuchte- und Temperaturschwankungen (Differenzklima), durch Verformungen. Diese müssen einerseits bereits in der Planung berücksichtigt werden, andererseits durch den Einsatz geeigneter Materialien eingeschränkt bzw. vermieden werden, um eine Verformungsstabilität zu gewährleisten.

Anforderungen an Schutz- und Sondertüren

Für Feuchträume, wie z. B. Sanitärzellen in Wohnungen, die keine Fensterlüftung bzw. nicht die Möglichkeit besitzen, eine erhöhte Spritz- und Kondenswasserbildung zu vermeiden, werden Feuchtraumtüren eingesetzt. Diese können einerseits einer kurzfristigen Luftfeuchtigkeit von bis zu 100 % und andererseits Spritzwasser, herunterfließendem Kondenswasser und Tropfwasser ausgesetzt werden. Spritz- und Tropfwasser können dabei mit Reinigungs- und Pflegemitteln versetzt sein.

Die Güte- und Prüfbestimmungen für Innentüren als Feucht- und Nassraumtüren aus Holz und Holzwerkstoffen definiert die RAL-RG 426 Teil III „Innentüren aus Holz und Holzwerkstoffen; Feucht- und Nassraumtüren".

Nassräume kommen z. B. in öffentlichen Duschräumen, Badeanstalten, Bädern und Saunen von Hotels, Krankenhäusern oder im privaten Bereich zum Einsatz. Sie müssen auch über einen längeren Zeitraum Tropfwasser, das mit üblichen Reinigungs- und Pflegemitteln, aber auch mit aggressiven Reinigungsmitteln versetzt ist, standhalten.

Rauchschutztüren schützen im Brandfall vor der Ausbreitung von Rauchgasen und sollen Rettungswege rauchfrei halten, da Rauchgase sowohl für die Retter als auch für die zu rettenden Personen lebensgefährlich sind.

Feuerschutztüren dienen im Gegensatz zu Rauchschutztüren dem Schutz vor unmittelbarer Feuereinwirkung und Wärmestrahlung. Feuerschutztüren sind grundsätzlich selbstschließende Türen.

Die Verwendung von Feuerschutztüren ist in der Musterbauordnung (MBO), den Landesbauordnungen (LBO) und einer Vielzahl anderer Verordnungen und Richtlinien geregelt.

Strahlenschutztüren werden z. B. im medizinischen Bereich für Räume eingesetzt, in denen Röntgen-, Gamma- und Elektronenstrahlung stattfindet.

Die DIN 6834 „Strahlenschutztüren für medizinisch genutzte Räume" regelt die notwendigen Anforderungen, Angaben zur Herstellung und Montage von Strahlenschutztüren.

Meist wird zum Abschirmen der Strahlung Blei verwendet. Die Dicke der Bleieinlage ist von der zu erwartenden Strahlung, also je nach Art des eingesetzten Gerätes, abhängig.

Konstruktionsmerkmale

Bewegungsrichtung

Türen können ein- oder zweiflügelig sein und als Drehtüren, Schiebetüren, Pendeltüren oder als Hub- und Versenkwand ausgeführt werden.

Türrahmen

Der Türrahmen unterscheidet sich je nach Material. Während an Holztüren hauptsächlich Blendrahmen, Blockrahmen, Zargen und Rahmen mit Futter und Bekleidung Anwendung finden, werden an Metalltüren überwiegend Zargenrahmen als Eck- oder Umfassungszarge eingesetzt.

Dichtungen

Dichtungen mindern vor allem die Schallübertragung, dämpfen Schließgeräusche, verhindern Zugluft und schützen Innenräume vor dem Eindringen von Schmutz, Kälte und Nässe.

Dichtungen von Türelementen werden in Falzdichtungen (Dichtungen zwischen Tür und Rahmen) und Bodendichtungen (Dichtungen zwischen Türblatt und Bodenbelag) unterschieden.

Die dreiseitig umlaufenden Falzdichtungen sollen so ausgebildet sein, dass sie Verformungen des Türblatts durch Produktionstoleranzen, Verformungen durch Temperatur- oder Feuchteein-

Tabelle III.4.03: Feuerwiderstandsklassen T nach DIN 4102-5

Feuerwiderstandsklasse	Feuerwiderstandsdauer in Minuten
T 30	> 30
T 60	> 60
T 90	> 90
T 120	> 120
T 180	> 180

flüsse usw. ausgleichen können und dass die geschlossene Tür umlaufend an der Türzarge anliegt.

Lippendichtungen eignen sich hierfür aufgrund ihres größeren Einfederungsvermögens besser als Kammprofile (Schlauchdichtungen).

Bodendichtungen werden nach Bedarf, z. B. bei Funktionstüren, bei denen keine Anschlagschwelle vorhanden ist, eingebaut.

Die Fuge zwischen Türblatt und Bodenbelag wird durch die sogenannte Bodendichtung abgedichtet. Je nach Anforderung stehen dazu verschiedene Dichtungen zur Verfügung, so z. B. Auflauf-, Absenk-, Magnet- und Schwellendichtungen.

Außentüren und Wohnungseingangstüren, die starken klimatischen Schwankungen (Differenzklima) und schallschutztechnischen Anforderungen ausgesetzt sind, sollten an eine Anschlagschwelle stoßen.

An Innentüren werden häufig Auflaufdichtungen oder vollautomatische Absenkdichtungen eingebaut, die schwellenlose Übergänge erlauben.

Außentürschwellen

Eine an Außentüren problematische Stelle ist die Türschwelle, die möglichst schwellenlos und barrierefrei ausgeführt werden sollte. Das barrierefreie Bauen gewinnt auch im Bestand immer mehr an Bedeutung.

Bei den Außentürschwellen müssen insbesondere die Kriterien Schwellenhöhe, Schwellenform, Wärmeschutz und Schutz vor eindringendem Wasser beachtet werden.

In Anlehnung an die DIN 18024-2 „Barrierefreies Bauen – Teil 2: Öffentlich zugängliche Gebäude und Arbeitsstätten, Planungsgrundlagen" darf die Schwellenhöhe 2 cm nicht überschreiten. Die DIN 18025 „Barrierefreie Wohnungen" fordert bei Wohnungen für Rollstuhlfahrer grundsätzlich, dass Schwellen vermieden werden, soweit sie nicht technisch zwingend erforderlich sind.

Als Schwellenform ist insbesondere die Anschlagschwelle geeignet. Im Gegensatz zu Türschwellen, die aus einer Stufe bestehen, sind sie bequemer, weil sie nicht überschritten werden müssen. Nicht trittfeste Türschwellen, zu schmale oder geneigte Schwellen sollten grundsätzlich vermieden werden.

Zu den wesentlichen Aufgaben einer Türschwelle gehört der Schutz vor eindringendem Wasser, sei es in Form von Schlagregen oder Oberflächenwasser.

Dieser Anforderung wird das eingebaute Türelement durch funktionstüchtige Abdichtungen, einen richtig dimensionierten Luftspalt zwischen Türblatt und Rahmen und eine lotrechte Montage gerecht.

Beschläge

Beschläge sind Verbindungs- bzw. Befestigungsbauteile und umfassen Türbänder, Türschließer und Türschlösser.

Türbänder stellen die bewegliche Verbindung zwischen Türrahmen und Türblatt dar. Sie nehmen das Eigengewicht des Türblatts und die auftretenden Lasten auf und leiten diese in den Rahmen ab.

Nach DIN 18101 „Türen; Türen für den Wohnungsbau; Türblattgrößen, Bandsitz und Schlosssitz; Gegenseitige Abhängigkeit der Maße" legt die Bandbezugslinie die Lage der Türbänder fest. Sie ist eine gedachte Linie an den Türbändern, deren Abstand von der oberen Bezugskante der Türzarge und des Türblatts gemessen wird.

Nach DIN 18268 „Baubeschläge; Türbänder; Bandbezugslinie" werden die Bandbezugslinien je nach Konstruktion des Türbandes bestimmt. Diese befinden sich vorwiegend in der Bandmitte, Ausnahmen werden in der DIN 18268 „Baubeschläge; Türbänder; Bandbezugslinie" beschrieben.

Nach DIN EN 1935 „Baubeschläge – Einachsige Tür- und Fensterbänder – Anforderungen und Prüfverfahren" werden Türbänder je nach Anwendungsbereich in 4 verschiedene Klassen aufgeteilt:

- Klasse 1 – leichter Gebrauch: private und andere Bereiche (z. B. Büros), die nicht für die Öffentlichkeit zugänglich sind,
- Klasse 2 – mittlerer Gebrauch: private und andere Bereiche (z. B. Büros) mit begrenztem Zugang für die Öffentlichkeit,
- Klasse 3 – starker Gebrauch: öffentliche Gebäude und Behörden (z. B. Bibliotheken, Krankenhäuser und Schulen) und
- Klasse 4 – sehr starker Gebrauch: häufiger und heftiger Gebrauch, bewusster Missbrauch (Anforderungen an einbruchhemmende Türen).

An ungefalzten und gefalzten Türen mit Blend- oder Blockrahmen finden vor allem Aufschraubbänder (Lappenbänder), Kombibänder und spezielle Systembänder (z. B. im Objektbau) Anwendung.

An ungefalzten und gefalzten Holztüren mit Holzzargen werden Aufschraubbänder, Einbohrbänder, Kombibänder und Kunststoffbänder verwendet.

Zur Befestigung von einfachen Holztürblättern finden Einstemmbänder, einfache Aufschraubbänder, Langbänder und Winkelbänder Verwendung.

Aufschraubbänder (Lappenbänder) sind Türbänder, die aufgeschraubt werden. Sie sind mit geraden oder gekröpften Lappen (Teil eines Bandes oder eines Scharniers, das zur Befestigung des Bandes oder des Scharniers dient) erhältlich. Aufschraubbänder passen zu ungefalzten oder gefalzten Türen mit Holzzarge.

Die Bandlappen werden meist in die Türbekleidung sowie in den Türfalz eingelassen und mit Senkkopfschrauben befestigt.

Aufschraub- bzw. Lappenbänder gelten in der Praxis als sichere und problemlose Befestigungsart und finden daher häufig Anwendung.

Einbohrbänder werden wahlweise in ein- oder mehrteiliger Ausführung, Flügel mit einem oder mehr Zapfen versehen, angeboten. Die Einbohrzapfen können mit Gewinden zum Eindrehen oder glatt zum Einstecken ausgebildet sein. Verstellbaren Bändern wird der Vorzug gegeben.

Einbohrbänder eignen sich vor allem für den schnellen Einbau von gefalzten Holztüren.

Als Kombibänder werden Bänder, deren Rahmen- und Flügelteil unterschiedlich ausgebildet ist, bezeichnet. Dabei sitzt beispielsweise auf dem Türblatt ein Aufschraubband und auf der Türzarge ein Einbohrband oder umgekehrt. Durch die verschiedenen sich daraus ergebenden Möglichkeiten können die jeweiligen Vorzüge der einzelnen Befestigungsarten ausgenutzt werden.

Türschließer sorgen bei Drehflügeltüren nach einem manuellen Öffnen für ein selbsttägiges Schließen.

Der Schließvorgang erfolgt meist kontrolliert, d. h. hydraulisch gedämpft, selten, meist nur bei Federbändern, unkontrolliert bzw. ungedämpft.

Türschließer werden nach ihrer Art und Anordnung in Obentürschließer, verdeckte Türschließer, Rahmentürschließer und Bodentürschließer unterschieden.

Türschlösser dienen dem Öffnen, Schließen und Sichern der Tür. Sie beinhalten sowohl das eigentliche Schloss als auch die zugehörigen Schließwerke und Sicherungssysteme einschließlich Schließblechen und Türgarnituren.

Sie werden nach der Art, wie das Schloss und das Türblatt miteinander verbunden sind, u. a. in Kastenschlösser und Einsteckschlösser unterschieden.

Kastenschlösser werden heutzutage kaum noch verwendet, sie sind allerdings im Baubestand noch häufig vorzufinden.

Sie werden üblicherweise auf der Bandseite auf das Türblatt aufgeschraubt.

Durch den frei zugänglichen außen liegenden Schlosskasten bilden sie ein erhöhtes Sicherheitsrisiko und sollten deshalb ausgetauscht oder durch zusätzliche Sicherungsmaßnahmen unterstützt werden.

Einsteckschlösser werden in der DIN 18250 „Schlösser – Einsteckschlösser für Feuerschutz- und Rauchschutztüren" und der DIN 18251 „Schlösser – Einsteckschlösser" definiert und im gesamten Baubereich eingesetzt. Sie können durch einen einfachen Riegel (Badezimmertüren) oder durch Buntbart-, Zuhaltungs- oder Zylinderschlösser geschlossen werden. Das Buntbartschloss ist hierbei die einfachste Schlosskonstruktion und bietet nur eine geringe Sicherheit. Das Zuhaltungsschloss besitzt mehrere Sperrhaltungen, die durch einen gestuften Schlüsselbart angehoben werden, um den Riegel durch zweimaliges (zweitouriges) Drehen vorzuschieben. Es bietet dadurch eine höhere Sicherheit als das Buntbartschloss. Das Zylinderschloss bietet im Verhältnis zum Buntbart- und Zuhaltungsschloss die größte Sicherheit, da bei ihm der Schließ- vom Sicherheitsmechanismus getrennt ist. Darüber hinaus ist der eigentliche Schließzylinder (Profil-, Oval- oder Rundzylinder) jederzeit austauschbar. Einsteckschlösser werden gemäß DIN 18251-1 „Schlösser – Einsteckschlösser – Teil 1: Einsteckschlösser für gefälzte Türen" und DIN 18251-2 „Schlösser – Einsteckschlösser – Teil 2: Einsteckschlösser für Rohrrahmentüren" je nach Anwendungsbereich und Beanspruchung in 5 Schlossklassen unterschieden.

Güte- und Prüfbestimmungen sind in der RAL-RG 607/2 „Einsteckschlösser, Rohrrahmenschlösser und Mehrfachverriegelungen – Gütesicherung" festgelegt.

Einsteckschlösser mit Mehrfachverriegelung bieten einen erhöhten Einbruchschutz. Nach DIN 18251-3 „Schlösser – Einsteckschlösser – Teil 3: Einsteckschlösser als Mehrfachverriegelung" besteht eine Mehrfachverriegelung üblicherweise aus 1 Hauptschloss (mit Schließzylinder) und 2 Nebenschlössern. Die Nebenschlösser werden durch einen zusätzlichen Riegel bedient.

Nach der Anzahl der schlossseitigen Verriegelungen wird in Vierpunkt-, Sechspunkt- und Zehnpunktverschlüsse unterschieden. Die Riegel der Nebenschlösser können als Rollzapfen, Schließbolzen, Schwenkriegel u. a. ausgeführt sein.

Eine schlossseitige Verriegelung ist jedoch nur dann sinnvoll, wenn zusätzlich auch die Bandseite des Türblatts gegen Anheben und Eindrücken mit einer sogenannten Bandsicherung (Bolzensicherung) verstärkt wird.

Eine Schließanlage ist die Kombination mehrerer Schließzylinder. Die Schlüssel einer solchen Anlage stehen in einem funktionellen Bezug zueinander. Schließanlagen sind vor allem in Mehrfamilienhäusern und im Nicht-Wohnungsbau gebräuchlich. Zum Einsatz kommen Zentralschließanlagen, Hauptschlüsselanlagen und Generalhauptschlüsselanlagen, die jedoch zunehmend von elektronischen Schließanlagen abgelöst werden.

Luftspalt

Gemäß DIN 18101 „Türen; Türen für den Wohnungsbau; Türblattgrößen, Bandsitz und Schlosssitz; Gegenseitige Abhängigkeit der Maße" müssen die Luftspalte, die sich zwischen Türblatt und Zarge ergeben, innerhalb genormter Grenzen liegen. Die Luftspalte sollen bei Verformungen der Türanlage durch thermische Einflüsse die einwandfreie Funktion gewährleisten. Die Luftspalte sind wie folgt zu bemessen:

An den Längsseiten der Tür darf die Summe der beiden Luftspalte maximal 9 mm und minimal 5 mm einnehmen. Der einzelne Luftspalt darf 2,5 mm nicht unterschreiten und nicht größer sein als 6,5 mm.

Der obere Luftspalt darf 2 mm nicht unterschreiten und 6,5 mm nicht überschreiten.

Der untere Luftspalt, der nicht beschrieben und in Plänen nicht bemaßt wird, ergibt sich rechnerisch und liegt im Bereich von 2,5 bis 7 mm.

Tabelle III.4.04: Anwendungsbereiche von Einsteckschlössern nach DIN 18251-1 und DIN 18251-2

Klasse 1	Schlösser für Innentüren mit geringer Beanspruchung
Klasse 2	Schlösser für Innentüren mit erhöhten Ansprüchen
Klasse 3	Schlösser für Wohnungsabschlusstüren und Türen in öffentlichen Bauten
Klasse 4	Schlösser für Einbruchhemmung und hoher Benutzerfrequenz
Klasse 5	Schlösser für erhöhte Einbruchhemmung und hoher Beanspruchung

Abb. III.4.03: Hauseingangstür eines Gebäudes aus Holz

Abb. III.4.04: Hauseingangstür aus Aluminium mit Glas

Material

Türen werden aus einer Vielzahl verschiedener Materialien, insbesondere aus Holz und Holzwerkstoffen (s. Kap. V.4.1), Metall (s. Kap. V.5.1) oder Kunststoffen und Glas (s. Kap. V.6) hergestellt. Gängig sind auch Kombinationen dieser Materialien.

Holztüren

Holz als natürlicher und nachwachsender Rohstoff eignet sich bei richtiger Auswahl der Holzart, des Beschichtungssystems und werkstoffgerechter Fertigung als ideales Rahmen-, Füll- und Blattmaterial für Türen. Zum Einsatz kommen heutzutage überwiegend europäische oder einheimische Weich- und Harthölzer (s. Kap. V.4).

Im Baubestand sind vorwiegend Holztüren aus Eiche, Fichte oder Kiefer zu finden.

Holztüren sind bei entsprechender Pflege dauerhaft und resistent gegen Witterungseinflüsse, Insekten- und Pilzbefall.

Die Dauerhaftigkeit von Holztüren wird insbesondere durch eine geeignete Oberflächenbeschichtung erreicht. Die Beschichtung schützt das Holz vor Feuchtigkeit und UV-Strahlung.

Der erforderliche Feuchteschutz wird durch ausreichende Schichtdicken erreicht. Deshalb soll vor dem Einbau der Tür eine Trockenschichtdicke von 30 µm vorhanden sein. Nach der Endbeschichtung soll die Trockenschichtdicke bei Lasuren ca. 60 µm, bei deckenden Anstrichen ca. 100 µm betragen.

Der Schutz des Holzes vor Strahlung ist abhängig von der Schichtdicke und ganz wesentlich von der Pigmentierung der Beschichtung. Farblose oder helle Lasuren schützen das Holz nicht ausreichend.

Zur Vermeidung thermischer Verformungen sollten die Einsatzempfehlungen für Türblätter aus Holz und Holzwerkstoffen nach RAL RG 426 Teil III beachtet werden.

Aluminiumtüren

Türen aus Aluminium (s. Kap. V.5) finden vor allem im gewerblichen Bereich Verwendung. Heutzutage sind jedoch nur noch wärmegedämmte Verbundprofile der Rahmenmaterialgruppe 1 im Außenbereich zugelassen. Im Baubestand finden sich jedoch größtenteils ungedämmte Aluminiumaußentüren, die den heutigen Anforderungen nicht mehr gerecht werden.

Stahltüren

Stahltüren finden vor allem als Türen mit Sonderfunktionen wie z. B. für Feuerschutztüren und einbruchshemmende Türen mit hoher Widerstandsklasse Verwendung. Bei der Türproduktion wird Stahl (s. Kap. V.5) für Funktionsteile (Profile, Armierung, Beschläge) und Zubehörteile (meist als Edelstahl) eingesetzt.

Tabelle III.4.05: Einsatzempfehlungen für Türblätter aus Holz und Holzwerkstoffen nach RAL RG 426 Teil III

Einsatzstelle	Klimabeanspruchung			Mechanische Beanspruchung		
	I normal	II mittel	III hoch	I normal	II mittel	III hoch
	warme Seite: 23 °C, 30 % RLF kalte Seite: 18 °C, 50 % RLF	warme Seite: 23 °C, 30 % RLF kalte Seite: 13 °C, 65 % RLF	warme Seite: 23 °C, 30 % RLF kalte Seite: 3 °C, 80 % RLF			
Wohnungsinnentüren	X			X		
Wohnungsabschlusstür		X beheiztes Treppenhaus	X nicht beheiztes Treppenhaus			X
Türen zu nicht ausgebauten Dachgeschossen			X	X		
Kellerabgangstüren		X		X		
Büroräume	X				X	
gewerbliche Räume	X					X
Kantinen		X				X
Praxen, öffentliche Verwaltungen		X beheiztes Treppenhaus	X nicht beheiztes Treppenhaus	X		

Kunststofftüren

Bei den sogenannten Kunststofftüren handelt es sich insbesondere um Türen, deren äußere Beschichtung bzw. Oberfläche aus Kunststoff besteht.

Als Material wird schlagzähes Polyvinylchlorid (PVC) eingesetzt.

Kunststoff wird häufig für Profile von Rahmentüren (gegebenenfalls mit Metallaussteifung), als Füllungsmaterial, im Bereich der Beschlagtechnik und vor allem der Beschichtungen und Dichtungen verwendet.

III.4.1.2 Typische Mängel und Schäden

Zu den bauphysikalischen und bautechnischen Mängeln und Schäden an Türen zählen undichte Fugen, mechanische Beanspruchung, unzureichende Einbruchhemmung, thermische Verformungen usw.

Zu den konstruktionsbedingten Mängeln und Schäden zählen u. a. Mängel und Schäden an Beschlägen, an Außentürschwellen und Montagefehler.

Materialbedingte Schäden treten häufig an Holz- und Metalltüren sowie an Dichtungen auf.

Schäden durch mechanische Beanspruchung

Zu Mängeln und Schäden kann es an Türen durch sich ständig wiederholende äußere Einwirkungen, wie z. B. Stöße und Erschütterungen durch Zuschlagen, kommen.

Unzureichende Einbruchhemmung

Eine unzureichende Einbruchhemmung liegt dann vor, wenn eine Haus-, Laubengang-, Wohnungseingangs-, Keller- oder sonstige Außentür eine oder mehrere der folgenden Schwachstellen aufweist:

Türblatt oder Türfüllungen:
- nicht ausreichend massiv ausgebildet (Gefahr des Eintretens oder Eindrückens),
- äußerlich sichtbare, leicht zu demontierende Befestigungsmittel.

Türbänder:
- nicht ausreichend dimensioniert und befestigt,
- äußerlich sichtbar, leicht zu demontieren oder mit einfachen Mitteln zerstörbar.

Schließzylinder/Schließbleche/Schutzbeschläge:
- nicht ausreichend dimensioniert,
- mehr als 3 mm gegenüber der Oberfläche des Türschildes vorstehend.

Thermische Verformungen

Die meisten Materialien reagieren auf äußere Einflüsse wie Feuchte- und Temperaturschwankungen. Diese Klimaeinflüsse werden auch als Differenzklima bezeichnet.

An Türen aus Holz treten Verformungen infolge Quellens und Schwindens (s. Kap. V.4.2.1) durch Feuchtigkeitseinflüsse meist als Längenänderungen des Türblatts auf.

Kunststoff- und Metalltüren dehnen sich durch Temperaturerhöhung aus und ziehen sich nach Abkühlung wieder zusammen.

Diese Problematik führt vor allem bei Kunststofftüren mit dunklen Profilen zu Problemen, sodass heute im Außenbereich meist nur noch weiße bis mittelgraue Profile verwendet werden.

Die Folgen dieser Verformungen zeigen sich durch Aufsetzen, Schleifen oder Klemmen des Türblatts auf dem Fußboden oder im Türfalz durch Probleme beim Öffnen oder Schließen, Ver- oder Entriegeln. Ursache dafür ist meist ein zu gering bemessener Luftspalt zwischen Türblatt und Rahmen.

Verformungen an Türen werden in Durchbiegung und Verwindung unterschieden.

Eine Durchbiegung ist eine Abweichung des Türblatts vom Lot auf den Längsseiten. Eine Durchbiegung kann schlossseitig, bandseitig, oben oder unten quer an den Schmalseiten auftreten.

Eine Verwindung ist eine Abweichung einer Ecke des Türblatts von der geraden Türblattfläche.

Abb. III.4.05: Außentür aus Stahlprofilen mit Glasfüllung

Abb. III.4.06: Kunststoffaußentür

Abb. III.4.07: Schaden an einer Stahltür aufgrund einer mechanischen Beanspruchung

Abb. III.4.08: Montagefehler – nicht allseitig am Rahmen anliegendes Türblatt

Abb. III.4.09: Verwitterungen im Spritzwasserbereich einer Holztür

Abb. III.4.10: Schadhafter Anstrich im Schwellenbereich einer Metalltür

Mängel und Schäden an Beschlägen

Mängel und Schäden an Beschlägen lassen sich insbesondere auf eine unzureichende oder fehlerhafte Befestigung oder auf eine falsche Montage zurückführen. Daraus können Oberflächenschäden resultieren, die sich meist einfach beheben lassen. Ist es bereits zu Verformungen gekommen, kann der Austausch der Beschläge, aber auch des Türblatts oder -rahmens notwendig werden.

Mängel und Schäden an Außentürschwellen

Mängel und Schäden an Außentürschwellen treten oftmals aufgrund einer zu geringen oder nicht vorhandenen Aufkantung, unzureichender oder fehlender Abdichtungen und/oder aufgrund einer unzureichenden oder nicht vorhandenen Entwässerung auf. Eine Beseitigung dieser Schäden ist ohne eine Freilegung der Anschlussbereiche meist nicht möglich.

Montagefehler

Mängel und Schäden durch Montagefehler ähneln oft denen durch thermische Verformungen. Es kommt zum Aufsetzen, Schleifen oder Klemmen des Türblatts auf dem Fußboden oder im Türfalz zu Schwierigkeiten beim Öffnen und Schließen oder beim Ver- und Entriegeln der Tür.

Die Ursachen liegen sowohl bei Neubauten als auch im Baubestand vor allem im Bereich der Fußbodenkonstruktion. Während bei Neubauten häufig die geplante Oberkante des Fertigfußbodens (OKFF) nicht exakt eingehalten wird, kommt es im Altbau insbesondere durch Veränderungen des Fußbodenbelages zu falsch bemessenen Luftspalten.

Sind die Luftspalte zu gering bemessen, kommt es bei thermischen Schwankungen zum Klemmen und Aufsetzen. Sind sie zu groß bemessen, führt es zu optischen Beeinträchtigungen und Undichtigkeiten. Aus optischen Gründen sollte besonders bei einem stumpfen Türanschlag auf gleich große Luftspalten geachtet werden.

Weitere häufig auftretende Mängel und Schäden sind Türblätter, die nicht in jeder Öffnungsstellung stehen bleiben.

Häufig treten Undichtigkeiten durch nicht allseitig bzw. ungleichmäßig am Rahmen anliegende Türblätter auf.

Neben der Verformung des Türblatts kommen als Ursache entweder eine nicht lotrecht eingebaute Zarge oder nicht fluchtende Türbänder in Betracht. Diese Schadensbilder zeigen sich insbesondere bei zweiteiligen Bändern, da diese schwieriger in der Flucht zu montieren sind als dreiteilige.

Materialbedingte Schäden an Holztüren

Mängel und Schäden an Holzaußentüren lassen sich mit denen anderer Außenbauteile aus Holz vergleichen. Neben Verwitterung und Vergrauung können Holzaußentüren insbesondere von holzzerstörenden Insekten (s. Kap. V.4.2.2) und holzverfärbenden, selten holzzerstörenden Pilzen (s. Kap. V.4.2.3) geschädigt werden.

Materialbedingte Schäden an Kunststofftüren

Zu den materialbedingten Mängeln und Schäden an Kunststofftüren zählen insbesondere das Verspröden bzw. Verwittern des Kunststoffes sowie Produktions-, Transport- und Montagefehler.

Verspröden bzw. Verwittern

An Kunststoffoberflächen kann es durch Bewitterung nach einigen Jahren, wenn eine angemessene Pflege und Reinigung nicht erfolgt, zu Zerstörungen an der Oberfläche kommen.

Solche Mängel und Schäden treten auch oft bei Verwendung ungeeigneter Reinigungsmittel auf.

Produktions-, Transport- und Montagefehler

Zu den Produktions-, Transport- und Montagefehlern gehören bei Kunststoffaußentüren vor allem Risse, die sich entweder durch den ganzen Querschnitt ziehen oder entlang der Schweißnähte entstehen.

Schäden aufgrund dunkler Profile

Infolge direkter Sonneneinstrahlung kommt es zu einer starken Erwärmung, zur Ausdehnung und infolgedessen zu Spannungen und Verformungen der dunklen Kunststoffe. In der Folge treten Risse in Rahmen und Profilen, aber auch Funktionsstörungen durch Festhaken oder Klemmen auf.

Materialbedingte Schäden an Metalltüren

Typische materialbedingte Schäden an Metalltüren lassen sich auf Oberflächenschäden durch mangelhaften oder fehlenden Korrosionsschutz (s. Kap. V.5.2.1), Anstrich- bzw. Beschichtungsschäden (s. Kap. V.12.2) und Schäden durch Kontaktkorrosion (s. Kap. V.5.2) beschränken.

Mängel und Schäden an Dichtungen

Dichtungen im Baubestand sind alterungsbedingt häufig porös geworden, eingerissen oder nicht korrekt angebracht. Die Abdichtung der Fuge zwischen Türblatt und Rahmen ist dann nicht mehr gewährleistet.

Schadstoffe

Türen können Schadstoffbelastungen durch Lösemittel und Schwermetalle in Anstrichen, sowie durch PCB (polychlorierte Biphenyle) in Dichtungsmaterialien hervorrufen.

Lösemittel

Lösemittel haben die Aufgabe, andere feste, flüssige oder gasförmige Stoffe in Lösung zu halten und den Anstrichstoff streich- und sprühfähig zu machen. Es gibt eine große Anzahl an lösemittelhaltigen Stoffen, die aus unterschiedlichen Stoffgemischen bestehen. Organische Lösemittel gehören zu den typischen leicht flüchtigen organischen Verbindungen (VOC, engl.: volatile organic compounds) und besitzen einen Siedepunkt zwischen 50 und 200 °C. Lösemittelhaltige Beschichtungen können während und nach der Verarbeitung zu hohen Raumluftbelastungen führen, da die Lösemittel unter atmosphärischen Bedingungen in die Raumluft entweichen. Sie verdampfen langsam und sind über einen längeren Zeitraum in der Raumluft nachweisbar.

Organische Lösemittel sind u. a. Gemische auf der Basis leicht flüchtiger aromatischer Kohlenwasserstoffe (BTX – Benzol, Toluol, Xylol), aliphatischer Kohlenwasserstoffe (z. B. Hexan, Oktan, Dekan, Dodekan) und verschiedener Ester, Alkohole und Glykole. Sie werden hauptsächlich als Verdünnungs- und Lösemittel in Nitrocelluloselacken (Nitrolacke) und Alkydharzlacken eingesetzt. Der Anteil organischer Lösemittel liegt bei Nitrolacken bei bis zu 70 %, bei Alkydharzlacken bei 30 bis 60 %. Weiterhin gibt es einige Lösemittel aus der Gruppe der aliphatischen Chlorkohlenwasserstoffe (CKW), wie z. B. Dichlormethan, Trichlorethylen sowie Tetrachlorethylen (Perchlorethylen). Diese werden heute noch meist als Abbeizmittel zum Entfernen von Oberflächenbeschichtungen verwendet. Trichlorethylen wird seit den 1920er-Jahren und Tetrachlorethylen seit den 1950er-Jahren produziert; beide Stoffe wurden in unterschiedlichen Bereichen eingesetzt.

Da aromatische Lösemittel, wie z. B. Benzol, Toluol, Xylol, Aufsehen erregt haben, wurden in den letzten 20 Jahren zunehmend Glykole als Lösemittel für wasserbasierte Beschichtungssysteme verwendet. In diesem Zusammenhang muss der unterschiedliche Gebrauch des Begriffes „Lösemittel" erläutert werden. Die Technische Regel für Gefahrstoffe TRGS 610 „Ersatzstoffe und Ersatzverfahren für stark lösemittelhaltige Vorstriche und Bodenbelagsklebstoffe für den Bodenbereich" definiert das Wort „Lösemittel" als „… *flüchtige organische Stoffe sowie deren Mischungen mit einem Siedepunkt < 200 °C, die bei Normalbedingungen (20 °C und 1013 hPa) flüssig sind und dazu verwendet werden, andere Stoffe zu lösen oder zu verdünnen, ohne sie chemisch zu verändern."* Da Glykole im Vergleich zu „herkömmlichen Lösemitteln" einen höheren Siedepunkt besitzen, trifft auf sie diese Definition daher nicht zu. Anstrichstoffe mit einem Glykolgehalt bis zu 10 % dürfen als lösemittelfrei bezeichnet werden.

Glykole werden aufgrund ihrer Wassermischbarkeit vorwiegend in wasserverdünn- und wasservermischbaren Produkten, wie Dispersionsfarben, z. B. Kunststoffdispersionsfarben (KD-Farben), Kunstharzdispersionsfarben sowie Dispersionslackfarben, eingesetzt. Zu der Gruppe der Glykole zählen alle Glykolverbindungen wie Glykolether (z. B. 2-Butoxyethanol, Propylenglykolether) und Glykolester (Acetate von Glykolether). Glykole sind farblose, fast geruchlose Flüssigkeiten, die sich gut mit Wasser mischen lassen. Im Vergleich zu herkömmlichen Lösemitteln besitzen Glykole einen höheren Siedepunkt, sodass sie sehr langsam an die Raumluft abgegeben werden und über einen längeren Zeitraum nachweisbar sind.

Die Aufnahme von gesundheitsgefährdenden Lösemitteldämpfen oder Aerosolen kann durch das Einatmen, das Verschlucken, durch die Aufnahme über die Haut bei hautresorptiven Stoffen wie Xylol oder Ethylbenzol oder durch direkten Augenkontakt geschehen. In Abhängigkeit von der Konzentration und der Einwirkungsdauer kann dies unterschiedliche Auswirkungen auf den menschlichen Körper haben. Einige Lösemittel führen zu Atemwegs- und Schleimhautreizungen sowie Kopfschmerzen, andere schädigen das Nervensystem, können Leber- und Nierenschäden hervorrufen oder besitzen krebserregendes und fruchtschädigendes Potenzial. Die Toxizität von Glykol ist innerhalb der Stoffgruppe sehr unterschiedlich und kaum bekannt. Bei den kaum untersuchten Glykolverbindungen zeigen sich aber zum Teil gleichartige toxische Wirkungen wie bei anderen herkömmlichen Lösemitteln.

CKW zählen zu den schädlichsten Chemikalien in Bezug auf Gesundheit und Umwelt. Trichlorethylen ist seit Ende 2001 in die Kategorie der krebserzeugenden erbgutverändernden Gefahrstoffe, Tetrachlorethylen in die Kategorie der krebserzeugenden Gefahrstoffe eingestuft worden (s. Technische Regel für Gefahrstoffe TRGS 905 „Verzeichnis krebserzeugender, erbgutverändernder oder fortpflanzungsgefährdender Stoffe"). Nach Anhang IV „Herstellungs- und Verwendungsverbote" der Gefahrstoffverordnung (GefStoffV) gilt für z. B. Benzol, Toluol und aliphatische Chlorkohlenwasserstoffe (mit wenigen Ausnahmen) ein Herstellungs- und Verwendungsverbot.

Schwermetalle

Schadstoffbelastungen von Türen können im Zusammenhang mit Schwermetallen in Beschichtungen auftreten. Zu den Schwermetallen zählen u. a. Blei und Bleiverbindungen (z. B. Bleioxid [Blei-Mennige], Bleinitrat, Bleiacetat, Bleicarbonat), Cadmium und Cadmiumverbindungen (z. B. Cadmiumsulfat, Cadmiumsulfid, Cadmiumchlorid, Cadmiumoxid, Cadmiumhydroxid) sowie Zink und Zinkverbindungen (z. B. Zinkchromat).

Blei-, Cadmium- und Zinkverbindungen können in den Pigmenten von Farben und Lacken auftreten. Blei kommt häufig als Bleiweiß in weißen oder hellen Farben, Cadmium (z. B. Cadmiumsulfid) in gelben bis tiefroten Farbpigmenten und Zinkchromat (Zinkgelb) in gelben Farbpigmenten vor. Weiterhin wurde Zinkchromat (starkes Oxidationsmittel) vielfach in Korrosionsschutzgrundfarben eingesetzt. Blei-Mennige wird wie Zinkchromat zur Herstellung korrosionsschützender Anstrichstoffe für Metalloberflächen verwendet. Im 19. Jahrhundert wurde dazu der Stoff mit Leinöl und/oder Terpentinöl vermischt und verstrichen. Später wurden die Öle durch flüchtige Lösemittel wie z. B. Alkohole (Methanol, Ethanol) ersetzt, um die Trocknungszeit zu verkürzen.

Werden blei- und cadmiumbelastete Anstriche mechanisch durch Abbrennen oder Abschleifen entfernt, können durch den freiwerdenden Staub hohe Schadstoffbelastungen entstehen. Beim Umgang mit Zinkchromat kann es zu Haut- und Atemwegsreizungen kommen. Darüber hinaus gilt Zinkchromat als eindeutig krebserzeugend (Lungenkrebs) und erbgutschädigend. Blei-Mennige ist toxisch, sobald es durch Verschlucken oder Einatmen in den Körper gelangt. Bei einmaliger Aufnahme kann es allerdings nicht zu Vergiftungserscheinungen kommen. Blei-Mennige als Korrosionsschutzmittel ist in Deutschland verboten. Nach der Technischen Regel für Gefahrstoffe TRGS 905 „Blei" wird bioverfügbares Blei-Metall in die Kategorie $R_E 1$ (fruchtschädigend) sowie Kategorie $R_F 3$ (Beeinträchtigung der Fortpflanzungsfähigkeit – Fruchtbarkeit) und Cadmiumverbindungen (bioverfügbar, in Form atembarer Stäube/Aerosole) in die Kategorie der krebserregenden Gefahrstoffe (K2) eingestuft.

Nach Anhang IV „Herstellungs- und Verwendungsverbote" der Gefahrstoffverordnung (GefStoffV) gilt mit wenigen Ausnahmen für Bleikarbonate, Bleisulfate, Cadmium und Cadmiumverbindungen ein Herstellungs- und Verwendungsverbot. Bleiverbindungen wie wasserfreies neutrales Bleikarbonat, Bleihydrokarbonat und Bleisulfate dürfen nicht als Farben verwendet werden. Dies gilt jedoch nicht, wenn die Verwendung von Ersatzstoffen nicht möglich ist, wie z. B. zur Erhaltung oder originalgetreuen Wiederherstellung von historischen Bestandteilen denkmalgeschützter Gebäude. Cadmium und seine Verbindungen dürfen nicht zum Einfärben von Erzeugnissen oder ihren Bestandteilen, die aus bestimmten Stoffen und Zubereitungen, z. B. Harnstoffformaldehyd (UF), Polyvinylchlorid (PCV), Epoxidharze hergestellt wurden, verwendet werden. In Farbpigmenten dürfen Cadmium oder Cadmiumverbindungen maximal zu 0,01 % enthalten sein. Für die Zubereitungen von Farbpigmenten mit hohem Zinkanteil darf ein Massengehalt von Cadmium oder Cadmiumverbindungen von 0,1 % nicht überschritten werden.

PCB

Für Dichtungsmaterialien, wie z. B. Kitte, Spachtel-, Dichtungs- und Vergussmassen, wurden früher Weichmacher in Form von polychlorierten Biphenylen (PCB) verwendet. PCB wurden ab etwa 1930 produziert und umfassten eine Gruppe aus insgesamt 209 chemischen Chlorverbindungen. Unterschieden werden sie durch ihren Chloranteil und ihre chemische Struktur. Sie zählen zu den schwer flüchtigen Schadstoffen und sind sehr schwer brennbar, sehr beständig und widerstandsfähig gegen Säuren und Laugen. Ausgasende PCB, insbesondere aus dauerelastischen Dichtungsmaterialien, binden sich u. a. an Staubpartikel und verursachen hohe Raumluftbelastungen. Sie sind biologisch schwer abbaubar.

PCB-belastetes Dichtungsmaterial wurde vor allem in den Jahren zwischen 1950 und 1970 verbaut. Es ist davon auszugehen, dass bei mehreren Tausend Mehrgeschossbauten aus Betonfertigteilen, die gegen Ende der 1960er-Jahre errichtet wurden, PCB-haltiges Dichtungsmaterial verarbeitet wurde. Mittlerweile sind viele dieser Wohnblöcke saniert.

PCB werden im menschlichen Fettgewebe langfristig gespeichert und können zu diversen Erkrankungen führen. Neben Kopfschmerzen, Nierenschäden, Schwächung des Immunsystems, Ödemen und fruchtschädigender, fruchtbarkeits- sowie entwicklungsschädigender Wirkung stehen sie in begründetem Verdacht, ein krebserregendes Potenzial zu haben. Eine Erkrankungsgefahr besteht insbesondere bei oraler Aufnahme und beim Einatmen von PCB-belasteten Stäuben.

In der BRD wurde das Gefährdungspotenzial von PCB erst in den 1960er-Jahren erkannt. Im Jahr 1973 empfahl der Rat für wirtschaftliche Zusammenarbeit und Entwicklung (OECD), PCB nicht mehr in offenen Systemen (z. B. Dichtungsmaterialien im Wohnungsbau) einzusetzen. Im Jahr 1978 setzte die Bundesregierung diese Empfehlung in deutsches Recht um, seit 1983 werden PCB in der BRD nicht mehr hergestellt. Aufgrund der inzwischen aufgehobenen „Verordnung zum Verbot von polychlorierten Biphenylen, polychlorierten Terphenylen und zur Beschränkung von Vinylchlorid (PCB-, PCT-, VCVerbotsverordnung)" vom 18. Juli 1989 wurde das Inverkehrbringen und Verwenden von Stoffen, Zubereitungen und Erzeugnissen, die bestimmte PCB oder PCB in definierten Konzentrationen enthalten, verboten. Heute gelten insoweit die Verbote nach § 1 der „Verordnung über Verbote und Beschränkungen des Inverkehrbringens gefährlicher Stoffe, Zubereitungen und Erzeugnisse nach dem Chemikaliengesetz" (Chemikalien-Verbotsverordnung – ChemVerbotsV) vom 14. Oktober 1993 (s. „Richtlinie für die Bewertung und Sanierung PCB-belasteter Baustoffe und Bauteile in Gebäuden – PCB-Richtlinie)".

III.4.1.3 Maßnahmen

Zur Schadensfeststellung kann z. B. die Messung der Holzfeuchte (s. Kap. VI), zur Ortung von Wärmebrücken und Undichtheiten z. B. eine Thermografie (s. Kap. VI) durchgeführt werden.

Türerneuerung/Austausch

Bei der Türerneuerung wird zwischen der Beibehaltung des alten Rahmens, in den dann ein neues Türblatt eingebaut wird, und der Totalerneuerung, d. h. dem Austausch des gesamten Türelements, unterschieden. Hierbei sollte bedacht werden, dass der Austausch des Türelements mit einem großen Aufwand verbunden ist, der auch die Anschlussbereiche an Innen- und Außenwände betrifft.

Runderneuerung

Bei der Runderneuerung werden alle Bestandteile einer Tür einzeln überarbeitet. Diese Maßnahme wird häufig bei denkmalwerten Konstruktionen angewendet, um historische Türen zu erhalten und instand zu setzen.

Eine Runderneuerung einer Holztür umfasst folgende Maßnahmen:

- Ausbau des Türelements,
- Überarbeitung aller Beschlagteile,
- Wiederherstellen der Gang- und Schließbarkeit des Türblatts,
- gegebenenfalls Abbeizen des Türrahmens und -blatts,
- gegebenenfalls tischlermäßige Überarbeitung des Türrahmens und -blatts,
- eventuell Erneuerung der Verglasung,
- Oberflächenbehandlung, z. B. Lackierung der Holzteile mit dreischichtigem Acryllacksystem usw.

Teilerneuerung

Von Teilerneuerung wird gesprochen, wenn nur einzelne Teile der Tür, wie z. B. die Dichtungen und/oder Beschlagteile, erneuert werden.

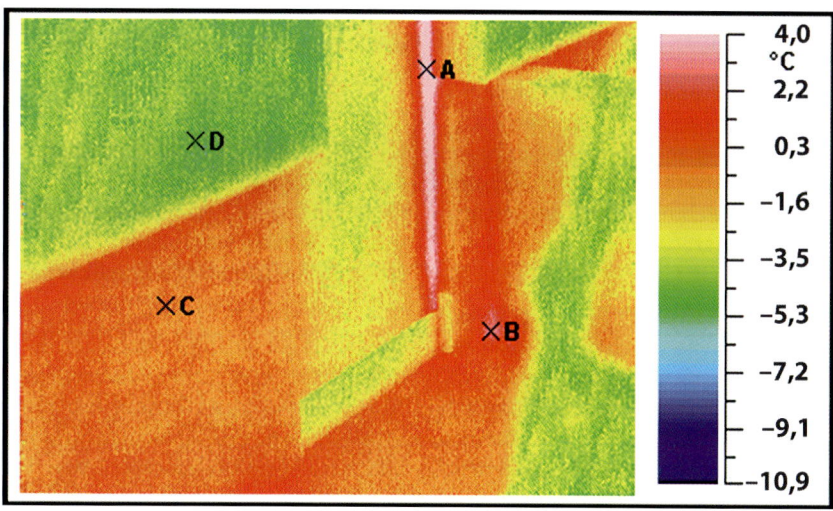

Abb. III.4.11: Thermografische Darstellung einer Außentür (Undichtigkeiten im rot-weißen Bereich)

Instandhaltung

Als Instandhaltung wird die Pflege und die Wartung eines Bauteils bezeichnet. Sie dient dem Erhalt der Funktion und des Aussehens von Bauteilen.

Bei der Instandhaltung von Türen handelt es sich im Wesentlichen um folgende Punkte:

- Überprüfung bzw. Wiederherstellung der Gängigkeit beweglicher Teile,
- Überprüfung bzw. Wiederherstellung der Fugendichtheit,
- Überprüfung bzw. Erneuerung der Dichtungen,
- Überprüfung bzw. Ausbesserung der Beschichtungen usw.

Vor allem maßhaltige Bauteile wie Holzaußentüren sollten regelmäßig geprüft werden, da z. B. kleine Fehlstellen in der Beschichtung schwerwiegende Folgen haben können. Als Pflegeintervall bei normaler Belastung gelten bei Lasuren 3 Jahre und bei deckenden Anstrichen 4 Jahre.

Maßnahmen bei Mängel und Schäden an Beschlägen

Schadhafte Beschläge werden üblicherweise ausgetauscht. Je nach Schadensausmaß kann darüber hinaus auch der Austausch des Türblatts oder -rahmens notwendig werden.

Maßnahmen bei Mängeln und Schäden an Außentürschwellen

Eine Beseitigung von Mängeln und Schäden an Außentürschwellen ist ohne eine Freilegung des Anschlussbereiches oft nicht möglich.

Lose Schwellen lassen sich je nach Schadensbild entweder neu befestigen oder austauschen. In diesem Zusammenhang muss häufig auch die Bodendichtung ausgetauscht werden.

Maßnahmen bei Mängeln und Schäden durch Verformungen und Montagefehler

Aus thermischer Verformung oder Montagefehlern resultierende Mängel bzw. Schäden wie ein aufsetzendes, klemmendes oder schleifendes Türblatt oder ein zu gering bemessener Luftspalt lassen sich bei einfachen Holztüren durch Abschleifen bzw. Abhobeln des Türblatts beseitigen.

An Metalltüren muss diese Art von Mängeln bzw. Schäden meist durch den Austausch des Türblatts oder der Türzarge beseitigt werden.

Zu große Luftspalten an Türen können durch Bürstendichtungen oder halbrunde Dichtungsgummis geschlossen werden. Ansonsten muss die Tür erneuert oder die Zarge neu gesetzt werden.

Maßnahmen bei materialbedingten Schäden an Holztüren

Um Anstrichschäden beseitigen zu können, müssen die Türen abgebeizt und/oder abgeschliffen und neu beschichtet werden. Im gleichen Arbeitsgang können Fehlstellen ausgebessert werden.

Mängel und Schäden an Holztüren infolge von Pilzbefall, Fäulnis usw. lassen sich oftmals durch den Ausbau der Tür und z. B. durch den Austausch einzelner Holzteile beheben. Holztüren sollten entsprechend den Anforderungen des baulichen bzw. konstruktiven Holzschutzes (s. Kap. V.4.3.1) überarbeitet werden und, falls notwendig, mit einem chemischen Holzschutz (s. Kap. V.4.3.2) versehen werden.

Maßnahmen bei materialbedingten Schäden an Metalltüren

Mängel und Schäden an Metalltüren durch mangelhaften oder fehlenden Korrosionsschutz (s. Kap. V.5.2), Anstrich- bzw. Beschichtungsschäden (s. Kap. V.12.2) und Schäden durch Kontaktkorrosion (s. Kap. V.5.2) lassen sich häufig durch eine Beseitigung der Schäden und eine nachfolgende erneute Oberflächenbehandlung in Form eines geeigneten Korrosionsschutzes und einer geeigneten Beschichtung beseitigen.

Da dies jedoch in der Praxis zu einem erheblichen Aufwand führt und den Ausbau der Tür je nach Art des Schadens erfordert, sollte bei Außentüren vor allem unter dem Aspekt, dass es sich im Baubestand meist um thermisch nicht getrennte und nicht ausreichend wärmegedämmte Profile handelt, der Austausch gegen eine neue Tür erfolgen.

Maßnahmen bei Schäden im Dichtungsbereich

Je nach Art und Lage der Tür sollten aus Gründen des Schall- und Wärmeschutzes mangelhafte Dichtungsprofile erneuert werden. Fehlende Dichtungsprofile sollten nach Möglichkeit nachträglich angebracht werden.

Maßnahmen zur Beseitigung von Mängeln und Schäden an Schutz- und Sondertüren

Sondertüren, wie Feuerschutz- und Rauchschutztüren, Strahlenschutztüren oder Sicherheitstüren im Bestand, die den heutigen Anforderungen nicht mehr entsprechen und dadurch ein erhöhtes Risiko darstellen, sollten nach Möglichkeit ausgetauscht werden.

Ähnliches gilt auch für Türen, an die nutzungsbedingt erhöhte Anforderungen im Bereich des Wärmeschutzes, Schallschutzes, der Verformungsstabilität, der Fugendurchlässigkeit usw. gestellt werden.

Maßnahmen bei Schadstoffbelastungen

Lösemittel

Generell sollten Lösemittelkonzentrationen in der Raumluft so gering wie möglich gehalten werden. Daher sollten die identifizierten Emissionsquellen beseitigt werden, was in der Praxis oft mit erheblichen Kosten verbunden ist.

Es gibt verschiedene Verfahren, alte Beschichtungen zu entfernen. Anstriche von Innenwänden sollten mechanisch, Anstriche von Außenwänden durch Ablaugen oder Abbeizen entfernt werden. Bei der mechanischen Entfernung besteht die Gefahr, dass giftige Metallverbindungen wie Blei, Cadmium und Zink (s. Schwermetalle), die sich in den Pigmenten von Farben und Lacken befinden können, durch den freiwerdenden Staub zu gesundheitsgefährdenden Emissionen führen. Das Entfernen alter Anstriche unterliegt den Bestimmungen des Umweltbundesamtes (Gesetz über die Umweltverträglichkeit von Wasch- und Reinigungsmitteln [Wasch- und Reinigungsmittelgesetz – WRMG]. Danach müssen alte polymere Beschichtungen (Dispersionsfarben, Kunstharzputze und lösemittelhaltige Beschichtungsstoffe) möglichst mit umweltfreundlichen, biologisch leicht abbaubaren Abbeizern entfernt werden.

Bei der Sanierung schadstoffbelasteter Beschichtungen sind entsprechende berufsgenossenschaftliche Vorschriften wie die Technische Regel für Gefahrstoffe TRGS 524 „Sanierung und Arbeiten in kontaminierten Bereichen", die BG-Richtlinie für Arbeiten in kontaminierten Bereichen (s. BGR 128 „Kontaminierte Bereiche") und die Gefahrstoffverordnung (GefStoffV) zu berücksichtigen. Weiterhin ist bei der Entfernung belasteter Beschichtungen das Kreislaufwirtschafts- und Abfallgesetz „Gesetz zur Förderung und Sicherung der umweltverträglichen Beseitigung von Abfällen (Kreislaufwirtschafts- und Abfallgesetz)" zu beachten.

Die „Chemikalienrechtliche Verordnung zur Begrenzung der Emissionen flüchtiger organischer Verbindungen (VOC) durch Beschränkung des Inverkehrbringens lösemittelhaltiger Farben und Lacke (Lösemittelhaltige Farben- und Lack-Verordnung – ChemVOCFarbV)" regelt die Begrenzung der Emissionen flüchtiger organischer Verbindungen (VOC) durch Beschränkung des Inverkehrbringens lösemittelhaltiger Farben und Lacke. Nach § 1 „Zweck und Anwendungsbereich" ist u. a. der Gehalt an flüchtigen organischen Verbindungen in bestimmten Farben und Lacken zur Beschichtung von Gebäuden, ihren Bauteilen und dekorativen Bauelementen zu begrenzen. Hier sind Grenzwerte für den VOC-Höchstgehalt von Farben und Lacken angegeben.

Schwermetalle

Eine Sanierung von mit Schwermetallen belasteten Beschichtungen fällt je nach Situation und Konzentration unterschiedlich aus. Gemäß dem Vorsorgeprinzip sollten belastete Beschichtungsstoffe prinzipiell beseitigt werden,

Die Entfernung schadstoffbelasteter Stoffe erfolgt unter besonderer Berücksichtigung des Chemikaliengesetzes (ChemG), der Gefahrstoffverordnung (GefStoffV), der Technischen Regeln für Gefahrstoffe TRGS 602 „Ersatzstoffe und Verwendungsbeschränkungen – Zinkchromate und Strontiumchromat als Pigmente für

Korrosionsschutz – Beschichtungsstoffe" und TRGS 505 „Blei". Die Arbeiten sollten ausschließlich von Fachunternehmen durchgeführt werden, die über ausreichend Erfahrung und Fachkenntnis verfügen.

Weiterhin stellen Hersteller oder Händler Datenblätter, wie technische Merkblätter oder DIN- bzw. EG-Sicherheitsdatenblätter, zur Verfügung. Diese Informationen und Hinweise sollten unbedingt eingesehen und beachtet werden.

PCB

Sanierungsarbeiten an PCB-belasteten Materialien (PCB-Gehalt > 50 mg/kg) unterliegen der Gefahrstoffverordnung (GefStoffV), insbesondere der Technischen Regel für Gefahrstoffe TRGS 524 „Sanierung und Arbeiten in kontaminierten Bereichen" sowie der BG-Richtlinie BGR 128 „Kontaminierte Bereiche" für Arbeiten in kontaminierten Bereichen.

In der PCB-Richtlinie werden Empfehlungen zur Vorgehensweise bei der Sanierung von PCB-belasteten Gebäuden gegeben. Hiernach hat eine Sanierung PCB-belasteter Gebäude zum Ziel, die Raumluftbelastung durch PCB-haltige Produkte dauerhaft zu senken. Dies kann beispielsweise geschehen, indem PCB-haltige Produkte wie Dichtungsmaterialien entfernt, abgetrennt oder beschichtet werden, wobei sich die Beschichtung von Primärquellen bisher nicht bewährt hat. Für die nachhaltige Sanierung PCB-haltiger Dichtungsmassen kommt im Regelfall nur das Entfernen primärer Emissionsquellen infrage. Können solche Maßnahmen an den Primärquellen die PCB-Raumluftkonzentration nicht unter den von der PCB-Richtlinie empfohlenen Sanierungsleitwert absenken, ist auch die Sanierung der Sekundärquellen (z. B. Bauteile) notwendig. Darüber hinaus sollten kontaminierte Gegenstände (z. B. Teppiche) gründlich gereinigt werden. Sekundär kontaminierte Materialien, wie beispielsweise Fußleisten oder Bodenbeläge, die beachtlich zur Raumluftbelastung beitragen können und nicht beschichtet oder ausreichend gereinigt werden können, sollten entfernt werden.

III.4.2 Tore
III.4.2.1 Allgemeines

Tore gehören wie Fenster und Außentüren zu den Gestaltungselementen von Gebäuden.

Entsprechend sollte auch bei der Modernisierung eines Tores darauf geachtet werden, welchen Einfluss diese Maßnahme auf das äußere Erscheinungsbild des bestehenden Gebäudes haben kann.

Vorschriften und Regeln

Seit dem 1. Mai 2005 definiert die DIN EN 13241-1 „Tore – Produktnorm – Teil 1: Produkte ohne Feuer- und Rauchschutzeigenschaften" für alle hand- und kraftbetätigten Tore die Sicherheits- und Leistungsanforderungen. Sie fasst im Zuge der europäischen Harmonisierung alle nationalen Normen für Tore zusammen. Das grundlegende Ziel der DIN EN 13241-1 ist der Schutz von Personen. Dabei geht es insbesondere um Sicherheitsstandards wie z. B. Fingerklemmschutz, Absturzsicherung, Eingreifschutz u. a.

Bauphysikalische und technische Anforderungen

Bei der Planung von Toren stehen deren Verkehrssicherheit, Funktionstüchtigkeit und Bedienungssicherheit neben bauphysikalischen Aspekten im Vordergrund.

An Tore werden u. a. folgende bauphysikalische und technische Anforderungen gestellt:

- Widerstand gegen eindringendes Wasser
(DIN EN 12489 „Tore – Widerstand gegen eindringendes Wasser"),
- Widerstand gegen Windlast
(DIN EN 12444 „Tore – Widerstand gegen Windlast"),
- Wärmedämmung
(DIN EN 12428 „Tore – Wärmedurchgangskoeffizient"),
- Luftdurchlässigkeit
(DIN EN 12427 „Tore – Luftdurchlässigkeit"),
- Betätigungskraft (Nutzungssicherheit)
(DIN EN 12604 „Tore – Mechanische Aspekte", DIN EN 12453 „Tore – Nutzungssicherheit kraftbetätigter Tore"),
- Feuerwiderstand
(DIN EN 1634-1 „Feuerwiderstandsprüfungen für Tür- und Abschlusseinrichtungen – Teil 1: Feuerschutzabschlüsse"),
- Rauchschutz
(DIN EN 1634-3 „Prüfungen zum Feuerwiderstand und zur Rauchdichte für Feuer- und Rauchschutzabschlüsse, Fenster und Beschläge – Teil 3: Rauchschutzabschlüsse"),
- selbsttätiges Schließen
(DIN EN 12453 „Tore – Nutzungssicherheit kraftbetätigter Tore – Anforderungen", DIN EN 12445 „Tore – Nutzungssicherheit kraftbetätigter Tore – Prüfverfahren"),
- Dauerfunktionstüchtigkeit selbsttätiges Schließen
(DIN EN 12605 „Tore – Mechanische Aspekte – Prüfverfahren"),
- Schutz gegen Quetschen, Scheren, Einziehen
(DIN EN 12604 „Tore – Mechanische Aspekte – Anforderungen", DIN EN 12453 „Tore – Nutzungssicherheit kraftbetätigter Tore – Anforderungen", DIN EN 12605 „Tore – Mechanische Aspekte – Prüfverfahren", DIN EN 12445 „Tore – Nutzungssicherheit kraftbetätigter Tore – Prüfverfahren"),
- Schutz gegen Stoßgefahren durch Personen
(DIN EN 12453 „Tore – Nutzungssicherheit kraftbetätigter Tore – Anforderungen", DIN EN 12445 „Tore – Nutzungssicherheit kraftbetätigter Tore – Prüfverfahren"),
- mechanische Festigkeit
(DIN EN 12604 „Tore – Mechanische Aspekte – Anforderungen", DIN EN 12605 „Tore – Mechanische Aspekte – Prüfverfahren"),
- Sicherung gegen Abstürzen oder unkontrollierte Bewegungen
(DIN EN 12604 „Tore – Mechanische Aspekte – Anforderungen", DIN EN 12605 „Tore – Mechanische Aspekte – Prüfverfahren"),
- mechanische Dauerfunktionstüchtigkeit
(DIN EN 12605 „Tore – Mechanische Aspekte – Prüfverfahren"),
- Schutz gegen Ausgleiten und Stolpern,
- elektrische Sicherheit
(DIN EN 12453 „Tore – Nutzungssicherheit kraftbetätigter Tore – Anforderungen"),

Abb. III.4.12: Garagentor im Bestand

Abb. III.4.13: Flügeltor

Abb. III.4.14: Garagenschwingtor

- Geräusche
  (DIN EN 13241 „Tore – Produktnorm – Teil 1: Produkte ohne Feuer- und Rauchschutzeigenschaften",
  DIN EN 20140-3 „Akustik – Messung der Schalldämmung in Gebäuden und von Bauteilen – Teil 3: Messung der Luftschalldämmung von Bauteilen in Prüfständen"),
- Vorsichtsmaßnahmen bei durchsichtigen Oberflächen
  (DIN EN 12604 „Tore – Mechanische Aspekte – Anforderungen", DIN EN 12605 „Tore – Mechanische Aspekte – Prüfverfahren").

Abb. III.4.15: Deckensektionaltor

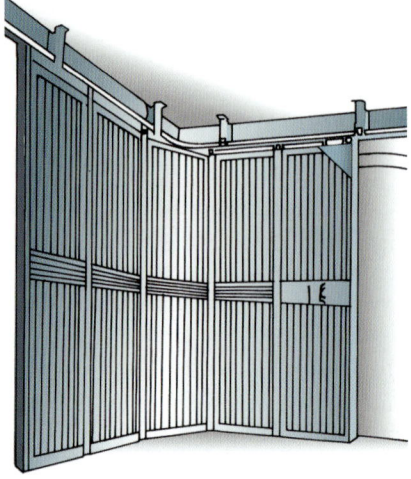

Abb. III.4.16: Seitensektionaltor
(Quelle: Springer BauMedien GmbH, Celle)

Konstruktionsmerkmale

Tore lassen sich nach ihrer Öffnungsart prinzipiell in senkrecht oder waagerecht laufende Tore mit unterschiedlichen Bewegungsrichtungen unterscheiden. Garagen im Bestand verfügen meist über Flügeltore, bei neueren Gebäude über Schwingtore. Darüber hinaus werden Tore als Schiebetore, Seiten- oder Deckensektionaltore (Rundlauftor, Deckengliedertor), Rolltore usw. ausgeführt.

Flügeltore

Ein Flügeltor besteht üblicherweise aus einem zweiflügeligen Element mit einem Stellflügel und einem Gehflügel. Dreiflügelige Toranlagen sind selten. Diese Tore werden i. Allg. stumpf angeschlagen.

Flügeltore haben den Vorteil, dass sie nicht komplett geöffnet werden müssen, um eine Türöffnung für Personen zu bilden. Darüber hinaus besteht beim Flügeltor die Möglichkeit, diese genauso einbruchsicher, winddicht und bei Bedarf auch wärme- und schalldämmend zu bauen wie beispielsweise eine Außentür.

Die nach außen öffnenden Flügel werden jedoch häufig als hinderlich empfunden, da im Aufschlagbereich keine Abstellmöglichkeit für Gegenstände besteht. Des Weiteren darf in diesem Bereich der Boden nicht ansteigen, da die Flügel sonst auf dem Boden aufsetzen würden.

Schwingtore

Das Schwingtor ist das am meisten verbreitete Garagentor. Es wird auch Dreh- oder Kipptor genannt.

Seitliche Hebelarme mit Ausgleichsfedern aus Stahl sorgen für ein relativ müheloses Hochschieben des Torflügels. Schwingtore können aber auch mit einem elektrischen Torantrieb ausgestattet werden.

Ältere Schwingtorblätter bestehen überwiegend aus einem profilierten Stahlblech.

Ein Nachteil des Schwingtores besteht darin, dass es beim Öffnen oder Schließen nach außen aufschwingt und dort abgestellte Gegenstände umwerfen oder beschädigen kann.

Sektionaltore

Sektionaltore, auch Elementschiebetore genannt, bestehen aus horizontal oder vertikal angeordneten Lamellen, den sogenannten Sektionen. Die Lamellen sind gelenkig miteinander verbunden und werden über Rollen in einem Führungsgestänge geführt. Sektionaltore können zurückgeschoben werden, ohne dass ein Schwenkraum wie beim Schwingtor benötigt wird.

Deckengliedertore bzw. Deckensektionaltore werden beim Öffnen unter die Decke verschoben. Beim Rundlauftor bzw. Seitensektionaltor wird das Tor seitlich entlang einer Wand geführt.

Seitensektionaltore haben den Vorteil, dass sie nur partiell geöffnet werden müssen, um beispielsweise eine Durchgangsmöglichkeit zu bieten. Nachteilig ist, dass die Wandfläche nicht mehr als Abstellfläche zur Verfügung steht.

Rolltore

Rolltore sind besonders platzsparend. Beim Öffnen werden sie ähnlich wie Rollläden hinter dem Sturz oder unterhalb der Decke aufgerollt. Im Gegensatz zu allen anderen Torarten benötigen sie weder Platz vor dem Tor noch entlang der Wände oder Decken.

Rolltore werden elektrisch betrieben, da ansonsten die Absturzgefahr zu groß wäre.

Im Bereich des Wohnungsbaus finden sie eher selten Anwendung, im Industriebau sind sie dagegen üblich.

Material

Zur Herstellung von Toren steht eine Vielzahl von verschiedenen Materialien zur Verfügung. Garagentore werden heute überwiegend aus Aluminium (s. Kap. V.5.1) oder Stahl hergestellt. Kombinationen mit anderen Materialien wie Holz, Kunststoff und Glas sind ebenfalls häufig. Garagentore bilden mit den Hauseingangstüren häufig eine gestalterische Einheit.

III.4.2.2 Typische Mängel und Schäden

Verformungen

Die meisten Materialien, so auch die zur Herstellung von Toren verwendeten Metalle (Aluminium und Stahl), Hölzer, Holzwerkstoffe und Kunststoffe, reagieren auf äußere Einflüsse wie Feuchtigkeits- und Temperaturschwankungen.

Bei Holztoren können hygrothermische Verformungen infolge von Quellen und Schwinden (s. Kap. V.5.2.1) durch Feuchtigkeitsab- und -aufnahme auftreten.

Kunststofftore dehnen sich durch Temperaturerhöhung aus und ziehen sich nach Abkühlung wieder zusammen. Diese Problematik tritt vor allem bei dunklen Oberflächen auf.

Metalltore dehnen sich bei Temperaturerhöhung aus und ziehen sich nach Abkühlung wieder zusammen. Dabei ist zu beachten, dass der Wärmeausdehnungskoeffizient von Aluminium etwa doppelt so hoch ist wie der von Stahl. Aluminiumtore sind demnach anfälliger für Temperaturänderungen.

Abb. III.4.17: Rolltor

Abb. III.4.18: Aluminiumrolltor

Die thermischen Verformungen zeigen sich durch Aufsetzen, Schleifen oder Klemmen des Torblatts, durch Probleme beim Öffnen oder Schließen oder beim Ver- oder Entriegeln.

Montagefehler/Schäden im Bereich der Beschläge

Mängel und Schäden durch Montagefehler ähneln oft denen thermischer Verformungen und verursachen ein Aufsetzen, Schleifen oder Klemmen der Tore. Oft ist ein nicht lotrechter Einbau von Torrahmen oder -blatt die Ursache.

Ein weiterer häufig auftretender Schaden bei Toren liegt im Bereich der Schwellen bzw. Laufschienen von Garagentoren. Diese sind Belastungen durch Autos ausgesetzt und können sich infolgedessen verbiegen oder lösen.

Materialbedingte Mängel oder Schäden an Holztoren

Mängel und Schäden an Holztoren lassen sich mit den Schäden an anderen Außenbauteilen aus Holz vergleichen. Neben Verwitterung, Vergrauung und dem Befall durch holzzerstörende Insekten können auch holzverfärbende oder holzzerstörende Pilze das Holz schädigen (s. Kap. V.4.2.3).

Materialbedingte Mängel oder Schäden an Metalltoren

Materialbedingte Mängel und Schäden bei Metalltoren lassen sich häufig auf Oberflächenschäden durch mangelhaf-

Abb. III.4.19: Garagentor aus Holz

Abb. III.4.20: Zweiflügeliges Stahltor

Abb. III.4.21: Durch Kontaktkorrosion geschädigtes Aluminiumrolltor

Abb. III.4.22: Korrosionsschaden an einem verzinkten Stahltor

ten oder fehlenden Korrosionsschutz, Anstrich- bzw. Beschichtungsschäden und Schäden durch Kontaktkorrosion beschränken (s. Kap. V.5).

Schadstoffe

Schadstoffbelastungen von Toren können vorwiegend im Zusammenhang mit lösemittel- und schwermetallhaltigen Beschichtungen auftreten.

Lösemittel

Lösemittel haben die Aufgabe, andere feste, flüssige oder gasförmige Stoffe in Lösung zu halten und den Anstrichstoff streich- und sprühfähig zu machen. Es gibt eine große Anzahl an lösemittelhaltigen Stoffen, die aus unterschiedlichen Stoffgemischen bestehen. Organische Lösemittel gehören zu den typischen leicht flüchtigen organischen Verbindungen (VOC, engl.: volatile organic compounds) und besitzen einen Siedepunkt zwischen 50 und 200 °C. Lösemittelhaltige Beschichtungen können während und nach der Verarbeitung zu hohen Raumluftbelastungen führen, da die Lösemittel unter atmosphärischen Bedingungen in die Raumluft entweichen. Sie verdampfen langsam und sind über einen längeren Zeitraum in der Raumluft nachweisbar.

Organische Lösemittel sind u. a. Gemische auf der Basis leicht flüchtiger aromatischer Kohlenwasserstoffe (BTX – Benzol, Toluol, Xylol), aliphatischer Kohlenwasserstoffe (z. B. Hexan, Oktan, Dekan, Dodekan) und verschiedener Ester, Alkohole und Glykole. Sie werden hauptsächlich als Verdünnungs- und Lösemittel in Nitrocelluloselacken (Nitrolacke) und Alkydharzlacken eingesetzt. Der Anteil organischer Lösemittel liegt bei Nitrolacken bei bis zu 70 %, bei Alkydharzlacken bei 30 bis 60 %. Weiterhin gibt es einige Lösemittel aus der Gruppe der aliphatischen Chlorkohlenwasserstoffe (CKW), wie z. B. Dichlormethan, Trichlorethylen sowie Tetrachlorethylen (Perchlorethylen). Diese werden heute noch meist als Abbeizmittel zum Entfernen von Oberflächenbeschichtungen verwendet. Trichlorethylen wird seit den 1920er-Jahren und Tetrachlorethylen seit den 1950er-Jahren produziert; beide Stoffe wurden in unterschiedlichen Bereichen eingesetzt.

Da aromatische Lösemittel, wie z. B. Benzol, Toluol, Xylol, Aufsehen erregt haben, wurden in den letzten 20 Jahren zunehmend Glykole als Lösemittel für wasserbasierte Beschichtungssysteme verwendet. In diesem Zusammenhang muss der unterschiedliche Gebrauch des Begriffes „Lösemittel" erläutert werden. Die Technische Regel für Gefahrstoffe TRGS 610 „Ersatzstoffe und Ersatzverfahren für stark lösemittelhaltige Vorstriche und Bodenbelagsklebstoffe für den Bodenbereich" definiert das Wort „Lösemittel" als „… *flüchtige organische Stoffe sowie deren Mischungen mit einem Siedepunkt < 200 °C, die bei Normalbedingungen (20 °C und 1013 hPa) flüssig sind und dazu verwendet werden, andere Stoffe zu lösen oder zu verdünnen, ohne sie chemisch zu verändern.*" Da Glykole im Vergleich zu „herkömmlichen Lösemitteln" einen höheren Siedepunkt besitzen, trifft auf sie diese Definition daher nicht zu. Anstrichstoffe mit einem Glykolgehalt bis zu 10 % dürfen als lösemittelfrei bezeichnet werden.

Glykole werden aufgrund ihrer Wassermischbarkeit vorwiegend in wasserverdünn- und wasservermischbaren Produkten, wie Dispersionsfarben, z. B. Kunststoffdispersionsfarben (KD-Farben), Kunstharzdispersionsfarben sowie Dispersionslackfarben, eingesetzt. Zu der Gruppe der Glykole zählen alle Glykolverbindungen wie Glykolether (z. B. 2-Butoxyethanol, Propylenglykolether) und Glykolester (Acetate von Glykolether). Glykole sind farblose, fast geruchlose Flüssigkeiten, die sich gut mit Wasser mischen lassen. Im Vergleich zu herkömmlichen Lösemitteln besitzen Glykole einen höheren Siedepunkt, sodass sie sehr langsam an die Raumluft abgegeben werden und über einen längeren Zeitraum nachweisbar sind.

Die Aufnahme von gesundheitsgefährdenden Lösemitteldämpfen oder Aerosolen kann durch das Einatmen, das Verschlucken, durch die Aufnahme über die Haut bei hautresorptiven Stoffen wie Xylol oder Ethylbenzol oder durch direkten Augenkontakt geschehen. In Abhängigkeit von der Konzentration und der Einwirkungsdauer kann dies unterschiedliche Auswirkungen auf den menschlichen Körper haben. Einige Lösemittel führen zu Atemwegs- und Schleimhautreizungen sowie Kopfschmerzen, andere schädigen das Nervensystem, können Leber- und Nierenschäden hervorrufen oder besitzen krebserregendes und fruchtschädigendes Potenzial. Die Toxizität von Glykol ist innerhalb der Stoffgruppe sehr unterschiedlich und kaum bekannt. Bei den kaum untersuchten Glykolverbindungen zeigen sich aber zum Teil gleichartige toxische Wirkungen wie bei anderen herkömmlichen Lösemitteln.

CKW zählen zu den schädlichsten Chemikalien in Bezug auf Gesundheit und Umwelt. Trichlorethylen ist seit Ende 2001 in die Kategorie der krebserzeugenden erbgutverändernden Gefahrstoffe, Tetrachlorethylen in die Kategorie der krebserzeugenden Gefahrstoffe eingestuft worden (s. Technische Regel für Gefahrstoffe TRGS 905 „Verzeichnis krebserzeugender, erbgutverändernder oder fortpflanzungsgefährdender Stoffe"). Nach Anhang IV „Herstellungs- und Verwendungsverbote" der Gefahrstoffverordnung (GefStoffV) gilt für z. B. Benzol, Toluol und aliphatische Chlorkohlenwasserstoffe (mit wenigen Ausnahmen) ein Herstellungs- und Verwendungsverbot.

Schwermetalle

Schadstoffbelastungen von Toren können im Zusammenhang mit Schwermetallen in Beschichtungen auftreten. Zu den Schwermetallen zählen u. a. Blei und Bleiverbindungen (z. B. Bleioxid [Blei-Mennige], Bleinitrat, Bleiacetat, Bleicarbonat), Cadmium und Cadmiumverbindungen (z. B. Cadmiumsulfat, Cadmiumsulfid, Cadmiumchlorid, Cadmiumoxid, Cadmiumhydroxid) sowie Zink und Zinkverbindungen (z. B. Zinkchromat).

Blei-, Cadmium- und Zinkverbindungen können in den Pigmenten von Farben und Lacken auftreten. Blei kommt häufig als Bleiweiß in weißen oder hellen Farben, Cadmium (z. B. Cadmiumsulfid) in gelben bis tiefroten Farbpigmenten und Zinkchromat (Zinkgelb) in gelben Farbpigmenten vor. Weiterhin wurde Zinkchromat (starkes Oxidationsmittel) vielfach in Korrosionsschutzgrundfarben eingesetzt. Blei-Mennige wird wie Zinkchromat zur Herstellung korrosionsschützender Anstrichstoffe für Metalloberflächen verwendet. Im 19. Jahrhundert wurde dazu der Stoff mit Leinöl und/oder Terpentinöl vermischt und verstrichen. Später wurden die Öle durch flüchtige Lösemittel wie z. B. Alkohole (Methanol, Ethanol) ersetzt, um die Trocknungszeit zu verkürzen.

Werden blei- und cadmiumbelastete Anstriche mechanisch durch Abbrennen oder Abschleifen entfernt, können durch den freiwerdenden Staub hohe Schadstoffbelastungen entstehen. Beim Umgang mit Zinkchromat kann es zu Haut- und Atemwegsreizungen kommen. Darüber hinaus gilt Zinkchromat als eindeutig krebserzeugend (Lungenkrebs) und erbgutschädigend. Blei-Mennige ist toxisch, sobald es durch Verschlucken oder Einatmen in den Körper gelangt. Bei einmaliger Aufnahme kann es allerdings nicht zu Vergiftungserscheinungen kommen. Blei-Mennige als Korrosionsschutzmittel ist in Deutschland verboten. Nach der Technischen Regel für Gefahrstoffe TRGS 905 „Blei" wird bioverfügbares Blei-Metall in die Kategorie R_E1 (fruchtschädigend) sowie Kategorie R_F3 (Beeinträchtigung der Fortpflanzungsfähigkeit – Fruchtbarkeit) und Cadmiumverbindungen (bioverfügbar, in Form atembarer Stäube/Aerosole) in die Kategorie der krebserregenden Gefahrstoffe (K2) eingestuft.

Nach Anhang IV „Herstellungs- und Verwendungsverbote" der Gefahrstoffverordnung (GefStoffV) gilt mit wenigen Ausnahmen für Bleikarbonate, Bleisulfate, Cadmium und Cadmiumverbindungen ein Herstellungs- und Verwendungsverbot. Bleiverbindungen wie wasserfreies neutrales Bleikarbonat, Bleihydrokarbonat und Bleisulfate dürfen nicht als Farben verwendet werden. Dies gilt jedoch nicht, wenn die Verwendung von Ersatzstoffen nicht möglich ist, wie z. B. zur Erhaltung oder originalgetreuen Wiederherstellung von historischen Bestandteilen denkmalgeschützter Gebäude. Cadmium und seine Verbindungen dürfen nicht zum Einfärben von Erzeugnissen oder ihren Bestandteilen, die aus bestimmten Stoffen und Zubereitungen, z. B. Harnstoffformaldehyd (UF), Polyvinylchlorid (PCV), Epoxidharze, hergestellt wurden, verwendet werden. In Farbpigmenten dürfen Cadmium oder Cadmiumverbindungen maximal zu 0,01 % enthalten sein. Für die Zubereitungen von Farbpigmenten mit hohem Zinkanteil darf ein Massengehalt von Cadmium oder Cadmiumverbindungen von 0,1 % nicht überschritten werden.

III.4.2.3 Maßnahmen

Zu den Modernisierungsmaßnahmen gehört sowohl eine komplette Erneuerung als auch eine Teilerneuerung. Die Instandhaltung dient der Erhaltung von Funktion und Optik eines Tores.

Erneuerung/Austausch

Der komplette Austausch des vorhandenen Tores sollte im Rahmen einer Modernisierungsmaßnahme insbesondere dann in Betracht gezogen werden, wenn es den Sicherheitsanforderungen nicht mehr entspricht.

Des Weiteren steht ein nachträglicher Einbau von automatischen Antriebssystemen oder Verriegelungen meist nicht im Verhältnis zur Lebensdauer eines Tores.

Teilerneuerung

Von Teilerneuerung wird gesprochen, wenn einzelne Teile des Tores wie z. B. die Beschlagteile erneuert werden.

Instandhaltung

Als Instandhaltung wird die Pflege und Wartung eines Bauteils bezeichnet. Die Instandhaltung von Toren unterscheidet sich kaum von der Instandhaltung von Türen (s. Kap. III.4.1.3).

Maßnahmen bei Schäden im Bereich der Beschläge sowie bei Verformungen

Durch Verformungen oder Montagefehler resultierende Schäden wie aufsetzende, klemmende oder schleifende Torblätter lassen sich bei einfachen Holztoren durch Abschleifen bzw. Abhobeln des Torblatts beheben.

An Metalltoren muss diese Art von Mängeln und Schäden durch den Austausch des Torblatts oder des Rahmens beseitigt werden.

Nicht lotrecht eingebaute Torrahmen oder Torblätter sind auszubauen und danach lotrecht wieder einzusetzen.

Schäden wie gelöste Schwellen oder Laufschienen lassen sich je nach Schadensbild entweder durch eine neue Befestigung oder den Austausch beheben.

Maßnahmen bei materialbedingten Mängeln oder Schäden an Holztoren

Holztore sind maßhaltige Bauteile. Ihre Maßhaltigkeit wird durch eine geeignete Oberflächenbeschichtung und weitere Schutzmaßnahmen erreicht (s. Kap. III.4.1.3), wodurch nicht nur die Maßhaltigkeit, sondern auch eine lange Lebensdauer des Tores erreicht wird.

Bei Holzzerstörungen z. B. durch Schimmelpilzbefall oder Fäulnis können die Tore entsprechend den Anforderungen des baulichen bzw. konstruktiven Holzschutzes (s. Kap. V.4.3.1) überarbeitet werden. Falls notwendig, sollten die Holztore darüber hinaus mit einem chemischen Holzschutz (s. Kap. V.4.3.2) versehen werden.

Maßnahmen bei materialbedingten Mängeln oder Schäden an Metalltoren

Mängel und Schäden an Metalltoren durch mangelhaften oder fehlenden Korrosionsschutz, Anstrich- bzw. Beschichtungsschäden und Schäden durch Kontaktkorrosion lassen sich üblicherweise durch eine Beseitigung der Schäden und eine nachfolgende erneute Oberflächenbehandlung in Form eines geeigneten Korrosionsschutzes und einer geeigneten Beschichtung beseitigen (s. Kap. V.5).

Maßnahmen bei Schadstoffbelastungen

Lösemittel

Generell sollten Lösemittelkonzentrationen in der Raumluft so gering wie möglich gehalten werden. Daher sollten die identifizierten Emissionsquellen beseitigt werden, was in der Praxis oft mit erheblichen Kosten verbunden ist.

Es gibt verschiedene Verfahren, alte Beschichtungen zu entfernen. Anstriche von Innenwänden sollten mechanisch, Anstriche von Außenwänden durch Ablaugen oder Abbeizen entfernt werden. Bei der mechanischen Entfernung besteht die Gefahr, dass giftige Metallverbindungen wie Blei, Cadmium und Zink (s. Schwermetalle), die sich in den Pigmenten von Farben und Lacken befinden können, durch den freiwerdenden Staub zu gesundheitsgefährdenden Emissionen führen. Das Entfernen alter Anstriche unterliegt den Bestimmungen des Umweltbundesamtes (Gesetz über die Umweltverträglichkeit von Wasch- und Reinigungsmitteln [Wasch- und Reinigungsmittelgesetz – WRMG]. Danach müssen alte polymere Beschichtungen (Dispersionsfarben, Kunstharzputze und lösemittelhaltige Beschichtungsstoffe) möglichst mit umweltfreundlichen, biologisch leicht abbaubaren Abbeizern entfernt werden.

Bei der Sanierung schadstoffbelasteter Beschichtungen sind entsprechende berufsgenossenschaftliche Vorschriften wie die Technische Regel für Gefahrstoffe TRGS 524 „Sanierung und Arbeiten in kontaminierten Bereichen", die BG-Richtlinie für Arbeiten in kontaminierten Bereichen (s. BGR 128 „Kontaminierte Bereiche") und die Gefahrstoffverordnung (GefStoffV) zu berücksichtigen. Weiterhin ist bei der Entfernung belasteter Beschichtungen das Kreislaufwirtschafts- und Abfallgesetz „Gesetz zur Förderung und Sicherung der umweltverträglichen Beseitigung von Abfällen (Kreislaufwirtschafts- und Abfallgesetz)" zu beachten.

Die „Chemikalienrechtliche Verordnung zur Begrenzung der Emissionen flüchtiger organischer Verbindungen (VOC) durch Beschränkung des Inverkehrbringens lösemittelhaltiger Farben und Lacke (Lösemittelhaltige Farben- und Lack-Verordnung – ChemVOCFarbV)" regelt die Begrenzung der Emissionen flüchtiger organischer Verbindungen (VOC) durch Beschränkung des Inverkehrbringens lösemittelhaltiger Farben und Lacke. Nach § 1 „Zweck und Anwendungsbereich" ist u. a. der Gehalt an flüchtigen organischen Verbindungen in bestimmten Farben und Lacken zur Beschichtung von Gebäuden, ihren Bauteilen und dekorativen Bauelementen zu begrenzen. Hier sind Grenzwerte für den VOC-Höchstgehalt von Farben und Lacken angegeben.

Schwermetalle

Eine Sanierung von mit Schwermetallen belasteten Beschichtungen fällt je nach Situation und Konzentration unterschiedlich aus. Gemäß dem Vorsorgeprinzip sollten belastete Beschichtungsstoffe prinzipiell beseitigt werden,

Die Entfernung schadstoffbelasteter Stoffe erfolgt unter besonderer Berücksichtigung des Chemikaliengesetzes (ChemG), der Gefahrstoffverordnung (GefStoffV), der Technischen Regeln für Gefahrstoffe TRGS 602 „Ersatzstoffe und Verwendungsbeschränkungen – Zinkchromate und Strontiumchromat als Pigmente für Korrosionsschutz – Beschichtungsstoffe" und TRGS 505 „Blei". Die Arbeiten sollten ausschließlich von Fachunternehmen durchgeführt werden, die über ausreichend Erfahrung und Fachkenntnis verfügen.

Weiterhin stellen Hersteller oder Händler Datenblätter, wie technische Merkblätter oder DIN- bzw. EG-Sicherheitsdatenblätter, zur Verfügung. Diese Informationen und Hinweise sollten unbedingt eingesehen und beachtet werden.

III.5 Innenwände

Autoren: Dipl.-Ing. (FH) Dirk Fanslau-Görlitz, Architekt; Dipl.-Ing. Silke Nicole Klein, Architektin; Dipl.-Ing. (FH) Yasemin Wildebrand, Architektin

III.5.1 Allgemeines

Innenwände werden je nach Anforderung und Funktion einerseits in tragende und nicht tragende Innenwände und andererseits in Haustrennwände, Wohnungstrennwände, Treppenhauswände und Wände zwischen beheizten und unbeheizten Räumen unterschieden.

Entsprechend dieser Unterscheidung werden unterschiedliche bauphysikalische und technische Anforderungen vor allem an den Brandschutz, Schallschutz und Wärmeschutz gestellt.

Ein weiteres Kriterium, Innenwände zu unterscheiden, ist ihre Konstruktion, die ein- oder mehrschalig möglich ist.

III.5.1.1 Vorschriften und Regeln

Entsprechend den bauphysikalischen und bautechnischen Anforderungen, die an Innenwände gestellt werden, ist eine Reihe von Vorschriften und Richtlinien zu beachten. Insbesondere die nachfolgend aufgeführten Normen, Richtlinien und Merkblätter geben Hinweise auf die im Zusammenhang mit Innenwänden stehenden Anforderungen:

- DIN 1045 „Tragwerke aus Beton, Stahlbeton und Spannbeton",
- DIN 1053 „Mauerwerk",
- DIN 4102 „Brandverhalten von Baustoffen und Bauteilen",
- DIN 4103-1 „Nicht tragende innere Trennwände – Teil 1: Anforderungen, Nachweise",
- DIN 4103-4 „Nicht tragende innere Trennwände; Unterkonstruktion in Holzbauart",
- DIN 4108-2 „Wärmeschutz und Energie-Einsparung in Gebäuden – Teil 2: Mindestanforderungen an den Wärmeschutz",
- DIN 4108-3 „Wärmeschutz und Energie-Einsparung in Gebäuden – Teil 3: Klimabedingter Feuchteschutz; Anforderungen, Berechnungsverfahren und Hinweise für Planung und Ausführung",
- DIN V 4108-10 „Wärmeschutz- und Energie-Einsparung in Gebäuden – Anwendungsbezogene Anforderungen an Wärmedämmstoffe – Teil 10: Werkmäßig hergestellte Wärmedämmstoffe",
- DIN 4109 „Schallschutz im Hochbau; Anforderungen und Nachweise",
- DIN 4172 „Maßordnung im Hochbau",
- DIN 18000 „Modulordnung im Bauwesen",
- DIN 18183-1 „Trennwände und Vorsatzschalen aus Gipsplatten mit Metallunterkonstruktionen – Teil 1: Beplankung mit Gipsplatten",
- DIN EN 206 „Beton",
- DIN EN 13162 „Wärmedämmstoffe für Gebäude – Werkmäßig hergestellte Produkte aus Mineralwolle (MW) – Spezifikation",
- DIN EN 13501 „Klassifizierung von Bauprodukten und Bauarten zu ihrem Brandverhalten",
- EnEV „Verordnung über den energieeinsparenden Wärmeschutz und eniergieeinsparende Anlagentechnik bei Gebäuden (Energieeinsparverordnung – EnEV)".

III.5.1.2 Bauphysikalische und -technische Anforderungen

Bauphysikalische und -technische Anforderungen an den Brandschutz, Schallschutz und Wärmeschutz werden insbesondere an Haus- oder Wohnungstrennwände und Treppenhauswände gestellt.

Brandschutz

Bezüglich des Brandschutzes sind die Anforderungen nach DIN 4102 bzw. nach DIN EN 13501 und den entsprechenden Muster- bzw. Landesbauordnungen zu erfüllen. Die zusätzlichen Bestimmungen der Richtlinien für die Verwendung brennbarer Baustoffe im Hochbau müssen beachtet werden. Auf der Grundlage der europäischen Klassifizierungsnorm DIN EN 13501 wird das Brandverhalten in sogenannten Euroklassen angegeben. Nach der DIN 4102 unterscheidet man allgemein das Brandverhalten von Baustoffen und das Brandverhalten von Bauteilen, die überwiegend aus mehreren Baustoffen zusammengesetzt sind.

Abb. III.5.01: Nachträglicher Einbau einer Trockenbauwand

Abb. III.5.02: Zweischalige Haustrennwand

Schallschutz

Bezüglich des Schallschutzes bei Innenwänden ist gemäß DIN 4109 „Schallschutz im Hochbau; Anforderungen und Nachweise" zwischen dem Schallschutz innerhalb des eigenen Wohn- und Arbeitsbereiches und dem Schallschutz gegenüber fremden Wohn- und Arbeitsbereichen zu unterscheiden.

Tabelle III.5.01: Erforderliche Schalldämmung zum Schutz gegen Schallübertragung aus einem fremden Wohn- oder Arbeitsbereich gemäß DIN 4109 „Schallschutz im Hochbau" und Empfehlungen für einen erhöhten Schallschutz nach Beiblatt 2 zu DIN 4109

	Anforderungen nach DIN 4109[1] erf. R'_w	Empfehlungen für einen erhöhten Schallschutz nach Beiblatt 2 zu DIN 4109 erf. R'_w
1. Geschosshäuser mit Wohnungen und Arbeitsräumen		
Wohnungstrennwände und Wände zwischen fremden Arbeitsräumen	53 dB	55 dB
Treppenraumwände und Wände neben Hausfluren	52 dB	55 dB
Wände neben Durchfahrten und Wände von Spiel- oder ähnlichen Gemeinschaftsräumen	55 dB	–
2. Einfamilien-, Doppel- und Reihenhäuser		
Haustrennwände	57 dB	67 dB
3. Schulen und vergleichbare Unterrichtsbauten		
Wände zwischen Unterrichtsräumen untereinander und zu deren Fluren	47 dB	–
Wände zwischen Unterrichtsräumen und Treppenhaus	52 dB	–
Wände zu besonders lauten Räumen	55 dB	–
4. Krankenanstalten, Sanatorien		
Wände zwischen Krankenräumen, Sprech- bzw. Untersuchungszimmern, Arbeits- und Pflegeräumen und zu deren Fluren	47 dB	52 dB
5. Beherbergungsstätten		
Wände zwischen Übernachtungsräumen und zu deren Fluren	47 dB	52 dB

[1] DIN 4109 „Schallschutz im Hochbau"

Tabelle III.5.02: Mindestwerte für den Wärmedurchlasswiderstand der Bauteile „Treppenraumwände" gemäß DIN 4108-2 „Wärmeschutz und Energie-Einsparung in Gebäuden – Teil 2: Mindestanforderungen an den Wärmeschutz"

Zeile	Bauteile		Wärmedurchlasswiderstand R [m² · K/W]
3	Treppenraumwände	zu Treppenräumen mit wesentlich niedrigeren Innentemperaturen (z. B. indirekt beheizte Treppenräume); Innentemperatur $\theta_i \leq 10\,°C$, aber Treppenraum mindestens frostfrei	0,25
4		zu Treppenräumen mit Innentemperaturen $\theta_i \geq 10\,°C$ (z. B. Verwaltungsgebäude, Geschäftshäuser, Unterrichtsräume, Hotels, Gaststätten und Wohngebäude)	0,07

Eigener Wohn- und Arbeitsbereich

Die DIN 4109 „Schallschutz im Hochbau" macht keine Aussagen zu Schallschutzanforderungen innerhalb des eigenen Hauses oder der eigenen Wohnung. Im Beiblatt 2 werden lediglich Empfehlungen für einfachen oder erhöhten Schallschutz gegeben.

Fremder Wohn- und Arbeitsbereich

Die Anforderungen an den Schallschutz gegenüber fremden Wohn- und Arbeitsbereichen gelten u. a. für Innenwände, die z. B. als Wohnungstrennwände, Haustrennwände oder Treppenhauswände ausgeführt sind.

Die Anforderungen der DIN 4109 „Schallschutz im Hochbau" sind Mindestwerte. Daneben sind die erhöhten Anforderungen als Empfehlungen im Beiblatt 2 zur DIN 4109 „Schallschutz im Hochbau; Hinweise für Planung und Ausführung; Vorschläge für einen erhöhten Schallschutz; Empfehlungen für den Schallschutz im eigenen Wohn- oder Arbeitsbereich" aufgeführt.

Wärmeschutz

In der DIN 4108-2 „Wärmeschutz und Energie-Einsparung in Gebäuden – Teil 2: Mindestanforderungen an den Wärmeschutz" wird unter dem Aspekt des winterlichen Wärmeschutzes ein ausreichender Wärmeschutz für Trennwände und Trenndecken zu unbeheizten Fluren, Treppenräumen und Kellerabgängen erwähnt. Tabelle III.5.02 enthält die Mindestwerte für den Wärmedurchlasswiderstand R in m² · K/W der Bauteile für Treppenraumwände gemäß Tabelle 3 der DIN 4108-2 „Wärmeschutz und Energie-Einsparung in Gebäuden – Teil 2: Mindestanforderungen an den Wärmeschutz".

Haustrennwände

Die Bemessung der Haustrennwände von z. B. Einfamilien-, Doppel- und Reihenhäusern erfolgt nicht allein nach statischen Gesichtspunkten, sondern insbesondere nach Anforderungen an den Schallschutz und Brandschutz. Trennwände von Bestandsgebäuden weisen häufig einen unzureichenden Schall- und Brandschutz auf.

Wohnungstrennwände

An Wohnungstrennwände werden hohe Anforderungen an den Schallschutz gestellt. Insbesondere bei Wohnungstrennwänden im Bestand werden diese Anforderungen selten erfüllt.

Treppenhauswände

An Treppenhauswände werden hohe Anforderungen an den Schallschutz, Brandschutz und Wärmeschutz gestellt, da Treppenräume meist unbeheizt und deutlich kühler als Wohnräume sind.

Im Baubestand sind diese Aspekte oft nicht oder nur unzureichend erfüllt und sollten, obwohl nicht zwingend gefordert, vor allem hinsichtlich des Brandschutzes den heutigen Anforderungen angepasst werden.

III.5.1.3 Konstruktion und Material

Innenwände können als tragende oder nicht tragende Wände ausgeführt und aus unterschiedlichen Baustoffen, z. B. aus massiven Baustoffen wie Mauerwerk (s. Kap. V.1) und Beton (s. Kap. III.2 und V.2), oder aus Trockenbaumaterialien erstellt werden.

Tragende Innenwände

Tragende Innenwände sind gemäß DIN 1053-1 „Mauerwerk – Teil 1: Berechnung und Ausführung" überwiegend auf Druck beanspruchte scheibenartige Bauteile zur Aufnahme vertikaler Lasten (z. B. Bauteillasten), horizontaler Lasten sowie bei Bedarf schwerer Konsollasten. Tragende Innenwände können auch aussteifend wirken, indem sie dem Ausknicken anderer tragender Bauteile entgegenwirken.

Die Mindestdicke tragender Innenwände ist abhängig vom Material. Die Mindestdicke tragender Innenwände aus Mauerwerk beträgt nach DIN 1053-1 d = 11,5 cm, die Mindestdicke tragender Betonwände wird in der DIN 1045 „Tragwerke aus Beton, Stahlbeton und Spannbeton" angegeben.

Nicht tragende Innenwände

Die DIN 4103-1 „Nicht tragende innere Trennwände – Teil 1: Anforderungen, Nachweise" bezeichnet nicht tragende Innenwände als Bauteile, die im Inneren eines Bauwerks ausschließlich zur Unterteilung der Räume dienen und keinerlei Lasten abtragen oder Aussteifungen übernehmen. Nicht tragende Innenwände können jedoch neben ihrer Eigenlast auch leichte Konsollasten und Stoßlasten aufnehmen und abtragen.

Stoßlasten

Die DIN 4103-1 unterscheidet u. a. in Belastungen durch „weichen Stoß", wie z. B. durch den Anprall des menschlichen Körpers, oder „harten Stoß", wie z. B. durch den Aufprall harter Gegenstände. Die Wände dürfen infolge der Stoßlasten beschädigt, jedoch nicht insgesamt zerstört oder örtlich durchstoßen werden. Ein ausreichender Widerstand muss nachgewiesen werden.

Konsollasten

Leichte Konsollasten

Als leichte Konsollasten werden Lasten bezeichnet, die durch das Anbringen von z. B. Bildern, Bücherregalen oder kleinen Wandschränken einwirken können. Die Konsollasten dürfen 0,4 kN/m sowie eine Wandlänge und einen Hebelarm von 0,5 m nicht überschreiten.

Schwere Konsollasten

Als schwere Konsollasten werden Lasten mit einer Konsollast von 0,4 bis 1 kN/m sowie einer Wandlänge oder einem Hebelarm bis zu 0,5 m bezeichnet, die z. B. durch das Aufhängen eines Waschbeckens oder Schrankes entstehen.

Sie dürfen insbesondere für Innenwände aus Trockenbaumaterialien (s. Kap. V.10) ohne Nachweis angesetzt werden, wenn die Wanddicke mindestens 8 cm beträgt und die Wandhöhe $^2/_3$ der Werte aus Tabelle 1 der DIN 4103-2 „Nicht tragende innere Trennwände – Teil 2: Trennwände aus Gips-Wandbauplatten" nicht überschreitet.

Abb. III.5.03: Schwere Konsollast, z. B. Waschtisch an der Innenwand eines Bades befestigt

Eine Befestigung von Konsollasten über 1 kN/m Wandlänge oder einem Hebelarm von mehr als 0,5 m ist nur zulässig, wenn alle erforderlichen Nachweise nach DIN 4103-1 erbracht werden.

Innenwände aus Trockenbaumaterial

Innenwände aus Trockenbaumaterial sind überwiegend nicht tragende innere Trennwände nach DIN 4103-1. Sie können je nach Ausführung besondere bauphysikalische Anforderungen z. B. an den Brandschutz, Schallschutz, Wärmeschutz und/oder Feuchteschutz oder besondere Funktionen als Strahlenschutzwände, durchschusssichere Wände, Wände mit integrierter Heizung oder Kühlung oder Installationswände erfüllen.

Tabelle III.5.03: Mindestwanddicken tragender Betonwände gemäß DIN 1045 „Tragwerke aus Beton, Stahlbeton und Spannbeton"

Mindestwanddicken in cm		Unbewehrte Wände		Stahlbetonwände	
		Decken nicht durchlaufend	Decken durchlaufend	Decken nicht durchlaufend	Decken durchlaufend
C12/15 oder LC12/13	Ortbeton	20 cm	14 cm	–	–
ab C16/20 oder LC16/18	Ortbeton	14 cm	12 cm	12 cm	10 cm
	Fertigteil	12 cm	10 cm	10 cm	8 cm

Abb. III.5.04: Unterkonstruktion einer Trockenbauwand

Abb. III.5.05: Einfachständerwand mit Metallunterkonstruktion

Abb. III.5.06: Installationswand, Unterkonstruktion

Im Bereich des Gebäudebestands werden Innenwände aus Trockenbaumaterial insbesondere bei Umbau-, Modernisierungs- bzw. Sanierungsarbeiten zur Verbesserung des Brandschutzes, Schallschutzes oder Wärmeschutzes, aber auch zum einfachen Aufstellen einer – auch leicht umsetzbaren – Trennwand verwendet. Durch ihren geringen Wandquerschnitt, ihr geringes Eigengewicht und die saubere, trockene Verarbeitungsweise wird ihnen gegenüber Wänden aus Mauerwerk oder Beton i. Allg. der Vorzug gegeben. So wird ein zusätzlicher Wassereintrag in den Bau vermieden, und die Weiterbehandlung (Putz, Anstrich, Tapete) ist schneller möglich als bei konventionellem Mauerwerk, was sowohl Zeit als auch Kosten einsparen kann.

Unterkonstruktion

Wände aus Trockenbaumaterialien benötigen eine Unterkonstruktion, an der die Gips- bzw. Trockenbauplatten befestigt werden (s. Kap. V.10). Aus Gründen des Schallschutzes und der Steifigkeit sollten Trockenbauwände meist doppelt beplankt werden, was auch die Gefahr von Rissbildung im Bereich der Plattenstöße verringert.

Die Art der Unterkonstruktion, ihre Abmessung, der Abstand der einzelnen Elemente und die Art der Befestigung sind wichtige Parameter für die Eigenschaften eines Trockenbausystems.

- Metallprofile:
Unterkonstruktion und Befestigungsmittel bestehen überwiegend aus Metall (s. Kap. V.5). Die verschiedenen Metallprofile lassen sich nach ihrer Geometrie in CW-Profile, UW-Profile, UA-Profile, CD-Profile, UD-Profile, Wandinneneckprofile (Lwi) und Wandaußeneckprofile (Lwa) unterteilen. Sie sind so aufeinander abgestimmt, dass innerhalb eines Systems alle Anschlüsse bzw. Befestigungen möglich sind. Metallprofile sind leicht, verwerfungsfrei, passgerecht und nicht brennbar.

- Holzunterkonstruktionen:
Für Unterkonstruktionen aus Holz sollten verleimte Hölzer (s. Kap. V.4) Vollholz vorgezogen werden.

Einfachständerwände

Einfachständerwände bestehen aus einer in nur einer Ebene angeordneten Unterkonstruktion. Sie können gemäß den an sie gestellten Anforderungen ein-, zwei- oder mehrlagig beplankt werden.

Doppelständerwände

Doppelständerwände bestehen aus zwei Ständerreihen, die parallel oder versetzt zueinander angeordnet sind. Sie werden insbesondere bei hohen Schallschutzanforderungen eingesetzt.

Installationswände

Die sogenannten Installationswände sind Doppelständerwände, die aufgrund ihrer Wanddicke z. B. Rohrleitungen und andere Installationen aufnehmen können. Sie können ein- oder beidseitig genutzt werden und sollten über Revisionsklappen verfügen, um die Zugänglichkeit der Installationen im Schadensfall zu ermöglichen.

Dämmung

Der Luftraum zwischen der Unterkonstruktion und den Trockenbauelementen wird je nach Anforderung mit Dämmstoff (s. Kap. V.9) ausgefüllt.

Beplankung

Die Unterkonstruktionen können mit verschiedenen Trockenbaumaterialien ein- oder mehrlagig beplankt werden (s. Kap. V.10).

Anschlüsse

Bei der Wahl des richtigen Anschlusses müssen eventuell auftretende Verformungen und Längenänderungen angrenzender Bauteile berücksichtigt werden, da diese bei einem starren Anschluss zu Schäden führen können. Meist werden elastische oder gleitende Anschlüsse verwendet, um Innenwände aus Trockenbaumaterial an umgebende Bauteile anzuschließen.

III.5.2 Typische Mängel und Schäden

III.5.2.1 Risse in Innenwänden aus Mauerwerk

Zu den typischen Mängeln und Schäden an Innenwänden aus Mauerwerk gehören Risse, die durch Laständerungen und Bauwerksbewegungen entstehen können.

Risse an Innenwänden aus Mauerwerk entstehen aufgrund eigener Längenänderungen oder deren angrenzender Bauteile z. B. durch Schwinden, Quellen und Kriechen. Auch Deckendurchbiegungen oder Setzungen des Baugrunds können Risse verursachen. Durch unterschiedliche Materialeigenschaften bei Mischmauerwerk oder das Zusammentreffen von Mauerwerk und anderen Materialien (Beton, Holz) (Formänderungseigenschaften s. Kap. V.1.1.1) können ebenfalls Risse entstehen. Die Risse können sowohl durch das gesamte Mauerwerk hindurchgehen als auch nur einzelne Steine oder Fugen betreffen.

Insbesondere nicht tragende Innenwände aus Mauerwerk erleiden durch Lastveränderungen Risse im Bereich der Fugen, sogenannte Diagonalrisse. Häufig sind Risse im Bereich bzw. resultierend aus Öffnungen (Türen, Durchbrüche) oder Schlitzen anzutreffen sowie Schwindrisse.

Bei tragenden Wänden entstehen Risse häufig im Bereich von Fensterbrüstungen, Auflagerpunkten, wie unmittelbar unter der Decke, entlang von Stürzen, Gurten und unter Pfetten sowie an Anschlüssen von Innen- und Außenwänden durch die unterschiedlichen Formänderungen.

Die typischen verschiedenen Rissbilder (Einzelrisse, Haarrisse, Netzwerkrisse, Sternrisse und Spaltungen) sind in Kapitel V.1.2 ausführlich erläutert.

Diagonalrisse

Diagonalrisse treten infolge einer Durchbiegung der Geschossdecke an nicht tragenden Innenwänden auf und zeichnen ein diagonal verlaufendes Fugenbild. Je nach Lage des Risses können Rückschlüsse darauf geschlossen werden, in welchem Bereich die Wand infolge der Deckendurchbiegung belastet wird.

Schwindrisse

Schwindrisse verlaufen vorwiegend lotrecht zwischen Fußboden und Decke. In halber Wandhöhe sind sie bis zu 1 mm breit und laufen oben und unten bis auf 0 mm aus. Je nach Festigkeit der Wand nehmen sie auch andere Formen an, zeichnen beispielsweise bei leichten Trennwänden den Fugenverlauf nach.

Schwindrisse treten häufig an längeren Innenwänden in der Trocknungsphase auf und erreichen meist nach der dritten Heizperiode ihre größte Breite.

Absetzrisse

Absetzrisse entstehen, wenn sich nicht tragende Innenwände von den anschließenden Bauteilen, wie z. B. Decke und tragenden Wänden, lösen.

III.5.2.2 Typische Mängel und Schäden an Innenwänden aus Beton

Bei Schäden und Mängeln an Innenwänden aus Beton muss zwischen Oberflächenschäden und Schäden, die die Dauerhaftigkeit und Standsicherheit gefährden, unterschieden werden.

Die typischen Schadensbilder wie z. B. Risse, Bewehrungsstahlkorrosion, Durchfeuchtung oder mangelhafte Fugen sind in Kapitel V.2 ausführlich beschrieben.

III.5.2.3 Typische Mängel und Schäden an Innenwänden aus Trockenbaumaterial

Typische Mängel bzw. Schäden entstehen bei Leichtbauwänden aus Trockenbaumaterial (s. Kap. V.10) einerseits durch Risse im Bereich der Fugen oder durch mechanische Einflüsse, da diese Wände aufgrund ihrer geringen Eigenlast zum Teil nur begrenzt Konsollasten und Stoßlasten aufnehmen können, und andererseits durch hygrische und thermische Längenänderungen wie Schwinden, Quellen und Kriechen.

Durch Deckendurchbiegungen kann es zu Verformungen, Ausbeulungen und Rissen kommen. Diese durch Lasteinflüsse auftretenden Risse treten häufig im Bereich von Öffnungen und Durchbrüchen auf.

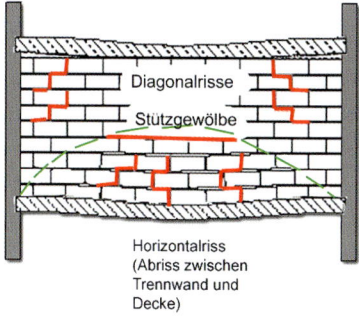

Abb. III.5.07: Rissverlauf infolge Durchbiegung der Geschossdecke trotz verformbarer Zwischenschicht zwischen Decke und Mauerwerk

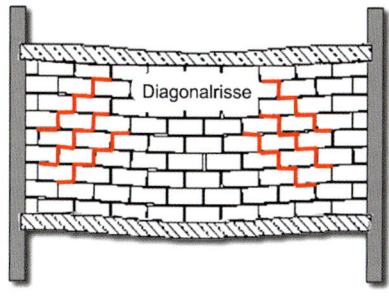

Abb. III.5.08: Rissverlauf in nicht tragenden Trennwänden infolge Durchbiegung der Geschossdecken, keine verformbare Zwischenschicht zwischen Decke und Mauerwerk

Feuchteschäden

Feuchteschäden infolge mangelhafter oder nicht vorhandener Abdichtungen gehören bei Innenwänden aus Trockenbaumaterialien (s. Kap. V.10) aufgrund ihrer Feuchteempfindlichkeit zu den typischen Schadensfällen, obwohl die DIN 18195-5 „Bauwerksabdichtung – Teil 5: Abdichtungen gegen nichtdrückendes Wasser auf Deckenflächen und in Nassräumen, Bemessung und Ausführung" in Nassräumen ohne Bodeneinlauf keine Abdichtung verlangt.

Schallschutzmängel

Schallschutzmängel an Trockenbauwänden treten insbesondere durch Planungsfehler, die sich auf falsche Material- oder Systemauswahl (z. B. durch zu geringe Rohdichte der verwendeten Platten) beziehen, aber auch durch Verarbeitungsfehler bei der Ausführung auf.

III.5.2.4 Schadstoffe

Schadstoffbelastungen von Innenwänden können vorwiegend durch Formaldehyd in Spanplatten, künstliche Mineralfasern (KMF) sowie durch Lösemittel und Schwermetalle in Beschichtungen entstehen.

Formaldehyd

Bei Formaldehyd handelt es sich um einen Schadstoff, der hauptsächlich in Holzwerkstoffen wie z. B. Span- und Sperrholzplatten vorkommt, da deren Leim meist aus Formaldehydverbindungen besteht. Formaldehyd ist eine farblose Substanz, die bei Zimmertemperatur gasförmig vorliegt und einen stechend durchdringenden Geruch aufweist. Das Gas reizt stark die Augen und die Atemwege. Bei Aufnahme durch den Mund können schwere innere Verletzungen auftreten. Das Bundesinstitut für Risikobewertung (BfR) hat Formaldehyd als Substanz mit *„begründetem Verdacht auf ein krebserzeugendes Potenzial"* eingestuft, wobei die schädliche Wirkung jedoch konzentrationsabhängig ist. Spanplatten können bis zu 30 % aus formaldehydhaltigen Leimen bestehen, während der Leimanteil bei schicht- oder stabverleimtem Vollholz nur ca. 3 bis 5 % beträgt. Rundum lackierte oder beschichtete Platten sind dagegen weitgehend dicht und gasen daher kaum Formaldehyd aus. Sobald aber die Platten beschädigt bzw. angebohrt oder angesägt werden, kann es zu Formaldehydemissionen kommen.

Nachdem bis in die 1970er-Jahre der Einsatz von Formaldehyd in Holzwerkstoff-Leimen keiner Regelung unterlag, wurden 1977 vom ehemaligen Bundesgesundheitsamt verbindliche Richtwerte für die tolerable Formaldehydkonzentration in Innenräumen festgelegt (0,1 ppm, engl.: parts per million). 1980 erschien die „Richtlinie über die Verwendung von Spanplatten hinsichtlich der Vermeidung unzumutbarer Formaldehydkonzentrationen in der Raumluft", nach der Spanplatten je nach Formaldehyemission in die Emissionsklassen E1, E2 und E3 unterteilt werden. Seitdem dürfen in Innenräumen ausschließlich Spanplatten der Formaldehyd-Emissionsklasse E1 verwendet werden, die den Emissionsgrenzwert von 0,1 ppm einhalten. In diesem Zusammenhang ist darauf hinzuweisen, dass die Spanplatten der Formaldehyd-Emissionsklasse E1 nicht, wie oft angenommen, formaldehydfrei sind.

KMF

Künstliche Mineralfasern (KMF) werden in Form von Glas-, Stein- und Mineralwolle zur Wärme- und Schallisolierung verwendet. KMF sind anorganische silikatische Fasern, die aus Glas-, Gesteins- oder Schlackeschmelzen durch Ziehen, Blasen oder Schleudern hergestellt werden. Die Fasern mit einem Durchmesser von 2 bis 20 μm werden unterteilt in Mineralwoll- und Keramikfasern. Anders als Asbestfasern können KMF sich nicht aufspalten und somit immer dünner werden, sondern nur durchbrechen und somit bei gleicher Dicke immer kürzer werden. Darüber hinaus werden KMF im Gegensatz zu Asbest im Organismus schneller abgebaut. Diese Kriterien führen zu der Einschätzung, dass künstliche Mineralfasern zumindest weit weniger gesundheitsschädlich sind als Asbestfasern.

Beim Umgang mit KMF kann es zu Haut- und Atemwegsreizungen kommen. Weisen die Fasern kritische Abmessungen auf (Durchmesser < 3 μm, Länge > 5 μm), verfügen sie ähnlich wie Asbest über ein krebserzeugendes Potenzial. Da von KMF-Produkten unterschiedliche Gesundheitsgefahren ausgehen, werden sie in sogenannte „alte" und „neue" Produkte eingeteilt. Unter „alten" KMF werden Produkte zusammengefasst, die nicht eines der Freizeichnungskriterien nach der Gefahrstoffverordnung (GefStoffV) erfüllen und somit als krebserzeugend oder krebsverdächtig gelten. Alte KMF sind dabei insbesondere Produkte, die vor 1996 verwendet worden sind. Daher sollte bei Verdacht auf das Vorhandensein dieser Materialien nach dem Vorsorgeprinzip gehandelt und eine Entsorgung der bedenklichen Produkte vorgenommen werden.

Lösemittel

Lösemittel haben die Aufgabe, andere feste, flüssige oder gasförmige Stoffe in Lösung zu halten und den Anstrichstoff streich- und sprühfähig zu machen. Organische Lösemittel gehören zu den typischen leicht flüchtigen organischen Verbindungen (VOC, engl.: volatile organic compounds) und besitzen einen Siedepunkt zwischen 50 und 200 °C. Lösemittelhaltige Beschichtungen können während und nach der Verarbeitung zu hohen Raumluftbelastungen führen, da die Lösemittel unter atmosphärischen Bedingungen in die Raumluft entweichen. Sie verdampfen langsam und sind über einen längeren Zeitraum in der Raumluft nachweisbar.

Es gibt eine große Anzahl an lösemittelhaltigen Stoffen, die aus unterschiedlichen Stoffgemischen bestehen. Organische Lösemittel sind u. a. Gemische auf der Basis leichtflüchtiger aromatischer Kohlenwasserstoffe (BTX – Benzol, Toluol, Xylol), aliphatischer Kohlenwasserstoffe (z. B. Hexan, Oktan, Dekan, Dodekan) und verschiedener Ester, Alkohole und Glykole. Sie werden hauptsächlich als Verdünnungs- und Lösemittel in Nitrocelluloselacken (Nitrolacke) und Alkydharzlacken eingesetzt. Der Anteil organischer Lösemittel liegt bei Nitrolacken bei bis zu 70 %, bei Alkydharzlacken bei 30 bis 60 %. Weiterhin gibt es einige Lösemittel aus der Gruppe der aliphatischen Chlorkohlenwasserstoffe (CKW), wie z. B. Dichlormethan, Trichlorethylen sowie Tetrachlorethylen (Perchlorethylen). Diese werden heute noch meist als Abbeizmittel zum Entfernen von Oberflächenbeschichtungen verwendet. Trichlorethylen wird seit den 1920er-Jahren und Tetrachlorethylen seit den 1950er-Jahren produziert; beide Stoffe wurden in unterschiedlichen Bereichen eingesetzt.

Da aromatische Lösemittel, wie z. B. Benzol, Toluol, Xylol, Aufsehen erregt haben, wurden in den letzten 20 Jahren zunehmend Glykole als Lösemittel für wasserbasierte Beschichtungssysteme verwendet. In diesem Zusammenhang muss der unterschiedliche Gebrauch des Begriffes „Lösemittel" erläutert werden. Die Technische Regel für Gefahrstoffe TRGS 610 „Ersatzstoffe und Ersatzverfahren für stark lösemittelhaltige Vorstriche und Bodenbelagsklebstoffe für den Bodenbereich" definiert das Wort „Lösemittel" als „... *flüchtige organische Stoffe sowie deren Mischungen mit einem Siedepunkt < 200 °C, die bei Normalbedingungen (20 °C und 1013 hPa) flüssig sind und dazu verwendet werden, andere Stoffe zu lösen oder zu verdünnen, ohne sie chemisch zu verändern."* Da Glykole im Vergleich zu „herkömmlichen Lösemitteln" einen höheren Siedepunkt besitzen, trifft auf sie diese Definition daher nicht zu. Anstrichstoffe mit einem Glykolgehalt bis zu 10 % dürfen als lösemittelfrei bezeichnet werden.

Glykole werden aufgrund ihrer Wassermischbarkeit vorwiegend in wasserverdünn- und wasservermischbaren Produkten, wie Dispersionsfarben, z. B. Kunststoffdispersionsfarben (KD-Farben), Kunstharzdispersionsfarben sowie Dispersionslackfarben, eingesetzt. Zu der Gruppe der Glykole zählen alle Glykolverbindungen, z. B. Glykolether (z. B. 2-Butoxyethanol, Propylenglykolether) und Glykolester (Acetate von Glykolether). Glykole sind farblose, fast geruchlose Flüssigkeiten, die sich gut mit Wasser mischen lassen. Im Vergleich zu herkömmlichen Lösemitteln besitzen Glykole einen höheren Siedepunkt, sodass sie sehr langsam an die Raumluft abgegeben werden und über einen längeren Zeitraum nachweisbar sind.

Die Aufnahme von gesundheitsgefährdenden Lösemitteldämpfen oder Aerosolen kann durch das Einatmen, das Verschlucken, durch die Aufnahme über die Haut bei hautresorptiven Stoffen wie Xylol oder Ethylbenzol oder durch direkten Augenkontakt geschehen. In Abhängigkeit von der Konzentration und der Einwirkungsdauer kann dies unterschiedliche Auswirkungen auf den menschlichen Körper haben. Einige Lösemittel führen zu Atemwegs- und Schleimhautreizungen sowie Kopfschmerzen, andere schädigen das Nervensystem, können Leber- und Nierenschäden hervorrufen oder besitzen krebserregendes und fruchtschädigendes Potenzial. Die Toxizität von Glykol ist innerhalb der Stoffgruppe sehr unterschiedlich und kaum bekannt. Bei den kaum untersuchten Glykolverbindungen zeigen sich aber zum Teil gleichartige toxische Wirkungen wie bei anderen herkömmlichen Lösemitteln.

CKW zählen zu den schädlichsten Chemikalien in Bezug auf Gesundheit und Umwelt. Trichlorethylen ist seit Ende 2001 in die Kategorie der krebserzeugenden, erbgutverändernden Gefahrstoffe, Tetrachlorethylen in die Kategorie der krebserzeugenden Gefahrstoffe eingestuft worden (s. Technische Regel für Gefahrstoffe TRGS 905 „Verzeichnis krebserzeugender, erbgutverändernder oder fortpflanzungsgefährdender Stoffe"). Nach Anhang IV „Herstellungs- und Verwendungsverbote" der Gefahrstoffverordnung (GefStoffV) gilt für z. B. Benzol, Toluol und aliphatische Chlorkohlenwasserstoffe (mit wenigen Ausnahmen) ein Herstellungs- und Verwendungsverbot.

Schwermetalle

Schadstoffbelastungen von Innenwänden können im Zusammenhang mit schwermetallhaltigen Beschichtungen auftreten. Zu den Schwermetallen zählen u. a. Blei und Bleiverbindungen (z. B. Bleioxid [Blei-Mennige], Bleinitrat, Bleiacetat, Bleicarbonat), Cadmium und Cadmiumverbindungen (z. B. Cadmiumsulfat, Cadmiumsulfid, Cadmiumchlorid, Cadmiumoxid, Cadmiumhydroxid) sowie Zink und Zinkverbindungen (z. B. Zinkchromat).

Blei-, Cadmium- und Zinkverbindungen können in den Pigmenten von Farben und Lacken auftreten. Blei kommt häufig als Bleiweiß in weißen oder hellen Farben, Cadmium (z. B. Cadmiumsulfid) in gelben bis tiefroten Farbpigmenten und Zinkchromat (Zinkgelb) in gelben Farbpigmenten vor. Weiterhin wurde Zinkchromat (starkes Oxidationsmittel) vielfach in Korrosionsschutzgrundfarben eingesetzt. Blei-Mennige wird wie Zinkchromat zur Herstellung korrosionsschützender Anstrichstoffe für Metalloberflächen verwendet. Im 19. Jahrhundert wurde dazu der Stoff mit Leinöl und/oder Terpentinöl vermischt und verstrichen. Später wurden die Öle durch flüchtige Lösemittel wie z. B. Alkohole (Methanol, Ethanol) ersetzt, um die Trocknungszeit zu verkürzen.

Werden blei- und cadmiumbelastete Anstriche mechanisch durch Abbrennen oder Abschleifen entfernt, können durch den freiwerdenden Staub hohe Schadstoffbelastungen entstehen. Beim Umgang mit Zinkchromat kann es zu Haut- und Atemwegsreizungen kommen. Darüber hinaus gilt Zinkchromat als eindeutig krebserzeugend (Lungenkrebs) und erbgutschädigend. Blei-Mennige ist toxisch, sobald es durch Verschlucken oder Einatmen in den Körper gelangt. Bei einmaliger Aufnahme kann es allerdings nicht zu Vergiftungserscheinungen kommen. Blei-Mennige als Korrosionsschutzmittel ist in Deutschland verboten. Nach der Technischen Regel für Gefahrstoffe TRGS 905 „Blei" wird bioverfügbares Blei-Metall in die Kategorie R_E1 (fruchtschädigend) sowie Kategorie R_F3 (Beeinträchtigung der Fortpflanzungsfähigkeit – Fruchtbarkeit) und Cadmiumverbindungen (bioverfügbar, in Form atembarer Stäube/Aerosole) in die Kategorie der krebserregenden Gefahrstoffe (K2) eingestuft.

Nach Anhang IV „Herstellungs- und Verwendungsverbote" der Gefahrstoffverordnung (GefStoffV) gilt mit wenigen Ausnahmen für Bleikarbonate, Bleisulfate, Cadmium und Cadmiumverbindungen ein Herstellungs- und Verwendungsverbot. Bleiverbindungen wie wasserfreies neutrales Bleikarbonat, Bleihydrokarbonat und Bleisulfate dürfen nicht als Farben verwendet werden. Dies gilt jedoch nicht, wenn die Verwendung von Ersatzstoffen nicht möglich ist, wie z. B. zur Erhaltung oder originalgetreuen Wiederherstellung von historischen Bestandteilen denkmalgeschützter Gebäude. Cadmium und seine Verbindungen dürfen nicht zum Einfärben von Erzeugnissen oder ihren Bestandteilen, die aus bestimmten Stoffen und Zubereitungen, z. B. Harnstoffformaldehyd (UF), Polyvinylchlorid (PCV), Epoxidharze, hergestellt wurden, verwendet werden. In Farbpigmenten dürfen Cadmium oder Cadmiumverbindungen maximal zu 0,01 % enthalten sein. Für die Zubereitungen von Farbpigmenten mit hohem Zinkanteil darf der Massengehalt von Cadmium oder Cadmiumverbindungen 0,1 % nicht überschritten werden.

III.5.3 Maßnahmen

Zur Feststellung von Mängeln und Schäden an Innenwänden sowie deren Ursachen können verschiedene Untersuchungs- und Analyseverfahren (s. Kap. VI), insbesondere für Feuchtemessungen, eingesetzt werden. Vor einer Schadensbeseitigung ist sicherzustellen, dass die Standsicherheit nicht gefährdet ist.

III.5.3.1 Risssanierung bei Innenwänden aus Mauerwerk

Bei Maßnahmen zur Beseitigung von Mängeln und Schäden an Innenwänden aus Mauerwerk muss zuerst die Schadensursache geklärt werden. Treten z. B. Risse infolge von Lastveränderungen oder Deckendurchbiegungen auf, so müssen zuerst Maßnahmen getroffen werden, diese zu verhindern, ihnen entgegenzuwirken bzw. zu prüfen, ob die Veränderungen inzwischen beendet sind oder die Standsicherheit gefährdet ist.

Je nach Schadensbild ist die Instandsetzung auszuwählen.

Zur Beseitigung von Mängeln und Schäden an Innenwänden aus Mauerwerk gehört die Reparatur von Rissen einzelner Mauersteine bis hin zum Steinaustausch (s. Kap. V.1.3.4) und die Instandsetzung der Fugen, z. B. durch Fugenentnahme und Neuverfugung (s. Kap. V.1.3.6).

Unter Umständen ist nach Durchführung dieser Maßnahmen die optische Beeinträchtigung größer als vorher, sodass weitere Schritte, wie z. B. ein Putzauftrag oder ein Neuanstrich, notwendig werden. Bei massiven Schäden ist z. B. eine Innenwandbekleidung möglich.

Vor dem Beseitigen von Rissen an Innenwänden ist die Schadensursache zu ermitteln, um zu klären, ob ein Riss kraftschlüssig geschlossen werden muss oder eine einfache Risssanierung genügt.

Einfache Risssanierung

Eine einfache Sanierung, z. B. bei Rissen durch Längenänderungen, erfolgt durch eine Rissverbreiterung und anschließende Verspachtelung des Risses.

Kraftschlüssige Rissschließung

Eine kraftschlüssige Schließung erfolgt durch das Verpressen des Risses mit z. B Epoxidharz und kann erforderlich sein, wenn als Ursache starke Lasteinwirkung festgestellt werden konnte.

Weitere Maßnahmen zur Risssanierung

Als weitere Maßnahme können Risse mit speziellen Geweben überdeckt werden, die weitere Rissbewegungen so verteilen, dass z. B. Tapeten und Wandbekleidungen rissfrei aufgenommen werden können.

Bei Rissen, die die Standsicherheit gefährden, müssen anhand statischer Berechnungen und der Klärung der Schadensursache gegebenenfalls zusätzliche Maßnahmen, wie z. B. Verankerungen, getroffen werden.

III.5.3.2 Maßnahmen bei Mängeln und Schäden an Innenwänden aus Beton

Die Beseitigung von Mängeln und Schäden an Innenwänden aus Beton wird in Kapitel V.2 beschrieben. Die Betoninstandsetzung erfolgt gemäß der „DAfStb-Richtlinie – Schutz und Instandsetzung von Betonbauteilen (Instandsetzungs-Richtlinie)" des Deutschen Ausschusses für Stahlbeton (DAfStb) im DIN Deutsches Institut für Normung e. V., die in den meisten Bundesländern bereits als technische Baubestimmung eingeführt ist.

III.5.3.3 Maßnahmen bei Mängeln und Schäden an Innenwänden aus Trockenbaumaterial

Schäden und Mängel an Innenwänden aus Trockenbaumaterial lassen sich nur bedingt beheben. Sie lassen sich meist auf Verarbeitungsfehler zurückführen. Die Verarbeitung sollte daher nach den allgemein anerkannten Regeln der Technik erfolgen.

Es handelt sich meist um resultierende Schäden, wie z. B. Verformungen, Verbiegungen und Risse, die durch Lastveränderungen oder Deckendurchbiegungen auftreten. Die Trockenbauwände müssen häufig komplett erneuert werden, da sowohl die Platten als auch die Unterkonstruktionen u. U. funktionsunfähig geworden sind.

Treten Lasteinwirkungen nachweislich nur an einer Stelle auf, kommt auch ein Austausch einzelner Abschnitte infrage. Zur Vermeidung solcher Schäden sollten gleitende und elastische Bauteilanschlüsse vorgesehen werden.

Kleinere Risse können oft durch entsprechende rissfeste Tapeten und Wandbekleidungen kaschiert werden.

Feuchteschäden

Sind Feuchtigkeitsschäden an Trockenbauwänden aufgetreten, so muss zunächst die Undichtheit geortet und repariert werden. Die Feuchte tritt häufig an anderen Stellen auf bzw. aus, die dann ebenfalls einer genaueren Untersuchung unterzogen werden müssen, um auf die spezielle Problematik einzugehen.

Nach der Behebung der Schadensursache ist oftmals zumindest ein Austausch der Beplankung nötig. Dabei ist je nach Anforderung auf die richtige Auswahl der Platten (s. Kap. V.10) zu achten und gegebenenfalls eine Abdichtung vorzusehen.

III.5.3.4 Maßnahmen bei Schadstoffbelastungen

Formaldehyd

Als Alternative zu formaldehydhaltigen Spanplatten sind Materialien wie z. B. Vollholz, zementgebundene Spanplatten oder gipsgebundene Flachpressplatten geeignet. Offene Spanplattenkanten und Bohrlöcher sollten grundsätzlich nachträglich abgedichtet werden. Zur Abdichtung können beispielsweise Furniere, Plastikkappen, Spachtelmassen oder Lacke verwendet werden. Grundsätzlich gilt, dass emittierende Materialien (bevorzugt gegen formaldehydfreie Produkte) ausgetauscht werden sollten.

KMF

Der Umgang mit alten Mineralwolle-Produkten ist nur noch im Zuge von Abbruch-, Sanierungs-, Instandhaltungs- und Instandsetzungsarbeiten zulässig. Für diese Arbeiten gilt die Technische Regel für Gefahrstoffe TRGS 521 „Abbruch-, Sanierungs- und Instandhaltungsarbeiten mit alter Mineralwolle". Derzeit besteht für alte KMF-Produkte jedoch keine Sanierungspflicht. Neue KMF gelten als nicht krebserzeugend. Bei Sanierungsarbeiten sind daher lediglich die üblichen Mindestschutzmaßnahmen anzuwenden.

Lösemittel

Generell sollten Lösemittelkonzentrationen in der Raumluft so gering wie möglich gehalten werden. Daher sollten die identifizierten Emissionsquellen beseitigt werden, was in der Praxis oft mit erheblichen Kosten verbunden ist.

Es gibt verschiedene Verfahren, alte Beschichtungen zu entfernen. Beschichtungen von Innenwänden sollten mechanisch entfernt werden. Bei der mechanischen Entfernung besteht die Gefahr, dass giftige Metallverbindungen wie Blei, Cadmium und Zink (s. Schwermetalle), die sich in den Pigmenten von Farben und Lacken befinden können, durch den freiwerdenden Staub zu gesundheitsgefährdenden Emissionen führen. Bei der Sanierung schadstoffbelasteter Beschichtungen sind entsprechende berufsgenossenschaftliche Vorschriften wie die Technische Regel für Gefahrstoffe TRGS 524 „Sanierung und Arbeiten in kontaminierten Bereichen", die BG-Richtlinie für Arbeiten in kontaminierten Bereichen (s. BGR 128 „Kontaminierte Bereiche") und die Gefahrstoffverordnung (GefStoffV) zu berücksichtigen. Weiterhin ist bei der Entfernung belasteter Beschichtungen das Kreislaufwirtschafts- und Abfallgesetz „Gesetz zur Förderung und Sicherung der umweltverträglichen Beseitigung von Abfällen (Kreislaufwirtschafts- und Abfallgesetz)" zu beachten.

Die „Chemikalienrechtliche Verordnung zur Begrenzung der Emissionen flüchtiger organischer Verbindungen (VOC) durch Beschränkung des Inverkehrbringens lösemittelhaltiger Farben und Lacke (Lösemittelhaltige Farben- und Lack-Verordnung – ChemVOCFarbV)" regelt die Begrenzung der Emissionen flüchtiger organischer Verbindungen (VOC) durch Beschränkung des Inverkehrbringens lösemittelhaltiger Farben und Lacke. Nach § 1 „Zweck und Anwendungsbereich" ist u. a. der Gehalt an flüchtigen organischen Verbindungen in bestimmten Farben und Lacken zur Beschichtung von Gebäuden, ihren Bauteilen und dekorativen Bauelementen zu begrenzen. Hier sind Grenzwerte für den VOC-Höchstgehalt von Farben und Lacken angegeben.

Schwermetalle

Eine Sanierung von mit Schwermetallen belasteten Beschichtungen fällt je nach Situation und Konzentration unterschiedlich aus. Gemäß dem Vorsorgeprinzip sollten belastete Beschichtungsstoffe prinzipiell beseitigt werden.

Die Entfernung schadstoffbelasteter Stoffe erfolgt unter besonderer Berücksichtigung des Chemikaliengesetzes (ChemG), der Gefahrstoffverordnung (GefStoffV), der Technischen Regeln für Gefahrstoffe TRGS 602 „Ersatzstoffe und Verwendungsbeschränkungen – Zinkchromate und Strontiumchromat als Pigmente für Korrosionsschutz – Beschichtungsstoffe" und TRGS 505 „Blei". Die Arbeiten sollten ausschließlich von Fachunternehmen durchgeführt werden, die über ausreichend Erfahrung und Fachkenntnis verfügen.

Weiterhin stellen Hersteller oder Händler Datenblätter, wie technische Merkblätter oder DIN- bzw. EG-Sicherheitsdatenblätter, zur Verfügung. Diese Informationen und Hinweise sollten unbedingt eingesehen und beachtet werden.

Abb. III.6.01: Stahlbeton-Massivdecke, Zustand während Sanierungsarbeiten

III.6 Decken

Autoren: Dipl.-Ing. Silke Nicole Klein, Architektin; Prof. Dr.-Ing. Martin Pfeiffer, Architekt; Dipl.-Ing. (FH) Yasemin Wildebrand, Architektin

III.6.1 Allgemeines

Gebäudedecken werden im Wesentlichen in Massivdecken und Holzbalkendecken unterschieden.

Die bis in die 30er-Jahre für Wohngebäude übliche Holzbalkendecke wurde durch verschiedene Massivdeckenkonstruktionen wie Steingewölbedecken, z.B. sogenannte Preußische Kappen, Stahlsteindecken, bewehrte Volldecken, Stahlbetonrippendecken bis zu den heutzutage üblichen Stahlbetondecken immer mehr verdrängt.

Insbesondere die Vielfältigkeit dieser massiven Deckenkonstruktionen macht eine Bewertung des Baubestandes oft schwierig.

Des Weiteren wird zwischen Kellerdecken und Decken der darüberliegenden Geschosse unterschieden, da Kellerdecken bereits ab Mitte des 19. Jahrhunderts in Wohngebäuden überwiegend als Massivdecken ausgeführt wurden.

III.6.1.1 Vorschriften und Regeln

Entsprechend den bauphysikalischen und bautechnischen Anforderungen, die an Decken gestellt werden, ist eine Reihe von Vorschriften und Richtlinien zu beachten. Insbesondere die nachfolgend aufgeführten Normen, Richtlinien und Merkblätter geben Hinweise auf die im Zusammenhang mit Decken stehenden Anforderungen:

- DIN 1045 „Tragwerke aus Beton, Stahlbeton und Spannbeton",
- DIN 4102 „Brandverhalten von Baustoffen und Bauteilen",
- DIN 4108 „Wärmeschutz und Energie-Einsparung in Gebäuden",
- DIN 4109 „Schallschutz im Hochbau",
- DIN 4158 „Zwischenbauteile aus Beton, für Stahlbeton- und Spannbetondecken",
- DIN 4159 „Ziegel für Decken und Vergusstafeln, statisch mitwirkend",
- DIN 4160 „Ziegel für Decken, statisch nicht mitwirkend",
- DIN 4223 „Vorgefertigte bewehrte Bauteile aus dampfgehärtetem Porenbeton",
- DIN EN 1992-1-1, EC 2 „Bemessung und Konstruktion von Stahlbeton- und Spannbetontragwerken – Teil 1-1: Allgemeine Bemessungsregeln und Regeln für den Hochbau",
- EnEV (Energieeinsparverordnung).

III.6.1.2 Bauphysikalische Anforderungen

Die heute an Gebäudedecken gestellten bauphysikalischen Anforderungen beziehen sich insbesondere auf den Schall-, Brand- und Wärmeschutz.

Nach Lage der Decken wird in Decken unter nicht ausgebauten Dachräumen, Decken, die Räume nach oben und unten gegen Außenluft abgrenzen, Kellerdecken, Decken gegen unbeheizte Räume und Decken, die an Erdreich grenzen, unterschieden.

Schallschutz

Die normativen Anforderungen an den Schallschutz werden in der DIN 4109 geregelt. Zur Beurteilung des Schallschutzes bei Geschossdecken ist zwischen dem Schallschutz innerhalb des eigenen Wohn- und Arbeitsbereiches und dem Schallschutz gegenüber fremden Wohn- und Arbeitsbereichen zu unterscheiden.

Bei Geschossdecken werden nur bei Wohnungstrenndecken Anforderungen an den Schallschutz gestellt. Alte Bestandsdecken können diese nur selten erfüllen.

Die Anforderungen der Norm sind Mindestwerte. Daneben wurden die erhöhten Anforderungen als Empfehlungen in einem Beiblatt 2 zur Norm aufgeführt.

Insbesondere bei Geschossdecken aus Holz reicht der vorhandene Schallschutz meist nicht aus, da die ausreichende Masse zur notwendigen Dämmung nicht vorhanden ist.

Brandschutz

In Abhängigkeit von den vorhandenen Konstruktionsmerkmalen der Decken erfolgt die brandschutztechnische Einordnung von Massivdecken und wird nach DIN 4102-4 „Brandverhalten von Baustoffen und Bauteilen; Zusammenstellung und Anwendung klassifizierter Baustoffe, Bauteile und Sonderbauteile" in verschiedene Deckenbauarten unterteilt. Massiv-Rohdecken wie Betondecken werden in Deckenbauarten I bis III unterschieden.

Massivdecken der Deckenbauart I und II (s. Abb. III.6.02 und III.6.03) erreichen in Verbindung mit Unterdecken oftmals maximal die Feuerwiderstandsklasse F 30 gemäß DIN 4102-4.

Wärmeschutz

Die wärmeschutztechnischen Anforderungen an Decken im Baubestand werden durch die Energieeinsparverordnung (EnEV, neueste Fassung) definiert.

Es gilt für Decken gegen unbeheizte Räume und gegen Erdreich: Werden bei beheizten Räumen Decken, die gegen unbeheizte Räume oder gegen Erdreich grenzen, ersetzt, erstmalig eingebaut oder in der Weise erneuert, dass

- außenseitige Bekleidungen oder Verschalungen, Feuchtigkeitssperren oder Dränagen angebracht oder erneuert werden oder
- Deckenbekleidungen auf der Kaltseite angebracht werden,

dazu gelten folgende Anforderungen nach Anlage 3 (zu den §§ 8, 9 Abs. 2 und 3, § 18 Abs. 2) und Tabelle 1 (Höchstwerte der Wärmedurchgangskoeffizienten) gemäß Energieeinsparverordnung (EnEV): maximaler Wärmedurchgangskoeffizient U_{max} in $W/(m^2 \cdot K) = 0,4\ W/(m^2 \cdot K)$ (bei Wohngebäuden und Zonen von Nichtwohngebäuden mit Innentemperaturen von 19 °C und mehr).

Es gilt für Decken gegen unbeheizte Räume und gegen Erdreich: Werden bei beheizten Räumen Decken, die gegen unbeheizte Räume oder gegen Erdreich grenzen, ersetzt, erstmalig eingebaut oder in der Weise erneuert werden, dass

- innenseitige Bekleidungen oder Verschalungen an Wände angebracht werden,
- die Fußbodenaufbauten auf der beheizten Seite aufgebaut oder erneuert werden oder
- die Dämmschichten eingebaut werden,

dazu gelten folgende Anforderungen nach Anlage 3 (zu den §§ 8, 9 Abs. 2 und 3, § 18 Abs. 2) und Tabelle 1 (Höchstwerte der Wärmedurchgangskoeffizienten) gemäß Energieeinsparverordnung (EnEV): maximaler Wärmedurchgangskoeffizient U_{max} in W/(m²·K) = 0,5 W/(m²·K) (bei Wohngebäuden und Zonen von Nichtwohngebäuden mit Innentemperaturen von 19 °C und mehr).

Bei Decken in Zonen von Nichtwohngebäuden mit Innentemperaturen von 12 bis 19 °C werden keine Anforderungen gestellt.

Bei Decken von Gebäuden nach § 1 Abs. 2 Energieeinsparverordnung (EnEV), d. h. für Wohngebäude, die für eine Nutzungsdauer von weniger als 4 Monaten jährlich bestimmt sind und für Nichtwohngebäude mit niedrigen Innentemperaturen, die nach ihrem Verwendungszweck auf eine Innentemperatur von weniger als 12 °C und jährlich weniger als vier Monate beheizt werden, werden keine Anforderungen gestellt.

III.6.1.3 Massivdecken

Im Wohnungsbaubestand wurden insbesondere gewölbte Massivdecken mit Stein- und Betongewölbe, später Stahlträgerdecken (z. B. Stahlbetonhohldielen, „Monierdecke"), Stahlbetonrippendecken (z. B. „DIN-F-Decken", „Menzel-L-Decken", „Zwickauer Decken"), aber auch die inzwischen üblichen Stahlbeton- und Spannbetondecken (monolithische Decken, Plattendecken) eingebaut.

Am günstigsten bewertet werden diesbezüglich Decken der Deckenbauart III (s. Abb. III.6.04). Die Decken der Deckenbauart III können meist die üblichen Brandschutzanforderungen bis F 90 ohne zusätzliche Maßnahmen erreichen. Dies ist u. a. abhängig vom Querschnitt der Konstruktion, der Betonüberdeckung der Bewehrung und der statischen Belastung der Decken.

Massive Decken erfüllen die an den Brandschutz gestellten Anforderungen nur dann, wenn z. B. die Betondeckung sowie der Querschnitt bei Betondecken ausreicht bzw. tragende Metallteile, wie z. B. Metallträger, ausreichend bekleidet sind.

III.6.1.4 Holzdecken

Bis in die 30er-Jahre waren Holzbalkendecken im Wohnungsbau vorherrschend. Heutzutage finden sie nur noch im bis zu zweigeschossigen Einfamilienhausbau, bevorzugt bei sogenannten Fertighäusern, Anwendung.

Holzbalkendecken werden nach DIN 4102-4 in 4 Kategorien unterteilt. Maßgeblich für diese Aufteilung ist der Querschnitt der Holzbalken.

Bestehende Holzbalkendecken erfüllen die heutigen Anforderungen an den Brandschutz meist nicht ohne zusätzliche Unterkonstruktion.

Zu den Vorteilen der Holzbalkendecken gehören insbesondere die sehr gute Wärmedämmung, die leichte Montage (Einbau auch ohne Kran möglich), das geringe Gewicht und dass keine zusätzliche Baufeuchte entsteht.

Nachteilig hingegen sind u. a. die Feuchtedurchlässigkeit, die Schwächung der Außenwand durch Auflager, die schlechte Lastverteilung und die mäßige Aussteifung.

Weiterhin lässt der organische Baustoff Fäulnis zu und ist nur feuerhemmend.

Arten

Prinzipiell können Holzbalkendecken nach ihrem Aufbau unterteilt werden in:

- historische Deckenformen mit Wickelböden und Kreuzstakungen,
- Mischkonstruktionen wie Stahl-Holz-Decken,
- Einschubdecken in ein-, zwei- oder dreischaliger Ausführung,
- Bohlendecken,
- Sperrholzdecken,
- weit gespannte Decken aus Fachwerkträgern, Wellstegträgern oder brettschichtverleimten Trägern.

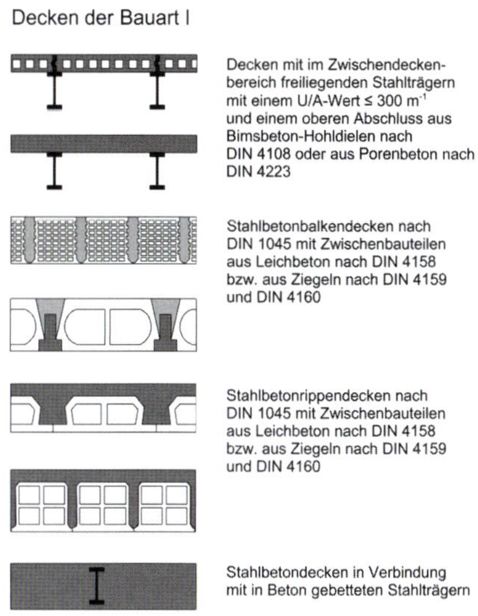

Decken der Bauart I

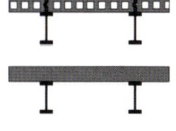
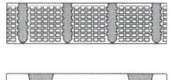

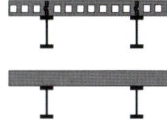

Abb. III.6.02: Klassifizierung von Beton nach Deckenbauarten, Bauart I

Decken der Bauart II

Abb. III.6.03: Klassifizierung von Beton nach Deckenbauarten, Bauart II

Decken der Bauart III

Decken aus Stahlbeton oder Spannbetonplatten aus Normalbeton, jedoch nicht mit Bauteilen oder Zwischenbauteilen aus Leichtbeton oder Ziegeln. Es sind Decken mit folgender Bezeichnung:

Abb. III.6.04: Klassifizierung von Beton nach Deckenbauarten, Bauart III

Abb. III.6.05: Die Holzbalkendecke eines Gebäudes wird für eine Deckenbekleidung mit Trockenbaumaterial vorbereitet.

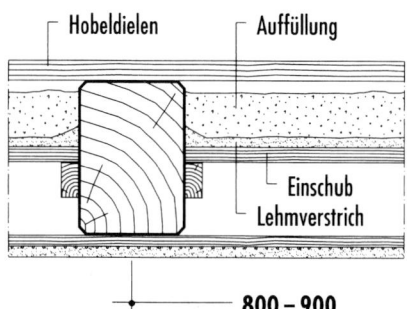

Abb. III.6.06: Klassifizierungskategorie 1 nach DIN 4102-4 zu Holzbalkendecken (Quelle: KNAUF Gips KG, Iphofen), Vertikalschnitt ohne Maßstab

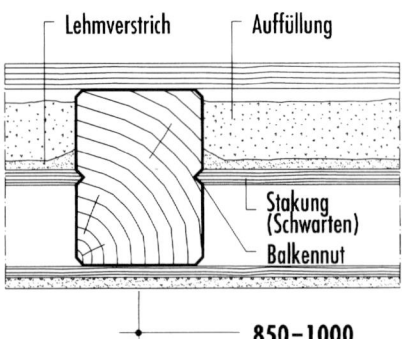

Abb. III.6.07: Klassifizierungskategorie 2 nach DIN 4102-4 zu Holzbalkendecken (Quelle: KNAUF Gips KG, Iphofen), Vertikalschnitt ohne Maßstab

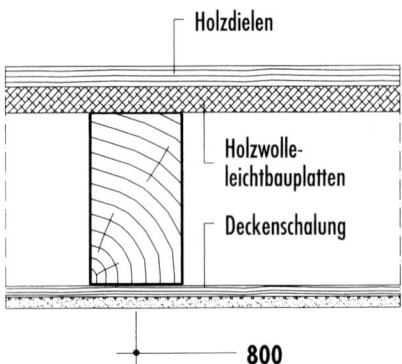

Abb. III.6.08: Klassifizierungskategorie 3 nach DIN 4102-4 zu Holzbalkendecken (Quelle: KNAUF Gips KG, Iphofen), Vertikalschnitt ohne Maßstab

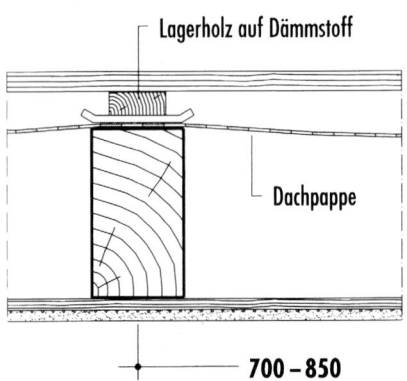

Abb. III.6.09: Klassifizierungskategorie 4 nach DIN 4102-4 zu Holzbalkendecken (Quelle: KNAUF Gips KG, Iphofen), Vertikalschnitt ohne Maßstab

Des Weiteren lassen sich Holzbalkendecken unterscheiden in Decken mit verdeckten Holzbalken, mit teilweise freiliegenden bzw. sichtbaren Holzbalken und mit vollständig freiliegenden bzw. sichtbaren Holzbalken.

III.6.1.5 Unterdecken und Deckenbekleidungen

Als Unterdecken und Deckenbekleidungen werden Montagedecken aus Trockenbaumaterialien, Kunststoff oder Metall, die den oberen Abschluss eines Raumes bilden, bezeichnet.

Deckenbekleidungen werden mittels Holz- oder Metallunterkonstruktionen direkt an der Rohdecke befestigt.

Unterdecken sind Bekleidungen, die an der Rohdecke abgehängt werden. Sie schaffen eine ebene hochwertige Decken- oder auch Dachuntersicht und sind sowohl oberflächenfertig als auch mit üblichen Maßnahmen wie Streichen, Tapezieren sowie Putzen weiter zu bearbeiten und individuell zu gestalten.

Im Baubestand dienen Unterdecken und Deckenbekleidungen insbesondere im Wohnungsbau zur deutlichen Verbesserung des Schallschutzes der Bestandsdecken. Sie verbessern die Schalllängsdämmung von angrenzenden Decken und die Raumakustik durch Beplankung mit speziellen Akustikplatten, wie z. B. Lochplatten oder Schlitzplatten.

Ebenso tragen Unterdecken zu einer deutlichen Verbesserung des Brandschutzes bei.

Ein weiterer großer Vorteil dieser Deckensysteme liegt in der Möglichkeit, sowohl Installationsleitungen als auch Deckeneinbauten (Leuchten, Sprinkler, Lüftung usw.) in großer Variabilität einfach zugänglich zu integrieren.

Deckenbekleidungen und Unterdecken werden unterschieden in geschlossene Decken mit glatter Untersicht, wie z. B. Gipskartondecken, Putzdecken (auch Stuckdecken) und Betondecken, geschlossene Decken aus elementierten Bauteilen, wie z. B. Mineralfaserdecken, Metalldecken, Decken aus Holz und Holzwerkstoffen sowie Decken aus Kunststoff, und offene Rasterdecken.

Eine Möglichkeit, Bestandsdecken zu sanieren, bieten selbsttragende Unterdecken oder Unterkonstruktionen mit Weitspannträgern. Bei diesen Systemen werden die vorhandenen Decken nicht belastet. Die gesamte Unterkonstruktion wird an den Umfassungswänden der Räume befestigt. Je nach Bekleidung der Decken können mit solchen Unterdecken mehrere Meter ohne Abhängung zur Geschossdecke überbrückt werden.

III.6.2 Typische Mängel und Schäden

Bestandsdecken können vielfältige Mängel und Schäden aufweisen, die oftmals nicht auf den ersten Blick zu erkennen sind. Sowohl die bauphysikalischen als auch die bautechnischen und statischen Eigenschaften alter Deckenkonstruktionen sind beispielsweise für moderne Wohnzwecke oftmals nicht ausreichend.

Bauphysikalische und bautechnische Mängel und Schäden

Zu den typischen Mängeln und Schäden an Bestandsdecken gehört die unzureichende Erfüllung der Anforderungen an den Wärme-, Brand- und/oder Schallschutz.

Bautechnische Mängel und Schäden

Zu den bautechnischen Mängeln und Schäden an bestehenden Decken zählen insbesondere Durchbiegungen, die im Altbaubereich durch Lastveränderungen, z. B. durch die Errichtung zusätzlicher Wände, auftreten.

Mängel und Schäden an Massivdecken

An Massivdecken entstehen typische Mängel und Schäden insbesondere durch Feuchteeinwirkungen. Daraus resultieren z. B. Korrosionsschäden an Bewehrungsstählen (s. Kap. V.2), die die Tragfähigkeit der Deckenkonstruktion stark einschränken.

Mängel und Schäden an Holzbalkendecken

Typische Mängel und Schäden an Geschossdecken aus Holz lassen sich unterscheiden in Schäden durch Formveränderungen durch Quellen und Schwinden des Holzes (s. Kap. V.4) und materialbedingte Schäden durch Pilz- bzw. Insektenbefall (s. Kap. V.4) usw.

Formveränderungen

Geschossdecken aus Holz sind wie alle anderen Holzbauteile Formveränderungen durch Quellen und Schwinden des Holzes (s. Kap. V.4) ausgesetzt. Als Innenbauteile sind sie jedoch weniger gefährdet als z. B. sichtbare Fachwerkbalken in Außenwänden.

Mängel und Schäden an Unterdecken und Deckenbekleidungen

Mängel und Schäden an Bekleidungen werden in materialbedingte Mängel, wie z. B. Risse in Holzbekleidungen durch Schwind- und Quellprozesse (s. Kap. V.4 und Kap. V.10), und aus einer mangelhaften Konstruktion bzw. Befestigung resultierende Mängel unterschieden.

Insbesondere bei der Anbringung von Bekleidungen in Bädern (s. Kap. V.10) treten Mängel bzw. Schäden durch die Wahl eines den Anforderungen nicht entsprechenden Materials auf.

Zu den typischen Mängeln bzw. Schäden an Deckenbekleidungen und Unterdecken gehören mangelhafte Befestigungen, die entweder für die Unterkonstruktion ungeeignet sind, die die vorhandenen Lasten nicht tragen oder in zu geringer Anzahl bzw. falsch angebracht sind. Infolgedessen kann es zu einem partiellen oder kompletten Absturz der Unterdecken und Deckenbekleidungen kommen.

III.6.2.1 Schadstoffe

Schadstoffbelastungen von Decken können insbesondere durch Holzschutzmittel (HSM) hervorgerufen werden. Oftmals sind hier die Verbindungen Lindan (Hexachlorhexan), PCP (Pentachlorphenol) sowie DDT (Dichlordiphenyltrichlorethan) vorhanden. Weitere Schadstoffbelastungen können durch Formaldehyd in Holzwerkstoffen für Deckenbekleidungen, polycyclische aromatische Kohlenwasserstoffe (PAK) in Bitumen- und Steinkohlenteer-Produkten (z. B. Füllstoffe wie Schüttungen mit Schlacke von Holz-Fehldecken sowie teerhaltige Dachpappen), künstlichen Mineralfasern (KMF) in Holzbalkendecken sowie durch Lösemittel und Schwermetalle in Beschichtungen verursacht werden.

Lindan, PCP, DDT

Schadstoffbelastungen von Holzbalkendecken bestehen insbesondere im Zusammenhang mit dem chemischen Holzschutz (s. Kap. V.4.2). Vor allem in den 1970er-Jahren wurden in Deutschland große Mengen an Holzschutzmitteln (HSM) verwendet, sowohl im Außenbereich als auch in Wohnräumen.

Der Einsatz der Wirkstoffe Lindan (Hexachlorhexan) und PCP (Pentachlorphenol) in HSM ist in Deutschland seit 1989 verboten, da PCP als eindeutig krebserzeugend eingestuft worden ist; bei Lindan wird derzeit über die kanzerogene Wirkung diskutiert. In der DDR wurde zudem bis 1989 das Insektizid DDT (Dichlordiphenyltrichlorethan) eingesetzt, das in der alten Bundesrepublik bereits seit 1972 verboten war. DDT wird von der Umwelt nur langsam abgebaut. Es ist erbgutverändernd und steht im Verdacht, Krebs zu erzeugen. Bei Abbruch- und Sanierungsarbeiten an behandelten Holzbauteilen kann DDT in größeren Mengen freigesetzt werden.

Bei chemischen Holzschutzmitteln wie PCP, Lindan oder DDT handelt es sich um sogenannte schwer flüchtige Verbindungen. Sie sind meist nur in geringer Konzentration in der Luft vorhanden, da sie sich nach dem Ausgasen schnell wieder an Oberflächen (z. B. Staubpartikel/Hausstaub, Einrichtungsgegenstände) abscheiden. Dadurch kann es zu einer für die Innenraumbelastung gravierenden Anreicherung von Schadstoffen kommen. Viele dieser Schadstoffe sind oft über Jahre hinweg nachweisbar.

Formaldehyd

Bei Formaldehyd handelt es sich um einen Schadstoff, der hauptsächlich in Holzwerkstoffen wie z. B. Span- und Sperrholzplatten vorkommt, da deren Leim meist aus Formaldehydverbindungen besteht. Formaldehyd ist eine farblose Substanz, die bei Zimmertemperatur gasförmig vorliegt und einen stechend durchdringenden Geruch aufweist. Das Gas reizt stark die Augen und die Atemwege. Bei Aufnahme durch den Mund können schwere innere Verletzungen auftreten. Das Bundesinstitut für Risikobewertung (BfR) hat Formaldehyd als Substanz mit *„begründetem Verdacht auf ein krebserzeugendes Potenzial"* eingestuft, wobei die schädliche Wirkung jedoch konzentrationsabhängig ist. Spanplatten können bis zu 30 % aus formaldehydhaltigen Leimen bestehen, während der Leimanteil bei schicht- oder stabverleimtem Vollholz nur ca. 3 bis 5 % beträgt. Rundum lackierte oder beschichtete Platten sind dagegen weitgehend dicht und gasen daher kaum Formaldehyd aus. Sobald aber die Platten beschädigt bzw. angebohrt oder angesägt werden, kann es zu Formaldehydemissionen kommen.

Nachdem bis in die 1970er-Jahre der Einsatz von Formaldehyd in Holzwerkstoff-Leimen keiner Regelung unterlag, wurden 1977 vom ehemalige Bundesgesundheitsamt verbindliche Richtwerte für die tolerable Formaldehydkonzentration in Innenräumen festgelegt (0,1 ppm = engl.: parts per million). 1980 erschien die „Richtlinie über die Verwendung von Spanplatten hinsichtlich der Vermeidung unzumutbarer Formaldehydkonzentrationen in der Raumluft", nach der Spanplatten je nach Formaldehydemission in die Emissionsklassen E1, E2 und E3 unterteilt werden. Seitdem dürfen in Innenräumen ausschließlich Spanplatten der Formaldehyd-Emissionsklasse E1 verwendet werden, die den Emissionsgrenzwert von 0,1 ppm einhalten. In diesem Zusammenhang ist darauf hinzuweisen, dass die Spanplatten der Formaldehyd-Emissionsklasse E1 nicht, wie oft angenommen, formaldehydfrei sind.

PAK

Polycyclische aromatische Kohlenwasserstoffe (PAK) können vor allem in Füllstoffen wie Schüttungen mit Schlacke von Holz-Fehldecken sowie in teerhaltigen Dachpappen vorkommen.

PAK ist die Sammelbezeichnung für eine große Anzahl von gleichartigen aromatischen Einzelverbindungen wie z. B. Naphthalin und Benzo(a)pyren, die aus mindestens 2 miteinander verbundenen Benzolringen bestehen. Mit steigender Anzahl der Benzolringe handelt es sich um mittel- bis schwer flüchtige Schadstoffe (SVOC, engl.: semivolatile organic compounds). PAK entstehen durch die unvollständige Verbrennung organischer Materialien (Pyrolyse).

Beim Umgang mit PAK kann es zu Schleimhautreizungen, Kopfschmerzen und Übelkeit kommen. Einige PAK-haltige Produkte gelten als krebserzeugend (Lungen-, Blasen-, Bronchial-, Magen-Darm-Krebs) und fruchtbarkeitsgefährdend. Die Aufnahme von PAK erfolgt vor allem über die Haut und durch das Einatmen PAK-belasteter Stäube. Das Ausgasungsverhalten von PAK-haltigen Produkten wird von unterschiedlichen Faktoren wie Konsistenz, Alter und Zustand beeinflusst.

Im privaten Wohnungsbau war die Verwendung von Teerasphaltestrichen bis etwa 1960 verbreitet, auch wenn sie vergleichsweise selten eingebaut wurden. In den 1960er-Jahren fand dann eine Umstellung auf Bitumenasphaltestriche statt. Bei Verdacht auf das Vorhandensein von Teerasphaltestrich, auch wenn dieser keinen Teergeruch aufweist, sollte nach dem Vorsorgeprinzip gehandelt und das bedenkliche Produkt von einem Sachverständigen analysiert werden.

KMF

Künstliche Mineralfasern (KMF) werden in Form von Glas-, Stein- und Mineralwolle zur Wärme- und Schallisolierung verwendet. KMF sind anorganische silikatische Fasern, die aus Glas-, Gesteins- oder Schlackeschmelzen durch Ziehen, Blasen oder Schleudern hergestellt werden. Die Fasern mit einem Durchmesser von 2 bis 20 μm werden unterteilt in Mineralwoll- und Keramikfasern. Anders als Asbestfasern können KMF sich nicht aufspalten und somit immer dünner werden, sondern nur durchbrechen und somit bei gleicher Dicke immer kürzer werden. Darüber hinaus werden KMF im Gegensatz zu Asbest im Organismus schneller abgebaut. Diese Kriterien führen zu der Einschätzung, dass künstliche Mineralfasern zumindest weit weniger gesundheitsschädlich sind als Asbestfasern.

Beim Umgang mit KMF kann es zu Haut- und Atemwegsreizungen kommen. Weisen die Fasern kritische Abmessungen auf (Durchmesser < 3 μm, Länge > 5 μm), verfügen sie ähnlich wie Asbest über ein krebserzeugendes Potenzial. Da von KMF-Produkten unterschiedliche Gesundheitsgefahren ausgehen, werden sie in sogenannte „alte" und „neue" Produkte eingeteilt. Unter „alten" KMF werden Produkte zusammengefasst, die nicht eines der Freizeichnungskriterien nach der Gefahrstoffverordnung (GefStoffV) erfüllen und somit als krebserzeugend oder krebsverdächtig gelten. Alte KMF sind dabei insbesondere Produkte, die vor 1996 verwendet worden sind. Daher sollte bei Verdacht auf das Vorhandensein dieser Materialien nach dem Vorsorgeprinzip gehandelt und eine Entsorgung der bedenklichen Produkte vorgenommen werden.

Lösemittel

Lösemittel haben die Aufgabe, andere feste, flüssige oder gasförmige Stoffe in Lösung zu halten und den Anstrichstoff streich- und sprühfähig zu machen. Es gibt eine große Anzahl an lösemittelhaltigen Stoffen, die aus unterschiedlichen Stoffgemischen bestehen. Organische Lösemittel gehören zu den typischen leicht flüchtigen organischen Verbindungen (VOC, engl.: volatile organic compounds) und besitzen einen Siedepunkt zwischen 50 und 200 °C. Lösemittelhaltige Beschichtungen können während und nach der Verarbeitung zu hohen Raumluftbelastungen führen, da die Lösemittel unter atmosphärischen Bedingungen in die Raumluft entweichen. Sie verdampfen langsam und sind über einen längeren Zeitraum in der Raumluft nachweisbar.

Organische Lösemittel sind u. a. Gemische auf der Basis leicht flüchtiger aromatischer Kohlenwasserstoffe (BTX – Benzol, Toluol, Xylol), aliphatischer Kohlenwasserstoffe, (z. B. Hexan, Oktan, Dekan, Dodekan) und verschiedener Ester, Alkohole und Glykole. Sie werden hauptsächlich als Verdünnungs- und Lösemittel in Nitrocelluloselacken (Nitrolacke) und Alkydharzlacken eingesetzt. Der Anteil organischer Lösemittel liegt bei Nitrolacken bei bis zu 70 %, bei Alkydharzlacken bei 30 bis 60 %. Weiterhin gibt es einige Lösemittel aus der Gruppe der aliphatischen Chlorkohlenwasserstoffe (CKW), wie z. B. Dichlormethan, Trichlorethylen sowie Tetrachlorethylen (Perchlorethylen). Diese werden heute noch meist als Abbeizmittel zum Entfernen von Oberflächenbeschichtungen verwendet. Trichlorethylen wird seit den 1920er-Jahren und Tetrachlorethylen seit den 1950er-Jahren produziert. Beide Stoffe wurden in unterschiedlichen Bereichen eingesetzt.

Da aromatische Lösemittel, wie z. B. Benzol, Toluol, Xylol, Aufsehen erregt haben, wurden in den letzten 20 Jahren zunehmend Glykole als Lösemittel für wasserbasierte Beschichtungssysteme verwendet. In diesem Zusammenhang muss der unterschiedliche Gebrauch des Begriffes „Lösemittel" erläutert werden. Die Technische Regel für Gefahrstoffe TRGS 610 „Ersatzstoffe und Ersatzverfahren für stark lösemittelhaltige Vorstriche und Bodenbelagsklebstoffe für den Bodenbereich" definiert das Wort „Lösemittel" als „... *flüchtige organische Stoffe sowie deren Mischungen mit einem Siedepunkt < 200 °C, die bei Normalbedingungen (20 °C und 1013 hPa) flüssig sind und dazu verwendet werden, andere Stoffe zu lösen oder zu verdünnen, ohne sie chemisch zu verändern."* Da Glykole im Vergleich zu „herkömmlichen Lösemitteln" einen höheren Siedepunkt besitzen, trifft auf sie diese Definition daher nicht zu. Anstrichstoffe mit einem Glykolgehalt bis zu 10 % dürfen als lösemittelfrei bezeichnet werden.

Glykole werden aufgrund ihrer Wassermischbarkeit vorwiegend in wasserverdünn- und wasservermischbaren Produkten, wie Dispersionsfarben, z. B. Kunststoffdispersionsfarben (KD-Farben), Kunstharzdispersionsfarben sowie Dispersionslackfarben, eingesetzt. Zu der Gruppe der Glykole zählen alle Glykolverbindungen wie Glykolether (z. B. 2-Butoxyethanol, Propylenglykolether) und Glykolester (Acetate von Glykolether). Glykole sind farblose, fast geruchlose Flüssigkeiten, die sich gut mit Wasser mischen lassen. Im Vergleich zu herkömmlichen Lösemitteln besitzen Glykole einen höheren Siedepunkt, sodass sie sehr langsam an die Raumluft abgegeben werden und über einen längeren Zeitraum nachweisbar sind.

Die Aufnahme von gesundheitsgefährdenden Lösemitteldämpfen oder Aerosolen kann durch das Einatmen, das Verschlucken, durch die Aufnahme über die Haut bei hautresorptiven Stoffen wie Xylol oder Ethylbenzol oder durch direkten Augenkontakt geschehen. In Abhängigkeit von der Konzentration und der Einwirkungsdauer kann dies unterschiedliche Auswirkungen auf den menschlichen Körper haben. Einige Lösemittel führen zu Atemwegs- und Schleimhautreizungen sowie Kopfschmerzen, andere schädigen das Nervensystem, können Leber- und Nierenschäden hervorrufen oder besitzen krebserregendes und fruchtschädigendes Potenzial. Die Toxizität von Glykol ist innerhalb der Stoffgruppe sehr unterschiedlich und kaum bekannt. Bei den kaum untersuchten Glykolverbindungen zeigen sich zum Teil gleichartige toxische Wirkungen wie bei anderen herkömmlichen Lösemitteln.

CKW zählen zu den schädlichsten Chemikalien in Bezug auf Gesundheit und Umwelt. Trichlorethylen ist seit Ende 2001 in die Kategorie der krebserzeugenden erbgutverändernden Gefahrstoffe, Tetrachlorethylen in die Kategorie der krebserzeugenden Gefahrstoffe eingestuft worden (s. Technische Regel für Gefahrstoffe TRGS 905 „Verzeichnis krebserzeugender, erbgutverändernder oder fortpflanzungsgefährdender Stoffe"). Nach Anhang IV „Herstellungs- und Verwendungsverbote" der Gefahrstoffverordnung (GefStoffV) gilt für z. B. Benzol, Toluol und aliphatische Chlorkohlenwasserstoffe (mit wenigen Ausnahmen) ein Herstellungs- und Verwendungsverbot.

Schwermetalle

Schadstoffbelastungen von Decken können im Zusammenhang mit schwermetallhaltigen Beschichtungen auftreten. Zu den Schwermetallen zählen u. a. Blei und Bleiverbindungen (z. B. Bleioxid [Blei-Mennige], Bleinitrat, Bleiacetat, Bleicarbonat), Cadmium und Cadmiumverbindungen (z. B. Cadmiumsulfat, Cadmiumsulfid, Cadmiumchlorid, Cadmiumoxid, Cadmiumhydroxid) sowie Zink und Zinkverbindungen (z. B. Zinkchromat).

Blei-, Cadmium- und Zinkverbindungen können in den Pigmenten von Farben und Lacken auftreten. Blei kommt häufig als Bleiweiß in weißen oder hellen Farben, Cadmium (z. B. Cadmiumsulfid) in gelben bis tiefroten Farbpigmenten und Zinkchromat (Zinkgelb) in gelben Farbpigmenten vor. Weiterhin wurde Zinkchromat (starkes Oxidationsmittel) vielfach in Korrosionsschutzgrundfarben eingesetzt. Blei-Mennige wird wie Zinkchromat zur Herstellung korrosionsschützender Anstrichstoffe für Metalloberflächen verwendet. Im 19. Jahrhundert wurde dazu der Stoff mit Leinöl und/oder Terpentinöl vermischt und verstrichen. Später wurden die Öle durch flüchtige Lösemittel wie z. B. Alkohole (Methanol, Ethanol) ersetzt, um die Trocknungszeit zu verkürzen.

Werden blei- und cadmiumbelastete Anstriche mechanisch durch Abbrennen oder Abschleifen entfernt, können durch den freiwerdenden Staub hohe Schadstoffbelastungen entstehen. Beim Umgang mit Zinkchromat kann es zu Haut- und Atemwegsreizungen kommen. Darüber hinaus gilt Zinkchromat als eindeutig krebserzeugend (Lungenkrebs) und erbgutschädigend. Blei-Mennige ist toxisch, sobald es durch Verschlucken oder Einatmen in den Körper gelangt. Bei einmaliger Aufnahme kann es allerdings nicht zu Vergiftungserscheinungen kommen. Blei-Mennige als Korrosionsschutzmittel ist in Deutschland verboten. Nach der Technischen Regel für Gefahrstoffe TRGS 905 „Blei" wird bioverfügbares Blei-Metall in die Kategorie R_E1 (fruchtschädigend) sowie Kategorie R_F3 (Beeinträchtigung der Fortpflanzungsfähigkeit – Fruchtbarkeit) und Cadmiumverbindungen (bioverfügbar, in Form atembarer Stäube/Aerosole) in die Kategorie der krebserregenden Gefahrstoffe (K2) eingestuft.

Nach Anhang IV „Herstellungs- und Verwendungsverbote" der Gefahrstoffverordnung (GefStoffV) gilt mit wenigen Ausnahmen für Bleikarbonate, Bleisulfate, Cadmium und Cadmiumverbindungen ein Herstellungs- und Verwendungsverbot. Bleiverbindungen wie wasserfreies neutrales Bleikarbonat, Bleihydrokarbonat und Bleisulfate dürfen nicht als Farben verwendet werden. Dies gilt jedoch nicht, wenn die Verwendung von Ersatzstoffen nicht möglich ist, wie z. B. zur Erhaltung oder originalgetreuen Wiederherstellung von historischen Bestandteilen denkmalgeschützter Gebäude. Cadmium und seine Verbindungen dürfen nicht zum Einfärben von Erzeugnissen oder ihren Bestandteilen, die aus bestimmten Stoffen und Zubereitungen, z. B. Harnstoffformaldehyd (UF), Polyvinylchlorid (PCV), Epoxidharze) hergestellt wurden, verwendet werden. In Farbpigmenten dürfen Cadmium oder Cadmiumverbindungen maximal zu 0,01 % enthalten sein. Für die Zubereitungen von Farbpigmenten mit hohem Zinkanteil darf ein Massengehalt von Cadmium oder Cadmiumverbindungen von 0,1 % nicht überschritten werden.

Abb. III.6.10: Arbeiten an einer Holzbalkendecke (Quelle: KNAUF Gips KG, Iphofen)

Abb. III.6.11: Herstellung einer Unterdecke mit Metallunterkonstruktion (Quelle: BAKA, Berlin)

Abb. III.6.12: Unterdecke mit Gipskartonbekleidung (Quelle: BAKA, Berlin)

III.6.3 Maßnahmen

Bauphysikalische und bautechnische Maßnahmen

Eine unzureichende Wärmedämmung von Decken wirkt sich insbesondere im Erdgeschoss über unbeheizten Kellerräumen sowie im Obergeschoss unter nicht gedämmten oberen Geschossdecken zum unbeheizten Dachboden problematisch aus.

Neben unnötig hohen Heizkosten besteht die Gefahr von Kondensatbildung innerhalb der Konstruktion, die zu Feuchteschäden wie z. B. Schimmelpilzbefall oder Korrosion führen kann.

Die Lage der Decke ist entsprechend bei einer nachträglichen bzw. zusätzlichen Wärmedämmung ausschlaggebend. Aufgrund dessen stehen folgende Maßnahmen zur Verfügung:

Dämmung auf der Oberseite der Decke

Eine Dämmung auf der Oberseite der Decke bietet sich insbesondere bei nicht genutzten Dachräumen an. Um begehbare Decken oberseitig zu dämmen, ist eine Konstruktion, die einerseits die Dämmung vor mechanischen Einflüssen schützt und andererseits die neue Nutzschicht darstellt, erforderlich.

Dämmung auf der Unterseite der Decke

Eine Dämmung auf der Unterseite wird häufig mit einer Unterdecke kombiniert. Diese Lösung bietet sich an, wenn die Raumhöhe ausreichend ist bzw. die vorhandene Decke wegen optischer Beeinträchtigungen bekleidet werden soll. Ebenso ist eine Wärmedämmung auf der Unterseite die übliche Maßnahme bei unbeheizten Kellerräumen.

Dämmung innerhalb der Deckenkonstruktion

Eine Dämmung innerhalb einer Decke bietet sich meist nur bei Holzbalkendecken an, wenn sie zwischen den tragenden Balken eingebracht werden kann oder die vorhandene Dämmung durch eine andere ersetzt werden soll.

Über die Dämmstoffdicke und die Art des Dämmstoffes entscheidet neben den Vorgaben der Energieeinsparverordnung (EnEV) auch die DIN 4108 (s. Kap. I.2).

Bautechnische Maßnahmen

Zur Erhöhung der Tragfähigkeit ist eine Reduktion der Deckeneigenlast möglich. Dabei können z. B. Zementdurch Trockenestriche ersetzt oder schwere Füllungen, wie z. B. Schlacke, von Holzbalkendecken entfernt werden. Es muss jedoch bedacht werden, dass sich durch solche Maßnahmen der Schallschutz der bestehenden Deckenkonstruktion nicht verschlechtert.

Nach weiteren Möglichkeiten zur Verbesserung der Tragfähigkeit einer bestehenden Decke muss individuell mithilfe von Statikern bzw. Tragwerksplanern gesucht werden.

Maßnahmen an Massivdecken

Beton (s. Kap. V.2)

Mängel bzw. Schäden an Geschossdecken aus Beton, wie beispielsweise Risse und korrodierte Bewehrungsstähle, müssen insbesondere nach der Richtlinie „Schutz und Instandsetzung von Betonbauteilen" (Instandsetzungs-Richtlinie) des DAfStb (Deutscher Ausschuss für Stahlbeton) beseitigt werden.

Eine ausreichende Betondeckung kann beispielsweise durch den Auftrag einer Putzschicht oder eine unterseitige Bekleidung mit sogenannten Feuerschutzplatten erreicht werden.

Metall (s. Kap. V.6)

Korrosionsschäden an tragenden Metallbauteilen sollten im Bereich von Decken größtmögliche Beachtung zuteil werden, da diese die Tragfähigkeit beeinträchtigen können.

Maßnahmen an Holzbalkendecken

Zur Sanierung schadhafter Holzbalken bzw. Balkenköpfe stehen unterschiedliche Maßnahmen zur Verfügung, so z. B. das Anlaschen von Holzbohlen, der Einbau von Wechseln, der Einbau von Stahlschuhen und die Reparatur durch Kunstharzprothesen usw.

Die Auswahl des geeigneten Verfahrens sollte von der Art und dem Umfang des Mangels bzw. Schadens abhängig gemacht werden. Zusätzlich muss darauf geachtet werden, dass die eigentliche Schadensursache, z. B. eine durchfeuchtete Außenwand (s. Kap. III.2) oder Schädlingsbefall (s. Kap. V.4), zunächst behoben wird.

Entkernung von Holzbalkendecken

Bei einer geplanten Entkernung einer Holzbalkendecke sollten neben den Vorteilen wie einfacherer bzw. genauerer Bewertung des Istzustandes und Reduktion der bestehenden Eigenlast durch Entfernen der Einschübe und infolgedessen eine Erhöhung der Lastreserven auch die Nachteile, die von der späteren Nutzung abhängig sind, wie die Verschlechterung der Luft- und Trittschalldämmung, eine eventuelle Erhöhung der Schwingungsanfälligkeit, unzureichender Brandschutz und schlechte Wirtschaftlichkeit (zusätzlicher Arbeitsaufwand, Kosten für Entsorgung des Bauschuttes), beachtet werden, um je nach Ziel der Maßnahme zu entscheiden, ob diese, z. B. bei dem Wunsch nach sichtbaren bzw. freiliegenden Holzbalken, sinnvoll ist.

Bauphysikalische Maßnahmen an Holzbalkendecken

Bei Geschossdecken aus Holz steht häufig eine brandschutztechnische und/oder eine schallschutztechnische Ertüchtigung im Vordergrund.

Zur brandschutztechnischen Ertüchtigung kann – je nach Kategorie von F 30 bis hin zu F 90 – sowohl eine Deckenbekleidung bzw. Unterdecke gegen Brandbeanspruchung von unten als auch ein Schutz des Fußbodenaufbaus gegen Brandbeanspruchung von oben notwendig sein.

Meist wird der geforderte Brandschutz jedoch bereits durch eine geschlossene Unterdecke mit Gipsplattenbekleidung und Mineralwolleauflage in Kombination mit der vorhandenen Deckenkonstruktion erreicht.

Genügt dies nicht, wird die Decke durch Brandbeanspruchung von oben meist durch einen Estrich – bei ausreichender Lastreserve ein schwimmender Estrich, bei geringer Lastreserve ein Trockenestrich – geschützt.

Abb. III.6.13: Unzureichende Dämmung der obersten Geschossdecke

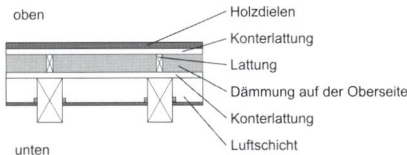

Abb. III.6.14: Prinzipdarstellung einer Decke mit Dämmung auf der Oberseite, Vertikalschnitt ohne Maßstab

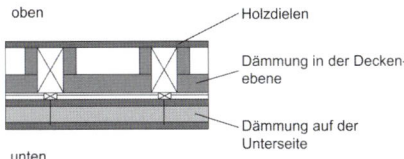

Abb. III.6.15: Prinzipdarstellung einer Decke mit Dämmung von unten, Vertikalschnitt ohne Maßstab

Werte bis zu F 90 werden meist nur nach einer Entkernung und einem folgenden kompletten Neuaufbau auf der Ober- und Unterseite der Balkenlage erreicht.

Maßnahmen bei unzureichender Tritt- und Luftschalldämmung

Zur Verbesserung von Tritt- und Luftschalldämmung bei bestehenden Geschossdecken aus Holz gehören die in der Praxis bewährten Maßnahmen:

- Unterdecken bzw. biegeweiche Bekleidungen oder, falls dies aufgrund einer geringen Höhe nicht möglich ist, ein Austausch der vorhandenen Putzschale gegen eine von den Balken entkoppelte neue Schale,
- vollflächige Füllung vorhandener Hohlräume mit offenporiger Dämmung,
- Entkoppeln der vorhandenen Fußbodenkonstruktion (meist Hobeldielen oder Parkett) durch Dämmstreifen zwischen dieser und den Holzbalken,
- Anbringen eines schwimmenden Estrichs (Trocken- oder Nassestrich) auf der vorhandenen Fußbodenkonstruktion.

Abb. III.6.16: Dämmung innerhalb einer Holzbalkendecke

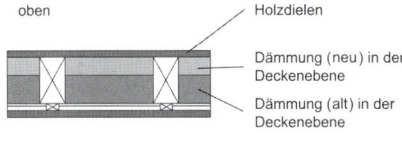

Abb. III.6.17: Prinzipdarstellung einer Decke mit innen liegender Dämmung, Vertikalschnitt ohne Maßstab

Abb. III.6.18: Stabilisierung mittels Stahlbauteilen in einem Gebäude

Bautechnische Maßnahmen an Holzbalkendecken

Zu den neuen Verfahren gegen Erschütterungen durch Einzellasten gehört eine Unterspannung der bestehenden Holzbalkendecke, die anschließend bekleidet wird.

Zusätzlich trägt eine unterspannte Holzbalkendecke, die sogenannte UHB-Decke, auch zu einer Erhöhung der vorhandenen Lastaufnahme mittels Vorspannung durch Überhöhung und schubfeste Verschraubung der Bohlen bei.

Dieses patentierte System kann nur mit Lizenz angewendet werden, bietet jedoch die Möglichkeit, ohne Öffnung der Decke, ohne Unterbrechung der Nutzung und mit wenig Schmutz und Staub zu einer deutlichen Verminderung der Erschütterungen durch Einzellasten beizutragen.

Maßnahmen an Unterdecken und Deckenbekleidungen

Mängel und Schäden an Unterdecken und Deckenbekleidungen lassen sich meist einfach beheben, da einzelne Platten bzw. Ausschnitte ausgetauscht werden können.

Bei mangelhaften Befestigungen muss das Deckensystem demontiert werden, um neue bzw. zusätzliche Befestigungen anzubringen.

Werden jedoch schallschutztechnische Mängel auf das Material oder einen Anstrich der Unterdecken bzw. Deckenbekleidungen zurückgeführt, müssen diese oftmals ausgetauscht werden. Liegen die Mängel nur im Bereich einzelner Schallbrücken, z. B. durch fehlerhafte Anschlüsse, lassen sich diese partiell beheben.

Aus brandschutztechnischen Gründen müssen auch Materialien, die den Baustoffklassen, und Befestigungen, die den Anforderungen nicht genügen, ausgetauscht werden.

Mängel und Schäden durch Feuchtebildung, z. B. durch Tauwasser, können meist nur dauerhaft behoben werden, wenn die Ursachen beseitigt werden. Dazu ist ein nachträgliches Einbringen von Wärmedämmung notwendig. Dies ist im Bereich abgehängter Decken durch den vorhandenen Luftraum oftmals möglich.

Bei der Beseitigung von Mängeln und Schäden an Unterdecken und Deckenbekleidungen sollte beim Austausch bzw. bei der Erneuerung von Platten und Befestigungen, vor allem aber bei einer nachträglichen Ertüchtigung z. B. durch zusätzliche Dämmmaßnahmen, sowohl auf die zusätzlich entstehenden Lasten als auch auf die vorhandene Raumhöhe geachtet werden.

III.6.3.1 Maßnahmen bei Schadstoffbelastungen

Lindan, PCP, DDT

Eine Sanierung von schadstoffbelasteten Holzbauteilen ist je nach Situation und Konzentration unterschiedlich. Die Entfernung biozidbehandelter Hölzer erfolgt unter Beachtung der Entsorgungsvorschriften (z. B. „Gesetz zur Förderung und Sicherung der umweltverträglichen Beseitigung von Abfällen [Kreislaufwirtschafts- und Abfallgesetz]", PCP-Richtlinie). In der PCP-Richtlinie werden Empfehlungen für die Sanierung PCP-belasteter Räume gegeben. Eine Sanierung PCP-haltiger Bauteile kann beispielsweise durch Beschichtung und Bekleidung oder Entfernung geschehen.

Formaldehyd

Als Alternative zu formaldehydhaltigen Spanplatten sind Materialien wie z. B. Vollholz, zementgebundene Spanplatten oder gipsgebundene Flachpressplatten geeignet. Offene Spanplattenkanten und Bohrlöcher sollten grundsätzlich nachträglich abgedichtet werden. Zur Abdichtung können beispielsweise Furniere, Plastikkappen, Spachtelmassen oder Lacke verwendet werden. Grundsätzlich gilt, dass emittierende Materialien (bevorzugt gegen formaldehydfreie Produkte) ausgetauscht werden sollten.

PAK

Sind PAK-haltige Baustoffe vorhanden, bedeutet das nicht zwangsläufig, dass eine Gesundheitsgefahr besteht. Es ist im Einzelfall zu prüfen, wie das teerhaltige Material verbaut wurde und ob mit einer relevanten Schadstoffbelastung zu rechnen ist. Die Gefährdungsbeurteilung sowie die Feststellung, ob Sanierungsmaßnahmen getroffen werden müssen, sollten ausschließlich durch einen Sachverständigen erfolgen.

Sanierungsarbeiten an PAK-belasteten Materialien werden durch die Gefahrstoffverordnung (GefStoffV) geregelt sowie insbesondere durch die Technischen Regeln für Gefahrstoffe TRGS 551 „Teer und andere Pyrolyseprodukte aus organischem Material", TRGS 524 „Sanierung und Arbeiten in kontaminierten Bereichen" und die „Verordnung über Sicherheit und Gesundheitsschutz auf Baustellen" (Baustellenverordnung).

KMF

Der Umgang mit alten Mineralwolle-Produkten ist nur noch im Zuge von Abbruch-, Sanierungs-, Instandhaltungs- und Instandsetzungsarbeiten zulässig. Für diese Arbeiten gilt die Technische Regel für Gefahrstoffe TRGS 521 „Abbruch-, Sanierungs- und Instandhaltungsarbeiten mit alter Mineralwolle". Derzeit besteht für alte KMF-Produkte jedoch keine Sanierungspflicht. Neue KMF gelten als nicht krebserzeugend. Bei Sanierungsarbeiten sind daher lediglich die üblichen Mindestschutzmaßnahmen anzuwenden.

Lösemittel

Generell sollten Lösemittelkonzentrationen in der Raumluft so gering wie möglich gehalten werden. Daher sollten die identifizierten Emissionsquellen beseitigt werden, was in der Praxis oft mit erheblichen Kosten verbunden ist.

Es gibt verschiedene Verfahren, alte Beschichtungen zu entfernen. Anstriche von Decken sollten mechanisch entfernt werden. Bei der mechanischen Entfernung besteht die Gefahr, dass giftige Metallverbindungen wie Blei, Cadmium und Zink (s. Schwermetalle), die sich in den Pigmenten von Farben und Lacken befinden können, durch den freiwerdenden Staub zu gesundheitsgefährdenden Emissionen führen. Bei der Sanierung schadstoffbelasteter Beschichtungen sind entsprechende berufsgenossenschaftliche Vorschriften, wie die technische Regel für Gefahrstoffe TRGS 524 „Sanierung und Arbeiten in kontaminierten Bereichen", die BG-Richtlinie für Arbeiten in kontaminierten Bereichen (s. BGR 128 „Kontaminierte Bereiche") und die Gefahrstoffverordnung (GefStoffV) zu berücksichtigen. Weiterhin ist bei der Entfernung belasteter Beschichtungen das Kreislaufwirtschafts- und Abfallgesetz „Gesetz zur Förderung und Sicherung der umweltverträglichen Beseitigung von Abfällen (Kreislaufwirtschafts- und Abfallgesetz)" zu beachten.

Die „Chemikalienrechtliche Verordnung zur Begrenzung der Emissionen flüchtiger organischer Verbindungen (VOC) durch Beschränkung des Inverkehrbringens lösemittelhaltiger Farben und Lacke (Lösemittelhaltige Farben- und Lack-Verordnung – ChemVOCFarbV)" regelt die Begrenzung der Emissionen flüchtiger organischer Verbindungen (VOC) durch Beschränkung des Inverkehrbringens lösemittelhaltiger Farben und Lacke. Nach § 1 „Zweck und Anwendungsbereich" ist u. a. der Gehalt an flüchtigen organischen Verbindungen in bestimmten Farben und Lacken zur Beschichtung von Gebäuden, ihren Bauteilen und dekorativen Bauelementen zu begrenzen. Hier sind Grenzwerte für den VOC-Höchstgehalt von Farben und Lacken angegeben.

Schwermetalle

Eine Sanierung von mit Schwermetallen belasteten Beschichtungen fällt je nach Situation und Konzentration unterschiedlich aus. Gemäß dem Vorsorgeprinzip sollten belastete Beschichtungsstoffe prinzipiell beseitigt werden. Die Entfernung schadstoffbelasteter Stoffe erfolgt unter besonderer Berücksichtigung des Chemikaliengesetzes (ChemG), der Gefahrstoffverordnung (GefStoffV), der Technischen Regeln für Gefahrstoffe TRGS 602 „Ersatzstoffe und Verwendungsbeschränkungen – Zinkchromate und Strontiumchromat als Pigmente für Korrosionsschutz – Beschichtungsstoffe" und TRGS 505 „Blei". Die Arbeiten sollten ausschließlich von Fachunternehmen durchgeführt werden, die über ausreichend Erfahrung und Fachkenntnis verfügen.

Weiterhin stellen Hersteller oder Händler Datenblätter, wie technische Merkblätter oder DIN- bzw. EG-Sicherheitsdatenblätter, zur Verfügung. Diese Informationen und Hinweise sollten unbedingt eingesehen und beachtet werden.

Abb. III.7.01: Außentreppe eines Wohngebäudes

III.7 Treppen

Autoren: Dipl.-Ing. Silke Nicole Klein, Architektin; Prof. Dr.-Ing. Martin Pfeiffer, Architekt; Dipl.-Ing. (FH) Yasemin Wildebrand, Architektin

III.7.1 Allgemeines

Außentreppen verbinden als Teil der Wegeführung verschiedene Ebenen von Gebäuden im Außenbereich oder zwischen innen und außen, Innentreppen verbinden verschiedene Ebenen eines Gebäudes miteinander.

III.7.1.1 Vorschriften und Regeln

Die DIN 18065 „Gebäudetreppen – Definitionen, Messregeln, Hauptmaße" definiert die Hauptmaße von Treppen und ist Teil der (allgemein) anerkannten Regeln der Technik für Gebäudetreppen.

Teilweise weichen die Vorgaben der DIN 18065 von den in den Durchführungsverordnungen der Landesbauordnungen enthaltenen Treppenbauvorschriften ab. Aus diesem Grund muss darauf geachtet werden, in welchem Bundesland die DIN 18065 bauaufsichtlich eingeführt ist oder die Bestimmungen des Landesrechtes gelten.

Insbesondere zum Schutz von Kindern darf der Abstand zwischen einzelnen Treppenteilen gemäß einiger Landesbauordnungen – also nicht nur bei Geländerstäben – nicht mehr als 12 cm betragen, um die Absturzgefahr zu vermindern.

Sowohl diese Vorgabe als auch weitere in der DIN 18065 festgelegte Mindestmaße sollten in der Planung beachtet und hinterfragt werden, da diese teilweise nicht mehr den heutigen Ansprüchen genügen.

Insbesondere die der DIN 18065 entsprechende Mindestdurchgangshöhe von 2 m kann heutigen Ansprüchen nicht mehr genügen.

Für notwendige Treppen werden besondere Anforderungen insbesondere an den Brandschutz gestellt.

Die DIN 18065 unterscheidet in notwendige Treppen und nicht notwendige Treppen.

Notwendige Treppen dienen im Brandfall als erster Rettungsweg. Entsprechend den Gebäudeklassen werden an solche Treppen und Treppenräume Anforderungen gestellt.

Gemäß der Musterbauordnung (MBO) muss von jeder Stelle eines zum dauernden Aufenthalt von Menschen bestimmten Raumes – auch innerhalb eines Kellergeschosses – eine Treppe oder ein direkter Ausgang ins Freie in maximal 35 m erreichbar sein.

Hochhäuser, Krankenhäuser, Schulen, Garagen, Versammlungs- und Verkaufsstätten usw. unterliegen Sondervorschriften.

In der Altbausanierung, insbesondere bei einer Nutzungsänderung, wenn also der Bestandsschutz (s. Kap. I.3) außer Kraft gesetzt wird, ist der Umgang mit vorhandenen notwendigen Treppen oft problematisch, da sie den an den Brandschutz gestellten Anforderungen meist nicht mehr entsprechen.

Nicht notwendige Treppen können zusätzlich zu notwendigen Treppen vorhanden sein und auch der Hauptnutzung dienen. Sie gehören jedoch nicht zum ersten Rettungsweg und unterliegen aufgrund dessen keinen besonderen Anforderungen.

III.7.1.2 Bauphysikalische und bautechnische Anforderungen

Bauphysikalische Anforderungen an Treppen und Treppenräume richten sich an den Schallschutz, Brandschutz und Wärmeschutz.

Schallschutz

Die Mindestanforderungen an den Schallschutz und die Anforderungen an einen erhöhten Schallschutz (Beiblatt 2) regelt die DIN 4109 „Schallschutz im Hochbau".

Die Übertragung von Trittschall wird im Altbaubestand vor allem im Geschosswohnungsbau zwischen dem Treppenraum und angrenzenden Wohnbereichen oft als störend empfunden und führt zu einer Minderung des Wohnwertes.

Brandschutz

Die Anforderungen hinsichtlich des Brandschutzes regeln die Landesbauordnungen der einzelnen Bundesländer in Rechtsverordnungen, Durchführungsverordnungen und technischen Baubestimmungen, die auf die DIN 4102 „Brandverhalten von Baustoffen und Bauteilen" verweisen.

Tabelle III.7.01: Tabelle – Grenzmaße nach DIN 18065 „Gebäudetreppen – Definitionen, Messregeln, Hauptmaße", Tabelle 1 (Grafik: IFB 2006)

Gebäudeart	Treppenart	Nutzbare Treppenlaufbreite min.	Treppensteigung max.	Treppenauftritt min.
Wohngebäude mit nicht mehr als 2 Wohnungen	Treppen, die zu Aufenthaltsräumen führen	80 cm	20 cm	23 cm
	Kellertreppen, die nicht zu Aufenthaltsräumen führen	80 cm	21 cm	21 cm
	Bodentreppen, die nicht zu Aufenthaltsräumen führen	50 cm	21 cm	21 cm
sonstige Gebäude	notwendige Treppen	100 cm	19 cm	26 cm
alle Gebäude	nicht notwendige Treppen	50 cm	21 cm	21 cm

Wärmeschutz

Der Wärmeschutz ist bei Innentreppen im Altbaubestand nur dann relevant, wenn Treppenläufe beheizte gegen unbeheizte Räume abtrennen oder direkt an das Erdreich angrenzen. Dies ist z. B. häufig bei Kellertreppen der Fall. Im Geschosswohnungsbau kommen auch unbeheizte Treppenräume vor, die den heutigen Anforderungen nicht mehr entsprechen (s. Kap. III.5).

Bei einem erstmaligen Einbau, dem Ersatz oder der Erneuerung einer solchen Treppe gilt ein maximaler Wärmedurchgangskoeffizient von 0,4 W/(m² · K).

Bautechnische Anforderungen

Bautechnische Anforderungen an Treppen richten sich insbesondere an ihre Verkehrssicherheit und Begehbarkeit, aber auch an ihre Tragfähigkeit bzw. Standsicherheit. Die Anforderungen an Treppengeländer sind in Kapitel III.9 beschrieben.

III.7.1.3 Material

Stahlbetontreppen

Heute wird ein Großteil der Treppenläufe aus Stahlbeton (in Ortbetonherstellung oder als Fertigtreppen im Werk) gefertigt. Im Baubestand wurden Treppen aus Stahlbeton überwiegend erst ab den 50er-Jahren eingesetzt.

Innentreppen aus Stahlbeton (s. Kap. V.2) werden mit verschiedenen Stufenbelägen, z. B. aus Holz (s. Kap. V.4), Naturstein (s. Kap. V.1), elastischen Belägen (s. Kap. III.10), Fliesen oder Platten (s. Kap. V.7) belegt. Außentreppen werden im Rohzustand gelassen, gestrichen, beschichtet oder ebenfalls mit Belägen, wie z. B. Natursteinen, Fliesen und Platten (s. Kap. V.8), versehen.

Treppen aus Stahlbeton erfüllen die an notwendige Treppen gestellten Anforderungen an den Brandschutz nur dann, wenn die Betondeckung über den Bewehrungsstählen ausreichend ist (s. Kap. V.2). Eine Messung der Betondeckung kann mit einem elektromagnetischen Messgerät erfolgen (s. Kap. VI).

Holztreppen

Aus Brandschutzgründen sind Holztreppen heute in den meisten Bundesländern nur noch in Gebäuden mit bis zu 2 Vollgeschossen zugelassen.

Im Baubestand sind Treppen mit einer tragenden Konstruktion aus Holz (s. Kap. V.4), Holzbelägen und Holzgeländern allerdings vor allem in Wohngebäuden zahlreich vorhanden.

Metalltreppen

Treppen mit einer tragenden Konstruktion aus Metall (s. Kap. V.5) wurden im Baubestand bereits ab der Gründerzeit insbesondere im Wohnungsbau eingesetzt.

Dabei wurden die tragenden Eisen- und Stahlkonstruktionen häufig mit anderen Materialien, wie z. B. Holzstufen und -geländern oder schmiedeeisernen Geländern, kombiniert.

Stahl eignet sich aufgrund seiner hohen Festigkeit besonders für filigrane Konstruktionen bei relativ geringem Eigengewicht und lässt sich leicht, z. B. durch Schweißen, verbinden. Nachteilig ist dagegen der geringe Feuerwiderstand aufgrund des schnellen Verlusts der Standfestigkeit im Brandfall. Daher genügen Metalltreppen mit einer freiliegenden Konstruktion je nach Gebäude den Anforderungen an die Feuerwiderstandsdauer bzw. das Brandverhalten notwendiger Treppen nicht.

Zudem können Stahltreppen nachschwingen und sind oft nicht ganz geräuschfrei. Verzinkte Stahltreppen werden häufig nachträglich als außen liegende Treppen, sogenannte Rettungstreppen, angebracht.

Abb. III.7.02: Beton-Außentreppe eines Wohngebäudes

Abb. III.7.03: Holztreppe eines Wohngebäudes im Altbaubestand

Tabelle III.7.02: Mindestanforderung (erhöhte Anforderungen) an den Trittschallschutz nach DIN 4109 „Schallschutz im Hochbau" (Grafik: IFB 2006)

	Anforderung nach DIN 4109	Empfehlung nach Beiblatt 2 DIN 4109
Wohngebäude		
1. Geschosshäuser mit Wohnungen und Arbeitsräumen		
Treppenraumwände und Wände neben Hausfluren	52 dB	55 dB
Sonstige Gebäude		
2. Schulen und vergleichbare Unterrichtsbauten		
Wände zwischen Unterrichtsräumen und Treppenhaus	52 dB	–

Abb. III.7.04: Beschädigte Treppenstufe

Treppen aus Natur- oder Werkstein

Treppen aus Natur- oder Werkstein werden insbesondere im Außenbereich eingesetzt, da natürliche Steine, wie z. B. Granit, Marmor und Porphyr (s. Kap V.1), und Werksteine (s. Kap. V.7) witterungsbeständig sind.

Treppenstufen aus Sandstein (s. Kap. V.7) nutzen sich oft schnell ab. Ohne eine dauerhafte Imprägnierung können sich Moose und Algen bilden, die eine zusätzliche Rutschgefahr darstellen.

III.7.2 Typische Mängel und Schäden

III.7.2.1 Bauphysikalische und bautechnische Mängel und Schäden

Bauphysikalische Mängel und Schäden entstehen insbesondere aufgrund unzureichender Dämmungen, Bekleidungen und Beschichtungen.

Unzureichender Wärmeschutz

Im Altbaubestand muss davon ausgegangen werden, dass insbesondere zu unbeheizten Räumen wie Kellerräumen, aber auch Treppenräumen kein oder nur ein unzureichender Wärmeschutz vorhanden ist. Dies führt zu erheblichen Wärmeverlusten und einem erhöhten Energiebedarf (s. Kap. III.5).

Unzureichender Schallschutz

Im Altbaubestand werden die Anforderungen insbesondere an den Trittschallschutz oftmals nicht erfüllt, was insbesondere im Bereich des Geschosswohnungsbaus zu erheblichen Einschränkungen und Belästigungen führen kann.

Unzureichender Brandschutz

Innentreppen aus Holz erfüllen die an den Brandschutz gestellten Anforderungen nur bei einem ausreichenden Querschnitt der tragenden Hölzer. Da ein Nachweis im Nachhinein nicht erbracht werden kann und das Brandverhalten auch von der Holzart (s. Kap. V.4) beeinflusst wird, muss davon ausgegangen werden, dass Holztreppen einen geringen Feuerwiderstand aufweisen.

Treppen mit einer tragenden Konstruktion aus Metall genügen den heutigen Anforderungen an den Brandschutz häufig nur dann, wenn die Stahlträger bekleidet sind (s. Kap. V.5).

Stahlbeton-Innentreppen genügen diesen Anforderungen, wenn eine ausreichende Betondeckung vorhanden ist (s. Kap. V.2).

Unzureichende Verkehrssicherheit/ Standsicherheit

Zu den bautechnischen Mängeln und Schäden an Treppen zählen eine unzureichende Tragfähigkeit bzw. Standsicherheit sowie eine unzureichende Verkehrssicherheit und Begehbarkeit, die insbesondere durch lose Geländer, ausgetretene Stufen und mangelhafte Beläge entstehen können.

III.7.2.2 Konstruktionsbedingte Mängel und Schäden

Tragfähigkeitsmängel

Zu den typischen Schadensbildern an Innentreppen im Altbaubestand, die in Außenwänden verankert bzw. aufgelagert sind, gehören Korrosionsschäden an Stahlträgern und Fäulnisschäden an Holzträgern. Diese Schäden werden häufig durch durchfeuchtete Außenwände ausgelöst und können jahrelang im Verborgenen bleiben. Im Zuge einer Modernisierung der Treppe müssen daher auch die umschließenden Bauteile (s. Kap. VI) und die tragende Konstruktion (s. Kap. VI) genau untersucht werden.

Ähnliche Schadensbilder zeigen sich auch bei Innentreppen, die auf feuchten Kellerböden aufgelagert sind, und an allen Außentreppen.

Durch den schleichenden Zerfall der tragenden Konstruktion bilden solche Schäden für Nutzer eine erhebliche Gefahrenquelle.

III.7.2.3 Materialbedingte Mängel und Schäden

Zu den typischen materialbedingten Schäden an Treppen gehören vor allem ausgetretene Stufen bei Holzstufen (s. Kap. V.4) und Natursteinstufen (s. Kap. V.8) und ausgebrochene Trittkanten bei Stufen aus Beton (s. Kap. V.2), Terrazzo (s. Kap. V.3) oder an keramischen Fliesen und Platten (s. Kap. V.7) sowie Holzschädlinge (s. Kap. V.4).

Insbesondere außen liegende Treppen unterliegen wie andere Außenbauteile ständigen Witterungseinflüssen, was zu daraus resultierenden materialbedingten Schäden wie z. B.:

- Rissen (s. Kap. V.2, V.4, V.7, V.8),
- abgeplatzten Fliesen und Platten (s. Kap. V.7),
- offenen Fugen (s. Kap. V.2 ,V.4, V.7, V.6),
- beschädigtem/feuchtem Estrich (s. Kap. V.2),
- Bewuchs, wie z. B. Moos und Algenablagerungen (s. Kap. V.1., V.4, V.8),
- Betonabplatzungen und -verwölbungen (s. Kap. V.2),
- Korrosion der Bewehrungsstähle (s. Kap. V.2), an Metallbauteilen (s. Kap. V.5),
- Rostfahnen (s. Kap. V.2, V.5),
- Schmutzfahnen und Ausblühungen auf Fliesen (s. Kap. V.7),
- Verwitterung, Pilz- und Insektenbefall an Holzbauteilen (s. Kap. V.4)

führen kann.

III.7.2.4 Schadstoffe

Schadstoffbelastungen von Treppen können insbesondere durch Holzschutzmittel (HSM) hervorgerufen werden. Oftmals sind hier die Verbindungen Lindan (Hexachlorhexan), PCP (Pentachlorphenol) sowie DDT (Dichlordiphenyltrichlorethan) vorhanden. Weitere Schadstoffbelastungen können durch in Beschichtungen enthaltene Lösemittel und Schwermetalle sowie durch Weichmacher (Phthalate) in PVC-Belägen aus Polyvinylchlorid (PVC) verursacht werden.

Lindan, PCP, DDT

Schadstoffbelastungen von Holztreppen bestehen insbesondere im Zusammenhang mit dem chemischen Holzschutz (s. Kap. V.4.2). Vor allem in den 1970er-Jahren wurden in Deutschland große Mengen an Holzschutzmitteln (HSM) verwendet, sowohl im Außenbereich als auch in Wohnräumen. Der Einsatz der Wirkstoffe Lindan (Hexachlorhexan) und PCP (Pentachlorphenol) in HSM ist in Deutschland seit 1989 verboten, da PCP als eindeutig krebserzeugend eingestuft worden ist; bei Lindan wird derzeit über die kanzerogene Wirkung diskutiert. In der DDR wurde zudem bis 1989 das Insektizid DDT (Dichlordiphenyltrichlorethan) eingesetzt, das in der alten Bundesrepublik bereits seit 1972 verboten war. DDT wird von der Umwelt nur langsam abgebaut. Es ist erbgutverändernd und steht im Verdacht, Krebs zu erzeugen. Bei Abbruch- und Sanierungsarbeiten an behandelten Holzbauteilen kann DDT in größeren Mengen freigesetzt werden.

Bei chemischen Holzschutzmitteln wie PCP, Lindan oder DDT handelt es sich um sogenannte schwer flüchtige Verbindungen. Sie sind meist nur in geringer Konzentration in der Luft vorhanden, da sie sich nach dem Ausgasen schnell wieder an Oberflächen (z. B. Staubpartikel/Hausstaub, Einrichtungsgegenstände) abscheiden. Dadurch kann es zu einer für die Innenraumbelastung gravierenden Anreicherung von Schadstoffen kommen. Viele dieser Schadstoffe sind oft über Jahre hinweg nachweisbar.

Lösemittel

Schadstoffbelastungen treten insbesondere im Zusammenhang mit lösemittelhaltigen Beschichtungen von Treppen auf. Lösemittel haben die Aufgabe, andere feste, flüssige oder gasförmige Stoffe in Lösung zu halten und den Anstrichstoff streich- und sprühfähig zu machen. Es gibt eine große Anzahl an lösemittelhaltigen Stoffen, die aus unterschiedlichen Stoffgemischen bestehen. Organische Lösemittel gehören zu den typischen leicht flüchtigen organischen Verbindungen (VOC, engl.: volatile organic compounds) und besitzen einen Siedepunkt zwischen 50 und 200 °C. Lösemittelhaltige Beschichtungen können während und nach der Verarbeitung zu hohen Raumluftbelastungen führen, da die Lösemittel unter atmosphärischen Bedingungen in die Raumluft entweichen. Sie verdampfen langsam und sind über einen längeren Zeitraum in der Raumluft nachweisbar.

Organische Lösemittel sind u. a. Gemische auf der Basis leicht flüchtiger aromatischer Kohlenwasserstoffe (BTX – Benzol, Toluol, Xylol), aliphatischer Kohlenwasserstoffe (z. B. Hexan, Oktan, Dekan, Dodekan) und verschiedener Ester, Alkohole und Glykole. Sie werden hauptsächlich als Verdünnungs- und Lösemittel in Nitrocelluloselacken (Nitrolacke) und Alkydharzlacken eingesetzt. Der Anteil organischer Lösemittel liegt bei Nitrolacken bei bis zu 70 %, bei Alkydharzlacken bei 30 bis 60 %. Weiterhin gibt es einige Lösemittel aus der Gruppe der aliphatischen Chlorkohlenwasserstoffe (CKW), wie z. B. Dichlormethan, Trichlorethylen sowie Tetrachlorethylen (Perchlorethylen). Diese werden heute noch meist als Abbeizmittel zum Entfernen von Oberflächenbeschichtungen verwendet. Trichlorethylen wird seit den 1920er-Jahren und Tetrachlorethylen seit den 1950er-Jahren produziert; beide Stoffe wurden in unterschiedlichen Bereichen eingesetzt.

Da aromatische Lösemittel, wie z. B. Benzol, Toluol, Xylol, Aufsehen erregt haben, wurden in den letzten 20 Jahren zunehmend Glykole als Lösemittel für wasserbasierte Beschichtungssysteme verwendet. In diesem Zusammenhang muss der unterschiedliche Gebrauch des Begriffes „Lösemittel" erläutert werden. Die Technische Regel für Gefahrstoffe TRGS 610 „Ersatzstoffe und Ersatzverfahren für stark lösemittelhaltige Vorstriche und Bodenbelagsklebstoffe für den Bodenbereich" definiert das Wort „Lösemittel" als „…

flüchtige organische Stoffe sowie deren Mischungen mit einem Siedepunkt < 200 °C, die bei Normalbedingungen (20 °C und 1013 hPa) flüssig sind und dazu verwendet werden, andere Stoffe zu lösen oder zu verdünnen, ohne sie chemisch zu verändern." Da Glykole im Vergleich zu „herkömmlichen Lösemitteln" einen höheren Siedepunkt besitzen, trifft auf sie diese Definition daher nicht zu. Anstrichstoffe mit einem Glykolgehalt bis zu 10 % dürfen als lösemittelfrei bezeichnet werden.

Glykole werden aufgrund ihrer Wassermischbarkeit vorwiegend in wasserverdünn- und wasservermischbaren Produkten wie Dispersionsfarben, z. B. Kunststoffdispersionsfarben (KD-Farben), Kunstharzdispersionsfarben sowie Dispersionslackfarben, eingesetzt. Zu der Gruppe der Glykole zählen alle Glykolverbindungen wie Glykolether (z. B. 2-Butoxyethanol, Propylenglykolether) und Glykolester (Acetate von Glykolether). Glykole sind farblose, fast geruchlose Flüssigkeiten, die sich gut mit Wasser mischen lassen. Im Vergleich zu herkömmlichen Lösemitteln besitzen Glykole einen höheren Siedepunkt, sodass sie sehr langsam an die Raumluft abgegeben werden und über einen längeren Zeitraum nachweisbar sind.

Die Aufnahme von gesundheitsgefährdenden Lösemitteldämpfen oder Aerosolen kann durch das Einatmen, das Verschlucken, durch die Aufnahme über die Haut bei hautresorptiven Stoffen wie Xylol oder Ethylbenzol oder durch direkten Augenkontakt geschehen. In Abhängigkeit von der Konzentration und der Einwirkungsdauer kann dies unterschiedliche Auswirkungen auf den menschlichen Körper haben. Einige Lösemittel führen zu Atemwegs- und Schleimhautreizungen sowie Kopfschmerzen, andere schädigen das Nervensystem, können Leber- und Nierenschäden hervorrufen oder besitzen krebserregendes und fruchtschädigendes Potenzial. Die Toxizität von Glykol ist innerhalb der Stoffgruppe sehr unterschiedlich und kaum bekannt. Bei den kaum untersuchten Glykolverbindungen zeigen sich aber zum Teil gleichartige toxische Wirkungen wie bei anderen herkömmlichen Lösemitteln.

CKW zählen zu den schädlichsten Chemikalien in Bezug auf Gesundheit und Umwelt. Trichlorethylen ist seit Ende 2001 in die Kategorie der krebserzeugenden, erbgutverändernden Gefahrstoffe, Tetrachlorethylen in die Kategorie der krebserzeugenden Gefahrstoffe eingestuft worden (s. Technische Regel für Gefahrstoffe TRGS 905 „Verzeichnis krebserzeugender, erbgutverändernder oder fortpflanzungsgefährdender Stoffe"). Nach Anhang IV „Herstellungs- und Verwendungsverbote" der Gefahrstoffverordnung (GefStoffV) gilt für z. B. Benzol, Toluol und aliphatische Chlorkohlenwasserstoffe (mit wenigen Ausnahmen) ein Herstellungs- und Verwendungsverbot.

Schwermetalle

Schadstoffbelastungen von Treppen können im Zusammenhang mit Schwermetallen in Beschichtungen auftreten. Zu den Schwermetallen zählen u. a. Blei und Bleiverbindungen (z. B. Bleioxid [Blei-Mennige], Bleinitrat, Bleiacetat, Bleicarbonat), Cadmium und Cadmiumverbindungen (z. B. Cadmiumsulfat, Cadmiumsulfid, Cadmiumchlorid, Cadmiumoxid, Cadmiumhydroxid) sowie Zink und Zinkverbindungen (z. B. Zinkchromat).

Blei-, Cadmium- und Zinkverbindungen können in den Pigmenten von Farben und Lacken auftreten. Blei kommt häufig als Bleiweiß in weißen oder hellen Farben, Cadmium (z. B. Cadmiumsulfid) in gelben bis tiefroten Farbpigmenten und Zinkchromat (Zinkgelb) in gelben Farbpigmenten vor. Weiterhin wurde Zinkchromat (starkes Oxidationsmittel) vielfach in Korrosionsschutzgrundfarben eingesetzt. Blei-Mennige wird wie Zinkchromat zur Herstellung korrosionsschützender Anstrichstoffe für Metalloberflächen verwendet. Im 19. Jahrhundert wurde dazu der Stoff mit Leinöl und/oder Terpentinöl vermischt und verstrichen. Später wurden die Öle durch flüchtige Lösemittel wie z. B. Alkohole (Methanol, Ethanol) ersetzt, um die Trocknungszeit zu verkürzen.

Werden blei- und cadmiumbelastete Anstriche mechanisch durch Abbrennen oder Abschleifen entfernt, können durch den freiwerdenden Staub hohe Schadstoffbelastungen entstehen. Beim Umgang mit Zinkchromat kann es zu Haut- und Atemwegsreizungen kommen. Darüber hinaus gilt Zinkchromat als eindeutig krebserzeugend (Lungenkrebs) und erbgutschädigend. Blei-Mennige ist toxisch, sobald es durch Verschlucken oder Einatmen in den Körper gelangt. Bei einmaliger Aufnahme kann es allerdings nicht zu Vergiftungserscheinungen kommen. Blei-Mennige als Korrosionsschutzmittel ist in Deutschland verboten. Nach der Technischen Regel für Gefahrstoffe TRGS 905 „Blei" wird bioverfügbares Blei-Metall in die Kategorie R_E1 (fruchtschädigend) sowie Kategorie R_F3 (Beeinträchtigung der Fortpflanzungsfähigkeit – Fruchtbarkeit) und Cadmiumverbindungen (bioverfügbar, in Form atembarer Stäube/Aerosole) in die Kategorie der krebserregenden Gefahrstoffe (K2) eingestuft.

Nach Anhang IV „Herstellungs- und Verwendungsverbote" der Gefahrstoffverordnung (GefStoffV) gilt mit wenigen Ausnahmen für Bleikarbonate, Bleisulfate, Cadmium und Cadmiumverbindungen ein Herstellungs- und Verwendungsverbot. Bleiverbindungen wie wasserfreies neutrales Bleikarbonat, Bleihydrokarbonat und Bleisulfate dürfen nicht als Farben verwendet werden. Dies gilt jedoch nicht, wenn die Verwendung von Ersatzstoffen nicht möglich ist, wie z. B. zur Erhaltung oder originalgetreuen Wiederherstellung von historischen Bestandteilen denkmalgeschützter Gebäude. Cadmium und seine Verbindungen dürfen nicht zum Einfärben von Erzeugnissen oder ihren Bestandteilen, die aus bestimmten Stoffen und Zubereitungen, z. B. Harnstoffformaldehyd (UF), Polyvinylchlorid (PCV), Epoxidharze, hergestellt wurden, verwendet werden. In Farbpigmenten dürfen Cadmium oder Cadmiumverbindungen maximal zu 0,01 % enthalten sein. Für die Zubereitungen von Farbpigmenten mit hohem Zinkanteil darf der Massengehalt von Cadmium oder Cadmiumverbindungen 0,1 % nicht überschritten werden.

Weichmacher (Phthalate)

Polyvinylchlorid (PVC) ist ein Kunststoff, der zur Herstellung von PVC-Belägen wie Treppen- und Fußbodenbelag verwendet wird. Durch Zugabe von Weichmachern und Stabilisatoren wird das eigentlich spröde PVC weicher und formbar gemacht. Bei Weichmachern handelt es sich um chemische Zusätze, die die Plastizität von Kunststoffen erhöhen. Zu den bekanntesten und häufigsten Vertretern zählen DEHP (Diethylhexylphthalat), BBP (Benzylbutylphthalat), DEP (Diethylphthalat) und DBP (Dibutylphthalat). Weichmacher (Phthalate) werden seit den 1960er-Jahren in großen Mengen verwendet, wobei ihre Konzentration in Kunststoffprodukten bis zu 40 % betragen kann. Da Phthalate im Kunststoff chemisch nicht fest gebunden sind, können sie durch Diffusion oder Abrieb wieder relativ leicht aus dem Material austreten. Die breite Anwendung von Phthalaten führt daher zu einer allgegenwärtigen Verteilung in der Umwelt.

Phthalate sind gesundheitlich problematische Verbindungen, da sie im Verdacht stehen, als hormoneller Wirkstoff z. B. Unfruchtbarkeit bei männlichen Säugetieren hervorzurufen. DEHP und DBP werden von der EU auf Grundlage von tierexperimentellen Studien als „fortpflanzungsgefährdend" bewertet, die US-Umweltbehörde EPA stuft DEHP als kanzerogen ein. Für andere Phthalate besteht der Verdacht, krebserregend und fortpflanzungsgefährdend zu sein.

1999 wurde die überwiegende Anzahl der Phthalate in bestimmten Spielzeugen und Babyartikeln verboten. 2004 wurde das Verbot auf sämtliche Spielzeuge und Babyartikel ausgeweitet sowie die eingeschränkte Verwendung in Produkten wie Farben und Klebstoffen vereinbart. Dagegen werden Phthalate in PVC-Produkten wie z. B. Treppen- und Bodenbelägen weiterhin in großen Mengen eingesetzt.

Im Brandfall setzen PVC-Produkte neben Kohlenmonoxid und weiteren gesundheitsschädlichen Verbindungen wie Dioxine und Furane insbesondere Chlorwasserstoff frei, das ätzend auf die Atemwege wirkt und sich mit Wasser zu Chlorwasserstoffsäure (Salzsäure) verbindet.

III.7.3 Maßnahmen

III.7.3.1 Bauphysikalische und bautechnische Verbesserungen

Bauphysikalische Verbesserungen von vorhandenen Treppen werden insbesondere durch das nachträgliche Anbringen von Dämmungen, Bekleidungen und Beschichtungen erreicht.

Verbesserung des Wärmeschutzes

Eine Verbesserung der Wärmedämmung bestehender Treppen kann durch eine nachträglich auf der Unterseite des Treppenlaufes angebrachte Dämmschicht erreicht werden. Dabei ist besonders auf die verbleibende Durchgangshöhe zu achten. In Kellergeschossen ist der Bereich unterhalb der Treppen dagegen oft nicht zugänglich.

Im Bereich etwaiger Auflager in Außenwänden bleiben jedoch Wärmebrücken bestehen.

Alternativ besteht auch die Möglichkeit, den Treppenraum zu beheizen, was sich vor allem im Geschosswohnungsbau anbietet, sollten keine sonstigen Mängel, wie z. B. ein unzureichender Schallschutz, vorliegen.

Verbesserung des Schallschutzes

Eine Verbesserung des Trittschallschutzes ist oft nur durch eine Entkopplung der Beläge möglich und wird meist gemeinsam mit Schallschutzverbesserungen der Geschossdecken durchgeführt. Dabei werden die Treppenstufen um die gleiche Aufbauhöhe wie die Geschossdecke aufgedoppelt.

Der Trittschallschutz kann erheblich verbessert werden, wenn eine Trittschallschutzmatte eingearbeitet wird. Dabei muss besonders darauf geachtet werden, dass auch die seitlichen Anschlüsse der neuen Beläge an die Umfassungswände schallschutztechnisch entkoppelt werden (Randstreifen).

Verbesserung des Brandschutzes

Um die Feuerwiderstandsdauer von Treppen im Bestand zu verbessern, ist das Anbringen von Bekleidungen z. B. an der Unterseite des Treppenlaufes sowie das Anbringen einer Brandschutzbeschichtung, insbesondere bei Metallkonstruktionen, möglich.

In Absprache mit den Baubehörden können durch Kompensationsmaßnahmen, wie z. B. den Einbau von Rauchmeldern oder Rauchabzügen (s. Kap. III.11), oder das Anbringen einer zusätzlichen notwendigen (Außen-)Treppe Bestandstreppen erhalten und weiter genutzt werden.

Bautechnische Verbesserungen

Bautechnische Verbesserungen erfolgen durch das Wiederherstellen einer ausreichenden Verkehrssicherheit und Begehbarkeit, z. B. durch eine Reparatur der Stufen bzw. ihrer Beläge. Über eine Verbesserung der Tragfähigkeit wird im Bedarfsfall nach einer Untersuchung des Tragwerks und der Auflager (s. Kap. VI) entschieden.

III.7.3.2 Maßnahmen bei konstruktionsbedingten Mängeln und Schäden

Schäden durch durchfeuchtete Anschlussbereiche und Auflager sind resultierende Schäden, die nur durch die Beseitigung der Schadenursache, z. B. einer durchfeuchteten Außenwand (s. Kap. III.2), behoben werden können.

III.7.3.3 Maßnahmen bei materialbedingten Mängeln und Schäden

Materialbedingte Mängel und Schäden an Treppen müssen entsprechend ihres Materials anhand der in Kapitel V angegebenen Verfahren instand gesetzt werden:

- Risse (s. Kap. V.2, V.4, V.7, V.8),
- abgeplatzte Fliesen und Platten (s. Kap. V.7),
- offene Fugen (s. Kap. V.2, V.4, V.7, V.8),
- beschädigter/feuchter Estrich (s. Kap. V.2),
- Bewuchs, wie z. B. Moos und Algenablagerungen (s. Kap. V.1., V.4, V.8),
- Betonabplatzungen und -verwölbungen (s. Kap. V.2),
- Korrosion der Bewehrungsstähle (s. Kap. V.2), an Metallbauteilen (s. Kap. V.5),
- Rostfahnen (s. Kap. V.2, V.5),
- Schmutzfahnen und Ausblühungen auf Fliesen (s. Kap. V.7),
- Verwitterung, Pilz- und Insektenbefall an Holzbauteilen (s. Kap. V.4) usw.

Abb. III.7.05: Nachträglich errichtete Außentreppe als zweiter Rettungsweg

Abb. III.7.06: Einbau einer Innentreppe aus Holz im Zuge von Modernisierungsarbeiten in einem Wohngebäude

Betontreppen müssen beispielsweise nach den Instandsetzungsrichtlinien des Deutschen Ausschusses für Stahlbeton gemäß den dort enthaltenen Prinzipien repariert werden (s. Kap. V.2).

Holzteile können insbesondere durch Anstriche sowie chemischen und baulichen Holzschutz vor Holzschädlingen und Verwitterung geschützt werden (s. Kap. V.4).

III.7.3.4 Maßnahmen bei ausgetretenen Stufen

Eine Ausbesserung der Stufen und eine Erneuerung der Stufenbeläge gehört zu den typischen Aufgaben einer Treppenmodernisierung.

Ausgetretene Treppenstufen werden durch Spachtelmassen egalisiert, bei Bedarf an den Trittkanten mit Winkeln verstärkt, zur Aufnahme eines neuen Belages vorbereitet und anschließend belegt. Die dabei verwendeten Materialien müssen auf den Untergrund und den neuen Belag abgestimmt werden.

III.7.3.5 Maßnahmen bei Schadstoffbelastungen

Lindan, PCP, DDT

Bei chemischen Holzschutzmitteln wie PCP, Lindan oder DDT handelt es sich um sogenannte schwer flüchtige Verbindungen. Sie sind meist nur in geringer Konzentration in der Luft vorhanden, da sie sich nach dem Ausgasen schnell wieder an Oberflächen (z. B. Staubpartikel/Hausstaub, Einrichtungsgegenstände) abscheiden. Dadurch kann es zu einer für die Innenraumbelastung gravierenden Anreicherung von Schadstoffen kommen. Viele dieser Schadstoffe sind oft über Jahre hinweg nachweisbar.

Die Sanierung von schadstoffbelasteten Holzbauteilen ist je nach Situation und Konzentration unterschiedlich. Die Entfernung biozidbehandelter Hölzer erfolgt unter Beachtung der Entsorgungsvorschriften (z. B. „Gesetz zur Förderung und Sicherung der umweltverträglichen Beseitigung von Abfällen [Kreislaufwirtschafts- und Abfallgesetz]", PCP-Richtlinie). In der PCP-Richtlinie werden Empfehlungen für die Sanierung PCP-belasteter Räume gegeben. Eine Sanierung PCP-haltiger Bauteile kann beispielsweise durch Beschichtung und Bekleidung oder Entfernung geschehen.

Lösemittel

Generell sollten Lösemittelkonzentrationen in der Raumluft so gering wie möglich gehalten werden. Daher sollten die identifizierten Emissionsquellen beseitigt werden, was in der Praxis oft mit erheblichen Kosten verbunden ist.

Es gibt verschiedene Verfahren, alte Beschichtungen zu entfernen. Anstriche von Decken sollten mechanisch entfernt werden. Bei der mechanischen Entfernung besteht die Gefahr, dass giftige Metallverbindungen wie Blei, Cadmium und Zink (s. Schwermetalle), die sich in den Pigmenten von Farben und Lacken befinden können, durch den freiwerdenden Staub zu gesundheitsgefährdenden Emissionen führen. Bei der Sanierung schadstoffbelasteter Beschichtungen sind entsprechende berufsgenossenschaftliche Vorschriften wie die Technische Regel für Gefahrstoffe TRGS 524 „Sanierung und Arbeiten in kontaminierten Bereichen", die BG-Richtlinie für Arbeiten in kontaminierten Bereichen (s. BGR 128 „Kontaminierte Bereiche") und die Gefahrstoffverordnung (GefStoffV) zu berücksichtigen. Weiterhin ist bei der Entfernung belasteter Beschichtungen das Kreislaufwirtschafts- und Abfallgesetz „Gesetz zur Förderung und Sicherung der umweltverträglichen Beseitigung von Abfällen (Kreislaufwirtschafts- und Abfallgesetz)" zu beachten.

Die „Chemikalienrechtliche Verordnung zur Begrenzung der Emissionen flüchtiger organischer Verbindungen (VOC) durch Beschränkung des Inverkehrbringens lösemittelhaltiger Farben und Lacke (Lösemittelhaltige Farben- und Lack-Verordnung – ChemVOCFarbV)" regelt die Begrenzung der Emissionen flüchtiger organischer Verbindungen (VOC) durch Beschränkung des Inverkehrbringens lösemittelhaltiger Farben und Lacke. Nach § 1 „Zweck und Anwendungsbereich" ist u. a. der Gehalt an flüchtigen organischen Verbindungen in bestimmten Farben und Lacken zur Beschichtung von Gebäuden, ihren Bauteilen und dekorativen Bauelementen zu begrenzen. Hier sind Grenzwerte für den VOC-Höchstgehalt von Farben und Lacken angegeben.

Schwermetalle

Eine Sanierung von mit Schwermetallen belasteten Beschichtungen fällt je nach Situation und Konzentration unterschiedlich aus. Gemäß dem Vorsorgeprinzip sollten belastete Beschichtungsstoffe prinzipiell beseitigt werden. Die Entfernung schadstoffbelasteter Stoffe erfolgt unter besonderer Berücksichtigung des Chemikaliengesetzes (ChemG), der Gefahrstoffverordnung (GefStoffV), der Technischen Regeln für Gefahrstoffe TRGS 602 „Ersatzstoffe und Verwendungsbeschränkungen – Zinkchromate und Strontiumchromat als Pigmente für Korrosionsschutz – Beschichtungsstoffe" und TRGS 505 „Blei". Die Arbeiten sollten ausschließlich von Fachunternehmen durchgeführt werden, die über ausreichend Erfahrung und Fachkenntnis verfügen.

Weiterhin stellen Hersteller oder Händler Datenblätter, wie technische Merkblätter oder DIN- bzw. EG-Sicherheitsdatenblätter, zur Verfügung. Diese Informationen und Hinweise sollten unbedingt eingesehen und beachtet werden.

Weichmacher (Phthalate)

Aufgrund der gesundheitsschädlichen Wirkung von Phthalaten sollten nach Möglichkeit alle identifizierten Emittenten entfernt und durch schadstoffarme Materialien ersetzt werden. Diese Maßnahme ist insbesondere bei dem Austausch von Treppenbelägen vergleichsweise einfach umzusetzen.

III.8 Balkone

Autoren: Dipl.-Ing. Silke Nicole Klein, Architektin; Prof. Dr.-Ing. Martin Pfeiffer, Architekt; Dipl.-Ing. Tania Brinkmann, Architektin

III.8.1 Allgemeines

Balkone sind auskragende, nicht überdeckte Vorbauten an Gebäuden, die begehbar und an den freien Seiten mit Brüstungen oder Geländern (s. Kap. III.9) umwehrt sind. Sie sind ein wichtiges Element für die Fassadengestaltung eines Gebäudes.

Balkone bieten Platz im Freien und zusätzlich nutzbaren Wohnraum, einen erhöhten Wohnwert sowie eine Wertsteigerung von Gebäuden. Gerade im innerstädtischen Bereich sind Balkone deshalb äußerst beliebt.

Die Nutzung von Balkonen ist stark von äußeren Einflüssen abhängig. Akustische Beeinträchtigungen durch Verkehrslärm, mögliche Aus- und Einblicke und klimatische Einflüsse durch Sonne, Wind, Regen und Schnee sollten bei der Planung so weit wie möglich berücksichtigt werden.

Um Balkone sinnvoll nutzen zu können, sollten diese mindestens 1,2 m bis 1,6 m tief sein. Dabei sollte jedoch darauf geachtet werden, dass darunterliegende Geschosse möglichst wenig verschattet werden.

Balkone können auch verschiedene Sonderfunktionen erfüllen:

- zur Erschließung, z. B. als Laubengang,
- als Reinigungsbalkone,
- als Rettungsbalkone usw.

Hinsichtlich der Grundrissgestaltung können Balkone als freie Balkone, Eckbalkone oder teilweise oder vollständig eingezogene Balkone ausgebildet werden.

Wenn übereinanderliegende eingezogene Balkone ganz oder teilweise durch Wände oder Verglasungen verbunden werden, entstehen Loggien.

Dabei ergibt sich die Möglichkeit, dass die Bodenplatte einerseits die Decke eines Innenraumes oder andererseits die Überdachung einer anderen Loggia bildet. Im unteren Geschoss können Loggien auch direkt an das Erdreich grenzen.

Im baukonstruktiven Sinne ist die Bodenfläche einer Loggia mit darunterliegenden Räumen einem begehbaren Flachdach gleichzusetzen.

III.8.1.1 Vorschriften und Regeln

Gemäß DIN 18195-5 „Bauwerksabdichtungen – Teil 5: Abdichtungen gegen nichtdrückendes Wasser auf Deckenflächen und in Nassräumen; Bemessung und Ausführung" (s. Kap. III.1) sind Balkone Bauteile, die durch nicht drückendes Wasser mäßig beansprucht werden. Für den Neubau gelten entsprechend die in der DIN 18195-5 „Bauwerksabdichtungen – Teil 5: Abdichtungen gegen nichtdrückendes Wasser auf Deckenflächen und in Nassräumen; Bemessung und Ausführung" und die sogenannten „Flachdachrichtlinien" (s. Kap. III.11.2) definierten Abdichtungsmaßnahmen.

Beim Bauen im Bestand und insbesondere im Bereich der Denkmalpflege können jedoch auch Abdichtungsmaßnahmen angewendet werden, die nicht diesen Regelwerken entsprechen. Sie sollten allerdings vertraglich ausdrücklich vereinbart werden, da sie nicht immer den (allgemein) anerkannten Regeln der Technik entsprechen.

So wird bei Belägen aus keramischen Fliesen bzw. Platten die sogenannte „alternative Abdichtung mit Fliesen im Verbund" (s. Kap. III.10) eingesetzt, die sich in der Praxis bewährt hat.

Die DIN EN 12056 „Schwerkraftentwässerungsanlagen innerhalb von Gebäuden" in Verbindung mit der DIN 1986-100 „Entwässerungsanlagen für Gebäude und Grundstücke" regelt die Entwässerung von Balkonen (s. Kap. IV.1).

Abb. III.8.01: Balkone an einem Bestandsgebäude

Abb. III.8.02: Loggien im Gebäudebestand

III.8.1.2 Bauphysikalische und bautechnische Anforderungen

Die bauphysikalischen Anforderungen an Außenbauteile wie Balkone und Loggien richten sich insbesondere an die Erfüllung eines ausreichenden Schutzes gegen eindringende Feuchte sowie einen ausreichenden Wärmeschutz (s. Kap. I.2).

Die bautechnischen Anforderungen an Balkone und Loggien richten sich insbesondere an eine fach- und sachgerechte Planung und Ausführung, z. B. der Anschlussbereiche und Abdichtungen, die eine lange Lebensdauer und Tragfähigkeit ermöglichen.

Abb. III.8.03: Balkon als auskragende Geschossdecke

Abb. III.8.04: Loggia mit sichtbaren Mängeln und Schäden

Abb. III.8.05: Balkon als durchgehende Geschossdeckenplatte ohne thermische Trennung

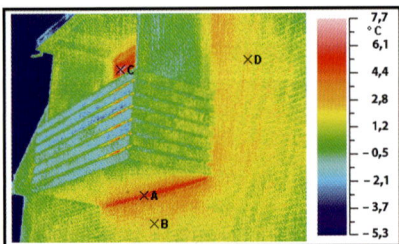

Abb. III.8.06: Thermografieaufnahme: Wärmebrücke einer durchgehenden Geschossdeckenplatte eines Balkons ohne thermische Trennung

III.8.1.3 Konstruktion und Material

Balkone können mit einer eigenen tragenden Konstruktion vor einer Gebäudefassade aufgestellt sein, auf an den Außenwänden befestigten Konsolen oder Wandscheiben aufgelagert werden oder direkt aus der Geschossdecke auskragen.

Abhängig von Konstruktion und Material der Geschossdecken wird im Altbaubestand zwischen auskragenden massiven Deckenplatten aus Beton, die ohne jegliche thermische Trennung hergestellt wurden, und auskragenden Stahl- bzw. Gusseisenträgern, die an Holzbalkendecken befestigt und als Stahlstein- oder Kappendecken ausgeführt wurden, unterschieden.

Ein wesentlicher Bestandteil einer Balkonkonstruktion ist die Abdichtung zum Schutz gegen eindringende Feuchte.

Abdichtungsstoffe müssen witterungsbeständig sein und eine hohe Beständigkeit aufweisen, wenn sie als Nutzschicht direkt begangen werden (s. Kap. V.13). Für Balkonbeläge gelten die gleichen Anforderungen (s. Kap. III.10).

III.8.2 Typische Mängel und Schäden

Balkone und Loggien sind verschiedensten Beanspruchungen aus Lasten, Verformungen, Witterung, Umwelteinflüssen, Baustoffeinflüssen usw. ausgesetzt.

Die an Balkonen und Loggien vorzufindenden Mängel und Schäden entsprechen denen anderer Außenbauteile und beziehen sich insbesondere auf:

- Mängel und Schäden im Bereich der tragenden Konstruktion, z. B. durch korrodierte Stahlträger,
- mangelhafte Bauteilanschlüsse,
- Beschädigung der Abdichtung durch Mängel und Schäden der Unterkonstruktion,
- Mängel und Schäden an Abdichtungen und Beschichtungen,
- Mängel und Schäden aufgrund mangelhaften Wärmeschutzes,
- Mängel und Schäden im Bereich von Gründungen,
- Planungsfehler.

III.8.2.1 Bauphysikalische und bautechnische Mängel und Schäden

Bei Balkon- und Loggienkonstruktionen, die als auskragende Bauteile aus der Geschossdecke herausgeführt werden, treten immer wieder Mängel und Schäden aufgrund einer nicht ausreichenden oder nicht vorhandenen Dämmung bzw. einer nicht vorhandenen thermischen Trennung auf.

Auf eine Wärmedämmung wurde meist völlig verzichtet.

Durch die daraus resultierenden Wärmebrücken und das anfallende Tauwasser kommt es zu einer Vielzahl von Problemen.

Als resultierende Mängel und Schäden treten an den Innenseiten der Außenwände, meist in Sturz- und Eckbereichen, Feuchte- und Schimmelpilzschäden auf.

Massive Durchfeuchtungen können schlimmstenfalls zur Zerstörung der Tragfähigkeit und zum Absturz führen.

III.8.2.2 Mangelhafte Bauteilanschlüsse

Zu den typischen Mängeln und Schäden gehören mangelhafte Anschlüsse an aufgehende Bauteile, die das Eindringen von Feuchte in die Unterkonstruktion ermöglichen. Dabei handelt es sich insbesondere um mangelhafte Anschlüsse der Abdichtungen an Außenwände oder massive Brüstungen sowie mangelhafte Anschlüsse im Schwellenbereich von (Fenster-)Türen (s. Kap. III.3 und Kap. III.12).

Als Ursache gelten überwiegend mangelhafte Planungen und mangelhafte Ausführungen.

Weitere typische Mängel bzw. Schäden im Anschlussbereich aufgehender Bauteile entstehen durch unzureichende Überdeckung der Dichtungsbahnen, zu geringe (< 15 cm) Aufkantungshöhe, starke Belastung aufgehender Bauteile durch Niederschlag und Spritzwasser oder infolge stauenden Wassers.

Mangelhafte Randabschlüsse sind meist auf Ausführungsfehler zurückzuführen. Die Dichtungsbahnen wurden entweder nicht ausreichend bis zum Rand hin gezogen, nicht fachgerecht bzw. dauerhaft befestigt oder fehlerhaft an die außen liegende Entwässerung angeschlossen.

III.8.2.3 Mängel und Schäden an Balkonabdichtungen

Mängel und Schäden an Abdichtungen resultieren oft aus beschädigten Bodenbelägen.

Dabei handelt es sich insbesondere um Risse, Frostabsprengungen und Ausblühungen an Belägen usw.

Aufgrund durchgehender Risse in Belägen aus Fliesen und Platten (s. Kap. V.7) treten insbesondere Beschädigungen der Abdichtungen und daraus resultierend Durchfeuchtungen der Tragkonstruktion auf.

Risse in Fliesen- und Plattenbelägen (s. Kap. V.7) entstehen beispielsweise durch einen kraftschlüssigen Verbund der Dichtungsbahn mit dem Oberbelag und der Unterkonstruktion, durch mechanische Einflüsse oder eine zu geringe Frostbeständigkeit.

An Gussasphaltestrichen (s. Kap. V.3) können Beschädigungen aufgrund starker Sonneneinstrahlung und großer Punktlasten auftreten.

Eine Lagerung der Nutzschicht auf Stelzlagern führt ebenfalls oft zu Beschädigungen der Abdichtungsschicht (s. Kap. III.13).

Ein weiteres häufig auftretendes Schadensbild ist ein zu geringes Gefälle, sodass eine schnelle Ableitung des Niederschlagswassers zur Entwässerung hin nicht gewährleistet ist. Stehendes Wasser kann insbesondere zur Zerstörung des Oberbelages durch Auswaschungen, Ausblühungen und Auffrierungen führen.

Durch mangelhaft ausgebildete Stöße oder Verklebungen der Abdichtungsschichten kann Feuchte in die Unterkonstruktion eindringen und Schäden hervorrufen (s. Kap. V.13).

Besonders gefährdet sind Dichtungsbahnen mit Rohfilz- und Jutegewebeeinlagen, die vergleichsweise schnell verrotten (s. Kap. V.13).

III.8.2.4 Mängel und Schäden durch Setzungen

Im Bereich von Gründungen (s. Kap. III.1), vor allem bei später vor Gebäude gestellten Balkonen, kommt es immer wieder zu Schäden durch Setzungen, die bis hin zum kompletten Abriss der Konstruktion führen können.

Diese Mängel sind insbesondere auf falsche Lastannahmen, eine unzureichende bzw. nicht frostfreie Gründungstiefe, ein unterschiedliches Setzungsverhalten aufgrund differierender Standzeiten und Lasten bzw. auf Bauausführungsfehler zurückzuführen.

III.8.2.5 Planungsfehler

Zu den Planungsfehlern bei Balkonen und Loggien gehören insbesondere ungünstige Orientierung und Ausrichtung, zu geringe Dimensionierung der Bauteile, Verwendung ungeeigneter Materialien (s. Kap. V.4) und mangelnder konstruktiver Schutz gegen Witterungseinflüsse.

Diese Fehler treten insbesondere beim Geschosswohnungsbau auf, wenn das bloße Vorhandensein eines Balkons im Vordergrund steht oder die Balkone lediglich als formales Element zur Fassadengestaltung eingesetzt werden.

III.8.2.6 Schadstoffe

Schadstoffbelastungen an Balkonen sind vorwiegend im Bereich der Abdichtungsstoffe, der Tragkonstruktion und der Wärmedämmung (sofern vorhanden) zu erwarten. Da insbesondere im Altbaubestand Balkone häufig über geschlossenen Räumen liegen, sind ihre Fußbodenflächen prinzipiell wie Flachdächer (s. Kap. III.12) zu behandeln.

PAK

Polycyclische aromatische Kohlenwasserstoffe (PAK) sind vor allem in Bitumen- und Steinkohlenteer-Produkten wie z. B. Teer- und Bitumen-Dachbahnen für Abdichtungen von flachen und flach geneigten Flächen enthalten. PAK ist die Sammelbezeichnung für eine große Anzahl von gleichartigen aromatischen Einzelverbindungen wie z. B. Naphthalin und Benzo(a)pyren, die aus mindestens 2 miteinander verbundenen Benzolringen bestehen. Mit

Abb. III.8.07: Beschädigte Balkonabdichtung am Außenwandanschluss eines Gebäudes

steigender Anzahl der Benzolringe handelt es sich um mittel bis schwer flüchtige Schadstoffe (SVOC, engl.: semivolatile organic compounds). PAK entstehen durch die unvollständige Verbrennung organischer Materialien (Pyrolyse).

Beim Umgang mit PAK kann es zu Schleimhautreizungen, Kopfschmerzen und Übelkeit kommen. Einige PAK-haltige Produkte gelten als krebserzeugend (Lungen-, Blasen-, Bronchial-, Magen-Darm-Krebs) und fruchtbarkeitsgefährdend. Die Aufnahme von PAK erfolgt vor allem über die Haut und durch das Einatmen PAK-belasteter Stäube. Das Ausgasungsverhalten von PAK-haltigen Produkten wird von unterschiedlichen Faktoren wie Konsistenz, Alter und Zustand beeinflusst.

Insbesondere Teer sowie mit Steinkohlenteer behandelte Produkte sind stark mit PAK belastet. Seit 1970 ist in Deutschland die Verwendung speziell von Teerpappen für die Abdichtung von Flachdächern verboten. Bei Verdacht auf das Vorhandensein dieser Materialien sollte nach dem Vorsorgeprinzip gehandelt und eine Entsorgung der bedenklichen Produkte vorgenommen werden.

Lindan, PCP, DDT

Schadstoffbelastungen von Holzkonstruktionen (z. B. Tragkonstruktion von Balkonen) bestehen vorwiegend im Zusammenhang mit der Verwendung von chemischen Holzschutzmitteln (s. Kap. V.4.2). Insbesondere in den 1970er-Jahren wurde in Deutschland neben den Bioziden Lindan (Hexachlorhexan) und PCP (Pentachlorphenol) das Insektizid DDT (Dichlordiphenyltrichlorethan) verwendet.

Lindan reichert sich besonders im Fettgewebe an und steht in Verdacht, Krebs zu erzeugen. Seit 1984 (in der DDR seit 1989) wird Lindan in der Bundesrepublik Deutschland nicht mehr hergestellt. PCP hat eine erbgutschädigende und krebserzeugende Wirkung, die Herstellung ist in Deutschland seit 1989 verboten. DDT ist erbgutverändernd und potenziell krebserzeugend. In der DDR wurde DDT bis 1989 eingesetzt, in der alten Bundesrepublik wurde es bereits 1972 verboten.

Zinkchromat, Blei-Mennige

Zinkchromat ist ein starkes Oxidationsmittel, dass früher vielfach in Korrosionsschutzgrundfarben eingesetzt wurde. Beim Umgang mit Zinkchromat kann es zu Haut- und Atemwegsreizungen kommen. Darüber hinaus gilt Zinkchromat als eindeutig krebserzeugend (Lungenkrebs) und erbgutschädigend.

Blei-Mennige ist ein Bleioxid, das wie Zinkchromat zur Herstellung korrosionsschützender Anstrichstoffe für Metalloberflächen verwendet wird. Im 19. Jahrhundert wurde dazu der Stoff mit Leinöl und/oder Terpentinöl vermischt und verstrichen. Später wurden die Öle durch flüchtige Lösemittel wie z. B. Alkohole (Methanol, Ethanol) ersetzt, um die Trocknungszeit zu verkürzen. Blei-Mennige als eine Bleiverbindung ist toxisch, sobald es durch Verschlucken oder Einatmen in den Körper gelangt. Bei einer einmaligen Aufnahme kann es allerdings nicht zu Vergiftungserscheinungen kommen. Blei-Mennige als Korrosionsschutzmittel ist in Deutschland verboten.

KMF

Künstliche Mineralfasern (KMF) werden in Form von Glas-, Stein- und Mineralwolle zur Wärmedämmung und Schallisolierung u. a. in Dächern verwendet (s. Kap. V.9). KMF sind anorganische silikatische Fasern, die aus Glas-, Gesteins- oder Schlackeschmelzen durch Ziehen, Blasen oder Schleudern hergestellt werden. Die Fasern mit einem Durchmesser von 2 bis 20 μm werden unterteilt in Mineralwoll- und Keramikfasern. Anders als Asbestfasern können KMF sich nicht aufspalten und somit immer dünner werden, sondern nur durchbrechen und somit bei gleicher Dicke immer kürzer werden. Darüber hinaus werden KMF im Gegensatz zu Asbest im Organismus schneller abgebaut. Diese Kriterien führen zu der Einschätzung, dass künstliche Mineralfasern zumindest weit weniger gesundheitsschädlich sind als Asbestfasern.

Beim Umgang mit KMF kann es zu Haut- und Atemwegsreizungen kommen. Weisen die Fasern kritische Abmessungen auf (Durchmesser < 3 μm, Länge > 5 μm), verfügen sie ähnlich wie Asbest über ein krebserzeugendes Potenzial. Da von KMF-Produkten unterschiedliche Gesundheitsgefahren ausgehen, werden sie in sogenannte „alte" und „neue" Produkte eingeteilt. Unter „alten" KMF werden Produkte zusammengefasst, die nicht eines der Freizeichnungskriterien nach der Gefahrstoffverordnung erfüllen und somit als krebserzeugend oder krebsverdächtig gelten. Alte KMF sind dabei insbesondere Produkte, die vor 1996 verwendet worden sind. Daher sollte bei Verdacht auf das Vorhandensein dieser Materialien nach dem Vorsorgeprinzip gehandelt und eine Entsorgung der bedenklichen Produkte vorgenommen werden.

III.8.3 Maßnahmen

III.8.3.1 Maßnahmen bei unzureichendem Wärmeschutz

Zur Vermeidung bzw. Verringerung von Wärmebrücken bietet sich eine nachträgliche Wärmedämmung in den Anschlussbereichen zwischen innen und außen an. Dabei können die Balkonplatten beispielsweise in eine Dämmung aus Polystyrol oder Polyurethan eingepackt werden.

III.8.3.2 Maßnahmen bei mangelhaften Abdichtungen

Mangelhafte Abdichtungen an Balkonen und Loggien sollten komplett erneuert werden, da sich aufgrund der geringen vorhandenen Fläche Reparaturarbeiten wirtschaftlich nicht lohnen.

Dabei muss die Abdichtung in Abhängigkeit von Material und Aufbau der Unterkonstruktion gewählt werden (s. Kap. V.13 und Kap. VI).

Der vorhandene Belag wird bis zur vorhandenen Abdichtung abgetragen. Je nach Zustand des Untergrunds (s. Kap. VI) müssen zunächst vorliegende Mängel und Schäden beseitigt werden. Anschließend wird eine neue Abdichtung sowie ein neuer Belag aufgebracht. Bei der Ausführung ist darauf zu achten, dass alle Anschlüsse richtig ausgeführt werden und das Gefälle genügt, um stauendes Wasser zu verhindern.

Mangelhafte Abdichtungen können auch durch das Aufbringen einer Beschichtung saniert werden. Das Verfahren lässt sich je nach Schadensbild über vorhandenen Belägen wie z. B. Fliesen und Platten (s. Kap. V.7) oder Beschichtungen anwenden und hat gegenüber der Erneuerung einer Abdichtung unter vorhandenen Belägen die Vorteile, dass es kostengünstig ist, wenig Bauzeit beansprucht und die Bewohner kaum durch Lärm, Staub u. Ä. belästigt.

Dazu werden die vorhandenen Beläge bzw. die vorhandene Beschichtung lediglich gereinigt und anschließend einschließlich aller Anschlüsse elastisch, rissüberbrückend und wasserundurchlässig beschichtet. Der genaue Aufbau der Beschichtung hängt von Material und Aufbau der Unterkonstruktion ab (s. Kap. V.13 und Kap. VI).

III.8.3.3 Austausch von Belägen

Ein Austausch vorhandener Bodenbeläge von Balkonen bzw. Loggien erfolgt nach den Angaben in Kapitel III.10, die auch für Außenbereiche geeigneten Materialien werden in Kapitel V erläutert.

III.8.3.4 Maßnahmen bei Mängeln und Schäden im Bereich von Gründungen

Maßnahmen zur Bewertung und Beseitigung von Mängeln und Schäden, wie z. B. Setzungsrissen, die aufgrund einer mangelhaften Gründung entstanden sind, erfolgen anhand der in Kapitel III.1 angegebenen Methoden. Dabei muss zunächst die Tragfähigkeit überprüft werden.

III.8.3.5 Maßnahmen bei Schadstoffbelastungen

PAK

Sind PAK-haltige Baustoffe vorhanden, bedeutet das nicht zwangsläufig, dass eine Gesundheitsgefahr besteht. Es ist im Einzelfall zu prüfen, wie das teerhaltige Material verbaut wurde und ob mit einer relevanten Schadstoffemission zu rechnen ist. Die Gefährdungsbeurteilung sowie die Feststellung, ob Sanierungsmaßnahmen getroffen werden müssen, sollte ausschließlich durch einen Sachverständigen erfolgen.

Sanierungsarbeiten an PAK-belasteten Materialien werden durch die Gefahrstoffverordnung (GefStoffV) geregelt sowie insbesondere durch die Technischen Regeln für Gefahrstoffe TRGS 551 „Teer und andere Pyrolyseprodukte aus organischem Material", TRGS 524 „Sanierung und Arbeiten in kontaminierten Bereichen" und die „Verordnung über Sicherheit und Gesundheitsschutz auf Baustellen" (Baustellenverordnung).

Lindan, PCP, DDT

Eine Sanierung biozidbehandelter Holzbauteile fällt je nach Situation und Konzentration unterschiedlich aus. Gemäß dem Vorsorgeprinzip sollten jedoch identifizierte Expositionsquellen prinzipiell beseitigt werden (s. Kap. V.4.3). Die Entfernung belasteter Hölzer erfolgt unter Beachtung der Entsorgungsvorschriften (z. B. „Gesetz zur Förderung und Sicherung der umweltverträglichen Beseitigung von Abfällen [Kreislaufwirtschafts- und Abfallgesetz]", PCP-Richtlinie).

Zinkchromat, Blei-Mennige

Eine Sanierung von mit Zinkchromat oder Blei-Mennige behandelten Metallbauteilen fällt je nach Situation und Konzentration unterschiedlich aus. Gemäß dem Vorsorgeprinzip sollten jedoch identifizierte Expositionsquellen prinzipiell beseitigt werden (s. Kap. V.5.3). Die Entfernung der Beschichtungsstoffe erfolgt unter besonderer Berücksichtigung des Chemikaliengesetzes (ChemG), der Gefahrstoffverordnung (GefStoffV) sowie der Technischen Regel für Gefahrstoffe TRGS 602 „Ersatzstoffe und Verwendungsbeschränkungen – Zinkchromate und Strontiumchromat als Pigmente für Korrosionsschutz – Beschichtungsstoffe". Die Arbeiten sollten ausschließlich von Firmen durchgeführt werden, die über ausreichend Erfahrung und Fachkenntnis verfügen.

KMF

Der Umgang mit alten Mineralwolle-Produkten ist nur noch im Zuge von Abbruch-, Sanierungs-, Instandhaltungs- und Instandsetzungsarbeiten zulässig. Für diese Arbeiten gilt die Technische Regel für Gefahrstoffe TRGS 521 „Abbruch-, Sanierungs- und Instandhaltungsarbeiten mit alter Mineralwolle". Derzeit besteht für alte KMF-Produkte jedoch keine Sanierungspflicht.

Neue KMF gelten als nicht krebserzeugend. Bei Sanierungsarbeiten sind daher lediglich die üblichen Mindestschutzmaßnahmen anzuwenden.

Abb. III.8.08: Nachträglich angebauter Balkon

III.8.3.6 Nachträglicher Anbau von Balkonen

Ein nachträglicher Anbau von Balkonen beim Bauen im Bestand kann zum Ersatz nicht mehr instandsetzungsfähiger Balkone oder zur Neuaufstellung dienen.

Zur nachträglichen Aufstellung werden frei stehende selbsttragende Balkonkonstruktionen vor die bestehende Außenfassade gestellt. Dabei müssen Abstandsregeln und Angaben in eventuell vorhandenen Bebauungsplänen berücksichtigt werden.

Ist eine Gründung einer vorgestellten Tragkonstruktion nicht möglich, können altenativ Konsolen an die Außenwand angebracht werden, um Balkonplatten zu tragen. Da bei dieser Lösung die anfallenden statischen Lasten und Kräfte über die bestehende Außenwand abgetragen werden müssen, können meist nur kleine Balkone errichtet werden. Die Tragfähigkeit der Außenwände und der Balkonkonstruktion ist durch Statiken nachzuweisen.

Abb. III.9.01: Schmiedeeisernes Balkongeländer eines Gebäudes

Abb. III.9.02: Geschlossene Balkonbrüstungen

Abb. III.9.03: Treppengeländer im Gebäudebestand

III.9 Geländer und Brüstungen

Autoren: Dipl.-Ing. Silke Nicole Klein, Architektin; Prof. Dr.-Ing. Martin Pfeiffer, Architekt; Dipl.-Ing. Tania Brinkmann, Architektin

III.9.1 Allgemeines

Geländer und Brüstungen an Treppen im Innen- und Außenbereich, aber auch an Balkonen zählen zu den wesentlichen Gestaltungselementen. Als seitliche Umgrenzungen dienen sie in erster Linie als Absturzsicherung. Je nach Ausführung können sie auch Sicht- und Wetterschutzfunktionen übernehmen.

Massive Brüstungen bestehen insbesondere aus Mauerwerk (s. Kap. V.1), verputzt oder als Sichtmauerwerk, aus Beton (s. Kap. V.2), Naturstein (s. Kap. V.8) und anderen Baustoffen.

Im Gegensatz zu einer als Fläche geschlossenen Brüstung bestehen Geländer aus Stützen, Handlauf und Ausfachungen.

Treppengeländer im Baubestand sind bei Holztreppen meist ebenfalls aus Holz gefertigt. Aber auch Kombinationen aus verschiedenen Materialien wie z. B. Metallstützen und -stäbe mit Holzhandläufen sind häufig.

Im Außenbereich sind oft schmiedeeiserne Metallkonstruktionen anzutreffen. Geländer und Brüstungen an Außentreppen bilden, z. B. auch mit Einfriedungen in Außenanlagen, eine gestalterische Einheit.

III.9.1.1 Vorschriften und Regeln/Anforderungen

Treppengeländer müssen bei allen Treppen mit mehr als 3 Stufen an allen freien Seiten angebracht werden. Ihre Höhe wird über der Vorderkante der Stufe lotrecht gemessen; sie richtet sich nach der Absturzhöhe und Nutzungsart des Gebäudes.

Die an Treppengeländer gestellten Anforderungen definiert die DIN 18065 „Gebäudetreppen – Definitionen, Messregeln, Hauptmaße" für Gebäudetreppen und Treppengeländer.

Teilweise weichen die Vorgaben der DIN 18065 jedoch von den in den Durchführungsverordnungen der Landesbauordnungen enthaltenen Treppenbauvorschriften ab. Es muss also darauf geachtet werden, in welchem Bundesland die DIN 18065 bauaufsichtlich eingeführt ist oder ob die Bestimmungen des Landesrechtes gelten.

Insbesondere zum Schutz von Kindern darf der Abstand zwischen einzelnen Treppenteilen, beispielsweise Geländerstäben, gemäß einiger Landesbauordnungen nicht mehr als 12 cm betragen, um die Absturzgefahr zu vermindern.

An bauaufsichtlich notwendige Treppen in sonstigen Gebäuden und in Gebäuden, die Sonderverordnungen unterliegen, beispielsweise Verkaufsstätten, werden zusätzliche Anforderungen gestellt.

Handläufe

Im Gegensatz zu Balkongeländern und -brüstungen müssen Treppengeländer und -brüstungen über einen Handlauf verfügen.

Treppenhandläufe sind gemäß DIN 18065 so anzubringen, dass sie bequem zu nutzen sind. Ihre Höhe sollte 80 cm nicht unter- und 115 cm nicht überschreiten.

Meist bilden Handläufe den oberen Abschluss eines Geländers. Bei einer Geländerhöhe von über 115 cm muss ein entsprechend tiefer liegender Handlauf angeordnet werden. Bei massiven Treppenbrüstungen werden Handläufe insbesondere seitlich angebracht.

Handläufe müssen auch dann angebracht werden, wenn sich der Treppenlauf zwischen aufgehenden Wänden befindet.

III.9.2 Typische Mängel und Schäden

III.9.2.1 Unzureichende Verkehrssicherheit

Zu den typischen Mängeln und Schäden gehören Geländer und Brüstungen, die nicht den Vorgaben der Norm entsprechen, wie z. B. zu große Abstände zwischen einzelnen Geländerstäben oder nicht ausreichende Geländerhöhen. Diese Abweichungen lassen sich durch ein einfaches Aufmaß überprüfen.

Auch mangelhafte Befestigungen und Verankerungen führen zu einer unzureichenden Verkehrssicherheit. Mängel und Schäden an Befestigungen und Verankerungen entstehen z. B. durch Korrosion oder Verwitterung wegen Durchfeuchtung.

III.9.2.2 Materialbedingte Mängel und Schäden

Materialbedingte Mängel und Schäden entstehen an Geländern und -brüstungen überwiegend durch Witterungs- und Korrosionseinflüsse.

Während Metalle häufig Korrosionsschäden (s. Kap. V.5) zeigen, kommt es bei Holzkonstruktionen oft zu Pilz- oder Insektenbefall (s. Kap. V.4). Aufgrund der geringen Profilabmessungen der Geländer kann es dabei zur völligen Zerstörung der Konstruktionen kommen.

Typische Mängel und Schäden, insbesondere an massiven Balkonbrüstungen, entstehen im Anschlussbereich von Bodenplatte und aufgehendem Bauteil. Mangelhafte oder unzureichende Abdichtungen (s. Kap. V.13) und eine ungenügende oder fehlende Entwässerung verursachen eine Durchfeuchtung der Bauteile, die zu Frostschäden, Putzabsprengungen und Korrosionsschäden führt.

Materialbedingte Mängel und Schäden im Gebäudeinneren beschränken sich meist auf Abnutzungserscheinungen, wie z. B. Absplitterungen an Holz, Anstrichschäden usw.

III.9.2.3 Schadstoffe

Schadstoffbelastungen an Geländern und Brüstungen resultieren vorwiegend aus dem Einsatz von Holz- und Korrosionsschutzmitteln sowie der Verwendung von lösemittelhaltigen Beschichtungsstoffen und asbesthaltigen Fassadenplatten.

Lindan, PCP, DDT

Schadstoffbelastungen von Geländer- und Brüstungskonstruktionen aus Holz bestehen vorwiegend im Zusammenhang mit der Verwendung von chemischen Holzschutzmitteln (s. Kap. V.4.2). Insbesondere in den 1970er-Jahren wurde in Deutschland neben den Bioziden Lindan (Hexachlorhexan) und PCP (Pentachlorphenol) das Insektizid DDT (Dichlordiphenyltrichlorethan) verwendet.

Lindan reichert sich besonders im Fettgewebe an und steht in Verdacht, Krebs zu erzeugen. Seit 1984 (in der DDR seit 1989) wird Lindan in der Bundesrepublik Deutschland nicht mehr hergestellt. PCP hat eine erbgutschädigende und krebserzeugende Wirkung, die Herstellung ist in Deutschland seit 1989 verboten. DDT ist erbgutverändernd und potenziell krebserzeugend. In der DDR wurde DDT bis 1989 eingesetzt, in der alten Bundesrepublik wurde es bereits 1972 verboten.

Zinkchromat, Blei-Mennige

Zinkchromat ist ein starkes Oxidationsmittel, dass früher vielfach in Korrosionsschutzgrundfarben eingesetzt wurde. Beim Umgang mit Zinkchromat kann es zu Haut- und Atemwegsreizungen kommen. Darüber hinaus gilt Zinkchromat als eindeutig krebserzeugend (Lungenkrebs) und erbgutschädigend.

Blei-Mennige ist ein Bleioxid, das wie Zinkchromat zur Herstellung korrosionsschützender Anstrichstoffe für Metalloberflächen verwendet wird. Im 19. Jahrhundert wurde dazu der Stoff mit Leinöl und/oder Terpentinöl vermischt und verstrichen. Später wurden die Öle durch flüchtige Lösemittel wie z. B. Alkohole (Methanol, Ethanol) ersetzt, um die Trocknungszeit zu verkürzen. Blei-Mennige als eine Bleiverbindung ist toxisch, sobald es durch Verschlucken oder Einatmen in den Körper gelangt. Bei einer einmaligen Aufnahme kann es allerdings nicht zu Vergiftungserscheinungen kommen. Blei-Mennige als Korrosionsschutzmittel ist in Deutschland verboten.

Lösemittel

Lösemittel haben die Aufgabe, andere feste, flüssige oder gasförmige Stoffe in Lösung zu halten und den Beschichtungsstoff streich- und sprühfähig zu machen. Es gibt eine große Anzahl an lösemittelhaltigen Stoffen, die aus unterschiedlichen Stoffgemischen bestehen. Organische Lösemittel gehören zu den typischen leicht flüchtigen organischen Verbindungen (VOC, engl.: volatile organic compounds) und besitzen einen Siedepunkt zwischen 50 und 200 °C.

Lösemittelhaltige Farben und Lacke werden insbesondere für die Beschichtung von Brüstungen und Geländern im Innenbereich verwendet. Sie können während und nach der Verarbeitung zu hohen Raumluftbelastungen führen, da die enthaltenen Lösemittel unter atmosphärischen Bedingungen in die Raumluft entweichen. Lösemittel verdampfen langsam und sind über einen längeren Zeitraum in der Raumluft nachweisbar.

Organische Lösemittel sind u. a. Gemische auf der Basis leicht flüchtiger aromatischer Kohlenwasserstoffe (BTX – Benzol, Toluol, Xylol), aliphatischer Kohlenwasserstoffe (z. B. Hexan, Oktan, Dekan) und verschiedener Ester, Alkohole und Glykole. Sie werden hauptsächlich als Verdünnungs- und Lösemittel in Nitrocelluloselacken (Nitrolacke) und Kunstharzlacken, aber auch in Alkydharzlacken eingesetzt. Der Anteil organischer Lösemittel liegt bei Nitrolacken bei bis zu 70 %, bei Kunstharz- und Alkydharzlacken bei 30 bis 60 %. Weiterhin gibt es einige Lösemittel aus der Gruppe der aliphatischen Chlorkohlenwasserstoffe (CKW), wie z. B. Dichlormethan, Trichlorethylen sowie Tetrachlorethylen (Perchlorethylen). Diese werden heute noch meist als Abbeizmittel zum Entfernen von Oberflächenbeschichtungen verwendet. Trichlorethylen wird seit den 1920er-Jahren und Tetrachlorethylen seit den 1950er-Jahren produziert; beide Stoffe wurden in unterschiedlichen Bereichen eingesetzt.

Abb. III.9.04: Schadhafte Geländerbefestigung an Stützmauer

Die Aufnahme von gesundheitsgefährdenden Lösemitteldämpfen oder Aerosolen kann durch das Einatmen, das Verschlucken, durch die Aufnahme über die Haut bei hautresorptiven Stoffen wie Xylol oder Ethylbenzol oder durch direkten Augenkontakt geschehen. In Abhängigkeit von der Konzentration und der Einwirkungsdauer kann dies unterschiedliche Auswirkungen auf den menschlichen Körper haben. Einige Lösemittel führen zu Atemwegs- und Schleimhautreizungen sowie Kopfschmerzen, andere schädigen das Nervensystem, können Leber- und Nierenschäden hervorrufen oder besitzen krebserzeugende und fruchtschädigende Eigenschaften.

CKW zählen zu den schädlichsten Chemikalien in Bezug auf Gesundheit und Umwelt. Trichlorethylen ist seit Ende 2001 als krebserzeugend und als erbgutverändernd, Tetrachlorethylen als krebserzeugend eingestuft (s. Technische Regel für Gefahrstoffe TRGS 905 „Verzeichnis krebserzeugender, erbgutverändernder oder fortpflanzungsgefährdender Stoffe"). Nach Anhang IV „Herstellungs- und Verwendungsverbote" der Gefahrstoffverordnung (GefStoffV) gilt für z. B. Benzol, Toluol und aliphatische Chlorkohlenwasserstoffe (mit wenigen Ausnahmen) ein Herstellungs- und Verwendungsverbot.

Asbest

Insbesondere bis Ende der 1970er-Jahre wurden in Deutschland asbesthaltige Baumaterialien in und an Gebäuden verwendet. Für die Bekleidung von massiven Balkonbrüstungen wurden beispielsweise Asbestzement-Fassadenplatten verwendet. Diese Baustoffe enthalten üblicherweise fest gebundene Asbestfasern.

Asbest ist eine Gruppenbezeichnung für verfilzte, faserartige Mineralien. Da Asbest unbrennbar und chemisch sehr resistent ist, wurde es in der Vergangenheit als Baumaterial vor allem im Brandschutz verwendet. Der Schmelzpunkt der verschiedenen Asbestarten liegt in etwa zwischen 1100 und 1500 °C. Asbest wird in die Hauptgruppen der Serpentinasbeste (z. B. Chrysotilasbest, auch als „Weißasbest" bekannt) und Amphibolasbeste (z. B. Krokydolith, auch „Blauasbest" genannt) unterschieden. Weiterhin lässt sich Asbest in fest gebundene (Dichte > 1400 kg/m³) und schwach gebundene (Dichte < 1000 kg/m³) Asbestprodukte differenzieren.

Asbest besteht nicht aus kompakten Kristallen, wie fast alle Mineralien, sondern aus winzigen, parallel zueinander liegenden Mikrofasern, die weniger als ein tausendstel Millimeter dünn (< 1 µm) und bis zu mehrere Zentimeter lang sind. Die größte Gefahr ergibt sich durch die Fähigkeit von Asbest, sich längs in immer dünnere Fasern zu spalten, was das Material in gesundheitlicher Hinsicht so kritisch macht. Durch die Kleinfaserigkeit besteht die Möglichkeit, dass die Fasern in Lunge, Bronchien und Rippenfell eindringen und sich dort über Jahrzehnte halten. Eine kritische Faserkonzentration kann Asbestose und Lungenkrebs erzeugen.

Die Einstufung von Asbest erfolgt nach der Gefahrstoffverordnung (GefStoffV) in die Kategorie der krebserzeugenden, erbgutverändernden und fruchtbarkeitsgefährdenden Gefahrstoffe. In Deutschland wurde Asbest 1994 auf Grundlage der Chemikalien-Verbotsverordnung (ChemVerbotsV) bis auf wenige Ausnahmen endgültig verboten.

Dennoch ist die Gesundheitsgefährdung durch Asbest für die Allgemeinbevölkerung relativ gering. Im Bestand vorhandene, fest gebundene Asbestzementbauteile wie z. B. Asbestzement-Fassadenplatten verursachen durch Abwitterung kaum nennenswerte Emissionen.

III.9.3 Maßnahmen

III.9.3.1 Maßnahmen bei unzureichender Verkehrssicherheit

Liegt als Mangel bzw. Schaden eine unzureichende Verkehrssicherheit vor, sollte das Geländer an die einzuhaltenden Maße angepasst werden, so z. B. durch eine Erhöhung des Geländers, Vorsetzen von Füllungen oder Einfügen zusätzlicher Geländerstäbe usw.

Mangelhafte Befestigungen und Verankerungen sollten umgehend erneuert werden.

Besonders in Bereichen, die für Kinder zugänglich sind, sollten solche Mängel bzw. Schäden schnellstmöglich behoben werden.

Die Anpassung eines Geländers an die heutigen Vorschriften muss z. B. bei Erlöschen des Bestandsschutzes, also beispielsweise bei einer Nutzungsänderung, erfolgen.

III.9.3.2 Maßnahmen bei materialbedingten Mängeln und Schäden

Materialbedingte Mängel und Schäden wie z. B. Witterungs- und Korrosionsschäden werden anhand der in Kapitel V angegebenen Verfahren behoben. Stahlbetonbauteile sind z. B. nach den Instandsetzungsrichtlinien zum Schutz und zur Erhaltung von Stahlbetonbauteilen des Deutschen Ausschusses für Stahlbeton (s. Kap. V.2) zu sanieren.

Je nach Schädigungsgrad sollten die betroffenen Bauteile durch solche ersetzt werden, die Witterungs- und Korrosionseinflüssen gegenüber resistent sind.

III.9.3.3 Maßnahmen bei Schadstoffbelastungen

Lindan, PCP, DDT

Eine Sanierung biozidbehandelter Holzbauteile fällt je nach Situation und Konzentration unterschiedlich aus. Gemäß dem Vorsorgeprinzip sollten jedoch identifizierte Expositionsquellen prinzipiell beseitigt werden (s. Kap. V.4.3). Die Entfernung belasteter Hölzer erfolgt unter Beachtung der Entsorgungsvorschriften (z. B. „Gesetz zur Förderung und Sicherung der umweltverträglichen Beseitigung von Abfällen [Kreislaufwirtschafts- und Abfallgesetz]", PCP-Richtlinie).

Zinkchromat, Blei-Mennige

Eine Sanierung von mit Zinkchromat oder Blei-Mennige behandelten Metallbauteilen fällt je nach Situation und Konzentration unterschiedlich aus. Gemäß dem Vorsorgeprinzip sollten jedoch identifizierte Expositionsquellen prinzipiell beseitigt werden (s. Kap. V.5.3). Die Entfernung der Beschichtungsstoffe erfolgt unter besonderer Berücksichtigung des Chemikaliengesetzes (ChemG), der Gefahrstoffverordnung (GefStoffV) sowie der Technischen Regel für Gefahrstoffe TRGS 602 „Ersatzstoffe und Verwendungsbeschränkungen – Zinkchromate und Strontiumchromat als Pigmente für Korrosionsschutz – Beschichtungsstoffe". Die Arbeiten sollten ausschließlich von Fachunternehmen durchgeführt werden, die über ausreichend Erfahrung und Fachkenntnis verfügen.

Lösemittel

Generell sollten Lösemittelkonzentrationen in der Raumluft so gering wie möglich gehalten werden. Daher sollten die identifizierten Emissionsquellen beseitigt werden, wobei es verschiedene Verfahren gibt, um alte Anstriche und Lacke zu entfernen. Das kann mechanisch oder thermisch, z. B. durch Heißluft, oder durch Abbeizen oder Ablaugen erfolgen. Dabei werden flüchtige Substanzen, wie z. B. aliphytische Aldehyde und Aromaten, freigesetzt. Bei der mechanischen Entfernung besteht die Gefahr, dass giftige Metallverbindungen (z. B. Blei, Cadmium), die sich in den Pigmenten von Farben und Lacken befinden können, durch den freiwerdenden Staub zu gesundheitsgefährdenden Emissionen führen. Hier sind Vorsichtmaßnahmen durch die Verwendung von Schutzausrüstungen zu treffen. Zusätzlich sind entsprechende berufsgenossenschaftliche Vorschriften wie die Technische Regel für Gefahrstoffe TRGS 524 „Sanierung und Arbeiten in kontaminierten Bereichen", die BG-Richtlinien für Arbeiten in kontaminierten Bereichen (s. BGR 128 „Kontaminierte Bereiche") und die Gefahrstoffverordnung (GefStoffV) zu berücksichtigen. Weiterhin ist bei der Entfernung belasteter Anstriche und Lacke das Kreislaufwirtschafts- und Abfallgesetz „Gesetz zur Förderung und Sicherung der umweltverträglichen Beseitigung von Abfällen (Kreislaufwirtschafts- und Abfallgesetz)" zu beachten.

Die Begrenzung der Emissionen flüchtiger organischer Verbindungen (VOC) durch Beschränkung des Inverkehrbringens lösemittelhaltiger Farben und Lacke ist in der ChemVOCFarbV („Chemikalienrechtliche Verordnung zur Begrenzung der Emissionen flüchtiger organischer Verbindungen [VOC] durch Beschränkung des Inverkehrbringens lösemittelhaltiger Farben und Lacke") geregelt. Daraus geht hervor, dass u. a. der Gehalt an flüchtigen organischen Verbindungen in bestimmten Farben und Lacken zur Beschichtung von Gebäuden, ihren Bauteilen und dekorativen Bauelementen zu begrenzen ist. Hier sind Grenzwerte für den VOC-Höchstgehalt von Farben und Lacken angegeben.

Asbest

Aufgrund der gesundheitsschädlichen Wirkung von Asbestfasern bestehen für Sanierung, Abbruch und Entsorgung asbesthaltiger Baustoffe besondere Anforderungen. Diese Arbeiten dürfen ausschließlich von Fachunternehmen durchgeführt werden, die einen entsprechenden Sachkundenachweis nach TRGS 519 vorlegen können.

Die nach der Gefahrstoffverordnung vorgeschriebenen Schutzmaßnahmen und organisatorischen Voraussetzungen für Abbruch-, Sanierungs- oder Instandhaltungsarbeiten (ASI-Arbeiten) sowie der Entsorgung sind in der Technischen Regel für Gefahrstoffe TRGS 519 „Asbest; Abbruch-, Sanierungs- oder Instandhaltungsarbeiten" zusammengefasst. Die Berufsgenossenschaften haben zudem die Arbeitsanweisung BGI 664 „Verfahren mit geringer Exposition gegenüber Asbest bei Abbruch-, Sanierungs- und Instandhaltungsarbeiten" herausgegeben, mit der sichergestellt werden soll, dass bei Abbruch- bzw. Ausbauarbeiten keine Asbestbelastung entsteht.

Abb. III.10.01: Verlegung von Trockenestrich in einem nachträglich ausgebauten Dachgeschoss

III.10 Böden und Bodenbeläge

Autoren: Dipl.-Ing. Silke Nicole Klein, Architektin; Prof. Dr.-Ing. Martin Pfeiffer, Architekt; Dipl.-Ing. Tania Brinkmann, Architektin

III.10.1 Allgemeines

Während Beschichtungen, Estriche (s. Kap. V.3), aber auch Trockenestriche und Hohlraumböden als Ausgleichsschichten eingesetzt werden, dienen Bodenbeläge von Böden aus Holz und Holzwerkstoffen (s. Kap. V.4), Fliesen und Platten, elastische und textile Beläge der direkten Begehbarkeit.

Beim Bauen im Bestand werden zur Erneuerung von z. B. unebenen Fußbodenkonstruktionen insbesondere Fließestriche, die sich von selber plan verteilen, und Trockenestriche wegen ihres geringen Gewichtes eingesetzt.

Welche Ausgleichsschicht im Zuge einer Modernisierungsmaßnahme zum Einsatz kommt, muss aufgrund der individuellen Gegebenheiten entschieden werden. Ausschlaggebend sind dabei insbesondere Lastreserven, Raumhöhe, Zustand der tragenden Boden- bzw. Deckenkonstruktion, Art des geplanten Belages sowie Nutzung und Lage (z. B. Keller- oder Dachgeschoss).

III.10.1.1 Vorschriften und Regeln

Entsprechend den bauphysikalischen und bautechnischen Anforderungen, die an Böden und Bodenbeläge gestellt werden, ist eine Reihe von Vorschriften und Richtlinien zu beachten. Insbesondere die nachfolgend aufgeführten Normen, Richtlinien und Merkblätter geben Hinweise auf die im Zusammenhang mit den Böden und Bodenbelägen stehenden Anforderungen:

- DIN 4072 „Gespundete Bretter aus Nadelholz",
- DIN 16945 „Reaktionsharze, Reaktionsmittel und Reaktionsharzmassen – Prüfverfahren",
- DIN 18356 VOB Vergabe- und Vertragsordnung für Bauleistungen – Teil C: Allgemeine Technische Vertragsbedingungen für Bauleistungen (ATV) „Parkettarbeiten",
- DIN 18560 „Estriche im Bauwesen",
- DIN 51130 „Prüfung von Bodenbelägen – Bestimmung der rutschhemmenden Eigenschaft – Arbeitsräume und Arbeitsbereiche mit Rutschgefahr, Begehungsverfahren – schiefe Ebene",
- DIN 68702 „Holzpflaster",
- DIN EN 685 „Elastische, textile und Laminat-Bodenbeläge",
- DIN EN 13318 „Estrichmörtel und Estriche",
- DIN EN 12825 „Doppelböden".

III.10.1.2 Estriche

Die DIN EN 13318 „Estrichmörtel und Estriche – Begriffe" definiert einen Estrich als „*Schicht oder als Schichten aus Estrichmörtel, die auf der Baustelle direkt auf dem Untergrund, mit oder ohne Verbund, oder auf einer zwischenliegenden Trenn- oder Dämmschicht verlegt wird*" (s. Kap. V.3).

Trockenestriche

Neben den sogenannten nassen Estrichen gibt es auch Trockenestriche und besondere Bauarten wie Hohlraumböden und Doppelböden nach DIN EN 12825 „Doppelböden", die sich insbesondere zur Verlegung von Installationsleitungen eignen.

Trockenestriche nehmen im Bereich der Estriche eine Sonderstellung ein.

Die Gemeinsamkeit der Trockenestriche mit anderen Estrichen liegt nicht in Material oder Verarbeitung, sondern in der Funktion, einen Aufbau für einen späteren Fußbodenbelag zu schaffen.

Trockenestriche sind beim Bauen im Bestand und insbesondere bei Dachausbauten, bei denen neben geringem Gewicht auch oft die Höhe eines Aufbaus eine wichtige Rolle spielt, optimal geeignet. Ein großer Vorteil gegenüber nassen Estrichen liegt in der deutlich reduzierten Bauzeit, da Trockenestriche bereits nach einer kurzen Trockenzeit des Klebers oder der Spachtelmassen begehbar und belegbar sind, und dem entsprechend minimalen Feuchteeintrag.

Trockenestrich-Systeme bestehen meist aus einzelnen Platten.

Neben Produkten auf Gipsbasis (s. Kap. V.10) gibt es eine Vielzahl von Trockenbaumaterialien aus Holzwerkstoffen, wie Holzfaserplatten, Spanplatten/Flachpressplatten (s. Kap. V.4), aber auch Faserzement-/Zementfaserplatten (Kalziumsilikatplatten) (s. Kap. V.10).

Hohlraumböden

Hohlraumböden werden vor allem dann eingesetzt, wenn Installationen für die Gebäudetechnik, EDV, Kommunikation, Ver- und Entsorgungsleitungen oder spezielle Funktionen, wie z. B. Kühldecken, Be- und Entlüftungen, untergebracht werden sollen.

Hohlraumböden sind aufgeständerte Fußbodensysteme mit einer geschlossenen Bodenoberfläche, die entweder aus Nivellierestrich oder fugenlos verlegten Platten aus Trockenbaumaterialien hergestellt wird. Der Fußbodenhohlraum bleibt über Revisionsöffnungen oder -kanäle zugänglich.

Der Trockenhohlraumboden bietet den Vorteil, keine zusätzliche Feuchte in den Bau einzubringen und entsprechend auch die Bauzeit zu verkürzen.

Holhraumböden eignen sich beim Bauen im Bestand insbesondere zur Modernisierung von Büroraumböden.

III.10.1.3 Fliesen und Platten

Fliesen und Platten gelten als dauerhafte, feuchteunempfindliche und leicht zu pflegende Bodenbeläge (s. Kap. V.7). Sie sind sowohl im Altbaubestand als auch bei Neubauten beliebt, da sie im Verhältnis zu anderen Belägen hohen Belastungen ausgesetzt werden können und besondere Anforderungen, wie sie z. B. in Nassräumen gelten, erfüllen.

III.10.1.4 Holz (s. Kap. V.4)

Holz wird bereits seit 3 Jahrtausenden als Fußbodenbelag genutzt. In Mitteleuropa gewann Holz mit der Erfindung der Sägemühle im 13. Jahrhundert zunehmend an Bedeutung und wurde als einfacher Dielenboden aus Fichten-, Tannen- und Kiefernholz verwendet.

Im Zuge der Industrialisierung des Bauens rückte auch das Parkett immer mehr in den Vordergrund und wurde vor allem im Bereich repräsentativer Räume verwendet.

Holz als nachwachsender Rohstoff wird nach wie vor gerne verwendet und spielt in der Altbaumodernisierung einerseits als vorhandener und andererseits als leicht zu verlegender, neuer Fußbodenbelag eine bedeutsame Rolle.

Vorteile von Holzfußböden:

- elastisch,
- fußwarm,
- geringe elektrische Leitfähigkeit,
- behaglich,
- vorteilhafter Einfluss auf das Raumklima,
- natürlich,
- keine zusätzliche Feuchte beim Einbau bzw. der Modernisierung.

Holzarten

Dielenfußböden, Holzpflaster und massives Parkett (u. a. Stabparkett, Mosaikparkett, Hochkantlamellenparkett, Lamparkett bzw. 10-mm-Parkett) waren lange Zeit die klassischen Bodenbeläge aus Holz.

Inzwischen haben industriell gefertigte mehrschichtige Fußbodenelemente mit Trägerschichten aus Holzwerkstoffen wie Fertigparkett, Tafelparkett oder die sogenannten Landhausdielen einen erheblichen Marktanteil gewonnen.

Dielenböden

Die älteste Art der Holzfußböden sind Dielenböden. Die Dielen werden verdeckt durch Federn oder sichtbar mit Schrauben oder Nägeln befestigt.

Zu den gebräuchlichsten Dielenarten gehören Massivholzdielen. Sie entsprechen in Profil und Abmessung handelsüblichen Hobeldielen nach DIN 4072.

Die profilierten Bretter mit Nut und angehobelter Feder werden üblicherweise auf Lagerhölzer, Holzbalkendecken oder Blindböden, verdeckt oder sichtbar, genagelt oder geschraubt.

Eine schwimmende Verlegung ist nicht möglich.

Die handelsüblichen Maße entsprechen den in der Norm angegebenen Werten. Verfügbar sind meist folgende Abmessungen: 19,5 bis 35,5 mm dick, 95 bis 155 mm breit (Profilbreite = Breite einschließlich Feder) und 1,5 bis 6 m lang.

Sondermaße, z. B. größere Dicke oder doppelte Nut und Feder, wie sie aus brand- oder schallschutztechnischen Gründen erforderlich sein können, sind bei der Abnahme größerer Mengen lieferbar.

Holzpflaster

Holzpflaster gilt als besonders strapazierfähiger und vielseitiger Bodenbelag.

Der Holzpflasterbelag besteht aus rechteckigen oder runden Klötzen, die nebeneinandergestellt (mit den Hirnholzseiten nach oben) eine Bodenfläche mit außerordentlicher Belastbarkeit (hohe Abriebfestigkeit) ergeben.

Holzpflaster wird sowohl im Innen- als auch im Außenbereich verwendet.

Abb. III.10.02: Fliesen als Bodenbeläge im modernisierten Badezimmer

Abb. III.10.03: Aufgearbeiteter Holzdielenboden in einer modernisierten Wohnung

Im Innenbereich sind nach DIN 68702 „Holzpflaster" 3 verschiedene Qualitäten zulässig:

- Holzpflaster-GE
für den gewerblichen und industriellen Bereich mit besonderen Anforderungen durch Fahrzeuge oder Flurförderzeuge; genormte Klötze sind 60 bis 140 mm lang, 60 bis 80 mm breit und 50 bis 100 mm hoch,
- Holzpflaster-RE
für Verwaltungsgebäude, Versammlungsstätten, Wohnbereiche und Hobbyräume; genormte Klötze sind 40 bis 120 mm lang, 40 bis 80 mm breit und 22 bis 80 mm hoch,
- Holzpflaster WE
für Werkräume und gleichartig beanspruchte Räume ohne große Klimaschwankungen. Das Befahren ist bei Verwendung geeigneter Klebstoffe und ausreichender Dimensionierung (ab 40 mm breit, bis 100 mm hoch) möglich. Die genormten Klötze sind 40 bis 140 mm lang, 40 bis 80 mm breit und 30 bis 80 mm hoch.

Abb. III.10.04: Kunststoff (PVC) als Bodenbelag

Außer nach ihren Abmessungen unterscheiden sich die Qualitäten auch nach Feuchtegehalt und insbesondere dadurch, dass Holzpflaster für den Außenbereich und für gewerbliche und industrielle Räume mit Holzschutzmitteln vorbehandelt ist.

Im Wohnbereich ist eine Behandlung mit Holzschutzmitteln nicht notwendig, da keine Klimaschwankungen oder hohe Feuchte auftreten.

Des Weiteren werden für den Außenbereich stärker dimensionierte Klötze mit Höhen zwischen 100 bis 250 mm hergestellt. Auch Rundholzpflaster wird nur im Außenbereich verwendet.

Stabparkett

Stabparkett hielt bereits Mitte des 19. Jahrhunderts im Wohnungsbau Einzug und wird auch heutzutage verwendet. Es besteht aus 14 bis 22 mm dickem Vollholz und kann je nach Untergrund genagelt oder geklebt werden.

Es wird unterschieden zwischen Parkettstäben und Parkettriemen. Stäbe verfügen über eine umlaufende Nut und werden mit Querholzfedern verbunden, Riemen besitzen angehobelte Nute und Federn.

Lamparkett

Lamparkett unterscheidet sich von Stabparkett vor allem durch seine geringeren Abmessungen und wird daher auch 10-mm-Massivparkett bzw. 10-mm-Stabparkett genannt. Es wurde speziell für den Bereich der Renovierung entwickelt.

Die kurzen, schmalen, dünnen, massiven Parkettstäbe haben glatte Kanten und werden auf den Untergrund geklebt.

Tafelparkett

Tafelparkett besteht aus in Tafelform zusammengefügten Verlegeeinheiten aus einer Blindplatte mit aufgeklebten Parkettelementen oder aus Vollholzteilen. Es wird vor allem bei Restaurierungsarbeiten eingesetzt und kann verklebt oder genagelt werden.

Fertigparkett-Elemente und Landhausdielen

Als Fertigparkett-Elemente werden industriell hergestellte, meist dielenförmige Produkte mit einer endbehandelten Oberfläche bezeichnet.

Die Elemente werden in unterschiedlichen Längen und Breiten angeboten und durch umlaufende Nuten bzw. Federn verbunden.

Fertigparkett-Elemente sind formstabil, d. h., auch während der Heizperiode entstehen keine Fugen zwischen den einzelnen Brettern des Bodenbelages. Sie können sowohl schwimmend verlegt als auch flächig verklebt werden.

Als Landhausdielen werden Fertigparkett-Elemente in Brett- bzw. Dielenform bezeichnet. Sie besitzen oberseitig eine durchgehende Decklage aus Nadelhölzern wie Fichte, Kiefer und Lärche, aber auch aus Laubhölzern wie Eiche, Buche, Esche, Ahorn oder Birke. Im verlegten Zustand entspricht ihr Aussehen einem Dielenboden.

III.10.1.5 Elastische Beläge

Elastische Bodenbeläge unterscheiden sich von anderen Bodenbelägen insbesondere durch ihre Biegsamkeit.

Zu den elastischen Bodenbelägen gehören Kautschukbeläge, die meist als Elastomer- oder Gummibodenbeläge bezeichnet werden, Bodenbeläge aus Kunststoff, Bodenbeläge aus Linoleum sowie Bodenbeläge aus Kork und auch Laminat.

Kautschuk- und Elastomer- bzw. Gummibodenbeläge

Kautschuk-, Elastomer- bzw. Gummibodenbeläge werden nach ihrer Oberseite und ihrem Aufbau unterschieden.

Es gibt Bodenbeläge mit profilierter und mit glatter Oberseite, sie können homogen oder heterogen sein. Die Klassifizierung dieser Kautschuk-, Elastomer- bzw. Gummibodenbeläge richtet sich nach ihren Gesamtdicken bzw. nach ihrer Nutzschichtdicke und Verschleißfestigkeit.

Bodenbeläge aus Kunststoff

Zu den Kunststoffbodenbelägen gehören alle vorgefertigten Bodenbeläge, deren Bindemittel im Wesentlichen aus thermoplastischen Kunststoffen bestehen. Unterschieden werden sie nach ihrer Rohstoffart und ihrem Aufbau. Es gibt Kunststoffbodenbeläge aus Polyvinylchlorid (PVC) und Mischpolymerisaten mit PVC, die genormt sind. Hinzu kommen Bodenbeläge aus Polyolefinen und Mischpolymerisaten oder anderen Kunststoffen als Bindemittel, deren Normung in Vorbereitung ist.

Kunststoffbodenbeläge aus PVC unterscheiden sich dadurch, dass sie entweder homogen oder heterogen sind. Außerdem kann der Rücken aus einem anderen Material, wie z. B. Polyestervlies, Mineralfaserpappe, Schaumstoff oder Kork, bestehen.

Kunststoffbodenbeläge können auch dadurch unterschieden werden, dass sie unterschiedlich verschleißfeste und unterschiedlich dicke Nutzschichten haben, was sich auf ihre Strapazierfähigkeit auswirkt.

Bodenbeläge aus Linoleum

Linoleumbodenbeläge sind die ältesten industriell hergestellten Bodenbeläge. Nachdem sie fast in Vergessenheit gerieten, erfreuen sie sich inzwischen wieder großer Beliebtheit.

Linoleum besteht insbesondere aus einem Bindemittel aus oxidiertem Leinöl, seltener aus anderen oxidierbaren Ölen, und Baumharzen, dem Linoleumcement. Durch Zugabe von Holzmehl und/oder Korkmehl, Pigmenten und Stabilisatoren entsteht eine Linoleummasse, die anschließend auf ein

Jutegewebe gepresst und in Reifekammern weiter oxidiert wird.

Linoleum wird in den genormten Dicken von 2 mm, 2,5 mm, 3,2 mm und 4 mm hergestellt.

Korkböden

Korkfußböden gelten als besonders natürlich und bilden insbesondere die Grundlage für einen biologischen und ergonomischen Bodenbelag. Korkbeläge dämmen, dämpfen den Schall, sind trittelastisch und entlasten dadurch die Wirbelsäule mehr als die meisten anderen Böden.

Kork wird sowohl in Form von Fertigparkettelementen als auch als Rollenware angeboten. Die Oberflächenbehandlung erfolgt durch Ölen und Wachsen.

Laminat

Laminat eignet sich durch seine meist sehr geringe Aufbauhöhe besonders gut für eine nachträgliche Verlegung im Zuge einer Renovierung.

Laminat ist abrieb-, kratz-, druck- und stoßfest, pflegeleicht und unempfindlich gegen Flecken, UV-Licht und Zigarettenglut.

Laminatelemente sind wie Fertigparkettelemente grundsätzlich mehrschichtig aufgebaut. Sie bestehen aus einer Trägerschicht (meist MDF-Platten), einem Laminatdekor, einer Deckschicht (Overlay) aus einer oder mehreren Lagen eines faserhaltigen Materials und einer verschleißfesten Kunstharzbeschichtung (meist Melamin). Eine Gegenzugschicht dient als zusätzliche Stabilisierung. Die Elemente sind formstabil und passgenau. Laminat wird in vielen verschiedenen Dessins im Handel angeboten.

III.10.1.6 Textile Beläge

Zu den textilen Bodenbelägen gehören alle Bodenbeläge, die aus Fasermaterialien hergestellt werden; unabhängig davon, ob die Fasern unmittelbar verwendet oder zuerst zu Garnen verarbeitet werden. Textile Bodenbeläge werden nach ihrem Herstellungsverfahren, nach ihrem Aufbau, also ihrer Oberflächenbeschaffenheit, und ihrem Fasermaterial unterschieden. Auch die Ausstattung der Teppichrücken spielt bei der Auswahl eine Rolle.

Herstellungsverfahren

Bei den meisten textilen Bodenbelägen handelt es sich um getuftete Teppiche, diesen folgen Webbeläge, die in verschiedenen Webtechniken hergestellt werden, im Nadelvliesverfahren produzierte Beläge und Teppiche aus Kugelgarn.

Fasermaterial

Die obere Schicht, der sogenannte Flor, der textilen Bodenbeläge besteht aus chemischen Fasern, wie Polyamid-Fasern (PA), Polyester-Fasern (PES), Polyacryl-Fasern (PAC) oder Polypropylen-Fasern (PP), oder aus Naturfasern. Unterschieden wird wiederum in pflanzliche Fasern, wie Sisal und Kokos, und tierische Fasern, wie Tierhaare und Schurwolle bzw. Wollmischgewebe.

Teppichrücken

Durch die Beschichtungen der Teppichrücken wird die Stabilität der Beläge verbessert und neben der Maßbeständigkeit auch eine höhere Haltbarkeit erreicht. Vor allem bei dünnen Nutz- bzw. Polschichten erhöht der Rücken auch wesentlich den Gehkomfort. Unterschieden wird dabei in Schaumrücken und textile Zweitrücken.

Verlegung

Die Wahl einer Verlegetechnik hängt sowohl vom Zustand des Untergrunds und des Teppichrückens als auch von der Teppichart ab.

Unterschieden wird die Teppichverlegung in loses Verlegen, vollflächiges Verkleben, Verspannen und Klettprinzip.

Loses Verlegen

Ein loses Verlegen bietet sich vor allem bei kleinen, wenig frequentierten Räumen an. Dabei wird der Teppich nur an den Rändern und an Türschwellen mit doppelseitigem Klebeband fixiert.

Vollflächiges Verkleben

Ein vollflächiges Verkleben bietet sich vor allem bei größeren, stark frequentierten Räumen an. Dabei spielt sowohl

Abb. III.10.05: Linoleum als typischer Bodenbelag im Hausflur eines alten Gebäudes

Abb. III.10.06: Laminat als Bodenbelag in einem Wohnraum

die Beschaffenheit des Untergrunds als auch die Wahl eines geeigneten Klebers eine wichtige Rolle. Meist werden Teppiche mit Herstellerempfehlungen gekennzeichnet, um chemische Wechselwirkungen zu verhindern.

Verspannen

Diese Technik ist eine anspruchsvolle, hochwertige und umweltfreundliche Möglichkeit der Teppichbodenverlegung. Sie sollte unbedingt von Fachleuten ausgeführt werden. Die Verspanntechnik wird vor allem bei mit einem Textilrücken ausgerüsteten, gewebten oder getufteten Teppichböden angewendet. Der Bodenbelag liegt sehr stabil auf dem Untergrund und ist äußerst strapazierfähig und trittsicher.

III.10.1.7 Beschichtungen

Bodenbeschichtungen eignen sich insbesondere zur Herstellung einer Nutzschicht, zur Vergütung, Sanierung und zur Reparatur von Fußböden. Bodenbeschichtungen werden meist dort eingesetzt, wo der Fußbodenbelag hohen Belastungen ausgesetzt ist und sehr strapazierfähig sein muss, wie z. B. in der Produktion und Lagerhaltung, aber auch in Parkhäusern und Verkaufsräumen.

Material

Besonders Reaktionsharzprodukte eignen sich als Ausgangsprodukt zur Herstellung von Bodenbeschichtungen.

In der Praxis haben sich vor allem Epoxidharze (EP), Methylmethacrylatharze (MMA), Polyurethanharze (PUR) und ungesättigte Polyesterharze (UP) bewährt.

Reaktionsharze (Duromere)

Nach DIN 16945 sind Reaktionsharze (Duromere) flüssige oder verflüssigbare Kunstharze, die alleine oder mit Reaktionsmitteln ohne Abspaltung flüchtiger Komponenten durch Polyaddition oder Polymerisation chemisch erhärten.

Kunstharzimprägnierung

Als Kunstharzimprägnierung wird die porenfüllende Tränkung eines saugfähigen Untergrunds bezeichnet, ohne dass dieser diffusionsdicht verschlossen wird. Ihre Schichtdicke beträgt weniger als 0,1 mm. Die Struktur der Oberfläche bleibt dabei erhalten, die Poren schließen sich nicht.

Imprägnierungen dienen vor allem dazu, Bodenflächen zu verfestigen, ihre Widerstandsfähigkeit zu erhöhen und Staubbildung durch Abrieb zu vermindern. Sie bieten jedoch nur einen schwachen Schutz gegen mechanische Beanspruchungen und chemischen Abrieb.

Kunstharzversiegelungen

Eine Kunstharzversiegelung verschließt die Poren des Untergrunds und deckt die Oberfläche mit einem dünnen geschlossenen Schutzfilm ab, dessen Schichtdicke weniger als 0,1 bis 0,3 mm beträgt.

Dadurch wird die mechanische Beanspruchung des Bodens verbessert und seine Reinigung und Pflege erleichtert, da das Eindringen von Ölen, Fetten und anderen Verschmutzungen verhindert wird.

Versiegelungen werden i. Allg. in 2 Arbeitsgängen durch Streichen und Rollen aufgebracht. Sie bestehen meist aus lösungsmittelhaltigen oder lösungsmittelfreien Harzen.

Kunstharzbeschichtung

Als Beschichtung wird ein Überzug aus lösungsmittelfreien Reaktionsharzen, Füllstoffen und gegebenenfalls Farbpigmenten bezeichnet, deren Schichtdicke 0,3 bis 2 mm beträgt.

Dadurch entsteht eine mechanisch stärker beanspruchbare Verschleißschicht mit guter Chemikalienbeständigkeit und pflegeleichter Oberfläche.

Selbstverlaufende Beschichtungen werden durch Streichen, Spachteln oder Spritzen aufgebracht.

Bei stark beanspruchten Böden, wie Industrieböden, kann zusätzlich ein Armierungsgewebe eingebettet werden. Eine erhöhte Rutschfestigkeit kann durch das Einstreuen von trockenem Quarzkorn in die frische Beschichtung erzielt werden.

Beschichtungen bieten viele verschiedene Gestaltungsmöglichkeiten.

Kunstharzbelag

Ein Kunstharzbelag ist ein Überzug aus einem lösungsmittelfreien Reaktionsharzmörtel, Füllstoffen, Zuschlägen und gegebenenfalls Pigmenten, dessen Schichtdicke 2 bis 6 mm beträgt.

Dabei wird zwischen selbstverlaufend eingestellten Mörteln, die in einer Schicht vergossen (Gießbeläge) werden, und spachtelfähigen Mörteln, die in einer oder mehreren Schichten aufgespachtelt werden, unterschieden. Die Beläge sind mechanisch stark beanspruchbar und schützen den Untergrund dauerhaft vor chemischen Angriffen.

Kunstharzestrich

Kunstharzestriche gehören zu den hochbeanspruchbaren Estrichen (s. Kap. V.3) und bestehen aus lösungsmittelfreien Reaktionsharzen, Pigmenten, Füllstoffen und Zuschlägen. Sie werden aus plastischen Mörteln in einer Schicht (ab 6 mm) meist als Verbundestrich ausgeführt. Kunstharzestriche zeichnen sich durch eine hohe mechanische Widerstandsfähigkeit und gute chemische Beständigkeit aus.

III.10.1.8 Anforderungen

Anforderungen an Böden und Bodenbeläge richten sich insbesondere an ihre Verkehrssicherheit, Rutschhemmung bzw. Rutsch- und Gleitsicherheit, Abriebfestigkeit, aber auch an ihr Brandverhalten, Trittschallschutz usw.

Verkehrssicherheit

Um Ausgleiten und Rutschgefahr zu vermeiden, müssen Böden und Bodenbeläge einen ausreichenden Gleitwiderstand aufweisen. Außerdem gehört eine ausreichend feste, maßgerechte und ebene Oberfläche zur Verkehrssicherheit.

Rutschhemmung bzw. Rutsch- und Gleitsicherheit

Die Rutschhemmung von Bodenbelägen wird nach DIN 51130 „Prüfung von Bodenbelägen – Bestimmung der rutschhemmenden Eigenschaft – Arbeitsräume und Arbeitsbereiche mit erhöhter Rutschgefahr, Begehungsgefahren – Schiefe Ebene" geprüft und in die Bewertungsgruppen R 9, R 10, R 11, R 12 und R 13 unterteilt. Bei der Prüfung handelt es sich um eine reine Laborprüfung, die die Bodenbeläge im trockenen Zustand untersucht.

III.10.2 Typische Mängel und Schäden

III.10.2.1 Mängel und Schäden an Estrichen (s. Kap. V.3)

Zu den typischen Mängeln und Schäden an Estrichen gehören insbesondere Risse, Einbrüche, Zerfall, Absenkungen und Verformungen, Verwölbungen sowie Aufwölbungen.

Mängel und Schäden an Trockenestrichen entstehen i. Allg. durch Verarbeitungsfehler im Bereich der Fugen und zeichnen sich z. B. durch Risse ab.

III.10.2.2 Mängel und Schäden an Fliesen und Platten (s. Kap. V.7)

Zu den typischen Mängeln und Schäden bzw. optischen Beeinträchtigungen bei Fußbodenbelägen aus Fliesen und Platten gehören vor allem Risse, Abschieferungen, Abspaltungen sowie Ablösungen vom Untergrund und mangelhafte Mörtelfugen.

III.10.2.3 Mängel und Schäden an Holz (s. Kap. V.4)

Zu den typischen Mängeln an Fußböden aus Holz gehören breite Fugen, Schüsselungen, Aufwölbungen (s. Kap. V.4.2.1), Risse (s. Kap. V.4.2.1) und Unregelmäßigkeiten bzw. Beeinträchtigungen der Oberfläche, sowohl durch Einflüsse aus dem Untergrund (s. Kap. III.6) als auch durch das für Holz und Holzwerkstoffe typische Schwinden und Quellen (s. Kap. V.4.2.1).

Ebenso wie andere Bauteile aus Holz können auch Fußbodenbeläge von Pilzen (s. Kap. V.4.2.2 und V.4.2.3) und Insekten (s. Kap. V.4.2.4) befallen werden.

Fugen

Fugen in Holzfußböden lassen sich insbesondere unterteilen in materialbedingte Fugen, Abrissfugen und Fugen an Stößen.

Materialbedingte Fugen

Materialbedingte Fugen entstehen durch das natürliche Quellen und Schwinden des Holzes und zeichnen sich unterschiedlich ab. Im Sommer und während der Heizperiode zieht sich das Holz aufgrund der geringen relativen Luftfeuchte zusammen, in der übrigen Zeit nimmt es die Feuchte auf und quillt.

Abrissfugen bei Dielenböden/Tafelbildung

Werden Dielenböden nach ihrer Verlegung bzw. nach einem erneuten Abschliff im Zuge einer Erneuerungsmaßnahme mit einem filmbildenden Lack versiegelt, verkleben die einzelnen Dielen miteinander mehr oder weniger stark, was zur Bildung von Tafeln und zu Abrissfugen führen kann. Insbesondere bei Holzpflaster und Dielenböden ist deshalb die Wahl einer geeigneten Versiegelung wichtig.

Beeinträchtigungen der Oberfläche

Zu den typischen Unregelmäßigkeiten und Beeinträchtigungen der Oberfläche von Holzfußböden gehören neben farblichen und geometrischen Unregelmäßigkeiten im Altbaubestand vor allem Kratzer, Eindrücke und sonstige Abnutzungsspuren.

Bei Fertigparkett kommt es häufig zu einer Mittellagenabzeichnung, die ebenfalls als visuelle Beeinträchtigung der Oberfläche angesehen wird. Eine weitere Beeinträchtigung der Oberfläche ist eine zu große Rutschgefahr durch eine zu glatte Oberfläche.

Farbliche Unregelmäßigkeiten

Farbliche Unregelmäßigkeiten entstehen oft durch Unverträglichkeiten gegenüber anderen Materialien (Eisen und Eiche), Reinigungsmitteln, Lichteinwirkung oder Einflüssen aus dem Untergrund.

Sie können bereits bei der Lagerung und Trocknung des Grundmaterials oder erst bei der Nutzung verursacht werden.

Geometrische Unregelmäßigkeiten

Die Ursachen geometrischer Unregelmäßigkeiten sind verschieden und können bereits bei der Herstellung der Fußbodenbeläge, bei der Verlegung oder erst während der Nutzung auftreten. Zu den häufigsten geometrischen

Abb. III.10.07: Risse und Abspaltungen in den Fliesen eines Bodenbelages

Abb. III.10.08: Fugen zwischen einzelnen im Zuge einer Erneuerungsmaßnahme abgeschliffenen Dielen

Unregelmäßigkeiten gehören überstehende Kanten, Schleiffehler und Unregelmäßigkeiten im Lack.

Kratzer, Eindrücke und sonstige Abnutzungsspuren

Zu den typischen Schäden an Holzfußböden im Altbaubestand gehören Kratzer, Eindrücke und sonstige Abnutzungsspuren, die bis hin zum Ausbrechen von Holzgewebeteilen führen. Sie treten durch jahrelange Beanspruchungen unterschiedlichster Art auf:

- Schmirgelwirkung durch eingeschleppten Straßensand,
- Ritzbeanspruchung durch das Verschieben von Möbeln,
- Absatzeindrücke vor allem durch Stöckelschuhe, Pfennigabsätze,
- Eindrücke durch heruntergefallene Gegenstände.

Abb. III.10.09: Abgenutzte Holzdielen

Abb. III.10.10: Schüsselung eines Laminatfußbodens

Mittellagenabzeichnung bei Fertigparkett

Bei dreischichtigem Fertigparkett gehört die sogenannte Mittellagenabzeichnung zu einem typischen Schadensbild, das sich durch Wellen quer zum Faserverlauf des Deckfurniers abzeichnet. Ursache ist das unterschiedlich starke Quellen der stehenden und liegenden Jahresringe in den Stäben des Fertigparketts, das vor allem bei Fichten zu beobachten ist.

Im Gegensatz zu anderen Hölzern ist das Quellen und Schwinden des Fichtenholzes in tangentialer Richtung, d. h. parallel zu den Jahresringen, ca. doppelt so stark wie in radialer Richtung, also senkrecht zu den Jahresringen. Trotz der nur minimalen Höhendifferenzen sind diese im Streiflicht auf glänzenden Oberflächen durch Reflexionsunterschiede sichtbar.

Lose Stellen

Ein Loslösen einzelner Holzfußbodenteile entsteht oft aufgrund ungenügender Adhäsion des Klebstoffes bei Quellspannungen. Ursächlich ist entweder ein ungeeigneter Kleber oder ein nicht ausreichend haftender Untergrund.

Bei der Renovierung alter Holzfußböden durch Abschleifen und Neuversiegeln kommt es ebenfalls häufig zum Lösen von Teilen, da die alte Verklebung oft den entstehenden Belastungen nicht mehr standhält. Lösen sich große Flächen ab, ist meist ein Bruch in der oberen Estrichfläche die Ursache.

Aufwölbungen

Als Aufwölbung wird eine Abhebung mehrerer Verlegeteile bezeichnet. Holzfußböden können sich einerseits mit dem Unterboden als Einheit und andererseits alleine aufwölben. Aufwölbungen entstehen, wenn ein Holzfußboden beim Quellen durch angrenzende Bauteile wie Wände, Pfeiler oder Türschwellen behindert wird.

Zu den dafür typischen Ursachen zählen fehlende Rand- und Dehnfugen und vordergründig Feuchteeinflüsse aus dem Untergrund, wie z. B. durch fehlende Abdichtungen oder nicht belegreife Estriche.

Besonders gefährdet sind schwimmend verlegte Parkettfußböden, da bei ihnen nur ein geringes Eigengewicht überwunden werden muss.

Schüsselungen

Als Schüsselungen bezeichnet man Aufwölbungen eines Holzfußbodens im Querschnitt. Sie sind die Folge unterschiedlicher Ausdehnungen von Elementunter- und Elementoberseiten. Schüsselungen sind keine Aufwölbungen, bei denen sich mehrere Verlegeelemente zusammen bogenförmig abheben.

Schüsselungen sind als Welligkeit der Einzelelemente des Holzfußbodens beim Darüberstreichen mit der Hand spürbar. Sie werden je nach Richtung der Wölbung der Elemente in Konkavschüsselung – Einwölbung der Oberseite – und Konvexschüsselung – Auswölbung der Oberseite – unterschieden.

Zu einer Konkavschüsselung kommt es häufig bereits innerhalb von 24 Stunden nach dem Verlegen durch die Einwirkung von Klebstoffen oder Wasser auf die Unterseite der Verlegeteile. Die Feuchteunterschiede zwischen Ober- und Unterseite des Verlegeteils gleichen sich allerdings nach Tagen bzw. Wochen wieder aus. Besonders gefährdet sind dünne Parkettelemente.

Zur Vermeidung einer Konkavschüsselung sollten Wartezeiten eingehalten werden, bei dünnen Parkettarten sollten geeignete Klebstoffe verwendet werden und auf die Belegreife des Estrichs geachtet werden.

Zur Konvexschüsselung kommt es durch jegliche Wasser- bzw. Feuchteeinwirkung, wie z. B. einen Rohrbruch, eine umgestürzte Blumenvase, Schlagregen bei offenem Fenster, direkt auf dem Holzfußboden stehende Blumentöpfe o. Ä. in Abhängigkeit mit der Dichtigkeit der Oberflächenbehandlung meist innerhalb von 24 Stunden.

Eine ähnliche Wirkung tritt bei zu nassem Wischen von Holzfußböden durch über Fugen und Risse in die oberste Schicht eindringendes Wasser ein. Fußbodenbeläge aus Holz, vor allem aber Laminatböden, dürfen deshalb nur mit einem nebelfeuchten Tuch gewischt werden.

Leichte Schüsselungen, die mit der Hand kaum spürbar und nur im Streiflicht sichtbar sind, stellen keinen Mangel dar. Als Ursache gelten wechselnde Jahresringlagen und Quell- und Schwindvorgänge des Holzes.

Die eingewölbte Konkavseite schwindet in der Breite gegenüber dem ursprünglichen Zustand, die aufgewölbte Konvexseite quillt in der Breite auf. Es besteht jedoch die Möglichkeit, dass beide Seiten unterschiedlich stark quellen bzw. schwinden.

Die Ursachen für Schüsselungen lassen sich in 3 Gruppen unterteilen:

- einseitige Einwirkung von Quellmitteln (meist Wasser) auf Ober- oder Unterseite (Konkav- und Konvexschüsselung),
- unsymmetrischer Mehrschichtaufbau von Fußbodenteilen,
- unterschiedliche Jahresringlage an Ober- und Unterseite.

Unsymmetrischer Mehrschichtaufbau von Fußbodenelementen

Schüsselung entsteht nicht nur durch einseitigen Zu- oder Abgang von Quellmitteln, sondern auch durch ein materialbedingtes unterschiedliches Feuchtedehnungsverhalten von Ober- und Unterseite.

Dabei genügt bereits eine gleichmäßige Feuchteänderung innerhalb des Verlegeelements, um eine starke Schüsselung hervorzurufen.

Ein aus 2 Verbundschichten mit unterschiedlicher Feuchteausdehnung falsch konstruiertes Fußbodenelement besteht häufig aus einer Unterseite aus Sperrholz oder Holz mit quer zur Deckschicht verlaufender Faserrichtung. Dadurch besitzt die Holzdeckschicht eine 10- bis 20-fach größere Feuchtedehnung als die Unterschicht. Während die Unterschicht bei Holzfeuchteänderungen nahezu ihre Breite behält, quillt und schwindet die Deckschicht deutlich. Die entstehenden Spannungen führen zur Schüsselung.

Diese Art der Schüsselung kann durch die Verwendung symmetrisch aufgebauter mehrschichtiger Fußbodenelemente vermieden werden.

Unterschiedliche Jahresringlage an Ober- und Unterseite

Unsymmetrischer Aufbau von Verlegeteilen ist nicht nur bei der Verleimung unterschiedlicher Materialien gegeben, sondern auch im massiven Holz. Je nach Führung des Sägeschnitts entsteht ein Verlegeteil mit mehr oder weniger symmetrischem Jahrringverlauf zur horizontalen Achse.

Wenn die Jahresringe symmetrisch zu den Achsen verlaufen, bleibt bei einem Feuchtewechsel die geometrische Grundform erhalten, es ändert sich lediglich die Größe des Verlegeteils. Bei unsymmetrischem Verlauf der Jahrringe zu den Achsen eines Holzelements, d. h. bei unsymmetrischer Verteilung von radialer und tangentialer Holzrichtung, verändert sich bei einem Feuchtewechsel nicht nur die Größe, sondern auch die Grundform des Verlegeteils. Die Ursache dafür liegt darin, dass bei fast allen Holzarten das tangentiale Schwindmaß nahezu doppelt so groß ist wie das radiale.

III.10.2.4 Mängel und Schäden an elastischen Belägen

Materialbedingte Mängel und Schäden

Zu den materialbedingten Mängeln und Schäden gehören vor allem optische Beeinträchtigungen, wie Farbveränderungen und Farbabweichungen durch eine unzureichende Farb- und/oder Lichtechtheit und Vergilbungen, aber auch Flecken und sonstige Veränderungen, die häufig auch auf die Verwendung falscher Reinigungs- und Pflegemittel zurückzuführen sind.

Mängel und Schäden durch Verarbeitungsfehler

Zu den typischen Mängeln bzw. Schäden an elastischen Bodenbelägen gehören Fehler, die auf einen falschen Umgang mit den Materialien und Verarbeitungsfehler zurückzuführen sind.

Neben Fehlern durch falsche Lagerung oder Wickelspannung entstehen weitere Mängel oft beim Zuschnitt: Rapportlänge und -breite werden missachtet, die Verlegerichtung gewechselt.

Infolge ungünstiger Verlegetemperaturen und falschen Zuschnitts kommt es meist zu Fugen, Fugenversätzen, Verwerfungen und Beulen. Viele Schäden und Mängel entstehen auch durch die Wahl eines ungeeigneten Klebstoffs und/oder fehlerhafte Verarbeitung.

Bei einer zu frühen Belastung der elastischen Fußbodenbeläge kommt es an Möbelfüßen oft zu sogenannten Stauchblasen, die immer in eine Richtung verlaufen.

Weitere häufig anzutreffende Verarbeitungsfehler befinden sich im Bereich der Nähte elastischer Fußbodenbeläge, also ihrer Abdichtung. Dazu gehören zu schmale oder zu breite Fugen, offene Ränder, Verbrennungen bzw. Verschmorungen der Oberfläche und Einschnitte.

Resultierende Mängel und Schäden

Resultierende Mängel und Schäden treten durch Mängel und Schäden am Untergrund und/oder eine ungenügende Vorbereitung des Untergrunds auf.

Typisch sind Risse, Fugen, Einbrüche, Zerfall, Absenkungen, Aufwölbungen, Verformungen und Verwölbungen im Estrich bzw. der tragenden Fußbodenkonstruktion, eine noch nicht erreichte Belegreife, eine unzureichende Oberflächenfestigkeit, aber auch verschmutzte, unebene und durchfeuchtete Untergründe, durch die sich z. B. osmotische Blasen bilden können. Osmotische Blasen können entstehen, wenn Kunstharzbeschichtungen oder Kunststoffbeläge auf einen feuchten, zementgebundenen Untergrund aufgebracht werden. Das Risiko besteht auch, wenn solche Böden im Nachhinein durchfeuchtet werden.

Osmotische Blasen zeichnen sich an der Oberfläche der Beläge bzw. Beschichtungen ab und enthalten eine hochalkalische Flüssigkeit.

III.10.2.5 Mängel und Schäden an textilen Belägen

Optische Beeinträchtigungen

Zu den typischen Mängeln bzw. Schäden bei textilen Bodenbelägen gehören optische Beeinträchtigungen wie Verschmutzungen und Flecken, Veränderungen der Farbe, z. B. durch Sonneneinstrahlung, Shading und Wellen bzw. Falten aufgrund falscher bzw. unzureichend befestigter Verlegung.

Shading

Als Shading (engl. = Schatten werfend) wird eine durch Florverwerfung entstehende fleckenartige Helldunkelschattenbildung (veränderte Lichtreflexion) bei Schnittpolteppichen (Velouren), deren scheinbare Farbabweichung den optischen Gesamteindruck beeinträchtigen kann, bezeichnet.

Shading beruht weder auf Produktions- noch auf Material-, Verarbeitungs- oder Verlegefehlern. Die Ursachen für das Shading sind noch nicht abschließend erforscht.

III.10.2.6 Mängel und Schäden an Beschichtungen

Zu den typischen Mängeln und Schäden der eigentlichen Bodenbeschichtung gehören eine zu geringe Belastbarkeit, Eindrücke, die Bildung von Hohlstellen und Hohllagen, Ablösungen, nicht korrekt ausgeführte Fugen, eine zu schnelle bzw. starke Abnutzung der Verschleißschicht und die Bildung osmotischer Blasen.

III.10.2.7 Schadstoffe

Schadstoffbelastungen von Böden und Bodenbelägen gehen vorwiegend von Steinholz- und Teerasphaltestrichen, Dämmschichten sowie Fertigparkett und alten Kunststoffbelägen aus.

Asbest

Asbest ist eine Gruppenbezeichnung für verfilzte, faserartige Mineralien. Da Asbest unbrennbar und chemisch sehr resistent ist, wurde es in der Vergangenheit als Baumaterial vor allem im Brandschutz verwendet. Der Schmelzpunkt der verschiedenen Asbestarten liegt in etwa zwischen 1100 und 1500 °C. Asbest wird in die Hauptgruppen der Serpentinasbeste (z. B. Chrysotilasbest, auch als „Weißasbest" bekannt) und Amphibolasbeste (z. B. Krokydolith, auch „Blauasbest" genannt) unterschieden. Weiterhin lässt sich Asbest in fest gebundene (Dichte > 1400 kg/m³) und schwach gebundene (Dichte < 1000 kg/m³) Asbestprodukte differenzieren.

Asbest besteht nicht aus kompakten Kristallen, wie fast alle Mineralien, sondern aus winzigen, parallel zueinander liegenden Mikrofasern, die weniger als ein tausendstel Millimeter dünn (< 1 µm) und bis zu mehrere Zentimeter lang sind. Die größte Gefahr ergibt sich durch die Fähigkeit von Asbest, sich längs in immer dünnere Fasern zu spalten, was das Material in gesundheitlicher Hinsicht so kritisch macht. Durch die Kleinfaserigkeit besteht die Möglichkeit, dass die Fasern in Lunge, Bronchien und Rippenfell eindringen und sich dort über Jahrzehnte halten. Eine kritische Faserkonzentration kann Asbestose und Lungenkrebs erzeugen.

Die Einstufung von Asbest erfolgt nach der Gefahrstoffverordnung (GefStoffV) in die Kategorie der krebserzeugenden, erbgutverändernden und fruchtbarkeitsgefährdenden Gefahrstoffe. In Deutschland wurde Asbest 1994 auf Grundlage der Chemikalien-Verbotsverordnung (ChemVerbotsV) bis auf wenige Ausnahmen endgültig verboten.

Steinholzestrich ist ein früher gebräuchlicher Magnesiaestrich, der insbesondere als Verbundestrich auf Holzbalkendecken eingebaut wurde. Im privaten Wohnungsbau war er bis etwa 1960 verbreitet. Steinholzestrich besteht aus Magnesiumoxid, Gesteinskörnung und einer wässrigen Salzlösung (meist Magnesiumchlorid) sowie gegebenenfalls Zusatzstoffen (z. B. Farbstoffe). Steinholzestrich weist zudem häufig eine Asbestbelastung auf. Dennoch ist die Gesundheitsgefährdung durch Asbest für die Allgemeinbevölkerung relativ gering. Von einem intakten Steinholzestrich geht üblicherweise keine Gefahr aus. Beschädigungen wie z. B. Bohrlöcher sind allerdings zu vermeiden.

Bei den Bodenbelägen, die unter Verwendung von Asbest hergestellt wurden, sind die Cushioned-Vinyl-Beläge (CV-Beläge, Cushioned Vinyls) sowie die Floor-Flex-Platten (Vinyl-Asbestplatten oder Marley-Platten) zu nennen. Diese Belagsarten waren bis etwa Mitte der 1980er-Jahre verbreitet.

Bei CV-Belägen handelt es sich um eine zweilagig aufgebaute Bahnenware, bestehend aus einer strukturierten PVC-Oberseite und einer dünnen asbesthaltigen Trägerpappe. Cushioned-Vinyl-Beläge sind schwach gebundene Asbestprodukte und fallen in den Geltungsbereich der Asbest-Richtlinie („Richtlinie für die Bewertung und Sanierung schwach gebundener Asbestprodukte in Gebäuden"). Seit 1982 werden CV-Beläge in Deutschland ohne den Zusatz von Asbestfasern hergestellt. Sollten Unsicherheiten hinsichtlich der Asbesthaltigkeit von vorhandenen CV-Belägen bestehen, sollte ein Asbestsachverständiger hinzugezogen werden.

Alle weiteren PVC-Bodenbeläge, so auch die in den 1960er-Jahren gebräuchlichen PVC-Beläge mit einer Trägerschicht aus Jutefilz, weisen dagegen keine Asbestbelastung auf.

Bei Floor-Flex-Platten handelt es sich um dünne Bodenplatten (ca. 2 bis 3 mm), die u. a. aus Hart-PVC und Chrysotilasbest (Anteil ca. 5 bis 20 %) hergestellt wurden. Die Platten waren in den Abmessungen 25 × 25 cm sowie 30 × 30 cm erhältlich und wiesen üblicherweise eine marmorierte Oberfläche in unterschiedlichen Farben auf. Floor-Flex-Platten sind fest gebundene Asbestprodukte und fallen daher nicht in den Geltungsbereich der Asbest-Richtlinie. Da die Asbestfasern fest in den Kunststoff eingebunden sind, besteht bei intakten Floor-Flex-Platten keine Gesundheitsgefährdung. Sobald aber die Platten beschädigt bzw. gebrochen, angebohrt oder angesägt werden, kann es zur Freisetzung von Asbestfasern kommen. Eine Verpflichtung zum Ausbau unbeschädigter asbesthaltiger Floor-Flex-Platten besteht nicht.

PAK

Polycyclische aromatische Kohlenwasserstoffe (PAK) sind vor allem in Bitumen- und Steinkohlenteer-Produkten wie z. B. Teerasphaltestrichen oder auch Parkettklebern enthalten. PAK ist die Sammelbezeichnung für eine große Anzahl von gleichartigen aromatischen Einzelverbindungen wie z. B. Naphthalin und Benzo(a)pyren, die aus mindestens 2 miteinander verbundenen Benzolringen bestehen. Mit steigender Anzahl der Benzolringe handelt es sich um mittel bis schwer flüchtige Schadstoffe (SVOC, engl.: semivolatile organic compounds). PAK entstehen durch die unvollständige Verbrennung organischer Materialien (Pyrolyse).

Beim Umgang mit PAK kann es zu Schleimhautreizungen, Kopfschmerzen und Übelkeit kommen. Einige PAK-haltige Produkte gelten als krebserzeugend (Lungen-, Blasen-, Bronchial-, Magen-Darm-Krebs) und fruchtbarkeitsgefährdend. Die Aufnahme von PAK erfolgt vor allem über die Haut und durch das Einatmen PAK-belasteter Stäube. Das Ausgasungsverhalten von PAK-haltigen Produkten wird von unterschiedlichen Faktoren wie Konsistenz, Alter und Zustand beeinflusst.

Im privaten Wohnungsbau war die Verwendung von Teerasphaltestrichen bis etwa 1960 verbreitet, auch wenn sie vergleichsweise selten eingebaut wurden. In den 1960er-Jahren fand eine Umstellung auf Bitumenasphaltestriche statt. Bei Verdacht auf das Vorhandensein von Teerasphaltestrich, auch wenn dieser keinen Teergeruch aufweist, sollte nach dem Vorsorgeprinzip gehandelt und das bedenkliche Produkt von einem Sachverständigen analysiert werden.

Für die Verklebung von Parkettböden wurden bis Mitte des 20. Jahrhunderts üblicherweise Teerklebstoffe auf der Basis von Steinkohlenteerpech oder Bitumen verwendet. Ab den 1950er-Jahren wurden diese Klebstoffe insbesondere beim Einbau von Mosaikparkett sukzessive durch die noch heute üblichen Klebstoffe auf Polymerbasis ersetzt. Teerklebstoffe werden zudem in Deutschland seit Mitte der 1970er-Jahre nicht mehr hergestellt, wobei jedoch die bis Anfang der 1980er-Jahre noch gebräuchlichen Bitumenkleber ebenfalls hohe Teerbestandteile enthalten konnten.

Teer- und bitumenhaltige Klebstoffe sind grundsätzlich an ihrer schwarzen Färbung zu erkennen. Daher kann bei vorhandenen Klebstoffen anderer Farbe mit großer Sicherheit davon ausgegangen werden, dass es sich hier nicht um Teerklebstoffe handelt.

KMF

Künstliche Mineralfasern (KMF) werden in Form von Glas-, Stein- und Mineralwolle zur Wärmedämmung und Schallisolierung verwendet. Seit den 1950er-Jahren bestehen die Dämmschichten in Fußbodenkonstruktionen (z. B. schwimmender Estrich) überwiegend aus diesem Material. KMF sind anorganische silikatische Fasern, die aus Glas-, Gesteins- oder Schlackeschmelzen durch Ziehen, Blasen oder Schleudern hergestellt werden. Die Fasern mit einem Durchmesser von 2 bis 20 μm werden unterteilt in Mineralwoll- und Keramikfasern. Anders als Asbestfasern können KMF sich nicht aufspalten und somit immer dünner werden, sondern nur durchbrechen und somit bei gleicher Dicke immer kürzer werden. Darüber hinaus werden KMF im Gegensatz zu Asbest im Organismus schneller abgebaut. Diese Kriterien führen zu der Einschätzung, dass künstliche Mineralfasern zumindest weit weniger gesundheitsschädlich sind als Asbestfasern.

Beim Umgang mit KMF kann es zu Haut- und Atemwegsreizungen kommen. Weisen die Fasern kritische Abmessungen auf (Durchmesser < 3 μm, Länge > 5 μm), verfügen sie ähnlich wie Asbest über ein krebserzeugendes Potenzial. Da von KMF-Produkten unterschiedliche Gesundheitsgefahren ausgehen, werden sie in sogenannte „alte" und „neue" Produkte eingeteilt. Unter „alten" KMF werden Produkte zusammengefasst, die nicht eines der Freizeichnungskriterien nach der Gefahrstoffverordnung erfüllen und somit als krebserzeugend oder krebsverdächtig gelten. Alte KMF sind dabei insbesondere Produkte, die vor 1996 verwendet worden sind. Daher sollte bei Verdacht auf das Vorhandensein dieser Materialien nach dem Vorsorgeprinzip gehandelt und eine Entsorgung der bedenklichen Produkte vorgenommen werden.

Formaldehyd

Bei Formaldehyd handelt es sich um einen Schadstoff, der hauptsächlich in Holzwerkstoffen wie z. B. Fertigparkett vorkommt, da deren Leim meist aus Formaldehydverbindungen besteht. Formaldehyd ist eine farblose Substanz, die bei Zimmertemperatur gasförmig vorliegt und einen stechend durchdringenden Geruch aufweist. Das Gas reizt stark die Augen und die Atemwege. Bei Aufnahme durch den Mund können schwere innere Verletzungen auftreten. Das Bundesinstitut für Risikobewertung (BfR) hat Formaldehyd als Substanz mit *„begründetem Verdacht auf ein krebserzeugendes Potenzial"* eingestuft, wobei die schädliche Wirkung jedoch konzentrationsabhängig ist. Spanplatten können bis zu 30 % aus formaldehydhaltigen Leimen bestehen, während der Leimanteil bei schicht- oder stabverleimtem Vollholz nur ca. 3 bis 5 % beträgt. Rundum lackierte oder beschichtete Platten sind dagegen weitgehend dicht und gasen daher kaum Formaldehyd aus. Sobald aber die Platten beschädigt bzw. angebohrt oder angesägt werden, kann es zu Formaldehydemissionen kommen.

Nachdem bis in die 1970er-Jahre der Einsatz von Formaldehyd in Holzwerkstoff-Leimen keiner Regelung unterlag, wurden 1977 vom ehemaligen Bundesgesundheitsamt verbindliche Richtwerte für die tolerable Formaldehyd-Konzentration in Innenräumen festgelegt (0,1 ppm = engl.: parts per million). 1980 erschien die „Richtlinie über die Verwendung von Spanplatten hinsichtlich der Vermeidung unzumutbarer Formaldehydkonzentrationen in der Raumluft", nach der Spanplatten je nach Formaldehydemission in die Emissionsklassen E1, E2 und E3 unterteilt werden. Seitdem dürfen in Innenräumen ausschließlich Spanplatten der Formaldehyd-Emissionsklasse E1 verwendet werden, die den Emissionsgrenzwert von 0,1 ppm einhalten. Die Vorschriften für Spanplatten gelten heutzutage auch für alle anderen Holzwerkstoffe.

Weichmacher (Phthalate)

Polyvinylchlorid (PVC) ist ein Kunststoff, der bevorzugt zur Herstellung von Bodenbelägen verwendet wird. Durch Zugabe von Weichmachern und Stabilisatoren wird das eigentlich spröde PVC weicher und formbar gemacht. Bei Weichmachern handelt es sich um chemische Zusätze, die die Plastizität von Kunststoffen erhöhen. Zu den bekanntesten und häufigsten Vertretern zählen DEHP (Diethylhexylphthalat), BBP (Benzylbutylphthalat), DEP (Diethylphthalat) und DBP (Dibutylphthalat). Weichmacher (Phthalate) werden seit den 1960er-Jahren in großen Mengen verwendet, wobei ihre Konzentration in Kunststoffprodukten bis zu 40 % betragen kann. Da Phthalate im Kunststoff chemisch nicht fest gebunden sind, können sie durch Diffusion oder Abrieb wieder relativ leicht aus dem Material austreten. Die breite Anwendung von Phthalaten führt daher zu einer allgegenwärtigen Verteilung in der Umwelt.

Abb. III.10.11: Mit einer filmbildenden Versiegelung verschlossener Holzdielenboden

Phthalate sind gesundheitlich problematische Verbindungen, da sie im Verdacht stehen, als hormoneller Wirkstoff z. B. Unfruchtbarkeit bei männlichen Säugetieren hervorzurufen. DEHP und DBP werden von der EU auf Grundlage von tierexperimentellen Studien als „fortpflanzungsgefährdend" bewertet, die US-Umweltbehörde EPA stuft DEHP als kanzerogen ein. Für andere Phthalate besteht der Verdacht, krebserregend und fortpflanzungsgefährdend zu sein.

1999 wurde die überwiegende Anzahl der Phthalate in bestimmten Spielzeugen und Babyartikeln verboten. 2004 wurde das Verbot auf sämtliche Spielzeuge und Babyartikel ausgeweitet sowie die eingeschränkte Verwendung in Produkten wie Farben und Klebstoffen vereinbart. Dagegen werden Phthalate in PVC-Produkten wie z. B. Bodenbelägen weiterhin in großen Mengen eingesetzt.

Im Brandfall setzen PVC-Produkte neben Kohlenmonoxid und weiteren gesundheitsschädlichen Verbindungen wie Dioxine und Furane insbesondere Chlorwasserstoff frei, das ätzend auf die Atemwege wirkt und sich mit Wasser zu Chlorwasserstoffsäure (Salzsäure) verbindet.

III.10.3 Maßnahmen

III.10.3.1 Maßnahmen an Estrichen
(s. Kap. V.3)

Bei der Beseitigung von Mängeln und Schäden an Estrichen muss zunächst entschieden werden, ob eine Ausbesserung technisch sinnvoll oder eine Erneuerung wirtschaftlich günstiger ist.

Eine Ausbesserung erfolgt meist durch Schließen von Rissen (und Hohlstellen). Das Schließen kleiner Risse, aber auch Hohlstellen kann durch eine einfache Tränkung bzw. eine Art Anstrich mit einer Kunstharzlösung erfolgen. Dieses Verfahren dient auch zur Verfestigung der Oberfläche.

Das kraftschlüssige Schließen von Rissen und Hohlstellen im Estrich wird in die 4 Verfahren Vergießen, Verdübeln, Vernieten und Verdrahten unterteilt.

Bei Verbundestrichen ist zusätzlich Verpressen möglich.

Oberflächenbehandlungen wie Imprägnierung, Versiegelung und Beschichtung können einen Estrich vergüten und/oder mit besonderen Eigenschaften versehen, wie z. B. Widerstandsfähigkeit gegen chemische und physikalische Beanspruchungen, Reinigungsfähigkeit, Verschleißfestigkeit und einheitliches optisches Erscheinungsbild.

III.10.3.2 Maßnahmen an Trockenestrichen

Mängel und Schäden wie Risse in Trockenestrichen lassen sich oftmals durch eine neue Verspachtelung und deren Abschliff beseitigen (s. Kap. V.9).

III.10.3.3 Maßnahmen an Fliesen und Platten (s. Kap. V.7)

Zu den Sanierungs- und Instandsetzungsmaßnahmen bei beschädigten keramischen Fliesen und Platten zählen neben der Risssanierung die Neuverfugung, die Oberflächenbehandlung der Produkte sowie der Austausch einzelner Fliesen oder ganzer Bodenflächen.

III.10.3.4 Maßnahmen an Holz
(s. Kap. V.4)

Abschleifen

Trotz der unterschiedlichen Schadensbilder und Beeinträchtigungen an Holzfußböden können Mängel, die sich an der Oberfläche abzeichnen, meist durch das Abschleifen des Holzes behoben werden.

Je nach Art der Oberflächenbehandlung und Ausmaß der einzelnen Verkratzungen, Verschmutzungen und/oder Verfärbungen werden sie bis auf die unbehandelte Holzoberfläche abgeschliffen. So müssen versiegelte und imprägnierte Böden grundsätzlich bis auf das rohe Holz abgeschliffen werden, während mit dem Öl- oder Öl-Wachs-System behandelte Böden auch in Teilflächen durch partielles Schleifen und Nachölen repariert werden können.

Vor allem Dielenböden können durch ihre hohe Gebrauchsdicke mehrmals abgeschliffen werden. Je nach Beanspruchung und gestalterischem Aspekt kommen zur abschließenden Oberflächenbehandlung Wachsen, Ölen, Versiegeln oder ein deckender Anstrich infrage.

Beseitigung von Schüsselung

Liegt nur Schüsselung ohne Aufwölbung und ohne lose Stellen vor, kann nach Abklingen bzw. Beseitigung der Ursache der Holzfußboden vollflächig geschliffen und die Oberfläche neu behandelt werden.

Zur Egalisierung starker Schüsselungen kann z. B. bei Dielenböden, die mit zu hoher Holzfeuchte hergestellt und eingebaut wurden, ein zusätzlicher erster Diagonalschliff mit grober Körnung erforderlich werden. Eine solche Sanierung ist bei Laminat-, Furnierböden und bei mehrschichtigen Elementen mit nicht ausreichend dicker Nutzschicht nicht möglich.

Verhinderung von Abrissfugen

Abrissfugen bei Dielenböden können durch die Wahl einer geeigneten Oberflächenbehandlung verhindert werden. Anstatt filmbildender Versiegelungen sollten sogenannte Imprägniersiegel wie z. B. Ölkunstharz- oder Einkomponentensiegel verwendet werden.

Schließen von Fugen

Fugen können durch Einleimen von passenden Holzstreifen oder mit geeigneten Kitten gefüllt werden. Eine weitere Möglichkeit ist das Schließen mit Wachs, das bei Quelldruck wieder entfernt werden kann.

Oberflächenbehandlung und Reinigung

Holzfußböden werden nach dem Verlegen oder bei einer Renovierung vor der Oberflächenbehandlung abgeschliffen.

Die ATV DIN 18356 „Parkettarbeiten" definiert die Oberflächenbehandlung von Parkettfußböden.

Die zu erwartende Beanspruchung eines Holzfußbodens ist bei der Auswahl eines Oberflächenbehandlungsmittels maßgebend. Während im Wohn- und gehobenen Bürobereich der repräsentative Charakter die entscheidende Rolle spielt, entscheiden im Gewerbebereich oder bei Mehrzweckhallen insbesondere die Funktionalität, Abriebfestigkeit und Verschleißfestigkeit.

Zur Oberflächenbehandlung kommen Versiegelungen, Imprägnierungen, Öl- oder Öl-Wachs-Systeme, ein Einfärben oder ein deckender Anstrich in Frage, eine Behandlung mit vorbeugenden chemischen Holzschutzmitteln ist im Innenbereich nicht erforderlich.

Die Oberflächenbehandlungsmittel unterscheiden sich in ihren anwendungstechnischen Eigenschaften, ihrer chemischen Zusammensetzung, in Glanz und Farbwirkung, der mechanischen und chemischen Widerstandsfähigkeit, der Eindringtiefe und der Härtungszeit.

Versiegelungen

Filmbildende Versiegelungen bauen eine Verschleißschicht auf. Dabei gilt: Je größer die Schichtdicke ist (Materialverbrauch pro m²), desto länger ist die Haltbarkeitsdauer. Parkettversiegelungen gibt es in folgenden Glanzgraden: glänzend, halbmatt/seidenglänzend und matt.

Versiegelungen müssen insbesondere vor dem Eindringen von Schmutz und Feuchte schützen.

Imprägnierung

Der Unterschied zwischen einer filmbildenden Versiegelung und einer filmbildenden Imprägnierung liegt in der verwendeten Materialmenge und verläuft daher fließend.

Imprägnierungen sind dünnflüssig, dringen in die Holzoberfläche ein, verfestigen sie und machen sie resistent gegen Verkratzungen und Verletzungen.

Imprägnierungen basieren auf dünnflüssigen Einkomponenten-Polyurethanen oder auf verdünnten Öl-Kunstharz-Systemen.

Öl- und Öl-Wachs-Systeme

Die ursprünglichsten Arten der Oberflächenbehandlung sind Wachsen und Ölen. Öl- und Öl-Wachs-Systeme sind nicht filmbildend. Sie werden meist auf Basis natürlicher Rohstoffe hergestellt und sind daher geruchsneutral und enthalten nur geringe Mengen von Holzschutzmitteln.

Die offenporigen Oberflächen von gewachsten bzw. geölten Holzfußböden beeinflussen das Raumklima durch die ungehinderte Feuchteregulierung positiv.

Geölte und gewachste Holzfußbodenoberflächen sind jedoch aufwendiger zu pflegen als solche mit versiegelten Oberflächen.

Einfärben

Ein Einfärben von Holzfußbodenbelägen wird immer beliebter.

Dabei sollten die Arbeiten jedoch von einem Fachunternehmen durchgeführt werden, um letztendlich auch ein gleichmäßiges Farbbild zu erhalten.

Vor allem weiße und in hellen Pastelltönen eingefärbte Hölzer sollten nur als endbehandelte Produkte verlegt werden. Bei einer stärkeren Beanspruchung sollte von gefärbten Holzfußbodenbelägen abgesehen werden, da sie bei einer Erneuerung durch Abschleifen wiederum von Hand nachgefärbt werden müssten.

Deckender Anstrich

Eine eher unübliche Variante der Oberflächenbehandlung ist ein deckender Anstrich, der die Holzoberfläche nicht mehr erkennen lässt. In Altbauten werden immer wieder solche Anstriche vorgefunden, die u. a. der schnellen und kostengünstigen Beseitigung jeglicher Oberflächenschäden dienen sollten.

III.10.3.5 Maßnahmen an elastischen Belägen

Da es sich bei den am häufigsten bei elastischen Fußbodenbelägen auftretenden Mängeln bzw. Schäden um optische Beeinträchtigungen handelt, sind diese meist nicht zu beseitigen.

Wird die Reparatur einer Fehlstelle oder ein erneutes Verschweißen einer Abdichtungsfuge anschließend weiterhin als optische Störung empfunden, muss der Austausch des Fußbodenbelages in Erwägung gezogen werden.

III.10.3.6 Maßnahmen an textilen Belägen

Mängel und Schäden bei textilen Belägen lassen sich, sollte es sich nicht um lösbare Flecken handeln, oft nur durch eine Neuverlegung des alten Belages oder dessen Erneuerung beseitigen. Entstehen Wellen und Beulen durch eine unzureichende Befestigung am Untergrund, muss der komplette Bodenbelag entfernt und anschließend neu befestigt werden.

Wird die optische Beeinträchtigung durch Shading-Effekte bei einem Veloursteppich als störend empfunden, sollte der Belag ausgetauscht werden. Da es sich beim Shading möglicherweise um elektromagnetische Felder handelt, ist es empfehlenswert, bei Austausch des Teppichbodens eine Schlingenware zu wählen.

Reinigung und Pflege textiler Bodenbeläge

Die Reinigung und Pflege spielt bei textilen Bodenbelägen eine wichtige Rolle.

Unterschieden wird dabei zwischen Entstauben, Entflecken (Detachieren), Zwischenreinigung und Grundreinigung.

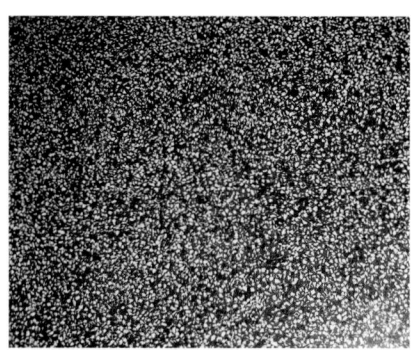

Abb. III.10.12: Abgeschliffene Beschichtung eines Terrazzobodens in der Aufsicht

Entstauben

Das Entstauben textiler Bodenbeläge gehört zur Unterhaltsreinigung und gelingt dann, wenn ein Staubsauger mit einer rotierenden Walzenbürste verwendet wird. Nur durch dieses sogenannte Bürstsaugen lässt sich Staub weitgehend aus dem Pol entfernen, während dieser gleichzeitig aufgerichtet wird.

Entflecken (Detachieren)

Ebenfalls zur Unterhaltsreinigung gehört die Fleckentfernung (Detachur). Dies ist eine örtlich begrenzte Behandlung starker Verschmutzungen. Je eher ein Fleck behandelt wird, desto leichter lässt er sich entfernen. Zur Behandlung muss die fleckverursachende Substanz in Erfahrung gebracht und das Detachiermittel darauf abgestimmt werden. Wenn dies nicht möglich ist, muss vorsichtig mit verschiedenen Mitteln ein Reinigungseffekt ausprobiert werden. Bei der Detachur ist darauf zu achten, dass ein Fleck immer von außen nach innen und möglichst durch Tupfen behandelt wird. Unkontrolliertes Reiben auf dem Fleck führt meist nicht zur Beseitigung, sondern zur Vergrößerung.

Zwischenreinigung

Von einer Zwischenreinigung wird gesprochen, wenn der Bodenbelag flächig leicht verschmutzt ist. Hierzu gibt es verschiedene Methoden, z. B. Trockenschaumreinigung oder Pulverreinigung.

Eine vorausgehende gründliche Entstaubung ist für den Erfolg jeglicher Methode Voraussetzung.

Grundreinigung

Für eine Grundreinigung gibt es verschiedene Methoden, z. B. Pulverreinigung, Shampoonieren und Sprühextrahieren.

Eine vorausgehende gründliche Entstaubung und sorgfältige Fleckentfernung ist auch hierbei Voraussetzung für den Erfolg.

III.10.3.7 Maßnahmen an Beschichtungen

Die Beseitigung von Mängeln und Schäden, wie Rissen, Ablösungen, Hohlstellen u. Ä., zieht immer die Reparatur der einzelnen Fehlstellen oder ganzer Flächen nach sich, was je nach Art der betroffenen Fläche zu einer punktuellen, teilweisen oder kompletten Erneuerung der Bodenbeschichtung führen kann. Dies hat sich in der Praxis bewährt, da sich Beschichtungen hervorragend zur Vergütung und Renovierung von Bodenbelägen eignen.

Je nach Art der vorhandenen Beschichtung, z. B. bei Terrazzoböden, kann diese bei kleineren Oberflächenschäden abgeschliffen werden.

Liegen die Ursachen der Schäden im Bereich des Untergrunds bzw. der Unterkonstruktion, wie z. B. eine Durchfeuchtung, die zu osmotischen Blasen führt, Einbrüche oder Zerfall wegen einer nicht ausreichenden Tragfähigkeit, muss zunächst die Ursache beseitigt werden.

III.10.3.8 Maßnahmen bei Schadstoffbelastungen

Asbest

Aufgrund der gesundheitsschädlichen Wirkung von Asbestfasern bestehen für Sanierung, Abbruch und Entsorgung asbesthaltiger Baustoffe besondere Anforderungen. Der Ausbau von asbesthaltigem Steinholzestrich, Cushioned-Vinyl-Belägen und Floor-Flex-Platten darf ausschließlich von Fachunternehmen durchgeführt werden, die einen entsprechenden Sachkundenachweis nach TRGS 519 vorlegen können. Bei allen Arbeiten an Floor-Flex-Platten ist zu beachten, dass in den meisten Fällen auch der schwarze Kleber asbesthaltig ist. Dies sollte vorab durch eine Analyse einwandfrei geklärt werden. Alternativ zum Ausbau der Floor-Flex-Platten ist es ebenso möglich, einen neuen Bodenbelag auf die asbesthaltigen Platten aufzubringen. In diesem Fall ist allerdings darauf zu achten, dass die Platten nicht nachträglich beschädigt werden (z. B. durch Anbohren für das Einsetzen eines Türstoppers). Unter diesen Voraussetzungen können aus dem alten Boden keine Asbestfasern entweichen. Nach Abschluss der Arbeiten und bevor die Räume wieder genutzt werden, muss eine Raumluftmessung auf Asbestfasern erfolgen („Freigabemessung").

Die nach der Gefahrstoffverordnung vorgeschriebenen Schutzmaßnahmen und organisatorischen Voraussetzungen für Abbruch-, Sanierungs- oder Instandhaltungsarbeiten (ASI-Arbeiten) sowie Entsorgung sind in der Technischen Regel für Gefahrstoffe TRGS 519 „Asbest; Abbruch-, Sanierungs- oder Instandhaltungsarbeiten" zusammengefasst. Die Berufsgenossenschaften haben zudem die Arbeitsanweisung BGI 664 „Verfahren mit geringer Exposition gegenüber Asbest bei Abbruch-, Sanierungs- und Instandhaltungsarbeiten" herausgegeben, mit der sichergestellt werden soll, dass bei Abbruch- bzw. Ausbauarbeiten keine Asbestbelastung entsteht.

PAK

Sind PAK-haltige Baustoffe vorhanden, bedeutet das nicht zwangsläufig, dass eine Gesundheitsgefahr besteht. Es ist im Einzelfall zu prüfen, wie das teerhaltige Material verbaut wurde und ob mit einer relevanten Belastung zu rechnen ist. Die Gefährdungsbeurteilung sowie die Feststellung, ob Sanierungsmaßnahmen getroffen werden müssen, sollten ausschließlich durch einen Sachverständigen erfolgen.

Neben der vollständigen Entfernung ist unter bestimmten Bedingungen auch das Abdichten des belasteten Bodenbelages (z. B. Parkett und Teerklebstoff) durch eine ausreichend dichte und dauerhafte Sperrschicht zum Raum hin möglich. Das Abdichten kann entweder durch das Verschließen von Fugen und eine anschließende Neuversiegelung des Parkettbodens erfolgen oder aber durch das Abdichten des Parkettbodens mit einem neuen Bodenbelag (z. B. versiegeltes Parkett, Laminat). Voraussetzung für diese Alternativen ist der intakte Zustand des Parketts (z. B. fester Verbund mit der Unterkonstruktion, keine Hohlstellen im Unterboden).

Sanierungsarbeiten an PAK-belasteten Materialien werden durch die Gefahrstoffverordnung (GefStoffV) geregelt sowie insbesondere durch die Technischen Regeln für Gefahrstoffe TRGS 551 „Teer und andere Pyrolyseprodukte aus organischem Material", TRGS 524 „Sanierung und Arbeiten in kontaminierten Bereichen" und die „Verordnung über Sicherheit und Gesundheitsschutz auf Baustellen" (Baustellenverordnung).

KMF

Der Umgang mit alten Mineralwolle-Produkten ist nur noch im Zuge von Abbruch-, Sanierungs-, Instandhaltungs- und Instandsetzungsarbeiten zulässig. Für diese Arbeiten gilt die Technische Regel für Gefahrstoffe TRGS 521 „Abbruch-, Sanierungs- und Instandhaltungsarbeiten mit alter Mineralwolle". Derzeit besteht für alte KMF-Produkte jedoch keine Sanierungspflicht.

Neue KMF gelten als nicht krebserzeugend. Bei Sanierungsarbeiten sind daher lediglich die üblichen Mindestschutzmaßnahmen anzuwenden.

Formaldehyd

Als Alternative zu formaldehydhaltigen Spanplatten sind Materialien wie z. B. Vollholz, zementgebundene Spanplatten oder gipsgebundene Flachpressplatten geeignet. Offene Spanplattenkanten und Bohrlöcher sollten grundsätzlich nachträglich abgedichtet werden. Zur Abdichtung können beispielsweise Furniere, Plastikkappen, Spachtelmassen oder Lacke verwendet werden. Grundsätzlich gilt, dass emittierende Materialien (bevorzugt gegen formaldehydfreie Produkte) ausgetauscht werden sollten.

Weichmacher (Phthalate)

Aufgrund der gesundheitsschädlichen Wirkung von Phthalaten sollten nach Möglichkeit alle identifizierten Emittenten entfernt und durch schadstoffarme Materialien ersetzt werden. Diese Maßnahme ist insbesondere bei dem Austausch von Fußbodenbelägen vergleichsweise einfach umzusetzen.

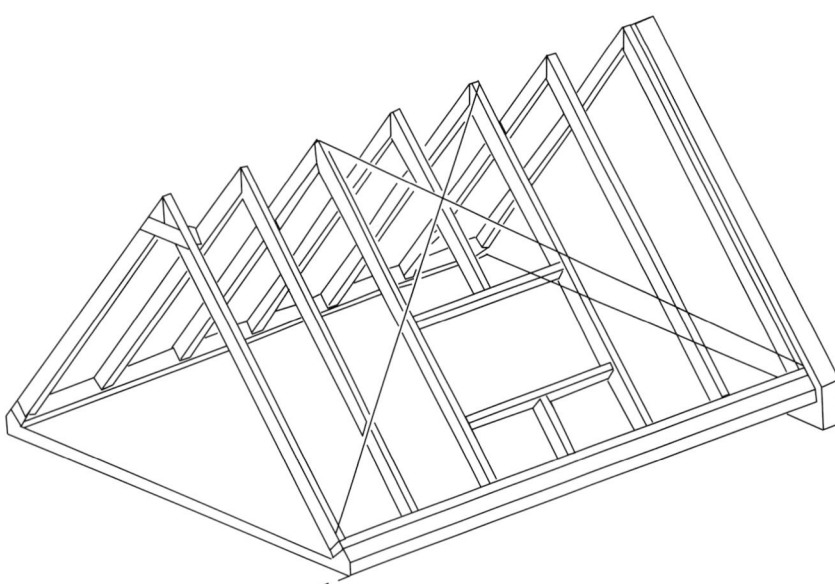

Abb. III.11.01: Isometrische Darstellung eines Sparrendaches

III.11 Geneigte Dächer

Autoren: Dipl.-Ing. Silke Nicole Klein, Architektin; Dipl.-Ing. Janet Simon; Dipl.-Ing. Tania Brinkmann, Architektin

III.11.1 Allgemeines

Neben der Funktion des Witterungsschutzes ist das Dach eines Gebäudes gleichzeitig Gestaltungselement. Dabei bietet das geneigte Dach vielfältige Möglichkeiten, bauphysikalische Aufgaben und Architektur zu kombinieren.

Viele geneigte Dächer von Bestandsgebäuden bestehen aus Holzkonstruktionen.

III.11.1.1 Vorschriften und Regeln

Entsprechend den bauphysikalischen und bautechnischen Anforderungen, die an geneigte Dächer gestellt werden, ist eine Reihe von Vorschriften und Richtlinien zu beachten. Insbesondere die nachfolgend aufgeführten Normen, Richtlinien und Merkblätter geben Hinweise auf die im Zusammenhang mit geneigten Dächern stehenden Anforderungen:

- DIN 1055 „Einwirkungen auf Tragwerke",
- DIN 4102 „Brandverhalten von Baustoffen und Bauteilen",
- DIN 4108-3 „Wärmeschutz und Energie-Einsparung in Gebäuden – Teil 3: Klimabedingter Feuchteschutz; Anforderungen, Berechnungsverfahren und Hinweise für Planung und Ausführung",
- DIN 1986-100 „Entwässerungsanlagen für Gebäude und Grundstücke – Teil 100: Bestimmungen in Verbindung mit DIN EN 752 und DIN EN 12056",
- DIN EN 612 „Hängedachrinnen mit Aussteifung der Rinnenvorderseite und Regenrohre aus Metallblech mit Nahtverbindungen",
- DIN EN 752 „Entwässerungssysteme außerhalb von Gebäuden",
- DIN EN 12056-3 „Schwerkraftentwässerungsanlagen innerhalb von Gebäuden – Teil 3: Dachentwässerung, Planung und Bemessung",
- EnEV „Energieeinsparverordnung".

III.11.1.2 Bauphysikalische und bautechnische Anforderungen

Die ursprünglichen Anforderungen an eine Dachkonstruktion richteten sich insbesondere an den Witterungsschutz. Das Dach sollte das Gebäude vor Regen, Schnee und Wind schützen. Der heutzutage geforderte Wärmeschutz bis hin zur Luftdichtheit spielte dabei keine Rolle. Entsprechend sind auch jetzt im Baubestand noch viele ungedämmte, luftdurchlässige Dachkonstruktionen vorzufinden.

III.11.1.3 Konstruktionsmerkmale

Sparren- und Kehlbalkendächer

Sparren- und Kehlbalkendächer werden üblicherweise bei einer Dachneigung von 30° bis 60° und einer Spannweite bis 8 m, maximal 10 m, sowie einem Sparrenabstand zwischen 75 und 100 cm eingesetzt.

Sparrendächer und Kehlbalkendächer bestehen aus einer Reihe von jeweils 2 sich am First gegenseitig stützenden Sparren und einem unteren Zugband in Form der tragenden Deckenkonstruktion, das die Horizontalkräfte aufnimmt. Das so entstehende Dreieck ist statisch stabil und bedarf theoretisch keiner steifen Eckverbindungen. Beim Kehlbalkendach entsteht durch die Kehlbalken, die horizontal 2 gegenüberliegende Sparren miteinander verbinden, eine weitere Dachebene.

Sparren- und Kehlbalkendächer kommen aufgrund ihrer statischen Struktur ohne Dachstützen aus. Somit unterscheiden sie sich von Pfettendächern durch den stützenfreien Dachraum. Dieser ermöglicht bei einem nachträglichen Dachausbau eine größere gestalterische Freiheit als beim Pfettendach, schränkt jedoch auch Dachausschnitte in ihrer Breite ein, da ohne größeren konstruktiven Aufwand nicht mehr als ein Sparren ausgewechselt werden kann.

Dachverschneidungen bei Sparren- und Kehlbalkendächern, z. B. über nicht rechtwinkligen oder L-förmigen Grundrissen, sind als eher problematisch anzusehen.

Pfettendächer

Pfettendächer unterscheiden sich von Sparren- und Kelhbalkendächern durch ihre Auflagerpunkte, die sogenannten Pfetten. Je nach Größe des Dachstuhls werden neben First- und Fußpfetten zusätzliche Mittelpfetten eingebaut, diese werden auf tragenden Wänden oder auf Stützen aufgelagert.

Anders als das Sparrendach eignet sich das Pfettendach für Dachkonstruktionen über komplizierten Grundrissen. Der durchschnittliche Sparrenabstand eines Pfettendaches liegt zwischen 60 und 100 cm.

Einbauten, wie z. B. Dachfenster oder Gauben, können bei Pfettendächern großzügiger als bei Sparren- und Kehlbalkendächern ausgeprägt werden, da auch eine Auswechslung mehrerer Sparren möglich ist. Dabei ist bei nachträglichen Dachausschnitten darauf zu achten, dass die Sparrenköpfe an der Traufseite nicht nach unten abkippen. Sie müssen sicher rückverankert oder außen abgestützt werden.

Im Gegensatz zu Sparren- und Kehlbalkendächern eignen sich Pfettendächer nur begrenzt zum Dachgeschossausbau, da oft mehrere Stützenreihen die Grundrissgestaltung stark einschränken.

Windaussteifung

Sparrendächer benötigen meist eine Aussteifung in Längsrichtung, die von den sogenannten Windrispen übernommen wird. Diese Aussteifung liegt immer in den Dachflächen und erfolgt über diagonal unter die Sparren genagelte Bretter. Aufgrund des verstärkten Ausbaus der Dächer werden mittlerweile vermehrt Rispenbänder aus verzinktem, gelochtem Stahl eingesetzt, die oberhalb der Sparren angebracht werden. Da dieses Material jedoch nur Zugbeanspruchungen zulässt, müssen die Windrispen kreuzweise angeordnet werden, bei größeren Dachflächen sollten mehrere solcher Aussteifungsverbände vorgesehen werden. Statt Windrispen können auch großformatige Platten wie z. B. Wärmedämmplatten die Aussteifung der Dachflächen übernehmen.

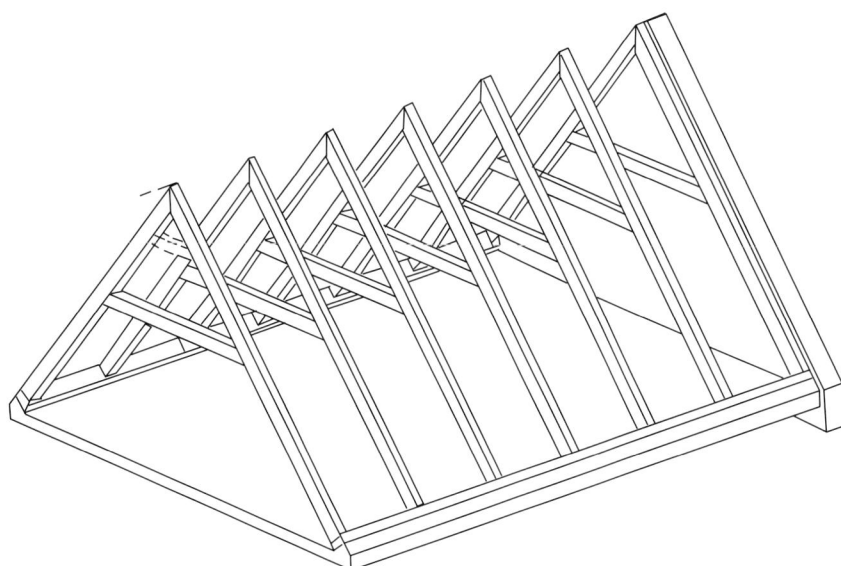

Abb. III.11.02: Isometrische Darstellung eines Kehlbalkendaches

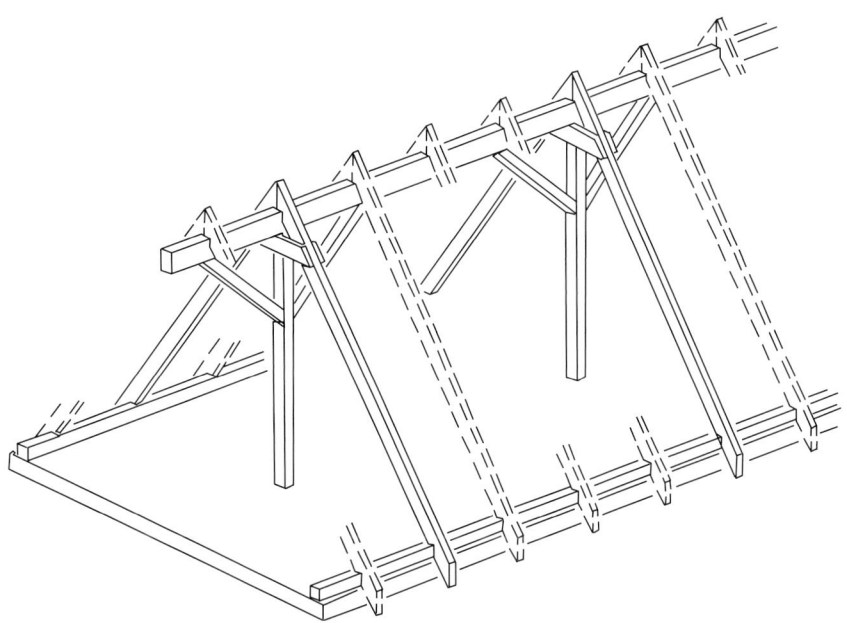

Abb. III.11.03: Isometrische Darstellung eines Pfettendaches

III.11.1.4 Material

Dachdeckung (s. Kap. V.14)

Auf geneigten Dächern werden überwiegend Dachdeckungen aus schuppen- oder tafelförmig angebrachten, ebenen oder profilierten, klein- oder großformatigen Materialien mit Fugen verlegt. Im Gebäudebestand bewährte Dachdeckungsmaterialien (s. Kap. V.14) sind Dachziegel, Betonsteine, Schiefer, Faserzement, Holz, Metall, Bitumen, weiche Deckungen. Heute werden geneigte Dächer im Neubau, aber auch bei Modernisierungsmaßnahmen im Bestand, auch begrünt oder mit Solar-Dachdeckungen versehen.

Dachdeckungen gelten als langlebig, pflegeleicht und dienen dem Schutz und der Gestaltung des Gebäudes. Die Dachdeckungsart ist abhängig von der Dachneigung, wobei die Regeldachneigung (Mindestdachneigung) in den „Fachregeln des Dachdeckerhandwerks" festgelegt ist.

Wichtige Anforderungen an Dachdeckungen sind die allgemein schützende Wirkung und die Regen- bzw. Schlagregensicherheit. Darüber hinaus sollte die Dachhaut feuerhemmend und mit geringem Aufwand herzustellen und zu unterhalten sein.

Abb. III.11.04: Dachziegel als bewährtes Dachdeckungsmaterial für die Neudeckung

Abb. III.11.05: Dachabdichtung inklusive Dachentwässerung eines geneigten Daches vor Fertigstellung der Neudeckung

Abb. III.11.06: Dämmung einer Dachkonstruktion eines nachträglich ausgebauten Dachgeschosses

Je mehr Fugen bei der Dacheindeckung entstehen, umso schneller sollte das Wasser abfließen können, d.h., umso steiler sollte die Dachfläche sein.

Zusätzlichen Schutz gegen das Eindringen von Staub, Schnee und Schlagregen bieten Unterspannbahnen oder -platten, Vordeckungen oder Unterdächer.

Dachabdichtung (s. Kap. V.13)

Die Dachabdichtung eines geneigten Daches hat im Wesentlichen die Aufgabe, die bestehende Dachkonstruktion vor eindringendem Wasser zu schützen. Die Auswahl des Abdichtungsstoffes richtet sich sowohl nach Art der Konstruktion als auch nach der Dachneigung, der Anzahl der Lagen und der Wahl des Dämmstoffes.

Dachdämmung (s. Kap. V.9)

Die Dämmung einer Dachkonstruktion erfüllt insbesondere bauphysikalische Anforderungen; hierbei steht der Wärmeschutz im Vordergrund.

Vor allem im Dachbereich spielen die Luftdichtheit und die Verhinderung von Wärmebrücken eine wichtige Rolle. Beim klimabedingten Feuchteschutz steht die Verhinderung von Feuchte und Tauwasser innerhalb der Konstruktion bzw. Dämmung im Vordergrund.

Unterdeckbahn und Unterspannbahn

Irrtümlich werden oftmals alle Dachdichtungsbahnen als Unterspannbahnen bezeichnet. Der Unterschied liegt jedoch in der Verlegung. Unterspannungen müssen immer frei gespannt, wenn auch mit leichtem Durchhang, eingebaut werden. Sie dürfen nicht auf flächigen Bauteilen wie Wärmedämmungen oder Schalungen aufliegen. Unterspannbahnen sind daher nur für hinterlüftete Dachkonstruktionen geeignet.

Unterdeckbahnen sind hingegen diffusionsoffen und dürfen auch auf Dämmung oder Schalhölzern aufliegen.

Die diffusionsoffenen Unterdeckbahnen bzw. Unterdächer gewährleisten, dass eingedrungene Feuchte in der Wärmedämmung durch die Bahnen diffundieren kann und somit die Wärmedämmung dauerhaft trocken gehalten wird. Eine größere Sicherheit in Hinblick auf erhöhte Winddichtheit und Feuchteschutz erreicht man mit der Ausbildung eines Unterdaches aus beispielsweise Schalungen.

Das Hauptkriterium für die beschriebenen Maßnahmen ist die Dachneigung. Wird die Regeldachneigung für die verwendete Dacheindeckung um $\geq 6°$ unterschritten, ist als erste Zusatzmaßnahme eine Unterspannbahn einzubauen. Beträgt die Unterschreitung $\geq 10°$, wird ein regensicheres Unterdach unterhalb der Eindeckung erforderlich. Stärkere Unterschreitungen der Regeldachneigung erfordern bei nicht ausgebauten Dachböden ein regensicheres, bei ausgebauten Dachgeschossen ein wasserdichtes Unterdach.

Diffusionsdichte Schicht

Diffusionsdichte Schichten, umgangssprachlich auch Dampfbremse bzw. Dampfsperre genannt, haben die Aufgabe, das Diffusionsverhalten einer Dachkonstruktion zu steuern. Dabei gelten gemäß DIN 4108-3 „Wärmeschutz und Energie-Einsparung in Gebäuden – Teil 3: Klimabedingter Feuchteschutz; Anforderungen, Berechnungsverfahren und Hinweise für Planung und Ausführung" solche Bauteilschichten als diffusionsdicht, die einen Wasserdampfdiffusionswiderstand (Sperrwert s_d) ≥ 1500 m aufweisen. Die sogenannte Dampfbremse würde dagegen mit einem Sperrwert $0,5\ m < s_d < 1500\ m$ gemäß DIN 4108-3 als diffusionshemmende Schicht gelten.

Die diffusionsdichten bzw. -hemmenden Schichten übernehmen bei den modernen Konstruktionen überwiegend zusätzlich die Aufgabe der Luftdichtheitsschicht.

III.11.1.5 Dachbelichtung

Die Dachbelichtung spielt bei ausgebauten Dachgeschossen eine wichtige Rolle, insbesondere für das Wohlbehagen der Bewohner in Bezug auf optische Behaglichkeit.

Größe, Art und Anordnung der Belichtungselemente hängen einerseits von der zu erwartenden Nutzung und Größe der Räume und andererseits auch von den konstruktiven Vorgaben, wie den Sparrenabständen und -dimensionen, ab.

Für ausgebaute Dachgeschosse wurden vor allem dann Dachflächenfenster eingesetzt, wenn Bausatzungen oder Kostenfaktoren Dachgauben oder andere Dachaufbauten nicht zuließen. Für nicht ausgebaute oder untergeordnete Dachräume werden Falzpfannen aus Glas oder Acrylglas sowie Welldrahtglas- oder Wellkunststoffplatten eingebaut. Der äußere Gesamteindruck eines Daches wird auch von der Wirkung und Anordnung der Dachflächenfenster bestimmt.

Wesentlich bei der Sanierung oder Modernisierung des Daches ist deshalb auch die Betrachtung der Dachflächenfenster und oft auch die zusätzliche Frage, ob diese nicht im gleichen Zuge saniert werden sollten.

Dabei muss geprüft werden, ob die vorhandenen Fenster überarbeitet und wieder eingesetzt werden können oder ein Austausch gegen neue Fenster die sinnvollere Lösung darstellt.

Material

Dachflächenfenster bestehen aus Vollholzprofilen oder kombinierten Profilen aus Holz und Alu. Der äußere Rahmen ist meist mit Blech aus Kupfer oder Aluminium bekleidet.

Ebenso sind Dachflächenfenster aus Kunststoff- oder wärmedämmenden Aluminiumprofilen erhältlich.

Konstruktion, Öffnungsarten

Dachflächenfenster werden in Abhängigkeit von Sparrenabständen und Dachneigung in verschiedenen Formaten und Öffnungsarten geliefert. Dabei gibt es zu praktisch allen Dachdeckungsarten die passenden Eindeckrahmen. Durch den Einsatz von besonderen Kombinationseindeckrahmen können mehrere einzelne Dachflächenfenster zu Fensterbändern angeordnet werden, ohne eine Auswechslung der Sparren vorzunehmen.

Aus technischen Gründen ist die Höhe einzelner Dachflächenfenster auf ca. 1,6 m begrenzt. Bei größeren Höhen kann eine Anordnung von 2 Dachflächenfenstern übereinander oder eine Kombination mit senkrechten oder schrägen Dachfensterergänzungen (Zusatzelemente oben und unten) erfolgen.

Die Öffnungsarten werden in Schwingfenster, Klapp-Schwing-Fenster, Schwing- und Klapp-Fenster sowie Klapp-Schiebe-Fenster unterschieden. Als Zusatzausstattungen werden Dauerlüftungen, Außenrollladen, Sonnenschutzjalousien oder Markisen, Faltstore, Verdunkelungsrollos und Insektengitter angeboten. Analog zu den Dachflächenfenstern gibt es Solarkollektoren (Solarthermie- und Photovoltaikmodule) mit denselben Einbaurahmen. Generell ist beim Einbau unbedingt darauf zu achten, dass die Belüftungsquerschnitte der Dachkonstruktion nicht unterbrochen werden. Unterspannbahnen sind oberhalb der Dachflächenfenster so umzuschlagen, dass ablaufendes Wasser an den Öffnungen vorbeigeleitet wird.

III.11.1.6 Entwässerung

Die Entwässerung von Steildächern erfolgt meist außen über Dachrinnen und Regenfallrohre. Auf Rinnen wird nur dann verzichtet, wenn bei einfachen Gebäuden mit niedrigen Traufen und weiten Dachüberständen keine Schäden durch ablaufendes Niederschlagswasser im Sockelbereich zu erwarten sind.

Vor allem im Altbaubestand wurden Entwässerungsgegenstände oft als formales Gestaltungselement eingesetzt, was bei einer Erneuerung unbedingt beachtet werden sollte.

Abb. III.11.07: Dachbelichtung durch Dachflächenfenster (DFF) bei einem nachträglich ausgebauten Dachgeschoss

Abb. III.11.08: Dachbelichtung durch Dachflächenfenster (DFF) im eingebauten Zustand

Abb. III.11.09: Dachbelichtung durch Dachflächenfenster (DFF) bei einem nachträglich ausgebauten Dachgeschoss

Abb. III.11.10: Altbau mit Steildachentwässerung

Abb. III.11.11: Dachrinne zur Entwässerung eines Steildaches

Abb. III.11.12: Fallrohr an einem Bestandsgebäude

Abb. III.11.13: Nicht vorhandene Dämmung eines Daches im Altbaubestand

Dachrinnen

Dachrinnen werden nach ihrer Einbaulage in vorgehängte Dachrinnen/Hängedachrinnen, verdeckt eingebaute Dachrinnen und Sonderkonstruktionen unterschieden. Eine weitere Einordnung erfolgt nach ihrer Form in halbrunde Dachrinnen, kastenförmige Dachrinnen, keilförmige Dachrinnen und nach ihrem Material in Dachrinnen aus feuerverzinktem Stahl-, Kupfer- und Aluminiumblech, Zink oder Kunststoff.

Da Dachrinnen meist als vorgehängte Rinnen bzw. Hängedachrinnen – Ausnahmen bilden Grenzbebauungen – ausgebildet werden, beeinflussen sie und die erforderlichen Regenfallrohre das äußere Erscheinungsbild eines Gebäudes bzw. der betroffenen Fassaden sehr.

Ein verdeckter Einbau hinter Traufgesimsen ist jedoch auch möglich, wobei allerdings neben erhöhten Kosten auch eine erhöhte Schadenanfälligkeit vor allem durch Verstopfungen (z. B. durch Laub) auftritt.

Regenfallrohre

Neben den Dachrinnen gehören die Regenfallrohre zu der Steildachentwässerung.

Sie sollten je nach Dimensionierung nicht weiter als 12 m voneinander entfernt sein, wobei pro Rinnenabschnitt eine Fallleitung notwendig ist. Regenfallrohre sind in der DIN EN 612 „Hängedachrinnen mit Aussteifung der Rinnenvorderseite und Regenrohre aus Metallblech mit Nahtverbindungen" genormt. Sie werden nach ihrer Herstellung in gelötete (L), geschweißte (S) und gefalzte (F) Regenfallrohre unterschieden.

Bemessung

Die Bemessung der Querschnitte der Dachrinnen und Regenfallrohre erfolgt abhängig von der zu erwartenden Regenspende, der Größe der Dachgrundfläche und dem Abflussbeiwert gemäß DIN EN 12056-3 „Schwerkraftentwässerungsanlagen innerhalb von Gebäuden – Teil 3: Dachentwässerung, Planung und Bemessung" und in Deutschland zumindest vorerst noch parallel nach DIN 1986-100 „Entwässerungsanlagen für Gebäude und Grundstücke – Teil 100: Zusätzliche Bestimmungen zu DIN EN 752 und DIN EN 12056".

III.11.2 Typische Mängel und Schäden

Die typischen Mängel und Schäden an geneigten Dächern lassen sich prinzipiell unterscheiden in bauphysikalische und bautechnische Mängel und Schäden, konstruktionsbedingte Mängel und Schäden, materialbedingte Mängel und Schäden, Mängel und Schäden im Bereich der Dachbelichtung und Mängel und Schäden im Bereich der Entwässerung.

III.11.2.1 Bauphysikalische und bautechnische Mängel und Schäden

Zu den typischen Mängeln an geneigten Dächern gehört eine unzureichende oder nicht vorhandene Dämmung, die insbesondere Auswirkungen auf den Wärmeschutz hat, jedoch möglicherweise auch Mängel und Schäden wie Feuchteeintrag, der innerhalb einer Dämmung z. B. zu Pilzbefall u. Ä. führen kann, nach sich zieht.

Bautechnische Mängel treten an geneigten Dächern meist nur aufgrund materialbedingter Schäden auf, die die Tragfähigkeit der Dachkonstruktion mindern.

III.11.2.2 Konstruktionsbedingte Mängel und Schäden

Konstruktionsbedingte Mängel und Schäden treten bei geneigten Dächern oft als Ergebnis von Umbauten oder durch den nachträglichen Einbau von Dachfenstern bzw. Dachgauben auf.

III.11.2.3 Materialbedingte Mängel und Schäden

Materialbedingte Mängel und Schäden lassen sich prinzipiell in Mängel und Schäden an der Dacheindeckung (s. Kap. V.14), Dachabdichtung (s. Kap. V.13) und Dachdämmung (s. Kap. V.9) unterscheiden. Diese sind in den dargestellten Verweisen beschrieben.

III.11.2.4 Typische Mängel und Schäden im Bereich der Dachbelichtung

Die typischen Mängel und Schäden bei Dachflächenfenstern lassen sich prinzipiell in materialbedingte Mängel oder Schäden, wie Anstrichschäden bei Holzfenstern (s. Kap. III.3), und materialunabhängige Mängel und Schäden, wie Mängel und Schäden an der Verglasung, den Dichtungsprofilen oder Beschlägen (s. Kap. III.3), aber auch in Mängel und Schäden an den Dachanschlüssen unterscheiden.

III.11.2.5 Typische Mängel und Schäden im Bereich der Entwässerung

Zu den typischen Mängeln im Bereich der Entwässerung von Steildächern gehören einerseits Mängel durch Bewitterung wie materialbedingte Korrosionsschäden, Materialermüdung und Verstopfungen (z. B. durch Laub) aufgrund mangelnder Pflege- bzw. Wartungsarbeiten und andererseits Schäden durch falsche Dimensionierung und Einbaufehler, wie unzureichendes Gefälle.

Seltener kommt es zu Schäden durch Einfrieren der Rinnen und Rohre, was ebenfalls zu Verstopfungen und einem anschließenden Überlaufen führen kann.

Auffällig sind Korrosionserscheinungen bei bitumengedeckten Dachflächen an Dachrinnen und Regenfallrohren. Als Ursache gelten sowohl chemische Umwandlungen als auch eine nicht ausreichend gegen Bewitterung geschützte Bitumenfläche.

Unter dem Einfluss der Bewitterung bilden sich in Verbindung mit Luftverschmutzung, insbesondere durch Schwefeldioxid, Polycarbonsäuren, die Metalle angreifen und bereits nach relativ kurzer Zeit bis zur Zerstörung korrodieren können.

III.11.2.6 Schadstoffe

Schadstoffbelastungen an geneigten Dächern sind vorwiegend im Bereich der Dachdeckung, der Tragkonstruktion (Dachstuhl) und der Wärmedämmung zu erwarten.

Asbest

Insbesondere bis Ende der 1970er-Jahre wurden in Deutschland asbesthaltige Baumaterialien in und an Gebäuden verwendet. Dachdeckungsmaterialien, die fest gebundene Asbestfasern enthalten können, sind z. B. Asbestzement-Wellplatten.

Asbest ist eine Gruppenbezeichnung für verfilzte, faserartige Mineralien. Da Asbest unbrennbar und chemisch sehr resistent ist, wurde es in der Vergangenheit als Baumaterial vor allem im Brandschutz verwendet. Der Schmelzpunkt der verschiedenen Asbestarten liegt in etwa zwischen 1100 und 1500 °C. Asbest wird in die Hauptgruppen der Serpentinasbeste (z. B. Chrysotilasbest, auch als „Weißasbest" bekannt) und Amphibolasbeste (z. B. Krokydolith, auch „Blauasbest" genannt) unterschieden. Weiterhin lässt sich Asbest in fest gebundene (Dichte > 1400 kg/m³) und schwach gebundene (Dichte < 1000 kg/m³) Asbestprodukte differenzieren.

Asbest besteht nicht aus kompakten Kristallen, wie fast alle Mineralien, sondern aus winzigen, parallel zueinander liegenden Mikrofasern, die weniger als ein tausendstel Millimeter dünn (< 1 μm) und bis zu mehrere Zentimeter lang sind. Die größte Gefahr ergibt sich durch die Fähigkeit von Asbest, sich längs in immer dünnere Fasern zu spalten, was das Material in gesundheitlicher Hinsicht so kritisch macht. Durch die Kleinfaserigkeit besteht die Möglichkeit, dass die Fasern in Lunge, Bronchien und Rippenfell eindringen und sich dort über Jahrzehnte halten. Eine kritische Faserkonzentration kann Asbestose und Lungenkrebs erzeugen.

Die Einstufung von Asbest erfolgt nach der Gefahrstoffverordnung (GefStoffV) in die Kategorie der krebserzeugenden, erbgutverändernden und fruchtbarkeitsgefährdenden Gefahrstoffe. In Deutschland wurde Asbest 1994 auf Grundlage der Chemikalien-Verbotsverordnung (ChemVerbotsV) bis auf wenige Ausnahmen endgültig verboten.

Abb. III.11.14: Korrosion an Dachrinne und Regenfallrohr an einem Gebäude

Dennoch ist die Gesundheitsgefährdung durch Asbest für die Allgemeinbevölkerung relativ gering. Im Bestand vorhandene, fest gebundene Asbestzementbauteile wie z. B. Asbestzement-Wellplatten verursachen durch Abwitterung kaum nennenswerte Emissionen.

Lindan, PCP, DDT

Schadstoffbelastungen von Holzkonstruktionen bestehen vorwiegend im Zusammenhang mit der Verwendung von chemischen Holzschutzmitteln (s. Kap. V.4.2). Insbesondere in den 1970er-Jahren wurde in Deutschland neben den Bioziden Lindan (Hexachlorhexan) und PCP (Pentachlorphenol) das Insektizid DDT (Dichlordiphenyltrichlorethan) verwendet.

Lindan reichert sich besonders im Fettgewebe an und steht in Verdacht, Krebs zu erzeugen. Seit 1984 (in der DDR seit 1989) wird Lindan in der Bundesrepublik Deutschland nicht mehr hergestellt. PCP hat eine erbgutschädigende und krebserzeugende Wirkung, die Herstellung ist in Deutschland seit 1989 verboten. DDT ist erbgutverändernd und potenziell krebserzeugend. In der DDR wurde DDT bis 1989 eingesetzt, in der alten Bundesrepublik wurde es bereits 1972 verboten.

Abb. III.11.15: Nachträglich ausgeführte Dämmung eines bisher ungedämmten Daches im Altbaubestand

KMF

Künstliche Mineralfasern (KMF) werden in Form von Glas-, Stein- und Mineralwolle zur Wärmedämmung und Schallisolierung u. a. in Dächern verwendet (s. Kap. V.9). KMF sind anorganische silikatische Fasern, die aus Glas-, Gesteins- oder Schlackeschmelzen durch Ziehen, Blasen oder Schleudern hergestellt werden. Die Fasern mit einem Durchmesser von 2 bis 20 μm werden unterteilt in Mineralwoll- und Keramikfasern. Anders als Asbestfasern können KMF sich nicht aufspalten und somit immer dünner werden, sondern nur durchbrechen und somit bei gleicher Dicke immer kürzer werden. Darüber hinaus werden KMF im Gegensatz zu Asbest im Organismus schneller abgebaut. Diese Kriterien führen zu der Einschätzung, dass künstliche Mineralfasern zumindest weit weniger gesundheitsschädlich sind als Asbestfasern.

Beim Umgang mit KMF kann es zu Haut- und Atemwegsreizungen kommen. Weisen die Fasern kritische Abmessungen auf (Durchmesser < 3 μm, Länge > 5 μm), verfügen sie ähnlich wie Asbest über ein krebserzeugendes Potenzial. Da von KMF-Produkten unterschiedliche Gesundheitsgefahren ausgehen, werden sie in sogenannte „alte" und „neue" Produkte eingeteilt. Unter „alten" KMF werden Produkte zusammengefasst, die nicht eines der Freizeichnungskriterien nach der Gefahrstoffverordnung erfüllen und somit als krebserzeugend oder krebsverdächtig gelten. Alte KMF sind dabei insbesondere Produkte, die vor 1996 verwendet worden sind. Daher sollte bei Verdacht auf das Vorhandensein dieser Materialien nach dem Vorsorgeprinzip gehandelt und eine Entsorgung der bedenklichen Produkte vorgenommen werden.

III.11.3 Maßnahmen

Zu Beginn jeglicher zu planender Maßnahmen sollte bei einem bestehenden Dachstuhl eine sorgfältige Bestandsaufnahme (s. Kap. VI) erfolgen, die insbesondere die Tragfähigkeit und eventuellen Lastreserven berücksichtigen sollte.

Des Weiteren sollten folgende wesentliche Fragen abgeklärt werden:

- Konstruktionsart (Lastabtragung) des Daches,
- Windaussteifung,
- eventuelle Aussteifung der Giebelwände,
- Veränderungen der Konstruktionshölzer (Austausch, nachträgliche Einbauten),
- Verformungen bzw. Durchbiegungen,
- tierische oder pflanzliche Holzschädlinge (s. Kap. V.4),
- Undichtheiten.

III.11.3.1 Bauphysikalische und bautechnische Maßnahmen

Soll ein Dach nachträglich gedämmt werden bzw. reicht die vorhandene Dämmung nicht aus, müssen zunächst die vorhandenen örtlichen Gegebenheiten geklärt werden. Dazu zählen vor allem Punkte wie die Sparrenbreite, bei einem nachträglichen Dachausbau auch die Raumhöhen, die statisch noch zusätzlich möglichen Lasten sowie die Ansprüche an das optische Erscheinungsbild und die Art der Konstruktion (belüftet, unbelüftet).

Danach können die verschiedenen Konstruktionsprinzipien auf ihre den Anforderungen entsprechende Tauglichkeit geprüft und eine Berechnung des sommerlichen und winterlichen Wärmeschutzes durchgeführt werden.

Im Zuge einer Altbaumodernisierung, eines Dachausbaus oder der nachträglichen Dämmung eines bisher ungedämmten Daches, was im Altbaubestand noch gängig ist, empfiehlt es sich zunächst, die komplette Sparrenhöhe zur Dämmung auszunutzen. Genügt diese sogenannte Zwischensparrendämmung nicht, gibt es die Möglichkeit einer Aufsparrendämmung, einer Untersparrendämmung oder einer Kombination einzelner Verfahren. Des Weiteren wird zusätzlich in belüftete und unbelüftete Konstruktionen unterschieden, woraus sich insgesamt folgende Konstruktionsprinzipien ergeben:

- Zwischensparrendämmung, belüftet,
- Zwischensparrendämmung, unbelüftet,
- Zwischensparrendämmung kombiniert mit Aufsparrendämmung, unbelüftet,
- Zwischensparrendämmung mit Untersparrendämmung, unbelüftet,
- Aufsparrendämmung, unbelüftet,
- Untersparrendämmung, belüftet,
- Dämmung auf massiver Dachkonstruktion.

Zwischensparrendämmung, belüftet

Beim nachträglichen Ausbau von Dachgeschossen für höherwertige Nutzungen, wie beispielsweise die Schaffung von zusätzlichem Wohnraum, haben sich belüftete Dachkonstruktionen bewährt. Vor allem bei sehr komplexen Dachausführungen hat sich aber diesbezüglich in der Praxis gezeigt, dass eine Luftdichtheit nicht nachhaltig gewährleistet werden kann. Entsprechend sollte die belüftete einer unbelüfteten Dachkonstruktion vorgezogen werden.

Zwischensparrendämmung, unbelüftet

Unbelüftete Dachkonstruktionen finden eher bei neu errichteten Dächern, also auch bei einer Aufstockung oder Aufsattelung eines vorhandenen Flachdaches sowie bei einer Erneuerung des Dachstuhls, Anwendung.

Im Gegensatz zu den belüfteten Konstruktionen sind sie jedoch erheblich anfälliger gegen einen Feuchteeintrag in die Dämmschicht, was z. B. durch Fehlstellen innerhalb der raumseitigen Dichtungsebene verursacht werden kann.

Besteht hingegen eine Anforderung an die Luftdichtheit des Daches, wird also eine unbelüftete Dachkonstruktion im Zuge einer nachträglichen Dachdämmung verlangt, muss dafür Sorge getragen werden, dass die Luftdichtheitsebene sorgfältig ausgeführt wird und auch nicht von späteren Gewerken oder Nutzern beschädigt werden kann.

Zwischensparrendämmung kombiniert mit Aufsparrendämmung, unbelüftet

Die Stärke einer (nachträglich) eingebrachten Dämmung, also der maximal erreichbare Dämmwert, korreliert bei der Zwischensparrendämmung mit der vorhandenen Sparrenhöhe. Je nach Sparrenquerschnitt ist es allerdings möglich, dass die vorhandene Höhe nicht ausreicht, um die für die geplante Nutzung notwendige Dämmung einzubauen. In diesem Fall kann auf die Zwischensparrendämmung eine sogenannte Aufsparrendämmung aufgebracht werden. Dieses Konstruktionsprinzip verhindert zudem Wärmebrücken im Bereich der Sparren und unterstützt die Winddichtheit.

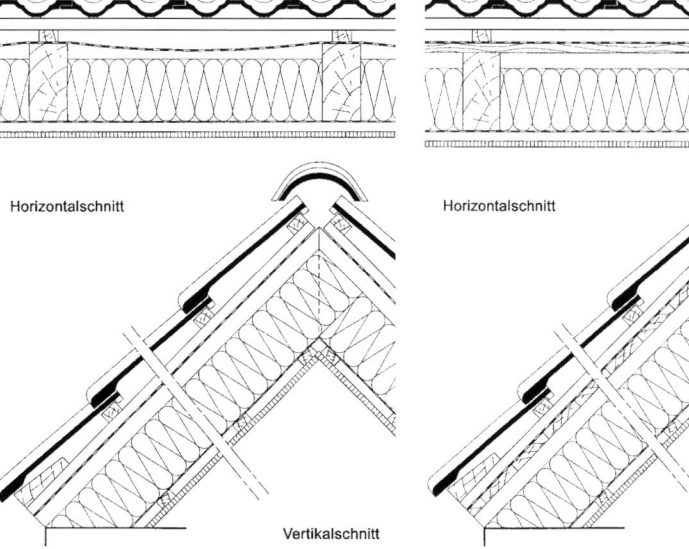

Abb. III.11.16: Zwischensparrendämmung, belüftet – ohne Schalung (Quelle: Arbeitsgemeinschaft Ziegeldach, Bonn)

Abb. III.11.17: Zwischensparrendämmung, belüftet – mit Schalung (Quelle: Arbeitsgemeinschaft Ziegeldach, Bonn)

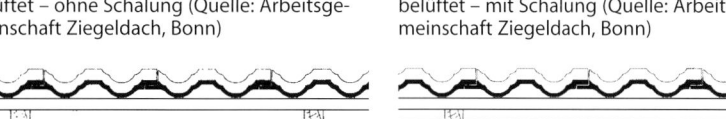

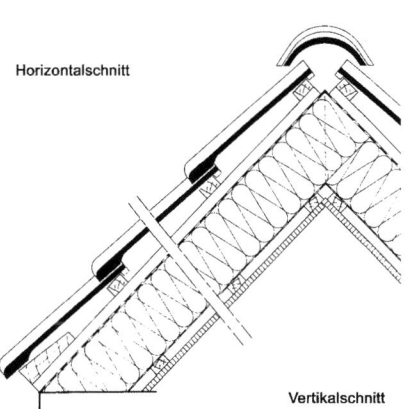
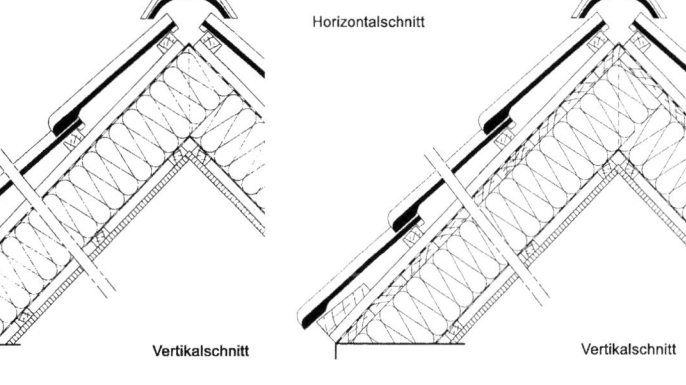

Abb. III.11.18: Zwischensparrendämmung, unbelüftet – ohne Schalung (Quelle: Arbeitsgemeinschaft Ziegeldach, Bonn)

Abb. III.11.19: Zwischensparrendämmung, unbelüftet – mit Schalung (Quelle: Arbeitsgemeinschaft Ziegeldach, Bonn)

Der Einbau einer Aufsparrendämmung ist vor allem dann sinnvoll, wenn bei einem nachträglichen Dachausbau für Wohnzwecke die geforderte Raumhöhe durch eine Untersparrendämmung nicht mehr gewährleistet werden könnte. Als Nachteil dieser Konstruktion ist allerdings zu werten, dass sie immer mit einer Ab- und Neueindeckung des Daches verbunden ist. Daher sollte diese Maßnahme, vor allem aus wirtschaftlichen Gründen, nur dann zur Anwendung kommen, wenn die Erneuerung der Dachdeckung ohnehin notwendig ist oder vom Bauherrn gewünscht wird.

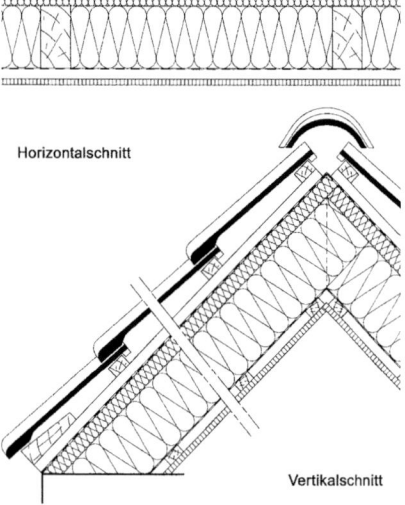

Abb. III.11.20: Zwischensparrendämmung kombiniert mit Aufsparrendämmung, unbelüftet – ohne Schalung (Quelle: Arbeitsgemeinschaft Ziegeldach, Bonn)

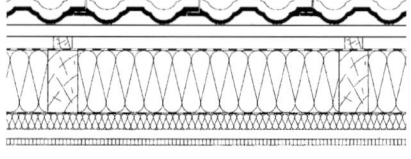
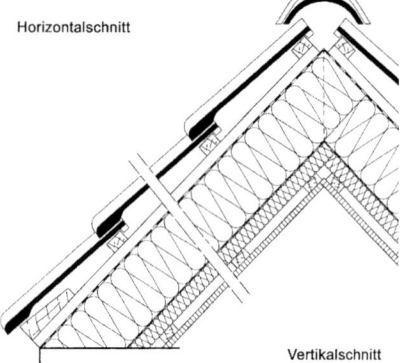

Abb. III.11.22: Zwischensparrendämmung kombiniert mit Untersparrendämmung, unbelüftet – ohne Schalung (Quelle: Arbeitsgemeinschaft Ziegeldach, Bonn)

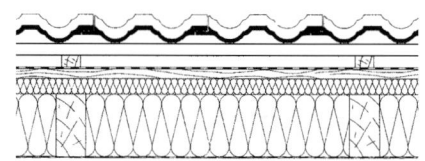
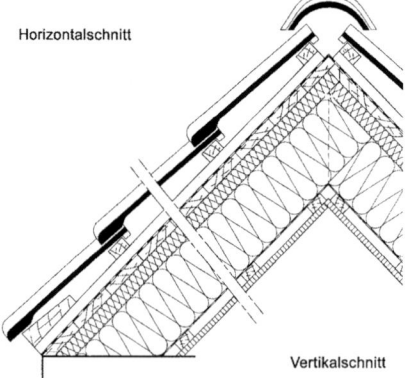

Abb. III.11.21: Zwischensparrendämmung kombiniert mit Aufsparrendämmung, unbelüftet – mit Schalung (Quelle: Arbeitsgemeinschaft Ziegeldach, Bonn)

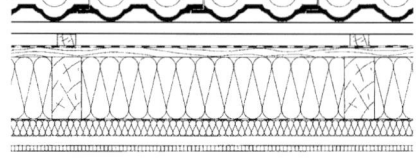
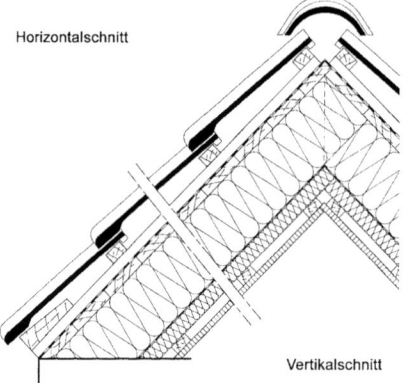

Abb. III.11.23: Zwischensparrendämmung kombiniert mit Untersparrendämmung, unbelüftet – mit Schalung (Quelle: Arbeitsgemeinschaft Ziegeldach, Bonn)

Zwischensparrendämmung kombiniert mit Untersparrendämmung, unbelüftet

Die Ergänzung einer Zwischensparrendämmung durch eine zusätzliche Untersparrendämmung wird, ähnlich wie die bereits beschriebene Kombination aus Zwischensparren- und Aufsparrendämmung, vor allem dann angewendet, wenn die durch den vorhandenen Sparren vorgegebene Höhe für die notwendige Dämmung nicht ausreicht. Der Unterschied liegt allerdings darin, dass beim Einbau einer Untersparrendämmung, beispielsweise im Zuge eines nachträglichen Dachausbaus, die erforderliche Raumhöhe trotz der entstehenden Verringerung eingehalten wird. Des Weiteren wird ein kosten- und arbeitsintensives Ab- und Neueindecken des Daches umgangen.

Die erforderliche Dampfsperre bzw. die diffusionsdichte Schicht kann dabei sowohl, wie dargestellt, zwischen den beiden Dämmschichten als auch raumseitig angebracht werden. Eine Schalung wird meist nur dann angebracht, wenn eine zusätzliche Aussteifung der Dachkonstruktion notwendig ist.

Aufsparrendämmung, unbelüftet

Das Prinzip der Aufsparrendämmung ermöglicht im Gegensatz zur Zwischensparrendämmung die Sichtbarkeit der Sparren und der Schalung, die aus optischen Gründen sowohl bei einem Neubau als auch bei einer Modernisierungsmaßnahme gewünscht werden kann.

Dieses Konstruktionsprinzip vermindert des Weiteren Wärmebrücken im Bereich der Sparren und unterstützt die Winddichtheit.

Da diese Maßnahme jedoch, wie bereits angedeutet, immer mit einer Ab- und Neueindeckung des Daches verbunden ist, sollte sie nur dann zur Anwendung kommen, wenn die Erneuerung der Dachdeckung ohnehin notwendig ist oder vom Bauherrn ausdrücklich gewünscht wird. Ist dies der Fall, muss insbesondere darauf geachtet werden, dass die notwendigen Sicherungsmaßnahmen bei den Bauarbeiten gewährleistet werden.

Die Dämmstoffdicke kann im Übrigen durch die Verwendung von Dämmstoffen mit geringen Wärmeleitzahlen minimiert werden. Ein statischer Nachweis, meist als Typenstatik der Systeme vorliegend, ist allerdings erforderlich, da die Lastabtragung nicht direkt über die Dachlattung in den Sparren erfolgt.

Untersparrendämmung, belüftet

Der Einbau einer belüfteten Untersparrendämmung bietet sich immer dann an, wenn eine größtmögliche Durchlüftung der Dachkonstruktion erwünscht ist. Dabei ist auch vorteilhaft, dass das statische Tragwerk von der Dicke der Dämmschicht unabhängig bleibt und die Wärmebrückenwirkung der Sparren völlig entfällt, da die Dämmschicht auf der warmen Seite angebracht wird.

Als Nachteil ist allerdings anzusehen, dass der gesamte Dämmquerschnitt von der Raumhöhe abgeht, was zur

Folge hat, dass dieses Konstruktionsprinzip bei einem nachträglichen Dachausbau zu Wohnräumen nur selten Anwendung findet.

Dämmung auf massiver Dachkonstruktion

Das Verlegen der Dämmung auf einer massiven Dachkonstruktion ermöglicht ähnlich wie eine Aufsparrendämmung die Sichtbarkeit sowohl der Sparren als auch der Schalung. Auch in Bezug auf Verminderung von Wärmebrücken und erhöhte Winddichtheit deckt sich diese Variante mit den bereits beschriebenen Aufsparrendämmungen. Weiterhin gilt auch hier die Vorgabe, dass vor einer nachträglichen Dämmung über der Tragkonstruktion das Dach erst abgedeckt und nach Beendigung der Maßnahme wieder eingedeckt werden muss.

Bautechnische Maßnahmen

Eine der üblichen Maßnahmen beim Bauen im Bestand ist die nachträgliche Dämmung eines geneigten Daches. Nach einer Bauaufnahme wird die Tragfähigkeit der vorhandenen Dachkonstruktion ermittelt, um möglichst Lastreserven festzustellen, die das Gewicht der neu einzubringenden Dämmungs- und Dichtungsstoffe aufnehmen.

Ist dies nicht möglich, muss die vorhandene Konstruktion verstärkt werden.

Nach Prüfung der Lastreserven der oberen Geschossdecke werden meist zusätzliche Stützen aufgestellt und die Sparren aufgedoppelt.

III.11.3.2 Maßnahmen bei konstruktionsbedingten Mängeln und Schäden

Konstruktionsbedingte Mängel und Schäden lassen sich an den tragenden Hölzern der Dachkonstruktion z. B. durch eine Verstärkung, eine Aufdoppelung, zusätzliche Auflager durch Stützen, den Austausch beschädigter Teile u. Ä. reparieren.

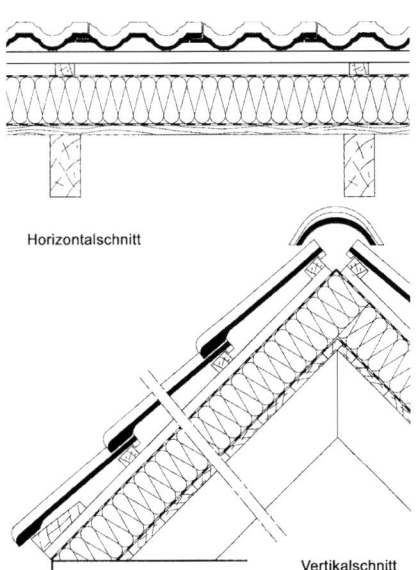

Abb. III.11.24: Aufsparrendämmung, unbelüftet – ohne Schalung (Quelle: Arbeitsgemeinschaft Ziegeldach, Bonn)

III.11.3.3 Maßnahmen bei materialbedingten Mängeln und Schäden

Dachdeckung (s. Kap. V.14)

Dachdeckungen unterliegen sowohl der natürlichen Alterung als auch mechanischen Beanspruchungen, Temperaturänderungen und Witterungseinflüssen. Aus diesem Grund ist die Dachdeckung regelmäßig zu überprüfen und je nach Art der Deckung zu warten, um ihre Funktionstüchtigkeit dauerhaft zu gewährleisten. Entstandene Mängel sind oft mit einer teilweisen Neudeckung oder sogar dem Austausch der gesamten Dachdeckung verbunden (s. Kap. V.14). Folglich sollten bereits bei der Planung und Bauausführung material- und systemspezifische Eigenschaften sowie Herstellerhinweise zum Material und dessen Verarbeitung berücksichtigt werden.

Dachabdichtung (s. Kap. V.13)

Nur punktuell beschädigte Dachabdichtungen können meist problemlos repariert werden. Je nach Alter und Zustand einer Abdichtung sollte jedoch über eine Erneuerung nachgedacht werden.

Dachdämmung (s. Kap. V.9)

Der Austausch einer durchfeuchteten Dämmung gehört insbesondere im Bereich geneigter Dächer zu den typischen Aufgaben beim Bauen im Bestand.

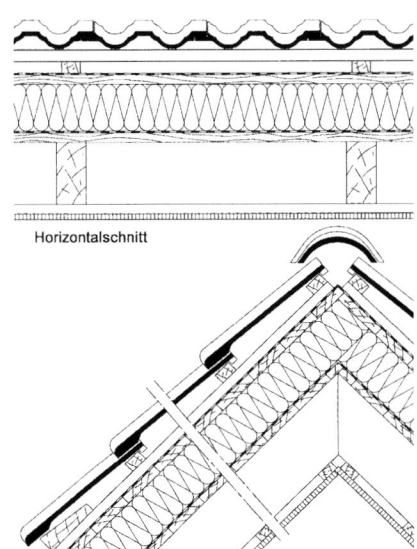

Abb. III.11.25: Aufsparrendämmung, unbelüftet – mit Schalung (Quelle: Arbeitsgemeinschaft Ziegeldach, Bonn)

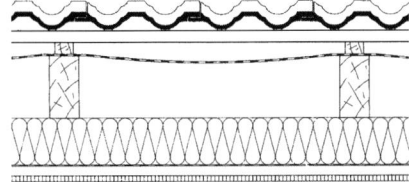

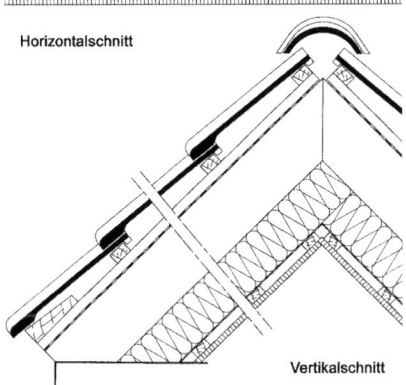

Abb. III.11.26: Untersparrendämmung, belüftet – ohne Schalung (Quelle: Arbeitsgemeinschaft Ziegeldach, Bonn)

III.11.3.4 Maßnahmen bei Mängeln und Schäden im Bereich der Dachbelichtung

Entsprechend dem Istzustand eines Dachfensters sollten der Austausch und eine anschließende Erneuerung des Fensters oder aber eine materialbedingte Reparatur (s. Kap. III.3) in Betracht gezogen werden.

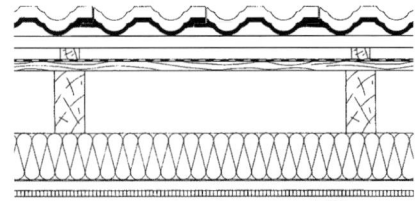
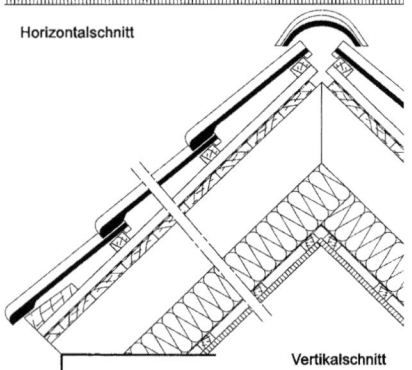

Abb. III.11.27: Untersparrendämmung, belüftet – mit Schalung (Quelle: Arbeitsgemeinschaft Ziegeldach, Bonn)

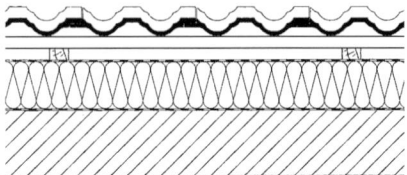
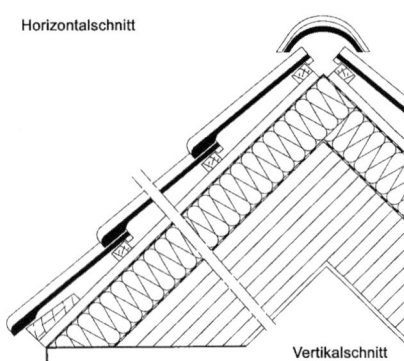

Abb. III.11.28: Dämmung auf Massivdach, Detail ohne Maßstab (Quelle: Arbeitsgemeinschaft Ziegeldach, Bonn)

III.11.3.5 Maßnahmen bei Mängeln und Schäden im Bereich der Entwässerung

Schadensbehebung bei kleinen Leckagen

Sind Entwässerungselemente nur punktuell von Schäden betroffen, so können diese beschichtet bzw. überdeckt werden. Da sich Rinnen und Rohre meist in mehrere Abschnitte unterteilen, können auch einzelne Teile ausgetauscht werden.

Schadensbehebung bei Korrosionsschäden bitumengedeckter Dächer

Zur Schadensbehebung bei Korrosionsschäden an Dachrinnen und Regenfallrohren bitumengedeckter Dächer müssen die bestehenden Metalleinfassungen, -anschlüsse, -rinnen und -rohre durch bitumenkorrosionsfeste Teile (z. B. Kupfer oder V2A-Stahl) ausgetauscht oder durch Bitumen- und Kunststofflacke dauerhaft gegen Korrosion geschützt werden.

Verhinderung von Einfrierungen durch Dachrinnen- bzw. Fallrohrheizungen

Dachrinnen- bzw. Fallrohrheizungen ermöglichen anfallendem Schmelzwasser (durch Wärmeabgabe des Gebäudes oder Sonneneinstrahlung) einen sicheren Abfluss.

Sie gewinnen vor allem bei einer innen liegenden Entwässerung an Bedeutung, da sie ein Stauen des Wassers und somit die Gefahr eines Wassereintrags in die Dachkonstruktion bzw. das Gebäudeinnere verhindern bzw. vermindern.

Bei Dachrinnen- bzw. Fallrohrleitungen handelt es sich um Direktheizungen. Man unterscheidet dabei prinzipiell zwischen Heizleitungen mit temperaturabhängiger Energieabgabe und sogenannten Begleitheizungen. Die Entscheidung über die Anwendung der Systeme sollte einem Fachmann überlassen werden.

Maßnahmen zur Verhinderung von Verstopfungen und Überläufen

Um Verstopfungen durch Laub, Vogelnester oder andere Gegenstände zu vermeiden, kann nachträglich ein sogenanntes Laubfanggitter in die Dachrinne eingebracht werden. Ebenfalls empfehlenswert sind regelmäßige Wartungs- und Pflegearbeiten, um frühzeitig Verstopfungen und Überläufe zu verhindern, die durch Verschmutzungen auch die Fassade stark beeinträchtigen können.

III.11.3.6 Maßnahmen bei Schadstoffbelastungen

Asbest

Aufgrund der gesundheitsschädlichen Wirkung von Asbestfasern bestehen für Sanierung, Abbruch und Entsorgung asbesthaltiger Baustoffe besondere Anforderungen. Diese Arbeiten dürfen ausschließlich von Firmen durchgeführt werden, die einen entsprechenden Sachkundenachweis nach TRGS 519 vorlegen können.

Die nach der Gefahrstoffverordnung vorgeschriebenen Schutzmaßnahmen und organisatorischen Voraussetzungen für Abbruch-, Sanierungs- oder Instandhaltungsarbeiten (ASI-Arbeiten) sowie Entsorgung sind in der Technischen Regel für Gefahrstoffe TRGS 519 „Asbest; Abbruch-, Sanierungs- oder Instandhaltungsarbeiten" zusammengefasst. Die Berufsgenossenschaften haben zudem die Arbeitsanweisung BGI 664 „Verfahren mit geringer Exposition gegenüber Asbest bei Abbruch-, Sanierungs- und Instandhaltungsarbeiten" herausgegeben, mit der sichergestellt werden soll, dass bei Abbruch- bzw. Ausbauarbeiten keine Asbestbelastung entsteht.

Lindan, PCP, DDT

Eine Sanierung biozidbehandelter Holzbauteile fällt je nach Situation und Konzentration unterschiedlich aus. Gemäß dem Vorsorgeprinzip sollten jedoch identifizierte Expositionsquellen prinzipiell beseitigt werden (s. Kap. V.4.3). Die Entfernung belasteter Hölzer erfolgt unter Beachtung der Entsorgungsvorschriften (z. B. „Gesetz zur Förderung und Sicherung der umweltverträglichen Beseitigung von Abfällen [Kreislaufwirtschafts- und Abfallgesetz]", PCP-Richtlinie).

KMF

Der Umgang mit alten Mineralwolle-Produkten ist nur noch im Zuge von Abbruch-, Sanierungs-, Instandhaltungs- und Instandsetzungsarbeiten zulässig. Für diese Arbeiten gilt die Technische Regel für Gefahrstoffe TRGS 521 „Abbruch-, Sanierungs- und Instandhaltungsarbeiten mit alter Mineralwolle". Derzeit besteht für alte KMF-Produkte jedoch keine Sanierungspflicht.

Neue KMF gelten als nicht krebserzeugend. Bei Sanierungsarbeiten sind daher lediglich die üblichen Mindestschutzmaßnahmen anzuwenden.

III.11.3.7 Aufstockung

Geneigte Dächer ermöglichen nicht nur durch ihren Ausbau eine Vergrößerung der zur Verfügung stehenden Wohnfläche. Eine Aufstockung des gesamten Daches führt zu weit mehr neuem Wohnraum, bringt jedoch den Abbau des vorhanden Dachstuhls mit sich.

Rechtliche Voraussetzungen für diese Maßnahme sind neben den Vorschriften der Landesbauordnungen ein entsprechend ausgelegter Bebauungsplan sowie das Einverständnis der angrenzenden Nachbarn.

Entsprechend den vorhandenen Möglichkeiten und Bedürfnissen kann es sich dabei sowohl um die Errichtung bzw. Erhöhung eines Kniestocks (Drempel) als auch um die Aufstockung um meist ein Vollgeschoss inklusive eines ausgebauten Dachgeschosses handeln.

Abb. III.12.01: Flachdach eines bestehenden Gebäudes

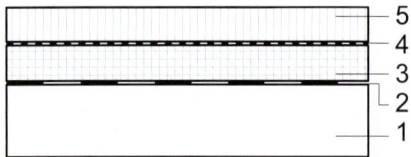

Warmdach
1 Unterkonstruktion
2 Dampfsperre
3 Wärmedämmung
4 Dachabdichtung
5 Oberflächenschutz

Abb. III.12.02: Bauteilvertikalschnitt Warmdach als Flachdach ohne Maßstab

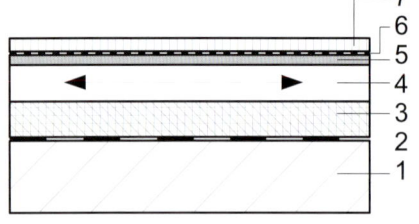

Kaltdach
1 Unterkonstruktion
2 leichte Dampfsperre
3 Wärmedämmung
4 Belüftungsraum
5 Dachschale auf Unterkonstruktion
6 Dachabdichtung
7 Oberflächenschutz

Abb. III.12.03: Bauteilvertikalschnitt Kaltdach als Flachdach ohne Maßstab

III.12 Flache Dächer

Autoren: Dipl.-Ing. Silke Nicole Klein, Architektin; Prof. Dr.-Ing. Martin Pfeiffer, Architekt; Dipl.-Ing. Tania Brinkmann, Architektin

III.12.1 Allgemeines

Flache Dächer wurden bereits vor Tausenden von Jahren in Regionen, deren Klima dafür geeignet war, verwendet. Insbesondere in ariden Ländern mit intensiver Sonneneinstrahlung gehören diese Dächer auch heute noch überwiegend zum üblichen Bild der Städte.

Während flache Dächer in Deutschland wie im übrigen Mittel- und Nordeuropa keinerlei Bedeutung hatten, wurden sie in Südeuropa, Afrika, Asien und Amerika seit Jahrtausenden eingesetzt.

Im 15. Jahrhundert, mit Beginn der Renaissance, entstanden zunächst Skizzen von Gebäuden mit flachen Dächern. Die Ausführung eines wirklich flachen Daches war technisch noch zu aufwendig, dass man zunächst flach geneigte Dächer mit Ziegel- und Natursteindeckung hinter erhöhten Ballustraden und Attiken versteckte.

Gleichzeitig prägte das Bild der „Hängenden Gärten" der Semiramis die Palast- und Villenbauten der Renaissance – vor allem in Italien. Dem sogenannten „Piano Nobile" zugeordnet, standen sie als Sinnbild der Natur bzw. Landschaft.

Im 18. Jahrhundert setzte sich diese Entwicklung auch nördlich der Alpen durch. Zunächst wurden repräsentative Bauten wie Residenzen mit großzügigen Terrassen ausgestattet, die teilweise parkähnlich, z. B. mit gepflasterten Wegen, Bäumen und Sträuchern in Pflanzkübeln, Beeten mit Blumen, Wasser und Springbrunnen, angelegt wurden.

Im Barock ist sowohl der Wunsch nach einem möglichst flach geneigten Dach als auch nach begrünten Terrassen an vielen Entwürfen und repräsentativen Gebäuden ablesbar.

Im 19. Jahrhundert verhalfen die „Erfindung" des Holzzementdaches durch Samuel Häusler (1839) und die Broschüre „Naturdächer von vulkanischem Cement" von Carl Rabitz (1867) dem Flachdach zum Durchbruch in Deutschland bzw. Mittel- und Nordeuropa.

Inzwischen gehört die Sanierung von flachen Dächern zu den typischen Maßnahmen beim Bauen im Bestand.

Die Vielzahl der Mängel und Schäden vor allem im Bereich der Abdichtungen ist größtenteils auf die Ermüdung der Dichtungsebenen zurückzuführen.

Die Lebenszeit der damaligen Abdichtungsstoffe für flache Dächer ist meist nach ca. 25 bis 35 Jahren beendet. Da durch weitere Verarbeitungsfehler die Nutzer oft jahrelang mit kleinen Ausbesserungsarbeiten beschäftigt waren, sollte je nach Quantität der auftretenden Mängel und Schäden eine komplette Sanierung des Daches angestrebt werden, um bei der Wartung und Instandsetzung den heutigen Möglichkeiten entsprechend eine dauerhafte Dachkonstruktion zu erhalten.

Hinsichtlich des konstruktiven Aufbaus und der Nutzung eines Flachdaches werden an die verschiedenen Schichten wie Dämmung oder Abdichtung, aber auch an die Belichtung und Entwässerung zusätzliche Anforderungen gestellt.

Da die tragende Konstruktion des Flachdaches meist den inneren Raumabschluss als obere Decke (s. Kap. III.6) bildet, sind auch bauphysikalische Aspekte wie ein ausreichender Wärmeschutz und je nach Nutzung Schall- und Brandschutz zu gewähren.

Gegenüber geneigten Dächern haben Flachdächer folgende Vorteile:

- geringes Eigengewicht der Dachhaut,
- Belichtungsmöglichkeiten für innen liegende Räume,
- zugängliche Aufstellung technischer Aggregate (z. B. Be- und Entlüftung),
- gestalterische Freiheit, z. B. spätere Erweiterung, Aufsattelung sowie
- vielfältige Nutzungsmöglichkeiten, z. B. als
  – begehbare Oberfläche, z. B. Dachterrasse,
  – befahrbare Oberfläche, z. B. Parkdach oder Parkdeck, und
  – begrünte Oberfläche (intensiv oder extensiv), z. B. aus gestalterischen Gründen, Dachgarten usw.

III.12.1.1 Vorschriften und Regeln

Entsprechend den bauphysikalischen und bautechnischen Anforderungen, die an flache Dächer gestellt werden, ist eine Reihe von Vorschriften und Richtlinien zu beachten. Insbesondere die nachfolgend aufgeführten Normen und Verordnungen geben Hinweise auf die im Zusammenhang mit den flachen Dächern stehenden Anforderungen:

- DIN 1045 „Tragwerke aus Beton, Stahlbeton und Spannbeton",
- DIN 1055 „Einwirkungen auf Tragwerke",
- DIN 1986-100 „Entwässerungsanlagen für Gebäude und Grundstücke – Teil 100: Bestimmungen in Verbindung mit DIN EN 752 und DIN EN 12056",
- DIN 4102 „Brandverhalten von Baustoffen und Bauteilen",
- DIN 4108 „Wärmeschutz und Energie-Einsparung in Gebäuden",
- DIN 4109 „Schallschutz im Hochbau",
- DIN 18531 „Dachabdichtungen – Abdichtungen für nicht genutzte Dächer",
- DIN EN 752 „Entwässerungssysteme außerhalb von Gebäuden",
- DIN EN 12056-3 „Schwerkraftentwässerungsanlagen innerhalb von Gebäuden – Teil 3: Dachentwässerung, Planung und Bemessung",
- EnEV „Energieeinsparverordnung".

III.12.1.2 Bauphysikalische und bautechnische Anforderungen

Die ursprünglichen Anforderungen an eine Dachkonstruktion richteten sich insbesondere an den Witterungsschutz. Das Dach sollte das Gebäude vor Regen, Schnee und Wind schützen. Der heutzutage geforderte Wärmeschutz bis hin zur Luftdichtheit spielte dabei keine Rolle.

Entsprechend sind auch derzeit noch viele ungedämmte, luftdurchlässige Dachkonstruktionen im Baubestand vorzufinden.

Dachabdichtungen müssen primär folgende Anforderungen erfüllen:

- Das Eindringen von Niederschlagswasser in das zu schützende Bauwerk ist zu verhindern.
- Art der Stoffe, Anzahl der Lagen und deren Anordnung sowie das Verfahren zur Herstellung der Dachabdichtung müssen in ihrem Zusammenwirken und unter Berücksichtigung der Bewegungen der Unterlage die Funktion der Dachabdichtung sicherstellen.
- Dachabdichtungen müssen wasserdicht an Durchdringungen wie Dachabläufe, Lichtkuppeln usw. und an aufgehende Bauteile angeschlossen werden.
- Dachabdichtungen müssen auf sie einwirkende planmäßig zu erwartende Lasten weiterleiten.

Eine dauerhafte Funktionsfähigkeit der Dachabdichtung wird durch Dachneigung, Art der Beanspruchung, Auswahl der Stoffe sowie Art des Einbaus und Wartung beeinflusst.

III.12.1.3 Konstruktion

Der konstruktive Aufbau flacher Dächer wird in einschalige, nicht belüftete Konstruktionen, sogenannte Warmdächer, und zweischalige, belüftete Konstruktionen, sogenannte Kaltdächer, unterschieden.

Sonderkonstruktionen stellen Duo- und Umkehrdächer dar: Das sogenannte Duodach ist eine Kombination aus einem herkömmlichen und einem umgekehrten Dachaufbau. Dabei werden die Vorteile der einzelnen Systeme ausgenutzt.

Das sogenannte Umkehrdach ist eine nicht belüftete einschalige Dachkonstruktion, bei der der Dachaufbau unmittelbar auf der Unterkonstruktion aufliegt. Die Wärmedämmschicht wird dabei über der Abdichtung verlegt und mit Auflast bzw. Oberflächenschutz versehen.

Beim Bauen im Bestand handelt es sich bei den vorhandenen Flachdächern meist um Warmdächer, also einschalige, unbelüftete Dächer. Als tragende Konstruktion dienen meist Holzbalken- oder Stahlbetondecken, im Industrie- bzw. Gewerbebau auch Trapezbleche.

III.12.1.4 Nutzung

Flachdächer werden nach ihrer Nutzung unterschieden in begehbare und befahrbare Oberflächen sowie nicht genutzte Flachdachflächen.

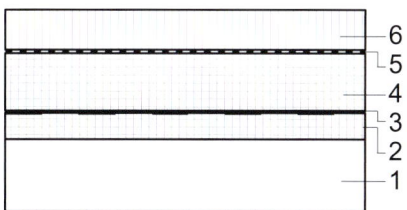

Duodach
1 Unterkonstruktion
2 PS-Hartschaum
3 Kunststoffdichtungsbahn, lose verlegt
4 EPS-Hartschaum (geschlossenporig)
5 Filtervlies
6 Kiesschüttung

Abb. III.12.04: Bauteilvertikalschnitt Duodach als Flachdach ohne Maßstab

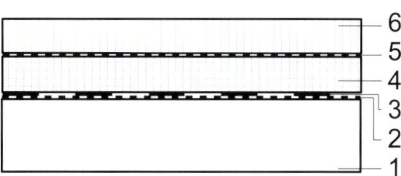

Umkehrdach
1 Unterkonstruktion
2 Trennlage
3 Kunststoffdichtungsbahn, lose verlegt
4 EPS-Hartschaum (geschlossenporig)
5 Filtervlies
6 Kiesschüttung

Abb. III.12.05: Bauteilquerschnitt Umkehrdach

Abb. III.12.06: Begehbare Flachdachoberfläche eines Bestandsgebäudes

Abb. III.12.07: Extensiv begrüntes Flachdach

Abb. III.12.08: Flach geneigtes Gründach eines Gebäudes mit einer Dachneigung von unter 5°

Abb. III.12.09: EPDM-Dichtungsbahn eines Flachdaches

Begehbare Oberflächen

Im Gegensatz zu ungenutzten Flachdachflächen müssen begehbare Oberflächen, die meist als Dachterrassen genutzt werden, über einen entsprechend verkehrssicheren Belag und eine ausreichende Möglichkeit der Entwässerung verfügen.

Unterschieden wird dabei zwischen 3 verschiedenen Konstruktionsprinzipien:

- eine Lagerung der Oberfläche, überwiegend aus großformatigen Platten oder Holzrosten, auf Stelzlagern,
- eine lose Verlegung von Fliesen oder Platten in einem feinkörnigen Bett, das die Wasserdurchlässigkeit zur wasserführenden Abdichtungsschicht garantiert,
- eine frostfeste Verlegung kleinformatiger Fliesen und Platten in einem keramischen Mörtelbett. Als wasserführende Schicht dient bei dieser Konstruktion die Oberfläche.

Befahrbare Flachdachoberflächen

Im Gegensatz zu den begehbaren Flachdächern müssen befahrbare Flachdachoberflächen, je nach dem zu erwartenden Kraftfahrzeugverkehr, hohen Lasten standhalten.

Sie können entweder als Parkterrasse, Parkdeck oder Hofkellerdecke ausgebildet sein.

Auch abhängig von der sich unter der Parkfläche befindenden Nutzfläche werden unterschiedliche Anforderungen an sie gestellt.

Begrünte Flachdachoberflächen

Eine Dachbegrünung weist sowohl beim Neubau als auch bei Sanierungen eine Vielzahl von Vorteilen unter verschiedenen Gesichtspunkten auf.

Bautechnische Vorteile eines begrünten Flachdaches liegen im Wärme- und Schallschutz, in der verminderten Beanspruchung der Dachabdichtung durch UV-Strahlung sowie große Temperaturdifferenzen und mechanische Belastungen.

Ökonomische Vorteile bietet ein begrüntes Flachdach hinsichtlich der Verlängerung der Lebensdauer des Gesamtaufbaus, Verminderung der Wärmeverluste durch Dämmwirkung sowie der Einsparung von Regenwassergebühren durch Wegfall versiegelter Flächen und der Reduzierung abwassertechnischer Anlagen (z. B. Verminderung der Abflussquerschnitte von Fallleitungen).

Ökologische und gestalterische bzw. städtebauliche Vorteile liegen in der Regenwasserrückhaltung, der Verbesserung des Kleinklimas durch Staubbindung, Luftkühlung und Erhöhung der Luftfeuchtigkeit und der Schaffung von Lebensraum für Flora und Fauna.

Arten der Dachbegrünung

Dachbegrünungen werden abhängig von ihrer Nutzung und den bautechnischen Gegebenheiten in Extensiv- und Intensivbegrünung unterschieden.

Als Extensivbegrünung werden Vegetationsformen bezeichnet, die sich weitgehend selbst erhalten und weiterentwickeln. Es werden Pflanzen, die besonders für extreme Standortbedingungen geeignet sind und wenig Pflege benötigen, wie Moose, Sedumarten, Kräuter und Gräser, verwendet.

Extensivbegrünungen zeichnen sich durch eine verhältnismäßig einfache Herstellung, geringe Aufbauhöhe und geringes Gewicht aus. Sie sind daher auch insbesondere für den Sanierungsbereich geeignet.

Als einfache Intensivbegrünung wird eine Begrünung mit Gräsern, Stauden und Gehölzen bezeichnet.

Im Vergleich zur Extensivbegrünung stellen diese Pflanzen bereits höhere Anforderungen an die Vegetationstragschicht und die Wasser- und Nährstoffversorgung. Sowohl der Herstellungsaufwand als auch die Schichtdicke und entsprechend das Gewicht sind deutlich höher. Des Weiteren steigt mit dem Anspruch bzw. den Anforderungen der Pflanzen auch der Pflegebedarf.

Als Intensivbegrünung wird eine Begrünung mit aufwendigeren Pflanzungen, wie Stauden und Gehölzen und gelegentlich auch Bäumen bezeichnet.

Diese Begrünungsart bietet die vielfältigsten Nutzungs- und Gestaltungsmöglichkeiten.

Im Vergleich zur Extensiv- und einfachen Intensivbegrünung stellen diese Pflanzen höchste Anforderungen an die Vegetationstragschicht und die Wasser- und Nährstoffversorgung. Sowohl der Herstellungsaufwand als auch die Schichtdicke und entsprechend das Gewicht sind deutlich höher. Des Weiteren steigt mit dem Anspruch bzw. den Anforderungen der Pflanzen auch der Pflegebedarf.

III.12.1.5 Dachneigung

Dachflächen mit einer Neigung unter 5° werden als Flachdächer bezeichnet. Anstelle einer Dachdeckung erhalten sie eine Dachabdichtung. Auch besonders beanspruchte Stellen bei Dächern mit einer Neigung zwischen 5° und 25° können mit einer Dachabdichtung versehen werden. Grundsätzlich sind Dachabdichtungen für alle Dachformen geeignet. Sie werden insbesondere bei Sonderkonstruktionen wie z. B. Faltdächern, Hängewerken und kuppelartigen Dächern eingesetzt. Flachdächer werden vorzugsweise mit Gefälle ausgeführt.

III.12.1.6 Material

Abdichtungsstoffe (s. Kap. V.13)

Bei Abdichtungen im Flachdachbereich muss die Auswahl der Abdichtungsstoffe einerseits sowohl bei ungenutzten als auch genutzten Dachflächen für den Verwendungszweck geeignet und andererseits auf die Unterlage (z. B. den Dämmstoff, die tragende Dachkonstruktion) abgestimmt sein.

Dachabdichtungsstoffe werden in bituminöse Abdichtungen und Kunststoffabdichtungen wie Bitumenbahnen, Gussasphalt, Polymerbitumenbahnen sowie Kunststoff- und Kautschukdichtungsbahnen unterschieden.

Außer diesen genormten Bahnen haben sich Bitumenbahnen und Polymerbitumenbahnen mit Verbundträgereinlagen in der Praxis bewährt.

Dämmstoffe (s. Kap. V.9)

Zur Wärmedämmung flacher Dächer dürfen heute nur genormte, bauaufsichtlich zugelassene und überwachte Dämmstoffe verwendet werden. Leicht entflammbare Dämmstoffe der Baustoffklasse B 3 dürfen nicht verwendet werden.

III.12.1.7 Entwässerung

Die Entwässerung von Flachdächern kann über eine innen liegende Entwässerung erfolgen. Sollte dies nicht möglich sein, müssen Sonderlösungen angewendet werden. Die Flachdachrichtlinien bezeichnen solche Ausnahmefälle.

Oftmals erfolgt die Entwässerung über eine Abdichtungsschicht, die auch als wasserführende Schicht bezeichnet wird, weiter über eine Gefälledämmung bis hin zu einem speziellen Ablauf, den man als Flachdachgully bezeichnet.

Um die Flachdachentwässerung zu sichern, müssen mindestens 2 Abläufe bzw. statt des zweiten Ablaufs ein Notüberlauf vorhanden sein. Bei inneren Entwässerungsleitungen beheizter Gebäude sollten, um Tauwasserbildung zu vermeiden, die Abläufe im Bereich der Decke gedämmt werden.

Begeh- und befahrbare Flachdächer, also in diesem Sinne auch (Dach-)Terrassen, Balkone sowie Loggien stellen zusätzliche Anforderungen an die mechanische Belastbarkeit der Abläufe und deren möglichst bündigen Einbau.

Bei Flachdachentwässerungen sollte das Gefälle mindestens 2 % betragen. Empfehlenswert ist in Anbetracht dessen, dass es zu Verformungen von Bauteilen (Durchbiegungen), Überlappungen und Ebenheitstoleranzen kommen kann, ein Mindestgefälle von 5 % (3°).

Die Bemessung der Dachrinnen- und Regenfallrohrquerschnitte erfolgt abhängig von der zu erwartenden Regenspende, der Größe der Dachgrundfläche und dem Abflussbeiwert gemäß DIN EN 12056-3 „Schwerkraftentwässerungsanlagen innerhalb von Gebäuden – Teil 3: Dachentwässerung, Planung und Bemessung" und in Deutschland noch parallel nach DIN 1986-100 „Entwässerungsanlagen für Gebäude und Grundstücke – Teil 100: Bestimmungen in Verbindung mit DIN EN 752 und DIN EN 12056".

III.12.1.8 Belichtung

Die Dachbelichtung von Flachdächern erfolgt über Lichtkuppeln und Lichtbänder, die teilweise mit Rauch- und Wärmeabzugsanlagen (RWA) kombiniert sind.

Lichtkuppeln bestehen aus einem Aufsatzkranz und darauf getrennt angeordneten Lichtschalen bzw. Öffnungselementen.

Sie werden bei Dächern mit Dachabdichtungen, wie Flachdächern, insbesondere zur punktuellen Belichtung und Belüftung innen liegender Bereiche eingesetzt.

Lichtkuppeln sind heute mit zahlreichen besonderen Eigenschaften erhältlich:

- als lichtdurchlässige Lichtkuppel,
- als lichtundurchlässig eingefärbte Kuppel,
- mit Insektenschutzgitter,
- mit Laubschutzgitter,
- mit Wetterwächtern, die z. B. bei Regen automatisch schließen,
- mit Einbruchschutz,
- mit Durchbruchschutz, insbesondere bei nutzbaren Dächern empfehlenswert,
- mit erhöhtem Schallschutz,

Abb. III.12.10: Bitumenbahnen als Dachabdichtungsstoff eines Flachdaches

Abb. III.12.11: Wärmedämmung auf einem Flachdach

Abb. III.12.12: Flachdachentwässerung mit speziellem Ablauf

Abb. III.12.13: Dachbelichtung über Lichtkuppeln als Rauch- und Wärmeabzugsanlagen (RWA)

- mit erhöhtem Wärmeschutz,
- mit hoher Schlagregen- und/oder Hagelschlagbeständigkeit usw.

Die Be- und Entlüftung erfolgt über:

- handbetätigte Öffnungsvorrichtungen mit Kurbelstange,
- Öffnungsvorrichtungen mit Elektromotoren,

Abb. III.12.14: Schimmelpilzbildung im Dach-Innenbereich aufgrund von Tauwasser

- Öffnungsvorrichtungen mit Pneumatikzylinder,
- Ventilatoren,
- spezielle Kleinraumlüfter,
- Dachein- und -ausstiege.

Lichtbänder, wie beispielsweise Sheds, bestehen aus tragenden Rahmenkonstruktionen, meist aus Aluminium oder Stahl, mit verschiedenen Verglasungen, beispielsweise als Wärme-, Schallschutzverglasung oder aus opalen oder transparenten Kunststoffen.

Lichtbänder werden insbesondere zur Belichtung von Industrie- und Gewerbehallen eingesetzt, z. B. wenn eine größtmögliche Tageslichtbelichtung erwünscht ist.

III.12.2 Typische Mängel und Schäden

III.12.2.1 Bauphysikalische und bautechnische Mängel und Schäden

Bauphysikalische Mängel und Schäden entstehen meist aufgrund materialbedingter Schäden (s. Kap. V.9 und Kap. V.13), wie z. B. durch eine durchfeuchtete Wärmedämmung.

Auch eine unzureichende oder nicht vorhandene Wärmedämmung führt zu Schäden, wie der Bildung von Tauwasser, die z. B. im Innenbereich zu Schimmelpilzbildung führen kann (s. Kap. V.9).

III.12.2.2 Konstruktionsbedingte Mängel und Schäden

Konstruktionsbedingte Schäden an flachen Dächern treten meist als resultierende Schäden auf. So kann es beispielsweise durch Schimmelbildung zur Zerstörung der tragenden Konstruktion, z. B. bei einer Holzbalkendecke (s. Kap. III.6), kommen.

III.12.2.3 Materialbedingte Mängel oder Schäden

Abdichtungsstoffe (s. Kap. V.13)

Bei Mängeln und Schäden an Abdichtungen bei Flachdächern muss einerseits nach dem Konstruktionsprinzip des Daches und andererseits nach Schäden aufgrund falscher Planung, mangelhafter Ausführung, Materialermüdung und Witterungseinflüssen unterschieden werden.

Die vorhandene Dachkonstruktion, also entweder ein- oder zweischalig, wirkt sich nicht direkt auf die entstandenen Mängel bzw. Schäden aus. Deren Auswirkungen zeigen sich oftmals jedoch bei dem zweischaligen Aufbau durch die vorhandene Lüftungsebene und den dadurch höheren Dachaufbau deutlicher. Dies gilt vor allem für Abdichtungen an aufgehende Bauteile und Randabschlüsse.

Im Gegensatz zu den einschaligen Flachdächern treten bei zweischaligen Konstruktionen zusätzlich auch Undichtigkeiten im Bereich der Schalungen auf.

Zu den typischen materialbedingten Schäden gehören insbesondere netzartige Risse, Versprödung, Schrumpfung (s. Kap. V.13) und Bildung von Blasen und/oder Wellen (s. Kap. V.13).

Mangelhafter Anschluss an aufgehende Bauteile

Zu den typischen Schäden im Bereich von Abdichtungen gehören mangelhafte Ausbildungen der Anschlüsse an aufgehende Bauteile. Dabei handelt es sich meist um Attiken, aber auch um Anschlüsse an Kamine, Dachaufbauten, Brüstungen oder bestehende Nachbargebäude.

Als Ursache der häufigen Schäden an diesen Detailpunkten gelten überwiegend falsche Planung und eine entsprechend falsche Ausführung, die nicht zur Herstellung einer dauerhaft wasserdichten Abdichtung des Übergangs zwischen Dachhaut und aufgehendem Bauteil ausreicht.

Weitere typische Mängel und Schäden im Anschlussbereich an aufgehende Bauteile entstehen durch unzureichende Überdeckung der Dichtungsbahnen, unzureichenden Abstand der Dichtungsbahnen über der sogenannten wasserführenden Schicht und starke Belastung aufgehender Bauteile durch Spritzwasser infolge stauenden Wassers.

Sonstige typische Mängel

Weitere Mängel und Schäden an Dachabdichtungsbahnen entstehen auch durch eine unzureichende Sicherung gegen Windsog gemäß DIN 1055 „Einwirkungen auf Tragwerke", wenn ganze Bahnen dadurch abgehoben werden.

Des Weiteren sollten sowohl Verschmutzungen als auch Pflanzenbewuchs bei regelmäßigen Kontrollen entfernt werden, da sie schnell Mängel verursachen können.

Typische Mängel an begehbaren Flachdächern/Dachterrassen

Zu den typischen Mängeln bzw. Schäden an begehbaren Flachdächern gehört neben den bereits beschriebenen allgemein gültigen Mängeln bzw. Schäden besonders eine nicht genügend belastbare Dämmung, die vor allem bei einer punktuellen Belastung durch Stelzlager einsinkt. Hinzu kommen Schäden an den Belägen, meist Fliesen und Platten, die aufgrund zu weicher Dämmung reißen, was zu Verletzungen der Dichtungsbahnen und daraus resultierend zu einer Durchfeuchtung der Dämmung führen kann.

Auch eine nicht ausreichende Frostbeständigkeit der Beläge oder eine mangelhafte Verlegung von keramischen Fliesen und Platten kann zu Schäden aufgrund eindringender Feuchte und Frostabplatzungen bis hin zur Alkalisilikatbildung führen.

Vor allem im Altbaubestand wurden auch oft kleine Flachdachbereiche, die als Dachterrasse genutzt wurden, nicht wirklich als solche betrachtet, was dazu führte, dass Abdichtungen nicht entsprechend ausgebildet und auf eine Wärmedämmung teilweise sogar völlig verzichtet wurde. Durch die daraus resultierenden Wärmebrücken und das anfallende Tauwasser kommt es in solchen Bereichen immer wieder zu Schimmelpilzbildung.

Typische Mängel an befahrbaren Flachdächern, Parkdecks, Parkterrassen

Zu den typischen Mängeln bzw. Schäden an befahrbaren Flachdächern, die meist als Parkdeck, Parkdach oder Hofkellerdecke genutzt werden, gehört neben den bereits beschriebenen allgemein gültigen Mängeln und Schäden besonders eine nicht genügend belastbare Dämmung, die vor allem bei einer starken Verkehrsbelastung einsinkt. Hinzu kommen Schäden an den Belägen und tragenden Unterkonstruktionen durch eine zu geringe Belastbarkeit.

Bituminöse Beläge, die neben den bereits extremen Witterungsbeanspruchungen auch noch Öl, Benzin und anderen chemischen Mitteln ausgesetzt sind, sind ebenfalls deutlich in ihrer Dauerhaftigkeit eingeschränkt.

Typische Mängel an begrünten Flachdächern

Bei begrünten Flachdächern kommt es vor allem bei intensiv begrünten Dächern durch die Bearbeitung der Vegetationsschicht häufig zu Verletzungen der Dachabdichtungsbahnen und/oder der Dämmung.

Ebenso kommt es bei der Verwendung ungeeigneter Abdichtungsbahnen, womit man im Altbaubestand durchaus rechnen muss, vor allem an den Bahnenstößen zu Durchwurzelungen. Eine erhöhte Schadenanfälligkeit tritt durch Anstaubewässerung bei gefällelosen Dächern auf.

Auch eine Überlastung und ein daraus resultierender Einbruch der Dämmschicht und somit auch eine Verletzung der Abdichtung infolge einer starken Windbeanspruchung hochwüchsiger Pflanzen oder aufgrund immer größer werdender Wurzelballen sind möglich.

III.12.2.4 Mängel und Schäden an der Entwässerung

Zu den typischen Mängeln im Bereich der Entwässerung von Flachdächern gehören einerseits Mängel durch Bewitterung wie materialbedingte Korrosionsschäden, Materialermüdung und Verstopfungen (z. B. durch Laub) aufgrund mangelnder Pflege- bzw. Wartungsarbeiten und andererseits Schäden durch falsche Dimensionierung und Einbaufehler.

Seltener kommt es zu Schäden durch Einfrieren der Abläufe, was ebenfalls zu Verstopfungen und je nach Situation, z. B. bei begehbaren Dachterrassen, zu einem anschließenden Überlaufen führen kann.

Darüber hinaus findet sich oft bei Bodenabläufen im Altbaubestand, wie auch bei allen anderen Durchbrüchen, ein den heutigen Anforderungen nicht mehr entsprechender Brandschutz.

In der Praxis entstehen die meisten Schäden bzw. Mängel im Bereich von Flachdachabläufen jedoch durch einen falschen Einbau, wie z. B. ohne hinreichendes Gefälle bzw. in falscher (Höhen-)Lage. Das sich dadurch anstauende Wasser – Pfützenbildung – erhöht einerseits die Gefahr eindringender Feuchte und andererseits dauerhaft die Last.

Im Bereich von befahr- bzw. begehbaren Flächen mit Abläufen, wie bei Balkonen, Terrassen, aber auch Loggien, kann es zusätzlich zu Mängeln bzw. Schäden durch zu starke bzw. dauerhafte mechanische Belastung kommen.

III.12.2.5 Mängel und Schäden an der Belichtung

Zu den typischen Mängeln im Bereich der Dachbelichtung von Flachdächern gehören materialbedingte Mängel durch Bewitterung, wie beispielsweise Korrosionsschäden oder Materialermüdung an Einbauteilen und insbesondere Schäden an den Abdichtungen.

Meist werden an bestehenden Altbauten im Bereich der innen liegenden Abdichtungen der Belichtung die heutigen Anforderungen an den Brandschutz nicht erfüllt.

Abb. III.12.15: Beschädigte Abdichtungsbahn auf einem Flachdach

Abb. III.12.16: Mangelhafter Anschluss eines Flachdaches an einem aufgehenden Bauteil

Insbesondere durch die übliche Kombination der Belichtung mit Rauch- und Wärmeabzugsanlagen (RWA) werden Mängel bzw. Schäden an diesen häufig erst entdeckt, wenn beispielsweise eine oder mehrere Fehlauslösungen auf eine Funktionsstörung hinweisen.

III.12.2.6 Schadstoffe

Schadstoffbelastungen an flachen Dächern sind vorwiegend im Bereich der Abdichtungsstoffe, der Tragkonstruktion und der Wärmedämmung zu erwarten.

PAK

Polycyclische aromatische Kohlenwasserstoffe (PAK) sind vor allem in Bitumen- und Steinkohlenteer-Produkten wie z. B. Teer- und Bitumen-Dachbahnen für Abdichtungen von flachen und flach geneigten Dächern enthalten. PAK ist die Sammelbezeichnung für eine große Anzahl von gleichartigen aromatischen Einzelverbindungen wie z. B.

Naphthalin und Benzo(a)pyren, die aus mindestens 2 miteinander verbundenen Benzolringen bestehen. Mit steigender Anzahl der Benzolringe handelt es sich um mittel- bis schwer flüchtige Schadstoffe (SVOC, engl.: semivolatile organic compounds). PAK entstehen durch die unvollständige Verbrennung organischer Materialien (Pyrolyse).

Beim Umgang mit PAK kann es zu Schleimhautreizungen, Kopfschmerzen und Übelkeit kommen. Einige PAK-haltige Produkte gelten als krebserzeugend (Lungen-, Blasen-, Bronchial-, Magen-Darm-Krebs) und fruchtbarkeitsgefährdend. Die Aufnahme von PAK erfolgt vor allem über die Haut und durch das Einatmen PAK-belasteter Stäube. Das Ausgasungsverhalten von PAK-haltigen Produkten wird von unterschiedlichen Faktoren wie Konsistenz, Alter und Zustand beeinflusst.

Insbesondere Teer sowie mit Steinkohlenteer behandelte Produkte sind stark mit PAK belastet. Seit 1970 ist in Deutschland die Verwendung speziell von Teerpappen für die Dachabdichtung verboten. Bei Verdacht auf das Vorhandensein dieser Materialien sollte nach dem Vorsorgeprinzip gehandelt und eine Entsorgung der bedenklichen Produkte vorgenommen werden.

Lindan, PCP, DDT

Schadstoffbelastungen von Holzkonstruktionen bestehen vorwiegend im Zusammenhang mit der Verwendung von chemischen Holzschutzmitteln (s. Kap. V.4.2). Insbesondere in den 1970er-Jahren wurde in Deutschland neben den Bioziden Lindan (Hexachlorhexan) und PCP (Pentachlorphenol) das Insektizid DDT (Dichlordiphenyltrichlorethan) verwendet.

Lindan reichert sich besonders im Fettgewebe an und steht in Verdacht, Krebs zu erzeugen. Seit 1984 (in der DDR seit 1989) wird Lindan in der Bundesrepublik Deutschland nicht mehr hergestellt. PCP hat eine erbgutschädigende und krebserzeugende Wirkung, die Herstellung ist in Deutschland seit 1989 verboten. DDT ist erbgutverändernd und potenziell krebserzeugend. In der DDR wurde DDT bis 1989 eingesetzt, in der alten Bundesrepublik wurde es bereits 1972 verboten.

KMF

Künstliche Mineralfasern (KMF) werden in Form von Glas-, Stein- und Mineralwolle zur Wärmedämmung und Schallisolierung u. a. in Dächern verwendet (s. Kap. V.9). KMF sind anorganische silikatische Fasern, die aus Glas-, Gesteins- oder Schlackeschmelzen durch Ziehen, Blasen oder Schleudern hergestellt werden. Die Fasern mit einem Durchmesser von 2 bis 20 μm werden unterteilt in Mineralwoll- und Keramikfasern. Anders als Asbestfasern können KMF sich nicht aufspalten und somit immer dünner werden, sondern nur durchbrechen und somit bei gleicher Dicke immer kürzer werden. Darüber hinaus werden KMF im Gegensatz zu Asbest im Organismus schneller abgebaut. Diese Kriterien führen zu der Einschätzung, dass künstliche Mineralfasern zumindest weit weniger gesundheitsschädlich sind als Asbestfasern.

Beim Umgang mit KMF kann es zu Haut- und Atemwegsreizungen kommen. Weisen die Fasern kritische Abmessungen auf (Durchmesser < 3 μm, Länge > 5 μm), verfügen sie ähnlich wie Asbest über ein krebserzeugendes Potenzial. Da von KMF-Produkten unterschiedliche Gesundheitsgefahren ausgehen, werden sie in sogenannte „alte" und „neue" Produkte eingeteilt. Unter „alten" KMF werden Produkte zusammengefasst, die nicht eines der Freizeichnungskriterien nach der Gefahrstoffverordnung erfüllen und somit als krebserzeugend oder krebsverdächtig gelten. Alte KMF sind dabei insbesondere Produkte, die vor 1996 verwendet worden sind. Daher sollte bei Verdacht auf das Vorhandensein dieser Materialien nach dem Vorsorgeprinzip gehandelt und eine Entsorgung der bedenklichen Produkte vorgenommen werden.

III.12.3 Maßnahmen

Zu Beginn jeglicher zu planender Maßnahmen sollte bei einem bestehenden Dachstuhl eine sorgfältige Bestandsaufnahme (s. Kap. VI) erfolgen, die insbesondere die Tragfähigkeit und eventuelle Lastreserven berücksichtigen sollte.

Wird im Zuge einer Modernisierungsmaßnahme die bestehende Kiesauflage beseitigt bzw. an einigen Stellen entfernt, sollte diese nicht punktuell, also auf einem Haufen, auf der bestehenden Dachfläche gelagert werden, da die vorhandenen Lastreserven einer solchen Last nicht immer entsprechen.

Ein Abtragen der Kiesauflage, eine Zwischenlagerung, ihre Reinigung und ein erneutes Aufbringen stellen heutzutage oft erhöhte Kosten dar. Die heutigen Abdichtungsbahnen benötigen meist keine Auflage mehr, da die Abdichtungsstoffe witterungs- und vor allem UV-beständig sind.

Der Verzicht dieser technisch nicht mehr notwendigen zusätzlichen Last ermöglicht an anderer Stelle oft eine optimale Wärmedämmung, da zusätzliche Lastreserven ausgeschöpft werden können.

III.12.3.1 Bauphysikalische und bautechnische Maßnahmen

Soll ein flaches Dach nachträglich gedämmt werden bzw. reicht die vorhandene Dämmung nicht aus, müssen zunächst die vorhandenen örtlichen Gegebenheiten, wie die tragende Unterkonstruktion, die statisch noch zusätzlich möglichen Lasten und der Zustand z. B. einer vorhandenen Dämmung bzw. Abdichtung geprüft werden (s. Kap. V.13 und Kap. VI).

Danach können die verschiedenen Konstruktionsprinzipien auf ihre den Anforderungen entsprechende Tauglichkeit geprüft werden und eine Berechnung des sommerlichen und winterlichen Wärmeschutzes durchgeführt werden.

Zusätzliche bzw. nachträgliche Dämmung

Soll ein Flachdach zusätzlich oder nachträglich gedämmt werden oder hat die vorhandene Dämmung z. B. aufgrund einer Durchfeuchtung ihre Wirkung verloren, muss nach den Ergebnissen der Zustandsanalyse und unter Berücksichtigung bauphysikalischer Aspekte entschieden werden, ob eine Innen- oder Außendämmung eingesetzt wird.

Zusätzliche Dämmung der Innenseite bei einem begehbaren Flachdach/Dachterrasse

Aufgrund der meist unzureichend gedämmten Dachterrassen im Altbaubestand steht eine zusätzliche Dämmung der Innenseite als notwendige Maßnahme oft an. Dabei ist eine ausreichend bemessene Dampfsperre zum Verhindern einer Durchfeuchtung der Dämmung durch entstehendes Tauwasser unerlässlich. Der entsprechende Nachweis sollte rechnerisch erbracht werden. Des Weiteren sind mögliche Wärmebrücken zu vermeiden.

Zusätzliche Dämmung der Außenseite

Ein zusätzlich auf der Außenseite gedämmtes einschaliges Flachdach wird als sogenanntes Plusdach bezeichnet.

Hierbei wird bei einer ausreichend hohen Aufkantung des vorhandenen Daches das Konstruktionsprinzip des Umkehrdaches angewendet. Es wird empfohlen, vor dem Auflegen der Zusatzdämmung vorhandene bituminierte Dachdichtungen zusätzlich mit einem Bitumenanstrich zu versehen. Die Auswahl eines geeigneten Dämmstoffes sollte vor allem bei ungenutzten Dachflächen nach dessen Gewicht erfolgen.

III.12.3.2 Maßnahmen bei konstruktionsbedingten Mängeln und Schäden

Maßnahmen bei konstruktionsbedingten Mängeln und Schäden der tragenden Konstruktion eines flachen Daches können mit denen der oberen Geschossdecken gleichgesetzt werden (s. Kap. III.6).

III.12.3.3 Maßnahmen bei materialbedingten Mängeln und Schäden

Abdichtungsstoffe (s. Kap. V.13)

Abhängig von Zustand, Art und Belastung einer Dachabdichtung ist zu entscheiden, welche Maßnahmen in Angriff genommen werden sollten.

Nach einer Inspektion stehen eine Wartung, Instandhaltung und Erneuerung zur Wahl.

Erneuerungsarbeiten lassen sich je nach Aufwand und Schadensgröße unterteilen in Überarbeitung von Einzelfehlstellen, einlagiges Überarbeiten der Dachabdichtung und Maßnahmen unter Beibehaltung vorhandener Dachabdichtungen.

Um nach den entsprechenden Maßnahmen eine dauerhafte Funktionstüchtigkeit zu sichern, sollte auch ein entsprechender Oberflächenschutz vorgesehen werden.

Inspektion/Wartung

Das Dach ist das am stärksten belastete Bauteil eines Gebäudes. Es muss sowohl den natürlichen Witterungsprozessen als auch extremen Belastungen aus Wärme und Kälte, wie schnellen Temperaturwechseln, z. B. Gewitterregen während eines heißen Sommertages, Hagel, Eis und Schnee, widerstehen.

Eine zusätzliche Belastung eines Daches stellen Schmutzablagerungen und Pflanzenwildwuchs dar. Die Funktionsfähigkeit einer Dachabdichtung lässt sich durch regelmäßige Inspektionen, mit eventuell notwendigen Wartungen verbunden, langfristig sichern.

Zeitliche Festlegung solcher Arbeiten sind nur bedingt möglich, weil die Beanspruchung weitgehend von Konstruktion, Lage und Neigung des Daches, aber auch von Umwelteinflüssen abhängt.

Instandsetzungs- und Erneuerungsarbeiten

Wenn Mängel und Schäden behoben werden müssen, sind Instandsetzungs- und Erneuerungsarbeiten erforderlich. Im Rahmen der anfallenden Arbeiten können zusätzlich wertverbessernde Maßnahmen festgelegt werden, wie

Abb. III.12.17: Mangelhafte Dachabdichtung im Bereich des Durchbruchs des Schornsteinschachtes durch ein Flachdach

Abb. III.12.18: Erneuerte Dachabdichtung eines Flachdaches im Bestand

Erhöhung des Qualitätsniveaus, Verbesserung des Wärme- und Schallschutzes und Berücksichtigung ökologischer Gesichtspunkte (z. B. Dachbegrünung).

Das Hauptziel von Instandsetzungen ist grundsätzlich die Wiederherstellung eines funktionsfähigen Dachaufbaus. Die erforderlichen Arbeiten müssen genau auf den Istzustand des Daches und die vorhandenen Mängel und Schäden abgestimmt werden.

Als wertverbessernde Zielsetzung der Instandsetzung und Dacherneuerung kann die Modernisierung eines vorhandenen Dachaufbaus sein. Dabei sollte auch auf die Einhaltung einschlägiger Vorschriften, wie z. B. der Energieeinsparverordnung (EnEV), geachtet werden.

Überarbeitung von Einzelfehlstellen

Durch Aufschweißen oder Aufkleben von Polymerbitumenbahnen, die ein- oder mehrlagig verlegt werden, können einzelne Fehlstellen beseitigt werden.

Abb. III.12.19: Entfernung von Schmutzablagerungen als vorbereitende Maßnahme für eine Erneuerung der Flachdachabdichtung

Einlagiges Überarbeiten der Dachabdichtung

Eine Verlängerung der Funktionsdauer einer funktionsfähigen Dachabdichtung kann durch Aufbringen einer weiteren Lage, z. B. einer beschieferten Polymerbitumenbahn, erreicht werden. Ein vollflächiges Aufkleben ist nur möglich, wenn nicht mit Feuchte in der vorhandenen Dachabdichtung gerechnet werden muss.

Erneuerung der Dachabdichtung

Ist im Gegensatz zu den darunterliegenden Schichten nur die Dachabdichtung nicht mehr funktionsfähig, aber ein ausreichendes Gefälle zur Ableitung des Niederschlagswassers vorhanden, kann die Dachabdichtung nach einer entsprechenden Vorbereitung, wenn sie sich im neuen Schichtenaufbau nicht schädigend auswirken kann, erneuert werden.

Maßnahmen unter Beibehaltung vorhandener Dachabdichtungen

Bestehende Dachabdichtungen müssen für die Verlegung einer neuen Dachabdichtung mit oder ohne Zusatzdämmung geeignet sein.

Dazu können entsprechende Voruntersuchungen notwendig werden, wie

- Überprüfen der Weiterverwendbarkeit vorhandener Dachschichten,
- Untersuchung der Verträglichkeit zwischen den vorhandenen und neu aufzubringenden Schichten,
- Ermittlung des Zustands und der Tragfähigkeit der vorhandenen Dachunterkonstruktion, insbesondere wenn die Dachlast erhöht werden soll,
- Überprüfung des vorhandenen Dachaufbaus nach EnEV,
- Überprüfung des Wärmeschutzes der bauphysikalischen Eigenschaften des neuen Dachaufbaus,
- Prüfung der Gefälle- und Entwässerungssituation sowie Prüfung der Funktionstüchtigkeit von An- und Abschlüssen (auch hinsichtlich weiterer Eignung).

Vorbereitend sind Schmutzablagerungen zu entfernen, die Dachfläche ist zu reinigen, vorhandene Wellen, Blasen und Falten sind aufzuschneiden und abzustoßen, Fehlstellen können ausgeglichen werden und größere Risse sind mit Schleppstreifen abzudecken.

Der Zustand des Untergrunds oder die anzuwendende Klebetechnik können einen Voranstrich oder eine Grundierung erforderlich machen. Neue und vorhandene Dachschichten müssen untereinander und mit der Tragkonstruktion positionsstabil und lagesicher verbunden werden.

Oberflächenschutz

Ein Oberflächenschutz dient vor allem dazu, die Dachhaut vor Witterungseinflüssen und mechanischen Beanspruchungen zu schützen. Die Art des Oberflächenschutzes ist von der Dachneigung, den statistischen Erfordernissen und der Nutzung abhängig.

Es wird zwischen leichtem und schwerem Oberflächenschutz und Nutzschichten unterschieden.

Ein leichter Oberflächenschutz besteht aus einer fabrikmäßig aufgebrachten Bestreuung, z. B. aus Schiefer oder Granulat, auf der Oberlage und ist bei allen Dachneigungen verwendbar.

Ein schwerer Oberflächenschutz besteht aus einer Kiesschüttung aus gewaschenem Kies, meist 16 bis 32 mm Korngröße mit einer Einbaudicke von mindestens 5 cm, der gleichmäßig dick aufgebracht wird. Bei Dachneigungen über 3° können Zusatzmaßnahmen gegen Abrutschen erforderlich werden.

Als Nutzschichten werden die Oberflächen begeh- und befahrbarer Flachdächer bezeichnet, die überwiegend aus Platten und/oder Fliesen, Betonbelägen oder Belägen aus Gussasphalt bestehen. Im Bereich von Dachterrassen, vor allem im privaten Wohnungsbau, werden auch Holzroste angeboten.

III.12.3.4 Maßnahmen im Bereich der Entwässerung

Kommt es auf einem Flachdach zur Pfützenbildung, weist dies meist auf ein unzureichendes bzw. falsches Gefälle bzw. eine unzureichende Anzahl von Dachabläufen hin.

Je nach den vorhandenen äußeren Umständen (vorhandene Höhe bzw. Erhöhungsmöglichkeit der Attika, Statik bzw. Lastannahme) kann das notwendige Gefälle bzw. die Schaffung zusätzlicher notwendiger Dachabläufe nur erreicht werden, indem entweder der vorhandene Aufbau ausgetauscht und erneuert oder über ihm eine neue Schicht aufgebracht wird, die das notwendige Gefälle – eventuell auch zusätzliche Dämmung – gewährleistet.

Eine Kontrolle und, falls notwendig, anschließende brandschutztechnische Ertüchtigung von Dacheinläufen sollte im Zuge solcher Arbeiten immer in Betracht gezogen werden, da die im Altbaubestand vorhandenen Einbauten oftmals nicht mehr den heutigen brandschutztechnischen Anforderungen genügen.

Schadensbehebung von Korrosionsschäden bei bitumengedeckten Dächern

Zur Schadensbehebung bei Korrosionsschäden an Dachrinnen und Regenfallrohren bitumengedeckter Dächer müssen die bestehenden Metalleinfassungen, -anschlüsse, -rinnen und -rohre durch bitumenkorrosionsfeste Teile (z. B. Kupfer oder V2A-Stahl) (s. Kap. V.5) ausgetauscht oder durch Bitumen- und Kunststofflacke (s. Kap. V.12) dauerhaft gegen Korrosion geschützt werden.

Verhindern von Einfrierungen durch Dachrinnen- bzw. Fallrohrheizungen

Dachrinnen- bzw. Fallrohrheizungen ermöglichen Schmelzwasser einen sicheren Abfluss. Sie gewinnen vor allem bei einer innen liegenden Entwässerung an Bedeutung, da sie ein Stauen des Wassers und somit die Gefahr eines Wassereintrags in die Dachkonstruktion bzw. das Gebäudeinnere verhindern bzw. vermindern.

Bei Dachrinnen- bzw. Fallrohrheizungen handelt es sich um Direktheizungen. Dabei wird prinzipiell zwischen Heizleitungen mit temperaturabhängiger Energieabgabe und sogenannten Begleitheizungen unterschieden. Die Entscheidung über die Anwendung der Systeme sollte Fachkundigen überlassen werden.

Maßnahmen zur Verhinderung von Verstopfungen und Überläufen

Um Verstopfungen durch Laub, Vogelnester oder andere Gegenstände zu vermeiden, kann nachträglich ein sogenanntes Laubfanggitter in die Dachrinne eingebracht werden. Ebenfalls empfehlenswert sind regelmäßige Wartungs- und Pflegearbeiten. Verschmutzungen und daraus entstehende Verstopfungen können so verhindert werden.

III.12.3.5 Maßnahmen bei Schadstoffbelastungen

PAK

Sind PAK-haltige Baustoffe vorhanden, bedeutet das nicht zwangsläufig, dass eine Gesundheitsgefahr besteht. Es ist im Einzelfall zu prüfen, wie das teerhaltige Material verbaut wurde und ob mit einer relevanten Schadstoffemission zu rechnen ist. Die Gefährdungsbeurteilung sowie die Feststellung, ob Sanierungsmaßnahmen getroffen werden müssen, sollten ausschließlich durch einen Sachverständigen erfolgen.

Sanierungsarbeiten an PAK-belasteten Materialien werden durch die Gefahrstoffverordnung (GefStoffV) geregelt sowie insbesondere durch die Technischen Regeln für Gefahrstoffe TRGS 551 „Teer und andere Pyrolyseprodukte aus organischem Material", TRGS 524 „Sanierung und Arbeiten in kontaminierten Bereichen" und die „Verordnung über Sicherheit und Gesundheitsschutz auf Baustellen" (Baustellenverordnung).

Lindan, PCP, DDT

Eine Sanierung biozidbehandelter Holzbauteile fällt je nach Situation und Konzentration unterschiedlich aus. Gemäß dem Vorsorgeprinzip sollten jedoch identifizierte Expositionsquellen prinzipiell beseitigt werden (s. Kap. V.4.3). Die Entfernung belasteter Hölzer erfolgt unter Beachtung der Entsorgungsvorschriften (z. B. „Gesetz zur Förderung und Sicherung der umweltverträglichen Beseitigung von Abfällen [Kreislaufwirtschafts- und Abfallgesetz]", PCP-Richtlinie).

KMF

Der Umgang mit alten Mineralwolle-Produkten ist nur noch im Zuge von Abbruch-, Sanierungs-, Instandhaltungs- und Instandsetzungsarbeiten zulässig. Für diese Arbeiten gilt die Technische Regel für Gefahrstoffe TRGS 521 „Abbruch-, Sanierungs- und Instandhaltungsarbeiten mit alter Mineralwolle". Derzeit besteht für alte KMF-Produkte jedoch keine Sanierungspflicht.

Neue KMF gelten als nicht krebserzeugend. Bei Sanierungsarbeiten sind daher lediglich die üblichen Mindestschutzmaßnahmen anzuwenden.

III.12.3.6 Belichtung

Der Austausch beschädigter Teile, wie Verglasungen oder Rahmen, kann jederzeit erfolgen. Die Instandsetzung von Undichtheiten in Anschlussbereichen gehört zu den typischen Reparaturen.

Die Dachbelichtung eines Daches mit Abdichtung wird, wenn keine Schäden wie z. B. Undichtheiten im Anschlussbereich vorhanden sind, meist im Zuge einer Flachdachmodernisierung ausgetauscht. Spezielle Sanierungssysteme für Lichtkuppeln werden in verschiedenen Größen angeboten.

Rauch- und Wärmeabzugsanlagen (RWA)

Rauch- und Wärmeabzugsanlagen (RWA) müssen regelmäßig einer Wartung unterzogen werden, um sicherzustellen, dass sie im Notfall, d. h. im Brandfall, auch funktionieren. Dabei sollte das komplette Brandmeldesystem überprüft und Schäden unmittelbar behoben werden.

Abb. III.12.20: Pfützenbildung auf einem Flachdach deutet auf eine unzureichende Flachdachentwässerung hin.

Abb. III.12.21: Aufsattelung auf ein bestehendes Gebäude zur Erweiterung des benötigten Wohn- bzw. Büroraumes

III.12.3.7 Aufsattelung

Im Allgemeinen wird das Aufsetzen eines neuen Gebäudeteils als Aufsattelung bezeichnet.

Im Gegensatz zum Steildach (s. Kap. III.11), bei dem auch eine Aufstockung möglich ist, besteht bei Flachdächern aufgrund der Lastreserven der bestehenden Konstruktion meist nur die Möglichkeit einer Aufsattelung in Form der Errichtung eines geneigten Daches.

Im speziellen Fall einer Flachdachaufsattelung kann diese auf dem Wunsch nach einem geneigten Dach beruhen oder auf dem Wunsch nach zusätzlichem Wohnraum, ohne weitere Teile des Grundstücks zu überbauen, was oft nicht erlaubt ist.

Somit wird die Aufsattelung insbesondere bei beschädigten Flachdächern zu einer preiswerten Lösung, im Zuge einer Modernisierung zusätzlichen Wohnraum zu schaffen. Insbesondere in den 60er- und 70er-Jahren entstanden ganze Siedlungen frei stehender Einfamilien- oder Reihenhäuser mit flachen Dächern. Vor allem Reihenhausgrundrisse entsprechen nicht mehr den heutigen Anforderungen an großzügige Wohnräume und lassen sich meist nur durch eine Aufsattelung vergrößern.

Die gültigen Vorschriften der Landesbauordnungen und etwaiger Bebauungspläne sowie das Einverständnis der/des Nachbarn sollten bei einer solchen Idee jedoch frühzeitig berücksichtigt werden.

Eine Aufsattelung bei Gebäuden mit größerer Grundfläche ermöglicht häufig die Errichtung eines sogenannten Staffelgeschosses. Insbesondere im innerstädtischen Bereich bieten solche Maßnahmen oft die Möglichkeit, ein bestehendes Gebäude sogar um bis zu 2 Geschosse zu erhöhen, was oft zu den äußerst beliebten Penthäusern inklusive Maisonettecharakter über den Dächern der Stadt führt, ohne Grundstücksfläche in Anspruch zu nehmen.

III.13 Abgasanlagen und Schächte

Autoren: Dipl.-Ing. Janet Simon;
Dipl.-Ing. Tania Brinkmann,
Architektin

III.13.1 Abgasanlagen

Während ursprünglich das Feuer offen im Raum einer Behausung brannte, wurde durch die nach oben offenen Kamine eine Abzugsmöglichkeit für den entstehenden Rauch geschaffen. Diese Anfänge der Schornsteintechnik ermöglichten einen halbwegs erträglichen Aufenthalt in beheizten Räumen. Die Entwicklung der Schornsteine ist deshalb eng im Zusammenhang mit der Entwicklung der Heiztechnik zu sehen.

III.13.1.1 Allgemeines

Abgassysteme sind so aufeinander abzustimmen, dass Belästigungen oder Gefahren nicht entstehen können. Eine Abgasanlage dient dazu, gefährliche Schadstoffkomponenten aus Heizungsanlagen sicher über das Dach ins Freie abzuleiten. Durch die bei der Verbrennung zugeführte Wärme haben Abgase eine höhere Temperatur als die Außenluft. Dadurch entsteht in der Abgasanlage eine Auftriebskraft, die den Transport der Abgase bewirkt.

Für feuchteunempfindliche Abgasanlagen (Abgastemperaturbereich von ca. 30 bis ca. 100 °C) darf die Abgastemperatur an der Mündung auch unter der Wassertaupunkttemperatur liegen. Bei Abführung von Abgasen mit extrem niedrigen Temperaturen müssen jedoch zusätzliche Anforderungen erfüllt werden. Hierzu gehören z. B. die Möglichkeit der Kondensatableitung am Schornsteinfuß, die zusätzliche Abdichtung im Bereich der Schornsteinreinigungsverschlüsse sowie die Anordnung einer zusätzlichen Wärmedämmung in nicht beheizten Räumen und über Dach.

Der Querschnitt der Abgasanlage ist so zu bemessen, dass eine ordnungsgemäße Ableitung der Abgase ins Freie stattfinden kann.

Der gesamte Querschnittsbereich kann in 3 Abschnitte eingeteilt werden:

- der Bereich überdimensionierter Querschnitte, in dem meist noch ein ausreichender Schornsteinzug gegeben ist, aber Probleme durch zu starke Abkühlung der Abgase entstehen,
- der Unterdruck-Auslegungsbereich, in dem einwandfreie Zugverhältnisse und ausreichende Temperaturen erreicht werden, und
- der Überdruck-Auslegungsbereich, der aus Sicherheitsgründen wegen der Gefahr des Austretens von Abgasen nur mit speziell konstruierten Abgasanlagen möglich ist.

Wegen der hohen Abgastemperaturen kam es an den bis in die 1960er-Jahre üblichen einschaligen Schornsteinen kaum zu Schäden.

Die Einführung von Öl- und Gasfeuerung führte aufgrund niedrigerer Abgastemperaturen und geringerer Abgasmassenströme zu Kondensat- und Säureanfall, was wiederum Schornsteinschäden in Form von Durchfeuchtungen und Versottungen hervorrief.

Bei Brennwertkesseln können trotz Wärmedämmung Abgastemperaturen unterhalb des Wasserdampftaupunktes und somit Kondensatanfall im Schornstein nicht ausgeschlossen werden.

Auf dem Weg von der Feuerstätte über das Verbindungsstück und den Schornstein kühlen die Abgase ab. Wärmeverluste der Abgase im Schornstein hängen im Wesentlichen von der Wärmedämmung des Schornsteins, der Schornsteinhöhe, der inneren Schornsteinoberfläche und der Strömungsgeschwindigkeit des Abgases ab.

Vorschriften und Regeln

Abgasanlagen sind nach DIN 18160-1 „Abgasanlagen – Teil 1: Planung und Ausführung" zu planen und herzustellen. Darüber hinaus sind Einrichtungen für Schornsteinfegerarbeiten vorzusehen, die der DIN 18160-5 „Abgasanlagen – Teil 5: Einrichtungen für Schornsteinfegerarbeiten; Anforderungen, Planung und Ausführung" zu entsprechen haben.

Nach der Muster-Feuerungsverordnung werden für die Ableitung von Abgasen Schornsteine und Abgasleitungen unterschieden: Abgase von Feuerstätten, die mit festen Brennstoffen betrieben werden, dürfen nur in rußbrandbeständigen Schornsteinen abgeführt werden. Abgase von Feuerstätten, die mit flüssigen und gasförmigen Brennstoffen betrieben werden, dürfen auch über Abgasleitungen abgeführt werden.

Bei der Planung und Ausführung der Abgasanlage muss durch entsprechende Dimensionierung der Anlage sowie eine exakte Abstimmung auf die Gegebenheiten des Wärmeerzeugers sichergestellt werden, dass der notwendige Auftrieb zur Abführung des anfallenden Abgasmassenstromes erreicht wird.

Um einen sicheren Betrieb der Feuerstätte und die einwandfreie Ableitung der Abgase ins Freie zu gewähren, ist eine ausreichende Zufuhr von Verbrennungsluft Voraussetzung.

Nach DIN 18160-1 müssen Oberflächen von Abgasanlagen und von Schächten der Abgasleitungen, soweit sie ans Freie grenzen, aus witterungs- und frostbeständigen Baustoffen hergestellt sein oder gegen das Eindringen von Niederschlagswasser geschützt werden (z. B. durch Außenputz nach DIN 18550 „Putz und Putzsysteme – Ausführung" oder Bekleidung).

Bauphysikalische und bautechnische Anforderungen

Brandschutz

Abgasanlagen sind so auszubilden, dass sie eine Feuerwiderstandsdauer von mindestens 90 Minuten haben, bei Wohngebäuden geringer Höhe genügt eine Feuerwiderstandsdauer von mindestens 30 Minuten.

Bauteile aus brennbaren Baustoffen ohne Schutz gegen Wärmestrahlung müssen einen Abstand von mindestens 40 cm zu Reinigungsöffnungen halten, mit einem Schutz gegen Wärmestrahlung genügt ein Abstand von mindestens 20 cm.

Abb. III.13.01: Deckendurchgang eines Schornsteins durch eine Holzbalkendecke

Abb. III.13.02: Schornsteinkopf eines bestehenden Gebäudes

Bestehen Fußböden aus brennbaren Materialien, so sind sie unter Reinigungsöffnungen durch nicht brennbare Baustoffe zu schützen.

An brennbare Bauteile angrenzende Abgasanlagen müssen einen Mindestabstand von 2 cm einhalten. Grenzen Abgasanlagen großflächig an Bauteile aus brennbaren Baustoffen, so ist ein Abstand von mindestens 5 cm vorzusehen (DIN 18160-1).

Lage und Anordnung

Abgasanlagen (Schornsteine und Abgasleitungen) über Dach sind nach DIN 18160-1 und der Muster-Feuerungsverordnung herzustellen.

Abgasanlagen sollten in und an Gebäuden aus bau- und funktionstechnischen Gründen so angeordnet werden, dass die Mündung in der Nähe der höchsten Dachkante liegt. Somit ist der über dem Dach frei stehende Teil der Abgasanlage relativ kurz und bietet den Windkräften und der Witterung weniger Angriffsfläche: Der Aufwand für den Witterungsschutz des Kopfes und für die Gewährleistung der Standsicherheit kann somit gering gehalten werden. Abgasanlagen sollten möglichst ohne Schrägführung mit einem den Vorschriften entsprechenden Abstand an den Dachsparren vorbeigeführt werden.

Die Mündung der Abgasanlage muss den First um mindestens 40 cm überragen oder mindestens 1 m von der Dachfläche entfernt sein (bei Feuerstätten, die mit festen Brennstoffen betrieben werden, oder für Gebäude mit weicher Deckung ist der First um mindestens 80 cm zu überragen). Darüber hinaus müssen Raumöffnungen um mindestens 1 m überragt werden.

Nach DIN 18160-1 soll die Höhe zwischen Abgaseinführung und der Mündung (wirksame Höhe) mindestens 4 m betragen. Für gemeinsame Abgasanlagen, die die Abgase aus Heizanlagen für feste oder flüssige Brennstoffe abführen, beträgt die wirksame Höhe mindestens 5 m.

Konstruktionsmerkmale

Schornsteine müssen standsicher sein und gegenüber anderen Bauteilen etwa 2 bis 3 cm breite Fugen haben, die mit einem nicht brennbaren Dämmstoff auszufüllen sind.

Darüber hinaus sind sie so auszubilden, dass sie widerstandsfähig gegen Kehrbeanspruchungen des Schornsteinfegers sind.

Jeder Schornstein muss an seiner Sohle eine Reinigungsöffnung haben, diese muss mindestens 20 cm tiefer als der unterste Feuerstättenanschluss liegen. Damit diese für den Schornsteinfeger gut zugänglich ist, empfiehlt es sich, die Reinigungsöffnung gegenüber dem Rauchrohranschluss um 90° versetzt anzuordnen oder einen entsprechenden Abstand zwischen Feuerstätte und Schornstein vorzusehen.

Schornsteine müssen rauchgasdicht sein, d. h., Abgase dürfen, auch bei mit Überdruck betriebenen Schornsteinen, nicht durch die Schornsteinwangen austreten.

Darüber hinaus müssen Schornsteine, insbesondere bei den heutigen mit Öl oder Gas betriebenen Feuerstätten üblichen niedrigen Abgastemperaturen, feuchte- und säurebeständig sein. Geeignet sind für diese Anforderungen Innenrohre aus Schamotte, Keramik, Glas oder nicht rostendem Stahl.

Der Schornsteinkopf muss standsicher sein und durch geeignete Maßnahmen gegen Witterungseinflüsse geschützt werden, z. B. durch eine Bekleidung, die gleichzeitig Regenwasser fern hält und diffusionsdurchlässig ist. Aus dem Schornstein diffundierender Wasserdampf kann so nach außen abströmen und kondensiert nicht an der kalten Innenseite der Bekleidung. Andere Maßnahmen sind die Ummauerung mit Vormauerziegeln, die, um Rissen und Durchfeuchtungen vorzubeugen, nach den Anforderungen an Sichtmauerwerk verarbeitet werden, oder eine örtlich hergestellte, auf einer direkt am Schornstein befestigten Unterkonstruktion aufgebrachte Bekleidung. Bei Verwendung von brennbaren Materialien für die Unterkonstruktion ist diese dicht abzudecken, um auszuschließen, dass die in der Unterkonstruktion verwendeten brennbaren Baustoffe durch Funkenflug entzündet werden.

Als Abgasanlagen kommen, je nach Anforderungen, Schornsteine, Abgasleitungen oder Luft-Abgas-Systeme zum Einsatz.

Schornsteine

Schornsteine sind Abgasanlagen, die rußbeständig sind. Feuerstätten für feste Brennstoffe müssen an Schornsteine angeschlossen werden, da bei deren Verbrennung Ruß entstehen kann.

Neben den Feuerstätten für feste Brennstoffe können an einen Schornstein auch Feuerstätten für gasförmige oder flüssige Brennstoffe angeschlossen werden.

Schornsteine gibt es als einschalige, zweischalige und als mehrschalige Konstruktionen.

Bei der Errichtung sind vielfältige bauphysikalische Gesetzmäßigkeiten zu beachten, die aus der Wärme- und Feuchtebeanspruchung der Baustoffe durch die Abgase resultieren.

Schornsteinwangen dürfen durch Decken, Unterzüge und andere Bauteile nicht unterbrochen werden.

Aussparungen für den Deckendurchgang des Schornsteins sind umlaufend ca. 2 bis 3 cm größer als das Schornsteinaußenmaß herzustellen. Der dadurch verbleibende Spalt ist mit Mineralfaserdämmung oder einem ähnlichen, nicht brennbaren Dämmstoff dicht auszufüllen.

Wird der Schornstein vor dem Betonieren der Decke errichtet, ist am Schornstein im Deckenbereich umlaufend eine ausreichend dicke Mineralfaserplatte anzubringen, damit die Decke nicht bis an den Schornstein herangeführt und der Schornstein nicht eingespannt wird.

Schornsteine werden unterschieden in ein-, zwei- und mehrschalige Schornsteine. Einschalige Schornsteine kommen aufgrund ihrer schlechten Wärmedämmung meist nur noch im Baubestand als gemauerte Schornsteine oder aus Formstücken hergestellte Schornsteine vor.

Ölfeuerungsanlagen erfordern neben der Stand- und Brandsicherheit die Säurebeständigkeit. Die heutzutage noch zugelassenen zweischaligen Schornsteine wurden in der Vergangenheit vermehrt eingesetzt.

Beim zweischichtigen Schornstein erfüllt das Innenrohr aus Schamotte die Anforderungen hinsichtlich der Säurebeständigkeit, der Außenmantel die Forderung der Standsicherheit und beide Bauteile gemeinsam bewirken den Brandschutz.

Für moderne, energiesparende Feuerstätten sind zweischalige Schornsteine praktisch überholt.

Mehrschalige Schornsteine können so ausgeführt werden, dass sie den jeweiligen Anforderungen der Heizanlage entsprechen, wie z. B. Hitzebeständigkeit, Feuchteunempfindlichkeit und Säurebeständigkeit.

Mehrschalige Schornsteine bestehen aus einer Außenschale (aus Formstücken oder gemauert), einer Dämmschicht (erforderlicher Wärmedurchlasswiderstand je nach Taupunkttemperatur der Abgase) und einer Innenschale (beispielsweise aus nicht rostendem Stahl, Leichtbeton, Keramik oder Glas).

Bei neueren Heizanlagen mit niedrigen Abgastemperaturen ist eine ausreichende Wärmedämmung wichtig, um einen ausreichenden Auftrieb der Abgase zu gewährleisten.

Abgasleitungen

Abgasleitungen sind Abgasanlagen, die nicht rußbeständig sein müssen. Sie können aus Keramik, nicht rostendem Stahl, Glas, Aluminium oder Kunststoff bestehen.

An eine nicht rußbrandbeständige Abgasleitung dürfen nur Feuerstätten für gasförmige oder flüssige Brennstoffe angeschlossen werden, da bei dem Betrieb dieser Feuerstätten meist kein Ruß anfällt.

Die Unterschreitung der Taupunkttemperatur der Abgase, insbesondere bei Niedertemperatur- und Brennwertkesseln, erfordert feuchteunempfindliche Abgasanlagen. Neben dreischaligen, feuchteunempfindlichen Systemen kommen dafür Abgasleitungen in Frage, die unempfindlich gegen Kondensat sind.

Abgasanlagen, die Abgase mit sehr niedrigen Abgastemperaturen abführen, sind aufgrund des fehlenden Auftriebes mit Überdruck zu betreiben. Dies ist insbesondere bei Abgasanlagen, die Abgase von Brennwertheizgeräten ableiten, der Fall. Meist werden die Abgase hier mittels Gebläseunterstützung abgeleitet.

Brandschutztechnisch müssen Abgasleitungen, die mehrere Geschosse überbrücken, in einem eigenen Schacht verlegt werden.

Die Schächte sind so auszubilden, dass sie eine Feuerwiderstandsdauer von mindestens 90 Minuten haben. Bei Wohngebäuden geringer Höhe genügt eine Feuerwiderstandsdauer von mindestens 30 Minuten.

Luft-Abgas-Systeme

Luft-Abgas-Systeme (Abgasanlage mit nebeneinander- oder ineinanderangeordnetem Schacht) ermöglichen eine Zuluft- und Abgasführung für mehrere Geschosse in einem Schacht. Dabei können eine oder mehrere Feuerstätten angeschlossen werden.

Das Luft-Abgas-System führt der Feuerstätte Verbrennungsluft über den Luftschacht zu und die Abgase über den Abgasschacht oberhalb der Zuluftöffnung (meist über das Dach) ins Freie ab, sodass sich Zuluft und die Abgase nicht mischen können. Je nach angeschlossener Feuerstätte muss das Luft-Abgas-System rußbrandbeständig (Festbrennstoff) oder nicht rußbrandbeständig (Öl, Gas) ausgeführt werden.

III.13.1.2 Typische Mängel und Schäden

Mängel und Schäden an der Abgasanlage beeinträchtigen meist nicht nur die Optik, sondern auch die Funktion und Betriebssicherheit der Anlage. Werden die einzelnen Komponenten einer Feuerungsanlage (z. B. Kessel, Verbindungsstück, Schornstein) nicht optimal aufeinander abgestimmt oder wird die Anlage nicht regelmäßig gewartet, können Betriebsstörungen an der Feuerungsanlage wie z. B. unvollständige Verbrennung und Verrußen der Feuerstätte und des Schornsteins mit der Gefahr eines unkontrollierten Rußbrandes die Folge sein. Darüber hinaus kann das dazu führen, dass die Bewohner des Hauses durch Abgasaustritt aus der Feuerstätte gefährdet werden oder der Schornstein als Folge von Durchfeuchtung oder Versottung zerstört wird.

Verrußen

Werden Schornsteine nicht ordnungsgemäß und in regelmäßigen Abständen gefegt, kann es zur Verrußung kommen. Hierbei besteht die Gefahr, dass ein ungewollter Rußbrand im Schornstein entsteht. Darüber hinaus kann das zur Verhärtung des Rußes an der Schornsteininnenwand führen.

Rußbrand

Grundsätzlich ist zwischen gewolltem und ungewolltem Kamin- bzw. Rußbrand zu unterscheiden: Gewollte Kamin- und Rußbrände entstehen beim Ausbrennen von Feuerungsanlagen durch den Kaminfeger zur Beseitigung von Glanzrußansätzen.

Ungewollte Kamin- und Rußbrände sind die Folge selbstständiger Entzündung des Rußes in Feuerungsanlagen. Bei Rußbränden ist die Schadensgefahr (Feuerübergriff auf das Gebäude) besonders groß.

Abgasaustritt

Undichte Verbindungen an und in der Abgasanlage und/oder veränderte Druckverhältnisse in der Abgasanlage oder der Heizanlage können zum Abgasaustritt in Aufenthaltsräume oder in den Aufstellraum der Feuerstätte führen.

Treten Abgase in Aufenthaltsräume aus, kann dies zu Gesundheitsschäden führen.

Bei Austritt der Abgase in den Aufstellraum der Feuerungsanlage kommt es zur Vermischung der Abgase mit der Verbrennungsluft. Mit höherer Abgaskonzentration verringert sich die Sauerstoffkonzentration. Das Brennverhalten verändert sich und ein einwandfreier Abzug der Abgase ist nicht mehr gewährleistet.

Versottung

Je nach Wasserdampfgehalt der Rauchgase kann es insbesondere in den Kaltbereichen im ungenutzten Dachboden oder über der Dachfläche zu Unterschreitungen der Taupunkttemperatur der Abgase kommen. Feuchteanfall (Kondensation) ist die Folge. Wasser und aggressive Abgasrückstände schlagen sich an den Schornstein-Innenwandungen nieder und können eine Durchfeuchtung der Konstruktion bewirken.

Schadstoffe

Schadstoffbelastungen von Abgasanlagen gehen vorwiegend von versotteten Schornsteinwänden und asbesthaltigen Baustoffen aus.

Schwefeloxide (SO_x)

Die im Gebäudebestand häufig vorhandenen gemauerten Schornsteine genügen den heutigen bauphysikalischen Anforderungen an Wärmeschutz, Feuchtigkeitsunempfindlichkeit und Säurebeständigkeit in den meisten Fällen nicht mehr. Im Rahmen von Modernisierungsmaßnahmen werden üblicherweise auch die Heizungsanlagen erneuert, wobei alte Heizkessel durch Niedertemperatur- oder Brennwertkessel ersetzt werden. Die niedrigen Abgastemperaturen der modernen Feuerungsanlagen können jedoch in den alten Schornsteinen zu Bauschäden durch das Entstehen aggressiver Säuren führen.

Bei einem überdimensionierten Schornsteinquerschnitt kühlt der Abgasstrom auf dem Weg nach außen derartig stark ab, dass die darin vorhandene Feuchtigkeit an den Umgebungsflächen (Innenwände des Schornsteins) kondensiert. Die in Abgasen enthaltenen Schwefeloxide (SO_x) bilden zusammen mit dem kondensierten Wasser zum Teil starke Säuren. Aus Schwefeldioxid (SO_2) entsteht so Schweflige Säure (H_2SO_3), aus Schwefeltrioxid (SO_3) die stark ätzend wirkende Schwefelsäure (H_2SO_4). In der Folge wird das Mauerwerk des Schornsteins, eventuell auch in den Schornstein einführende Abgasrohre, durch Säureeinwirkungen beschädigt (s. „Versottung").

Abgase enthalten üblicherweise relevante Luftschadstoffe wie z. B. Kohlenstoffdioxid (CO_2), Kohlenstoffmonoxid (CO), Schwefeloxide (SO_x) und Stickstoffoxide (NO_x). Um den Schadstoffausstoß allgemeingültig zu begrenzen, wurde z. B. in Deutschland das „Gesetz zum Schutz vor schädlichen Umwelteinwirkungen durch Luftverunreinigungen, Geräusche, Erschütterungen und ähnliche Vorgänge" (Bundes-Immissionsschutzgesetz – BImSchG) erlassen, das mit den entsprechenden Durchführungsverordnungen sowie der Ersten Allgemeinen Verwaltungsvorschrift zum Bundes-Immissionsschutzgesetz „Technische Anleitung zur Reinhaltung der Luft" (TA Luft) die zulässigen Emissionen regelt. Undichte Verbindungen an bzw. in der Abgasanlage können dazu führen, dass gesundheitsschädliche Abgase in die umgebenden Räume entweichen (s. „Abgasaustritt"). Im Innenraum sind Undichtheiten oftmals an den braunen Verfärbungen an Schornsteinwänden zu erkennen. Das Entweichen der geruch- und farblosen Abgase lässt sich jedoch nur über entsprechende Messungen nachweisen. Üblicherweise werden diese vom zuständigen Schornsteinfeger im Rahmen seiner Routineuntersuchung durchgeführt.

Asbest

Asbest ist eine Gruppenbezeichnung für verfilzte, faserartige Mineralien. Da Asbest unbrennbar und chemisch sehr resistent ist, wurde es in der Vergangenheit als Baumaterial vor allem im Brandschutz verwendet. Der Schmelzpunkt der verschiedenen Asbestarten liegt in etwa zwischen 1100 und 1500 °C. Asbest wird in die Hauptgruppen der Serpentinasbeste (z. B. Chrysotilasbest, auch als „Weißasbest" bekannt) und Amphibolasbeste (z. B. Krokydolith, auch „Blauasbest" genannt) unterschieden. Weiterhin lässt sich Asbest in fest gebundene (Dichte > 1400 kg/m^3) und schwach gebundene (Dichte < 1000 kg/m^3) Asbestprodukte differenzieren.

Asbest besteht nicht aus kompakten Kristallen, wie fast alle Mineralien, sondern aus winzigen, parallel zueinander liegenden Mikrofasern, die weniger als ein tausendstel Millimeter dünn (< 1 μm) und bis zu mehrere Zentimeter lang sind. Die größte Gefahr ergibt sich durch die Fähigkeit von Asbest, sich längs in immer dünnere Fasern zu spalten, was das Material in gesundheitlicher Hinsicht so kritisch macht. Durch die Kleinfaserigkeit besteht die Möglichkeit, dass die Fasern in Lunge, Bronchien und Rippenfell eindringen und sich dort über Jahrzehnte halten. Eine kritische Faserkonzentration kann Asbestose und Lungenkrebs erzeugen.

Die Einstufung von Asbest erfolgt nach der Gefahrstoffverordnung (GefStoffV) in die Kategorie der krebserzeugenden, erbgutverändernden und fruchtbarkeitsgefährdenden Gefahrstoffe. In

Deutschland wurde Asbest 1994 auf Grundlage der Chemikalien-Verbotsverordnung (ChemVerbotsV) bis auf wenige Ausnahmen endgültig verboten.

Bis in die 1980er-Jahre wurden in Verbindung mit der Erstellung von Abgassystemen asbesthaltige Bauteile wie z. B. Asbestplatten und -pappen sowie Dämmstoffe, die Asbestfasern enthalten, verwendet. Diese Baustoffe wurden insbesondere als Abdichtung zwischen dem Schornstein und den Verbindungsstücken zur Feuerungsanlage sowie in Form von flexiblen Stopfmassen zur Abdichtung von Wanddurchbrüchen durch die feuerbeständige Heizraumdecke verwendet. Als brandschutztechnische Maßnahme wurden zudem asbesthaltige Platten oder Pappen vor gefährdeten Holzbauteilen angebracht.

III.13.1.3 Maßnahmen

Schäden an der Abgasanlage beeinträchtigen meist nicht nur die Optik, sondern auch die Funktion und Betriebssicherheit der Anlage.

Regelmäßige Wartung und Prüfung der Anlage kann Mängel und Schäden vorbeugen und verhindern.

Die regelmäßige Prüfung und Wartung der Abgasanlage ist Voraussetzung für die störungsfreie Funktion einer Feuerungsanlage. Darüber hinaus sind bereits entstandene Mängel und Schäden zeitnah zu beseitigen.

Maßnahmen bei Verrußen

Verhärteter Ruß kann oft nur durch kontrollierten Rußbrand (auch Ausbrand genannt) entfernt werden. Um zu vermeiden, dass der Schornstein verrußt, ist dieser ordnungsgemäß in regelmäßigen Abständen zu fegen.

Maßnahmen bei Rußbrand

Um das Risiko eines ungewollten Rußbrandes zu senken, bedarf es der regelmäßigen Prüfung und Wartung der Abgasanlage sowie des regelmäßigen Entfernens des Rußes aus der Anlage.

Maßnahmen bei Schadstoffbelastungen

Schwefeloxide (SO_x)

Grundsätzlich ist beim Austausch von alten Heizkesseln gegen moderne Niedertemperatur- oder Brennwertkessel wie auch bei der Umstellung von festen auf flüssige Brennstoffe oder Gas eine umfängliche Sanierung des alten Schornsteins durchzuführen, sollen Durchfeuchtungen und Versottungen am Mauerwerk vermieden werden.

Die bestehenden Schornsteinquerschnitte sind für die heutzutage gebräuchlichen Heizsysteme meist zu groß bemessen. Durch Verkleinerung des Querschnitts oder durch Einziehen eines feuchteunempfindlichen Innenrohres kann der vorhandene Schornstein erhalten und gleichzeitig den heutigen bauphysikalischen Anforderungen angepasst werden (s. „Instandhaltung und Instandsetzungen von Schornsteinen").

Asbest

Aufgrund der gesundheitsschädlichen Wirkung von Asbestfasern bestehen für Sanierung, Abbruch und Entsorgung asbesthaltiger Baustoffe besondere Anforderungen. Der Ausbau von asbesthaltigen Dämmstoffen, Asbestplatten und -pappen darf ausschließlich von Fachunternehmen durchgeführt werden, die einen entsprechenden Sachkundenachweis nach TRGS 519 vorlegen können. Nach Abschluss der Arbeiten und bevor die Räume wieder genutzt werden, muss eine Raumluftmessung auf Asbestfasern erfolgen („Freigabemessung").

Die nach der Gefahrstoffverordnung vorgeschriebenen Schutzmaßnahmen und organisatorischen Voraussetzungen für Abbruch-, Sanierungs- oder Instandhaltungsarbeiten (ASI-Arbeiten) sowie Entsorgung sind in der Technischen Regel für Gefahrstoffe TRGS 519 „Asbest; Abbruch-, Sanierungs- oder Instandhaltungsarbeiten" zusammengefasst. Die Berufsgenossenschaften haben zudem die Arbeitsanweisung BGI 664 „Verfahren mit geringer Exposition gegenüber Asbest bei Abbruch-, Sanierungs- und Instandhaltungsarbeiten" herausgegeben, mit der sichergestellt werden soll, dass bei Abbruch- bzw. Ausbauarbeiten keine Asbestbelastung entsteht.

Abb. III.13.03: Erneuerung eines Teilstückes einer Abgasanlage durch Austausch gegen ein Rohr aus nicht rostendem Stahl

Instandhaltung und Instandsetzung von Schornsteinen

Ist bei älteren gemauerten Schornsteinen der Querschnitt aufgrund einer neuen Heizungsanlage zu verringern oder hält der Schornstein den Anforderungen, wie z. B. Gasdichtigkeit, nicht mehr in ausreichendem Maße stand, so besteht neben der vollständigen Erneuerung des Schornsteins noch die Möglichkeit der Instandsetzung bzw. Modernisierung. Hierfür gibt es verschiedene Möglichkeiten.

Alte Schornsteine, deren Querschnitt für den Einbau einer neuen Heizungsanlage zu groß ist und die durch niedrige Abgastemperaturen und Kondenswasseranfall versotten würden, werden durch Einziehen von feuchteunempfindlichen, starren oder flexiblen Innenrohren (meist aus nicht rostendem Stahl oder Schamotte) angepasst.

Zur Schornsteinabdichtung und gleichzeitigen Querschnittsverkleinerung kann das sogenannte Rüttelverfahren dienen. Dabei wird säurefester, wasserdichter Mörtel von oben in den Schornstein eingefüllt, während eine Rüttelflasche, deren Außendurchmesser dem gewünschten Schornsteininnendurchmesser entspricht, langsam nach oben gezogen wird.

III.13.2 Schächte

Luftschächte ermöglichen eine Querlüftung insbesondere dort, wo diese auf andere Art und Weise nicht erreicht werden kann. Die Raumluft steigt, ähnlich wie bei einem Schornstein, durch Dichtedifferenzen nach oben. Enthalten innen liegende Küchen oder Sanitärräume keine mechanische Abluftanlage, so sind Abluftschächte für jeden fensterlosen Raum vorgeschrieben. Die Geruchsübertragung in andere Räume muss vermieden werden.

Das Nachströmen von Zuluft wird durch Nachströmöffnungen (nicht verschließbare Luftdurchlässe), vorzugsweise in Türen eingebaut, gesichert. Solche Schachtlüftungen können mit oder ohne Ventilator ausgestattet sein.

Schachtlüftung ohne Ventilator

Schachtlüftungen ohne Ventilator (DIN 18017-1 „Lüftung von Bädern und Toilettenräumen ohne Außenfenster; Einzelschachtanlagen ohne Ventilatoren") beruhen auf dem thermischen Auftrieb und der Sogwirkung bei Wind. Dadurch wird im Schacht eine Luftströmung nach oben erzeugt, wodurch im Raum ein Unterdruck entsteht, der die Außenluft aus dem Freien ansaugt und nachströmen lässt. Geeignet ist diese Art der Schachtlüftung insbesondere für Räume, aus denen in erster Linie Wasserdampf abgeführt werden soll.

Für Küchen und WC-Räume ist diese Art der Schachtlüftung wenig empfehlenswert, da die Schachtwirkung bei Entfallen der Voraussetzungen für den Auftrieb, wie es z. B. an warmen, windstillen Tagen der Fall sein kann, nicht mehr gewährleistet ist.

In Bestandsgebäuden übliche Systeme für Einzelschachtanlagen (die sogenannte „Berliner Lüftung") und Sammelschachtanlagen saugen die Zuluft aus dem Nachbarraum an. Diese Systeme sind heutzutage nicht mehr zulässig und in den neuen Normen nicht mehr enthalten.

Bei der „Kölner Lüftung" besitzt jeder Raum einen eigenen Schacht für die Zu- und Abluft, auch ein gemeinsamer Abluftkanal für mehrere Räume ist möglich.

Schachtlüftung mit Ventilator

Die Schachtlüftung mit Ventilator (DIN 18017-3 „Lüftung von Bädern und Toilettenräumen ohne Außenfenster, mit Ventilatoren") ermöglicht eine einstellbare kontrollierte Entlüftung innen liegender Räume. Bei diesen Anlagen ist eine einstellbare, kontrollierte Entlüftung von fensterlosen Räumen möglich.

Schachtlüftungen von innen liegenden Küchen, Bädern und WC-Räumen sollten mit einem Ventilator betrieben werden. Damit kann bei allen Witterungsbedingungen der erforderliche Luftaustausch gewährleistet werden. Die Abluft wird bei diesen Anlagen meist vertikal in Schächten über das Dach oder durch die Außenwand ins Freie geleitet. Der Ventilator kann durch Betätigen eines Schalters o. Ä. gestartet werden.

Die Zuluft muss mit einem maximal 0,8-fachen Luftwechsel (auf die gesamte Wohnung bezogen) durch Undichtheiten in den Außenbauteilen in den Raum nachströmen können. Nachströmöffnungen für innen liegende Räume müssen, soweit keine anderen Zulufteinrichtungen vorhanden sind, einen freien Querschnitt von mindestens 150 cm^2 haben.

Schachtlüftungen mit Ventilator werden in Einzelentlüftungsanlagen und Zentralentlüftungsanlagen unterschieden.

Als Einzelentlüftungsanlagen werden Anlagen bezeichnet, die mit eigenem Ventilator jeweils einen Aufenthaltsbereich entlüften. Je nach Bauart besitzen diese Anlagen für jede Wohneinheit eine eigene Abluftleitung oder eine gemeinsame Abluftleitung für mehrere Wohneinheiten.

Zentralentlüftungsanlagen entlüften mit einem gemeinsamen Ventilator mehrere Wohneinheiten oder Räume. Zentralentlüftungsanlagen gibt es als Anlagen mit gemeinsam veränderlichem Gesamtvolumen, Anlagen mit unveränderlichen Volumenströmen und Anlagen mit wohnungsweise veränderlichen Volumenströmen.

Schachtlüftungen mit Ventilator sind so auszubilden, dass keine Kondensatschäden entstehen, d.h., alle Anlagenteile sollten korrosionsbeständig und leicht zu reinigen sein.

Abhängig von der Gebäudehöhe muss der Brandschutz von Schachtlüftungen den Feuerwiderstandsklassen L nach DIN 4102-6 „Brandverhalten von Baustoffen und Bauteilen; Lüftungsleitungen, Begriffe, Anforderungen und Prüfungen" entsprechen.

Für den Schallschutz zwischen fremden Wohnungen ist die DIN 4109 „Schallschutz im Hochbau" zu beachten.

Die Übertragung von Staub und Gerüchen in andere Wohnungen oder in andere Räume ist konstruktiv zu verhindern. Bei mehreren Lüftungsgeräten an einer Abluftleitung muss zu diesem Zweck eine dicht schließende Rückschlagklappe hinter jedem Anschluss an die gemeinsame Leitung vorgesehen werden.

IV Technische Anlagen

IV.1 Wasser- und Abwasseranlagen

Autorin: Dipl.-Ing. Janet Simon

IV.1.1 Wasserversorgungsanlagen

Wasserversorgungsanlagen dienen grundsätzlich dazu, Trink- und Brauchwasser in die Wohnungen und Arbeitsräume der Verbraucher zu befördern. In Bestandsbauten finden sich oftmals veraltete Systeme, die auf einen modernen Stand gebracht werden sollen. Bei allen Arbeiten an solchen Anlagen sind vielfältige technische und besonders hygienische Aspekte zu beachten.

IV.1.1.1 Anforderungen an Wasserversorgungsanlagen

Trinkwasserleitungen

Für Trinkwasserleitungen dürfen ausschließlich Rohre und Armaturen mit kreisförmigem Querschnitt und gleichmäßiger Wanddicke eingesetzt werden, die beständig gegenüber den üblicherweise im Wasser gelösten Mineralien, Metallen und Gasen sind und die den anerkannten Regeln der Technik entsprechen. Es gilt die „Verordnung über die Allgemeinen Bedingungen für die Versorgung mit Wasser" (AVBWasserV). Alle mit dem Trinkwasser in Kontakt kommenden Teile einer Wasserversorgungsanlage sind im Sinne des Lebensmittelgesetzes zu behandeln.

Bei Trinkwasserleitungen sind alle Rohre, Verbindungen, Armaturen und Zubehörteile für einen Nenndruck von 10 bar (Betriebsüberdruck) auszulegen, soweit nicht höhere Betriebsdrücke eine höhere Druckstufe erfordern. Werden in den Leitungssystemen verschiedene Werkstoffe kombiniert, ist die elektrolytische Spannungsreihe der Metalle in Fließrichtung zu beachten, ansonsten kann durch galvanische Elementbildung gelöster Ionen Lochfraß und Korrosion entstehen. In Fließrichtung darf jeweils nur das hochwertigere Material eingebaut werden.

Die Nennweite bezeichnet eine Kenngröße für zueinanderpassende Teile (z. B. Rohre, Fittings, Armaturen). Dabei gibt die Nennweite bei Gewinderohren den ungefähren lichten Durchmesser an, z. B. bedeutet die Bezeichnung DN 32 einen Innendurchmesser von 32 mm. Bei allen anderen Rohren werden der Außendurchmesser und die Wanddicke angegeben.

Rohrverbindungen

Rohrverbindungen müssen unter den im Betrieb auftretenden Wechselwirkungen dauerhaft dicht sein. Bei allen Verbindungen und Richtungsänderungen ist auf eine strömungsgünstige Leitungsführung zu achten. Hilfsstoffe für Rohrverbindungen müssen dem Lebensmittel-, Bedarfsgegenstände- und Futtermittelgesetzbuch (Lebensmittel- und Futtermittelgesetzbuch – LFGB) entsprechen, sodass sie das Trinkwasser nicht verunreinigen. Die Art der Verbindung ist dabei vom Rohrleitungswerkstoff abhängig.

Trinkwasserverordnung

Die Trinkwasserverordnung (seit 1. Januar 2003 in Kraft) und die Neuregelung der Trinkwasserverordnung (vom 1. Januar 2008) sollen sicherstellen, dass der Verbraucher Leitungswasser ohne Bedenken trinken kann. Sie legt zahlreiche Qualitätsstandards für das Leitungswasser in Deutschland fest und schreibt z. B. vor, wie hoch der Gehalt an Schwermetallen sein darf oder wie viele Krankheitskeime das Wasser höchstens enthalten darf. Die Trinkwasserverordnung regelt außerdem, wie die Wasserversorger und Gesundheitsämter diese Grenzwerte kontrollieren müssen, und legt fest, mit welchen Verfahren die Wasserversorger das Trinkwasser aufbereiten dürfen. So dürfen sie das Wasser z. B. nur mit bestimmten Mitteln desinfizieren.

IV.1.1.2 Eigenschaften von Wasserversorgungsanlagen

Wasserleitungen bestehen aus verschiedenen Materialien. Am gebräuchlichsten sind heute duktile Gussrohre. Sie besitzen im Vergleich zu Grauguss eine hohe Zugfestigkeit, Verformbarkeit und sind schweißbar. Darüber hinaus sind Stahl- und PE-Rohre gängig. Als Hausanschlussleitungen wird in Süddeutschland vornehmlich Stahl und in Norddeutschland vornehmlich PE eingesetzt.

Wasserleitungen gibt es in den unterschiedlichsten Abmessungen und Materialien. Im Bestand sind Kupferrohre die am häufigsten vorkommenden Trinkwasserinstallationen. Vereinzelt sind im Bestand noch Leitungen aus Blei vorhanden.

Die geforderten Grenzwerte von Schadstoffen im Trinkwasser müssen eingehalten werden. Rohre, aufgrund deren Beschaffenheit das Trinkwasser die erforderlichen Grenzwerte nicht einhält, sind auszutauschen.

Wasserleitungen aus verzinktem Stahl

Trinkwasserleitungen aus verzinktem Stahlrohr werden nahtlos oder stumpf geschweißt sowie innen und außen feuerverzinkt. Die Dauerhaftigkeit des Zinküberzugs hängt von seinem Herstellungsverfahren, dem Kontakt mit anderen Metallen und den Wasserparametern ab.

Verzinkte Stahlrohre dürfen nicht gebogen werden, damit die Verzinkung nicht leidet. Die Verbindungen erfolgen durch Schraubfittings aus Temperguss, Stahl oder Messing, mit Innengewinde. Diese Verbindungen gelten im Rohrleitungsbau als nicht lösbar: Dabei entsteht zwischen dem kegeligen Rohraußengewinde und dem zylindrischen Innengewinde im Fitting eine metallische Pressdichtung. Zum Ausgleich rauer Gewindeflächen und geringfügiger Maßabweichung werden Hanf oder Flachs mit Dichtpaste, Gewindedichtband aus Kunststoffvlies mit Dichtpaste oder Teflon-Bänder als Dichtmaterial verwendet. Für Rohrverbindungen, Abzweige, Richtungsänderungen, Kreuzungen, Reduzierstücke, Rohrenden usw. stehen zahlreiche Formstücke zur Verfügung.

Steht Wasser einige Tage in verzinkten Rohren, kann das zur Trübung und zu rostroten Verfärbungen des Wassers führen, was bedeuten kann, dass die Zinkschicht im Inneren des Rohres beschädigt ist, denn das Eisen löst sich erst dann im Wasser.

Aus der Zinkschicht können besonders bei älteren Rohren gesundheitsschädliche Stoffe ins Wasser übergehen, denn Zink ist häufig mit den chemisch ähnlichen Elementen Blei und Cadmium verunreinigt. Der Grenzwert der Trinkwasserverordnung liegt für Cadmium bei 0,005 mg/l. Wasser aus verzinkten Rohren überschreitet regelmäßig die vorgeschriebenen Grenzwerte für Blei und Cadmium im Trinkwasser.

Wasserleitungen aus nicht rostendem Stahl

Wasserleitungen aus nicht rostendem Stahl sind durch eine Cr_3O_4-Schicht passiviert und korrodieren somit nur geringfügig, sie sind hygienisch und einfach zu verarbeiten. Bei mechanischen Verletzungen bildet sich die Oxidschicht sofort wieder nach. Soweit die Passivität nicht durch hohe Chloridgehalte im Wasser aufgehoben wird (Loch- und Spaltkorrosion), ist die Korrosion von nicht rostendem Stahl sehr gering. Gleichzeitig sind auch die Gehalte von Chrom und Nickel im Trinkwasser minimal.

Die Rohre werden meist mit Pressfittings verbunden. Mischinstallationen beeinflussen die Korrosionsbeständigkeit nicht rostender Stähle nicht. Bei Kombination von nicht rostendem Stahl mit anderen Installationsteilen aus Metall (z. B. feuerverzinktem Stahl) kann Kontaktkorrosion (elektrolytische Korrosion) auftreten. Aus diesem Grund sollte der Verbindung von Rohren aus nicht rostendem Stahl große Aufmerksamkeit geschenkt werden.

Wasserleitungen aus Kupfer

Kupferrohre besitzen glatte Innenwandungen, sind korrosionsbeständig und können aufgrund ihrer leichten Biegbarkeit nahtlos gezogen, gebogen und leicht verlegt werden. Sie gelten als die im Bestand am häufigsten verlegten Trinkwasserleitungen.

Kupfer ist in hohen Konzentrationen gesundheitsschädlich. Eine sich mit der Zeit in den Rohren bildende Schicht (Patina) aus Kupfercarbonat und anderen Verbindungen verhindert, dass sich größere Mengen Kupfer im Wasser lösen, wodurch weniger Kupfer ins Wasser gelangt. Diese Schutzschicht fehlt bei neuen Rohren. In Regionen, in denen der pH-Wert des Wassers unter 7 liegt, sollten Kupferrohre nicht für die Trinkwasserinstallation verwendet werden, denn dort löst sich besonders viel Kupfercarbonat aus den Rohren und gelangt ins Trinkwasser.

Ein stark erhöhter Kupfergehalt im Trinkwasser wird mit Leberschäden (Leberzirrhosen) bei Säuglingen in Verbindung gebracht. Grundsätzlich sollen nur Materialien für die Trinkwasserinstallation benutzt werden, aus denen möglichst wenige Schadstoffe in das Trinkwasser gelangen können (Minimierungsgebot). Die örtlichen Wasserwerke geben über pH-Werte und geeignete Werkstoffe Auskunft.

Einige Hersteller von Kupferrohren haben mittlerweile andere Werkstoffe entwickelt. So werden z. B. seit Oktober 1997 innen verzinnte Kupferrohre angeboten. Dieser neue Werkstoff ist nach Herstellerangaben auch für einen pH-Wert von unter 7,3 geeignet.

Wasserleitungen aus Kunststoff

Kunststoffrohre finden aufgrund ihrer Unempfindlichkeit gegen Korrosion und ihrer guten Verlegbarkeit immer öfter bei Trinkwasserinstallationen Verwendung. Kunststoffrohre sind elektrisch nicht leitend, neigen kaum zu Ablagerungen (Inkrustierungen) und emittieren weniger Geräusche als metallische Rohre.

Als Thermoplaste sind Kunststoffrohre meist für Dauerbelastungen über 60 °C ungeeignet. Ihrer großen Wärmedehnung wegen sind besondere Vorkehrungen zu treffen: Ausdehnungsbögen, (gleitende) Rohrschellen in ausreichendem Abstand vor Richtungsänderungen, Spielraum in Wandschlitzen.

Wasserleitungen aus Blei

Bleileitungen dürfen in Deutschland nicht mehr eingebaut werden, da angelöstes Blei gesundheitsschädlich bzw. giftig ist. Angelöstes Blei entsteht durch die Bleirohre selbst, durch bleihaltige Lote oder in verzinkten Rohren mit Bleiverunreinigung oder Armaturen. Bleileitungen wurden in den alten Bundesländern bis 1960 verlegt. Zum Teil wurden sie in den neuen Bundesländern noch bis 1973 eingebaut.

Einige Häuser insbesondere in der nördlichen Hälfte Deutschlands besitzen noch immer Trinkwasserinstallationen aus Blei. Ihre Bewohner nehmen ständig kleine Mengen des Schwermetalls auf. Das kann die Blutbildung und Gehirnentwicklung vor allem bei Ungeborenen, Säuglingen und Kleinkindern beeinträchtigen. Bei Erwachsenen lagert sich das Blei in den Knochen ein und kann während einer Schwangerschaft wieder ins Blut gelangen.

Die Bleilöslichkeit wird durch eine Reihe von chemischen und physikalischen Faktoren, wie z. B. weiches, saures Wasser und einen hohen Sauerstoffgehalt, begünstigt. Der Bleigehalt im Wasser ist bei langen Stagnationszeiten, niedriger Fließgeschwindigkeit, geringem Rohrdurchmesser und erhöhter Temperatur besonders hoch.

Wegen der Gefahren, die von Trinkwasserleitungen aus Blei ausgehen, wurde der Grenzwert für Blei im Trinkwasser 2003 von 0,04 mg/l Wasser auf einen Übergangswert von 0,025 mg gesenkt (Trinkwasserverordnung, seit 1. Januar 2003 in Kraft, bzw. Neuregelung der Trinkwasserverordnung vom 1. Januar 2008). Ab 2013 werden nur noch 0,01 mg/l erlaubt sein. Diesen Wert kann ein Hausbesitzer praktisch nur dann einhalten, wenn er alle Bleiteile in den Installationen entfernt und gegen Rohre aus anderen Werkstoffen austauscht. Trinkwasserleitungen aus Blei sollten grundsätzlich durch Leitungen anderer Materialien ersetzt werden.

Verzinkte Eisenrohre enthalten in der Zinkschicht ebenfalls Blei (bis 0,8 %). Wasser aus diesen Rohren überschreitet ebenfalls regelmäßig den Grenzwert von 0,04 mg Blei pro Liter Wasser, wenn auch nicht so stark wie Wasser aus reinen Bleirohren.

Bleileitungen sind nicht magnetisch, sie klingen beim Klopftest dumpf. Sie sind im Gegensatz zu Kupfer- oder Stahlleitungen weicher. Sichtbare Bleileitungen lassen sich mit einem Messer leicht einritzen oder abschaben und erscheinen silbergrau.

Um Sicherheit darüber zu erhalten, ob es sich um Installationen aus Blei handelt, sollte der Bleigehalt im Wasser gemessen werden. Vor der Probenentnahme sollte das Wasser etwa 4 Stunden in der Leitung gestanden haben.

Wenn das Trinkwasser mehr Blei enthält, als erlaubt ist, ist zu klären, ob die erhöhten Bleiwerte durch die Hausanschlussleitung (Zuleitung von der Straße bis zum Wasserzähler) oder durch die Hausinstallation (Rohre und Armaturen) hervorgerufen werden. Zuständig für die Hausanschlussleitung und somit auch für die Beseitigung dort vorhandener Bleirohre ist das Wasserversorgungsunternehmen. Für die Hausinstallation ist fast immer der Hauseigentümer verantwortlich. Die sicherste Maßnahme, den Bleigrenzwert im Trinkwasser zuverlässig einzuhalten, ist der Austausch vorhandener Bleirohre.

IV.1.1.3 Sanitärarmaturen

Sanitärarmaturen bilden zusammen mit den sanitären Einrichtungsgegenständen und den Rohrleitungen eine Einheit. Sie bestehen meist aus einer Kupfer-Zink-Legierung, sind vernickelt, verchromt oder haben einen Kunststoffüberzug. Sie werden als Wandarmaturen, d. h. zur Wandmontage, oder als Standarmaturen zur Montage direkt auf dem Becken- oder Wannenrand montiert. Sanitärarmaturen werden in Auslaufventile und Mischbatterien unterschieden.

Auslaufventile

Auslaufventile besitzen einen Kaltwasseranschluss, meist ohne Warmwasser-Zumischung. Sie sind als Wand- und als Standmodelle erhältlich und werden hauptsächlich für Handwaschbecken eingesetzt.

Für den Anschluss von meist mit kaltem Wasser betriebene Geräte, wie Geschirrspüler oder Waschmaschine, besitzen Auslaufventile eine Schlauchverschraubung und eine Sicherheitskombination mit Rohrbelüfter und Rückflussverhinderer.

Mischbatterien

Mischbatterien mit Kalt- und Warmwasseranschluss mischen das Wasser entweder manuell (durch Betätigung der Ventile) oder thermostatisch schon vor dem Auslauf.

Mischbatterien gibt es als Wandmodelle auf Putz oder unter Putz oder als Standmodelle auf Tisch oder unter Tisch montiert.

Man unterscheidet Zweigriff-Mischbatterien, Eingriff-Mischbatterien (Einhebelmischer), Thermostatbatterien (Thermostatmischbatterien) und berührungslos gesteuerte Armaturen.

Zweigriff-Mischbatterien sind im Bestand durchaus gängige Wasserhähne für Badewanne, Dusche, Waschtisch und Bidet mit getrennten Ventilen für Warm- und Kaltwasser und einem gemeinsamen Auslauf.

Einhebelmischer sind heutzutage übliche Mischbatterien für Wanne, Dusche, Waschtisch oder Bidet, die mit einem Bedienungsgriff die schnelle und exakte Einstellung von Wassermenge und -temperatur ermöglichen. Ein Durchlaufbegrenzer oder eine integrierte Wassersparmatur kann den Wasserverbrauch auf eine bestimmte Menge beschränken.

Mit Thermostatbatterien wird das Wasser automatisch auf eine vorgewählte Temperatur, relativ gradgenau, gemischt. Die Temperatur kann stufenlos eingestellt werden und bleibt bei Veränderungen der Durchflussmenge und Druckschwankungen konstant.

Abb. IV.1.01: Beispiel einer Zweigriff-Mischbatterie als Sanitärarmatur

Abb. IV.1.02: Beispiel einer Eingriff-Mischbatterie als Sanitärarmatur

Dies schützt vor Verbrühungen und es entfallen Einregelungsverluste. Geregelt werden Thermostatbatterien über einen Bimetallstreifen oder einen Fühler mit Dehnkörper.

Thermostatbatterien gibt es als Einzelthermostatbatterien, die sich besonders für Badewannen, Sitzwaschbecken und Duschen eignen, und als Zentralthermostatventile, die mehrere Auslaufstellen versorgen.

Berührungslos gesteuerte Armaturen bieten die Wasserabgabe, sobald sich der Nutzer im Wirkungsbereich des Sensors befindet. Sie sind hygienisch, energiesparend und behindertengerecht.

IV.1.1.4 Dezentrale Wassererwärmer

Das Wasser wird bei der dezentralen beheizten Trinkwassererwärmung meist unmittelbar beheizt, d. h., die Wärmeenergie des Brennstoffes wird direkt und am Ort seiner Verwendung an das zu erwärmende Wasser abgegeben. Hierbei ist eine Einzel- oder Gruppenversorgung möglich.

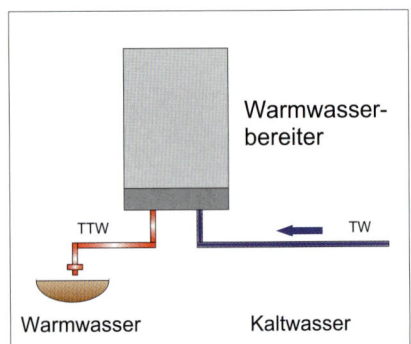

Abb. IV.1.03: Einzelversorgung bei dezentraler Wassererwärmung

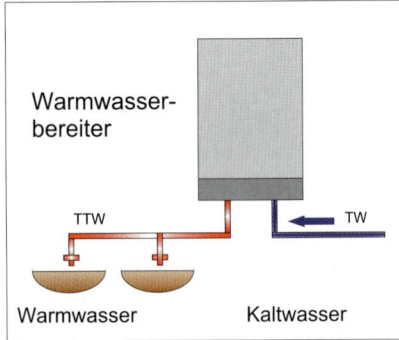

Abb. IV.1.04: Gruppenversorgung bei dezentraler Wassererwärmung

Bei der Einzelversorgung ist jeder einzelnen Warmwasser-Entnahmestelle jeweils ein eigener Trinkwassererwärmer zugeordnet.

Bei der Gruppenversorgung werden verschiedene, möglichst nah beieinanderliegende Warmwasser-Entnahmestellen von einem gemeinsamen Trinkwassererwärmer versorgt.

Vorteile gegenüber zentralen Warmwasserbereitungsanlagen sind geringere Anlagekosten, geringere Leitungsverluste und der kontrollierbare Verbrauch. Gruppen- oder Einzelversorgung innerhalb eines Wohnungsbereiches sind meist sogar wirtschaftlicher als eine zentrale Warmwasserversorgung mit Zirkulationsleitung bei guter Wärmedämmung und zeitlich eingeschränktem Betrieb.

Anforderungen an dezentrale Wassererwärmer

Die wichtigste Anforderung für Verbraucher ist der Komfort. Sie möchten an den Entnahmestellen relativ schnell erwärmtes Trinkwasser mit der gewünschten Temperatur in ausreichender Menge hygienisch einwandfrei entnehmen können.

Weitere wichtige Kriterien sind die Wirtschaftlichkeit und der ökologische Aspekt der Anlage. Darüber hinaus spielen die leichte Bedienbarkeit und der Wartungsaufwand insbesondere für den Nutzer eine Rolle.

Warmwasserbedarf

Die benötigte Warmwassertemperatur liegt im privaten Haushalt für Körperpflege bei ca. 40 °C und für Putz- oder Reinigungsvorgänge bei ca. 50 °C. Die Temperatur des erwärmten Wassers im Warmwasserbereiter wird heute i. Allg. bei 55 bis 60 °C gewählt. Der Bedarf liegt bei 50 l Warmwasser dieser Temperatur pro Person und Tag.

Verkeimung

Eventuell vorhandene Keime (wie z. B. Legionellen) müssen vor der Wasserentnahme abgetötet werden. Das geschieht bei Temperaturen ab 50 °C und aufwärts.

Inzwischen gibt es moderne Speicher, die z. B. beim Zapfen eine sehr gut ausgeprägte Temperaturschichtung haben, die nahezu bis zum vollständigen Entleeren des Speichers aufrechterhalten wird. Das bedeutet, dass fast der gesamte Inhalt mit rund 60 °C abgegeben wird. Bei diesen Temperaturen sind die meisten Keime nicht überlebensfähig.

Legionellen sind bakterielle Erreger von Lungeninfektionen, die sich in ca. 30 bis 35 °C warmem Wasser vermehren und als Aerosol (durch Dusche, Luftbefeuchter, Whirlpools etc.) verbreitet werden. Der Schutz gegen Legionellen in Warmwasseranlagen erfolgt durch chemische Desinfektion (Chlor) oder Aufheizung des Wassers auf über 70 °C sowie folgende vorbeugende Maßnahmen:

- lange Stillstandszeiten vermeiden,
- nicht benutzte Anlagenteile außer Betrieb setzen,
- Wasserbehälter regelmäßig reinigen,
- Aerosol-Bildung vermeiden,
- Leitungen für kaltes und warmes Trinkwasser gut dämmen und Warmwasserspeicher stets auf 60 °C (Haltetemperatur) erwärmen sowie an den Entnahmestellen einen Verbrühungsschutz vorsehen.

Darüber hinaus sollte die Warmwassertemperatur vor dem Mischen am Auslauf mindestens 55 °C betragen.

Optimierung bestehender Anlagen

Für die Sanierung oder Optimierung beim Austausch bestehender Anlagen sind derzeit verschiedene Systeme auf dem Markt:

- Fuzzy-Logic:
  wird bei Anlagen mit herkömmlichen Durchlauferhitzern an 2 Zapfstellen gleichzeitig warmes Wasser entnommen, kann das dazu führen, dass das Wasser mal zu kalt und mal zu heiß ist; viele Durchlauferhitzer haben nicht mehr als 2 Leistungsstufen und einen Differenz-Druckschalter zur Steuerung der Heizleistung.

  Da bei modernen, elektronischen Durchlauferhitzern zeitaufwendiges Mischen entfällt, sind diese Geräte für die Nutzer komfortabler und darüber hinaus können damit bis zu 20 % Energie und Wasser gegenüber herkömmlichen Geräten eingespart werden. Die dem Menschen nachempfundene Logik – die sogenannte Fuzzy-Logic – ermöglicht den eingebauten Rechnern, fließende Übergänge von einem Wert zum anderen zu schaffen. Vollelektronische Durchlauferhitzer liefern immer gradgenau und stufenlos warmes Wasser von 35 °C bis 60 °C.

- Durchlauferhitzer, für Kunststoffrohrsysteme geeignet:
  Bei der Installation von Trinkwasser-Leitungen kommen immer häufiger Kunststoffrohre zum Einsatz. Hierzu werden speziell darauf abgestimmte Warmwassergeräte benötigt. Insbesondere die Kombination von Kunststoffrohren und Durchlauferhitzern war bislang nicht oder nur bedingt möglich. Mittlerweile gibt es hydraulische und elektronische Ausführungen, die eine solche Kombination zulassen.

  Die bisherige Druck- und Sicherheitsabschaltung mit Rückflussverhinderer im Kaltwasserzulauf wurde um einen Installationsdruckwächter im Warmwasserauslauf ergänzt. Steigt im Störfall der Druck im Gerät und der nachgeschalteten Installation an, versperrt der Druckwächter den Wasserauslauf des Durchlauferhitzers. Der Druckanstieg – bis zur Sicherheitsabschaltung bei 22 bar – bleibt auf den Durchlauferhitzer beschränkt. Das Kunststoffrohrsystem wird für kurze Zeit lediglich mit maximal 12 bar beansprucht.

- Antitropf-Armatur:
Beim Erwärmen dehnt sich Wasser aus. Dieses physikalische Gesetz führt bei drucklosen Kleinspeichern dazu, dass ein Teil des erwärmten Wassers über die Armatur abtropft. Kalkablagerungen im Waschbecken und störendes Tropfen sind die Folgen. Bei der Antitropf-Armatur befindet sich im Schwenkarm der Armatur ein Hohlraum, das Wasserreservoir. Heizt der Speicher auf, drückt das Wasser in dieses Reservoir. Dort wird es bis zur nächsten Entnahme gespeichert. Wird eines der beiden Ventile geöffnet, mischt die Armatur über die Wasserstrahlpumpe automatisch das gespeicherte Volumen dem gezapften Wasser bei. Ist das Reservoir entleert, wird es durch einen Schwimmkörper verschlossen. Die Antitropf-Armatur puffert so die Volumenvergrößerung beim Erwärmen und verhindert so das Tropfen der Armatur.

Bauarten der Wassererwärmer

Warmwasserbereiter werden nach Funktion und Bauart in folgende 3 Arten unterschieden: Boiler, Durchfluss-Wassererwärmer (Durchlauferhitzer) als offene (drucklose) bzw. geschlossene (unter Wasserdruck stehende) Anlagen und Speicher-Wassererwärmer als offene (drucklose) bzw. geschlossene (unter Wasserdruck stehende) Anlagen.

Boiler

Boiler (von engl. boil = kochen) ist ein häufig verwendeter Begriff für Elektro-Warmwasserbereiter (Heiß- oder Warmwasseraufbereiter), die in verschiedenen Ausführungen und Größen auf dem Markt sind. Es gibt sie als Wand-, Einbau- oder Stehboiler. Boiler sind Warmwasserbereiter auf Speicherbasis. Im Gegensatz zum Durchlauferhitzer wird das Wasser nicht nur erwärmt, sondern auch gespeichert.

Boiler sind grundsätzlich drucklos und besitzen keine Wärmedämmung. Sie werden daher erst kurz vor dem Verbrauch mit Wasser gefüllt und in Betrieb genommen.

Meist handelt es sich um Elektrogeräte mit einem Stromheizkörper, der im unteren Bereich des Boilergehäuses angebracht ist. Bei Erreichen einer vorgewählten, einstellbaren Temperatur schaltet das Gerät automatisch ab.

Boiler versorgen jeweils nur eine Zapfstelle, meist Badewanne oder Dusche, als kleinere Kochendwassergeräte die Küchenspüle oder sie dienen zur Zubereitung von heißen Getränken.

Im Gegensatz zu modernen Warmwasserspeichergeräten oder Durchlauferhitzern gelten alte Boiler aufgrund der fehlenden Gehäusedämmung als relativ unwirtschaftliche Geräte und werden nur noch selten eingebaut.

Heutzutage sind Boiler Hightech-Geräte, bei denen die Energie optimal genutzt und weitere Umweltbelange beachtet werden. Die Geräte sind mit FCKW-freien Materialien gedämmt, die eine gute Recycelbarkeit aufweisen. Darüber hinaus sind neue Geräte mit einer Temperaturanzeige ausgestattet. In vielen Geräten werden außerdem derzeit noch umstrittene physikalische Wasserbehandlungsverfahren gegen Verkalkung und Korrosion installiert.

Ihre Stromenergie beziehen die Boiler z. B. aus dem öffentlichen Netz oder alternativ aus einer Anlage zur Kraft-Wärme-Kopplung oder auch aus einer Fotovoltaikanlage.

Durchfluss-Wassererwärmer

Durchfluss-Wassererwärmer, besser bekannt als Durchlauferhitzer, sind geschlossene Geräte mit druckfestem Innenbehälter für die dezentrale oder zentrale Warmwasserbereitung mit kurzen Leitungswegen (als Gas- oder Elektrogeräte). Durchlauferhitzer werden für die Energiearten Strom, Gas und Fernwärme angeboten. Das einlaufende kalte Wasser wird in der Zeit, in der es das Gerät durchläuft, erhitzt und tritt als warmes Wasser wieder aus. Sie liefern zeitlich unbegrenzt leitungsfrisches und nicht abgestandenes Warmwasser, benötigen dafür aber eine höhere Dauerleistung. Die Auslauftemperatur hängt von der Durch-

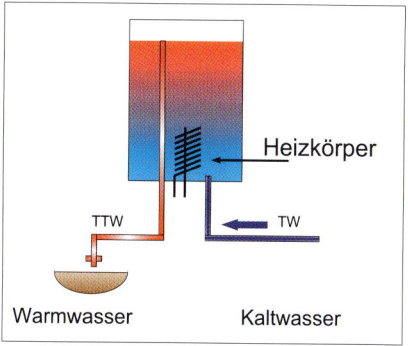

Abb. IV.1.05: Prinzipdarstellung eines Boilers

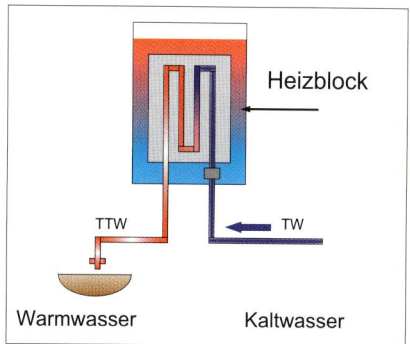

Abb. IV.1.06: Prinzip eines Durchfluss-Wassererwärmers

flussmenge, der Zulauftemperatur und der Heizleistung ab.

Die Geräte werden thermisch oder hydraulisch gesteuert, heutzutage sind auch elektronisch gesteuerte Geräte auf dem Markt. Hydraulisch gesteuerte Geräte werden durch einen Differenzdruckschalter in Abhängigkeit von der Wasserdurchflussmenge geschaltet. Thermisch geregelte Geräte werden über einen Temperaturregler unabhängig vom Wasserdruck geregelt. Elektronisch geregelte Geräte liefern unabhängig vom Wasserdruck und der Entnahmemenge eine stufenlos einstellbare Wassertemperatur. Die Energieeinsparung eines elektronischen Durchlauferhitzers beträgt für einen Vierpersonenhaushalt ca. 20 % gegenüber herkömmlichen Durchlauferhitzern. Da umständliche Mischprozeduren entfallen, wird darüber hinaus auch Wasser eingespart.

Vorteile von Durchlauferhitzern:

- geringe Abmessungen, dadurch gute Unterbringungsmöglichkeiten,
- preisgünstig im Vergleich zu Boilern und Speichergeräten,
- hoher Wirkungsgrad (fast 100 %),
- gute Regelbarkeit bei geringen Zapfmengen und Einzelgeräten.

Abb. IV.1.07: Nachträglich eingebauter Durchfluss-Wassererwärmer

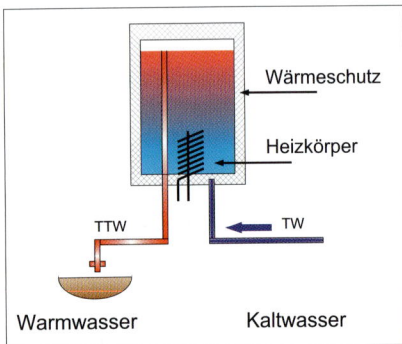

Abb. IV.1.08: Prinzip eines Speicher-Wassererwärmers

Nachteile von Durchlauferhitzern:

- Bei größerer Zapfmenge oder Gruppenversorgung mehrerer Zapfstellen ist die Temperatur bzw. Durchflussmenge begrenzt.
- Sie neigen bei hartem Wasser leicht zu Kesselsteinbildung.
- Bedingt durch die kurzfristig zu erbringende Leistung entstehen hohe Anschlusswerte.
- Kostengünstiger Nachtstrom kann z. B. bei Elektrogeräten nicht ausgenutzt werden.

Speicher-Wassererwärmer

Speicher-Wassererwärmer sind beliebig große, gut wärmegedämmte, stets mit Wasser gefüllte Geräte, in denen das Wasser auf eine einstellbare Temperatur automatisch aufgeheizt wird. Dadurch steht kurzzeitig eine große Warmwassermenge zur Verfügung. Speicher-Wassererwärmer bevorraten eine durch ihr Volumen bestimmte Menge Warmwasser, aufgrund dessen ihre Leistung entsprechend geringer sein kann, was an der Speicheroberfläche jedoch zu kontinuierlichen Wärmeverlusten führt, die durch den Wärmeerzeuger gedeckt werden müssen.

Vorteile von Speicher-Wassererwärmern:

- Eignung für Stoßbetrieb und bei Bedarf größerer Wassermengen gute Regelbarkeit der Zapftemperatur,
- kleinere Anschlusswerte als Durchlauferhitzer und
- bei Verwendung elektrischen Stroms kann zum Aufheizen der kostengünstigere Nachtstrom genutzt werden.

Nachteile von Speicher-Wassererwärmern:

- größere Abmessungen als Durchlauferhitzer,
- höhere Anschaffungskosten bei gut gedämmten Geräten,
- größere Verluste bei längeren Stillstandszeiten,
- das Wasser im Speicher ist abgestanden und somit nicht zum Genuss geeignet.

Offene und geschlossene Systeme

Durchlauf- und Speicher-Wassererwärmer werden in offene und geschlossene Systeme unterschieden.

Offene Systeme

Offene Anlagen stehen nicht unter Druck. Der Auslauf ist offen und steht mit der Atmosphäre in Verbindung, die Geräte sind aufgrund dessen preisgünstiger als geschlossene Systeme. Bei offenen Anlagen ist nur eine Zapfstelle möglich. Durchlauferhitzer mit stets offenem Auslauf und Speicher bis zu 10 l Inhalt benötigen keine sicherheitstechnische Ausrüstung in der Kaltwasserleitung, über 10 l Inhalt ist der Einbau eines Rückflussverhinderers mit Prüfeinrichtung erforderlich. Aus hygienischen Gründen sollten offene Systeme nicht für die Erwärmung von Trinkwasser benutzt werden.

Geschlossene Systeme

Diese Anlagen stehen unter Wasserleitungsdruck. Die Konstruktion der Geräte muss auf den höheren Wasserdruck ausgelegt werden, wodurch diese Geräte teurer sind als offene Anlagen. Durch geschlossene Anlagen können beliebig viele Zapfstellen versorgt werden. Anforderungen an die sicherheitstechnische Ausrüstung der Anlagen sind in der DIN 1988-2 „Technische Regeln für Trinkwasser-Installationen (TRWI)", DIN 4753-1 „Wassererwärmer und Wassererwärmungsanlagen für Trink- und Betriebswasser; Anforderungen, Kennzeichnung, Ausrüstung und Prüfung" sowie für Elektro-Trinkwassererwärmer in der DIN VDE 0700 in verschiedenen Teilen geregelt. Für geschlossene Anlagen sind folgende Sicherheitseinrichtungen erforderlich:

- Rückflussverhinderer, der ein Zurückfließen des Warmwassers in das Leitungsnetz verhindert, mit Prüfeinrichtung,
- Sicherheitsventil (nicht absperrbares federbelastetes Membransicherheitsabsperrventil) mit sichtbarem Ablauftrichter,
- Druckminderer, wenn der Betriebsdruck 80 % des Ansprechdrucks des Sicherheitsventils überschreitet,
- Anschluss für ein Druckmessgerät in der Kaltwasserleitung,
- Entleerungseinrichtungen bei Wassererwärmern mit mehr als 15 l Inhalt.

Brennstoffe

Nach Art des Brennstoffes zur Beheizung werden dezentrale Wassererwärmer in kohlebeheizte Badeöfen, Öl-Badeöfen, Gas-Wasserheizer und Elektro-Warmwasserbereiter unterschieden.

Kohlebeheizte Badeöfen

Der in Deutschland früher weitverbreitete Kohlebadeofen ist inzwischen wegen des geringen Komforts (Schmutz, Bedienung) durch andere Wassererwärmer verdrängt worden und nur noch in den neuen Bundesländern für die Beheizung verbreitet.

Die mit Braunkohle-Briketts oder auch mit Holz beheizten Boiler oder Speichergeräte dienen gleichzeitig sowohl der Beheizung des Bades als auch der Warmwasserbereitung für die Badewanne.

Meist handelt es sich um Niederdruck-Kohlewassererwärmer oder offene Kohlewassererwärmer. Der Unterbau aus Gusseisen oder Stahl enthält die Feuerung. Darauf aufgebaut steht der zylindrische Speicherbehälter. Die Feuerung erfolgt auf einem gusseisernen Rost; die Wärme der Heizgase wird an das Wasser durch das im Innern des Behälters verlaufende Flammrohr aus Kupfer übertragen. Die Geräte sind gewöhnlich als Standöfen ausgeführt und neben der Badewanne aufgestellt.

Der Kaltwasseranschluss befindet sich an der Unterseite, der Warmwasserzulauf an der Oberseite.

Die Aufheizzeit für den Gesamtinhalt von etwa 90 bis 120 l (seltener auch 200 l) bis 40 °C dauert etwa 45 Minuten.

Für den Sommerbetrieb ist auch der Einbau einer elektrischen Heizpatrone möglich.

Öl-Badeöfen

Öl-Badeöfen unterscheiden sich von Kohlebadeöfen lediglich durch den Feuerungseinsatz mit einem Öl-Verdampfungsbrenner. Ein Austausch des Kohle-Unterofens gegen einen Ölofen und umgekehrt ist meist möglich.

Für den Sommerbetrieb ist auch der Einbau einer elektrischen Heizpatrone denkbar.

Gas-Wasserheizer

Bei allen Gas-Wasserbereitern sind die Vorschriften („Technische Regeln für Gasinstallationen", DVGW-TRGI, bzw. „Technische Regeln Flüssiggas", TRF) für Gasversorgungsanlagen bezüglich erforderlichem Luftvolumen, Verbrennungsluftzuführung und Abgasführung zu beachten.

Gas-Wasserheizer werden unterschieden in Gas-Durchlaufwasserheizer und Vorratswasserheizer.

Gas-Durchlaufwasserheizer (Typenbezeichnung gibt die Nennwärmeleistung in kcal/min an) als Klein-Wasserheizer (für kleinere Entnahmestellen wie Küchenspüle und Dusche) und Groß-Wasserheizer (für Waschtisch, Dusche, Badewanne sowie Küche) erwärmen das durchlaufende Wasser zur Entnahme. Die Abgase sind stets über eine zugelassene Abgasanlage abzuführen. Je nach Nennwärmeleistung des Gas-Durchlaufwasserheizers ist für die Aufstellräume eine Mindestkubatur vorgeschrieben. Für Gas-Durchlaufwasserheizer gelten die Technischen Regeln für Gas-Installationen – DVGW-TRGI 1986/1996.

Gas-Durchlaufwasserheizer werden meistens hydraulisch in Abhängigkeit von der Wasserdurchlaufmenge gesteuert. Neuere Geräte arbeiten überwiegend mit einer thermisch gesteuerten Gasregelung. Gas-Durchlaufwasserheizer sind mit Schornsteinanschluss oder als Außenwandgeräte mit Zuluft- und Abgasrohr am Markt erhältlich. Die Maße sind fabrikatabhängig verschieden.

Gas-Vorratswasserheizer sind Wand- oder Standgeräte mit etwa 85 bis 220 l Speicherinhalt und erwärmen eine gewisse Wassermenge mittels atmosphärischen Gasbrenners auf eine bestimmte Temperatur und halten sie mittels Temperaturregler konstant (gemäß Technische Regeln für Gas-Installationen – DVGW-TRGI 1986/1996).

Sie gestatten nur die Entnahme einer durch die Speichergröße begrenzten Wassermenge: Übliche Speichergrößen reichen von etwa 120 bis 400 l Inhalt. Der Anschlusswert der Geräte liegt bei ca. 5 kW/100 l und reicht von 6 bis 20 kW. Der Einstellbereich der Wassertemperatur liegt ungefähr zwischen 25 und 65 °C.

Diese Geräte kommen für die örtliche Warmwasserbereitung relativ selten zur Anwendung. Zum Einsatz kommen Standspeicher mit Schornsteinanschluss für die Gruppenversorgung oder kleinere Geräte (auch Wandgeräte) mit Außenwandanschluss.

Hauptbestandteile eines Gas-Vorratswasserheizers sind der atmosphärischer Brenner mit Regeleinrichtung und thermoelektrischer Zündsicherung, die Brennkammer, der Wasserraum mit einem oder mehreren Heizrohren mit Turbulenzeinsätzen, häufig eine Schutzanode aus Magnesium und das Abgasrohr mit Strömungssicherung. Im oberen Teil befindet sich ein

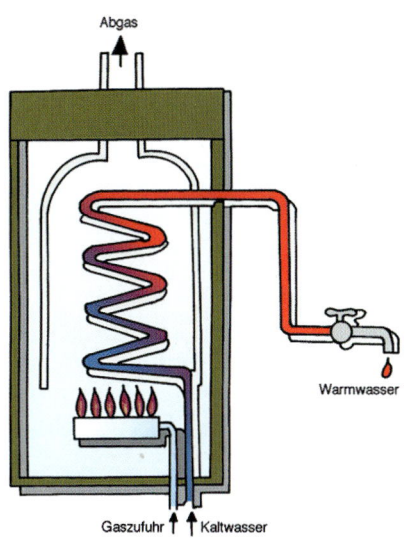

Abb. IV.1.09: Prinzip eines Gas-Durchlaufwasserheizers (Quelle: Springer BauMedien GmbH, Celle)

Temperaturregler, der bei Erreichen des eingestellten Wertes die Gaszufuhr sperrt. Für den Speicherbehälter ist eine gute Wärmedämmung erforderlich. Die Inbetriebnahme erfolgt über Piezozünder, die Zündung des Hauptbrenners durch die dauernd brennende Zündflamme. Neue Geräte benötigen keine Zündflamme mehr; der Brenner wird direkt durch Hochspannungsfunken gezündet. Hierzu ist jedoch ein Stromanschluss erforderlich.

Die Bauform eines Gas-Vorratswasserheizers kann rund, quadratisch oder rechteckig sein. Das Heizrohr (bzw. Abgasrohr) ist zentral innen im Speicher angeordnet. Diese Geräte werden auch zur zentralen Versorgung verwendet. Der Wirkungsgrad bei Nennleistung beträgt ca. 83 % und liegt bei modernen Geräten auch höher. Der Nutzungsgrad ist stark abhängig von der Wasserentnahme. Die tägliche Betriebszeit des Brenners ist gering und beträgt i. Allg. nicht mehr als 1 bis 2 Stunden. Um die Stillstandsverluste zu verringern, ist der Einbau einer thermisch oder elektrisch gesteuerten Abgasklappe hinter der Strömungssicherung sehr wirksam. Bei Aufstellung in beheizten Räumen (z. B. Bad) wird damit zugleich die Raumauskühlung verhindert.

Kleinere Gas-Vorratswasserheizer mit bis zu 10 l Wasserinhalt müssen nicht an eine Abgasanlage angeschlossen werden.

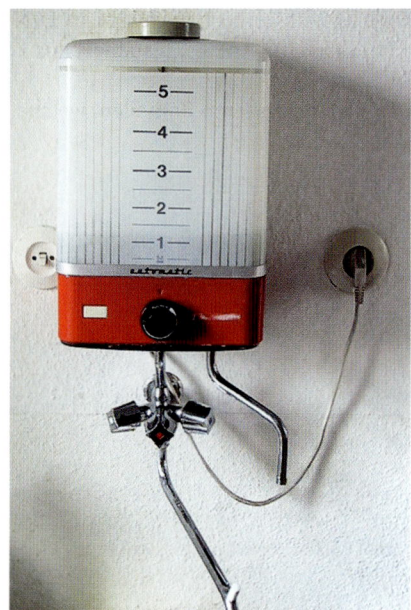

Abb. IV.1.10: Kochendwassergerät zur Wandmontage

Elektro-Wasserheizer

Obwohl Strom als Energie relativ teuer ist und den höchsten Primärenergiebedarf aufweist, sind Elektro-Heißwasserbereiter wegen der einfachen Montage, der Bedienungsfreundlichkeit und der guten Regelbarkeit bei kleinerem Bedarf für die örtliche Warmwasserbereitung, insbesondere bei der Wohnungsmodernisierung, die am meisten verwendeten Geräte. Die Erwärmung des Wassers erfolgt genau dort, wo es gebraucht wird – an der Spüle in der Küche, am Waschtisch, neben der Dusche oder über der Wanne im Bad. Das reduziert Leitungslängen und damit verbundene Wärmeverluste. Jedes Gerät erlaubt die individuelle Einstellung der Warmwassertemperatur. Unter Berücksichtigung der Kapitalkosten sind Elektro-Wasserheizer auch in Bezug auf die Betriebskosten meist günstiger als andere Warmwasserbereiter. Zusätzlich spricht der unproblematische Einbau bzw. der einfache Austausch der Geräte bei der Altbausanierung für elektrische Warmwassergeräte.

Elektro-Warmwasserbereiter werden unterschieden in Elektro-Boiler, Elektro-Durchlauferhitzer und Elektro-Warmwasserspeicher.

Elektro-Boiler sind zur Bereitung von heißem Wasser für den sofortigen Verbrauch bestimmt. Sie besitzen keine Wärmedämmung und werden kurz vor der beabsichtigten Wasserentnahme auf die benötigte Warmwassertemperatur eingestellt und eingeschaltet. Boiler sind in der Anschaffung billiger als Speicher. Allerdings steht Warmwasser nicht auf Abruf zur Verfügung. Den größten Marktanteil haben elektrische Kochendwassergeräte für die Küchenspüle, wo kurzfristig kleinere Mengen Heißwasser benötigt werden.

Boiler werden unterschieden in Kochendwassergeräte und Badeboiler. Kochendwassergeräte werden in erster Linie in Küchen über der Spüle zur kurzfristigen Bereitung von heißem Wasser für Getränke und zum Spülen installiert. Sie werden komplett mit Entnahmearmatur geliefert und direkt über eine Schutzkontaktsteckdose angeschlossen. Der Behälter (meist aus Glas) ist mit einer Inhaltsskala versehen, so dass vor Inbetriebnahme genau die gewünschte Wassermenge aufgefüllt werden kann.

Die Anheizzeit für 1 l Wasser auf 70 °C beträgt etwa 3 Minuten. Küchengeräte haben eine Füllmenge bis zu 5 l, für gewerbliche Zwecke, z. B. für Teeküchen und gastronomische Betriebe, gibt es auch entsprechend größere Geräte mit 10, 15, 20, 30 und 60 l Wasserinhalt.

Badeboiler sind einfache, drucklose Behälter aus Kupfer ohne Wärmedämmung, außen meist weiß einbrennlackiert, zur Versorgung von Dusche oder Badewanne. Die Geräte sind mit einer Überlauf-Mischbatterie ausgestattet.

Die Temperatur ist stufenlos zwischen 35 und 85 °C einstellbar. Die Anheizzeit beträgt bei 85 °C und 6 kW etwa 1 bis 1 $\frac{1}{4}$ Stunden. Wegen ihres eingeschränkten Benutzungskomforts werden Badeboiler bei Neuanlagen nur noch selten montiert.

Elektro-Durchlauferhitzer sind geschlossene Wassererwärmer mit hoher Heizleistung und hohem Wirkungsgrad (bis zu 99 %), in denen das Wasser während des Durchfließens erwärmt wird. Die große kurzzeitig benötigte Wärmeleistung erfordert relativ hohe Anschlusswerte.

Die Geräte können eine oder auch mehrere Zapfstellen (allerdings nicht gleichzeitig) versorgen. Für Anlagen mit größerem gleichzeitigem Warmwasserbedarf sind sie nicht geeignet.

Durchlauferhitzer benötigen wenig Platz, aus diesem Grund ist ihre Installation auch bei beengten Raumverhältnissen in der Nähe der Entnahmestelle möglich. Für einen Waschtisch oder eine Spüle genügen geringere Anschlussleistungen, für Badewanne und Dusche sind etwa 18 bis 24 kW erforderlich.

Durchlauferhitzer gibt es hydraulisch gesteuert, thermisch oder elektronisch geregelt sowie in der Ausführung als Klein-Durchlauferhitzer oder Durchlaufspeicher.

Hydraulisch gesteuerte Elektro-Durchlauferhitzer schalten die Heizleistung durch einen Differenzdruckschalter in Abhängigkeit von der jeweiligen Wasserdurchflussmenge. Bei diesen Geräten ist ein gewisser Mindestfließdruck erforderlich.

Thermisch geregelte Elektro-Durchlauferhitzer regeln die Heizleistung unabhängig vom Wasserdruck über einen Temperaturregler, was insbesondere bei geringen und schwankenden Zapfmengen und Einhebelmischern vorteilhaft ist. Sie besitzen einen druckfesten, wärmegedämmten Wasserbehälter von 2,5 bis 15 l Inhalt. Ist der Wasservorrat entnommen, gehen die Geräte in den Durchlauferhitzerbetrieb über.

Die Wasser-Entnahmetemperatur ist auf etwa 65 °C begrenzt. Die Geräte sind mit einer Sicherheitsarmatur und einem Temperaturbegrenzer ausgerüstet.

Elektronisch geregelte Elektro-Durchlauferhitzer sind heute gängige Geräte, die unabhängig von der Entnahmemenge und vom Wasserdruck eine vorgewählte, stufenlos einstellbare Wassertemperatur zwischen etwa 35 und 60 °C liefern.

Klein-Durchlauferhitzer mit 2,7 bis 6,5 kW benötigen nur wenig Platz. Sie arbeiten sehr wirtschaftlich und lassen sich als Untertischanlage direkt unter dem Handwaschbecken, Waschtisch oder der Küchenspüle anbringen.

Durchlaufspeicher sind thermisch geregelte Durchlauferhitzer mit einem größeren Speicherbehälter. Sie besitzen normalerweise 2 oder 3 Leistungsstufen (z. B. 3,5/10; 5/21 kW). Damit können sie die Vorteile des Speichers (größeres Wasservolumen, gegebenenfalls Einsatz von Nachtstrom) mit denen des Durchlauferhitzers (ständige Verfügbarkeit) verbinden. Der Temperaturwahlbereich liegt zwischen 30 und 60 °C (85 °C). Diese Geräte sind mit Temperaturbegrenzer gegen unzulässige Temperaturüberschreitungen ausgestattet.

Elektro-Warmwasserspeicher sind stets mit Wasser gefüllt. Die Innenbehälter, in denen das Wasser nach dem Tauchsiederprinzip erwärmt wird, sind hochwärmegedämmt. Die Geräte arbeiten vollautomatisch, wobei sich die gewünschte Wassertemperatur stufenlos zwischen 35 und 85 °C einstellen lässt. Wegen der Verkalkungsgefahr sollte allerdings eine Wassertemperatur von 60 °C nicht überschritten werden.

Nach Art der Aufstellung wird zwischen Über- und Untertischgeräten mit unten bzw. oben liegenden Wasseranschlüssen zur Versorgung von Waschtischen oder Küchenspülen unterschieden. Diese können einen Inhalt von 5, 10, 12 oder 15 l haben, Tischgeräte bis zu 80 l, Wandgeräte bis zu 150 l (zur Montage z. B. über einer Wanne) und Standspeicher bis zu etwa 300 l (zur Gruppenversorgung oder auch zur zentralen Versorgung einer Wohnung).

Häufig werden Elektrospeicher mit Zentralheizungen kombiniert, wobei im Winter der Zentralheizkessel die Erwärmung des ansonsten elektrisch beheizten Speichers übernimmt.

Elektro-Warmwasserspeicher gibt es als drucklose Speicher, als Druckspeicher und als Zweikreisspeicher.

Drucklose Speicher (offene Systeme) stehen nicht unter Druck, sie versorgen nur eine Entnahmestelle. Der Warmwasserauslauf funktioniert nach dem Verdrängungsprinzip durch das einströmende Kaltwasser. Die Absperrung befindet sich vor dem Speicher, sodass auf dem Gerät kein Leitungsdruck lastet.

Druckspeicher (geschlossene Systeme) mit druckfestem Innenbehälter dienen der Versorgung einer oder mehrerer Zapfstellen. Die Absperrung liegt hinter dem Speicher, d. h., der Speicher steht unter Leitungsdruck (meist bis 6 bar).

Die Innenbehälter geschlossener Warmwasserspeicher sind – je nach Gerätetyp – innen aus emailliertem oder kunststoffbeschichtetem Stahl mit Antikorrosionsstab oder aus Kupfer. Durch die schwerere Bauart sind diese Geräte teurer als drucklose Speicher. Geschlossene Warmwasserspeicher erlauben an den Zapfstellen den Einsatz von Thermostat- und Einhebel-Mischbatterien. Um unnötige Leitungsverluste zu vermeiden, sollten die Geräte möglichst in der Nähe der meistbenutzten Entnahmestelle aufgehängt werden.

Zweikreisspeicher können mit einer kleineren Heizleistung innerhalb der Niedertarifzeit, z. B. nachts, kostengünstig aufgeheizt werden und ermöglichen mit einer höheren Leistung bei Bedarf eine kurzfristige Beheizung.

IV.1.2 Abwasseranlagen

Als „Abwasser" wird laut DIN EN 12056 „Schwerkraftentwässerungsanlagen innerhalb von Gebäuden" und DIN 1986-100 „Entwässerungsanlagen für Gebäude und Grundstücke" – Teil 100 in Verbindung mit DIN EN 752 und DIN EN 12056 Wasser bezeichnet, das durch Gebrauch verändert ist, sowie jedes in die Entwässerungsanlage fließende Wasser, z. B. häusliches Schmutzwasser, industrielles und gewerbliches Abwasser, Kondensate und auch Regenwasser, wenn es in die Entwässerungsanlage abgeleitet wird.

Als „häusliches Abwasser" wird Abwasser aus Küchen, Waschküchen, Badezimmern, Toiletten und ähnlichen Räumen bezeichnet. „Industrielles Abwasser" ist Abwasser, welches nach industriellem oder gewerblichem Gebrauch verändert und verunreinigt ist, einschließlich Kühlwasser. Als „Grauwasser" gilt fäkalienfreies Abwasser. Fäkalienhaltiges Abwasser heißt laut DIN EN 12056 „Schwarzwasser". Zum „Regenwasser" zählt Wasser aus natürlichem Niederschlag, das nicht durch Gebrauch verunreinigt wurde.

Eine Entwässerungsanlage ist laut DIN EN 12056 eine Anlage, installiert aus Entwässerungsgegenständen, Rohrleitungen und anderen Bauteilen, welche Abwasser sammelt und mittels Schwerkraft entwässert. Eine Abwasserhebeanlage kann Teil einer Schwerkraftentwässerungsanlage sein.

Es ist sicherzustellen, dass die Entwässerungsanlage in ihrer Funktion nicht beeinträchtigt oder gefährdet wird, das Wartungspersonal nicht gesundheitlich beeinträchtigt oder gefährdet wird, die Umwelt nicht geschädigt wird, die Abwasserreinigung nicht beeinträchtigt wird und keine nachhaltig belästigenden Gerüche auftreten. Es dürfen keine schädlichen Stoffe eingeleitet werden.

Diese Stoffe sind zurückzuhalten und in entsprechenden Anlagen aufzubereiten bzw. durch Fachfirmen zu entsorgen.

IV.1.2.1 Abwasserleitungen und Abläufe

Abwasserleitungen und die dazugehörigen Lüftungsleitungen müssen beständig gegen Abwässer und daraus entstehenden Gase sein. Sie sollten so beschaffen sein, dass Ablagerungen, Verstopfungen nicht begünstigt werden. Abwasserleitungen müssen darüber hinaus für die Kondensatableitung aus Feuerungsanlagen genormt und zugelassen sein.

Unterschiedliche Werkstoffe müssen untereinander verträglich sein. Die einzelnen Teile einer Abwasserleitung müssen auch bei unterschiedlichen Herstellern untereinander austauschbar sein. Darüber hinaus müssen Abwasserleitungen bestimmten Temperaturen (Rohre und Formstücke für Anschluss-, Fall- und Sammelleitungen maximal 95 °C, Grundleitungen maximal 45 °C) standhalten können.

Rohrleitungen müssen so verlegt werden, dass sie von selbst leer laufen können. Der Leitungsquerschnitt aller Rohrverbindungen darf sich in Fließrichtung nicht verengen. Erweitert werden darf der Querschnitt ausschließlich mit Übergangsformstücken.

Rohrverbindungen müssen bei einem Innen- oder Außendruck von bis zu

0,5 bar dauerhaft dicht sein. Leitungen, bei denen ein höherer Über- oder Unterdruck auftreten kann (z. B. bei Regenwasserleitungen im Inneren eines Gebäudes), sind dementsprechend auszulegen.

Rohrverbindungen werden unterschieden in Steck-, Schraub-, Spann-, Kleb-, Schweiß-, Stemm- oder Flanschverbindung, die mit elastischen oder plastischen Werkstoffen abgedichtet werden.

Probleme an Abwasserleitungen können wiederkehrende Verstopfungen bei Grund- und Fallleitungen, Überflutungen bei Rückstau, Bruch von Rohrleitungen oder Korrosion darstellen.

Wiederkehrende Verstopfungen bei Grund- und Fallleitungen

Ursache für diese Verstopfungen können die falsche Dimensionierung der Leitungen, die Nutzungsänderung des Gebäudes und dadurch die Änderung der anfallenden Abflussmengen ohne Anpassung der Entwässerungsanlage oder unkorrekt ausgeführte Richtungsänderungen an den Leitungen sein. Wiederkehrende Verstopfungen an Abwasserleitungen können zukünftig vermieden werden, wenn der betreffende Rohrabschnitt gegen einen in der Nennweite angepassten Rohrabschnitt ausgetauscht wird. Darüber hinaus kann der Einbau von Reinigungsrohren oder Kontrollschächten hilfreich sein.

Bruch von Rohrleitungen, Korrosion

Zum Bruch der Standrohre und Fallleitungen in Bereichen, wo mit Stoß- und Schlagbelastung zu rechnen ist, kann es kommen, wenn ungeeignete Materialien eingesetzt wurden. Korrosion kann auftreten, wenn das eingesetzte Material für die jeweilige Zusammensetzung des Abwassers nicht geeignet ist (z. B. Korrosion an Kondensatleitungen).

Unkorrekt ausgeführte Richtungsänderungen an den Leitungen sind gegen normgerechte Umlenkungen auszutauschen. Bei Bruch der Rohrleitungen sind die beschädigten Abschnitte auszutauschen. Stoßgefährdete Rohre sind stoßsicher zu ummanteln.

Rohrleitungsverlegung

Schmutzwasser aus dem Gebäude wird über die Anschluss- bzw. Verbindungsleitung in den Anschlusskanal geleitet. Dabei fließt das Abwasser zunächst durch die Fallleitung und die unzugängliche Grundleitung im Baukörper. Zuletzt passiert das Wasser die Grundleitung im Erdreich.

Das Regenwasser wird über die Regenwasserfallleitung im Gebäude oder im Freien meist direkt dem Vorfluter zugeführt. Kondensatwasser der Heizanlage ist über eine Kondensatleitung der Gebäudeentwässerung zuzuleiten.

Die ordnungsgemäße Ableitung von Schmutz- und Regenwasser von Grundstücken erfolgt über das Rohrnetz der kommunalen Entwässerung oder ein privates, örtliches Entwässerungssystem bzw. eine private Kleinkläranlage oder auch eine Pflanzenkläranlage.

Geruchsverschlüsse verhindern das Entweichen von Kanalgasen in die Räume. Für jede Ablaufstelle ist ein Geruchsverschluss vorzusehen, zusätzlich im Keller ein Sammelgeruchsverschluss und ein Rückstauschutz gegen Kellerüberschwemmungen.

Anschluss- bzw. Verbindungsleitung (AL)

Anschlussleitung bezeichnet die Leitung vom Geruchsverschluss des zu entwässernden Gegenstandes bis zur weiterführenden Leitung. Hierbei wird zwischen Einzelanschlussleitungen und Sammelanschlussleitungen unterschieden.

Anschlussleitungen sind, mit Ausnahme der Leitungen vom Urinal und WC, aus heißwasserbeständigen Materialien auszuführen.

Fallleitung (FL)

Fallleitung bezeichnet die durch ein oder mehrere Geschosse führende, senkrechte, möglichst geradlinig verlaufende Leitung, die das Abwasser der Grund- oder Sammelleitung zuführt. Beim Übergang ist eine Reinigungsöffnung vorzusehen.

Fallleitungen sind getrennt für Schmutz- und Regenwasser mit gleichbleibender Nennweite zu führen. Fallleitungen für Schmutzwasser sind heißwasserbeständig auszuführen.

Lüftungsleitung (LL)

Lüftungsleitung bezeichnet eine zur Be- und Entlüftung der Fallleitung dienende, senkrecht über das Dach geführte Leitung, die kein Wasser aufnimmt.

Lüftungsleitungen dienen dem Druckabbau durch Ableitung der von einem Wasserstoß verdrängten Luft über gerade nicht benutzte Fallleitungen ins Freie. Bei augenblicklich benutzten Fallleitungen führt sie zur Vermeidung eines Unterdrucks Luft aus dem Freien zu. Zudem dienen Lüftungsleitungen dem Ableiten der Kanalgase ins Freie.

Sammelleitung (SL)

Sammelleitung bezeichnet im Erdreich oder der Grundplatte verlegte Leitungen, die das Abwasser von Fall- oder Anschlussleitungen aufnehmen. Sammelleitungen sind für Regenwasser und für Schmutzwasser zu trennen.

Grundleitung (GL)

Grundleitung bezeichnet eine im Erdreich (GLE) oder in der Grundplatte unzugänglich (GLU) verlegte Leitung, die das Abwasser dem Anschlusskanal oder der privaten Kläranlage zuführt.

Die räumliche Lage der Grundleitungen wird durch die Lage der Fallleitungen bestimmt.

Grundleitungen sind frostsicher zu verlegen und müssen dabei vollflächig aufliegen.

Grundleitungen sind möglichst geradlinig mit einem Mindestgefälle und einem Maximalgefälle von 1:20 zu führen.

Regenwasserfallleitung im Gebäude (RFL)

Regenwasserleitungen leiten das Regenwasser von Dachflächen, Balkonen und Loggien ab. Bei innen liegenden Regenwasserleitungen ist zu beachten, dass diese – zumindest im oberen Geschoss – gegen Schwitzwasserbildung zu dämmen sind. Zusätzlich ist eine Schalldämmung gegen die Fließgeräusche vorzusehen.

Regenwasserfallleitung im Freien (RR)

Regenwasserleitungen leiten das Regenwasser von Dachflächen, Balkonen und Loggien ab. Außen liegende Regenwasserfallleitungen (Regenfallrohre) werden überwiegend aus gefalzten Blechrohren oder Kunststoff hergestellt.

Materialien

Steinzeugrohre

Steinzeugrohre und -formstücke sind maschinell aus Steinzeugtonen geformt und bis zur Sinterung durchgebrannt. Sie erreichen eine hohe mechanische Festigkeit und sind besonders widerstandsfähig gegen Chemikalien. Aufgrund ihrer Eigenschaften finden diese Rohre hauptsächlich als Grundleitungen Anwendung. Sie werden unterschieden in:

- Steinzeugrohre mit Steckmuffe (nach DIN EN 295 „Steinzeugrohre und Formstücke sowie Rohrverbindungen für Abwasserkanäle und -leitungen"):
  Diese innen glasierten Rohre gibt es in Normalausführung (N) und in verstärkter Ausführung (V) mit höherer Tragfähigkeit für besondere Anforderungen.

  Die außen nicht glasierten, sogenannten Topton-Rohre sind etwas preisgünstiger.

  Im Bestand wurden Rohrverbindungen häufig mittels Teerstrick und Verguss mit heißem Tonrohrkitt oder mittels Rollringdichtung hergestellt.

  Heutzutage sind bei Neubau oder Modernisierung bewegliche Steckverbindungen mit elastischer Dichtung üblich:

  – Verbindung F (fest verbundene Lippendichtung aus Kautschuk-Elastomer mit Stahlring); hier sind Größen von DN 100 bis DN 200 und Regellängen von 100 bis 200 cm in Gebrauch; hierbei ist die Kombination mit anderen Rohrwerkstoffen möglich,

  – Verbindungssystem C (Dichtelement sowohl in der Muffe als auch am Spitzende des Rohres aus polymerem Kunststoff angegossen) für größere Nennweiten ab DN 200 (bis 1200), hauptsächlich verwendet in der öffentlichen Kanalisation.

- Steinzeugrohre mit glatten Enden: Diese muffenlosen Rohre gibt es mit glasierter (G) oder unglasierter (U) innerer Oberfläche in denselben Abmessungen wie Steinzeugrohre mit Steckmuffe.

  Verbunden werden diese Rohre mit Steckkupplungen (ST, mit Kupplungskörper und Dichtprofilen), die eine elastische Verformung ermöglichen, mit Spannkupplungen (SP), die aus einem Kupplungskörper mit Dichtmanschette und Spannelementen zum Anpressen der Dichtprofile bestehen, oder mit Polypropylen-Kupplung (PP-Kupplung) mit integrierter Lippendichtung (System E der DIN EN 295-1).

- Dünnwandige Steinzeugrohre mit glatten Enden:
  Diese Steinzeugrohre besitzen eine geringe Wanddicke. Sie sind mit Prüfbescheid für fast alle Leitungsteile zugelassen und sind mit den beiden anderen Steinzeugrohrarten kombinier- und austauschbar.

Betonrohre

Betonrohre und Betonformstücke sind wenig abriebfest und dürfen aus diesem Grund ausschließlich für Grund- und Sammelleitungen verwendet werden.

Hierbei werden Rohre mit Kreis- oder Eiquerschnitt unterschieden. Es gibt sie mit oder ohne Fuß, mit Muffe oder mit Falz. Die Ausführung mit Muffe oder Falz wird durch Anfügen von -M für Muffe bzw. -F für Falz bezeichnet.

Faserzementrohre

Die aus einer Beton-, Zellstoff- und Synthetikfaser-Mischung bestehenden Faserzementrohre besitzen im Inneren eine glatte, wartungsfreie Acrylbeschichtung. Die Rohre gelten als korrosionsbeständig gegenüber Chemikalien (außer Säuren).

Aufgrund ihres geringen Gewichtes ist eine leichte Verlegung größerer Baulängen möglich.

Für Rohre, die im Erdreich verlegt werden sollen, ist ein äußerer Rohrschutz auf Bitumen- und Steinkohlenteerpechbasis, für aggressive Industrieabwässer auch Kunstharzbeschichtungen, vorzusehen.

Nach DIN 1986-4 sind Faserzement-Rohre und -Formstücke für alle Bereiche der Gebäude- und Grundstücksentwässerung zugelassen, Faserzement-Kanalrohre jedoch nur für Grundleitungen.

Faserzement-Rohre werden in Faserzement-Abflussrohre mit Muffe, Faserzement-Abflussrohre ohne Muffe und Faserzement-Kanalrohre unterschieden.

- Faserzement-Abflussrohre mit Muffe nach DIN EN 12763:
  Faserzement-Muffenrohre werden in den Nennweiten DN 50 bis DN 200 und größer, in Baulängen von 15 bis 400 cm hergestellt. Verbunden werden sie durch Muffen, mit Gummirillenring abgedichtet (für rückstaugefährdete Leitungen auch mit zugfesten Muffenverbindungen für Innendrücke bis 2,5 bar).

- Faserzement-Abflussrohre ohne Muffe:
  Muffenlose Rohre gibt es in den gleichen Nennweiten, Baulängen, Konstruktionsmaßen und Wandstärken wie die Muffenrohre.

  Verbunden werden sie durch Spannmuffen mit eingelegter Gummidichtung.

  Die Kombinationen aus muffenlosen Rohren und Muffenrohren aus Faserzement ist aufgrund der gleichen Abmessungen problemlos möglich. Druckgefährdete Leitungen erhalten zusätzlich beidseitig 2 zugfeste Muffenverbindungen (ZMV).

Blechrohre

Zu den Blechrohren zählen Rohre aus Kupferblech, Titanzinkblech, verzinktem oder nicht rostendem Stahlblech oder aus Aluminium. Rohre aus diesen Materialien dürfen ausschließlich für Regenwasserleitungen im Freien und nicht als Standrohr verwendet werden.

Blechrohre werden rund oder rechteckig oder aus werksmäßig vorgefertigten Teilen hergestellt.

- Dachrinnen:
Dachrinnen sollten ein Mindestgefälle von 0,5 % besitzen. Die Befestigung erfolgt mit gebogenen bzw. gekanteten Rinnenhaltern aus verzinktem Bandeisen, Profilstärke 25 × 4 mm bis 40 × 5 mm, in Gebieten mit großem Schneefall auch bis zu 25 × 8 mm.

- Regenfallleitungen:
Für außen liegende Regenfallrohre aus Blech in runder, quadratischer oder rechteckiger Form sind nur noch die Werkstoffdicken in Verbindung mit den mittleren Rohrdurchmessern genormt (DIN EN 612 „Hängedachrinnen mit Aussteifung der Rinnenvorderseite und Regenrohre aus Metallblech mit Nahtverbindungen").

Übliche Längen sind 100, 200 und 300 cm.

Werden unterschiedliche Metalle miteinander verbunden, sind entsprechende Zwischenlagen gegen die Korrosionsgefahr anzuordnen.

Standrohre bis Sockelhöhe werden i. Allg. aus schlagfestem Gusseisen- oder Kunststoffrohr ausgeführt, es sind aber auch Stahlrohre möglich.

Stahlrohre

Stahl-Abflussrohre besitzen eine hohe Festigkeit und hohe Temperaturbeständigkeit. Sie können mit geringeren Wandstärken und damit geringerem Gewicht als Gussrohre hergestellt werden.

Aufgrund des kleineren Muffendurchmessers können diese Rohre leichter in engen Mauerschlitzen verlegt werden. Stahl-Abflussrohre sind für alle Schmutz- und Regenwasserleitungen zugelassen, außer für Kondensatleitungen. Sie werden zum Schutz gegen Korrosion feuerverzinkt und haben innen zusätzlich eine Kunstharzbeschichtung. Im Erdreich verlegte Leitungen besitzen einen zusätzlichen äußeren Korrosionsschutz. Die Rohre werden in den Nennweiten DN 40 bis DN 300 in verschiedenen Längen bis zu 300 cm hergestellt.

Bei Verbindungen und Dichtungen wird unterschieden in Muffenform A (zylindrische Führung mit Lippendichtung), Muffenform B (ohne zylindrische Führung mit Rollringdichtung) und Rohre mit beidseitigen Muffen.

Die Verbindung der Rohre erfolgt durch Eindrücken des Dichtelements in die Muffe, Aufbringen eines speziellen Gleitmittels und Zusammenschieben der Rohre. Zur Dehnungsaufnahme und auch aus Schallschutzgründen werden die Rohre nicht ganz in den Muffengrund eingeschoben. Bei möglichen höheren Innendrücken werden, ähnlich wie bei gusseisernen Rohren, zusätzliche Sicherungsschellen verwendet.

Gusseiserne Rohre

Gusseiserne Rohre sind aufgrund ihrer Eigenschaften für alle Arten von Abwasserleitungen einsetzbar. Sie sind korrosionsbeständig gegenüber häuslichen Abwässern, bieten durch ihr relativ hohes Gewicht gute Schalldämpfung und besitzen eine hohe Festigkeit. Außerdem sind die Rohre stoß-, schlag- und abriebfest sowie kochwasserbeständig.

Im Bestand findet man die im Handel nicht mehr erhältlichen gusseisernen Muffenrohre (GA-Rohre) nach der früheren DIN 19500 bis DIN 19513. Anschlüsse von neueren gusseisernen Rohren ohne Muffe (SML-Rohre) sind an GA-Rohre bei Modernisierung möglich.

Muffenlose Abflussrohre aus Gusseisen (SML-Rohre) sind für alle Arten der Gebäude- und Grundstücksentwässerung zugelassen, jedoch nicht für Kondensationsleitungen. Sie werden in Nennweiten von DN 50 bis DN 200 (und größer) und Längen bis zu 300 cm hergestellt. SML-Rohre haben eine Teer-Innenbeschichtung und einen äußeren korrosionshemmenden, rötlichen Schutzanstrich.

Formstücke sind mit Bögen von 15°, 30°, 45°, 70° und 88,5° sowie 135° für Umgehungsleitungen erhältlich.

Dazu kommen Sprungrohre, Abzweige mit 45°, 70°, 88,5°, Doppelabzweige mit 70° und 88,5°, Eckabzweige mit 88,5°, Parallel- und Kombinationsabzweige mit 90°, Übergangsrohre, Reinigungsrohre, Geruchsverschlüsse und Rohre mit Klemm- bzw. Mauerflansch

sowie spezielle Anschlussstücke und Verschlusskappen.

Die Rohre werden mit Verbindungen aus stabilisiertem Chromstahl mit elastischen, heißwasserbeständigen EPDM-Dichtmanschetten zusammengefügt.

Kunststoffrohre

Kunststoffrohre können aufgrund ihres leichten Gewichtes und der einfachen Verbindungen schnell und mühelos montiert werden. Sie sind korrosionsbeständig, erreichen wegen der glatten Innenfläche gute Abflussbeiwerte und neigen kaum zu Krustenbildung. Darüber hinaus benötigen sie aufgrund ihrer geringen Ausmaße wenig Platz und sind somit auch für enge Mauerschlitze geeignet. Wegen ihrer Eigenschaften werden Kunststoffrohre bevorzugt im Wohnungsbau eingesetzt.

Als Nachteil von Kunststoffrohren gilt ihre hohe Ausdehnung bei Erwärmung.

Kunststoffrohre werden unterschieden in:

- PVC-U-Abwasserrohre (nach DIN 19531-10/DIN EN 1329):
hellgraue Polyvinylchloridrohre mit Steckmuffe (frühere Bezeichnung: PVC-hart-Kanalrohre), werden in 2 Ausführungen geliefert: Ausführung N mit normaler Wanddicke, geeignet für Anschluss-, Lüftungs- und Regenfallleitungen, und Ausführung V mit verstärkter Wanddicke, zusätzlich geeignet für Fall- und Sammelleitungen, nicht jedoch für Grundleitungen im Erdreich,

- PVC-U-Kanalrohre (nach DIN 19534/DIN EN 1401):
orangebraune Polyvinylchlorid-Rohre (Bezeichnung „KG-Rohre") sind ausschließlich für Grundleitungen zu verwenden; sie sind in den Längen 500, 1000, 2000 und 5000 mm erhältlich

Verbunden werden PVC-U-Kanalrohre durch Steckmuffen und Dichtringe.

Für Übergänge, Abzweige usw. sind verschiedene Formstücke erhältlich, darüber hinaus sind spezielle Formstücke im Gebrauch, mit denen Anschlüsse an Leitungen aus anderen Rohrmaterialien hergestellt werden können.

- PVC-C-Abwasserrohre (nach DIN 19538-10/DIN EN 1566-1): Diese mittelgrauen, heißwasserbeständigen, schwer entflammbaren Steckmuffenrohre (HT-Rohre) bestehen aus chloriertem PVC. Diese Rohre sind als Abflussrohre oder für Regenwasserleitungen im Freien zu verwenden, sie sind nicht als Grundleitungen im Erdreich oder als Standleitung zugelassen.

- PE-HD-Abwasserrohre (nach DIN 19535-10/DIN EN 1519-1): Polyethylen-Rohre mit hoher Dichte (PE-HD) für heißwasserbeständige Abwasserleitungen im Gebäude; diese Rohre sind nicht für im Erdreich verlegte Grundleitungen zugelassen.

Verbunden werden diese Rohre und ihre Formstücke durch Schweißmuffen, durch Schraubmuffen oder durch Steckmuffen.

- Rohre hoher Dichte aus Polyethylen (HDPE) für Abwasserkanäle und -leitungen (nach DIN 19537): Diese schwarzen Rohre und Formstücke für Grundleitungen aus Polyethylen (HDPE) haben eine hohe Dichte und sind in den Nennweiten DN 100 bis 300 und größer und in Baulängen von 5, 6 und 12 m erhältlich.

Verbunden werden diese Rohre und Formstücke mit Schweißmuffen, Steckmuffen oder Flanschverbindungen mit Dichtmittel.

- PP-Abwasserrohre (nach DIN 19560-10/DIN EN 1451-1) (PP-HT): mittelgraue, heißwasserbeständige Abwasserrohre aus Polypropylen („HT-Rohre"); diese Rohre und die dazugehörigen Formstücke sind für alle Arten von Abwasserleitungen geeignet, nicht jedoch für Leitungen im Freien und für Grundleitungen im Erdreich. Anschlussstücke für Gussrohr oder Steinzeugrohr machen diese HT-Rohre universell einsetzbar. Rohrverbindungen werden mit Steckmuffen und Kautschuk-Rollringen als Dichtungselemente ausgeführt.

Abläufe

Innerhalb von Gebäuden ist unter jeder Zapfstelle, mit Ausnahme von Anschlüssen für Spül- und Waschmaschine, ein Ablauf vorzusehen. Nach DIN 19541 „Geruchsverschlüsse für besondere Verwendungszwecke – Anforderungen und Prüfverfahren" ist jeder Ablauf, außer Ablaufstellen für Regenwasser und Ferneinläufe, mit einem Geruchsverschluss auszustatten.

Ferneinläufe ohne Geruchsverschluss werden da eingesetzt, wo durch Einfrieren der Ablauf zerstört werden kann (im Freien und in Garage), oder als Zulauf zu einem Abscheider. Mit Geruchsverschluss besteht die Gefahr, dass sich die abzuscheidende Leichtflüssigkeit im Ablauf ansammeln könnte.

Ablaufstellen sind laut DIN 4045 „Abwassertechnik – Grundbegriffe" Auffang-, Sammel- und Einleitstellen für Abwasser in die Entwässerungsanlage, z. B. am Bodenablauf, im Wasch- und Spülbecken, in der Bade- und Duschwanne, im Klosett und Urinal.

Ablaufarmaturen haben die Aufgabe, den Wasserablauf aus Dusche, Waschbecken oder Badewanne zu sperren oder freizugeben und den Sanitärgegenstand mit der Abwasserleitung zu verbinden.

Entwässerungsrinnen nehmen Oberflächenwasser (Regenwasser und Tauwasser) auf und leiten es schnell über eine Grundleitung ab. Eingesetzt werden Entwässerungsrinnen an befestigten und versiegelten Freiflächen wie Straßen, Wegen, Plätzen, Terrassen und Balkonen.

Arten, Merkmale und Materialien von Abläufen innerhalb von Gebäuden

Der Schutz des Gebäudes gegen Wasserschäden ist durch eine Ablaufstelle an jeder Zapfstelle zu gewährleisten. Jeder Ablauf innerhalb des Gebäudes ist mit einem Geruchsverschluss nach DIN 19541 „Geruchsverschlüsse für besondere Verwendungszwecke – Anforderungen und Prüfverfahren" zu versehen. Dies gilt mit Ausnahme von Bodenabläufen, die an einen Ablauf mit Geruchsverschluss oder Abscheider für Leichtflüssigkeit angeschlossen sind.

Geruchsverschlüsse nach DIN 19541 verhindern durch das Zurückhalten einer gewissen Wassermenge in einer bestimmten Höhe das Austreten von Kanalgasen und Gerüchen der Abwasserleitungen in die Wohnräume. Geruchsverschlüsse werden entweder in die Leitung eingebaut oder sind an den Entwässerungsgegenstand angeformt. Je nach Art des Ablaufs ist eine gewisse Mindestsperrwasserhöhe vorzusehen. Sind mehrere gleichartige Ablaufstellen vorhanden, kann die Geruchsbelästigung durch einen gemeinsamen Geruchsverschluss vermieden werden.

Im Bestand sind hauptsächlich Rohrgeruchsverschluss, Tauchwandgeruchsverschluss oder Flaschengeruchsverschluss aus verchromtem Messing oder Kunststoff zu unterscheiden.

Abläufe unter Zapfstellen

Unter jeder Zapfstelle im Gebäude ist eine Ablaufstelle anzuordnen, es sei denn, der Ablauf ist über den wasserdicht ausgeführten Fußboden ohne Pfützenbildung zum Bodeneinlauf hin möglich.

Besteht die Möglichkeit, den Ablauf mittels Ablaufventil zu verschließen (z. B. Waschtisch oder Badewanne), so muss ein freier Überlauf vorgesehen werden.

Waschmaschinen und Geschirrspülautomaten pumpen das Wasser meist selbsttätig ab. Sie benötigen keine Ablaufstelle unter der Zapfstelle. Fest angeschlossene Maschinen werden über einen Geruchsverschluss entwässert, Abwasserschläuche sind gegen Herausfallen zu sichern.

Ablaufventile stellen den Anschluss eines sanitären Einrichtungsgegenstands zum Geruchsverschluss her. Meist werden Siebventile, Stopfenven-

Tabelle IV.1.01: Mindestsperrwasserhöhe von Ablaufarten

Ablaufart	Sperrwasserhöhe
Klosettabläufe	50 mm
Bade- bzw. Duschwannenabläufe	50 mm
sonstige Schmutzwasserabläufe	60 mm
Regenwasserabläufe	100 mm

tile oder Standrohr-Ablaufventile eingebaut.

Siebventile sind unabsperrbar und werden dann verwendet, wenn das verschmutzte Wasser aus hygienischen Gründen sofort abfließen soll, wie beispielsweise bei Ärzte-Waschtischen.

Für Abflüsse, die verschlossen werden sollen, werden Stopfenventile verwendet. Die einfachste Art der Stopfenventile schließt mit einem Hartgummistopfen und wird mit einem Ring oder einer Kette geöffnet. Heute werden überwiegend sogenannte Exzenter-Ablaufgarnituren montiert, die mittels Zugknopf oder Umlegehebel betätigt werden.

Standrohr-Ablaufventile ermöglichen das Füllen des Beckens oder der Duschwanne bis zur Oberkante des Standrohrs. Überschüssiges Wasser kann durch den Überlauf abfließen.

Flachdach- und Terrassenabläufe

Die Entwässerung von Flachdach- und Terrassenabläufen erfolgt oft durch im Inneren des Gebäudes angeordnete Regenfallleitungen. Dabei müssen, um die Entwässerung zu sichern, mindestens 2 Abläufe bzw. statt des zweiten Ablaufs ein Sicherheitsüberlauf vorhanden sein.

Abläufe dieser Art bestehen aus Grauguss, Stahl oder Kunststoff, besitzen einen seitlichen oder senkrechten Abgang (DN 70 bis DN 150) und sind mit oder ohne Laubfang ausgestattet.

Bei inneren Entwässerungsleitungen beheizter Gebäude sollten, um Tauwasserbildung zu vermeiden, die Abläufe im Bereich der Decke gedämmt werden.

Bei Terrassen ist darauf zu achten, dass der Einlauf oberflächenbündig abschließt.

Meist wird durch die aus dem Kanalsystem aufsteigende warme Luft das Einfrieren der Leitung verhindert. Besteht trotzdem Vereisungsgefahr, kann durch eine sogenannte Ablaufheizung (mit Heizstab) das Einfrieren des Ablaufs verhindert werden.

Bodenabläufe, Balkon- und Loggienabläufe

Bodenabläufe dienen der Entwässerung von Flächen, wie z. B. Kellern, Balkonen, Loggien, Garagen oder Nassräumen, wobei Abläufe im Freien überwiegend als Ferneinläufe ohne Geruchverschluss geplant werden. Sind Geruchsverschlüsse erforderlich, kann dieser in der Regenfallleitung in frostfreier Tiefe angeordnet werden. Abläufe in Garagen sind mit Benzin- bzw. Ölabscheider auszustatten.

Bodenabläufe sind immer an der tiefsten Stelle im Raum anzuordnen und sollten gegen Ablagerungen und Verschmutzung (z. B. durch ein Laubsieb oder einen Schlammfang) gesichert werden. Liegt der zu entwässernde Raum unterhalb der Rückstauebene, so sind ausschließlich Bodenabläufe mit Rückstauverschluss zulässig.

Haben Balkone und Loggien eine geschlossene Brüstung, müssen außer den möglichst flach ausgebildeten Bodenabläufen Durchlassöffnungen mit einem Durchmesser von mehr als 40 mm als Sicherheitsablauf bei verstopftem Bodeneinlauf vorgesehen werden. Im Bestand sind diese Sicherheitsabläufe oftmals nicht vorhanden.

Kellerabläufe

Kellerabläufe nach DIN 591 „Kellerabläufe Klasse L 15 mit Reinigungsöffnung" dienen der Entwässerung von frostfreien Kellerräumen. Sie bestehen aus Gusseisen oder Kunststoff und besitzen einen Geruchsverschluss mit einer Mindestsperrwasserhöhe von 60 mm. Kellerabläufe sind je nach Art der Abdichtung mit und ohne Anschlussrand erhältlich. Ihre Nennweiten betragen DN 50, DN 70 und DN 100 bei Neigungen von 1,5°, 5°, 20° und 90°.

Nassräume in Wohnungen

Nassräume in Wohnungen sollten mit einem Bodenablauf ausgestattet werden. Im Bestand sind Bodenabläufe in Wohnungen eher die Ausnahme. Für Gebäude wie Schulen, Schwimmbäder, Hotels, Altenheime usw. sind Bodenabläufe nach DIN 1986 mit entsprechendem Anschluss an eine Abdichtung bis mindestens 15 cm über Oberkante Fertigfußboden vorgeschrieben.

Die sogenannten Badabläufe werden aus Gusseisen, nicht rostendem Stahl oder Kunststoff hergestellt. Sie sind in verschiedenen Formen und Nennweiten (DN 50 und 70, Abgang 1,5° und 90°) erhältlich. Aufsatzstücke am Einlauf sollten stufenlos höhenverstellbar, seitlich justierbar und drehbar sein, um sie der jeweiligen Bodenaufbauhöhe und dem Fliesenraster anpassen zu können.

Die möglichst flachen Abläufe müssen mit einem geeigneten Anschlussflansch gemäß DIN EN 1253-1 „Abläufe für Gebäude" zum Anschluss an die Dichtungsbahnen versehen sein: Pressdichtungsflansche (Los-/Festflanschkonstruktionen) werden bei hohem Wasseranfall eingesetzt, Klebeflansch (bei Bitumen-Dichtungsbahnen) und Anschweißflansch (bei Kunststoff-Dichtungsbahnen) sind bei einlagigen Bahnenabdichtungen immer noch üblich. Dünnbett-Bodenabläufe werden bei Abdichtungen im Verbund mit keramischen Belägen verwendet.

Sie werden entsprechend ihrer Belastbarkeit nach DIN EN 1253 „Abläufe für Gebäude" klassifiziert und in 4 Klassen (H 1,5, K 3, L 15, M 125) eingeteilt.

Der Bodenablauf ist so zu installieren, dass sowohl die Ebene der Dichtungsbahnen und die Bodenbelagoberfläche (mittels Gefälleestrich) vollständig entwässert werden. Zum Schutz gegen Rückstau bei überdurchschnittlichem Regenwasseranfall im öffentlichen Rohrnetz sind Kellerabläufe mit Rückstaudoppel- oder -dreifachverschluss erhältlich.

IV.1.2.2 Abwasserhebe- und Pumpanlagen

Über ein Pumpensystem werden Abwässer, die nicht aufgrund eines natürlichen Gefälles in die Kanalisation abgeleitet werden können, der Abwasserleitung zugeführt.

Diese Abwasserhebeanlagen werden häufig bei Sanitäreinheiten, die unterhalb der Geländeoberkante im Kellergeschoss liegen, eingesetzt.

Oftmals werden bei Abwasserhebeanlagen schwimmergesteuerte Pumpen eingesetzt.

Als Rückstauebene wird, sofern keine anderen Daten vorliegen, die Höhe der Oberkante der am Gebäude anliegenden Straße bezeichnet. Für die zur Grundstücksentwässerung dienenden Einrichtungen, die unterhalb der Rückstauebene liegen, sind geeignete Maßnahmen zu treffen, die ein Eindringen von Abwässern aus den öffentlichen Regen- und Mischwasserkanälen durch Rückstau verhindern. Das geschieht z. B. durch Hebeanlagen oder Rückstauverschlüsse.

Liegen Entwässerungsgegenstände oberhalb der Rückstauebene, dürfen diese nicht über die Abwasserhebeanlage entwässert werden.

Arten von Abwasserhebe- und -pumpanlagen

Abwasserhebeanlagen werden unterschieden in Anlagen für fäkalienfreies und Anlagen für fäkalienhaltiges Abwasser. Darüber hinaus sind sogenannte Kleinhebeanlagen auf dem Markt.

Anlagen für fäkalienfreies Abwasser, das keine Geruchsbelästigung verursacht

Fäkalienfreies Abwasser, das keine Geruchsbelästigung verursacht, wird in einem wasserdichten, oben abgedeckten Behälter gesammelt. Das leicht verschmutzte Abwasser kann aus Waschtischen oder Bade- und Duschwannen u. Ä. stammen oder es handelt sich um Regenwasser. Ist in dem Sammelbehälter ein bestimmter Wasserstand erreicht, wird das Wasser mittels einer schwimmergesteuerten Tauchpumpe über die Rückstauebene gepumpt. Danach fließt es mit natürlichem Gefälle in den Straßenkanal. Bei dieser Art der Entwässerung ist der Einbau eines Rückflussverhinderers notwendig. Darüber hinaus sind geeignete Schallschutzmaßnahmen zu treffen.

Abwasserhebeanlagen sind in Räumen zu installieren, die beleuchtet sind und die einen Arbeitsraum von mindestens 60 cm über und neben dem Gerät gewährleisten. Für den nachträglichen Einbau bei nur geringem Anfall von Abwasser sind sogenannte Kleinhebeanlagen oder Kleinsthebeanlagen erhältlich. Deren Pumpe kann sich direkt neben oder unter dem zu entwässernden Gegenstand, in einer Vorwandinstallation oder im Bodenablauf befinden. Sie kommen bei Modernisierungsmaßnahmen z. B. beim nachträglichen Einbau einer Dusche oder eines Waschtisches zum Einsatz.

Anlagen für fäkalienhaltiges Abwasser

Klosett- und Urinalanlagen, in denen der Wasserspiegel im Geruchsverschluss niedriger als 25 cm über der Rückstauebene liegt oder die kein für die Entwässerung notwendiges natürliches Gefälle zum Straßenkanal besitzen, sind an eine Fäkalienhebeanlage anzuschließen.

IV.1.2.3 Abwasseraufbereitung

Dezentrale Entwässerungsanlagen im Altbaubestand, sogenannte Kleinkläranlagen, erfüllen oft nicht mehr die gültigen Vorschriften bzw. die geforderten Reinigungswerte. Zu Einschränkungen ihrer Funktion kann es z. B. aufgrund einer unzureichenden Wartung der Anlagen kommen.

Es sollte darauf geachtet werden, dass Kleinkläranlagen infolge der Umstellung auf eine zentrale Abwasseraufbereitung überflüssig werden und je nach Satzung der einzelnen Städte bzw. Gemeinden Regelungen über eine Umnutzung, den Rückbau, vordergründig jedoch die Trennung vom zentralen Abwassersystem festgesetzt sind.

Vorhandene Mehrkammer-Absetzgruben ohne biologische Reinigungsstufe können mit einer biologischen Reinigungsstufe nachgerüstet werden. Dafür bieten verschiedene Hersteller spezielle Nachrüstsätze an.

Werden vorhandene Kleinkläranlagen infolge der Umstellung auf eine zentrale Abwasseraufbereitung stillgelegt, so sind je nach Satzung der einzelnen Städte und Gemeinden Regelungen über eine Umnutzung, den Rückbau, vordergründig jedoch die Trennung vom Abwassersystem zu beachten. Die nun ungenutzten Anlagen sind so herzurichten, dass sie für die Aufnahme oder Ableitung von Abwasser nicht mehr genutzt werden können.

Bisherige Abwasserbeseitigungsanlagen können als örtliche Anlage erhalten bleiben, wenn sie als Anlage zur

Abb. IV.1.11: Elektrischer Rückstauverschluss in Wandmontage

Beseitigung oder Sammlung von Niederschlagswasser oder als Brennstofflager genutzt werden sollen. Voraussetzung für die weitere Nutzung von Hausklärgruben ist jedoch eine gründliche und fachgerechte Reinigung. Verrieselungsanlagen können durch Spülen und den Austausch der Kies-/Sandrigole wieder instand gesetzt werden.

Anforderungen an Kläranlagen

Die Anforderungen an Kläranlagen richten sich nach dem Reinigungsziel und/oder der Reinigungsleistung der Anlage. Je nach gewähltem Verfahren können Stoffe besser oder schlechter aus dem Abwasser entfernt werden. Schlussendlich erfolgt eine Umschichtung der Elemente und es entstehen neue Stoffe.

Schmutzwasser ist so zu reinigen, dass es bedenkenlos dem natürlichen Kreislauf wieder zugeführt werden kann. Das geschieht in 2, in öffentlichen Abwasseraufbereitungsanlagen heutzutage oft auch in 3 Stufen:

Die mechanische Reinigung ist meist der biologischen vorgeschaltet. Das Wasser wird während dieser Stufe mithilfe von Rechen, Sandfang und Absetzbecken und durch Verringerung der Fließgeschwindigkeit von den sogenannten Schwebstoffen befreit. Schwebstoffe wie Grobstoffe, Sand, Schlamm und Fäkalien können die nachfolgenden Reinigungsprozesse stören. Suspendierte und gelöste Stoffe können während dieser Stufe nicht entfernt werden. Danach wird meistens ein Vorklärbecken angeordnet, um sedimentierbare Stoffe zu entfernen.

Die organischen Verbindungen im Abwasser werden während der biologischen Reinigung abgebaut und so das Abwasser bis zur Fäulnisunfähigkeit gereinigt. Der Abbau erfolgt im Wesentlichen durch Bakterien in Verbindung mit gelöstem Sauerstoff bei aeroben und unter Sauerstoffabschluss bei anaeroben Prozessen, die als Abbauprodukte anorganische Verbindungen und Biomasse entstehen lassen.

Für die biologische Stufe stehen verschiedene Verfahren zur Verfügung. Hauptsächlich wird zwischen Belebungsverfahren, deren Mikroorganismen homogen im Abwasser schweben und das Wasser reinigen, und festen Bewuchsflächen unterschieden, bei denen die Mikroorganismen als Biofilm auf einer Oberfläche sitzen und das darüberfließende Abwasser reinigen.

Während der chemischen Phosphorelimination (dritte Reinigungsstufe) werden problematische und schwer abbaubare Stoffe wie Stickstoff-, gelöste Phosphorverbindungen oder Schwermetalle verringert.

Die Wahl der Verfahren für dritte Reinigungsstufen richtet sich nach den vorrangig zu behandelnden Stoffen im Abwasser.

Zentrale Abwasseraufbereitung

Die Abwasseraufbereitung erfolgt heutzutage meist zentral in öffentlichen Abwasseraufbereitungsanlagen.

Dabei erfolgt die Ableitung von Schmutz- und Regenwasser unterirdisch in einer öffentlichen Kanalisationsanlage. Das Abwasser fließt in eine Sammelkläranlage.

Ist das Wasser mechanisch, biologisch und möglichst chemisch gereinigt, wird es meist oberirdisch in ein Gewässer abgeleitet. In der öffentlichen Abwasserkanalisation wird zwischen Trennsystem und Mischsystem unterschieden.

Trennsystem

Beim Trennsystem werden Regenwasser und Schmutzwasser getrennt abgeleitet, das Regenwasser wird dem nächsten Vorfluter, das Schmutzwasser der Kläranlage zur Aufbereitung zugeführt. Alternativ kann das Regenwasser auch vor Ort versickert oder z. B. für die Gartenbewässerung gesammelt werden.

Nachteil dieses Systems ist die doppelte Leitungsführung. Vorteile stellen die Rückstausicherheit bei Regenwasserspitzen und die kleinere Dimensionierung einiger Kläranlagenteile dar, da das Regenwasser getrennt abgeleitet wird.

Mischsystem

Beim Mischsystem werden Regen- und Schmutzwasser gemeinsam in einem Kanalsystem abgeleitet und der Abwasserreinigung zugeführt.

Das Kanalnetz ist dadurch günstiger, erfordert jedoch Maßnahmen gegen Rückstau bei Regenwasserspitzen.

Dezentrale Abwasserbeseitigung

In Ausnahmefällen dürfen dort, wo Abwasser nicht oder noch nicht der öffentlichen Kanalisation zugeführt werden kann, Kleinkläranlagen und Gruben zur dezentralen Abwasserbeseitigung hergestellt werden.

Kleinkläranlagen nach DIN 4261-1 „Kleinkläranlagen" für bis zu 50 Einwohnern sind genehmigungspflichtig, sie unterliegen wasserrechtlichen und baurechtlichen Vorschriften. Gewerbliches Abwasser darf in Kleinkläranlagen nicht eingeleitet werden.

Bei Kleinkläranlagen wird das Regenwasser direkt in den Vorfluter, in einen Sickerschacht (oder eine Sickergrube) oder in den Ablauf der Kleinkläranlage eingeleitet. Alternativ kann das Regenwasser vor Ort in Regenwassertanks gesammelt und z. B. für die Gartenbewässerung, zum Wäschewaschen und für die Toilettenspülung (Regenwasser-Nutzungsanlagen) genutzt werden.

Schmutzwasser wird bei Kleinkläranlagen meist in 3 Stufen gereinigt, der mechanischen und der biologischen Reinigung sowie der Abwassereinleitung.

Bei der mechanischen Reinigung wird das Abwasser in einer Mehrkammergrube entschlammt und von Schweb- und Grobstoffen befreit.

Die biologische Reinigung erfolgt in einer nachgeschalteten Anlage, in der die organischen Verbindungen durch aerobe (unter Sauerstoffzufuhr) und anaerobe (unter Sauerstoffabschluss) Prozesse bis zur Fäulnisunfähigkeit abgebaut werden.

Bei der Abwassereinleitung wird das gereinigte Abwasser in den Vorfluter eingeleitet oder im Untergrund verrieselt.

Bei der dezentralen Abwasserreinigung ist darauf zu achten, dass die Anlage in ausreichenden Abständen zu anderen Anlagen errichtet wird. Zu Nachbargrenzen sind 2 m einzuhalten, 15 m zu Brunnen und Gewässern und 5 m zu Öffnungen von Aufenthaltsräumen. Eine Alternative zu Kleinkläranlagen sind Pflanzenkläranlagen oder Abwasserverrieselung.

Mehrkammergrube

Als Mehrkammergruben werden Kläranlagen bezeichnet, die aus mehreren, meist 2 bis 4, hintereinandergeschalteten Kammern bestehen. Durch Verringerung der Fließgeschwindigkeit des Abwassers erfolgt eine Trennung in schwere (absetzbare) und leichte Stoffe. Mehrkammergruben werden in Mehrkammer-Absetzgruben und Mehrkammer-Ausfaulgruben unterschieden. Mehrkammer-Absetzgruben bewirken nur eine mechanische Reinigung. Mehrkammer-Ausfaulgruben bewirken neben einer mechanischen Reinigung schon einen teilweisen Abbau organischer Schmutzstoffe.

Pflanzenkläranlage

Pflanzenkläranlagen bestehen im Prinzip aus einem Pflanzenbeet, das mit Abwasser beschickt wird. Bevor das Abwasser in das Beet geleitet wird, sind die absetzbaren Stoffe abzutrennen. Das geschieht häufig in einer Absetzgrube. Danach wird das vorgereinigte Abwasser meist über eine Dränage in das Pflanzenbeet geleitet und durchströmt dieses.

Die Reinigung des Abwassers erfolgt bei Pflanzenkläranlagen durch biologische und chemische Abbauprozesse in einer 30 bis 100 cm starken Schicht eines mit Röhrichtpflanzen bepflanzten Filterbeetes. Der Untergrund besteht meist aus Sand und/oder Kies oder bindigem Boden.

Das Abwasser wird im Filterbeet durch anaerobe und aerobe Mikroorganismen gereinigt. Das Filterbeet ist nach unten durch eine Folie abgedichtet. Es wird mit einem Gefälle von etwa 2 % in Richtung Ablauf angelegt, sodass das gereinigte Abwasser am Ablauf gesammelt und vor der Einleitung in den Vorfluter noch durch einen Kontrollschacht geleitet werden kann.

Das Filterbeet kann horizontal oder vertikal vom Abwasser durchströmt werden, wobei vertikal durchströmte Beete meist eine bessere Reinigungsleistung erzielen.

Die Bemessungswerte für den Bodenkörper liegen je nach Art, Reinigungsleistung und reinigender Bodenschichtdicke des Bodenkörpers bei 2,5 bis 10 m² je Einwohner.

Untergrundverrieselung

Bei der Unterverrieselung wird das Abwasser in den Untergrund eingebracht und gleichzeitig gereinigt. Das überwiegend in einem Absetzbecken vorgereinigte Abwasser wird dabei möglichst großflächig in den Bodenkörper (Rieselfeld) eingebracht. Das Rieselfeld ist für den Sauerstoffeintrag meist mit Röhrichtpflanzen bewachsen.

Beim Durchsickern des Bodenkörpers werden durch mechanischen Rückhalt (Filtration) und biologische Abbauprozesse durch Mikroorganismen die Abwasserinhaltsstoffe entfernt. Danach gelangt das gereinigte Abwasser ins Grundwasser.

Regenwassernutzungsanlagen

Ein Großteil des im privaten Haushalt benötigten Wassers entfällt auf Toilettenspülung, Putzen, Wäschewaschen, Gartenbewässerung usw. Dafür ist Trinkwasserqualität nicht erforderlich. Ein Teil dieses Wassers kann durch Regenwasser ersetzt werden, was darüber hinaus die Regenrückhaltung von Kläranlagen entlastet.

Regenwassernutzungsanlagen bestehen überwiegend aus Auffangfläche mit Ableitung inklusive Filter (meist die Dachfläche des Gebäudes), Wasserspeicher, Überlauf mit Trinkwassernachspeisung, Hauswasserwerk und Verteilnetz.

Der Wasserspeicher kann im Gebäude oder im Außenbereich angeordnet sein. Im Bestand kommen oft stillgelegte und gereinigte Heizöl- oder Gastanks als Regenwasserspeicher zum Einsatz. Auch stillgelegte Abwassergruben können nach entsprechender Reinigung als Regenwasserspeicher dienen.

IV.1.3 Dämmung von Wasser- und Abwasseranlagen

Im Baubestand sind Wasser und Abwasser führende Leitungen oft ungedämmt verlegt. Hier sollte nachträglich eine Dämmung angebracht werden. Die Dämmung dient als Schall- und als Wärmeschutz. Fall- und Trinkwasserrohre werden schallgedämmt, Trinkwarmwasserleitungen und Heizungsrohre wärmegedämmt und Kaltwasserleitungen gegen kondensierendes Wasser geschützt.

Als Materialien für die Rohrdämmung werden Dämmstoffe aus Mineralwolle, Polyethylen oder Polyurethan eingesetzt. Wichtig ist dabei, dass außer den geraden Rohrkomponenten auch Winkel und T-Stücke sowie die Anschlüsse bis zur Armatur gedämmt werden. Rohrdämmungen sind je nach Anforderung in verschiedenen Dicken und Wärmeleitgruppen erhältlich.

IV.1.3.1 Wärme-, Brand- und Schallschutz

Wärmeschutz

Die Maßnahmen zum Wärmeschutz an technischen Anlagen dienen bei Heiz- und Warmwasserleitungen sowie bei Zu- und Abluftleitungen der Verminderung von Wärmeverlusten. An Kaltwasserleitungen dient der Wärmeschutz der Vermeidung von Schwitzwasser und dem Schutz gegen Erwärmung. Innen liegende Regenwasser-Fallleitungen sind im obersten Geschoss zu dämmen, um eine Tauwasserbildung und mögliche Wärmeverluste zu verhindern.

Brandschutz

Für haustechnische Anlagen sind die Brandschutzvorschriften der DIN 4102-4 „Brandverhalten von Baustoffen und Bauteilen; Zusammenstellung und Anwendung klassifizierter Baustoffe, Bauteile und Sonderbauteile" und die MLAR „Muster-Leitungs-Anlagen-Richtlinie" zu beachten. Bei der Montage der haustechnischen Anlagen ist die Entstehung eines Brandes durch die Installation selbst zu verhindern.

Durchdringen die Installationsleitungen raumabschließende, feuerbeständige Bauteile, so sind für die Rohrdurchführung bestimmte geprüfte Systeme in der Qualität R 90 zu verwenden (z. B. R-90-Rohrdurchführungen oder Brandschutzschäume).

Werden Rohrleitungen in Brandabschnitten verlegt, so sind Rohre für Abwasser und Wasser aus nicht brennbaren Materialien (außer Glas und Aluminium) zu verwenden.

Weitere geeignete Maßnahmen, um die Brandschutzanforderungen einzuhalten, sind u. a. Rohrummantelungen sowie Unterputzverlegung.

Schallschutz

Alle Rohre wirken als Schallträger. Geräusche, wie z. B. das Rauschen des Wassers in Druckleitungen, die Geräusche des Abwassers wie auch das Knacken in den Leitungen bei Temperaturänderungen führen zu Lärmbelästigung.

In der DIN 4109 „Schallschutz im Hochbau" sind die Anforderungen an den Schallschutz geregelt, um Menschen in Aufenthaltsräumen vor Lärmbelästigung zu schützen.

Nicht oder nicht ausreichend gedämmte Rohre oder nicht mehr funktionstüchtige Dämmungen können zu Körperschallbrücken führen, die insbesondere bei in Wänden, Decken oder Fußböden verlegten Leitungen nur schwer und kostenaufwendig zu reparieren sind.

Trinkwarmwasserleitungen

An Trinkwarmwasserleitungen und Zirkulationsleitungen dienen Dämmungen meist der Verminderung der

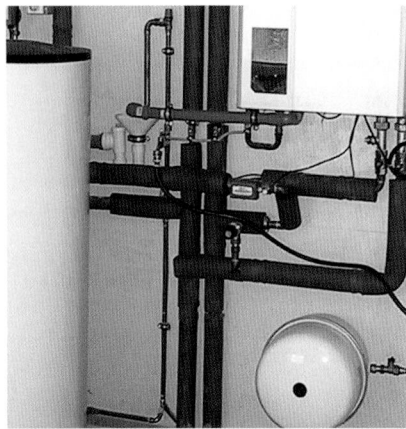

Abb. IV.1.12: Rohrdämmung bei einer modernisierten Heizungsanlage mit Warmwasserbereitung

Wärmeabgabe der Leitungen, dem Schallschutz sowie der Verminderung des Legionellenwachstums. Die dafür erforderlichen Dämmdicken sind nach EnEV (Mindestanforderungen) bzw. VDI 2055 „Wärme- und Kälteschutz für betriebs- und haustechnische Anlagen" zu bestimmen.

Trinkwasserleitungen

An Trinkwasserleitungen für Kaltwasser dienen Dämmungen im Wesentlichen dem Schallschutz, der Verminderung der Wärmeaufnahme, der Verminderung des Legionellenwachstums und des Tauwasseranfalls. Wenn die Verminderung des Legionellenwachstums in Verbindung mit Infektionsschutzgesetz (IfSG), Trinkwasserverordnung (TrinkwV), DVGW W 551 „Trinkwassererwärmungs- und Trinkwasserleitungsanlagen – Technische Maßnahmen zur Verminderung des Legionellenwachstums – Planung, Errichtung, Betrieb und Sanierung von Trinkwasser-Installationen" oder VDI 6023 „Hygienebewusste Planung, Ausführung, Betrieb und Instandhaltung von Trinkwasseranlagen" berücksichtigt werden muss, sind die erforderlichen Dämmdicken nach VDI 2055 zu bestimmen. Dadurch wird die Erwärmung des Trinkwassers während unvermeidbarer Stagnationsphasen gering gehalten. Die sich dabei ergebenden Dämmdicken betragen für Dämmstoffe mit einem Bemessungswert der Wärmeleitfähigkeit nach EnEV von 0,035 W/(m · K) 50 bzw. 100 % des Rohrdurchmessers. Besteht kein Legionellenrisiko, können weiterhin die Mindestdämmdicken nach DIN 1988-2 „Technische Regeln für Trinkwasser-Installationen (TRWI); Planung und Ausführung; Bauteile, Apparate, Werkstoffe; Technische Regel des DVGW" verwendet werden.

Abwasserleitungen

Abwasser-, bzw. Regenwasserleitungen sind meist gegen Schall und zur Verhinderung von Tauwasser zu dämmen. Die Dämmdicken zur Verhinderung von Tauwasser werden nach VDI 2055 und VDI 2087 „Luftleitungssysteme – Bemessungsgrundlagen" bestimmt. Die Dämmungen vermindern gleichzeitig die Körperschallübertragung.

IV.1.3.2 Mängel

Ungenügende Dämmung an technischen Anlagen

Häufig sind an Trinkwasser- und Wärmeverteilungsleitungen im Bestand die geraden Rohrkomponenten gedämmt, die Winkel und T-Stücke sowie die Anschlüsse bis zur Armatur sind dagegen ungedämmt, auch das führt zu Wärmeverlusten.

Bei Modernisierungsmaßnahmen an technischen Anlagen ist abzuwägen, mit welchem Aufwand die Anforderungen an Wasser- und Abwasserinstallationen erfüllt werden können oder ob ein Austausch der Installationen in Betracht gezogen werden sollte. Schäden an der vorhandenen Dämmung oder unzureichende Dämmstoffdicken sind optisch zu bewerten.

Bei Leitungsschäden, Korrosion, gesundheitlichen Risiken und wenn die Leitungsdimensionierung nicht mehr zum Gebäude oder zu den technischen Anlagen passt, sollte eine Erneuerung der Leitungen in Betracht gezogen werden.

Schwachpunkte an Trinkwasserleitungen

An Warmwasserleitungen kühlt das warme Wasser in einer langen, ungedämmten Leitung bis zur Zapfstelle ab. Ungedämmte Warmwasserleitungen und -armaturen geben ständig Wärme ab, wodurch laufend nachgeheizt werden muss, sodass der Energieverbrauch sich merklich erhöht.

Oft betragen an ungedämmten Warmwasserleitungen die Wassertemperaturen an der Entnahmestelle weniger als 50 °C, was dazu führen kann, dass eventuell vorhandene Keime (wie z. B. Legionellen) nicht oder nicht ausreichend abgetötet werden.

Durch ungedämmte Kaltwasser führende Leitungen kann sich als typischer Mangel im Sommer Kondensat an der Oberfläche niederschlagen, was bei bestimmten kritischen Randbedingungen zur Bildung von Schimmelpilz führen kann. Darüber hinaus kann sich das kalte Wasser, insbesondere wenn sich die Leitungen in der Nähe von Wärmequellen befinden, erwärmen und durch das Erreichen bestimmter Temperaturen das Wachstum von Keimen fördern.

Schwachpunkte an Abwasser- und Regenwasserleitungen

Typisch für Abwasser- bzw. Regenwasserleitungen ist die fehlende oder unzureichende Dämmung gegen Tauwasserbildung und gegen Körperschallübertragung.

Die Folge können störende Geräusche und Lärmbelästigungen durch Überschreitung des zulässigen Schallpegels in fremden schutzbedürftigen Räumen aufgrund fehlender oder unzureichender Schalldämmung dieser Anlagen und Leitungen sein. Abwasser- und innen liegende Regenwasserleitungen sind gegen Körperschall zu dämmen.

In bestimmten Gebäudebereichen ist zur Vermeidung von Tauwasserbildung auch hier eine Wärmedämmung erforderlich (die Dämmdicken zur Verhinderung von Tauwasser werden nach VDI 2055 und VDI 2087 bestimmt, diese Dämmungen dienen gleichzeitig der Verminderung der Körperschallübertragung). Darüber hinaus kann für innen liegende Regenwasserleitungen eine Dämmung notwendig werden, um Wärmeverluste zu verhindern.

Sind die Leitungen zwar gedämmt, der Dämmstoff aber beschädigt oder die Dämmschichtdicke nicht ausreichend, um den heutigen Anforderungen zu genügen, so sind die Installationen mit neuen, den Anforderungen genügenden Dämmungen zu versehen.

IV.2 Gasanlagen

Autorin: Dipl.-Ing. Janet Simon

IV.2.1 Gasverteilnetze

Hausanschluss

Jedes mit Gas versorgte Grundstück besitzt einen eigenen Hausanschluss (bei Bedarf auch mehrere) für das Gebäude. Hausanschlüsse sind bis zur Hauptabsperreinrichtung (HAE) und Messeinrichtung Eigentum des Gasversorgungsunternehmens (GVU) und gehören zu dessen Betriebsanlagen. Das gilt für bestehende wie für neue Anlagen. Hausanschlüsse werden alleinig von den GVU hergestellt, gewartet, erneuert, geändert oder beseitigt und müssen zugänglich und geschützt untergebracht sein.

Hausanschlüsse verbinden das Verteilnetz des GVU mit der Anlage des Kunden (Innenleitungen).

Hauptabsperreinrichtung (HAE)

Meist befindet sich die Hauptabsperreinrichtung (auch Haupthahn genannt) im Gebäude direkt hinter der Hauseinführung. Sie hat stets zugänglich zu sein. Genormt sind Hauptabsperreinrichtungen nach DIN 3537-1 „Gasabsperrarmaturen bis PN 5 – Anforderungen und Anerkennungsprüfungen". Alternativ kann die HAE auch außerhalb des Gebäudes in einem Anschluss- oder Mauerkasten untergebracht werden.

Leitungen

Gasleitungen erhalten zur Unterscheidung von anderen Leitungen innerhalb von Gebäuden einen Anstrich im Farbton Gelb (RAL 1021). Innenleitungen bestehen, insbesondere bei Anlagen im Bestand, aus Stahlrohren. Auch Kupferrohre oder Kunststoffrohre dürfen, soweit sie von der Deutschen Vereinigung des Gas- und Wasserfaches e.V. (DVGW) anerkannt sind, für Innenleitungen verwendet werden.

Rohrverbindungen müssen sorgfältig und materialbezogen ausgeführt werden.

An Gasleitungen können u. a. Feuchte, Erschütterungen, ausgetrocknete Gewinde sowie alte, poröse Dichtungen und unsachgemäße Belastungen zu Mängeln führen.

Wird eine Gasleitung stillgelegt, hat der Unternehmer dafür zu sorgen, dass diese von der Gas führenden Leitung abgetrennt wird. Die Gas führende Leitung ist an der Trennstelle gasdicht zu verschließen. Dafür muss diese frei von Betriebsgas sein.

Innenleitungen

Als Innenleitungen werden die aus Verteilungsleitung, Zähleranschlussleitung, Steigleitung, Verbrauchsleitung, Abzweigleitung und Geräteanschlussleitung bestehenden, meist im Gebäude verlegten Leitungen bezeichnet.

Die Verteilungsleitung ist Teil der Leitung zwischen Hausabsperreinrichtung und Zähler. Der Teil der Leitung, der sich zwischen Zähler und Abzweigleitung befindet, wird als Verbrauchsleitung bezeichnet.

Rohrverbindungen

Rohrverbindungen werden je nach Einsatzort und Anforderung unterschieden in unlösbare und lösbare Rohrverbindungen sowie lösbare Steckverbindungen.

Unlösbare Rohrverbindungen werden durch Schweißen, Hartlöten oder Elektro-Muffenschweißen hergestellt, lösbare Rohrverbindungen werden als Schraub- oder Flanschverbindung ausgeführt und mithilfe lösbarer Steckverbindungen werden meist Gasgeräte angeschlossen. Diese Verbindungsarten sind üblich für Bestandsanlagen wie auch für neue Anlagen.

Stahlrohre

Innenleitungen bestehen meist aus unverzinkten Stahlrohren mit einem äußeren Korrosionsschutzanstrich (s. Kap. V.5). Geschweißte Rohrverbindungen sind ausschließlich durch Schweißer mit Rohrschweißprüfung herzustellen.

Gewinde sind bei geschraubten Verbindungen nach DIN EN 10226-1 „Rohrgewinde für im Gewinde dichtende Verbindungen" auszuführen.

Kupferrohre

Kupferrohrverbindungen werden durch Hartlöten nach DVGW-Arbeitsblatt GW 2 sowie DIN EN 1057 „Kupfer und Kupferlegierungen – Nahtlose Rundrohre aus Kupfer für Wasser- und

Abb. IV.2.01: Hauptabsperreinrichtung (HAE) der Gasversorgung eines Gebäudes

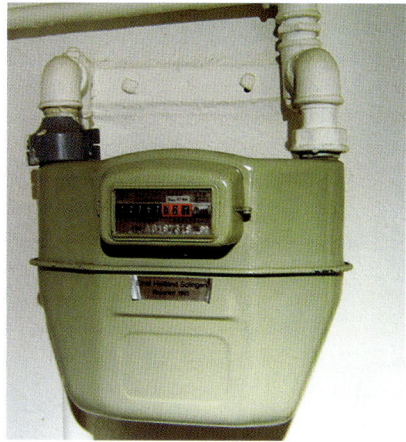

Abb. IV.2.02: Zähleranschlussleitung mit Gaszähler

Gasleitungen für Sanitärinstallationen und Heizungsanlagen" (s. Kap. V.5) mit Kupferfittings hergestellt. Gasleitungen aus Kupfer dürfen ausschließlich frei vor der Wand verlegt werden.

Kunststoffrohre

Kunststoffrohre für Gasleitungen sind ausschließlich als Polyethylen-Rohre hoher Dichte nach DIN 8074 „Rohre aus Polyethylen (PE) – PE 63, PE 80, PE 100, PE-HD – Maße" und nur als erdgedeckte Leitungen mit DVGW-Zulassung und werkseitiger, fortlaufend dauerhaft lesbarer Kennzeichnung zulässig.

Mängel an Gasleitungen

An Gasleitungen können bauliche Veränderungen, unsachgemäße Nutzung und der Alterungsprozess zu Undichtheiten führen. Unsichtbare Mängel entstehen meist unbemerkt hinter Bekleidungen und/oder unter Putz

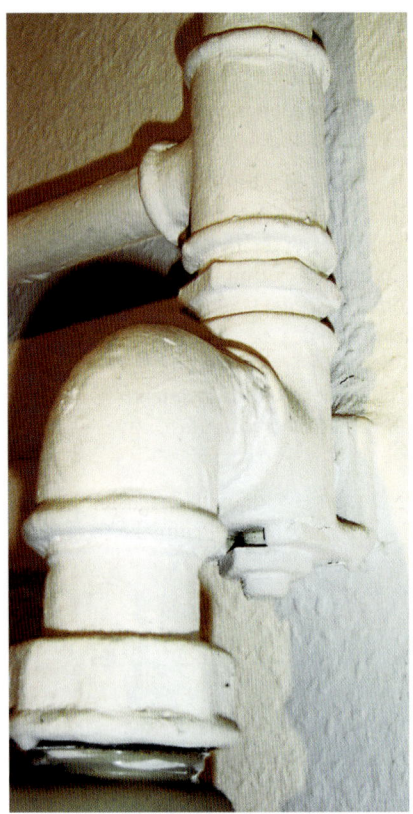

Abb. IV.2.03: Schraubverbindung einer Gas-Bestandsanlage

Abb. IV.2.04: Absperreinrichtung vor einem Gaszähler

Umbauten, wie das unbedachte Entfernen von Stützwänden, können dazu führen, dass Gasleitungen durchhängen. Selbst neue Rohrleitungen halten derartigen Belastungen nicht stand.

Verlegung

Verlegt, gewartet, repariert, erweitert und modernisiert werden Gasleitungen innerhalb eines Gebäudes ausschließlich durch von den Gasversorgungsunternehmen (GVU) zugelassene Installationsbetriebe (Vertragsinstallationsunternehmen, VIU).

Werden an Gasanlagen Leitungsteile ausgetauscht, ist Folgendes zu beachten: Bei Mischinstallationen ist das edlere Metall in Fließrichtung immer hinter dem unedleren Metall anzuordnen. Horizontale Gasleitungen sind immer oberhalb von Wasserleitungen einzubauen, um Korrosion durch abtropfendes Kondensat auf die Gasleitung zu vermeiden. In notwendigen Treppenräumen dürfen neue Gasleitungen nicht frei vor der Wand verlegt werden.

Gasarmaturen

Bei Gasarmaturen wird unterschieden in Absperreinrichtungen und Anschlussarmaturen.

Absperreinrichtungen

Gasleitungen sind ausschließlich mit von der Deutschen Vereinigung des Gas- und Wasserfaches e.V. (DVGW) zugelassenen Absperreinrichtungen auszustatten. Sie sind am Fuße jeder Steigleitung, vor jedem Gaszähler und vor jedem Gasgerät erforderlich. Je nach Rohrquerschnitt werden Kegelhähne oder Schieber verwendet.

Anschlussarmaturen

Alle für Gasgeräte verwendeten Anschlussarmaturen müssen von der DVGW zugelassen sein. Anschlussarmaturen werden unterschieden in feste und lösbare Abschlüsse.

Feste Anschlüsse werden durch Verschrauben hergestellt und sind nur mit einem Werkzeug zu lösen, lösbare Anschlüsse dürfen einen Gasdurchfluss nur bei gasdicht angeschlossenem Gasschlauch zulassen und können nur bei geschlossenem Gasdurchgang gelöst werden.

verlegten Leitungen. Feine Risse oder Korrosion sind die häufigsten Ursachen für Undichtheiten an Gasinnenleitungen. Derartige Mängel werden oft über Jahre nicht erkannt. Die Folge können Leckagen an den Leitungen sein. Ausströmendes Gas kann zu Personen- und Sachschäden führen.

An neuen Anlagen kann es zu Mängeln kommen, wenn die Gasleitung zweckentfremdet als Aufhängung für Kleidung, Werkzeug oder Fahrräder belastet wird.

Schutzmaßnahmen

Wegen der hohen Brand- und Explosionsgefahren, die von undichten Gasleitungen ausgehen, kommt den Schutzmaßnahmen, insbesondere dem Korrosionsschutz, und den elektrischen Schutzmaßnahmen im Bestand und beim Neubau eine große Bedeutung zu.

Um eventuell auftretende Undichtheiten an Gasleitungen frühzeitig erkennen zu können, werden dem eigentlich geruchlosen Gas von Seiten der Gasversorgungsunternehmen Geruchsstoffe beigemischt, die Leckagen schnell erkennen lassen. Die Gasleitung kann somit abgesperrt werden, bevor sich ein gefährliches Gas-Luft-Gemisch bildet.

Werden an Gas führenden Leitungen Arbeiten ausgeführt, so dürfen diese an in Betrieb befindlichen Leitungen nur äußerlich geschehen. Für Arbeiten an Gasanlagen gelten die Berufsgenossenschaftlichen Vorschriften – BGV B6 – „Gase" (vormals VBG 61).

Der entsprechende Leitungsteil ist durch Schließen der unmittelbar vorgeschalteten Absperreinrichtung außer Betrieb zu nehmen und die Absperreinrichtung gegen unbefugtes Öffnen zu sichern.

Zum Schutz gegen elektrische Berührungsspannung und Funkenbildung ist bei der Trennung von elektrisch leitenden Gasrohren vorher und während der gesamten Arbeiten eine Überbrückungsleitung aus einem isolierten Kupferseil (Mindestquerschnitt 16 mm^2) anzubringen.

Korrosionsschutz

Alle Leitungen, Armaturen und Gasgeräte sind dauerhaft gegen Korrosion zu schützen. Dabei wird in Korrosionsschutz von Außenleitungen und Korrosionsschutz von Innenleitungen unterschieden. Gasleitungen, die im Erdreich verlegt werden, müssen gegen Korrosion außen mit einer Bitumen- und Kunststoffummantelung ausgeführt und im Sandbett verlegt werden. Innen verlegte Leitungen sollten bei verdeckter Leitungsführung ebenfalls gegen Korrosion geschützt werden. Hierfür kommen mit Schutzanstrich

(Kunstharzlack oder ölgebundene Farben) versehene, mit Schutzbinden oder -folie versehene oder feuerverzinkte Stahlrohre zum Einsatz.

Elektrische Schutzmaßnahmen

Gasleitungen dürfen nicht als Schutzerder oder Schutzleiter für Starkstromanlagen oder als Ableiter oder Erder in Blitzschutzanlagen benutzt werden.

Sie müssen in den Potenzialausgleich eines Gebäudes mit eingebunden werden.

Sind die Hausanschlussleitungen elektrisch leitend, so ist in der Nähe der Hauseinführung, vor oder unmittelbar hinter der Hauptabsperreinrichtung, eine elektrisch nicht leitende Verbindung (Isolierstück) einzubauen, wodurch verhindert wird, dass Fehlerströme in das öffentliche Gasnetz übertragen werden.

Der Potenzialausgleich muss in Fließrichtung des Gases nach dem Isolierstück angeschlossen werden.

Prüfung und Wartung

Neue Gasleitungen unterliegen bei Betriebsdrücken bis zu 100 mbar (Niederdruck) vor dem Verputzen oder Beschichten zum Nachweis der Dichtheit einer Vorprüfung (zehnminütige Druckprobe mit 1 bar) und einer Hauptprüfung (1,1-facher Betriebsdruck mit mindestens 110 mbar Überdruck, 10 Minuten lang). Die Ergebnisse sind zu dokumentieren.

Unmittelbar nach dem Einlassen von Gas sind alle bei der Dichteprüfung noch nicht erfassten Verbindungsstellen, z. B. die Anschlüsse und Verschraubungen der Gasgeräte, mit Schaum bildenden bzw. Blasen bildenden Mitteln auf Dichtheit zu prüfen.

Um Mängel an Gasleitungen und die Folgeschäden zu vermeiden, empfehlen die Deutsche Vereinigung des Gas- und Wasserfaches e. V. (DVGW), die Verbände der deutschen Wohnungswirtschaft und das SHK-Handwerk, einmal pro Jahr eine Sichtkontrolle und spätestens alle 10 Jahre eine umfassende technische Prüfung von Hausgasleitungen durchzuführen. Der Zentralverband Sanitär Heizung Klima (ZVSHK) empfiehlt, spätestens alle 12 Jahre eine umfassende technische Prüfung von Gasleitungen im Bestand vornehmen zu lassen. Kürzere Intervalle, beispielsweise alle 5 Jahre, empfehlen sich bei älteren Gebäuden und wenn der Allgemeinzustand eines Gebäudes die Risiken erhöht.

Bei einer Sicherheitsüberprüfung wird die Kontrolle der Gasleitungen nach festgelegten technischen Standards durchgeführt und in einem Prüfbericht dokumentiert. Neben der optischen Prüfung der Leitungsverläufe wird auch eine Leckagemessung durchgeführt. Damit können auch unzugängliche Leitungsabschnitte zuverlässig überprüft werden.

Nicht beanstandete Hausgasleitungen werden durch eine Prüfplakette gekennzeichnet. Das Prüfzertifikat beschreibt detailliert Art, Umfang und Zeitpunkt der Überprüfung. Prüfbericht und Prüfplakette dokumentieren die regelmäßige, sachgerechte Überprüfung.

Undichte oder nicht mehr den heutigen Anforderungen entsprechende Gasleitungen sind zu sanieren bzw. zu ersetzen. Undichte Stellen an Gasleitungen lassen sich z. B. von innen mit einer Kunststoffdispersion abdichten.

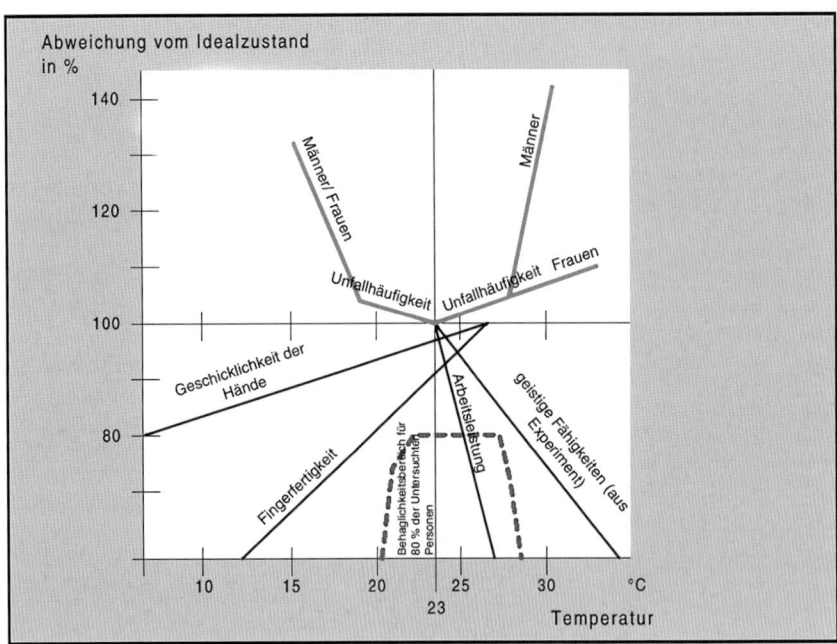

Abb. IV.3.01: Experimentelle Ergebnisse zur Unfallhäufigkeit, menschlichen Leistungsfähigkeit und Behaglichkeit in Abhängigkeit von der Raumtemperatur bei sitzender Tätigkeit und leichter Kleidung

IV.3 Wärmeversorgungsanlagen

Autoren: Dipl.-Ing. Janet Simon;
Dipl.-Ing. Tania Brinkmann,
Architektin

Wesentlich für die Modernisierung von Bestandsgebäuden ist wie auch beim Neubau, dass das Gebäude als Ganzes gesehen und Gesamtkonzepte erarbeitet werden. Beim Bauen im Bestand ist entscheidend, dass Modernisierungsmaßnahmen optimal aufeinander abgestimmt und sorgfältig geplant sind, dadurch können insbesondere die Kosten gesenkt, die Qualität erhöht und der Energiebedarf reduziert werden.

Im Rahmen oder nach einer wärmeschutztechnischen Modernisierungsmaßnahme, z. B. der nachträglichen Wärmedämmung der Außenbauteile, ist es empfehlenswert, die Wirtschaftlichkeit und Funktionsfähigkeit der Heizungsanlage überprüfen zu lassen. Dem verringerten Heizwärmebedarf sollte die Technik für Wärmeerzeugung, -verteilung und -regelung angepasst werden. Zudem müssen nach den Anforderungen der derzeit gültigen Einergieeinsparverordnung (EnEV 2007, § 10 „Nachrüstung von Anlagen und Gebäuden") Heizkessel, die mit flüssigen oder gasförmigen Brennstoffen beschickt werden, die vor dem 1. Oktober 1978 eingebaut oder aufgestellt wurden und so verbessert worden

sind, dass sie die zulässigen Abgasverlustgrenzwerte einhalten, bis zum 31. Dezember 2008 außer Betrieb genommen werden. Gleiches gilt, wenn die beschriebenen Heizkessel über einen Brenner verfügen, der nach dem 1. November 1996 erneuert worden ist. Handelt es sich bei den vorhandenen Heizkesseln um Niedertemperatur-Heizkessel oder Brennwertkessel sowie um heizungstechnische Anlagen, deren Nennleistung < 4 kW oder > 400 kW beträgt, so gilt diese Vorgabe nicht. Weitere Ausnahmen bestehen z. B. für den Fall, dass das Wohngebäude nicht mehr als 2 Wohnungen umfasst und der Eigentümer eine der Wohnungen am 1. Februar 2002 selbst bewohnt hat (s. EnEV 2007, § 10 Abs. 2).

Heizungssysteme und Kesselleistungen wurden in der Vergangenheit häufig überdimensioniert und sind heutzutage vielfach veraltet. Durch die technische Entwicklung der Heizungssysteme, Kessel, Mess- und Regelungstechnik ist eine dem veränderten Heizwärmebedarf angepasste Dimensionierung und Einstellung möglich und energetisch erforderlich. Öl- oder Gasheizungen, die älter sind als 15 Jahre, lassen sich nicht mehr energiesparend betreiben. In den Heizkesseln beträgt der Jahresnutzungsgrad oft nur 70 % oder weniger, in modernen Kesseln über 90 %. Gründe dafür sind neben der veralteten Bauart und der Überdimensionierung große Oberflächenverluste durch die hohen Kesseltemperaturen und geringe Dämmung, hohe Abgasverluste, veraltete oder fehlende Regeleinrichtungen, nicht oder wenig gedämmte Wärmeverteilungssysteme.

Im Bereich der Anlagentechnik sollte deshalb eine Bestandsaufnahme erfolgen, vor allem wenn Modernisierungsmaßnahmen im Bereich der Wärmedämmung erfolgen. Durch die Anpassung an geänderte wärmetechnische Gegebenheiten des Gebäudes und/oder die Umstellung des Energieträgers können neben der Nutzungsgradsteigerung weitere Energie- und Kosteneinsparungen erzielt werden.

Günstige Nutzungsgrade werden vor allem durch Brennwertkessel erreicht. Mindeststandard sind moderne Niedertemperatur-Heizkessel. Ihr Nutzungsgrad liegt zwischen 85 und 92 %.

Brennwertkessel nutzen darüber hinaus die Wärmemenge, die als Verdunstungswärme im Wasserdampf (Abwärme) enthalten ist. In einem nachgeschalteten Wärmetauscher werden die Abgase unter das Kondensationsniveau abgekühlt. Die dabei frei werdende Wärmemenge wird zusätzlich genutzt. Ihr Nutzungsgrad kann auf diese Weise zwischen 95 und (theoretisch) 107 % liegen.

Auch bei der Wärmeverteilung finden sich Energieeinsparpotenziale, die es zu erschließen gilt, vor allem bei der Wahl der Auslegungstemperatur der Heizung, bei der Dämmung von Rohrleitungen und Armaturen (s. Kap. IV.1) und bei der Positionierung und Einstellung der Thermostatventile (kein Wärmestau hinter Gardinen, Möbeln, unter Fensterbänken usw.).

IV.3.1 Allgemeine Anforderungen

Wärmeversorgungsanlagen haben die Aufgabe, die Raumtemperatur während der kälteren Jahreszeiten auf einem bestimmten Maß zu halten. Der laufend durch Lüftungs- und Transmissionswärmeverluste entstehende Wärmebedarf muss durch die Wärmeversorgungsanlage gedeckt werden.

Dabei sollten ein gesundes Klima und thermische Behaglichkeit im Raum angestrebt werden. Hierfür ist wichtig, dass die Wärmeabgabe an den Raum möglichst gleichmäßig erfolgt und gut regelbar ist. Weitere wichtige Anforderungen sind die Wirtschaftlichkeit, die einfache Montage, Wartung und Reinigung der Anlagen. Darüber hinaus sollte die Belästigung der Nutzer durch Staub oder Geräusche weitestgehend vermieden werden.

Thermische Behaglichkeit

Die thermische Behaglichkeit wird von der Raumlufttemperatur und der Oberflächentemperatur an der Innenseite der Umfassungsflächen beeinflusst. Die Differenz zwischen beiden Temperaturen sollte möglichst gering sein. Das ist z. B. der Fall bei gut gedämmten Außenwänden. Des Weiteren ist die thermische Behaglichkeit des Menschen direkt von der örtlichen Verteilung der Wärmeübergabe abhängig und damit von der richtigen Planung und Auslegung der Heizsysteme.

Wirtschaftlichkeit

Das Bestreben, Wärmeerzeuger für jeden Brennstoff zu optimieren, hat dazu geführt, dass heutzutage eine ganze Reihe von Spezial-Wärmeerzeugern auf dem Markt ist, deren gemeinsames Merkmal die hohe Wirtschaftlichkeit sein soll. Beurteilt wird die Wirtschaftlichkeit durch den Jahresnutzungsgrad.

Jahresnutzungsgrad

Der Jahresnutzungsgrad ist ein errechneter Wert in Prozent. Er gibt an, welcher Wärmeanteil des über ein Jahr hinweg eingesetzten Brennstoffes tatsächlich zur Hauserwärmung und gegebenenfalls zur Trinkwassererwärmung ins Heiznetz gelangt. Er berücksichtigt z. B. die ermittelten Werte des Schornsteinfegers, die für die Phasen des Brennerbetriebs gelten. Außerdem fließen die Wärmeverluste während der Brenner-Stillstandszeiten mit in die Berechnung des Jahresnutzungsgrades ein. Da die Stillstandszeiten bei Heizkesseln oftmals fünf- bis zehnmal so lang sind wie die reinen Zeiten der Wärmeerzeugung, sind diese sogenannten Auskühlverluste bei der Beurteilung von Heizkesseln besonders wichtig.

Heizwert

Der Heizwert gibt an, welche Wärmemenge aus einem Brennstoff pro Kilogramm gewonnen werden kann. Der Heizwert von 1 l Heizöl liegt z. B. bei 11,4 kWh, von 1 m^3 Erdgas bei etwa 10 kWh. Dabei gilt, je höher der Kohlenstoffgehalt eines festen Brennstoffes, desto größer ist sein Heizwert. Bei der Verbrennung bildet sich neben den Abgasen Wasserdampf. Dessen Wärmegehalt wird nur beim Brennwert berücksichtigt.

Der Brennwert gibt an, wie viel Wärme bei vollständiger Verbrennung des Brennstoffes frei wird, einschließlich der Wärme, die im Wasserdampf der Abgase gebunden ist. Der Heizwert dagegen berücksichtigt diese versteckte Wärme nicht und ist deshalb immer niedriger als der Brennwert.

Umweltverträglichkeit

Der Primärenergieverbrauch hat sich in Deutschland seit 1950 mehr als verdreifacht. In Anbetracht der Endlichkeit fossiler Energieträger und der Umweltproblematik durch die CO_2-Emission ist ein Umdenken dringend erforderlich. Es müssen Alternativen gesucht und gefunden werden, Ressourcen zu schonen und die Umwelt zu schützen.

Ein wichtiger Ansatz für das Bauen im Bestand in diese Richtung ist die Energieeinsparverordnung.

Energie einsparen, Ressourcen und Umwelt schonen sollte zum Leitgedanken nicht nur beim Neubau, sondern auch bei Modernisierungsmaßnahmen im Bestand werden.

Für die Wärmeerzeuger gilt: Durch geeignete Auslegung, regelungstechnische Maßnahmen und Stufung der Brennerleistung kann die Anfahrhäufigkeit reduziert und der damit verbundene Schadstoffausstoß (An- und Abfahremissionen) minimiert werden.

Für die gängigen Kessel gilt die DIN 4702 „Heizkessel", worin Begriffe, Anforderung an z. B. Werkstoffe, Wanddicke, Dichtheit, Wärmedämmung und Prüfregeln enthalten sind. Ferner gibt sie wichtige Vorschriften über Wirkungsgrade, Abgastemperaturen, Betriebsbereitschaftsverluste, Emissionen u. a. an.

IV.3.2 Einzelheizungen

Wärmeversorgungsanlagen lassen sich prinzipiell in Einzelheizungen, Sammelheizungen und Fernheizungen unterscheiden. Aus Gründen des Umweltschutzes und wegen des höheren Komforts hat sich die Zentralheizung als Form der Sammelheizung sowohl beim Neubau als auch bei Modernisierungsmaßnahmen durchgesetzt. Öfen, Kamine und Kaminöfen kommen vorwiegend als Zusatzheizung zum Einsatz.

Einzelheizungen gelten als einfachste Form von Wärmeversorgungsanlagen. Sie dienen meist dem Beheizen des Raumes, in dem sie aufgestellt sind, und eventuell auch angrenzender Räume. Als Einzelheizungen gelten u. a. Öfen, Kamine, Kaminöfen, elektrisch betriebene Widerstandsheizungen wie z. B. Heizlüfter, Heizstrahler oder Elektrospeicherheizung sowie Gaseinzelheizungen.

Einzelheizungen besitzen, mit Ausnahme der Gas-Außenwandöfen und Elektro-Speicheröfen, einen Schornsteinanschluss und werden aufgrund dessen überwiegend an Innenwänden angeordnet. Für Neubauten oder für die Nachrüstung ist zu beachten, dass in Bebauungsplänen mit dichter Bebauung Öfen für feste Brennstoffe wegen der möglichen Rauchbelästigung oft nicht zugelassen werden.

Als Vorteile der Einzelheizung gelten vergleichsweise niedrige Anlage- und Betriebskosten und die hohe Wirtschaftlichkeit, da meist nur einzelne Räume beheizt werden und somit Brennstoff und Energie gespart wird.

Nachteile von Einzelheizungen sind die aufgrund der Lage der Einzelheizungen an der Innenwand oft ungünstige Wärmeverteilung im Raum und der geringere Komfort als bei Zentralheizungen usw.

Beim Einbau einer Einzelheizung ist zu beachten, dass diese häufig mehr Stellfläche als die Heizflächen der Zentralheizungen erfordert. Dazu kommt der Platzbedarf für eventuell notwendige Schornsteine, die zudem die Grundrissgestaltung und oft auch die äußere Gestaltung der Bauten beeinträchtigen.

IV.3.2.1 Öfen, Kamine und Kaminöfen

Allgemein ist für den Betrieb von Öfen, Kaminen und Kaminöfen zu beachten, dass die Dichtheit dieser Anlagen gewährleistet sein muss. Undichtheiten erzeugen Abgasverluste durch einströmende „Falschluft" und verhindern die für den Schwachlastbetrieb notwendige Absenkung des Ofens.

Glatte Oberflächen vermindern die Staubablagerung und erleichtern die Reinigung des Ofens, der dafür auch innen gut zugänglich sein sollte. Öfen mit anerkannten Prüf- und Gütezeichen garantieren die Einhaltung der Bau- und Gütevorschriften.

Kachelöfen

Die Raumbeheizung mit dem Kachelofen hat eine Jahrhunderte währende Tradition. Sie gelten als im Bestand übliche Raumheizung. Aufgrund der steigenden Energiepreise erlebt der Kachelofen in der heutigen Zeit eine Renaissance, insbesondere als Zusatzheizung.

Die Größe und Bauart eines Kachelofens ist vielfältig und individuell. Sie wird von der Heizleistung und darüber hinaus, da er auch als Gestaltungselement dient, vom optischen Anspruch der Eigentümer bestimmt.

Kachelöfen bestehen meist aus keramischen Baustoffen. Sie werden in 2 Grundtypen, Grundkachelofen und Warmluftkachelofen, unterschieden. Beide Typen werden ortsfest eingebaut.

Grundkachelofen

Grundkachelöfen werden meist aus Schamottesteinen zusammengesetzt und mit wärmespeichernden Kacheln ummantelt, es sind jedoch vereinzelt noch einfach gemauerte und verputzte Grundöfen zu finden.

Als Brennmaterial dient trockenes, naturbelassenes Stückholz, bei entsprechender Ausbildung des Rosts sind auch Braunkohlebriketts möglich. Bei Grundkachelöfen werden die Rauchgase über verschiedene Leitungen oberhalb des Ofens geführt und heizen dabei die Wände des Ofens auf. Dabei funktioniert der Grundofen wie ein Speicherofen. Er gibt die aus dem Brennmaterial freigesetzte und in der Schamottemasse gespeicherte Energie gleichmäßig über Stunden als Strahlungswärme ab, wobei die im Brennstoff gespeicherte Energie umgesetzt wird. Der Wirkungsgrad liegt bei fast 90 %.

Nachteil des Grundkachelofens ist seine lange Anheizzeit und seine träge Regelbarkeit. Als Dauerheizung kann der Grundkachelofen an der Wand oder auch frei im Raum aufgestellt werden.

Warmluftkachelofen

Der Warmluftkachelofen stellt eine Weiterentwicklung des Grundkachelofens dar, der um eine zusätzliche Heizkammer, in der Luft durch den Feuerraum erwärmt wird, erweitert ist. Die aus dem Wohnraum oder Außenraum entnommene Luft wird in der zusätzlichen Heizkammer erwärmt und gezielt über Luftöffnungen wieder an den Raum abgegeben. Ein Teil der Heizenergie (etwa 30 %) wird wie beim Grundkachelofen in den Heizgaszügen aus Schamottesteinen gespeichert und nach und nach abgestrahlt. Warmluftöfen sind nicht auf den Brennstoff Holz beschränkt. Durch Heizeinsätze aus Grauguss kommen auch Öl und Gas als Brennstoffe infrage. Vorteil des Warmluftkachelofens ist die schnelle und wirtschaftliche Wärmeabgabe. Darüber hinaus lässt sich die Wärme über die Warmluftkanäle oder die keramischen Züge in mehrere Räume transportieren.

Eiserne Öfen für feste Brennstoffe

Eiserne Öfen für feste Brennstoffe sind in erster Linie in Altbauten sowie in Wochenend- und Ferienhäusern oder als krisensichere Notheizung zusätzlich zu einer Zentralheizung zu finden. Je nach gewünschter Heizleistung kann durch Einstellung der Verbrennungsluftmenge der Brennstoff im Ofen mehr oder weniger langsam abgebrannt werden. Sie sind sowohl für kurzzeitigen Betrieb wie für Dauerbrand geeignet.

Eiserne Öfen besitzen aufgrund verhältnismäßig dünner Wände keine große Speichermasse. Sie sind verhältnismäßig klein und meist transportabel. Durch die hohe Oberflächentemperatur wird ein Großteil der Wärme durch Strahlung abgegeben und so eine nur ungleichmäßige Raumerwärmung erzielt. Eiserne Öfen für feste Brennstoffe werden in Öfen mit oberem Abbrand (Durchbrandöfen), mit unterem Abbrand (Unterbrandöfen) sowie Universal-Dauerbrandöfen unterschieden.

Durchbrandofen

Durchbrandöfen mit oberem Abbrand besitzen einen großen, innen mit Schamotte ausgekleideten, runden oder rechteckigen Brennstoffraum, der gleichzeitig als Verbrennungsraum dient. Die Füllhöhe bestimmt die Leistung des Ofens. Der gesamte Brennstoffvorrat gerät bei Zuführung der Verbrennungsluft von unten in Glut und verbrennt allmählich. Durchbrandöfen besitzen eine Aschen-, eine Feuer- und eine Falltür. Der Rost ist zum leichten Entaschen als Schüttelrost ausgebildet. Der Abbrand wird durch Drosselung der Verbrennungsluftmenge mittels Schieber in der Aschentür geregelt. Die Heizgase ziehen nach oben zum Rauchrohr ab, zur besseren Ausnutzung der Heizgaswärme können Deckenzüge oder Sturz- und Steigzüge angebracht sein. In diesen Öfen können fast alle Brennstoffe verbrannt werden, daher werden sie auch als Allesbrenner bezeichnet. Die Bestwirkungsgrade liegen bei 75 bis 80 %. Der ursprüngliche, im Bestand übliche eiserne Allesbrenner-Dauerbrandofen ist durch den Konvektionsofen abgelöst worden. Dieser besitzt meist einen Doppelmantel, sodass die Wärmeabgabe zum großen Teil über Konvektion erfolgt. Der restliche Teil der Wärme wird durch Strahlung an den Raum abgegeben.

Unterbrandofen

Bei den Unterbrandöfen (mit unterem Abbrand) sind der trichterförmige Füllschacht und der Verbrennungsraum voneinander getrennt. Es brennt nur der auf dem Rost befindliche untere Teil des Brennstoffes mit gleichmäßiger Glutschichthöhe unten ab. Der Brennstoff sinkt mit fortschreitendem Abbrand im Füllschacht von oben allmählich zum Rost nach. Der Abbrand kann besonders feinfühlig geregelt werden, die Bestwirkungsgrade liegen bei 70 bis 75 %. Bei diesem Prinzip ist eine gleichmäßige Wärmeabgabe über längere Zeit möglich. Sie eignen sich, insbesondere bei automatischer Beschickung, hauptsächlich für größere Zentralheizkessel.

Universal-Dauerbrandofen

Als jüngere Entwicklung stellt der Universal-Dauerbrandofen nach DIN 18890-10 „Dauerbrandöfen für feste Brennstoffe – Raucharme Verbrennung" eine Verbindung zwischen den beiden geschilderten Bauarten dar. Die Verbrennungsluft wird nicht nur von unten, sondern auch von oben und seitlich an den Brennstoff herangeführt. Damit wird insbesondere die Verbrennung von Schwelgasen verbessert. Die Heizleistungen reichen bei Kohlebefeuerung bis etwa 8 kW. Bei Holz als Brennstoff ist die Leistung etwas geringer. Die Abgastemperaturen können bei Volllast bis 300 °C erreichen.

Die Emissionen von Feststoffen und Gasen sind je nach Bauart, Brennstoff und Betriebsart der Öfen sehr unterschiedlich. Zum Entzünden des Brennstoffes werden Anzündmittel, die auf Öl-, Holzkohle- oder Spiritusbasis hergestellt werden, benutzt. Zudem gibt es spezielle Anzündgeräte, die ein Ausräumen der Kohle beim Wiederanzünden nach Erlöschen des Feuers erübrigen.

Ölbeheizte Öfen

Ölbeheizte Öfen, sogenannte Ölöfen, sind meist Konvektionsöfen, sie bestehen aus Stahl oder Grauguss. Die Leistung der gängigen Geräte liegt unter 10 kW, die Abgastemperaturen bei Nennleistung können zwischen 300 und 370 °C betragen. Die Regelung der Heizleistung geschieht manuell über ein Handregelventil, wodurch die Ölmenge eingestellt wird. Bei automatischen Systemen regelt ein Ventil in der Brennstoffzuleitung den Ölzufluss. Es wird über einen Raumthermostaten gesteuert.

Der Öltank ist bei diesen Anlagen entweder hinter dem Ofen befestigt oder auch in der Bekleidung des Ofens selbst angeordnet und fasst etwa 10 bis 15 l. Mehrere Öfen können durch einen gemeinsamen Tank versorgt werden, auch eine zentrale Heizölversorgung aus einem Zentraltank im Keller des Gebäudes ist möglich.

Vorteile von Ölöfen als Einzelheizung gegenüber Festbrennstofffeuerung sind Sauberkeit, gute Regelbarkeit, geringer Bedienungsaufwand, schnelles Aufheizvermögen, darüber hinaus sind sie platzsparend und damit auch für die Nachrüstung im Bestand geeignet.

Für Ölöfen wird ein Mindestrauminhalt von 4 m³ je kW Heizleistung benötigt.

Gängige Bauart für Ölöfen sind Verdampfungsbrenner für leichtes Heizöl und Schalen-/Kaskadenbrenner.

Verdampfungsbrenner für leichtes Heizöl

Verdampfungsbrenner für leichtes Heizöl nach DIN 4731 „Ölheizeinsätze mit Verdampfungsbrenner – Anforderungen, Prüfung und Kennzeichnung; Änderung A1" sind meist topfförmig ausgebildete, aus hitzebeständigem Stahlblech bestehende Behälter mit zahlreichen Luftlöchern am Umfang, deren eingebaute Brennerringe zur Flammenstabilisierung dienen. Aus dem Tank läuft das Öl in einen Schwimmerbehälter, wodurch der Ölspiegel konstant gehalten wird. Daraus fließt es über ein Regulierventil in den Verdampfungsbrenner, in dem das Öl verbrennt. Die Abgase werden aus dem Verbrennungsraum über das Abgasrohr zum Schornstein geführt.

Schalen- und Kaskadenbrenner

Diese hauptsächlich noch im Baubestand vorkommenden Brenner müssen meist durch Hand mittels Docht oder Spiritustabletten gezündet werden. Ölregler halten das Ölniveau konstant, regeln die Heizleistung und verhindern die Überflutung des Brenners. Im Brennraum steigen die Öldämpfe nach oben, verbrennen und geben dabei ihre Wärme an die Wandungen ab. An den Außenseiten der Wandungen strömt die zu heizende Raumluft nach oben; die Wärmeabgabe erfolgt hauptsächlich durch Konvektion.

Kamine

Der offene Kamin zum Verbrennen von festen Brennstoffen, insbesondere von Holz, stellt die ursprünglichste Art der Heizung dar. Er war früher häufig die einzige Heizung (z. B. in Burgen und Schlössern). Heutzutage gilt er vor allem als Gestaltungselement. Offene Kamine werden nach DIN EN 13229 „Kamineinsätze einschließlich offene Kamine für feste Brennstoffe – Technische Regeln für die Installation, Anforderungen an die Bedienungsanleitung" vor Ort hergestellt. Alle direkt mit dem Feuer in Verbindung stehenden Teile sind aus feuerfestem Material, wie z. B. Schamottestein, herzustellen. Die Abdeckhaube (Rauchsammler) besteht entweder ebenfalls aus Schamotte oder aus Gusseisen, der Rauchrohrabgang besteht aus Schamotte oder aus Stahl. Alle feuerberührten Teile sowie das Rauchrohr sind für die Gewährleistung eines wirksamen Auftriebs und um Hitzeschäden an den angrenzenden Bauteilen zu vermeiden auf der Rückseite mit einer nicht brennbaren Wärmedämmung zu versehen.

Offene Kamine dürfen nach § 4 (3) der Ersten Verordnung zur Durchführung des Bundes-Immissionsschutzgesetzes (Verordnung über kleine und mittlere Feuerungsanlagen – 1. BImSchV) nur gelegentlich betrieben werden.

Der offene Kamin besitzt einen offenen Brennraum, dieser gilt auch dann als offen, wenn ein Ofen eine nicht selbstständig schließende Feuerraumtür/Glastür besitzt.

Jeder offene Kamin erfordert einen eigenen Schornsteinzug, der hinter oder seitlich vom Kamin angeordnet sein kann. Der Mindestquerschnitt beträgt meist 20 cm oder 20 × 20 cm. Schornsteinquerschnitt und Größe der Feuerraumöffnung müssen aufeinander abgestimmt sein.

Die Rauchrohrquerschnitte sind entsprechend dem zugehörigen Innenraumvolumen zu bemessen. Der Wirkungsgrad offener Kamine ist im Vergleich zu geschlossenen Feuerstätten gering, da freie Feuerräume den Nachteil haben, dass zu viel ungenutzte Energie verloren geht.

Offene Kamine werden nach DIN EN 13240 „Raumheizer für feste Brennstoffe – Anforderungen und Prüfungen" in 2 verschiedene Grundbauarten unterschieden.

Offene Kamine mit Kamineinsatz aus Stahlblech oder Gusseisen der Kategorie 1 dürfen ausschließlich mit geschlossenen Feuerraumtüren betrieben werden. Kamine der Kategorie 2 sind alternativ mit offener oder geschlossener Feuerraumtür zu nutzen. Brennmaterial ist trockenes Holz, Braunkohlebriketts, Steinkohlebriketts oder Anthrazit. Mit speziellen Brennern können auch Erdgas oder Flüssiggas verheizt werden.

Der Feuerraum ist von einem Schamottemantel umgeben, in dem die Raumluft an den Heizflächen erwärmt wird. Die Raumluft tritt im unteren Bereich des Kamins ein, steigt durch Erwärmung auf und strömt durch Luftaustrittsöffnungen in den zu beheizenden Raum zurück. Die Feuerraumöffnung kann durch Türen aus Metall oder hitzebeständigem Glas verschlossen werden.

Klassische offene Kamine ohne Türen mit handwerklich errichtetem Feuerraum entsprechen der Kategorie 3 gemäß DIN EN 13229. Diese Feuerstätten werden immer offen betrieben. Die Wärmeabgabe erfolgt ausschließlich über Strahlung. Empfohlene Brennstoffe für diesen Kamin sind naturbelassene, trockene Laubhölzer oder Erdgas/Flüssiggas (hierfür sind spezielle Brenner erforderlich). Der Feuerungswirkungsgrad ist dabei relativ gering.

Der Feuerraum dieser Kamine besteht aus Schamotte, Gusseisen oder anderem geeignetem Material. Darüber hinaus besitzen Kamine einen Rauchgassammler mit Rauchgasklappe. Der Anschluss an den Schornstein sollte strömungsgünstig sein. Der Feuerungswirkungsgrad ist bei diesen Anlagen wesentlich geringer als bei Anlagen der Kategorie 1 und 2.

Beim offenen Kamin unterscheidet man zwischen Anlagen mit ein-, zwei-, drei- oder vierseitiger Öffnung. Der Schornsteinquerschnitt ist dabei in Abhängigkeit von der Öffnungsfläche zu bemessen, die Kamingröße ist auf die Raumgröße abzustimmen.

Ein offener Kamin benötigt wegen seines großen Luftbedarfs zur ordnungsgemäßen Funktion eine eigene Zuluftführung. Die Zuluft sollte zur Vermeidung von Zugerscheinungen nicht aus dem Aufstellungsraum selbst, sondern entweder aus einem belüfteten Kellerraum oder Nebenraum oder direkt aus dem Freien entnommen werden. Darüber hinaus reicht die Raumluft bei dicht schließenden Fenstern eventuell nicht aus. Sollte die notwendige Verbrennungsluft aus dem Raum entnommen werden, muss der Raum gemäß Muster-Feuerungsverordnung (MFeuVo) einen Rauminhalt von ≥ 4 m³ je 1 kW Nennwärmeleistung besitzen. Die Größe der Zuluftkanalfläche richtet sich nach der Größe der Feuerraumöffnung und dem Rauminhalt des Aufstellungsraumes.

Kaminöfen und Heizkamine

Kaminöfen nach der früheren DIN 18891 „Kaminöfen für feste Brennstoffe" bis zu einer Nennwärmeleistung von 11 kW, auch unter dem Namen Schwedenofen bekannt, sind offene Kamine mit Kamineinsatz oder Kaminkassette. Sie verbinden die Eigenschaften eines offenen Kamins mit dem höheren Wirkungsgrad von eisernen Öfen. Hierbei wird zwischen Kaminöfen, die nur mit geschlossener Feuerraumtür betrieben werden dürfen, und Kaminen, die mit geschlossener oder offener Feuerraumtür betrieben werden dürfen, unterschieden. Die Vorschriften für Aufstellung und Prüfung von Kaminöfen sind in DIN EN 13229 und DIN EN 13240 geregelt.

Heizkamine sind handwerklich vor Ort errichtete oder transportable Feuerstätten mit Schornsteinanschluss, bestehend aus einem industriell gefertigten Kamineinsatz aus Stahlblech, Gusseisen oder Schamotte mit selbstschließender Tür (meist aus hitzebeständigem Glas). Die Seitenwände dieser Öfen bestehen aus Gusseisen bzw. sind mit Kacheln (aus Keramik, Natur- oder Speckstein) bekleidet.

Kaminöfen werden meist als Zusatzheizung betrieben, sowohl im Neubau integriert als auch im Bestand nachgerüstet, um die Heizkosten zu reduzieren. Geeignete Brennstoffe sind Holz, Braunkohlebriketts, Steinkohlebriketts, Anthrazit, mit speziellen Brennern auch Erdgas oder Flüssiggas.

Die Raumluft tritt im unteren Bereich des Heizkamins ein, steigt durch Erwärmung auf und strömt durch Luftaustrittsöffnungen in den Raum. Die Luftumwälzung und damit die Wärmeabgabe kann durch einen Ventilator gesteigert werden. Der Heizkamin zeichnet sich durch schnelle Wärmeabgabe und hohen Bedienungskomfort aus. Die geschlossenen Türen gewährleisten einen emissionsarmen Betrieb mit hohem Wirkungsgrad.

Der Kaminofen wird im Raum auf eine Brandschutzplatte gestellt und per Rauchrohr an den Schornstein angeschlossen. Er gibt Wärme durch Strahlung und Konvektion ab. Moderne mit Holzpellets betriebene Kaminöfen ermöglichen eine automatische Beschickung mit Holzpellets.

IV.3.2.2 Elektrische Raumheizsysteme

Mit elektrischer Energie werden Schwachlast-Speicherheizungen (Nachtstrom-Speicherheizungen) wie auch elektrische Direktheizungen betrieben.

Hierbei wird elektrische Energie als Sekundärenergie, deren Prinzip auf der Wärmeerzeugung durch den elektrischen Widerstand eines stromdurchflossenen Leiters beruht, zur Raumheizung verwendet.

Tabelle IV.3.01: Abmessungen von offenen Kaminen bei einer wirksamen Schornsteinhöhe von ca. 6 bis 8 m für Räume in Gebäuden (Anhaltswerte für die Vorplanung)

Raumfläche	Abmessungen der Feuerraumöffnung (ca.)			Schornsteindurchmesser	
	b	h	t	einseitig	zwei- und dreiseitig
15–20 m²	60–65 cm	45–50 cm	35–40 cm	20,0 cm	22,5–25 cm
20–30 m²	70–75 cm	50–55 cm	40–45 cm	22,5 cm	25–30 cm
25–35 m²	75–80 cm	55–60 cm	45–50 cm	25,0 cm	30–35 cm
35–0 m²	85–100 cm	65–70 cm	50–60 cm	30,0 cm	35 cm

Die Vorteile dieser Geräte liegen in der leichten Regelbarkeit und Bedienbarkeit und der geringen Ansprüche an die baulichen Gegebenheiten. Nachteile dieser Geräte sind der hohe Primärenergieaufwand und damit auch die Kosten für Strom.

Elektrische Speicherheizgeräte

Dezentrale Speicherheizgeräte haben in den letzten Jahren für die Wohnraumheizung oder Büroheizung an Bedeutung gewonnen, insbesondere bei der Altbausanierung, da die in Kraftwerken erzeugte Energiemenge aus technischen Gründen kurzfristig kaum regelbar ist, vom Verbraucher aber nicht ständig in voller Höhe abgenommen wird, verbleiben dem Verteilungsnetzbetreiber (VNB, früher Elektrizitätsversorgungsunternehmen EVU) ungenutzte Reserven, die zu sogenannten Schwachlastzeiten verbilligt abgegeben werden. Die Sperr- und Freigabezeiten sind regional unterschiedlich.

Elektrische Speicherheizgeräte nutzen den verbilligten Nachtstrom (ca. 6 bis 8 Stunden meist zwischen 22 und 6 Uhr, häufig erfolgt eine zwei- bis dreistündige Freigabe zur nachträglichen Aufladung am Nachmittag), der in Wärme umgewandelt und auf den Tag verteilt langsam am Ort des Bedarfs an den Raum abgegeben wird. Der Verteilungsnetzbetreiber (VNB) lässt elektrische Speicherheizgeräte nur so lange zu, bis das Lasttal in der Nacht aufgefüllt ist.

Der Speicherkern von elektrischen Speicherheizgeräten besteht meist aus Magnesit, möglich ist aber auch Beton- oder Schamottestein. Dieser wird durch elektrische Heizwendeln, Rohrheizkörper oder Heizpatronen auf etwa 600 °C erhitzt. Eine Dämmung verhindert die zu rasche Wärmeabgabe. Der Mantel der Geräte besteht aus Kacheln oder Stahlblech. Elektrische Speicherheizgeräte werden in 3 Bauarten unterschieden:

Bauart I

Die Heizleistung ist nicht gleichbleibend, sondern nimmt mit sinkender Ladung und Temperatur des Speicherkerns ab. Die Wärmeabgabe kann nur durch entsprechende Stärke der Dämmung beeinflusst werden.

Bauart II

Diese Geräte mit einer statischen Entladung, deren Wärmeabgabe bedingt steuerbar ist, besitzen im Inneren Luftkanäle zur Erzeugung von Konvektionswärme. Die Konvektionsstärke kann durch eine Drosselklappe geregelt werden.

Bauart III

Diese Geräte sind wesentlich stärker gedämmt und besitzen Luftkanäle zur Verhinderung einer ungewollten Konvektion. Die Wärmeabgabe erfolgt als erzwungene Konvektion mithilfe eines mit einem Raumthermostaten gekoppelten Ventilators.

Im Bestand sind Modelle mit Tiefen von bis zu 50 cm in Gebrauch, heutzutage kommen hauptsächlich Geräte vom Typ III zum Einsatz, die als Standard- oder Flachspeicher ausgeführt sind und Tiefen bis etwa 20 cm besitzen.

Bei der Aufstellung sollte das relativ hohe Gewicht des Speicherkerns berücksichtigt werden. Speicherheizgeräte sollten immer dort aufgestellt werden, wo der größte Wärmeverlust auftritt, also im Wohnbereich normalerweise unter dem Fenster.

Wegen der hohen Austrittstemperatur der Luft (über 100 °C) müssen die Geräte von Holzbauteilen mindestens 10 cm, voneinander mindestens 3 cm, entfernt sein und dürfen nicht von brennbaren Bauteilen und Stoffen, z. B. Vorhängen, berührt werden. Alle elektrischen Anschluss- und Installationsarbeiten sind nach der VDE-Bestimmung 0100 „Errichten von Starkstromanlagen mit Nennspannungen bis 1000 V" und den Vorschriften der zuständigen Verteilungsnetzbetreiber (VNB) auszuführen.

Direktheizgeräte (Tagstrom-Heizgeräte)

Elektrische Direktheizgeräte werden mit teurem Tagstrom beheizt, hierbei wird die elektrische Energie direkt in Nutzwärme umgesetzt. Unter Umweltgesichtspunkten schneiden direkte Stromheizsysteme ungünstig ab, Energieverbrauch und Schadstoffemission sind derzeit etwa doppelt so hoch wie bei mit öl- oder gasbetriebenen Warmwasserheizungen.

Aus Kostengründen, aus ökologischer Sicht und aufgrund des begrenzten Anschlusswertes finden Direktheizgeräte oftmals nur als Kurz- oder Zusatzheizung Anwendung.

Direktheizgeräte gibt es als Strahlungsheizer, Elektro-Schnellheizer, Elektroradiatoren, Elektrokonvektoren, Heizplatten und Elektro-Fußbodendirektheizung. Elektrisch betriebene Einrichtungen zur Heizung von Räumen oder Außenflächen, zur Warmwasserbereitung von Schwimmbecken wie auch für Wärmepumpen und raumlufttechnische Anlagen bedürfen der Zustimmung des zuständigen VNB. Nicht der Zustimmung unterliegen bewegliche Geräte mit einem gesamten Anschlusswert von bis zu 2 kW je Haushalt, ferner Wärmestrahler in Badezimmern, auf Terrassen usw., wenn diese nur kurzzeitig oder nur in der Übergangszeit benutzt werden.

Strahlungsheizer (Heizstrahler)

Elektrische Heizstrahler sind elektrisch beheizte, schwenkbare Infrarotheizgeräte zur punktuellen Beheizung oder als Zusatzheizung in Bad, WC, auf Terrassen, an einzelnen Arbeitsplätzen und überall dort, wo nur kurzfristig eine Beheizung notwendig ist und nicht der gesamte Raum beheizt werden soll. Elektrische Heizstrahler sind gängig als sogenannte Heizsonnen oder als Wandstrahler.

Elektrische Heizstrahler gibt es als Hellstrahler (ca. 2000 °C) und als Dunkelstrahler (ca. 700 °C). Ihre Anschlusswerte liegen zwischen 1 und 3,5 kW. Sie können einphasig an normale Steckdosen angeschlossen werden. Defekte, irreparable Geräte oder Geräte, die nicht mehr den technischen Anforderungen genügen, sollten ausgetauscht werden.

Elektro-Schnellheizer (Heizlüfter)

Elektro-Schnellheizer sind kompakte, tragbare Geräte mit bis zu 2 kW Leistung, welche die Wärme durch Konvektion an den Raum abgeben. Sie können an jede Steckdose angeschlossen werden. Bei diesen Direktheizgeräten für kleinere Räume, wie z. B. WC oder Bad, wird die Raumluft durch Luftschlitze angesaugt, im Gerät erwärmt und über ein Gebläse wieder an den Raum abgegeben. Die gewünschte

Abb. IV.3.02: Elektroradiatoren werden auch als Ölradiatoren bezeichnet.

Raumtemperatur lässt sich mithilfe eines Leistungsschalters und eines Raumthermostates einstellen. Die Geräte können im Sommer als Lüfter (Kaltluftstufe) genutzt werden.

Elektroradiatoren

Elektroradiatoren sind mit einem festen Anschluss oder beweglich auf Rollen erhältlich. Da sie mit Öl gefüllt sind, werden sie auch als Ölradiatoren bezeichnet. Sie werden durch einen Elektro-Heizstab beheizt, gelten als geruchsfrei, frost-, feuer- und explosionssicher und sind meist mit automatischer Temperaturregelung ausgestattet. Mit 2 kW können sie an jede Steckdose angeschlossen werden und sind vielerorts als Übergangs- oder Zusatzheizung oder für nicht ständig genutzte Räume in Gebrauch.

Elektrokonvektoren

Elektrokonvektoren sind flache Wandöfen mit Heizelementen und Ventilator. Diese Geräte geben ihre Wärme durch natürliche Konvektion ab. Elektrokonvektoren sind bei einem Anschlusswert von bis zu 2 kW in mehreren Stufen bei Temperaturen von 5 bis 35 °C schaltbar. Sie können z. B. in schwachlastbeheizten Wohnungen die Wärmebedarfsspitzen abdecken, in Räumen mit Fußbodenheizung eingesetzt werden oder finden als Übergangs- oder Zusatzheizung bzw. für nicht ständig genutzte Räume, wie z.B. Badezimmer, WC und Gästezimmer, Anwendung. Angeschlossen werden diese Geräte an Steckdosen.

Heizplatten

Heizplatten sind elektrisch beheizte Naturwerksteinplatten mit auf der Rückseite eingelassenen Elektro-Heizdrähten. Diese Geräte sind meist für Feuchträume geeignet, tropf- und spritzwassergeschützt und haben eine gute Regelbarkeit und Speicherwirkung. Geeignet sind Heizplatten als Übergangs- und Zusatzheizung für kleinere Räume, wie z. B. Bad und WC.

Elektro-Fußbodendirektheizung

Bei der Elektro-Direkt- oder -Teilspeicherheizung werden die an das Stromnetz angeschlossenen Heizmatten direkt in den Estrich oder in den Fliesenkleber bzw. in eine entsprechende Ausgleichsschicht eingebracht. Dabei wird die Wärme von der Fußbodenoberfläche sowohl an die Raumluft abgegeben, als auch an Wände und Decken abgestrahlt. Die Regelung erfolgt über einen Raumthermostaten.

Bei der Planung und Ausführung sind die Hinweise und Vorschriften der Hersteller in Bezug auf Konstruktionen und Beläge zu beachten.

IV.3.2.3 Gaseinzelheizungen

Mit steigendem Erdgasangebot, der Verbreitung des Erdgasnetzes in den Städten und auch aus Umweltschutzgründen haben Gaseinzelöfen, insbesondere solche ohne Schornsteinanschluss wie Außenwand-Gasraumheizer und Luft-Abgas-Systeme, in den letzten Jahren vor allem bei der Altbausanierung erheblich an Bedeutung gewonnen. Im Gegensatz zur zentralen Heizungsanlage versteht man unter einer Gas-Einzelheizung (Gasraumheizer) einen einzelnen Ofen, der sich innerhalb des zu beheizenden Raumes befindet.

Die Wärme wird über Strahlung oder Konvektion an die umgebende Raumluft direkt, ohne ein wärmeübertragendes Medium, abgegeben. Somit können – je nach Art und Größe – ein oder mehrere Räume mit einem Gerät beheizt werden.

Gas-Einzelheizungen werden mit Stadtgas (S), Erdgas (N) oder Flüssiggas (F) betrieben. Darüber hinaus gibt es sogenannte Allgasgeräte, die auf alle Gasarten umstellbar sind.

Für Aufstellung und Anschluss der Geräte, Luftzufuhr und Abgasanschluss sind die „Technischen Regeln für Gasinstallationen" (DVGW-Arbeitsblatt G 600, DVGW-TRGI 2008) bzw. die „Technischen Regeln Flüssiggas, TRF, 1996" zu beachten.

Gasraumheizer mit Schornsteinanschluss wurden früher zum Teil als Gliederöfen, ähnlich den Radiatoren, gebaut. Heute sind sie meist als Konvektionsgeräte ausgeführt, wobei etwa 70 % der Gesamtwärmeabgabe über Konvektion erfolgt. Im unteren Teil der Geräte ist meist der Brenner angebracht. Viele Geräte lassen sich durch Auswechseln von Düsen und Einstellen des richtigen Gasdrucks leicht auf jede Gasart umstellen, was auch für Gebäudemodernisierungen von Bedeutung ist.

Die Abgase werden bei schornsteingebundenen Geräten in einen Schornstein abgeführt. Zur Sicherstellung der Abführung der Abgase benötigen diese Geräte eine Strömungssicherung (Zugunterbrecher).

Bei schornsteinlosen Gasraumheizern entweichen die Abgase durch eine Öffnung in der Außenwand direkt ins Freie. Auch die Verbrennungsluft wird aus dem Freien angesaugt, sodass keine direkte Verbindung zwischen Brennkammer und Raumluft besteht.

Gängige Leistungen liegen bei Gasraumheizern im Bereich unter 10 kW, können vereinzelt auch bis zu 12 kW betragen. Die Abgastemperaturen liegen bei etwa 200 °C.

Die Geräte werden bei älteren Modellen von Hand oder durch piezoelektrische Zünder, bei jüngeren vollautomatisch (mit Zündelektrode) gezündet und meist automatisch geregelt. Die Zündsicherung, die für alle Gasheizgeräte erforderlich ist, bewirkt, dass kein unverbranntes Gas ausströmen kann. Sie kann als Bimetall-Sicherung (einfaches, kostengünstiges und früher meist verwendetes Verfahren), als thermoelektrische Sicherung (heutzutage am meisten verwendetes System) oder als Ionisationssicherung (meist bei größeren Geräten) ausgeführt sein.

Die Leistung der Geräte kann häufig bis auf 25 % der Nennlast reguliert werden. Bei der im Bestand üblichen Handregelung wird durch den mehr oder weniger weit geöffneten Gashahn die gewünschte Raumtemperatur eingestellt. Bei halbautomatischer Regelung schaltet ein Raumtemperaturregler die Gaszufuhr zum Brenner taktend oder gestuft bzw. modulierend bis etwa 25 % der Nennleistung.

Zur Beurteilung insbesondere der Wirtschaftlichkeit einer Gaseinzelheizung wird der Nutzungsgrad herangezogen. Ein hoher Nutzungsgrad stellt sich ein, wenn Abgasverluste, Abstrahl-, Bereitschafts- und Stillstandsverluste minimiert werden. Die Bereitschaftsverluste eines Gasraumheizers umfassen im Wesentlichen den Gasverbrauch für die Zündflamme.

Abgasverluste, CO-Werte, Rußzahlen und der Zustand der Anlage müssen in regelmäßigen Abständen vom Bezirks-Schornsteinfegermeister überprüft werden. Bei älteren, sanierungsbedürftigen Anlagen sollte, unabhängig von der EnEV, in Betracht gezogen werden, diese gegen neue, automatisch geregelte Anlagen mit hohem Wirkungsgrad auszutauschen.

Gasraumheizer nach DIN 3364-1 „Gasverbrauchseinrichtungen; Raumheizer; Begriffe, Anforderungen, Kennzeichnung, Prüfung" werden in Gasraumheizer mit Schornsteinanschluss, raumluftunabhängige Gasraumheizer als Außenwand-Gasraumheizer (Geräte zum Anschluss an Luft-Abgas-Schornsteine oder an kombinierte Zuluft-/Abgasleitungen) und Gas-Heizstrahler unterschieden.

Gegenüber Feststoff- oder Öleinzelöfen sind Gasraumheizer bei einer kurzen Anheizzeit und geringen Wartungskosten ständig betriebsbereit. Darüber hinaus sind sie leicht zu bedienen, haben einen hohen Wirkungsgrad, sind gut regelbar, sauber und umweltschonend.

Bei vorhandenem Erdgasanschluss entfällt die Brennstofflagerung. Einige Systeme benötigen keine Schornsteinanlage und sind aus diesem Grund insbesondere für die Nachrüstung oder für die Altbausanierung ohne größeren Aufwand geeignet.

Die Explosionsgefahr durch ausströmendes Gas wird durch die Zündsicherung ausgeschaltet. Darüber hinaus muss der Gasanschluss durch das zuständige Gasversorgungsunternehmen genehmigt und von einer Fachfirma angeschlossen und in Betrieb genommen werden, die dort in einem Installateurverzeichnis eingetragen ist.

Eine Vergiftungsgefahr durch Kohlenmonoxid, die bei Stadtgas vorhanden ist, besteht bei Erd- und Flüssiggas nicht.

Gasraumheizgeräte mit Schornsteinanschluss

Bei diesen Anlagen nach DIN 3364-2 „Gasgeräte; Raumheizer; Schornsteingebundene Heizeinsätze mit atmosphärischen Brennern" und DVGW-Arbeitsblatt G 674 „Heizung mit Gas-Raumheizern" handelt es sich um Heizgeräte mit atmosphärischen Brennern zur Wärmeversorgung einzelner Räume. Sie haben eine offene Verbrennungskammer und beziehen ihre Verbrennungsluft aus dem Aufstellungsraum. Dabei werden die Abgase unter Zwischenschaltung einer Strömungssicherung in einen Abgaskamin eingeleitet.

Nachteilig sind bei diesen Systemen die durch den Schornsteinanschluss festgelegte Aufstellung an einer Innenwand und die strengen Anforderungen in Bezug auf die Verbrennungsluftzufuhr. Aus diesem Grund wurden Gasöfen mit Schornsteinanschluss weitgehend durch raumluftunabhängige Gasraumheizer verdrängt.

Gängige Gasöfen mit Schornsteinanschluss sind Gas-Konvektionsöfen, Gas-Wandheizöfen und Gasradiatoren.

Gas-Konvektionsöfen

Gas-Konvektionsöfen besitzen einen Heizeinsatz aus Grauguss oder Stahlblech mit einem atmosphärischen Brenner, der über eine Gasanschlussleitung (DN 15) und eine Gasanschlussarmatur mit einem elektrischen Zünder und einer thermoelektrischen Zündsicherung angeschlossen ist. Im Bestand werden an diesen Anlagen die Heizleistung und damit die Raumtemperatur meist stufenlos durch Einstellung der Gaszufuhr an einem Drehknopf geregelt. Eine Strömungssicherung verhindert zu großen Schornsteinzug, Stau oder Rückstrom der Abgase. Der Außenmantel dieser Anlagen besteht aus emailliertem Grauguss oder Stahl bzw. aus einer durchlässigen Gitterbekleidung. Durch ein Sichtfenster können die Flammen beobachtet werden. Die Wärmeabgabe erfolgt zu 70 bis 85 % als Konvektionswärme und zu 15 bis 30 % als Strahlungswärme über den Außenmantel. Die übliche Nennwärmeleistung der Geräte liegt zwischen 5 und 12 kW. Konvektionsöfen können in Fußbodennähe, etwa 60 cm über dem Boden, angeordnet werden.

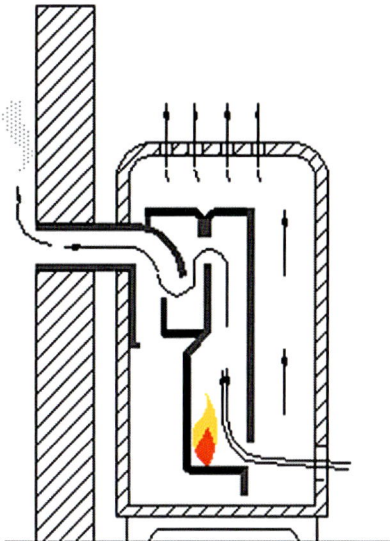

Abb. IV.3.03: Gas-Konvektionsofen mit Schornsteinanschluss

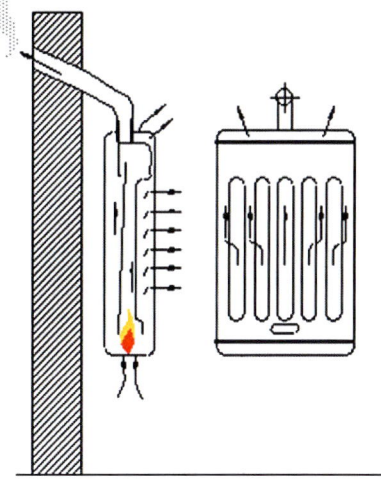

Abb. IV.3.04: Gas-Wandheizöfen mit Schornsteinanschluss

Gas-Wandheizöfen

Diese Gasheizgeräte sind meist kleiner als Konvektions- oder Strahlungsheizungen und besitzen Heizleistungen von bis zu 3,5 kW. Sie werden hauptsächlich zur Kurzzeitheizung in Bädern und Duschräumen in Verbindung mit Gas-Wasserheizern (zur Versorgung mit Warmwasser) verwendet. In diesem Fall dürfen die Abgasrohre beider Gasgeräte vor dem Schornsteinanschluss ohne Querschnittserweiterung zusammengefasst werden. Wandheizöfen sind in einer Höhe von mindestens 1,5 m über dem Fußboden anzubringen.

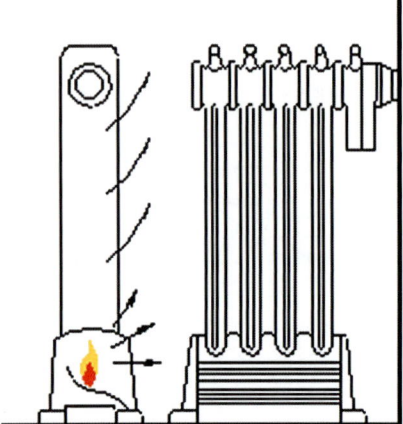

Abb. IV.3.05: Gasradiator mit Schornsteinanschluss

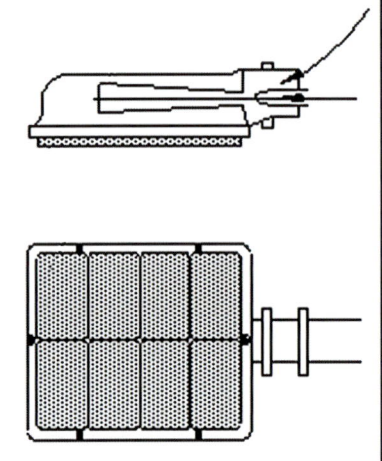

Abb. IV.3.06: Gas-Heizstrahler

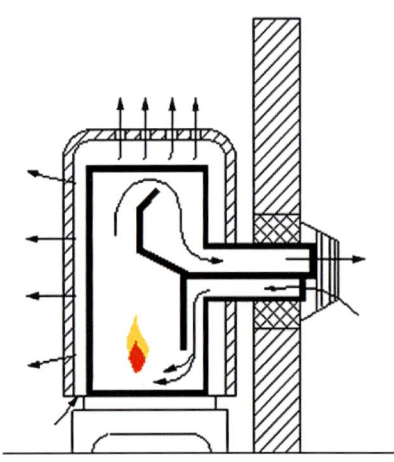

Abb. IV.3.07: Außenwand-Gasraumheizgerät

Gasradiatoren

Gasradiatoren älterer Bauart sind Gasraumheizgeräte mit Schornsteinanschluss mit Rippengliedern, deren Form den Radiatoren der Zentralheizung nachgebildet ist. Sie wurden früher oft zur Beheizung von Werkstätten, Läden und Büros genutzt. Durch den unten angeordneten Brenner wird das Wasser im darüberbefindlichen Radiator erwärmt.

Gas-Strahlungsheizgeräte

Gas-Heizstrahler nach DVGW Arbeitsblatt G 638 Teil 1 „Heizungsanlagen mit Heizstrahlern ohne Gebläse (Hellstrahlern) Planung – Installation – Betrieb und Instandsetzung" und Teil 2 „Heizungsanlagen mit Dunkelstrahlern; Planung, Installation, Betrieb" für Raum- und Freiflächenheizungen finden in Werkhallen, wo nur einzelne Arbeitsplätze zu erwärmen sind, auf Sportplätzen und Tribünen, an Verkaufsständen im Freien, in Bahnhöfen usw. Anwendung. Bei diesen meist sehr großen Räumen ist oftmals keine Abgasabsaugung erforderlich.

Die Wärme wird bei diesen Anlagen fast ausschließlich als Strahlungswärme abgegeben und erst beim Auftreffen auf Oberflächen freigesetzt. Dadurch braucht die Luft nicht erwärmt zu werden, was einen relativ sparsamen Betrieb ermöglicht.

Aufgrund der hohen Abstrahlungstemperatur sind Mindestabstände zwischen Heizstrahler und Boden einzuhalten, um zu hohe Strahlungen auf Personen zu vermeiden.

Raumluftunabhängige Gasraumheizer

Raumluftunabhängige Gasraumheizer beziehen ihre Verbrennungsluft nicht aus dem Aufstellungsraum. Aus diesem Grund werden an raumluftunabhängige Gasfeuerstätten keine Anforderungen in Bezug auf die Lüftung des Aufstellungsraumes gestellt. Sie dürfen unabhängig von der Größe des Aufstellraumes installiert und betrieben werden.

Außenwand-Gasraumheizgeräte

Außenwand-Gasraumheizgeräte bis zu 11 kW benötigen keinen Schornsteinanschluss. Sie besitzen eine geschlossene Verbrennungskammer, sodass die Verbrennungsluft und Abgas führenden Teile luftdicht gegen den Innenraum abgeschlossen sind. Abgase und Frischluftzufuhr werden ohne Kaminanschluss direkt durch die Wand geführt, wobei die Abgasöffnung mindestens 30 cm über der Geländeoberkante liegen muss.

Durch die Aufstellung direkt an einer Außenwand ermöglichen diese Geräte eine günstige Temperaturverteilung im Raum.

Außenwand-Gasraumheizgeräte eignen sich beispielsweise für die Sanierung von älteren Gebäuden, wenn der Einbau einer Zentralheizung aus baulichen Gegebenheiten oder aus Kostengründen ausscheidet und ein Gasanschluss vorhanden ist.

Gasraumheizgeräte zum Anschluss an Luft-Abgas-Systeme

Luft-Abgas-Systeme (LAS) ermöglichen den Anschluss raumluftunabhängiger Gasraumheizer. Der Einsatz dieser Abgasanlagen eignet sich nicht nur bei Neubauten, sondern auch bei umfassenden Modernisierungsarbeiten von Bestandsgebäuden. An einen Luft-Abgas-Schornstein können pro Etage 2, insgesamt maximal 10 Gasfeuerstätten angeschlossen werden. Unter bestimmten Voraussetzungen besteht auch die Möglichkeit, vorhandene, nebeneinanderliegende Schornsteinzüge als Luft-Abgas-System zu nutzen. Dabei dürfen pro Etage nur 1, insgesamt maximal 5 Geräte angeschlossen werden.

Der Vorteil der Luft-Abgas-Systeme liegt in dem raumluftunabhängigen Betrieb, was eine uneingeschränkte Grundrissplanung ohne Berücksichtigung des erforderlichen Raumvolumens und der Zuluftführung ermöglicht. Dieser Aspekt ist insbesondere bei umfassenden Modernisierungsarbeiten im Bestand von großer Bedeutung.

Gasraumheizgeräte zum Anschluss an Zuluft-/Abgasleitungen

Eine weitere Möglichkeit für die Verwendung raumluftunabhängiger Gasraumheizer stellt die Aufstellung im Dachgeschoss mit einer kombinierten Zuluft-/Abgasleitung dar.

Dies ist eine oft kostengünstige Möglichkeit, insbesondere für die Aufstellung von Brennwertgeräten mit sehr niedrigen Abgastemperaturen, da auf eine Schornsteinanlage bzw. auf die Sanierung eines Schornsteins in diesem Fall verzichtet werden kann. Bei diesen Anlagen gelten für den Brandschutz die gleichen Anforderungen wie für Abgasrohre.

IV.3.3 Zentrale Heizungsanlagen

Zentrale Wärmeerzeuger wandeln die Energie des verwendeten festen (Kohle, Holz), flüssigen (Öl) oder gasförmigen (Erdgas, Flüssiggas) Brennstoffes durch Verbrennung in Wärme um. Sie haben primär die Aufgabe, ein Wärmeträgermedium, z. B. Wasser oder Wasserdampf, auf eine bestimmte Temperatur aufzuheizen und relativ konstant auf der Temperatur zu halten. Zentrale Heizungsanlagen setzen sich aus Wärmeerzeuger, zentralem Wassererwärmer, Wärmeverteilnetz und Heizkörper bzw. Heizflächen zusammen.

Sammelheizung

Als Sammelheizungen werden Heizungsanlagen bezeichnet, welche die Wärme an einer zentralen Stelle erzeugen, wie z. B. Zentral-, Stockwerks- oder Blockheizungen.

Sie haben primär die Aufgabe ein Wärmeträgermedium, z. B. Wasser oder Wasserdampf, auf eine bestimmte Temperatur aufzuheizen und relativ konstant auf dieser Temperatur zu halten. Die Wärme wird über das Wärmeträgermedium durch ein Rohrsystem zu den angeschlossenen Heizflächen geleitet, welche die Wärme an die Raumluft abgeben.

Fernheizung

Der Begriff Fernheizung bezeichnet zentrale Heizungsanlagen, bei denen die Wärme zentral, z. B. in einem Heiz- oder Heizkraftwerk, erzeugt und an mehrere räumlich entfernte Wärmeabnehmer verteilt wird.

IV.3.3.1 Wärmeerzeuger

Bis zur Einführung der Ölfeuerung (um 1955 bis 1960) waren zentrale Wärmeerzeuger fast ausschließlich als Gliederheizkessel die gängige Bauart. Heute ist der Heizkesselbau durch konstruktive Maßnahmen geprägt, die der Verringerung von Abgas-, Strahlungs- und Betriebsbereitschaftsverlusten dienen.

Zentrale Wärmeerzeuger bestehen im Wesentlichen aus dem Brennraum mit Brenner und dem Kessel. Der Brenner ist der Teil des Heizkessels, in dem der Brennstoff verbrannt wird. Die durch den Brenner freigesetzte Feuerungswärme des verwendeten Energieträgers wird im Heizkessel auf das Heizmedium, z. B. Heizwasser, übertragen.

Der Brenner sollte möglichst wenige Schadstoffe emittieren, wartungsfreundlich konstruiert sein, geräuscharm laufen und einen hohen Grad der Energieverwertung aufweisen.

Als Kessel wurden bis Ende der 70er-Jahre vorwiegend sogenannte Konstanttemperaturkessel eingesetzt, die auch heute noch in vielen Bestandsgebäuden vorzufinden sind. Diese Kessel arbeiten aufgrund ihrer Bauart oft nicht wirtschaftlich, sondern mit einem Jahresnutzungsgrad von oft nur 70 % oder weniger, d.h., ein großer Teil der eingesetzten Energie bleibt infolge von Abgas-, Stillstands- und Abstrahlungsverlusten ungenutzt. Darüber hinaus arbeiten alte Heizanlagen oft energetisch ineffizient. Da die Kesselwassertemperatur auf konstant hohen z. B. 80 oder 90° C gehalten werden muss, kommt es bei diesen Kesseln zu hohen Auskühl- bzw. Oberflächenverlusten.

Moderne Kessel erreichen aufgrund ihres technischen Aufbaus, der Form, des Umfangs und der inneren Struktur des Brennraumes Kesselnutzungsgrade von 92 bis 98 %. Zusätzliche nachgeschaltete Heizflächen und ausgewählte Materialien sorgen dafür, dass möglichst wenig Energie verloren geht. Die Reinigung des Brennraumes ist aus Gründen der Energieeinsparung ausgesprochen wichtig.

Heizkessel werden aus Stahl oder Gusseisen sowie aus Verbundwerkstoffen hergestellt, wobei Stahlkessel im Gegensatz zu Gusskesseln kompakter und leichter gebaut sind und bereits im Werk komplett fertiggestellt werden können. Gusseiserne Gliederbauweise bei Öl- und Gaskesseln zeichnet sich durch Langlebigkeit, Korrosionswiderstandsfähigkeit und gute Anpassung an die jeweils geforderte Heizleistung aus.

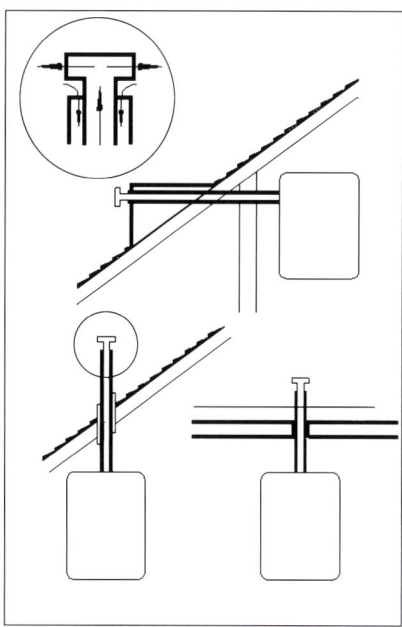

Abb. IV.3.08: Gasraumheizgerät mit Zuluft-/Abgasleitung

Abb. IV.3.09: Heizungsanlage mit Konstanttemperaturkessel

Heizkessel werden in Kleinkessel (Leistung bis ca. 50 kW), Mittelkessel (50 bis 500 kW) und Großkessel (über 500 kW) unterschieden. Dabei sollte die Kesselleistung möglichst genau an den Wärmebedarf angepasst werden.

Arten und Besonderheiten

Ältere zentrale Heizungsanlagen sind meist mit sogenannten Konstanttemperaturkesseln ausgestattet. Sie arbeiten oft nicht wirtschaftlich, sondern mit einem Jahresnutzungsgrad von nur 70 % oder weniger, d. h., ein großer Teil der eingesetzten Energie bleibt infolge von Abgas-, Stillstands- und Abstrahlungsverlusten ungenutzt. Darüber hinaus arbeiten alte Heizanlagen oft energetisch ineffizient.

Nach Art des Brennstoffes werden zentrale Wärmeerzeuger in Gasspezialkessel (Gaskessel mit Gasbrennern ohne Gebläse), Heizkessel für flüssige

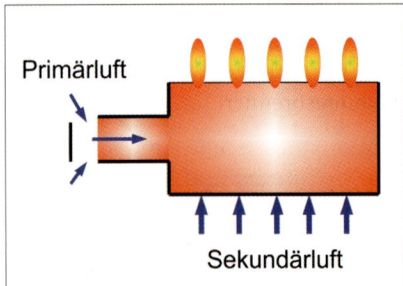

Abb. IV.3.10: Prinzip des atmosphärischen Gasbrenners

Brennstoffe, Heizkessel mit Gas-Gebläsebrenner, Wechselbrandkessel, Umstellbrandkessel, Kessel für feste Brennstoffe, Fernwärme-Hausstationen usw. unterschieden.

Gasspezialkessel

Gasspezialkessel sind Gaskessel mit Brenner ohne Gebläse. Sie sind ausschließlich für die Verbrennung von Gas bestimmt. Besondere Kennzeichen dieser Kessel sind die geeignete Gestaltung des Verbrennungsraumes mit geringem heizgasseitigem Widerstand sowie Rippen und Lamellen in den Zügen zur Vergrößerung der Heizfläche und Verbesserung der Wärmeübertragung.

Gasspezialkessel werden vorzugsweise mit Leistungen bis 50 kW angeboten. Die Kessel werden vornehmlich in der Ausführung aus Gusseisen, teilweise auch als Stahlkonstruktionen hergestellt. Bei Herstellung aus korrosionsbeständigem Material können die Kessel ohne Mischventil mit gleitenden Kesselwassertemperaturen in Abhängigkeit von der Raum- oder Außentemperatur betrieben werden.

Die Verbrennungsluft wird bei Gasspezialkesseln durch die Sogwirkung des Gasstromes in die Brennkammer gezogen. Das Gas-Luft-Gemisch wird durch eine Zündflamme oder über eine Funkenstrecke entzündet. Die Flammen brennen in vertikaler Richtung und geben in der Brennkammer ihre Wärme an die Heizflächen ab.

Kessel ohne Gebläse arbeiten geräuscharm, sind kostengünstig und störungsarm. Sie können aus diesem Grund außer im Keller und Dachgeschoss auch in der Wohnung und sogar in der Küche (dafür gibt es Modelle, die den Normgrößen für Küchenmöbel entsprechen) eingebaut werden und eignen sich insbesondere für die Nachrüstung bei Modernisierungsmaßnahmen von Bestandsgebäuden.

Gasspezialkessel werden in halbautomatisch und vollautomatisch arbeitende Kessel unterschieden. Bei halbautomatisch arbeitenden Kesseln wird am Brenner eine Zündflamme von Hand, meist durch Piezozünder, gezündet, sie brennt dauernd. Das Hauptgasventil wird in Abhängigkeit von der Regelgröße (Temperatur im Kessel) geöffnet bzw. geschlossen. Vollautomatisch arbeitende Kessel sind größer. Sie arbeiten mit fotoelektrischer Flammenüberwachung und auch mit Stufenschaltung.

Gasheizkessel mit Brenner und ohne Gebläse im Bestand arbeiten meist halbautomatisch.

Gasspezialkessel besitzen meist einen atmosphärischen Gasbrenner.

Atmosphärische Gasbrenner sind Brenner für Gasfeuerstätten ohne Gebläse. Sie arbeiten mit Niederdruck oder Naturzug. Atmosphärische Brenner gelten als geräuscharm, kostengünstig und störungsarm. Sie finden vorzugsweise bei kleineren Gasheizungen, auch als Küchenmodell, Verwendung.

Die Nachrüstung mit einem atmosphärischen Gasbrenner ist bei allen Kesseln möglich, die mit Naturzug arbeiten. Dabei muss der Feuerraum nach vorn unten offen sein, damit die Verbrennungsluft nachströmen kann.

Der Abgasweg erhält am Wärmeerzeuger eine Strömungssicherung (Zugunterbrechung, als Bestandteil des Wärmeerzeugers), wodurch die Zugverhältnisse im Kessel und Schornstein stabilisiert und so der Einfluss von zu starkem Auftrieb, von Stau oder Rückstau in der Abgasanlage auf die Verbrennung verhindert wird.

Kessel mit atmosphärischen Brennern haben den Nachteil, dass der Wirkungsgrad der Kessel erheblich sinkt, wenn bei fallender Belastung die Gaszufuhr ohne Reduzieren der Luftmenge gedrosselt wird. Dies ist darauf zurückzuführen, dass sich in diesem Fall der für die Verbrennung benötigte Luftüberschuss vergrößert.

Um den Wirkungsgrad an Gasspezialkesseln zu erhöhen und die Schadstoffemisionen zu verringern, können folgende Verbesserungsmaßnahmen in Betracht gezogen werden:

- Durch mehrstufige, an die erforderliche Heizleistung angepasste Brenner oder durch Brenner mit modulierender Flamme mit Anpassung der Sekundärluftzufuhr wird versucht, die Kesselwirkungs- und Nutzungsgrade der Wärmeerzeuger mit Gasbrennern ohne Gebläse zu verbessern.
- Um bei Brennerstillstand die inneren Auskühlverluste zu verringern, ist bei atmosphärischen Brennern eine Abgasklappe sehr wirksam.
- Wie bei den Gas-Gebläsebrennern sind die Ansätze für eine Verminderung des Stickoxidausstoßes bei der Gemischbildung und bei der Beeinflussung der Flammentemperatur zu suchen. Atmosphärische Gasbrenner werden aus diesem Grund mit keramischen oder metallischen Kühlstäben angeboten. Bei günstiger Positionierung über den Brennstäben können diese die thermische Stickoxidbildung nahezu völlig verhindern.
- Auch mit atmosphärischen Brennern ausgestattete Heizkessel sind in Brennwertausführung erhältlich, bei Kesseln mit Gas-Gebläsebrennern in Verbindung mit hohen Umwandlungswirkungsgraden ist jedoch eine effizientere Brennwertnutzung gegeben als bei Kesseln ohne Gebläse.
- Bei großer Kesselleistung besteht die Möglichkeit, einen sogenannten atmosphärischen Vormischbrenner einzusetzen. Dadurch wird die Verbrennungsluft und das Gas bereits vor dem Brennraum gemischt und dann in die Brennkammer geleitet. Häufig werden zur guten Durchmischung von Gas und Verbrennungsluft kleine Gebläse eingesetzt.

Heizkessel für flüssige Brennstoffe

Im Bestand sind Heizkessel für flüssige Brennstoffe, d. h. mit Ölbrenner, als konventionelle Ölkessel, Gusskessel oder Stahlkessel gängige Bauarten.

Beim konventionellen Ölkessel muss die Rücklauftemperatur durch eine Rücklaufbeimischung angehoben werden. Damit die Kesseltemperatur nicht unter 70 °C absinkt und so der Taupunkt der Abgase nicht unterschritten wird.

Gusskessel besitzen aufgrund ihrer Korrosionsbeständigkeit eine lange Lebensdauer und große Betriebssicherheit. Nachteilig ist das hohe Eigengewicht. Sie unterscheiden sich von Kokskesseln nur durch einen kleineren Feuerungsraum.

Stahlkessel sind bei Taupunktunterschreitung der Abgase korrosionsgefährdeter als Gusskessel. Sie erlauben jedoch höhere Heizflächenbelastungen und sind weniger empfindlich gegenüber Temperaturschwankungen.

Heizkessel für flüssige Brennstoffe sind gut regelbar und beim Betrieb entstehen kaum Staub- oder Ascherückstände.

Ölbrenner sind meist als Zerstäubungsbrenner auf dem Markt.

Bei Heizöl liegt die Brennpunkttemperatur bei 120 °C. Damit das Öl bei niedrigen Temperaturen restlos verbrennen kann, muss es unter Druck möglichst fein zerstäubt werden. Dazu wird das Öl durch eine elektrisch angetriebene Ölpumpe auf hohen Druck gebracht und einer Zerstäuberdüse zugeführt, in der es in feinste Teilchen vernebelt und verdampft wird. Der entstehende Ölnebel wird mit Verbrennungsluft vermischt. Die Luft wird über einen Ventilator, der im Brennergehäuse eingebaut ist, gefördert und der Zerstäuberdüse zugeführt. Durch eine automatische Sauerstoffregelung wird gewährleistet, dass der Brenner ständig mit optimaler Luftzahl arbeitet, wodurch der Wirkungsgrad weiter verbessert und die Schadstoffemission reduziert werden kann. Die Zündung des Öl-Luft-Gemisches erfolgt meist elektrisch über Zündelektroden.

Die Verbrennungsgüte ist von der Qualität der Zerstäubung abhängig. Ist die Zerstäubung nicht fein genug, kann es zu Rußablagerungen und damit zu einem Mehrverbrauch an Heizenergie kommen. Wegen der geringen Öffnung der Zerstäubungsdüse muss das Öl dünnflüssig und rückstandsfrei sein. Eine Vorwärmung des Öls im Brenner setzt die Viskosität herab, so kann eine gleichbleibende Qualität der Zerstäubung auch bei kleinen Mengen erzielt werden.

Ölbrenner können aufgrund der Flammenfärbung grundsätzlich in Gelb- und Blaubrenner unterschieden werden.

Beim normalen Ölzerstäubungsbrenner/einstufigen Ölzerstäubungsbrenner ist die gelbe Flammenfärbung (Gelbbrenner) auf glühende Kohlenstoffpartikel zurückzuführen. Er arbeitet meist vollautomatisch. Dabei wird das Heizöl durch eine Ölbrennerdüse zerstäubt und elektrisch gezündet. Die notwendige Verbrennungsluft wird mithilfe eines Gebläses zugeführt. Der Temperaturregler am Heizkessel schaltet den Brenner ein und aus. Eine Weiterentwicklung des Gelbbrenners stellt der Transparentbrenner dar.

Blaubrenner (Raketenbrenner) sind Zerstäubungsbrenner, die das Heizöl mit höherer Temperatur verbrennen und dadurch einen höheren Wirkungsgrad erreichen. Durch die Rückführung der heißen Abgase wird der Ölnebel zu Gas verdampft und mit blauer Flamme nahezu rußfrei verbrannt. Aufgrund der nahezu vollständigen Ölvergasung verbrennt das Heizöl besonders sauber und unter geringer Stickstoffoxid- und Kohlenmonoxidbildung. Er ist jedoch nicht so geräuscharm wie der einstufige Ölzerstäubungsbrenner.

Gegenüber früheren Bauarten wurden die Wärmeerzeuger aus Guss oder Stahl in vieler Hinsicht verbessert. Insbesondere ist es heute möglich, Kessel mit geringen Wassertemperaturen zu betreiben, ohne dass durch Unterschreiten des Wasserdampf-Taupunkts und durch Schwefelsäureausscheidung aus den Abgasen Korrosion auftritt. Dies wird durch besondere Beschichtungen der Kesselwände oder durch Anheben der Wandungstemperaturen über den Taupunkt der Heizgase mithilfe konstruktiver Maßnahmen oder durch besonderes Kesselmaterial erreicht. Die Strahlungs- und Betriebsbereitschaftsverluste werden dadurch insbesondere bei kleinen Kesselleistungen wesentlich verringert.

Ölkessel funktionieren heute vollautomatisch und benötigen praktisch keine Bedienung. Der Wirkungsgrad kann durch den Einbau verbesserter Brenner wesentlich erhöht werden. Der Schadstoffgehalt der Abgase ist bei modernen Ölkesseln jedoch immer noch höher als bei gasbetriebenen Kesseln.

Alternativen zu den konventionellen Ölbrennern sind Verdampfungsbrenner mit Gebläse und Hochdruck-Zerstäubungsbrenner.

Verdampfungsbrenner sind mit und ohne Gebläse auf dem Markt. Ohne Gebläse finden sie hauptsächlich als Zimmeröfen Verwendung. Dabei wird die Verbrennungsluft durch eine seitliche Öffnung angesaugt, das Öldampf-Luft-Gemisch wird dann meist von Hand gezündet.

Verdampfungsbrenner mit Gebläse finden überwiegend bei Etagenheizungen Verwendung. Die Verbrennungsluft wird durch ein Gebläse dem Verdampfungstopf zugeführt. Das Öldampf-Luft-Gemisch wird in den meist vollautomatisch arbeitenden Anlagen selbsttätig gezündet.

Bei Hochdruck-Zerstäubungsbrennern wird das Heizöl mit hohem Druck durch eine Düse in den Feuerungsraum des Kessels gepresst und meist elektrisch gezündet. Ein Gebläse führt die notwendige Verbrennungsluft zu.

Auch an bestehenden Heizkesseln für flüssige Brennstoffe können Verbesserungen vorgenommen werden:

Eine stufenlose Drehzahlregelung der Verbrennungsluftventilatoren kann neben einem günstigen Regelverhalten auch zur Einsparung an Antriebsenergie führen.

Schadstoffreduzierungen können durch Abgasrückführung erreicht werden. Über eine Rückführeinrichtung wird Abgas entweder in den Luftstrom oder direkt in die Flamme eingedüst. Insbesondere durch Anpassung der Abgasrückführmengen an die unterschiedlichen Betriebszustände kann eine Reduzierung der Stickstoffoxidemissionen herbeigeführt werden. Durch die Vorvergasung des Heizöls mittels Rezirkulation der heißen Abgase oder durch Vergasungskörper kann eine rußfreie Verbrennung und eine weitere Erhöhung der Brennerwirkungsgrade erreicht werden.

Die Vorverdampfung des Heizöls ermöglicht eine rußfreie Verbrennung, bei der durch abgestimmte Gemischbildung der Kohlenmonoxidgehalt im Rauchgas niedrig bleibt. Rauchgasrezirkulation und Vorverdampfung

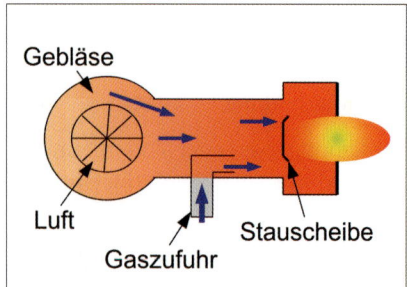

Abb. IV.3.11: Prinzip des Gas-Gebläsebrenners

führen zu deutlich geringeren Stickstoffoxidemissionen bei sehr guter Energieausnutzung.

Rotierende Verdampferzylinder ermöglichen eine Verdampfung des Heizöls, wobei ein Film auf die Zylinderinnenfläche aufgetragen wird. Der Ölfilm verdampft auf der Oberfläche des Rotationszylinders. Die Beheizung erfolgt durch die brennkopfinterne Rezirkulation von heißem Verbrennungsgas. In der Startphase wird die Verdampferfläche elektrisch beheizt. Die störanfällige Brennerdüse entfällt dabei. Die Vermischung des Öldampfes mit der Verbrennungsluft ist durch die turbulente Strömung im Brennerkopf gegeben. Das Gemisch verbrennt mit weitgefächerter und daher verhältnismäßig kühler Flamme.

Durch die Montage eines Ölvorwärmers wird das Öl feiner und gleichmäßiger zerstäubt. Dabei sollte die Vorwärmung in der Düsenhalterung stattfinden, denn Vorwärmeeinrichtungen außerhalb des Brenners sind weniger wirkungsvoll.

Heizkessel mit Gas-Gebläsebrenner

Im Bestand sind Heizkessel aus Guss oder Stahl gängige Bauarten für Gas-Gebläsebrenner. Sie werden hauptsächlich eingesetzt, wenn größere Heizleistungen (über 50 kW) benötigt werden, wie z. B. in Mehrfamilienhäusern. Ältere Kessel können sowohl mit Gas- oder Ölbrennern betrieben werden, heutzutage sind Kessel und Brenner genau aufeinander abgestimmt und optimiert.

Der Gas-Gebläsebrenner ist im Prinzip ähnlich dem Ölbrenner gebaut. Da verbrennungs- und strömungstechnisch an die Feuerräume von Gas- und Ölkesseln etwa die gleichen Anforderungen gestellt werden, lassen sich praktisch alle für Ölfeuerungen entwickelten Bauarten auch mit Gas-Gebläsebrennern betreiben. Im Gegensatz zu Öl muss Gas nicht verdampft oder zerstäubt werden.

Die Verbrennungsluft wird dem Gas vor der Verbrennung durch ein Gebläse zugeführt.

Gas-Gebläsebrenner besitzen einen höheren Wirkungsgrad, sind jedoch in der Wartung teurer und nicht so geräuscharm wie atmosphärische Brenner.

Um bei Heizkesseln mit Gas-Gebläsebrennern den Wirkungsgrad zu optimieren, sollte der Brennraum der Flamme angepasst sein. Stahlheizkessel besitzen besondere Vorteile gegenüber den Gussgliederkesseln. Der Feuerungsteil ist nach dem Umkehrprinzip ausgebildet; die Heizgase kehren im Brennraum um und durchströmen die darüberliegende Nachheizfläche. Diese besteht aus waagerechten Rohren oder Kanälen, die zur Erhöhung des Wärmeübergangs profiliert oder mit Turbulenzeinsätzen versehen sind.

Eine Alternative zum reinen Gas-Gebläsebrenner bietet der Zweistoffbrenner, eine Kombination aus Gas-Gebläsebrenner und Hochdruck-Zerstäubungsbrenner. Es können alternativ Gas und Heizöl verbrannt werden. Beim Zweistoffbrenner werden nur die Gas- und Ölzufuhr sowie die notwendigen Steuergeräte getrennt geführt. Gehäuse, Ventilator, Zündung und Flammenüberwachung werden gemeinsam, jedoch nicht gleichzeitig genutzt.

Die möglichen Verbesserungsmaßnahmen bei Gas-Gebläsebrennern gleichen grundsätzlich denen beim Ölbrenner. Die Leistungsregelung kann auch für Brenner kleiner Baugröße problemlos gleitend erfolgen. Entwicklungstrends weisen in Richtung der flammenlosen Verbrennung und niedriger Verbrennungstemperaturen. Dadurch wird vor allem die Bildung der Stickstoffoxide umgangen.

Bereits marktverfügbar sind sogenannte Strahlungsbrenner, bei denen die Wärme durch intensive Strahlung ausgekoppelt und aus der Reaktionszone geführt wird. Durch vollständige Gas-Luft-Vormischung und niedrige Ausströmgeschwindigkeit wird das Erdgas praktisch flammenlos verbrannt, und zwar bei Temperaturen unter 1200 °C.

Wechselbrandkessel und Umstellbrandkessel

Wechsel- und Umstellbrandkessel sind für die Verfeuerung von festen sowie flüssigen oder gasförmigen Brennstoffen geeignet.

Bei Umstellbrandkesseln ist das Umstellen von festen auf flüssige oder gasförmige Brennstoffe oder umgekehrt stets mit dem Abbau und Wiederanbau von Kessel- bzw. Feuerungsteilen verbunden. Bestehende gusseiserne Koks- und Kohlekessel wurden im Bestand auf Öl- oder Gasfeuerung umgestellt. Aufgrund ihrer hohen Abgas-, Strahlungs- und Betriebsbereitschaftsverluste werden solche Umstellungen heute nicht mehr vorgenommen.

Wechselbrandkessel sind Kessel, die ohne Umbau mit wenigen Handgriffen von Öl- oder Gasfeuerung auf feste Brennstoffe umgestellt werden können. Dabei werden bevorzugt Zweikammerkessel eingesetzt, die 2 verschiedene Brennräume enthalten, die dem Brennstoff entsprechend konzipiert sind.

Feste, flüssige oder gasförmige Brennstoffe dürfen nicht gleichzeitig verbrannt werden.

Kessel für feste Brennstoffe

Heizkessel für feste Brennstoffe sind infolge des Angebots von Heizöl und Gas nur noch selten anzutreffen. Oft ist die Erfüllung der verschärften Emissionsanforderungen sehr aufwendig und der Bedienungsaufwand erheblich höher als bei Anlagen, die mit flüssigen oder gasförmigen Brennstoffen betrieben werden. In den letzten Jahren haben allerdings modernere Holzheizkessel, insbesondere Kessel, die mit Holzpellets befeuert werden, zunehmend an Bedeutung gewonnen. Diese Kessel sind für das Beheizen gesamter Gebäude sowie für die Warmwasserbereitung geeignet. Der Leistungsbereich reicht derzeit von 4 bis 100 kW.

Im Bestand sind für kleine und mittlere Anlagen meist gusseiserne Gliederkessel oder Stahlheizkessel für feste Brennstoffe zur Wärmeerzeugung im Einsatz. Wobei sich die Stahlheizkessel gegenüber den gusseisernen Kesseln durch ihr geringes Gewicht und die optimale Brennraumgeometrie auszeichnen.

Kennzeichnend für diese Heizkessel sind der durch lange Durchbrandzeiten bedingte große Brennraum sowie der Ascheraum und ein Feuerungsrost. Heizkessel für Festbrennstofffeuerung besitzen keine Ein-/Aus-Regelung, sondern werden gleitend zwischen Teillast und Volllast betrieben. Sie gelten technisch als schwer regelbar.

Die Rostausbildung ist je nach Brennstoffart und Stückgröße verschieden. Gasreiche Brennstoffe, wie Braunkohle oder kleinteilige Brennstoffe, benötigen zur vollständigen Verbrennung die Zuführung von Zweiluft (Oberluft), die unter Umgehung des Rostes durch schmale Kanäle oberhalb der Feuerung den Rauchgasen beigemengt wird.

Meist sind Heizkessel für feste Brennstoffe als sogenannte Füllschachtkessel auf dem Markt, bei denen der Brennstoff durch Schwerkraft auf den Rost fällt und dort verbrennt. Asche und Schlacke werden mechanisch durch Stößel oder Schieber entfernt. Der Brennstoff wird durch Förderspiralen, Rohrketten oder pneumatisch selbsttätig dem Kessel zugeführt.

Automatischer Betrieb in Abhängigkeit von der Heizkessel- bzw. Raum- oder Außentemperatur ist ab einer Leistung von etwa 100 kW möglich. Infolge der höheren Herstellungskosten sind Füllschachtkessel aller Bauarten häufig teurer als öl- oder gasbefeuerte Kessel.

Für die Verbrennung von Holz, Stroh und Papier gibt es Sonderbauarten. Da die Brennstoffe kaum Schadstoffe enthalten, jedoch sehr gasreich sind, muss in den Kesseln auf eine vollständige und rauchfreie Verbrennung geachtet werden, die durch Vorwärmung der Zweiluft (Oberluft) begünstigt wird. Die einschlägigen Anforderungen sind in der DIN 4702-4 „Heizkessel; Heizkessel für Holz, Stroh und ähnliche Brennstoffe; Begriffe, Anforderungen, Prüfungen" beschrieben.

Bei Heizkesseln für feste Brennstoffe wird grundsätzlich in Oberabbrand (auch Durchbrand genannt) und Unterabbrand unterschieden. Kleine Heizkessel bis etwa 60 kW werden meist mit Oberabbrand betrieben, mittlere und große mit Unterabbrand.

Beim Oberbrand gerät die gesamte Brennstoffmenge in Glut, dabei durchstreichen die Heizgase die ganze Brennstoffschicht. Glutschicht und Heizleistung sind veränderlich; die Beschickung erfolgt grundsätzlich von vorn.

Beim Unterabbrand werden die Abgase durch seitliche Kanäle im unteren Teil des Füllschachtes abgeleitet. Im Füllschacht findet keine Verbrennung statt. Unterbrandkessel können von vorn, von oben oder auch über eine Füllschachtverlängerung beschickt werden. Diese Art der Feuerung hat den Vorteil einer gleichbleibenden Glutschicht und daher konstanter Leistung mit hohem Wirkungsgrad, während Kessel mit Durchbrand stärker belastbar und schneller hochheizbar sind.

Um die Taupunktkorrosion zu vermeiden, kommen in vermehrtem Umfang Edelstahl oder beschichteter Stahl für Festbrennstoffkessel zum Einsatz. Dabei sind auch geringere Temperaturen im Kesselkreislauf zulässig.

Kleinere Heizkessel erhalten häufig zur Erleichterung der Bedienung mechanische Entaschungseinrichtungen, die durch einen Hebel betätigt werden können.

Darüber hinaus liefert die Industrie Heizkessel für feste Brennstoffe, die mit automatischer Feuerung und Aschebeseitigung ausgerüstet werden, sodass die Wartung auf ein Minimum begrenzt ist. Auf diese Weise wird ein Feuerungsbetrieb erreicht, der dem Öl- und Gasheizbetrieb nahekommt.

Fernwärme-Hausstation

Die Fernwärme-Hausstation bildet die Verbindung zwischen Heizungsanlagen und Fernheiznetz. Die Fernwärme wird in Heizwerken oder Heizkraftwerken produziert und in Form von Heißwasser oder Dampf, je nach Ausführungsart, zum Verbraucher geliefert. Die Fernwärme-Hausstation besteht aus Übergabestation (Eigentum des Wärmelieferanten) und

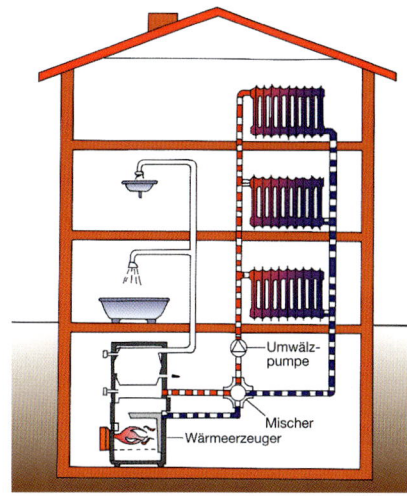

Abb. IV.3.12: Prinzip der zentralen Warmwasserbereitung (Quelle: Springer BauMedien GmbH, Celle)

Hauszentrale (Eigentum des Kunden) und ist meist in einem eigenen Raum untergebracht. Beim Wärmebezug über die Hausstation erfolgt keine Energieumwandlung, sondern lediglich eine verlustbehaftete Wärmeübergabe. Die Verteilung der Wärme im Gebäude erfolgt, wie bei zentralen Kesselanlagen, über ein Wärmeverteilsystem. Aufgrund verschiedener Bedingungen im Fernwärmenetz oder im zu versorgenden Gebäude kann ein indirekter Anschluss über einen Wärmetauscher zwischen Fernheiznetz und Hausheiznetz angebracht sein, z. B. bei zu hohen Temperaturen und Drücken im Fernheiznetz.

IV.3.3.2 Zentrale Wassererwärmer

Zentrale Wassererwärmer dienen der Deckung des Warmwasserbedarfs. Die benötigte Warmwassertemperatur liegt im privaten Haushalt für Körperpflege bei ca. 40 °C und für Putz- oder Reinigungsvorgänge bei ca. 50 °C. Die Temperatur des erwärmten Wassers im Warmwasserbereiter liegt heute i. Allg. bei 55 bis 60 °C. Der Bedarf liegt bei 50 l Warmwasser pro Person und Tag.

Die Versorgung aller Warmwasserentnahmestellen einer oder mehrerer Wohnungen und Gebäude wird bei zentralen Wassererwärmern über ein gemeinsames Leitungsnetz von einer oder mehreren Anlagen gewährleistet. Dabei übernehmen meist sogenannte Kombinationskessel neben der Wärmeerzeugung für eine zentrale Heizungsanlage auch die Bereitstellung des Warmwassers. Dies geschieht beinahe ausnahmslos mittels Speicher-Wassererwärmer, die entweder mit dem Kessel baulich verbunden sind oder neben diesem aufgestellt werden, aber auch das Durchflussprinzip ist möglich. Demzufolge unterscheidet man nach Funktion und Bauart in der Hauptsache zwischen Speicher-Wassererwärmern und Durchfluss-Wassererwärmern, die auch als Durchlauferhitzer bekannt sind.

Bei älteren Anlagen, bei Anlagen mit geringen Wirkungsgraden oder bei der Gebäudesanierung muss entschieden werden, ob sich eine Teilerneuerung der Anlage lohnt oder ob der Austausch der alten Anlage gegen eine, die der EnEV entspricht, nicht langfristig die bessere Lösung darstellt. Wird die Anlage ausgetauscht, so müssen die Normen und Nachweisverfahren der aktuell gültigen EnEV auf die neue Anlage angewandt werden.

Da zentrale Warmwasserbereiter meist an die zentralen Heizanlagen gekoppelt sind und alte Heizanlagen, die vor dem 1. Oktober 1978 aufgestellt wurden, laut EnEV 2007 grundsätzlich bis Ende 2008 gegen moderne Heizkessel ausgetauscht werden müssen, sollten betroffene Warmwasserbereiter auch ausgetauscht werden.

Bei jüngeren Anlagen gibt es Möglichkeiten, je nach Art der Anlage diese mithilfe von heutigen Erkenntnissen weitestgehend zu optimieren, zu überholen und den heutigen Standards und Normen anzunähern.

Die Kombination zentraler mit elektrischen Warmwasserbereitern vermeidet Stillstandsverluste der Heizkesselanlage im Sommer.

Da der Warmwasserbedarf eines Haushaltes über das Jahr annähernd konstant ist, ergeben sich günstige Voraussetzungen für die Nutzung von Sonnenenergie zur Warmwasserbereitung, wodurch bei richtiger Dimensionierung ein Großteil des jährlichen Warmwasserbedarfs gedeckt werden kann.

Gerade beim Austausch des zentralen Wassererwärmers bieten Sonnenkollektoren eine ökologische Alternative zu den herkömmlichen Warmwassererzeugern, insbesondere wenn sie mit anderen Systemen gekoppelt werden und so die Sommerversorgung teilweise oder sogar komplett abdecken und Stillstandsverluste der Anlage verringern. Im Sommer kann bei richtiger Dimensionierung die konventionelle Heizanlage ganz abgeschaltet werden und der gesamte Bedarf an warmem Wasser über die Solaranlage gedeckt werden.

Speicher-Wassererwärmer

In Speicher-Wassererwärmern wird Trinkwasser im Wesentlichen vor der Entnahme erwärmt und für den Verbrauch gespeichert. Sie sind mit verschiedenen Speichervolumina und Wärmeleistungen auf dem Markt.

Speicher-Wassererwärmer bevorraten eine durch ihr Volumen bestimmte Menge Warmwasser, aufgrund dessen die Leistung beim Speicher-Wassererwärmer entsprechend geringer sein kann. Der Nachteil dieser Anlagen liegt darin, dass es an der Speicheroberfläche zu kontinuierlichen Wärmeverlusten kommt, die durch den Wärmeerzeuger gedeckt werden müssen.

Aus diesem Grund ist es wichtig, beim Speicherprinzip einen ausreichend großen Wasserspeicher zu wählen, was dann eine niedrigere Warmwassertemperatur ermöglicht, was wiederum gerade bei größeren, gut wärmegedämmten Warmwasserbereitern die Energiebilanz verbessert. Meist muss ein solcher Wasserspeicher nur einmal am Tag voll aufgeheizt werden.

Durchfluss-Wassererwärmer

Durchfluss-Wassererwärmer bzw. Durchlauferhitzer gelten als Alternative zum Speichersystem. In einem Kessel mit Durchlauferhitzer aus kupfernen Rohrschlangen wird das Trinkwasser im Augenblick des Bedarfs erwärmt.

Sie liefern leitungsfrisches und nicht abgestandenes Wasser, benötigen dafür aber eine höhere Dauerleistung als Speicherkessel. Da bei diesem System für die Warmwasserbereitung eine wesentlich höhere Kesselleistung vorzuhalten ist als für die Raumheizung erforderlich, arbeiten sie unwirtschaftlich.

Anforderungen

Die wichtigste Anforderung für den Verbraucher an zentrale Wassererwärmer ist der Komfort. Der Verbraucher möchte an den Entnahmestellen möglichst schnell erwärmtes Trinkwasser mit der gewünschten Temperatur hygienisch einwandfrei (Schutz vor Verkeimung) entnehmen können. Dazu muss in Anlagen mit zentraler Trinkwassererwärmung die Temperatur auf einem gewünschten Niveau gehalten werden. Eine Möglichkeit ist die ständige Zirkulation des erwärmten Trinkwassers, wobei zentral im Wassererwärmer nachgeheizt wird, um die Wärmeverluste der Umlaufleitungen zu decken, was außerhalb der Heizperiode, insbesondere bei mittelbarer Beheizung, zu einem schlechteren Wirkungsgrad führt.

Weitere wichtige Kriterien sind die Wirtschaftlichkeit und der ökologische Aspekt der Anlage. Darüber hinaus spielen die leichte Bedienbarkeit und die Wartungsarmut insbesondere für den Nutzer eine Rolle.

Um beurteilen zu können, ob eine Anlage zur Trinkwassererwärmung wirtschaftlich arbeitet, ist es laut EnEV nötig, die Anlagenaufwandszahl zu bestimmen (s. DIN V 4701-10 „Energetische Bewertung heiz- und raumlufttechnischer Anlagen – Teil 10: Heizung, Trinkwassererwärmung, Lüftung"). Darüber hinaus sollte die Anlage optisch begutachtet werden. Wärmeverluste können auftreten, wenn z. B. Verteilungsrohre im unbeheizten Bereich liegen, die Rohre ungedämmt sind, die Speicher nicht ausreichend gedämmt sind oder hohe Abstrahl- und Stillstandsverluste auftreten.

Schutz vor Verkeimung

Eventuell vorhandene Keime (wie z. B. Legionellen) müssen vor der Wasserentnahme abgetötet werden. Das geschieht bei Temperaturen ab 50 °C aufwärts.

Inzwischen gibt es moderne Speicher, die z. B. beim Zapfen eine sehr gut ausgeprägte Temperaturschichtung haben, die nahezu bis zum vollständigen Entleeren des Speichers aufrechterhalten wird. Das bedeutet, dass fast der gesamte Inhalt mit rund 60 °C abgegeben wird. Bei diesen Temperaturen sind die meisten Keime nicht überlebensfähig.

Legionellen sind bakterielle Erreger von Lungeninfektionen, die sich in ca. 30 bis 45 °C warmem Wasser vermehren und als Aerosol (durch Dusche, Luftbefeuchter, Whirlpools etc.) verbreitet werden. Der Schutz gegen Legionellen in Warmwasseranlagen erfolgt durch chemische Desinfektion (Chlor) oder dauerhafte Erwärmung des Wassers auf über ca. 60 °C bzw. kurzzeitiges Aufheizen auf über 70 °C sowie vorbeugende Maßnahmen:

- lange Stillstandszeiten vermeiden,
- nicht benutzte Anlagenteile außer Betrieb setzen,
- Wasserbehälter regelmäßig reinigen,
- Aerosol-Bildung vermeiden,
- Leitungen für kaltes und warmes Trinkwasser gut dämmen und Warmwasserspeicher stets auf 60 °C (Haltetemperatur) erwärmen sowie an den Entnahmestellen Verbrühungsschutz vorsehen,
- Warmwasser-Temperaturen sollten vor dem Mischen am Auslauf mindestens 55 °C betragen,
- Zirkulationsleitung möglichst bis an die Entnahmestelle heranführen usw.

Zirkulation

Bei der klassischen Zirkulation (heutzutage bei der zentralen Warmwasserbereitung Standard) wird meist eine zweite Leitung (WW-Umlaufleitung) kleineren Durchmessers parallel zur Strangleitung (oder alternativ eine flexible Kunststoffleitung in der Warmwasserleitung [HF-Inliner]) installiert. In den Zirkulationsleitungen wird Warmwasser, das sich in den Rohrleitungen abgekühlt hat, zur neuerlichen Aufheizung dem Wärmeerzeuger bzw. Speicher wieder zugeführt. Eine Umwälzpumpe hält den Wasserkreislauf ständig in Bewegung, wobei Wärmeverluste unumgänglich sind.

Die Zirkulationsleitung ist auf der einen Seite mit dem Ende der Strangleitung und auf der anderen Seite über eine Pumpe mit dem Zirkulationsanschluss des Warmwasserspeichers verbunden. Der durch die Pumpe geförderte Zirkulationsstrom bewirkt eine ständige Bevorratung im gesamten in den Kreislauf eingebundenen Rohrsystem, was das Zapfen warmen Wassers ohne längere Wartezeiten auch bei größerer Entfernung zwischen zentraler Warmwassererzeugung und Zapfstelle ermöglicht. Zudem können Zirkulationsleitungen dazu beitragen, ein Wachstum von Legionellen in Trinkwassererwärmungs- und Leitungsanlagen bei ausgedehnten Leitungsnetzen zu vermindern.

Arten und Besonderheiten

Die Wassererwärmung erfolgt im Bestand oft mittelbar über die zentrale Heizanlage (meist Konstanttemperaturheizkessel), d. h., die Wärmeenergie des Brennstoffes oder Energieträgers wird indirekt über einen Wärmeträger (Wasserdampf, Heizwasser, Arbeitsmittel von Wärmepumpen oder Solaranlagen) auf das zu erwärmende Wasser übertragen, was auch bei Neubauten noch das gängige System darstellt (hier jedoch überwiegend mit Niedertemperatur- oder Brennwertkesseln).

Die zentrale Wassererwärmung kann aber auch, meist bei neuen Anlagen, durch eine unmittelbare Beheizung z. B. durch Wärmepumpen oder Sonnenkollektoren erfolgen.

Grundsätzlich sind für die zentrale Warmwasserversorgung über ausgedehnte Verteilungsnetze Speichergeräte geeignet.

Problematisch sind bei zentralen Wassererwärmern die Wärmeverluste durch die relativ großen Entfernungen der Entnahmestellen vom Wassererwärmer und voneinander. Teilweise stehen sie sogar in unterschiedlichen Gebäuden.

Anlagen mit unmittelbarer Beheizung des Warmwassers

Bei diesen Anlagen wird die Wärmeenergie des Brennstoffes direkt an das zu erwärmende Wasser abgegeben. Für die Warmwasserbereitung kommen in erster Linie geschlossene Warmwasserspeicher in Betracht, seltener Durchlauferhitzer, da hier die Kapazität bei größeren Entnahmemengen begrenzt ist.

Für die Beheizung findet heutzutage fast ausschließlich Gas oder elektrischer Strom Anwendung. Demzufolge wird meist zwischen gasbefeuerten und elektrischen Speicher-Wassererwärmern unterschieden.

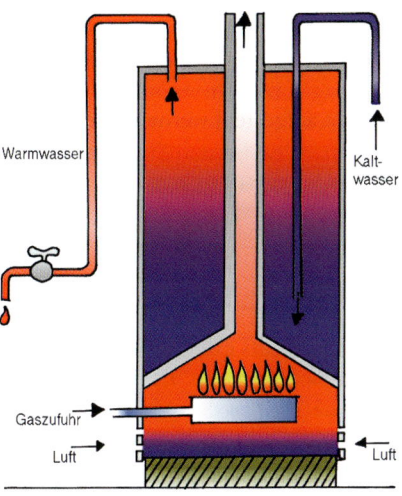

Abb. IV.3.13: Gasbefeuerter Speicher-Wassererwärmer (Quelle: Springer BauMedien GmbH, Celle)

Gasbefeuerte Speicher-Wassererwärmer, auch Gas-Vorratswasserheizer genannt, arbeiten nach dem System der unmittelbaren Beheizung. Sie erwärmen eine gewisse Wassermenge mittels eines atmosphärischen Gasbrenners auf eine bestimmte Temperatur und halten sie mithilfe eines Temperaturreglers bei dieser Temperatur konstant. Es ist nur die Entnahme einer durch die Speichergröße begrenzten Wassermenge möglich. Übliche Speichergrößen reichen von etwa 120 bis 280 l Inhalt, größere Speicher fassen 300 bis 500 l.
Der Anschlusswert der Geräte liegt mit ca. 5 kW/100 l niedriger als der der Durchflussgeräte und reicht meist von 6 bis 20 kW. Der Einstellbereich der Wassertemperatur liegt zwischen etwa 25 und 65 °C.

Für den Speicherbehälter ist eine gute Wärmedämmung erforderlich. Die Inbetriebnahme erfolgt über Piezozünder, die Zündung des Hauptbrenners durch die dauernd brennende Zündflamme.

Der Wirkungsgrad bei Nennleistung beträgt ca. 83 %. Der Nutzungsgrad ist stark abhängig von der Wasserentnahme. Die tägliche Betriebszeit des Brenners ist gering und beträgt i. Allg. nicht mehr als 1 bis 2 Stunden, was meist zu hohen Stillstandsverlusten führt.

Elektrische Speicher-Wassererwärmer sind durch die einfache Beheizungseinrichtung, die nur einen Stromanschluss erfordert, in der Anschaffung preisgünstig. Die guten Umwandlungswirkungsgrade von Strom bei der Wärmeerzeugung und die Möglichkeit der Nutzung von Niedertarifstrom erschließen den Elektro-Wassererwärmern trotz des teuren Energieträgers Strom ihre Einsatzgebiete.

Elektrische Speicher-Wassererwärmer sind wärmegedämmte Speicherbehälter mit eingebauten elektrischen Heizkörpern. Die Aufheizung des Speicherinhalts erfolgt nach dem „Tauchsiederprinzip" durch einen oder mehrere Rohrheizkörper; die Temperaturen sind einstellbar. Die Speicherbehälter bestehen aus Kupfer, innen emailliertem Stahl oder aus Kunststoff (besonders bei Kleinspeichern).

Die gängigsten marktüblichen Speichergrößen liegen im Bereich von 200 bis 600 l Speicherinhalt. Für große Anlagen stehen Speicher bis 1000 l Inhalt zur Verfügung. Übliche Anschlussleistungen liegen im Mittel bei etwa 1 kW/100 l. Ein hoher Warmwasserbedarf kann gegebenenfalls durch eine Reihenschaltung mehrerer Elektrospeicher abgedeckt werden.

Die Speicher sind mit Sicherheitstemperaturbegrenzern ausgestattet, die bei einem Defekt der Temperaturregelung eine automatische Abschaltung der Heizung bewirken. Da häufig über längere Zeit keine Entnahme erfolgt, muss die Auskühlung durch eine gute Wärmedämmung verhindert werden.

Die Geräte sind besonders für die Nutzung von Niedertarifstrom geeignet. Die Anlage muss so ausgelegt sein, dass nach Wasserentnahme immer noch genügend Warmwasser zur Verfügung steht.

Diese Anlagen arbeiten wirtschaftlicher, wenn die Speicher möglichst günstig, mit einem Wandabstand von mindestens 30 cm und einem Abstand zur Decke von mindestens 50 cm angeordnet sind. Dadurch entstehen eine kleinere Wärmeübergabefläche und eine günstigere Temperaturschichtung. Dies hat beim Betrieb einen geringeren Wärmeverlust zur Folge.

Bei älteren gasbefeuerten Speicher-Wassererwärmern beträgt der Wirkungsgrad bei Nennleistung ca. 83 %.

Der Nutzungsgrad ist stark abhängig von der Wasserentnahme. Da die tägliche Betriebszeit des Brenners i. Allg. nicht mehr als 1 bis 2 Stunden beträgt, sollten Stillstandsverluste verringert werden, was durch den Einbau einer thermisch oder elektrisch gesteuerten Abgasklappe hinter der Strömungssicherung erreicht werden kann. Bei Aufstellung in beheizten Räumen (z. B. Bad) wird damit zugleich die Raumauskühlung verhindert.

Große Warmwasserleistungen können durch Parallelschaltung mehrerer Geräte oder aber in Verbindung mit Standspeichern erreicht werden. Für den Speicherbehälter ist eine gute Wärmedämmung erforderlich.

Anlagen mit mittelbarer Beheizung des Warmwassers

Das System der mittelbaren Beheizung des Wassers gilt als das gängigste System zur zentralen Wassererwärmung. Bei diesen Geräten erfolgt die Erwärmung des Wassers über einen meist neben der Wassererwärmungsanlage stehenden Heizkessel. Die Wärme wird mittels eines gesonderten Kreislaufs mit Umlaufpumpe über einen Wärmetauscher an das Warmwasser abgegeben.

Gegebenenfalls sorgt eine eingebaute „Brauchwasser-Vorrangschaltung" dafür, dass für die Dauer der Wasserentnahme die Raumheizung vorübergehend gedrosselt wird, was bei der Trägheit der Heizungsverteilung i. Allg. keine Rolle spielt.

Von Nachteil bei diesem System ist, dass das Heizwasser auch in Zeiten geringeren Wärmebedarfs auf die für das Warmwasser benötigte Temperatur aufgeheizt werden muss. Der Kessel ist während der Sommermonate, wenn nur Warmwasser benötigt wird, schlechter ausgelastet und weist dadurch einen schlechteren Jahreswirkungsgrad auf. Dies kann durch entsprechende Schaltungen zwar etwas abgemildert werden, bei größeren Anlagen empfiehlt es sich aber, einen eigenen Sommerkessel vorzusehen, der im Sommer nur der Erwärmung des Warmwassers dient, oder man kombiniert im Sommer die Anlage mit einem örtlichen Warmwasserbereiter bzw. mit einer Kollektoranlage zur solaren Erwärmung des Wassers.

Wassererwärmung mittels Wärmepumpe

Wärmepumpen gelten wegen der möglichen Primärenergieeinsparung als sinnvolle Alternative zu den fossil oder elektrisch beheizten Warmwasserbereitern, besonders bei ganzjährig betriebenen Anlagen. Den im Vergleich zu konventionellen Elektrogeräten höheren Anschaffungskosten steht der wesentlich geringere Stromverbrauch gegenüber. Üblicherweise werden die Anlagen in Mehrzweckräumen, Vorrats- oder Heizkellern aufgestellt. Die Raumtemperaturen sollten dabei mindestens 8 bis 10 °C betragen. Bei größerem kurzfristigem Bedarf stellt die eingebaute, elektrische Zusatzheizung den Bedarf sicher.

Wärmepumpen zur Wassererwärmung werden in unterschiedlichen Bauarten angeboten:

- Wärmepumpe und Warmwasserspeicher getrennt:
  Wenn z. B. gleichzeitig andere Räume gekühlt werden sollen, kann diese räumliche Trennung erwünscht sein.
- Wärmepumpe und Warmwasserspeicher als Einheit:
  Die Wärmepumpe ist über dem Speicher oder am Speicher selbst befestigt. Der Verflüssiger-Wärmetauscher der Wärmepumpe ragt direkt in das im Speicher befindliche Wasser hinein, wobei jedoch bestimmte Sicherheitsanforderungen an die Trinkwasseranlage zu beachten sind.
- Bivalente Systeme:
  Dabei ist die Wärmepumpe mit einer Elektro-Zusatzheizung oder einem nebenstehenden Heizkessel gekoppelt, was insbesondere der Erwärmung des Speichers im Winterbetrieb dient.

Die Aufstellung von Warmwasserbereitern mittels Wärmepumpe in einem Kellerraum (Heizraum oder Vorratsraum) erfordert häufig eine gute Lüftung des Raumes. Da die Wärmepumpe die Luft im Aufstellungsraum abkühlt, ist dieser gegenüber Aufenthaltsräumen gut zu dämmen, damit dem Raum möglichst wenig Wärme entzogen wird.

Um das gegebenenfalls anfallende Kondens- und Ausdehnungswasser aufzunehmen, sollte der Aufstellraum einen Bodenablauf haben. Auch der Schallschutz gegen Nachbarräume ist gegebenenfalls zu beachten.

Fernwärmebeheizte Wassererwärmer

Fernwärmebeheizte Wassererwärmer können sowohl für eine Wohnung als auch für ein Haus oder eine Hausgruppe vorgesehen werden. Welche Ausführungsform gewählt wird, ist von Fall zu Fall festzulegen. Der Anschluss ist aber nur möglich, wenn das Fernwärmenetz ganzjährig eine Netzvorlauftemperatur von mindestens 60 °C, üblicherweise 70 °C, hat.

Die Speicher-Wassererwärmer werden über die Hauszentrale an die Übergabestation angeschlossen, wobei direkter oder indirekter Anschluss möglich ist. Im Hinblick auf Auslegung und Korrosionsbeständigkeit werden beim Anschluss an Fernwärmenetze besondere Anforderungen gestellt.

Der Vorteil des Warmwasserspeichers liegt auf der Netzseite, weil stoßartige Belastungen bezüglich des Volumenstromes im Fernwärmenetz vermieden werden. Nachteilig ist jedoch die relativ niedrige Auskühlung des Fernheizwassers, vor allem in der Endaufladephase. Gängige Speichergrößen liegen zwischen 100 und 1000 l, die entsprechenden Fernwärme-Anschlussleistungen reichen von ca. 5 bis 50 kW.

IV.3.3.3 Wärmeverteilnetze

Unter Wärmeverteilnetzen sind alle Einrichtungen zur Heizwärmeübertragung von der Wärmeerzeugung bis zur gezielten Wärmeabgabe (Heizflächen) zu verstehen.

Seit Anfang des 20. Jahrhunderts ist die Zentralheizung als Gebäudeheizung stark verbreitet. Hierbei wird die Wärme unter Zuhilfenahme eines Wärmeträgers (Wasser, Dampf oder Luft) von dem sich außerhalb der Wohnräume befindlichen Kessel den Räumen zugeführt. Die Warmwasserheizung hat dabei den größten Stellenwert.

Die ursprüngliche Art der Warmwasserheizungen ist die Schwerkraftheizung, bei der der Kessel am tiefsten Punkt des Systems steht. Das warme Wasser steigt aufgrund seiner geringeren Dichte in der Vorlaufleitung nach oben. Das abgekühlte Wasser fließt im Rücklauf nach unten, um wieder erwärmt zu werden. Dieses System ist wegen seiner schlechten Regelbarkeit und Trägheit heutzutage nicht mehr üblich.

Umwälzpumpen gewährleisten bei der derzeit gebräuchlichen Pumpen-Warmwasserheizung den Zwangsumlauf des Heizwassers. Dafür befördern sie heißes Wasser vom Heizkessel zu den Heizflächen, wo es abkühlt und zurück zum Kessel fließt. Ein neuer Umlauf beginnt. Üblicherweise sind Warmwasserheizungen für 90/70 °C ausgelegt, d. h., dass die Vorlauftemperatur 90 °C und die Rücklauftemperatur 70 °C beträgt. Die Vorteile dieses Systems sind kleine Leitungsdurchmesser, bessere Regelbarkeit und die Kesselanordnung an beliebiger Stelle.

Bei Luftheizungen ist nicht Wasser der Wärmeträger, sondern die Luft. Sie wird im Heizkessel erwärmt, mittels Ventilatoren durch Luftkanäle geleitet und über Lüftungsgitter den Räumen zugeführt.

Die Heizung kann als Einrohr- oder Zweirohranlage ausgeführt werden. Der Normalfall ist die Zweirohranlage. Bei der Einrohrheizung spart man zwar Rohrleitungen, der Druckverlust und die elektrische Stromaufnahme der Umwälzpumpe erhöhen sich aber meist.

Zweirohrsystem

Das Zweirohrsystem liefert für jeden Heizkörper Wasser mit der gleichen Wärme und wird überall dort eingesetzt, wo eine bestimmte Zahl von Heizkörpern versorgt werden soll, wie z. B. bei der Beheizung einer großen Wohnung oder eines Gebäudes.

Einrohrsystem

Das Einrohrsystem ist einfacher herzustellen und daher auch preisgünstiger. Es wird dort eingesetzt, wo nur wenige Heizkörper versorgt werden müssen, z. B. bei Gasetagenheizungen. Verschiedene Spezialventile ermöglichen die Temperaturregulierung der einzelnen Heizkörper. Sind alle Heizkörperventile geöffnet, nimmt die Wassertemperatur von Heizkörper zu Heizkörper ab und damit auch die Heizleistung. Die nachfolgenden Heizkörper müssen dann eventuell größer ausgelegt werden.

Materialien, Merkmale und Eigenschaften

Materialien

Für die Wärmeverteilung kommen Rohrleitungen aus verschiedenen Materialien zum Einsatz. Die Eignung des Rohrleitungsmaterials ist entscheidend von der Wasserzusammensetzung abhängig, die sich beim zuständigen Wasserwerk erfragen lässt. Entscheidende Parameter dieses Befundes sind die Wasserhärte, der pH-Wert sowie der Chlorid- und Sulfatgehalt.

Für die Wärmeverteilung kommen in der Hauptsache Stahlrohre, Kupferrohre und Kunststoffrohre zum Einsatz.

- Stahlrohre:
Für die Wärmeverteilung sind im Bestand meist sogenannte schwarze, geschweißte oder nahtlose Gewinde- oder Siederohre zu finden, die aufgrund ihrer geringen Kosten auch heutzutage vielerorts noch angewendet werden. Stahlrohre werden hauptsächlich unterschieden in schwere und mittelschwere Gewinderohre oder nahtlose Stahlrohre.

- Kupferrohre:
Kupferrohre bieten gegenüber Stahlrohren verschiedene Vorteile, wie leichte Verarbeitung (Löten), geringe Wärmekapazität, große Korrosionsbeständigkeit und einen geringen Strömungswiderstand. Sie können im Heizungsbau für alle Leitungen eingebaut werden. Da sie einfach zu verlegen sind, werden Kupferrohre hauptsächlich für Stockwerksheizungen und für den nachträglichen Einbau oder die Modernisierung einer Heizung eingesetzt. Kupferrohre sind in Form von Stangen (F 30 oder F 37, „halbhart" 5 m lang) oder als Ringrohr (F 22, „weich", 25 oder 50 m lang in Ringen) erhältlich. Ringrohr lässt sich aufgrund seiner Biegbarkeit leichter verlegen, denn auch an schwer zugänglichen Stellen können Rohrverbindungen vermieden werden, Richtungsänderungen lassen sich von Hand biegen. Rohrverbindungen werden mittels Lötfittings durch Hartlötung hergestellt. Sie sollten sich an zugängli-

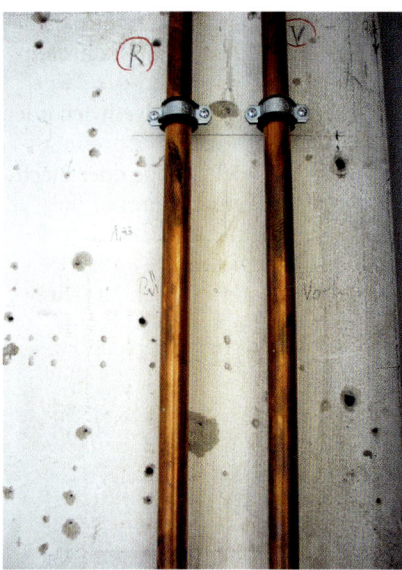

Abb. IV.3.14: Frei vor der Wand verlegte, ungedämmte Kupferleitungen der Wärmeverteilung

Abb. IV.3.15: Frei vor der Wand verlegte, gedämmte Leitungen

chen Stellen befinden. Problematisch ist der Brandschutz beim Löten von Kupferleitungen. Heutzutage können Kupferrohre auch durch sogenannte Kaltverbindungen mit Pressfittings verbunden werden, wodurch Brandschutzvorkehrungen entfallen.

- Kunststoffrohre:
Kunststoffrohre finden in weiten Teilen des Heizungsbaus, insbesondere für Flächenheizungen und als Verbindungsleitungen zwischen den Stockwerksverteilern und den einzelnen Heizkörpern Verwendung. Sie sind korrosionsbeständig und leicht zu verlegen.
Kunststoffrohre für Heizungsleitungen werden unterschieden in Polybuten-Rohre (PB) nach DIN 16968 „Rohre aus Polybuten (PB) – Allgemeine Qualitätsanforderungen und Prüfung", Polypropylen-Rohre (PP) nach DIN 8078 „Rohre aus Polypropylen (PP) – PP-H, PP-B, PP-R, PP-RCT – Allgemeine Güteanforderungen, Prüfung" und vernetzte Polyethylen-Rohre hoher Dichte (PE-X, früher VPE) nach DIN 16892 „Rohre aus vernetztem Polyethylen hoher Dichte (PE-X) – Allgemeine Güteanforderungen, Prüfung".
Heizleitungen bestehen überwiegend aus hochdruckvernetzten Polyethylen-Rohren und sind so bis zu einer Temperatur von 90 °C betriebssicher. Sie halten Betriebsdrücken von 6 bis 10 bar stand.
Verbindungen werden meist durch Verpressen oder Verschrauben ausgeführt, wobei zu beachten ist, dass aus Gewährleistungsgründen keine Verschraubungen unter dem Putz ausgeführt werden sollten.
Kunststoffrohre werden häufig im sogenannten Leerrohrsystem eingesetzt, d. h., sie werden ähnlich wie bei Elektroinstallationen in einem stabilen Rohr verlegt und können so später jederzeit ausgetauscht werden.

Verlegung der Heizleitungen

Heizungsleitungen werden meist senkrecht oder waagerecht geführt. Dabei erfordert jede senkrechte Verteilung eine waagerechte Verteilung und umgekehrt, sodass eine klare Unterscheidung nicht möglich ist.

Heizleitungen können sowohl außerhalb von Gebäuden (bei Versorgung mehrerer Gebäude von einer Heizzentrale aus) als auch innerhalb eines Gebäudes (bei der Versorgung von nur einem Gebäude) verlegt werden.

- Verlegung außerhalb von Gebäuden: Sind mehrere Gebäude oder Gebäudegruppen an eine gemeinsame Heizzentrale angeschlossen, kommen 3 Varianten der Leitungsführung in Betracht: die kanalfreie Verlegung unmittelbar im Erdreich, die Verlegung in abgedichteten Fernheizkanälen oder die oberirdische Verlegung als gedämmte Freileitung. Bei der Verlegung ist zu beachten, dass die Wärmedehnung der Rohrleitungen gewährleistet werden muss.
- Verlegung innerhalb von Gebäuden: Für Heizanlagen, die nur ein Gebäude oder eine Etage beheizen, werden die Heizleitungen innerhalb des Gebäudes geführt. Dabei wird zwischen der vertikalen Leitungsverlegung, der Verlegung horizontal unter der Rohdecke, der Verlegung oberhalb der Rohdecke und der Verlegung in Bodenkanälen unterschieden.

Für die vertikale Leitungsführung gibt es verschiedene Möglichkeiten, die Leitungen zu verlegen. Die Leitungen können frei vor der Wand verlegt werden, was in Bestandsgebäuden die Regel ist. Sie sind meist ungedämmt ausgeführt, was besonders in unbeheizten Räumen problematisch ist und zu hohen Wärmeverlusten führt.

Bei einer Modernisierung nach EnEV kann das vorhandene Leitungsnetz meist beibehalten werden. Alle vorhandenen, zugänglichen Leitungen und Armaturen im unbeheizten Bereich sind dann möglichst mit doppeltem Dämmniveau gegen Wärmeverluste zu dämmen.
Die im beheizten Bereich verlaufenden Leitungen sollten bei zugänglicher Lage und wenn die gestalterische Wirkung nicht beeinträchtigt wird ebenfalls gedämmt werden.

Des Weiteren gibt es die Möglichkeit, Leitungen in Wandschlitzen oder in Steigschächten zu verlegen. Die für die Verlegung unter Putz erforderliche Aussparungen für die Steigleitungen müssen der DIN 1053-1 „Mauerwerk – Teil 1: Berechnung und Ausführung" entsprechen, soweit sie nicht statisch nachgewiesen werden.

Die für die Verlegung notwendigen Schlitze sind unter Berücksichtigung der erforderlichen Wärmedämmung und der Abstände für Montage, Abzweige und Leitungskreuzungen zu bemessen. Bei Heizungsschlitzen in Außenwänden muss eine zusätzliche Dämmung zum Ausgleich der verminderten Dämmwirkung angeordnet werden. Nach der Montage der Leitungen sind die Schlitze mit Dämmmaterial auszustopfen und mit einem Putzträger zu verschließen.

Das gilt auch für die Modernisierung.

Wenn eine Verlegung in den Wänden schwierig ist, werden Heizleitungen in zunehmendem Maße auch im Massivbau in vertikalen Installationsschächten (zusammen mit anderen Installationen) verlegt. Diese sogenannten Vorwandinstallationen finden auch im Sanitärbereich zunehmend Anwendung. Vorteile dieser Art der Verlegung sind der Wegfall von Schlitzarbeiten, die einfache Montage und eine bessere Zugänglichkeit der Leitungen bei Änderungen und Modernisierungen.

Bei der horizontalen Leitungsverlegung unterhalb der Rohdecke werden die Verteilerleitungen meist bei senkrechter Leitungsführung zu den Geschossen horizontal unterhalb der Kellerdecke geführt. Sie werden in einem Abstand von 20 bis 25 cm zur Rohdecke und mit einem Gefälle von etwa 0,2 bis 0,3 % zum Kessel hin verlegt.

Der Abstand der Leitungen (einschl. Dämmung) sollte etwa 20 cm zur Wand und 5 cm untereinander betragen. Wird nach DIN 4140 „Dämmarbeiten an betriebstechnischen Anlagen in der Industrie und in der technischen Gebäudeausrüstung – Ausführung von Wärme- und Kältedämmungen" ausgeführt, so beträgt der erforderliche Abstand der gedämmten Rohrleitungen und zur Wand mindestens 10 cm.

Befestigt werden die Rohre durch an der Decke mit Dübeln oder Bolzen verankerte, mit schalldämmenden Einlegebändern versehene Rohrschellen. Bei größeren Leitungstrassen werden einbetonierte, aufgeschraubte oder abgehängte Ankerschienen mit Hammerkopf- oder Hakenkopfschrauben verwendet bzw. die Rohre auf Konsolen oder Traversen aufgelagert.

Bei der Montage sind die Längenänderungen der Rohre, die je nach Material unterschiedlich sind, zu beachten. Diese müssen ohne Beschädigung der Rohre und ohne störende Geräusche erfolgen können.

Rohrdurchführungen erfolgen rechtwinklig zu den Decken und Wänden. Dafür sind entsprechende Durchbrüche oder einbetonierte Rohrhülsen, die zur Vermeidung von Körperschallübertragung zum Bauwerk mit dauerelastischen Dämmschalen oder Wicklungen umgeben sind, vorzusehen.

Bei dieser Art der Verlegung besteht die Möglichkeit, die Leitungen zusammen mit anderen Installationen durch eine abgehängte Decke zu bekleiden.

Die horizontale Leitungsverlegung oberhalb der Rohdecke wird heutzutage sowohl für Zweirohr-, besonders aber für Einrohrheizungen statt der senkrechten Steigstränge vermehrt z. B. im Fußbodenbereich eingesetzt. Die Steigstränge werden dabei zentral angeordnet, was sowohl statisch als auch wärmeschutztechnisch von Vorteil ist.

Gerade für die Modernisierung von Heizanlagen ist diese Art der Verlegung interessant, denn die Außenwand wird nicht geschwächt und Wärmeverluste der Steigleitungen kommen dem Raum zugute. Verlegt werden die Leitungen bei diesem System im Fußbodenbereich, in Systemböden oder in den Sockelleisten.

Die Leitungsverlegung im Bodenkanal kommt bei der Gebäudemodernisierung dort in Betracht, wo die vorhandene Bausubstanz möglichst wenig angetastet werden darf.

Im Neubau werden Leitungen bei nicht unterkellerten Gebäuden dann in Bodenkanälen verlegt, wenn eine horizontale Leitungsverteilung im Untergeschoss nicht möglich ist.

Schutzmaßnahmen

Bei der Verlegung oder beim Austausch alter gegen neue Heizleitungen ist zu beachten, dass die Leitungen gegen Korrosion, Wärmeverluste und angrenzende Räume gegen Schall zu schützen sind.

Die innere Korrosion ist bei geschlossenen Kreisläufen, wie Warmwasserheizungen, gering, da beim Betrieb der für Korrosion erforderliche freie Sauerstoff nach kurzer Zeit im Wasser nicht mehr vorhanden ist und chemisch gebundener Sauerstoff mit dem Eisen keine Verbindung eingeht und nicht zur Korrosion führt.

Äußere Korrosion von metallischen Heizleitungen durch Feuchte- und Sauerstoffeinwirkung, speziell in Räumen, in denen Feuchte auftritt, ist durch entsprechende Anstriche (s. Kap. V.12) zu verhindern. Am wichtigsten ist in diesem Zusammenhang der Schutz der Leitungen durch sogenannte Korrosionsschutzummantelungen beim Durchgang durch andere Bauteile.

Um eine möglichst verlustarme Wärmeverteilung zu ermöglichen, ist es sinnvoll, jede Rohrleitung zu dämmen. Entsprechend den bauphysikalischen Anforderungen können im Innenbereich zu deren Erfüllung verschiedene Dämmstoffe eingesetzt werden. Als gängige Materialien für die Rohrdämmung werden Dämmstoffe aus Mineralwolle, Schaumglas, Polyethylen oder Polyurethan (s. Kap. V.9) eingesetzt. Zusätzlich mit PVC, Pappe oder Blech ummantelte Dämmungen sind stabiler und leichter zu reinigen. Darüber hinaus sollte vermieden werden, Heizleitungen in Außenwänden zu führen.

Laut EnEV 2007 § 10 besteht eine Nachrüstungspflicht bei Anlagen und Gebäuden. Eigentümer von Wohngebäuden mit nicht mehr als 2 Wohnungen, von denen der Eigentümer 1 Wohnung am 1. Februar 2002 selbst bewohnt hat, müssen ungedämmte, zugängliche Leitungen und Armaturen im unbeheizten Bereich gegen Wärmeverluste mit Wärmedämmung (Anforderungen gemäß EnEV 2007, Anlage 5) bei Eigentümerwechsel nach dem 1. Januar 2002 nachrüsten. Dies gilt folglich nicht für selbst genutzte Wohngebäude ohne Eigentümerwechsel.

Bei der Leitungsverlegung ist Folgendes zu beachten:

- Verlegung, soweit möglich, vorwiegend im beheizten Bereich planen,
- möglichst kurze Leitungswege planen,
- einfache Wärmedämmung innerhalb, doppelte Wärmedämmung außerhalb des beheizten Bereichs lückenlos dämmen (auch Pumpen und Armaturen).

Nach DIN 4109 „Schallschutz im Hochbau" darf der Schallpegel in benachbarten schutzbedürftigen Räumen nicht mehr als 30 dB bei Wohn- und Schlafräumen und nicht mehr als 35 dB bei Unterrichts- und Arbeitsräumen betragen.

Um störende Geräusche der Heizleitungen in „schutzbedürftigen Räumen" zu vermeiden, sollte Folgendes beachtet werden:

- Bei Rohrdurchführungen durch Decken und Wände sollten Rohrleitungen mit dauerelastischen Dämmmaterialien ummantelt werden.
- Rohrleitungen und Pumpen sollten richtig dimensioniert sein.
- Heizleitungen sollten möglichst ausschließlich an Decken und Wänden verlegt werden.

- Rohrschellen sollten elastische Dämmeinlagen besitzen.
- Rohrleitungsbefestigungen sollten federnd abgehängt werden.

IV.3.3.4 Heizflächen

Heizflächen (Heizkörper und Flächenheizungen) haben die Aufgabe, die vom Heizkessel erzeugte und in einem Medium gespeicherte Wärme bedarfsgerecht an die einzelnen zu beheizenden Räume abzugeben. Dabei sollten ein gesundes Klima und thermische Behaglichkeit im Raum angestrebt werden. Die Wärmeabgabe sollte aus diesem Grund möglichst gleichmäßig erfolgen und gut regulierbar sein. Dabei ist zu beachten, dass bei niedrigen Heizwassertemperaturen große Heizflächen notwendig sind.

Auslegung der Heizfläche

Für die Auslegung der Heizfläche eines Raumes ist nach DIN EN 12831 „Heizungsanlagen in Gebäuden – Verfahren zur Berechnung der Norm-Heizlast" die zu ermittelnde Heizlast (früher Wärmebedarf) des Raumes maßgeblich.

Die Heizlastberechnung ist notwendig, um für genormte Auslegungsbedingungen die erforderliche Wärmezufuhr zur Auslegung des Wärmeerzeugers und der Raumheizflächen zu ermitteln. Das Ergebnis der Heizlastberechnung nach DIN EN 12831 brachte Änderungen gegenüber der DIN V 4701 „Energetische Bewertung heiz- und raumlufttechnischer Anlagen" mit sich.

Mit der VDI 6030 „Auslegung von freien Raumheizflächen – Grundlagen" (Blatt 1 „Auslegung von Raumheizkörpern") wird der Zusammenhang zwischen der Gestaltung des Raumes und den Erfordernissen der Wärmeübergabe dargestellt. Darüber hinaus wird eine Grundlage für die Abstimmung der Raumheizflächen mit dem Baukonzept und den Anforderungen an die Raumnutzung geliefert.

Die Richtlinie soll den Umfang der Auslegung mit den Anforderungen der Nutzer harmonisieren.

Die thermische Behaglichkeit des Menschen ist u. a. direkt abhängig von der örtlichen Verteilung der Wärmeübergabe und nur durch die richtige Planung und Auslegung von Heizsystemen zu realisieren.

Montage

Heizkörper werden meist unter dem Fenster montiert. Die durch das Fenster abgekühlte Luft wird durch die vom Heizkörper aufsteigende Warmluft wieder erwärmt. Damit möglichst wenig Wärme verloren geht, sollte die Wand, an der der Heizkörper montiert wird, gut wärmegedämmt sein.

Die im Bestand üblichen Heizkörpernischen, bei denen die Außenwand dünner ist, sind nicht sinnvoll und nach EnEV nicht mehr erlaubt. Sie sind bei der Modernisierung grundsätzlich wärmegedämmt auszubilden. Der Wärmedurchlasswiderstand der Nischenrückwände sollte mindestens ebenso groß, nach Möglichkeit größer sein als der Wärmedurchlasswiderstand der übrigen Außenwandbereiche, da die Temperaturdifferenz zwischen Raumlufttemperatur und Außenlufttemperatur im Bereich der Wärmequellen sehr viel größer ist als an anderen Stellen der Außenwand. Laut EnEV gilt das Minimierungsgebot für Wärmebrücken. Heizkörpernischen zählen i. Allg. zu den konstruktiven Wärmebrücken.

Da Warmluft an Fensterflächen generell leichter abkühlt als vor einer gemauerten Wand, ist es auch nicht empfehlenswert, Heizkörper vor bis zum Boden reichenden Fenstern anzubringen.

Arten und Besonderheiten

Heizflächen können in 3 Gruppen unterschieden werden: Radiatoren, Konvektoren und Flächenheizungen.

Glieder-, Röhren- oder Plattenheizkörper werden als Radiatoren bezeichnet, sie geben die Wärme durch Konvektion (Luftbewegung) und Strahlung (Radiation) an die Umgebung ab.

Konvektoren geben die Wärme fast ausschließlich durch Konvektion ab (statische Konvektoren, Gebläsekonvektoren u. Ä.).

Flächenheizungen geben die Wärme fast ausschließlich durch Strahlung ab (Fußbodenheizung, Deckenstrahlheizung, Wandheizelemente usw.).

An bestehenden Heizflächen können defekte Regelarmaturen ein Grund dafür sein, dass einzelne Heizkörper kalt bleiben. Defekte Regelarmaturen müssen ausgetauscht werden. Dabei ist die Ausrüstung der Heizkörper mit Thermostatventilen heutzutage gesetzlich vorgeschrieben (Ausnahme: Räume mit Raumthermostat).

Über die Jahre kann sich in alten Radiatoren eine Mischung aus Kalk und Rostschlamm ansammeln. Die Folge können immer dünner werdende Wandungen bis hin zur Undichtheit des Heizkörpers sein. Darüber hinaus kann der Heizkörper nicht mehr die für die Erwärmung des Raumes erforderliche Leistung erbringen, da das Wasser nur noch im oberen Bereich des Heizkörpers zirkulieren kann. Der untere Bereich, in dem sich der Schlamm absetzt, kann kaum noch erwärmt werden.

Bei Fußbodenheizungen kann es durch diffusionsoffene Kunststoffrohre zur Verschlammung kommen. Die Folgen können eine unzureichende Heizleistung sowie eine schlechte Regelbarkeit der Flächenheizung sein.

Bei Verschlammung hilft oft nur eine Spülung der Altanlage. Bei Undichtheit des Heizkörpers ist dieser gegen einen neuen auszutauschen.

Im Allgemeinen gilt: Defekte, durch Korrosion nicht mehr funktionsfähige oder überdimensionierte Heizkörper im Baubestand sind gegen neue Heizkörper auszutauschen. Dabei besteht die Möglichkeit, sogenannte Austausch-Heizkörper, die die gleichen Anschlussmaße wie alte Radiatoren besitzen, einzubauen.

Werden die Heizkörper nicht werkseitig fertig lackiert geliefert, sollten sie mit Anstrichen versehen werden, die auch bei Dauerbetrieb bis 130 °C keine wesentliche Farbänderung aufweisen (DIN 55900-2 „Beschichtungen für Raumheizkörper – Teil 2: Begriffe, Anforderungen und Prüfung für Deckbeschichtungsstoffe und industriell hergestellte Fertiglackierungen").

Auf die Wärmeabgabe hat der Farbton keinen Einfluss. Lediglich reflektierende metallische Anstriche können die Wärmeabstrahlung, je nach Heizkörpertyp, merklich verringern.

Radiatoren

In der DIN 4703 „Raumheizkörper" werden Radiatoren als Raumheizkörper definiert, die einen nennenswerten Teil der Wärme durch Strahlung abgeben. Das jeweilige Verhältnis der Wärmeübertragungsarten Konvektion (Luftbewegung) und Radiation (Strahlung) variiert jedoch in Abhängigkeit von der Bauart und der Heizkörpertemperatur. Radiatoren werden in Glieder-, Röhren- oder Plattenheizkörper unterschieden.

Gliederheizkörper gelten als älteste Heizkörperform und als gängige Form im Bestand. Sie bestehen aus einzelnen, aneinandergereihten Gliedern, wodurch die Größe des Heizkörpers problemlos variiert werden kann, sodass jede gewünschte Wärmeleistung möglich ist. Die Größe der einzelnen Glieder ist genormt, sodass sie untereinander ausgetauscht werden können. Die Anschlüsse sind variabel: Durch einfaches Eindrehen unterschiedlich großer Stopfen kann der Heizkörper an Rohre mit unterschiedlichem Durchmesser angeschlossen werden. Gliederheizkörper geben die Wärme überwiegend durch Konvektion (Luftbewegung) ab. Sie wurden früher aus Gusseisen (Gussradiatoren) gefertigt. Heuzutage wird meist Stahl (Stahlradiatoren) verwendet, da Stahl leichter und kostengünstiger ist.

Röhrenheizkörper (Stahlröhrenradiatoren) sind im Prinzip eine Weiterentwicklung der Gliederheizkörper. Sie bestehen aus einzelnen Gliedern und sind in verschiedenen Bauhöhen und Bautiefen erhältlich. Die Rohre können nicht nur nebeneinander, sondern auch in 2 bis 6 Reihen hintereinander angeordnet werden. Dadurch ist eine genaue Anpassung an die gewünschte Wärmeleistung möglich.

Die Wärmeübertragung erfolgt bei Röhrenheizkörpern wie bei Gliederheizkörpern überwiegend durch Konvektion. In Privatwohnungen und -häusern werden Röhrenheizkörper auch als Sonderformen installiert, z. B. als Handtuchwärmer.

Die heute als Heizkörper gängigen Plattenheizkörper (Flachheizkörper) werden in der DIN 4703 in glattwandig und profiliert unterschieden. Sie sind in der DIN 4703-1 nur zum Teil als genormt aufgeführt. Plattenheizkörper sind wenig anfällig gegen Staubablagerungen und leicht zu reinigen. Als Sonderform der Plattenheizkörper gelten die sogenannten Heizwände, die in großen Bauhöhen sowie in großen und variablen Baulängen erhältlich sind. Meist bestehen Plattenheizkörper aus 2 senkrecht gestellten Platten und einem dazwischenliegenden Konvektionsblech. Um die Wärmeleistung zu erhöhen, können mehr als 2 Platten hintereinandergebaut werden. Durch seine flache Bauweise ragen Plattenheizkörper nur wenig in den Raum hinein. Die Anschlussrohre sind meist leicht zu montieren, sodass die Rohre entlang oder unter der Fußleiste verlegt werden können, was für die Sanierung ein wichtiges Kriterium darstellt. Plattenheizkörper geben die Wärme überwiegend durch Strahlung an den Raum ab.

Konvektoren

Konvektoren übertragen die Wärme ausschließlich durch Luftbewegung. Sie bestehen aus Aluminium-, Kupfer- oder Stahlblech-Lamellen, die auf Rohre oder Rohrprofile geschweißt, gepresst oder gelötet werden. Konvektoren werden so bekleidet, dass ein Schacht entsteht, durch den die Luft strömen muss und dabei an den Lamellen erwärmt wird. Sie sind bei gleicher Wärmeleistung wesentlich leichter als Radiatoren und benötigen weniger Heizwasser. Ein weiterer Vorteil ist, dass sie z. B. vor großen Fensterflächen im Fußboden eingebaut werden können, wodurch allerdings 20 bis 30 % der Heizleistung verloren gehen.

Nachteilig sind die hohen Anschaffungskosten von Konvektoren und die schwierige Reinigung. Darüber hinaus empfinden viele Raumnutzer die relativ starke Luftumwälzung als unangenehm und klagen über Zugerscheinungen.

Bei Konvektoren wird in statische Konvektoren, d. h. Konvektoren mit natürlicher Luftumwälzung, und Gebläsekonvektoren, d. h. Konvektoren mit Zwangsluftumwälzung, unterschieden.

Bei statischen Konvektoren wird die Wärmeleistung maßgeblich von der Auftriebshöhe des Schachtes und den Lufteinlässen bestimmt. Die zu erwärmende Luft muss dabei frei an- und abströmen können. Bei zu geringen Querschnitten muss mit erheblichen Leistungseinbußen gerechnet werden (s. Herstellerangabe). Aus hygienischen Gründen und zur Gewährleistung des einwandfreien Betriebes ist die Frontplatte abnehmbar auszuführen. Je höher die Bekleidung, die den Luftschacht bildet, umso größer ist der Auftrieb der erwärmten Luft, damit steigt auch die Wärmeleistung. Eine Leistungsregelung kann luftseitig am Konvektor durch eingebaute Luftregelklappen oder wasserseitig durch Thermostatventile mit Fernfühler erfolgen. Ausführungsbeispiele von statischen Konvektoren können u. a. Unterflurkonvektoren oder Fußleistenkonvektoren (Sockelkonvektoren) sein.

Gebläsekonvektoren sind wie statische Konvektoren aufgebaut, zusätzlich sind sie mit einem Gebläse zur Verstärkung der Luftumwälzung ausgestattet. Hierdurch ist eine Leistungssteigerung und gezielte Wärmeabgabe auch in Räumen größerer Tiefe möglich. Die Gebläsekonvektoren eignen sich nicht nur für die Umluftheizung, sondern können auch mit entsprechenden Zusatzteilen als Mischluftanlage oder auch für reinen Außenluftbetrieb genutzt werden. Gebläsekonvektoren eignen sich besonders für nicht ständig genutzte Räume, die schnell auf hohe Lufttemperaturen gebracht werden sollen. Meist sind diese Geräte mit mehrstufig regelbarem Gebläse und Filtern ausgestattet. Sie beanspruchen wesentlich weniger Platz als herkömmliche Radiatoren. Nachteile dieser Anlagen sind die relativ hohen Anschaffungskosten und die durch das Gebläse verursachte hohe Geräuschentwicklung.

Abb. IV.3.16: Fußbodenheizung
(Quelle: BAKA, Berlin)

Flächenheizungen und Flächenkühlungen

Raumflächenintegrierte Heiz- und Kühlsysteme werden in Fußböden, Wänden und/oder Decken eingesetzt.

Die Fußbodenheizung ist eine Flächenheizung, bei der die wärmeabgebenden Rohre im als Heizfläche dienenden Fußboden verlegt sind. Die Wärme wird durch Strahlung und Konvektion nach oben an den zu beheizenden Raum abgegeben. Eine Dämmung verhindert die Wärmeabgabe nach unten und sorgt damit für geringe Wärmeverluste.

Systeme von Fußbodenheizungen, die unter dem Trockenestrich auf der Dämmschicht verlegt werden, bestehen aus flachen Heizelementen aus Kunststoff als Fertigelemente. Sie werden hauptsächlich für die Altbausanierung in Verbindung mit einem Trockenestrich aus Holzbaustoffen oder Gipsbaustoffen eingesetzt.

Die Rohre werden in speziellen Systemplatten verlegt sowie durch eine Folie vom Estrich getrennt und beim Verlegen mit zusätzlichen Wärmeverteilungsblechen, -lamellen oder -folien versehen. So wird eine bessere Wärmeübertragung an den Estrich erreicht.

Verlegeformen für Fußbodenheizungen sind die mäanderförmige Anordnung oder die bifilare Anordnung.

Bei der mäanderförmigen Verlegung nimmt die Heizwassertemperatur mit zunehmender Entfernung ab und führt zu ungleichmäßigen Oberflächentemperaturen.

Bei der üblichen bifilaren (spiralförmigen) Anordnung liegen Vor- und Rücklauf nebeneinander, so dass sich eine gleichmäßige Oberflächentemperatur einstellen kann.

Auch eine Kombination beider Verlegearten ist möglich.

An den kalten Randzonen des Raumes (Fensterseite, Außenwand) kann durch eine dichtere Verlegung der Rohrleitungen eine höhere spezifische Heizleistung erbracht und somit der Kälteeinfall verhindert bzw. abgemindert werden.

Beheizte Bodenflächen sind an Türdurchgängen, Randfugen und Pfeilern mit Bewegungsfugen zu versehen. Über die Anordnung der mindestens 10 mm breiten, mit elastischen Stoffen ausgefüllten Fugen ist ein Fugenplan zu erstellen.

Der größte Teil der Wärme wird bei der Deckenheizung durch Strahlung abgegeben. Die Deckenheizungen werden vorwiegend für Großraumheizungen in z. B. Fabrik-, Lager-, Sport- und Ausstellungshallen, hauptsächlich in hohen Räumen eingesetzt, da zu hohe Wärmestrahlung auf den menschlichen Kopf als unangenehm empfunden wird und zu gesundheitlichen Problemen führen kann. Je niedriger die Raumhöhe, desto geringer sollte auch die mittlere Deckentemperatur sein. Bei einer Raumhöhe von 3 m sollte die mittlere Oberflächentemperatur bei etwa maximal 35 °C liegen.

Bei Wandheizungen als großflächige Niedertemperaturheizungen mit Oberflächentemperaturen zwischen 30 und 40 °C werden eine oder mehrere den Raum umschließende Wände als Heizfläche genutzt.

Für die Aufheizung der Wände werden verschiedene Methoden angewandt. Eine gängige Methode besteht darin, an den Wänden mit Heizwasser durchströmte Rohrregister aus Kupfer- oder Kunststoffrohren zu installieren, die im Putz eingelassen und ggf. gegen Rissbildung mit Streckmetall oder einem gleichwertigen Material überspannt sind. Für die Nachrüstung bzw. für Modernisierungsvorhaben in Bestandsgebäuden sind insbesondere Vorsatzschalensysteme zur Aufnahme der Heizleitungen geeignet.

Prinzipiell können die beschriebenen Systeme auch zur sommerlichen Kühlung des Gebäudes verwendet werden. Das ist besonders effektiv, wenn erdgekoppelte Wärmepumpen eingesetzt werden.

Eine abgewandelte Art der Beheizung besteht darin, am Fußsockel ein Heizelement anzubringen und die aufsteigende Warmluft durch Wandhohlräume zu führen, um somit die Wand aufzuheizen. Bei der einfachen Ausführung wird die warme Luft vor die Wand geleitet, wobei ein Wärmeschleier vor die kalte Außenwand gelegt wird, der den Kälteeinfall kompensiert.

Die im Verhältnis zu Heizkörpern wesentlich größeren Heizflächen ermöglichen niedrigere Oberflächentemperaturen, wodurch geringere Vorlauftemperaturen als bei Heizkörpern ausreichen. Der Energieverbrauch wird dadurch günstig beeinflusst und Verteilungsverluste verringert. Flächenheizungen und Flächenkühlungen eignen sich besonders für dauerbeheizte Räume.

Vorläufer der heutigen Flächenheizung ist die aus dem Altertum bekannte Hypokaustenheizung. Moderne Hypokaustenheizungen werden meist mit Warmluft beheizt, die über Fußboden-, Decken- oder Wandkanäle geleitet wird.

Der Informationsdienst „Schnittstellenkoordination bei Flächenheizungs- und Flächenkühlungssystemen in bestehenden Gebäuden" des Bundesverbandes Flächenheizungen und Flächenkühlungen e. V. (BVF) zeigt die zwischen den beteiligten Fachverbänden abgestimmten Gewerke übergreifenden Zusammenhänge auf und ergänzt die geltenden Normen und Technischen Regeln. Der Informationsdienst kann unter http://www.flaechenheizung.de/Planer/Planer.php kostenlos abgerufen werden. Er dient hauptsächlich der Abstimmung und Koordination bei der Herstellung von raumflächenintegrierten Heiz- und Kühlsystemen. Die enthaltenen Checklisten und Protokolle gestatten eine lückenlose Dokumentation der einzelnen Planungs- und Arbeitsschritte bis zur Übergabe mangelfreier Werke. Die Checklisten für die Herstellung von Flächenheizungs- und Flächenkühlungssystemen dokumentieren den Bauablauf und das Ineinandergreifen der beteiligten Gewerke. Sie sind eine Zusammenstellung von speziellen Anforderungen für die beschriebenen Systemlösungen und unterstützen Architekten, Fachplaner, Bauausführende und Überwachende. Sie tragen somit zur Sicherstellung eines optimalen Bauablaufs als auch eines hohen Qualitätsstandards bei.

IV.3.4 Alternative Wärmeenergienutzung

Der Primärenergieverbrauch hat sich in Deutschland seit 1950 mehr als verdreifacht. Der Anteil von Erdöl am gesamten Primärenergieverbrauch liegt dabei bei ca. 36 %, der Anteil von Erdgas bei ca. 20 % und der von Kohle bei ca. 24 %. Langfristig müssen neue Energiequellen erschlossen werden, um auch zukünftig den Energiebedarf decken zu können. Sonnenenergie, Wärme aus der Luft, dem Erdreich, Biomasse oder Biogas können als alternative Energieträger für die Beheizung und die Warmwasserbereitung genutzt werden. Darüber hinaus kann die Kraft-Wärme-Kopplung eine Alternative sein. Die Nutzung alternativer Energiequellen wird durch verschiedene öffentliche Förderprogramme unterstützt.

Ein wichtiger Ansatz ist in diesem Zusammenhang das Erneuerbare-Energien-Gesetz (EEG). Ziel dieses Gesetzes ist es, eine nachhaltige Entwicklung der Energieversorgung zu ermöglichen und den Beitrag erneuerbarer Energien an der Stromversorgung deutlich zu erhöhen.

IV.3.4.1 Kraft-Wärme-Kopplung im Blockheizkraftwerk

Die Kraft-Wärme-Kopplung (KWK) stellt gleichzeitig Strom und Wärme bei einer effizienten Nutzung der Primärenergie bereit und weist gegenüber einer getrennten Strom- und Wärmebereitstellung einen großen Effizienzvorteil auf. Die Kraft-Wärme-Kopplung kann einen wesentlichen Beitrag zur Primärenergieeinsparung und zur Schonung der Ressourcen leisten und gilt als umwelt- und klimafreundliche Form der Energieerzeugung.

Beim Prinzip der Kraft-Wärme-Kopplung im Blockheizkraftwerk (BHKW) wird sowohl die bereitgestellte Elektrizität als auch die bei der Stromerzeugung entstehende Abwärme genutzt. Dies trägt zur Senkung der Energiekosten bei, verringert die klimarelevanten Emissionen und schont die Energieressourcen.

Als konventionelle Technologien zur Kraft-Wärme-Kopplung stehen die Dampfturbine, der Verbrennungsmotor sowie die Gasturbine zur Verfügung. Neuere Technologien wie beispielsweise der Stirlingmotor oder die Brennstoffzelle erweitern die bestehenden KWK-Technologien.

Funktionsweise

Die Verbrennungskraftmaschine (z. B. Motor, Gasturbine) treibt einen Generator an und stellt dadurch dem Verbraucher elektrischen Strom zur Verfügung. Die Abwärme, welche im Motorblock anfällt, wird über einen Wärmetauscher zur Heizwassererwärmung verwendet. Die im Abgas enthaltene Energie wird gegebenenfalls zur Dampferzeugung (Prozesswärme) und/oder mittels Wärmetauscher zur Brauchwassererwärmung genutzt.

Die Kraft-Wärme-Kopplung bei Blockheizkraftwerken kann durch verschiedene Technologien realisiert werden. Die Verbrennungskraftmaschinen (Motor, Gasturbine) unterscheiden sich insbesondere hinsichtlich der Art der Abwärme. Während bei Verbrennungsmotoren der größte Teil der Abwärme im Kühlwasser anfällt, wird die Wärme beim Gasturbinenprozess in einem höheren Temperaturbereich durch das Abgas abgegeben. Daraus resultieren u. a. auch die unterschiedlichen Anwendungsfelder dieser beiden Technologien. So werden Gasturbinen insbesondere in der Industrie zur Bereitstellung von Niedertemperatur-Prozesswärme (bis 500 °C) eingesetzt. Motorenanlagen, meist kleinere Blockheizkraftwerke für die dezentrale Nutzung der KWK, finden vor allem bei der Strom- und Raumwärmebereitstellung vor Ort in Ein- oder Mehrfamilienhäuser Verwendung.

Meist setzt sich eine BHKW-Anlage aus folgenden Hauptkomponenten zusammen:

- Motor, Gasturbine oder Stirlingmotor als Generatorantrieb/Brennstoffzelle,
- Generator zur Stromerzeugung,
- Wärmetauschersysteme zur Rückgewinnung der Wärmeenergie aus Abgas, Motorabwärme und Ölkreislauf,
- diverse elektrische Schalt- und Steuereinrichtungen zur Stromverteilung bzw. zum Kraftmaschinenmanagement,
- hydraulische Einrichtungen zur Wärmeverteilung.

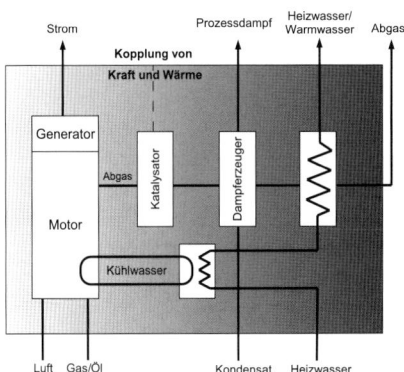

Abb. IV.3.17: Prinzip eines Blockheizkraftwerks

Insbesondere bei der Raumwärmebereitstellung wird das BHKW-System meist durch einen Spitzenkessel sowie einen Wärmespeicher ergänzt.

Beim BHKW wird die installierte Leistung auf mehrere Module aufgeteilt, woraus sich folgende Vorteile ergeben:

- Es besteht eine bessere Anpassungsfähigkeit an veränderlichen Wärme- bzw. Strombedarf.
- Die einzelnen Aggregate können im Dauerbetrieb laufen.
- Die Aggregate können im optimalen Betriebspunkt bei Nennlast gefahren werden.
- Die Verfügbarkeit der installierten elektrischen Leistung ist bei parallel durchgeführten Reparaturen oder Wartungsarbeiten höher.
- Die Montage und die Ersatzteilhaltung werden kostengünstiger.

Biomasse als CO_2-neutraler, regenerativer Energieträger zur Kraft-Wärme-Kopplung in Blockheizkraftwerken mit hoher Ausnutzung des Energieinhaltes des Kraftstoffes spielt eine immer wichtigere Rolle. Als ein Baustein im Gesamtkonzept einer dezentralen Strom- und Wärmeversorgung mit regenerativen Energieträgern bieten pflanzenöltaugliche Aggregate im unteren Leistungsbereich eine Alternative. Unter anderem ist dies auch auf zunehmende Anforderungen des Boden- und Gewässerschutzes in umweltsensiblen Bereichen zurückzuführen. Hinzu kommt die verbesserte Wirtschaftlichkeit durch die im Erneuerbare-Energien-Gesetz festgeschriebenen Mindestvergütungssätze für die Einspeisung von Strom aus biogenen Brenn- und Treibstoffen. Es wird daher die dezentrale Nutzung von Pflanzenöl als Kraftstoff in stationären Anlagen angestrebt.

Förderung (KWK-Gesetz)

Gemäß dem bundesweit gültigen Kraft-Wärme-Kopplungs-Gesetz (KWKG) wird Betreibern einer KWK-Anlage von ihrem Netzbetreiber vor Ort ein Mehrpreis für den ins Netz der allgemeinen Versorgung eingespeisten Strom gezahlt. Zusätzlich bietet die KfW Förderbank zinsgünstige Darlehen für den Einbau von Kraft-Wärme-Kopplungs-Anlagen. Darüber hinaus ist selbst erzeugter und genutzter Strom von der Energiesteuer befreit und die Mineralölsteuer für den verbrauchten Brennstoff wird zurückerstattet.

Das Kraft-Wärme-Kopplungs-Gesetz gilt für alle KWK-Anlagen auf Basis von fossilen Brennstoffen einschließlich Abfall und Biomasse. Es ist zu beachten, dass mit KWK-Anlagen erzeugter Strom, der nach dem Erneuerbaren-Energien-Gesetz vergütet wird, nicht in den Anwendungsbereich des Kraft-Wärme-Kopplungs-Gesetzes fällt. Eine Doppelförderung wird somit unterbunden. Ziel des Gesetzes ist der *„befristete Schutz und die Modernisierung von Kraft-Wärme-Kopplungs-Anlagen sowie der Ausbau der Stromerzeugung in kleinen KWK-Anlagen und die Markteinführung der Brennstoffzelle im Interesse der Energieeinsparung, des Umweltschutzes und der Erreichung der Klimaschutzziele der Bundesregierung"* (KWKG § 1 Abs. 1). Der Ausbau der Nutzung von Kraft-Wärme-Kopplungs-Anlagen soll in der Bundesrepublik Deutschland bis zum Jahre 2010 zu einer Reduzierung der jährlichen CO_2-Emissionen von insgesamt 23 Mio. t, mindestens aber 20 Mio. t, führen.

Stirlingmotor

Der Stirlingmotor ist nach der Dampfmaschine die zweitälteste Wämekraftmaschine. Vom Prinzip her hat der Stirlingmotor einen höheren Wirkungsgrad als die Dampfmaschine oder als ein Benzin- oder Dieselmotor. Im Stirlingmotor wird Wärmeenergie in mechanische Arbeit umgesetzt. Die erforderliche Wärmeenergie wird von außen an den Stirlingmotor herangeführt. Er ist also nicht wie der Benzin- oder Dieselmotor auf die interne Verbrennung eines besonderen Kraftstoffes angewiesen, sondern kann mit beliebigen Wärmequellen arbeiten, wie z. B. mit Solarenergie, mit Wärme aus der Verbrennung von Deponiegas oder von allen möglichen festen und flüssigen Brennstoffen. Hierbei kann die Verbrennung optimal umweltschonend eingestellt werden.

Im Stirlingmotor bewegen sich 2 Kolben, der sogenannte Verdrängerkolben und der Arbeitskolben. Beide Kolben sind etwas versetzt an einem Schwungrad befestigt, mit dem mechanische Arbeit verrichtet werden kann.

Des Weiteren kann der Stirlingmotor als Kühler oder als Wärmepumpe eingesetzt werden. Dabei wird der Stirlingmotor mechanisch angetrieben und transportiert Wärme vom kalten in den heißen Bereich.

Biogas

Biogas entsteht bei der Zersetzung organischer Stoffe unter Luftabschluss, es handelt sich damit um einen anaeroben Abbauprozess. Fette, Kohlenhydrate und Eiweiße werden von Mikroorganismen in niedermolekulare Bausteine zerlegt. Das entstehende Biogas besteht zu 50 bis 75 Volumen-% aus Methan (CH_4), zu 25 bis 50 Volumen-% aus Kohlendioxid (CO_2) sowie geringen Mengen an Sauerstoff, Stickstoff und Spurengasen.

In der Landwirtschaft werden Biogasanlagen meist als kontinuierliche Durchflussanlagen betrieben. Die zugeführten Stoffe werden im Kernstück der Anlage, dem Fermenter, von Bakterien abgebaut und zu Biogas umgewandelt. Als Ausgangsmaterial wird dem Fermenter Gülle aus den Ställen zugeführt. Um die Gasausbeute zu steigern, müssen dem Gärprozess noch weitere, energiereiche Stoffe, wie nachwachsende Rohstoffe oder Abfälle aus der Lebensmittelindustrie, zugegeben werden.

Der Fermenter wird mehrmals täglich möglichst mit frischem Substrat beschickt. Mit jeder Zugabe wird eine entsprechende Menge ausgefaulten Substrats verdrängt. Diese fließt durch einen Überlauf entweder in den Nachgärbehälter oder in ein Endlager. Der Fermenter bleibt dadurch immer auf dem gleichen Füllstand.

Das Biogas tritt aus und wird in einem Gasspeicher aufgefangen. Von dort aus gelangt das Biogas meist in ein Blockheizkraftwerk und wird zur Strom- und Wärmeerzeugung verbrannt, wobei der erzeugte Strom ins öffentliche Netz eingespeist wird und die entstehende Abwärme aus dem Blockheizkraftwerk zum Aufheizen des Fermenters und zum Heizen von Gebäuden genutzt wird. Das ausgefaulte und vergorene Substrat kann anschließend auf landwirtschaftlichen Flächen als Dünger ausgebracht werden.

Brennstoffzelle

Brennstoffzellen werden mit Wasserstoff betrieben, sie arbeiten geräuschlos, erzeugen keine schädlichen Abgase und besitzen einen hohen elektrischen Wirkungsgrad. Die dabei entstehende Wärme kann zur Heizung genutzt werden. Stand der Entwicklung sind Brennstoffzellen, in denen aus Erdgas Kohlendioxid und Wasserstoff erzeugt wird. In der Brennstoffzelle reagiert der Wasserstoff mit Luftsauerstoff in einer sogenannten „kalten Verbrennung" zu reinem Wasser. Dabei wird gleichzeitig Strom und Wärmeenergie erzeugt, die zur Beheizung von Gebäuden genutzt werden kann. Aufgrund des Betriebs mit z. B. solar erzeugtem Wasserstoff könnten sie eine Zukunftsperspektive für eine dezentrale, nicht fossile Heizung darstellen.

Brennstoffzellen weisen im Labor und bei den ersten Pilotprojekten einen hohen Stromwirkungsgrad von bis zu 60 % auf. Für die zukünftige Stromversorgung könnten derartig hohe Wirkungsgrade einen deutlichen Effizienzsprung für die Energiewirtschaft bedeuten.

Biomasse

Biomasse ist in vielfältiger Form vorhanden, alle Pflanzen produzieren sie mithilfe der Fotosynthese. Die in den Pflanzenmaterialien gespeicherte Energie tritt dabei weniger konzentriert als in fossilen Brennstoffen auf, mithilfe neuer Technologien kann ihre Effektivität jedoch erhöht werden. Die direkte Verbrennung der Biomasse kann mit den fossilen Brennstoffen kaum konkurrieren, wogegen die Vergasungstechnik, eine Methode, bei der Biomasse in Öfen unter hohen Temperaturen und zusätzlicher Sauerstoffeinleitung verbrannt wird und das dabei entstehende brennbare Gas zur Stromerzeugung in herkömmlichen Gasturbinen eingesetzt werden kann, bessere Chancen bietet. Mit dieser Methode kann aus der gleichen Menge Biomasse doppelt so viel Strom erzeugt werden wie mit einfacher Verbrennung. Es ist möglich, mit der Abwärme der Gasturbinen in einem zweiten Kreislauf Wasser zu erhitzen und mit dem Dampf eine Dampfturbine zu betreiben (Kraft-Wärme-Kopplung).

Biomasse wie Holzpellets, Holzhackschnitzel, Späne, gehäckseltes Stroh und sonstige landwirtschaftliche Abfälle kann sinnvoll und gegebenenfalls kostengünstig zur Stromerzeugung und Heizung eingesetzt werden. Rund 10 Mio. t Rest- oder Altholz fallen jährlich in Deutschland an. Hier bietet sich die thermische Verwertung der Biomasse an, denn damit wird der bisher als Abfall geltende Rohstoff als neuer Energieträger genutzt.

Vorteile der Biomasse sind die ständige Verfügbarkeit und die vorhandenen technischen Voraussetzungen ebenso wie die ökonomischen Randbedingungen, die ein kurzfristig realisierbares und erhebliches CO_2-Minderungspotenzial bei akzeptablen Investitionsvolumen in Aussicht stellen.

Holzpelletheizungen

Heutzutage können Wohngebäude oder kleinere Industriebetriebe bequem mit Holz beheizt werden. Dazu werden Zentralheizkessel eingesetzt. Die arbeitsaufwendige Handbefeuerung kann mittlerweile durch automatische Beschickungsanlagen ersetzt werden. Als Brenngut dienen überwiegend Holzhackschnitzel oder Holzpellets, kleine zylindrische Presslinge aus getrockneten, naturbelassenen Holzresten (z. B. Sägemehl, Hobelspäne). Holzpellets bestehen zu 100 % aus Resten der heimischen Sägeindustrie und weisen einen Heizwert von ca. 5 kWh/kg auf (vergleichbar mit ca. 0,5 l Heizöl). Die CO_2-neutrale Beheizung von Gebäuden mit Holzpelletbefeuerten Anlagen stellt eine umweltschonende Alternative zu den konventionellen Öl- und Gasheizungen dar.

IV.3.4.2 Solarenergie

Prinzipiell kann die Solarenergie sowohl zur Erzeugung von Wärme (Solarthermie) oder von Strom (Fotovoltaik) genutzt werden. Obwohl in vielen Gegenden der Welt Energie von der Sonne geradezu im Überfluss vorhanden ist, wird doch erst ein Bruchteil davon für die Gewinnung von Strom und Wärme genutzt. Gerade angesichts der Notwendigkeit des Klimaschutzes herrscht im Bereich der Solarenergienutzung sowohl technisch als auch energiepolitisch ein gewaltiger Nachholbedarf. In den USA, der EU und auch in Deutschland wurden daher in den letzten Jahren verschiedene Programme und Initiativen zur Förderung der Solarenergienutzung ins Leben gerufen.

In einigen solarthermischen Anlagen konzentrieren Spiegel die Intensität der Sonneneinstrahlung und heizen damit eine Flüssigkeit, meist ein hoch erhitzbares Öl, auf mehrere hundert Grad auf. Die Hitze wird an Wasser in einem zweiten Kreislauf weitergegeben, dieses verdampft und treibt so eine Dampfturbine an. Die meisten Anlagen können in sonnenarmen Zeiten auf Gasbetrieb umschalten, sodass eine gleichmäßige Stromproduktion gewährleistet ist.

Die Solarthermie ist bisher erheblich effektiver und kostengünstiger als fotovoltaische Methoden, benötigt aber viel Fläche und eine hohe Sonneneinstrahlung. Durch Sonnenwärme können einzelne Gebäude oder auch ganze Kommunen mit Warmwasser und Heizenergie versorgt werden. Die entsprechenden Sonnenkollektoren werden entweder direkt auf Hausdächern oder auf kommunalen Freiflächen installiert. Problematisch ist momentan noch die effektive Wärmespeicherung. Versuche mit unterschiedlichen Speichersystemen laufen zwar bereits, wirtschaftlich und technisch ausgereift ist aber bislang noch kein System.

Die Raumheizung, bei der die Wärmeenergie der Sonnenstrahlen genutzt wird, unterscheidet man in die aktive Solarheizung und die passive Solarheizung, bei der das Gebäude oder Teile davon, etwa der Wintergarten, als Kollektor genutzt werden. Die in den Sonnenkollektoren erzeugte Wärme kann für das Brauchwasser und zum Heizen

Abb. IV.3.18: Holzpellets

Abb. IV.3.19: In die Dachfläche eines Gebäudes integrierter Warmwasserkollektor

genutzt werden. Wird sie nicht unmittelbar benötigt, muss die Energie in einem Warmwasserspeicher zur späteren Nutzung zwischengespeichert werden.

Sonnenkollektor

Der Kollektor wandelt mittels eines Absorbers die Sonnenstrahlung in nutzbare Wärme um. Dafür stehen am Markt unterschiedliche Systeme, z. B. Hochleistungs-Flachkollektoren oder Vakuum-Röhrenkollektoren, zur Verfügung.

Meist setzt sich eine solche Anlage aus folgenden Hauptkomponenten zusammen:

- Kollektor,
- Warmwasserspeicher,
- Solarregelung,
- Kompaktinstallation mit den übrigen Funktionsteilen wie Pumpe, Thermometer, Manometer, Rückschlag- und Sicherheitsventil sowie Druck-Ausdehnungsgefäß.

Üblicherweise sind auf Dachflächen oder an Fassaden angebrachte Kollektoren nicht genehmigungspflichtig. Eine Ausnahme bilden Gebäude, die unter Denkmalschutz stehen oder für die der Ensembleschutz gilt.

IV.3.4.3 Wärmepumpe

Wärmepumpen kehren den natürlichen Wärmefluss vom höheren zum tieferen Temperaturniveau um. Wärmepumpen nutzen unter Zufuhr von Energie (Strom oder Druck) die Energie einer Wärmequelle mit niedrigem Temperaturniveau für die Raumbeheizung. Weiterhin ist es möglich, die Wärmepumpenheizung mit der Trinkwassererwärmung zu kombinieren.

Für Wärmepumpen bieten sich folgende Wärmequellen an:

- Grundwasser, sofern wasserrechtlich zugelassen (günstig, da gleichmäßiges Temperaturniveau von 8 bis 12 °C) (hydrothermale Anlagen),
- Erdreich, Energieabsorber sowie Oberflächenwasser mit mindestens 4 °C (geothermische Anlagen),
- Luft: Raumluft oder Außenluft und Sonnenstrahlung.

Soll das Erdreich als Wärmequelle dienen, muss eine ausreichend große Fläche für den Erdkollektor eingeplant werden, die sich u. a. nach der Größe des Gebäudes, der Beschaffenheit des Untergrundes und der Verlegetiefe richtet. Üblicherweise ist der Erdkollektor zwischen 1,5- bis 2,5-mal so groß wie die zu beheizende Gebäudefläche. Erdsonden, die senkrecht oder schräg in das Erdreich eingebracht werden, benötigen dagegen deutlich weniger Fläche.

Aufgrund der baulichen Anforderungen eignet sich die Installation einer Wärmepumpenanlage vorrangig für Neubauten. Darüber hinaus sind die Investitionskosten noch ausgesprochen hoch. Daher gibt es für den Einbau von Wärmepumpen finanzielle Unterstützung vom Staat, z. B. in Form von zinsverbilligten Darlehen der KfW Förderbank.

Hydrothermale Anlagen

Bei der hydrothermalen Nutzung wird durch Erdwärme aufgeheiztes Grundwasser an die Oberfläche gepumpt und dessen Wärme dann direkt genutzt oder über Wärmetauscher auf einen Sekundärkreis übertragen. Das abgekühlte Grundwasser, das meist sehr mineralhaltig ist, wird wieder in die tiefen Schichten verpresst und dient so gleichzeitig der Stabilisierung der Gesteinsschichten. Je nachdem wie hoch die Temperatur des Grundwassers ist, kann diese Methode entweder direkt als Quelle von Heizwärme dienen oder über Turbinen in elektrischen Strom umgewandelt werden.

Die kostengünstigste und einfachste Variante ist die, bei der das Grundwasser so heiß ist, dass es als Wasserdampf an die Oberfläche kommt. Dann kann es direkt durch Dampfturbinen geleitet und über Generatoren in elektrischen Strom umgewandelt werden.

Hat das Grundwasser eine Temperatur oberhalb von 200 °C, ist aber aufgrund der hohen Drücke im Erdinneren noch vorwiegend flüssig, kommt die sogenannte Flash-Steam-Methode zum Einsatz. Dabei wird das heiße Wasser in einen Tank gesprüht, in dem Unterdruck herrscht, und verdampft dadurch größtenteils. Dieser Dampf kann dann wieder eine Turbine und damit einen Generator antreiben.

Die weltweit größte Ressource geothermaler Energie sind Quellen mit Grundwassertemperaturen unterhalb von 200 °C. Dampf zum Antreiben von Turbinen kann in solchen Fällen nur über einen Sekundärkreislauf erzeugt werden. Ein Wärmetauscher überträgt die Hitze an eine Arbeitsflüssigkeit, mit der die Turbinen angetrieben werden.

Geothermische Anlagen (Erdwärme)

Ziel der Geothermie ist es, die Wärme aus dem Inneren der Erde zu nutzen. Sie kann aus unterschiedlichen Tiefen entnommen werden. Die oberflächennahe Wärme bis etwa einige 100 m Tiefe nutzen erdgekoppelte Wärmepumpen. In größeren Tiefen werden die mancherorts im Gestein vorhandenen Schichten warmen Wassers durch die hydrothermale Geothermie erschlossen.

Geothermische Energie ist die in Form von Wärme gespeicherte Energie unterhalb der Erdoberfläche, die Erdwärme. Im Erdinneren sind immense Wärmemengen gespeichert, deren Ursprung größtenteils in der Zerfallsenergie natürlich radioaktiver Isotope liegt. So sind nach heutigen Kenntnissen im Erdkern Temperaturen von über 6000 °C, im oberen Erdmantel noch ca. 1300 °C anzunehmen. Der geothermische Wärmefluss durch die Erdoberfläche beträgt über 40 Mrd. kW.

Im Schnitt nimmt die Temperatur ab Erdoberfläche pro 100 m Tiefe um etwa 3 °C zu, was einem normalen geothermischen Tiefengradienten entspricht. Vielerorts auf der Welt finden sich sogenannte Wärmeanomalien, d. h. Gebiete mit wesentlich höheren Temperaturgradienten, beispielsweise in Island, Italien, Indonesien oder Neuseeland.

Hauptanliegen der geothermischen Energienutzung ist es, die Wärme mithilfe von geeigneten Technologien aus der Tiefe an die Erdoberfläche zu befördern. An einigen Stellen liefert die Natur selbst das notwendige Zirkulationssystem (z. B. Thermalquellen). Anderswo müssen Erschließungsbohrungen mit Förderpumpe bzw. Erdwärmesonden mit Zirkulationspumpe eingesetzt werden.

Luft (Wärmetauscher)

Ein Wärmetauscher ist ein Gerät, das Wärmeenergie von einem flüssigen oder gasförmigen Medium auf ein anderes überträgt.

Hierbei wird entweder die Raumluft z. B. aus Heizungs-, Wasch- oder Kellerräumen oder die Außenluft angesaugt und durch einen Wärmetauscher (Verdampfer) geleitet. Dabei entzieht das Arbeitsmittel (Kältemittel) der Luft die Wärme. Anschließend wird es vom Verdichter angesaugt und auf ein höheres Temperaturniveau gepumpt. In einem zweiten Wärmetauscher (Verflüssiger) wird die gewonnene Wärme auf das Speicherwasser übertragen.

IV.4 Elektrische Anlagen

Autoren: Dipl.-Ing. Janet Simon; Dipl.-Ing. Tania Brinkmann, Architektin

IV.4.1 Niederspannungsinstallationen

Die Stromversorgung aus dem Niederspannungsnetz mit 230/400 V Wechselspannung (früher 220/380 V) gilt als Standardversorgung für den Wohnungsbau.

Der Hausanschluss eines jeden Gebäudes an das öffentliche Stromnetz umfasst die Hauseinführungsleitung, die Hausanschlussleitung vom Verteilnetz und den Hausanschlusskasten, von dem aus die Hauptleitungen zu den einzelnen Zählern führen.

Die Hausanschlussleitung ist gewöhnlich als TN-C-Netz mit 4 Leitern, 3 Außenleitern (L 1, L 2, L 3) und einem Neutralleiter (N), oder als TN-S-System ausgeführt. Für die Netzform findet die DIN VDE 0100 (VDE 0100) „Bestimmungen für das Errichten von Starkstromanlagen mit Nennwertspannungen bis 1000 V" Anwendung.

TN-C-Netz

Beim TN-C-Netz sind Schutzleiter und Neutralleiter im gesamten Netz zum PEN-Leiter kombiniert. Diese Art des Netzes wurde früher als klassische Nullung bezeichnet und ist die im Bestand übliche Netzform.

TN-S-Netz

Diese früher als moderne Nullung bezeichnete Netzform ist heute im Wohnungsbau üblich, dabei werden Schutzleiter und Neutralleiter im gesamten Netz als separate Leiter geführt.

Hausanschlussleitung

Der Hausanschluss ist die Schnittstelle zwischen dem öffentlichen Versorgungsnetz und der Verbraucheranlage des Gebäudes. Die Hausanschlussleitung wird vom Verteilungsnetzbetreiber (VNB, früher Energieversorgungsunternehmen EVU) verlegt und endet direkt nach der Hauseinführung im Hausanschlusskasten.

Die wichtigsten Aussagen über die technischen Anforderungen an den Hausanschluss und den Hausanschlussraum sind in den Normen DIN 18015-1 „Elektrische Anlagen in Wohngebäuden – Teil 1: Planungsgrundlagen" und DIN 18012 „Haus-Anschlusseinrichtungen – Allgemeine Planungsgrundlagen" aufgeführt. Der Hausanschluss kann als Freileitungsanschluss oder als Erdkabelanschluss erfolgen.

Zähler

Zähler sind in leicht zugänglichen, trockenen Räumen eines Gebäudes anzuordnen. Sie werden entweder zentral in einem Zählerraum oder dezentral auf den einzelnen zu versorgenden Stockwerken untergebracht.

Die Verteilung innerhalb des Hauses erfolgt üblicherweise mit einer Hauptleitung vom Hausanschluss zu den Zählerplätzen. Von dort erhält jede Wohnung eine Zuleitung.

IV.4.1.1 Sicherheit

Zu den allgemeinen Anforderungen an Niederspannungsinstallationen zählen die Gebrauchsfähigkeit der Anlage sowie die elektrische Sicherheit und der Gefahrenschutz.

Insbesondere Aus- und Umbauten sind oft mit Veränderungen bzw. Erweiterungen der Elektroinstallation verbunden. Hierbei ist auf die Einhaltung der VDE-Bestimmungen (VDE – Verband der Elektrotechnik, Elektronik und Informationstechnik e. V.) zu achten. Für den jeweiligen Einsatz ist die richtige Installationsart zu wählen. Dabei sollte ausschließlich geprüftes Installationsmaterial eingesetzt werden und die Anlage ist ausreichend abzusichern. Die sinnvolle Aufteilung der Stromkreise ist gleichfalls zu beachten. Um Schäden und Unfälle durch elektrische Anlagen zu vermeiden, sind die Anlagen nach VDE- und VNB-Vorschriften zu planen und zu montieren.

Schutzmaßnahmen gegen gefährliche Körperspannungen unterteilen sich nach DIN VDE 0100 in Schutz gegen direktes Berühren (Basisschutz), Schutz bei indirektem Berühren (Fehlerschutz) und Schutz bei direktem Berühren (Zusatzschutz).

Diese 3 Stufen sollten nacheinander wirksam werden.

Abb. IV.4.01: Stromzähler in einem Gebäude

Abb. IV.4.02: Hausanschlussleitung eines Bestandsgebäudes

Schutz gegen direktes Berühren

Schutz gegen direktes Berühren heißt, dass spannungsführende Teile so isoliert werden, dass sie nicht berührt werden können. Diese Isolierung bildet den grundlegenden Schutz gegen gefährliche Körperspannungen. Für einzelne Geräte, deren spannungsführende Teile betriebsmäßig nicht vollkommen gegen Berührung isoliert werden können, wird die Güte der Schutzart mit der IP-Kennzeichnung gemäß DIN EN 60529 (VDE 0470-1) „Schutzarten durch Gehäuse (IP-Code)" beschrieben.

Schutz bei indirektem Berühren

Der Schutz bei indirektem Berühren muss dann wirken, wenn der Schutz gegen direktes Berühren nicht mehr wirksam ist.

Schutz bei direktem Berühren

Der Schutz bei direktem Berühren gilt als dritte Stufe gegen gefährliche Körperspannungen. Diese Stufe gilt als zusätzlicher Schutz und soll dann wirksam werden, wenn die anderen beiden Schutzmaßnahmen nicht wirken, sie ist kein Ersatz für die beiden anderen Stufen.

Ein Fehlerstrom, der über den menschlichen Körper fließt, wird durch einen FI-Schutzleiter (Fehlerstrom-Schutzleiter) schon bei einem Fehlerstrom von nur 30 mA innerhalb von 0,2 s unterbrochen. Bei normalen Spannungen (230 V) und dem üblichen Stromweg ist somit eine Gefährdung ausgeschlossen.

Die Anwendung des FI-Schutzschalters ist in bestimmten Fällen gefordert wie z. B. bei Steckdosenstromkreisen in Badezimmern und in landwirtschaftlichen Betriebsstätten sowie für Betriebsmittel in Schwimmbädern und Saunen, aber auch bei einigen VNB als allgemeine Schutzmaßnahme im TT-Netz.

IV.4.1.2 Installationen

Art und Umfang sowie Installationsort von Hauptstromversorgungssystemen und Zählerschränken werden entsprechend den Technischen Anschlussbedingungen (TAB) der Verteilungsnetzbetreiber (VNB) festgelegt.

Vom Zähler aus wird der Strom über 5 Leiter (Leiter 1: L 1, Leiter 2: L 2, Leiter 3: L 3, Neutralleiter: N, Schutzleiter: PE, engl.: protective earthing) zum Stromkreisverteiler weitergeführt.

Vom Stromkreisverteiler in Form des Sicherungs- und Schaltkastens aus verteilen sich die einzelnen entsprechend der erforderlichen Leistung abgesicherten Stromkreise als zweiphasige Wechselstromkreise oder als dreiphasige Drehstromkreise.

Die installierten Sicherungselemente sprechen bei Leitungsüberlastung oder Kurzschluss an.

Leitungen

Leiter dienen der Leitung von elektrischer Energie. Eine Leitung besteht aus mehreren in einer Umhüllung zusammengefassten und einzeln isolierten Adern. Für elektrische Leitungen kommen metallische Werkstoffe zum Einsatz, im Wohnungsbau sind es meist Kupferleiter. Bei größeren Querschnitten werden oft Aluminiumleiter verwendet.

Zur Unterscheidung der einzelnen Adern werden diese farblich gemäß DIN EN 60446 (VDE 0198) „Grund- und Sicherheitsregeln für die Mensch-Maschine-Schnittstelle – Kennzeichnung von Leitern durch Farben und numerische Zeichen" gekennzeichnet.

Zu prüfen ist für Bestandsgebäude, ob die vorhandenen Leitungen den aktuellen Normen entsprechen. Hierbei ist insbesondere auf Verlegeart, Leitungstyp, Leitungsschutz und Farbcodierung zu achten. Ein erster Eindruck über den Zustand der Leitungen und Klemmen kann durch Sichtkontrolle der Verteilerdosen gewonnen werden.

Zum Beispiel entsprechen die im Bestand vereinzelt noch anzutreffenden textilummantelten Leitungen nicht mehr den Anforderungen und sind auszutauschen.

Sowohl für Modernisierungsmaßnahmen wie auch für den Neubau ist auf eine korrekte Dokumentation der Anlage zu achten. Zum Beispiel erschweren fehlende oder unkorrekte Beschriftungen von Sicherungen die Wartung und den Service der Anlage.

Verlegearten

Die Verteilleitungen können auf Putz, unter Putz oder in Leerrohren verlegt werden, gegebenenfalls auch in Elektroinstallationskanälen. Die Verlegearten von Kabeln und isolierten Leitungen sind in der DIN VDE 0298-4 (VDE 0298-4) „Verwendung von Kabeln und isolierten Leitungen für Starkstromanlagen – Teil 4: Empfohlene Werte für die Strombelastbarkeit von Kabeln und Leitungen für feste Verlegung in und an Gebäuden und von flexiblen Leitungen" dargestellt.

Verlegt werden sollen Elektroleitungen grundsätzlich senkrecht oder waagerecht, sodass anhand der Dosen der Verlauf der Leitungen erkennbar bleibt.

Problematisch sind in diesem Zusammenhang diagonal verlegte Unterputzleitungen. Lokalisieren lassen sich diese strom- und spannungslosen oder strom- und spannungsführenden Leitungen mit Hilfe von sogenannten Kabelsuchgeräten. Diese Leitungen sind stillzulegen und durch neue, normgerecht verlegte Leitungen zu ersetzen.

Nach DIN 18015-3 „Elektrische Anlagen in Wohngebäuden – Teil 3: Leitungsführung und Anordnung der Betriebsmittel" können die Leitungen als Ringleitung ca. 30 cm unterhalb der Decke geführt werden, wobei die Stichleitungen zu Steckdosen und Schaltern senkrecht nach unten führen. Eine zweite Möglichkeit ist die Verlegung einer Ringleitung ca. 30 cm oberhalb des Fußbodens.

Heute wird in Wohnungen überwiegend die Unterputzinstallation ausgeführt, wogegen in Bestandsgebäuden, die bis Mitte des 20. Jahrhunderts errichtet wurden, die Stromverteilleitungen meist auf der Wand (Aufputz) verlegt wurden. Für Bäder sind Sondervorschriften und spezielle Schutzbereiche einzuhalten.

Tabelle IV.4.01: Farbliche Kennzeichnung der einzelnen Adern von Leitungen

	Leitung mit 3 Adern	Leitung mit 5 Adern
Schutzleiter (PE) oder Schutzleiter und Neutralleiter zusammen (PEN)	grün/gelb	grün/gelb
Neutralleiter	hellblau	hellblau
Außenleiter 1	schwarz	schwarz
Außenleiter 2	–	braun
Außenleiter 3	–	schwarz

Um die Anlage zu erden, ist der Schutzleiter über die Potenzialausgleichsschiene (s. IV.4.2.2, Potenzialausgleich) mit dem Fundamenterder zu verbinden, bei anderen Netzarten wird der Schutzleiter mit dem Neutralleiter verbunden.

Mindestausstattung

In der DIN 18015-2 „Elektrische Anlagen in Wohngebäuden – Teil 2: Art und Umfang der Mindestausstattung" sind die Art und der Umfang der Mindestausstattung im Wohnungsbau, bezogen auf die Wohnflächengröße, festgelegt.

Darüber hinaus sind in der RAL-RG 678 „Elektrische Anlagen in Wohngebäuden" verschiedene Ausstattungswerte definiert. Soll die Ausstattung nach RAL-RG 678 erfolgen, so ist diese gesondert zu vereinbaren.

Die RAL-RG 678 unterscheidet die Ausstattungswerte 1 (Mindestausstattung), 2 (Normalausstattung) und 3 (gehobene Ausstattung).

Großgeräte mit einem Anschlusswert von über 2 kW sind über einen eigenen Stromkreis abzusichern. Im Wohnungsbau sind Stromkreise für Gemeinschaftsanlagen vorzusehen.

IV.4.1.3 Prüfung der Anlage

Grundlegend sollte bei Modernisierungsmaßnahmen am Gebäude eine Inspektion der elektrischen Anlage durchgeführt werden, die Auskunft über deren Zustand gibt. Das Augenmerk ist besonders auf die Schutzmaßnahmen zu richten, z. B.:

- Zustand der Potenzialausgleichsinstallation an der Hauseinspeisung bzw. an den Hauptverteilern und Einhaltung des maximal zulässigen Widerstandes,
- Zustand der Klemmverbindungen (Übergangswiderstände), besonders auch des Neutralleiters,
- Kontrolle der Schutzkontaktsteckdosen auf fehlerlose Kontaktierung und Anschluss des Schutzleiters sowie intakte Abdeckung (Gehäuse),
- Zustand des Schalters für die elektrische Badheizung und Messung des Übergangswiderstandes des Schutzleiteranschlusses (Neutralleiter) am Heizgerät,
- Einhaltung der Selektivität der Absicherungen und Zuordnung der Sicherungen zu den Querschnitten der benutzten Leitungen.

IV.4.1.4 Modernisierungsmaßnahmen

Für die Schaffung eines höheren Sicherheitsstandards in Wohnungen sind folgende Maßnahmen sinnvoll:

- Einbau von Fehlerstrom-Schutzschaltern im Bad; dabei kann auch der Einbau von Sicherheitskombinationen aus FI-Schutzschalter mit Steckdose in einem gemeinsamen Gehäuse genutzt werden, falls noch kein neuer Wohnungszentralverteiler gesetzt werden kann oder falls noch kein TN-S-System installiert ist,
- Durchführung des örtlichen Potenzialausgleichs in Bädern mit Badewanne oder Dusche. Gemäß der DIN VDE 0100-701 (VDE 0100-701) „Errichten von Niederspannungsanlagen – Anforderungen für Betriebsstätten, Räume und Anlagen besonderer Art, Teil 701: Räume mit Badewanne oder Dusche" besteht für diese Maßnahme keine Forderung mehr, sie wird aber empfohlen,
- Realisierung der Schutzmaßnahme „Stromlose Nullung" (dreiadriges Kupferkabel) entsprechend der DIN VDE 0100-410 (VDE 0100-410) „Errichten von Niederspannungsanlagen – Teil 4-41: Schutzmaßnahmen – Schutz gegen elektrischen Schlag"; dafür sind alle Fußbodenleitungen außer Betrieb zu nehmen und durch dreiadrige Kupferleitungen zu ersetzen; die neuen Leitungen werden z. B. in Fußbodenkanälen, Wandkanälen oder als Unterputzinstallation verlegt,
- ausreichend Stromkreise vorsehen, wie z. B. Aufteilung der Stromkreise in Steckdosenkreise und Stromkreise für Beleuchtung, um im Fall eines Kurzschlusses die Beleuchtung getrennt betreiben zu können.

IV.4.2 Blitzschutz, Erdung und Überspannungsschutz

Die Aufgabe des Blitzschutzes besteht darin, Blitzströme gefahrlos in die Erde abzuleiten und somit Brände und Zerstörungen an baulichen Anlagen, deren Inhalten und Anlagen durch Blitzschlag zu verhindern. Blitzschutzsysteme (LPS, engl. lightning protection system) werden nach DIN EN 62305 (VDE 0185-305) „Blitzschutz" in innere und äußere Blitzschutzsysteme unterschieden.

Abb. IV.4.03: Verlegearten Aufputz und Unterputz von Elektroinstallationen

Tabelle IV.4.02: Mindestausstattung nach DIN 18015-2 von Wohnungen mit Stromkreisen

Wohnfläche der Wohnung in m²	Anzahl der Stromkreise für Beleuchtung und Steckdosen
bis 50	2
über 50–75	3
über 75–100	4
über 100–125	5
über 125	6

DIN EN 62305 (VDE 0185-305):

Die aktuelle DIN EN 62305 (VDE 0185-305) besteht aus 4 Teilen (Teil 1: „Allgemeine Grundsätze", Teil 2: „Risiko-Management", Teil 3: „Schutz von baulichen Anlagen und Personen", Teil 4: „Elektrische und elektronische Systeme in baulichen Anlagen"). Die Norm enthält Informationen über Schutzmaßnahmen zur Verringerung von physikalischen Schäden und Gefährdung von Leben durch direkten Blitzeinschlag in eine bauliche Anlage.

Blitzschutzanlagen sind für feuergefährdete Bauten wie Lager (z. B. für leicht entzündliche oder explosive Stoffe), des Weiteren für Wohngebäude mit besonderer Blitzgefährdung (z. B. für weichgedeckte Gebäude), für besonders hohe Gebäude und Bauwerke von hohem Wert sowie für bauliche Anlagen, in denen bei einem Blitz-

Abb. IV.4.04: Fangeinrichtung an einem Gebäude (Quelle: BAKA, Berlin)

Abb. IV.4.05: Ableitevorrichtung an einem Gebäude

schlag eine Panik abzuwenden ist, empfehlenswert.

Kommt es an einem Gebäude zu einem Blitzschlag, so können Schäden am Gebäude meist durch die plötzliche Erwärmung schlecht leitender Bauteile oder durch Überspannungen die Folge sein.

Bei der rasanten Verdampfung des Wassergehaltes eines Baustoffes aufgrund der durch den Blitzeinschlag freigesetzten Wärme kann es zu verschiedenen Schäden kommen:

- Entzündung von leicht brennbaren Stoffen,
- Schäden an Wänden und Dächern,
- Kurzschlüsse bei elektrischen Installationen,
- Überspannungsschäden bis hin zur vollständigen Zerstörung,
- Brände durch Kurzschlüsse.

IV.4.2.1 Äußerer Blitzschutz

Äußere Blitzschutzsysteme dienen dazu, elektrische Ladungen über meist aus metallischen Werkstoffen bestehende, stark leitende Verbindungen auf kürzestem Weg (Weg des geringsten Widerstandes) in die Erde abzuleiten, ohne dass darunter befindliche Gebäude Schaden nehmen. Brände und andere Schäden am Gebäude als Folge von Blitzschlag sollen so verhindert werden.

Der Begriff „äußerer Blitzschutz" umfasst alle außerhalb der zu schützenden Anlage angebrachten Einrichtungen, die die durch Blitzschlag verursachten elektrischen Ladungen fangen und in die Erde ableiten. Diese sind Fang- und Ableiteeinrichtungen und Erdungsanlagen.

Fang- und Ableiteeinrichtungen

Fangeinrichtungen dienen dazu, Blitze aus der unmittelbaren Umgebung des Gebäudes zu „fangen". In der Praxis hat sich bewährt, Fanganlagen maschenförmig an den von Blitzen bevorzugten Einschlagstellen (z. B. Schornsteine, Firste, Giebelspitzen) anzubringen. Werden Fanganlagen am First angebracht, sollten die Enden etwa 30 cm nach oben gebogen werden.

Die „eingefangenen" Blitze sind auf kürzestem Wege zur Erdungsanlage abzuleiten.

Die sogenannten Ableitevorrichtungen sind in einem Abstand von maximal 20 m um das Gebäude verteilt zu verlegen. Bei Gebäuden mit einem Gesamtumfang von weniger als 20 m genügt 1 Ableitevorrichtung.

In der Praxis hat sich bewährt, Ableitungen in Abständen von 1 bis 1,2 m an der Wand zu befestigen, sie können auf Putz, unter Putz, in Schlitzen oder auch isoliert verlegt werden.

Als Ableiter dürfen auch senkrechte Bauteile aus Metall mit ausreichendem Querschnitt (z. B. Feuerleitern, Stahlstützen, metallische Regenfallrohre usw.) verwendet werden, wenn sie dauerhaft elektrisch leitend verbunden sind (gelötet, genietet, gefalzt usw.).

Für den Aufbau eines wirkungsvollen Blitzschutzes sowohl bei Neubauten als auch im Baubestand bedarf es einiger Hilfsmittel, um die blitzeinschlagsgefährdeten Bereiche zu lokalisieren. Die gängigsten Verfahren dafür sind:

- Das Schutzwinkelverfahren für einfache Gebäudekubaturen:
  Bei diesem Verfahren wird durch einen Schutzwinkel unter Fangleitungen oder Fangstangen ein Schutzbereich festgelegt. Gebäude, die sich in diesem Bereich befinden, sind meist davor geschützt, vom Blitz getroffen zu werden.
- Das Maschenverfahren für ebene Flächen:
  Für Gebäude, bei denen das Schutzwinkelverfahren nicht möglich ist, werden in der je nach Schutzklasse geforderten Maschenweite Fangleitungen angebracht.
- Das Blitzkugelverfahren für komplexe Gebäudekubaturen:
  Das Blitzkugelverfahren eignet sich besonders dann, wenn das zu untersuchende Gebäude geometrisch komplexerer Natur ist.

Das Schadenrisiko durch Blitzschlag wird nach DIN EN 62305-3 (VDE 0185-305-3) „Blitzschutz – Teil 3: Schutz von baulichen Anlagen und Personen" in 4 Schutzklassen eingeteilt, wonach sich die Anforderungen an den Blitzschutz festlegen.

Fang- und Ableitevorrichtungen für Blitze können nach DIN EN 62305 (VDE 0185-305) aus verschiedenen

Tabelle IV.4.03: Schutzklassen mit erforderlicher Maschenweite und Blitzkugelradius

Schutzklassen	Blitzschutz	Blitzkugelradius	Maschenweite
Schutzklasse I	99 %	20 m	5 × 5 m
Schutzklasse II	97 %	30 m	10 × 10 m
Schutzklasse III	91 %	45 m	15 × 15 m
Schutzklasse IV	84 %	60 m	20 × 20 m

Werkstoffen bestehen, wobei sich der Durchmesser der Fang- bzw. Ableitevorrichtungen meist aus der Art des Materials bestimmt.

Nachfolgend werden gängige Materialien und notwendige Werkstoffquerschnitte sowie mögliche Anlagen, die als Fang- und Ableitevorrichtung eingesetzt werden können, aufgelistet:

- Stahl, verzinkt, mit einem Durchmesser von mindestens 8 mm oder einem Querschnitt von mindestens 20 × 2,5 mm,
- Kupfer mit einem Durchmesser von mindestens 8 mm oder einem Querschnitt von mindestens 20 × 2,5 mm,
- Aluminium mit einem Durchmesser von mindestens 10 mm oder einem Querschnitt von mindestens 20 × 4 mm,
- Blecheindeckungen auf Dächern und an Fassaden aus Kupfer 0,3 mm, verzinktem Stahl 0,5 mm, Aluminium 0,5 mm, Blei 2 mm oder Zinkblech 0,7 mm,
- Kupferseile, Stahlseile oder
- Regenfallrohre, die an den Verbindungsstellen gelötet sind.

Erdungsanlage

Die Erdung eines Gebäudes dient dem Schutz gegen hohe Berührungsspannungen.

Die Erdungsanlage stellt den Übergang des Blitzstromes in das Erdreich und dessen Verteilung im Erdreich sicher. Sie soll den Blitzstrom dem Erdpotenzial angleichen.

Beim Erden wird eine leitende Verbindung zwischen einem Gegenstand, z. B. einer Dachantenne, zu einer großen Masse, vorzugsweise dem Erdboden, hergestellt, um den Spannungsunterschied abzubauen.

Erdungsanlagen werden in Fundamenterder, Ringerder und Einzelerder unterschieden.

- Fundamenterder:
Die im Bestand häufig verlegten Platten-, Ring- oder Staberder sind aufgrund ihrer Lage im Boden oft Korrosion oder mechanischen Beschädigungen ausgesetzt. Aus diesem Grund werden heutzutage für Neubauten von den Verteilungsnetzbetreibern meist im Fundament verlegte, sogenannte Fundamenterder gefordert, die den Hauptpotenzialausgleich übernehmen. Darüber hinaus dient der Fundamenterder meist dem Erden verschiedener Anlagen des Gebäudes (Antenne, Fernmeldeanlage usw.). Bei Errichtung einer Blitzschutzanlage kann der Fundamenterder zusätzlich als Blitzschutzerder dienen.
Der Fundamenterder wird als geschlossener Ring aus Band- oder Rundstahl in den Fundamenten der Außenwände eines Gebäudes mit Errichtung des Fundamentes verlegt. Fundamenterder werden überwiegend im Hausanschlussraum mit der Potenzialausgleichsschiene verbunden, an die wiederum die verschiedenen Leitungssysteme, z. B. Wasser-, Gas- und Heizungsrohre, sowie der Schutzleiter angeschlossen werden. Als Material für Fundamenterder kommen in der Hauptsache verzinkter oder unverzinkter Rundstahl (Durchmesser mindestens 10 mm) oder Bandstahl (mindestens 25 × 4 mm bzw. 30 × 3,5 mm) zum Einsatz.
- Ringerder:
Ringerder werden mindestens 50 cm tief und in einem Abstand von ca. 1 m zum Gebäude verlegt, dabei ist zu beachten, dass pro angeschlossener Ableitung eine Länge des Ringerders von mindestens 20 m vorzusehen ist.
Je nach Bodenart wird der Boden nach Einbau des Erders verdichtet oder der Erder eingeschlämmt. Nachteil dieser Art der Erdung ist die Gefahr der Korrosion oder der mechanischen Beschädigungen des Materials.
- Einzelerder:
Einzelerder kommen dann zum Einsatz, wenn der Einbau von Ringerder oder Fundamenterder nicht möglich ist, oder zur Instandsetzung defekter Erdungsanlagen. Nachteil dieser Art der Erdung ist die Gefahr der Korrosion oder der mechanischen Beschädigungen des Materials. Einzelerder werden unterschieden in Tiefenerder und Oberflächenerder.
Bei Tiefenerdern oder Staberdern, die senkrecht in größere Tiefen eingebracht werden, sollte eine Mindesttiefe pro Ableitung von 9 m vorgesehen werden, wobei die Nutzung vorhandener Bauteile zur Erdung oder die Aufteilung in kürzere Einzelteile möglich ist.

Abb. IV.4.06: Erdung an einem Gebäude

Die sogenannten Oberflächenerder werden ring-, strahlen- oder maschenförmig verlegt und sollten pro Ableitung eine Mindestlänge von 20 m besitzen.

IV.4.2.2 Innerer Blitzschutz

Das innere Blitzschutzsystem umfasst neben Erdungs- und Potenzialausgleichsmaßnahmen die magnetische Schirmung der Kabel und den Einbau von Überspannungsschutzgeräten. Weiterhin dient es dazu, das Auftreten von zu hohen Spannungen innerhalb des Gebäudes zu verhindern.

Potenzialausgleich

Unterschiedliche, elektrisch leitfähige Leitungen können durch Potenzialunterschiede untereinander zu Gefahren für Mensch und Gebäude führen. Der Zweck des Potenzialausgleichs ist es, gefährliche Potenzialunterschiede zwischen berührbaren leitfähigen Anlagenteilen zu vermeiden. Der Potenzialausgleich wird mittels Potenzialausgleichsleiter erreicht. Dabei werden alle metallenen Systeme miteinander verbunden und an die Potenzialausgleichsschiene angeschlossen.

Potenzialausgleichleiter schließen alle metallenen Leitungen eines Gebäudes an die Potenzialausgleichsschiene an, wobei die Möglichkeit besteht, mehrere Rohrleitungen miteinander zu verbinden. Diese werden dann über einen gemeinsamen Hauptpotenzialausgleichsleiter an die Potenzialausgleichsschiene angeschlossen.

Potenzialausgleichsleiter sind als Schutzleiter im gesamten Verlauf gelbgrün zu kennzeichnen.

Für den Hauptpotenzialausgleichsleiter ist ein Querschnitt zu planen, der der Hälfte des Hauptschutzleiters entspricht, mindestens jedoch 6 mm² und maximal 25 mm².

An die metallene Potenzialausgleichsschiene werden die Erdungsleitungen (z. B. Fundamenterder), alle Hauptpotenzialausgleichsleiter und eventuell auch der Schutzleiter angeschlossen. Die Potenzialausgleichsschiene ist meist im Hausanschlussraum angebracht.

Für den Potenzialausgleich sollten folgende Bauteile an der Hauptpotenzialausgleichsschiene angeschlossen werden:

- Anschlussfahne des Fundamenterders,
- Hauptschutzleiter: PEN-Leiter (TN-System) bzw. PE-Leiter (TT-System),
- leitfähige Rohr- und Leitungssysteme (Wasser-, Gas-, Heizungs- und Abwasserleitungen sowie elektrisch leitfähige Leitungen anderer Systeme),
- Antennenanlage,
- Fernmeldeanlage,
- zusätzlicher örtlicher Potenzialausgleich.

Um z. B. in Räumen wie Badezimmern für den Nutzer von Dusche oder Badewanne gefährliche Spannungen abzubauen, hat sich in der Praxis bewährt, diese Räume, unabhängig davon, ob sich in diesen Räumen elektrische Einrichtungen befinden, mit einem zusätzlichen örtlichen Potenzialausgleich auszustatten. Gemäß DIN VDE 0100-701 (VDE 0100-701) „Errichten von Niederspannungsanlagen – Anforderungen für Betriebsstätten, Räume und Anlagen besonderer Art – Teil 701: Räume mit Badewanne oder Dusche" besteht für diese Maßnahme keine Forderung mehr, Sie wird aber empfohlen.

Überspannungsschutz

Überspannungen werden insbesondere durch direkten oder indirekten Blitzeinschlag oder durch Schalthandlungen im energietechnischen Netz (z. B. an Aufzügen, Waschmaschinen, Elektrogroßgeräten usw.) hervorgerufen. Unter Überspannungsschutz ist der Schutz empfindlicher elektronischer Bauteile vor Überspannungen zu verstehen.

Mit Überspannungsschutz ausgerüstete Steckdosen oder Zwischen- bzw. Kombinationszwischenstecker reagieren bei einer auftretenden Überspannung derart, dass nachgeschaltete Geräte innerhalb von Bruchteilen einer Sekunde vom Netz getrennt und somit durch die Überspannung nicht beschädigt werden.

Durch Überspannung bei Blitzschlag besonders gefährdete Anlagen, hauptsächlich Geräte mit elektronischen Bauteilen, können durch den Einbau sogenannter Überspannungsschutzgeräte (SPD, engl.: surge protective device) in den Verteilungen vor Überspannungen geschützt werden. Überspannungsschutzgeräte sind dazu bestimmt, Überspannungen zu begrenzen und Stromstöße stufenweise abzuleiten. Stand der Technik ist ein konsequenter dreistufiger Überspannungsschutz, der Gebäude, Anlagen und Geräte optimal vor Schäden schützt. Dabei sollten Schwachstromanschlüsse wie z. B. der Antennenanschluss in das Schutzprogramm mit einbezogen werden, da auch diese Anschlüsse zu den Überspannungsüberträgern zählen.

IV.4.2.3 Modernisierung und Umnutzung

Im Rahmen von Modernisierungsmaßnahmen ist es empfehlenswert, vorhandene Blitzschutzanlagen nach DIN EN 62305-3 (VDE 0185-305-3) „Blitzschutz – Teil 3: Schutz von baulichen Anlagen und Personen" sowie DIN EN 62305-3 (VDE 0185-305-3) Beiblatt 3 „Zusätzliche Informationen für die Prüfung und Wartung von Blitzschutzsystemen" zu prüfen und gegebenenfalls zu erneuern.

Derartige Prüfungen können durch einschlägige Verordnungen und Verfügungen zuständiger Aufsichtsbehörden sowie durch Unfallverhütungsvorschriften der Berufsgenossenschaften vorgeschrieben sein oder nach Empfehlungen der Sachversicherer bzw. auch im Auftrag des Bauherrn durchgeführt werden.

Wird ein bestehendes Gebäude umgenutzt, ist zu prüfen, ob der Schutz des Gebäudes auch für die künftige Nutzung ausreichend ist.

Die Analyse über die Notwendigkeit der Errichtung einer Blitzschutzanlage (Abschätzung des Schadensrisikos durch Blitzeinschlag) hat gemäß DIN EN 62305-2 (VDE 0185-305-2) „Blitzschutz – Teil 2: Risiko-Management" zu geschehen. Durch die detaillierte Berechnung der Schadensrisiken für die Schadensarten, die für eine bauliche Anlage jeweils relevant sind, kann die Auswahl von angemessenen Blitzschutzmaßnahmen gezielt vorgenommen werden. Nach Fertigstellung eines Gebäudes wird optisch und durch Messungen geprüft, ob die Blitzschutzanlage die Anforderungen nach DIN EN 62305 (VDE 0185-305) erfüllt. Das Ergebnis ist in einem Prüfbericht festzuhalten.

Bestehende Gebäude sind dahin gehend zu prüfen, ob und in welchem Rahmen an der Blitzschutzanlage oder an der baulichen Anlage Änderungen durchgeführt wurden.

Darüber hinaus wird optisch und durch Messungen geprüft, ob sich die Blitzschutzanlage in ordnungsgemäßem Zustand befindet. Wesentliche Änderungen an der Anlage sind zu ergänzen.

Über das Ergebnis der Prüfung an der bestehenden Blitzschutzanlage ist ein Bericht anzufertigen. Dieser sollte insbesondere Angaben über Umfang und Werte der durchgeführten Messungen enthalten.

Bei der Erdungsanlage kann, da sie meist im Erdreich oder im Fundament eingebettet ist, die Überprüfung oft nur durch Messungen erfolgen. Durch Korrosion oder mechanisch beschädigte, nicht mehr funktionstüchtige Erder sind durch Erder aus korrosionsgeschützten Materialien zu ersetzen.

IV.5 Lufttechnische Anlagen

Autorin: Dipl.-Ing. Janet Simon

Gebäudelüftung

Die Gebäudelüftung dient der Lufterneuerung, insbesondere der ständigen Versorgung der Nutzer mit Atemluft, dem Abtransport von Luftverunreinigungen (Geruchsstoffe, CO_2, Stickoxide, freigesetzte Stoffe aus Pflegemitteln usw.) und der Regulierung der Raumfeuchtigkeit. Hierbei gibt der Luftwechsel an, wie oft pro Stunde die Luft im Raum erneuert wird.

Die Gebäudelüftung kann durch freie Lüftung oder raumlufttechnische Anlagen erreicht werden. Darüber hinaus besteht insbesondere bei der Modernisierung von Bestandsgebäuden die Möglichkeit der Lüftung oder Klimatisierung von einzelnen Räumen mit dezentralen, meist nicht fest installierten Geräten (Klimageräte oder Lüftungsgeräte), die flexibel überwiegend in Einzelräumen angewandt werden können.

Freie Lüftung

Der Luftaustausch erfolgt bei der freien Lüftung durch die Ausnutzung der natürlichen Druckunterschiede infolge Wind und/oder Temperaturunterschieden zwischen außen und innen. Um ein Gebäude ausschließlich oder im Wesentlichen natürlich zu belüften, müssen verschiedene Einflussfaktoren beachtet werden: Raumtiefe, Windanfall am Standort des Gebäudes, Häufigkeit von Windstillen, Emissionen und Thermik im Raum. Bei der freien Lüftung wird unterschieden in Fugen- oder Selbstlüftung, Fensterlüftung (z. B. Stoßlüftung durch geöffnete Fenster), Dachaufsatzlüftung und Schachtlüftung.

IV.5.1 Raumlufttechnische Anlagen

Raumlufttechnische Anlagen haben nach VDI 6022 „Hygiene-Anforderungen an Raumlufttechnische Anlagen und Geräte" die Aufgabe, die Raumluft in hygienisch erforderlichem Maße zu erneuern. Sie sollen in den ausgestatteten Räumen insbesondere Hygiene und gesundes Wohlbefinden der dort lebenden und arbeitenden Personen gewährleisten. Unzulängliches Raumklima oder mangelhafte Lufthygiene beeinträchtigen nicht nur das menschliche Befinden, sondern können auch zu erheblichen Leistungseinbußen und Arbeitsausfallzeiten führen.

Die gewünschte und/oder notwendige Raumlufterneuerung erfolgt durch Zufuhr von möglichst sauberer Außenluft unter gleichzeitiger Abfuhr von belasteter Raumluft. Die Notwendigkeit zur Raumlufterneuerung ergibt sich aus Belastungen der Raumluft durch freigesetzte Schadstoffe aus Materialien oder Herstellungsprozessen, aber auch durch die Anwesenheit von Menschen oder Tieren und deren Sauerstoffverbrauch. Die Nachrüstung von Bestandsgebäuden mit raumlufttechnischen Anlagen ist meist mit erheblichem Aufwand und Kosten verbunden.

Raumlufttechnische Anlagen werden sowohl in Bestandsgebäuden als auch in Neubauten dort montiert, wo bestimmte energetische Werte erreicht werden sollen, prophylaktisch bevor Feuchte- oder Schimmelpilzschäden entstehen, bei schon vorhandenen Mängeln und Schäden.

In Abhängigkeit von der Nutzung der Räume und den Anforderungen an das Raumklima reicht das Spektrum der zu planenden RLT-Anlagen von einfachen Be- und Entlüftungsanlagen bis zu komfortablen Klimaanlagen mit den thermodynamischen Luftbehandlungsfunktionen Heizen, Kühlen, Befeuchten und Entfeuchten. Die Auslegung erfolgt bedarfsgerecht unter Berücksichtigung der behördlichen Auflagen zum Brandschutz, Umweltschutz, zur Lärmminderung und Unfallverhütung. Nach Art der thermodynamischen Luftbehandlung können raumlufttechnische Anlagen in Lüftungsanlagen, Teilklimaanlagen und Klimaanlagen unterschieden werden.

IV.5.1.1 Klassifizierung

Unterscheidung nach Luftdruckverhältnissen

Nach den Luftdruckverhältnissen wird in Unterdruck-, Überdruck- und Verbundlüftung unterschieden. Für raumlufttechnische Anlagen findet wegen der genauen Steuerungsmöglichkeit in

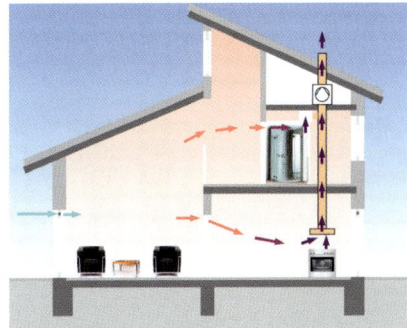

Abb. IV.5.01: Funktionsprinzip einer Abluftanlage

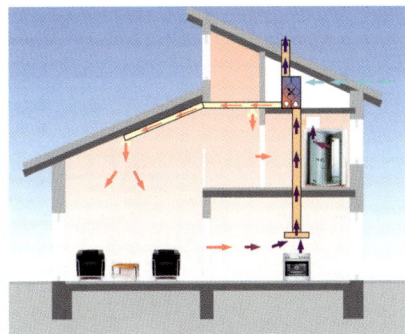

Abb. IV.5.02: Funktionsprinzip einer Zu- und Abluftanlage

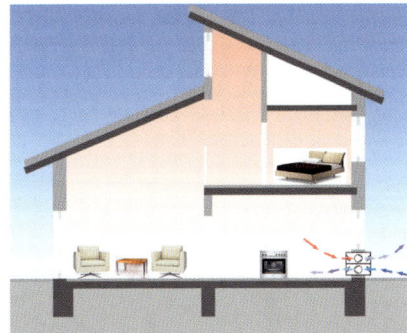

Abb. IV.5.03: Funktionsprinzip einer dezentralen Lüftungsanlage

322 IV Technische Anlagen

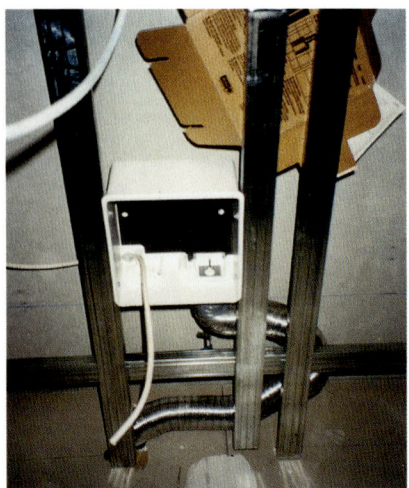

Abb. IV.5.04: Abluftanlage im WC

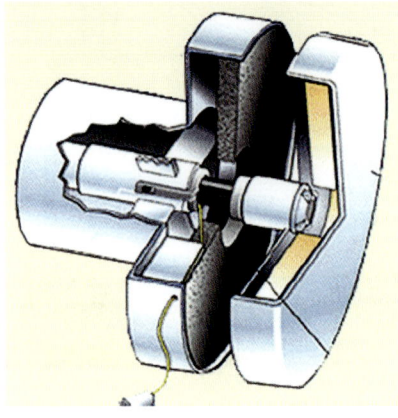

Abb. IV.5.05: Darstellung von Zuluft- und Abluftventilen einer Abluftanlage

der Hauptsache die Verbundlüftung Verwendung. Die Unterdrucklüftung wird für die Entlüftung von Küchen, Toilettenanlagen und Gaststätten eingesetzt. Auch die Nachrüstung z. B. für nach Modernisierungsmaßnahmen eingebaute Sanitärräume ist mit diesen Anlagen möglich.

IV.5.1.2 Anforderungen an raumlufttechnische Anlagen

Raumlufttechnische Anlagen sind in allen Luft führenden Bereichen so zu planen, auszuführen, zu betreiben und instand zu halten, dass eine zusätzliche Belastung der Raumluft durch Schadstoffe sowie durch anorganische und organische Verunreinigungen vermieden wird. Der Gehalt der Zuluft an Stäuben, Bakterien, Pilzsporen und biologischen Inhaltsstoffen darf den Wert der Außenluft vor Ort in keiner Kategorie überschreiten.

Luftfilter sind so auszulegen, einzubauen und zu warten, dass sie den Eintrag von luftgetragenen Keimen sowie Stäuben vermindern. Es muss sichergestellt sein, dass die Filter nicht selbst zur Quelle von gesundheits- und geruchsbelastenden Bestandteilen der Zuluft werden.

Für einen hygienisch einwandfreien, energieeffizienten, brandschutztechnisch unbedenklichen und ökonomischen Betrieb des gesamten Systems sind raumlufttechnische Anlagen bedarfsspezifisch und fachgerecht instand zu halten und zu warten. In die Instandhaltungsmaßnahmen, für deren Durchführung es mittlerweile zahlreiche Normen und Richtlinien gibt, müssen alle Systemkomponenten einbezogen werden, um den Anforderungen eines Gesamt-Instandhaltungskonzeptes Rechnung zu tragen.

Hygienische Anforderungen an raumlufttechnische Anlagen

Durch die Richtlinie VDI 6022 „Hygiene-Anforderungen an raumlufttechnische Anlagen" werden hygienische Anforderungen an Wartung, Inspektion und Reinigung von raumlufttechnischen Anlagen (Lüftungs- und Klimaanlagen) geregelt. Das Ziel dieser Richtlinie ist dabei, einen hygienisch einwandfreien Zustand nach dem Stand der Technik für raumlufttechnische Anlagen zu definieren und etwaige hygienische Mängel oder Fehlfunktionen der Anlage feststellen zu können.

Nach der Richtlinie VDI 6022 sind, je nach Anlagentyp, bei raumlufttechnischen Anlagen alle 2 bis 3 Jahre Hygieneinspektionen durchzuführen.

Darüber hinaus ist bei Anlagen mit Luftbefeuchtern (Zerstäubungs- oder Verdunstungsbefeuchter) das Befeuchterwasser regelmäßig alle 2 Wochen zu analysieren.

Brandschutztechnische Anforderungen

Lüftungsleitungen sowie deren Dämmstoffe und Bekleidungen sind aus nicht brennbaren Baustoffen herzustellen. Abweichungen können zugelassen werden, wenn der Brandschutz gewährleistet ist.

Lüftungsanlagen in Gebäuden und insbesondere solche, die Brandwände überbrücken, sind so herzustellen, dass Feuer und Rauch nicht übertragen werden können.

Um das Abschottungsprinzip zu erfüllen und die Übertragung von Feuer und Rauch in abzuschottende Bereiche zu verhindern, müssen entweder die Lüftungsleitungen über eine ausreichende Feuerwiderstandsdauer verfügen oder im Bereich der raumabschließenden Wände und Decken Absperrvorrichtungen gegen Brandübertragung in Lüftungsleitungen, sogenannte Brandschutzklappen, eingebaut werden.

Die Prüfung der Feuerwiderstandsdauer von Lüftungsleitungen erfolgt nach der DIN 4102-6 „Brandverhalten von Baustoffen und Bauteilen: Lüftungsleitungen, Begriffe, Anforderungen und Prüfungen".

Weitere Vorgaben über die Anwendbarkeit von Anlagen, deren Leitungen und deren Anforderungen für bestimmte Funktionen liefert die DIN 4102 „Brandverhalten von Baustoffen und Bauteilen".

Die geforderte Feuerwiderstandsdauer der Lüftungsleitungen für die Überbrückung von Bauteilen wie z. B. Decken, Brandwänden oder Trennwänden ist der DIN 4102 zu entnehmen.

Für die Überbrückung von Brandabschnitten sowie für die Leitungsführung z. B. durch notwendige Flure gibt es Möglichkeiten, auf die feuerwiderstandsfähige Ausbildung der Lüftungsleitung zu verzichten, indem z. B. Unterdecken mit entsprechender Feuerwiderstandsdauer zum Einsatz kommen.

Auf die feuerwiderstandsfähige Ausbildung der Lüftungsleitung kann aber auch verzichtet werden, wenn bei raumabschließenden Wänden und Decken Absperrvorrichtungen gegen Brandübertragung in Lüftungsleitungen, sogenannte Brandschutzklappen, eingebaut werden.

Konstruktive Anforderungen

Bei der konstruktiven Ausführung von raumlufttechnischen Anlagen ist die thermische Längenänderung von Stahlbauteilen insbesondere im Bereich von Wand- und Deckendurchgängen zu berücksichtigen.

Für die Planung einer Lüftungsanlage bei Neubau oder für den nachträglichen Einbau sollte zunächst die Notwendigkeit einer künstlichen Belüftung geprüft werden. Des Weiteren ist über die Anordnung und Größe der Zentrale zu entscheiden.

Darüber hinaus ist insbesondere im Bestand über die Lage der Festpunkte für die vertikale Installationsführung, über die Führung und Abmessungen der vertikalen Steigschächte sowie über die Unterbringungsmöglichkeiten für horizontale Verteilungen zu entscheiden.

IV.5.1.3 Lüftungsanlagen

Die Lüftungsanlage ist eine raumlufttechnische Anlage ohne thermodynamische Luftbehandlungsfunktion oder mit nur einer thermodynamischen Luftbehandlungsfunktion, wie z. B. Lufterwärmung.

Lüftungsanlagen bestehen aus verschiedenen Komponenten wie z. B. Ventilatoren, Luftfiltern, Luftdurchlässen, Luftkanälen usw., sie kommen zum Einsatz, wenn insbesondere die natürliche Fugenlüftung nicht ausreicht oder die Wärme aus der Abluft zurückgewonnen werden soll (Wärmerückgewinnung). Im Gegensatz zur freien Lüftung bieten Lüftungsanlagen die Möglichkeit, durch entsprechende Filtersysteme Stäube und Luftschadstoffe gezielt auszufiltern und dem Raum weitgehend schadstofffreie Luft wieder zuzuführen. Der Zuluftstrom erzeugt einen leichten Überdruck im Raum, der das Eindringen von Außenluft durch Fugen verhindern soll.

Die dabei entstehenden Luftgeräusche sind abhängig von der Luftgeschwindigkeit, den Einblasöffnungen und von der Größe des Ventilators.

Lüftungsgeräte

Lüftungsgeräte sind dezentrale Geräte, die flexibel meist in Einzelräumen angewandt werden können. Die Voraussetzungen für den Einsatz dieser Geräte sind überall dort gegeben, wo eine Außenwand für die Montage zur Verfügung steht. Dabei lassen sich die Lüfter aufgrund ihrer kompakten Bauart sowohl auf Putz als auch unter Putz gut integrieren.

Dezentrale Wohnungslüftungen eignen sich insbesondere für die Nachrüstung von Bestandsgebäuden sowie den Einsatz im Geschosswohnungsbau. Die Geräte der neuesten Generation bieten neben einer effektiven Wärmerückgewinnung (bis ca. 75 %) auch sinnvolle Programmfunktionen (Steuerung nach Feuchte, Zeitintervallen, Nachtauskühlfunktionen usw.).

Die Geräte arbeiten unabhängig von Geräten aus Nachbarräumen (raumunabhängig) und können individuell nach den jeweiligen Wünschen des Raumnutzers mehrstufig betrieben werden. Darüber hinaus können diese Geräte mit Staubfilter, Geruchsfilter, Pollenfilter ausgerüstet sein. Gängige dezentrale Lüftungsgeräte sind Abluftventilatoren, Dunstabzugshauben und Umlufthauben.

Dunstabzugshauben und auch einige Abluftventilatoren sind mit herausnehmbaren Filtern ausgestattet, welche

Abb. IV.5.06: Installationsdurchführung durch eine Dachhaut zur Be- und Entlüftung einer nachträglich installierten RLT-Anlage (Quelle: BAKA, Berlin)

Abb. IV.5.07: Außenluftansaugung einer Lüftungsanlage mit WRG

Abb. IV.5.08: Lüftungsleitung einer Lüftungsanlage (Quelle: BAKA, Berlin)

die Luftbelastungen auffangen, bevor sie in das Geräteinnere gelangen und zu Störungen führen können. Bei Ventilatoren ohne Filter sollte etwa alle 3 Monate der Gehäusedeckel abgenommen und das Lüfterrad gereinigt werden.

IV.5.1.4 Klimaanlagen und Teilklimaanlagen

Klimaanlage

Als Klimaanlagen werden raumlufttechnische Anlagen bezeichnet, die alle 4 Raumluftbehandlungsfunktionen (Heizen, Kühlen, Befeuchten, Entfeuchten) innerhalb definierter Grenzen während des gesamten Jahres gewährleisten können.

Teilklimaanlage

Teilklimaanlagen sind raumlufttechnische Anlagen mit 2 oder 3 thermodynamischen Luftbehandlungsfunktionen (z. B. Lufterwärmung und Befeuchtung).

Klimageräte

Klimageräte klimatisieren einzelne oder mehrere Räume eines Gebäudes. Je nach Ausstattung der Klimageräte können diese die Raumluft nicht nur kühlen, sondern auch entfeuchten, reinigen (durch Staubfilterung) oder heizen (z. B. in den Übergangszeiten).

Mobile Geräte sind auf Rollen oder als Standgeräte erhältlich. Darüber hinaus können Klimageräte wandhängend, stehend, in der Zwischendecke oder auch unter der Decke montiert werden.

Um gesundheitlichen Problemen vorzubeugen, sollte der Temperaturunterschied zwischen gekühlter Raumluft und Außenluft 6 bis 8 K nicht überschreiten. Aus diesem Grund sind Klimageräte werkseitig so eingestellt, dass Raumtemperaturen unter 18 °C nicht gewählt werden können.

Klimageräte lassen sich nach Größe und Bauart in Mobilgeräte, Kompaktgeräte, Split- bzw. Multisplitgeräte unterscheiden.

Mobilgeräte

Mobilgeräte sind insbesondere für den Einsatz in Räumen mit relativ geringen, saisonal auftretenden Kühllasten, wie z. B. kleinere Büro- oder Wohnräume, geeignet. Ihre kompakte Bauform erleichtert den Transport an den jeweiligen Einsatzort.

Geliefert werden Mobilgeräte meist mit 1 bzw. mit 2 Schläuchen oder als Splitgeräte. Bei Mobilgeräten in Splitausführung ist das System in 2 Einheiten aufgeteilt, wobei sich das Kälteaggregat mit dem Verflüssiger im Freien befindet. Das eigentliche Klimagerät mit Verdampfer und Umwälzventilator befindet sich dagegen innerhalb des zu kühlenden Raumes.

Kompaktgeräte

Bei Kompakt- oder Fensterklimageräten ist die gesamte Technik in einem Gehäuse aus Stahlblech, Holz oder Kunststoff integriert.

Kompakt- bzw. Fensterklimageräte eignen sich für den Fenster- oder Wandeinbau. Anwendung finden sie für die Kühlung einzelner Räume mit bis zu ca. 20 m² Grundfläche.

Zur Installation sind ein größerer Ausschnitt in der Mauer bzw. im Fenster sowie geeignete Halterungen notwendig. Für die Inbetriebnahme genügt meist eine Steckdose. Wesentliche Vorteile dieser Bauart bestehen in der einfachen Bedienbarkeit und dem niedrigen Anschaffungspreis.

Split- bzw. Multisplitgeräte

Splitgeräte sind Klimageräte zum Einbau in Fenster oder Außenwände zur Kühlung eines Raumes. Sie haben im Raum nur den Kühler und den Ventilator mit einer Verbindungsleitung zum Außengerät (Verdichter und Verflüssiger). Der Begriff „Klima" ist hier irreführend, denn die Geräte ersetzen keine Klimaanlage.

Wichtiges Merkmal von Splitgeräten ist die Aufteilung in 2 Teile, wobei sich der eine Teil des Gerätes im Inneren des zu kühlenden Raumes befindet, der Kompressor befindet sich wegen der Geräuschentwicklung im Freien.

Als Sonderform der Splitgeräte gelten Multisplitgeräte, bei welchen an ein Außenteil mehr als 10 Innenteile angeschlossen werden können. Diese Geräte sind insbesondere für den nachträglichen Einbau in große Gebäude mit vielen Räumen, wie z. B. Hotels, Büros und Praxen, geeignet.

Split- bzw. Multisplitgeräte erzielen eine Kühlleistung von ca. 3 bis 15 kW und eignen sich für die Kühlung von Räumen mit bis zu ca. 35 m² Grundfläche (Splitgeräte) oder von mehreren Räumen (Multisplitgeräte).

Vorteile gegenüber Mobil- und Kompaktgeräten sind eine höhere Kühlleistung und der geräuscharme Betrieb sowie die Möglichkeit des Einsatzes zur Raumbeheizung (bei Geräten mit Wärmepumpe) und die Ausrüstung mit effektiven Filtersystemen speziell für Allergiker.

Für Klimaanlagen ist zu beachten, dass sich Klimatisierung und Kühlung von z. B. Niedrigenergiegebäuden ausschließlich auf Nichtwohngebäude beschränken sollten, wenn alle architektonischen, bautechnischen und anlagentechnischen Maßnahmen ausgeschöpft sind und eine reine Lüftungsanlage zur Einhaltung vorgegebener Raumkonditionen nicht mehr genügt. Für alle Wohngebäude sollte der sommerliche Wärmeschutz durch bauliche (z. B. künstliche Verschattung) und gegebenenfalls anlagentechnische (z. B. Nachtkühlung mit Außenluft im Sommer) Maßnahmen erreicht werden.

Funktionsweise

Bei Klimaanlagen vermischen sich Umluft und Außenluft in der Mischkammer und werden dann gefiltert. Während des Sommerbetriebes kühlt sich die Luft im Kühler ab. Die relative Luftfeuchte nimmt zu, während die absolute Luftfeuchte wegen der Wasserausscheidung abnimmt. Im Nacherwärmer nimmt die relative Luftfeuchte durch das Aufheizen der Luft wieder ab. Somit nimmt die Anlage Wärme aus dem Raum auf.

Während des Winterbetriebes wird die Luft nach dem Filtern im Vorwärmer erhitzt. Somit sinkt die relative Luftfeuchte. Wird die Raumluft mittels eines Umlaufsprühbefeuchters befeuchtet, erhöht sich die relative Luftfeuchte und die Lufttemperatur sinkt ab (konstanter Wärmeinhalt). Im Nacherwärmer wird die Luft wieder aufgeheizt und die relative Luftfeuchte nimmt etwas ab. Die Zuluft gibt Wärme an den Raum ab.

IV.5.1.5 Mängel und Schäden

Typische Mängel und Schäden an raumlufttechnischen Anlagen sind z. B. technische, hygienische und brandschutztechnische Probleme der Anlagen. Betreiber von baulichen Anlagen und Einrichtungen haben sicherzustellen, dass von ihren Anlagen und Einrichtungen selbst bei einem Brandereignis keine Gefahr ausgeht (Verkehrssicherungspflicht).

Für bestehende bauliche Anlagen bedeutet dies, dass diese angepasst werden müssen, wenn die Sicherheit oder Gesundheit von Personen gefährdet ist. Die Modernisierung raumlufttechnischer Anlagen wird insbesondere bei technischen, hygienischen und brandschutztechnischen Problemen erforderlich.

Hygienische Mängel

Durch Hygienemängel in raumlufttechnischen Anlagen kann eine Vielzahl von Gesundheitsgefahren ausgehen. Keime können Infektionen, mikrobielle Vorgänge Allergien und Geruchsbelästigungen auslösen.

Klimatisierte Raumluft enthält neben Keimen oft auch Mineralfasern und giftige Chemikalien. Verschiedenste Erkrankungen können mit diesen Stoffen in Zusammenhang gebracht werden. Hierunter zählen das Sick-Building-Syndrom, Legionellose, Erkrankungen der Atemorgane bis hin zu Lungenkrebs.

Hygienisch problematische Schwachstellen einer Klima- oder Lüftungsanlage können sein:

- Filter (z. B. durchnässte Filter): Sie werden von Pilzen und Bakterien durchwachsen, die dann Sporen, Gift- und Geruchsstoffe in den Luftstrom abgeben können.
- Kühlregister: Da warme Luft mehr Feuchte aufnimmt als kalte, fällt z. B. im Kühlregister Kondenswasser an, sodass sich im Tropfenabscheider Mikroorganismen vermehren können. Im Kühler besteht die Gefahr, dass sich Bakterien oder Schimmelpilze vermehren. Ursache kann eine nicht ordnungsgemäß eingebaute Ablaufwanne für das Kondensat sein oder eine zu seltene Reinigung des Kühlers selbst.
- Luftbefeuchter: Luftbefeuchter werden in verschiedene Systeme unterschieden. Wasser wird entweder zerstäubt, verdunstet oder verdampft.
  Zerstäubungs- und Verdunstungsbefeuchter weisen insbesondere bei unzureichender Wartung hygienische Probleme auf. Dampfluftbefeuchter sind aufgrund der Abtötung von Mikroorganismen die hygienischste Form. Aber auch hier können Probleme für die Gesundheit der Nutzer auftreten (z. B. Taupunktunterschreitung im Luftkanalsystem).
  Oft ist der Einsatz von Befeuchtern in Klimaanlagen insbesondere von Arbeitsstätten nicht gerechtfertigt und führt in einigen Fällen sogar zu anerkannten Berufskrankheiten, wie dem Befeuchterfieber und der Befeuchterlunge.

Die bedarfsspezifische und fachgerechte Instandhaltung raumlufttechnischer Anlagen gehört zu den Grundvoraussetzungen für einen hygienisch einwandfreien, energieeffizienten und ökonomischen Betrieb des gesamten Systems.

Vor dem Hintergrund steigender hygienischer Anforderungen und neuer Richtlinien, wie der VDI 6022 „Hygiene-Anforderungen an raumlufttechnische Anlagen", gewinnt die Luftkanalreinigung zunehmend an Bedeutung.

Für den Inspektions- und Reinigungsprozess stehen heutzutage technologisch ausgereifte Produkte und Systeme zur Verfügung, die eine sichere Instandhaltung des Kanalsystems gewährleisten. Die Analyse wird oft mittels fahrbarer Kameras durchgeführt. Nach der Entnahme und Analyse von Staubproben und mikrobiologischen Untersuchungen lassen sich dann exakt die Reinigungsmethoden und die weiteren Vorgehensweisen definieren.

Bei der Reinigung und Instandhaltung der Anlagen ist Folgendes zu beachten:

- möglichst Einsatz von staub- und aerosolfreien Reinigungsverfahren (z. B. Anlagen aussaugen, feucht auswischen oder mit Seifenlauge bürsten),
- Befeuchterkammern von außen reinigen,
- Ersatz stark verschmutzter Anlagenteile,
- belastete Filter vor Entnahme zur Staubbindung mit Wasser benetzen,
- kontaminierte Filter luftdicht verpacken usw.

Die Reinigung der Luftkanäle wird heutzutage oft mit Reinigungsrobotern durchgeführt. Sie können Luftkanäle mit einer Länge bis zu 60 m im eingebauten Zustand reinigen.

Brandschutztechnische Mängel

Neben den Gefahren der Rauchausbreitung bei ordnungsgemäß installierten Anlagen, z. B. beim Umluftbetrieb, durch das Ansaugen von Brandrauch eines externen Brandes oder bei einem Brand im System selbst, sind es Fehler bei der Errichtung der Anlagen, welche die Ausbreitung von Rauch begünstigen können, z. B. die Verwendung brennbarer Lüftungsleitungen, fehlende, ungeeignete oder mangelhaft eingebaute Absperrvorrichtungen oder mangelhafte Wand- und Deckendurchgänge.

Darüber hinaus bilden nicht normgerecht errichtete und nicht regelmäßig überprüfte Klimaanlagen sowie mangelnde oder unterlassene Instandhaltung dieser Anlagen ein erhebliches Gefahrenpotenzial für Gebäude, Mensch und Tier. Auch hier besteht die Gefahr eines Brandausbruches sowie der Übertragung von Brandgasen.

Der Bestandsschutz bei bestehenden baulichen Anlagen ist aufgehoben, wenn für die Nutzer eine konkrete Gefahr besteht, z. B. aufgrund beschädigter asbesthaltiger Bauelemente oder fehlender Sicherheit gegen Rauchübertragung durch die lüftungstechnischen Anlagen. Eine Sanierung ist dann dringend geboten.

Um die Sicherheit von Lüftungsanlagen gegen Rauchübertragung zu gewährleisten, müssen u. a. folgende Aspekte beachtet werden:

- Bei unzureichender Sicherheit gegen Rauchübertragung sollten die alten Brandschutzklappen gegen Klappen mit einer zur Ansteuerung über Brandfrüherkennungssysteme geeigneten Auslöseeinrichtung oder gegen luftdicht schließende motorisierte Jalousieklappen ausgetauscht werden.

- Bei unzureichender Feuerwiderstandsdauer sind die Klappen gegen solche zu tauschen, die den Anforderungen an den Brandschutz entsprechen.

- Ist eine Asbestsanierung erforderlich, sollten die alten Brandschutzklappen ersetzt werden (z. B. Nasseinbau oder Montage einer Wand- oder Deckenvorbauklappe). Vor der Montage müssen die asbesthaltigen Bauteile und die gesamte Antriebsmechanik der alten Brandschutzklappe entfernt werden.

- Eine weitere Möglichkeit der Sanierung ist die Verwendung von Einschubbrandschutzklappen, die in die bestehenden Gehäuse der alten Brandschutzklappen eingebaut werden können. Auch hier müssen vor dem Einbau die asbesthaltigen Bauteile und die Antriebsmechanik der vorhandenen Brandschutzklappe entfernt werden.

IV.6 Aufzüge

Autorin: Dipl.-Ing. Janet Simon

Aufzüge sind Vorrichtungen zur Beförderung von Personen und Lasten in schräger und insbesondere in vertikaler Richtung in und an Gebäuden, sie gehören zu den überwachungsbedürftigen Anlagen.

Um einen sicheren Betrieb der Aufzugsanlagen für Gebäude zu gewährleisten, sollten diese regelmäßig auf ihre Funktionstüchtigkeit und auch optisch geprüft und in den vorgeschriebenen Intervallen gewartet werden.

Die Störanfälligkeit veralteter Aufzugsanlagen ist relativ groß und der damit verbundene Wartungsaufwand erheblich. Aus diesem Grund sollte hier geprüft werden, inwieweit eine Modernisierung der Anlage die Kosten senken und den Komfort erhöhen kann.

Die im Bestand nur noch selten vorkommenden Fahrkörbe aus Holz oder ähnlichen, brennbaren Materialien sind aus brandschutztechnischer Sicht nicht mehr zulässig und auszutauschen.

Auch sollte bei den noch immer anzutreffenden manuell zu öffnenden Schachttüren ein Austausch gegen automatisch öffnende Türen vorgesehen werden. Die alten Systeme erfordern zum Öffnen einen erheblichen Kraftaufwand, was insbesondere Kindern, älteren Menschen sowie mobilitätseingeschränkten Personen das Benutzen solcher Aufzüge erschwert.

Sehr hohe Frequentierung kann zu Mängeln z. B. an der Schachttür im Erdgeschoss führen. Ist z. B. der mechanische Türschließer defekt, wird das Schließen der Tür nur noch sehr langsam durchgeführt, wodurch der Sicherheitsschalter nicht sicher einrastet. Ist der hydraulische Dämpfer defekt, erfolgt ein ungedämpftes Zuschlagen der Schachttür mit Lärmbelästigung und Türbeschädigung. Störungen an der Aufzugsanlage sind oft auf verschlissene Türschalter, Verriegelungssysteme und Beschädigungen an den Türen zurückzuführen.

Um den Komfort und die Sicherheit der Anlage zu erhöhen, können bestehende Anlagen mit modernen Komponenten nachgerüstet werden. Der Austausch der Steuerungskomponenten gegen moderne, auf Mikroelektronik beruhende Steuerungskomponenten kann den Fahrkomfort verbessern, darüber hinaus Energie einsparen, die Geräuschentwicklung mindern und die Verfügbarkeit erhöhen.

Der Einsatz einer Frequenzregelung sorgt für exakte Fahrprofile, verbesserte Förderleistung, kürzere Fahrzeiten und optimalen Fahrkomfort. Exakte Bündigstellung gewährleistet sicheres Betreten der Kabine.

Durch die Nachrüstung mit Stellungs- und Fahrtrichtungsanzeigern wird der Nutzer über die Position und Fahrtrichtung des Aufzuges informiert.

Die Nachrüstung mit einer komfortablen Leichtkabine mit Kabinentür als Lösung für die Modernisierung oder Nachrüstung bringt kaum zusätzliche Lasten für das Gebäude mit sich.

IV.6.1 Anforderungen

Aufzugsanlagen für Gebäude müssen so beschaffen und angeordnet sein, dass beim Betrieb keine Gefahren oder nicht zumutbare Belästigungen entstehen. Erforderliche Aufzüge und Fahrtreppen sind zusätzlich zu den baurechtlich notwendigen Treppen und Rettungswegen einzubauen.

Die Anzahl der erforderlichen Aufzüge wie auch die Ausführung der Aufzüge und der dazugehörigen Anlagen sind in der Musterbauordnung (MBO) und den jeweiligen baurechtlichen Vorschriften der Länder (LBO) geregelt.

Laut Musterbauordnung gilt: *„Aufzüge im Innern von Gebäuden müssen eigene Schächte in feuerbeständiger Bauart haben. In einem Aufzugsschacht dürfen bis zu drei Aufzüge liegen. Dies gilt nicht für Aufzüge in Wohngebäuden geringer Höhe und für Aufzüge innerhalb von Wohnungen."*

Für den Fahrschacht ist ein Rauchabzug vorzusehen, der Schacht muss zu lüften sein. Darüber hinaus sind Fahrschachttüren und andere Öffnungen in feuerbeständigen Schachtwänden so herzustellen, dass Feuer und Rauch nicht in den Fahrschacht oder andere Geschosse übertragen werden können.

Abb. IV.6.01: Nachträglich in ein Bestandsgebäude eingebauter Personenaufzug

Bei der Planung und Modernisierung von Aufzugsanlagen sind technische, funktionelle und gestalterische Aspekte zu berücksichtigen. Die richtige Anordnung und Dimensionierung ist bei Notwendigkeit eines Aufzuges entscheidend für die spätere Nutzung eines Gebäudes. Falls mehrere Aufzüge in einem Gebäude installiert werden, ist eine gemeinsame Steuerung sinnvoll.

Der Raum vor den Fahrschachttüren ist ausreichend zu bemessen (mindestens eine Fahrkorbtiefe), des Weiteren dürfen notwendige Rettungswege nicht eingeschränkt werden.

Für Aufzugsanlagen sind insbesondere schalltechnische Anforderungen zu beachten. Zu Lärmbelästigungen an Aufzugsanlagen kommt es u. a. durch die Maschinenanlage, durch Brems- und Beschleunigungsvorgänge und durch das Öffnen und Schließen der Türen.

Nach DIN 4109 „Schallschutz im Hochbau" dürfen Schallpegel durch gebäudetechnische Anlagen in Wohn- und Schlafräumen 30 dB und in Arbeits- und Unterrichtsräumen 35 dB nicht überschreiten.

Aufzugsschächte sollten aus diesem Grund möglichst nicht an Aufenthaltsräume angrenzen. Sie werden im günstigsten Fall an Außenwänden angeordnet oder mit anderen vertikalen Schächten zusammengelegt.

Für Aufzüge sind die Betriebssicherheitsverordnung und die Arbeitsstättenverordnung anzuwenden. Darüber hinaus gelten für Aufzugsanlagen die Technischen Regeln für Aufzüge TRA 200, wobei die Einhaltung dieser Vorschriften von Sachverständigen und Abnahmebehörden überprüft wird.

Ferner unterliegen Aufzüge dem Geräte- und Produktsicherheitsgesetz (Aufzugsverordnung – 12. GPSGV). Als ein Teil des Geräte- und Produktsicherheitsgesetzes regelt die Aufzugsverordnung das Inverkehrbringen und Einbauen von neuen Aufzügen, Sicherheits- und anderen Bauteilen, die Gebäude und Bauten dauerhaft bedienen.

Mit der Einführung neuer EU-rechtlicher Vorschriften bestand ein Anpassungsbedarf für das ehemalige Gerätesicherheitsgesetz. Aus dieser Vorlage wurde das neue Geräte- und Produktsicherheitsgesetz entwickelt.

Entgegen anderen überwachungsbedürftigen Anlagen nehmen Aufzüge nach EU-Recht eine Sonderstellung ein, da diese grundsätzlich als Gesamtanlage und nicht als eine aus einzelnen Komponenten zusammengestellte Anlage betrachtet werden.

Nach dem neuen Recht entfällt die Endabnahme vor der Inbetriebnahme. Stattdessen erfolgt eine Ordnungs- und Funktionsprüfung in Verbindung mit weiteren Verfahrensschritten.

Der gesamte Vorgang stellt sich wie folgt dar:

Die beauftragte Montagefirma unterrichtet die zertifizierte Stelle über den Einbau einer neuen Aufzugsanlage. Mit der Fertigstellung wird die Dokumentation über die Anlage ausgehändigt, die CE-Kennzeichnung vergeben und die Konformitätserklärung nach EU-Recht abgegeben. Dann erfolgt die Ordnungs- und Funktionsprüfung. Damit einher geht eine Gefährdungsbeurteilung, innerhalb deren auch eine Aussage zu den turnusmäßigen Prüffristen (meist alle 2 Jahre) getroffen wird. Diese Prüffristen sind mit der zugelassenen Überwachungsstelle abzustimmen und die Anzeige der erstellten Anlage ist beim zuständigen Gewerbeaufsichtsamt einzureichen. Etwaige zusätzliche Bestimmungen der jeweiligen Landesbauordnung sind zu beachten.

IV.6.2 Aufzugsarten

Aufzüge für Gebäude werden abhängig von der Nutzungsart u. a. unterschieden in Personenaufzüge, Lastenaufzüge, Bettenaufzüge, Güteraufzüge, Autoaufzüge, Fassadenaufzüge und Treppenaufzüge.

Personenaufzüge

Ein Personenaufzug bezeichnet einen zur Beförderung von Personen oder von Personen und Gütern vorgesehenen Aufzug. Personenaufzüge müssen in Deutschland eine Fahrkorbtür besitzen, sodass während der Fahrt die Fahrschachtwand nicht berührt werden kann.

Im Bestand wurden bei Verwendung von motorgetriebenen Teleskopschiebetüren als Fahrkorbabschluss meist keinerlei Sicherungsvorkehrungen gegen das Einklemmen von Personen oder Gegenständen getroffen.

Lastenaufzüge

Lastenaufzüge sind zur Beförderung von Gütern bestimmt. Mit Lastenaufzügen dürfen auch Personen befördert werden, wenn sie von demjenigen beschäftigt werden, der die Aufzugsanlage betreibt, wenn der Aufzug von einem Aufzugsführer bedient wird oder wenn der Fahrkorb mit Fahrkorbtüren ausgerüstet ist.

Neu eingebaute Lastenaufzüge benötigen nach DIN EN 81 „Sicherheitsregeln für die Konstruktion und den Einbau von Aufzügen" grundsätzlich Fahrkorbtüren.

Güteraufzüge

Güteraufzüge sind nach der deutschen Aufzugsordnung ausschließlich zum Transport von Waren ohne die Begleitung von Menschen gedacht. Aus diesem Grund dürfen die Güteraufzüge nur von außen herbeigeholt oder bedient werden. In der Kabine darf sich kein Bedientableau befinden.

Fassadenaufzüge

Fassadenaufzüge werden an hohen Gebäudefassaden zu Reinigungs- und Wartungszwecken installiert. In Gebrauch sind fest montierte ebenso wie mobile Fassadenaufzüge.

Treppenaufzüge

Als Treppenaufzug oder Treppenlift werden Aufzüge bezeichnet, die eine dem Treppenlauf folgende Fahrbahn besitzen. Sie sind unter bestimmten Voraussetzungen für den nachträglichen Einbau in vorhandene sowohl kurvige als auch gewendelte oder eckige Treppenanlagen im öffentlich zugänglichen und privaten Bereich geeignet.

IV.6.3 Antriebsarten

Aufzüge werden nach der Art des Antriebs insbesondere in Seilaufzüge und Hydraulikaufzüge unterschieden. Werden diese beiden Antriebssysteme miteinander kombiniert, wird vom „indirekt hydraulischen Antrieb" gesprochen, auch seilhydraulisches Hubsystem genannt.

Darüber hinaus sind in einigen wenigen Bestandsgebäuden noch Umlaufaufzüge, sogenannte Paternoster, in Betrieb.

Nach europäischer Norm ist die DIN EN 81-1 für elektrisch betriebene und die DIN EN 81-2 für Hydraulikaufzüge maßgebend.

Seilaufzüge

Seilaufzüge finden sowohl für die vertikale Beförderung von Personen als auch von Lasten Anwendung. Die Aufzugskabine hängt beim Seilaufzug an Tragseilen.

Seilaufzüge gibt es mit und ohne Maschinenraum. Ist ein Maschinenraum vorhanden, so befindet sich dieser meist über dem Schachtkorb, am Schachtfuß oder gegebenenfalls auch unmittelbar neben dem Schacht. Für Seilaufzüge ohne Maschinenraum werden alle erforderlichen Komponenten im Aufzugsschacht eingebaut.

Seilaufzüge werden grob in Trommelaufzug und Treibscheibenaufzug unterteilt. Beim Trommelaufzug werden die an einem Ende fest an der Trommel befestigten Seile auf einer Trommel aufgewickelt. Die Länge der Seile ist dabei durch die Größe der Trommel begrenzt.

Beim Treibscheibenaufzug werden die Tragseile oder Traggurte, die an einem Ende die Kabine und am anderen Ende ein Gegengewicht tragen, über die Treibscheibe einer Winde geführt. Die Seile werden hierbei durch die Reibung auf der Treibscheibe gehalten und bewegt.

Bei dieser Aufzugsart ist die Länge der Tragseile nicht begrenzt. Sie ist auch für die Montage in Hochhäusern geeignet.

Seilaufzüge können mit Getriebe oder getriebelos angetrieben werden. Beim Seilaufzug mit Getriebe hängt der Fahrkorb an Seilen, die über eine Treibscheibe geführt werden. Bei dieser Antriebsart gleicht ein Gegengewicht, welches das Gewicht des Fahrkorbs und der etwa halben Nutzlast besitzt, die Last aus und spart damit Antriebsenergie.

Getriebelose Seilaufzüge finden in der Hauptsache für schnell fahrende Aufzüge Anwendung. Bei dieser Art von Aufzügen entfällt das Getriebe zwischen Antriebsmotor und Treibscheibe. Die Treibscheibe wird direkt auf die Motorwelle montiert.

Die ungünstige Abstimmung zwischen Motor, Bremse und Getriebe kann an Seilaufzügen eine erhöhte Abnutzung der Seile und der Treibscheibe sowie verminderten Fahrkomfort durch ruckartiges Anfahren und Bremsen zur Folge haben.

Hydraulikaufzüge

Hydraulische Aufzüge werden durch einen oder mehrere unter oder neben dem Fahrkorb im Schacht angeordnete Druckkolben bewegt.

Sie finden insbesondere dort Anwendung, wo kleine Hubhöhen zu überwinden und/oder große Lasten (bis ca. 30 t) zu bewältigen sind. Wirtschaftlich sind für Hydraulikaufzüge Hubhöhen von ca. 15 bis 20 m.

Hydraulikaufzüge benötigen über dem obersten Geschoss keine oder nur eine kleine „Überfahrt". Sie sind aufgrund dessen auch für die Nachrüstung mit geringerem Aufwand als bei Seilaufzügen geeignet.

Hydraulikaufzüge gewährleisten ein millimetergenaues Halten des Aufzuges bei geringer Geräuschentwicklung. Nachteile dieses Systems sind insbesondere die niedrige Fahrgeschwindigkeit und höhere Kosten gegenüber Seilaufzügen.

Paternoster

Der Paternoster gilt als Sonderform. Er darf in Deutschland nicht mehr eingebaut werden. Beim Paternoster sind mehrere an einer Kette hängende, zu einer Seite offene Personenkabinen mit geringer Geschwindigkeit in 2 Aufzugsschächten im ständigen Umlaufbetrieb, einer für den Aufwärtsbetrieb, der andere für den Abwärtsbetrieb. Die Kabinen werden am oberen und unteren Wendepunkt über große Scheiben in den jeweils anderen Aufzugsschacht umgesetzt. Die Beförderungsgeschwindigkeit beträgt ca. 0,30 bis 0,45 m/s.

Paternosteraufzüge bieten eine ständige Verfügbarkeit einer Kabine in jede Richtung. Von Nachteil ist insbesondere, dass das Betreten und Verlassen der Kabinen während der Fahrt nicht für jeden Benutzer möglich ist (z. B. mobilitätsbehinderte Personen). Darüber hinaus besitzen Paternoster eine geringe Beförderleistung und -geschwindigkeit.

IV.6.4 Steuerungskonzepte

Noch im 20. Jahrhundert waren Aufzüge in Gebäuden meist handgesteuert. Zum Teil wurde ein Aufzugführer mit einer Rufanlage auf Fahrgäste aufmerksam, öffnete und schloss die Türen, bediente einen Fahrschalter und fuhr die Stockwerke auf mündlichen Wunsch an.

Heute werden Aufzüge meist automatisch gesteuert. Hierbei wird grob zwischen Einzelsteuerung, Sammelrufsteuerung und Zielwahlsteuerung unterschieden.

Abb. IV.6.02: Beispiel eines Paternosters

Einzelsteuerung

Die Einzelsteuerung stellt die einfachste Art der automatischen Aufzugsteuerung dar. Sie besteht aus einer Ruftaste an jedem Haltestockwerk und einer Zielwahltastatur in der Kabine und erledigt die Rufkommandos der Reihe nach.

In diesem Fall ist es sinnvoll, die Steuerung mit einem Speicher auszustatten, der auch während der Fahrt Rufe entgegennehmen kann. Dabei wechselt der Aufzug erst dann die Fahrtrichtung, wenn er alle vor ihm liegenden Rufe der bisherigen Richtung abgearbeitet hat.

Um Fahrten in die falsche Richtung zu verhindern, sollte der Aufzug beim Halt mit Leuchtmeldern anzeigen, ob er auf- oder abwärts fährt. Komfortabler ist die Steuerung durch jeweils einen Rufknopf für jede Richtung.

Sammelrufsteuerung

Wird für mehrere Aufzüge nur ein Rufpaneel angeordnet, entscheidet die Leittechnik, welcher Aufzug den Ruf anfahren soll. Dem Fahrgast wird durch Leucht- und/oder Tonsignale angezeigt, an welchem Schacht er warten soll. Dies lastet die Kapazität gleichmäßiger aus und verhindert Leerfahrten.

IV Technische Anlagen

Abb. IV.6.03: Steuerung eines Aufzugs mit Rufknopf für jede Richtung

Abb. IV.6.04: Nachträglich montierter, externer Glasaufzug an einem bestehenden Gebäude

Zielwahlsteuerung

Bei der Zielwahlsteuerung muss zum Rufen des Aufzugs bereits das Zielgeschoss eingegeben werden, wodurch der Steuerung gezieltes Disponieren ermöglicht und die Kapazität gesteigert wird.

IV.6.5 Sicherheitstechnische Einrichtungen

Fahrkörbe müssen eine elektrische Beleuchtung haben. Im Fahrkorb und auf der Fahrkorbdecke ist ein Notbremsschalter vorzusehen. Der Fahrkorb ist mit einer Notrufeinrichtung auszurüsten. Darüber hinaus ist im Fahrkorb oder im Triebwerksraum der Aufzugsanlage ein Hauptschalter vorzusehen.

Zu den sicherheitstechnischen Einrichtungen an Aufzugsanlagen zählen u. a. Fangvorrichtung, Geschwindigkeitsbegrenzer, Bremsfangvorrichtung und Puffer.

Fangvorrichtung

Fangvorrichtungen sind dann vorzusehen, wenn Fahrkörbe nicht durch Stützketten oder unmittelbar durch Kolben getragen werden.

Geschwindigkeitsbegrenzer

Sind Aufzüge mit einer Fangvorrichtung ausgerüstet, so müssen sie einen Geschwindigkeitsbegrenzer besitzen.

Bremsfangvorrichtung

Der mit einer Nutzlast beladene Fahrkorb muss aus freiem Fall mittels Bremsvorrichtung mit einer mittleren Verzögerung von mindestens 0,2 g und höchstens 1,4 g gestoppt werden.

Puffer

Außer bei Aufzügen, bei denen aufgrund ihrer Bauart ein Überfahren der Endhaltestelle ausgeschlossen ist, sind alle Fahrbahnen des Fahrkorbes und des Gegengewichtes nach unten durch einen Puffer zu begrenzen.

IV.6.6 Nachträglicher Einbau

Für die Nachrüstung von Gebäuden mit einer Aufzugsanlage oder einem Treppenlift sind verschiedene Planungsmerkmale und -empfehlungen zu beachten. Soll ein Bestandsgebäude mit einem Aufzug oder Treppenlift nachgerüstet werden, gibt es je nach baulicher Gegebenheit verschiedene Möglichkeiten, die Anlage in das Gebäude zu integrieren.

So können Aufzüge, falls die baulichen Gegebenheiten dafür ausreichen, im Treppenauge, als externe Aufzüge oder in einem nachträglich eingebauten Schacht montiert werden.

Soll ein Aufzug für mobilitätseingeschränkte Personen in ein Einfamilienhaus integriert werden, so ist zu beachten, dass die stufenlose Zugänglichkeit des Erdgeschosses sichergestellt ist.

Darüber hinaus können Einfamilienhäuser mit einem Treppenlift nachgerüstet werden.

Für den nachträglichen Einbau eines Treppenliftes ist bei der Planung Folgendes zu beachten:

- Es sind Treppenbreiten von ≥ 1,10 m vorzusehen, um später den Treppenlift anbringen zu können.
- Die Hauseingangs- bzw. innere Windfangtür sollten so geplant werden, dass ein Treppenlift gut zugänglich ist.
- Das obere Treppenpodest ist ausreichend groß zu dimensionieren und die Lage von Türen ist so anzuordnen, dass ein Treppenlift bequem zu nutzen ist.

Die äußere Gestaltung von Gebäuden wird bei Einbau eines Treppenliftes nicht verändert.

Wird die Anordnung von externen Aufzugsschächten vorgesehen, so wird das Erscheinungsbild oft verändert. Aus diesem Grund werden heutzutage auch externe Glasaufzüge vorgesehen, sofern die baulichen Gegebenheiten, wie z. B. Einhaltung notwendiger Grenzabstände, es zulassen.

Bei der Gebäudeplanung ist insbesondere darauf zu achten, dass vor Fahrschachttüren eine Bewegungsfläche von 1,5 × 1,5 m erforderlich ist. Die Grundfläche des Fahrkorbes sollte 1,1 × 1,4 m betragen.

Bei Nachrüstungen mit einem Aufzug empfiehlt sich im Regelfall ein Hydraulikantrieb, da in diesem Fall ein oberer Triebswerksraum entfällt.

Die elektrische Anlage des Gebäudes sollte für die Aufzugsnachrüstung ausreichend dimensioniert sein. Planerische und ausführungstechnisch erforderlich werdende Änderungen sind der jeweiligen Fachfirma zu übertragen.

Aktuelle Fachbücher zum Bauen im Bestand

Kompetenz in Bauphysik, Gebäudehülle, Balkone und Terrassen!

Wärme-, Feuchte-, Schall- und Brandschutz im Bestand

Das bewährte praxisnahe und produktneutrale Handbuch zur Renovierung und Sanierung von Wohngebäuden wurde grundlegend aktualisiert und erweitert. Neu sind u.a. Hinweise zur Erstellung von Energieausweisen und zur von der Baualtersklasse der Gebäude abhängigen energetischen Zustandbewertung von Bauteilen, anlagentechnische Sanierungsmaßnahmen sowie Grundlagen der geometrischen Gebäudeaufnahme. Zusätzlich gibt es mehr Modernisierungsempfehlungen. Baustoffe und Bemessungswerte wurden auf den neuesten Stand gebracht. Das Werk hilft Ihnen damit noch besser, den bauphysikalischen Zustand von Gebäuden bezüglich Wärme-, Feuchte-, Schall- und Brandschutz zu bewerten und baustoff- und bauteilspezifische Sanierungs- und Erneuerungsmaßnahmen zu planen. Weiterhin bietet es kompetente Entscheidungshilfen, wie Sie die Energieeffizienz von Gebäuden steigern können.

Ihre Vorteile:
- Zahlreiche Tipps und Hinweise, um ein Gebäude für den Energieausweis zu bewerten und geeignete Maßnahmen zur Modernisierung zu entwickeln
- Mit vielen Diagrammen und Tabellen, um ohne aufwendige Berechnungen die U-Werte einer Gebäudehülle im Bestand zu bestimmen

Handbuch der Bauerneuerung. Angewandte Bauphysik für die Modernisierung von Wohngebäuden. Von Dipl.-Ing. Michael Balkowski. 2., aktualisierte und erweiterte Auflage 2008. 17 x 24 cm. Gebunden. 432 Seiten mit 255 zum Teil farbigen Abbildungen und 122 Tabellen. ISBN 978-3-481-02499-4. **€ 59,–**

Steigern Sie Ihre Kompetenz im Baubestand

Die überarbeitete und erweiterte Neuauflage ist das perfekte Hilfsmittel für Instandsetzungs- und Erhaltungsmaßnahmen. Kompakt und praxisnah informiert „Handbuch Bautenschutz und Bausanierung" über die zehn wichtigsten Arbeitsfelder für den Schutz und die Sanierung der Gebäudehülle – auf dem aktuellen Stand der DIN, Euronormen und WTA-Regelwerke. Der Ratgeber stellt die häufigsten Schäden, Gründe für ihre Entstehung, die Methoden zur Diagnose und geeignete Sanierungsmethoden anschaulich dar.

Handbuch Bautenschutz und Bausanierung. Schadensursachen, Diagnoseverfahren, Sanierungsmöglichkeiten. Von Dr. phil. Dipl.-Ing. Horst Reul. 5., überarbeitete und erweiterte Auflage 2007. DIN A4. Gebunden. 384 Seiten mit 374 Abbildungen und 44 Tabellen sowie einem Register. ISBN 978-3-481-02162-7. **€ 69,–**

Balkone und Terrassen sicher und sachgerecht planen und ausführen!

Balkone und Terrassen steigern die Wohnqualität und den Wert eines Gebäudes. Durch Regen, starke Temperaturschwankungen und Umwelteinflüsse sind sie aber besonders schadensanfällig. Das Standardwerk „Balkone und Terrassen" vermittelt Ihnen das **komplette Fachwissen**, um Arbeiten an Balkonen und Terrassen sachgerecht durchzuführen. Tabellen, zahlreiche Fotografien und kommentierte Zeichnungen helfen Ihnen fachgerecht zu planen. **Praxisbezogene Beispiele und wertvolle Tipps** unterstützen Sie bei der direkten Umsetzung. **Neu in der 5. Auflage** ist das Kapitel „Schäden an Balkonen und Terrassen" das Schadensbilder, Ursachen sowie Maßnahmen zur Vermeidung zeigt.

Balkone und Terrassen. Planen und Ausführen. Von Dipl.-Ing. Helga Öttl-Präkelt, Egon Leustenring und Dipl.-Ing. Werner H. Präkelt. 5., überarbeitete und erweiterte Auflage 2006. DIN A4. Gebunden. 216 Seiten mit 82 Abbildungen und 55 Tabellen. ISBN 978-3-481-02161-5. **€ 59,–**

---

baufachmedien.de
DER ONLINE-SHOP FÜR BAUPROFIS

DAMIT SIE BESCHEID WISSEN
Rudolf Müller

Verlagsgesellschaft
Rudolf Müller GmbH & Co. KG
Postfach 410949 • 50869 Köln
Telefon: 0221 5497-120
Telefax: 0221 5497-130
service@rudolf-mueller.de
www.rudolf-mueller.de

EffizienzFokus: Modernisierung

Das könnte Ihnen so passen: Perfekte Dämmung und optimales Raumklima aus einer Hand.

Ein optimal aufeinander abgestimmtes Trio stellt sich vor: Klemmrock, INTELLO® Rockfol climate und Cliprock – die effiziente Systemlösung für Modernisierungen im Schrägdach. Die hoch komprimierte Klemmrock sorgt für hervorragende Wärmedämmung. Mit feuchtevariablem Diffusionswiderstand schützt INTELLO® Rockfol climate vor Feuchteschäden und reguliert das Raumklima. Cliprock von der Rolle erhöht die Dämmschicht und setzt die Wärmebrückenwirkung der Sparren außer Kraft. Alles aus einer Hand: Das perfekte System für die energetische Sanierung. www.rockwool.de

ROCKWOOL®
DÄMMT PERFEKT & BRENNT NICHT

V Baustoffe und Materialien

V.1 Mauerwerk

Autoren: Dipl.-Ing. (FH) Dirk Fanslau-Görlitz, Architekt; Dipl.-Ing. Silke Nicole Klein, Architektin; Dipl.-Ing. (FH) Yasemin Wildebrand, Architektin

V.1.1 Allgemeines

Mauerwerk

Mauerwerk bezeichnet ein aus natürlichen oder künstlichen Steinen zusammengefügtes Bauteil, das u. a. in tragendes, aussteifendes und nicht tragendes Mauerwerk unterschieden werden kann (s. Kap. III.2). Des Weiteren kann das Mauerwerk nach den verwendeten Steinarten und den Mauerverbänden unterschieden werden. Zu den verschiedenen Arten von Steinen zählen künstliche Steine (Ziegel oder Klinker, Kalksandsteine bzw. andere Formsteine, wie z. B. Beton- oder Gasbetonsteine) und Natursteine (Sedimentgesteine wie Kalkstein oder Sandstein, Tiefengesteine, z. B. Granit).

Mauermörtel

Mauermörtel ist ein Baustoff, der, mit Wasser angerührt, nach gewisser Zeit erhärtet. Mauermörtel gemäß DIN 1053-1 „Mauerwerk – Teil 1: Berechnung und Ausführung" ist ein Gemisch aus Sand, Bindemittel und Wasser, gegebenenfalls auch Zusatzstoffen und Zusatzmitteln. Es wird unterschieden in:

- Normalmörtel (NM):
  Normalmörtel sind baustellengefertigte Mörtel oder Werkmörtel mit einer Trockenrohdichte von mindestens 1,5 kg/dm³.
- Leichtmörtel (LM):
  Leichtmörtel sind Werk-Trockenoder Werk-Frischmörtel mit einer Trockenrohdichte von höchstens 1,5 kg/dm³.
- Dünnbettmörtel (DM):
  Dünnbettmörtel sind Werk-Trockenmörtel aus Zuschlagarten mit einem Größtkorn von 1 mm, Zement sowie Zusätzen (Zusatzmittel, Zusatzstoffe). Die organischen Bestandteile dürfen einen Massenanteil von 2 % nicht überschreiten.

Normalmörtel werden in die Mörtelgruppen I, II, IIa, III und IIIa eingeteilt, Leichtmörtel (LM) in die Gruppen LM 21 und LM 36, und Dünnbettmörtel wird der Gruppe III zugeordnet.

Mauermörtel für Verblendmauerwerk

Die Festigkeitskriterien sind durch die Einstufung nach Mörtelgruppen vorgegeben. Des Weiteren sind in der DIN 1053-1 keine spezifischen Anforderungen oder Eigenschaften für Normalmörtel in Verblendmauerwerk definiert. Das Bindemittel für Mauermörtel für Verblendmauerwerk sollte einen möglichst geringen Gehalt an ausblühfähigen Salzen haben. Um ein Fugensystem mit hoher wasserabweisender Wirkung zu ermöglichen, muss ein Verbund zwischen Mauersteinen und Mörtel sichergestellt werden.

Gemäß DIN 1053-1 dürfen für die Verarbeitung in Verblendmauerwerk ohne Eignungsprüfung nur Normalmörtel der Mörtelgruppen II und IIa sowie für nachträgliche Verfugungen zusätzlich die Mörtelgruppen III und IIIa verwendet werden.

Verankerungsmittel

Die Mauerwerksschalen für zweischaliges Mauerwerk der Außenwände sind durch Verankerungsmittel aus nicht rostendem Stahl, z. B. Drahtanker, zu verbinden. Diese Drahtanker sind unter Beachtung ihrer Wirksamkeit so auszuführen, dass sie keine Feuchte von der Außen- zur Innenschale leiten können.

Abb. V.1.01: Tragende Mauerwerkswand eines Bestandsgebäudes

Abb. V.1.02: Verankerungsmittel aus nicht rostendem Stahl zur Verbindung des zweischaligen Mauerwerks für Außenwände

In der DIN 1053-1 sind für weitere metallische Trag- und Verankerungskonstruktionen keine verbindlichen Werkstoffanforderungen formuliert.

Luftschichtanker

Sogenannte Luftschichtanker sind Drahtanker zur Verbindung von Verblendschalen mit den tragenden Wandschalen bei zweischaligen Mauerwerksaußenwänden. Die Mauerwerksschalen sind durch Drahtanker aus nicht rostendem Stahl zu verankern. Hinweise hierzu gibt die DIN EN 10088-1 „Nichtrostende Stähle – Teil 1: Verzeichnis der nichtrostenden Stähle". Form, Maße und Anzahl der Drahtanker sind der DIN 1053-1 zu ent-

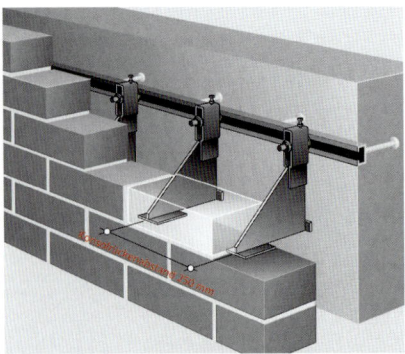

Abb. V.1.03: Konsolanker zur Verbindung des zweischaligen Mauerwerks für Außenwände (Quelle: Deutsche Kahneisen GmbH, Berlin)

nehmen. Der vertikale Abstand der Drahtanker soll demnach höchstens 500 mm, der horizontale Abstand höchstens 750 mm betragen.

Tragwinkel und Konsolen

Tragwinkel, Konsolen, Anker sowie Verbindungsmittel aus Stahl werden zur Aufnahme des Eigengewichtes von Verblendschalen benötigt. Seitens der Industrie werden für vielfältige Anwendungsbereiche vorgefertigte Elemente aus rostfreiem Stahl angeboten. Für die Abfangung von Verblendschalen in den Bereichen des Fußpunktes und für Zwischenauflagerungen oberhalb von Horizontalfugen können serienmäßige, höhenverstellbare und justierfähige Konsolen mit oder ohne Zwischenwinkel für unterschiedliche Schalenabstände verwendet werden. Die Verankerung erfolgt z. B. über einbetonierte Ankerschienen und Hakenkopfschrauben in den Stirnflächen der Stahlbeton-Geschossdecken oder durch Dübel in der tragenden Wandschale.

Insbesondere für die nachträgliche Errichtung von Verblendschalen vor Außenwänden, bei der keine sichere horizontale Dübelverankerung möglich ist, können besondere Konsolanker verwendet werden, die durch Wandöffnungen eingebaut und mit Spreizdübeln von oben in den Stahlbetondecken befestigt werden. Für diese und andere mögliche Sonderanfertigungen müssen die Abmessungen der Bauteile und die Besonderheiten der jeweiligen Detailpunkte berücksichtigt werden. Ein entsprechender Standsicherheitsnachweis ist zu erbringen.

V.1.1.1 Begriffe und Definitionen

Maßordnung im Hochbau

In der DIN 4172 „Maßordnung im Hochbau" sind Rohbau-Richtmaße festgelegt, die von „Meter" (m) und „Achtelmeter" (am = $1/_8$ = 12,5 cm) abgeleitet sind. Es wird deshalb auch vom oktametrischen Raster (12,5er-Raster) gesprochen. Diese Rohbau-Richtmaße gelten für alle Längen-, Breiten- und Höhenmaße im Bauwesen. Sie sind Vielfaches des Achtelmeters (n · 12,5 cm) und als Planungsmaße für den Architekten von Bedeutung. Für Ausführungspläne werden Nennmaße verwendet, die in Außenmaße, Innenmaße und Vorsprungsmaße unterschieden werden.

Modulordnung im Bauwesen

Eine nur begrenzte Übereinstimmung mit der herkömmlichen Maßordnung im Bauwesen nach DIN 4172 zeigt sich bei der neuen, international abgestimmten Modulordnung auf dezimetrischer Basis. Ihre Ordnungsprinzipien sind in der DIN 18000 „Modulordnung im Bauwesen" niedergelegt. Ausgehend vom Grundmodul „M" mit der Größe 100 mm sollen als Vorzugsmaße im Bauwesen bei der Planung für den Rohbau die Multimodule 3 M = 300 mm, 6 M = 600 mm und 12 M = 1200 mm als Richtmaße im achs- oder grenzbezogenen Raster angewendet werden.

Für die Abmessungen von Mauersteinen sind, mit Rücksicht auf Technik und Wirtschaftlichkeit der Produktion und auf die Handhabung bei der Verlegung, ergänzend auch Richtmaße auf submodularer, d. h. nochmals unterteilter Grundlage erforderlich. Für eine Übergangszeit, die 1973 begann, sind die DIN 4172 und die DIN 18000 nebeneinander gültig.

Formänderungseigenschaften

Durch Einwirkung äußerer Kräfte oder Temperaturänderungen und Feuchtigkeitseinflüsse verformen sich Baustoffe wie Stahl (s. Kap. V.5), Beton (s. Kap. V.2), Stahlbeton (s. Kap. V.2), Mauerwerk und Holz (s. Kap. V.4). Die Größe der Formänderung wird durch die jeweiligen Eigenschaften beeinflusst. Diese Eigenschaften sind je nach Baustoff sehr unterschiedlich.

Mauerwerk wird in den meisten Fällen in Kombination mit Stahlbeton (z. B. Stahlbetonstürze) hergestellt. Weiterhin wird neben Stahl (z. B. Stahlträger) auch Holz (z. B. Holzbalken) eingesetzt. Neben den Formänderungseigenschaften wie Schwinden, Quellen, Kriechen oder Relaxation (bezeichnet die Rückkehr in den Grundzustand) der unterschiedlichen Mauerwerksmaterialien sind für eine nachhaltige Planung, Ausführung und Beurteilung von Mauerwerksbauten auch die Formänderungseigenschaften von Stahl, Beton, Stahlbeton und Holz ausschlaggebend. Für die Vermeidung bzw. Beurteilung von Schadensrisiken ist es notwendig, die Eigenschaften der zu verwendenden Baustoffe genau zu kennen.

Tabelle V.1.01: Mindestanzahl und Durchmesser von Drahtankern je m² Wandfläche gemäß DIN 1053-1 „Mauerwerk – Teil 1: Berechnung und Ausführung"

		Drahtanker	
		Mindestanzahl	Durchmesser (mm)
1	mindestens, sofern nicht Zeilen 2 und 3 maßgebend	5	3
2	Wandbereich höher als 12 m über Gelände oder Abstand der Mauerwerksschalen über 70 bis 120 mm	5	4
3	Abstand der Mauerwerksschalen über 120 bis 150 mm	7 oder 5	4 5

Mauerwerk

Die unterschiedlichen Materialien des Mauerwerks beeinflussen das Verformungsverhalten beträchtlich. Die Formänderungskennwerte von Mauerwerk sind in der DIN 1053-1 angegeben. Wie auch bei anderen vergleichbaren Baustoffen treten auch bei Mauerwerk gelegentlich Mängel und Schäden durch Rissbildungen auf. Sie können u. a. durch die Formänderungen durch Schwinden, Quellen, Kriechen des Mauerwerks und der eingesetzten Baustoffe verursacht werden.

Stahl

Stahl kann Druck und Zug in gleicher Größe aufnehmen. Da Baustahl keine Feuchtigkeit aufnehmen kann, findet durch Feuchtigkeitseinwirkung keine Formänderung und auch keine Relaxation statt. In der DIN 18800-1 „Stahlbauten; Bemessung und Konstruktion" sind zur Ermittlung von Formänderungen und Schnittgrößen im elastischen Bereich die Rechenwerte für Werkstoffeigenschaften von Walzstahl und Stahlguss angegeben.

Beton

Im Gegensatz zu Stahl, der Druck und Zug in gleicher Größe aufnehmen kann, beträgt die Zugfestigkeit von Beton nur etwa 6 bis 12 % seiner Druckfestigkeit. Sowohl Schwinden als auch Kriechen sind von einer Vielzahl von Einflussfaktoren abhängig. Wichtige Parameter sind u. a. Feuchtigkeit der Umgebungsluft, Bauteilabmessungen und stoffliche Zusammensetzung des Betons.

Stahlbeton

Die Anwendungsmöglichkeiten des Betons sind aufgrund der geringen Zugfestigkeit im Verhältnis zur Druckfestigkeit reduziert. Durch eine Bewehrung des Betons mit Stahl kann dieser Nachteil beseitigt werden. Es entsteht der Verbundbaustoff Stahlbeton. Der Stahl übernimmt große Zugkräfte und der Beton alle Druckkräfte und kleine Zugspannungen.

Holz

Das Verformungsverhalten von Holz (s. Kap. V.4) hängt von der Richtung der Stammachse ab. Die Verformung in Richtung der Stammachse entspricht der Größenordnung bei Mauerwerk. Die Verformung in Richtung senkrecht zur Stammachse entspricht einem Vielfachen der Größenordnung bei Mauerwerk. In der DIN 1052 „Entwurf, Berechnung und Bemessung von Holzbauwerken – Allgemeine Bemessungsregeln und Bemessungsregeln für den Hochbau" sind die Formänderungskennwerte angegeben. Wärmedehnzahlen fehlen in der DIN 1052, da Verformungen aus Temperaturänderungen im Verhältnis zu den übrigen Holzverformungen vernachlässigt werden können.

V.1.1.2 Einsatzgebiete und Verwendung

Mauerwerk

Traditionell war früher bei Gebäuden das sogenannte einschalige Mauerwerk (s. Kap. III.2.1.3) üblich. Neben dem einschaligen Mauerwerk kommen heute weitere Mauerwerkskonstruktionen zum Einsatz.

Das sogenannte Bruchsteinmauerwerk ist eines der ersten Natursteinmauerwerke. Heutzutage wird Bruchsteinmauerwerk nur noch selten eingesetzt, hauptsächlich im Garten- und Landschaftsbau, beispielsweise als Gartenmauer oder in Weinbergen.

Mauermörtel

Bereits im Altertum wurde Mörtel aus Lehm, Ton, Mergel und Schlamm hergestellt. Mauermörtel diente z. B. zum Glätten von Wandoberflächen oder zum Verfüllen von Flechtwerk, zudem wurde und wird der Mörtel zum Schutz vor äußeren Einwirkungen, wie z. B. Regen, für den Mauerwerksbau eingesetzt. Eine Weiterentwicklung des Mörtels fand später in Mesopotamien, Ägypten und in Griechenland statt. In der römischen Bautechnik wurde der Mauerwerksbau fortentwickelt und vermörtelte Bauwerke wurden von den Römern z. B. mit Kalkputz oder einem Anstrich (s. Kap. V.12) versehen.

Abb. V.1.04: Zerfallenes Bruchsteinmauerwerk, traditionell als einschaliges Mauerwerk ausgeführt

Abb. V.1.05: Natursteinmauerwerk eines Gebäudes in Griechenland

V.1.1.3 Anforderungen

Neben den statischen, bauphysikalischen und gestalterischen Anforderungen, die an Mauerwerk gestellt werden, müssen insbesondere die Baustoffe und Materialien den entsprechenden Anforderungen gemäß den allgemein anerkannten Regeln der Technik entsprechen.

Die Anforderungen an in Verblendmauerwerk zu verarbeitende Mauerwerkssteine sind andere als an Steine für tragendes, verputztes oder bekleidetes Mauerwerk. Speziell die technischen Eigenschaften wie Wassersaug- und -speichervermögen sowie die Witterungs- und Frostwiderstandsfähigkeit sind neben den optischen Kriterien wie Farbe, Oberflächenstruktur und Format besonders zu beachten. In der DIN V 105-100 „Mauerziegel – Teil 100: Mauerziegel mit

Abb. V.1.06: Gebrannter Stein als Ziegel (Vormauerziegel)

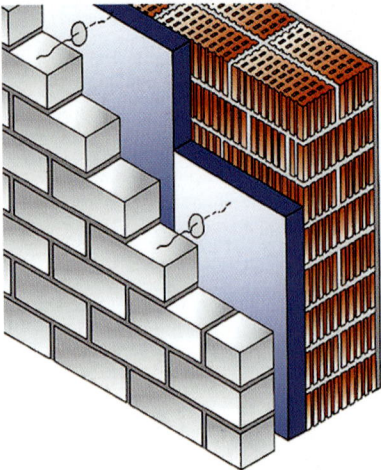

Abb. V.1.07: Verblendmauerwerk aus Kalksandstein, Isometrie einer Außenwandkonstruktion, ohne Maßstab (Quelle: Springer BauMedien GmbH, Celle)

besonderen Eigenschaften" werden zusätzliche Anforderungen geregelt, die durch CE-gekennzeichnete Mauerziegel nach DIN EN 771-1 „Festlegungen für Mauersteine – Teil 1: Mauerziegel" für die Verwendung von Mauerwerk nach DIN 1053-1 u. a. zusätzlich zu erfüllen sind. Demnach müssen Mauerziegel der DIN EN 771-1 entsprechen, wobei für Eigenschaften, die nicht durch die DIN EN 771-1 abgedeckt werden, (z. B. Frostwiderstand, Säurebeständigkeit usw.), zusätzliche Festlegungen erfolgen.

Natursteine

Natursteine für Mauerwerk müssen den Anforderungen der DIN 1053-1 sowie der harmonisierten Norm DIN EN 771-6 „Festlegungen für Mauersteine – Teil 6: Natursteine" entsprechen. Ist das Natursteinmauerwerk ungeschützt dem Witterungswechsel ausgesetzt, muss es ausreichend witterungswiderstandsfähig sein.

Mauermörtel

Der zu verwendende Mauermörtel muss den Bedingungen des Anhangs A gemäß DIN 1053-1 entsprechen. Um die europäischen Anforderungen zu erfüllen, müssen der europäisch harmonisierte Normteil der DIN EN 998-2 „Festlegungen für Mörtel im Mauerwerksbau – Teil 2: Mauermörtel" sowie die Restnorm DIN V 18580 „Mauermörtel mit besonderen Eigenschaften", in der weitere Anforderungen für Mauermörtel enthalten sind, eingehalten werden.

V.1.1.4 Steinarten

Natursteine

Natursteine (s. Kap. V.8) werden gemäß ihrer Entstehung in sedimentäre, magmatische und metamorphe Gesteine unterschieden. Als Werksteine werden u. a. Sedimentgesteine, insbesondere klassische wie Sandstein, verwendet. Chemische und organogene Sedimentgesteine, wie Kalkstein, wurden entsprechend ihrem Vorkommen regional als Baustein verbaut.

Künstliche Steine

Künstliche Steine werden aus natürlichen Rohstoffen hergestellt. Die Rohstoffe werden aufbereitet, in die entsprechende Form gebracht und anschließend gehärtet. Je nach Art ihrer Erhärtung werden gebrannte Steine und ungebrannte Steine unterschieden.

Gebrannte Steine

Gebrannte Steine werden aus weichen und gut formbaren Rohstoffen, wie z. B. Lehm und Ton, hergestellt. Das Steinmaterial wird in Form gebracht und anschließend getrocknet und gebrannt. Gebrannte Steine werden i. Allg. als Ziegel (Vormauerziegel) oder Klinker bezeichnet und in verschiedene Mauerziegelarten unterteilt. Ziegel sind die am häufigsten eingesetzten Materialien im Mauerwerksbau. Die Mauerziegelarten werden u. a. unterschieden in Vollziegel, Hochlochziegel, Vormauerziegel, Klinker, Verblender, Keramikklinker und Leichtziegel.

- Vormauerziegel:
  Vormauerziegel sind Mauerziegel, die für Sichtmauerwerk und Verblendung eingesetzt werden. Sie haben eine normenmäßig definierte und durch Prüfung nachgewiesene Frostwiderstandsfähigkeit.
- Klinker:
  Klinker sind Mauerziegel, die wie der Vormauerziegel insbesondere für Sichtmauerwerk und Verblendung eingesetzt werden. Sie sind frostbeständig und nehmen im Gegensatz zu Mauerziegeln nur geringfügig Wasser auf.
- Verblender:
  Verblender ist ein allgemein üblicher Sammelbegriff für alle Arten von Vormauerziegeln und Klinkern. Als Riemchen oder Sparverblender werden sie in den Ziegelformaten (s. Kap. V.1.1.7) Dünnformat (DF) und Normalformat (NF) hergestellt, jedoch in einer Breite von 3 bis 6,3 cm.
- Keramikklinker:
  Keramikklinker sind Ziegelerzeugnisse, die dem Einsatzgebiet der Klinker entsprechen. An den Sichtflächen entsprechen ihre Maße den normalen Ziegelformaten. Keramikklinker sind meist säure-, lauge-, farb- und lichtbeständig. Sie müssen frostbeständig sein und dürfen eine Wasseraufnahme von höchstens 6 % (Massenanteil) haben.
- Leichtziegel:
  Leichtziegel sind Ziegel aus gebranntem Ton, dem Polystyrolgranulat oder Sägemehl als Luftporenbildner beigemischt wurde. Die Zuschlagstoffe gasen beim Brennen der Ziegel rückstandsfrei aus und hinterlassen eine Vielzahl feiner Poren, die die Wärmedämmeigenschaften verbessern. Leichtziegel zeichnen sich durch geringes Gewicht, hohe Druckfestigkeit, gute Wärmespeicherfähigkeit und günstiges Feuchteverhalten aus. Die poröse Oberfläche gewährleistet eine gute Putzhaftung. Mit zusätzlichem Perlite-Dämmkern (Hohlkammern mit Perlite gefüllt) verbessern sich die Wärmedämmeigenschaften des Leichtziegels entsprechend.

Ungebrannte Steine

Bei der Herstellung ungebrannter Steine werden die Rohstoffe mit Bindemittel und Wasser vermengt und anschließend geformt und erhärtet, z. B. unter Dampfdruck (Kalksandstein). Ungebrannte Steine werden je nach verwendeten Rohstoffen und Bindemitteln in

Kalksandsteine, Hüttensteine und Betonsteine unterschieden.

- Kalksandsteine (KS):
Kalksandsteine werden aus Sand mit Kalk als Bindemittel hergestellt. Sie werden durch Pressen geformt und unter Dampfdruck gehärtet. Die Anforderungen und Eigenschaften der Mauersteine sind der harmonisierten Teilnorm DIN EN 771-2 „Festlegungen für Mauersteine – Teil 2: Kalksandsteine" sowie der Vornorm DIN V 106 „Kalksandsteine mit besonderen Eigenschaften" zu entnehmen. Kalksandsteine sind weißgrau, scharfkantig und maßhaltig. Sie schwinden nicht beim Härten, sind im Vergleich zum Ziegel schwerer und nehmen weniger Wasser auf. Kalksandsteine, die als Vormauersteine und Verblender eingesetzt werden, müssen frostbeständig sein. Sie werden als KS-Vollsteine, KS-Loch- und Hohlblocksteine, KS-Blocksteine und Planblocksteine für die Vermauerung mit Dünnbettmörtel in handlichen Großformaten, KS-Bauplatten für nicht tragende Trennwände, KS-Vormauersteine und KS-Verblender für Sichtmauerwerk geliefert. Aufgrund der hohen Wärmeleitfähigkeit sind Außenwände aus Kalksandstein nur mehrlagig möglich.
- Hüttensteine:
Hüttensteine werden aus gekörnter Hochofenschlacke und Bindemitteln hergestellt. Diese werden mit Wasser gemischt und in Formen gepresst. Die Rohlinge erhärten entweder an der Luft, unter Dampf oder in kohlendioxidhaltigem Gas.
- Betonsteine:
Betonsteine werden in Betonwerken hergestellt, wobei Frischbeton in Formen gefüllt und verdichtet wird. Der Frischbeton erhärtet an der Luft oder unter Wasserdampf zu Betonsteinen. Je nach Zuschlag wird in Leichtbetonsteine, Porenbetonsteine und in Betonwerksteine unterschieden.
Leichtbetonsteine haben ein verhältnismäßig geringes Gewicht, welches durch die Verwendung von stark porigen Zuschlägen erreicht wird. Die Herstellung erfolgt mit porigen, mineralischen Zuschlägen (z. B. Bims, Ziegelsplitt, Blähton) und Zement. Sie werden als Vollsteine oder -blöcke und Hohlblocksteine mit guten Wärmedämmeigenschaften, geringem Gewicht und guter Putzhaftung hergestellt. Leichtbetonsteine blühen in der Regel nicht aus. Porenbetonsteine werden aus Zement oder Kalk, fein gemahlenen Zuschlägen, Zugabewasser und Zusatzmittel hergestellt. Entsprechend ihrer Bezeichnung werden Gas bildende Zusätze, wie Aluminiumpulver, verwendet. Die auf Format geschnittenen Steine und Platten werden in Kesseln gehärtet. Porenbetonsteine haben ein geringes Gewicht. Sie lassen sich gut bearbeiten.

V.1.1.5 Mauerwerksarten

Natursteinmauerwerk

Natursteinmauerwerk bezeichnet ein Mauerwerk, das aus natürlichen Steinen besteht. Natursteine für Mauerwerk dürfen nur aus mauerwerksfähigem Gestein bestehen.

Zu den wichtigsten Natursteinen (s. Kap. V.8) zählen Granit, Porphyr, Tuffstein und Basalt als Erstarrungsgesteine sowie Kalkstein und Sandstein als Sedimentgesteine. Die Verarbeitung von Natursteinen und ihre Verwendung werden im Wesentlichen von ihren Eigenschaften bestimmt. Die Mauerwerksarten bei Natursteinmauerwerk werden nach der Art der Ausführung und nach der Bearbeitung der Natursteine in Trockenmauerwerk, Bruchsteinmauerwerk, Schichtenmauerwerk, Zyklopenmauerwerk und Verblendmauerwerk unterschieden.

Verarbeitung

Die Verwendung der Natursteine entspricht ihrer ursprünglichen Lage und Schichtung. Beim Versetzen der Natursteine sollen Lagerfugen und Steinschichten rechtwinklig zur Richtung der Druckkräfte liegen. Um Natursteine für Mauerwerk verwenden zu können, müssen sie an den Kanten und Flächen bearbeitet werden. Meist wird dies im Steinbruch oder im Natursteinwerk ausgeführt. Möglich ist jedoch ebenso eine Bearbeitung der sichtbaren Flächen des Natursteins auf der Baustelle. Natursteinmauerwerk muss im Verband gemauert werden.

Abb. V.1.08: Natursteinmauerwerk eines Bestandsgebäudes

Abb. V.1.09: Trockenmauerwerk

Abb. V.1.10: Bruchsteinmauerwerk

Trockenmauerwerk

Beim Trockenmauerwerk werden die nur wenig bearbeiteten Steine ohne Mörtel mit möglichst engen Fugen im Verband aufeinander geschichtet. Die verbleibenden Hohlräume zwischen den größeren Steinen werden durch kleinere Steine ausgefüllt. Trockenmauerwerk sollte nur bei Schwergewichtsmauern, z. B. Stützmauern, ausgeführt werden. Bei der nachträglichen Errichtung eines Trockenmauerwerks, an z. B. einem Gebäude im Bestand, ist darauf zu achten, dass die sichtbare Fläche mit einer Neigung von mindestens 10° zur Senkrechten ausgeführt wird.

Bruchsteinmauerwerk

Als Bruchsteinmauerwerk wird ein Natursteinmauerwerk bezeichnet, das aus Bruchsteinen aufgeschichtet ist.

Abb. V.1.11: Hammerrechtes Schichtenmauerwerk

Abb. V.1.12: Unregelmäßiges Schichtenmauerwerk

Abb. V.1.13: Regelmäßiges Schichtenmauerwerk

Abb. V.1.14: Quadermauerwerk

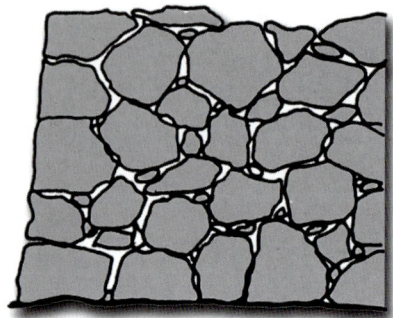

Abb. V.1.15: Zyklopenmauerwerk

Abb. V.1.16: Verblendmauerwerk – der Zwischenraum kann nachträglich mit einer Kerndämmung ausgefüllt werden.

Die Bruchsteine werden i. Allg. grob bearbeitet bzw. behauen, bis sie 2 mehr oder weniger parallele Seiten aufweisen. Die annähernd regelmäßigen Bruchsteine werden im Verband vermauert. Läufer- und Binderschicht wechseln einander ab. Die sich ergebenden unregelmäßigen Fugen werden mit Mauermörtel vollständig ausgefüllt. Das Mauerwerk ist in Höhenabschnitten von 1,5 m abzugleichen, d. h., die Lagerfläche ist über die gesamte Mauerlänge durchlaufend. Für die Mauerecken sind größere Steine zu verwenden.

Schichtenmauerwerk

Das Schichtenmauerwerk wird in hammerrechtes, unregelmäßiges und regelmäßiges Schichtenmauerwerk unterschieden. Das sogenannte Quadermauerwerk zählt ebenfalls zum Schichtenmauerwerk. Die Schichthöhen können bei hammerrechtem und unregelmäßigem Schichtenmauerwerk innerhalb einer Schicht wechseln, das Mauerwerk ist in Höhenabschnitten von 1,5 m abzugleichen. Für hammerrechtes Schichtenmauerwerk werden Steine verwendet, die mindestens 12 cm bearbeitete Lager- und Stoßflächen aufweisen, die möglichst rechtwinklig zueinander stehen. Für unregelmäßiges Schichtenmauerwerk werden Steine eingesetzt, die mindestens 15 cm bearbeitete Lager und Stoßfugen aufweisen, die ebenso möglichst rechtwinklig zueinander stehen, und die Schichthöhen weichen nur geringfügig voneinander ab. Für regelmäßiges Schichtenmauerwerk sind die Steine an Lager- und Stoßflächen ganzflächig bearbeitet und verlaufen meist parallel bzw. rechtwinklig zueinander. Für Quadermauerwerk werden allseitig bearbeitete und maßgerecht auf die ganze Mauerfläche Steine vermauert. Läufer- und Binderschicht wechseln sich ab.

Zyklopenmauerwerk

Das Zyklopenmauerwerk ist eine besondere Form des Bruchsteinmauerwerks, bei dem die nur wenig bearbeiteten Bruchsteine im ganzen Mauerwerk satt in Mörtel vermauert werden. Dabei entsteht nur eine geringe Anzahl von Lagerfugen. Die Bruchsteine werden unter Verwendung von Mörtel in einem richtigen Verband aneinander gefügt, sodass möglichst enge Fugen und keine Hohlräume verbleiben. Eventuell entstehende Hohlräume werden mit kleinen Steinen und mit Mörtel ausgefüllt.

Nicht tragendes Mauerwerk

Nicht tragendes Mauerwerk bezeichnet (s. Kap. III.2) scheibenartige Bauteile, die überwiegend durch ihre Eigenlast beansprucht werden und nicht die Funktion der Knickaussteifung tragender Wände übernehmen.

Tragendes Mauerwerk

Tragendes Mauerwerk bezeichnet (s. Kap. III.2) ein Bauteil, das planmäßig Lasten aus den darüberliegenden Bauteilen (z. B. Decken, Dach) und aus seinem Eigengewicht übernimmt. Außerdem nehmen tragende Mauerwerkswände horizontale Windlasten auf und dienen der Gebäudeaussteifung.

Verblendmauerwerk

Verblendmauerwerk (Sichtmauerwerk) bezeichnet ein Mauerwerk, das als Vorsatzschale eines mehrschichtigen Wandaufbaus fungiert und eine dekorative oder Wetterschutzfunktion übernimmt. Es stellt die äußere Schale eines zweischaligen Mauerwerks (s. Kap. III.2) dar. Der Zwischenraum kann z. B. mit einer nachträglichen Kerndämmung ausgeführt werden.

V.1.1.6 Mauerverbände

In gemauerten Bauteilen dürfen gemäß DIN 1053-1 die Stoßfugen nicht übereinander angeordnet sein. Je weiter die Stoßfugen voneinander versetzt sind, umso stabiler ist der Verband. Verbände werden in Läuferverband, Binderverband, Blockverband, Kreuzverband und Zierverband unterschieden. Die Verbände bestehen ihrerseits aus Läuferschichten und Binderschichten. Alle Steine einer Schicht sollen die gleiche Höhe besitzen und die Lagerfugen sollen horizontal ohne Unterbrechung durchlaufen. Nur in Ausnahmefällen ist an den Wandenden und unter Stützen eine zusätzliche Lagerfuge je Schicht als Höhenausgleich auf einer Länge von mindestens 11,5 cm zulässig. Die Festigkeit von Steinen und Mörtel muss der des Mauerwerks entsprechen. Stoß- und Lagerfugen übereinanderliegender Steinschichten müssen versetzt angeordnet sein.

- Läuferschichten:
  Läufer sind Steine, die mit ihrer Längsseite in der Mauerflucht liegen.
- Binderschichten:
  Binder sind Steine, die mit ihrer Längsseite rechtwinklig zur Mauerflucht liegen.

Läuferverband

Steine, die mit der Längsseite in der Mauerflucht liegen, werden als Läufer bezeichnet. Beim Läuferverband bestehen alle Schichten aus Läufern, die von Schicht zu Schicht um $^1/_2$ Steinlänge (mittiger Verband) oder $^1/_3$ oder $^1/_4$ Steinlänge (schleppender Verband) gegeneinander versetzt sind. Mauerwerk im Läuferverband weist gute Festigkeitseigenschaften auf und ist bei zweischaligem Sichtmauerwerk die Regel.

Binderverband

Steine, die sich mit der Schmalseite in der Mauerflucht befinden, werden als Binder bezeichnet. Beim Binderverband bestehen alle Schichten aus Bindern, die um $^1/_2$ Steinbreite versetzt sind. Binderverbände haben wegen der geringeren Überdeckung eine reduzierte Zugfestigkeit und Tragfähigkeit gegenüber Läuferverbänden. Bei der Bemessung von Mauerwerk wird dies allerdings im Regelfall nicht berücksichtigt.

Blockverband

Binder- und Läuferschichten wechseln sich beim Blockverband regelmäßig ab. Die Stoßfugen aller Läuferschichten liegen senkrecht übereinander.

Kreuzverband

Wie beim Blockverband wechseln sich beim Kreuzverband die Binder- und Läuferschichten regelmäßig ab. Jedoch sind die Stoßfugen jeder zweiten Läuferschicht durch Verwendung eines halben Läufers an den Mauerenden um $^1/_2$ Steinlänge versetzt.

Zierverband

Zierverbände entsprechen den Kreuzverbänden. Sie sind insbesondere Verbände für Sichtmauerwerk. Es wird hierbei zwischen dem gotischen Verband, dem märkischen Verband oder auch Kombinationen aus beiden mit reinen Binderlagen, wie beim holländischen Verband, unterschieden. Da Sichtmauerwerkskonstruktionen in heutiger Zeit nicht mehr einschalig ausgeführt werden, haben diese Zierverbände an Bedeutung verloren. Die wilden Verbände gewinnen insbesondere aufgrund der Wiederentdeckung der sogenannten Torfbrandziegel vermehrt an Bedeutung.

Gotischer Verband

Beim gotischen Verband wechseln die Läufer und Binder regelmäßig.

Holländischer Verband

Der holländische Verband ist eine Kombination aus gotischem und märkischem Verband.

Wilder Verband

Wie der Name schon sagt, handelt es sich hierbei um eine wilde Anordnung der Steine, dennoch sind bestimmte Regeln zu beachten:

Stoßfugen müssen um $^1/_4$-Stein versetzt werden, dabei ist die Treppenbildung zu vermeiden. Es sollen höchstens 3 bis 4 Stufen angeordnet werden. Die Köpfe (Binder) dürfen höchstens in der sechsten Schicht übereinander liegen.

V.1.1.7 Steinformate

Eine Klassifizierung von Mauersteinen erfolgt nicht nur über ihre Materialeigenschaften, Form mit Lochungsart, Rohdichte, Druckfestigkeit und Frostwiderstandsfähigkeit, sondern auch in geometrischer Hinsicht über ihre Größendimension und Formatierung. Ausgangspunkt diesbezüglich ist ein

Abb. V.1.17: Verband eines Mauerwerks mit Stoß- und Lagerfuge

Abb. V.1.18: Fugenloser Verband eines Mauerwerks

Abb. V.1.19: Mauerwerk im Läuferverband

Abb. V.1.20: Mauerwerk im Binderverband

Abb. V.1.21: Mauerwerk im Blockverband

Abb. V.1.22: Mauerwerk im Kreuzverband

Abb. V.1.23: Gotischer Verband eines Mauerwerks

Abb. V.1.24: Holländischer Verband eines Mauerwerks

Abb. V.1.25: Wilder Verband eines Mauerwerks

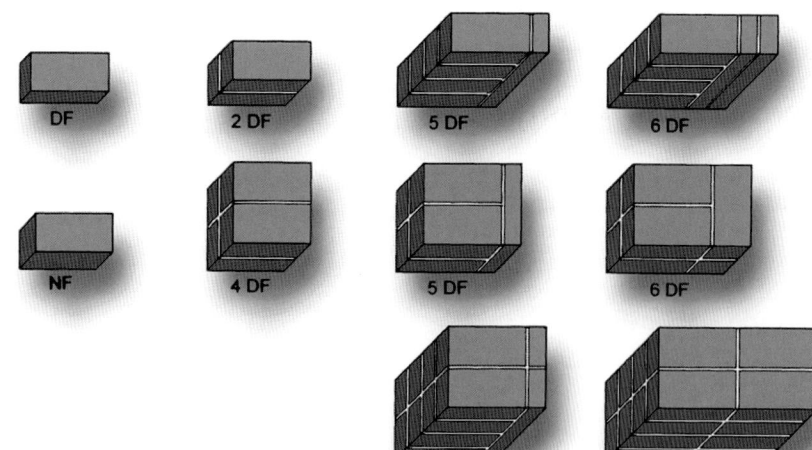

Abb. V.1.26: Addition der Steinformate

Tabelle V.1.02: Formatkurzzeichen nach DIN V 105-100, Tabelle A.12 (Maße in mm)

Format	Länge	Breite	Höhe
Dünnformat DF	240	115	52
Normalformat NF	240	115	71
1½ NF = 2 DF	240	115	113
3 DF	240	175	113
4 DF	240	240	113
5 DF	240	300	113
6 DF	240	365	113
8 DF	240	240	238
10 DF	240	300	238
12 DF	240	365	238
14 DF	425	240	238
15 DF	365	300	238
18 DF	365	365	238
16 DF	490	240	238
20 DF	490	300	238
21 DF	425	365	238

Grundmodul, das aus dem sogenannten Dünnformat mit dem Formatkurzzeichen DF abgeleitet ist. Dieses Grundmodul garantiert nicht nur die logische und anschauliche Definition aller Steingrößen, sondern sichert auch deren Kombination beim Vermauern auf der Baustelle. Die geltenden Normen für die Formatierung der Grundmodule sind die DIN 4172 „Maßordnung im Hochbau" und die DIN 18000 „Modulordnung im Bauwesen".

Neben den zuvor beschriebenen Steinformaten sind bei älteren Bestandsgebäuden alte gebräuchliche Steinformate anzutreffen. Insbesondere sei in diesem Zusammenhang das noch vor der Einführung der Normung weit verbreitete historische deutsche Reichsformat erwähnt (s. Abb. V.1.27). Die auch heutzutage noch in diesem Format hergestellten Ziegel haben eine Abmessung von ca. 25 × 120 × 65 mm. Ziegelsteine im sogenannten Reichsformat RF werden vor allem für die Instandsetzung und Restaurierung historischer Gebäude verwendet. Um den Ziegeln eine historische Optik zu geben, erhalten sie einen sogenannten Handstrich, d. h. eine mit der Hand herbeigeführte Narbung.

Dünnformat (DF) ist z. B. die Größenbezeichnung für alle Steine. Die Bandbreite reicht von 2 bis 25 DF (Länge × Breite × Höhe = 61,5 × 30 × 24 cm, s. Tabelle V.1.02). Die Maße von Planelementen erstrecken sich bis 100 × 62,5 × 36,5 cm und orientieren sich am System. Die Addition der Steinformate auf Basis des Grundmoduls nach DIN 4172 ist unabhängig von den einzelnen Steinherstellern geregelt.

V.1.2 Typische Mängel und Schäden

Mängel und Schäden an Gebäuden im Bestand gehen häufig vom Mauerwerk aus, d. h., die Ursache ist oftmals die Schadstoff- und Wasseraufnahme im Mauerwerksbereich. Dementsprechend müssen Mauerwerksfassaden nicht nur eine optische Funktion erfüllen, sondern im Besonderen eine Schutzfunktion besitzen (Schutz vor Wasseraufnahme, Schutz vor Salzaufnahme). Durch Wetter- bzw. Umweltfaktoren wie Strahlung, Temperatur, Regen und andere Formen des Wassers, Frost-Tau-Wechsel, normale Luftschadstoffe und Wind kann es zur Verwitterung, zu Zustandsverschlechterungen oder zum Schaden an der Außenwand kommen.

Oberflächenverwitterung

Außenwände aus Mauerwerk können durch verschiedene äußere Einflüsse (z. B. Wetter- bzw. Umwelteinflüsse) eine Veränderung der Oberfläche erfahren. Es kann je nach Erscheinungsbild und Ursache zwischen Verfärbung, Ablagerung und Umwandlung unterschieden werden. Verwitterung von Mauerwerk kann Veränderungen der Farbe, Textur, Festigkeit, chemischen Zusammensetzung oder anderer Materialeigenschaften zur Folge haben (s. Abb. V.1.29).

Verfärbung

Eine Verfärbung ist eine abweichende Veränderung der Bestandsfarbe von Mauerwerk. Typische Verfärbungen sind Ausbleichen, Nachdunkeln oder Fleckenbildung. Diese Oberflächenveränderungen können u. a. durch Materialbeschaffenheit, wie z. B. die Zusammensetzung von Ziegel und Mörtel, den Salzgehalt, den Tontyp, die Ausführung des Mauerwerks, durch die klimatischen Bedingungen oder durch biologischen Bewuchs beeinflusst werden (s. Abb. V.1.30).

Ausbleichen

Ausbleichen ist der Verlust der Farbintensität oder -leuchtkraft. Meist tritt das Ausbleichen nicht an Ziegeln auf, jedoch an Materialien, die mit den Ziegeln in Kontakt stehen, wie z. B. Anstrichfarbe. Ein Ausbleichen kann u. a. durch direkte Sonneneinstrahlung oder durch chemischen Angriff verursacht werden.

Flecken

Flecken sind Verfärbungen kleiner Bereiche des Mauerwerks, die u. a. durch Kondensation oder aufsteigende Feuchte, chemischen/biologischen Angriff durch Wasser und darin enthaltene Säuren, Kondensation, Verschmutzungen, Ausblühungen oder Verkrustungen verursacht werden.

Ablagerung

Ablagerungen sind überwiegend auf der Oberfläche des Materials festzustellen und bestehen insbesondere aus angesammeltem oder ausgefälltem Material. Sie lassen sich u. a. unterscheiden in endogene Ablagerungen wie z. B. Ausblühungen und exogene Ablagerungen wie Verschmutzungen und Verkrustungen (s. Abb. V.1.32).

Umwandlung

Umwandlungen entstehen durch chemische Konversion des Oberflächenmaterials. Unterschieden werden sie entsprechend ihrer Art in Patina und Kruste.

Patina ist durch Veränderung einer sehr dünnen Oberflächenschicht gekennzeichnet. Sie schützt das darunterliegende Material vor weiterem Zerfall. Die Patina wird verursacht durch die Ablagerung von Schmutz, durch Salzkristallisation und mikrobiologische Aktivitäten. Sie hat meist eine dichte Struktur, haftet gut auf dem darunter befindlichen Material und weist einen anderen Glanz, Tönung oder Farbe auf als das unterliegende Material.

Kruste entsteht durch die chemische Umwandlung einer relativ dicken Oberflächenschicht und wird verursacht durch Salzkristallisation oder durch chemische Umwandlung des Originalmaterials, z. B. Schmutzablagerung oder mikrobiologische Aktivitäten. Eine Kruste unterscheidet sich in ihrer Morphologie und Farbe vom Originalmaterial und haftet schlecht. Eine Kruste tritt meist in feuchten Bereichen auf.

Verschmutzung durch ungeeignete Imprägnierungsmittel

Fehlerhaft imprägniertes Mauerwerk kann sehr schnell verschmutzen und somit das optische Erscheinungsbild einer Fassade beeinträchtigen. Verschmutzungen treten auch bei der Verwendung von ungeeigneten Farb- und Imprägnierungsstoffen auf oder wenn die notwendige Sorgfalt bei der Ausführung der Imprägnierungen missachtet wurde. Die Verarbeitungsrichtlinien der jeweiligen Hersteller sind zu beachten (s. Abb. V.1.31).

V.1.2.1 Ausblühungen (Kalkauslaugungen)

An der Oberfläche von Mauerwerk können u. a. Verfärbungen auftreten, die auf sichtbare Ablagerung meist weißer, selten auch farbiger Substanzen zurückzuführen sind. Diese Ablagerungen werden pauschal als Ausblühungen bezeichnet. Die sogenannten Salzausblühungen sind in der heutigen Zeit eher selten zu finden. Es wird zwischen verschiedenen Erscheinungsformen von Verfärbungen unterschieden.

Zu den Ausblühungen, die auf bleibend wasserlösliche Verbindungen (allgemeiner Begriff wasserlösliche Salze) zurückgehen, zählen auch Verfärbungen, die nach dem gleichen Prinzip entstehen, aber an der Oberfläche schnell wasserunlöslich werden. Diese Verfärbungen werden als sogenannte Kalkauslaugungen (Ausschwemmungen von Kalkanteilen häufig an Neubauten) und Kalkaussinterungen bezeichnet. Diese Kalkauslaugungen entstehen insbesondere durch Lösung kalkhaltiger Anteile und nachträglicher Wiederausfällung auf der Bauteiloberfläche.

Alle genannten Arten von Verfärbungen entstehen durch Wassereinwirkung. Je höher und länger die Feuchteeinwirkung ist, umso stärker und dauerhafter treten die Verfärbungen in Erscheinung.

Ausblühungen stellen sich in ihrer Erscheinungsform meistens als weißer Belag dar. Der weitaus überwiegende Teil der Ausblühungen besteht aus Salzen anorganischen, mineralischen Ursprungs. Die Ausblühsalze sind meist Sulfate, selten Karbonate und Chloride der Elemente Natrium, Kalium, Magnesium, Calcium und Aluminium. Diese Verbindungen sind z. B. weiß und nur in Ausnahmefällen (durch Spuren von Eisenverbindungen) gelblich oder grünlich gefärbt. Oftmals sind Ausblühungen Gemische oder Doppelverbindungen der Alkalisulfate (Kalium- und Natriumsulfat). Sie sind außerordentlich leicht in Wasser löslich und schmecken salzig, einige Tropfen Wasser lösen etwas abgeschabte Ausblühsubstanz augenblicklich auf.

Ausblühungen treten meist im Frühjahr auf, da die noch langsame Verdunstungsgeschwindigkeit zu Beginn des Frühjahrs die Bedingungen für die

Abb. V.1.27: Mauerwerk im historischen deutschen Reichsformat

Abb. V.1.28: Mauerwerk als Außenwandkonstruktion eines Bestandsgebäudes

Abb. V.1.29: Verwitterung des Mauerwerksteins, Blick auf die Oberfläche

Abb. V.1.30: Verfärbung des Mauerwerks durch Feuchtigkeitsbelastung an der Mauerwerkswand eines Gebäudes

Abb. V.1.31: Schmutzablagerungen im Bereich unterhalb der Attika eines Gebäudes

Abb. V.1.32: Verkrustung auf Mauerwerk

Abb. V.1.33: Typisches Erscheinungsbild von Ausblühungen an der Oberfläche von Mauerwerk; unter anderem setzen sich getrocknete Salze aus der Fuge am Rand der Ziegel ab.

Abb. V.1.34: Kalkfahne auf der Sichtfläche von Mauerwerk

Abb. V.1.35: Kalkfahne auf der Sichtfläche von verputztem Mauerwerk

Oberflächenverdunstung verbessert, d. h. die weitgehende Ablagerung der gelösten Stoffe auf der Sichtfläche von Mauerwerk. Der hauptsächliche Einfluss für die Bildung von Ausblühungen ist aber die Menge und Einwirkzeit von Wasser. Begünstigt wird die Bildung von Ausblühungen durch ständigen Feuchteeintrag. Dabei bleibt die Kapillarwirkung erhalten und die löslichen Stoffe können allmählich aus einem größeren Bereich so konzentriert werden, dass selbst geringe Mengen löslicher Salze als sichtbare Ablagerung in Erscheinung treten.

Insbesondere Baumängel, z. B. Risse beim Anschluss von Mauerwerk an Beton, haben Einfluss auf die Bildung von Ausblühungen, da sie die Ursache ständiger oder häufiger und lang anhaltender Durchfeuchtung sind. Typische Stellen für das Auftreten von Ausblühungen sind z. B. die Ränder von Durchfeuchtungsflächen, da Feuchteangebot, Porenaufbau der Baustoffe und Verdunstungsgeschwindigkeit sowohl die Möglichkeit des Auftretens von Ausblühungen bestimmen als auch maßgeblich die Stelle, an der die Ausblühungen entstehen, beeinflussen.

Ein weiteres typisches Erscheinungsbild von Ausblühungen ist das Auftreten der Salze an den Rändern der Ziegel, während die Mittelfläche frei bleibt. Dies weist oft darauf hin, dass die Quelle der Salze in Mörtelbestandteilen oder Reaktionsprodukten (Mörtel, Ziegel) zu suchen sind (s. Abb. V.1.33).

Ausblühungen

Salpeterausblühungen

Ein häufiges Erscheinungsbild von Gebäuden im Bestand war zu früherer Zeit der sogenannte Salpeter (Calciumnitrat, $Ca[NO_3]_2$) an Mauerwerksflächen. Der Salpeter entsteht aufgrund der Oxidation organischer Substanzen (insbesondere Harn und Exkremente) und Reaktionen mit dem Kalk des Mörtels. Durch die ständig verbesserten hygienischen Verhältnisse sind Salpeterausblühungen nur noch selten an Mauerwerksflächen vorzufinden. Sie treten jedoch in Einzelfällen z. B. an Mauerwerk von Stallungen, an Umfassungsmauern von Gärten oder Dunggruben auf. Wegen ihres organischen Ursprungs können Salpeterausblühungen nicht aus gebrannten Baustoffen oder Bindemitteln stammen (s. Abb. V.1.36).

Farbige Ausblühungen

Die sogenannten Vanadinausblühungen, die sich als gelbgrüne, braune bis olivfarbene Verfärbungen der Oberfläche darstellen und meist an hellen Verblendern auftreten, sind eine seltenere Form von Ausblühungen mit den Hauptbestandteilen Eisen, Mangan und Vanadiumverbindungen. Mit anderen Verunreinigungen besonders aus Mörtel und Anmachwasser treten die Ausblühungen vor allem bei Sichtmauerwerk in Erscheinung. Ursächlich ist der kapillare Feuchtetransport an die Oberfläche des Mauerwerks in gelöster Form durch Verdunstung.

Kalkauslaugungen und -aussinterungen

Kalkauslaugungen und -aussinterungen sind in ihrer Erscheinungsform überwiegend weiß, aber auch gräulich verfärbt. Sie sind in Wasser nicht löslich und haben einen neutralen oder leicht seifigen Geschmack. Die Hauptsubstanz ist sowohl bei Auslaugungen als auch bei Aussinterungen Calciumkarbonat. Beide Ausprägungen zeigen die typische Karbonatreaktion, d. h., bei der Aufgabe z. B. eines Tropfens Salzsäure oder Haushaltsessig schäumen sie durch das Entweichen von Kohlensäure auf.

Kalkauslaugungen

Kalkauslaugungen entstehen im Unterschied zu Kalkaussinterungen überwiegend bei neuem Mauerwerk, z. B. wenn das noch nicht karbonisierte Calciumhydroxid aus dem Fugenmörtel ausgelaugt wird. Das schwer lösliche Hydroxid wird nicht gelöst; sondern nur in einer Suspension (Kalkmilch) ausgeschwemmt. Die Bildung solcher Suspensionen und ihr Austritt an die Oberfläche des Mauerwerks setzen voraus, dass Wasser z. B. in undichte Stellen des Fugennetzes eintritt und beim Austritt auch über das Mauerwerk oder andere Bauteile abrinnt. Hierbei entsteht die typische Form der Kalkfahnen. Die Ursache der Kalkauslaugungen sind u. a. Undichtheiten im Mauerwerk sowie unvermörtelte oder nicht fach- und sachgerecht ausgefüllte Fugen. Kalkauslaugungen können als

Ursache z. B. mangelhafte Ausführung der Vermauerung haben. Insbesondere die unteren Abschlüsse der Stoßfugen können Fehlstellen aufgrund unsachgemäßer Vermörtelung darstellen. Auslaugungen sind meist nur kleinflächig und deshalb leicht mit Ausblühungen zu verwechseln. Bei genauerer Betrachtung der betroffenen Flächen lässt sich meist erkennen, dass die Verfärbungen vornehmlich unter den Stoßfugen ihren Ausgang nehmen.

Kalkaussinterung

Im Unterschied zu Kalkauslaugungen entstehen Kalkaussinterungen im Wesentlichen an älterem Mauerwerk von Gebäuden im Bestand. Sie treten auf, wenn kohlensäurehaltiges Regenwasser über längere Zeit den Fugenmörtel durchsickern kann. Hierbei wird der bereits als Karbonat abgebundene Kalk als Bikarbonat gelöst, das nach Austritt an der Wandoberfläche wieder als unlösliches Karbonat ausfällt (Tropfsteinhöhleneffekt). Kalkaussinterungen haben insbesondere ihre Ursache in Fehlstellen innerhalb des Fugenmaterials und in Rissbildungen, die durch statische oder witterungsbedingte Einflüsse entstanden sind. Weitere Ursachen sind z. B. Undichtheiten im Mauerwerk.

V.1.2.2 Risse

Anhand ihrer Art, Weite und Anordnung können die verschiedenen Riss- oder Bruchtypen unterschieden werden. Die Bezeichnung Riss beschreibt im Zusammenhang mit Mauerwerk ein voll- oder unvollständiges Zerbrechen mit oder ohne Zerteilung in separate Bruchstücke. Risse werden aufgrund ihrer unterschiedlichen Form in Einzelrisse, Haarrisse, Netzrisse, Sternrisse und Spaltungen unterteilt. Zug- oder Scherbeanspruchungen, die die Festigkeit des Materials überschreiten, können zur Rissbildung führen. Es gilt, rissgefährdete Bereiche wie z. B. Materialwechsel oder Sturzbereiche möglichst zu vermeiden. Mögliche Ursachen für eine Überbeanspruchung der Zug- und Scherbelastbarkeit sind u. a. die unterschiedlichen Bewegungen verschiedener Bauwerksteile z. B. durch veränderte Bodenbeschaffenheit oder eine nicht sach- und fachgerechte Ausführung des Mauerwerks. Weiterhin können Risse direkt z. B. durch Schwinden und indirekt z. B. durch Tempera-

Abb. V.1.36: Ein typisches Erscheinungsbild auf der Oberfläche von Mauerwerk ist Salpeter, insbesondere bei landwirtschaftlichen Gebäuden.

Abb. V.1.37: Rissgefährdeter Sturzbereich

turänderungen entstehen. Eine weitere Schadensquelle sind Pflanzenwurzeln, wobei häufig die Rissbildung und Zertrennung vom Mörtelbett aufgrund der Wurzeln verursacht wird.

Risse entstehen meist dort, wo die Bruchfestigkeit des Baustoffes überschritten wird. Die praktische Bedeutung eines Risses hängt ab von den Einwirkungen, die durch äußere oder innere Kräfte entstanden sind. Die äußeren Kräfte, die auch allgemein als Lasten bezeichnet werden können, führen u. a. zu Lastspannungen. Die inneren Kräfte, die als Zwang bezeichnet werden können, führen z. B. zu Zwangsspannungen.

Risse durch Schwinden und Temperaturänderungen

Durch Temperaturdehnungen und Feuchtigkeitsänderungen unterliegt das Mauerwerk Beanspruchungen, die zum Schwinden führen können. Risse entstehen bei Behinderung der freien Verformung. Die statisch notwendige Verbindung bei Verblendmauerwerk von z. B. Vor- und Hintermauerschale durch Drahtanker behindert nicht die Bewegung. Ursache der Rissbildung sind z. B. die Auflagerung und der Anschluss an angrenzende Bauteile. Zugspannungen verlaufen überwiegend horizontal, wodurch meist vertikal ge-

Abb. V.1.38: Riss im Mauerziegel; Salzausblühungen im Bereich oberhalb des Risses durch erhöhten Feuchtigkeitseintrag

Abb. V.1.42: Spaltung des Mauerziegels im Mauerwerk und Kalkauslaugung aufgrund verstärkten Feuchtigkeitseintrags

Abb. V.1.39: Risse im rissgefährdeten Bereich ober- und unterhalb von Mauerwerksöffnungen

Abb. V.1.43: Abplatzungen des Mauerwerkmaterials

Abb. V.1.40: Netzrisse im Mauerziegel inklusive Kalkauslaugungen

Abb. V.1.44: Abblätterung des Mauerwerks an der Oberfläche

Abb. V.1.41: Sternrisse im Mauerziegel des Mauerwerks

Abb. V.1.45: Verlust des Zusammenhalts innerhalb des Mauerziegels im Mauerwerk mit anschließendem Zerfall des Materials zu Pulver

richtete Risse auftreten. In Abhängigkeit von der Festigkeit treten die Risse zwischen Mauerstein und Mörtel entlang des Fugenverlaufes oder durch die Steine auf. Maßnahme zur Vorbeugung von Rissbildungen sind möglichst große Überbindelängen der Mauersteine. Risse mit einer Breite unter 0,2 mm wirken sich i. Allg. nicht auf die Standsicherheit des Mauerwerks aus, können aber die Funktionalität, z. B. Witterungsschutz, einschränken.

Rissgefährdete Bereiche

Verformungen der Wand und Spannungen im Mauerwerk konzentrieren sich an Höhenversprüngen sowie einspringenden Ecken an Öffnungen. Diese Mauerwerksbereiche sind besonders rissgefährdet. Aus diesem Grund sind Dehnungsfugen anzuordnen. Alternativ können auch konstruktive Bewehrungen vorgesehen werden. Die Verankerungslänge der Bewehrung hinter den gefährdeten Bereichen sollte mindestens 80 cm betragen. Empfehlenswert ist eine dreilagige Ausführung.

Rissarten

Haarrisse

Ein Haarriss ist ein einzelner Riss mit einer Breite von weniger als 0,15 mm. Diese sehr feinen Risse können in zufälligen oder mehr oder weniger systematischen Mustern auftreten. Glasurhaarrisse gehen gewöhnlich auf Feuchtequellung des Körpers zurück. Sie können jedoch auch die Folge von Frostdehnung des Trägermaterials sein.

Netzrisse

Netzrisse werden bei Rissbreiten von weniger als 0,15 mm auch als Craquelé bezeichnet. Das Erscheinungsbild ist ein netzartiges Rissmuster, verursacht durch thermische Beanspruchungen oder Frost.

Sternrisse

Sternrisse sind Risse, deren Erscheinungsbild sich sternförmig und mit einer Breite von mehr als 0,15 mm darstellen. Häufig sind Sternrisse auf eine partielle Materialausdehnung in oder unter der Oberfläche im Zentrum des Sterns zurückzuführen. Weiterhin können Sternrisse durch mechanische

Beanspruchung aufgrund des Einschlages eines kleinen Objektes entstehen.

Spaltung

Eine Spaltung ist eine durch Zugspannung verursachte Teilung des Materials in getrennte Bruchstücke. Typische Schadensquellen sind unterschiedliche Setzung des Fundaments, thermische Ausdehnung und Kontraktion oder Veränderungen der Bodenverhältnisse.

V.1.2.3 Zerfall von Mauermaterial

Der Zerfall von Mauerwerk insbesondere an Gebäuden im Bestand kann in die Erscheinungsbilder Schichtenbildung, Kohäsionsverlust und Haftungsverlust unterteilt werden. Schichtenbildung und Kohäsionsverlust sind Erscheinungsbilder, die das Mauerwerksmaterial selbst betreffen. Haftungsverlust ist ein Erscheinungsbild, das den Verbund (Adhäsion) zwischen 2 verschiedenen Materialien oder 2 Schichten aus dem gleichen Material beschreibt.

Schichtenbildung

Die Schichtenbildung kann in Abplatzen und Abblättern des Mauerwerks unterteilt werden.

Abplatzen beschreibt die Ablösung eines Teils der Mauerwerksoberfläche. Mögliche Ursachen sind Frost, Salzkristallisation in oder unter der Oberfläche, Salz und Feuchtigkeit aus dem Mauerwerk, Salze aus Mörtel und Wasser, Salze aus dem Boden durch aufsteigende Feuchte, Auslaugung von Kalk aus Ziegeln, Kalkstein, Sandstein, Gesimsbändern, Bahnen und Gesimsen und Bewegungen der Bauwerksstruktur.

Abblättern ist das blättchenförmige Ablösen eines dünnen Oberflächenteils. Mögliche Ursache ist die Salzkristallisation in oder unter der Materialoberfläche.

Kohäsionsverlust

Kohäsionsverlust ist der Verlust des Zusammenhalts innerhalb des Materials mit anschließendem Zerfall des Materials zu Pulver, Körnchen oder Bruchstücken. Die Erscheinungsbilder sind Blasenbildung und Zerbröckeln.

Blasenbildung ist das halbkugelförmige Aufwölben (Ablösen) eines Teils der Mauerwerksoberfläche. Dadurch wird die Gebrauchstauglichkeit nicht zwangsläufig negativ beeinflusst. Verursacht wird die Blasenbildung durch Salzkristallisation in oder unter der Oberfläche, thermische Ausdehnung, Quellreaktionen der Oberflächenschicht oder durch extreme Temperaturänderung, z. B. durch Feuer.

Zerbröckeln ist der Zerfall des Mauersteins in kleine Teilchen. Die Ursachen für ein Zerbröckeln sind z. B. bei der mangelhaften Herstellung zu finden. Eine weitere mögliche Ursache ist die Frostschädigung.

Haftungsverlust

Haftungsverlust ist das Ablösen eines Materials von einem anderen. Je nach Erscheinungsbild des Haftungsverlustes und der betroffenen Materialien kann in Abpellen/Blasenbildung und Ablösung unterschieden werden.

Von Abpellen und Blasenbildung wird gesprochen, wenn sich dünne Oberflächenschichten des Mauerwerks abgelöst haben. Das Erscheinungsbild sind Hohlräume, die sich als halbkugelartige Ablösungen der Oberflächen darstellen. Sie sind mit Gas, Flüssigkeit oder Kristallen gefüllt, wodurch die Aufwölbung entsteht. Zwangsläufig führt dies zum Ausbruch oder Verlust des abgelösten Teils.

Ablösung ist der Bindungsverlust zwischen Mörtel und Ziegel oder Putz und Mauerwerk, verursacht durch Volumenausdehnung des Mauermörtels als Folge von Frost oder Salzausdehnung.

V.1.2.4 Biologischer Bewuchs

Biologischer Bewuchs ist u. a. die innere oder äußere Besiedlung eines Materials mit Mikroorganismen. Durch den Bewuchs können sich Bakterienfilme oder -ansiedelungen bilden. Meist dringen sie in Ritzen, Risse, Spalten und Poren ein. Die am häufigsten auftretenden Besiedlungen sind u. a. höhere Pflanzen, Moose, Leberblümchen, Flechten, Algen und Schimmelpilze.

Abb. V.1.46: Ablösung des Mörtels im Mauerwerk

Abb. V.1.47: In Rissen angesiedelte höhere Pflanzen im Mauerwerk

Abb. V.1.48: Der Bewuchs eines Mauerwerks mit Efeu wird in diesem Fall mit Rankhilfen unterstützt.

Abb. V.1.49: Bewuchs eines Mauerwerks mit Moosen

Abb. V.1.50: Algenbewuchs am Mauersockel

Abb. V.1.51: Schimmelpilze auf Mauerwerk

Abb. V.1.52: Ausgewitterte Mörtelfugen im Mauerwerk

Höhere Pflanzen

Als höhere Pflanzen werden z. B. Gras, Efeu, Bäume, Büsche und Farne bezeichnet. Höhere Pflanzen verwenden das „Baumaterial" (z. B. Mörtel) als Substrat und können das Mauerwerk durch ihre eindringenden Wurzeln nachhaltig schädigen. Oftmals ist ein Bewuchs von höheren Pflanzen, wie z. B. von Efeu, an Gebäuden im Bestand ausdrücklich erwünscht und wird ohne Schädigung des Mauerwerks mit Rankgerüsten ermöglicht (s. Abb. V.1.47/48).

Moose

Moose werden als niedrige Pflanzen bezeichnet. Sie sind in der Lage, Trockenperioden zu überleben und auf Untergründen wie Stein oder Mauerwerk zu wachsen. Wie auch die höheren Pflanzen nutzen die Moose das Baumaterial, wie z. B. Mörtel, als Substrat. Sie besitzen keine Wurzeln im herkömmlichen Sinn, sondern Rhizoide. Ihre Verbreitung erfolg durch Sporen. Ein typisches Schadensbild bei Moosbewuchs ist bei sehr feuchten Bedingungen ein Versanden des Mörtels aufgrund gelöster Bindemittel durch die Rhizoide. Moose beeinträchtigen u. a. das äußere Erscheinungsbild des Mauerwerks (s. Abb. V.1.49).

Leberblümchen

Leberblümchen bilden dichte, grüne, moosartige Matten an sehr feuchten Mauerwerksflächen. Ihre Erscheinungsform sind leberförmig befallene Bereiche. Sie gehören wie die Moose zu den Bryophyten. Ein Schaden am Mauerwerk wurde aufgrund des Bewuchses von Leberblümchen noch nicht beschrieben. Leberblümchen beeinträchtigen das äußere Erscheinungsbild des Mauerwerks nur unwesentlich.

Flechten

Flechten sind eine Symbiose aus Pilzen und Algen. Die Algen liefern die organischen Nährstoffe, während der Pilz die Alge mit Mineralen versorgt und Schutz gegen ungünstige Einflüsse wie längere Trockenperioden bietet.

Algen

Algen sind niedere Pflanzen, die aus einzelnen Zellen oder Zellgruppen bestehen. Das äußere Erscheinungsbild des Mauerwerks wird je nach Algenbewuchs beeinflusst. Häufig ist der Algenbewuchs an feuchten Mauerwerksflächen und fehlender, direkter Sonneneinstrahlung bei Gebäuden im Bestand zu beobachten (s. Abb. V.1.50).

Schimmelpilze

Schimmelpilze sind Mikro- und Makroorganismen, die auf totem organischem Material wachsen. Eine typische Schadensquelle ist Feuchtigkeit, beispielsweise durch Kondensation im Mauerwerk (s. Abb. V.1.51).

V.1.2.5 Mängel und Schäden an Mörtelfugen

Durch Schäden an Mörtelfugen sind u. a. sichtbare Beeinträchtigungen einer Mauerwerksfläche möglich und können die Funktionsfähigkeit beeinträchtigen. Die häufigsten Mängel und Schäden an Mörtelfugen sind Fehlstellen im Mörtelnetz, Mörtelrisse und rahmenartig vorstehender Fugenmörtel (s. Abb. V.1.52).

Fehlstellen

Für den teilweisen oder vollständigen Materialausbruch aus Fugen können verschiedene Ursachen verantwortlich sein. Zum einen kann das Bindemittel des Mörtels durch ständig einwirkendes Wasser gelöst werden, sodass keine ausreichende Festigkeit des Mörtels mehr besteht. Außerdem kann eine Rückwitterung des angrenzenden Werksteins zur Ablösung von Mörtelstücken führen.

Risse infolge von Bauwerksbewegungen sind meist in Verlängerung des Fugennetzes zu beobachten, sodass zunächst eine Fugenflanke abreißt und dadurch die Stabilität des Mörtels so weit reduziert wird, dass es zu Ausbrüchen kommen kann.

Folgen der zerstörten Fugen können u. a. eindringendes Niederschlagswasser in das Mauerwerk und anschließende Auflockerung und Destabilisierung des gesamten Mauerwerksverbunds sein (s. Abb. V.1.53).

Mörtelrisse

Durch eine falsche Zusammensetzung des Mörtels können sowohl Quer- als auch Flankenrisse entstehen. Materialspezifische Ursachen wie ein hoher Bindemittelanteil, eine hohe Festigkeit und geringe Elastizität begünstigen Mörtelrisse. Durch handwerkliche Mängel wie z. B. zu starke Verdichtung beim Einbau des Fugenmörtels, unzureichenden Verbund von Mörtel und Stein bzw. einzelner Mörtellagen miteinander oder vorzeitiges Austrocknen des frischen Mörtels können ebenfalls Mörtelrisse entstehen. Eine weitere Schadensquelle sind konstruktive Mängel. Sie treten in Erscheinung bei Bewegungen des Mauerwerks mit anschließendem Abriss des Fugenmörtels an den Flanken und dem eventuellen Ausbrechen der Fugen aufgrund der Überschreitung der Haftzugfestigkeit des Mörtels zum Stein.

Rahmenartig vorstehender Fugenmörtel

Das rahmenartige Vorstehen des Fugenmörtels wird u. a. durch die erhöhte Festigkeit des Fugenmörtels gegenüber dem Mauerstein hervorgerufen und kann zu einem ungleichen Verwitterungsverhalten beider Baustoffe führen (s. Abb. V.1.54).

V.1.2.6 Mängel und Schäden an Natursteinmauerwerk

Sichtbare Beeinträchtigungen einer Natursteinmauerwerksfläche sind Krustenbildung, Salzbildung, Verfärbung, Schimmelbildung, Absanden, Schuppen und Abblättern. Ihre Entstehung setzt verschiedene Ursachen voraus und ihre Instandsetzung ist je nach Beeinträchtigung unterschiedlich (s. Kap. V.8 und Abb. V.1.55).

V.1.2.7 Mängel und Schäden bei Verblendmauerwerk

Zu den typischen Mängeln und Schäden bei Verblendmauerwerk zählt die durch fehlende Drahtanker oder korrodierte Drahtanker beeinträchtigte Standsicherheit der Verblendschale. Ein typisches Schadensbild diesbezüglich ist z. B. eine Rissbildung im Flankenbereich der Fassadenfläche (s. Abb. V.1.56).

Fehlende Drahtanker

In Einzelfällen ist die Verblendschale von zweischaligen Außenwänden im Bestand mit der tragenden Innenschale durch vereinzelt angeordnete Bindersteine verankert. Die Bindersteine wurden meist mit Bitumen getränkt, um das Übertreten von Feuchtigkeit zur Innenschale zu verhindern. Bei unterschiedlichen Bewegungen beider Wandschalen kann es zur Lockerung der bituminierten Einbindung und zum Abbrechen oder Abscheren der Bindersteine kommen, woraufhin die Standsicherheit der Verblendschale nicht mehr gewährleistet werden kann. 1952 wurde in der DIN 1053-1 „Mauerwerk – Teil 1: Berechnung und Ausführung" die Verankerung mit Drahtankern vorgeschrieben. Bis zur Neuausgabe im November 1974 wurden die Normregelungen fortgeschrieben. Viele Gebäude im Bestand vornehmlich aus dieser Zeit, bei denen die Drahtanker nicht in der vorgeschriebenen Anzahl und mit dem vorgeschriebenen Abstand eingebaut wurden, zeigen z. B. Schäden in der Verblendschale insbesondere nach Sturm oder orkanartiger Windbelastung.

Korrosion der Drahtanker

Nicht rostender Stahl nach den allgemein anerkannten Regeln der Technik wurde für die Drahtanker mit der DIN 1053-1 „Mauerwerk – Teil 1: Berechnung und Ausführung", Ausgabe 1974, verbindlich. Der bis zu diesem Zeitpunkt gebräuchliche Begriff nicht rostender Drahtanker wurde zum Teil mit der Verwendung von verzinkten Drahtankern interpretiert. Diesbezüglich wurden zweischalige Außenwände von Gebäuden, die vor dem Jahr 1974 errichtet wurden, zum Teil mit verzinkten Drahtankern befestigt. Aufgrund des Korrosionsrisikos dieser Drahtanker kann die Standsicherheit der Verblendschale nicht gewährleistet werden. Mögliche Schadensbilder sind mehr oder weniger große Flächen von Verblendschalen, die sich aus dem Verblendverband gelöst haben und herausgefallen sind, oder ganz bzw. teilweise abgängige Mauerwerksscheiben, die sich durch horizontale und vertikale Rissbildung darstellen.

Abb. V.1.53: Schadhafte Mörtelfuge im Mauerwerk; Risse und Fehlstellen

Abb. V.1.54: Rahmenartig vorstehender Fugenmörtel

Abb. V.1.55: Schadhaftes Natursteinmauerwerk

Abb. V.1.56: Vertikale Rissbildung im Mauerwerk durch fehlende oder korrodierte Drahtanker

Abb. V.1.57: Frostschaden im Mauerwerk eines Gebäudes

Abb. V.1.58: Frostgeschädigte Mörtelfugen im Mauerwerk

Abb. V.1.59: Sanierte Mauerwerksfassade

Abb. V.1.60: Gründliches Vornässen der zu reinigenden Wandflächen am Mauerwerk (Quelle: Schaper GmbH, Nienhagen)

V.1.2.8 Frostschäden

Frostschäden können insbesondere entstehen, wenn der Wassergehalt bei Abkühlung unter den Gefrierpunkt (0 °C) größer ist als der schädigungsrelevante Grenzwassergehalt des Baustoffes (Mauerwerk). Das heißt: Die Spannungen, die im Wesentlichen bei der Änderung des Aggregatzustandes des Wassers in Eis hervorgerufen werden, übersteigen die Festigkeit des Materials. Meist sind erst bei mehrmaligen Frost-Tau-Wechseln sichtbare Schädigungen z. B. durch Sprengwirkung des Mauerwerks festzustellen. Fremdstoffe wie z. B. mikrobieller Bewuchs oder Verschmutzungen können Frostschäden fördern. Im Mauerwerk gebundene Salze können den Schadensprozess beschleunigen.

Frostschäden an Vormauerziegeln und Klinker

Erscheinungsbilder bei Frostschäden an Vormauerziegeln und Klinker sind z. B. Rissbilder in der Oberflächenschicht, Abplatzungen und fortschreitende Gefügezerstörungen. Ziegel mit hoher Saugfähigkeit, geringer Scherbenfestigkeit, geringem Porenvolumen und ungünstiger Porengrößenverteilung begünstigen infolge hoher Frostbelastung die Materialzerstörung. Mörtelfugen mit starker Wasserdurchlässigkeit erhöhen das Risiko von Frostschäden, da bei glatten Ziegeln mit ausgeprägter, dichter Brenn- und Presshaut Wasser verstärkt über die Mörtelfugen und die Steinflanken (Schnittflächen) in die Ziegel eindringen kann. Durch die dichtere Brenn- und Presshaut wird die Wasserabgabe nach außen verzögert und dadurch die Frostbelastung erhöht (s. Abb. V.1.57).

Frostschäden an Kalksandsteinen

Kalksandsteine haben im Gegensatz zu einigen Ziegeln keine ausgeprägte Presshaut. Infolgedessen stellt sich das Erscheinungsbild eines Frostschadens an unbehandelten Verblendschalen in vielen Fällen als kontinuierliche Absandung und Verwitterung dar. Ein Frostschaden an Kalksandsteinfassaden, die imprägniert oder beschichtet sind, stellt sich durch Abplatzungen der Oberflächenschicht dar.

Frostschäden oder Frostabplatzungen bei Kalksandsteinen begründen ihre Ursache in den meisten Fällen durch eine unzureichende Rohstoffzusammensetzung. Die Art und Kornfraktur des Sandes beeinflusst die Frostwiderstandsfähigkeit bei Kalksandsteinen entscheidend.

Frostschäden an den Fugen

Mauermörtel kann durch Frost angegriffen, zerstört und in seiner Funktion behindert werden. Damit ist der Zusammenhang innerhalb des Mauerwerks gefährdet. Eine solche Schädigung beginnt meist mit dem Herausfallen der Fugen. Diese werden als harte Stäbchen herausgedrückt (s. Abb. V.1.58).

V.1.2.9 Schadstoffe

PAK

Schadstoffbelastungen von Mauerwerk können vorwiegend im Zusammenhang mit bitumen- und teerhaltigen Stoffen auftreten. Erdberührte Bauteile wie Außenwände aus Mauerwerk (s. Kap. III.1) wurden früher mit teerhaltigem Bitumen und Steinkohlenteerpech (Schwarzanstrich), die insbesondere gegen kapillaren Wasseraufstieg (Abdichtung) eingesetzt wurden, versehen. Vor allem in Bitumen- und Steinkohlenteer-Produkten sind polycyclische aromatische Kohlenwasserstoffe (PAK) enthalten.

V.1.3 Maßnahmen

V.1.3.1 Allgemeines

Witterungseinflüsse und Luftverschmutzung setzen Oberflächen stark zu. Die entstandenen Schäden können die Standsicherheit des Bauwerks gefährden. Sanierungsmaßnahmen werden je nach Schadensklasse und Schadensursache von Fachfirmen mit abgestimmten Systemen durchgeführt (s. Abb. V.1.59).

Zur Feststellung von Mängeln und Schäden sowie ihrer Einflussfaktoren und Ursachen können zerstörungsfreie und zerstörende Untersuchungs- und Analyseverfahren (s. Kap. VI), insbesondere für Feuchtemessungen, die sowohl am Bauwerk als auch im Labor durchzuführen sind, eingesetzt werden. Zerstörende Untersuchungsmethoden sind u. a. Kernbohrungen und Endoskopien. Zu den zerstörungsfreien Untersuchungsverfahren zählen u. a. Rissmarke, Rissmonitor, Dehnungsmessstreifen, Theodolit, Nivelliergerät, Ultraschallgerät, Thermografie, Fotogrammetrie, Karsten'sches Prüfröhrchen und elektronische Feuchtemessgeräte.

Maßnahmen zur Sanierung und Instandsetzung von Mauerwerk

Um die Funktionsfähigkeit von Außenwänden aus Mauerwerk wiederherzustellen bzw. aufrechtzuerhalten, können mehrere aufeinander abgestimmte Sanierungs- und Instandsetzungsmaßnahmen getroffen werden. Folgende Arbeitsschritte können für einen erfolgreichen Sanierungsablauf bei der Wiederherstellung der Mauerwerksfassade notwendig werden:

- Reinigung der Fassadenflächen,
- Entnahme schadhafter Fugen (teilweise oder total, mindestens 1,5 cm tief),
- Sanierung von Stein- und Fugennetzrissen,
- Auswechslung beschädigter oder frostgeschädigter Steine (Steinaustausch),
- Beseitigen geringer Steinkantenbeschädigungen mit Steinersatzmasse,
- Beseitigen vorhandener Hohlräume im Mauerwerk mit Injektionsmörtel mittels Mörtelpresse (Mauerwerksinjektion),
- Abdichten vorhandener Mauerwerksrisse,
- Verfestigung des Fugennetzes,
- Säuberung und Nässen vor der möglichen Neuverfugung,
- Einbringen des Fugenmörtels unter Beachtung des Abgleichs der Farbtöne bei einer Teilverfugung,
- Hydrophobierung/Imprägnierung,
- Herstellen notwendiger Anschluss- und Dehnungsfugen,
- Funktionsprüfung der Hydrophobierung.

V.1.3.2 Reinigung von Mauerwerksfassaden

Das Ziel der Reinigung einer Mauerwerksfassade ist die Entfernung von Schmutz, Krusten, Farbresten und sonstigen Belägen, damit die Originalfarbe des Steins wieder zum Vorschein kommt und die Poren geöffnet werden. Dabei muss jedes Aufrauen der Steinoberfläche vermieden werden. Auch ist jede Art von Fugen- oder Steinoberflächenzerstörung anfällig für Mauerwerksverschmutzungen. Bei denkmalwerten Gebäuden wird häufig nur verlangt, die eigentlichen Schadstoffe zu entfernen und unschädliche Schmutzreste auf der Oberfläche zu belassen, da das Gesamterscheinungsbild erhalten bleiben soll. Verfahren für die Reinigung von Fassadenflächen sind die trockene Reinigung, die Nassreinigung und das Vornässen, Absäuern, Nachwaschen, die Entfernung von Kalkauslaugungen und -aussinterungen, die Entfernung von farbigen Ausblühungen und die trockene und nasse Entfernung von Ausblühungen. Eine Alternative zur herkömmlichen Nassreinigung ist die Dampfstrahlreinigung. Für die jeweiligen Verfahren stehen unterschiedliche Reinigungsmittel zur Auswahl. Die Reinigung von Altfassaden einschließlich Industrieanlagen sollte von erfahrenen Spezialfirmen ausgeführt werden.

Verschmutzungen, Ausblühungen, organischer Bewuchs sind zunächst mittels Hochdruckwasserstrahl zu entfernen. Dabei sollte möglichst ohne chemische Reinigungszusätze gearbeitet werden. Wenn der Einsatz von chemischen Reinigungsmitteln erforderlich wird, dürfen diese keine waschaktiven Substanzen (Tenside) enthalten. Vor der Reinigung des Mauerwerks mit Steinreinigern muss ausreichend vorgenässt und im Anschluss gründlich nachgewaschen werden.

Trockene Reinigung

Die Reinigung muss mit der trockenen Entfernung loser und gröberer Verschmutzungen beginnen, um die folgende nasse Reinigung zu erleichtern. Zudem wird so die Einwirkzeit von Reinigungsmitteln vermindert. Zum Entfernen grober Verschmutzungen werden auf glatten Ziegelflächen Spatel, bei rauen Flächen Holzbrettchen und in beiden Fällen Wurzelbürsten verwendet. Für strukturierte und besandete Oberflächen eignet sich das Abstrahlen mit Wasser und Feingranulat. Die Trockenreinigung eignet sich als Methode zur Beseitigung loser aufgetrockneter Salze.

Nassreinigung und Vornässen

Die Nassreinigung beginnt mit dem Vornässen. Dies soll die Aufnahme von mit Säure versetztem Reinigungswasser durch das Mauerwerk ausschließen. Beim Vornässen soll die Wassersättigung der Oberflächen so hoch sein, dass für die Zeit der Reinigung und des Nachwässerns die Wandoberflächen nass bleiben. Damit abgespülte Substanzen nicht von tieferliegendem und trockenem Mauerwerk aufgesogen werden, muss der Arbeitsgang von unten nach oben erfolgen. Dies gilt speziell bei der Absäuerung (s. Abb. V.1.60).

Absäuern

Vom Absäuern ist, wenn möglich, abzusehen, da der in der Praxis meist unsachgemäße Einsatz von Salzsäure als Auslöser für die Entstehung von Ausblühung beschrieben wird. Säure kann bei hellen Backsteinen zu irreversiblen Verfärbungen (Vanadinausblühungen) der Mauerwerksoberfläche führen.

Nach der Trockenreinigung verbleibende weiße Schleier, stärkere Mörtelreste, Kalkauslaugungen oder -sinterungen können durch Zusatz einer salzsäurehaltigen Lösung zum Reinigungswasser abgesäuert werden. Der Vorgang muss direkt nach dem Vornässen erfolgen. Die Größe der zu reinigenden Fassadenfläche ist so zu wählen, dass das vorgenässte Mauerwerk während des Absäuerns nicht austrocknen kann. Direkte Sonneneinstrahlungen und starker Wind sind zu vermeiden, da sie die Trocknung beschleunigen und das Eindringen der Stoffe begünstigen würden. Eine Alternative zur Verwendung von Säuren sind Detergentien und Enthärter/Zusätze zum Lösen der Verschmutzung. Bei einer Verwendung des Verfahrens ist die Einwirkzeit der Säurelösung so kurz wie möglich zu halten. Zur Minimierung der Gefahr von Salzbildung mit anschließender Bildung von Ausblühungen können im Vergleich zu Säuren milde Reinigungsmittel mit meist organischen Sulfonsäuren eingesetzt werden.

Nachwaschen

Das Mauerwerk muss in jedem Fall nachgewaschen werden, um gelöste Stoffe und Reinigungswasser abzuspülen. Das Nachwaschen muss zeitnah nach der Reinigung mit viel fließendem Wasser erfolgen, da sonst gelöste Stoffe wieder vom Mauerwerk aufgesogen werden können.

Entfernen von Kalkauslaugungen und -aussinterungen

Für Auslaugungen und Aussinterungen aus nicht wasserlöslichem Calciumkarbonat müssen zum Lösen Säuren herangezogen werden. Obwohl im Prinzip dazu mehrere Säuren geeignet sind, ist es vornehmlich bei älteren Auslaugungen erforderlich, recht hohe Konzentrationen anzuwenden, die z.B. bei Salzsäure gefährliche Auswirkungen auf die Fugen haben. Bewährt haben sich verschiedene Präparate. Zur Entfernung von Kalkauslaugungen und -aussinterungen können spezielle chemische Reinigungsmittel verwendet werden. Eine Liste der Chemikalien kann beim Fachverband Ziegelindustrie Nord e.V. angefordert werden. Diese Reinigungsmittel sind genau nach Verarbeitungsvorschrift anzuwenden.

Entfernung von farbigen Ausblühungen

Bei sogenannten Vanadinausblühungen, die sich als gelbgrüne bis olivfarbene Verfärbungen darstellen und meist an hellen Verblendern auftreten, hat sich das Entfernen mit basischen Lösungen, im Wechsel mit einer Säurebehandlung, bewährt. Die ätzende Lösung (Verwendung von Gummihandschuhen und Schutzbekleidung) wird mit Schwamm oder Bürste gegebenenfalls wiederholt aufgetragen. Der Lösungsprozess dauert meist längere Zeit. Hartnäckige Vanadinflecken können durch anschließende Behandlung mit verdünnter Salzsäure 1:10 bis 1:20 gelöst werden. Die mit Säure behandelten Stellen müssen aber anschließend neutralisiert werden, um das Wiederkehren der Verfärbungen zu verhindern. Zum Neutralisieren kann die basische Ausgangslösung verwendet werden.

Für die Beseitigung von braunroten Verfleckungen aus Eisenverbindungen eignen sich Präparate auf Phosphorsäurebasis, da diese farblose Eisenverbindungen erzeugen.

Dampfstrahlreinigung

Die Beseitigung von Ausblühungen durch wiederholtes Abwaschen mit Wasser hat den Nachteil der Feuchteanreicherung im Mauerwerk. Als Alternative zur Reinigung der Mauerwerksfassade steht das Dampfstrahlverfahren zur Auswahl. Hierbei wird, vergleichbar dem Sandstrahlen, ein scharfer Strahl hochgespannten heißen Wasserdampfes zur Reinigung eingesetzt. Da dampfförmiges Wasser ein etwa 1000-mal so großes Volumen wie flüssiges Wasser aufweist, gelangt dabei nur wenig Feuchtigkeit ins Mauerwerk. Infolge der Erwärmung trocknet dieses sofort wieder ab, sodass z.B. vorgesehene Imprägnierungen unmittelbar nach dem Dampfstrahlen vorgenommen werden können. Der Dampfstrahl hat eine ausgezeichnete Reinigungswirkung, sodass neben Ausblühungen auch Verschmutzungen anderer Arten entfernt werden können.

Reinigungsmittel

Für die Beseitigung von Verschmutzungen auf keramischen Flächen sowie Ziegelsicht- und Verblendmauerwerk eignen sich verschiedene Reinigungsmittel. Sie sind für unterschiedliche Verwendungsbereiche geeignet. Die Wahl des zu verwendenden Reinigungsmittels wird durch die Art der Verschmutzung bestimmt. Zu empfehlen sind Vorversuche. Die Anwendungsvorschriften der Hersteller sind auch unter dem Aspekt der Umweltverträglichkeit und der erforderlichen Arbeitsschutzmaßnahmen zu beachten.

V.1.3.3 Sanierung von Stein- und Fugennetzrissen

Risse im Stein- und/oder Fugennetz müssen durch Fugeneindichtung geschlossen werden. Hierzu wird der alte Fugenmörtel im Zuge der Überarbeitung des Fugennetzes ca. 2 cm tief entfernt. Risse in den Steinen können mit einem Winkelschleifer vorbereitend bearbeitet werden. Nach erfolgter Hydrophobierung des Mauerwerks wird eine plastoelastische Fugen- bzw. Steinabdichtung mit z.B. Acryl-Dichtstoff ca. 1 cm tief eingebracht. Diese Eindichtung nimmt die Bewegung des Mauerwerks auf und verhindert erneute Rissbildung und somit auch das Eindringen von Feuchtigkeit. Die verbleibende Tiefe von ca. 1 cm wird mit Sanierungsmörtel geschlossen, da die Eindichtmasse durch die UV-Einstrahlung der Sonne verspröden würde.

Fugenentnahme

Der auszuwechselnde Fugenmörtel wird mechanisch entnommen. Möglich ist die Entnahme durch erfahrene Fachfirmen mit Hammer und Meißel oder mit Luftdruckhammer und Winkelschleifer. Eine totale Fugenentnahme ist oft empfehlenswert, da das gesamte Fugennetz als qualitativ minderwertig angesehen werden kann. Ein sanierungsbedürftiger, z.B. weicher und sandiger Fugenmörtel, ist mit einem pressluftgetriebenen Meißelhammer bzw. Winkelschleifer zu entfernen. Das Mauerwerk muss nach der Fugenentnahme von allen Staubresten befreit und gründlich vorgenässt werden.

V.1.3.4 Steinaustausch

Eine Auswechslung beschädigter oder frostgeschädigter Steine (Steinaustausch) ist immer dann notwendig, wenn der Stein stark beschädigt oder in Funktion und optischem Erscheinungsbild beeinträchtigt ist. Es können je nach Zustand des Mauerwerks einzelne Steine, aber auch ganze Mauerwerksbereiche ausgetauscht werden.

V.1.3.5 Injektionsmörtel

Hohlfugigkeit in einer Verblendschale kann durch Einpressen von Injektionsmörtel beseitigt werden. Nach Entnahme der losen Verfugung wird überwiegend im Bereich der Stoß- und Lagerfugen ein Bohrraster mit 10 bis 12 Löchern je m² angelegt. Mit Injektionsmörtel auf mineralischer Basis und der Mörtelpresse erfolgt das Auffüllen der Hohlräume.

V.1.3.6 Verfugung und Verfestigung des Mauerwerks

Verfugung

Die Verfugung des Mauerwerks kann durch Handverdichtung oder mit pressluftgetriebener Rüttelkelle erfolgen. Der Fugenmörtel wird jeweils im Überschuss verlegt, zuerst der Stoßfugenmörtel, dann der Lagerfugenmörtel.

Verfugung durch Handverdichtung

Werksfugenmörtel kann in unterschiedlichen Farbtönen eingebracht werden. Ungünstige Witterungsverhältnisse, starke Sonneneinstrahlungen, starker Regen oder Frost müssen bei der Verfugung vermieden werden. Der aufbereitete Fugenmörtel wird mit den üblichen Werkzeugen verarbeitet und in einem Arbeitsgang eingebracht. Das frisch verfugte Mauerwerk muss vor den Witterungseinflüssen geschützt werden. Durch Bügeln mit dem Fugeneisen kann eine ausreichende Verdichtung hergestellt werden. Anschließend sollte die Oberfläche mit einem weichen Besen abgefegt und erneut nachgenässt werden.

Verfugung mit pressluftgetriebener Rüttelkelle

Mit einer mechanischen Rüttelkelle kann eine gleichbleibende Qualität der Verdichtung des Fugenmörtels erreicht werden. Dadurch kann der Wasserdurchlass in den ersten 2 bis 3 Stunden Schlagregeneinwirkung gegenüber der Handverdichtung um $1/3$ verringert werden.

Verfestigung des Fugennetzes

Bei nur oberflächlich sandenden Fugen, deren Entnahme nicht notwendig ist, ist gegebenenfalls eine Verfestigung mit einer gleichzeitig hydrophobierenden Mineralisierung des Fugennetzes möglich.

V.1.3.7 Sanierung von Mauerwerksrissen

Eine sinnvolle Sanierung von Mauerwerksrissen setzt voraus, dass die Ursache und Quelle für die Rissentstehung bekannt ist. Es ist im Vorfeld zu prüfen, ob eine Sanierung in ökonomischer und ökologischer Hinsicht sinnvoll ist und gegebenenfalls zu welchem Zeitpunkt sie am zweckmäßigsten ausgeführt werden sollte. Sind Ursachen und Quelle (s. Kap. VI) der Risse und die Notwendigkeit der Risssanierung erkannt, können folgende Verfahren zur Anwendung kommen:

- kraftschlüssiges Verpressen von Rissen mit EP-Harzen,
- nicht kraftschlüssige Rissabdichtung gegen Feuchtigkeit,
- Abdichten von Rissen mit elastischen Dichtstoffen,
- rissüberbrückende Beschichtungen,
- Rissüberbrückung mit Spezialgewebe.

Risssanierung bei Sichtmauerwerk

Die Oberflächenbehandlung bei Ziegeln in Form von Engoben oder Glasuren wirkt nachteilig bei der Verdunstung von Wasser, das über feine Risse und Flankenablösungen des Mauermörtels eindringen kann. Das gilt auch für die nachträgliche Hydrophobierung des Sichtmauerwerks. Der Erfolg einer Hydrophobierung, d.h. zuerst Fugennetz sanieren und Risse schließen, dann Hydrophobieren (s. Kap. III.2.3.1), hängt davon ab, ob später noch Wasser von außen durch Risse in das Mauerwerk gelangen kann.

Arbeitsschritte

Folgende Arbeitsschritte sind für eine erfolgreiche Hydrophobierung des Sichtmauerwerks grundlegend:

- Einrüsten von jeweils 2 Fassadenflächen und Schützen derselben vor Niederschlagseinwirkung durch Abhängen des Gerüstes mit Kunststoffplanen,
- Neuverfugen von Teilbereichen der Fassade mit werksgemischtem Trockenmörtel und handmaschinelles Verdichten des eingebrachten Fugenmörtels mit sogenannten Rüttel- bzw. Vibrationskellen,
- Verpressen der vorgefundenen Risse durch Injektion von z. B. PUR-Injektionsmittel,
- Entfernen des Hauptanteils der Ausblühsalze von den Fassadenflächen durch trockenes Abbürsten mittels Edelstahldrahtbürsten. Der hartnäckig haftende Rest der Ausblühsalze kann belassen werden, da diese durch Abwittern allmählich verschwinden,
- mehrmaliges Fluten der inzwischen in Oberflächennähe ausgetrockneten Mauerwerksflächen.

Abb. V.1.61: Erneuerung der Verfugung im Mauerwerk

Abb. V.1.62: Ausgetauschtes Mauerwerk im Brüstungsbereich unter den Fenstern

V.1.3.8 Maßnahmen zur Beseitigung von Mängeln und Schäden am Verblendmauerwerk

Sanierung der Verankerung

Treten Schäden in der Verblendschale am Mauerwerk auf, die eine Gefährdung der Standsicherheit darstellen, müssen unverzüglich Schutzmaßnahmen (Absperrungen) und Sicherungen z. B. gegen die Gefahr herabfallender Fassadenteile eingeleitet werden. Eine Möglichkeit zur sofortigen Absicherung ist das Einrüsten der Fassade mit einem Arbeitsgerüst, von dem aus auch die notwendigen Untersuchungs- und Sanierungsmaßnahmen ausgeführt werden können.

Verankerungssysteme

Ist die Standsicherheit einer Verblendschale durch Korrosion der Drahtanker gefährdet, kann diese durch geeignete nachträgliche Verankerungssysteme, z. B. Verankerung von Vormauerschalen durch Verblendschalen-Sanierungsanker oder Injektionsverdübelung, wiederhergestellt werden.

Verblendschalen-Sanierungsanker für Vollsteine

Die nachträgliche Verankerung von Vormauerschalen mit Spreizdübeln eignet sich für die Sanierung von zweischaligem Mauerwerk, wenn die tragende Wandschale und die Verblendschale aus ungelochten Steinen (Vollsteine) bestehen. Die Befestigung der Anker erfolgt mit Spreizdübeln nach einer Bohrung durch die Außenschale sowohl in der tragenden Wandschale als auch in der Verblendschale. Mit einem Drehmomentenschlüssel werden die Spreizungen der Dübel kontrolliert eingebracht. Die Festigkeit der Baustoffe in den Dübelbereichen bestimmt dabei die Einsatzmöglichkeit, die Tragfähigkeit und die Anzahl der einzusetzenden Anker.

Injektionsverdübelung für Lochsteine

Die nachträgliche Verankerung von Vormauerschalen mit Injektionsverdübelung eignet sich für die Sanierung von zweischaligem Mauerwerk aus Lochsteinen. Dabei werden Bohrungen bis in den Verankerungsgrund (Hintermauerung) durch die Kreuzungspunkte von Lagerfugen und Stoßfugen der Verblendschale eingebracht. Anschließend werden die Bohrlöcher gesäubert und geeignete Siebhülsen in das Bohrloch eingebracht und mit Injektionsmörtel verfüllt. Durch Ankerstangen mit Gewinde, die in die gefüllten Siebhülsen bis in die Hintermauerung eingebracht werden, erfolgt die kraftschlüssige Verbindung von Vormauerschale und Hintermauerschale. Durch nachträgliche Vermörtelung der Befestigungspunkte kann die Verfugung dem allgemeinen Erscheinungsbild der Fassade angeglichen werden. Die Beschaffenheit der Baustoffe in den Dübelbereichen bestimmt dabei die Einsatzmöglichkeit, die Tragfähigkeit und die Anzahl der einzusetzenden Anker.

Vorsetzen einer Verblendschale

Eine mögliche Sanierungsmaßnahme beim Bauen im Bestand ist das Vorsetzen einer Verblendschale vor die bestehenden Außenwände, mit Ausnahme bereits verblendeter Außenwände, als neue Fassade. Dadurch kann nicht nur eine Verbesserung der bauphysikalischen Eigenschaften (Wärmedämmung) erzielt werden, sondern gleichzeitig die Beseitigung etwaiger Mängel im Fassadenbereich, die z. B. auf Risse im Mauerwerk oder Verlust der Feuchtigkeitsabdichtung zurückzuführen sind. Zu beachten ist dabei die Gewährleistung der Standsicherheit der nachträglich vorgesetzten Verblendschale.

Standsicherheit der nachträglich vorgesetzten Verblendschale

Die Gewährleistung der Standfestigkeit einer nachträglich vorgesetzten Verblendschale muss vordringlich bei der Planung berücksichtigt werden. Noch vor Beginn der Maßnahme muss geprüft werden, ob die Zusatzlasten aus der Verblendschale von den vorhandenen Fundamenten aufgenommen werden können oder ob zusätzliche Fundamente erforderlich werden. Entscheidende Einflussfaktoren sind dabei die vorhandene Gründungssituation, die Art der Fundamente sowie die Eignung des Baugrunds in Bezug auf die vorgesehenen Sanierungsmaßnahmen. Außerdem ist die Art der Baustoffe in den vorhandenen Außenwänden der Obergeschosse und des Kellergeschosses in die Planung mit einzubeziehen, um mögliche Detaillösungen für die Verankerung der Verblendschale, geeignete Aufstandskonsolen und Luftschichtanker, auszuwählen.

V.1.3.9 Instandsetzungsmaßnahmen an Naturstein

Die Schäden an Außenmauerwerk aus Naturstein erfordern spezielle Instandsetzungstechniken und -verfahren wie z. B. Beseitigen von Bewuchs, Reinigung von Natursteinflächen, Steinaustausch, Steinaustausch mit Restaurierungsmörtel, Verfugung, Verankerung oder Trockenlegung (s. Kap. V.8).

V.1.3.10 Hydrophobierung und Imprägnierung

Durch Hydrophobierung (s. Kap. III.2.3.1) werden die oberflächennahen, kapillarsaugenden Poren von Stein und Mörtel gegen das Eindringen von Feuchte imprägniert. Die Diffusion von Wasser aus dem Mauerwerk muss weiterhin gewährleistet sein. Hydrophobierende Imprägnierungen bestehen in den meisten Fällen aus farblosen siliziumorganischen Verbindungen und sind lösemittelhaltige oder wasserlösliche Dispersionen. Entscheidend für die Wirksamkeit sind saubere und glatte Oberflächen der Steine und Mörtelfugen. Grob strukturierte Steine, unregelmäßige Vermauerungen und schadhafte Fugen können die Hydrophobierung in ihrer Wirksamkeit beeinträchtigen. Durch Risse im Imprägnierungsfilm kann z. B. Wasser eindringen, wodurch die Imprägnierung in ihrer vollständigen Trocknung behindert wird. Die Folge können Durchfeuchtungen mit anschließenden Frostschäden sein. Mangelhaft ausgeführte Hydrophobierungen können kaum nachgebessert werden.

V.1.3.11 Maßnahmen bei Schadstoffbelastungen

PAK

Maßnahmen bei Schadstoffbelastungen von Mauerwerk durch teerhaltige Bitumen und Steinkohlenteerpech (Schwarzanstrich) werden in dem Kap. III.1 (Gründungen und erdberührte Bauteile) beschrieben.

V.2 Beton

Autoren: Dipl.-Ing. Silke Nicole Klein, Architektin; Prof. Dr.-Ing. Martin Pfeiffer, Architekt; Dipl.-Ing. Tania Brinkmann, Architektin

V.2.1 Allgemeines

Beim Bauen im Bestand gehört die Betoninstandsetzung zu einer der wesentlichen Aufgaben.

Die Dauerhaftigkeit von Bauteilen aus Beton wurde lange Zeit überschätzt.

Die ersten Mängel und Schäden an Bauwerken zeigten sich meist erst nach Jahren und gaben zunächst Rätsel auf. Inzwischen steht fest, dass ihre Ursache häufig auf eine Karbonatisierung des Betons zurückzuführen ist, die in den meisten Fällen zur Korrosion der Bewehrungsstähle geführt hat, die sich dann an der Betonoberfläche je nach Grad der Zerstörung als „Rostfahnen", Risse oder Absprengung abzeichnet.

Bei der Hydratation des Zements entsteht Calciumhydroxid ($Ca[OH]_2$), das die hohe Alkalität des Zementsteins und damit des Stahlbetons (pH-Wert ca. 12,6) bewirkt. Das Calciumhydroxid reagiert bei Zutritt von Luft mit dem darin enthaltenen Kohlenstoffdioxid (CO_2) zu Calciumcarbonat ($CaCO_3$), was ein Absenken des pH-Werts auf etwa 9 zur Folge hat. Dieser Prozess wird als Karbonatisierung des Betons bezeichnet. Da bei pH-Werten von < 11,5 die Passivierung der Stahlbewehrung aufgehoben ist, kann die Korrosion der Bewehrungsstähle einsetzen.

Auch eine zu geringe Betondeckung kann zu Bewehrungsstahlkorrosion führen, birgt jedoch insbesondere durch den mangelnden Verbund und den unzureichenden Brandschutz eine latente Gefahr.

V.2.1.1 Begriffe und Definitionen

Beton ist ein künstlicher Stein aus Zement, Gesteinskörnungen und Wasser, der durch das Erhärten des Zementleims (Gemisch aus Wasser und Zement) entsteht. Die Eigenschaften des Betons können durch die Zugabe von Zusatzstoffen (z. B. Trass, Flugasche) und Zusatzmitteln (z. B. Luftporenbildner, Betonverflüssiger), aber auch die Verwendung verschiedener Zemente (z. B. Portlandzement, Hochofenzement) wesentlich beeinflusst werden.

Bauteile aus Beton können unbewehrt oder bewehrt sein. Inzwischen wird vermehrt bewehrter Beton, sogenannter Stahlbeton, verwendet. Betonbauteile werden vor Ort hergestellt oder als Fertigteile eingesetzt.

Normen

Im Zuge der Harmonisierung der europäischen Normen gelten die Normen DIN 1045 „Tragwerke aus Beton, Stahlbeton und Spannbeton" und DIN EN 206-1 „Beton – Teil 1: Festlegung, Eigenschaften, Herstellung und Konformität". Gegenüber der alten deutschen Norm DIN 1045 von 1988 wurde u. a. das System der Klasseneinteilung des Betons erweitert sowie eine begriffliche Anpassung an die europäische Normung vorgenommen.

Die Betoninstandsetzung erfolgt nach der Richtlinie „Schutz und Instandsetzung von Betonbauteilen" (Instandsetzungs-Richtlinie) des Deutschen Ausschusses für Stahlbeton (DAfStb), die derzeit in allen Bundesländern als technische Baubestimmung gemäß der Landesbauordnung Gültigkeit hat.

V.2.1.2 Einsatzgebiete und Verwendung

Die Verwendung von Bindemitteln reicht bis in die Frühzeit zurück. So wurde z. B. schon vor mehr als 10.000 Jahren im Osten der heutigen Türkei Mörtel aus gebranntem Kalk als Bindemittel benutzt, um Ziegelsteine zu mauern. Die Herstellung druckfester Bauteile aus wasserbeständigem Mörtel und Bruchsteinen, zusammen in einer Schalung erhärtet, ist etwa seit dem 2. vorchristlichen Jahrhundert bekannt. Das sogenannte Opus Caementitium, ein Baustoff, der unserem heutigen Beton entspricht, ist eine Erfindung der Baumeister des Römischen Imperiums. Mit dem Römischen Beton wurden u. a. Tempel, Wohnhäuser, Brücken, Thermen, Amphitheater, Wasserleitungen und Abwasserkanäle erbaut. Mit dem Untergang des Römischen Reiches ging auch das Wissen um das Opus Caementitium verloren.

Abb. V.2.01: Betonabplatzung an einem Stahlbetonbauteil in der Bauwerkshülle

Die Entwicklung des modernen Baustoffgemisches Beton aus Zuschlag (Sand, Kies), Wasser und Zement wurde wesentlich von der Entwicklung des Zements geprägt. So wurde 1844 in England der noch heute gebräuchliche Portlandzement erfunden und in Deutschland 1878 genormt.

1890 ließ sich der deutsche Ingenieur C. F. W. Döhring die Erfindung des Spannbetons patentieren. Die Verwendung von Beton setzte sich beim Bauen erst im 20. Jahrhundert durch. Wesentlich dazu beigetragen hat Henri Moniers Entdeckung des eisenbewehrten Betons, ab ca. 1920 Stahlbeton genannt, beim Herstellen von Blumenkästen im Jahre 1867.

Während Beton zunächst nur als Ortbeton eingesetzt wurde, was auf den Baustellen aufwendige Schalungen nötig machte, setzten sich in den 70er-Jahren zunehmend Fertigteile durch.

Neben der Verwendung im Hochbau eignet sich Beton auch für Spezialbauten, wie z. B. Brücken, Tunnel oder Straßen.

V.2.2 Typische Mängel und Schäden

Typische Mängel und Schäden an Bauteilen aus Beton und Stahlbeton lassen sich in Oberflächenschäden, wie Risse, Ausblühungen und Krusten, und in Schäden, die die Dauerhaftigkeit und Standsicherheit gefährden, wie Bewehrungsstahlkorrosion, Durchfeuchtung und mangelhafte Fugen, unterscheiden.

Abb. V.2.02: Riss in einem tragenden Stahlbetonbauteil in der Bauwerkshülle

V.2.2.1 Risse

Risse im Beton lassen sich nicht generell vermeiden. Nach DIN 1045 ist die Rissbreite in dem Maße zu beschränken, wie es der Verwendungszweck erfordert.

Risse entstehen, wenn auf ein Bauwerk oder Bauteil innere Spannungen und/oder äußere Kräfte einwirken. Das Entstehen von Rissen bedeutet daher stets, dass an der betroffenen Stelle die Festigkeit des Baumaterials überschritten worden ist. Risse im Beton stellen so lange keinen Schaden dar, wie die Tragfähigkeit, Gebrauchstauglichkeit und Dauerhaftigkeit der Bauteile dadurch nicht beeinträchtigt werden. Lediglich die Rissbreite sollte kontrolliert werden, da sie auf ein unschädliches Maß beschränkt oder der Riss fachgerecht geschlossen werden muss. Risse sind bezüglich Entstehungszeit, Rissbild, Risstiefe, Rissalter und Rissursache zu beurteilen.

Die Rissentstehungszeit unterscheidet zwischen Rissen im frischen Beton, Rissen im jungen, bereits erhärteten Beton, Rissen, die erst nach mehreren Jahren entstehen, und Rissen, die jederzeit auftreten können.

Risse werden am häufigsten durch Schwinden und Schrumpfen des Betons sowie das Abfließen der Hydratationswärme, jedoch auch bereits beim Setzen des Frischbetons, durch äußere Einflüsse wie Temperaturänderungen, direkte Lasteinwirkungen, Änderungen der Auflagerbedingungen, Eigenspannungszustände oder Korrosion der Bewehrung verursacht.

Als Schrumpfen des Betons wird eine Volumenverminderung, die infolge des Erhärtungsprozesses eintritt, bezeichnet. Die Hauptursache sind Ausgangsstoffe, die vor dem Erhärten ein anderes Volumen haben als das Erhärtungsprodukt.

Als Schwinden wird die Volumenminderung von Beton durch Austrocknung bezeichnet. Dabei wird in Frühschwinden bzw. plastisches Schwinden und Trocknungsschwinden unterschieden.

Als Frühschwinden/plastisches Schwinden wird die an der Außenfläche beginnende Austrocknung des Frischbetons bezeichnet. Sie setzt sich ins Innere fort, wobei sich die äußere Schicht bereits zusammenziehen will, jedoch von der inneren, noch nicht getrockneten, daran gehindert wird.

Als Trocknungsschwinden wird die dem Frühschwinden/plastischen Schwinden nachfolgende weitere Austrocknung des Betons bezeichnet. Sie dauert Wochen bis Monate und erfasst den gesamten Querschnitt des Betonbauteils.

Die Hydratation des Zements beschreibt das Erstarren und Erhärten des Zementleims zu festem Zementstein. Dieser Prozess verläuft exotherm, d. h., es wird Wärme (die sogenannte Hydratationswärme) frei. Das Abfließen der Hydratationswärme bei massigen Bauteilen verläuft so verzögert, dass der Kern der Bauteile deutlich stärker erwärmt wird als die äußere Schale. Die Temperaturunterschiede führen innerhalb des Querschnitts im Kern zu Druck- und in den Randzonen zu Zugspannungen. Zugspannungen zwischen Bauteilen können jedoch auch auftreten, wenn ein Bauteil als neuer Abschnitt auf einen bereits bestehenden betoniert wird. Das neue Bauteil will sich beim Abkühlen zusammenziehen, woran es durch den Verbund mit dem ersten Bauabschnitt gehindert wird. An tragenden Bauteilen aus Beton ist vorrangig zu prüfen, ob es sich um durchgehende Risse oder nicht durchgehende Risse handelt.

Durchgehende Risse entstehen oft bei mehrschichtigen Bauteilen an den Stoßfugen der Wärmedämmung, da diese bei der Produktion mit Beton gefüllt werden, wodurch sich Betonstege bilden, die bei klimatisch bedingten Spannungen zu Rissen führen.

Als weitere Ursache ist eine zu geringe Bewehrung bzw. eine zu große Betondeckung auf der Wetterseite als Rissursache möglich.

Nicht durchgehende Risse sind meist auf Fehler in der Produktion zurückzuführen.

Thermische Spannungen, die Risse verursachen und zu Verwölbungen führen, entstehen beispielsweise durch zu schnelle Abkühlung und damit verbundene zu schnelle Austrocknung oder durch falsches Lagern, vor allem im Freien. Als weitere Ursache für Rissbildung ist auch ein falsches Mischungsverhältnis oder eine zu geringe Bewehrung möglich.

Darüber hinaus kann das Risiko einer Rissbildung durch z. B. die Verwendung von Zementen mit niedriger Hydratationswärme, den Einbau von Fugen und eine sorgfältige Nachbehandlung des jungen Betons vermindert werden.

Netzrisse

Feine Risse, die auf eine Überdosierung des Bindemittels, zu hohen Wasserzementwert oder zu schnelles Austrocknen schließen lassen, werden als Netzrisse bezeichnet.

Oberflächliche Netzrisse treten insbesondere an flächigen Bauteilen auf. Ihre Risstiefe ist meist sehr gering. Sie können der Bewehrung folgen oder „wild" verlaufen.

Oberflächliche Netzrisse treten infolge der rheologischen Eigenschaften des Betons auf.

Schwindrisse

Schwindrisse treten durch eine Volumenminderung beim Schwinden dort auf, wo die Bewehrung nicht ausreichend ausgebildet ist. Schwindrisse verlaufen wild und gehen oft durch das gesamte Bauteil durch.

Biegerisse

Biegerisse verlaufen in etwa senkrecht zur Biegezugbewehrung. Sie beginnen am Zugrand und enden im Bereich der Nulllinie. Ihr Verlauf zeigt häufig Affinität zum Biegemomentenverlauf. Biegerisse treten infolge äußerer Kräfte bzw. Zwängungen auf.

Schubrisse

Schubrisse bilden sich aus Biegerissen. Sie verlaufen meist schräg zur Stabachse und treten im Bereich großer Querkräfte auf. Schubrisse treten infolge äußerer Kräfte bzw. Zwängungen auf.

Zugrisse

Zugrisse treten bei zentrischem Zug und bei Zugbeanspruchung mit kleiner Ausmitte auf und gehen durch den gesamten Querschnitt. Zugrisse treten infolge äußerer Kräfte bzw. Zwängungen auf.

Verbundrisse

Verbundrisse verlaufen parallel zu den Bewehrungsstäben. Sie treten vor allem im Verankerungsbereich der Bewehrung auf. Auch Verbundrisse treten infolge äußerer Kräfte bzw. Zwängungen auf.

Haarrisse

Sehr feine, meist für die Qualität der Betonerzeugnisse unschädliche Risse werden als Haarrisse bezeichnet. Da der Baustoff Beton Zugbeanspruchung nur sehr begrenzt aufnehmen kann, ist eine Rissbildung infolge von Biegezug- oder auch Temperaturbeanspruchungen praktisch unausweichlich; deshalb hat die Betonbewehrung die Aufgabe, sowohl die Zugkräfte aufzunehmen als auch die Rissverteilung gleichmäßig und die Rissbreiten möglichst gering (0,1 bis 0,4 mm) zu halten.

Craquelé-Risse

Craquelé-Risse sind auf die Betonoberfläche beschränkte, feinste spinnnetzartige Schwindrisse geringer Tiefe, die meist unschädlich sind.

V.2.2.2 Ausblühungen und Krusten

Das bei der Erhärtung von Zement frei werdende Kalkhydrat (Calciumhydroxid) kann sich im Nachbehandlungswasser oder durch nachträgliches Eindringen von Regenwasser lösen und an die Oberfläche transportiert werden. Nach Verdunstung des Wassers bildet sich ein fest haftender, schwer löslicher weißer Belag, auch Ausblühung genannt, aus Calciumcarbonat (Kalkstein).

Ausblühungen haben weder Einfluss auf die Dauerhaftigkeit bzw. die Standsicherheit eines Betonbauteils noch auf die Güte des Betons. Sie bilden eine rein optische Beeinträchtigung und sind als Schönheitsfehler zu beurteilen.

Ausblühungen entstehen vor allem an Betonoberflächen in Bereichen, die oft Wasser ausgesetzt sind, z. B. in der Nähe einer schadhaften Regenrinne.

Krusten bilden sind an Stellen, an denen ständig Wasser durchsickert.

V.2.2.3 Korrosion von Bewehrungsstählen

Die Korrosion von Bewehrungsstählen kann verschiedene Mängel und Schäden an Betonbauteilen verursachen. Diese werden meist zuerst an der Betonoberfläche anhand von Verfärbungen, sogenannten „Rostfahnen", erkannt; erst im weiteren Verlauf entstehen Abplatzungen und Absprengungen. Ursache dafür ist insbesondere der mangelnde Korrosionsschutz bei zu geringer Betondeckung.

Betonabplatzungen

Betonabplatzungen bzw. Betonabsprengungen entstehen durch die Korrosion der Bewehrungsstähle. Die Korrosion von Stahl ist mit einer Volumenvergrößerung verbunden, durch die erhebliche Druckkräfte entstehen, die zum Abplatzen der Betondeckung führen können.

Die sogenannte Betondeckung bezeichnet den Abstand zwischen der Betonoberfläche und der Außenkante des Bewehrungsstahls. Mindestmaße sind der DIN 1045-1 „Tragwerke aus Beton, Stahlbeton und Spannbeton – Teil 1: Bemessung und Konstruktion" zu entnehmen.

Eine ausreichende Betondeckung ist Basis für den Korrosionsschutz, die Verbundwirkung und den Brandschutz. Die vorhandene Betondeckung kann z. B. mittels eines Bewehrungssuchgerätes (s. Kap. VI) bestimmt werden.

Abb. V.2.03: Ausblühung als schleierartige Verfärbung auf der Betonoberfläche einer Außenwand (Quelle: Sto AG, Stühlingen)

Abb. V.2.04: Korrodierter Bewehrungsstahl führt zur außenseitigen Bildung von „Rostfahnen" an der Betonoberfläche. (Quelle: Sto AG, Stühlingen)

Abb. V.2.05: Betonabplatzungen durch Korrosion der Bewehrungsstähle an Außenbauteilen

Abb. V.2.06: Poren und Lunker auf äußeren Betonoberflächen (Quelle: Sto AG, Stühlingen)

Abb. V.2.07: Durchfeuchtete Stahlbetonaußenwand (Quelle: Sto AG, Stühlingen)

Abb. V.2.08: Mangelhafte Fugenausbildung der äußeren Betonfertigteilelemente (Quelle: Sto AG, Stühlingen)

V.2.2.4 Sonstige Mängel und Schäden

Zu einer weiteren Beeinträchtigung der Stahlbetonoberflächen, vor allem Sichtbetonoberflächen, gehören insbesondere Taumittelanreicherungen, Rückstände von Schalölen bzw. Trennmitteln und eine störende Anzahl von Poren und Lunkern auf der Oberfläche von Ortbetonbauteilen.

Taumittelanreicherungen zeichnen sich an der Betonoberfläche deutlich sichtbar als heller Schleier ab. Rückstände von Schalölen und Trennmitteln werden insbesondere nach dem Ausschalen von Ortbetonbauteilen sichtbar und haften als Film auf der Oberfläche. Eine Nachbehandlung des Betons wird nur nach ihrer Entfernung möglich.

Eine große Anzahl von Poren und Lunkern wirkt bei Sichtbetonoberflächen störend. Es liegt jedoch häufig im Ermessen des Auftraggebers bzw. Auftragnehmers, sie als Mangel zu bezeichnen.

Poren und Lunker entstehen bei der Herstellung des Bauteils. Als Ursache sind eine mangelhafte Verdichtung nach dem Befüllen und eine Entmischung des Betons beim Einbringen möglich.

Poren und Lunker gelten als Schwachstellen, da sie das Eindringen von Wasser und anderen Schadstoffen in einem größeren Maße ermöglichen und entsprechend auch zur Korrosion des Bewehrungsstahls beitragen.

V.2.2.5 Durchfeuchtung

Ein weiteres Schadensbild stellt die Durchfeuchtung der innen liegenden Wärmedämmung bei Mehrschichtplatten aufgrund mangelnder oder schadhafter Fugenausbildung, Rissen in der Wetterschicht u. a. dar. Dieses Schadensbild kann jedoch auch auf eine falsche Betonzusammensetzung zurückzuführen sein, die aufgrund einer zu hohen Porosität eine zu große Wasseraufnahme über die äußere Bauteiloberfläche ermöglicht.

V.2.2.6 Fugen

Insbesondere an Fugen in der Wetterschutzschicht mehrschichtiger Bauteile kommt es oft zu erheblichen Schäden durch Undichtheiten, die z. B. Schlagregen in eine Außenwandkonstruktion eindringen lassen.

Fugen werden unterschieden in Fugen mit Dichtungsmassen, Fugen mit elastischen Bändern, Fugen mit vorkomprimierten Bändern sowie Fugenprofile, Klemmprofile und konstruktive Fugen.

Schäden entstehen häufig punktuell im Bereich von Anschlussfugen, insbesondere an Fenstern bzw. Fensterbänken. Neben der Durchfeuchtung kommt es zu Abplatzungen im Kantenbereich, wenn die vorhandenen Dichtstoffe nach Jahren ihre Elastizität verlieren.

Schadensursache kann auch eine Materialunverträglichkeit zwischen dem Dichtstoff und der aufgebrachten Beschichtung oder ein weniger elastischer Anstrich über einer elastischen Fuge sein, was zu Kerbrissen führt.

V.2.2.7 Schadstoffe

Schadstoffbelastungen von Beton- und Stahlbetonbauteilen bestehen vorwiegend (wenn überhaupt) im Zusammenhang mit dem Einsatz von Betonzusatzmitteln. Die verwendeten Rohstoffe für Betonverflüssiger und Fließmittel sind im Wesentlichen Ligninsulfonate, Melaminsulfonate, Naphthalinsulfonate und Polyacrylate. Dabei handelt es sich um lösemittelfreie wässrige Lösungen, zu deren Herstellung keine Schwermetallverbindungen eingesetzt werden. Gemäß der Gefahrstoffverordnung („Verordnung zum Schutz vor Gefahrstoffen") sind die Rohstoffe weder toxisch noch ätzend und gelten nicht als Gefahrstoffe. Gleiches gilt für die Rohstoffe, die in Dichtungsmitteln (z. B. Stearate), Verzögerern (z. B. Saccharosen, Gluconate), Beschleunigern (z. B. Aluminate, Carbonate), Einpresshilfen (z. B. Aluminiumpulver) und Stabilisierern (z. B. Celluloseether) eingesetzt werden. Die in Luftporenbildnern verwendeten synthetischen Tenside wirken häufig reizend auf Haut und Schleimhäute. Das Bindemittel Zement und der Beton selbst werden nach der Gefahrstoffverordnung ebenfalls als „reizend" eingestuft. Darüber hinaus weisen die in Deutschland verwendeten Betone bzw. die Betonbaustoffe eine vergleichsweise niedrige natürliche Radioaktivität auf (z. B. die Gesteinskörnungen). Die Radonbelastung (s. Kap. V.8.2) von Beton ist im Allgemeinen deutlich niedriger als die des natürlichen Bodens, sodass von Betonen keine Gesundheitsgefährdung ausgeht.

V.2.3 Maßnahmen

V.2.3.1 Instandsetzungsprinzipien

Die Betoninstandsetzung erfolgt nach der Richtlinie „Schutz und Instandsetzung von Betonbauteilen" (Instandsetzungs-Richtlinie) des Deutschen Ausschusses für Stahlbeton (DAfStb), die bis Ende 2004 von allen Bundesländern bauaufsichtlich eingeführt worden ist. Damit hat die Richtlinie für alle an einer Betoninstandsetzungsmaßnahme Beteiligten einen verbindlichen gesetzlichen Charakter. Sie bezieht sich dabei auf Beton und Stahlbeton nach DIN 1045, kann jedoch auch auf andere Betonbauwerke oder -teile angewendet werden.

Die Richtlinie „Schutz und Instandsetzung von Betonbauteilen" unterscheidet zwischen Schutz- und Instandsetzungsmaßnahmen und 4 verschiedenen Instandsetzungsprinzipien: Instandsetzungsprinzip R (Repassivierung), W (Begrenzung des Wassergehaltes), C (chemischer Korrosionsschutz) und K (kathodischer Korrosionsschutz).

Die Standsicherheit der Betonbauteile wird in der Richtlinie nicht berücksichtigt und sollte gegebenenfalls durch einen Fachmann geprüft werden (s. Kap. VI). Die Richtlinie setzt sich allerdings mit der Restnutzungsdauer auseinander.

Instandsetzungsprinzip R

Das Instandsetzungsprinzip R beruht auf einer erneuten Bildung einer Passivschicht auf der Stahlbetonoberfläche (Repassivierung) durch den Auftrag zementgebundener Instandsetzungsstoffe und sollte so ausgeführt werden, dass eine erneute Depassivierung ausgeschlosssen werden kann.

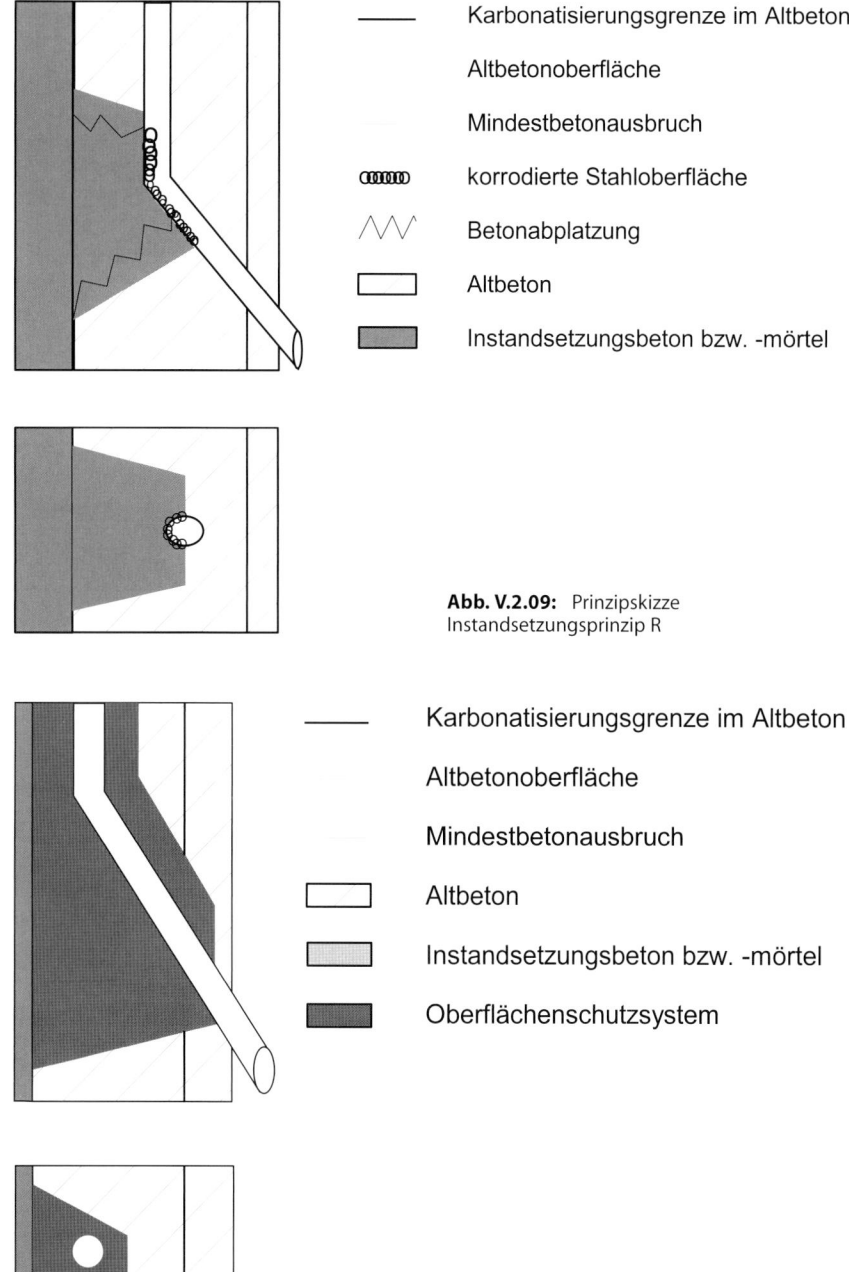

Abb. V.2.09: Prinzipskizze Instandsetzungsprinzip R

Abb. V.2.10: Prinzipskizze Instandsetzungsprinzip R 2

Grundsatzlösung R 1 – Realkalisierung durch flächigen Auftrag von alkalischem Beton bzw. Mörtel

Das Verfahren darf nur angewendet werden, wenn die mittlere Korrosionstiefe nicht weiter als 20 mm hinter die Bewehrung vorgedrungen ist.

Durch den großflächigen Auftrag einer Beschichtung aus zementgebundenem Beton oder Mörtel über die auszubessernden Bereiche und die gesamte Betonoberfläche wird ein ausreichender Karbonatisierungswiderstand erreicht, der sicherstellt, dass eine erneute Repassivierung auszuschließen ist.

Der Beton muss dabei nur so weit abgetragen werden, wie er infolge der Korrosion der Bewehrungsstähle gerissen bzw. gelockert ist. Die Beschichtung kann einerseits auf die ursprüngliche Betonoberfläche und andererseits auch auf großflächig abgetragene Bereiche aufgetragen werden.

Grundsatzlösung R 2 – örtliche Ausbesserung mit alkalischem Beton bzw. Mörtel

Das Verfahren darf nur angewendet werden, wenn nach der Instandsetzung eine Betondeckung von mindestens 10 mm erreicht wird. Das Verfahren wird häufig dann angewendet, wenn die Korrosion nur in einem örtlich eng begrenzten Bereich aufgetreten ist. Dabei wird der Bewehrungsstahl auch im Bereich neben der eigentlichen Korrosionsstelle freigelegt. Der

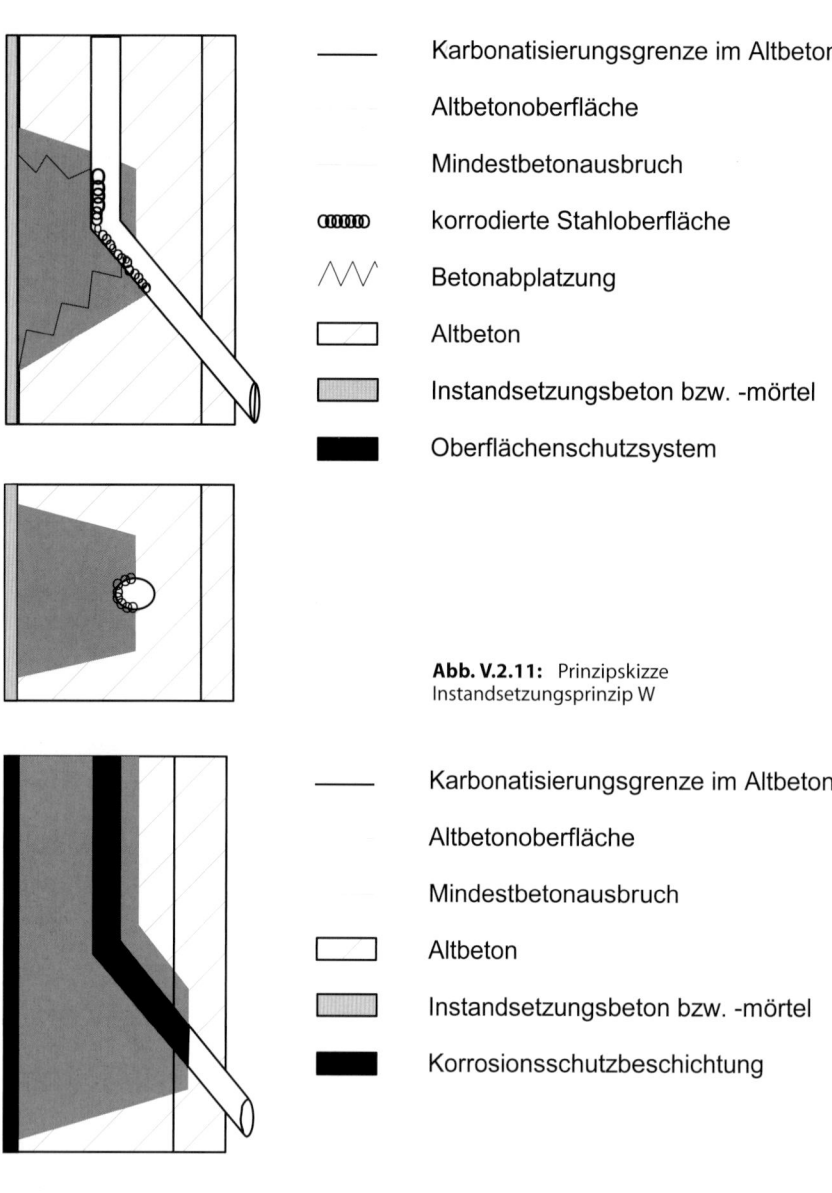

Abb. V.2.11: Prinzipskizze Instandsetzungsprinzip W

Abb. V.2.12: Prinzipskizze Instandsetzungsprinzip C

verwendete Instandsetzungsmörtel bzw. -beton muss sowohl ausreichend dicht und dick sein als auch über eine ausreichende Alkalität verfügen, um eine dauerhafte Repassivierung sicherzustellen. Zur Verbesserung des Karbonatisierungswiderstandes sollte trotz der punktuellen Instandsetzung die gesamte Betonoberfläche beschichtet werden.

Instandsetzungsprinzip W

Grundsatzlösung W – Korrosionsschutz durch Begrenzung des Wassergehaltes im Beton

Das Verfahren geht davon aus, dass durch die Absenkung des Wassergehaltes und einen ausreichenden Schutz der Betonoberfläche gegen Wasseraufnahme eine weitere Korrosion des Bewehrungsstahls verhindert wird.

Zunächst wird der Beton im Bereich von Fehlstellen bis zum korrosionsfreien Bereich des Stahls entfernt; anschließend wird eine geeignete Oberflächenbeschichtung aufgebracht.

Instandsetzungsprinzip C

Grundsatzlösung C – Korrosionsschutz durch Beschichtung der Bewehrung

Das Instandsetzungsprinzip C wird angewendet, wenn bei Instandsetzungssystem R der Instandsetzungsbeton keine dauerhafte Repassivierung sicherstellen kann und bei Grundsatzlösung R 2 die Betondeckung nach der Instandsetzung kleiner als 10 mm ist oder Instandsetzungsprinzip W nicht anwendbar oder gegeben ist. Es geht davon aus, dass die Bewehrung in all jenen Bereichen, die während der vorgesehenen Restnutzungsdauer depassiviert werden können, dauerhaft vor Korrosion geschützt wird.

Das Instandsetzungsprinzip C kann ohne eine Kombination mit Instandsetzungsprinzip W nur dann angewendet werden, wenn der Beton so weit abgetragen werden kann, dass im nicht instand gesetzten Bereich während der Restnutzungsdauer eine Depassivierung ausgeschlossen werden kann.

Meist wird auch bei Anwendung dieses Prinzips die Betonoberfläche anschließend mit einem Oberflächenschutzsystem zur Verbesserung des Karbonatisierungsschutzes beschichtet. Darauf verzichtet werden darf nur, wenn sichergestellt ist, dass der Korrosionsschaden nur auf eine örtliche Unterschreitung der Betondeckung zurückzuführen ist.

Instandsetzungsprinzip K

Instandsetzungsprinzip K – kathodischer Korrosionsschutz

Ein kathodischer Korrosionschutz wird vor allem dann angewendet, wenn korrosionsauslösende Chloridgehalte nachgewiesen werden können. Der erneute Korrosionsschutz wird durch fremdstrominduzierte Polarisierung mit internen Anoden erreicht.

Das Instandsetzungsprinzip K setzt eine gründliche Schadensdiagnose voraus, die gegebenenfalls auch eine Potenzialmessung mit zusätzlicher anodischer Polarisation erfordert.

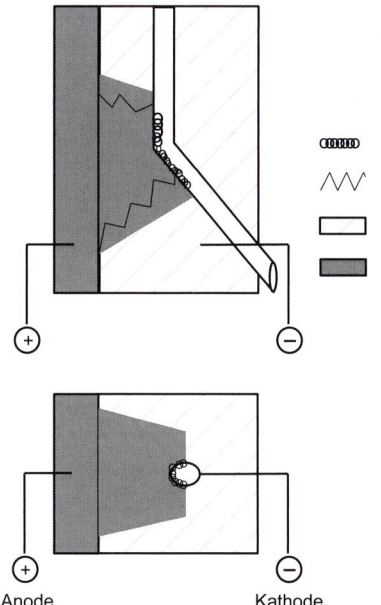

Abb. V.2.13: Prinzipskizze Instandsetzungsprinzip K

V.2.3.2 Schutz- und Instandsetzungsmaßnahmen

Zu den Schutz- und Instandsetzungsmaßnahmen des Betons und Stahlbetons zählen nach einer ausreichenden Vorbereitung des Betonuntergrunds:

- Füllen von Rissen und Hohlräumen mit Reaktionsharz, Zementleim oder -suspension (Verpressung),
- Ausfüllen örtlich begrenzter Fehlstellen mit Mörtel oder Beton (Spachtelmethode),
- großflächiges Auftragen von Mörtel oder Beton (Flächenbeschichtung),
- Auftragen von Hydrophobierungen,
- Auftragen von Imprägnierungen und
- Auftragen von Beschichtungen.

Diese grundlegenden Maßnahmen können je nach Zielsetzung einzeln angewendet oder miteinander kombiniert werden.

Füllen von Rissen und Hohlräumen

Das Füllen von Rissen und Hohlräumen kann zum Verschluss, zur Abdichtung, zum dehnfähigen oder kraftschlüssigen Verbinden dienen. Risse und Hohlräume können ohne Druck durch Tränkung und mit Druck durch Injektion verfüllt werden. Als Füllstoff zur Tränkung dient Epoxidharz, zur Injektion neben diesem auch Polyurethan und Zementleim bzw. -suspension.

Die Auswahl des Verfahrens und des Füllstoffes richtet sich nach der Beurteilung der Rissursache, Rissbreite, Rissbreitenänderung und des Feuchtezustands der Risse bzw. der Rissufer (s. Kap. VI).

Tränken

Die Tränkung dient in erster Linie dem Korrosionsschutz der Bewehrung. Durch Pinselauftrag oder auch das flächige Fluten und Verteilen mit einem Gummischieber können Risse mit Epoxidharz abgedichtet werden. Es entsteht jedoch kein kraftschlüssiger Verschluss.

Bei einer Rissbreitenänderung droht der getränkte Riss erneut aufzubrechen.

Der Pinselauftrag eignet sich vor allem zum Schließen feiner Risse an senkrechten Flächen und an der Oberfläche horizontaler Bauteile.

Verpressen

Als Verpressung wird das Schließen von Rissen durch Injektionen meist mit Hilfe von Bohrpackern oder Klebepackern bezeichnet. Packer sind die Übergangsstücke zwischen dem Injektionsgerät und dem Bauteil, die entweder auf der Bauteiloberfläche (Klebepacker) oder in Bohrlöchern (Bohrpacker) befestigt sind. Grundsätzlich wird zwischen Injektionen zur Abdichtung und kraftschlüssigen Injektionen

Abb. V.2.14: Pinseltränkung einer schadhaften Betonoberfläche (Quelle: Verlag Bautechnik GmbH, Erkrath)

unterschieden. Als Verpressmaterialien finden vorwiegend Polyurethanharze und Epoxidharze sowie Zementleime und Zementsuspensionen Verwendung.

Eine Injektion erfolgt grundsätzlich von oben nach unten. Sobald das Harz am nächsthöheren Einfüllstutzen austritt, wird der Verpressvorgang fortgesetzt. Eine Nachinjektion ist zwingend erforderlich.

Abb. V.2.15: Bohrpacker zur Instandsetzung von Betonrissen (Quelle: Verlag Bautechnik GmbH, Erkrath)

Abb. V.2.16: Rissverpressung an einer Betonoberfläche bei Verwendung von Klebepackern (Quelle: Verlag Bautechnik GmbH, Erkrath)

Abb. V.2.17: Punktuelle Ausbesserung von äußeren Betonoberflächen mit Epoxidharz-Mörtel (Quelle: Verlag Bautechnik GmbH, Erkrath)

Bohrpacker bestehen aus einer Spreizvorrichtung mit Verpressnippeln. Sie werden in ein unter 45° vorgebohrtes Loch eingebracht, das den Riss kreuzen muss, damit sich das Harz verteilen kann. Bohrpacker werden meist im höheren Druckbereich verwendet und sind daher mit Rückschlagventilen ausgestattet.

Klebepacker werden bis zu einem Verpressdruck von ca. 60 bar eingesetzt. Sie bestehen aus einer Platte, die direkt auf den Riss geklebt wird, und einem Verpressnippel. Die Risse müssen zuvor komplett verdämmt werden. Verdämmung und Verklebung erfolgen meist mit einem Polyurethanklebstoff. Die Verdämmung kann nach dem Verfüllen wieder entfernt werden. Sie entfällt, wenn die Verfüllung mit Polyurethan ausgeführt wird.

Ausfüllen örtlich begrenzter Fehlstellen

Punktuelle Betonabplatzungen werden nach der Spachtelmethode ausgebessert.

Nach Freilegen der einzelnen Schadstellen bis auf den tragfähigen Beton werden die freigelegten Bewehrungsstähle entrostet und die vorgesehene Reparaturfläche gereinigt. Die Bewehrung erhält einen zweifachen Korrosionsschutzanstrich. Zwischen Altbeton und Reparaturmörtel wird eine Haftbrücke aufgetragen und die Ausbruchstelle anschließend mit Reparaturmörtel reprofiliert.

Durch Feinspachtel und Schlämme werden der Porenschluss und gegebenenfalls eine Strukturangleichung hergestellt, durch mehrschichtige Anstriche entstehen ein Karbonatisierungsschutz und eine Farbangleichung.

Flächenbeschichtung

Eine vollflächige Ausbesserung größerer zusammenhängender Schadensbereiche ist durch einen Auftrag von Beton- oder Mörtelschichten möglich. Einzelne Flickstellen sind dann zwar nicht mehr erkennbar, der Sichtbetoncharakter geht jedoch verloren.

Ausbesserung von Betonoberflächen

Bei netzartigen Oberflächenrissen wird die Betonoberfläche gründlich von Rückständen befreit. Anschließend werden die Rissflächen mit einem dünnen Spachtelmörtel überzogen. Nach dem Abziehen des Mörtels sollten die Fläche, vor allem aber ihre Randbereiche, mit einem Schaumglasstein nachgerieben werden. Aus optischen Gründen kann mit einer Betonlasur nachgestrichen werden.

Risse im jungen Beton sollten frühestmöglich durch Einreiben oder Einbürsten eines Zementschlamms geschlossen werden.

Spritzbeton

Als Instandsetzungsmaßnahme von größeren zusammenhängenden Flächen wird häufig das Spritzbetonverfahren eingesetzt. Der flächige Auftrag von Spritzbeton eignet sich allerdings nur dann, wenn statische Lastreserven vorhanden sind, da das Eigengewicht des bestehenden Bauteils erhöht wird.

Die Schichtdicke von ca. 3 cm erfordert eine Anpassung an Öffnungen und Bauteilanschlüssen.

Die neu entstandene Struktur ist meist recht grob, das Gesamtbild jedoch einheitlich.

Nach Freilegen aller Schadstellen bis auf den tragfähigen Beton werden die freigelegten Bewehrungsstähle entrostet, z. B. durch Sandstrahlen, und die vorgesehene Reparaturfläche gereinigt. Danach wird eine ausreichend dicke Betondeckschicht aufgebracht, die sich mit der aufgerauten Oberfläche verbindet und somit einen Verbund zwischen dem bestehenden und dem neuen Beton herstellt. Abschließend wird eventuell Feinmörtel aufgetragen, um den optischen Ansprüchen gerecht zu werden. Auf einen zusätzlichen Korrosionsschutz kann verzichtet werden. Bei der Betoninstandsetzung wird dieses Verfahren als Instandsetzungsprinzip R bezeichnet.

Hydrophobierung

Hydrophobierung ist eine Oberflächenbehandlung, die einen Baustoff wasserabweisend macht und dabei gleichzeitig die Wasserdampfdiffusionsfähigkeit erhält. Dabei kommen Hydrophobierungsmittel zum Einsatz, die nicht filmbildend wirken. Es werden überwiegend in organischen Lösungsmitteln gelöste bzw. in Wasser dispergierte Silikonharze verwendet. Die Wasserabweisung wirkt auch schmutzabweisend, ist jedoch nur zeitlich begrenzt wirksam. Eine Hydrophobierung verbessert die Haftung von filmbildenden Beschichtungen am Untergrund.

Imprägnierung

Als Imprägnierung wird die Oberflächenbehandlung für saugfähige Oberflächen bezeichnet, die auf dem Eindringen dünnflüssiger Imprägnierungsmittel (filmbildende, nicht filmbildende, hydrophobierende und verfestigende) in die äußeren Porenräume beruht, diese aber nicht völlig verschließt. Eine Imprägnierung verhindert das Eindringen flüssiger und gasförmiger Stoffe in den Beton weitgehend. Sie kann auch als Grundierung dienen und z. B. die Festigkeit des Untergrunds oder die Haftung zur nächsten Schicht verbessern.

Auftragen von Beschichtungen

Beschichtungen verhindern das Eindringen gasförmiger Stoffe in den Beton und können die Oberfläche vor mechanischen und chemischen Beanspruchungen schützen und gegebenenfalls auch Risse überbrücken. Als Beschichtung gelten u. a. hydrophobierende Imprägnierungen, elastische Beschichtungen, Siliconharzfarben, Silikatfarben und Dispersionsfarben.

V.2.3.3 Schadensbehebung bei Durchfeuchtungen

Abgesehen von der Instandsetzung anderer kleinerer Schäden oder auch der Instandsetzung ganzer Flächen, steht bei Feuchteschäden im Vordergrund, den bauphysikalischen Zustand der Wand zu verbessern. Um z. B. an Außenwänden gleichzeitig den unzureichenden Wärmeschutz, Wärmebrücken und mangelhafte Fugen zu beseitigen, bietet sich das Anbringen einer Wärmedämmung, z. B. eines Wärmedämm-Verbundsystems, bzw. einer hinterlüfteten Außenwandbekleidung an.

V.2.3.4 Schadensbehebung an Fugen

Die Schadensbehebung an Fugen ist für die verschiedenen Fugenarten gleich: Das alte Fugenmaterial muss komplett entfernt und durch eine neue geeignete Fugenabdichtung erneuert werden. Eine Vorbehandlung der Fugenflanken, z. B. durch Sandstrahlen, ist dabei häufig zusätzlich notwendig.

V.2.3.5 Schadensbehebung bei Ausblühungen und Krusten

Ausblühungen auf Betonoberflächen sind überwiegend Abscheidungen von in Wasser schwer löslichem Calciumcarbonat. Sie sind nicht gleichzusetzen mit Ausblühungen an z. B. keramischen Klinkern, da es sich dabei meist um Ablagerungen von Alkalisulfaten handelt (s. Kap. V.1.2).

Bevor Maßnahmen zur Beseitigung getroffen werden, sollte grundsätzlich die Ursache für die Ausblühungen bekannt und behoben sein. Zur Entfernung eignen sich Behandlungen mit verdünnter Säure (z. B. 10%ige Phosphorsäure) oder mit handelsüblichen Bautenschutzmitteln (z. B. Zementschleierentferner) sowie die Anwendung hydromechanischer Verfahren (z. B. Druck- bzw. Hochdruckwasserstrahlen). Vor einer Behandlung mit verdünnter Säure muss die betroffene Betonfläche gut angenässt und danach mit Wasser gründlich abgespült werden, damit keine Säurereste im Beton verbleiben.

In diesem Zusammenhang ist zu beachten, dass das Erscheinungsbild der Betonfläche nach der Behandlung u. U. nicht mehr vollkommen gleichmäßig ist. Insbesondere Oberflächenstruktur und Farbunterschiede können stärker hervortreten. Daher ist vor allem die Beseitigung von Ausblühungen an Sichtflächen eingefärbter Betone besonders sorgfältig auszuführen, um Ungleichmäßigkeiten im Aussehen zu verhindern.

Für die Entfernung von Verkrustungen gelten die gleichen Maßnahmen, jedoch müssen sie vor der Oberflächenbehandlung mechanisch – mit Meißel oder Spachtel – entfernt werden.

V.2.3.6 Untergrundvorbereitung

Zur Gewährleistung einer ausreichenden Haftfestigkeit ist auf eine sorgfältige Vorbehandlung des Untergrunds zu achten. Im Gegensatz zu anderen Baustoffen müssen bei Stahlbeton beide Komponenten, also Beton und Stahl, vorbehandelt werden.

Bei der Untergrundvorbereitung der Betonfläche steht nach der Entfernung des Altbetons die Vorbehandlung für eine flächige Sanierungsmaßnahme im Vordergrund, z. B. durch sorgfältige Reinigung der Betonoberfläche.

Zur Untergrundvorbereitung des Bewehrungsstahls gehört neben dem Freilegen vor allem die anschließende Entrostung. Typische Verfahren sind Sandstrahlen, Flammstrahlen oder Hochdruckwasserstrahlen.

Freilegen der Bewehrung

Dicke Betonschichten werden von Hand abgeschlagen oder mit dem Elektrohammer abgestemmt, dünne Deckschichten durch Sandstrahlen, Hochdruckwasserstrahlen oder mit der „Nadelpistole" entfernt.

Entrosten der Bewehrung

Zum Entrosten der Bewehrung ist das Sandstrahlen, d. h. das Strahlen mit festem Strahlmittel, sehr gut geeignet. Mit diesem Verfahren können auch schlecht zugängliche Bereiche zuverlässig erreicht werden. Besonders empfehlenswert sind hierbei Geräte, die das ausgeblasene Strahlmittel wieder absaugen.

Den Reinheitsgrad der entrosteten Bewehrung schreibt die DIN 55928 „Korrosionsschutz von Stahlbauten durch Beschichtungen und Überzüge" vor. Dabei muss jedoch unterschieden werden, ob eine Stahloberfläche wieder beschichtet wird oder eine Instandsetzung durch Spritzbeton erfolgt.

Entfernen von Altbeton

Beim Entfernen des alten Betons muss darauf geachtet werden, dass im Bereich von Abplatzungen, Rissen und Hohlstellen alle gelockerten Teile entfernt werden. Dieses kann durch Von-Hand-Abschlagen, Abstemmen mit Elektrohämmern oder bei oberflächlichen Schäden durch Sandstrahlen, Flammstrahlen oder Hochdruckwasserstrahlen erfolgen.

Reinigen der Betonoberfläche

Bei der Reinigung der Betonoberfläche vor einer Reparatur- oder Beschichtungsmaßnahme muss darauf geachtet werden, dass auch die nicht direkt betroffenen Flächen frei von jeglichen Verschmutzungen, nicht tragfähigen Altanstrichen und allen sonstigen verbundmindernden Bestandteilen sind. Die Reinigung kann durch Abbürsten oder Abblasen mit Druckluft, Hochdruckdampfstrahlen oder leichtes Sandstrahlen erfolgen.

Flammstrahlen

Das Flammstrahlen hat eine große Tiefenwirkung bei Abtragen stärkerer Feinmörtelschichten, allerdings einen abgeschwächten Strahleffekt in Vertiefungen wie z. B. Kraterböden, dadurch ist eine mechanische Nachbearbeitung unerlässlich.

Sandstrahlen

Das Sandstrahlen, d. h. das Strahlen mit festem Strahlmittel, hat einen großen Reinigungseffekt. Mit diesem Verfahren können auch schlecht zugängliche Bereiche zuverlässig erreicht werden. Besonders empfehlenswert sind hierbei Geräte, die das ausgeblasene Strahlmittel wieder absaugen. Sandstrahlen ist unschädlich für die freiliegende Bewehrung.

Hochdruckwasserstrahlen

Das Hochdruckwasserstrahlen ist ein sehr wirksames und zeitsparendes Verfahren zum Entfernen von Oberflächenschichten und zum Freilegen der Bewehrung, die dabei gleichzeitig entrostet wird. Durch den hohen Druck erfordert der Umgang mit dem Strahl jedoch Erfahrung und Fingerspitzengefühl.

V.2.3.7 Sanierung schadstoffbelasteten Betons und Stahlbetons

Beton wird aus einem Gemisch aus Zement, Gesteinskörnungen und Wasser sowie gegebenenfalls Zusatzstoffen und Zusatzmitteln hergestellt. Da diese Baustoffe i. Allg. keine Schadstoffe enthalten, besteht grundsätzlich keine Gefahr von gesundheitsgefährdenden Emissionen, die eine Sanierung erforderlich machen. Die Radonausgasung von Beton ist zudem vergleichsweise gering. Daher sollten Betonbauteile (wenn überhaupt) lediglich bei Radon-Sanierungsmaßnahmen in Hinblick auf ihre abdichtende Wirkung gegenüber einer Radondiffusion aus dem Erdreich beurteilt werden.

V.3 Estrich

Autoren: Dipl.-Ing. Silke Nicole Klein, Architektin; Prof. Dr.-Ing. Martin Pfeiffer, Architekt; Dipl.-Ing. Tania Brinkmann, Architektin

V.3.1 Allgemeines

Estriche sind Bestandteil der Boden- und Deckenkonstruktion (s. Kap. III.6 und Kap. III.10). Sie dienen dem Erreichen einer vorgegebenen Höhenlage und sollen als Tragschicht für Bodenbeläge die geforderte Ebenheit gewährleisten. Somit können sie als eine Art Feinschicht bezeichnet werden, die die tragende Rohdecke zu einer für die Nutzung tauglichen Fläche qualifiziert.

Moderne Estriche können außerdem zur Schallentkopplung eingesetzt werden. Dabei sind die Bodenkonstruktionen schwimmend auszuführen. Dies bedeutet, dass die eigentliche Lastverteilschicht auf einer relativ weichen Unterlage liegt und somit federnd gelagert ist. Diese Unterlage übernimmt aufgrund ihrer Materialstruktur in den meisten Fällen gleichzeitig Funktionen des Wärmeschutzes.

Zunehmend werden den Estrichen auch Heizfunktionen übertragen. Dabei werden die Flächen mit Heizleitungen bestückt. Im Gegensatz zu üblichen Heizkörpern kommen beheizte Estriche aufgrund ihrer großen Fläche mit geringeren Vorlauftemperaturen aus. Die so entstehende Heizfläche verteilt die Wärme gleichmäßig im Raum und vermindert unerwünschte Luftbewegungen.

V.3.1.1 Begriffe und Definitionen

Die DIN EN 13318 „Estrichmörtel und Estriche – Begriffe" definiert einen Estrich als „*Schicht oder als Schichten aus Estrichmörtel, die auf der Baustelle direkt auf dem Untergrund, mit oder ohne Verbund, oder auf einer zwischenliegenden Trenn- oder Dämmschicht verlegt wird*".

Estriche werden nach ihrer Bauart und der Art ihres Bindemittels unterschieden. Die DIN EN 13318 differenziert zwischen monolithischen Estrichen, Verbundestrichen, Estrichen ohne Verbund, schwimmenden Estrichen, Estrichen auf Trennschicht, Fertigteilestrichen, bewehrten Estrichen, Heizestrichen und Baustellenestrichen sowie hinsichtlich des Bindemittels in Bitumenemulsionsestrichen, Zementestrichen, kunstharzmodifizierten Zementestrichen, Magnesiaestrichen, Kunstharzestrichen, Calciumsulfatestrichen, Gussasphaltestrichen und zementgebundenen Hartstoffestrichen.

Gemäß DIN 18560 „Estriche im Bauwesen" werden Estriche unterschieden in Estriche und Heizestriche auf Dämmschichten (schwimmende Estriche), Verbundestriche, Estriche auf Trennschichten und hochbeanspruchbare Estriche (Industrieestriche).

Darüber hinaus gibt es eine Reihe von Estricharten, beispielsweise Kunstharzestriche, die derzeit noch nicht in einer Norm erfasst sind.

Estriche und Heizestriche auf Dämmschichten

Estriche und Heizestriche auf Dämmschichten werden i. Allg. als schwimmende Estriche bezeichnet. Diese Estriche sind auf ihrer Unterlage beweglich und weisen keine unmittelbare Verbindung mit den angrenzenden Bauteilen auf.

Schwimmende Estriche werden auf einer Dämmschicht eingebaut, die als Wärme- oder Schallschutz dienen kann. Vor allem aus schallschutztechnischen Gründen wird der Estrich zusätzlich horizontal durch einen Randstreifen von aufgehenden Bauteilen wie Wänden, Stützen, Türzargen, Rohrleitungen u. Ä. getrennt, da eine Übertragung von Trittschall durch diese Entkopplung reduziert wird.

Eine Unterscheidung in Estriche und Heizestriche ist im konstruktiven Sinne nicht notwendig; die besonderen Anforderungen beim Einbringen eines Heizestrichs, also eines Estrichs mit Heizrohren, der auch umgangssprachlich als Fußbodenheizung bezeichnet wird, sind jedoch zu beachten.

Die DIN 18560-2 „Estriche im Bauwesen – Teil 2: Estriche und Heizestriche auf Dämmschichten (schwimmende Estriche)" unterscheidet Heizestriche in 3 Bauarten:

Bauart A Systeme mit Rohren innerhalb des Estrichs,

Bauart B Systeme mit Rohren unterhalb des Estrichs,

Abb. V.3.01: Fußbodenheizung in einem nachträglich ausgebauten Dachgeschoss

Abb. V.3.02: Randdämmstreifen für die Schallentkopplung eines Estrichs

Bauart C Systeme mit Rohren im Ausgleichsestrich, auf den der Estrich mit einer zweilagigen Trennschicht aufgebracht wird.

Dauerhaft darf die mittlere Temperatur im Bereich der Heizelemente im Estrich bei Warmwasser-Fußbodenheizungen bestimmte Temperaturen nicht überschreiten. Als Grenzwerte gelten bei Gussasphaltestrichen 45 °C, bei Calcium- und Zementestrichen 55 °C.

Bei der Herstellung des Estrichs ist auf die richtige Anordnung notwendiger Fugen zu achten. Entsprechend ihrer Funktion unterscheidet die DIN 18560 in Bewegungsfugen, Randfugen und Scheinfugen.

Bewegungsfugen

Bewegungsfugen in Estrichen sind insbesondere im Verlauf bestehender Dehnfugen von Bauwerken erforderlich, damit bei Bewegungen der Bauteile keine Schäden, wie z. B. Risse durch zu hohe Spannungen, entstehen. Bewegungsfugen müssen in Breite und Verlauf den Dehnfugen entsprechen und auch im Fußbodenbelag ausgebildet werden.

Abb. V.3.03: Trennschicht zwischen Estrichplatte und tragendem Untergrund

Abb. V.3.04: Terrazzo als Bodenbelag in einer Wohnung

Randfugen

Randfugen trennen den Estrich von seitlich angrenzenden Bauteilen.

Scheinfugen

Scheinfugen sind Einschnitte im Estrich, die bis zur Hälfte der Estrichdicke führen. Sie dienen bei stark schwindenden Estrichen auf Trenn- oder Dämmschichten als Sollbruchstelle, um Risse zu vermeiden. Scheinfugen werden nach Abschluss des Schwindvorgangs meist mit Reaktionsharzen kraftschlüssig verschlossen, sodass im Belag keine Fuge ausgebildet werden muss.

Verbundestriche

Als Verbundestrich wird ein Estrich bezeichnet, der direkt auf die tragende Decken- bzw. Bodenplatte aufgebracht wird. Im Gegensatz zum Estrich auf Dämmung erfolgt keine Trennung im Bereich aufgehender Bauteile, was zu einer Schallübertragung führt.

Verbundestriche werden meist unmittelbar genutzt, selten zusätzlich mit einem Belag oder einer Beschichtung versehen.

Verbundestriche werden vor allem als Ausgleichsestriche bei größeren Unebenheiten des tragenden Untergrunds eingesetzt. Außerdem können sie als Gefälleestrich ausgebildet sein. Sie sind Nutzboden in Bereichen ohne Anforderungen an den Schall- und Wärmeschutz und Nutzestriche im Industriebau bei hohen Anforderungen an Belastbarkeit und Verschleißfestigkeit.

Verbundestriche sind kraftschlüssig mit dem tragenden Untergrund verbunden.

Bei Verbundestrichen muss darauf geachtet werden, dass Fugen an der gleichen Stelle wie Dehnfugen angeordnet werden, um z. B. Risse zu vermeiden.

Estriche auf Trennschichten

Bei Estrichen auf Trennschicht liegt die eigentliche Estrichplatte auf einer dünnen Zwischenlage (z. B. Folien oder Ölpapier), die sie vom tragenden Untergrund trennt. Daher wird dieser Estrich auch als gleitender Estrich bezeichnet.

Der Estrich kann als Nutzschicht genutzt oder mit einem Belag oder einer Beschichtung versehen werden.

Estriche auf Trennschicht werden vor allem eingesetzt, wenn keine Anforderungen an den Wärme- und Trittschallschutz gestellt werden, der Untergrund für einen direkten Haftverbund ungeeignet ist, hohe Temperaturwechsel erwartet werden oder starke Verkehrsbelastungen und hohe Lasteinwirkungen erwartet werden.

Hochbeanspruchbare Estriche

Hochbeanspruchbare Industrieestriche nach DIN 18560-7 „Estriche im Bauwesen – Teil 7: Hochbeanspruchbare Estriche (Industrieestriche)" können als Gussasphaltestriche, Kunstharzestriche, Magnesiaestriche und zementgebundene Hartstoffestriche ausgeführt werden.

Um den starken Belastungen standzuhalten, enthält die DIN 18560-7 genaue Angaben über die erforderlichen Belastungen, Nenndicken und Zuschläge.

V.3.1.2 Einsatzgebiete und Verwendung

Die Verwendung von Estrichen als Bodenbelag (s. Kap. III.10) in Form des sogenannten Terrazzo (ital. Bodenbelag) kann bis ca. 8000 v. Chr. zurückverfolgt werden.

Die Herstellung veränderte sich seitdem nur geringfügig. Die typische Einteilung in Felder ist bis in die heutige Zeit üblich, während aufwendige mosaikartige Einlegearbeiten heutzutage keine Verwendung mehr finden.

Ab Ende des 19. Jahrhunderts wurden die bis dahin gebräuchlichen Bindemittel Kalk, Gips oder Trasskalk durch genormte Zemente ersetzt.

Terrazzo wurde früher im Wohnungsbau insbesondere in Küchen und Bädern, aber auch in Fluren und Treppenräumen häufig als Nutzschicht eingesetzt.

Inzwischen werden Estriche weniger als Nutzschicht denn als Ausgleichsschicht zwischen der tragenden Decken- bzw. Fußbodenkonstruktion und dem Belag eingesetzt.

V.3.1.3 Anforderungen

Die Hauptbeanspruchung eines Estrichs erfolgt durch Verkehrslasten. Diese werden unterschieden in ruhende und dynamische Verkehrslasten.

Vor allem im Bereich des Bauens im Bestand muss darauf geachtet werden, dass der Untergrund so bemessen ist, dass er neben der Verkehrslast auch die Eigenlast des Estrichs und einen eventuell später noch hinzukommenden Belag aufnehmen kann.

Weitere Beanspruchungen treten konstruktionsbedingt auf und müssen je nach Situation überprüft und entsprechend bemessen bzw. ausgeführt werden, daraus ergeben sich Anforderungen an Druckfestigkeit, Biegezugfestigkeit und Oberflächenhärte, die entsprechend der DIN 18560 nachzuweisen und zu prüfen sind (s. Kap. VI).

Druckfestigkeit und Biegezugfestigkeit bestimmen die Einteilung von Estrichen in Festigkeitsklassen bzw. bei Gussasphaltestrichen in Härteklassen.

Spezielle Anforderungen wie Verschleißwiderstand, Verkehrssicherheit und Rutschhemmung werden an als Nutzestriche genutzte Estriche gestellt.

Eine weitere wichtige Anforderung stellt sich an die Belegreife, deren Nichteinhaltung in der Praxis oft zu Mängeln und Schäden führt.

Festigkeitsklasse/Härteklasse

Festigkeitsklassen entsprechend der alten DIN 18560, die auf einem Zusammenhang zwischen Druckfestigkeit und Biegezugfestigkeit beruhten, gelten nicht mehr. Gemäß DIN EN 13813 „Estrichmörtel, Estrichmassen und Estriche – Estrichmörtel und Estrichmassen – Eigenschaften und Anforderungen" werden die Parameter Druckfestigkeit und Biegezugfestigkeit eines Estrichs getrennt betrachtet.

Die Wahl der jeweiligen Festigkeits- bzw. Härteklasse richtet sich nach der Art der Beanspruchung: Traglast, Biegebeanspruchung (z. B. bei Estrichen auf weichen Dämmschichten), Zug- oder Druckspannung (z. B. bei Verbundestrichen), Schub- oder Scherkraft (z. B. bei Verbundestrichen) und Eigenspannung (z. B. durch Schwinden oder Quellen).

Verschleißwiderstand

Der Verschleißwiderstand beschreibt den Widerstand einer Estrichoberfläche gegen mechanische Beanspruchung. Nach DIN 18560 werden nur dann Anforderungen an den Verschleißwiderstand gestellt, wenn der Estrich unmittelbar schleifenden, rollenden und/oder stoßenden Beanspruchungen ausgesetzt ist.

Der Verschleißwiderstand von Zementestrichen und Kunstharzestrichen, die als Nutzschichten angewendet werden, ist gemäß DIN EN 13892-3 „Prüfverfahren für Estrichmörtel und Estrichmassen – Teil 3: Bestimmung des Verschleißwiderstandes nach Böhme", DIN EN 13892-4 (Verschleißwiderstand nach BCA) oder DIN EN 13892-5 (Widerstand gegen Rollbeanspruchung von Estrichen für Nutzschichten) zu prüfen. Bei Magnesiaestrichen wird der Verschleißwiderstand nach der Oberflächenhärte beurteilt.

Belegreife

Die Belegreife bezeichnet den Gehalt an Restfeuchte im nass hergestellten Estrich, bei dessen Unterschreitung die Estrichoberfläche beschichtet oder belegt werden kann. Die maximal zulässige Restfeuchte ist von der Diffusionsdichte des Belages bzw. der Beschichtung abhängig. Ein Estrich ist belegreif, wenn er mindestens seine Nennfestigkeit erreicht hat und bis auf die Gleichgewichtsfeuchte ausgetrocknet ist.

Zur Ermittlung des Feuchtegehaltes eines Estrichs stehen verschiedene Messmethoden zur Verfügung (s. Kap. VI), z. B. die Darr-Methode, die CM-Methode und die elektrische Widerstandsmessung.

Allein nach dem Alter kann die Belegreife nicht ermittelt werden. Die Mindesterhärtungszeiten nach DIN 18560 sind daher nicht automatisch mit der Belegreife gleichzusetzen.

Verkehrssicherheit

Um Ausgleiten und Rutschgefahr zu vermeiden, müssen Estriche, deren Oberfläche direkt begehbar ist, wie Industrieestriche oder Terrazzoböden, einen ausreichenden Gleitwiderstand aufweisen. Außerdem gehört eine ausreichend feste, maßgerechte und ebene Oberfläche zur Verkehrssicherheit.

V.3.1.4 Besondere Eigenschaften

Die in der DIN EN 13318 aufgezählten besonderen Eigenschaften sind nur dann anzugeben, wenn sie durch eine gesetzliche Anforderung verlangt werden oder wenn der Hersteller sich für die Angabe einer Leistung entscheidet.

Zu diesen Eigenschaften gehören insbesondere:

- elektrischer Widerstand (z. B. in OP-Bereichen),
- chemische Beständigkeit (z. B. in Laborbereichen),
- Brandverhalten,
- Freisetzung korrosiver Stoffe oder Korrosivität von Estrichmörteln,
- Wasserdampfdurchlässigkeit,
- Wärmedämmung,
- Wasserdurchlässigkeit,
- Trittschalldämmung,
- Schallabsorption.

V.3.2 Typische Mängel und Schäden

V.3.2.1 Risse

Risse in Estrichen lassen sich grundsätzlich in 2 verschiedene Schadensformen unterscheiden:

- Risse mit einem sich nach unten verjüngenden Rissquerschnitt, die teilweise durch den gesamten Querschnitt gehen:

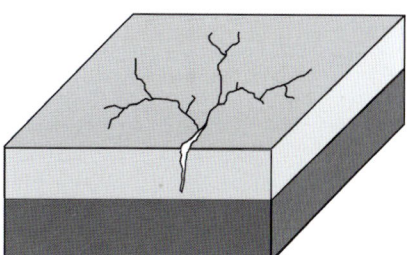

Abb. V.3.05: Rissverlauf im Estrich mit verjüngtem Querschnitt des Risses

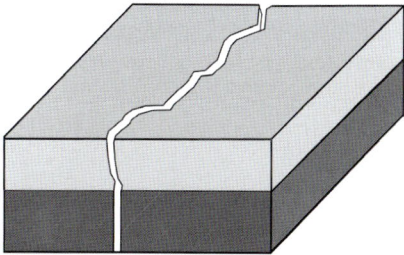

Abb. V.3.06: Rissverlauf im Estrich mit parallelen Rissufern

Abb. V.3.07: Gerissener Estrich mit parallel verlaufenden Rissufern

An der Estrichoberfläche zeichnen sich diese Risse jedoch oft nur als netzartige Risse mit auf null auslaufenden Rissenden ab. Sie treten überwiegend bei Verbundkonstruktionen auf und setzen sich nicht im Untergrund fort. Risse mit einem sich nach unten verjüngenden Rissquerschnitt treten bei nassen Estrichen während des Erhärtungsprozesses durch ein hohes Anfangsschwinden auf. Neben einem falschen Mischungsverhältnis können auch Fehler beim Mischen oder beim Transport Schadensursache für diese netzförmigen Risse sein.

- Risse mit in etwa parallelen Rissufern, die durch den gesamten Querschnitt gehen und sich selten im Untergrund fortsetzen:
An der Oberfläche zeichnen sich die Risse meist linear oder bogenförmig ab, oft von Außenrand zu Außenrand, was zum Zerfall der Estrichplatte führt. Sie treten überwiegend bei Estrichen auf Trennschicht oder

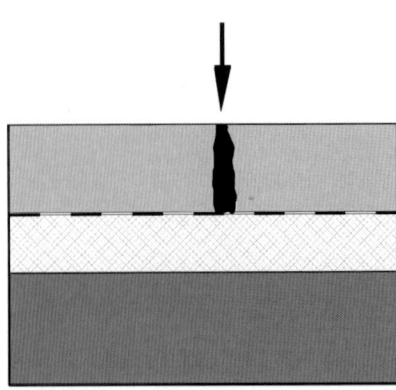

Abb. V.3.08: Vergießen schmaler Risse; der Riss wird von oben mit dünnflüssigem Kunstharz teilweise gefüllt.

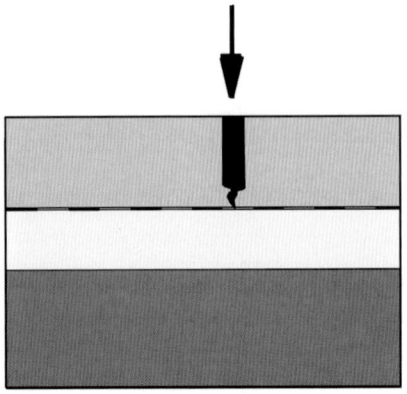

Abb. V.3.09: Verdübeln schmaler Risse; im Rissbereich gebohrte Löcher werden mit einer Kunstharz-Quarzsand-Mischung gefüllt.

Dämmung auf. Risse mit in etwa parallelen Rissufern werden durch fehlende Schwindfugen verursacht. Rissursache ist der Verzicht auf eine Unterteilung der Estrichfläche in einzelne Felder, deren Bewegungs- oder Scheinfugen später mit Reaktionsharz kraftschlüssig verbunden werden können.

Weitere Ursachen für Risse im Estrich können aus dem Untergrund resultieren. Meist handelt es sich dabei um Risse in der tragenden Betonplatte, die sich im Estrich (und eventuell in den Belägen) fortsetzen.

V.3.2.2   Einbrüche, Zerfall und Absenkungen

Einbrüche

Einbrüche in Estrichen zeigen sich insbesondere anhand ring- bzw. kreisförmiger Risse, die im Inneren etwas eingesunken sind. Einbrüche werden durch zu hohe Verkehrslasten in Form von Einzellasten verursacht und entstehen insbesondere bei Estrichen auf Dämmschichten, wenn der Estrich auf einer zu weichen Dämmung durchgestanzt wird.

Zerfall

Zerfall zeigt sich, wenn der Estrich bereits in eine Vielzahl kleiner Schollen oder Bruchstücke zerbrochen ist. Ursache ist eine zu geringe Druckfestigkeit des Baustoffes (s. Kap. VI), die den einwirkenden Belastungen nicht standhält. Die unzureichende Festigkeit kann material- und/oder herstellungsbedingt sein, aber auch aufgrund chemischer Einwirkungen oder Wasser verursacht werden.

Absenkungen

Absenkungen treten als typisches Schadensbild bei Estrichen auf Dämmungen bzw. Schüttungen auf. Sie können ganzflächig oder partiell auftreten. Absenkungen entstehen durch eine Volumenverringerung der Dämmschicht bzw. der Unterlage des Estrichs. Besonders gefährdet sind weich federnde Dämmplatten (s. Kap. V.9.1), die bei schwimmenden Estrichen vor allem zur Trittschalldämmung eingesetzt werden. Es muss jedoch beachtet werden, dass unmittelbar nach dem Einbau eine gleichmäßige Absenkung unvermeidlich ist und nicht als Mangel gilt.

Bei Schüttungen unter Trockenestrichen kann es auch zu einem Zusammensacken oder dem Abwandern der Schüttung in Hohlräume kommen. Zeigt sich als Schadensbild nur eine Absenkung in den Randbereichen und/oder eine Aufwölbung der Plattenmitte (konvexe Verformung), liegt die Ursache meist in einer Verkrümmung der Estrichplatte.

Randabsenkungen sind bei Estrichen auf Dämmschicht bis zu etwa 2 mm normal. Als Qualitätseinbuße dagegen gilt das Schüsseln, eine nach oben gerichtete Verwölbung der Estrichränder.

Zu Randabsenkungen kommt es auch, wenn Fliesen verlegt werden, solange die untere Zone des Estrichs noch feucht ist. Die fertigen Randfugen werden extrem auf Dehnung beansprucht und können reißen. Lasten in den Randbereichen, z. B. durch Möbel, können die Absenkung zusätzlich verstärken.

V.3.2.3   Verformungen, Verwölbungen und Aufwölbungen

Konvexe Verformungen wie Aufwölbungen und Randabsenkungen, aber auch konkave Verformungen wie Schüsselungen gehören zu den typischen Schadensbildern bei Estrichen auf Dämmschicht oder Trennschicht. Geringe Verformungen gelten jedoch nicht als Mangel und sind in der Praxis durchaus üblich.

Verformungen und Verwölbungen treten hauptsächlich bei Estrichen auf Trennschicht oder Dämmschicht auf, da diese sich im Gegensatz zu Verbundestrichen auf der Dämmstoff-Unterlage frei verformen können. Von außen einwirkende Kräfte, insbesondere Einzellasten in Randbereichen, oder baustoffbedingte Volumenveränderung können ebenfalls als Schadensursache in Betracht gezogen werden.

Verwölbungen treten auf durch ungleich starkes Schwinden der oberen gegenüber der unteren Estrichzone, z. B. bei zu raschem Austrocknen der oberen Zone (Anfangsschwinden).

Aufwölbungen von mehr als 5 mm Stichmaß gelten bereits als Mangel, da sie im Wohnbereich Funktionen wie z. B. das Öffnen von Türen beeinträchtigen oder schräg stehende Möbel verursachen.

Bei der sogenannten Schüsselung kann oftmals davon ausgegangen werden, dass sie sich am Ende des Erhärtungsprozesses eines Estrichs wieder ausgeglichen hat.

V.3.2.4   Schadstoffe

Schadstoffbelastungen von Estrichen gehen vorwiegend von Steinholz- und Teerasphaltestrichen sowie den Dämmschichten aus.

Asbest

Asbest ist eine Gruppenbezeichnung für verfilzte, faserartige Mineralien. Da Asbest unbrennbar und chemisch sehr resistent ist, wurde es in der Vergangenheit als Baumaterial vor allem im Brandschutz verwendet. Der Schmelzpunkt der verschiedenen Asbestarten liegt in etwa zwischen 1100 und 1500 °C. Asbest wird in die Hauptgruppen der Serpentinasbeste (z. B. Chrysotilasbest, auch als „Weißasbest" bekannt) und Amphibolasbeste (z. B.

Krokydolith, auch „Blauasbest" genannt) unterschieden. Weiterhin lässt sich Asbest in fest gebundene (Dichte > 1400 kg/m³) und schwachgebundene (Dichte < 1000 kg/m³) Asbestprodukte differenzieren.

Asbest besteht nicht aus kompakten Kristallen, wie fast alle Mineralien, sondern aus winzigen, parallel zueinander liegenden Mikrofasern, die weniger als ein tausendstel Millimeter dünn (< 1 µm) und bis zu mehrere Zentimeter lang sind. Die größte Gefahr ergibt sich durch die Fähigkeit von Asbest, sich längs in immer dünnere Fasern zu spalten, was das Material in gesundheitlicher Hinsicht so kritisch macht. Durch die Kleinfaserigkeit besteht die Möglichkeit, dass die Fasern in Lunge, Bronchien und Rippenfell eindringen und sich dort über Jahrzehnte halten. Eine kritische Faserkonzentration kann Asbestose und Lungenkrebs erzeugen.

Die Einstufung von Asbest erfolgt nach der Gefahrstoffverordnung (GefStoffV) in die Kategorie der krebserzeugenden, erbgutverändernden und fruchtbarkeitsgefährdenden Gefahrstoffe. In Deutschland wurde Asbest 1994 auf Grundlage der Chemikalien-Verbotsverordnung (ChemVerbotsV) bis auf wenige Ausnahmen endgültig verboten.

Steinholzestrich ist ein früher gebräuchlicher Magnesiaestrich, der insbesondere als Verbundestrich auf Holzbalkendecken eingebaut wurde. Im privaten Wohnungsbau war er bis etwa 1960 verbreitet. Steinholzestrich besteht aus Magnesiumoxid, Gesteinskörnung und einer wässrigen Salzlösung (meist Magnesiumchlorid) sowie gegebenenfalls Zusatzstoffen (z. B. Farbstoffe). Steinholzestrich weist zudem häufig eine Asbestbelastung auf.

Dennoch ist die Gesundheitsgefährdung durch Asbest für die Allgemeinbevölkerung relativ gering. Von einem intakten Steinholzestrich geht üblicherweise keine Gefahr aus. Beschädigungen wie z. B. Bohrlöcher sind allerdings zu vermeiden.

PAK

Polycyclische aromatische Kohlenwasserstoffe (PAK) sind vor allem in Bitumen- und Steinkohlenteer-Produkten wie z. B. Teerasphaltestrichen enthalten. PAK ist die Sammelbezeichnung für eine große Anzahl von gleichartigen aromatischen Einzelverbindungen wie z. B. Naphthalin und Benzo(a)pyren, die aus mindestens 2 miteinander verbundenen Benzolringen bestehen. Mit steigender Anzahl der Benzolringe handelt es sich um mittel- bis schwer flüchtige Schadstoffe (SVOC, engl.: semivolatile organic compounds). PAK entstehen durch die unvollständige Verbrennung organischer Materialien (Pyrolyse).

Beim Umgang mit PAK kann es zu Schleimhautreizungen, Kopfschmerzen und Übelkeit kommen. Einige PAK-haltige Produkte gelten als krebserzeugend (Lungen-, Blasen-, Bronchial-, Magen-Darm-Krebs) und fruchtbarkeitsgefährdend. Die Aufnahme von PAK erfolgt vor allem über die Haut und durch das Einatmen PAK-belasteter Stäube. Das Ausgasungsverhalten von PAK-haltigen Produkten wird von unterschiedlichen Faktoren wie Konsistenz, Alter und Zustand beeinflusst.

Im privaten Wohnungsbau war die Verwendung von Teerasphaltestrichen bis etwa 1960 verbreitet, auch wenn sie vergleichsweise selten eingebaut wurden. In den 1960er-Jahren fand dann eine Umstellung auf Bitumenasphaltestriche statt. Bei Verdacht auf das Vorhandensein von Teerasphaltestrich, auch wenn dieser keinen Teergeruch aufweist, sollte nach dem Vorsorgeprinzip gehandelt und das bedenkliche Produkt von einem Sachverständigen analysiert werden.

KMF

Künstliche Mineralfasern (KMF) werden in Form von Glas-, Stein- und Mineralwolle zur Wärmedämmung und Schallisolierung verwendet. Seit den 1950er-Jahren bestehen die Dämmschichten in Fußbodenkonstruktionen (z. B. schwimmender Estrich) überwiegend aus diesem Material. KMF sind anorganische silikatische Fasern, die aus Glas-, Gesteins- oder Schlackeschmelzen durch Ziehen, Blasen oder Schleudern hergestellt werden. Die Fasern mit

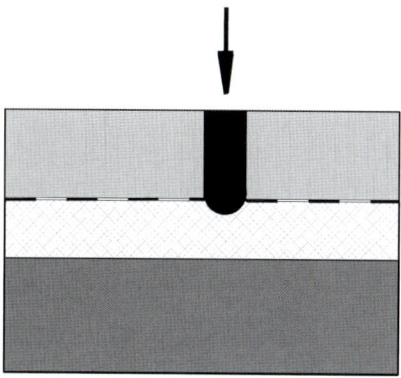

Abb. V.3.10: Vernieten schmaler Risse; im Rissbereich gebohrte Löcher werden mit dünnflüssigem Kunstharz ausgegossen, bis sich eine Art Nietkopf ausgebildet hat.

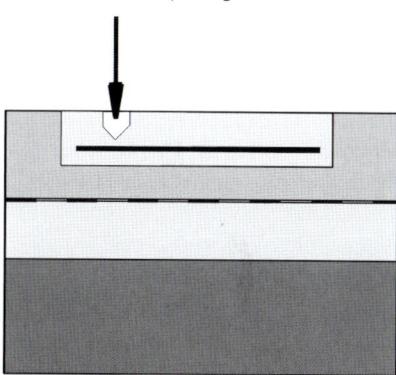

Abb. V.3.11: Verdrahten von Rissen; der Estrich wird eingeschnitten, ein Draht eingelegt und später vergossen.

Abb. V.3.12: Komplette Erneuerung des Estrichs in einem Gebäude im Bestand (Quelle: BAKA, Berlin)

einem Durchmesser von 2 bis 20 μm werden unterteilt in Mineralwoll- und Keramikfasern. Anders als Asbestfasern können KMF sich nicht aufspalten und somit immer dünner werden, sondern nur durchbrechen und somit bei gleicher Dicke immer kürzer werden. Darüber hinaus werden KMF im Gegensatz zu Asbest im Organismus schneller abgebaut. Diese Kriterien führen zu der Einschätzung, dass künstliche Mineralfasern zumindest weit weniger gesundheitsschädlich sind als Asbestfasern.

Beim Umgang mit KMF kann es zu Haut- und Atemwegsreizungen kommen. Weisen die Fasern kritische Abmessungen auf (Durchmesser < 3 μm, Länge > 5 μm), verfügen sie ähnlich wie Asbest über ein krebserzeugendes Potenzial. Da von KMF-Produkten unterschiedliche Gesundheitsgefahren ausgehen, werden sie in sogenannte „alte" und „neue" Produkte eingeteilt. Unter „alten" KMF werden Produkte zusammengefasst, die nicht eines der Freizeichnungskriterien nach der Gefahrstoffverordnung erfüllen und somit als krebserzeugend oder krebsverdächtig gelten. Alte KMF sind dabei insbesondere Produkte, die vor 1996 verwendet worden sind. Daher sollte bei Verdacht auf das Vorhandensein dieser Materialien nach dem Vorsorgeprinzip gehandelt und eine Entsorgung der bedenklichen Produkte vorgenommen werden.

V.3.3 Maßnahmen

Bei der Beseitigung von Mängeln und Schäden an Estrichen muss zunächst entschieden werden, ob eine Ausbesserung technisch sinnvoll oder eine Erneuerung wirtschaftlich günstiger ist.

V.3.3.1 Risssanierung

Eine Ausbesserung erfolgt häufig durch Schließen von Rissen (und Hohlstellen). Das Schließen von kleinen Rissen, aber auch Hohlstellen kann durch eine einfache Tränkung bzw. eine Art Anstrich mit einer Kunstharzlösung erfolgen. Dieses Verfahren dient auch zur Verfestigung der Oberfläche.

Das kraftschlüssige Schließen von Rissen (und Hohlstellen) im Estrich wird in die 4 verschiedenen Verfahren Vergießen, Verdübeln, Vernieten und Verdrahten unterteilt. Bei Verbundestrichen ist zusätzlich Verpressen möglich.

Vergießen

Beim Vergießen werden insbesondere sehr schmale Risse zunächst im oberen Bereich durch Aufkratzen oder Aufschneiden mit der Trennscheibe etwas ausgeweitet. Danach werden sie sorgfältig von Staub und anderen losen Teilen durch Ausblasen und Absaugen befreit.

Anschließend werden die Risse mit Kunstharz vergossen. Dabei wird so lange Harz nachgegossen, bis er in den Rissen nicht mehr absinkt. Danach werden die Risserweiterungen meist mit Kunstharzmörtel gespachtelt.

Beim schwimmenden Estrich ist ein Vergießen nur möglich, wenn die Trennschicht nicht bereits beschädigt ist, da ansonsten Kunstharz in die Dämmschicht laufen könnte und somit z. B. Körperschallbrücken entstehen würden.

Verdübeln

Beim Verdübeln wird im Abstand von ca. 20 cm durch den Riss in den Estrich gebohrt. Beim schwimmenden Estrich darf die Trennschicht nicht erreicht und nicht beschädigt werden; beim Verbundestrich wird bis in den tragenden Betonuntergrund gebohrt.

Danach wird das Bohrloch sorgfältig von Staub und anderen losen Teilen durch Ausblasen und Absaugen befreit und anschließend mit einem Kunstharzmörtel verfüllt.

Vernieten

Beim Vernieten wird ähnlich wie beim Verdübeln verfahren. Im Gegensatz dazu soll hierbei jedoch durch ein Stochern beim Verfüllen bewirkt werden, dass sich der Vergussmörtel etwas unter dem Bohrloch verteilt und dort einen nietenartigen Pfropf bildet.

Beim schwimmenden Estrich besteht die Gefahr, dass die Trennschicht verletzt wird.

Verdrahten

Beim Verdrahten soll eine Art nachträgliche Verdübelung der beiden Rissufer hergestellt werden. Dazu wird der Estrich in Abständen von etwa 25 bis 50 cm quer zum Rissverlauf bis auf seine halbe Dicke tief und bis zu seiner doppelten Dicke breit aufgeschnitten oder aufgestemmt. Danach wird der Bereich sorgfältig von Staub und anderen losen Teilen durch Ausblasen und Absaugen befreit. Ein Stahldraht wird als Verdübelung quer zum Riss eingelegt. Anschließend wird die Öffnung mit Kunstharzmörtel verfüllt, verdichtet und abgezogen.

Verpressen

Als Verpressung wird das Schließen von Rissen durch Injektionen mit Hilfe von Bohrpackern oder Klebepackern bezeichnet.

Beim Injizieren wird grundsätzlich von oben nach unten gearbeitet. Sobald das Harz am nächsthöheren Einfüllstutzen austritt, wird der Verpressvorgang fortgesetzt. Es ist grundsätzlich eine Nachinjektion vorzunehmen.

Bohrpacker bestehen aus einer Spreizvorrichtung mit Verpressnippeln. Sie werden in ein unter 45° vorgebohrtes Loch eingebracht. Bohrpacker werden meist im höheren Druckbereich verwendet und sind daher mit Rückschlagventilen ausgestattet.

V.3.3.2 Oberflächenbehandlungen

Oberflächenbehandlungen wie Imprägnierung, Versiegelung und Beschichtung können einen Estrich vergüten und/oder mit besonderen Eigenschaften wie z. B. Widerstandsfähigkeit gegen chemische und physikalische Beanspruchungen, Reinigungsfähigkeit, Verschleißfestigkeit und einheitliches optisches Erscheinungsbild versehen.

Bevor eines der Verfahren angewendet werden kann, muss die Estrichoberfläche sorgfältig gereinigt und mit einer Grundierung vorbehandelt werden.

Imprägnierung

Imprägnierungen, wie auch Grundierungen, dringen nur ca. 0,5 bis 1 mm, maximal 3 mm, in die oberflächennahen Poren ein und bilden an der Oberfläche keinen geschlossenen Film.

Die Grundierung bietet die Grundlage für eine anschließende Versiegelung bzw. Beschichtung und wirkt oberflächenverfestigend.

Versiegelung

Eine Versiegelung ist filmbildend und bewirkt einen Porenverschluss. Die Filmdicke beträgt 0,1 bis 0,3 mm und besteht aus Reaktionsharzen.

Beschichtung

Eine Beschichtung besteht aus einem Auftrag aus Kunstharz mit einer Schichtdicke von ca. 0,1 bis 0,3 mm. Die mit Zuschlägen gefüllten Reaktionskunststoffe werden entweder aufgespachtelt oder verteilen sich selbstverlaufend.

V.3.3.3 Erneuerung

Eine komplette Erneuerung eines mangel- bzw. schadhaften Estrichs im Altbaubestand ist meist nur dann erforderlich, wenn der Estrich nicht die notwendige mechanische Tragfähigkeit aufweist, weil die Schichtdicke und/oder Festigkeit zu gering ist, der Estrich bereits kleinflächig (in sogenannte Schollen) zerbrochen ist oder ein Verbundestrich sich großflächig oder vollständig vom Untergrund gelöst hat.

Nach dem Entfernen der mangelhaften Fußbodenschichten und gegebenenfalls einer Sanierung der tragenden Boden- bzw. Deckenplatte wird ein neuer Estrich hergestellt.

V.3.3.4 Maßnahmen bei Schadstoffbelastungen

Asbest

Aufgrund der gesundheitsschädlichen Wirkung von Asbestfasern bestehen für Sanierung, Abbruch und Entsorgung asbesthaltiger Baustoffe besondere Anforderungen. Der Ausbau von asbesthaltigem Steinholzestrich darf ausschließlich von Fachunternehmen durchgeführt werden, die einen entsprechenden Sachkundenachweis nach TRGS 519 vorlegen können.

Die nach der Gefahrstoffverordnung vorgeschriebenen Schutzmaßnahmen und organisatorischen Voraussetzungen für Abbruch-, Sanierungs- oder Instandhaltungsarbeiten (ASI-Arbeiten) sowie Entsorgung sind in der Technischen Regel für Gefahrstoffe TRGS 519 „Asbest; Abbruch-, Sanierungs- oder Instandhaltungsarbeiten" zusammengefasst. Die Berufsgenossenschaften haben zudem die Arbeitsanweisung BGI 664 „Verfahren mit geringer Exposition gegenüber Asbest bei Abbruch-, Sanierungs- und Instandhaltungsarbeiten" herausgegeben, mit der sichergestellt werden soll, dass bei Abbruch- bzw. Ausbauarbeiten keine Asbestbelastung entsteht.

Nach Abschluss der Arbeiten und bevor die Räume wieder genutzt werden, muss eine Raumluftmessung auf Asbestfasern erfolgen („Freigabemessung").

PAK

Sind PAK-haltige Baustoffe vorhanden, bedeutet das nicht zwangsläufig, dass eine Gesundheitsgefahr besteht. Es ist im Einzelfall zu prüfen, wie das teerhaltige Material verbaut wurde und ob mit einer relevanten Schadstoffbelastung zu rechnen ist. Die Gefährdungsbeurteilung sowie die Feststellung, ob Sanierungsmaßnahmen getroffen werden müssen, sollten ausschließlich durch einen Sachverständigen erfolgen.

Sanierungsarbeiten an PAK-belasteten Materialien werden durch die Gefahrstoffverordnung (GefStoffV) geregelt sowie insbesondere durch die Technischen Regeln für Gefahrstoffe TRGS 551 „Teer und andere Pyrolyseprodukte aus organischem Material", TRGS 524 „Sanierung und Arbeiten in kontaminierten Bereichen" und die „Verordnung über Sicherheit und Gesundheitsschutz auf Baustellen" (Baustellenverordnung).

KMF

Der Umgang mit alten Mineralwolle-Produkten ist nur noch im Zuge von Abbruch-, Sanierungs-, Instandhaltungs- und Instandsetzungsarbeiten zulässig. Für diese Arbeiten gilt die Technische Regel für Gefahrstoffe TRGS 521 „Abbruch-, Sanierungs- und Instandhaltungsarbeiten mit alter Mineralwolle". Derzeit besteht für alte KMF-Produkte jedoch keine Sanierungspflicht.

Neue KMF gelten als nicht krebserzeugend. Bei Sanierungsarbeiten sind daher lediglich die üblichen Mindestschutzmaßnahmen anzuwenden.

V.4 Holz und Holzwerkstoffe

Autoren: Dipl.-Ing. Tania Brinkmann, Architektin; Dipl.-Ing. Silke Nicole Klein, Architektin

V.4.1 Allgemeines

Holz gehört zu den ältesten und am meisten verwendeten Baustoffen. Es handelt sich dabei um einen erneuerbaren und stets verfügbaren Rohstoff, der mit Maschinen oder Werkzeugen leicht zu bearbeiten ist. Die dabei anfallenden Verarbeitungsreste werden entweder industriell zu Holzwerkstoffen verarbeitet oder als Energiespender in Feuerungsanlagen genutzt.

Holz besteht zu ca. 40 bis 60 % aus Cellulose, der Gerüstsubstanz, deren Grundbaustein aus Stärkemolekülen ($C_6H_{10}O_5$) gebildet wird, die Pflanzen als Fotosyntheseprodukt erzeugen. Ein großer Anteil der Holzmasse setzt sich aus Kohlenstoff (C) zusammen, der aus dem Kohlendioxid (CO_2) der Luft aufgenommen und gespeichert wird. Beim späteren natürlichen Abbau oder beim Verbrennen von Holz wird das CO_2 wieder freigesetzt. Da für die Bildung einer bestimmten Menge Holz der gleiche Anteil an CO_2 nötig ist, wie später wieder freigesetzt wird, handelt es sich bei diesem Vorgang um einen CO_2-neutralen Prozess.

Des Weiteren besteht Holz aus Lignin und Holzinhaltsstoffen wie Harzen, Wachsen, Farb- und Gerbstoffen. Das Lignin dient als eine Art Kittsubstanz, die das Holzgefüge miteinander verbindet und zudem für die Druckfestigkeit maßgebend ist, die Holzinhaltsstoffe sind dagegen vor allem für die Beständigkeit des Holzes entscheidend.

Holz wird unterschieden in Nadel- und Laubhölzer, wobei Nadelholz mit einer Dichte bis ca. 0,55 g/cm³ zu den Weichhölzern zählt. Laubholz dagegen weist mit Werten von ca. 0,7 bis zu 1,2 g/cm³ eine höhere Dichte auf und ist daher wesentlich härter.

Als Bauholz vor allem im Ingenieurholzbau müssen ausschließlich Hölzer eingesetzt werden, die die Standsicherheit der Bauwerke gewährleisten. In der Hauptsache sind dies europäische Nadelhölzer wie Fichte, Kiefer, Lärche, Douglasie und Tanne. Weiterhin sind Eiche und Buche zu nennen, die zu den Laubhölzern zählen.

V.4.1.1 Definitionen und Begriffe

Konstruktive Vollholzprodukte

Im Unterschied zu den industriell hergestellten Holzwerkstoffen werden konstruktive Vollholzprodukte in ihrer Struktur nicht oder nur geringfügig verändert. Die Fertigung besteht grundsätzlich aus Sägen, Trocknen, Festigkeitssortierung und Verbinden der Holzschichten durch Verkleben oder Keilzinken.

Am Prinzip der Herstellung hat sich über die Jahrhunderte nichts geändert: Vollholz wird nach wie vor in Vierkanthölzer oder Bretter zerlegt und so lange gelagert, bis die Produkte auf die sogenannte Einbaufeuchte heruntergetrocknet sind. Die hierfür zulässigen Maximalwerte sind dagegen erheblich gesunken, was auf den verbesserten technischen Möglichkeiten der modernen Industrie hinsichtlich kontrollierter Trocknung und Feuchtemessung beruht.

Maßgeblich geregelt sind die heutigen Produkte vor allem in den folgenden Normen:

- DIN 4070 „Nadelholz",
- DIN 4074 „Sortierung von Holz nach der Tragfähigkeit",
- DIN 68364 „Kennwerte von Holzarten – Rohdichte, Elastizitätsmodul und Festigkeiten",
- DIN 68365 „Bauholz für Zimmerarbeiten – Gütebedingungen",
- DIN EN 338 „Bauholz für tragende Zwecke – Festigkeitsklassen",
- DIN EN 350 „Dauerhaftigkeit von Holz und Holzprodukten – Natürliche Dauerhaftigkeit von Vollholz",
- DIN EN 390 „Brettschichtholz – Maße, Grenzabmaße",
- DIN EN 844 „Rund- und Schnittholz",
- DIN EN 975 „Schnittholz – Sortierung nach dem Aussehen für Laubholz",
- DIN EN 1611-1 „Schnittholz – Sortierung nach dem Aussehen von Nadelholz – Teil 1: Europäische Fichten, Tannen, Kiefern, Douglasie und Lärchen" sowie
- DIN EN 14080 „Holzbauwerke – Brettschichtholz – Anforderungen".

Entsprechend der Herstellungsart und der Sortierung gemäß DIN 4074 werden die Produkte unterschiedlich eingeteilt.

Bauschnittholz

Bauschnittholz wird durch Einschneiden oder Profilieren von Rundhölzern hergestellt und durch Trocknung, Fasen oder Hobeln der Oberflächen vergütet. Die Querschnitte differenzieren die Erzeugnisse in Balken, Kanthölzer, Bretter, Bohlen und Latten. Diese Holzprodukte werden seit Jahrhunderten verarbeitet und sind daher die am häufigsten anzutreffenden Bauhölzer im Baubestand.

Konstruktionsvollholz

Konstruktionsvollholz (KVH) wird – anders als konventionelles Bauholz – künstlich getrocknet und mit eindeutig definierten und garantierten Eigenschaften angeboten. Wesentliches Qualitätsmerkmal ist die Holzfeuchte, die bei ≤ 15 ± 3 % liegen muss. Mit dieser festgeschriebenen Holzfeuchte wird das Quell- und Schwindverhalten des Werkstoffes minimiert.

Massivholz

Massivholz (MH) ist ein besonders vergütetes Bauschnittholz, das aufgrund einer garantierten Holzfeuchte von ≤ 15 ± 3 % und strenger Sortierkriterien eine hohe Formstabilität sowie eine geringe Rissneigung aufweist.

Balkenschichtholz

Balkenschichtholz besteht aus 2 oder 3 miteinander verbundenen Holzbohlen, den sogenannten Duo- oder Triobalken (überwiegend aus Nadelholz). Die Herstellung erfolgt durch Verkleben der auf unter 15 % Holzfeuchte getrockneten Bohlen, danach wird der gefertigte Balken von allen Seiten gehobelt und gefast. Für Sonderlängen müssen die Bohlen kraftschlüssig keilverzinkt werden.

Brettschichtholz

Brettschichtholz (BSH) ist ein industriell gefertigter Werkstoff für tragende Verwendungen im Holzbau. BSH besteht aus mindestens 3 faserparallel miteinander verklebten und auf ca. 12 % Holzfeuchte getrockneten Brettern oder Brettlamellen aus Nadelholz (hauptsächlich Fichte). Eine Vergütung erfolgt durch die Festigkeitssortierung des Ausgangsmaterials sowie die Homogenisierung durch den schichtweisen Aufbau. Neben einfachen, geraden Bauteilen sind räumliche Krümmungen und Verdrehungen möglich.

Holzwerkstoffe

Die Herstellung von Holzwerkstoffen erfolgt durch Verpressen von Spänen, Fasern, Furnieren, Stäben oder Brettern gleicher Holzart zu einem homogenen Werkstoff. Dies geschieht, indem Klebstoffe (Kunstharze) oder mineralische Bindemittel (Zement, Gips) zugesetzt werden. Holzwerkstoffe sind relativ moderne Baustoffe, die zum größten Teil im 20. Jahrhundert entwickelt worden sind.

Maßgeblich geregelt sind die Produkte vor allem in der DIN EN 13986 „Holzwerkstoffe zur Verwendung im Bauwesen – Eigenschaften, Bewertung der Konformität, Kennzeichnung" und werden unterschieden in:

Sperrholz

Sperrholz besteht aus einer ungeraden Anzahl von mindestens 3 mit Kunstharz aufeinandergeleimten Holzlagen, wobei die Faserrichtung der Lagen meist um 90° versetzt ist. Das Schwinden und Quellen wird durch den Schichtwechsel minimiert.

Für die außen liegenden Decklagen werden grundsätzlich Furniere verwendet. Die für die Klassifizierung wesentlichen aktuellen Normen sind die DIN 68705 „Sperrholz", die DIN EN 313 „Sperrholz – Klassifizierung und Terminologie", die DIN EN 315 „Sperrholz – Maßtoleranzen" und die DIN EN 635 „Sperrholz – Klassifizierung nach dem Aussehen der Oberfläche". Die einzelnen Sperrholzarten werden gemäß ihrer Innenlage in Furnier- (FU), Stab- (ST) und Stäbchensperrholz (STAE) differenziert.

Furniersperrholz (FU) besteht ausschließlich aus parallel zur Plattenebene ausgerichteten Furnieren, die lagenweise um 90° gegeneinander versetzt sind. Vor dem Verleimen werden die Furniere auf 6 bis 10 % Holzfeuchte getrocknet.

Stabsperrholz (ST) ist ein Sperrholz mit einer Mittellage aus 24 bis 30 mm breiten verleimten Holzstäben (frühere Bezeichnung „Tischlerplatte").

Stäbchensperrholz (STAE) ist ein Sperrholz mit einer Mittellage aus < 8 mm dicken, hochkant zur Plattenebene stehenden Holzstäbchen oder Furnierstreifen.

Spanplatten

Spanplatten werden aus einem Gemisch grober und/oder feiner Holzspäne mit Kunstharzkleber durch Verpressen unter Hitzeeinwirkung hergestellt. Je nach Ausrichtung der Späne wird zwischen Strangpressplatten (senkrechte Lage zur Plattenebene) und Flachpressplatten (parallele Lage zur Plattenebene) unterschieden. Strangpressplatten benötigen eine beidseitige Beplankung, z. B. aus Furnieren oder Furnierplatten. Alternativ werden mineralisch gebundene Flachpressplatten mit Zement oder Gips als Bindemittel angeboten. Spanplatten sind momentan u. a. geregelt in den Normen DIN 68762 „Spanplatten für Sonderzwecke im Bauwesen", DIN EN 309 „Spanplatten – Definition und Klassifizierung" sowie DIN EN 633 „Zementgebundene Spanplatten – Definition und Klassifizierung".

OSB-Flachpressplatten

OSB-Flachpressplatten werden durch die Verleimung großflächiger Langspäne mit Kunstharz gemäß DIN EN 300 „Platten aus langen, flachen, ausgerichteten Spänen (OSB) – Definitionen, Klassifizierung und Anforderungen" hergestellt. In den Deckschichten sind die Späne überwiegend parallel zur Plattenlängsrichtung (Fertigungsrichtung) und in der Mittelschicht quer dazu angeordnet. OSB-Flachpressplatten haben deshalb in Längs- und Querrichtung deutlich unterschiedliche Festigkeitseigenschaften.

Massivholzplatten

Massivholzplatten (SWP) bestehen aus Vollholzelementen wie Bohlen, Brettern, Lamellen oder Stäben, die an ihren Schmalseiten miteinander verklebt sind.

Abb. V.4.01: OSB-Flachpressplatten

Furnierschichtholz

Furnierschichtholz (FSH) besteht aus ca. 3 mm dicken verleimten Schälfurnieren aus Nadelholz. Diese Schichten weisen entweder eine parallele Faserrichtung auf oder es wird zwischen mehreren parallelen Furnieren eine festgelegte Zahl von Furnieren mit quer laufender Faserrichtung eingelegt. Die Anwendung erfolgt entsprechend der DIN EN 14279 „Furnierschichtholz (LVL) – Definitionen, Klassifizierung und Spezifikationen".

Holzfaserplatten

Holzfaserplatten sind Holzwerkstoffe aus verholzten Fasern, die entweder im Nassverfahren ohne Bindemittel oder im Trockenverfahren mit Bindemitteln (meist Phenolharz) durch Verpressen hergestellt werden. Holzfaserplatten sind u. a. geregelt in den Normen DIN EN 316 „Holzfaserplatten – Definition, Klassifizierung und Kurzzeichen", DIN EN 438 „Dekorative Hochdruck-Schichtpressstoffplatten (HPL) – Platten auf Basis härtbarer Harze (Schichtpressstoffe)" sowie DIN EN 13171 „Wärmedämmstoffe für Gebäude – Werkmäßig hergestellte Produkte aus Holzfasern (WF) – Spezifikation". Entsprechend ihrer Rohdichte werden harte, mittelharte, mitteldichte und poröse Plattentypen unterschieden.

Harte Holzfaserplatten (HFH) weisen eine Rohdichte von ≥ 800 kg/m³ auf (auch Hartplatte genannt) und werden im Nassverfahren gefertigt.

Mittelharte Holzfaserplatten (HFM) weisen eine Rohdichte von 350 bis

800 kg/m³ auf, die Herstellung erfolgt im Nassverfahren.

Mitteldichte Holzfaserplatten (MDF) weisen eine Rohdichte von ≥ 450 kg/m³ auf und werden im Trockenverfahren hergestellt.

Poröse Holzfaserplatten (HFD) weisen eine Rohdichte von ≥ 230 bis 400 kg/m³ auf und werden im Nassverfahren gefertigt. HFD-Platten werden auch Isolier- oder Dämmplatten genannt.

V.4.1.2 Eigenschaften und Anforderungen

Holz besitzt bei geringem Eigengewicht gute Festigkeitseigenschaften, hohe Elastizität sowie günstige wärmedämmende und akustische Eigenschaften. Darüber hinaus verfügen einige Holzarten über eine natürliche Dauerhaftigkeit gegen holzzerstörende Organismen. Holz ist aufgrund seines Aufbaus ein inhomogenes Material, stark anisotrop (seine physikalischen Eigenschaften sind stark richtungsabhängig) und hygroskopisch.

Dauerhaftigkeit

Unter natürlicher Dauerhaftigkeit von Holz wird die materialspezifische Widerstandsfähigkeit gegenüber holzzerstörenden Organismen wie Pilzen oder Insekten verstanden. Nach der aktuellen DIN EN 350 „Dauerhaftigkeit von Holz und Holzprodukten – Natürliche Dauerhaftigkeit von Vollholz" wird diese Eigenschaft in die sogenannten Dauerhaftigkeitsklassen 1 (sehr dauerhaft) bis 5 (nicht dauerhaft) eingeteilt. Die Nutzungsdauer von Holz basiert jedoch nicht nur auf dessen Dauerhaftigkeit, sie hängt ebenso von der spezifischen Feuchteaufnahmefähigkeit des Stoffes ab. Bei gleicher Dauerhaftigkeitsklasse wird Holz mit einem geringen Feuchteaufnahmevermögen meist deutlich länger halten als Holz mit einer hohen Feuchteaufnahmefähigkeit.

Für Bauteile, die durch Wasser oder biotische Schädlinge beansprucht werden, erfolgt die Auswahl der geeigneten Holzart entsprechend der DIN EN 335-2 „Dauerhaftigkeit von Holz und Holzprodukten – Definition der Gebrauchsklassen – Teil 2: Anwendung bei Vollholz" sowie der DIN EN 335-3 „Dauerhaftigkeit von Holz und Holzprodukten – Definition der Gefährdungsklassen für einen biologischen Befall – Teil 3: Anwendung bei Holzwerkstoffen" nach den Gebrauchsklassen 1 bis 5.

Frühere Maßnahmen zur Optimierung der Holzqualität bestanden darin, das Bauholz ausschließlich in der Zeit der sogenannten Saftruhe zu schlagen. Durch den relativ geringen Nährstoffgehalt des im Winter geschlagenen Holzes ist dieses weniger anfällig für den Befall durch tierische und pflanzliche Schädlinge.

Tabelle V.4.01: Mittlere Kennwerte von Nadel- und Laubhölzern nach DIN 68364 „Kennwerte von Holzarten" (Auswahl)

	Rohdichte ρ_N	Elastizitätsmodul E_m	Festigkeiten N/mm²		
	g/cm³	N/mm²	Zug f_t	Biegung f_m	Druck f_c
Nadelhölzer					
Douglasie, Mitteleuropa (Pseudotsuga menziesii)	0,58	13.000	105	100	54
Fichte (Picea abies)	0,46	11.000	95	80	45
Kiefer (Pinus sylvestris)	0,52	11.000	100	85	47
Lärche (Larix decidua)	0,6	13.800	107	99	55
Redceder, Westem- (Thuja plicata)	0,37	8.000	60	54	35
Tanne (Abies alba, Abies spp.)	0,46	11.000	95	80	45
Laubhölzer					
Afzelia, Doussié (Afzelia bipindensis, Afzelia spp.)	0,8	13.500	120	115	70
Azobé, Bongossi (Lophira alata)	1,06	17.000	180	180	95
Birke (Betula pendula, N. pubescens)	0,66	14.000	137	120	60
Buche, Rotbuche (Fagus sylvatica)	0,71	14.000	135	120	60
Eiche (Quercus petraea, Q. robur)	0,71	13.000	110	95	52
Erle (Alnus glutinosa)	0,53	9.500	94	91	51
Esche (Fraxinus excelsior)	0,7	13.000	130	105	50
Greenheart (Chlorocardium rodiei, Ocotea rodiei)	1,03	22.000	220	180	100
Swietenia, Amerikanisch Mahagoni (Swietenia macrophylla)	0,55	9.500	100	80	45
Pappel (Populus spp.)	0,44	8.800	77	60	32
Robinie (Robinia pseudoacacia)	0,74	13.600	148	150	73
Teak (Tectona grandis)	0,68	13.000	115	100	58
Ulme, Rüster (Ulmus spp.)	0,65	11.000	80	81	51

Brandverhalten

Bei starker Erhitzung (etwa 150 bis 900 °C) setzt bei Holz eine chemische Zersetzung der Substanz unter Bildung von Holzkohle und brennbaren Gasen ein. Da die Entzündungstemperatur von Holz und Holzwerkstoffen von Faktoren wie dem Feuchtegehalt, der Erwärmungsdauer und auch der Rohdichte (mit steigender Rohdichte erschwert sich die Entzündung) abhängt, kann hierfür kein verbindlicher Wert angegeben werden.

Unbehandeltes Holz und genormte Holzwerkstoffe mit einer Dicke ≥ 2 mm und einer Rohdichte ≥ 400 kg/m³ oder einer Dicke ≥ 5 mm und einer Rohdichte ≥ 230 kg/m³ werden gemäß DIN 4102-4 „Brandverhalten von Baustoffen und Bauteilen – Teil 4: Zusammenstellung und Anwendung klassifizierter Baustoffe, Bauteile und Sonderbauteile" in die Baustoffklasse B 2 (normal entflammbar) eingestuft. Ebenfalls in diese Baustoffklasse gehören die Werkstoffe Bau-Sperrholz nach DIN 68705-2 und -4, Spanplatten für Sonderzwecke nach DIN 68762 sowie Schichtpressstoffplatten nach DIN EN 438-1.

Hinsichtlich der Brennbarkeit der genannten Baustoffe sind diese nur für Bauteile der Feuerwiderstandsklassen F 30-B und F 60-B (feuerhemmend) nach DIN 4102 geeignet.

Das Brandverhalten von Holz und Holzwerkstoffen kann durch konstruktive Maßnahmen wie auch durch den Einsatz von Brandschutzmitteln optimiert werden.

Hygroskopizität

Holz nimmt aus der umgebenden Luft Wasserdampf auf und lagert diesen an, d. h., Holz ist ein hygroskopischer Baustoff. Unter dem Einfluss von Feuchte findet eine ständige Volumenänderung statt, was allgemein als Arbeiten des Holzes bezeichnet wird. Durch Wasseraufnahme quillt das Holz, bei Wasserabgabe schwindet es. Die Quell- und Schwindmaße sind in den 3 Hauptrichtungen des Holzkörpers unterschiedlich. So liegen sie in Längsrichtung unter 0,5 % und sind zu vernachlässigen, während die Werte in radialer und tangentialer Richtung das Zehn- bis Zwanzigfache davon erreichen können.

Holzfeuchte

Die Aggregatzustände des Wassers im Holz (Holzfeuchte) werden bezeichnet als darrtrocken (Holzfeuchte $u = 0$ Masse-%), fasergesättigt bzw. Zellwandstruktur maximal gesättigt ($u = 20$ bis 30 Masse-%) und wassergesättigt (u_{max} variiert je nach Holzart zwischen 20 und 35 Masse-%).

Nach DIN 4074 wird Bauholz unterschieden in frisches Schnittholz mit einer Holzfeuchte von > 30 Masse-%, halbtrockenes Schnittholz mit einer Holzfeuchte von 20 bis 30 Masse-% und trocken sortiertes Schnittholz mit einer Holzfeuchte von ≤ 20 Masse-%.

Um Formänderungen im verbauten Zustand so gering wie möglich zu halten, sind Holz und Holzwerkstoffe mit dem Feuchtegehalt einzubauen, der im Gebrauchszustand als Mittelwert zu erwarten ist. Es gelten die folgenden Werte:

- bei allseitig geschlossenen Bauwerken mit Heizung: 9 ± 3 Masse-%,
- bei allseitig geschlossenen Bauwerken ohne Heizung: 12 ± 3 Masse-%,
- bei überdeckten offenen Bauwerken: 15 ± 3 Masse-%,
- bei Konstruktionen, die der Witterung allseitig ausgesetzt sind: 18 ± 6 Masse-%.

Der Holzfeuchtegehalt verändert praktisch alle Eigenschaften des Holzes. Während die Feuchtezu- und -abnahme unterhalb des Fasersättigungsbereiches insbesondere die physikalischen Eigenschaften wie Festigkeit oder Wärmeleitfähigkeit beeinflusst, sind Aufnahme und Transport von Wasser oberhalb des Fasersättigungspunktes vor allem für die Dauerhaftigkeit des Holzes von besonderer Bedeutung. Vollständig durchfeuchtetes Holz von biologisch nicht resistenten Holzarten ist pilz- bzw. fäulnisgefährdet.

Holzdichte

Die Dichte der reinen Zellwandsubstanz (ausschließlich der Zellhohlräume) liegt bei allen Holzarten zwischen 1,5 und 1,56 kg/dm³. Diese verschiedenen Werte ergeben sich vor allem aus den Einlagerungen im Kernholz gegenüber dem Splintholz.

Die Rohdichte ermittelt sich aus der gesamten Holzmasse, also einschließlich der Hohlräume. Die Rohdichtewerte der einzelnen Holzarten unterscheiden sich daher ganz extrem voneinander. Sie liegen beispielsweise für Balsaholz bei 0,03 bis 0,05 kg/dm³, für Guajakholz (Pockholz) dagegen bei 1,25 bis 1,5 kg/dm³.

Mit abnehmendem Zellhohlraum und steigender Rohdichte nimmt neben der Härte auch die Wärmeleitfähigkeit sowie der Abnutzungswiderstand des Holzes zu, während die Schwind- und Quellneigung stetig abnimmt.

Akustische Eigenschaften

Holz weist aufgrund seiner geringen Eigenlast eine relativ schlechte Schalldämmung auf. Bei Holzkonstruktionen kann diese Schwäche durch Vermeidung von Schallbrücken sowie durch mehrschaliges Bauen ausgeglichen werden.

Das Schwingen von (Holz-)Bauteilen verursacht die Entwicklung von Schallwellen mit einer bestimmten Frequenz, die vom Objekt wieder abgestrahlt werden. Durch die Verwendung von massiven oder mehrschaligen Konstruktionen kann diese Frequenz in einen Bereich außerhalb des Hörbereiches verschoben werden.

Je nach Richtung der Schallausbreitung, also quer oder längs zur Holzfaser, ist die Schallleitung unterschiedlich schnell. Parallel zur Faser breitet sich der Schall im Holz mit einer Geschwindigkeit von 3000 bis 5000 m/s aus, während die Schallgeschwindigkeit senkrecht zur Faser nur 1000 m/s beträgt.

Chemikalienbeständigkeit

Die Beständigkeit von Holz gegen Chemikalien hängt vom angreifenden Stoff wie auch von der angegriffenen Holzart ab. So schädigen beispielsweise verdünnte Säuren oder Ammoniak das Holz weniger als etwa Laugen und Schwefeldioxid. Nadelhölzer sind zudem wegen ihres höheren Ligningehalts widerstandsfähiger als Laubhölzer.

Die Zerstörung von Holz erfolgt etwa ab einem pH-Wert < 2 sowie > 11, also in einem stark sauren bzw. basischen Bereich. Der Zerstörungsgrad ist abhängig von der Konzentration der sauren oder basischen Lösung, der Luft- und Holzfeuchte, der Umgebungstemperatur und der Holzart sowie der Dauer und Intensität der Einwirkung.

Die Zerstörung der Randzonen betroffener tragender Holzbauteile führt wegen der Schwächung des Querschnitts zu einer Verringerung der Tragfähigkeit.

Festigkeitseigenschaften

Die Kohäsion (Zusammenhangskraft) des Holzes basiert in Faserrichtung auf chemischen und quer dazu auf zwischenmolekularen Bindungen (Wasserstoffbrückenbindungen). Da die chemischen Bindungen die in etwa zehnfach stärkere Wirkung der Wasserstoffbrückenbindung ausüben, ist die Festigkeit in axialer Richtung bedeutend größer als senkrecht dazu. Nachteilige Auswirkung auf die Festigkeit hat ein steigender Feuchtegehalt, der aufgrund des Quellens der Holzsubstanz zur Lockerung und Zerstörung der Wasserstoffbrückenbindungen führt.

Sortierkriterien für Schnittholz

Bauholz, das nach der Tragfähigkeit bemessen wird, beispielsweise für Konstruktionen nach DIN 1052 „Entwurf, Berechnung und Bemessung von Holzbauwerken – Allgemeine Bemessungsregeln und Bemessungsregeln für den Hochbau", muss vor seiner Verwendung entsprechend sortiert werden. Anderenfalls ist eine Zuordnung zu Klassen verschiedener zulässiger Beanspruchungen nicht möglich.

Gemäß DIN 4074-1 wird in die Sortierklassen S 7, S 10 und S 13 (visuelle Sortierung) sowie MS 7, MS 10, MS 13 und MS 17 (maschinelle Sortierung) unterschieden.

Die Zahlen geben Auskunft über die Tragfähigkeit der Hölzer. Sie teilen sie ein in Schnittholz mit geringer (7), üblicher (10), überdurchschnittlicher (13) und besonders hoher (17) Tragfähigkeit.

Holzwerkstoffklassen

Holzwerkstoffe werden entsprechend der Verleimungsart sowie der Feuchtebeständigkeit in verschiedene Plattentypen bzw. Holzwerkstoffklassen eingeteilt. Gemäß DIN 68705-2 wird nach der Verleimungsart in folgende Qualitäten unterteilt:

Verleimungsart IF:

nicht wetterbeständige Verleimung, Beständigkeit nur in Räumen mit allgemein niedriger Luftfeuchte; und

Verleimungsart AW:

wetterbeständige Verleimung, Beständigkeit auch in Räumen mit erhöhter Luftfeuchte („wetterbeständig" bedeutet nicht, dass der Holzwerkstoff ohne zusätzlichen Oberflächenschutz für eine direkte Bewitterung geeignet ist).

Die Holzwerkstoffklassen 20, 100 und 100 G gemäß DIN 68800-2 „Holzschutz – Teil 2: Vorbeugende bauliche Maßnahmen im Hochbau" werden folgendermaßen beschrieben:

HWS-Klasse 20:

Die HWS-Klasse 20 findet Anwendung, wenn die maximal zulässige Holzfeuchte im Gebrauchszustand 15 Masse-% nicht übersteigt, sowie bei nicht wetterbeständiger Verleimung IF.

HWS-Klasse 100:

Die HWS-Klasse 100 wird verwendet, wenn die maximal zulässige Holzfeuchte im Gebrauchszustand 18 Masse-% nicht übersteigt, sowie bei wetterbeständiger Verleimung AW.

Tabelle V.4.02: Sortierkriterien für Kantenhölzer und vorwiegend hochkant (K) biegebeanspruchte Bretter und Bohlen bei der visuellen Sortierung nach DIN 4074-1

Sortiermerkmale	Sortierklasse		
	S 7, S 7 K	S 10, S 10 K	S 13, S 13 K
1. Äste	bis $3/5$	bis $2/5$	bis $1/5$
2. Faserneigung	bis 16 %	bis 12 %	bis 7 %
3. Markröhre	zulässig	zulässig	nicht zulässig[1]
4. Jahrringbreite			
– i. Allg.	bis 6 mm	bis 6 mm	bis 4 mm
– bei Douglasie	bis 8 mm	bis 8 mm	bis 6 mm
5. Risse			
– Schwindrisse[2]	bis $3/5$	bis $1/2$	bis $2/5$
– Blitzrisse, Ringschäle	nicht zulässig	nicht zulässig	nicht zulässig
6. Baumkante	bis $1/3$	bis $1/3$	bis $1/4$
7. Krümmung[2]			
– Längskrümmung	bis 12 mm	bis 8 mm	bis 8 mm
– Verdrehung	2 mm/ 25 mm Breite	2 mm/ 25 mm Breite	1 mm/ 25 mm Breite
8. Verfärbungen, Fäule			
– Bläue	zulässig	zulässig	zulässig
– nagelfeste braune und rote Streifen	bis $3/5$	bis $2/5$	bis $1/5$
– Braunfäule, Weißfäule	nicht zulässig	nicht zulässig	nicht zulässig
9. Druckholz	bis $3/5$	bis $2/5$	bis $1/5$
10. Insektenfraß durch Frischholzinsekten	Fraßgänge bis 2 mm Durchmesser zulässig		

[1] bei Kantholz mit einer Breite > 120 mm zulässig
[2] Diese Sortiermerkmale bleiben bei nicht trocken sortierten Hölzern unberücksichtigt.

HWS-Klasse 100 G:

Die HWS-Klasse 100 G wird angewendet, wenn die maximal zulässige Holzfeuchte im Gebrauchszustand 21 Masse-% nicht übersteigt, sowie bei wetterbeständiger Verleimung mit zusätzlichem Schutz gegen holzzerstörende Pilze.

V.4.1.3 Einsatzgebiete und Verwendung

Historische Verwendung

Holz ist einer der ältesten vom Menschen genutzten Baustoffe, der aufgrund seiner leichten Bearbeitbarkeit ausgesprochen vielfältig eingesetzt wurde. So diente Holz ursprünglich zur Herstellung von Werkzeugen oder Waffen sowie als Brennstoff, später auch zur Errichtung von primitiven Behausungen. Mit Beginn der Sesshaftigkeit der Menschen vor etwa 14.000 Jahren änderte sich die Qualität der Unterkünfte, die nun zu befestigten Häusern ausgebaut wurden. Im Laufe der Jahrhunderte verfeinerten sich die Konstruktionstechniken, und es entstanden ganze Städte und Tempelanlagen aus Holz. Im Jahr 310 ließ Kaiser Konstantin der Große in Köln sogar eine Brücke aus Holz über den Rhein bauen. Eine neue Blütezeit des Holzbaus in Europa erfolgte im Mittelalter im Zuge der zahlreichen Stadtgründungen, von der vor allem die vielen noch erhaltenen Fachwerkhäuser zeugen. Bis in die Neuzeit wurde und wird (Voll-)Holz im Baubereich sowohl als tragendes Element in Form von Außen- und Innenwänden sowie Dachtragwerken eingesetzt, als auch für Fassaden- und Dachbekleidungen, Fußböden, Türen und Fenster sowie für Innenwand- und Deckenbekleidungen genutzt.

Moderne Verwendung

Konstruktive Vollholzprodukte

Konstruktive Vollholzprodukte können sowohl für alle tragenden als auch aussteifenden Konstruktionen nach DIN 1052 „Entwurf, Berechnung und Bemessung von Holzbauwerken" verwendet werden. Vor allem Brettschichtholz (BSH) ist überaus geeignet für hoch belastete und weitgespannte Anwendungen sowie für Bauteile mit besonders hohen Anforderungen an die Formbeständigkeit und das Aussehen (z. B. Hallenbauten und Sportstätten). Die Einbaufeuchte darf meist 20 Masse-% nicht überschreiten, bei Nachtrocknungsmöglichkeiten im eingebauten Zustand liegt der maximal zulässige Wert bei 30 Masse-%. Die höchstzulässige Einbaufeuchte von keilgezinktem Holz und Holz für den Holzhausbau beträgt 18 Masse-%.

Bei genauer Beachtung der baulichen Holzschutzmaßnahmen nach DIN 68800-2 kann auf vorbeugenden chemischen Holzschutz verzichtet werden.

Anwendung finden heutige Vollholzprodukte ähnlich wie in früheren Zeiten als tragende, maßhaltige Außenwandkonstruktionen (s. Kap. III.2.1.4), Fenster (s. Kap. III.3.1.4), Innenwände, Geschossdecken (s. Kap. III.6.1.3), Treppen (s. Kap. III.7.1.3), Bodenbeläge und Dachtragwerke, in seltenen Fällen (z. B. in der Denkmalpflege) auch als Material für Dacheindeckungen (s. Kap. V.14.1.2).

Holzwerkstoffe

Die gegenüber Vollholz veränderte Struktur im Holzwerkstoff führt zu einer Verbesserung gewisser, nachfolgend beschriebener Eigenschaften des Materials. Das Zerkleinern und Zusammenfügen der Holzspäne führt zu einer Minderung der richtungsabhängigen Holzeigenschaften, sodass Holzwerkstoffe im Gegensatz zu Vollholz geringere Eigenschaftsstreuungen sowie eine weitgehende Isotropie (also gleiche physikalische Eigenschaften in allen Richtungen der Plattenebene) besitzen. Daher ist eine relativ großflächige Verwendbarkeit realisierbar.

Sperrholz wird insbesondere verwendet für Treppen- und Innenausbau, für Wand-, Decken- und Türbekleidungen (s. Kap. III.4.1.1) sowie für tragende oder aussteifende Elemente im Innen- oder Außenbereich und im Holztafelbau.

Spanplatten werden vor allem eingesetzt für akustisch wirksame Wand- und Deckenbekleidungen, für tragende oder aussteifende Elemente im Innen- und Außenbereich wie auch als Mittellage von Türblättern. Zementgebundene Spanplatten finden Verwendung vor allem bei Holzelementen mit speziellen Anforderungen an den Brandschutz, vermehrt auch als Fassadenbekleidung. Sie sind weitgehend feuchtigkeitsresistent, frostbeständig und weisen eine geringe Quellneigung auf. Gipsgebundene Spanplatten zählen zu den jüngsten bzw. neuesten Holzwerkstoffen, da die industrielle Produktion erst vor etwa 20 Jahren begonnen hat. Sie finden Verwendung im Innenausbau und als spezielle Brandschutzbekleidung.

OSB-Flachpressplatten werden verwendet für mittragende und aussteifende Zwecke (wie Wand-, Fußboden- und Dachkonstruktionen) im Trocken- und Feuchtbereich sowie für Fußbodenbeläge (s. Kap. III.10.1.4). OSB-Platten wurden in den 70er-Jahren des letzten Jahrhunderts in den USA als eine Alternative zu den marktbeherrschenden Furniersperrholzplatten entwickelt.

Holzfaserplatten dienen zur Herstellung von Wand-, Decken- und Dachtafeln für Holzhäuser in Tafelbauweise als mittragende und aussteifende Beplankung. Weiche Holzfaserplatten sind Dämmstoffe für das Bauwesen und werden zur Wärme- und Trittschalldämmung verwendet.

Holzfaserplatten zählen neben Sperrholz zu den ältesten industriell hergestellten Holzplattenarten. Schon um 1920 wurde nach Möglichkeiten gesucht, den natürlichen Faserverbund zur Herstellung plattenförmiger Holzwerkstoffe zu nutzen und Produkte ohne Zugabe von Klebstoffen und Bindemitteln herzustellen. Mit der Erfindung der Holzzerfaserung Anfang der 30er-Jahre konnte schließlich die industrielle Massenproduktion von Holzfaserplatten beginnen. Diese Platten wurden hauptsächlich für den Möbel- und Innenausbau verwendet.

V.4.2 Typische Mängel und Schäden

An Holzbauteilen gibt es kaum Mängel oder Schäden allein durch Alterung oder Verwitterung. Mängel entstehen meist erst durch den falschen Umgang mit dem Material Holz. Es sind im Wesentlichen unzureichende oder fehlerhafte Konstruktionen sowie die Missachtung bautechnischer oder bauphysikalischer Grundregeln, die zu

Abb. V.4.02: Echter Hausschwamm – Schadensbild an einem Holzbauteil

Abb. V.4.03: Fruchtkörper des Echten Hausschwamms

Schäden führen. Ständige Feuchtewechsel, Feuchtestaus oder Feuchtekonzentrationen sind besonders häufige Gründe für die Schadensmechanismen.

Typische Mängel und Schäden an Bauteilen aus Holz und Holzwerkstoffen entstehen aufgrund Formveränderungen durch Schwinden und Quellen, durch Schädlingsbefall mit holzzerstörenden Pilzen und Insekten sowie Verwitterung und biologischen Bewuchs der Holzoberfläche als auch durch Angriff von Salzen und Tauwasser.

V.4.2.1 Schwinden und Quellen

Das Schwinden und Quellen, also die Volumenänderung des Holzes infolge wechselnder Holzfeuchte, beeinflusst die technische Verwendung des Holzes nachhaltig. Ihre Kenntnis und vor allem ihre Berücksichtigung beim Konstruieren mit Holz sind besonders wichtig, um die Formänderungen des Holzes möglichst klein zu halten. Für das rechnerische Abschätzen von Formänderungen in der Praxis kann davon ausgegangen werden, dass das Schwinden und Quellen (unterhalb des Fasersättigungsbereiches) proportional zur Änderung der Holzfeuchte verläuft.

Rissbildung

Eine Rissbildung in (Voll-)Holzbauteilen tritt auf, wenn Schwindverformungen behindert werden und Schwindspannungen die Querzugfestigkeit des Holzes überschreiten.

Aufwölbungen

Zu Aufwölbungen von beispielsweise Holzschindeln oder Brettern kann es kommen, wenn das Holz quillt und die Ausdehnung aufgrund zu starrer Befestigung behindert ist. Als Folge entstehen vor allem in Anschlussbereichen Öffnungen in Form von Fugen und Spalten, die einen unkontrollierten Feuchteeintrag in das betroffene Bauteil ermöglichen.

V.4.2.2 Holzzerstörende Pilze

Eine Gefährdung durch holzzerstörende Pilze besteht prinzipiell überall, da Pilzsporen ubiquitär sind und unter geeigneten Feuchte- und Temperaturbedingungen schnell auskeimen. Die Hauptursache für einen Pilzbefall ist dabei die vorherrschende Holzfeuchte. In trockenem und in wassergesättigtem Holz finden Pilze keine Lebensbedingungen (Ausnahme Moderfäulepilze). Holz mit einer Feuchte oberhalb des Fasersättigungspunktes (28 bis 30 % relative Holzfeuchte, abhängig u. a. von der Holzart) ist grundsätzlich gefährdet. Ein weiteres Kriterium für die Entwicklung von Pilzen ist die Temperatur, wobei jeder Pilz ein ganz spezielles Temperaturoptimum aufweist.

Erst unter optimalen Bedingungen entwickeln sich aus den Pilzsporen Zellfäden, die sogenannten Hyphen, die in ihrer Gesamtheit die eigentliche Vegetationsform der Pilze bilden. An diesem Mycel bilden sich die Fruchtkörper, in denen wiederum die für die Vermehrung notwendigen Pilzsporen entstehen. Bei dem Auftreten von Fruchtkörpern kann daher generell von einem fortgeschrittenen Pilzbefall ausgegangen werden.

Holzzerstörende Pilze schädigen das Holz, indem sie entweder die Cellulose oder aber die Cellulose und das Lignin gleichzeitig abbauen.

Echter Hausschwamm (Serpula lacrymans)

Der Echte Hausschwamm wächst auf der Oberfläche und im Holzinnern und befällt vorwiegend Nadelholz, weniger Laubholz. Anfänglich benötigt der Pilz für seine Entwicklung eine Holzfeuchte von ca. 30 bis 40 %, später von 40 bis 60 %. Die optimale Temperatur für das Wachstum vom Echten Hausschwamm liegt bei 18 bis 22 °C. Die Gefährlichkeit des Echten Hausschwamms beruht darauf, dass er als einziger Pilz alle 4 wichtigen Fähigkeiten zum Besiedeln eines Gebäudes beherrscht. Es handelt sich hierbei um die Befähigung, anorganische Materialien zu durchwachsen, Holz unter Fasersättigung zu bewachsen, dichtes Oberflächenmycel zu bilden und in trockenem Holz zu überdauern, d. h. in der sogenannten „Trockenstarre" zu überleben. Bei der Betrachtung einzelner Fähigkeiten sind dagegen andere Pilze deutlich „leistungsstärker". Charakteristisch für den Echten Hausschwamm ist die Schädigung des Holzes durch Braunfäule (Destruktionsfäule) und Würfelbruch. Der Pilz hat sich auf den Abbau von Cellulose spezialisiert und lässt das Lignin als bröckelige, braune Substanz zurück. Ab diesem Zeitpunkt ist die Tragfähigkeit des Holzes nicht mehr gewährleistet. Am Ende zerfällt das abgebaute Holz zu braunem Pulver, daher auch der Begriff Braunfäuleerreger.

Der Echte Hausschwamm bildet seine Mycele als kräftige Strangmycele (bis zu 10 mm dick) aus, die zunächst eine schneeweiße, später eine graue Färbung annehmen. Die Stränge brechen im trockenen Zustand wie Holz. Die rostbraunen Fruchtkörper sind meist rund oder elliptisch mit einem wulstartig verdickten weißen Zuwachsrand. Mit zunehmendem Alter werden die Fruchtkörper dunkel bis nahezu schwarz.

Die Meldepflicht beim Vorkommen des Echten Hausschwamms ist durch die Bauordnungen der Länder geregelt. In 14 von 16 deutschen Bundesländern ist diese Meldepflicht nicht aufgenommen bzw. entfallen. Derzeit gilt die Meldepflicht in Sachsen und Thüringen (Stand: April 2008).

Brauner Kellerschwamm (Coniophora puteana)

Der Braune Kellerschwamm, auch Brauner Warzenschwamm genannt, wächst auf der Holzoberfläche (Oberflächenpilz) und befällt ausschließlich sehr feuchtes Nadel- und Laubholz (z. B. permanent durchfeuchtetes Bauholz in Nassbereichen). Er benötigt für eine optimale Entwicklung eine Holzfeuchte von 50 bis 60 % und kann unter günstigen Bedingungen das befallene Holz innerhalb weniger Monate völlig zerstören. Das Mycel des Braunen Kellerschwamms ist dunkelbraun bis schwarz und hat eine fächerartig gefiederte Form. Die Fruchtkörper sind braun mit hellgelbem Rand und weisen an der Oberseite eine charakteristische Warzenstruktur auf.

Weißer Porenschwamm (Antrodia-vaillantii)

Die Gruppe der Weißen Porenschwämme besteht aus fast ähnlichen Pilzen, die nur mikroskopisch zu unterscheiden sind. Sie zählen zu den häufigsten holzzerstörenden Gebäudepilzen, die vorwiegend Nadelholz, seltener Laubholz befallen und das Holz durch Braun- bzw. Destruktionsfäule schädigen. Sie benötigen hohe Feuchtegehalte von etwa 40 % für Keimung und Wachstum, was dazu führt, dass der Befall überwiegend in Nassbereichen und bei erdberührten Bauteilen stattfindet. Ursachen dafür sind anhaltende Durchfeuchtungen, verursacht durch Bauschäden, Konstruktions- und Ausführungsfehler. Der Weiße Porenschwamm besitzt eine große Zerstörungskraft. Er kann, ähnlich wie der Echte Hausschwamm, holzfreies Substrat überbrücken sowie poröses Mauerwerk durchwachsen und überdauert jahrelange Austrocknung.

Das Mycel des Weißen Porenschwamms ist weiß, und die Form erinnert an Eisblumen. Die flachen, dicht am Holz anliegenden Fruchtkörper sind anfänglich ebenfalls weiß und verfärben sich mit zunehmendem Alter gelblich.

Ausgebreiteter Hausporling (Donkioporia expansa)

Der Ausgebreitete Hausporling zählt neben dem Echten Hausschwamm, den Kellerschwämmen und den Porenschwämmen zu den wichtigsten holzzerstörenden Gebäudepilzen. Er befällt Laub- sowie Nadelhölzer, wo er eine intensive Weißfäule verursacht. Der Ausgebreitete Hausporling benötigt für seine Entwicklung hohe Holzfeuchten von 30 bis 60 %, weshalb der Befall überwiegend auf stark durchfeuchtete Bereiche begrenzt ist.

Der Pilz bildet anfänglich weiße, später ockerbraune, samtige Oberflächenmycele aus, aus denen sich die Fruchtkörper entwickeln. Die Fruchtkörper, die ausschließlich an Holz gebildet werden, erscheinen als dicke, flache, polsterförmige Schichten, die überwiegend mehrschichtig aufwachsen. Die Farbe der Fruchtkörper ändert sich mit zunehmendem Alter und unter direktem Lichteinfluss von weiß über hellockerfarben bis grau.

Eichenwirrling (Daedalea quercina)

Der Eichenwirrling fällt in der Schadenspraxis in bestehenden Gebäude weniger ins Gewicht, da er vor allem im Außenbereich auftritt. Dort befällt er überwiegend konstruktiv verbautes Eichenkernholz, wo er eine Braunfäule hervorruft. Aus diesem Grund kann der Pilz im Außenbereich an technischen Bauwerken aus Eichenholz wie Brücken, Spielplatzgeräten, Pfählen oder Masten starke Schäden verursachen. Die Befallsbedingungen sind grundsätzlich durch eine direkte, andauernde Bewitterung bzw. Staunässe gegeben (Holz in Erdkontakt oder anderweitig befeuchtetes Holz).

Als typischer Substratpilz bildet der Eichenwirrling kein Oberflächenmycel aus und ist daher anfänglich schwer zu entdecken. Der entwickelte Fruchtkörper weist eine Konsolform auf, deren Oberseite eine unregelmäßige, höckerige Kruste besitzt, während die Unterseite von tiefen Lamellen durchzogen ist Die Oberseite hat eine rostbraune bis beige Färbung, die Unterseite ist hellbraun bis beige.

Abb. V.4.04: Mycelstränge des Braunen Kellerschwamms (Quelle: Hans-Joachim Rüpke, Sachverständigenbüro für Holzschutz, Hannover)

Abb. V.4.05: Fruchtkörper des Weißen Porenschwamms (Quelle: Hans-Joachim Rüpke, Sachverständigenbüro für Holzschutz, Hannover)

Abb. V.4.06: Fruchtkörper eines Blättlings (Quelle: Hans-Joachim Rüpke, Sachverständigenbüro für Holzschutz, Hannover)

Blättlinge

Von Bedeutung sind der Tannenblättling (Gloeophyllum abietinum) und der Zaunblättling (Gloeophyllum sepiarium). Beide sind auf Nadelholz spezialisiert, der erste auf Fichte, der zweite auf Kiefer. Im Unterschied dazu befällt der selten vorkommende Balkenblättling (Gloeophyllum trabeum) auch Laubhölzer. Blättlinge gehören zu den Gebäudepilzen, die das Holz von innen heraus durch eine Braunfäule zerstören. Sie siedeln sich bevorzugt in feuchtem Holz wie z. B. Fensterhölzern an, wo sie von innen her das Holz vermorschen. Weiterhin sind sie an Schalungshölzern und in Decken- und Fußbodenkonstruktionen zu finden. Im Außenbereich sind konstruktiv oder chemisch nicht geschützte Hölzer wie Brücken, Spielplatzgeräte, Pfähle oder Masten von einer Zerstörung gefährdet.

Abb. V.4.07: Schadensbild zum Schimmelpilz

Blättlinge bilden üblicherweise kein Oberflächenmycel. Nach außen hin sichtbar wird der Befall erst im Endstadium der Zerstörung des Holzes durch das Erscheinen von Fruchtkörpern. Die Fruchtkörper, die ausschließlich an Holz gebildet werden, erscheinen meist als flache, fächerförmige Konsolen, deren Oberfläche uneben oder gefurcht ist. Die Farbe der Fruchtkörper variiert je nach Blättlingsart zwischen verschiedenen Brauntönen und wird mit zunehmendem Alter dunkelbraun bis schwarz.

Zerfallserscheinungen

Allen holzzerstörenden Pilzen ist gemeinsam, dass sie die Zellwände der Holzzellen abbauen und dadurch eine Fäulnis verursachen. Bei den Zerfallserscheinungen, die der Pilzbefall hervorruft, wird unterschieden in Braunfäule, Weißfäule und Moderfäule.

Braunfäule, auch Destruktionsfäule genannt, baut überwiegend die helle Cellulose (Hauptbestandteil von pflanzlichen Zellwänden) ab, wodurch das Holz an Festigkeit und Masse verliert und würfelartig aufbricht („Würfelbruch"). Das Lignin (organischer Stoff, der die Verholzung der pflanzlichen Zelle bewirkt) bleibt als bröckelige, braune Substanz zurück, die für die dunkelbraune Verfärbung des Holzes verantwortlich ist. Ab diesem Zeitpunkt ist die Tragfähigkeit nicht mehr gewährleistet, und im Endstadium zerfällt das abgebaute Holz zu braunem Pulver.

Braunfäule wird vor allem durch die Pilze Echter Hausschwamm, Brauner Kellerschwamm, Weißer Porenschwamm, Eichenwirrling sowie verschiedene Arten der Blättlinge verursacht.

Weißfäule baut neben Cellulose auch Lignin zu etwa gleichen Teilen ab. Da sich Holz aus vergleichsweise mehr Cellulose als Lignin zusammensetzt, wird es durch die Schädigung heller und leichter, im Endzustand schwammig. Die Weißfäule wird vor allem durch Pilze wie Ausgebreiteter Hausporling und Grauender Porling, Schichtpilze, Trameten sowie Feuerschwämme verursacht.

Während Braun- und Weißfäule hauptsächlich an verbautem Holz ohne Erdkontakt zu finden sind, tritt Moderfäule auch an Hölzern mit ständigem Erdkontakt bzw. mit starker und andauernder Feuchtebelastung auf.

Moderfäule zersetzt das Holz, ohne dass sich äußere Merkmale zeigen. Erst im fortgeschrittenen Stadium ähnelt das Abbaubild der Braunfäule. Das befallene Holz kann ohne äußere Anzeichen brechen, was vor allem an Außenbauteilen wie Spielplatzgeräten, Pfählen, Masten oder Schwellen besonders gefährlich werden kann.

V.4.2.3 Holzverfärbende Pilze

Holzverfärbende Pilze bauen in den überwiegenden Fällen die Zellsubstanz nicht ab und führen daher auch nicht zu Holzfäule. Sie stellen also keine Gefährdung der Festigkeit des Holzes dar, bilden jedoch oft die Grundlage für den Befall durch holzzerstörende Pilze. Zu den holzverfärbenden Pilzen zählen Bläue- und Schimmelpilze.

Bläuepilze

Diese Holzschädlinge befallen nur feuchtes Nadelholz, vor allem das Splintholz der Kiefer. Bläuepilze ernähren sich von den Zellinhaltsstoffen und greifen die Zellsubstanz selbst nicht bzw. nur in geringem Maße an. Der Befall verändert lediglich die Holzfarbe (sichtbar als schwarz-bläuliche Verfärbung) und führt dadurch zu optischen Beeinträchtigungen.

Die Bläue wird nach ihrer Entstehungsart unterschieden in primäre, sekundäre und tertiäre Bläue.

Primäre Bläue oder Stammholzbläue dringt in noch stehende oder bereits gefällte Stämme ein. Der Befall kann durch das Fällen der Bäume im Winter, fachgerechtes Lagern und eine möglichst schnelle Verarbeitung vermieden werden.

Sekundäre Bläue, Oberflächenbläue oder Schnittholzbläue dringt nach dem Schneiden des Holzes in die Schnittfläche ein. Der Befall kann durch fachgerechte Lagerung vermieden werden.

Tertiäre Bläue oder Anstrichbläue tritt dann auf, wenn bereits getrocknetes Holz erneut feucht wird. Noch vorhandene Bläueerreger beginnen dann wieder mit ihrem Wachstum.

Schimmelpilze

Schimmelpilze wachsen im Gegensatz zu den Bläuepilzen an der Holzoberfläche. Vorrangige Ursache für das Wachstum ist der Faktor Feuchte. Weitere Faktoren, wie z. B. die in Gebäuden vorhandenen Temperaturen und pH-Werte spielen dagegen eine eher untergeordnete Rolle, da Schimmelpilze in einem weiten Temperatur- und pH-Bereich wachsen können.

Schimmelpilze erscheinen meist als schwarze, grüne, weiße oder gelbliche, zum Teil auch als blaue oder rötliche Flecken bzw. watteähnliche Rasen auf Wänden oder Oberflächen. Verfärbungen durch Pilzrasen führen zu optischen Beeinträchtigungen, jedoch nicht zu einer Festigkeitsverminderung.

Zusätzlich fördert Schimmelpilzbefall in Wohnräumen schwere Gesundheitsschäden, insbesondere Allergien.

V.4.2.4 Holzzerstörende Insekten

Neben den holzzerstörenden Pilzen gehören die holzzerstörenden und holzbewohnenden Insekten zu den bedeutendsten Schadensorganismen am verbauten Holz.

Die wichtigsten Vertreter der holzzerstörenden Insekten, auch Trockenholzinsekten genannt, sind der Hausbock, der Gemeine Nagekäfer und der Braune Splintholzkäfer. Der Umgang mit diesen Insekten ist zumeist in den bauaufsichtlichen Bestimmungen geregelt.

Abb. V.4.08: Insektenbefall von Holz

Abb. V.4.09: Larve des Hausbocks (Quelle: Hans-Joachim Rüpke, Sachverständigenbüro für Holzschutz, Hannover)

Abb. V.4.10: Hausbock als Vollinsekt (Quelle: Hans-Joachim Rüpke, Sachverständigenbüro für Holzschutz, Hannover)

Abb. V.4.11: Befallsbild des Hausbocks (Holzstiel, vermulmter Bereich unter der Holzoberfläche) (Quelle: Hans-Joachim Rüpke, Sachverständigenbüro für Holzschutz, Hannover)

Abb. V.4.12: Gemeiner Nagekäfer als Vollinsekt (Quelle: Hans-Joachim Rüpke, Sachverständigenbüro für Holzschutz, Hannover)

Abb. V.4.13: Befallsbild des Gemeinen Nagekäfers (Holzbrett mit Ausschlupflöchern) (Quelle: Hans-Joachim Rüpke, Sachverständigenbüro für Holzschutz, Hannover)

Zu den wichtigsten holzbewohnenden Insekten, den sogenannten Frischholzinsekten, gehören die Holzwespe und der Borkenkäfer. Diese Schädlinge befallen schlagfrisches Holz und leben darin weiter. Der Befall durch Frischholzinsekten nimmt einen geringeren Stellenwert ein.

Die eigentliche Zerstörung des Holzes erfolgt durch die Fraßtätigkeit der Larven (Käfer- und Wespenlarven), die von einer Perforation des Holzes bis zur völligen Vermulmung (Zersetzung in feinste Holzteilchen) führt. Die Larven nagen sich durch das Splintholz und durchziehen es mit Gängen, wobei jede Käferart ein charakteristisches Fraßbild hinterlässt. Kurz vor der Verpuppung nagen sich die Larven bis dicht unter die Holzoberfläche vor, die das geschlüpfte Vollinsekt leicht durchbrechen kann. Form und Größe der Ausfluglöcher sind ebenfalls artabhängig und ermöglichen somit eine Bestimmung des Holzschädlings.

Der Befall durch Käfer erfolgt an leicht zugänglichen Stellen wie z. B. Rissen oder durch Eingraben der Muttertiere ins Holz, wo sie ihre Eier ablegen. Holzwespen bringen die Eier über einen Legestachel ins Holz. Je nach Art wird noch frisches oder schon trockenes, teilweise auch schon zerstörtes Holz befallen. Die minimale Holzfeuchte, die für eine normale Entwicklung der Larven in unseren Breitengraden genügt, liegt zwischen 8 und 12 %. Ein Schutz des Holzes vor einem Befall dieser Insekten durch bauliche Maßnahmen ist daher nicht möglich.

Hausbock (Hylotrupes bajulus)

Der Hausbock ist in fast ganz Europa und den angrenzenden Gebieten heimisch. Bei uns ist er der gefährlichste Zerstörer von verbautem Holz. Er ist ausschließlich auf Nadelholz spezialisiert und bevorzugt warme, sonnenbeschienene Dachstöcke oder ähnlich exponiertes Holz.

Optimale Entwicklungsbedingungen für den Hausbock liegen im Temperaturbereich von 28 bis 30 °C und bei 28 bis 30 % relativer Luftfeuchte. Die Entwicklungszeit von der Larve zum Vollinsekt beträgt im Normalfall 3 bis 6 Jahre.

Die Ausfluglöcher sind oval mit einem Durchmesser von maximal 6 bis 10 mm.

Die Meldepflicht bei einem Hausbockbefall ist durch die Bauordnungen der Länder geregelt. In 14 von 16 deutschen Bundesländern ist diese Meldepflicht nicht aufgenommen beziehungsweise entfallen. Derzeit gilt die Meldepflicht in Sachsen und Thüringen (Stand: April 2008).

Gemeiner Nagekäfer (Anobium punctatum)

Der Gemeine Nagekäfer, auch Poch- oder Klopfkäfer genannt, ist nach dem Hausbock das gefährlichste holzzerstörende Insekt. Nagekäfer befallen sowohl Nadel- als auch Laubhölzer. Sie benötigen eine kühle und feuchte Umgebung, wobei die optimalen Lebens-

Abb. V.4.14: Brauner Splintholzkäfer als Vollinsekt, Auf- und Untersicht (Quelle: Hans-Joachim Rüpke, Sachverständigenbüro für Holzschutz, Hannover)

Abb. V.4.15: Befallsbild des Braunen Splintholzkäfers (Quelle: Hans-Joachim Rüpke, Sachverständigenbüro für Holzschutz, Hannover)

Abb. V.4.16: Vergraute Außenwandbekleidung aus Holzbrettern

bedingungen bei 22 bis 24 °C und etwa 30 % relativer Luftfeuchte liegen. Daher ist der Nagekäfer vor allem in Kellern oder auch Kirchen zu finden.

Brauner Splintholzkäfer (Lyctus brunneus)

Der Braune Splintholzkäfer befällt bevorzugt die Splintholzanteile von Laubhölzern wie Eiche, Esche, Ulme oder Ahorn (Rotbuche wird nicht befallen) sowie tropischen Hölzern, mit denen er nach Europa eingeschleppt wurde. Am häufigsten finden sich Splintholzkäfer in Bekleidungen, Leisten, Möbeln oder auch in Parkettböden („Parkettkäfer", Lyctus linearis).

Die optimalen Lebensbedingungen liegen bei 26 bis 27 °C und etwa 15 % relativer Luftfeuchte. Die Entwicklungszeit von der Larve zum Vollinsekt dauert zwischen 3 und 18 Monaten.

Die Ausfluglöcher sind kreisrund mit einem Durchmesser von ca. 1 bis 2 mm.

Borkenkäfer (Scolytidae)

Borkenkäfer gehören zu den Frischholzinsekten, die nur in kranken und absterbenden Bäumen oder in frisch geschlagenem Holz (Laub- und Nadelholz) günstige Entwicklungsbedingungen finden. Sie werden in Rinden- und Holzbrüter eingeteilt. Die wichtigsten Vertreter der Rindenbrüter sind Buchdrucker (gefährlichster bei Fichte), Kupferstecher (Fichte) und Großer Lärchenborkenkäfer (Lärche). Der wichtigste Holzbrüter ist der Gestreifte Nutzholzborkenkäfer (Trypodendron lineatum). Die Larven dringen maximal 6 cm in das Holz ein, daher ist befallenes Holz als gewöhnliches Bauholz ohne Bedenken zu verwenden.

Die Ausfluglöcher sind kreisrund mit einem Durchmesser von ca. 1 bis 2 mm.

Holzwespen (Siricidae)

Die Holzwespe befällt ausschließlich frisches Nadelholz von gefällten oder kranken Bäumen. Sie setzt ihre Entwicklung jedoch im trockenen Holz fort, was auch zu einer, wenn auch geringfügigen, Schädigung von verbautem Holz führen kann. Holzwespen sind in der Lage, Bitumenpappen und sogar Bleibleche zu durchnagen. Schlüpfen sie aus dem Fußboden, schädigen sie nicht nur das verbaute Holz, sondern auch aufgelegte Beläge wie z. B. Teppiche oder Linoleum.

Die Schlupflöcher sind kreisrund mit einem Durchmesser von ca. 4 bis 7 mm

Termiten (Termitidae)

Termiten leben überwiegend in tropischen und subtropischen Gebieten, in Mitteleuropa kommen sie üblicherweise nicht vor. Um 1930 wurde jedoch in Hamburg eine aus den USA stammende bodenwohnende Termitenart (Reticulitermes flavipes) eingeschleppt, die vor allem an den Lagerhäusern große Schäden bis zur völligen Zerstörung angerichtet hat. Termiten gehören zu den Trockenholzinsekten, die mit Ausnahme von Metallen und Glas fast alle Materialien zerstören können.

Die Meldepflicht bei einem Termitenbefall ist durch die Bauordnungen der Länder geregelt. Derzeit gilt sie allerdings lediglich in einem deutschen Bundesland, nämlich in Thüringen (Stand: April 2008).

V.4.2.5 Vergrauung

Die Vergrauung ist eine Erscheinung an Außenbauteilen aus Holz, bei der an der Holzoberfläche durch Einwirkung von UV-Licht und/oder Regen eine Graufärbung entsteht. Hierbei werden die obersten Schichten des Holzes angegriffen und chemisch verändert. Diese Graufärbung ist grundsätzlich nicht holzschädigend und hat keinerlei Einflüsse auf die Tragfähigkeit der Konstruktion, sie führt lediglich zu einer optischen Beeinträchtigung. Der Vorgang der Vergrauung schreitet nur sehr langsam fort und bedarf keiner besonderen Behandlung.

V.4.2.6 Biologischer Bewuchs

Unter biologischem Bewuchs werden Flechten, Algen und Moose verstanden. In Regionen, die sich im Bereich von Gartenanlagen oder auch außerhalb der Stadt befinden, ist mit verstärkter Einwirkung von Mikroorganismen und pflanzlichen Sporen zu rechnen.

Biologischer Bewuchs ist grundsätzlich vollkommen ungefährlich und stellt lediglich eine optische Beeinträchtigung dar. Eine – wenn auch nicht unmittelbare – Gefährdung besteht jedoch darin, dass der Bewuchs eine starke Durchfeuchtung des Untergrunds anzeigt. Diese Tatsache kann u. U. einen Befall durch beispielsweise holzzerstörende Pilze begünstigen und somit eine Zerstörung des Holzes nach sich ziehen.

V.4.2.7 Korrosion der Befestigungsmittel

Werden für die Befestigung von Holzelementen im Außenbereich keine korrosionsgeschützten Verbindungsmittel verwendet, so kommt es zu schwärzlichen Verschmutzungen an den benachbarten Holzoberflächen durch Korrosionsprodukte.

Eine Befestigung mit verzinkten Verbindungsmitteln ist ebenfalls problematisch, da Zink nicht beständig gegen Säuren ist. Das an den Holzoberflächen auftreffende Regenwasser hat jedoch einen durchschnittlichen pH-Wert von 4 bis 4,5, ist also sauer (durch SO_2-Emissionen sowie saure Holzinhaltsstoffe, so weist Fichte beispielsweise einen pH-Wert von 4,8 bis 5,3 auf). Beim Einschlagen der Nägel wird zudem die Verzinkung des Nagelkopfes beschädigt. Auch eine Feuerverzinkung wird durch abfließendes saures Wasser geschädigt. Deshalb sollten entsprechend behandelte Nägel ebenfalls nicht gewählt werden, selbst wenn diese laut der betreffenden Technischen Merkblätter zulässig sind. Werden Bretter mit Schlitzschrauben aus nicht rostendem Stahl befestigt, treten an den benachbarten Holzoberflächen keine Verschmutzungen durch Korrosionsprodukte auf.

V.4.2.8 Chemische Korrosion

Das charakteristische Schadensbild bei chemischer Korrosion ist eine von der Oberfläche in Richtung Holzinneres ausgehende filzige Zerfaserung, auch Mazeration genannt. Mazeration tritt infolge einer verstärkten Salzbelastung des Holzes ein, beispielsweise aufgrund einer Überdosierung mit Holzschutz-, Frost- oder Taumitteln.

Die Auflösung des Holzgefüges und die Zerlegung in einzelne Fasern entsteht aufgrund des starken Kristallisationsdruckes der eingedrungenen Salze. Diese gelangen meist als wässrige Lösung in das Holz. Der Vorgang der chemischen Korrosion besteht also in dem Zusammenwirken von aggressiven chemischen Stoffen mit der im Holz vorhandenen Feuchte.

V.4.2.9 Schadstoffe

Schadstoffbelastungen von Holzbauteilen bestehen vorwiegend im Zusammenhang mit dem chemischen Holzschutz. Insbesondere in den 1970er-Jahren wurden in Deutschland große Mengen an Holzschutzmitteln (HSM) verwendet, sowohl im Außenbereich als auch in Wohnräumen.

Lindan, PCP, DDT

Der Einsatz der Wirkstoffe Lindan (Hexachlorhexan) und PCP (Pentachlorphenol) in HSM ist in Deutschland seit 1989 verboten, da PCP als eindeutig krebserzeugend eingestuft worden ist; bei Lindan wird derzeit über die kanzerogene Wirkung diskutiert. In der DDR wurde zudem bis 1989 das Insektizid DDT (Dichlordiphenyltrichlorethan) eingesetzt, das in der alten Bundesrepublik bereits seit 1972 verboten war. DDT wird von der Umwelt nur langsam abgebaut. Es ist erbgutverändernd und steht im Verdacht, Krebs zu erzeugen. Bei Abbruch- und Sanierungsarbeiten an behandelten Holzbauteilen (z. B. alte Dachstühle, in Innenräumen frei stehende Holzstützen) kann DDT in größeren Mengen freigesetzt werden.

Formaldehyd

Bei Formaldehyd handelt es sich um einen Schadstoff, der hauptsächlich in Holzwerkstoffen wie z. B. Span- und Sperrholzplatten vorkommt, da deren Leim meist aus Formaldehydverbindungen besteht. Formaldehyd ist eine farblose Substanz, die bei Zimmertemperatur gasförmig vorliegt und einen stechend durchdringenden Geruch aufweist. Das Gas reizt stark die Augen und die Atemwege. Bei Aufnahme durch den Mund treten schwere innere Verletzungen auf. Das Bundesinstitut für Risikobewertung (BfR) hat Formaldehyd als Substanz mit *„begründetem Verdacht auf ein krebserzeugendes Potenzial"* eingestuft, wobei die schädliche Wirkung jedoch konzentrationsabhängig ist. Spanplatten können bis zu 30 % aus formaldehydhaltigen Leimen bestehen, während der Leimanteil bei schicht- oder stabverleimtem Vollholz nur ca. 3 bis 5 % beträgt. Rundum lackierte oder beschichtete Platten sind dagegen weitgehend dicht und gasen daher kaum Formaldehyd aus. Sobald aber die Platten beschädigt bzw. angebohrt oder angesägt werden, kann es zu Formaldehydemissionen kommen.

Nachdem bis in die 1970er-Jahre der Einsatz von Formaldehyd in Holzwerkstoff-Leimen keiner Regelung unterlag, wurden 1977 vom ehemaligen Bundesgesundheitsamt verbindliche Richtwerte für die tolerable Formaldehyd-Konzentration in Innenräumen festgelegt (0,1 ppm = engl.: parts per

Abb. V.4.17: Verschmutzungen durch Korrosionsprodukte an einer Holzfassade

million). 1980 erschien die „Richtlinie über die Verwendung von Spanplatten hinsichtlich der Vermeidung unzumutbarer Formaldehydkonzentrationen in der Raumluft", nach der Spanplatten je nach Formaldehydemission in die Emissionsklassen E1, E2 und E3 unterteilt werden. Seitdem dürfen in Innenräumen ausschließlich Spanplatten der Formaldehyd-Emissionsklasse E1 verwendet werden, die den Emissionsgrenzwert von 0,1 ppm einhalten. In diesem Zusammenhang ist darauf hinzuweisen, dass die Spanplatten der Formaldehyd-Emissionsklasse E1 nicht, wie oft angenommen, formaldehydfrei sind.

V.4.3 Maßnahmen

Bauschäden beeinträchtigen meist nicht nur die Optik, sondern vor allem auch die Funktion des betroffenen Bauteils. Mängel sind oft augenscheinlich erkennbar und nachweisbar. Eine wichtige Grundlage für nachfolgende Maßnahmen stellt die genaue Beurteilung und Klassifizierung des Zustands (s. Kap. VI.1.7) der verbauten Hölzer und Holzwerkstoffe im Hinblick auf die Anforderungen dar. Wichtig für eine spätere Behebung eines möglichen Schadens ist eine genaue Dokumentation des Schadensbildes, wobei der visuelle Eindruck im Vordergrund steht. Er unterscheidet sowohl zwischen einem Schaden und einem Mangel als auch über die Notwendigkeit einer Reparatur bei einer rein optischen bzw. gestalterischen Beeinträchtigung.

Bei einem Befall durch Pilze oder Insekten sind vor allem deren Spuren und Merkmale wie z. B. Mycelstränge oder Bohrlöcher zu betrachten. Anhand dieser Kennzeichen kann der Fachmann üblicherweise erkennen, um welchen Schädling es sich handelt. Genügt diese Betrachtung nicht, erfolgen zunächst zerstörungsarme Untersuchungen wie z. B. Hammerschlagprobe, Bohrkern- bzw. Probeentnahme oder Endoskopie für eine Laboruntersuchung sowie schließlich das punktuelle Öffnen einer Konstruktion. Je nach Art des Schadens muss gegebenenfalls eine großflächige Freilegung erfolgen, da punktuelle Untersuchungsergebnisse nicht zwangsläufig pauschalisiert werden können. Ein schnell anzuwendendes Hilfsverfahren ist auch das Messen der Oberflächenfeuchte des Holzes (elektrische Feuchtemessung, Messung mit dem sogenannten CM-Gerät), da die Messergebnisse sofort ablesbar sind (s. Kap. VI.2.2).

Zum dauerhaften Schutz von Holz, Holzwerkstoffen und Holzbauteilen vor nachteiliger Einwirkung von pflanzlichen und tierischen Schädlingen ist der Einsatz von geeigneten Schutzmaßnahmen unumgänglich.

Holzschutz umfasst folgende Maßnahmen:

- Vorbeugender konstruktiver Holzschutz nach DIN 68800-2 „Holzschutz – Teil 2: Vorbeugende bauliche Maßnahmen im Hochbau",
- Vorbeugender chemischer Holzschutz nach DIN 68800-3 „Holzschutz – Teil 3: Vorbeugender chemischer Holzschutz",
- Bekämpfender Holzschutz nach Befall gemäß DIN 68800-4 „Holzschutz – Teil 4: Bekämpfungsmaßnahmen gegen holzzerstörende Pilze und Insekten".

Aus Gründen des Umwelt- und Gesundheitsschutzes sollte der Einsatz chemischer Holzschutzmittel (HSM) vernünftigerweise nur erfolgen, wenn eine tatsächliche Gefährdung durch holzzerstörende Pilze oder Insekten vorliegt.

V.4.3.1 Konstruktiver Holzschutz

Vorbeugender baulicher Holzschutz besteht aus konstruktiven und bauphysikalischen Maßnahmen zum Schutz verbauten Holzes vor zu hoher Feuchteeinwirkung.

Dies ist eine entscheidende Voraussetzung für eine dauerhafte Unterbindung der Ansiedlung von holzzerstörenden Pilzen und Insekten.

Die Maßnahmen umfassen u. a. den Schutz der Außenflächen vor Niederschlägen, z. B. durch ausreichende Dachüberstände oder die Vermeidung von Staunässe durch eine schnelle Wasserableitung über Tropfnasen oder gefaste Kanten sowie die insektenundurchlässige Ausbildung von Bauwerkskonstruktionen.

Darüber hinaus ist Bauschnittholz gemäß DIN 1052 „Entwurf, Berechnung und Bemessung von Holzbauwerken – Allgemeine Bemessungsregeln und Bemessungsregeln für den Hochbau" sowie DIN 68800-2 „Holzschutz; Vorbeugende bauliche Maßnahmen im Hochbau" mit einer Holzfeuchte von ≤ 20 % einzubauen, sofern es nicht in Konstruktionen eingesetzt wird, die ein ungehindertes und schadenfreies Nachtrocknen gewährleisten. Es gilt zudem die Anforderung, dass Holzbauteile mit dem Feuchtegehalt einzubauen sind, der während der Nutzung als Mittelwert zu erwarten ist. Weiterhin ist zu beachten, dass Holz (ohne Behandlung mit chemischem Holzschutz), das mit einer Holzfeuchte von > 20 % eingebaut worden ist, nach maximal 6 Monaten einen Feuchtegehalt von < 20 % aufweisen muss.

Aber auch der Einsatz bestimmter Hölzer gemäß DIN EN 350-2 „Dauerhaftigkeit von Holz und Holzprodukten – Natürliche Dauerhaftigkeit von Vollholz – Teil 2: Leitfaden für die natür-

Tabelle V.4.03: Dauerhaftigkeits- und Tränkbarkeitsklassen von Holz nach DIN EN 350-2

Klasse	Dauerhaftigkeit von Kernholz gegen holzzerstörende Pilze	Tränkbarkeit beim Kesseldruckverfahren
1	sehr dauerhaft	gut tränkbar
2	dauerhaft	mäßig tränkbar (nach 2–3 Stunden: ca. 6 mm Eindringung)
3	mäßig dauerhaft	schwer tränkbar (nach 3–4 Stunden: 3–6 mm Eindringung)
4	wenig dauerhaft	sehr schwer tränkbar (praktisch unmöglich zu tränken)
5	nicht dauerhaft	–

Tabelle V.4.04: Natürliche Dauerhaftigkeit und Tränkbarkeit mit Holzschutzmitteln nach DIN EN 350-2

	Natürliche Dauerhaftigkeit		Tränkbarkeit mit Holzschutzmitteln	
	Kernholz gegen Pilze	Splintholz gegen Insekten	Kernholz	Splintholz
Douglasie	3–4	S (Splint bläueempfindlich)	4	2–3
Fichte	4	S, SH	3–4	3, v
Kiefer (Föhre)	3–4	S (Splint sehr bläueempfindlich)	3–4	1
Lärche	3–4	S	4	2, v
Tanne (Weißtanne)	4	S, SH	2–3	2, v
Buche	5	S	1 (4)	1
Eiche	2	S	4	1
Erle	5	S	1	1
Robinie	1–2	S	4	1
Rüster (Feldulme)	4	S	2–3	1

S = anfällig
SH = auch Kernholz ist als anfällig bekannt.
v = Tränkbarkeit sehr variabel

liche Dauerhaftigkeit und Tränkbarkeit von ausgewählten Holzarten von besonderer Bedeutung in Europa" kann das Gefährdungspotenzial senken.

V.4.3.2 Vorbeugender chemischer Holzschutz

Ergänzend zum konstruktiven Holzschutz wird ein vorbeugender chemischer Holzschutz notwendig, sobald eine begründete Gefährdung des Holzes durch den Befall mit holzzerstörenden Organismen besteht.

Holzschutzmittel (HSM) bedürfen einer allgemeinen bauaufsichtlichen Zulassung (s. Prüfzeichen auf dem Gebinde) durch das Deutsche Institut für Bautechnik (DIBt) Berlin. Bei ihrer Anwendung sind neben den Verarbeitungshinweisen vor allem auch die Vorschriften hinsichtlich Gesundheits-, Arbeits- und Unfallschutz (z. B. Gefahrstoffverordnung) sowie das Merkblatt „Umgang mit Holzschutzmitteln" des Verbandes Deutsche Bauchemie e. V. zu beachten.

Bis zur Entwicklung der ersten (synthetischen) Holzschutzmittel gegen Ende des 19. Jahrhunderts wurde Bauholz überwiegend unbehandelt verbaut, der Schutz bestand fast ausschließlich in konstruktiven Maßnahmen. Eine Ausnahme bildete die Behandlung mit Karbolineum, einer Flüssigkeit, die aus Steinkohlenteer gewonnen wird. Karbolineum wirkt fäulnishemmend und desinfizierend, ist zugleich aber auch stark hautreizend und krebserregend. Seit 1991 ist dieses Holzschutzmittel für die Verwendung nicht mehr zugelassen, und Teerölreste wie auch mit Karbolineum behandelte Bauteile gelten als Sondermüll.

Gebrauchsklassen von Holz

Die Gebrauchsklassen sind in der DIN EN 335-1 „Dauerhaftigkeit von Holz und Holzprodukten – Definition der Gebrauchsklassen – Teil 1: Allgemeines" erläutert.

Anhand der Gebrauchsklassen werden sowohl die erforderlichen Prüfprädikate als auch die anzuwendenden Verfahren und die erforderliche Einbringmenge vorgeschrieben.

Arten von Holzschutzmitteln

Insektizide

Bei Insektiziden handelt es sich um schädlingsbekämpfende Holzschutzmittel, die sich in ihrer Wirkung gegen Insekten und deren Entwicklungsformen richten. Die Aufnahme der Wirkstoffe erfolgt entweder über die Atemwege (Atemgifte), über den Magen-Darm-Trakt (Fraßgifte) oder durch Berührung (Kontaktgifte).

Zu den häufig eingesetzten Insektiziden gehören Lindan, Endosulfan, Permethrin und Ethyl-Parathion. Sie werden sowohl einzeln als auch in Kombination verwendet. Für Ethyl-Parathion besteht in Deutschland seit 1998 ein beschränktes Anwendeverbot, die Weltgesundheitsorganisation und zahlreiche Umweltverbände fordern seit Jahren ein vollständiges Verbot.

Fungizide

Fungizide sind schädlingsbekämpfende Holzschutzmittel, die Pilze und deren Sporen abtöten oder ihr Wachstum hemmen.

Zu den häufig verwendeten Fungiziden zählen neben PCP auch Dichlorfluanid, Furmecyclox (dessen Zulassung ist Ende 1991 ausgelaufen), Chlorthalonil sowie Tributylzinn-Verbindungen. Die Herstellung, Verwendung und das Inverkehrbringen von PCP-haltigen Produkten ist in Deutschland seit 1989 untersagt.

Biozide

Als Biozide werden Substanzen bezeichnet, die Organismen abtöten. Die Biozid-Richtlinie des Europäischen Parlaments und des Rates vom 16. Februar 1998 definiert in Artikel 2 Absatz 1 Buchstabe a) Biozid-Produkte als *„Wirkstoffe und Zubereitungen, die einen oder mehrere Wirkstoffe enthal-*

Tabelle V.4.05: Gebrauchsklassen nach DIN EN 335-1

Gebrauchs-klasse	Allgemeine Gebrauchs-bedingungen	Beschreibung der Exposition gegenüber Befeuchtung während des Gebrauchs	Organismen	
1	Innenbereich, abgedeckt	trocken	holzzerstörende Käfer	Bei evtl. Anwesenheit von Termiten wird die Gebrauchsklasse als **1T** bezeichnet.
2	Innenbereich oder abgedeckt	gelegentlich feucht	wie oben + holzverfärbende Pilze	Bei evtl. Anwesenheit von Termiten wird die Gebrauchsklasse als **2T** bezeichnet.
3	3.1 Außenbereich, ohne Erdkontakt, geschützt	gelegentlich feucht	+ holzzerstörende Pilze	Bei evtl. Anwesenheit von Termiten wird die Gebrauchsklasse als **3.1T** bzw. **3.2T** bezeichnet.
	3.2 Außenbereich, ohne Erdkontakt, ungeschützt	häufig feucht		
4	4.1 Außenbereich, in Kontakt mit Erde und/oder Süßwasser	vorwiegend oder ständig feucht	wie oben + Weichfäule	Bei evtl. Anwesenheit von Termiten wird die Gebrauchsklasse als **4.1T** bzw. **4.2T** bezeichnet.
	4.2 Außenbereich, in Kontakt mit Erde (hohe Beanspruchung) und/oder Süßwasser	ständig feucht		
5	im Meerwasser	ständig feucht	holzzerstörende Pilze Weichfäule Holzschädlinge im Meerwasser	**A** Teredinidae (Schiffsbohrwurm) Limnoria (Holzbohrassel) **B** wie in A + teeröltolerante Limnoria **C** wie in B + Pholadidae (Bohrmuschel)

ten, in der Form, in welcher sie zum Verwender gelangen, und die dazu bestimmt sind, auf chemischem oder biologischem Wege Schadorganismen zu zerstören, abzuschrecken, unschädlich zu machen, Schädigungen durch sie zu verhindern oder sie in anderer Weise zu bekämpfen".

Die DIN 68800-3 differenziert hinsichtlich der Wirksamkeit der jeweiligen Holzschutzmittel folgende Prüfprädikate:

Iv gegen Insekten vorbeugend wirksam,

P gegen Pilze vorbeugend wirksam (Fäulnisschutz),

W auch für Holz, das der Witterung ausgesetzt ist, jedoch nicht im ständigen Erdkontakt und nicht im ständigen Kontakt mit Wasser,

E auch für Holz, das extremer Beanspruchung ausgesetzt ist (im ständigen Erdkontakt und/oder im ständigen Kontakt mit Wasser, bei Gefahr durch Moderfäule sowie bei Schmutzablagerungen in Rissen und Fugen),

(P) Sonderpräparate für Holzwerkstoffe; nur wirksam gegen Pilze.

HSM werden hinsichtlich ihrer Zusammensetzung und des Anwendungsbereiches in folgende Gruppen unterteilt:

- Wässrige (wasserlösliche) HSM (Salze und Salzgemische aus Arsen-, Bor-, Chrom-, Fluor- und Kupferverbindungen) werden aus anorganischen Wirkstoffen hergestellt, die als Salze im Wasser gelöst sind. Diese Verbindungen sind zwar hochtoxisch, aber nicht flüchtig und somit für die Innenraumluft von untergeordneter Bedeutung. Sie sind besonders für halbtrockenes (20 bis 30 % Holzfeuchte) bis feuchtes Holz (> 30 % Holzfeuchte) geeignet. Fixierende Salze werden von Fachbetrieben mit speziellen Trog- oder Druckimprägnierverfahren eingebracht. Die Salze wandeln sich im Holz in schwer wasserlösliche Substanzen um, was einen Einsatz im bewitterten Außenbereich sowie im Erd- oder Wasserkontakt ermöglicht. Nicht fixierende Salze dürfen nicht mit Niederschlägen in Kontakt kommen, weil die Salze ausgewaschen werden können.
- Lösemittelhaltige oder ölige HSM enthalten organische Wirkstoffe in organischen Lösungen. Diese werden im Streichverfahren aufgetragen. Es können mehrere Anstriche erforderlich sein, um den entsprechenden Schutz zu erzielen (nicht für den Erdkontakt geeignet, da Moderfäuleresistenz fehlt). Lösemittelhaltige oder ölige HSM eignen sich für trockenes (< 20 % Holzfeuchte) bis halbtrockenes Holz (20 bis 30 % Holzfeuchte).

Anwendung von Holzschutzmitteln

Bei den Imprägnier- bzw. Einbringverfahren wird unterschieden zwischen dem sogenannten Nichtdruckverfahren, das einen Randschutz von mehreren Millimetern Tiefe gewährleistet, sowie dem Druckverfahren, bei dem die Wirkstoffe über den gesamten Holzquerschnitt verteilt werden.

Holzveredelungs- und Wetterschutzmittel für den Außenbereich geben dagegen lediglich einen Oberflächenschutz ohne besondere Anforderungen an die Eindringtiefe.

Nichtdruckverfahren

Grundsätzlich lassen sich Nichtdruckverfahren klassifizieren in die sogenannten Einlagerungsverfahren, bei denen das zu behandelnde Holz je nach Verfahren zwischen einigen Minuten bis zu mehreren Tagen in die Tranklösung getaucht wird, und den Oberflächenverfahren, bei denen nur ein kurzzeitiger Kontakt mit der Tränkung erfolgt.

Zu den gebräuchlichsten Einlagerungsverfahren zählen das Tauchen (≥ 30 Minuten) und die Trogtränkung (ein bis mehrere Tage).

Bei den Oberflächenverfahren erfolgt das Einbringen durch Kurztauchen (≥ 10 Minuten), Streichen oder Sprühen (mindestens zweimal satt aufbringen).

Druckverfahren

Bei dem Druckverfahren werden die Holzschutzmittel durch Druckunterschiede in das Holz eingebracht, wobei eine vollständige Durchtränkung des besonders anfälligen Splintholzes erreicht wird.

Prinzipiell lässt sich das Druckverfahren unterscheiden in:

- Kessel-Vakuum-Druck-Imprägnierung (KVD):
  Das KVD-Verfahren ist die gebräuchlichste Art der Imprägnierung (hauptsächlich bei Kiefernholz für den Außenbereich). Durch ein Vakuum wird die Luft aus den Holzporen gesogen, sodass das Holzschutzmittel vollständig aufgenommen werden kann. Der nachfolgende Überdruck sorgt für eine Volltränkung des Holzes.
- Wechseldruck-Imprägnierung (WD):
  Bei dem WD-Verfahren wird frisches, vor allem schwer imprägnierbares Holz wie z. B. Fichte oder Douglasie in der Tranklösung abwechselnd einem Unter- und Überdruck ausgesetzt. Durch dieses Vorgehen wird der Zellinhalt allmählich durch das Holzschutzmittel ersetzt.
- Doppelvakuum-Imprägnierung (DV):
  Bei der DV-Imprägnierung wird trockenes oder halbtrockenes Holz einem Unterdruck ausgesetzt. Beim nachfolgenden Druckausgleich dringt das Holzschutzmittel in das Holz ein. Es findet keine Volltränkung wie bei den vorhergehenden Verfahren statt, weshalb derartig behandelte Hölzer nicht mit Erdkontakt eingebaut werden dürfen.

Brandschutz von Holz

Das Brandverhalten von Holz kann durch die Behandlung mit Feuer- bzw. Brandschutzmitteln auf chemischer Basis verbessert werden.

Die Präparate bewirken eine Herabsetzung der Entflammbarkeit von der üblichen Baustoffklasse B 2 (normal entflammbar) auf B 1 (schwer entflammbar).

Das Einbringen der Brandschutzsalze erfolgt über das Kesseldruckverfahren, Brandschutzbeschichtungen als Oberflächenschutz hingegen werden im Streich- oder Spritzverfahren aufgebracht. Diese sogenannten Dämmschichtbildner entwickeln im Brandfall eine 2 bis 3 cm dicke, nicht brennbare Schaumschicht, die Wärme bindet. Zusätzlich wird die Erwärmung des Holzes verzögert sowie der Zutritt von Luftsauerstoff zur Holzoberfläche unterbunden.

V.4.3.3 Bekämpfender Holzschutz

Der bekämpfende Holzschutz umfasst alle Maßnahmen, die gegen einen Befall durch holzzerstörende Insekten und Pilze getroffen werden können. Im Gegensatz zum vorbeugenden, chemischen Holzschutz sollen durch diese Maßnahmen die holzzerstörenden Organismen umgehend bekämpft werden. Die Bekämpfung kann durch Behandlung mit chemischen Schutzmitteln oder auch durch Heißluft- oder Begasungsverfahren (nur bei Insektenbefall) erfolgen. Die Bekämpfungsmaßnahmen müssen durch qualifiziertes Fachpersonal durchgeführt werden.

Bekämpfende Holzschutzmittel

Chemische Bekämpfungsmittel zur Anwendung für tragende und aussteifende Bauteile erfordern eine allgemeine bauaufsichtliche Zulassung durch das DIBt Berlin. Amtlich geprüfte Holzschutzmittel gewährleisten, dass sie bei einer bestimmungsgemäßen Anwendung hinreichend wirksam sind und dennoch keine unannehmbaren Wirkungen auf Mensch, Tier und Umwelt haben.

Die HSM werden unterschieden in Präparate mit bekämpfender (und gleichzeitig vorbeugender) Wirksamkeit gegen holzzerstörende Insekten, sogenannte Ib-Mittel, sowie Präparate zur Bekämpfung von Hausschwamm, die M-Mittel:

- **Ib** gegen Insekten bekämpfend wirksam,
- **M** zur Verhinderung des Durchwachsens von Hausschwamm durch Mauerwerk, Schwammsperrmittel.

Die Anwendung der HSM erfolgt sowohl durch Oberflächenverfahren wie Streichen oder Fluten als auch durch Injektionsverfahren wie Bohrloch- oder Bohrlochdrucktränkung sowie durch die sogenannten Patronen- oder Bandagenverfahren.

Bohrlochtränkung

Die Bohrlochtränkung wird vor allem bei Außenbauteilen wie Balken angewendet.

Durch druckloses Verfüllen der Bohrlöcher dringt das Holzschutzmittel tief in das betroffene Bauteil ein. Nach mehrmaligem Füllen im Abstand von Stunden bis hin zu Tagen werden die entstandenen Bohrlöcher mit Holzdübeln verschlossen. Das Holzschutzmittel ist dabei meist eine hochkonzentrierte Salzlösung, bei einer Holzfeuchte < 20 % ein lösemittelhaltiges HSM.

Bohrlochdrucktränkung

Durch Verfüllen der Bohrlöcher unter Druck wird das Holzschutzmittel tief in das betroffene Bauteil injiziert. Dieses Verfahren wird der einfachen Bohrlochtränkung vorgezogen, da sich das Holzschutzmittel besser verteilen kann und die Bearbeitungszeit vergleichsweise kürzer ist.

Patronenverfahren

Patronen sind gegossene oder gepresste zylindrische Festkörper aus Holzschutzsalzen, die in Bohrlöcher eingesetzt werden. Nach dem Verschluss der Löcher mit Dübeln lösen sich die Körper allmählich auf und verteilen ihre Wirkstoffe im Holz.

Bandagenverfahren

Bandagen werden hauptsächlich zum Schutz von Holzmasten eingesetzt.

Sie werden im Bereich der sogenannten Erd-Luft-Zone, also zwischen 30 cm oberhalb und 50 cm unterhalb der Erde, eingelegt.

Die nach außen hin wasserundurchlässigen, mit Holzschutzmittel getränkten Bandagen werden fest mit dem Bauteil verbunden, sodass kein Wasser eindringen kann.

Maßnahmen gegen holzzerstörende Pilze

Die Bekämpfung eines Pilzbefalls in verbautem Holz ist überwiegend nur durch den vollständigen Austausch des betroffenen Bauteils möglich. So sollten befallene Holzteile mindestens 30 cm über den sichtbaren Befall hinaus entfernt werden, beim Echten Hausschwamm mindestens 100 cm.

Durchwachsene Schüttungen müssen ebenfalls entsorgt werden, wie auch die Oberflächenmycele und Fruchtkörper der Pilze. Des Weiteren sollten angrenzendes Mauerwerk, Fugen und Putz auf Pilzdurchwachsungen untersucht und bei Befall nach Möglichkeit umfangreich entfernt werden.

Zur Verhinderung eines neuen Befalls sollte die Ursache der erhöhten Feuchte in den betroffenen Bauteilen ermittelt und behoben werden. Nicht befallene wie auch neu einzubauende Hölzer können bei Bedarf vorbeugend mit chemischen Holzschutzmitteln behandelt werden. Sollen keine chemischen HSM eingesetzt werden, so muss u. U. von einem erneuten Einbau von Holz oder Holzwerkstoffen abgesehen werden.

Maßnahmen gegen holzzerstörende Insekten

Bei aktivem Befall durch holzzerstörende Insekten ist deren gesamte Verbreitung im verbauten Holz (Vollholz und Holzwerkstoffe) zu ermitteln, wobei befallenes (vermulmtes) Vollholz vor allem aus Gründen der möglicherweise mangelnden Standsicherheit entfernt werden muss.

Die Bekämpfung der Insekten kann u. a. durch das Heißluft- und das Begasungsverfahren erfolgen. Mit diesen Bekämpfungsmaßnahmen sind ausschließlich Fachunternehmen zu betrauen, die über einschlägige Kenntnisse, nachweisbare Erfahrungen und die erforderlichen Gerätschaften verfügen.

Heißluftverfahren

Das Ziel des Heißluftverfahrens besteht darin, durch Einblasen erhitzter Luft in einen betroffenen Raum (z. B. in einen Dachstuhl) eine Aufheizung befallener Holzteile und damit die Abtötung des Befalls zu erreichen. Bedingung dafür ist eine Mindesttemperatur von 55 °C für die Dauer von mindestens 60 Minuten an allen zu behandelnden Bauteilen. Aus brandschutztechnischen Gründen darf die Oberflächentemperatur der Hölzer einen Wert von 120 °C nicht überschreiten.

Da diese Technik ohne den Einsatz chemischer Wirkstoffe auskommt, ist das Heißluftverfahren aus umwelttoxikologischer und bekämpfungstechnischer Sicht bevorzugt anzuwenden.

Begasungsverfahren

Das Begasungsverfahren darf nur in geschlossenen Räumen, unter gasdichten Folien oder in einer speziellen Begasungsanlage eingesetzt werden. Im Wohnbereich findet dieses Verfahren heutzutage nur in Ausnahmefällen Anwendung, das Haupteinsatzgebiet sind Kunstgegenstände und Kulturgüter aus Kirchen, Schlössern und Museen.

Zulässige Begasungsmittel sind Brommethan (Methylbromid), Hydrogenzyanid (Blausäure) und Phosphortrihydrit (Phosphorwasserstoff).

Nach § 15 d Absatz 1 der Gefahrstoffverordnung handelt es sich dabei um giftige und sehr giftige Stoffe sowie Zubereitungen, an deren Verwendung sehr strenge Anforderungen gestellt werden. Im Holzschutz werden solche Mittel nur in Ausnahmefällen zur Bekämpfung von tierischen Schädlingen eingesetzt.

Das Heißluftverfahren wie auch das Begasungsverfahren bekämpft ausschließlich den derzeitigen Befall. Im Anschluss an eine Schädlingsbekämpfung sollte daher eine Nachkontrolle erfolgen. Weiterhin können ergänzende Maßnahmen wie z. B. die Verbesserung des konstruktiven und/oder bautechnischen Holzschutzes sowie ein vorbeugender chemischer Holzschutz durchgeführt werden. Wie auch das Heißluftverfahren bietet das Begasungsverfahren keinen vorbeugenden Schutz, weshalb dieses ebenfalls nachträglich vorgenommen werden sollte.

V.4.3.4 Sanierung schadstoffbelasteter Holzbauteile

Lindan, PCP, DDT

Bei chemischen Holzschutzmitteln wie PCP, Lindan oder DDT handelt es sich um sogenannte schwer flüchtige Verbindungen. Sie sind meist nur in geringer Konzentration in der Luft vorhanden, da sie sich nach dem Ausgasen schnell wieder an Oberflächen (z. B. Staubpartikel/Hausstaub, Einrichtungsgegenstände) abscheiden. Dadurch kann es zu einer für die Innenraumbelastung gravierenden Anreicherung von Schadstoffen kommen. Viele dieser Schadstoffe sind oft über Jahre hinweg nachweisbar. Gemäß dem Vorsorgeprinzip sollten daher identifizierte Expositionsquellen beseitigt werden. Die Entfernung belasteter Hölzer erfolgt unter Beachtung der Entsorgungsvorschriften (z. B. „Gesetz zur Förderung und Sicherung der umweltverträglichen Beseitigung von Abfällen [Kreislaufwirtschafts- und Abfallgesetz]", PCP-Richtlinie).

Formaldehyd

Als Alternative zu formaldehydhaltigen Spanplatten sind Materialien wie z. B. Vollholz, zementgebundene Spanplatten oder gipsgebundene Flachpressplatten geeignet. Offene Spanplattenkanten und Bohrlöcher sollten grundsätzlich nachträglich abgedichtet werden. Zur Abdichtung können beispielsweise Furniere, Plastikkappen, Spachtelmassen oder Lacke verwendet werden. Grundsätzlich gilt, dass emittierende Materialien (bevorzugt gegen formaldehydfreie Produkte) ausgetauscht werden sollten.

V.5 Metall

Autoren: Dipl.-Ing. (FH) Yasemin Wildebrand, Architektin; Dipl.-Ing. Janet Simon

V.5.1 Allgemeines

Metalle gelten als langlebige und pflegeleichte Baustoffe und zeichnen sich durch Vielfalt, Variabilität und meist durch einen charakteristischen Metallglanz aus. Sie werden durch Erhitzen oder Elektrolyse aus Erzen gewonnen. Eisenerz enthält z. B. neben Mineralien und anderen Verunreinigungen ca. 30 bis 50 % Eisen (Fe), das in Form von Eisenoxid vorliegt.

Metalle sind meist zu 100 % recyclingfähig. Es wird zwischen reinen Metallen und Legierungen unterschieden. Legierungen sind Gemische aus Metallen, die auch geringe Mengen an Nichtmetallen enthalten können. Die Eigenschaften der Metalle können durch Legieren den jeweiligen Erfordernissen angepasst werden, wie z. B. mechanische Widerstandsfähigkeit, elektrischer Widerstand oder Korrosionsbeständigkeit.

Des Weiteren werden Eisenmetalle und Nichteisenmetalle (NE-Metalle) unterschieden. Eisenmetalle, wie z. B. Stahl und Eisen, sind formbeständiger als Nichteisenmetalle. Nichteisenmetalle, wie Aluminium (leichte NE-Metalle), Kupfer, Zink und Blei, sind besser formbar, verformen sich aber auch leichter.

Metalle besitzen eine hohe Rohdichte, eine hohe Wärmeleitfähigkeit und eine gute elektrische Leitfähigkeit. Nach der Dichte werden Leichtmetalle (Dichte bis 4,5 g/cm^3) und Schwermetalle (Dichte über 4,5 g/cm^3) unterschieden.

Metalle werden durch Gießen in flüssigem Zustand in Formen aus Metall oder Sand oder durch Walzen, Pressen und Ziehen in warmem oder kaltem Zustand geformt. Metalle können durch Schrauben, Kleben, Nieten oder durch Löten und Schweißen miteinander verbunden werden.

Korrosion

Die Lebensdauer von Bauteilen aus Metall ist abhängig vom Korrosionsverhalten und von der Verarbeitung. Korrosion ist die Reaktion des Metalls auf angreifende Medien sowie auf elektrochemische Einflüsse. Durch Korrosion können Bauteile aus Metall vollständig zerstört werden.

Beim Einbau von verschiedenen unbeschichteten Metallen kann es an den Berührungsflächen zu Kontaktkorrosion kommen (s. Tabelle V.5.01).

Zur Verhinderung der Korrosion und zur Verlängerung der Lebensdauer müssen Metallwerkstoffe, die der Witterung ausgesetzt sind, durch Beschichtungen geschützt werden.

V.5.1.1 Begriffe und Definitionen

Stahl

Eine schmiedbare Eisen-Kohlenstoff-Legierung wird als Stahl bezeichnet. Stahl besteht aus Eisen mit einem Kohlenstoffgehalt von unter 2 % und anderen Legierungselementen (z. B. Silicium, Mangan, Phosphor und Schwefel). Je höher der Kohlenstoffgehalt, desto spröder wird das Material und umso niedriger liegt der Schmelzpunkt. Eisen mit einem Kohlenstoffgehalt von 2 bis 5 % wird als Gusseisen oder Roheisen bezeichnet.

Durch entsprechende Behandlung der Stahlschmelze und Oberfläche des Stahls lassen sich Eigenschaften wie Härte, hohe Festigkeit, Formbarkeit und Korrosionsbeständigkeit maßgeblich beeinflussen. Nicht rostender Stahl ist korrosionsbeständig und unempfindlich gegenüber Säuren und Laugen. Stahl kann durch Schmieden, Schweißen und Feilen, Sägen und Bohren bearbeitet werden.

Kupfer

Kupfer (Cu) ist ein rot glänzendes Buntmetall und gehört zu den Schwermetallen. Kupfer kommt aufgrund seiner starken Affinität zu Schwefel oft als Sulfid mit anderen Metallen vermengt im Erz vor. Zu den wichtigen Kupfererzen gehören Kupferglanz und Kupferkies.

Kupfer zeigt eine geringe Wärmedehnung (Schmelzpunkt 1082 °C) und ist ein ausgezeichneter Wärme- und Stromleiter. Kupfer entwickelt an der Außenluft eine fest haftende, korrosionsbeständige und ungiftige, grünliche Schutzschicht, die sogenannte Patina.

Kupfer ist relativ weich und wird aufgrund seiner geringen Festigkeit und hohen Zähigkeit durch Ziehen, Walzen, Schweißen und Löten u. a. zu Profilen, Rohren, Schalen oder Drähten verarbeitet.

Blei

Blei (Pb) ist ein relativ weiches, bläulich graues Schwermetall. Durch das Aufbereiten (Schwimmverfahren/Flotation) und Rösten (Schwefelentzug) von Blei entsteht Werkblei, das zu Hüttenblei und Feinblei aufbereitet wird. Legiert wird Blei mit Antimon zu Hartblei, dem sogenannten Dachdeckerblei.

Blei ist UV-beständig, recyclingfähig und verrottungsfest. Blei und Bleiverbindungen sind giftig. An der Luft bildet sich schützendes Bleioxid.

Blei lässt sich in kaltem Zustand verarbeiten und ausgezeichnet z. B. durch Walzen, Ziehen und Pressen verformen.

Tabelle V. 5.01: Kontaktkorrosion an Baumetallen in der Atmosphäre

	Unlegierter Stahl	Nicht rostender Stahl	Kupfer	Zink	Blei	Aluminium
Unlegierter Stahl		−	−	±	±	−
Nicht rostender Stahl	−		+	±	±	± x
Kupfer	−	+		−	+	−
Zink	±	±	−		−	+
Blei	±	±	+	−		−
Aluminium	−	± x	−	+	−	

+ = keine Korrosion; − = Korrosion; x = In Meeresnähe tritt Korrosion ein.

Zink

Statt des früheren Handelszinks wird heutzutage durch Bandwalzen Titanzink hergestellt, das auf hochreinem Feinzink basiert. Titanzink ist ein legiertes Zink (Zn) mit einem Reinheitsgrad von 99,995 Gew.-% Zn. Diesem werden geringe Anteile von Titan und Kupfer zulegiert.

An der Oberfläche bildet sich mit der Zeit eine gleichmäßig blaugraue Schutzschicht, die Patina. Diese Schutzschicht ist für die hohe Witterungs- und Korrosionsbeständigkeit von Titanzink und das typische Erscheinungsbild verantwortlich. Bauteile aus Titanzink müssen daher nie gereinigt oder gewartet werden. Titanzink zeichnet sich durch seine sehr gute Umformbarkeit (Duktilität) und die geringe thermische Längenänderung (Ausdehnung) aus. Zink lässt sich kleben, schrauben und nieten. Dauerhafte und kraftschlüssige Verbindungen werden durch Weichlöten hergestellt.

Aluminium

Aluminium (Al) hat eine silbrig-weiße Farbe. Gewonnen wird Aluminium meist aus Bauxit. Die Eigenschaften des Aluminiums können durch Zusatz von Mangan, Magnesium, Silicium und Zink beeinflusst werden. Durch Eloxierung kann die Oberfläche von Aluminiumteilen farblich gestaltet und vor Korrosion geschützt werden. Auch Anstriche und Beschichtungen (Emaille, Kunststoff) können zu diesem Zweck aufgebracht werden.

Aluminium besitzt u. a. eine hervorragende Witterungs- und Korrosionsbeständigkeit, Zugfestigkeit und ein geringes Gewicht.

Es lässt sich leicht bearbeiten (Bohren, Fräsen, Polieren und andere spanabhebende Bearbeitungsverfahren), ist walz- und pressbar und lässt sich durch alle gängigen Fügeverfahren verbinden. Zudem kann Aluminium durch Strangpressverfahren auch zu Profilen warm geformt werden.

V.5.1.2 Einsatzgebiete und Verwendung

Stahl

Die Entwicklung des Baustoffes Stahl ist durch den Brückenbau in der zweiten Hälfte des 18. Jahrhunderts bestimmt. Ende des 19. Jahrhunderts wurde Stahl beim Bau von Hochhäusern eingesetzt oder für Hallenbauten, beispielsweise Bahnhöfe, verwendet. Schon damals wurde Stahl auch in Verbindung mit Beton eingesetzt.

Stahl kommt aufgrund seiner guten mechanischen Eigenschaften, wie z. B. Umformbarkeit und Tragfähigkeit, häufig zum Einsatz, da er im Vergleich zu anderen Stoffen mit ähnlichen mechanischen Eigenschaften einen geringeren Materialpreis aufweist.

Heutzutage wird Stahl in Form von Blechen, Stangenmaterial und Rohren angeboten. Unterschieden wird je nach Verwendungszweck zwischen einfachem Baustahl, niedrig legiertem Stahl und hoch legiertem Stahl. Baustähle (z. B. mit der Abkürzung „S235JR+AR" gemäß der aktuellen DIN EN 10025 „Warmgewalzte Erzeugnisse aus Baustählen – die frühere Bezeichnung war „St 37-2") sind beinahe für alle Arbeiten geeignet.

Im Bauwesen wird Gussstahl, Walz- und Schmiedestahl eingesetzt. Zu den Walzstahlerzeugnissen gehören neben Rohren (Rinnen, Fallrohre) und Hohlprofilen (z. B. rund, rechteckig, quadratisch) auch Flacherzeugnisse, wie Stahlbleche oder Stahlband, sowie Langerzeugnisse, wie Profilstahl (z. B. T- und U-Profile).

Für Fassaden, Dächer und Decken werden häufig Stahltrapezprofile nach DIN 18807 „Trapezprofile im Hochbau; Stahltrapezprofile", Stahlkassettenprofile und Sandwichelemente verwendet. Fensterelemente (s. Kap. III.3.1.4), Türen und Tore (s. Kap. III.4.1.1 und Kap. III.4.2.1) können auch aus Stahlprofilen gefertigt werden.

Beim Bohren oder Schneiden von Stahlbauteilen im Bestand sollten nur Werkzeuge eingesetzt werden, die ohne Funkenflug und größere Hitzeentwicklung arbeiten, bzw. auf einen ausreichenden Schutz angrenzender Bauteile geachtet werden, um insbesondere Oberflächenschäden zu vermeiden.

Kupfer

Kupfer wurde insbesondere wegen seiner Korrosionsbeständigkeit vor allem als Dachdeckung verwendet. Heutzutage ist Kupfer ein relativ teurer Rohstoff, der aufgrund seiner positiven Eigenschaften in vielen Bereichen des Bauwesens, beispielsweise für Dacheindeckungen, Dachrinnen, Fassadenbekleidung (s. Kap. III.2.1.3), eingesetzt wird.

Des Weiteren wird Kupfer z. B. zu Rohrleitungen oder elektrischen Leitungen verarbeitet.

Blei

Blei gehört zu den ältesten Gebrauchsmetallen. Bleiblech (früher Walzblei genannt) wurde an Dächern und Fassaden sowie zur Abdeckung von Brüstungen, Brandmauern, Schornsteinen und Dachgauben eingesetzt. Aufgrund der möglichen Gesundheitsgefahren, die durch Blei verursacht werden können, und der hohen Kosten findet Blei heutzutage nur noch vereinzelt Verwendung.

Zink

Titanzink gehört in der heutigen Zeit zu den in der Bauklempnerei am häufigsten verwendeten Werkstoffen und ist die moderne Version des seit rund 2 Jahrhunderten für Bauzwecke bewährten Zinkblechs. Zinkbleche sind im Bestand in Form von Bekleidungen, Dachrinnen, Regenfallrohre und Dacheindeckungen zu finden.

Durch Verzinken können Stahlbauteile und Stahlbleche gegen Korrosion geschützt werden.

Aluminium

Trotz des häufigen Vorkommens von Aluminium wurde es erst im 19. Jahrhundert als Baustoff eingesetzt. Aluminium ist als Blech, Band, Folie, Profil oder Gussplatte erhältlich. Es kann z. B. für die Herstellung von Außen- und Innenwandbekleidungen oder von Dacheindeckungen eingesetzt werden. Fenster und Türen werden häufig aus

Aluminiumprofilen gefertigt. Auch können Rollläden, Leitern, Treppen, Markisen und Dachrinnen aus Aluminium bestehen.

V.5.2 Typische Mängel und Schäden

Unkenntnis oder Missachtung materialbedingter oder systembedingter Eigenschaften bei der Planung oder Bauausführung führen unweigerlich zu Bauschäden. Diese beeinträchtigen je nach Einsatzgebiet nicht nur die Optik, sondern auch die Funktion der Metallbauteile.

Aufgrund der zahlreichen Einsatzgebiete werden hier vorrangig die typischen Mängel und Schäden an Fassaden und Dächern aus Metall beschrieben.

V.5.2.1 Aufstauchungen und Risse

Aufstauchungen und Risse an Metallfassaden können verschiedene Ursachen haben. Wird z. B. die temperaturabhängige Ausdehnung der einzelnen Metallelemente (Scharen) nicht berücksichtigt und durch zu starre Befestigungen und Verbindungen behindert, kann es zu Aufstauchungen, Wellen- oder Beulenbildung, Auswerfungen oder Rissen des Metalls kommen.

Ungünstig dimensionierte Metallbleche, wie z. B. zu lange oder zu breite Scharen oder fehlende Quernähte (Schiebenähte), können ebenfalls zu Wellenbildung führen.

V.5.2.2 Bauteile aus Stahl

Als typische Schadensbilder an Stahlfassaden gelten Korrosion und Farbabweichungen durch Auskreiden.

Korrosion

Ab einer relativen Luftfeuchte von ca. 70 % korrodiert Stahl an der Luft. Verstärkend wirken hierbei Luftverunreinigung durch Schwefeldioxid und Chlor, Rauchgase und Flugasche.

Die Berührung mit feuchten Stoffen und mit Stoffen, die korrodierende Stoffe enthalten, wie z. B. Holz (Eiche), Holzschutzmittel, Säuren (außer Phosphorsäure), Salze, Ruß, Schlacke und Gips, kann ebenfalls Korrosion begünstigen.

Zu Korrosionschäden z. B. an Stahlfassaden führen darüber hinaus neben Dauerfeuchte, die überall dort entsteht, wo Regen- oder Tauwasser nicht vollständig ablaufen kann, auch Tauwassereinflüsse oder Beschädigungen der Oberfläche.

Tauwasserbildung tritt z. B. an undichten Stoßfugen bei Stahlfassaden auf. Auch unzureichende Be- und Entlüftung können zu vermehrter Tauwasserbildung im Bauteilquerschnitt oder zu einer unzureichenden Abführung des Tauwassers führen.

Beschädigung der Oberflächen

Beschichtete Oberflächen können beispielsweise durch Funkenflug beim Schneiden oder Bohren beschädigt worden sein. Ausgehend von diesen Fehlstellen können in der Folge Korrosionsschäden entstehen.

Kontaktkorrosion

Der Einbau von beschichteten Bauelementen mit verschiedenen Metallen ist meist unproblematisch. Bei der Kombination von unbeschichteten Bauelementen kann der Kontakt unterschiedlicher Metalle zu Kontaktkorrosion führen. Ebenfalls schädigend auf Stahlbauteile wirken angrenzende Baustoffe, wie z. B. Mörtel, Beton und Holzschutzmittel.

Korrosion unter Wasser und im Erdreich

Die Korrosion im Wasser und Erdreich wird nicht nur durch die angreifenden Medien bestimmt, sondern auch durch elektrochemische Einflüsse. Elektrochemische Korrosion tritt ein, wenn an die Berührungsstelle zweier verschiedener Metalle eine Elektrolytlösung gelangt (Kondenswasser, Tau usw. auf der Metalloberfläche). Dabei wird immer das unedlere Metall zerstört. Unter Wasser überwiegt die Korrosion durch Flächenabtrag. Im Meerwasser erfolgt häufig ein Bewuchs durch tierische und pflanzliche Organismen.

Farbabweichungen durch Auskreiden

Werden Stahlbleche unterschiedlicher Dicke und unterschiedlicher Beschichtungsart im gleichen Farbton miteinander kombiniert, können sie unter

Abb. V.5.01: Aufstauchung einer Metallfassade

Abb. V.5.02: Korrosion an einer Stahlfassade

Einfluss von UV-Strahlen unterschiedlich auskreiden, sodass es nach Jahren zu Farbabweichungen kommen kann.

V.5.2.3 Bauteile aus Kupfer

Schäden an Kupferbauteilen oder Legierungen sind aufgrund der Beständigkeit von Kupfer die Ausnahme. Schadensbilder an Kupferfassaden und -dächern sind meist auf Planungs- und Ausführungsfehler zurückzuführen.

Zu den typischen Mängeln und Schäden an Kupferfassaden und -dachdeckungen gehören u. a. Korrosion, Verfärbung angrenzender Bauteile und Verfärbung der Patina.

Abb. V.5.03: Verfärbte Patina eines Kupferdaches

Abb. V.5.04: Weißrost an einer Zinkfassade

Kupferkorrosion

Durch die Verwendung von Befestigungsmitteln aus unedlerem Metall, z. B. verzinkte Stahlnägel, können an Kupferblechen Schäden entstehen. Die Zinkschicht der Stahlnägel wird häufig beim Einschlagen der Nägel zerstört, sodass es schon bei geringen Feuchtemengen in der Folge zu Korrosion kommen kann. Bei der Befestigung von Stahlblechen sollten daher grundsätzlich keine verzinkten Nägel verwendet werden.

Nicht ausreichend abgedeckte bituminöse Anstriche oder Dachdichtungsbahnen oxidieren unter Witterungseinflüssen. Dabei bilden sich wasserlösliche, saure Abbauprodukte, die an verschiedenen metallischen Werkstoffen, auch bei Kupfer, zu Korrosion führen können.

Verfärbung angrenzender Bauteile

Bei leichtem Regen lösen sich, besonders in der Anfangsphase der Patinabildung, Oxide und Schmutzpartikel von der glatten Kupferoberfläche. Trifft das so verunreinigte Regenwasser auf anderen Baustoffen auf, können sich diese Oxide und Schmutzpartikel dort ablagern und Verfärbungen hervorrufen.

Verfärbung der Patina

Schon bei der Planung sollte darauf geachtet werden, dass in Sichtbereichen möglichst kein Tropfwasser anderer Bauteile auf Kupferflächen gelangt. Trifft z. B. von Ziegelflächen ablaufendes Wasser direkt auf ein Bauteil aus Kupfer, so kann es durch die im Wasser gelösten aggressiven Bestandteile zur Störung und Verfärbung der Oxidschicht kommen. Dies ist besonders bei geringen Niederschlägen wie Tau oder Nebel der Fall. Den gleichen Effekt kann aggressives Ablaufwasser anderer Bauteile auf Kupferbauteile haben.

V.5.2.4   Bauteile aus Blei

Typische Schadensbilder an Fassadenbekleidungen aus Blei sind Aufwölbungen durch Windsog, Verfärbungen und das Abschwemmen von Bleisalzen, das auch zu Schäden an anderen Bauteilen führen kann.

Schäden durch Windsog

An den Randbereichen von Bleidächern kann es durch Windsog zu Aufwölbungen kommen. Der Schaden ist meist auf eine Nichtberücksichtigung der in den Randbereichen erhöhten Windlasten zurückzuführen.

Verfärbungen

Unterschiedliche Farbschattierungen an Bleifassaden und -dächern sind meist auf unterschiedliche Farbtöne der Scharen zurückzuführen. Flächen mit durchmischten Grautönen lassen auf wechselhaftes Wetter während der Verlegung schließen.

Die falsche Anwendung von Patinieröl, z. B. zu dick aufgetragenes Öl und dadurch entstandene unterschiedliche Schichtdicken, kann ebenfalls Verfärbungen zur Folge haben. Auch verursacht Regen- und Tauwasser, das z. B. bei der Lagerung zwischen flach aufeinanderliegende Bleiplatten gerät, Verfärbungen.

Abschwemmen von Bleisalzen

Auf Bleifassaden und -dachdeckungen bildet sich mit der Zeit eine fest haftende Schutzschicht. Von der Fassade oder vom Dach abtropfendes Regenwasser führt jedoch geringe Partikel dieser Patina mit sich, die an darunter liegenden Bauteilen graue Verfärbungen verursachen können.

V.5.2.5   Bauteile aus Zink

Zu den typischen Mängeln und Schäden an Baustoffen und -teilen aus Zink gehören Korrosion durch Gips und sulfathaltige Zemente, Korrosion durch bituminöse Stoffe und Weißrostbildung.

Korrosion durch Gips und sulfathaltige Zemente

Gips ($CaSO_4$) oder sulfathaltiger Zement können bei Titanzink in Verbindung mit Feuchtigkeit bleibende Verfärbungen und Korrosion verursachen.

Korrosion durch bituminöse Stoffe

Titanzink wird durch saure, wasserlösliche Bestandteile, die aus Bitumen durch Oxidation unter bestimmten Witterungseinflüssen herausgelöst werden, angegriffen.

Weißrostbildung

Werden Titanzinkscharen ungeschützt bei Regen und Schnee gelagert und ein Abtrocknen verhindert, kann die Patinaentwicklung gestört werden. Es bildet sich lediglich Zinkhydroxid, welches sich durch Feuchtigkeit weiter aufbaut und als weiße Pulverschicht (Weißrost) sichtbar wird. Titanzink sollte daher immer trocken und gut belüftet gelagert werden.

V.5.2.6   Bauteile aus Aluminium

Typische Schadensbilder an Aluminiumfassaden und -dachdeckungen sind Beulenbildungen und Verwerfungen. Zu stark angezogene Befestigungsschrauben können Einbeulungen an Sandwichelementen zur Folge haben.

V.5.2.7   Schadstoffe

Schwermetalle

Schadstoffbelastungen von Metallen können vorwiegend im Zusammenhang mit Schwermetallen in Beschichtungen auftreten. Schwermetallhaltige Beschichtungen sind auf Außenwänden (s. Kap. III.2), Fenstern (s. Kap. III.3), Türen und Toren (s. Kap. III.4), Innenwänden (s. Kap. III.5), Decken (s. Kap. III.6) sowie Treppen (s. Kap. III.7) zu finden.

V.5.3 Maßnahmen

Zur Schadensfeststellung an Fassadenbekleidungen und Dachdeckungen aus Metall steht der visuelle Eindruck im Vordergrund.

V.5.3.1 Mängel und Schäden an Bauteilen aus Stahl

Schadensbilder an Stahlfassaden sind meist auf Planungs- und Ausführungsfehler oder Nichtbeachtung material- oder systemspezifischer Eigenschaften zurückzuführen.

Korrosion durch Tauwasserbildung

Um beim Bauen im Bestand die erforderliche Luftdichtigkeit z. B. bei Stahlfassaden zu erreichen, können undichte Fugen innen und außen mit einem dauerelastischen Dichtstoff luftdicht verschlossen werden.

Ist der erforderliche freie Lüftungsquerschnitt (≥ 200 cm²/m) an einer hinterlüfteten Außenschale nicht gegeben, muss dieser für eine ausreichende Be- und Entlüftung nachträglich hergestellt werden. Anforderungen an hinterlüftete Außenwandbekleidungen sind in der DIN 18516-1 „Außenwandbekleidungen, hinterlüftet – Teil 1: Anforderungen, Prüfgrundsätze" bzw. in der DIN 18807-3 „Trapezprofile im Hochbau; Stahltrapezprofile; Festigkeitsnachweis und konstruktive Ausbildung" definiert.

Korrosion durch Beschädigung der Oberfläche

Ist die Oberfläche beschädigt, ist diese je nach Art der Beschichtung auszubessern. Zinküberzüge werden zur Wiederherstellung des Korrosionsschutzes mit Zinkstaublacken mit mindestens 90 Gew.-% Zink im Trockenfilm ausgebessert. Beschädigte Beschichtungen können mit lufttrocknenden Lacken ausgebessert werden. Da infolge der kathodischen Schutzwirkung bei geringfügigen Beschädigungen kaum Korrosionsgefahr besteht, kann meist auf eine Ausbesserung verzichtet werden. Liegt lediglich eine optische Beeinträchtigung vor, sollte die Ausbesserung kleinflächig mit einem kleinen Pinsel vorgenommen werden.

Bei großflächigen Ausbesserungen sollte eine geeignete Beschichtung ausgewählt werden, die sowohl den nötigen Korrosionsschutz gewährleistet als auch den optischen Anforderungen gerecht wird.

Kontaktkorrosion

Vorbeugend sollte beim Einbau darauf geachtet werden, dass Baumetalle und/oder Baustoffe, die beim Zusammentreffen mit Kontaktkorrosion reagieren, nicht kombiniert werden. Im Bestand können die Kontaktflächen nachträglich durch Trennlagen oder Beschichtungen getrennt werden.

V.5.3.2 Mängel und Schäden an Bauteilen aus Kupfer

Schadensbilder an Kupferfassaden und -dächern sind meist auf Planungs- und Ausführungsfehler zurückzuführen. Im Folgenden werden Maßnahmen bei Aufstauchungen und Rissen, Maßnahmen gegen Kupferkorrosion, Verfärbung angrenzender Bauteile, Verfärbung der Patina und Maßnahmen bei Verformung des Materials durch Längenausdehnung aufgrund der Befestigung erläutert.

Aufstauchungen und Risse von Kupferblechen

Bei der Befestigung der Kupferfalzdeckung auf der Schalung sind die temperaturbedingten Längenänderungen der Scharen und die Windsogkräfte konstruktiv zu berücksichtigen. Ebenfalls zu berücksichtigen ist die richtige Scharbreite, die abhängig von Gebäudehöhe und Werkstoffdicke und -länge ist. Die DIN 18339 „VOB Vergabe- und Vertragsordnung für Bauleistungen – Teil C: Allgemeine Technische Vertragsbedingungen für Bauleistungen (ATV); Klempnerarbeiten" schreibt 10 m als maximale Scharlänge fest; größere Längen sind abhängig von der Dachneigung und nur mit Dehnungsausgleich möglich.

Bei Außenwandbekleidungen aus Kupfer sollte der Fixpunkt, d. h. die Befestigung durch einteilige Festhafte, stets im oberen Bereich liegen. Um eine Längenausdehnung bei Temperaturänderungen zu gewährleisten, erfolgt die Befestigung der übrigen Bereiche bei Scharlängen von über 3 m immer durch zweiteilige Schiebehafte.

Bei der Befestigung der Außenwandbekleidung entstandene Fixpunkte und die damit verbundenen Unebenheiten durch Längenausdehnung lassen sich kaum durch Sanierung entfernen. Nachträgliches Öffnen der Falze würde die Unebenheiten und den optischen Mangel noch verstärken. Der Schaden lässt sich meist nur durch das Austauschen der Scharen beheben.

Kupferkorrosion

Der Kontakt von Kupfer und Zink ist zu vermeiden. Zur Befestigung von Kupferbauteilen sollten ausschließlich Kupfer, Kupferlegierung oder nicht rostender Stahl Anwendung finden.

Um Schäden an z. B. Kupferfassaden zu vermeiden, sollten oberhalb angrenzende Bauteile wie z. B. Flachdächer aus Bitumen immer mit einer mindestens 5 cm hohen Kiesschüttung bedeckt werden, sodass ein ausreichender Schutz vor hohen Säurekonzentrationen im Niederschlagswasser gewährleistet ist.

Schutzanstriche der Kupferfassade mit Chlorkautschukfarbe können nur als zeitlich begrenzte Lösung angesehen werden. Sie müssen regelmäßig erneuert werden.

Verfärbung anderer Bauteile

Im Zuge einer Sanierung sollte durch Entwässerungsmaßnahmen und ausreichend breite Abtropfkanten gewährleistet werden, dass ablaufendes Regenwasser von Kupferflächen nicht auf andere Bauteile, z. B. Putzflächen, trifft.

Verfärbung der Patina

Bei der Sanierung muss durch ausreichend dimensionierte Abtropfkanten gewährleistet werden, dass kein Tropfwasser anderer Bauteile auf im Sichtbereich befindliche Kupferflächen gelangt und die Patina verfärbt oder angreift.

V.5.3.3 Mängel und Schäden an Bauteilen aus Blei

Nichtbeachtung von material- und systemspezifischen Eigenschaften führt z. B. an Bleifassaden meist zu Schäden. Um Beschädigungen an Bleifassaden zu vermeiden, sollten Bleifassaden besonders im öffentlich zugänglichen Bereich etwa 2 m über

Gelände enden. Der Sockel sollte aus einem anderen Material bestehen.

Entsprechend den typischen Schadensbildern an Blei werden Maßnahmen bei Aufstauchungen und Rissen von Bleiblechen, Maßnahmen bei Schäden durch Windsog, Verfärbungen und Abschwemmen von Bleisalzen aufgezeigt.

Aufstauchungen und Risse von Bleiblechen

Aufstauchungen und Risse an Bleifassaden oder Bleideckungen werden saniert, indem die Einzelelemente auf die zulässigen Abmessungen begrenzt und neu montiert werden. Bei Rissschäden müssen die beschädigten Bleischaren ausgetauscht werden. Nicht fachgerecht ausgeführte Verbindungen müssen gelöst und neu ausgeführt werden.

Schäden durch Windsog

Beseitigt werden können Schäden durch Windsog an Bleifassaden und -deckungen, indem die vorhandenen Scharen gegen Scharen mit größerer Dicke ausgetauscht und durch zusätzliche Befestigungen gesichert werden. Um Schäden dieser Art zu vermeiden, sollten die Windsoglasten in die Planung mit einbezogen werden. Im Normalbereich ist von Windsoglasten von 560 N/m² auszugehen. Dagegen können sie im Randbereich bis zu 1600 N/m² betragen. Bleibleche können aus diesem Grund im Normalbereich eine Dicke von 2 mm haben, im Randbereich sollten die Bleche um mindestens 50 % dicker sein.

Verfärbungen des Bleis

Bei unterschiedlichen Farbschattierungen kann davon ausgegangen werden, dass diese sich mit der Zeit angleichen und eine einheitliche Graufärbung entsteht. Durch die Verwendung von Patinieröl werden derartige Farbschattierungen vermieden. Um das Patinieröl z. B. nicht zu dick oder in unterschiedlichen Schichtdicken aufzutragen, sollte es möglichst gleichmäßig und mit einem getränkten Baumwolllappen auf die Fassade aufgebracht werden. Darüber hinaus sollten Bleibleche schon während des Transports und der Lagerung vor Feuchte geschützt werden. Bleifassaden sollten einen ausreichenden Bodenabstand für die Belüftung besitzen. Durch falsches Lagern entstandene Verfärbungen lassen sich kaum beheben.

Abschwemmen von Bleisalzen

Beim Bauen im Bestand kann das Abschwemmen von Bleisalzen nur durch eine Beschichtung mit Transparentlack vermieden werden. Diese Beschichtung kann auch nachträglich durchgeführt werden; die bleitypische Patina bleibt dabei erhalten.

Weniger auffällig werden die charakteristischen grauen Spuren des bleihaltigen Tropfwassers, wenn unterhalb der Abtropfkante graues Baumaterial verwendet wird. Eine direkte Ableitung des Niederschlagswassers kann Ablaufspuren an angrenzenden Bauteilen ebenfalls verhindern.

V.5.3.4 Mängel und Schäden an Bauteilen aus Zink

Bei Fassaden und Dächern aus Zinkblech kann die Nichtbeachtung von material- und systemspezifischen Eigenschaften und Herstellerhinweisen zu Schäden führen.

Aufstauchungen und Risse von Zinkblechen

Eine Sanierung der Fassade oder des Daches aus Zink ist bei Aufstauchungen und Rissen, die aufgrund temperaturabhängiger Längenausdehnungen entstanden sind, kaum möglich, weil die Schäden beim Öffnen der Falze nur verstärkt würden. Zur Schadensbehebung muss daher die Außenwandbekleidung ausgetauscht werden.

Bei der Ausführung ist darauf zu achten, dass die Außenwandbekleidungen so montiert werden, dass die bei Temperaturschwankungen auftretenden Längenausdehnungen aufgenommen werden können. Hierfür werden zweiteilige Schiebehafte eingesetzt.

Bei Aufstauchungen aufgrund ungünstiger Dimensionierung, wie z. B. zu lange oder zu breite Scharen oder fehlende Quernähte, ist eine Sanierung nicht möglich. Zur Schadensbehebung ist die Bekleidung oder Deckung aus Zink auszutauschen. Schon bei der Planung können derartige Mängel vermieden werden, indem die Scharlänge und die Scharbreite genau dimensioniert und kleinere Maße gewählt werden. Die Längsnähte sollten als Winkelstehfalz ausgebildet und ausreichende Quernähte vorgesehen werden. Auch eine Erhöhung der Materialdicke ist möglich. Bei hohen Materialansprüchen sollte man statt Band- besser Tafelmaterial einsetzen.

Korrosion durch Gips und sulfathaltige Zemente

Herabfallende Mörtelreste hinterlassen, wenn sie nicht rechtzeitig entfernt werden, bleibende Verfärbungen und Korrosion an Fassadenbekleidungen aus Zink. Aus diesem Grund ist darauf zu achten, dass Mörtelreste schnell von der Fassadenfläche entfernt werden. Des Weiteren ist auf Chloride und Gips als Abbindebeschleuniger oder Frostschutzmittel im Mörtel zu verzichten.

Korrosion durch bituminöse Stoffe

Um Korrosion durch bituminöse Stoffe zu verhindern, sollten oberhalb von Zinkflächen angrenzende Bauteile wie z. B. Flachdächer mit Bitumeneindeckung immer durch eine mindestens 5 cm dicke Kiesschüttung geschützt werden. So wird ein ausreichender Schutz vor hohen Säurekonzentrationen bei geringen Wassermengen (Tau, Nebel) gewährleistet. Schutzanstriche auf Zinkflächen stellen nur eine zeitlich begrenzte Lösung dar, da sie regelmäßig erneuert werden müssen.

Weißrostbildung

Leichte Weißrostbildungen müssen nicht beseitigt werden. Stärkere Zinkhydroxidbildungen können mit Edelstahlwolle entfernt werden. Danach ist mit klarem Wasser nachzuspülen.

Um eine erneute Weißrostbildung zu vermeiden, sollten z. B. Zinkfassaden im Bestand anschließend dünn mit einem Fassadenöl versehen werden.

V.5.3.5 Mängel und Schäden an Bauteilen aus Aluminium

Aufstauchungen und Risse von Aluminiumblechen

Zur Beseitigung von Schäden durch temperaturbedingte Längenänderungen an Aluminiumfassaden genügt es meist, die längsseitigen Verschraubungen der Aluminiumelemente zu demontieren und mit Langlöchern zu versehen. Danach können diese dann wieder montiert werden. Vermeiden lassen sich Verformungen durch die Verwendung von dickerem Aluminium oder durch frei beweglich in eine ausjustierte Unterkonstruktion eingehängte Lisenen (Absetzungen).

Material- oder montagebedingte, nur bei bestimmten Lichtverhältnissen und aus bestimmten Blickwinkeln sichtbare Wellen lassen sich durch ebenheitsgenaue Montage vermeiden. Darüber hinaus sollten keine glänzenden Bleche eingesetzt werden, da sonst kleinste Unebenheiten sichtbar werden.

Zur Sanierung von Schäden durch temperaturbedingte Längenausdehnungen bei Aluminiumdächern sind die Wellenprofile voneinander zu entkoppeln. Um einen Schaden zu vermeiden, sollten Aluminium-Wellenprofile nicht biegesteif miteinander verbunden werden. Wellenprofile sollten eine Länge von 6 m nicht überschreiten.

Beulenbildung bzw. Verwerfungen

Einbeulungen an Sandwichelementen sind irreversibel. Durch das Lockern der Schrauben lässt sich lediglich eine optische Verbesserung erzielen. Der Schaden lässt sich nur durch das Austauschen der eingebeulten Sandwichelemente beheben. Vermeiden lassen sich derartige Einbeulungen durch Verschrauben von Hand, durch die Verwendung tiefenanschlagbegrenzter Elektroschrauber oder durch Verwendung von Sandwichelementen mit verdeckter Verschraubung.

Undichte Fugen zwischen Sandwichelementen

Zu breite, ungleichmäßige und dadurch undichte Fugen zwischen Sandwichelementen können nachträglich durch Silikon auf der Gebäudeinnenseite nur bedingt geschlossen werden. Durch eine Blower-Door-Prüfung sollte vor und nach der Maßnahme die Dichtigkeit des Gebäudes überprüft werden.

Auf der Gebäudeaußenseite ist aufgrund der Unbeständigkeit von Silikon gegenüber Sonneneinstrahlung eine Silikonabdichtung problematisch. Die sicherste Sanierung ist die Neumontage der Wände. Um derartige Schäden zu vermeiden, empfiehlt es sich, Sandwichelemente mit einem möglichst kleinen Fugendurchlasswiderstand zu verwenden.

V.5.3.6 Maßnahmen bei Schadstoffbelastungen

Schwermetalle

Maßnahmen bei Schadstoffbelastungen von Metallen durch schwermetallhaltige Beschichtungen enthalten die Kapitel III.2 (Außenwände), III.3 (Fenster), III.4 (Türen und Tore), III.5 (Innenwände), III.6 (Decken), III.7 (Treppen), III.8 (Balkone) und III.9 (Geländer und Brüstungen).

Abb. V.6.01: Ornamentglas (Beispiel)

V.6 Glas

Autoren: Dipl.-Ing. Tania Brinkmann, Architektin; Dipl.-Ing. Silke Nicole Klein, Architektin

V.6.1 Allgemeines

Bei Bauglas handelt es sich meist um Kalk-Natronglas. Hauptbestandteile sind Quarzsand (Siliciumdioxid, SiO_2), Kalkstein ($CaCO_3$) und Dolomit ($CaMg[CO_3]_2$) sowie Soda (Na_2CO_3) und Sulfat. Diese Mischung erstarrt nach dem Schmelzen amorph bzw. ohne Kristallbildung.

Zahlreiche Fortschritte in der Glastechnologie führten zu einem Baustoff, der architektonische, ökonomische und ökologische Vorzüge vereint. Ausgangspunkt dieser Entwicklung war die Ölkrise der 70er-Jahre mit den damit verbundenen Sparzwängen, infolgedessen Wege zu einer weniger energieaufwendigen Glasarchitektur gesucht wurden. Auf diese dringenden Fragen reagierte die Industrie mit der Entwicklung einer Vielzahl verbesserter Glassorten und Beschichtungen.

Im Bauwesen kann Glas auf verschiedene Arten eingesetzt werden. Der Markt bietet heutzutage bereits Verglasungen, die verschiedenste Anforderungen erfüllen und sich auch größtenteils kombinieren lassen. Das sogenannte Floatglas stellt dabei das Basisprodukt dar. Es wird überwiegend zur Weiterverarbeitung durch beispielsweise Einfärbung und/oder Beschichtung sowie zur Herstellung von Funktionsgläsern verwendet. Als Funktionsglas wird neben Wärme- und Sonnenschutzglas auch Schallschutz-, Brandschutz- sowie Sicherheitsglas bezeichnet. Weitere Spezialgläser dienen entweder zur Lichtlenkung oder Lichtstreuung, sind bedruckt, bedampft oder mit innen liegendem Sonnenschutz versehen.

V.6.1.1 Begriffe und Definitionen

Flachglas

Flachglas bezeichnet alle ebenen und gebogenen Glasscheiben.

Floatglas

Floatglas, früher Spiegelglas genannt, ist die am meisten verwendete Flachglasart.

Die Rohstoffe bilden bei etwa 1550 °C eine Glasschmelze, die auf einem Bad aus flüssigem Zinn, dem sogenannten Float, schwimmt und wegen dessen absolut ebener Oberfläche ein planparalleles, wellenloses Glasband ausbildet.

Standardmäßig beträgt die Breite der Scheiben mindestens 3,15 bis 3,21 m und die Länge 4,5 bis 6 m. Die Scheibendicken reichen von 2 bis 25 mm. Sehr dünne oder sehr dicke Scheiben werden im sogenannten Ziehverfahren hergestellt.

Floatglas wird in der DIN EN 572-2 „Glas im Bauwesen – Basiserzeugnisse aus Kalk-Natronsilicatglas – Teil 2: Floatglas" definiert.

Gezogenes Flachglas

Gezogenes Flachglas nach DIN EN 572-4 „Glas im Bauwesen – Basiserzeugnisse aus Kalk-Natronsilicatglas – Teil 4: Gezogenes Flachglas" wurde früher als Fensterglas bezeichnet. Es handelt sich um ein ebenes, transparentes und klares oder durchgefärbtes Kalk-Natronglas, das im Ziehverfahren (beispielsweise das sogenannte Fourcault-Verfahren) in den Regelabmessungen gefertigt wird.

Ornamentglas

Ornamentglas nach DIN EN 572-5 „Glas im Bauwesen – Basiserzeugnisse aus Kalk-Natronsilicatglas – Teil 5: Ornamentglas" war früher unter dem Begriff Gussglas bekannt. Es wird wie Flachglaserzeugnisse am kontinuierlichen Band produziert. Die Glasschmelze wird dabei durch 2 sich gegenläufig drehende Walzen gegossen und mit einer Oberflächenstruktur geprägt. Ornamentglas ist lichtdurchlässig, infolge der strukturierten Oberfläche aber undurchsichtig.

Drahtornamentglas

Drahtornamentglas ist ein Ornamentglas, in das während der Herstellung zusätzlich ein Drahtnetz eingelegt wird. Früher hieß dieses Produkt Gussglas mit Drahteinlage.

Drahtornamentglas ist in der DIN EN 572-6 „Glas im Bauwesen – Basiserzeugnisse aus Kalk-Natronsilicatglas – Teil 6: Drahtornamentglas" genormt.

Mehrschichtige Gläser

Ein mehrschichtiger Aufbau ermöglicht die Kombination von Glasscheiben mit oder ohne Beschichtung sowie die Schaffung von unterschiedlich breiten Scheibenzwischenräumen (SZR), die verschiedene Maßnahmen für Wärme- und Sonnenschutz aufnehmen können.

Mehrscheiben-Isolierglas

Sogenannte Isoliergläser bestehen aus 2 oder mehreren Glasscheiben aus Floatglas, gezogenem Glas oder Ornament- sowie Drahtornamentglas, die am Rand schubfest und gasdicht miteinander verbunden sind. Der Scheibenzwischenraum enthält üblicherweise eine Füllung aus trockener Luft oder Edelgas, die als Wärmepuffer wirkt. Neben einfachen Konstruktionen für die üblichen Anforderungen gibt es eine Reihe hochwertiger Verbundkonstruktionen für höhere Anforderungen an den Wärme-, Sonnen- und Schallschutz. Durch die Verwendung von Isoliergläsern können die Wärmeverluste mindestens halbiert werden. Der andere Teil tritt dagegen in Form von Abstrahlung zwischen den gegenüberliegenden Glasoberflächen, als Wärmeleitung über die Füllung oder über den Randverbund auf.

Maßgeblich geregelt sind Isoliergläser vor allem in der DIN EN 1279 „Glas im Bauwesen – Mehrscheiben-Isolierglas".

Wärmeschutzglas

Bei Wärmeschutzglas handelt es sich um beschichtetes Mehrscheiben-Isolierglas, das die Anforderungen an einen hohen Wärmeschutz erfüllt, was nach Einführung der Energieeinsparverordnung (derzeit gilt die EnEV 2007) immer mehr in den Vordergrund rückt.

Die Gasfüllung von Wärmeschutzgläsern besteht üblicherweise aus dem Edelgas Argon, der Einsatz von Krypton ist dagegen nicht mehr üblich. Bei der Beschichtung, die die Wärmeabgabe des Glases erheblich reduziert, handelt es sich hauptsächlich um Silber.

Konventionelles Isolierglas, wie es bis zur Einführung der Wärmeschutzverordnung von 1995 gebräuchlich war, besteht aus 2 unbeschichteten Glasscheiben mit einem durchschnittlichen U_V-Wert (Wärmedurchgangskoeffizient) von 3 W/(m² · K). Diese Wärmeschutzgläser genügen den heutigen Anforderungen mit U_V-Werten zwischen 2,3 und 0,6 W/(m² · K) nicht mehr und werden nur noch selten eingesetzt. Der Einsatz von Einfachverglasungen, die bis in die 70er-Jahre üblich waren und U_V-Werte von bis zu 5,8 W/(m² · K) aufwiesen, ist im Wohnungsbau nicht mehr gestattet.

Für bestehende Gebäude werden gemäß EnEV beim erstmaligen Einbau, der Erneuerung bzw. dem Ersatz von Fenstern und deren Verglasungen maximal zulässige Werte der Wärmedurchgangskoeffizienten angegeben.

Sonnenschutzglas

Bei Sonnenschutzglas handelt es sich um Mehrscheiben-Isolierglas, das den Lichteinfall mindert. Es wird zwischen Absorptions- und Reflexionsglas unterschieden.

Absorptionsglas nimmt die Wärmestrahlung der Sonne auf und gibt sie teilweise an den Innenraum ab. Die Einfärbung ist meist bronzefarben, grün oder grau.

Reflexionsglas reflektiert die Wärmestrahlung. Die Farbgebung gold, silber oder bronze resultiert aus dem metallbedampften Scheibenzwischenraum.

Sonnenschutzglas dient bedingt dem Wärmeschutz, kann sich jedoch nicht dem jahreszeitlich bedingten Wechsel der Einstrahlwinkel und Lichtverhältnisse anpassen.

Schallschutzglas

Bei Schallschutzglas handelt es sich um Mehrscheiben-Isolierglas, das die Anforderungen an einen erhöhten Schallschutz erfüllt.

Um diese Wirkung zu erreichen, wird eine möglichst massige Konstruktion aus schweren Gläsern verwendet. Die unterschiedlich dicken Gläser werden dabei asymmetrisch angeordnet, wobei sich die dickere Scheibe auf der Außenseite befindet. Mit einem vergrößerten Scheibenzwischenraum und einer Gasfüllung aus Argon oder Krypton werden zudem bessere Schalldämmmaße erreicht, als bei den konventionellen Isoliergläsern üblich ist.

Brandschutzglas

Das übliche Bauglas (Floatglas) ist für den Brandschutz untauglich, da es unter Hitzeeinwirkung in große Scheibenbruchstücke zerfällt und somit das Überspringen von Feuer und Brandgasen in angrenzende Räume ermöglicht. Durch den Einsatz von Brandschutzgläsern kann dies über einen definierten Zeitraum hinweg verhindert werden. Voraussetzung dafür ist, dass die geforderten Feuerwiderstandsklassen von der Verglasung, dem Rahmen, der Dichtung und dem Verbund zum angrenzenden Bauteil sowie von diesem selbst erbracht werden.

Spezielle Brandschutzgläser nach DIN 4102-13 „Brandverhalten von Baustoffen und Bauteilen – Teil 13: Brandschutzverglasungen – Begriffe, Anforderungen und Prüfungen" bestehen je nach Anforderung aus beispielsweise mehrscheibigen Verbundgläsern mit besonderen (transparenten) Brandschutz-Zwischenschichten oder aus vorgespanntem Sicherheitsglas. Brandschutzglas kann bei geeigneter Dimensionierung auch die Funktion des Wärme-, Sonnen- und Schallschutzes übernehmen.

Das Gesamtsystem der Brandschutzverglasung einschließlich der Anschlüsse an den Baukörper bedarf grundsätzlich einer bauaufsichtlichen Zulassung.

Sicherheitsglas

Das übliche Bauglas (Floatglas) ist als Sicherheitsglas ungeeignet, da es bei Bruch in großflächige, scharfkantige Scheibenstücke zerfällt. Sicherheitsglas dagegen zerfällt in kleine, meist stumpfkantige krümelartige Stücke, an denen eine Verletzung normalerweise nicht möglich ist.

Abb. V.6.02: Wärmeschutzglas bestehend aus beschichtetem Mehrscheiben-Isolierglas

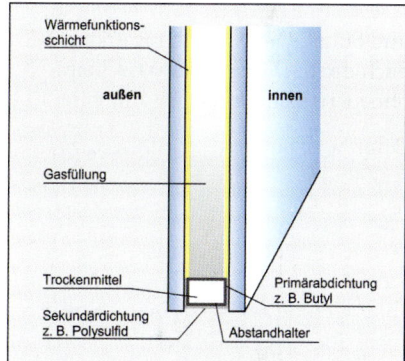

Abb. V.6.03: Schematische Schnittdarstellung eines Wärmeschutzglases

Verbundgläser (VSG) bestehen aus 2 oder mehreren Scheiben, die durch eine zähelastische Zwischenschicht verbunden sind. Da sich bei einem Bruch der Zwischenschicht die Splitter nicht ablösen können, werden Verbundgläser hauptsächlich als Sicherheitsgläser verwendet, um das Verletzungsrisiko auf ein Minimum zu reduzieren. Bei Verbundgläsern wird oft Einscheiben-Sicherheitsglas (ESG), ein thermisch vorgespanntes Glas, verwendet, das eine höhere Festigkeit als normales Floatglas aufweist.

V.6.1.2 Anforderungen

Neben den Anforderungen an Transparenz und thermische Eigenschaften wie beispielsweise die Wärmedehnung steht vor allem der Aspekt der mechanischen Belastbarkeit von Bauglas

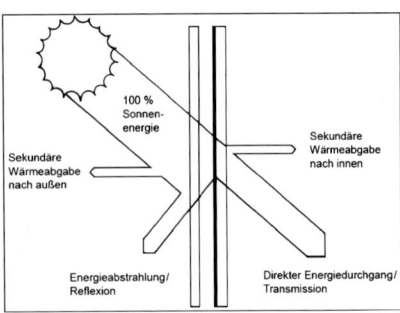

Abb. V.6.04: Energiedurchgang durch ein beschichtetes Wärmeschutzglas

(Floatglas) im Vordergrund. Dieser Begriff umfasst neben der Härte auch die Biege-, Druck- und Zugfestigkeit. Weitere Anforderungen werden an die Chemikalienbeständigkeit sowie an die Umweltverträglichkeit gestellt.

Optische Eigenschaften

Die Transparenz des Glases beruht darauf, dass die Moleküle keine Kristallgitter bilden. Daher dringen die Lichtstrahlen hindurch, ohne gestreut zu werden. Durch eine Glasscheibe gelangen Sonnenstrahlen mit einer Wellenlänge von 315 bis 2500 nm, also vom ultravioletten Bereich (315 bis 380 nm) über den sichtbaren Bereich (380 bis 780 nm) bis zum infraroten Bereich (780 bis 2500 nm). Dabei werden der UV-Bereich unter 315 nm und der langwellige IF-Bereich über 2500 nm völlig absorbiert.

Thermische Eigenschaften

Für die Wärmeverluste ist der Wärmedurchgang der Glasscheibe entscheidend. Während sich der Wärmewiderstand nur geringfügig beeinflussen lässt, z. B. mit der Scheibendicke, kann die Wärmestrahlung durch Beschichtungen verändert werden.

Die Wärmedehnung hängt von der chemischen Zusammensetzung des Glases ab.

Physikalische Eigenschaften

Die Begriffe Reflexion, Absorption und Transmission umschreiben die Strahlungsdurchlässigkeit von Glas. Sie werden als prozentualer Anteil des gesamten Strahlungseinfalls ausgedrückt.

Reflexion

Reflexion bezeichnet den Strahlungsanteil, der an der Glasoberfläche zurückgeworfen wird. Durch Beschichtungen kann dieser Anteil vergrößert werden.

Absorption

Absorption beschreibt den Strahlungsanteil, der vom Glas aufgenommen wird. Dabei erwärmt sich das Glas und gibt diese Energie in Form von Wärmestrahlung wieder ab. Die Absorption erhöht sich bei eingefärbtem Glas.

Transmission

Transmission bezeichnet den Strahlungsanteil, der beim Auftreffen das Glas durchdringt und nicht durch Reflexion zurückgeworfen wird.

Mechanische Eigenschaften

Die große Härte des Glases, die auf der Mohs'schen Härteskala (s. Kap. V.8.1.2) bei 5 bis 6 liegt, ist vor allem vom hohen Anteil an Quarzsand (Siliciumdioxid, SiO_2) abhängig. Diese Größe bestimmt zudem die Biegefestigkeit (45 N/mm²), die Druckfestigkeit (700 bis 900 N/mm²) und die Zugfestigkeit des Glases. Während die theoretische Zugfestigkeit bei etwa 104 N/mm² liegt, erreicht sie tatsächlich nur 30 bis 90 N/mm² durch Fehl- und Störstellen sowie kaum sichtbare Oberflächenrisse. Der hohe Quarzgehalt des Glases ist aber auch verantwortlich für dessen Sprödigkeit, die bei einer geringfügigen Überschreitung der Grenze der elastischen Verformung zum Bruch führt.

Chemikalienbeständigkeit

Glas weist gegen nahezu allen Chemikalien eine hohe Beständigkeit auf. Eine Ausnahme stellt Flusssäure (Fluorwasserstoffsäure HF) dar, die den Quarzsand stark angreift. Die Widerstandsfähigkeit von Glas kann daher durch einen erhöhten Anteil an Siliciumdioxid gesteigert werden.

Gegen organische Substanzen ist Glas resistent, ausgenommen Silikon, das mit den im Glas enthaltenen Silikaten auf der Glasoberfläche schlecht zu lösende Verbindungen eingeht.

Umweltverträglichkeit

Glas ist prinzipiell ein ökologischer Baustoff, da es größtenteils aus Quarzsand produziert wird, der auf der Erde in riesigen Mengen vorhanden ist. Bauglas ist jedoch nicht problemlos zu recyceln, da beispielsweise Isoliergläser oftmals Beschichtungen aufweisen, die bei der Wiederverwendung Verunreinigungen darstellen. Da meist eine hohe Anforderung an die Durchsichtigkeit der Gläser gestellt wird, müssen die Rohstoffe eine besondere Reinheit aufweisen.

Darüber hinaus wird nach dem Ausbau der Isoliergläser aus dem Rahmen eine Abtrennung der Metallteile, der Dichtstoffe und der Trockenmittel erforderlich.

Oberflächenbehandlung

Die Eigenschaften einer Glasscheibe können sowohl durch die Zusammensetzung der Glasmasse als auch durch eine chemische oder mechanische Bearbeitung ihrer Oberfläche sowie durch das Aufbringen von Beschichtungen verändert werden.

Quarzsand, der wichtigste Rohstoff für die Glasherstellung, beinhaltet meist kleine Verunreinigungen, die Verfärbungen verursachen. Der leichte Grünstich einer üblichen Glasscheibe lässt auf das Vorhandensein von Eisenoxid (Fe_2O_3) schließen.

Weißes Glas

Reine, eisenarme Glasscheiben werden durch eine chemische Reinigung des Grundstoffes Quarzsand bzw. durch eine Reduzierung des Eisenoxidanteils erzielt.

Gefärbtes Glas

Die Zugabe von Metalloxiden führt zu einer stärkeren Einfärbung, die eine höhere Absorption der Sonneneinstrahlung bewirkt. Die Farbpalette ist derzeit auf Grün, Blau, Bronze, Grau und Rosa beschränkt. Grüne Gläser entstehen durch den Zusatz von Eisenoxid und finden die größte Verbreitung. Weitere chemische Zusätze, die zur Einfärbung der Gläser verwendet werden, sind Kupfer (blaue Tönung), Selen (bronzefarbene Tönung), Nickel (graue Tönung) und Kobalt (rosafarbene Tönung).

Mattierung

Eine mattierte Scheibenoberfläche streut das eintreffende Tageslicht und vermindert damit die Transparenz. Die Mattierung erfolgt entweder chemisch über Ätzung (z. B. mit Flusssäure) oder mechanisch über Sandstrahlung.

Beschichtung

Beschichtungen sind dünne Schichten aus Edelmetall und/oder Metalloxid, die auf klare oder eingefärbte Gläser aufgebracht werden, um bestimmte bauphysikalische Eigenschaften zu erzielen (Wärme- und Sonnenschutzglas) und den Strahlendurchgang zu beeinflussen.

V.6.1.3 Einsatzgebiete und Verwendung

Historische Verwendung

Die ältesten bekannten Gegenstände aus Glas wurden bereits vor 9000 Jahren gefertigt und stammen aus den Gebieten des Nahen Ostens, Arabiens und dem heutigen Irak. Unabhängig davon entwickelte sich die Technik der Glasherstellung in Indien, Japan und China. Funde und Aufzeichnungen aus Ägypten und Assyrien belegen, dass bereits um 1500 v. Chr. Glasgefäße nach einem festgelegten Rezept hergestellt wurden.

Die Erfindung der Glasmacherpfeife (Rohr zum Glasblasen) um die Zeitenwende stellte einen entscheidenden technischen Durchbruch dar, denn dieses Gerät ermöglichte nicht nur die Fertigung von vergleichsweise dünnwandigen Gläsern, sondern auch einer frühen Art von Flachglas. Dazu wurde Glas zu großen zylindrischen Körpern aufgeblasen, dann aufgeschnitten und in noch warmem Zustand geglättet. Diese Entwicklung führte im Römischen Reich zu einer starken Verbreitung, verbunden mit einem Aufschwung der Glasherstellung.

Bis weit ins Mittelalter stellten Glasprodukte wie beispielsweise Fensterscheiben ein Luxusgut dar, das in Europa fast ausschließlich in Kirchen und Klöstern oder in den Häusern der Wohlhabenden zu finden war. Die Herstellung dieser sogenannten Butzenscheiben erfolgte dabei noch immer mit der Glasmacherpfeife. Von besonderer Bedeutung sind zudem die Fenster der gotischen Kathedralen, die nicht nur die sogenannten Primäraufgaben wie Schutz vor Witterung oder Tageslichtnutzung erfüllten. Mit diesen Fenstern wurde im wahren Sinne des Wortes die Außenhaut der Gebäude entmaterialisiert und die tragende Struktur zum Vorschein gebracht.

Eine neue Blütezeit der Glasarchitektur begann im 19. Jahrhundert, als in Europa Gebäude entstanden, die fast ausschließlich aus Glas bestanden. Besonders bekannte Beispiele sind der sogenannte Kristallpalast von Joseph Paxton in London (1851) sowie das Palmenhaus in Bicton Gardens (Devon, um 1830).

Noch bis zu Beginn des 20. Jahrhunderts wurde (Flach-)Glas im Mundblas- oder dem sogenannten Gusstischverfahren hergestellt, bis Emile Fourcault um 1906 ein Verfahren zur maschinellen Herstellung von Flachglas entwickelte. Ähnliche Verfahren hießen Libbey-Owens- oder Pittsburgh-Verfahren. Der Nachteil des damit produzierten Flachglases bestand jedoch darin, dass die Oberflächen nicht eben und planparallel waren, was beim Durchsehen zu Verzerrungen führte.

Weitere entscheidende Entwicklungen waren die Erfindung von Verbund-Sicherheitsglas im Jahr 1909 (durch Edouard Benedictus), Einscheiben-Sicherheitsglas (erste Patente von St. Gobain im Jahr 1929), Mehrscheiben-Isolierglas durch den Randverbund von Glas (erstes deutsches Patent 1934) sowie das Floatglasverfahren von Alastair Pilkington im Jahre 1955. Dieses Verfahren wird seit etwa 1960 fast ausschließlich zur Basisglasherstellung verwendet.

Moderne Verwendung

Gegenwärtig existiert eine große Vielfalt an Funktionsgläsern, die für die Außen- und Innenanwendung zur Verfügung stehen. Dafür sind neben der Transparenz und den Gestaltungsmöglichkeiten des Materials auch die bauphysikalischen Entwicklungen entscheidend. Isoliergläser verzeichnen mittlerweile sehr geringe Wärmeverluste und können durch passive solare Energiegewinne unter dem Strich sogar zu Wärmegewinnen führen.

Abb. V.6.05: Glasbruch einer Fensterscheibe (Quelle: BAKA, Berlin)

Die Anwendungsbereiche von Glas umfassen Türverglasungen (s. Kap III.4.1.1), Fensterverglasungen (s. Kap. III.3.1.5), Dachflächenfenster (s. Kap. III.11.1.4) und Glasfassaden sowie Geländerfüllungen von Treppen und Balkonbrüstungen.

V.6.2 Typische Mängel und Schäden

Bei typischen Mängeln und Schäden an Bauglas handelt es sich entweder um reine Oberflächenschäden wie beispielsweise Verätzungen und Erblinden oder aber um Fehler im Glas selbst, wie z. B. Schlieren oder eingeschlossene Blasen. Ist das Glas teilweise oder auch völlig zerstört, handelt es sich um Glasbruch.

V.6.2.1 Glasbruch

Bei Glasbruch kann es sich sowohl um punktuelle Zerstörungen durch beispielsweise Schlag, Stoß oder Beschuss handeln als auch um lineare Zerstörungen in Form von Rissbildung. Eine vollständige Destruktion tritt auf, wenn das Glas aufgrund äußerer Einwirkungen, Kräfte oder Zwänge zerspringt.

V.6.2.2 Verätzung

Flusssäure führt bei Glas zu Verätzungen. Dabei wird die Oberflächenstruktur zerstört, was zu störenden Eintrübungen führt. Bauglas ist daher besonders gefährdet durch fluorhaltige Substanzen (beispielsweise in Holz- und Fassadenschutzmitteln).

Flusssäure wird in der Glasindustrie als Ätzmittel zur Herstellung von Mattglas verwendet.

Abb. V.6.06: Erblindetes Glas in einem Kellerfenster

V.6.2.3 Erblinden

Das Erblinden von Glas ist eine Oberflächenerscheinung. Sie tritt auf bei stehendem Kondenswasser bzw. anhaltender Feuchtebelastung, was beispielsweise bei Isoliergläsern zur Korrosion des Randverbundes führen kann. Die dabei entstehenden Substanzen greifen das Glas an und verändern dessen Oberfläche. Als Folge wird auftreffendes Licht nicht mehr gleichmäßig reflektiert und das Glas verliert allmählich seine Transparenz bis hin zum völligen Erblinden. Diese Erscheinung führt zu einer totalen Einschränkung der Gebrauchstauglichkeit.

V.6.2.4 Oberflächenfehler

Knoten

Knoten entstehen, wenn sich die Glasmasse beim Erstarren punktuell entmischt bzw. eine andere Zusammensetzung als die Grundmasse aufweist. Diese Knoten sind oftmals undurchsichtig und gelten meist als Mangel. Ein ähnliches Erscheinungsbild weisen die sogenannten Ziehstreifen auf, bei denen es sich um lang gezogene Oberflächenfehler handelt.

Bläue

Die Bläue beschreibt eine oberflächliche Verfärbung des Glases, die auf Alkaliablagerungen aus den Rohstoffen zurückzuführen ist.

V.6.2.5 Glasfehler

Inhomogenität

Inhomogenität bezeichnet eine ungleichmäßige Zusammensetzung der Glasmasse, die sich in Form von Schlieren im Glas zeigt.

Entglasung

Unter Entglasung wird eine Kristallbildung verstanden, die in der an sich amorphen Struktur des Glases zu einer störenden Eintrübung führt.

Blasenbildung

Bei Gaseinschluss können sich unerwünschte Blasen im Inneren des Glases bilden.

V.6.2.6 Schadstoffe

Glas ist prinzipiell ein sehr umweltverträgliches Material, dass keine Schadstoffbeimengungen enthält. Bei Fensterglas hingegen handelt es sich mittlerweile um einen komplexen Hochtechnologie-Werkstoff, der häufig mit weiteren Materialien kombiniert wird, um bestimmte Eigenschaften zu erzielen (z. B. Metalloxidbeschichtung bei Sonnenschutzverglasungen). Diese beigemischten bzw. aufgebrachten Stoffe erschweren jedoch als „Verunreinigung" das Recycling von Fensterglas. Da an moderne Floatgläser hohe Anforderungen an die optische Qualität gestellt werden und sie keine Farbabweichungen aufweisen dürfen, muss auf die besondere Reinheit der verwendeten Rohstoffe geachtet werden.

Die Verwendung des Edelgases Krypton für die Füllung des Scheibenzwischenraumes von Isoliergläsern ist heutzutage nicht mehr gebräuchlich. Der Umgang mit Krypton, das geringe Anteile des radioaktiven Isotops Krypton-85 enthält, ist entsprechend der Strahlenschutzverordnung („Verordnung über den Schutz vor Schäden durch ionisierende Strahlen") in Deutschland nur für begrenzte Mengen frei bzw. meldepflichtig.

V.6.3 Maßnahmen

Zu den Sanierungs- und Instandsetzungsmaßnahmen bei angegriffenem oder beschädigtem Bauglas gehört neben erhaltenden Maßnahmen wie Entfernen von Verätzungen, Kratzern und Verschmutzungen auch der komplette Austausch des Glases.

V.6.3.1 Austausch

Bei Zerstörung durch Glasbruch, aber auch bei Erblindung ist der Austausch des betroffenen Glases unumgänglich. Diese Maßnahme ist allerdings ohne erheblichen Aufwand meist nur bei einem Holzfenster möglich.

Eingebautes Glas mit Struktur- oder Oberflächenfehlern weist diese Mängel, die produktionsbedingt sind, selbstverständlich von Anfang an auf. Auch hier ist nur der Austausch zur Beseitigung der Mängel möglich.

V.6.3.2 Verätzungen und Kratzer

Verätzungen wie auch Kratzer lassen sich mit Schleif- und Polierverfahren reparieren.

Bei den meisten gängigen Verfahren wird das Glas mehrmals abgeschliffen und anschließend einmal poliert. Sind keine sehr tiefen Kratzer entstanden, genügt üblicherweise ein zweifacher Schleifvorgang.

Verätzungen lassen sich durch einen einzigen Poliervorgang entfernen.

Bei den genannten Verfahren sollte allerdings beachtet werden, dass die dabei anfallenden Kosten meist die eines Austausches der Verglasung übersteigen.

V.6.3.3 Sanierung schadstoffbelasteter Baugläser

Glas ist ein Werkstoff, der aus einem Gemisch aus Quarzsand, Kalk, Dolomit und Soda geschmolzen wird. Da in Glas keine Schadstoffe enthalten sind, besteht bei der Verwendung grundsätzlich keine Gefahr von gesundheitsgefährdenden Emissionen, die eine Sanierung erforderlich machen.

V.7 Fliesen und Platten

Autoren: Dipl.-Ing. Tania Brinkmann, Architektin; Dipl.-Ing. Silke Nicole Klein, Architektin

V.7.1 Allgemeines

Die DIN EN 14411 „Keramische Fliesen und Platten – Begriffe, Klassifizierung, Gütemerkmale und Kennzeichnung" definiert keramische Fliesen und Platten als dünne Platten aus Tonen und/oder anderen anorganischen Rohstoffen, die üblicherweise für Bodenbeläge und zur Bekleidung von Wänden verwendet werden.

V.7.1.1 Begriffe und Definitionen

Nach den Herstellungsverfahren wird in stranggepresste keramische Fliesen und Platten (Gruppe A), trocken gepresste keramische Fliesen und Platten (Gruppe B) sowie durch Gießverfahren hergestellte keramische Fliesen und Platten (Gruppe C, ohne größere Marktbedeutung) unterschieden. Zusätzlich erfolgt eine Einteilung der keramischen Materialgruppen nach der Wasseraufnahmefähigkeit (E in Gewichtsprozent) des Scherbens.

Stranggepresste keramische Fliesen und Platten

Stranggepresste keramische Fliesen und Platten (Gruppe A) werden in bestimmter Länge von einem Strang, der aus der plastischen Masse mit einer Strangpresse geformt wurde, abgeschnitten.

Trocken gepresste keramische Fliesen und Platten

Trocken gepresste keramische Fliesen und Platten (Gruppe B) werden unter hohem Druck durch Verpressen hergestellt. Dabei wird die vorgetrocknete Rohmasse in Formen, die sogenannten Rohlinge, gepresst und dann entsprechend den Anforderungen weiterbearbeitet.

Keramische Fliesen und Platten mit geringer Wasseraufnahme (Gruppe I)

Keramische Fliesen und Platten der Gruppe A (stranggepresste Erzeugnisse) und B (trocken gepresste Erzeugnisse) mit einem Wasseraufnahmevermögen $E \leq 3\ \%$ werden nach DIN EN 14411 folgendermaßen unterteilt:

Gruppe A besteht aus den Teilgruppen A I_a mit $E \leq 0{,}5\ \%$ sowie A I_b mit $0{,}5\ \% < E \leq 3\ \%$. Die Gruppe B ist dementsprechend unterteilt in die Gruppe B I_a mit $E \leq 0{,}5\ \%$ sowie B I_b mit $0{,}5\ \% < E \leq 3\ \%$.

Trocken gepresste Fliesen und Platten mit einem Wasseraufnahmevermögen $E \leq 3\ \%$ werden auch als Steinzeug bezeichnet.

Keramische Fliesen und Platten mit mittlerer Wasseraufnahme (Gruppe II)

Keramische Fliesen und Platten der Gruppe A und B mit einem Wasseraufnahmevermögen $3\ \% < E \leq 10\ \%$ werden nach DIN EN 14411 ebenfalls noch weiterführend unterteilt.

So besteht Gruppe A aus den Teilgruppen A II_a mit $3\ \% < E \leq 6\ \%$ sowie A II_b mit $6\ \% < E \leq 10\ \%$. Die Gruppe B umfasst analog die Teilgruppen B II_a mit $3\ \% < E \leq 6\ \%$ sowie B II_b mit $6\ \% < E \leq 10\ \%$.

Keramische Fliesen und Platten mit hoher Wasseraufnahme (Gruppe III)

Fliesen und Platten mit einem Wasseraufnahmevermögen $E > 10\ \%$ werden auch als Steingut bezeichnet. Diese keramischen Erzeugnisse werden nicht weiter unterteilt.

Die Rohmasse keramischer Erzeugnisse besteht hauptsächlich aus Ton und Kaolin (ein besonders feiner, eisenfreier, weißer Ton) sowie aus fein gemahlenem Quarzsand und Kreide in jeweils unterschiedlichen Anteilen. Die Rohlinge werden bei Temperaturen zwischen 1000 und 1200 °C gebrannt. Die Oberflächen der keramischen Fliesen und Platten können dann entweder mit einer Glasur oder mit einer Engobe überzogen werden.

Glasur

Als Glasur wird eine wasserundurchlässige gesinterte Oberflächenbeschichtung bezeichnet, die aus den Stoffen Kaolin, Feldspat, Quarz und Glasstaub besteht. Durch Zugabe von anorganischen Pigmenten oder Metalloxiden wie beispielsweise Eisenoxid, Manganoxid oder Kobaltoxid kann die Glasur zudem farbig gestaltet werden. Vor allem aber verbessert sie viele technisch wichtige Eigenschaften des keramischen Produktes, wie z. B. die mechanische Festigkeit oder die chemische Beständigkeit.

Hergestellt wird die Glasur entweder durch den Einmalbrand (Monocottura) oder den Zweimalbrand (Bicottura). Diese Brennverfahren unterscheiden sich im Zeitpunkt des Glasierens: Beim Einmalbrand wird auf den Rohling die Glasur aufgetragen und in einem Arbeitsgang gebrannt. Beim Zweimalbrand wird die Glasur auf die bereits gebrannte Fliese aufgetragen und anschließend ein weiteres Mal bis zur Sinterung gebrannt (Glattbrand).

Engobe

Engoben werden als dünne mineralische Beschichtungen auf keramische Oberflächen aufgetragen. Im Gegensatz zu Glasuren sind Engoben porös und weitgehend frei von Glasphase, können aber sowohl wasserdurchlässig als auch wasserundurchlässig hergestellt werden. Sie bestehen meist aus feuerfesten Oxiden oder Mineralen, aber auch aus Kaolin oder Ton. Engobierte Oberflächen gelten als unglasiert.

Unglasierte keramische Fliesen und Platten können als letzte Stufe der Herstellung durch mechanisches Polieren ein glänzendes Aussehen erhalten.

V.7.1.2 Anforderungen

Neben den Anforderungen an die Maße und die Oberflächenbeschaffenheit steht vor allem der Aspekt der mechanischen Belastbarkeit der keramischen Erzeugnisse im Vordergrund. Diese physikalischen Eigenschaften umfassen des Weiteren wesentliche Anforderungen wie Verschleißwiderstand und Brandverhalten sowie Wasseraufnahmevermögen und die damit verbundene Frostbeständigkeit bei Einsatz im Außenbereich. In Ausnahmefällen werden zudem Anforderungen an die Chemikalienbeständigkeit von keramischen Fliesen und Platten gestellt.

Tabelle V.7.01: Anforderungen an stranggepresste Fliesen und Platten nach DIN EN 14411 „Keramische Fliesen und Platten – Begriffe, Klassifizierung, Gütemerkmale und Kennzeichnung" (Auszug)

Maße und Oberflächenbeschaffenheit Länge und Breite	E ≤ 0,5 % Gruppe A I$_a$	0,5 % < E ≤ 3 % Gruppe A I$_b$	3 % < E ≤ 6 % Gruppe A II$_a$	6 % < E ≤ 10 % Gruppe A II$_b$	E > 10 % Gruppe A III
Der Hersteller muss die Werkmaße[1] folgendermaßen auswählen: – bei modularen Fliesen und Platten so, dass sie eine Nennfugenbreite von 3 bis 11 mm zulassen,[2] – bei nicht modularen Fliesen und Platten so, dass die Differenz zwischen Nenn- und Werkmaß nicht mehr als ± 3 mm beträgt.[3] Abweichung in % der durchschnittlichen Seitenlänge jeder Fliese und Platte (2 oder 4 Seiten) vom Werkmaß (W)	± 1,0 % bis höchstens ± 2 mm	± 1,0 % bis höchstens ± 2 mm	± 1,25 % bis höchstens ± 2 mm	± 2,0 % bis höchstens ± 2 mm	± 2,0 % bis höchstens ± 2 mm
Abweichung in % der durchschnittlichen Seitenlänge jeder Fliese und Platte (2 oder 4 Seiten) von der durchschnittlichen Seitenlänge der 10 Proben (20 oder 40 Seiten)	± 1,0 %	± 1,0 %	± 1,0 %	± 1,5 %	± 1,5 %
Dicke					
Abweichung in % der durchschnittlichen Dicke jeder Fliese und Platte vom Werkmaß	± 10 %	± 10 %	± 10 %	± 10 %	± 10 %
Geradheit der Kanten (Ansichtsfläche)					
maximale Abweichung in %, bezogen auf das entsprechende Werkmaß	± 0,5 %	± 0,5 %	± 0,5 %	± 1,0 %	± 1,0 %
Rechtwinkligkeit					
maximale Abweichung in %, bezogen auf das entsprechende Werkmaß	± 1,0 %	± 1,0 %	± 1,0 %	± 1,0 %	± 1,0 %
Ebenflächigkeit					
maximale Abweichung in % a) Mittelpunktwölbung, bezogen auf die vom Werkmaß berechnete Diagonale	± 0,5 %	± 0,5 %	± 0,5 %	± 1,0 %	± 1,0 %
b) Kantenwölbung, bezogen auf das entsprechende Werkmaß	± 0,5 %	± 0,5 %	± 0,5 %	± 1,0 %	± 1,0 %

[1] Werkmaß (W): für die Herstellung vorgesehenes Maß, mit dem das Istmaß innerhalb der zulässigen Abweichung übereinstimmen muss
[2] modulares Maß: Fliesen und Platten sowie Maße auf der Grundlage der Module nach ISO 1006 „Modularkoordination – Grundmodul" sowie deren Vielfache und Teilbare; gilt nicht für Fliesen und Platten mit einer Ansichtsfläche < 9000 mm²
[3] nicht modulares Maß: Maß, das nicht auf dem Grundmodul M nach ISO 1006 aufbaut

Oberflächenbeschaffenheit

Rutsch- und Gleitsicherheit

Anforderungen an eine Rutsch- und Gleitsicherheit bestehen grundsätzlich nicht.

Bei Bodenbelägen aus Fliesen und Platten ist jedoch zu berücksichtigen, dass kleine Fliesen und Platten aufgrund ihres hohen Fugenanteils zu rutschsichereren Belägen führen als Böden aus großformatigen Fliesen und Platten. Ebenso können z. B. im Sanitärbereich Fliesen und Platten mit rauen Oberflächen gewählt werden.

Bauphysikalische Eigenschaften

Die Verwendungseigenschaften keramischer Erzeugnisse werden im Wesentlichen von der Güte des Scherbens bestimmt. Neben der jeweiligen Rohstoffmischung ist vor allem die Brenntemperatur entscheidend, da diese über die Porosität und damit auch über das Wasseraufnahmevermögen bestimmt. Vom Grad der Porosität hängen zudem die Festigkeitswerte, der Verschleißwiderstand sowie die Frostbeständigkeit ab.

Bruchlast

Die Bruchlast beschreibt die Krafteinwirkung (gemessen in N), bei der eine keramische Fliese oder Platte bricht. Diese liegt, auch in Abhängigkeit von der Materialdicke, zwischen ≥ 600 N bei der Gruppe A III (keramische Fliesen und Platten mit hoher Wasseraufnahme) und ≥ 1100 N bei der Gruppe A I (keramische Fliesen und Platten mit geringer Wasseraufnahme).

Biegefestigkeit

Die Biegefestigkeit sagt aus, welcher Krafteinwirkung (gemessen in N/mm²) quer zur Achse eine keramische Fliese oder Platte widersteht, bevor sie bricht. Für die einzelnen Produkte werden nach DIN 14411 unterschiedliche Biegefestigkeiten gefordert. Bei Fliesen und Platten der Gruppe A III liegen diese Werte bei ≥ 8 N/mm², bei Erzeugnissen der Gruppe A I dagegen bei ≥ 23 N/mm².

Verschleißwiderstand

Verschleißwiderstand, auch Abriebfestigkeit genannt, bezeichnet den Widerstand, den ein Körper einer mechanischen Beanspruchung entgegensetzt. Diese Eigenschaft ist besonders für Bodenbeläge von großer Bedeutung. Durch schleifende und reibende Bewegungen bei Begehung stellen sich Gebrauchsspuren in Form von Kratzern auf der Oberfläche ein. Vor allem bei stark frequentierten Belägen aus glasierten Fliesen oder Platten zeichnen sich diese Gebrauchsspuren als Laufstraßen ab.

Zur besseren Beurteilung des Abnutzungsverhaltens sind glasierte Fliesen und Platten gemäß DIN EN ISO 10545-7 „Keramische Fliesen und Platten – Teil 7: Bestimmung des Widerstandes gegen Oberflächenverschleiß – Glasierte Fliesen und Platten" in die 5 Beanspruchungsklassen I bis V unterteilt:

- Klasse I: sehr leichte Beanspruchung durch niedrige Begehungsfrequenz ohne kratzende Verschmutzung (z. B. in Schlaf- und Sanitärräumen im privaten Wohnbereich),
- Klasse II: leichte Beanspruchung durch mittlere Begehungsfrequenz mit höchstens geringen Mengen kratzender Verschmutzung (z. B. in Wohnräumen, ausgenommen Dielen, Treppen und Terrassen),

- Klasse III: mittlere Beanspruchung durch mäßige Begehungsfrequenz mit geringen Mengen kratzender Verschmutzung (z. B. in Wohnküchen, Fluren und Hotelzimmern, auf Balkonen und Terrassen),
- Klasse IV: stärkere Beanspruchung durch höhere Begehungsfrequenz mit geringen Mengen kratzender Verschmutzung (z. B. in Eingangsbereichen, Verkaufsräumen, Schulen, Hotels),
- Klasse V: sehr hohe Beanspruchung über lange Zeiträume mit geringen Mengen kratzender Verschmutzung (z. B. in Hotelfoyers, Einkaufszentren, Theken- und Schalterbereichen).

Brandverhalten

Keramische Fliesen und Platten gehören laut DIN 4102-1 „Brandverhalten von Baustoffen und Bauteilen – Teil 1: Baustoffe, Begriffe, Anforderungen und Prüfungen" ohne besonderen Nachweis zu der Baustoffklasse A 1 (nicht brennbare Baustoffe ohne organische Bestandteile).

Wasseraufnahme und Frostbeständigkeit

Keramische Fliesen und Platten der Gruppe $I_{a,b}$ werden oberhalb der Sintergrenze bei über 1200 °C gebrannt. Der Scherben ist dicht und kaum saugend, die Poren sind weitgehend geschlossen. Da die Wasseraufnahme mit ≤ 3 % entsprechend niedrig ist, weisen diese Produkte eine hohe Frostbeständigkeit auf.

Keramische Fliesen und Platten der Gruppe $II_{a,b}$ werden oberhalb der Sintergrenze bei etwa 1200 °C gebrannt. Der Scherben ist dicht und kaum saugend. Die maximale Wasseraufnahme ist auf 6 bzw. 10 % begrenzt und führt damit zu einer hohen Frostbeständigkeit der Erzeugnisse.

Keramische Fliesen und Platten der Gruppe III werden unterhalb der Sintergrenze bei etwa 1000 °C gebrannt. Der Scherben weist ein Porenvolumen von 20 bis 30 % auf und ist daher sehr saugfähig. Das hohe Wasseraufnahmevermögen von mehr als 10 % führt demgemäß zu einer hohen Frostempfindlichkeit.

Chemische Eigenschaften

Zu den wesentlichen chemischen Anforderungen keramischer Erzeugnisse gehören neben der Fleckbeständigkeit vor allem die Beständigkeit gegen Chemikalien.

Fleckbeständigkeit

Unglasierte keramische Fliesen und Platten weisen aufgrund ihrer strukturbedingten Offenporigkeit eine erhöhte Empfindlichkeit gegen Fleckenbildner auf. Fleckenbildende Flüssigkeiten wie Öle, Fette und farbige Flüssigkeiten dringen in die Poren ein und sind dann nur noch sehr schwer zu entfernen. Eine erhöhte Fleckbeständigkeit ist nur mit einer geeigneten Imprägnierung zu erreichen.

Glasierte keramische Erzeugnisse sind gegen Fleckenbildner meist beständig.

Chemikalienbeständigkeit

Unglasierte keramische Fliesen und Platten sind gegen die stark ätzende Flusssäure (Fluorwasserstoffsäure HF) sowie gegen die meisten anderen Säuren und Laugen beständig.

Anforderung an die chemische Widerstandsfähigkeit von glasierten keramischen Fliesen und Platten gegen Säuren und Laugen sind nur in besonderen Fällen gefordert, beispielsweise für Glasuren auf Labortischfliesen. Gegenüber einer Beanspruchung mit handelsüblichen Haushaltsreinigern und -chemikalien sowie Zusätzen für Badewasser in Schwimmbecken ist dagegen eine Beständigkeit gegeben.

V.7.1.3 Einsatzgebiete und Verwendung

Historische Verwendung

Die Bezeichnung Keramik stammt aus dem altgriechischen Wort „keramos" und war sowohl die Bezeichnung für Ton als auch für die aus ihm durch Brennen hergestellten formbeständigen Erzeugnisse.

Die Produktion von Keramik gehört zu den ursprünglichsten Techniken der Menschheit. Die ältesten bekannten Gegenstände aus gebranntem Ton wur-

Abb. V.7.01: Wandfliesen aus dem 16. Jahrhundert (Casa de Pilatos, Sevilla)

den bereits vor 30.000 Jahren gefertigt, während die ersten keramischen Gefäße aus der Zeit um 9000 v. Chr. stammen. In den folgenden Jahrtausenden wurden die Herstellungstechniken immer weiter verfeinert. Der Einsatz glasierter Keramik beispielsweise lässt sich bis in die Zeit um 2650 v. Chr. nachweisen. So ließ Pharao Djoser seine Grabkammer in der berühmten Stufenpyramide in Sakkara vollständig mit glasierten Fliesen auskleiden.

In Europa wurde die Verwendung keramischer Beläge durch die Mauren eingeführt, die im 8. Jahrhundert Spanien besetzten und dort bis ins hohe Mittelalter blieben. In dieser Zeit entstanden viele Paläste, Moscheen und Profanbauten, die mit bunt glasierten Keramikfliesen ausgestaltet und geschmückt wurden.

In Mitteleuropa sind keramische Beläge seit etwa 1000 n. Chr. bekannt, wo anfänglich vor allem Klöster und Kathedralen mit den Fliesen gestaltet wurden. Mit Einführung der Delfter Keramik Mitte des 17. Jahrhunderts erlebte die Fliese in Europa eine weitere Blütezeit, die bis zum Ende des 18. Jahrhunderts andauerte.

Bis in die Gegenwart finden keramische Fliesen und Platten Verwendung, heutzutage wie in der Vergangenheit in Form von Boden- und Wandbelägen sowohl im Innen- als auch im Außenbereich. An Fassaden von Wohnhäusern und repräsentativen Gebäuden wurde zudem besonders gestaltete Keramik als Zier- und Schmuckelement eingesetzt.

Abb. V.7.02: Fußbodenbelag mit keramischer Fliese

Abb. V.7.03: Verschmutzte Fassadenfliesen im Brüstungsbereich der Fenster

Abb. V.7.04: Glasurrisse auf der keramischen Fliese

Abb. V.7.05: Riss in keramischer Bodenfliese

Moderne Verwendung

Der Begriff Keramik umfasst heutzutage übergeordnet alle Produkte, die aus den verschiedenen Tonarten bei unterschiedlichen Brenntemperaturen hergestellt werden.

Keramische Fliesen und Platten werden sowohl im Altbaubestand als auch bei Neubauten verwendet. Das Einsatzspektrum umfasst neben den klassischen Gebieten wie Wandbekleidungen und Fußbodenbeläge (s. Kap. III.10.1.3) im Innenbereich vor allem auch die Fassadenbekleidung, die Verwendung als Treppenbelag und als Terrassen- und Balkonbelag sowie als Auskleidung von Schwimmbecken und zur Gestaltung von Wegen und Plätzen.

V.7.2 Typische Mängel und Schäden

Zu den typischen Mängeln bei keramischen Erzeugnissen gehören neben rein optischen Beeinträchtigungen wie Verschmutzungen vor allem Risse, Ausblühungen und Eluierungen, aber auch Ablösung der Fliesen und Platten vom Untergrund sowie mangelhafte Mörtelfugen. Des Weiteren können Absprengungen, Abschieferungen und Absplitterungen im Fugenbild auftreten. Ausschlaggebend für die meisten dieser Mängel und Schäden sind aus dem Untergrund resultierende Einflüsse. So wirken sich beispielsweise Risse im tragenden Untergrund oder Konstruktionsfehler wie etwa fehlende Bewegungsfugen (Dehn-, Trenn- und Anschlussfugen) ungünstig sowohl auf die einzelne Fliese als auch auf den gesamten Verbund aus.

V.7.2.1 Verschmutzungen

Außenwandbekleidungen aus keramischen Fliesen und Platten sind vermeidbaren Verschmutzungen der Fassade ausgesetzt, hauptsächlich durch fehlerhafte Materialien oder konstruktive Mängel.

V.7.2.2 Risse

Bei Rissen in keramischen Erzeugnissen muss unterschieden werden zwischen den rein optischen Beeinträchtigungen wie etwa Glasurrissen sowie Rissen in den Fliesen- und Plattenflächen und Rissen in den Mörtelfugen, die meist einen Mangel darstellen.

Glasurrisse

Feine Risse in der Glasur von Fliesen und Platten entstehen häufig bereits bei der Produktion und lassen sich nicht immer vollständig vermeiden.

Die für Glasuren üblicherweise geforderte Ritzhärte nach Mohs (s. Kap. V.8.1.2) liegt bei 3 bis 5, aber meist beträgt sie 6 bis 7. Wird die Glasur mit Stoffen geringerer Härte beansprucht, beispielsweise mit Kalkstein (Mohs'sche Ritzhärte 3) oder Stahlwolle (5), so sind keine Schäden zu erwarten. Quarz als Bestandteil von Sand und Straßenstaub hingegen kann mit einer Ritzhärte von 7 zu Schäden in Form von Kratzern oder Schrammen führen.

Risse in Fliesen- oder Plattenflächen

Risse, die über eine oder mehrere Fliesen oder Platten verlaufen und deren Verlauf keinerlei Bezug auf das Fugenbild nimmt, haben ihre Ursache entweder im Untergrund oder werden durch fehlende Dehnungsfugen im Fliesenbelag hervorgerufen.

Schwindrisse in Mörtelfugen

Schwindrisse in Mörtelfugen treten überwiegend quer zum Fugenverlauf auf. Ihre Ursache liegt in einem zu großen Bindemittelanteil in der Mörtelmischung (zu „fette" Mischung). Je breiter eine Mörtelfuge, die den Schwachpunkt in der Konstruktion darstellt, dabei ist, desto größer ist die Gefahr des Reißens. In nassbeanspruchten Flächen kann eine Vielzahl von Rissen darüber hinaus zu Durchfeuchtungen der Konstruktion führen. Infolge des verstärkten Einsatzes von vorgefertigten Werk-Trockenmörteln wird das Auftreten von Schwindrissen jedoch immer stärker minimiert.

Längsrisse in Mörtelfugen

Risse parallel zum Fugenverlauf treten meist als Längsrisse zwischen der Fliesenkante und dem Fugenmörtel, also entlang der Fugenflanke auf. Die Risse wechseln in ihrem Verlauf oft von der einen auf die andere Fugenseite oder aber sie verspringen durch eine Fliese oder Querfuge hindurch zur nächsten Fuge. Wie bei Rissen in Fliesen- und Plattenflächen resultieren die Längsrisse meist aus einem fehlerhaften Untergrund.

V.7.2.3 Ausblühungen und Eluierungen

Auf keramischen Fliesen und Platten im Außenbereich kann es zu Ausblühungen und Eluierungen kommen, die sich meist als weiße bis hellgraue Verfärbung abzeichnen.

Ihre Erscheinungsart variiert von einer mehligen Schicht bis hin zu einer harten Verkrustung.

Ausblühung

Bei Ausblühungen handelt es sich um Stoffe, die sich sichtbar auf der Oberfläche von Baustoffen ablagern. Dies geschieht, wenn wasserlösliche Substanzen im Bauteil gelöst sind und durch Poren zur Oberfläche transportiert werden, wo sie beim Verdunsten der Feuchtigkeit auskristallisieren. Die Ausblühungen stellen sich als weiße Verfärbung dar, die meist als feiner Flaum oder in Form von Krusten auftritt (s. Kap. V.8.2.1).

Eluierung

Als Eluierung wird das Auswaschen, Auslaugen oder Ausschwemmen von Substanzen aus einem Bauteil durch ein Lösemittel bezeichnet. Der Unterschied zu Ausblühungen besteht im Wesentlichen darin, dass der Vorgang der Eluierung nicht unmittelbar an der Oberfläche des betreffenden Bauteils abläuft. Das dabei entstehende Produkt, das Eluat, strömt zunächst als Lösung über die Oberfläche, auf der es nach Verdunstung der Feuchtigkeit und Auskristallisation der Salze lange weiße Strähnen, die Kalkfahnen oder Kalkhydratläufer, hinterlässt. Auffällig ist, dass der Punkt bzw. die Linie des Austritts der Salzlösung jeweils genau zu erkennen ist.

Bei Materialien mit einer hohen Rohdichte wie beispielsweise keramische Fliesen und Platten der Gruppe I entstehen aufgrund ihres geringen Porenanteils keine oder nur wenige Ausblühungen. Eluierungen hingegen können auch hier auftreten, da diese Schäden auf die Materialoberflächen beschränkt sind.

V.7.2.4 Ablösungen vom Untergrund

Fliesen und Platten können sich auf unterschiedlichen Ebenen vom Untergrund ablösen:

- Fliese vom Mörtelbett,
- Fliese vom Untergrund, beispielsweise alte Fliesenbekleidung,
- Fliese mit Mörtelbett vom Untergrund.

Als Ursachen sind thermische und hygrische Verformungen zu nennen, wie z. B.:

- Verkürzung des Untergrunds gegenüber dem Belag durch Schwinden,
- Verkürzung des Untergrunds gegenüber dem Belag durch Kriechen,
- Längenänderung der Beläge durch Temperaturwechsel,
- Längenänderung der Beläge durch Feuchtigkeitswechsel (Wasseraufnahme/-abgabe),
- Deckendurchbiegung,
- setzungsbedingte Veränderungen,
- frostbedingte Veränderungen,
- unzureichende Festigkeit des Untergrunds bei Belastungen.

V.7.2.5 Frostbeanspruchung

Schäden durch Frostbeanspruchung an frostempfindlichen keramischen Erzeugnissen treten nur in Verbindung mit Feuchtigkeit auf. Gefrierendes Wasser sprengt aufgrund seiner Volumenzunahme beim Aggregatübergang von flüssig zu fest ungeeignete Baustoffe wie z. B. porenreiche keramische Fliesen und Platten. Bei tieferem Eindringen von Feuchtigkeit bei gleichzeitiger Frostbeanspruchung kann der Schaden bis zur völligen Zerstörung des Gefüges führen.

Mangelhafte Frostbeständigkeit

Eine ungenügende Frostbeständigkeit von Fliesen oder Platten (Gruppe III mit E > 10 %) kann daran erkannt werden, dass kalottenförmige Stücke mit einer Größe zwischen 1 und 5 cm und einer Dicke von 2 bis 5 mm aus der Oberfläche abgesprengt werden.

Abb. V.7.06: Längsriss zwischen der Fliesenkante und dem Fugenmörtel

Abb. V.7.07: Abgelöste Wandfliese vom Untergrund

Mängel im Verbund

Kommt es durch Frosteinwirkungen zu einer Zerstörung des Gefüges innerhalb der Konstruktion, so wird der entstandene Schaden zunächst an der Oberfläche in Form von Rissen oder Absprengungen im Belag sichtbar. Dieser Schadensfall sollte nachfolgend zu einer genaueren Betrachtung des Untergrunds führen (s. Kap. III.2.2.2, Kap. III.5.2.2 und Kap. III.10.2.2).

V.7.2.6 Abschieferungen und Absplitterungen

Abschieferungen und Absplitterungen treten insbesondere in gewerblich und industriell genutzten Räumen auf. Sie entstehen durch starke mechanische Beanspruchung wie z. B. ständiges Befahren. Die Schäden, die vor allem an den Kanten auftreten, werden unterschieden in keilförmige Abschieferungen und senkrechte Absplitterungen.

Abb. V.7.08: Blick auf Fliesenfugen nach der Neuverfugung der Fliesenfläche

Keilförmige Abschieferungen

Die keilförmige Abschieferung beginnt an den Fugen. Die Bruchfläche läuft meistens nahezu parallel zur Bodenebene. Üblicherweise sind alle 4 Seiten einer Fliese oder Platte betroffen. Der eigentliche Keil bleibt oft im Fugenmörtel stecken und nur seine Spitze bricht ab.

Senkrechte Absplitterungen

Die senkrechte Absplitterung beginnt an den Fliesenkanten annähernd senkrecht zur Bruchfläche. Bei rechteckigen Fliesen oder Platten tritt sie zuerst an den Schmalseiten, bei quadratischen Fliesen oder Platten dagegen zuerst an den Ecken auf.

V.7.2.7 Mangelhafte Mörtelfugen

Schadhafte Mörtelfugen stellen zunächst eine rein optische Beeinträchtigung dar. Sie treten infolge von Verwitterung, durch Ablagerungen von Schmutz oder Reinigungsmitteln sowie aufgrund anderer äußerer Einwirkungen auf. Als wirklich mangelbehaftet können Fugen erst dann bezeichnet werden, wenn Risse oder das Herauslösen des Fugenmaterials zu einer Beeinträchtigung des Verbundes führen und dadurch das Risiko einer Ablösung der ganzen Fliese oder Platte besteht.

V.7.2.8 Schadstoffe

Keramische Fliesen und Platten werden hauptsächlich aus Ton und weiteren anorganischen Rohstoffen wie z. B. Quarzsand und Feldspat hergestellt. Da in keramischen Baustoffen üblicherweise keine Schadstoffe enthalten sind, ist bei ihrer Verwendung nicht mit gesundheitsgefährdenden Emissionen zu rechnen. In diesem Zusammenhang ist darauf hinzuweisen, dass in Bestandsgebäuden u. U. noch ursprüngliche Fliesenbeläge vorhanden sein können, die mit schadstoffbelasteten Glasuren versehen sind. Insbesondere im 19. Jahrhundert wurden den Glasuren oftmals urandioxidhaltige Pigmente als farbgebender Zusatz beigemengt. Da Urandioxid (UO_2) radioaktiv ist, sollten eventuelle Emissionsquellen nach Möglichkeit beseitigt werden. Dennoch besteht grundsätzlich keine unmittelbare Gefährdung, da die Größenordnung der von den Glasuren direkt ausgehenden ionisierenden Strahlung als relativ gering eingeschätzt werden kann.

V.7.3 Maßnahmen

Zu den Sanierungs- und Instandsetzungsmaßnahmen bei beschädigten keramischen Fliesen und Platten zählt neben der Risssanierung, der Beseitigung von Ausblühungen und Eluierungen sowie dem Austausch auch die Oberflächenbehandlung der Produkte.

V.7.3.1 Oberflächenbehandlung

Als präventive Maßnahme gegen Verschmutzungen und eine erhöhte und damit schädliche Wasseraufnahme können stark saugende unglasierte keramische Fliesen und Platten mit entsprechenden Schutzmitteln behandelt werden. Bei diesen Maßnahmen ist zwischen imprägnierenden und versiegelnden Schutzmitteln zu unterscheiden.

Während Imprägnierungen im Kapillarsystem des Belages wirken, bewirken Versiegelungen einen schichtbildenden Schutzfilm auf der Oberfläche des Belages.

Imprägnierung

Bei Imprägnierungen ist zu beachten, dass der zu behandelnde Belag vollständig trocken ist. Sollte sich dennoch Wasser innerhalb der Poren befinden, so wird die Wirksamkeit einer Imprägnierung stark herabgesetzt. Imprägnierungen weisen im Vergleich zu Versiegelungen eine längere Lebensdauer auf, da sie innerhalb des Belages wirksam sind und folglich keinem mechanischen Verschleiß unterliegen. Imprägnierungen sind optisch meist nicht wahrnehmbar.

Versiegelung

Anders als Imprägnierungen sind Versiegelungen häufig optisch erkennbar. Sie verleihen dem Belag Glanz und intensivieren die Farbwirkung (Nasseffekt). Bei Bodenbelägen, die Anforderungen an die Rutschsicherheit erfüllen müssen, sind Versiegelungen allerdings kritisch zu bewerten, da sie durch Schichtbildung die Rutschgefahr erhöhen.

V.7.3.2 Beseitigung von Rissen

Bei Rissen in Fliesen- und Plattenflächen sollten die beschädigten Objekte sorgfältig entfernt und die Risse im Untergrundmaterial anschließend fachgerecht saniert werden, z. B. nach einer keilförmigen Erweiterung durch kraftschlüssiges Schließen. Die neue Keramik sollte über dem ehemaligen Riss mit einem flexiblen Kleber verlegt oder angesetzt werden.

Sind die Risse auf eine fehlende Dehnungsfuge in der Fliesen- oder Plattenfläche zurückzuführen, so sollte diese im Zuge der Reparaturarbeiten nachträglich ausgebildet werden.

Längsrisse in Mörtelfugen

Die Ursachen für Längsrisse in Mörtelfugen sind meist auf fehlende Dehnfugen oder Risse im tragenden Untergrund zurückzuführen. Eine geeignete Maßnahme zur Schadensbehebung ist neben einer Reparatur der Risse auch der Ersatz der gesamten Mörtelfuge durch eine Dehnfuge. Bei dieser Alternative muss zunächst keine Fliese entfernt werden. Es sollte jedoch darauf geachtet werden, dass die Fuge vor dem Auftrag des neuen elastischen Dichtstoffes sorgfältig gesäubert wurde.

Neuverfugung

Bei Verschmutzungen, Rissen oder Fehlstellen an Fugen kann eine Neuverfugung vorgenommen werden. Dazu werden die vorhandenen Fugen flankensauber ausgekratzt, ohne den Verbund zwischen Fliese oder Platte zum Untergrund zu beeinträchtigen. Nach gründlicher Reinigung des Fugenzwischenraumes kann neues Fugenmaterial eingebracht werden.

V.7.3.3 Beseitigung von Ausblühungen und Eluierungen

Zur Beseitigung von Ausblühungen und Eluierungen auf keramischen Fliesen und Platten stehen verschiedene Mittel zur Auswahl. Die einfachste Maßnahme ist das trockene Abbürsten der ausgeblühten Stoffe. Bei rauen Oberflächen kann auch ein wiederholtes Abwaschen mit klarem Wasser zu einer dauerhaften Entfernung führen. Dabei ist jedoch darauf zu achten, dass bei senkrechten Flächen von unten nach oben gearbeitet wird, damit die gelösten Stoffe über die möglichst vorgenässten Fliesen oder Platten abfließen können.

Verkrustete Ausblühungen sind mechanisch, z. B. mit einem Spachtel, zu entfernen. Auch Scheuermittel können harte Verkrustungen lösen.

Auf die Verwendung salzhaltiger Substanzen (Säuren) sollte möglichst verzichtet werden, da diese oft selbst zu Ausblühungen führen können. Ist der Verzicht jedoch nicht möglich, muss die zu behandelnde Fläche so lange vorgenässt werden, bis die Fugen wassergesättigt sind und keine Säure mehr eindringen kann. Nach der Behandlung muss die Fläche gründlich nachgespült werden.

Ausblühungen und Eluierungen können auch nach einer sorgfältigen Entfernung immer wieder auftreten, da ihr Erscheinen an das Vorhandensein von ausblühfähigen Substanzen in den Baustoffen gekoppelt ist. Wenn dieses Reservoir aufgebraucht ist, kann es folglich nicht mehr zu den beschriebenen Schadensbildern kommen.

Zur dauerhaften Verhinderung von Ausblühungen und Eluierungen sollte daher neben einer übermäßigen Durchfeuchtung vor allem der schädigende Salzeintrag in die Baustoffe unterbunden werden.

V.7.3.4 Austausch

Ein Austausch einzelner oder mehrerer Fliesen oder Platten kommt vor allem bei Frostabplatzungen oder Oberflächenschäden durch mechanische Einflüsse infrage. Dabei sollte allerdings berücksichtigt werden, dass sich selbst die gleichen, noch unbenutzten Produkte (falls vorhanden) von den gebrauchten unterscheiden, z. B. durch eine glänzendere, noch nicht abgenutzte Oberfläche. Als störend können zudem die geringfügigen, aber unvermeidlichen Farbabweichungen zwischen alter und neuer Verfugung empfunden werden.

V.7.3.5 Schadstoffsanierung

Keramische Fliesen und Platten enthalten üblicherweise keine Schadstoffe, daher besteht bei der Verwendung grundsätzlich keine Gefahr von schädlichen Emissionen. Gibt es Zweifel an der gesundheitlichen Unbedenklichkeit der Glasuren alter Fliesen, können entsprechende Untersuchungen vorgenommen werde. Mit der Messung eventueller radioaktiver Strahlung sollten ausschließlich sachverständige Fachunternehmen beauftragt werden. Bei einer Strahlenbelastung der alten Fliesen sollten diese gegen neue, unbelastete ausgetauscht werden.

Abb. V.8.01: Oberflächenbeschaffenheit von Granit

Abb. V.8.02: Oberflächenbeschaffenheit von Basalt

Abb. V.8.03: Oberflächenbeschaffenheit von Sandstein

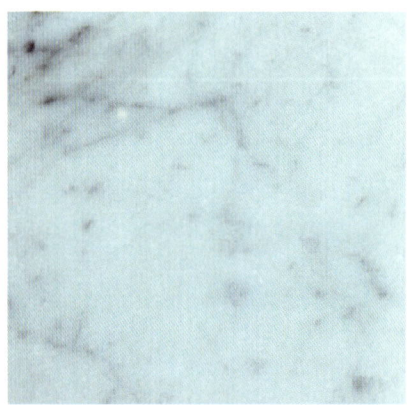

Abb. V.8.04: Oberflächenbeschaffenheit von Marmor

V.8 Natur- und Betonwerkstein

Autoren: Dipl.-Ing. Tania Brinkmann, Architektin; Dipl.-Ing. Silke Nicole Klein, Architektin

V.8.1 Allgemeines

Natursteine bilden den festen Bestandteil der Erdkruste. Ihre Entstehung erfolgt in der Hauptsache durch Abkühlung des unter der äußeren Erdkruste vorhandenen Magmas, der Gesteinsschmelze. Während des Erstarrungsprozesses werden die darin enthaltenen Stoffe als Mineralien ausgeschieden, die wiederum für die Bildung der Gesteine zuständig sind (gesteinsbildende Mineralien). Nachfolgende Verwitterungsvorgänge an der Erdoberfläche sowie verschiedene Abläufe in den tieferen Teilen der Erdkruste führen dann zu Gesteinsumwandlungen oder Neubildungen.

Natursteine zählen zu den wichtigsten Baustoffen, wobei ihre Verwendbarkeit vor allem von der geologischen Entstehung sowie der mineralischen Zusammensetzung abhängt. Verbaute Natursteine in (oberflächen)bearbeitetem Zustand werden als Naturwerkstein bezeichnet.

Betonwerksteine dagegen sind vorgefertigte Bauteile aus bewehrtem oder unbewehrtem Beton, deren Oberfläche steinmetzartig bearbeitet oder aber besonders gestaltet ist.

V.8.1.1 Begriffe und Definitionen

Naturstein

Natursteine werden gemäß ihrer Entstehung in die 3 Hauptgruppen der magmatischen, der Sediment- sowie der metamorphen Gesteine unterteilt.

Magmatische Gesteine

Magmatische Gesteine (Erstarrungs- bzw. Eruptivgesteine) werden in Tiefengesteine und Ergussgesteine unterschieden. Die Körner der verschiedenen Mineralien sind meist gleich groß. Teilweise sind Einsprenkelungen sichtbar. Bei sichtbaren großen Körnern (Durchmesser ab 0,06 mm) handelt es sich meist um Tiefengestein, bei feinerem Korn um ein Ergussgestein.

Tiefengesteine werden zumeist nach ihrem Mineralbestand unterschieden und sind deshalb optisch verhältnismäßig leicht zuzuordnen. Sie entstehen durch langsames Erstarren von Magma in der Tiefe der Erdkruste. Tiefengesteine zeigen keine Schichtungen. Sie weisen eine zum Teil ausgeprägte gerichtete Anordnung der in ihnen enthaltenen Mineralien auf. Zu den wichtigsten Tiefengesteinen gehören neben Granit auch Diorit, Syenit und Gabbro.

Ergussgesteine hingegen entstehen durch schnelles Erstarren von Magma an der Erdoberfläche. Sie werden, ähnlich den Tiefengesteinen, nach ihrem Mineralbestand eingeteilt. Die Steine haben deshalb häufig Äquivalente unter den Tiefengesteinen, denen sie technisch ähnlich sind. Die optische Zuordnung ist aber schwerer, da die Korngrößen kleiner als bei den Tiefengesteinen sind. Zu den Ergussgesteinen zählen u. a. Basalt, Diabas, Trachyt und Rhyolit.

Sedimentgesteine

Sedimentgesteine (Ablagerungsgesteine) entstehen durch Verwitterung, Transport und Ablagerung von Gesteinsresten. Charakteristisch ist dabei die ausgeprägte Schichtenbildung, wobei die Stärke der einzelnen Schichten wie auch die Korngröße sehr stark variieren kann. Bei grobkörnigen Sedimenten lassen sich deutlich Mineral- und Gesteinstrümmer sowie das die Trümmer verkittende Bindemittel bestimmen. Fast alle Mineral- und Gesteinsarten können als Fragmente vorhanden sein. Teilweise sind Fossilien erkennbar, in manchen Fällen besteht das Sediment fast vollständig daraus. Sedimentgesteine sind häufig weich, feinkörnig und porös, sie können aber auch sehr dicht sein.

Sedimente werden nach ihrer Entstehung unterteilt, wobei die meisten dieser Gesteine nicht eindeutig einer Gruppe zuzuordnen sind. Durch die Verfestigung von Gesteins- und Mineralbruchstücken und durch Verwitterung neu gebildeter Mineralien bilden sich z. B. die Sandsteine. Weitere wichtige Vertreter der Sedimentgesteine sind Kalkstein und Dolomit.

Metamorphe Gesteine

Metamorphe Gesteine (Umwandlungsgesteine) entstehen durch Umwandlung anderer Gesteinsarten unter Einwirkung hoher Temperaturen und Drücke. Sie sehen häufig geschiefert, getäfelt oder gebändert aus. Die Korngrößen variieren von sehr fein bis grobkörnig. Metamorphe Gesteine können aber auch wie Vertreter anderer Gesteinsarten aussehen. Obwohl metamorphe Gesteine ca. 27 % der Masse der gesamten Erdkruste ausmachen, spielen sie als Baugesteine keine wesentliche Rolle. Zu den metamorphen Gesteinen gehören beispielsweise Marmor, Quarzit, Gneis und Schiefer.

Naturwerkstein

Als Naturwerkstein werden handwerksgerecht (z. B. vom Steinmetz) zu einer bestimmten Form bearbeitete Natursteine bezeichnet.

Das breite Spektrum an möglichen Bearbeitungsweisen entspricht den zahlreichen Verwendungsmöglichkeiten, die das Material Naturstein bietet. Die Wahl der geeigneten Oberflächenbearbeitung sollte in diesem Zusammenhang nicht ausschließlich unter ästhetischen, sondern vor allem auch unter funktionalen Gesichtspunkten erfolgen. Eine Kombination aus den unterschiedlichen Bearbeitungsweisen ist dabei durchaus üblich und kann zu vielfältigen und lebendigen Oberflächenstrukturen führen.

Die möglichen Arten der Oberflächenbearbeitung werden gemäß DIN 18332, VOB Vergabe- und Vertragsordnung für Bauleistungen – Teil C: Allgemeine Technische Vertragsbedingungen für Bauleistungen (ATV) „Naturwerksteinarbeiten" folgendermaßen unterteilt:

Bossieren

Eine Art der Oberflächenbearbeitung mit dem Bossierhammer und/oder dem Setzeisen, die zu einer rustikalen Oberflächenrauigkeit führt. Die unterschiedlichen Schlagrichtungen und Schlagtiefen geben der Oberfläche eine große Lebendigkeit.

Spitzen

Eine Art der Oberflächenbearbeitung, bei der die Natursteinoberfläche mit Hammer und Spitzeisen bearbeitet wird.

Stocken

Eine Art der Oberflächenbearbeitung mit dem Stockhammer. Die pyramidenförmigen Zähne des Hammerkopfes weisen unterschiedliche Zahnweiten auf, die je nach gewünschter Oberflächenerscheinung zwischen 4 und 5 mm (fein gestockt) und 4 und 15 mm (gestockt, grob gestockt) liegen.

Zahnen

Eine Art der Oberflächenbearbeitung mit dem Zahneisen. Diese Werkzeuge haben eine meißelartige Endung, die meist 3 oder 5 Zähne aufweist. Durch eine unterschiedliche Führung des Zahneisens ist eine Vielzahl von Flächenwirkungen möglich.

Scharrieren

Eine Art der Oberflächenbearbeitung mit dem Scharriereisen, bei dem durch wechselnde Breiten der Werkzeuge (ca. 8 bis 15 cm), durch unterschiedliche Abstände der Scharrierschläge sowie durch wechselnde Richtungen und Schlaghärten eine große Anzahl von Erscheinungsbildern erzielt werden kann.

Sandstrahlen

Oberflächenbearbeitung, bei der unter hohem Druck Strahlsand oder Elektrokorund (Aluminiumoxid) auf den sägerauen Naturstein geschleudert wird. Die Oberfläche wird ebenmäßig aufgeraut und erhält ein mattes Erscheinungsbild.

Sägen

Oberflächenbearbeitung mit diamantbestückten Sägeblättern (oder mit Stahlseilen), die eine feine Schnittoberfläche erzeugen, wobei die Spuren des Sägeblattes erkennbar bleiben.

Schleifen

Oberflächenbearbeitung, bei der der Naturstein mit unterschiedlich feinen Schleifmitteln bearbeitet wird. Entsprechend der Größe des Schleifkorns entstehen grob sichtbare bis ausgesprochen feine kreisförmige Schleifspuren.

Abb. V.8.05: Oberflächenbeschaffenheit einer bossierten Natursteinoberfläche

Abb. V.8.06: Oberflächenbeschaffenheit einer gestockten Natursteinoberfläche

Abb. V.8.07: Oberflächenbeschaffenheit einer gezahnten Natursteinoberfläche

Abb. V.8.08: Oberflächenbeschaffenheit einer scharrierten Natursteinoberfläche

Abb. V.8.09: Oberflächenbeschaffenheit einer gesandstrahlten Natursteinoberfläche

Abb. V.8.10: Oberflächenbeschaffenheit einer diamantgesägten Natursteinoberfläche

Abb. V.8.11: Oberflächenbeschaffenheit einer geschliffenen Natursteinoberfläche

Abb. V.8.12: Oberflächenbeschaffenheit einer polierten Natursteinoberfläche

Polieren

Oberflächenbearbeitung, die durch feinstes Schleifen entsteht und den abschließenden Vorgang darstellt. Kleine Löcher oder Poren werden dabei mit Epoxidharz ausgekittet.

Beflammen

Oberflächenbearbeitung mit dem Brennstrahlgerät, bei der die Natursteinoberfläche dermaßen erhitzt wird, dass Steinpartikel abgesprengt werden. Dabei entsteht eine ebenmäßige spaltraue Oberfläche, durch die die kristalline Struktur besonders zur Geltung gebracht wird.

Nicht jede Oberflächenbearbeitung lässt sich auf jedem Gestein anwenden. So ist das Polieren, die feinste der Behandlungsarten, nur bei harten und dichten Natursteinen wie beispielsweise Granit, Basalt, Gneis oder auch Schiefer möglich. Zum Beflammen eignen sich dagegen ausschließlich quarzhaltige Gesteine wie z. B. Syenit, Diorit, Granit und Quarzit.

Betonwerkstein

Die Herstellung erfolgt entweder durchgehend aus derselben Mischung (einschalig) oder aus einem Verbund aus Kernbeton und einem durch z. B. besondere Zuschlagsstoffe gestalteten Vorsatzbeton (zweischalig). Eine weitere Variante von Betonwerkstein ist die Ausführung als Waschbeton.

Soll die Oberfläche durch steinmetzartige Bearbeitung besonders gestaltet werden, so stehen gemäß DIN V 18500 „Betonwerkstein – Begriffe, Anforderungen, Prüfung, Überwachung" verschiedene Arten der Oberflächenbearbeitung zur Auswahl.

Besenstrich

Oberflächenbearbeitung von Beton, bei der die noch nicht erhärtete Betonoberfläche mit einem Besen abgestrichen wird.

Bossieren

Oberflächenbearbeitung des Betons mit dem Bossierhammer und/oder Setzeisen, die zu einer rustikalen Oberflächenrauigkeit führt. Die unterschiedlichen Schlagrichtungen und Schlagtiefen geben der Oberfläche eine große Lebendigkeit.

Spitzen

Oberflächenbearbeitung von Beton, bei der die Betonoberfläche mit einem Spitzeisen bearbeitet wird.

Scharrieren

Oberflächenbearbeitung des Betons, wobei die erhärtete Betonoberfläche mit einem Scharriereisen bearbeitet wird, um ihr ein entsprechend rustikales Aussehen zu verleihen.

Absäuern

Das Verfahren des Absäuerns macht an der Betonoberfläche die Farbe und die Struktur der Betonzuschläge sichtbar und schafft ein sandsteinartiges Aussehen.

Auswaschen

Beim Auswaschen wird die noch nicht erhärtete Betonoberfläche mit Wasser oder Bürsten von der obersten Feinmörtelschicht befreit, damit die oberen Zuschlagskörner sichtbar werden. Diese Art der Ausführung ist auch unter der gängigen Bezeichnung Waschbeton bekannt. Im Gegensatz zur feingewaschenen Betonoberfläche (s. Feinwaschen) wird beim Waschbeton die vorgesehene Betonoberfläche mit einer bestimmten Körnung des Zuschlags versehen. Beim Auswaschen des noch nicht erhärteten Betons wird die oberste Feinmörtelschicht in einer Tiefe von mehr als 2 mm entfernt und die äußeren Zuschlagskörner werden etwa bis zur Hälfte freigelegt.

Feinwaschen

Oberflächenbearbeitung des Betons, bei der die nicht erhärtete Zementschlämme an der Betonoberfläche im Bereich von 1 bis 2 mm ausgewaschen wird. Die Oberfläche erhält in etwa ein sandgestrahltes Aussehen. Im Gegensatz zum Waschbeton wird der Beton für das Feinwaschen vorwiegend mit einer stetigen Sieblinie aufgebaut.

Strahlen

Oberflächenbearbeitung des Betons, bei der die oberste Feinmörtelschicht des Erzeugnisses entfernt wird, um das Zuschlagskorn des erhärteten Betons freizulegen. Dabei wird meist Sand unter hohem Druck aus einer Düse aufgestrahlt. Für das – häufig mit einer Aufhellung verbundene – Aussehen einer gestrahlten Oberfläche sind Zement- und Zuschlagsfarbe von Bedeutung.

Flammstrahlen

Oberflächenbearbeitung des Betons, bei der durch kurzzeitige Einwirkung einer Brenngasflamme an der bereits erhärteten Betonoberfläche die oberste Zementhaut abgeschmolzen und die Kappen der obersten Zuschlagskörner abgesprengt werden. Anschließend werden die gelockerten Gefügepartikel mechanisch beseitigt (z. B. durch Bürsten oder Strahlen).

Fräsen

Grobschleifen von Betonoberflächen, meist mit Diamantwerkzeugen (s. auch Schleifen und Feinschleifen).

Feinschleifen

Oberflächenbearbeitung des Betons, bei der das Werkstück nacheinander durch Schleifen, Spachteln (Schließen der Oberflächenporen durch eine Spachtelmasse) und Feinschleifen (Abschleifen der erhärteten Spachtelmasse durch härtere und feinere Schleifmittel) bearbeitet wird.

Naturpolieren/Wachspolieren

Oberflächenbearbeitung von Betonwerkstein, die durch feinstes Schleifen entsteht und mit einem natürlichen Oberflächenglanz verbunden ist. Im Gegensatz dazu steht die Wachspolitur als Oberflächenbehandlung.

Schalung

Die Sichtflächen können zudem durch folgende Schalungsstrukturen geformt werden:

Glatte Kunststoffschalung

Sie ergibt eine glatte, jedoch nicht vollständig geschlossene Betonoberfläche.

Raue Brettschalung

Durch die Einschalung mit sägerauen Brettern zeichnet sich die Holzstruktur auf der Betonoberfläche ab.

Strukturschalung

Die vielen verschiedenen Strukturen erlauben es, Betonflächen ganz unterschiedliche, oft sehr expressive Gesichter zu verleihen.

V.8.1.2   Anforderungen

Naturwerkstein

Aufgrund der Vielfalt der Gesteine und deren unterschiedlicher Bildungsvorgänge handelt es sich bei Naturstein um kein einheitlich zu beschreibendes Material, denn auch innerhalb der Hauptgruppen divergieren deren Eigenschaften zum Teil extrem.

Die Merkmale, die ein Stein aufweisen soll, richten sich nach den Erfordernissen, die sich aus seinem Verwendungszweck ergeben. Neben optischen Anforderungen wie Farbe oder Struktur steht aber vor allem der Aspekt der Dauerhaftigkeit im Vordergrund. Der Begriff der Dauerhaftigkeit umfasst so wesentliche Eigenschaften wie Dichte und Porosität der Natursteine, die spezifischen Festigkeiten und thermischen Eigenschaften sowie das Wasseraufnahmevermögen und die damit verbundene Frostbeständigkeit.

Gesteinsbildende Mineralien

Beim Erstarrungs- und Abkühlungsvorgang des Magmas scheiden sich die in ihm enthaltenen Stoffe in Form von Mineralien aus. Diese meist kristallinen Gebilde stellen die kleinsten Teile der Gesteine dar. Von den über 2000 bekannten Mineralien zählen in etwa 200 zu den Gesteinsbildnern, wovon wiederum nur ungefähr 40 maßgeblich am Aufbau der Gesteine beteiligt sind.

Zu den wichtigsten gesteinsbildenden Mineralien zählen neben Feldspäten, Augit und Hornblende vor allem Quarz, Glimmer, Olivin und Kalkspat sowie Dolomit.

Feldspat

Feldspäte sind gut spaltbar und sehr hart. Sie werden unterschieden in Kalifeldspäte (sogenannte Orthoklas) und Kalknatronfeldspäte (sogenannte Plagioklase). Die Feldspäte sind die am

Abb. V.8.13: Oberflächenbeschaffenheit einer beflammten Natursteinoberfläche

Abb. V.8.14: Ausgewaschene Betonoberfläche z. B. als Außenwandfassadenelement

Abb. V.8.15: Glatte Oberflächenbeschaffenheit durch Anwendung einer glatten Kunststoffschalung

Abb. V.8.16: Raue Oberflächenbeschaffenheit durch Anwendung einer rauen Brettschalung

häufigsten auftretenden gesteinsbildenden Mineralien. Sie kommen vor allem in den Ergussgesteinen vor.

Augit und Hornblende

Augit und Hornblende sind sehr hart und spröde, wetterbeständig und gut spaltbar. Diese Mineralien finden sich vor allem in magmatischen Gesteinen wie Syenit, Diorit und Gabbro.

Quarz

Quarz ist sehr säurefest, hart, spröde und schwer zu zerstören. Dieses Mineral ist der Hauptbestandteil von Granit. Weiterhin kommt Quarz verstärkt in den Sedimentgesteinen wie Sandstein und Grauwacke vor.

Glimmer

Glimmer ist sehr gut spaltbar. Gesteine, die Glimmer lagenweise in größeren Mengen enthalten, verwittern leicht. Glimmer ist vor allem in Gesteinen wie Granit, Gneis und Glimmerschiefer vorhanden.

Olivin

Olivin ist gut spaltbar, sehr hart und nicht wetterbeständig. Durch Verwitterung entsteht aus Olivin das Mineral Serpentin. Olivin kommt in geringen Mengen in Gabbro, Basalt und Diabas vor.

Kalkspat

Kalkspat ist sehr gut spaltbar, sehr weich und nicht säurefest. Dieses Mineral bildet den Hauptbestandteil von Marmor.

Dolomit

Dolomit ist dem Kalkspat ähnlich, dabei allerdings etwas härter und weniger leicht durch Säuren lösbar. Dolomit ist der Hauptbestandteil des gleichnamigen Gesteins.

Härte

Härte definiert den mechanischen Widerstand, den ein Material dem Eindringen eines anderen Materials entgegensetzt.

Als Maßstab für die Härte der Mineralien dient die sogenannte Mohs'sche Härteskala, aufgestellt vom Geologen und Mineralogen Friedrich Mohs. Die einheitslose Aufstellung umfasst 10 Härtestufen (H), in der 10 Minerale unterschiedlicher Härte dermaßen angeordnet sind, dass ein Mineral das in der Reihenfolge vor ihm stehende ritzt und damit einen sogenannten Ritzgrad härter ist. Die Mohs'sche Härteskala stellt daher lediglich eine relative Abfolge und keine technische Bewertung der Ritzhärte dar.

In der nachfolgenden Tabelle ist die Mohs'sche Härteskala zusammen mit den Härtewerten nach der sogenannten Vickers-Härteprüfung aufgeführt. Bei diesem Verfahren wird eine Diamantpyramide senkrecht in den Prüfkörper eingedrückt und die Diagonalen des Eindrucks gemessen, aus denen sich die Vickers-Härte (HV) ermitteln lässt. Die Vickers-Härteprüfung gibt den besten Bezug auf die heute gängigen Härtemessverfahren wieder.

Festigkeit

In der Baupraxis werden Natursteine eingeteilt in Hart- und Weichgesteine. Zu den Hartgesteinen zählen neben Granit und Gabbro u. a. auch Porphyr, Basalt und Gneis. Unter dem Begriff Weichgestein werden z. B. Sandstein, Travertin, Marmor und Tuffstein zusammengefasst.

Druckfestigkeit

Struktur und Härte der Gesteine hängen eng mit dem jeweiligen Entstehungsprozess und dem Mineralbestand zusammen. Vor allem Gesteine mit einem hohen Anteil an Quarz und Feldspat zeichnen sich durch eine große Festigkeit aus. Für die hohe Druckfestigkeit eines Gesteins sind weiterhin eine große Kornbindungsfestigkeit sowie eine kleine Korngröße entscheidend. Demgemäß weisen magmatische Gesteine die höchsten Festigkeitswerte auf. So bewegt sich beispielsweise bei Granit die Druckfestigkeit zwischen 160 und 240 N/mm², bei Basalt liegt der Wert sogar bei 250 bis 400 N/mm². Eine Ausnahme stellt in dieser Hinsicht die zu den porösen Eruptivgesteinen zählende Basaltlava dar, die lediglich Druckfestigkeiten zwischen 80 und 150 N/mm² aufweist.

Biegezugfestigkeit

Diese Größe ist wie die Druckfestigkeit vom Mineralbestand des Natursteins abhängig. Dabei beruht die Höhe der Biegezugfestigkeit ebenso auf der Kornbindungsfestigkeit (Adhäsion), der Korngröße und dem Porengehalt.

Da es sich bei Naturstein nicht um einen künstlich hergestellten Baustoff handelt, der Herstellungsprozess also unkontrolliert geschieht, besteht die Möglichkeit von Schwächezonen durch z. B. Schichtungen oder Fließtexturen im Gefüge.

Tabelle V.8.01: Härteskala nach Mohs mit Härtevergleichswerten

Mohs'sche Ritzhärte	Mineral	Absolute Härte	Vickers-Härte in N/mm² (gerundet)	Bemerkungen
1	Talk	0,03	20	mit Fingernagel schabbar
2	Gips	1,00	300	mit Fingernagel ritzbar
3	Kalkspat	3,75	1.700	mit Kupfermünze ritzbar
4	Flussspat	4,17	2.430	mit (Fenster-)Glas leicht ritzbar
5	Apatit	5,42	5.980	mit (Fenster-)Glas noch ritzbar
6	Feldspat	31	9.120	mit Messer noch ritzbar
7	Quarz	100	10.980	ritzt (Fenster-)Glas
8	Topas	146	12.260	ritzt Quarz leicht
9	Korund	833	20.590	schneidet Glas
10	Diamant	117.000	98.070	härtestes natürlich vorkommendes Mineral, nur von sich selbst ritzbar

Dichte und Porosität

Dichte und Porosität eines Natursteins sind besonders wichtige Eigenschaften zur Beurteilung der Qualität eines Natursteins, da sie genaue Rückschlüsse auf dessen Wärmeleitfähigkeit erlauben. Ist zudem das Wasseraufnahmevermögen bekannt, so lässt sich auf die entsprechende Frostbeständigkeit schließen.

Das Gewicht der Steine wird in Rohdichte und Reindichte unterschieden.

Die Rohdichte ist das Gewicht bezogen auf das Volumen, welches eventuelle Hohlräume einschließt. Die Reindichte dagegen beschreibt das Gewicht bezogen auf das Volumen ohne Hohlräume.

Zu den dichten Natursteinen mit einer Rohdichte > 2,5 g/cm³ und einem Porenvolumen < 1 Masse-% (Ausnahme poröses Lavagestein) zählen überwiegend Hartgesteine wie beispielsweise Diorit und Gabbro (2,8 bis 3 g/cm³ und 0,2 bis 0,4 Masse-%) oder Porphyr (2,55 bis 2,8 g/cm³ und 0,2 bis 0,7 Masse-%).

Die Porosität ist das Maß für den in Gesteinen insgesamt vorhandenen Porenraum. Sie entspricht dem Anteil, den das von den Poren eingenommene Volumen im Verhältnis zum Gesamtvolumen ausmacht. Die Porosität hängt von der Größe und Form der Teilchen und der Art ihrer Packung ab. Je kleiner die Teilchen sind und je mehr sie sich von ihren Formen her unterscheiden, desto besser und enger passen sie zusammen. Sedimente weisen daher eine höhere Porosität auf als magmatische und metamorphe Gesteine.

Wasseraufnahme

Die kapillare Wasseraufnahme (Saugfähigkeit) ist bei Natursteinen mit hoher Porosität besonders groß. Die genaue Kenntnis über die Aufnahmefähigkeit ist zudem wichtig zur Beurteilung der Wirksamkeit einer beispielsweise hydrophobierenden Behandlung.

Frostbeständigkeit

Der Aggregatübergang von Wasser zu Eis erfolgt unter einer Volumenzunahme von 9 %. Wird diese Ausdehnung in den Poren und Kapillaren des Natursteins behindert, so entsteht auf deren Wandungen ein Druck von bis zu 13 N/mm². Sind die Poren- und Kapillarwände in der Lage, diesem Druck standzuhalten, kann eine Eisbildung nicht erfolgen und das Gestein ist als frostbeständig anzusehen.

Eine Frostbeständigkeit besteht auch dann, wenn die Poren- und Kapillarstruktur eines Natursteins die Volumenzunahme des eingedrungenen Wassers ermöglicht, ohne Schaden zu nehmen. Dies ist meist dann der Fall, wenn die Kapillaren durch Poren unterbrochen sind und die Ausdehnung des Wassers in diese erfolgen kann.

Grundsätzlich ist davon auszugehen, dass vor allem magmatische Gesteine wegen ihrer Dichte und Festigkeit frostbeständiger sind als z. B. die relativ poröseren Sedimente.

Bei Sand- und Kalksteinen wie auch bei Schiefern kann die Frostbeständigkeit innerhalb des gleichen Vorkommens variieren.

Verwitterungsbeständigkeit

Die Verwitterungsbeständigkeit der Gesteine hängt von ihrem Gefüge sowie ihrem Mineralbestand ab, denn einige Mineralien verwittern leicht (z. B. Nephelin oder Leuzit), andere dagegen nahezu gar nicht (z. B. Quarz oder Kalifeldspat).

Magmatische Gesteine, die zum großen Teil aus eben diesen verwitterungsbeständigen Mineralien bestehen, sind meist sehr wetterbeständig, wobei jedoch der sogenannte Sonnenbrenner-Basalt eine Ausnahme bildet. Basalt setzt sich hauptsächlich aus Feldspat und Augit zusammen und ist dementsprechend sehr dicht und wetterfest. Sind allerdings Einsprenglinge von Nephelin enthalten, kann es bei Sonnenbestrahlung (sowie Vorhandensein von Feuchtigkeit) zu dessen Umwandlung in das Mineral Analcim kommen. Dieser Vorgang ist infolge Kristallwasseranlagerung mit einer nicht unerheblichen Volumenzunahme verbunden, was zu Rissbildungen bis zu umfassenden Zerstörungen am Gestein führen kann.

Auch Wasser, Luft und Wind können zur Verwitterung beitragen, indem sie Teilchen der Steinsubstanz mechanisch abtragen und aus dem Gestein herauslösen. Handelt es sich bei dem betroffenen Naturstein um ein ohnehin eher lockeres Gefüge, so ist die Gefahr einer physikalischen Verwitterung größer als bei einem Naturstein mit dichtem Gefüge.

Tabelle V.8.02: Festigkeitsrichtwerte natürlicher Gesteine (Auswahl)

	Natursteingruppe	Druckfestigkeit in N/mm²	Biegezugfestigkeit in N/mm²
Magmatisches Gestein	Granit, Syenit,	160…240	10…20
	Diorit, Gabbro	170…300	10…22
	Andesit, Trachyt	180…300	15…20
	Basalt	250…400	15…25
	Basaltlava	80…150	8…12
	Diabas	180…250	15…25
Sedimentgestein	Grauwacke	150…300	13…25
	Quarzitischer Sandstein	120…200	12…20
	Kalkstein, Dolomit, kristalliner Marmor[1]	80…180	6…15
	sonstiger Kalkstein, Kalkkonglomerat	20… 90	5… 8
	Travertin	20… 60	4…10
Metamorphes Gestein	Gneis	160…280	–
	Serpentin	140…250	–
	Tonschiefer	–	50…80

[1] metamorphes Gestein

Tabelle V.8.03: Kennwerte natürlicher Gesteine (Auswahl)

	Natursteingruppe	(Rein-)Dichte in g/cm³	Rohdichte (Trockenrohdichte) in g/cm³	Wasseraufnahme (Porosität) in Masse-%
Magmatisches Gestein	Granit, Syenit,	2,62…2,85	2,60…2,80	0,2… 0,5
	Diorit, Gabbro	2,85…3,05	2,80…3,00	0,2… 0,4
	Andesit, Trachyt	2,58…2,83	2,55…2,80	0,2… 0,7
	Basalt	3,00…3,15	2,95…3,00	0,1… 0,3
	Basaltlava	3,00…3,15	2,20…2,35	4,0…10,0
	Diabas	2,85…2,95	2,80…2,90	0,1… 0,4
Sedimentgestein	Grauwacke	2,64…2,68	2,60…2,65	0,2… 0,5
	Quarzitischer Sandstein	2,64…2,68	2,60…2,65	0,2… 0,5
	Kalkstein, Dolomit, kristalliner Marmor[1]	2,70…2,90	2,65…2,85	0,2… 0,6
	sonstiger Kalkstein, Kalkkonglomerat	2,70…2,74	1,70…2,60	0,2…10,0
	Travertin	2,69…2,72	2,40…2,50	0,2… 5,0
Metamorphes Gestein	Gneis	2,67…3,05	2,65…3,00	0,1… 0,6
	Serpentin	2,62…2,78	2,62…2,75	0,1… 0,7
	Tonschiefer	2,82…2,90	2,70…2,80	0,5… 0,6

[1] metamorphes Gestein

Tabelle V.8.04: Temperaturdehnung natürlicher Gesteine (Auswahl)

Gestein	Thermische Dehnung in mm je m und 100 K
Sandstein	1,20
Gabbro	0,88
Granit, Syenit	0,80
Kalkstein	0,70
Gneis	0,60
Andesit	0,53

Thermische Eigenschaften

Die Wärmedehnung der Natursteine ist von ihren Mineralbestandteilen abhängig und bewegt sich bei einer zwischen Sommer und Winter anzunehmenden Temperaturdifferenz von 100 K zwischen 1,2 und 0,53 mm/m.

Wie stark eine Gesteinsoberfläche durch beispielsweise Sonneneinstrahlung erwärmt wird, ist neben der Lage zur Himmelsrichtung auch von der Farbe des Gesteins abhängig.

Farbe

Die Farbe der Natursteine wird bedingt durch den Mineralbestand. So enthält dunkles Gestein in der Hauptsache dunkel gefärbte Mineralien wie z. B. Augit, Hornblende oder Olivin. Hornblende-Kristalle beispielsweise sind dunkelgrün bis schwarz und erscheinen im Gestein als glänzend schwarze, stabförmige Teilchen. In hellem Gestein hingegen sind überwiegend hell gefärbte Minerale wie Quarz, Kaliglimmer oder Kalkspat vertreten. Quarz z. B. ist ein farbloses, durchscheinendes Kristall aus reinem Siliciumdioxid (SiO_2). Es ist das härteste der gesteinsbildenden Mineralien (Härtestufe 7 nach Mohs), das auch Glas ritzt.

Betonwerkstein

Die Anforderungen an Betonwerkstein sind in DIN V 18500 „Betonwerkstein – Begriffe, Anforderungen, Prüfung, Überwachung" definiert und umfassen die allgemeine Beschaffenheit, Maße, Ebenheit, Vorsatzdicke, Wasseraufnahme ($\leq$ 7 Masse-% für Teile im Freien), Verschleiß und Festigkeit.

Betonwerkstein unterliegt darüber hinaus dem gleichen Anforderungsprofil wie Beton (s. Kap. V.2.1).

V.8.1.3 Einsatzgebiete und Verwendung

Historische Verwendung

Naturwerkstein

Naturstein ist einer der ältesten von Menschen genutzten Baustoffe. In früheren Zeiten war die Anwendung von Naturstein im Wesentlichen vom örtlichen Vorkommen bestimmt und prägte somit die regionale Baukultur.

Sein Ruf der nahezu unbegrenzten Dauerhaftigkeit machte den Einsatz von Naturstein beim Bau von repräsentativen Gebäuden unverzichtbar, wie schon die jahrtausendealten ägyptischen Pyramiden oder die antiken Tempel belegen. Später wurden Burgen, Schlösser, Kirchen, Klöster und ganze Städte aus bearbeitetem Naturstein erbaut. Außer für tragende Funktionen wurde das Material beispielsweise für Schmuckelemente an Gebäuden, für Fassaden- und Dachverkleidungen, Türen- und Fenstergewände sowie Innenwandbekleidungen und Fußböden genutzt.

Betonwerkstein

Die Entwicklung von Beton in Form von Betonwerksteinen erfolgte nicht parallel zur rasanten Entwicklung des Eisenbetons (s. Kap. V.2.1.2), an dessen Perfektion ab Mitte des 19. Jahrhunderts in ganz Europa gearbeitet wurde. Der Gebrauch von vorgefertigten Betonteilen begann erst einige Jahrzehnte später und beschränkte sich im Baubetrieb auch noch zu Beginn des 20. Jahrhunderts auf nur wenige Einsatzgebiete, bei denen es sich im Wesentlichen um Betonmauer- und Betondachsteine handelte. Verstärkt zum Einsatz kam dieser Baustoff erst in der Zeit des Wiederaufbaus nach dem Zweiten Weltkrieg, als es darum ging, kostengünstig und schnell vor allem Wohnraum zu schaffen. Betonwerksteine wurden dabei nicht nur in der klassischen Form als Mauerstein verwendet. Immer mehr ersetzten sie auch die vergleichsweise teuren Natursteine. Als Ersatz (oder auch als Imitat) verdrängte Betonwerkstein den Naturstein immer mehr, bis in den 80er-Jahren ein erneutes Umdenken dazu führte, wieder weniger (Sicht-)Beton zu verbauen.

Moderne Verwendung

Naturwerkstein

In seiner heutigen Verwendung hat der Naturstein seine statische Funktion verloren. Naturstein als Werkstein dient stattdessen hauptsächlich als äußere Hülle mit ästhetischer und symbolischer Bedeutung – Stein versinnbildlicht Macht. Diese Aussage lässt sich an zahlreichen Beispielen von öffentlichen Gebäuden, Bankhäusern und Versicherungsgebäuden auf der ganzen Welt belegen.

Naturwerkstein findet vor allem Anwendung als Außenwandbekleidung in Form von Fassadenplatten sowie als Boden- und Stufenbelag. Weitere Einsatzgebiete sind neben Fensterbänken auch Treppen und Wandverkleidungen. Als tragendes Mauerwerk (s. Kap. III.2.1.3 und Kap. V.1.1.5) kommt Naturwerkstein im Wesentlichen nur noch bei Sanierungs- und Erhaltungsmaßnahmen zum Einsatz. Die ursprüngliche Verwendung als massiver Wandbaustein scheidet zudem aus Gründen der aufwendigen Herstellung sowie der üblicherweise hohen Wärmeleitfähigkeit der Natursteine aus.

Verwendung als Werkstein finden hauptsächlich Granit, Syenit und Porphyr (magmatisches Gestein), Muschelkalk und Travertin (Sedimentgestein) sowie Marmor und Schiefer (metamorphes Gestein).

Für Fassadenplatten und Sockelverkleidungen werden vor allem Granit, Sandstein und Marmor verarbeitet, die sich auch als Bodenbelag sehr gut eignen. Für weniger stark beanspruchte Bauteile wie Innenwandverkleidungen, Verblendungen oder sonstige Werkstücke (z. B. Tischplatten, Fensterbänke) werden häufig Muschelkalk oder Travertin eingesetzt. Schiefer dagegen dient überwiegend als Dachdeckungsmaterial (s. Kap. V.14.1.2).

Betonwerkstein

Betonwerkstein wird, ähnlich wie Naturwerkstein, sowohl als Fassadenbekleidung und Bodenbelag als auch für Wandverkleidungen, Stufenbeläge und Ausbauelemente verwendet. Des Weiteren finden sie als Mauer- und Vormauersteine sowie als Fensterbänke Verwendung.

V.8.2 Typische Mängel und Schäden

Bei typischen Mängeln und Schäden an Natur- und Betonwerkstein handelt es sich meist um reine Oberflächenschäden wie beispielsweise Risse, Ausblühungen oder Krusten. Sind diese bei Naturwerkstein fast ausschließlich auf Verwitterung und Feuchtigkeit zurückzuführen, so beruhen die Schäden an Betonwerkstein hauptsächlich auf der mangelnden Dauerhaftigkeit des Baustoffes Beton.

V.8.2.1 Naturwerkstein

Schäden an Natursteinen werden im Wesentlichen durch aggressive Luftverschmutzung ausgelöst. Diese Schäden übertreffen jene, die durch Witterung und Abnutzung erfolgen, bei Weitem. Ausgesprochen gefährdet sind Natursteine mit porösem Gefüge und kalk- oder dolomithaltigen Bindemitteln.

Ausblühungen und Krustenbildung sowie verschiedene Formen der Verwitterung wie Absanden, Abplatzungen und Gefügezerstörungen sind die Folgen dieser äußeren Einwirkungen, die letztlich bis zur Zerstörung der Naturwerksteine führen. Die dafür verantwortlichen atmosphärischen Schadstoffe sind vor allem Schwefeldioxid (SO_2) und Kohlendioxid (CO_2) sowie Ruß und Staub, aber auch Verbindungen aus Chlorid, Fluor und Ammonium.

Weitere häufig auftretende optische Beeinträchtigungen stellen neben Verfärbungen vor allem Schimmelpilzbildung und biologischer Bewuchs durch z. B. Algen oder Flechten dar.

Ausblühungen

Bei Ausblühungen handelt es sich um Stoffe, die sich sichtbar auf der Oberfläche von Baustoffen ablagern. Dies geschieht, wenn wasserlösliche Substanzen im Bauteil gelöst sind und durch Poren zur Oberfläche transportiert werden, wo sie beim Verdunsten der Feuchtigkeit auskristallisieren. Die Ausblühungen stellen sich als weiße Verfärbung dar, die meist als feiner Flaum oder in Form von Krusten auftritt.

Die Salze liegen in gelöster Form im tieferen Porenraum vor. Beeinflusst wird die Salzbildung u. a. durch aufsteigende Feuchtigkeit aus dem Boden, durch die Reaktion von Immissionen mit den Baustoffen und durch den Eigensalzanteil aus dem Mauerwerk. Weitere Einflussfaktoren sind die Luft- und die Bauteilfeuchte. Begünstigt wird der Vorgang, wenn durch ständiges Nachsaugen das an der Oberfläche verdunstete Wasser kontinuierlich ersetzt wird. Die in Wasser gelösten Salze wandern im Bauteil aufgrund der kapillaren Saugkraft entgegen der Schwerkraft nach oben, wobei die Steighöhe der Feuchtigkeit mit abnehmendem Kapillardurchmesser zunimmt. Die Poren werden durch die Salzkristalle weiter verengt und verstärken die Kapillarwirkung zusätzlich. Bei der Auskristallisation der Salze entsteht zudem aufgrund der Volumenvergrößerung ein starker Kristallisationsdruck, der zu Absprengungen oder Abplatzungen am Bauteil führen kann (sogenannte Salzsprengung). Darüber hinaus kann die starke Salzbelastung eine erhöhte hygroskopische Wasseraufnahme herbeiführen und in der Folge zu einer stark erhöhten Grundfeuchte im Bauteil führen.

Abb. V.8.17: Ausblühung an einem Naturstein bei einem Bestandsgebäude

Abb. V.8.18: Nitratausblühung an Natursteinfassadenplatten

Bei Salzausblühungen handelt es sich überwiegend um Sulfate und Karbonate, eher selten dagegen um Chloride und Nitrate.

Sulfate

Schwefeldioxid (SO_2) reagiert mit Feuchtigkeit zu schwefeliger Säure und nach Aufoxidation zu Schwefelsäure (H_2SO_4), wobei dieser Vorgang bereits in der Atmosphäre (mit Regen) möglich ist. Die Säurebildung kann aber auch im Naturstein selbst durch Reaktion des gasförmig eingedrungenen Schwefeldioxids mit beispielsweise Kondensat bzw. Tauwasser oder anderer im Bauwerk vorhandener Feuchte vor sich gehen. Aus diesem Grund treten schwefeldioxidbedingte Schäden auch an schlagregengeschützten Stellen auf, dort in manchen Fällen sogar verstärkt.

Reagiert die Schwefelsäure mit kalk- oder dolomithaltigem Naturstein, so kommt es zu dessen Auflösung. Gleichzeitig erfolgt die Bildung von wasserlöslichem Calciumsulfat. Dieses kann ausgewaschen und mit Wasser an die Steinoberfläche transportiert werden, wo es beim Verdunsten der Feuchtigkeit auskristallisiert. Calciumsulfat erscheint als weiße Ausblühung an der Oberfläche, bei größeren Mengen als Kruste. Durch das Lösen des Bindemittels Kalk oder Dolomit wird die Porosität des Natursteins erhöht und somit das Eindringen von Schadstoffen erleichtert. Durch die stetige Verminderung der Festigkeit wird schließlich das gesamte Gefüge zerstört.

Fällt das Calciumsulfat dagegen bereits im Inneren des Natursteins aus, so führt das zur Bildung von Gips ($CaSO_4 \cdot 2H_2O$). Dieser Auskristallisationsvorgang erfolgt unter einer etwa 100%igen Volumenzunahme. Der dabei entstehende Druck kann das Gefüge des Natursteins zersprengen sowie zu Rissen und schalenförmigen oder punktuellen Abplatzungen führen.

Bei dolomit- oder magnesithaltigem Gestein kommt es dagegen zur Bildung von kristallwasserhaltigem Magnesiumsulfat (Bittersalz). Die Auskristallisation dieses Salzes erfolgt mit einer ca. 430%igen Volumenvergrößerung, was einen noch weitaus stärkeren Kristallisationsdruck erzeugt als bei der Gipsbildung.

Karbonate

Kohlenstoffdioxid gilt dann als Schadstoff, wenn der natürliche CO_2-Gehalt der Luft von 0,029 Vol.-% überschritten wird. Dies geschieht hauptsächlich durch die Verbrennung fossiler Energieträger. In Industrieregionen erreicht die CO_2-Konzentration oft Werte von 0,1 Vol.-%. Vor allem poröse Kalksteine sowie Sandsteine mit kalkhaltigem Bindemittel werden durch Kohlenstoffdioxid angegriffen, während dolomithaltige Gesteine seltener betroffen sind.

Karbonatausblühungen entstehen, wenn stark CO_2-haltiges Wasser (z. B. Regenwasser) in den Naturstein eindringt und den enthaltenen Kalk (Calciumcarbonat, $CaCO_3$) in das leicht wasserlösliche Calciumhydrogencarbonat (Calciumbicarbonat, $Ca[HCO_3]_2$) umwandelt. Das gelöste Produkt kann als Folge mit dem Wasser abtransportiert werden. Beim Verdunsten der Feuchtigkeit zerfällt die wässrige Lösung und es bildet sich wieder wasserunlöslicher Kalkstein.

Die Karbonatausblühungen selbst sind ungefährlich. Das Herauslösen von Kalk aus dem Gestein erhöht jedoch die Porosität und damit die Gefahr von Gefügezerstörungen.

Chloride

Chloridausblühungen bestehen überwiegend aus Natriumchlorid (NaCl), welches von außen in den Naturstein eindringt.

Bei Ziegelrohbauflächen sind diese Ausblühungen überwiegend auf nicht fach- und sachgerechtes Absäuern des Mauerwerks zurückzuführen. Chloridausblühungen im Sockelbereich können dagegen auch durch aufgenommene Tausalze entstehen.

Bei Verdunstung der Feuchtigkeit kristallisieren die Chloride an der Steinoberfläche wieder aus. Wiederholt sich dieser Vorgang regelmäßig, erfolgt durch den andauernden Kristallisationsdruck eine schrittweise Zermürbung des Steins.

Nitrate

Nitratausblühungen auf Naturstein können auftreten durch die Einwirkung von stickstoffhaltigen Verbindungen, die sich bei der Zersetzung von organischen Substanzen bilden. Das bei diesem Vorgang entstehende Ammonium oxidiert zu Hydrogennitrat (Salpetersäure, HNO_3), das sich mit eventuell im Stein enthaltenem Kalk zu Calciumnitrat ($Ca[NO_3]_2$), auch Mauersalpeter genannt, umsetzt. Calciumnitrat lagert beim Auskristallisieren Wasser an, wodurch eine fast vierfache Volumenvergrößerung erfolgt. Wegen der hygroskopischen Eigenschaften des Nitrats wird der betroffene Naturstein infolge des ständigen Wechsels der Lösungs- und Kristallisationsvorgänge des Salzes allmählich zermürbt.

Chloride und Nitrate gehören zu den sogenannten hygroskopischen Stoffen. Der Begriff Hygroskopizität bezeichnet die Eigenschaft zahlreicher fester und flüssiger anorganischer Substanzen, bei ausreichend großem Angebot so viel Feuchtigkeit aus der sie umgebenden Luft aufzunehmen, dass sie zerfließen bzw. in Lösung gehen. Hygroskopische Salze können eine schwankende, von der jeweiligen relativen Luftfeuchtigkeit abhängige Durchfeuchtung des Bauteils verursachen und somit dessen Feuchtehaushalt nachhaltig auf ungünstige Weise beeinflussen.

Krustenbildung

Die Krustenbildung an der Oberfläche von Naturstein wird durch Anlagerung von atmosphärischem Ruß, Staub und Schmutz begünstigt. Sie stellt sich durch eine meist dunkle, schwarze bis graue Färbung dar. An regengeschützten Stellen, an denen Schadstoffe und neu gebildete Salze nicht durch Witterungseinflüsse abgespült werden können, ist die Krustenbildung häufig zu beobachten. Krusten erscheinen als dünne und fest haftende oder dicke und blasig abgelöste Krusten. Sie werden unterschieden in Gipskrusten, Sinterkrusten und Brandkrusten.

Gipskrusten

Gipskrusten werden verursacht durch die Anlagerung von Salzen (z. B. Sulfaten) oder Ruß- und Staubpartikeln an der Steinoberfläche. Dabei reagieren die angelagerten Salze mit dem im Naturstein enthaltenen Calcium.

Sinterkrusten

Sinterkrusten treten vermehrt an der Steinoberfläche entlang von Rissen auf. Dabei wird der abgebundene Kalk (Calciumcarbonat) durch eindringendes kohlensäurehaltiges Regenwasser in wasserlösliches Calciumhydrogencarbonat (Calciumbicarbonat) umgewandelt. Beim Verdunsten der Feuchtigkeit zerfällt die Verbindung wieder in Calciumcarbonat (Kalkaussinterung).

Brandkrusten

Brandkrusten entstehen durch Brandeinwirkung. Die Schwarzfärbung wird durch den frei werdenden Ruß verursacht.

Ruß und Staub

Ruß und Staub wirken nicht nur als optische Beeinträchtigung in Form einer Verschmutzung auf den Naturstein ein, sondern setzen sich in den oberflächennahen Poren und an der Oberfläche selbst fest. Dadurch kommt es zu einer Verdichtung, die die Wasserdampfdiffusion behindert, also durch Risse eingedrungenes Wasser nicht mehr wieder austreten lässt.

Es entstehen alle durch Wasser bedingten Schäden wie Ausblühungen, eine Erhöhung der Porosität und Gefügezerstörungen sowie Bildung von Krusten, wobei Gips den Staub und Ruß verkittet. Durch die eingeschlossene Feuchtigkeit wird die Frostbeständigkeit des Natursteins deutlich herabgesetzt. Abplatzungen dagegen entstehen durch die unterschiedliche Wärme- und Feuchtedehnung von Kruste und Originalgestein.

Absanden

Diese Form der Verwitterung tritt bei Sedimentgesteinen auf, bei denen die Körner durch Bindemittel verkittet sind. Durch Veränderungen oder Auflösung des Bindemittels lockert sich der Gefügeverband und es kommt zum Absanden der einzelnen Körner. Auch durch Herabsetzen des sogenannten Korn-Korn-Kontaktes können einzelne Gesteinspartikel herausgelöst werden. Der Materialabtrag kann wenige Millimeter bis Zentimeter betragen. Dieser Vorgang kann durch ständig herablaufendes Wasser verursacht werden.

Schuppenbildung

Diese Art der Verwitterung stellt sich in Form von zusammenhängenden Steinpartikeln in kleinen absandenden Schuppen mit einer Größe von wenigen Quadratmillimetern bis -zentimetern dar, die noch mit einer Teilfläche an der Gesteinsoberfläche haften. Häufig ist der Prozess der Schuppenbildung mit Absandungen verbunden. Die Schadensursachen sind das Ablösen von Schalen sowie Versalzung.

Schalenbildung

Diese Art der Verwitterung beschreibt das großflächige Ablösen von Steinsubstanz, wobei sich zusammenhängende feste Stücke ablösen. Die Schalenbildung erfolgt, wie auch das Absanden und die Schuppenbildung, unabhängig von eventuellen Gesteinsschichtungen.

Abb. V.8.19: Krustenbildung an Naturstein

Abb. V.8.20: Gefügezerstörung von Natursteinfassadenelementen

Abb. V.8.21: Ablösungen an einem Naturstein

Abb. V.8.22: Verfärbung des Natursteins bei einem Bestandsgebäude

Abb. V.8.23: Schimmelpilzbildung am Naturstein eines Bestandsgebäudes

Aufblättern

Diese Art der Verwitterung tritt häufig bei eng geschichteten Steinen mit oberflächenparallelen oder spitzwinklig zur Oberfläche verlaufenden Schichtflächen ein. Das Erscheinungsbild zeigt einen blättrig aufgelösten Gesteinsverband und zahlreiche eng beieinanderliegende Risse (zum Teil an der Oberfläche, oft auch steindurchschlagend), die häufig zur totalen Zerstörung des betroffenen Natursteins führen.

Aufblätterungen werden durch Eindringen von Wasser verursacht, was entweder zu einer Einlagerung von hygroskopischen Salzen auf den Schichtflächen führt oder aber die Aufweitung zu schichtflächenparallelen Rissen zur Folge hat.

Verfärbungen

Verfärbungen am Naturstein erfolgen durch Materialunverträglichkeiten, Witterung und andere äußere Einflüsse, wie z. B. ein Angriff durch organische Säuren. Infolge punktuell erhöhter Feuchtigkeit treten Verfärbungen als fleckiges Erscheinungsbild auf.

Schimmelpilzbildung

Schimmelpilze sind eukaryotische Organismen, die ihre Energie durch den Abbau von organischen Substanzen gewinnen. Sie haben meist eine weiße, graue, blaue, gelbe, rote oder schwarze Färbung und erscheinen in Form eines pelzigen oder watteartigen Pilzrasens, der die befallene Oberfläche überzieht. Das Pilzwachstum erfolgt bevorzugt auf durchnässten Oberflächen.

V.8.2.2 Schadstoffe

Natursteine und alle natürlichen Böden weisen geringe Spuren von Radioaktivität auf (Erdstrahlung), die im Wesentlichen auf das Vorliegen von Radium-226, Thorium-232 und Kalium-40 zurückzuführen ist. Der Gehalt dieser sogenannten Radionuklide ist u. a. abhängig von der jeweiligen Gesteinsart. Sedimentgesteine (z. B. Sandstein, Kalkstein) weisen den vergleichsweise geringsten Anteil auf, während er bei den magmatischen Gesteinen, insbesondere bei Granit, relativ hoch ist. Beim Zerfallsprozess von Radium und Thorium entsteht Radon, ein radioaktives Edelgas. Diese natürliche radioaktive Strahlung ist aber so gering, dass von ihr keine Gesundheitsgefährdung ausgeht. Reichert sich Radon jedoch in Gebäuden an, hauptsächlich durch eine Diffusion aus Baustoffen, die mineralische Bestandteile enthalten, so kann das u. U. zu einer verstärkten Strahlenbelastung der Bewohner führen. Radon bzw. seine ebenfalls radioaktiven Zerfallsprodukte können Krebserkrankungen auslösen (vorwiegend Lungenkrebs).

V.8.2.3 Betonwerkstein

Betonwerkstein unterliegt den gleichen Mängeln und Schäden wie Beton (s. Kap. V.2.2), wobei es sich u. a. um Risse, Ausblühungen, Korrosion der Bewehrungsstähle, Auftreten von Poren und Lunkern sowie Anreicherungen von Taumitteln handelt.

V.8.3 Maßnahmen

Zu den Sanierungs- und Instandsetzungsmaßnahmen bei angegriffenem Natur- und Betonwerkstein gehören neben der Risssanierung, dem Entfernen von Ausblühungen, Krusten und sonstigen Verschmutzungen auch die Oberflächenbehandlung bei Naturwerkstein sowie die Sanierung aller durch Bewehrungsstahlkorrosion entstandenen Schäden an bewehrten Betonwerksteinen.

V.8.3.1 Naturwerkstein

Die Behebung von Schäden an Naturwerkstein umfasst folgende Maßnahmen:

- Reinigung (Renovierung bzw. „Schönheitsreparatur"),
- Oberflächenbehandlung (Konservierung bzw. Erhaltung des aktuellen Zustands),
- Steinergänzung (Restaurierung bzw. Wiederherstellung eines bestimmten Zustands),
- Steinaustausch.

Reinigung

Die Renovierung von Naturwerkstein hat die Entfernung von Ausblühungen, Krusten, Schmutz und sonstigen störenden Belägen zum Ziel. Für die Reinigung lassen sich die Verfahren Trockenreinigung, Nassreinigung, chemische Reinigung (Absäuern) und Dampfstrahlreinigung anwenden (s. Kap. V.1.3.2).

Oberflächenbehandlung

Die überwiegende Zahl der Natursteine weist eine so hohe Wetterbeständigkeit auf, dass sie keine schützenden Oberflächenbehandlungen benötigen. Poröse und stark saugende Steine hingegen können mit hydrophobierenden oder oleophobierenden Mitteln behandelt werden, um eine erhöhte und damit schädliche Wasseraufnahme zu unterbinden.

Bei diesen Schutzanstrichen handelt es sich um Imprägnierungen, deren Wirkungsweise darauf beruht, dass die dünnflüssige Substanz tief in die Porenräume des zu behandelnden Natursteins eindringt und dadurch den jeweilig gewünschten Schutz erzielt. Imprägnierungen werden nach folgenden Eigenschaften unterteilt:

Hydrophobierende Imprägnierung

Die hydrophobierende Imprägnierung ist eine Art der Oberflächenbehandlung, die Naturstein wasserabweisend ausrüstet. Dabei kommen Substanzen zum Einsatz, die nicht filmbildend wirken. Die wasserabweisende Wirkung hat zudem einen schmutzabweisenden Effekt. Um einen optimalen Schutz zu erreichen, muss die Eindringtiefe mindestens 20 bis 25 mm betragen. Geeignete Hydrophobierungsmittel sind Siliconharze und Siloxane.

Um bei einem Einsatz von Hydrophobierungsmitteln gravierende Fehlanwendungen zu vermeiden, sollten vor der Anwendung insbesondere die Eigenschaften des zu behandelnden Natursteins und dessen Verwitterungszustand bekannt sein. Unverzichtbare Voraussetzung für eine erfolgreiche Hydrophobierung ist zudem die Kenntnis des Wasseraufnahmekoeffizienten und der Porosität des jeweiligen Materials.

Oleophobierende Imprägnierung

Die oleophobierende Imprägnierung ist eine Art der Oberflächenbehandlung, die Naturstein öl- und wasserabweisend ausrüstet. Die Wirkungsweise ist mit der der hydrophobierenden Imprägnierung identisch.

Biozide Imprägnierung

Die biozide Imprägnierung ist eine Art Oberflächenbehandlung, die Naturstein gegen den Befall von Mikroorganismen ausrüstet.

Festigende Imprägnierung, auch Steinfestigung genannt

Die festigende Imprägnierung ist eine Art der Oberflächenbehandlung, bei der durch Zufuhr von Bindemitteln eine Steinfestigung erzielt wird. Diese Steinfestigung kann beispielsweise durch das sogenannte Kieselsäureesterverfahren erfolgen, bei der als chemische Reaktion das neue Bindemittel Kieselgel ausgeschieden wird.

Bei der Auswahl der anzuwendenden Produkte muss darauf geachtet werden, dass sie in ihrer Wirkung (z. B. Eindringtiefe, chemische Materialverträglichkeit und Veränderung der Wasserdampfdurchlässigkeit) auf den betreffenden Naturstein abgestimmt sind.

Steinergänzung

Kleine Fehlstellen des Natursteins lassen sich am einfachsten mit Saniermörtel schließen. Dabei sollte besonders auf seine Färbung und Körnung geachtet werden. Zur Anwendung kommen dabei entweder mineralisch gebundene, kunststoffvergütete oder reaktionsharzgebundene Antragmörtel.

Nach dem Ausspitzen der Schadstelle wird der Untergrund aufgeraut und bei Bedarf mit beispielsweise Kieselsäureester vorgefestigt. Der Saniermörtel wird mehrlagig und mit 2 bis 3 mm Überstand auf die angrenzenden Steinoberflächen aufgetragen, um nach der Erhärtung des Mörtels die Oberfläche steinmetzartig zu bearbeiten und dem Gesamtbild optisch anzugleichen.

Die Anwendung der Methode des sogenannten Reprofilierens ist jedoch nur bis zu einem Schädigungsgrad von maximal 15 % der Gesamtsteinfläche sinnvoll. Darüber hinausgehende großflächige und tief greifendere Schäden sollten zurückgearbeitet und dann mit neuem Naturstein ersetzt bzw. verblendet werden.

Austausch

Beim Austausch einzelner beschädigter Steine besteht die Gefahr, dass die neuen, noch nicht der Verwitterung ausgesetzten Natursteine sich stark von den bereits vorhandenen unterscheiden. Ein Farbvergleich sollte also auf jeden Fall vor Ort vorgenommen werden.

Abb. V.8.24: Natursteinergänzung mit Saniermörtel

Abb. V.8.25: Natursteinaustausch an einer Natursteinfassade

V.8.3.2 Sanierung schadstoffbelasteter Naturwerksteine

Radioaktive Belastungen sollten grundsätzlich unterbunden werden, da jede Dosis, egal wie gering, schädlich für den Organismus ist. Dies gilt insbesondere für Dauerbelastungen im Wohnbereich sowie am Arbeitsplatz. Vor Sanierungsmaßnahmen sollten daher mögliche Emittenten durch gezielte, sachverständige Messungen überprüft und nach Möglichkeit ausgetauscht werden.

Eine wirksame Alternative, die Radonkonzentration in Gebäuden zu reduzieren, besteht in regelmäßigem Lüften, da die Zerfallsprodukte von Radon zum überwiegenden Teil an Aerosolpartikeln der Umgebungsluft angelagert sind. Grundsätzlich gilt, dass die erdberührten Bauteile eines Gebäudes in einem radonbelasteten Baugrund rissfrei sein sollten, um das Eindringen von Radon zu verhindern. Bei bestehenden Gebäuden lassen sich die erdberührten Bauteile beispielsweise durch das Anbringen von bituminösen Abdichtungen oder PE-Folien nachträglich abdichten.

V.8.3.3 Maßnahmen an Betonwerkstein

Die Sanierung von angegriffenem Betonwerkstein beinhaltet neben der Beseitigung von Folgeerscheinungen der Bewehrungsstahlkorrosion vor allem die Behebung von Oberflächenschäden wie beispielsweise Ausblühungen und Risse (s. Kap. V.2.3).

Im Einzelnen handelt es sich um folgende Maßnahmen:

- rissüberbrückende diffusionsdichte Anstriche,
- Füllen von Rissen,
- Tränken/Tränkung im Pinselverfahren,
- Spachtelmethode,
- Entfernung von Ausblühungen und Krusten.

Neben den genannten Maßnahmen zur Schadensbehebung bei Betonwerksteinplatten besteht auch die Möglichkeit, einzelne beschädigte Platten auszutauschen, da sie sowohl leicht zu entfernen als auch wieder anzubringen sind. Dabei besteht jedoch die Gefahr, dass sich die neuen Platten aufgrund ihrer Oberflächenfarbe und -struktur den älteren nicht genau anpassen, was wiederum zu einer Störung des äußeren Erscheinungsbildes führt.

Für die Sanierung eventueller Schadstoffbelastungen in Betonwerkstein gelten die gleichen Maßnahmen wie für Beton (s. Kap. V.2.3).

V.9 Wärmedämmstoffe

Autoren: Dipl.-Ing. (FH) Yasemin Wildebrand, Architektin; Dipl.-Ing. (FH) Dirk Fanslau-Görlitz, Architekt

V.9.1 Allgemeines

Fachgerecht geplanter und ausgeführter Wärmeschutz ist die derzeit effektivste und kostengünstigste Möglichkeit, den Heizwärmeverbrauch zu reduzieren, ein behagliches Innenraumklima für die Bewohner zu schaffen und einen Beitrag zum Schutz der Umwelt durch die Verminderung der Schadstoffemissionen zu leisten. Die Auswahl der dabei einzusetzenden Wärmedämmstoffe sollte deshalb nicht nur unter Kostengesichtspunkten, sondern vor allem unter Beachtung bautechnischer, gesundheits- und umweltrelevanter Kriterien erfolgen.

Wärmedämmstoffe sollen die Wärmeübertragung durch die Bauteile einschränken. Die Übertragung der Wärmeenergie erfolgt über Wärmeleitung, Konvektion und Wärmestrahlung.

Der Anteil der Wärmeleitung an der Wärmeübertragung ist meist dominierend. Durch Konvektion bzw. Luftströmungen innerhalb der Wärmedämmebene kann Wärmeenergie übertragen werden. Aus diesem Grund ist innen immer eine luftdichte Schicht erforderlich.

Wärmedämmstoffe bestehen aus einem Stoffgerüst mit zwischengelagerten Luftporen. Der Anteil der Poren beträgt bei hochwirksamen Dämmstoffen bis zu 98 Vol.-%. Nach der Porenstruktur werden die Dämmstoffe unterteilt in geschlossenzellig und offenzellig.

Zu den synthetisch (künstlich) hergestellten Dämmstoffen werden Stoffe gezählt, die in physikalischen Prozessen produziert werden. Ausgangsstoffe können verschiedene Mineralien sein, wie z. B. Glasrohstoffe wie Quarzsand für die Herstellung von Glaswolle.

Diese werden durch Schmelzen und durch ein anschließendes Zentrifugieren, Zerblasen oder Düsenziehen zu künstlichen Mineralfasern verarbeitet.

Neben den synthetisch (künstlich) hergestellten Dämmstoffen gibt es auch natürliche Dämmmaterialien, die aus natürlichen Rohstoffen hergestellt werden. Hierzu zählen pflanzliche, tierische und mineralische Rohstoffe sowie Recyclingmaterialien. Produkte sind z. B. Holzfaser- und Holzwolle-Leichtbauplatten, Cellulose, Kokos, Kork, Schaf- und Baumwolle sowie Blähperlite.

Bauphysikalische Grundlagen

Zu den wesentlichen bauphysikalischen Grundlagen, die bei jeglicher Dämmmaßnahme, sowohl im Innen- oder Außenbereich, berücksichtigt werden müssen, gehören die Luftdichtheit sowie die Verminderung von Transmissionswärmeverlusten und Wärmebrücken. Bei Einhaltung der in der Energieeinsparverordnung (EnEV) (s. Kap. I.3.1.3) geforderten Werte steht diesem nichts im Wege. Im Zuge einer Sanierung sollte also versucht werden, auch beim Bauen im Bestand optimale bauphysikalische Werte zu erreichen, um eine größtmögliche Behaglichkeit im Gebäudeinneren zu erzielen.

Luftdichtheit

Die Schaffung einer luftdichten Gebäudehülle im Rahmen der Modernisierung ist aus energetischen, bauphysikalischen und baurechtlichen Gründen unabdingbar.

Je höher das Dämmniveau eines Gebäudes ist, desto größer ist der prozentuale Anteil der Lüftungswärmeverluste am Gesamtwärmeverlust. Aber auch oder gerade bei Gebäuden im Bestand spielen Undichtheiten in der Gebäudehülle eine große Rolle. Häufige Beispiele sind Fenster und Fensteranschlüsse, Rollladenkästen und Durchdringungen sowie Anschlüsse in Dachgeschossen, an denen ein unkontrollierter Luftaustausch stattfindet. Diese ungeplanten Lüftungsverluste über Fugen und Ritzen sind deshalb auch in bestehenden Gebäuden häufig in der Größenordnung der Transmissionswärmeverluste zu finden. Dieses Potenzial gilt es, im Rahmen der energetischen Modernisierung zu erschließen.

Durch vorhandene Fugen und Ritzen kann feuchtwarme Innenraumluft in die Konstruktion eindringen und kühlt

Abb. V.9.01: Mineralwolle als Wärmedämmstoff (Quelle: BAKA, Berlin)

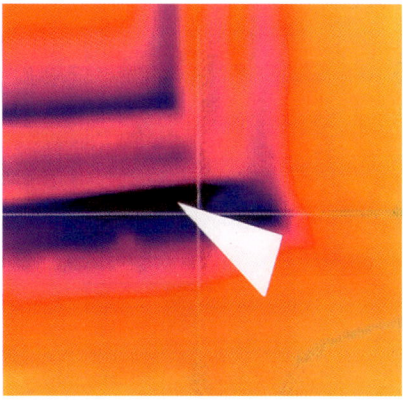

Abb. V.9.02: Thermografieaufnahme: undichter Fensteranschluss, Foto von innen zur rechten unteren Ecke des Fensterrahmens

bei der Durchströmung des Bauteils von innen nach außen ab. Der enthaltene Wasserdampf kondensiert bei Unterschreitung der Taupunkttemperatur und kann als Wasser in den Bauteilen zu Feuchteschäden führen. Dies ist insbesondere bei organischen Baustoffen, z. B. Holzbauteilen, unbedingt zu vermeiden, da ein dauerhafter hoher Feuchtegehalt Voraussetzung für Schädlingsbefall (Schimmelpilz, Fäulniserreger) ist und hierdurch der Gebäudebestand erheblich gefährdet werden kann. Aber auch die Feuchte anderer Baustoffe führt durch den Wassergehalt zumindest zu einer Erhöhung der Wärmeleitfähigkeit und damit zu einer Verschlechterung der Dämmfähigkeit des Bauteils. Mit der Schaffung einer luftdichten Gebäudehülle wird somit ein erhebliches Bauschadenspotenzial beseitigt.

V Baustoffe und Materialien

Abb. V.9.03: Schimmelpilzbildung durch Wärmebrücke in der Außenwandecke eines Gebäudes

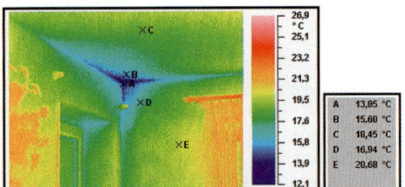

Abb. V.9.04: Thermografieaufnahme der Wärmebrücke einer Außenwandecke

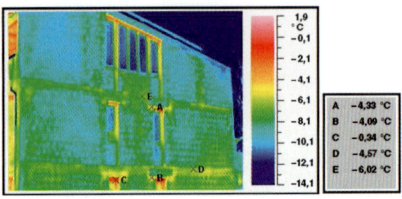

Abb. V.9.05: Thermografieaufnahme: deutlich erkennbare Wärmebrücken im Bereich der anschließenden Wände und Decken eines Gebäudes

Transmissionswärmeverlust

Der Transmissionswärmeverlust wird durch den Wärmedurchgangskoeffizienten (U-Wert, früher: k-Wert) des entsprechenden Bauteils bzw. der Bauteilkombination in der Gebäudeumfassungsfläche charakterisiert. Der U-Wert gibt die Wärmemenge an, die stündlich durch ein Bauteil transportiert wird, wenn der Temperaturunterschied zwischen Außen- und Innenseite 1 K beträgt. Er ist annähernd umgekehrt proportional zur Dicke der wärmedämmenden Baustoffe.

Wärmebrücken

Wärmebrücken sind örtlich begrenzte Bereiche am Gebäude, die einen deutlich geringeren Wärmeschutz (s. Kap. I.2.3.1) aufweisen als die umgebenden Flächen. Die Oberflächentemperaturen auf der Innenseite dieser Bereiche liegen daher meist deutlich niedriger als in den angrenzenden Bereichen. Tauwasserniederschlag, Feuchteerscheinungen und Pilzbefall u. a. können die Folge sein. Ein Nachteil von Wärmebrücken sind die Wärmeverluste und die Gefahr von Tauwasserbildung und daraus resultierende Bauschäden.

Wärmebrücken können bei nachträglicher Wärmedämmung an bestehenden Gebäuden weitgehend vermieden oder beseitigt werden, wenn das gesamte Gebäude konsequent homogen auf seiner Außenseite gegen Wärmeverluste gedämmt wird. Dabei muss kritischen Punkten im Rahmen der Sanierungsplanung und -ausführung besondere Beachtung geschenkt werden:

- Anschluss Dach/Wand,
- Deckenauflager,
- Anschluss Fenster/Tür und Wand,
- auskragende Bauteile (z. B. Balkonplatten),
- Rollladenkästen,
- Heizkörpernischen.

Je höher der Dämmstandard ist, desto stärker wirken sich die Wärmebrücken aus, weshalb es wichtig ist, sie im Rahmen energetischer Sanierungen zu beseitigen. Erfahrungen aus der Baupraxis zeigen, dass unerkannte Wärmebrücken, auch wenn sie bisher nicht durch Schäden offensichtlich geworden sind, nach der Wärmedämmung des Gebäudes Probleme durch Tauwasser bereiten. Auch die Energieeinsparverordnung berücksichtigt Wärmebrücken intensiver, als dies bei den bisherigen Verordnungen der Fall war.

Behaglichkeit

Behaglichkeit und Wohnkomfort unterliegen naturgemäß persönlichen Bewertungen. Dennoch lassen sich auf der Grundlage der physiologischen Vorgänge Kriterien für das Entstehen eines bestimmten Behaglichkeitsempfindens angeben. Die Behaglichkeit wird von thermischen (Temperatur, Luftfeuchte, Luftgeschwindigkeit, Bekleidung usw.), optischen (Tageslicht, Kunstlicht, Farben usw.), akustischen (Innen- und Außengeräusche usw.) und biophysikalischen Einflussfaktoren (elektrische Gleich- oder Wechselfelder, Ionisation der Luft usw.) bestimmt.

Unter den Aspekten der Energieeinsparung und des Wärmeschutzes kommt der thermischen Behaglichkeit besondere Bedeutung zu. Im Zustand der thermischen Behaglichkeit besteht ein Gleichgewicht zwischen der Abgabe der produzierten Körperwärme an die Umgebung und der Wärmeeinwirkung durch die Umgebung auf den Menschen. Störungen dieses Gleichgewichtes können durch entsprechendes Beheizen der Räume bzw. angepasste Bekleidung ausgeglichen werden. Die thermische Behaglichkeit wird im Wesentlichen durch miteinander verknüpfte, physikalische Größen bestimmt:

Tabelle V.9.01: Normen/Verordnungen zur Luftdichtheit von Gebäuden

Norm/Verordnung	Inhalt
DIN 4108-7 (2001-08)	Luftdichtheit von Gebäuden, Anforderungen, Planungs- und Ausführungsempfehlungen sowie -beispiele
DIN EN 13829 (2001-02)	Bestimmungen der Luftdurchlässigkeit
WschV (1995) § 4	Forderung nach einer luftdurchlässigen Schicht über die gesamte thermische Fläche
EnEV (2007) § 6	Dichtheit, Mindestluftwechsel

– DIN 4108-7 „Wärmeschutz und Energie-Einsparung in Gebäuden – Teil 7: Luftdichtheit von Gebäuden, Anforderungen, Planungs- und Ausführungsempfehlungen sowie -beispiele"
– DIN EN 13829 „Wärmetechnisches Verhalten von Gebäuden – Bestimmung der Luftdurchlässigkeit von Gebäuden – Differenzdruckverfahren (ISO 9972:1996, modifiziert)"

- Temperatur der Raumluft,
- mittlere Temperatur der raumumschließenden Flächen,
- relative Luftfeuchte im Raum,
- Luftbewegung im Raum.

Physiologische Untersuchungen haben gezeigt, dass, je nach Betätigung, Wohnraumtemperaturen zwischen 18 und 24 °C als behaglich empfunden werden. Die vom Menschen empfundene Temperatur wird sowohl von der Raumlufttemperatur als auch von der mittleren Temperatur der Raumumschließungsflächen bestimmt. Sie kann somit nur dann behaglich sein, wenn die Temperaturdifferenz zwischen Raumluft und Raumumschließungsflächen hinreichend klein ist. Bei kalten Oberflächen, d. h. einer großen Temperaturdifferenz zwischen der Körpertemperatur und den umgebenden Bauteilen (Wände, Decken, Fußböden), findet eine schnelle Wärmeabgabe des Körpers durch Strahlung statt. Dies wird oft als unangenehme Zugerscheinung empfunden und als Reaktion darauf wird die Raumlufttemperatur erhöht. Als Richtgröße kann eine durchschnittliche Temperaturdifferenz zwischen Raumluft und Raumumschließungsflächen zwischen 2 und 3 K angenommen werden. Luftbewegungen aufgrund vorhandener Leckagen (Undichtheiten) werden als unangenehme Zugerscheinungen, vor allem an windreichen Tagen, empfunden. Seitens der Bewohner wird meist ebenfalls mit einer Erhöhung der Raumlufttemperatur reagiert. Weiterhin kann an windreichen Tagen das Erreichen der gewünschten Raumlufttemperatur unmöglich sein.

V.9.1.1 Begriffe und Definitionen

Künstliche organische Dämmstoffe

Polystyrol-Hartschaum

Bei Polystyrol-Hartschaum handelt es sich um einen überwiegend geschlossenzelligen Dämmstoff aus polymerisiertem Styrol, dem ein Treibmittel und gegebenenfalls andere Additive zur Beeinflussung der Stoffeigenschaften zugesetzt werden. Nach der Herstellungsart wird zwischen Partikelschaum (EPS) und Extruderschaum (XPS) unterschieden.

Polystyrol-Partikelschaum

Polystyrol-Partikelschaum (EPS) ist in der DIN EN 13163 „Wärmedämmstoffe für Gebäude – Werkmäßig hergestellte Produkte aus expandiertem Polystyrol (EPS) – Spezifikation" und der DIN V 4108-10 „Wärmeschutz- und Energie-Einsparung in Gebäuden – Teil 10: Anwendungsbezogene Anforderungen an Wärmedämmstoffe – Werkmäßig hergestellte Wärmedämmstoffe" geregelt und besteht zu etwa 2 % aus Polystyrol oder Mischpolymerisaten mit überwiegendem Polystyrolanteil und zu 98 % aus Luft. Mit Beginn seiner Herstellung im Jahre 1952 wird als Treibmittel Pentan, ein niedermolekularer Kohlenwasserstoff, verwendet.

Pentan ist ein Bestandteil des Erdöls. Das bei der Herstellung von expandiertem Polystyrol-Hartschaum freigesetzte Pentan baut sich in der Atmosphäre unter dem Einfluss von Luftfeuchte und Sonnenstrahlung innerhalb weniger Tage ab. Wegen dieser geringen Stabilität wird die Stratosphäre nicht erreicht und die Ozonschicht nicht geschädigt.

Durch den Einsatz von Pentan wird Polystyrol zu kleinen Kügelchen vorgeschäumt (Granulat). Anschließend wird das Granulat in Blockformen gefüllt und unter Hitze- und Wasserdampfeinwirkung erneut aufgeschäumt, wodurch die einzelnen Kügelchen miteinander verschweißen. Je nach Schaumform ergeben sich fertige Dämmplatten bzw. Blöcke, die zugeschnitten werden.

Zu den typischen Eigenschaften von Polystyrol-Partikelschaum (EPS) gehören u. a.:

- große Längenausdehnungen (Schubspannungen),
- Fäulnis- und Verrottungsresistenz,
- geringe kapillare Wasseraufnahme,
- UV-Unbeständigkeit (Schutz vor direkter Sonneneinstrahlung erforderlich),
- Temperaturempfindlichkeit,
- normale PS-Hartschaumplatten sind nicht zur Schalldämmung geeignet (schwimmender Estrich),
- brennbar.

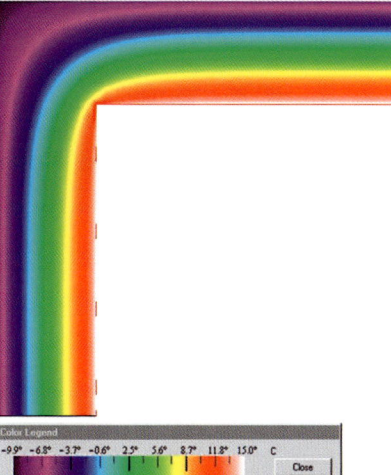

Abb. V.9.06: Grundrissdarstellung der Temperaturverteilung (Isothermen) am Beispiel einer ungedämmten Außenwandecke; Dabei zeigt die Temperaturskala die Farben Rot bis Violett, welche den Temperaturverlauf von warm zu kalt darstellen.

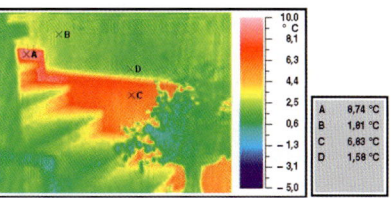

Abb. V.9.07: Thermografieaufnahme: Wärmebrücke im Sockelbereich eines Gebäudes durch unzureichende Dämmung

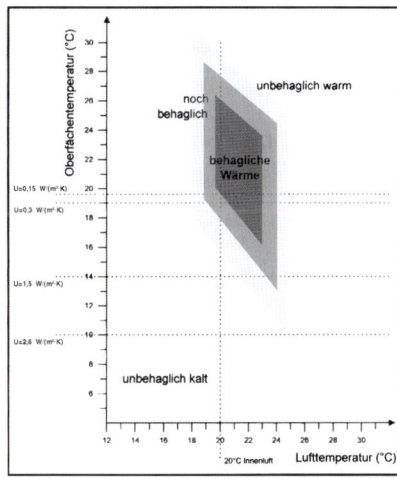

Abb. V.9.08: Klassifizierung der Behaglichkeit entsprechend der Oberflächentemperatur der Außenwände und der Lufttemperatur der beheizten Innenräume

Abb. V.9.09: Expandierter Polystyrol-Partikelschaum (EPS) als Wärmedämmstoff

Abb. V.9.10: Extrudierter Polystyrol-Partikelschaum (XPS) als Wärmedämmstoff (Quelle: SAINT GOBAIN ISOVER G+H AG, Ludwigshafen)

Abb. V.9.11: Polyurethan-Hartschaum als Wärmedämmstoff (Quelle: SAINT GOBAIN ISOVER G+H AG, Ludwigshafen)

Abb. V.9.12: Glaswolle als Wärmedämmstoff

Polystyrol-Extruderschaum

Extrudierter Polystyrol-Partikelschaum (XPS) ist in der DIN EN 13164 und der DIN V 4108-10 geregelt und besteht aus Polystyrol oder Mischpolymerisat mit überwiegendem Polystyrolanteil. Zur Herstellung wird Polystyrolgranulat mit einem Extruder aufgeschmolzen und nach Zugabe von H-FCKW oder CO_2 als Treibmittel durch eine Breitschlitzdüse als kontinuierlicher Schaumstoffstrang ausgetragen. Nach Durchlaufen einer Kühlzone wird das Material abgelängt und gelagert. Die durch Extrusion hergestellten Platten weisen eine glatte, geschlossene Schäumhaut auf. Für besondere Anwendungen, z. B. um den Haftverbund zu Beton, Mörtel und Klebern zu verbessern, wird die Schäumhaut mechanisch entfernt.

Seit dem 1. Januar 2002 ist die Einfuhr und Inverkehrbringung von H-FCKW-haltigen (teilhalogenierte Fluorchlorkohlenwasserstoffe) Produkten EU-weit verboten.

An Polystyrol-Extruderschaum (Perimeterdämmung) werden von dem Einsatzgebiet (erdberührte Bauteile) hohe Anforderungen, wie z. B. durch Feuchte, Frost und Temperaturwechsel, gestellt. Die zu verwendenden Dämmmaterialien werden durch den ständigen Kontakt mit dem anstehenden Erdreich, durch Niederschlagswasser, den Erddruck und durch Verkehrslasten stark beansprucht und müssen deshalb folgende Eigenschaften besitzen:

- Feuchteunempfindlichkeit,
- hohe Druckfestigkeit,
- Verrottungsfestigkeit,
- gutes und dauerhaftes Wärmedämmvermögen.

Polystyrol-Extruderschaum ist aber auch brennbar, nicht UV-beständig (Schutz vor direkter Sonneneinstrahlung erforderlich) und besitzt eine große Längenausdehnung.

Polyurethan-Hartschaum

Dämmstoffe aus Polyurethan-Hartschaum (PUR) sind geschlossenzellige, harte Schaumstoffe. Sie entstehen durch Mischen der flüssigen Grundkomponenten Polyisocyanat und Polyol, einer mit Hydroxylgruppen versehenen chemischen Verbindung, unter Hinzufügen eines Treibmittels. Direkt nach dem Mischen der Polyolformulierungen mit dem Polyisocyanat setzt eine chemische Reaktion ein, in deren Verlauf das Treibmittel verdampft. Dabei schäumt das Gemisch bis zum 30-fachen Volumen auf. Es entsteht ein Hartschaum mit einer Vielzahl kleinster geschlossener Zellen, die das verdampfte Treibmittel (H-FCKW, Pentan, CO_2) umschließen.

Dämmstoffe aus Polyurethan-Hartschaum (PUR) sind in der DIN EN 13165 „Wärmedämmstoffe für Gebäude – Werkmäßig hergestellte Produkte aus Polyurethan-Hartschaum (PUR) – Spezifikation" und der DIN V 4108-10 geregelt. PUR-Perimeterdämmplatten verrotten nicht, sind schimmel- und fäulnisfest. Sie zeichnen sich durch eine hohe mechanische Festigkeit aus. Wegen ihrer Lösungsmittelbeständigkeit können die PUR-Perimeterdämmplatten im Wandbereich auf die Abdichtung geklebt werden.

Künstliche mineralische Dämmstoffe

Mineralfaser

Dämmstoffe aus Mineralfaser sind in der DIN EN 13162 „Wärmedämmstoffe für Gebäude – Werkmäßig hergestellte Produkte aus Mineralwolle (MW) – Spezifikation" und in der DIN V 4108-10 geregelt.

Mineralfaserdämmung wird aus Glas, Natursteinen und Schlacken hergestellt. Entsprechend wurde früher nach den Rohstoffen in Glas-, Stein- und Schlackewolle unterteilt. Weil heutzutage eine Vielfalt von Rohstoffmischungen verwendet wird, ist eine solche Abgrenzung relativ unpraktikabel. Auch wenn die Fasern mitunter aus nur einem einzigen Rohstoff hergestellt werden, wird deshalb ganz allgemein von Mineralfaser- bzw. Mineralwolle-Dämmstoffen gesprochen.

Glaswolle entsteht aus einer Mischung, die in der Hauptsache Sand (Siliciumdioxid, SiO_2), gebrannten Kalk (CaO) und Soda (Natriumcarbonat, Na_2CO_3) enthält. Auch unterschiedlich hohe Altglasanteile werden beigemengt.

Steinwolle wird aus Basalt und Diabas erzeugt, Schlackenwolle aus Hochofenabfällen. Die Rohstoffgemenge werden unter Einsatz von Erdöl, Gas, elektrischer Energie oder Koks in Wannenöfen oder in Kupolöfen geschmolzen und anschließend auf unterschiedliche Art und Weise zerfasert.

Zu den typischen Eigenschaften von Steinwolle gehören u. a.:

- nicht brennbar,
- schalldämmend,
- gutes und dauerhaftes Dämmvermögen,
- keine thermischen Längenänderungen,
- diffusionsoffen,
- alterungsbeständig,
- verrottungsfest.

Schaumglas

Schaumglas ist in der DIN EN 13167 „Wärmedämmstoffe für Gebäude – Werkmäßig hergestellte Produkte aus Schaumglas (CG) – Spezifikation" und der DIN V 4108-10 geregelt und wird aus natürlichen Rohstoffen hergestellt, die bis auf Natriumcarbonat ausschließlich mineralischen Ursprungs sind. Ausgangsstoffe sind Sand, Dolomit, Kalkstein, Feldspat, Nefelin, Syenit und Baryt. Natriumcarbonat wird aus Salz und Kalkstein gewonnen. Aus dem mineralischen Rohstoffgemisch wird Glas geschmolzen und nach dem Erstarren in einer Kugelmühle unter Hinzufügen von Kohlenstoff zu einem feinen Pulver zermahlen. Dieses Gemisch wird in Formen dosiert und anschließend in Schaumöfen auf Temperaturen von über 1000 °C erhitzt. Das Glaspulver schmilzt, der Kohlenstoff oxidiert zu CO_2 und das Volumen vergrößert sich um das 18-Fache. Während des langsamen Abkühlens auf Raumtemperatur bildet sich das Schaumgerüst mit seiner geschlossenen, gasundurchlässigen Zellstruktur. Danach erfolgt der Zuschnitt zu Dämmstoffblöcken und nach einer Zwischenlagerung zu Platten und Formteilen.

Die Eigenschaften von Schaumglas sind u. a. Dampfdichtigkeit, Wasserundurchlässigkeit, Alterungsbeständigkeit, Formbeständigkeit und Chemikalienbeständigkeit, Bruchempfindlichkeit (im nicht eingebauten Zustand) und eingebaute Hochbelastbarkeit sowie Ungezieferresistenz. Weiterhin ist es nicht brennbar und es schrumpft nicht.

Mineralschaum

Mineralschaumplatten sind eine Neuentwicklung. Sie werden noch nicht lange hergestellt. Die Platten bestehen zu ca. 50 % aus Quarzmehl, zu je 24 % aus Zement und Kalkhydrat sowie einem organischen Anteil an Hydrophobierungsmitteln. Die Zutaten werden gemischt und mit einem Schaumbildner in Formen aufgeschäumt. Sie binden dort ab, werden danach zu Platten geschnitten und in Autoklaven ausgehärtet. Das Material wird dann in einem Tauchbad unter Vakuum hydrophobiert und getrocknet. Die Platten werden beispielsweise in Wärmedämm-Verbundsystemen (WDVS) eingesetzt.

Natürliche organische Dämmstoffe

Holzwolle- und Mehrschicht-Leichtbauplatten

Holzwolle-Leichtbauplatten bestehen aus langfaseriger Holzwolle und Bindemitteln auf mineralischer Basis. Die mit Magnesit gebundenen Platten können an ihrer beigen Farbe erkannt werden, während die zementgebundenen Platten einen grauen Farbton haben.

Mehrschicht-Leichtbauplatten

Mehrschicht-Leichtbauplatten knüpfen an das vorgenannte Prinzip an, weisen jedoch eine bis um das Doppelte bessere Wärmedämmung auf. Es werden Hartschaum-ML-Platten und Mineralfaser-ML-Platten unterschieden. Beide Arten werden hauptsächlich dreischichtig hergestellt. Zwischen 2 Deckschichten aus mineralisch gebundener Holzwolle ist entweder eine Hartschaumschicht (Polystyrol-Partikelschaum) oder eine Mineralfaserschicht (meist mit senkrecht zur Plattenfläche stehenden Fasern) eingebettet.

Verbundstoffe, wie z. B. Mehrschicht-Leichtbauplatten (Holzwolle/Polystyrol/Holzwolle) sind aus Recyclinggründen nicht empfehlenswert, jedoch in besonderen Fällen (Stabilität, Oberflächenschutz) nicht zu vermeiden.

Kork

Die Korkrinde wird vom Baumstamm gelöst und in Mühlen grob gemahlen (Korngröße 1 bis 20 mm). Durch Erhitzen unter Luftabschluss auf etwa 400 °C wird das Korkschrot auf das zwei bis vierfache Volumen expan-

Abb. V.9.13: Steinwolle als Wärmedämmstoff (Quelle: SAINT GOBAIN ISOVER G+H AG, Ludwigshafen)

Abb. V.9.14: Schaumglas als Wärmedämmstoff

diert. Dabei wird das Korkgranulat durch das korkeigene Harz, das Suberin, gebunden und zu großen Blöcken verklebt. Nach einer halben Stunde Backzeit wird der heiße Backkork aus der Form genommen und abgekühlt. Dann folgen das Besäumen der Korkblöcke auf das Format 50 × 100 cm und die Plattenzuschnitte. Wenn Korkgranulat bei 350 bis 400 °C expandiert und ohne fremde Zusätze nur mit dem eigenen Harz verklebt, entsteht ein niedrig expandierter Dämmkork. Es gibt auch Korkprodukte, die unter Zusatz von Bindemitteln wie Harnstoff-Formaldehydharz oder Bitumen hergestellt werden.

Cellulose-Dämmstoff

Cellulose (Zellstoff) ist der Ausgangsstoff zur Herstellung von Papier, Chemiefasern (Acetatfasern, Viskose) und Cellulosederivaten (Celluloseether, Celluloseester). Zellstoff wird aus Holz gewonnen, aber auch aus Stroh, Schilf, Bambus und anderen pflanzlichen Materialien.

Abb. V.9.15: Mangelhafte Dämmung durch Luftundichtheiten in der Gebäudehülle

Cellulose-Dämmstoff besteht aus zerkleinertem Altpapier. Tageszeitungspapier wird maschinell fein geraspelt und gleichzeitig mit Mineralsalzen (z. B. Borsalz) imprägniert, um das Endprodukt gegen Verrottung und Brand zu schützen. So entsteht mit einem vergleichsweise geringen Energieaufwand ein flockenförmiger Wärmedämmstoff mit Dämmeigenschaften, die denen von Kork, Schaumglas oder Blähperlite entsprechen. Cellulose-Dämmstoffe sind feuchtempfindlich und brennbar.

Natürliche mineralische Dämmstoffe

Calciumsilikat

Calciumsilikat wird aus den Rohstoffkomponenten Kalk, Sand, Wasserglas und Armierungsfasern in einer wässrigen Aufbereitung hergestellt. Die einzelnen Grundstoffe werden über automatisch arbeitende Wägeeinrichtungen unter Zugabe von Wasser einem Mischer zugeführt. Nach dem Mischvorgang gelangt die wässrige Suspension in einen Reaktor, aus welchem sie nach kurzer Reaktionszeit über eine Dosierpumpe zu einer Siebbandpresse befördert wird. Die durch Pressen und Wasserentzug geformten Platten werden für die weitere Behandlung in ein Stapelgestell abgelegt. Anschließend erfolgt die Härtung der Platten in einem Dampfhärtekessel. Unter Druck- und Temperatureinwirkung über mehrere Stunden erhalten die Platten ihre eigentliche Festigkeit. Danach müssen die Platten in einem Kammertrockner getrocknet werden.

Blähperlite

Vulkanisches Perlitgestein wird mechanisch zerkleinert und kurzfristig auf 1000 °C erhitzt. Dabei wandelt sich das im Gestein eingeschlossene Wasser in Wasserdampf und bläht das Material um das 15- bis 20-Fache seines Volumens auf. Das entstandene Produkt ist ein weißes Granulat mit Korngrößen bis zu 6 mm. Das einzelne Korn selbst besteht aus kleinen Zellen, die für die wärmedämmende Wirkung verantwortlich sind.

Perlite-Dämmplatten bestehen aus geblähtem Perlite, das mit anorganischen und/oder organischen Fasern sowie Bindemitteln verarbeitet wird. Die Fasern werden aufbereitet und mit dem Blähperlite im Nassverfahren zu Dämmplatten geformt.

Die fertigen Platten sind feuchtempfindlich und dürfen nur dort eingebaut werden, wo nach den bauaufsichtlichen Vorschriften normal entflammbare Baustoffe gestattet sind. Für den Einsatz im Feuchtebereich (Schüttung) wird Blähperlite z. B. mit Silikonen hydrophobiert.

V.9.1.2 Anforderungen

Gebäudebauteile und gebäudetechnische Anlagen müssen die Anforderungen an den Wärmeschutz und Feuchteschutz, die in der Energieeinsparverordnung aufgeführt sind, erfüllen. Durch Dämmung kann der Wärmeverlust in beheizten Räumen über die Außenbauteile nach außen verhindert werden. Das Ergebnis einer norm- und fachgerechten Ausführung ist, unabhängig von den Witterungsverhältnissen, ein angenehmes Raumklima und ein geringerer Energieverbrauch.

Bauwerke sind fortwährend einer Vielzahl von äußeren Einwirkungen wie z. B. Hitze, Frost, Feuchtigkeit und Lärm, im Brandfall auch der Feuereinwirkung ausgesetzt. Diese Einwirkungen können Schäden am Bauwerk verursachen, sie können Belästigungen für die Bewohner dieser Gebäude darstellen und die wirtschaftliche Nutzung der Gebäude vermindern. Aus diesem Grund ist es erforderlich, durch entsprechende Maßnahmen diesen Einflüssen entgegenzuwirken. Dementsprechend müssen Bauteile vielfältige Anforderungen erfüllen, die die Wirksamkeit der notwendigen Schutzmaßnahmen gewährleisten.

Es werden neben den Anforderungen an den Schallschutz (s. Kap. III.2.1.2), den Brandschutz (s. Kap. III.2.1.2), den Feuchte- und Witterungsschutz (s. Kap. III.2.1.2), die Dauerhaftigkeit und die Wiederverwertbarkeit (Recyclingfähigkeit) auch Anforderungen an den Wärmeschutz (s. Kap. I.2.3.1) gestellt.

Dämmstoffnormen/Zulassungen

Für die Anwendung im Bauwesen dürfen nur genormte (Normen und Zulassungen für Dämmstoffe) oder bauaufsichtlich zugelassene Produkte verwendet werden. In beiden Fällen ist eine Güteüberwachung vorgeschrieben, die aus Eigen- und Fremdüberwachung besteht und gewährleistet, dass die Produkte in gleichmäßiger Qualität geliefert werden und festgelegte Mindestanforderungen erfüllen.

Normen und Zulassungen für Dämmstoffe

Bei der Verwendung der Wärmedämmstoffe wird zwischen verschiedenen Anwendungen unterschieden. Die DIN V 4108-10 führt die Anwendungsgebiete und dafür notwendige Anforderungen für Produkteigenschaften an. In den Tabellen 3 bis 13 der DIN V 4108-10 werden für jeden Anwendungstyp (s. Kap. V.9.1.2) anwendungsbezogene Mindestanforderungen aufgeführt. Den Produkteigenschaften

Tabelle V.9.02: Normen für werkmäßig hergestellte Dämmstoffe

DIN-EN-Normen	
DIN EN 13162	Produkte aus Mineralwolle (MW)
DIN EN 13163	Produkte aus expandiertem Polystyrolschaum (EPS)
DIN EN 13164	Produkte aus extrudiertem Polystyrolschaum (XPS)
DIN EN 13165	Produkte aus Polyurethan-Hartschaum (PUR)
DIN EN 13166	Produkte aus Phenolharzschaum (PF)
DIN EN 13167	Produkte aus Schaumglas (CG)
DIN EN 13168	Produkte aus Holzwolle (WW)
DIN EN 13169	Produkte aus expandiertem Perlite (EPB)
DIN EN 13170	Produkte aus expandiertem Kork (ICB)
DIN EN 13171	Produkte aus Holzfasern (WF)

wird die jeweilige Klasse oder Stufe, die als Mindestanforderung eingehalten werden muss, nach DIN EN 13162 bis DIN EN 13171 zugeordnet. In der Tabelle 2 der Norm sind Differenzierungen von bestimmten Produkteigenschaften wie Druckbelastbarkeit, Wasseraufnahme und Zugfestigkeit aufgeführt. Des Weiteren sind die wärme- und feuchteschutztechnischen Bemessungswerte in der DIN V 4108-4 „Wärmeschutz und Energie-Einsparung in Gebäuden – Teil 4: Wärme- und feuchteschutztechnische Bemessungswerte" festgelegt.

Kennzeichnung/Güteüberwachung

Bauprodukte bedürfen einer Bestätigung ihrer Übereinstimmung mit den technischen Regeln, den allgemeinen bauaufsichtlichen Prüfzeugnissen oder den Zustimmungen im Einzelfall. Eine Identifizierung des Produkts auf dem Weg vom Hersteller über den Handel bis zum Verbraucher muss möglich sein. Die Identifizierungsmöglichkeit wird durch eine Kennzeichnung geschaffen, die in Normen, bauaufsichtlichen Zulassungen und Prüfzeichen (Prüfbescheiden) für Dämmstoffe bezüglich Form und Inhalt vorgegeben ist. Die Kennzeichnung ist auf der Verpackung, möglichst aber auf dem Erzeugnis selbst anzubringen. Eine Güteüberwachung ist in den Normen wie auch in den bauaufsichtlichen Zulassungen ebenso wie in den Prüfbescheiden (Prüfzeichen) für Dämmstoffe zwingend vorgeschrieben. Der Nachweis einer ordnungsgemäß durchgeführten Güteüberwachung ist das einheitliche Überwachungszeichen.

V.9.1.3 Einsatzgebiete und Verwendung

Heutzutage dürfen im Bauwesen nur genormte (s. Normen und Zulassungen für Dämmstoffe) oder bauaufsichtlich zugelassene Dämmstoffe verwendet werden. In beiden Fällen ist eine Güteüberwachung vorgeschrieben, die aus Eigen- und Fremdüberwachung besteht und gewährleistet, dass die Produkte in gleichmäßiger Qualität geliefert werden und festgelegte Mindestanforderungen erfüllen.

Einsatzgebiete von Wärmedämmstoffen

Aufgrund der Baustoffeigenschaften und der Lieferformen ist nicht jeder Dämmstoff für den Einsatz in allen Gebäudeteilen geeignet. Lose Dämmstoffe, wie z. B. Cellulose, benötigen Schalungen. Druckbeanspruchte (Bodenplatte) oder nicht dauerhaft trockene Bauteile (Kelleraußenwand) benötigen entsprechend zugelassene Dämmstoffe. Deshalb sind Einsatzort und Materialwahl aufeinander abzustimmen und es ist auf eine fachgerechte Verarbeitung zu achten.

Polystyrol-Extruderschaum (XPS)

Perimeterdämmungen werden oft mit Hartschaumdämmplatten aus Polystyrol oder Styropor ausgeführt. Der Polystyrol-Extruderschaum (XPS) hat sich seit mehr als 20 Jahren als außenseitige Wärmedämmung erdberührter Gebäudebauteile in ihrer Anwendung als Perimeterdämmung bewährt. Die Feuchtebeständigkeit und die Druckbelastbarkeit von Dämmstoffen stellen an die Perimeterdämmung hohe Anforderungen. Je nach Grundwasser- oder Schichtenwassersituation müssen geeignete Dämmstoffe ausgewählt werden. Dazu gehören z. B. Schaumglas und spezielle geschäumte Kunststoffe. Für die Perimeterdämmung dürfen nur Dämmstoffe mit einer bauaufsichtlichen Zulassung eingesetzt werden.

Ein dauerhafter Wärme- und Feuchteschutz kann durch entsprechende Dämm- und Drän-Systemlösungen ermöglicht werden. Systemlösungen sind aufeinanderabgestimmte Dämm- und Dränelemente. Sie kommen zum Einsatz, wo Dränung und Dämmung der erdberührten Bauteile erforderlich werden. Sie vereinen Wärmedämmung und DIN-gerechte Dränschicht sowie Filterschicht, um die erdberührten Bauteile vor drückendem Wasser zu schützen. Eine sinnvolle Wärmedämmung der Kelleraußenwände kann durch die Auswahl der richtigen Dämmstoffdicke erreicht werden.

Die Bauwerksabdichtung erdberührter Bauteile muss durch den Einbau von Schutzplatten bzw. -matten wirksam gegen thermische Einflüsse und me-

Tabelle V.9.03: Dämmung der Außenbauteile, Dämmstoffe und Anwendungsbereiche

Dämmstoffe			
Dach	**Außenwand**	**Geschossdecke**	**Erdberührte Bauteile**
Steildach Platten/Matten Cellulose, Kunststoff-Hartschaum, Mineralwolle, Holzfasern, -wolle, Schaf-, Baumwolle, Kork, Flachs loses Material Cellulose	**hinterlüftet** Platten/Matten Cellulose, Kunststoff-Hartschaum, Mineralwolle, Holzfasern, -wolle, Schafwolle, Kork, Flachs	Platten/Matten Cellulose, Kunststoff-Hartschaum, Mineralwolle, Holzfasern,- wolle, Schaf-, Baumwolle, Kork, Flachs loses Material Cellulose, Kork, Blähperlite	**Fundamentbereich** Platten/Matten Kunststoff-Hartschaum, Schaumglas
Flachdach Platten/Matten Schaumglas, Kunststoff-Hartschaum, Mineralwolle	**mit Thermohaut**[1] Platten/Matten Kunststoff-Hartschaum, Mineralwolle, Kork, Holzweichfaserplatte **mit Kerndämmung**[1] Platten/Matten Kunststoff-Hartschaum, Mineralwolle, loses Material Blähperlite, Blähton		**Perimeterdämmung**[1] Platten/Matten Kunststoff-Hartschaum, Schaumglas

[1] Dämmstoff für jeweilige Anwendung mit entsprechender Zulassung

chanische Beschädigungen beim Verfüllen der Baugrube geschützt werden. Schutzmatten oder oft auch notwendige Dränmatten schützen die Bauwerksabdichtung und die Wärmedämmung vor Beschädigung beim Verfüllen der freigelegten Bauteile. Das Oberflächenwasser, Schichtenwasser oder eventuell Grundwasser wird durch die Dränmatte abgeleitet.

Die Perimeterdämmung wird vertikal an Kellerwänden und im Sockelbereich sowie horizontal unter der Kellersohle und jeweils außerhalb der Bauwerksabdichtung verlegt.

Der sichtbare Teil ist über der Abdichtungsebene zusätzlich zu fixieren und mit einem Armierungsputz zu überarbeiten. Um die äußere Umhüllung eines Gebäudes im erdberührten Bereich zu schließen, ist eine Dämmung der Bodenplatte notwendig. Dies kann auf einer ebenen und gut verdichteten Sauberkeitsschicht unter der Bodenplatte mit Perimeterdämmung erfolgen.

Vorteile gegenüber der innen liegenden Dämmung bestehen darin, dass keine Dampfsperre auf der Innenseite erforderlich ist, die Abdichtung während der Bauzeit und beim Verfüllen der Baugrube geschützt ist und das Bauwerk wärmebrückenfrei umhüllt wird.

Blähperlite

Perlite-Dämmstoffe werden hauptsächlich als Schüttdämmstoff, weniger in Plattenform verwendet. Expandiertes Perlite ist nicht brennbar, aber feuchteempfindlich. Es wird daher, wenn es als Kerndämmung dient, hydrophobiert, und zwar mit Silikonen in lösungsmittelfreier Dispersion oder mit Kunstharzen.

Holzwolle-Leichtbauplatten

Holzwolle-Leichtbauplatten haben sich seit vielen Jahrzehnten als verputzbare Dämmplatten bewährt und können beim Bauen im Bestand sowohl innen als auch außen eingesetzt werden.

Calciumsilikat

In der Vergangenheit wurde Calciumsilikat-Dämmstoff wegen seiner Nichtbrennbarkeit (Baustoffklasse A 2 nach DIN 4102 „Brandverhalten von Baustoffen und Bauteilen") vorwiegend im Bereich der Dämmung betriebstechnischer Anlagen eingesetzt. Zunehmend treten Anwendungen im Hochbau hinzu wie Innenausbau, Altbausanierung, Sanierung von Fachwerkkonstruktionen. Dabei werden die Platten mit dem Untergrund verdübelt oder mit Fliesenkleber befestigt. Die Wärmedämmwirkung mit Wärmeleitfähigkeiten λ von 0,055 bis 0,08 W/(m · K) liegt allerdings im eher geringfügigen Bereich.

Cellulose-Dämmstoff

Cellulose-Dämmstoff eignet sich als Schüttdämmung in Decken oder Dachschrägen, wobei die Cellulosewolle mit Hilfe von Spezialgeräten in die Hohlräume eingeblasen wird, sodass sich bei fach- und sachgerechter Verarbeitung eine lückenlose Dämmschicht bildet. Ebenso wird Cellulose auch für die Dämmung von Wänden im Holzrahmenbau verwendet.

Anwendungsgebiete

In der DIN V 4108-10 sind Anwendungsgebiete und Anwendungsbeispiele von Wärmedämmstoffen angegeben. Die verwendeten Kurzzeichen sind Abkürzungen für Anwendungsgebiete von Wärmedämmungen.

V.9.2 Typische Mängel und Schäden

Zu den typischen Mängeln und Schäden von Wärmedämmstoffen gehören u. a. Mängel und Schäden durch äußere Einwirkungen, wie Feuchteeintrag in der Dämmebene der Gebäudebauteile, Zerstörung der Dämmplatten, z. B. an erdberührten Bauteilen und Zerstörung der Oberfläche von Polystyrol-Dämmplatten (Wärmedämm-Verbundsystem) durch die UV-Strahlung der Sonne.

Feuchteeintrag in der Dämmebene der Gebäudebauteile

Der Schutz vor Feuchte und vor Wärmeverlusten ist bei der Dämmung von Gebäudebauteilen untrennbar miteinander verbunden. Die Wärmedämmung der erdberührten Bauteile, der

Tabelle V.9.04: Anwendungsgebiete von Wärmedämmungen nach DIN V 4108-10, Tabelle 1

Typkurzzeichen	Anwendungsbeispiele
DAD	Außendämmung von Dach oder Decke, vor Bewitterung geschützt, Dämmung unter Deckungen
DAA	Außendämmung von Dach oder Decke, Dämmung unter Abdichtungen
DUK	Außendämmung des Daches, der Bewitterung ausgesetzt „Umkehrdach"
DZ	Zwischensparrendämmung, zweischaliges Dach, nicht begehbare, aber zugängliche oberste Geschossdecken, Innendämmung der Decke (unterseitig) oder des Daches
Di	Dämmung unter den Sparren/Tragkonstruktion, abgehängte Decke usw.
DEO	Innendämmung der Decke oder Bodenplatte (oberseitig) unter Estrich ohne Schallschutzanforderungen
DES	Innendämmung der Decke oder Bodenplatte (oberseitig) unter Estrich mit Schallschutzanforderungen
WAB	Außendämmung der Wand hinter Bekleidung
WAA	Außendämmung der Wand hinter Abdichtung
WAP	Außendämmung der Wand unter Putz
WZ	Dämmung von zweischaligen Wänden, Kerndämmung
WH	Dämmung von Holzrahmen- oder Holztafelbauweise
WI	Innendämmung der Wand
WTH	Dämmung zwischen Haustrennwänden mit Schallschutzanforderungen
WTR	Dämmung von Raumtrennwänden
PW	außen liegende Wärmedämmung von Wänden gegen Erdreich (außerhalb der Abdichtungen)
PB	außen liegende Wärmedämmung unter der Bodenplatte gegen Erdreich (außerhalb der Abdichtung)

Außenwände, des Daches usw. muss dauerhaft vor Feuchteeintrag geschützt werden. Durch Tauwasseranfall in der Dämmebene kann z. B. die Funktionsfähigkeit der Wärmedämmung beeinträchtigt werden. Ungenügende Witterungsbeständigkeit, unzureichender Schlagregenschutz und seitliche eindringende und aufsteigende Feuchte sowie Sickerwasser (erdberührte Bauteile) können ebenfalls zum Feuchteeintrag in die Dämmung bzw. Bauteile führen.

Das Feuchteverhalten von Bauteilen (Wand, Decke usw.) ist von den folgenden Stoffeigenschaften abhängig:

Hygroskopizität

Mit Hygroskopizität wird die Eigenschaft eines Baustoffes bezeichnet, Luftfeuchte aus der Umgebungsluft aufzunehmen und zu binden. In Abhängigkeit von der relativen Luftfeuchte stellt sich eine Gleichgewichtsfeuchte ein. Je nach Feuchteaufnahmevermögen und Reaktionsgeschwindigkeit wirkt der Baustoff mehr oder weniger regulierend auf die Raumfeuchte.

Kapillare Leitfähigkeit

Die kapillare Leitfähigkeit ist die Grundlage für die Aufnahme, den Transport und die Abgabe von Wasser. Sie hat ihren Ursprung im Porengefüge des Baustoffes, dem Kapillarsystem. Das darin enthaltene Kapillarwasser wandert immer zur trockenen Seite des Bauteils, um an der Oberfläche zu verdunsten.

Tauwasseranfall/ Wasserdampfdiffusionsfähigkeit

Je kleiner der Dampfdiffusionsfaktor µ eines Bauteils ist, desto geringer ist sein Widerstand, den Wasserdampf der Luft hindurchzulassen, desto leichter kann Wasserdampf eindringen. Dieser diffundiert aufgrund eines Dampfdruckgefälles zur kalten Seite des Bauteils oder bei gleicher Temperatur zur Seite der geringeren Luftfeuchte. Ist die Temperatur im Bauteil sehr gering, wird der Wasserdampf zu Tauwasser (Taupunkt) und es kann zu Bauschäden durch z. B. Schimmelpilzbildung kommen. Liegt der Taupunkt des Wasserdampfes im äußeren Drittel der Außenwand, kann das Wasser meist schnell an die Oberfläche transportiert werden und durch eine dampfdurchlässige Oberfläche verdunsten. Je weiter der Taupunkt in das Innere der Wand verschoben wird, desto weiter ist der Weg bis zur Verdunstung. Wird auf der Innenseite des Bauteils eine Dämmung aufgebracht, kann die Temperatur schon direkt hinter der Dämmung derart absinken, dass der Wasserdampf an der kalten Seite kondensiert. Um dies zu verhindern, sollten Innendämmungen nach Möglichkeit durch außenseitige Dämmungen ersetzt werden. Gegebenenfalls sind Dampfbremsen raumseitig aufzubringen, die den Eintritt von Wasserdampf verhindern bzw. reduzieren.

Um den Feuchteschutz zu gewährleisten und Tauwasseranfall zu vermeiden, ist darauf zu achten, dass möglichst alle Bauteile dampfdiffusionsfähig sind, keine Verhinderung der kapillaren Austrocknung erfolgt, als Vorsichtsmaßnahme vor jeder nachträglichen Dämmmaßnahme eine Berechnung des Wasserdampfdiffusionsverhaltens (Taupunktberechnung) durchgeführt wird, um Bauschäden durch Tauwasserbildung zu vermeiden, und eine Innenwanddämmung nach Möglichkeit vermieden wird.

Erhöhte Wasseraufnahme der Dämmplatten erdberührter Bauteile

Verursacht durch das punktuelle und nicht vollflächige Verkleben der Dämmplatten mit dem Untergrund kann Grundwasser in die vertikale Fuge zwischen den Dämmplatten und der Kelleraußenwand gelangen und hauptsächlich bei Polystyrol-Extruderschaumplatten eine verhältnismäßig hohe Wasseraufnahme (bis zu 10 Vol.-%) begünstigen. Dadurch kann sich auf der zur Kellerwand zeigenden warmen Seite der Dämmplatten, ein hoher Wasserdampfpartialdruck bilden, der je nach Temperaturgradienten zu einem starken Dampfdiffusionsstrom mit entsprechender Tauwasserbildung führen kann. Dies tritt im oberflächennahen Bereich der Dämmplatte auf. Als Folge kann die Erhöhung der Wärmeleitfähigkeit des Dämmmaterials festgestellt werden, die wiederum die Wärmedämmung beeinträchtigt.

Abb. V.9.16: Tauwasseranfall auf der Innenseite der kalten Fensterscheibe eines Raumes

Abb. V.9.17: Flächige Durchfeuchtung einer Kelleraußenwand

Abb. V.9.18: Feuchte Außenwandecke im Keller

Fehlende bzw. unzureichende Wärmedämmung der Gebäudebauteile

Eine fehlende bzw. unzureichende Dämmung der Gebäudebauteile wie z. B. erdberührter Bauteile, der Außenwände (s. Kap. III.2.2.1), Geschossdeckendämmung, Innenwanddämmung, Dachdämmung usw. ist bei Gebäuden mit einer Standzeit von mehr als 30 Jahren häufig zu beobachten. Ein verschlechtertes Raumklima und daraus resultierende Bauschäden durch Schimmelpilzbildung sind die Folge der nicht funktionstüchtigen Wärmedämmung. Besonders häufig betroffen von Feuchteeintrag und Schimmelpilzbildung ist die Umgebung von Wärmebrücken.

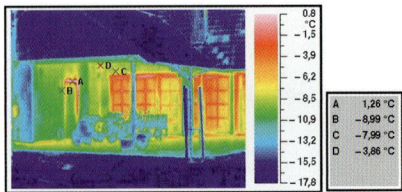

Abb. V.9.19: Thermografieaufnahme eines Einfamilienhauses – Wärme- und Energieverluste aufgrund unzureichender Dämmung eines Gebäudes

Abb. V.9.20: Mechanisch zerstörte Perimeterdämmplatte

Abb. V.9.21: Nachträgliche Wärmedämmung der Außenwände eines Gebäudes (Quelle: BAKA, Berlin)

Abb. V.9.22: Eingänge – Einliegerwohnungen im Souterrain eines Gebäudes

Des Weiteren führen diese Mängel und Schäden zu großen Wärme- und Energieverlusten sowie zu einer Einschränkung des Wärme-, Schall- und Brandschutzes.

Zerstörung der Dämmplatten

Die Zerstörung der Dämmplatten (erdberührter Bauteile) erfolgt in den häufigsten Fällen durch die nicht fach- und sachgerechte Verlegung und Verarbeitung der Dämmplatten. Ursachen sind u. a. mechanische Zerstörung der Bauwerksabdichtung sowie Fixierung der Dämmplatten.

Mechanische Zerstörung der Dämmplatten

Eine mechanische Zerstörung von Dämmplatten kann durch eine mechanische Befestigung der Dämmplatten mit Dübeln bzw. Nägeln entstehen. Dabei wird nicht nur die Dämmung durchstoßen und dadurch ein Hinterwandern von Feuchte zwischen Dämmplatte und Kelleraußenwand begünstigt, sondern auch die Abdichtung nachhaltig zerstört. Somit ist die Abdichtung der erdberührten Bauteile gemäß DIN 18195 „Bauwerksabdichtungen" funktionsuntüchtig und die Dämmung durch erhöhte Wasseraufnahme der Dämmplatten stark beeinträchtigt. Um die Bauwerksabdichtung nicht mechanisch zu zerstören, ist eine mechanische Befestigung (Dübeln und dergleichen) zu vermeiden.

Fixierung der Dämmplatten

Ist die bituminöse Dickbeschichtung der Abdichtung nach DIN 18195 noch nicht ausreichend getrocknet (empfohlen wird bei kalt verarbeitbaren Bitumen-Dickbeschichtungen 1 Woche Ablüftungszeit) und wird trotzdem eine vorzeitige Fixierung der Dämmplatten vorgenommen, kann dies zur Beschädigung der Abdichtung führen. Dabei führt das Eindrücken in die noch nicht getrocknete, bituminöse Dickbeschichtung zum teilweisen Ablösen bzw. Durchstoßen der Bauwerksabdichtung. Verstärkt wird dieser Effekt durch die Bewegung während des Anpressens. Eine Dichtheit ist dann nicht mehr gewährleistet. Viele Bitumen-Dickbeschichtungen oder bituminöse Kleber beinhalten des Weiteren Lösemittelanteile, die den Dämmstoff schädigen.

Schadstoffe

KMF

Künstliche Mineralfasern (KMF) werden in Form von Glas-, Stein- und Mineralwolle zur Wärmedämmung und Schallisolierung eingesetzt. KMF können als Dämmstoffe, -platten oder -matten in Außenwänden (s. Kap. III.2), Innenwänden (s. Kap. III.5), Decken (s. Kap. III.6), Balkonen (s. Kap. III.8), Böden und Bodenbelägen (s. Kap. III.10) sowie Dächern (s. Kap. III.11 und Kap. III.12) eingebaut sein.

V.9.3 Maßnahmen

Sowohl eine genaue Dokumentation des Schadensbildes als auch die Prüfung der Oberfläche des Untergrunds, aber auch die Bestimmung der vorhandenen Materialien führt erst zu einer genauen Einordnung des vorhandenen Schadens und vereinfacht seine spätere Behebung. Voraussetzung für eine erfolgreiche Sanierung ist vor den entsprechenden Sanierungsmaßnahmen die Bestandsaufnahme der mit Dämmung versehenen Gebäudebauteile (s. Kap. VI.1.1).

Beim Bauen im Bestand ist neben den Maßnahmen bei Mängeln und Schäden des Wärmedämmstoffes von Wärmedämm-Verbundsystemen u. a. die Dämmung der folgenden Gebäudebauteile eine der wirksamsten Maßnahmen:

- Wärmedämmung der erdberührten Bauteile,
- Wärmedämmung der Außenwände (s. Kap. III.2.1.3) als Vorhangfassade, als Kerndämmungen, durch Wärmedämmputz,
- Wärmedämmung der Geschossdecken,
- Wärmedämmung der geneigten Dächer,
- Wärmedämmung der flachen Dächer.

Wärmedämmung der erdberührten Bauteile

Energieverluste durch die erdberührten Bauteile, z. B. die Außenwände der Kellerräume, werden durch die Dämmung der erdberührten Bauteile deutlich reduziert. Der fach- und sachgerechte Einsatz der Dämmung gewährleistet ein angenehmes Raumklima in bewohnten Kellerräumen und trägt gleichzeitig zur Erfüllung der Anforderungen an beheizte Kellerräume gemäß der Energieeinsparverordnung bei.

Erstmaliger Einbau, Ersatz und Erneuerung der Dämmung

Zur Sanierung empfiehlt sich eine Abdichtung nach DIN 18195 (s. Kap. V. 13.1.1) mit einer auf dieser Abdichtung aufgebrachten und bauaufsichtlich zugelassenen Dämmung, z. B. PUR-Perimeterdämmung. Zur Anwendung kommen meist Dämmstoffplatten aus expandiertem (EPS) oder extrudiertem (XPS) Polystyrol sowie Schaumglasplatten.

Die Dämmstoffplatten unterliegen in Bezug auf Wasseraufnahmefähigkeit und Druckfestigkeit hohen Qualitätsanforderungen. Dies bedeutet, dass die Dämmstoffe permanent einer hohen Feuchte aus nicht drückendem bis drückendem Wasser ausgesetzt sind und ständig mechanisch belastet werden, da der Erddruck vertikal und Gebäude- und Verkehrslasten horizontal auf die Dämmstoffschicht wirken, dass die Dämmstoffplatten wenig oder kein Wasser aufnehmen dürfen und dass sie eine Mindestdruckfestigkeit besitzen müssen.

Zur Begrenzung des Wärmedurchgangs beim erstmaligen Einbau, Ersatz und bei Erneuerung der Dämmung erdberührter Bauteile kann eine Innen- oder eine Außendämmung zum Einsatz kommen. Ungeheizte Kellerräume und ungedämmte Kellerdecken beeinträchtigen die Wohnbehaglichkeit. Die Folge können Bauschäden wie z. B. Schimmelpilzbildung sein. Beim Bauen im Bestand wird gemäß EnEV 2007, Anlage 3 „Anforderungen bei Änderung von Außenbauteilen und bei Errichtung kleiner Gebäude; Randbedingungen und Maßgaben für die Bewertung bestehender Wohngebäude", Nr. 5 „Wände und Ecken gegen unbeheizte Räume und gegen Erdreich" sowie nach Tabelle 1 „Höchstwerte der Wärmedurchgangskoeffizienten bei erstmaligem Einbau, Ersatz und Erneuerung von Bauteilen", bei Decken und Wänden gegen unbeheizte Räume und gegen Erdreich, zur Begrenzung des Wärmedurchgangs i. Allg. $U_{max} \leq 0{,}5 \text{ W/(m}^2 \cdot \text{K)}$ und bei Anbringung außenseitiger Bekleidungen $U_{max} \leq 0{,}4 \text{ W/(m}^2 \cdot \text{K)}$ gefordert.

Die innenseitige Außenwanddämmung (s. Kap. III.2.3.1) ist für bestimmte Bauwerkstypen (z. B. Fachwerk oder Fassaden unter Denkmalschutz) für die Altbausanierung besonders geeignet. Die innen liegende Dämmschicht ermöglicht ein schnelles Aufheizen des Innenraumes. Die Verarbeitung erfolgt als Ständerkonstruktion mit innenseitiger Bekleidung oder als direkte Verklebung der Dämmstoffe bzw. als Verbundplatten auf dem Mauerwerk. Zur Vermeidung von Feuchteschäden durch Wasserdampfdiffusion ist gegebenenfalls die Anordnung einer Dampfsperre erforderlich.

- Außendämmung:
  Beheizte Kellerräume erhalten eine Wärmedämmung gemäß der Energieeinsparverordnung, welche auf einer Abdichtung nach DIN 18195-1 „Bauwerksabdichtungen – Teil 1: Grundsätze, Definitionen, Zuordnung der Abdichtungsarten" aufgebracht wird. Sie dient der Energieeinsparung und vermeidet Feuchteschäden infolge Tauwasserbildung an den Kellerwänden.
- Ungedämmte Kellerdecken:
  Kann eine Dämmung oberseitig der Kellerdecke bei Sanierungsmaßnahmen nicht ausgeführt werden, ist die Kellerdecke unterseitig, z. B. mit Mineralwolle-Deckenplatten, zu dämmen. Nach dieser Maßnahme befindet sich die Kellerdecke vollständig im gedämmten Bereich, also innerhalb des beheizten Bereichs.

Anbringen nachträglicher Außendämmung

An das Material und die Funktion von Dämmung erdberührter Bauteile werden andere Anforderungen gestellt als an Wärmedämm-Verbundsysteme (s. Kap. III.2.3.1). Sie haben permanenten Kontakt mit dem feuchten Erdreich, zum Teil auch mit drückendem Wasser. Weiterhin müssen sie gegen verschiedenste chemische Stoffe unempfindlich sein. Außerdem werden die Perimeterdämmplatten mechanisch belastet. Zur nachträglichen Dämmung erdberührter Bauteile eignen sich Perimeterdämmsysteme, die konstruktionsbedingt zusätzlich die Schutzfunktion für die Abdichtung und die Funktion als Dränelement übernehmen können.

Abb. V.9.23: Anbringen einer Perimeterdämmung an die Kelleraußenwände (Quelle: SAINT GOBAIN ISOVER G+H AG, Ludwigshafen) (Quelle: BAKA, Berlin)

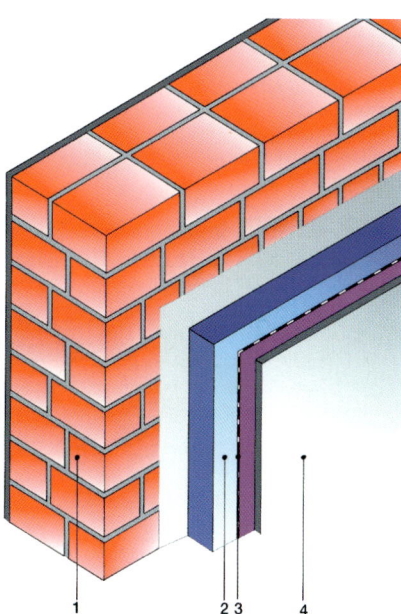

Abb. V.9.24: Schema – nachträgliche innenseitige Außenwanddämmung: 1. Mauerwerk, 2. Wärmedämmschicht, 3. Dampfsperre, 4. Trockenputzplatte; Isometrie ohne Maßstab (Quelle: Springer BauMedien GmbH Heinze, Celle)

- Perimeterdämmplatten
  Die Perimeterdämmplatten werden i. Allg. einlagig und dicht gestoßen im Verband verlegt. Üblicherweise erfolgt eine punktweise Verklebung mit Klebern auf Bitumen- oder Dispersionsbasis. Dafür werden nach Herstellerangabe handtellergroße Klebepunkte gleichmäßig auf der Rückseite jeder Platte verteilt und die Platten senkrecht auf der Abdichtung angelegt und angedrückt. Im Sockelbereich oberhalb des Geländes ist zusätzlich eine Verdübelung möglich.

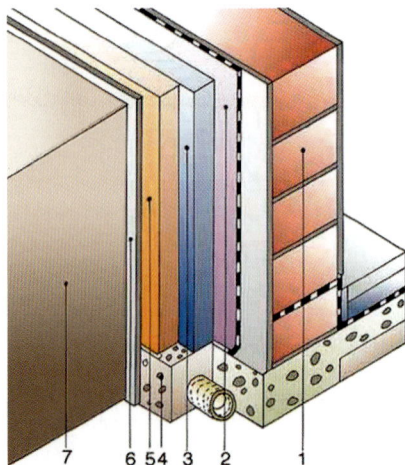

Abb. V.9.25: Schema – nachträgliche Wärmedämmung der Kellerwände, 1. Kellerwand, 2. senkrechte Abdichtung, 3. Perimeterdämmplatten, 4. Dränage, 5. Dränageplatte, 6. Filtervliesabdeckung, 7. Erdreich; Isometrie ohne Maßstab (Quelle: Springer BauMedien GmbH Heinze, Celle)

Abb. V.9.26: Perimeterdämmsystem (Quelle: SAINT GOBAIN ISOVER G+H AG, Ludwigshafen)

Abb. V.9.27: Sach- und fachgerechtes Verkleben der Dämmung an eine Außenwand eines Gebäudes (Quelle: SAINT GOBAIN ISOVER G+H AG, Ludwigshafen)

Die Dämmplatten sind sauber auf glattem Untergrund zu lagern und gegen direkte Sonneneinstrahlung zu schützen. Offene Flammen und andere Zündquellen sind ebenso fernzuhalten wie brennbare Flüssigkeiten und Stoffe. Dämmplatten können mit den üblichen Schneidwerkzeugen (Cutter, Fuchsschwanz usw.) bearbeitet werden. Durch das schräge Anschneiden der Plattenlängsseite wird die Platte dem Anschlusspunkt des Fundaments an der Kelleraußenwand angepasst (Hohlkehle).

Es ist frühzeitig zu prüfen, ob die Dämmplatten gegen das Einwirken von Lösemitteln beständig sind. Gegebenenfalls ist der Einsatz von lösemittelhaltigen bzw. weichmacherhaltigen Materialien auszuschließen, d. h., die Dämmung ist mit einer lösungsmittelfreien Bitumen-Klebemasse, die vollflächig auf die Rückseite des Dämmelementes aufgebracht wird, an der nach DIN 18195 „Bauwerksabdichtungen" gegen Feuchteeintrag abgedichteten Kelleraußenwand anzukleben. Anschließend sind die Dämmplatten press zu stoßen und im Sockelbereich und an der Geländeoberfläche vor mechanischer Beschädigung und UV-Strahlung zu schützen. Dies kann durch Verwendung eines entsprechenden Abschlussprofils sichergestellt werden. Das Abschlussprofil schützt gleichzeitig die Dränschicht der Perimeterplatte vor Schmutz, Verunreinigung und Verstopfung.

Eine flexible Ausführung des Profils gestattet den Einsatz bei sämtlichen Dämmelementstärken. Die Dämmung ist oberhalb der Erdgleiche, im Anschluss zum aufgehenden Erdgeschossmauerwerk, konstruktiv so auszubilden, dass keine unzulässigen Wärmebrücken entstehen. Im eingebauten Zustand sind ein Verschieben und Verrutschen auszuschließen und Kreuzstöße zu vermeiden. Beim lagenweisen Einbringen des Verfüllbodens und Verdichten der Baugrube ist besonders darauf zu achten, dass die Wärmedämmplatten nicht beschädigt werden; falls notwendig, muss eine Bauschutzmatte eingebaut werden.

- Perimeterdämmsysteme
Perimeterdämmsysteme sind Kombinationselemente für die Dämmung und Dränung senkrecht erdberührter Bauteile. Der Vorteil des Systems ist die kombinierte Dämm- und Dränleistung. Perimeterdämmsysteme sind erdseitig mit integrierten Kanalsystemen ausgestattet. Durch das Kanalsystem gelangt das Wasser auf direktem Weg in das Kanalsystem der darunterliegenden Platte, die die geschlossene Ableitung über den gesamten Wandbereich gewährleisten soll. Ein werkseitig aufgebrachtes, fugenüberlappendes, nicht verrottbares Geotextil dient als Filterelement. Dadurch wird ein Zuschwemmen des Kanalsystems verhindert.

Verkleben von Dämmplatten

Das Verkleben der Dämmplatten wird je nach Herstellerangabe punktuell oder vollflächig empfohlen. Das punktuelle Verkleben mit 6 bis 8 Punkten ist zwar sehr einfach, kann aber das Hinterwandern von Feuchte zwischen Dämmplatten und Mauerwerk nicht verhindern. Gerade beim Einsatz von Extruderschaumplatten als Perimeterdämmung ist aber die Hinterwanderung von Feuchtigkeit zu verhindern. Deshalb ist darauf zu achten, dass Extruderschaumplatten im Grundwasser vollflächig mit dem Untergrund verklebt werden. Bei einem vollflächigen Verbund stellt sich nur ein geringfügiger Feuchtegehalt in den Dämmplatten ein. Damit die Perimeterdämmung vollständig auf dem Untergrund aufgeklebt ist und kein Wasser in die vertikale Fuge zwischen Außenwand und Dämmschicht dringt, werden die folgenden 3 Arten der Befestigung angewendet:

Das Buttering-Floating-Verfahren (vollflächiges Verkleben) ist ein sehr aufwendiges, dabei aber auch ein sicheres Verfahren. Der Kleber wird mit dem Zahnspachtel, dessen Zahnungstiefe mindestens 6 mm betragen sollte, nur auf die Rückseite der Dämmplatten aufgetragen (Buttering). Bei größeren Untergrundunebenheiten muss sich der Materialauftrag entsprechend erhöhen.

Beim Verkleben mit umlaufender Klebewulst werden die Dämmplatten mit umlaufender Klebewulst verklebt. Die

Stoßfugen werden außenseitig zusätzlich gespachtelt. Grundsätzlich ist dieses Verfahren bei Grundwasser bzw. den Lastfall drückendes Wasser nicht zu empfehlen.

Bei der Befestigung an Schott- oder Schlitzwandkonstruktionen werden die Dämmplatten als verlorene Schalung an Schott- oder Schlitzwandkonstruktionen befestigt und anschließend wasserundurchlässiger Beton gegen die Perimeterdämmschicht betoniert.

Wahl der Befestigung

Neben den verschiedenen Arten der Befestigung spielt der jeweilige Untergrund bei der Auswahl eines geeigneten Klebers zur Befestigung der Dämmplatten eine wesentliche Rolle. Je nach Untergrund sind entsprechend geeignete Kleber einzusetzen.

Besteht der Untergrund aus einer bituminösen Dickbeschichtung, ist das Verkleben der Dämmplatten auf der Abdichtung mit einem lösemittelfreien Zweikomponenten-Reaktionskleber oder einer kunststoffmodifizierten Bitumen-Dickbeschichtung aufzuführen.

Besteht der Untergrund aus einer Abdichtung auf Kunststoff-Dispersionsbasis, sind die Dämmplatten auf der Abdichtung mit einem Baukleber auf Dispersionsbasis zu befestigen.

Besteht der Untergrund aus WU-Beton, sind die Dämmplatten mit einem Baukleber auf Dispersionsbasis auf den Untergrund zu kleben.

Besteht der Untergrund aus einer Abdichtung mit Kunststoff- oder Bitumenbahnen, sind die Dämmplatten auf die Abdichtung mit Reaktionsklebern auf der Basis von Polyurethan mit Kontaktklebern oder Klebebändern zu kleben.

Wärmedämmung der Geschossdecken

Eine Ertüchtigung der Geschossdecken durch das nachträgliche Anbringen einer Geschossdeckendämmung (s. Kap. III.6.3) gehört zu den typischen Modernisierungsmaßnahmen im Altbaubestand.

Wärmedämmung von Dächern

Die im Altbaubestand noch gängigen nicht gedämmten Dächer können im Zuge einer Altbaumodernisierung durch unterschiedliche Verfahren, wie z. B. Aufsparrendämmung, Untersparrendämmung oder eine Kombination einzelner Verfahren gedämmt werden.

Bei Flachdächern können die im Folgenden aufgezählten Dämmmaßnahmen (s. Kap. III.12.3.1) ausgeführt werden: zusätzliche bzw. nachträgliche Dämmung, zusätzliche Dämmung der Innenseite, zusätzliche Dämmung der Außenseite, zusätzliche Dämmung der Innenseite bei begehbaren Flächen.

Maßnahmen bei Schadstoffbelastungen

KMF

Maßnahmen bei Schadstoffbelastungen von Wärmedämmstoffen durch künstliche Mineralfasern (KMF) werden in Kap. III.2 (Außenwände), Kap. III.5 (Innenwände), Kap. III.6 (Decken), Kap. III.8 (Balkone), Kap. III.10 (Böden und Bodenbeläge), Kap. III.11 (Geneigte Dächer) und Kap. III.12 (Flache Dächer) beschrieben.

Abb. V.9.28: WU-Beton, Keller eines Gebäudes

Abb. V.9.29: Ungedämmter Dachraum eines Gebäudes (Quelle: SAINT GOBAIN ISOVER G+H AG, Ludwigshafen)

V.10 Gipsbauplatten und Trockenbaumaterial

Autoren: Dipl.-Ing. (FH) Yasemin Wildebrand, Architektin
Dipl.-Ing. Silke Nicole Klein, Architektin

V.10.1 Allgemeines

Zu den Trockenbaumaterialien gehören u. a. Produkte auf Gipsbasis, wie z. B. Gipsplatten oder Gipsfaserplatten. Gipsbauplatten können zur Regulierung der Raumfeuchtigkeit, zur Verbesserung des Brand-, Schall- und Wärmeschutzes und als Trockenbauwände zur Raumtrennung (variables Demontieren und Umsetzen möglich) eingesetzt werden.

Neben Produkten auf Gipsbasis gibt es eine Vielzahl weiterer Trockenbaumaterialien aus Holzwerkstoffen (s. Kap. V.4), wie z. B. Holzfaserplatten, Spanplatten/Flachpressplatten, Tischlerplatten und Sperrholz, aber auch Faserzement-/Zementfaserplatten und Calziumsilikatplatten.

Für ihre Stabilisierung sowie zur Aussteifung und zur Befestigung benötigen Gipskartonplatten im Regelfall eine Konstruktion aus Holz oder Metall, wie z. B. Unterkonstruktionen und Traggerüste für Einbauteile oder Deckensysteme für Deckenbekleidungen und Unterdecken.

Eine Unterkonstruktion ist bei einer direkten Anbringung als Trockenputz (kleben oder flächig anheften) nicht notwendig. Als wichtige Bestandteile gängiger Trockenbausysteme zählen neben Gipskartonplatten, Unterkonstruktionen und Dämmstoffen folgende Systemteile:

- Verbindungsmittel (z. B. Nägel, Schrauben, Klammern, Nieten),
- Verankerungselemente (z. B. Dübel),
- Befestigungselemente für Lasten (z. B. Hohlraumdübel),
- Spachtelmassen, Fugenkleber, Ansetzgipse,
- Dichtungsstoffe für Anschlüsse und Abdichtungen,
- Schutz-, Einlass- und Abdeckprofilleisten.

Die entscheidenden bauphysikalischen und -konstruktiven Eigenschaften werden durch das Zusammenwirken dieser einzelnen Komponenten erzielt.

V.10.2 Begriffe und Definitionen

Gipsplatten

Der Begriff „Gipsplatten" wird in der DIN EN 520 „Gipsplatten – Begriffe, Anforderungen und Prüfverfahren" definiert. Hiernach ist eine Gipsplatte eine ebene rechteckige Platte, bestehend aus einem Gipskern und einer daran fest haftenden Ummantelung aus einem festen und widerstandsfähigen Karton.

Die Flächen und Längskanten von Gipsplatten sind mit einem fest haftenden, dem Verwendungszweck entsprechenden Karton ummantelt. Die geschnittenen Querkanten zeigen den Gipskern. Der kartonummantelte Gipskern enthält je nach Verwendungszweck Zusätze (z. B. anorganische Fasern wie Glas-, Mineralfasern) zur Erzielung bestimmter Eigenschaften, wie z. B. zur Verbesserung des Gefügezusammenhaltes im Brandfall.

Aus der Verbundwirkung von Gipskern und Kartonummantelung resultieren plattenbestimmende Eigenschaften. Der Karton wirkt als Bewehrung und nimmt somit die Zugspannungen auf. Hierdurch erhalten die Gipsplatten in Verbindung mit dem Gipskern die geforderte Festigkeit und Biegesteifigkeit. Hierbei spielt die Faserrichtung des Kartons eine große Rolle, da die Festigkeit und die Elastizität parallel zur Faser größer sind als quer zur Faser.

Gemäß DIN 18180 „Gipsplatten – Arten und Anforderungen" werden Gipsplatten in bandgefertigte und werkmäßig mechanisch bearbeitete Platten unterschieden. Bandgefertigte Gipsplatten sind Bauplatten (GKB), Feuerschutzplatten (GKF), Bauplatten – imprägniert (GKBI), Feuerschutzplatten – imprägniert (GKFI) und Putzträgerplatten (GKP). Bearbeitete Platten sind Zuschnitt-Gipsplatten und gelochte Gipsplatten.

Aufgrund diverser Leistungsmerkmale von Gipsplatten werden sie gemäß DIN EN 520 weiterhin unterschieden in:

- Gipsplatte Typ A (das Aufbringen eines geeigneten Gipsputzes oder einer geeigneten dekorativen Beschichtung ist möglich),
- Gipsplatte mit reduzierter Wasseraufnahmefähigkeit (je nach Wasseraufnahmevermögen der Platte: Typ H1, H2 oder H3),
- Gipsplatte für Beplankungen (Typ E),
- Gipsplatte mit verbessertem Gefügezusammenhalt des Kerns bei hohen Temperaturen (Typ F),
- Putzträgerplatte (Typ P),
- Gipsplatte mit definierter Dichte (Typ D),
- Gipsplatte mit erhöhter Festigkeit (Typ R) sowie
- Gipsplatte mit erhöhter Oberflächenhärte (Typ I).

Längskantenausbildung und Verspachteln der Fugen

Gemäß DIN 18181 „Gipsplatten im Hochbau – Verarbeitung" dürfen Gipsplattenfugen erst dann mit gipsgebundenen Materialien nach DIN EN 13963 „Materialien für das Verspachteln von Gipsplatten-Fugen – Begriffe, Anforderungen und Prüfverfahren" verspachtelt werden, wenn die Gipsplatten keine größeren Längenänderungen (z. B. infolge Feuchte- und Temperaturänderungen) aufweisen. Hierbei darf die Raumtemperatur ca. 10 °C nicht unterschreiten.

Die Längskanten von Gipsplatten können u. a. auf verschiedene Arten oder als Kombination dieser Kantenformen ausgebildet sein.

Eine **volle Kantenausbildung** dient insbesondere zur Trockenmontage ohne das Verspachteln der Fugen (s. Abb. V.10.01).

Zum Verspachteln der Fugen mit Fugendeckstreifen werden Gipsplatten mit **abgeflachten Kanten** eingesetzt. Die Abflachung dient zur Aufnahme der Fugenverspachtelung (s. Abb. V.10.02).

Halbrund ausgebildete Längskanten werden ohne Bewehrungsstreifen verspachtelt (s. Abb. V.10.03).

Halbrunde abgeflachte Kanten von Gipsplatten werden mit oder ohne Bewehrungsstreifen verspachtelt (s. Abb. V.10.04).

Gipsplatten, die **rund ausgebildete Längskanten** haben, kommen bei Putzträgerplatten zum Einsatz (s. Abb. V.10.05).

Gipsplatten mit gefasten Längskanten ermöglichen den Einsatz einer Reißschnur, deren Ende nach dem Verfugen und Verspachteln mit etwas Fugenband zusammengerollt und durch den Sockel abgedeckt wird. Wird hieran gezogen, so wird die Fuge herausgerissen und frei. Somit ist eine einfache Demontage und Wiederverwendung der Trennwände (s. Kap. III.5) möglich, wodurch sich die Variabilität erhöht und sich Kosten minimieren lassen.

Kennzeichnung der Gipsplatten

Gemäß DIN 18180 „Gipsplatten – Arten und Anforderungen" muss jede bandgefertigte Gipsplatte zusätzlich zur CE-Kennzeichnung nach DIN EN 520 mit folgenden Hinweisen ausgestattet sein:

- Herstellerwerk,
- Herstellungsdatum,
- DIN Hauptnummer (z. B. DIN 18180 für Gipsplatten) und
- Kurzzeichen der Plattenart (z. B. GKB).

In der vorgenannten Norm wird für werkmäßig mechanisch bearbeitete Platten, wie Zuschnitt-Gipsplatten und gelochte Gipsplatten, keine allgemein gültige Kennzeichnung angegeben.

Faserverstärkte Gipsplatten

Zu den faserverstärkten Gipsplatten gehören Gipsfaserplatten sowie Gipsplatten mit Vliesarmierung. Sie sind mittlerweile in den beiden Teilen der DIN EN 15283 „Faserverstärkte Gipsplatten – Begriffe, Anforderungen und Prüfverfahren" (Stand: Mai 2008) genormt.

Gemäß DIN EN 15283-1 „Faserverstärkte Gipsplatten – Begriffe, Anforderungen und Prüfverfahren – Teil 1: Gipsplatten mit Vliesarmierung" bestehen Gipsplatten mit Vliesarmierung (GM) aus einem abgebundenen Gipskern, der mit Matten aus gewebten oder vliesförmig angeordneten anorganischen und/oder organischen Fasern, verstärkt wird. Diese Platten werden eben und rechtwinklig hergestellt und aufgrund ihrer zusätzlichen Eigenschaften folgendermaßen unterschieden:

- Platten mit verringerter Wasseraufnahmefähigkeit (je nach Wasseraufnahmefähigkeit der Platte: Typ GM-H1 oder GM-H2),
- Platten mit erhöhter Oberflächenhärte (Typ GM-I),
- Platten mit erhöhter Festigkeit (Typ GM-R) und
- Platten mit verbessertem Gefügezusammenhalt bei hohen Temperaturen (Typ GM-F).

Gipsfaserplatten (GF) sind nach der DIN EN 15283-2 „Faserverstärkte Gipsplatten – Begriffe, Anforderungen und Prüfverfahren – Teil 2: Gipsfaserplatten" faserverstärkte Werkstoffe, die aus einem Gemisch aus Gips sowie darin eingebetteten Cellulosefasern (anorganische und/oder organische Fasern) bestehen. Die Platten sind eben und rechtwinklig und weisen unterschiedliche Dicken (10, 12,5, 15 und 18 mm) auf. Gipsfaserplatten werden aufgrund ihrer zusätzlichen Eigenschaften unterschieden in Platten:

- mit verringerter Wasseraufnahmefähigkeit (Typ GF-H),
- mit verringerter Wasseraufnahme der Plattenoberfläche (je nach Wasseraufnahmefähigkeit der Plattenoberfläche: Typ GF-W1 oder GF-W2),
- mit erhöhter Dichte (Typ GF-D),
- mit erhöhter Oberflächenhärte (Typ GF-I) sowie
- mit erhöhter Festigkeit (je nach Festigkeitskennwert: Typ GF-R1 oder GF-R2).

Die Ausbildung der Längskanten sowie die Kennzeichnung von faserverstärkten Gipsplatten stimmen mit der von Gipsplatten überein. Allerdings können die Längskanten von faserverstärkten Gipsplatten als Nut- und Federkante oder als Kombination dieser Kantenformen ausgebildet sein, für besondere Zwecke können weiterhin andere Kantenformen hergestellt werden.

Abb. V.10.01: Volle Kante von Gipsplatten nach DIN 18180

Abb. V.10.02: Abgeflachte Kante von Gipsplatten nach DIN 18180

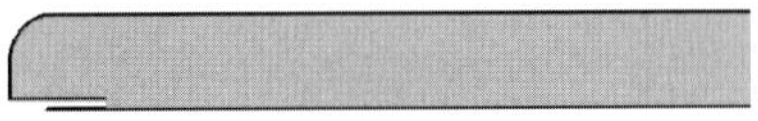

Abb. V.10.03: Halbrunde Kante von Gipsplatten nach DIN 18180

Abb. V.10.04: Halbrunde abgeflachte Kante von Gipsplatten nach DIN 18180

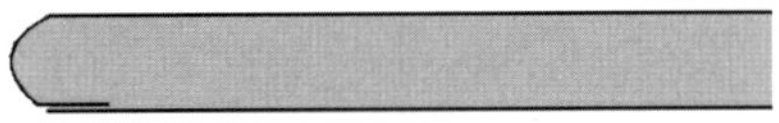

Abb. V.10.05: Runde Kante von Gipsplatten nach DIN 18180, Schnitt ohne Maßstab

V.10.2.1 Anforderungen und Eigenschaften

Gemäß DIN 18181 „Gipskartonplatten im Hochbau – Grundlagen für die Verarbeitung" muss bei den Anforderungen an den Feuchteschutz neben der Art des Trockenbaumaterials auch die möglicherweise vorhandene Notwendigkeit einer Abdichtung (s. Kap. V.13) berücksichtigt werden.

Tabelle V.10.01: Bandgefertigte Gipskartonplatten nach DIN 18180

Plattenart		Kennzeichnung durch Farbe
Bezeichnung	Kurzzeichen	
Bauplatten	GKB	Karton: weiß-gelblich/Aufdruck: blau
Feuerschutzplatten	GKF	Karton: weiß-gelblich/Aufdruck: rot
Feuerschutzplatten – imprägniert	GKFI	Karton: grünlich/Aufdruck: rot
Bauplatten – imprägniert	GKBI	Karton: grünlich/Aufdruck: blau
Putzträgerplatten	GKP	Karton: grau/Aufdruck: blau

Abb. V.10.06: Bauplatten (GKB) beim Dachgeschossausbau (Quelle: BAKA, Berlin)

Abb. V.10.07: Imprägnierte Feuerschutzplatten (GKFI)

Abb. V.10.08: Abgehängte Decke (Unterdecke) aus imprägnierten Bauplatten (GKBI)

Die grundsätzlichen Anforderungen an Gipsbauplatten werden in der DIN EN 520 (Gipsplatten) sowie in den beiden Normteilen der DIN EN 15283 (faserverstärkte Gipsplatten) geregelt. Neben den Abmessungen und flächenbezogenen Massen von Gipsbauplatten, werden hiernach auch die Anforderungen an die Schubfestigkeit, Bruchlast und Durchbiegung, die Wasseraufnahme, den Gefügezusammenhalt bei Beflammung, das Brandverhalten usw. von Gipsbauplatten gestellt. Weiterhin müssen Gipsbauplatten je nach Art der zusätzlichen Eigenschaften weitere Anforderungen erfüllen, z. B. Gipsplatten für Beplankungen des Typs E oder Gipsfaserplatten mit verringerter Wasseraufnahme der Plattenoberfläche der Typen GF-W1, GF-W2.

Wasseraufnahme

Bauplatten – imprägniert und Feuerschutzplatten – imprägniert sind wasserabweisend imprägnierte Platten, die Zusätze beinhalten, welche die Wasseraufnahme verzögern. Die Wasseraufnahme darf bei der entsprechenden Prüfung einen Massenanteil von 10 % nicht überschreiten.

Brandverhalten

Gipsplatten mit geschlossener Oberfläche sowie faserverstärkte Gipsplatten werden nach DIN 4102-4 „Brandverhalten von Baustoffen und Bauteilen; Zusammenstellung und Anwendung klassifizierter Baustoffe, Bauteile und Sonderbauteile" in die Baustoffklasse A 2 (nicht brennbar) eingestuft und bieten durch in Kristallen gebundenes Wasser im Gipskern, das im Brandfall verdampft und Energie bindet, einen ausgezeichneten Brandschutz. Gelochte Gipsplatten müssen nach dieser Norm mindestens die Anforderungen der Baustoffklasse B 1 (schwer entflammbar) erfüllen. Gips-Verbundplatten werden in die Baustoffklasse B 2 (normal entflammbar) eingestuft.

V.10.2.2 Einsatzgebiete und Verwendung

Gipsbauplatten bieten vielfältige Möglichkeiten der Oberflächenbehandlung, wie z. B. das Anbringen von Tapeten, Anstrichen (s. Kap. V.12) oder Fliesen (s. Kap. V.7).

Des Weiteren werden Trockenbaumaterialien häufig zur Verkleidung von Installationsleitungen eingesetzt. Im Innenausbau werden sie vor allem als Wand- und Deckenbekleidungen, als Beplankungen für Montagewände (s. Kap. III.5), als Vorsatzschalen, Unterdecken (s. Kap. III.6.1.4) und Trockenböden sowohl bei Neubauten als auch beim Bauen im Bestand eingesetzt. Hierbei handelt es sich i. Allg. um nicht tragende Bauteile.

Bei der Ausführung sind u. a. folgende Normen zu beachten:

- DIN 18183-1 „Trennwände und Vorsatzschalen aus Gipsplatten mit Metallunterkonstruktionen – Teil 1: Beplankung mit Gipsplatten,
- DIN 4103-1 „Nicht tragende innere Trennwände – Teil 1: Anforderungen, Nachweise",
- DIN 4103-2 „Nicht tragende innere Trennwände – Teil 2: Trennwände aus Gips-Wandbauplatten",
- DIN 4103-4 „Nicht tragende innere Trennwände; Unterkonstruktion in Holzbauart" und
- DIN EN 13964 „Unterdecken – Anforderungen und Prüfverfahren."

Für die Verarbeitung von Gipsplatten sind die notwendigen Grundlagen in der DIN 18181 vorgegeben. Hiernach sind Gipsplatten im Regelfall nicht für Räume geeignet, die nutzungsbedingt mit ständig hoher Luftfeuchte belastet sind (Nassräume). Jedoch finden sie in Räumen mit nutzungsbedingt zeitweise hoher Luftfeuchte wie beispielsweise in Küchen und Bädern innerhalb von Wohnungen Verwendung.

Einsatzgebiete von Gipsplatten

Bauplatten (GKB)

Bauplatten können zum Befestigen auf flächiger Unterlage, zum Ansetzen als Wand-Trockenputz nach DIN 18181 und zur Herstellung von Gips-Verbundplatten nach DIN 18184 „Gipskarton-Verbundplatten mit Polystyrol- oder Polyurethan-Hartschaum als Dämmstoff" eingesetzt werden.

Ab 12,5 mm Dicke sind sie zum Befestigen auf Unterkonstruktionen geeignet:

- für Wand- und Deckenbekleidungen nach DIN 18181,
- für Decklagen an Unterdecken und Deckenbekleidungen nach DIN 18168-1 „Gipsplatten-Deckenbekleidungen und Unterdecken – Teil 1: Anforderungen an die Ausführung",
- zur Beplankung von Montagewänden nach DIN 18183-1 „Trennwände und Vorsatzschalen aus Gipsplatten mit Metallunterkonstruktionen – Teil 1: Beplankung mit Gipsplatten" und
- zur Beplankung von Trennwänden mit Holzunterkonstruktion nach DIN 4103-4 „Nicht tragende innere Trennwände; Unterkonstruktion in Holzbauart".

Feuerschutzplatten (GKF)

Feuerschutzplatten werden zur Herstellung von Bauteilen mit hohen Anforderungen an die Feuerwiderstandsdauer verwendet, z. B. für Wohnungstrennwände oder Installationsschächte.

Bauplatten – imprägniert (GKBI)

Diese wasserabweisend imprägnierten Platten des Typs H2 sind nach DIN 18181 in Räumen mit nutzungsbedingt zeitweise hoher Luftfeuchte zu verwenden. Dies ist jedoch nur dann zulässig, wenn die anfallende Feuchtigkeit innerhalb eines üblichen Nutzungszyklus durch geeignete Lüftungsmöglichkeiten wieder abgeführt werden kann.

Putzträgerplatten (GKP)

Putzträgerplatten werden als Putzträger auf Unterkonstruktionen verwendet und besitzen abgerundete Kanten. Eine gute Haftung des aufzubringenden Gipsputzes wird durch die Saugfähigkeit des verwendeten Kartons erreicht.

Einsatzgebiete von werkmäßig mechanisch bearbeiteten Gipsplatten

Zuschnitt-Gipsplatten

Zuschnitt-Gipsplatten besitzen im Regelfall rechteckig beschnittene, scharfkantige oder gefaste Kanten. Im Quadrat zugeschnittene Platten werden als Gipskarton-Kassetten bezeichnet und in kleinen Formaten z. B. für Unterdecken (s. Kap. III.6.1.4) verwendet.

Gelochte Gipsplatten

Gelochte Gipsplatten besitzen durchgehende Löcher in verschiedenen Formen, wie z. B. runde oder ovale Formen oder Schlitze, die in besonderen Lochfeldern und Mustern angeordnet sein können. Quadratisch zugeschnittene gelochte Gipsplatten werden als Gips-Kassetten bezeichnet. Gelochte Gipsplatten können rückseitig mit einem Faservlies oder mit einer Dämmstoffauflage versehen sein. In dieser Kombination werden sie insbesondere zur Steuerung der Raumakustik (Schallabsorption) eingesetzt.

Gipsplatten für Sonderzwecke

Werkmäßig mechanisch bearbeitete Gipsplatten ergeben durch Beschichten oder Kaschieren mit plastischen Massen oder Folien weitere Ausführungsformen. Die Beschichtung der Gipsplatten ist vom Verwendungszweck abhängig:

- Beschichtung mit einer Aluminiumfolie für „dampfsperrende" oder reflektierende Zwecke,
- Beschichtung mit einer Bleifolie zum Schutz vor Röntgenstrahlen,
- Beschichtung mit farbigen und/oder gemusterten Weich- oder Hartfolien für gestalterische Zwecke.

Einsatzgebiete weiterer Plattenarten

Faserverstärkte Gipsplatten

Faserverstärkte Gipsplatten (Gipsfaserplatten und Gipsplatten mit Vliesarmierung) gehören neben Gipsplatten zu den gebräuchlichsten Fertigbauplatten im Innenbereich. Sie können für die gleichen Verwendungszwecke wie Gipsplatten eingesetzt werden, wobei sie auch für besondere Anwendungsbereiche geeignet sind. Faserverstärkte Gipsplatten können in den Bereichen, für die Anforderungen an den Brandschutz, Schallschutz, Wärmeschutz, Schubfestigkeit (Gipsfaserplatten) oder Streckfestigkeit (Gipsplatten mit Vliesarmierung) gestellt werden, verwendet werden. Daher werden sie als Decklage für Unterdecken, als Trockenunterboden (auch in Verbindung mit Dämmung zur Wärmedämmung, Trittschalldämmung sowie für den Brandschutz), als Trägerplatte für Furniere und Beschichtungen und zur Herstellung von Gips-Verbundplatten eingesetzt.

Zudem können faserverstärkte Gipsplatten mit Gipsputz oder mit einer Oberflächendekoration versehen werden (s. DIN EN 15283).

Gipsplatten-Verbundelemente

Gipsplatten-Verbundelemente sind nicht in der DIN 18180 geregelt. Für sie gilt die Norm DIN 18184 „Gipskarton-Verbundplatten mit Polystyrol- oder Polyurethan-Hartschaum als Dämmstoff" (Stand: Juni 1991). Hierbei handelt es sich um Verbundelemente aus 9,5 bis 12 cm dicken Bauplatten und 20 bis 60 cm dicken Dämmstoffplatten (Polystyrol- oder Polyurethan-Hartschaum) (s. Kap. V.9).

Zudem können „dampfsperrende" Schichten zwischen den Bauplatten und dem Dämmstoff angeordnet sein. Gips-Verbundplatten eignen sich für Wand- und Deckenbekleidungen, die auf einer Unterkonstruktion mechanisch befestigt werden. In der Regel können sie ohne Unterkonstruktion an senkrechten flächigen Bauteilen mittels Kleber befestigt werden.

Gips-Verbundplatten werden vornehmlich als Innendämmungen in Altbauten und Kellerräumen eingesetzt. In Altbauten sind sie außerdem häufig in Heizkörpernischen zu finden. Bei dieser Form der Dämmung besteht die Gefahr der Tauwasserbildung. Aus diesem Grund sind gegebenenfalls Dampfsperren einzubauen.

Abb. V.10.09: Riss im Bereich der Fugen von Gipsplatten

V.10.3 Typische Mängel und Schäden

Typische Mängel und Schäden an Gipsbauplatten können einerseits durch eine mangelhafte Ausführung der Konstruktion, der Befestigung sowie der Anschlüsse an angrenzende Bauteile von Gipsbauplatten entstehen. Andererseits können hygrische und thermische Längenänderung der Gipsbauplatten Mängel und Schäden hervorrufen.

Durch länger anhaltende hohe Feuchteeinwirkungen kann das Gefüge auch bei imprägnierten Gipsbauplatten zerstört werden.

V.10.3.1 Risse und Verformungen

Einen typischen Mangel stellt das Fehlen von Dehnungs- und Bewegungsfugen an Gipsbauplatten dar, sodass durch die Bewegungen von Bauteilen untereinander (z. B. durch Setzungen der Gebäudebauteile) Risse im Bereich der Fugen und Verformungen der Gipsbauplatten auftreten können.

Solche Schäden können auch durch unvorhergesehene Belastungen, wie z. B. durch Deckendurchbiegungen, entstehen, wenn die entsprechenden Bauteilanschlüsse nicht gleitend ausgebildet sind (s. Kap. III.5.1.4).

Risse und Verformungen an Gipsbauplatten können ebenfalls durch Schwind- und Quellprozesse resultieren.

V.10.3.2 Schadstoffe

Formaldehyd

Schadstoffbelastungen treten in der Regel nicht im Zusammenhang mit Gipsbauplatten auf. Allerdings sind Trockenbaumaterialien wie Holzwerkstoffe (Span- und Sperrholzplatten) häufig mit Formaldehyd belastet. Bei Formaldehyd handelt es sich um einen Schadstoff, der hauptsächlich in Holzwerkstoffen vorkommt, da deren Leim meist aus Formaldehydverbindungen besteht. Holzwerkstoffe werden insbesondere als Bekleidungsmaterial für Innenwände (s. Kap. III.5) und Decken (s. Kap. III.6) sowie als Bodenbelag wie z. B. Fertigparkett (s. Kap. III.10) genutzt.

V.10.4 Maßnahmen

Zur Feststellung der Schadensursache ist es wichtig, neben der Schadensaufnahme eine begleitende Untersuchung durchzuführen. Anschlüsse, Konstruktion, Lastenverteilung usw. sind auf etwaige Mängel zu überprüfen.

V.10.4.1 Maßnahmen bei Rissen und Verformungen

Bei Rissen und Verformungen handelt es sich meist um resultierende Schäden aus z. B. Lastveränderung. Daher muss neben der Beplankung auch die Unterkonstruktion komplett erneuert werden, da sowohl die Gipsbauplatten als auch die Unterkonstruktionen oft unbrauchbar werden können.

Je nach Art des Schadens können z. B. kleinere Risse, die aufgrund hygrischer und thermischer Längenänderung entstanden sind, durch rissfeste Tapeten oder Wandbekleidungen kaschiert werden.

Wurde das Gefüge z. B. durch eine länger anhaltende hohe Feuchteeinwirkung zerstört und sind Verformungen eingetreten, so müssen die beschädigten Gipsbauplatten ausgetauscht, gegebenenfalls die Unterkonstruktion erneuert und fehlende Dehnungs- und Bewegungsfugen ausgebildet werden.

V.10.4.2 Maßnahmen bei Schadstoffbelastungen

Formaldehyd

Maßnahmen bei Schadstoffbelastungen von Trockenbaustoffen durch formaldehydhaltige Holzwerkstoffe (Span- und Sperrholzplatten) werden in den Kapiteln zu den Bauteilen Innenwände (s. Kap. III.5), Decken (s. Kap. III.6) sowie Böden und Bodenbeläge (s. Kap. III.10) erläutert.

V.11 Putz

Autoren: Dipl.-Ing. (FH) Yasemin Wildebrand, Architektin; Dipl.-Ing. (FH) Dirk Fanslau-Görlitz, Architekt; Dipl.-Ing. Silke Nicole Klein, Architektin

V.11.1 Allgemeines

Putze dienen nicht nur zur Gestaltung der Wand- und Deckenoberflächen (s. Kap. III.2, Kap. III.5 und Kap. III.6) von Gebäuden, sondern erfüllen auch bauphysikalische Aufgaben, wie z. B. die Regulierung der Raumfeuchtigkeit.

Putze finden auch bei der Modernisierung bestehender Gebäude Anwendung, um geschädigte und unansehnliche Oberflächen aufzuwerten. Der Innenputz eignet sich nicht nur als Unterputz, auf dem weitere Beschichtung, wie z. B. Tapeten oder Wandbekleidungen (s. Kap. III.2.1.3 und Kap. III.2.1.4), aufgebracht werden, sondern auch als Endoberfläche. Durch die Zugabe von Farbkonzentraten können Putzoberflächen in Marmor-, Stuccolustro- und anderen Strukturen entstehen. Zudem werden den Oberflächen durch verschiedene Putzweisen, wie z. B. Kellenstrichputz, individuelle Gestaltungen gegeben.

Definitionen und Begriffe

Nach DIN V 18550 „Putz und Putzsysteme – Ausführung" werden folgende 3 Begriffe bestimmt:

- Belag,
- Putzmörtel,
- Beschichtungsstoff.

Der Putz wird innerhalb oder außerhalb von Gebäuden auf Wände (s. Kap. III.2 sowie Kap. III.5), Decken (s. Kap. III.6) u. a. aufgebracht. Gemäß DIN V 18550 handelt es sich bei Putz um einen ein- oder mehrlagig in bestimmter Dicke aufgetragener Belag aus Putzmörteln oder Beschichtungen mit putzartigem Aussehen, der seine endgültigen Eigenschaften erst durch Verfestigung am Baukörper erreicht. Putzsysteme sind die Lagen eines Putzes, die in ihrer Gesamtheit und in Wechselwirkung mit dem Putzuntergrund die Anforderungen an den Putz erfüllen, wobei in bestimmten Fällen auch ein einlagiger Putz als Putzsystem bezeichnet werden kann. Vom gesamten Putzsystem sind die an den Putz zu stellenden Anforderungen zu erfüllen, indem der Nachweis der Eigenschaften nach DIN EN 998-1 „Festlegung für Mörtel im Mauerwerksbau – Teil 1: Putzmörtel", DIN 1168 „Baugipse" und DIN 18558 „Kunstharzputze; Begriffe, Anforderungen, Ausführung" zu erfolgen hat. Für bewährte Putzsysteme sind die Tabellen 2, 3 und 5 der DIN V 18550, für verschiedene Anwendungsbereiche und Hinweise, wie z. B. für Putze an Kellerwänden angegeben. Ausschlaggebend ist jedoch die Art der Vorbereitung des Putzgrundes, die auf die Art des Putzsystems abgestimmt sein muss.

Putze werden nach DIN V 18550 und DIN 18558 in Putze mit mineralischen Bindemitteln (mineralische Putze) und Putze mit organischen Bindemitteln (Kunstharzputze) unterschieden.

Gemäß DIN V 18550 sind mineralische Putze nach ihrer Mörtelart in 4 Putzmörtelgruppen gegliedert.

Hierzu gehören:

- Mörtel mit hydraulischem Kalk, Wasserkalkmörtel, Luftkalkmörtel (P I),
- Kalkzementmörtel, Mörtel mit hydraulischem Kalk oder mit Putz und Mauerbinder (P II),
- Zementmörtel mit oder ohne Zusatz von Kalkhydrat (P III) und
- Gipsmörtel und gipshaltige Mörtel (P IV).

Organische Putze, auch Kunstharzputze genannt, bestehen hingegen aus:

- ca. 82 % Füllstoffen/Zuschlägen (Quarz, Marmor oder Kalkstein mit überwiegendem Kornanteil von > 0,25 mm),
- ca. 10 % Wasser und
- ca. 8 % Beschichtungsstoffen aus organischen Bindemitteln (Dispersionen oder Lösungen).

Kunstharzputze werden nach Anwendung und Bindemittelanteil in die Beschichtungsstoff-Typen Außen- und Innenputz (P Org 1) und Innenputz (P Org 2) unterschieden.

Abb. V.11.01: Verputztes Gebäude im Bestand

Weiterhin werden Putzarten wie Putze, die den allgemeinen Anforderungen genügen, von Putzen, die zusätzliche Anforderungen erfüllen, wie wasserhemmender Putz, wasserabweisender Putz, Innenwandputz mit erhöhter Abriebfestigkeit, Innenwand- und Innendeckenputz für Feuchträume und Wärmedämmputz sowie von Putzen für Sonderzwecke wie Sanierputz, Putz als Brandschutzbekleidung oder mit Strahlenabsorption und schallabsorbierender Putz (Akustikputz) unterschieden.

V.11.1.1 Anforderungen

An Innen- und Außenputze werden neben den allgemeinen Anforderungen auch spezifische Anforderungen bezüglich des Verwendungszweckes gestellt. Dabei wird zwischen Innen- und Außenputzen sowie Putzen für Sonderzwecke unterschieden.

Allgemeine Anforderungen an Putze

Gemäß DIN V 18550 werden die Anforderungen an den Putzmörtel in den Normen DIN EN 998-1, DIN 1168 und DIN 18558 definiert. Nach DIN V 18550, Nr. 7.1 „Allgemeine Anforderungen an Innen- und Außenputz" müssen Putze gleichmäßig gut am Putzgrund und die einzelnen Schichten aneinander gut haften. Der Putzmörtel soll innerhalb der Putzlagen ein gleichmäßiges Gefüge aufweisen. Die Festigkeit des Putzes ist dem jeweiligen Putzgrund anzupassen, der Widerstand gegen Abrieb sowie die Oberflächenbeschaffenheit müssen entsprechend den Anforderungen der zukünftigen Nutzung ausgewählt werden. Auch soll die Putzoberfläche frei von Rissen sein, wobei Haarrisse im begrenztem Umfang, d. h., wenn sie den optischen und technischen Wert des Putzes nicht beeinträchtigen, nicht zu bemängeln sind.

Weiterhin werden Anforderungen an den Putzaufbau und an die Putzdicke gestellt. So richtet sich der Putzaufbau nach den Anforderungen an den Putz und nach der Beschaffenheit des Putzgrundes. Damit Putze bzw. Putzsysteme physikalische Aufgaben erfüllen können, sind bestimmte Putzdicken einzuhalten. Hierzu wird in der DIN V 18550, Nr. 7.3.2 „Innen- und Außenputze" folgendes vorgegeben: *„Die mittlere Dicke von Putzen bzw. Putzsystemen, die allgemeinen Anforderungen genügen, muss außen 20 mm (zulässige Mindestdicke 15 mm) und innen 15 mm (zulässige Mindestdicke 10 mm) betragen, bei einlagigen Innenputzen aus Werk-Trockenmörtel sind 10 mm ausreichend (zulässige Mindestdicke 5 mm). Einlagige wasserabweisende Putze aus Werkmörtel sollen an Außenflächen eine mittlere Dicke von 15 mm (erforderliche Mindestdicke 10 mm) aufweisen. Die jeweils zulässigen Mindestdicken müssen sich auf einzelne Stellen beschränken".*

Ein wichtiger bauphysikalischer Aspekt ist das Verhalten des Putzes im Brandfall. Die Anforderungen an das Brandverhalten von Putzen sind in DIN 4102 „Brandverhalten von Baustoffen und Bauteilen" erläutert. Hieraus geht hervor, dass der Brandschutz im Innenbereich insbesondere durch das Verwenden von Gipsputzen gewährleistet wird. Gipsputze werden nach DIN 4102 „Brandverhalten von Baustoffen und Bauteilen" in die Baustoffklasse A eingestuft. Je nach Putzdicke können sie an Wänden, Decken, Unterzügen u. Ä. die Feuerwiderstandsklassen F 60, F 90 und F 120 erreichen. Darüber hinaus schreibt die DIN EN 998-1, Nr. 5.2.2 „Brandverhalten" vor, dass Putzmörtel ohne Prüfung der Brandverhaltensklasse A 1 zugeordnet werden dürfen. Voraussetzung hierfür ist jedoch, dass der Gehalt an homogen verteilten organischen Stoffen ≤ 1 % der Masse oder des Volumens beträgt. Dabei ist der größere Wert maßgebend. Hingegen sind Putzmörtel, deren Gehalt an homogen verteilten organischen Stoffen ≥ 1 % der Masse oder des Volumens beträgt (maßgebend ist der größere Wert), nach DIN EN 13501-1 „Klassifizierung von Bauprodukten und Bauarten zu ihrem Brandverhalten – Teil 1: Klassifizierung mit den Ergebnissen aus den Prüfungen zum Brandverhalten von Bauprodukten" zu klassifizieren.

Außenputze

Wie bereits erwähnt, werden Innen- und Außenputze in weitere spezifische Zusatzanforderungen unterteilt, die im Folgenden aufgezeigt werden:

- Witterungsbeständigkeit,
- Regenschutz (wasserhemmende und wasserabweisende Putzsysteme),
- erhöhte Druckfestigkeit z. B. bei Kellerwandaußenputzen,
- erhöhte Druckfestigkeit, Feuchtebeständigkeit und Frostresistenz (Außensockelputz).

Innenputze

- Erhöhte Abriebfestigkeit (je nach Verwendung),
- Feuchtigkeitsbeständigkeit (Innenwand- und Innendeckenputz für Feuchträume).

Putze mit besonderen Eigenschaften

- Anforderungen an die Dicke des Unter-, Ober- und Ausgleichsputzes (Wärmedämmputz),
- Anforderungen an die Gesamtputzdicke (Sanierputz),
- besondere Anforderungen an die Ebenheit des Untergrundes sowie Anforderungen an die Putzdicke (Dünnlagenputz),
- bei Putzen mit besonderen Anforderungen an Schall-, Brand- und Strahlenschutz richtet sich die Putzdicke nach den gestellten Anforderungen.

Putzgrund

Den größten Einfluss auf die Qualität eines Putzes hat der Putzgrund. Um eine gute Haftung des Putzes z. B. an der Wand (s. Kap. III.2, Kap. III.5) zu gewährleisten, muss der Putzgrund entsprechend beschaffen sein. Grundsätzlich muss der Putzgrund bestimmte Eigenschaften besitzen:

- ebenflächig,
- tragfähig und fest,
- nicht wasserabweisend, gleichmäßig saugend, homogen,
- rau, trocken, staubfrei, frei von Verunreinigungen,
- frei von schädlichen Ausblühungen und
- frostfrei bzw. über 5 °C temperiert.

Erfüllt der Putzgrund diese Anforderungen nicht, müssen vor Beginn der Putzarbeiten die notwendigen Vorbehandlungen vorgenommen werden. In der DIN V 18550, Nr. 4 „Hinweise für die Planung von Putzarbeiten" wird beschrieben, dass gegebenenfalls Putzgrundvorbehandlungen (Grundierungen, Haftbrücken u. Ä.) erforderlich sind, da die Haftung des Putzes durch das Saugvermögen, die Rauhigkeit und die Feuchte des Putzgrundes beeinflusst wird. Weiterhin sind zur Reduzierung von Rissbildungen bei verschiedenen Putzgründen, wie z. B. Mischmauerwerk, Dämmplatten und Betongurten, besondere Maßnahmen erforderlich, beispielsweise, wenn nach dem Auftragen und dem Erhärten des Unterputzes ein Armierungsputz mit eingebettetem alkalibeständigem Glasgittergewebe aufgetragen wird.

Zur Minimierung der Gefahr einer Rissbildung sollten vor dem Verputzen wesentliche konstruktive Verformungen des Putzgrundes, wie z. B. Schwinden, Setzungen, Verdrehungen des Deckenauflagers, abgeschlossen sein. Außerdem ist es zwingend notwendig, dass Bewegungsfugen des Bauwerks an gleicher Stelle und mit gleicher Bewegungsmöglichkeit übernommen werden. Sollen gerissene Putzuntergründe alter Gebäude verputzt werden, dann sind spezielle Maßnahmen durchzuführen, wie z. B. Armierung des Putzes oder der Einsatz von Unterkonstruktionen und Putzträgern.

Zudem wird darauf hingewiesen, dass lösliche Salze, vor allem Sulfate, in Putzgründen aus Mauerwerk sowie in alten Putzgründen vorkommen können. Da Salze in Verbindung mit Feuchte zur Zerstörung des Putzes, des Putzgrundes, zu Rissen und zum Verlust der Putzhaftung sowie zur Korrosion von nicht korrosionsbeständigem Metall führen können, sind auch hier entsprechende Maßnahmen, wie z. B. der Einsatz von Sanierputzen, vor der Putzausführung zu planen.

V.11.1.2 Einsatzgebiete und Verwendung

Schon seit Jahrtausenden werden Putze als Baustoff verwendet und zählen neben Naturstein (s. Kap. V.8.1) und Holz (s. Kap. V.4) zu den ältesten Baustoffen. Bereits im Altertum wurde aus Mörtel (bestehend aus Lehm, Ton, Mergel und Schlamm) Putzmörtel z. B. zum Glätten von Wandoberflächen hergestellt.

In Ägypten und Mesopotamien wurden tonhaltige und mit Stroh versehene Putzschichten entdeckt. In der römischen Bautechnik wurde der Mauerwerksbau (s. Kap. V.1) weiterentwickelt. Vermörtelte Bauwerke wurden von den Römern z. B. mit Kalkputz oder einem Anstrich (s. Kap. V.12.1.1) versehen. Auch zeigen römische Malereien Putzdicken von ca. 3 bis 5 cm auf. Hierfür wurden Zuschlagstoffe, wie z. B. Marmorsplitt, Marmormehl, Ziegelmehl, Ziegelsplitt und Trass, verwendet. Die Putztechniken der Römer wurden in der Renaissance aufgenommen und weiterentwickelt, sodass Wände mit bis zu 7 Putzlagen versehen wurden.

Diese Baustoffe sind aufgrund ihrer Langlebigkeit heutzutage noch an vielen historischen Gebäuden, wie etwa an Fachwerkhäusern, bestehend aus Lehm und Kalk (mineralische Baustoffkombination), zu sehen. Auch Gips ist für den Einsatz in Innenräumen von Gebäuden ein von alters her bewährter Baustoff. Hierbei wird auch an die Verwendung von Stuckgips an Decken (s. Kap. III.6.1) erinnert.

Die bezüglich der Aufbringung einer Putzschicht früher eher als kritisch bezeichneten Untergründe, wie Betonoberflächen, Dispersionsanstriche, Fliesen und Platten, können aufgrund des heutigen Standes der Technik fachgerecht verputzt werden.

Putze werden je nach Anforderungen, wie z. B. der örtlichen Lage oder der Beanspruchung für Innen- und Außenbereiche von Gebäuden, verwendet. Als ein- oder mehrlagiger Belag werden Putze wie z. B. Kalk- und Kalkzementputze, Kalkgips- und Gipskalkputze, reine Gipsputze (Stuckgips, Putzgips, Maschinenputzgips, Haftputzgips, Fertigputzgips), Lehmputze, Kunstharzputze, Akustikputze, Sanierputze, Leichtputze und Edelputze eingesetzt.

Je nach Einsatzgebiet und Anforderungen können verschiedene Putze insbesondere beim Bauen im Bestand verwendet werden.

Kalkputze

Kalkputze werden vor allem bei der Denkmalpflege zur Sanierung historischer und denkmalgeschützter Fassaden eingesetzt, sind jedoch auch als Innenputz geeignet. Der wesentliche Vorteil eines Kalkputzes liegt in seiner guten Wasserdampfdiffusionsfähigkeit.

Kalkzementputze

Kalkzementputze werden aufgrund ihrer wasserabweisenden Eigenschaften vorwiegend als Außenputze eingesetzt.

Kunstharzputze

Kunstharzputz ist nach DIN 18558 „Kunstharzputze; Begriffe, Anforderungen, Ausführung" der Sammelbegriff für Beschichtungen aus organischen Bindemitteln mit putzartigem Aussehen. Er wird ausschließlich als Oberputz verwendet. Zudem werden Kunstharzputze in Innen- und Außenputze mit unterschiedlichem Bindemittel-Mindestgehalt unterteilt.

Leichtputze

Leichtputze werden zum Verputzen von hochwärmedämmendem Leichtmauerwerk, z. B. aus porosierten Leichtziegeln (s. Kap. V.1.1.4), Leichtbeton und Porenbeton, verwendet.

Edelputze

Edelputze bezeichnen Putze, die verarbeitungsbereit zur Baustelle geliefert werden. Es handelt sich dabei um weiße oder farbige Werk-Trockenmörtel zur Erstellung von Oberputzen für innen und außen.

Sanierputze

Sanierputze sind Putze mit hoher Porosität und Wasserdampfdurchlässigkeit bei gleichzeitig erheblich verminderter kapillarer Leitfähigkeit. Sie werden beim Bauen im Bestand im Innen- und Außenbereich vor allem bei feuchten und salzbelasteten Flächen eingesetzt. Hierdurch werden langfristig intakte Putzoberflächen ohne Salzausblühungen und Absprengungen erzielt.

Akustikputze

Akustikputze dienen mit ihren schallschluckenden Eigenschaften der Verbesserung des Schallschutzes. Ihre Offenporigkeit und spezielle Porenverteilung macht sie mechanischen Belastungen gegenüber sehr empfindlich. Akustikputze können farbig und geometrisch gestaltet werden. Sie können aus mehreren Schichten bestehen, erhalten jedoch keine Schlussbeschichtung, wie z. B. einen Anstrich (s. Kap. V.12.1), der ihre schallabsorbierende Wirkung verhindern würde.

Lehmputze

Lehmputze eignen sich besonders zur Sanierung von Fachwerkgebäuden und ähnlichen historischen Konstruktionen. Sie erfüllen hohe Ansprüche an das Raumklima und die Wohnhygiene.

Abb. V.11.02: Mangelbehaftete Putzoberfläche (Quelle: Sto AG, Stühlingen)

Abb. V.11.03: Putzablösung (Quelle: BAKA, Berlin)

Abb. V.11.04: Putzgrundbedingte Fugenrisse (Quelle: Sto AG, Stühlingen)

Abb. V.11.05: Putzgrundbedingter Querschubriss (Quelle: Sto AG, Stühlingen)

V.11.2 Mängel und Schäden

Putzmängel sind augenscheinlich erkennbar und nachweisbar. Sie können bei der Verarbeitung bzw. Herstellung, aber auch durch konstruktive, gebäudespezifische Einflüsse, wie etwa Setzungen von Gebäuden, oder durch äußere Einwirkungen, wie z. B. Witterung, entstehen. Als Putzmangel werden das Absanden der Putzfläche, Putzablösungen, Fleckenbildungen und Verfärbungen, Zerstörungen des Mörtelgefüges sowie mörtel- und putzbedingte Risse bezeichnet. Treten Putzrisse oder Putzablösungen auf, so ist eine weiterführende Analyse der Differenz zwischen der Ist- und der Sollbeschaffenheit des Putzes notwendig (s. Kap. VI.1.10 sowie Kap. VI.2.5).

V.11.2.1 Putzgrund

Ausschlaggebend für Mängel am Putz ist insbesondere der Putzgrund.

Einerseits ist dieser, wie alle anderen Bauteile, hygrischen und thermischen Verformungen ausgesetzt, wie z. B.:

- Verkürzung des Untergrunds gegenüber der Bekleidung durch Schwinden,
- Verkürzung des Untergrunds gegenüber der Bekleidung durch Kriechen,
- Längenänderung der Bekleidung durch Temperaturwechsel,
- Längenänderung der Bekleidung durch Feuchte (Wasseraufnahme/-abgabe),
- setzungsbedingten Veränderungen.

Andererseits entstehen Mängel durch:

- das Weglassen eines Ausgleichsputzes bei sehr unebenem Untergrund,
- das Aufbringen auf unterschiedlichen (Aufbrennen) oder unzureichend festen Materialien (z. B. Lehm),
- Putzen auf nicht vorbehandelten Untergründen,
- anhaltende Feuchte (Pilzbefall).

V.11.2.2 Putzablösungen

Putzablösungen sind Hohlstellen, die sich z. B. nach jahrelanger Bewitterung zwischen der Ober- und Unterputzschicht bilden.

Ursachen für die Putzablösung sind u. a. hygrothermische Belastungen, durch Druck- und Zugspannungen bei der jahreszeitlich bedingten Erwärmung bzw. Abkühlung, mangelnde Haftung des Putzes auf dem Untergrund, ausgelöst durch unzureichende Grundierung oder Zwischenbeschichtung auf verstärkt saugendem Untergrund, Durchfeuchtung und Abtrocknung.

Hierbei treten Scherkräfte zwischen den einzelnen Putzschichten auf, die zur verminderten Haftung bis hin zur kompletten Ablösung des Putzes führen.

V.11.2.3 Putzrisse

Putzrisse entstehen, wenn durch Formveränderungen Spannungen entstehen, die größer als die innere Festigkeit der Putzschale sind. Die häufigsten Ursachen sind ungünstige Festigkeitsprofile, Bindemittelanreicherungen, starkes hygrisches und thermisches Schwinden und Quellen des Putzuntergrunds sowie dessen mangelnde Vorbehandlung.

Putzrisse können neben putzbedingten (baustoffbezogenen) Rissen auch in putzgrundbedingte Risse (Fugen-, Querschub- und Kerbrisse) und bauwerksbedingte Risse (Deckenschubrisse) unterteilt werden.

Putzbedingte Risse werden beeinflusst durch die Zusammensetzung des Putzes, das Mischverhältnis der Bestandteile, die Einflüsse bei der Herstellung und die Einflüsse bei der Erhärtung.

Putzbedingte Risse können weitgehend in verschiedene Risstypen unterschieden werden.

Sackrisse

Diese sind überwiegend horizontal durchhängend verlaufende Risse mit einer Länge von ca. 10 bis 20 cm und einer Breite von bis zu 3 mm. Hohlstellen sind im Bereich der unteren Rissflanke möglich. Zu den Ursachen gehören ein schlecht haftender Untergrund und Fehler in der Verarbeitung, wie z. B. das zu dicke Auftragen, zu starke Reiben oder eine zu weiche Konsistenz des Putzes.

Schrumpfrisse

Hierbei handelt es sich um netzförmige Risse mit einem Knotenabstand von ca. 20 cm und Rissbreiten bis zu 0,5 mm. Sie reichen selten bis zum Putzgrund und entstehen 1 bis 2 Stunden nach dem Aufbringen des Putzes. Zu den Ursachen gehören zu feiner, gleichkörniger Sand in der oberen Putzschicht, zu schnelles Abtrocknen und ein zu hoher Bindemittelanteil in der Schlussbeschichtung durch zu langes bzw. zu starkes Verreiben.

Schwindrisse

Solche Risse sind einförmig verzweigte oder netzförmige Risse. Sie werden auch als Y-Risse bzw. Craquelé-Risse bezeichnet. Schwindrisse können bis zum Putzgrund reichen und entstehen insbesondere 1 bis 2 Monate nach Abschluss der Putzarbeiten. Zu den Ursachen gehören die mangelnde Abstimmung zwischen Untergrund und Putzsystem, haftungsstörende und haftungsmindernde Schichten auf dem Putzuntergrund und das zu schnelle Austrocknen der einzelnen Putzlagen.

Fettrisse

Fettrisse sind Haarrisse und treten nur an der Putzoberfläche von Deckputzen mit sehr feiner Struktur und besonders geglätteten Putzen auf. Sie entstehen durch die Anreicherung der Feinanteile des Putzgefüges an der Oberfläche und der Verkleinerung des Porenraumes.

V.11.2.4 Gips- und Anhydritputze

Gips- und Anhydritputze sollten nur in trockenen Räumen (Bäder und Küchen im Wohnungsbau zählen zu diesen) verwendet werden, da ihre typischen Mängel insbesondere auf die Einwirkung von Feuchtigkeit oder die Verwendung ungeeigneter Materialien (z. B. Zement) zurückzuführen sind.

Zu diesen Mängeln zählen insbesondere das Abpulvern des Putzes, Rost- und Wasserflecken und das Treiben des Gipses/Absprengungen des Putzes vom Putzgrund.

Abb. V.11.06: Putzgrundbedingter Kerbriss (Quelle: Sto AG, Stühlingen)

Abb. V.11.07: Bauwerksbedingter Deckenschubriss (Quelle: Sto AG, Stühlingen)

Abb. V.11.08: Sackrisse (Quelle: Sto AG, Stühlingen)

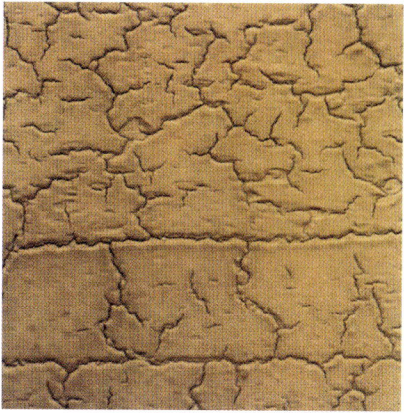

Abb. V.11.09: Schrumpfrisse (Quelle: Sto AG, Stühlingen)

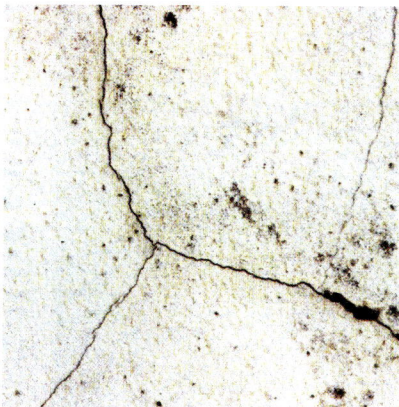

Abb. V.11.10: Schwindrisse (Quelle: Sto AG, Stühlingen)

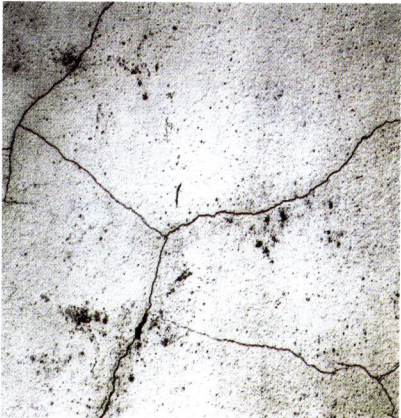

Abb. V.11.11: Fettrisse (Quelle: Sto AG, Stühlingen)

V.11.2.5 Schadstoffe

Schadstoffbelastungen von Putz können vorwiegend im Zusammenhang mit asbesthaltigen Zuschlagstoffen auftreten. Allerdings wurde asbesthaltiger Putz meist nicht im Wohnungsbau verarbeitet. Daher besteht bei der Verwendung von Putz im Wohnungsbau prinzipiell keine Gefahr. Putze können jedoch durch lösemittel- und/oder schwermetallhaltige Beschichtungen wie Farbanstriche belastet sein (s. dazu Kap. V.12).

V.11.3 Maßnahmen

Ziel einer Sanierung ist es, den Putzschaden zu beheben. Vor jeder Sanierung der mit Putz versehenen Wände oder Decken sollte zur Feststellung der Mängel eine Schadens- und Zustandsanalyse durchgeführt werden. Zur Prüfung des Untergrunds können verschiedene Prüfverfahren, z. B. mechanische oder physikalisch-chemische Verfahren (s. Kap. VI), angewendet werden.

V.11.3.1 Putzgrundvorbereitung und -vorbehandlung

Die Putzgrundvorbereitung und -vorbehandlung haben einen wesentlichen Einfluss auf die Qualität der Putzoberfläche. Deshalb sind u. a. Schlitze, Fehlstellen und größere Fugen vor dem Verputzen mit geeignetem Mörtel zu schließen, Haftbrücken oder Aufbrennsperren (Grundierungen) aufzutragen und Ecken und Kanten durch entsprechende Profile zu schützen.

V.11.3.2 Hydrophobierung als Untergrundvorbehandlung

Unter Hydrophobierung wird die Behandlung einer Baustoffoberfläche mit einem wasserabweisenden Beschichtungs- oder Imprägnierstoff (Hydrophobierungsmittel) verstanden. Als Untergrundvorbehandlung wird ein Hydrophobierungsmittel in 2 Arbeitsschritten auf den gründlich gereinigten Untergrund aufgebracht. Dieser dringt in die poröse Putzoberfläche ein und überzieht die oberflächennahen Poren und Risse mit einem dünnen, jedoch nicht geschlossenen Film. Der Film trocknet anschließend transparent aus und ist dadurch nicht mehr sichtbar. Ihre Wirkungsdauer liegt bei ca. 5 Jahren.

V.11.3.3 Putzablösungen

Um die Schadensursache bei Putzablösungen feststellen zu können, werden unterschiedliche Analysemethoden, wie z. B. das Erkennen von Hohlstellen, angewendet. Je nach Art der Schadensursache ist die dafür entsprechende Sanierung anzuwenden. Ist der Schaden z. B. durch stetige hygrothermische Beanspruchungen entstanden, so kann der Oberputz entfernt und der Unterputz aufgeraut werden. Vor dem Aufbringen des neuen Oberputzes ist der Unterputz mit einem Haftanstrich zu versehen oder gegebenenfalls vorzunässen. Jedoch können die unter Kapitel V.11.3.4 erwähnten Maßnahmen ebenfalls bei Putzablösungen angewendet werden.

V.11.3.4 Putzrisse

Die grundlegende Fragestellung bei einer Risssanierung beschäftigt sich mit der Dauerhaftigkeit der Maßnahme, da eine rein oberflächliche Schönheitsreparatur niemals die Ursachen behebt, sondern insbesondere nur die wirtschaftlichste Variante darstellt. Der an diese Reparaturen gestellte Anspruch beschäftigt sich also meist nur mit der Behebung des Putzschadens. Bei der Risssanierung von Innenputzen richtet sich die Art der Sanierung vor allem nach dem Putzuntergrund. Das grundlegende Verfahren ist jedoch mit anderen Risssanierungen zu vergleichen. Der Riss wird vergrößert, je nach Größe wird eine Haftbrücke eingebaut und anschließend wird der Riss mit Mörtel verfüllt.

Im Gegensatz zu der Behandlung der entstehenden Risse im Außenputz muss bei der Sanierung von Innenputzen zwischen solchen, die als Endbeschichtung die Oberfläche der Innenwand bilden, oder denen, die noch eine Beschichtung (s. Kap. V.12.1) bzw. Oberfläche erhalten, unterschieden werden. Dient der Putz als Endbeschichtung, ist eine Sanierung von Rissen wesentlich einfacher, als wenn noch eine weitere Beschichtung, z. B. Tapete und Farbe, vorhanden ist.

Sanierung von Einzelrissen

Nach der Sanierung von Einzelrissen kommt es meist zu sichtbaren Unterschieden gegenüber dem Bestand, weil auch einzelne Risse großflächig überdeckt werden müssen. Die Wissenschaftlich-Technische Arbeitsgemeinschaft für Bauwerkserhaltung und Denkmalpflege e.V. (WTA) empfiehlt in ihrem Merkblatt „Beurteilung und Instandsetzung gerissener Putze an Fassaden" für die Instandsetzung von Einzelrissen 3 Verfahren, die im Folgenden aufgezeigt werden.

Rissüberbrückung

Die Rissüberbrückung mit Putz wird in Fällen, in denen fast keine Bewegungen und Restverformungen mehr erwartet werden, und bei Rissen am Materialwechsel im Putzuntergrund angewendet. Dieses Verfahren beruht auf dem Prinzip der Entkopplung. Der vorhandene Unterputz wird beidseitig des Risses ca. 20 cm breit, der Oberputz noch weitere 5 cm breit entfernt. Nach der Reinigung dieses Bereiches wird zuerst eine Trennlage (z. B. mehrlagiges Glasvlies) auf dem Riss und danach ein Putzträger, der ca. 5 mm Abstand zum Untergrund halten und den Riss jeweils um 25 cm überdecken sollte, angebracht. Beispielsweise kann als Putzträger ein punktgeschweißtes Drahtgitter mit einer Maschenweite von ca. 12 mm und mindestens 1 mm Drahtdicke verwendet werden. Anschließend wird der Unter- und Oberputz aufgetragen.

Starrer Rissverschluss

Der starre Rissverschluss bzw. die kraftschlüssige Risssanierung wird bei konstruktionsbedingten Rissen angewendet, bei denen sowohl deren Rissweitenänderung ausgeklungen ist als auch Bauwerks- und Untergrundverformungen abgeschlossen sind.

Dazu werden die Risse ausreichend breit und tief geöffnet, die Ränder mit einer untergrundfestigenden Grundierung versehen, der Riss selbst mit einem dehnfähigen Mörtel (z. B. kunstharzmodifizierter mineralischer Feinmörtel oder organisch gebundener Feinmörtel) ausgefüllt und der Oberputz aufgetragen.

Flexibler Rissverschluss

Der flexible Rissverschluss durch Umwandlung in eine Dehnfuge wird bei weitgehend geradläufigen Rissen zwischen 2 unterschiedlichen Bauteilen mit geringer Rissrandbewegungen angewendet, bei denen die Umwandlung in eine meist sichtbare Dehnfuge akzeptiert wird, wie z. B. an Gebäudeanschlusskanten, Deckenauflagern, Bauteilfugen. Es gibt 2 Ausführungsmöglichkeiten, die im Folgenden beschrieben sind.

Bei der einen Variante (Dehnfuge mit Fugendichtstoff) wird der bestehende Riss auf Putztiefe bis zu einer durchgehenden Fuge, jedoch mindestens 8 mm, aber viermal so breit wie die zu erwartende Rissrandbewegung, aufgeweitet. Die Fugenflanken werden mit einer den Untergrund verfestigenden Grundierung versehen, die Fuge gegebenenfalls mit einer Schaumstoffschnur hinterfüllt und mit plastoelastischer Fugendichtungsmasse verfugt (s. DIN 18540 „Abdichten von Außenwandfugen im Hochbau mit Fugendichtstoffen").

Bei der Variante 2 (Dehnfuge mit Profil) wird der vorhandene Oberputz beidseitig des Risses ca. 10 cm breit bis zum Putzgrund entfernt. Die Breite des abzunehmenden Oberputzes hängt dabei von der Profilauswahl ab. Der Unterputz wird beidseitig des Risses ca. 5 cm entfernt. Nach der Reinigung der Fuge wird ein Dehnfugenprofil eingebaut und dann der Oberputz angebracht.

Flächige Risssanierung

Eine flächige Risssanierung wird notwendig, wenn ein bestehendes, verputztes Gebäudebauteil komplett mit Rissen durchzogen ist oder zusätzliche Maßnahmen wie eine Putzinstandsetzung notwendig werden. Dabei ist vor allem darauf zu achten, dass die ausgewählte Sanierungsart den Ansprüchen der Kälteelastizität entspricht.

Rissüberbrückende Beschichtungssysteme

Die Risssanierung mit organisch gebundenen, rissüberbrückenden Beschichtungssystemen, die sich für alle putzbedingten und in Ausnahmefällen auch für konstruktionsbedingte Risse eignet. Sie wird angewendet, um verschiedene Rissbreiten von 0,1 bis 1 mm zu überbrücken, wenn keine Bewegungen mehr zu erwarten sind. Geeignete Untergründe sind Beton (s. Kap. V.2), Zementputze und überwiegend zementhaltige Putze.

Für Putze werden verformungsfähige zugfeste Anstriche (s. Kap. V.12), wie dispersionsgebundene elastische Fassadenfarben, verwendet. Es gibt ein-, zwei- und mehrschichtige Instandsetzungsverfahren mit und ohne Gewebearmierung und drei- oder vierlagige Anstrichaufbauten mit einer Trockenschichtdicke von 0,3 bis 0,4 mm.

Ein Glätten der Oberfläche und eine Untergrundvorbehandlung durch Hydrophobierung sind zwingend erforderlich. Das geeignete System kann unter der Vielzahl der Angebote mit der Unterstützung von Fachleuten gefunden werden.

Rissfüllende Beschichtungssysteme

Die anstrichtechnische Risssanierung mit mikroporösen, füllenden Beschichtungssystemen, die sich bei vorwiegend beruhigten Rissen mit einer Rissbreite unter 0,2 mm, wie z. B. Sackrissen nach einer vorausgehenden Rissverfüllung und Schwindrissen sowie Schrumpfrissen nach der Austrocknung, eignet. Dazu werden mikroporöse, gefüllte Farben auf Dispersions-, Silikonharz- oder Dispersionssilikatbasis verwendet, aus denen zuerst die Risse, dann die Rissränder und schließlich die gesamte Fläche nochmals einen Grund- und Deckanstrich erhalten.

Abb. V.11.12: Risse mit größeren Rissrandbewegungen

Putztechnische Risssanierung

Die putztechnische Risssanierung mit Oberputzen, die sich ebenfalls bei vorwiegend beruhigten Rissen mit einer Rissbreite unter 0,2 mm, wie beispielsweise Sackrissen nach vorausgehender Rissverfüllung und Schwindrissen sowie Schrumpfrissen nach Austrocknung, eignet. Dazu werden nach einer Untergrundprüfung auf ausreichende Tragfähigkeit und einer eventuell mechanischen Beseitigung von Rückständen mineralische Oberputze nach DIN V 18550 und Kunstharzputze nach DIN 18558 eingesetzt.

Dünnschichtige Risssanierung

Die dünnschichtige Risssanierung mit Gewebespachtelung und Oberputz, die sich für Einzelrisse bis 0,2 mm, für alle putzbedingten Risse, für konstruktionsbedingte Risse mit einer Rissbreitenänderung bis 0,1 mm und bei Rissen in der Armierungsschicht von Wärmedämm-Verbundsystemen eignet.

Dazu werden mineralische Gewebespachtelungen mit mineralischem Oberputz, elastischem Silikonharz- oder Kunstharzputz verwendet.

Zunächst steht die Prüfung des Untergrunds auf Tragfähigkeit je nach Zustand bis hin zur Entfernung des Altputzes und dem Auftragen eines neuen Putzes im Vordergrund. Nach einem eventuellen Überbrücken von größeren Einzelrissen wird die Oberfläche mit einem Armierungsputz egalisiert. Gemäß den Angaben des Herstellers zu dem gewählten Beschichtungssystem wird anschließend eine Zwischenbeschichtung und dann ein mineralisch oder organisch gebundener Oberputz aufgetragen.

Dickschichtige Risssanierung

Die dickschichtige Risssanierung mit Wärmedämmputzen sowie mit Leichtputzen nach DIN V 18550, die sich für alle putzbedingten und konstruktionsbedingten Risse, wenn eine Rissbreitenänderung von > 0,2 mm zu erwarten ist, eignet.

Diese Systeme erlauben es auch, mineralischen Putzmörtel auf organisch gebundenen Untergründen anzubringen, da sie über dem bestehenden Putz, dessen Abschlagen und Entsorgen nicht notwendig wird, aufgebracht werden. Sie bestehen in den meisten Fällen aus einem Unterputz, eventuell einer Zwischenarmierung oder Ausgleichsschicht mit oder ohne Gewebeeinlage und einem Mineralputz.

Wärmedämm-Verbundsysteme

Die Risssanierung mit einem Wärmedämm-Verbundsystem (WDVS) eignet sich hervorragend zur Erneuerung von Außenfassaden und zur Sanierung von Putzrissen an Außenwänden.

Um typische Schäden oder Mängel beim WDVS zu vermeiden, sollten folgende Maßnahmen vor der Ausführung der WDVS-Sanierung beachtet werden:

- Wärmedämm-Verbundsysteme werden von den entsprechenden Herstellern als Systeme angeboten. Ein System umfasst alle für die Außendämmung (s. Kap. V.9) erforderlichen Materialien in einer aufeinander abgestimmten Zusammensetzung. Entsprechend sollten nur diese systemkonformen Materialien verwendet werden. Die Verarbeitungsempfehlungen und -hinweise der jeweiligen Hersteller sind zu befolgen.
- Partielle, übermäßige Durchfeuchtungen der Außenwärmedämmung und kapillar aufsteigende Feuchtigkeit im Verputz sind zu vermeiden.
- Vor Ausführungsbeginn ist die Austrocknung des Rohbaus zu gewährleisten.
- Die Tragfähigkeit des Untergrunds ist zu prüfen.
- Wasserlösliche Salzausblühungen sollten bei Neubauten trocken abgebürstet werden.
- Bei Altbauten und nicht tragfähigem Untergrund sollten Wärmedämmplatten aus Polystyrol verklebt (s. Kap. V.9.1) und zusätzlich mechanisch fixiert werden. Auch Mineralfaserplatten (s. Kap. V.9.1) sollten mechanisch fixiert werden.
- Wärmedämmplatten (s. Kap. V.9.1) müssen dicht gestoßen und rechtwinklig zur Plattenfläche verlegt werden.
- Fehlstellen dürfen nicht mit Montageschaum ausgefüllt werden, sondern sind mit dem gleichen Material zu schließen.
- Überzähne müssen abgeschliffen werden.

V.11.3.5 Gips- und Anhydritputze

Eine Schadens- und Zustandsanalyse ist insbesondere bei dem Schadensfall Treiben des Gipses/Absprengungen des Putzes vom Putzgrund wichtig, um die Ursache der erhöhten Wasseraufnahme festzustellen. Hierdurch können je nach Schadensfall geeignete Maßnahmen eingeleitet werden.

Besteht der Verdacht der Durchfeuchtung des Mauerwerks (s. Kap. V.1), kann z. B. eine gravimetrische Feuchtigkeitsmessung durchgeführt werden. Wird hierdurch der Verdacht bestätigt, so sind auch ergänzende Abdichtungsmaßnahmen (s. Kap. V.13.3.1) am Mauerwerk notwendig. Der Putz wird abgeschlagen und sorgfältig bis zum Untergrund entfernt. Dabei dürfen keine Unebenheiten auf dem Putzuntergrund verbleiben, damit der nun auf dem trockenen Untergrund aufgetragene Sanierputz gleichmäßig haftet. Sanierputze eignen sich hierfür besonders, da sie eine hohe Porosität und Wasserdampfdurchlässigkeit bei gleichzeitig reduzierter kapillarer Leitfähigkeit aufweisen. Sie werden insbesondere bei feuchten und salzbelasteten Flächen eingesetzt, um langfristig intakte Putzoberflächen ohne Salzausblühungen und Absprengungen zu gewährleisten.

V.12 Anstriche und Beschichtungen

Autoren: Dipl.-Ing. (FH) Yasemin Wildebrand, Architektin; Dipl.-Ing. (FH) Dirk Fanslau-Görlitz, Architekt

V.12.1 Allgemeines

Nach DIN 55945 „Beschichtungsstoffe und Beschichtungen – Ergänzende Begriffe zu DIN EN ISO 4618" ist das Wort Anstrich eine traditionelle Bezeichnung für Beschichtungen. Anstriche sind aus Anstrichstoffen hergestellte Beschichtungen.

Der Anstrichstoff (auch Anstrichmittel genannt) ist ein flüssiger bis pastöser oder pulverförmiger Beschichtungsstoff, der auf einem Untergrund (z. B. Putz oder Beton) aufgetragen wird und im trockenen Zustand als Anstrich bezeichnet wird. Er besteht aus Bindemitteln, Füllstoffen, gegebenenfalls aus Pigmenten und anderen Farbmitteln, Lösemitteln bzw. Verdünnungsmitteln und sonstigen Zusätzen.

Anstriche und Beschichtungen werden u. a. durch Streichen, Spritzen und Walzen (Rollen) aufgetragen und dienen zur Gestaltung von Gebäuden sowie z. B. zum Schutz vor Witterung, Wasser (Schlagregen), Feuchte, UV-Strahlung, Lichteinwirkung, Verschmutzung, Umwelteinflüssen, Fäulnis, Insektenbefall, Korrosion und mechanischen Einflüssen, wie z. B. Stoßen und Kratzen.

Die Wahl eines Anstrichs hängt u. a. vom Untergrund ab. Mehrschichtige Anstriche werden als Anstrichsystem bzw. Anstrich- und Beschichtungssystem bezeichnet und sind komplex aufgebaute Produkte der Bauchemie. Für Anstriche innerhalb von bestehenden Gebäuden setzen sich Anstrich- und Beschichtungssysteme gegebenenfalls aus einem Grundanstrich (Grundierung) und/oder einem Deckanstrich zusammen. Außenanstriche bestehen meist aus folgenden Systemkomponenten:

- Grundanstrich (Grundierung):
  Der Grundanstrich wird aus 1 oder 2 Anstrichschichten gebildet. Zur Untergrundverbesserung und um Einwirkungen von Stoffen aus dem Untergrund auf den Anstrich oder umgekehrt zu vermeiden, wird als Grundierung ein Absperrmittel verwendet, wodurch das Saugverhalten von Untergründen verringert wird. Haftgrundmittel („Wash-Primer") sind haftungsvermittelnde und passivierende Mittel zur Metallvorbehandlung. Dünnflüssige Grundiermittel werden als Einlassmittel, z. B. zur Festigung stark saugender Untergründe, bezeichnet.
- Zwischenanstrich:
  Zwischenanstriche, die zwischen Grundanstrich und Deckanstrich aufgetragen werden, bewirken eine bessere Deckfähigkeit des Deckanstrichs.
- Deckanstrich:
  Deckanstriche bestehen je nach Deckvermögen aus einer oder mehreren Schichten. Mehrere dünne Anstrichschichten sind zwar aufwendiger, ergeben aber gleichmäßigere Filme, die gut austrocknen können. Das Auftragen der Anstrichstoffe bzw. Beschichtungsstoffe erfolgt in Form von Streichen mit Pinsel oder Rolle, Quast bzw. Streichbürste, Walzen mit der Rolle, Spritzen mit der Spritzpistole, Tauchen, Fluten oder anderen Verfahren, wie z. B. elektrostatischen Techniken. Unterschieden werden Deckanstriche nach ihrer Lichtdurchlässigkeit in deckende, durchsichtige und lasierende (durchscheinende) Anstriche (Lasuren).

V.12.1.1 Begriffe und Definitionen

Bindemittel

Die Bindemittel in einem Anstrichstoff haben die Aufgabe, die Pigmente durch Kohäsion untereinander und durch Adhäsion mit dem Untergrund zu verbinden. Als Bindemittel wird der nicht flüchtige Anteil eines Anstrichstoffes bzw. Beschichtungsstoffes verstanden. Es wird von „Bindemittel im Anstrichstoff" gesprochen, wenn das Bindemittel den Anstrichstoff als flüssigen Bestandteil verarbeitungsfähig macht. Verändert sich das Bindemittel nach dem Auftragen physikalisch und/oder chemisch, wird vom „Bindemittel im trockenen Anstrich" gesprochen.

Abb. V.12.01: Durch Anstriche beschichtetes Gebäude (links: vorher, rechts: nachher)

Abb. V.12.02: Innenanstrich eines Gebäudes (Quelle: BAKA, Berlin)

Die Trocknung, d. h. der Übergang vom flüssigen in den festen Zustand, erfolgt auf verschiedene Weisen:

- physikalisch durch Verdunsten z. B. des Lösemittels oder Emulsionswassers,
- durch chemische Reaktion z. B. mit dem Luftsauerstoff,
- durch Reaktion zweier Komponenten, die vor dem Anstrichauftrag miteinander vermischt werden (Polyurethanlacke, die als PUR-Lacke oder DD-Lacke bezeichnet werden).

Oft laufen die physikalische und chemische Trocknung simultan ab, wenn z. B. Lösemittel verdunsten und trocknende Ölanteile durch Sauerstoffaufnahme verharzen.

Farbmittel (Pigmente und Farbstoffe)

Nach DIN EN ISO 4618 „Beschichtungsstoffe – Begriffe" umfassen Farbmittel sowohl die im Anwendungsmedium unlöslichen Pigmente als auch die im Anwendungsmedium löslichen Farbstoffe. Der Begriff „Farbstoff" wird definiert als ein Farbmittel, das dem Beschichtungsstoff (in dem es gelöst ist) die gewünschte Farbe gibt.

Abb. V.12.03: Nassabriebbeständigkeit eines Innenanstrichs

Tabelle V.12.01: Klassen für die Wasserdampf-Diffusionsstromdichte (v) für Beschichtungssysteme nach DIN EN 1062-1, Tabelle 4

Klassen		Anforderungen	
		g/(m²·d)	m [1)]
	(v 0)	keine Anforderungen	
hoch	(v 1)	> 150	< 0,14
mittel	(v 2)	≤ 150 / > 15	≥ 0,14 / < 1,4
niedrig	(v 3)	≤ 15	≥ 1,4

[1)] Werte für die diffusionsäquivalente Luftschichtdicke (sd) nach EN ISO 7783-2

Pigmente

Pigmente sind die Bestandteile eines Anstrichstoffes, die das farbliche Aussehen des Anstrichs bestimmen. Dabei werden mehrere Arten von Pigmenten unterschieden. Es gibt inerte, chemisch nicht reagierende und reaktive Pigmente, z. B. Rostschutzpigmente, die chemisch mit dem Untergrund reagieren.

Pigmente müssen folgende Anforderungen erfüllen:

- Widerstandsfähigkeit gegen Kalk und Zement (kalkechte oder zementechte Pigmente = alkalibeständig),
- Verträglichkeit mit Lösemitteln oder Wasser,
- Lichtechtheit (lichtechte Pigmente), insbesondere gegenüber UV-Licht,
- Wetterbeständigkeit,
- Deckvermögen, das mit der Mahlfeinheit zunimmt.

V.12.1.2 Anforderungen

Anstriche müssen wie alle Beschichtungen fest haften und eine Anstrichoberfläche, die entsprechend der Art des Beschichtungsstoffes und des angewendeten Verfahrens gleichmäßig ohne Ansätze und Streifen erscheint, besitzen. Sie müssen ein bestimmtes Maß an Wasserdampfdurchlässigkeit haben, damit ein Teil der Feuchte, die insbesondere in Wohngebäuden entsteht, über die Außenwände ins Freie abgegeben werden kann.

Während für Innenanstriche nassabriebbeständige Anstrich- und Beschichtungsstoffe zu verwenden sind, sollten Außenanstriche wetterbeständig sein.

Innenanstriche

Normen und Regelwerke sind wichtige Kriterien zur Bewertung der Qualität von Anstrichen und Beschichtungen. Zum November 2001 wurde die DIN 53778 „Kunststoffdispersionsfarben – Bestimmung des Kontrastverhältnisses und der Helligkeit von Anstrichen" durch die DIN EN 13300 „Beschichtungsstoffe – Wasserhaltige Beschichtungsstoffe und Beschichtungssysteme für Wände und Decken im Innenbereich" ersetzt. Die DIN 53778 galt nur für weiße Innenfarben. Hingegen gilt die DIN EN 13300 für alle Innenfarben und Innenputze, sie unterscheidet Einordnungskriterien und Qualitätskriterien wie z. B. für deren Anwendung. Insbesondere ist neben dem Kontrastverhältnis/Deckvermögen des Anstrichs die Nassabriebbeständigkeit ein wichtiges Kriterium einer qualitativ hochwertigen Farbe. Sie beschreibt die Reinigungsfähigkeit (Wasch- bzw. Scheuerbeständigkeit), d. h. das Maß für die Widerstandsfähigkeit gegen mechanischen Abrieb z. B. beim Reinigen der Oberfläche.

Außenanstriche

Ein Außenwandanstrich wird als wetterbeständig bezeichnet, wenn er Bewitterungsprüfungen standhält, wobei bei unterschiedlichen klimatischen Bedingungen die Beständigkeit, aber auch die Alterung von Anstrichen und Beschichtungen geprüft wird. Insbesondere hängt die Widerstandsfähigkeit gegen atmosphärische Einflüsse vom Bindemittel ab, die durch Pigmente und Füllstoffe gesteigert werden kann.

Für wetterbeständige Anstriche sind u. a. Anstrich- und Beschichtungsstoffe wie z. B. Kalk, Kalk-Weißzement, Silikatfarben, Dispersionssilikatfarben oder Dispersionsfarben geeignet.

Die DIN EN 1062-1 „Beschichtungsstoffe – Beschichtungsstoffe und Beschichtungssysteme für mineralische Substrate und Beton im Außenbereich – Teil 1: Einteilung" legt Kriterien wie z. B. Eignungsfaktoren, die das Substrat betreffen, fest, wonach die Eignung eines Beschichtungssystems für eine bestimmte Anwendung beurteilt werden kann. Beschichtungen nach dieser Norm müssen für die Anwendung auf mineralischen Substraten, wie z. B. Unterputze aus Zement, Kalk oder Stuck, geeignet sein. Ihre Haltbarkeit ist abhängig vom Substrat sowie von den örtlichen klimatischen Bedingungen.

Neben der Trockenschichtdicke und der Korngröße gehört die Wasserdampf-Diffusionsstromdichte zu den wichtigsten Eigenschaften und Merkmalen von Beschichtungssystemen. Der Einfluss des Beschichtungssystems auf das Feuchteverhalten des Substrates lässt sich anhand der Eigenschaften in der Tabelle V.12.01 beurteilen.

V.12.1.3 Einsatzgebiete und Verwendung

Der jeweilige Untergrund bestimmt durch seine Art und Beschaffenheit sowie seine Vorbehandlung das einzusetzende Anstrichmittel und das Anstrich- und Beschichtungssystem. Auf Untergründe wie u. a. Putz, Beton, Porenbeton, Ziegelmauerwerk oder Kalksandstein werden Anstriche aufgetragen, die neben der farblichen Gestaltung insbesondere auch zum Schutz und zur Erhaltung dieser dienen.

Die DIN 18363 „Maler- und Lackierarbeiten – Beschichtungen" der VOB/C gilt für das Beschichten mit Lacken, Anstrichstoffen und anderen Beschichtungsstoffen, es werden u. a. folgende Stoffe und ihre Einsatzgebiete aufgezeigt:

- Stoffe zur Untergrundvorbehandlung: Anlaugestoffe,
- Grundbeschichtungsstoffe: für Holz und Holzwerkstoffe und für Metalle,
- Spachtel- und Ausgleichsmassen,

- deckend pigmentierte Beschichtungsstoffe:
- für mineralische Untergründe: Kalkfarbe, Kalk-Weißzementfarbe, Leimfarbe, Silikatfarbe, Dispersions-Silikatfarbe, Dispersions-Silkatbeschichtungsstoffe, Siliconharzfarben, Epoxidharzlackfarben,
- für Holz und Holzwerkstoffe im Außenbereich: Lacke und Anstrichstoffe nach DIN EN 927 „Lacke und Anstrichstoffe – Beschichtungsstoffe und Beschichtungssysteme für Holz im Außenbereich" und
- für Metalle: Polyurethanharzlackfarben (PUR-Lackfarben), Epoxidharzlackfarben (EP-Lackfarben), Heizkörperlackfarben,
- lasierende Beschichtungsstoffe:
- für mineralische Untergründe: Lasuren,
- für Holz und Holzwerkstoffe im Außenbereich: Lacke und Anstrichstoffe nach DIN EN 927-1 usw.

Silikatfarben

Silikatfarben bestehen aus einem organischen Bindemittel, dem Kaliwasserglas (Silikat), welches aus den natürlichen Stoffen Quarzsand und Pottasche hergestellt wird, sowie aus Füllstoffen und Pigmenten. Da Silikat ähnlich zusammengesetzt ist wie Glas (s. Kap. V.6), in Wasser löslich ist und glasartig auftrocknet, werden diese Farben auch als Wasserglasfarben bezeichnet. Wasserglas bildet keinen Film, sondern bewirkt eine Versteinerung oder Verkieselung des Untergrunds. Infolge der Alkalität wirken Wasserglasanstriche keimtötend.

Früher wurden Zweikomponenten-Silikatfarben verwendet, die sich dadurch auszeichneten, dass das Wasserglas als Bindemittel mit den Füllstoffen und den Pigmenten einige Stunden vor der Verarbeitung gemischt wurde. Aufgrund ihrer u. a. schwierigen Verarbeitbarkeit (Gefahr von Wolkenbildung, ungleichmäßiges Aussehen) wurden in den letzten 40 Jahren die sogenannten Einkomponenten- oder Dispersions-Silikatfarben entwickelt. Dispersions-Silikatfarben enthalten bis zu 5 % Kunststoffdispersionen und können diesbezüglich streichfertig angerührt geliefert werden. Der Grundanstrich erfolgt mit verdünntem Wasserglas. Wasserglasfarben werden als zweifache Anstriche aufgetragen. Die Farben sind sehr widerstandsfähig gegen äußere Einflüsse, mikroporös und gut wasserdampfdurchlässig. Sie sind für alle mineralischen Untergründe, wie z. B. Kalk- und Zementputze, geeignet, jedoch nicht für alte Farbschichten aus Kunststoffdispersionen. Dispersions-Silikatfarben eignen sich für alle mineralischen Untergründe wie Silikatfarben und zusätzlich für Untergründe aus alten Kunststoffdispersionen.

Siliconharzfarben

Seit ca. 30 Jahren werden Siliconharzfarben hergestellt und besitzen mittlerweile einen hohen Qualitätsstand. Siliconharzfarben werden auf der Basis von Siliconen mit organischen Lösemitteln oder auf Wasserbasis hergestellt. Sie besitzen einerseits eine gute Wasserdampfdurchlässigkeit und sind gleichzeitig wasserabweisend. Durch ihre Dauerhaftigkeit sind Siliconharzfarben als Anstrich auf allen mineralischen Putzen, Kunstharzputzen und auf alten Silikat- und Dispersionsanstrichen geeignet. Siliconharz-Fassadenfarben haben sich insbesondere als Anstrich von Wärmedämm-Verbundsystemen bewährt.

Kunststoff-Dispersionsfarben

Kunststoff-Dispersionsfarben (auch Dispersionsfarben oder KD-Farben genannt) enthalten in Wasser dispergierte Polymerisationsharze (fein verteilte Kunststoffteilchen) als Bindemittel. Sie werden seit ca. 50 Jahren hergestellt und sind die am häufigsten verwendeten Farben für den Innen- und Außenbereich von Gebäuden. Etwa 70 % aller Fassaden erhielten in den letzten Jahren einen Anstrich mit Dispersionsfarben. Durch die Weiterentwicklung verschiedener Kunststoffdispersionen wurden die Nachteile (starke Filmbildung und geringe Wasserdampfdurchlässigkeit) früherer Dispersionsfarben aufgehoben.

Dispersionsfarben sind für fast alle Untergründe einsetzbar. Sie werden je nach Erfordernissen u. a. mit Pigmenten und/oder Füllstoffen versetzt. Die verwendeten Bindemittel sind Polymere, wie z. B. Polyvinylacetate, Polyvinylpropionate, Polyacrylate bzw. Acrylharze.

Kalkfarben

Kalke werden aus Kalkstein gebrannt und anschließend z. B. zu Mörtelkalken oder Kalkfarben weiterverarbeitet. Das Bindemittel ist mit Wasser verdünnter gelöschter Weißkalk $Ca(OH)_2$. Weißkalk kam früher zum Weißen von einfachen Räumen wie Kellern, Garagen und Ställen zum Einsatz. Wegen des hohen pH-Wertes hat Weißkalk gleichzeitig desinfizierende Eigenschaften. Ein deckender Auftrag erfordert mehrere Anstriche.

Heutzutage werden Kalkfarben im Innen- sowie im Außenbereich von Bauwerken (z. B. im Denkmalschutz, ökologischen Bauen) nur noch in Form veredelter Fertigmischungen eingesetzt, da der saure Regen herkömmliche Kalkanstriche schädigen kann.

Alkydharzfarben

Alkydharzfarben sind Polyester aus Dicarbonsäuren und mehrwertigen Alkoholen unter Zusatz von trocknenden und nicht trocknenden Ölen mit beigemischten Fettsäuren. Die Alkydharzlacke weisen einen Ölgehalt von etwa 20 bis 70 % auf. Sie werden auch als lufttrocknende Lacke oder Luftlacke bezeichnet. Ihre Erhärtung erfolgt an der Luft durch Oxidation und Polymerisation, die durch Erwärmung beschleunigt wird. Ofentrocknende Alkydharze werden als Einbrennlacke für Metalllackierungen eingesetzt.

Ein geeignetes Lösemittel für Alkydharzlacke ist Terpentinöl bzw. Testbenzin. Alkydharzlacke sind die im Bauwesen meistverwendeten Lackfarben und die vorherrschende Bindemittelbasis streichfertiger Lacke, die als Imprägnier- und Grundiermittel, Spachtel- und Vorlackfarben, Klar-, Weiß- und Buntlacke eingesetzt werden. Sie sind meist nach wenigen Stunden staubtrocken, nach $1/4$ bis $1/2$ Tag grifffest und nach 12 bis 24 Stunden durchgetrocknet.

V.12.2 Mängel und Schäden

Typische Mängel und Schäden im Zusammenhang mit Anstrichen werden in untergrundbedingte Mängel und Schäden (z. B. Anstrichrisse) und in aufgrund äußerer Einwirkungen entstandene Mängel und Schäden (z. B. Schimmelpilzbildung) unterschieden.

Abb. V.12.04: Risse in der Beschichtung einer Außenwand

Abb. V.12.05: Abblätternder Anstrich einer Außenwand

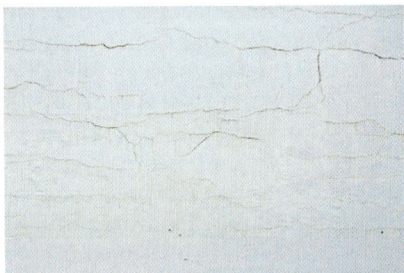

Abb. V.12.06: Risse im Anstrich auf einer Sichtbetonoberfläche einer Außenwand

Abb. V.12.07: Gelbliche Verfärbungen des Anstrichs einer Betonoberfläche

V.12.2.1 Allgemeines

Zu den Mängeln und Schäden an Innen- und Außenanstrichen gehören u. a. Anstrichrisse, Anstrichverfärbungen und Anstrichablösungen.

Untergrundbedingte Mängel und Schäden

Anstrichrisse

- Sichtbeton:
Anstrichrisse im Sichtbeton sind meistens netzartige Risse, die sich erst nach mehreren Monaten im Anstrich fortsetzen. Der Riss im Beton kann durch Abschaben des Anstrichs im Rissbereich nachgewiesen werden. Die Ursache können Schwinderscheinungen in der Oberfläche des Sichtbetons durch schnelles Austrocknen oder zu hohe Wasserzementzahl bzw. beim Verwenden von Stahl- bzw. Kunststoffschalungen sein.
- Kalksandsteinsichtmauerwerk:
Risse an Kalksandsteinmauerwerksoberflächen sind häufig an den Mörtelfugen zu beobachten und stellen sich als dünner Riss entlang der Fuge dar. Verursacht werden diese Risse durch das zu große Schwinden des Fugenmörtels. Häufiger sind diese Schäden an Außenflächen von bestehenden Fassaden festzustellen.

Mängel und Schäden aufgrund äußerer Einwirkungen

Anstrichverfärbungen

- Putz:
Dunkle Verfärbungen können durch Feuchteeinwirkung aus dem Untergrund bzw. unterschiedlich feuchte Putzflächen (unregelmäßiges Saugvermögen des Untergrunds) entstehen. Das Schadensbild kann wolkenartig oder scharf begrenzt sein.
- Beton:
Aufgrund der Durchwanderung von Schalölen können an gestrichenen Betonoberflächen gelbliche Verfärbungen auftreten. Die Verfärbungen können je nach Schalungsgröße unterschiedlich groß sein.

V.12.2.2 Innenanstriche

Typische Mängel und Schäden an Innenanstrichen und -beschichtungen werden in untergrundbedingte Mängel und Schäden, wie u. a. Innenanstrichrisse, Innenanstrichausblühungen und Innenanstrichablösungen, sowie in Mängel und Schäden, die aufgrund äußerer Einwirkungen entstehen, wie u. a. Schimmelpilzbildung an Innenwandanstrichen und ungenügende Nassabriebbeständigkeit des Anstrichs, unterschieden.

Untergrundbedingte Mängel und Schäden

Innenanstrichrisse

Typische Innenanstrichrisse treten bei verschiedenen Untergründen in Erscheinung:

- Kalkmörtelputz:
Risse im Kalkmörtelputz sind für die Anstrichrisse ursächlich. Dabei weist der weiße Kalkmörtelputz meist kurze und deutlich sichtbare Risse (Breite > 0,1 mm) auf, die sogenannten Schwindrisse. Bei Putz der Mörtelgruppe P II können netzartige Risse durch einen zu hohen Wassergehalt entstehen. Ein zu hoher Bindemittelgehalt ist bei Putz der Mörtelgruppe P I zu verzeichnen.
- Gipskartonplatten:
Häufig sind Risse im Bereich der Stöße von gestrichenen Gipskartonplatten zu beobachten. Diese sogenannten Haarrisse werden z. B. durch stark durchfeuchtete Platten, durch die Verwendung nicht normgerechter, stumpf gestoßener Platten oder durch die mangelhafte Ausführung der Gipskartonkonstruktionen verursacht.

Innenanstrichausblühungen

Ausblühungen sind an Innenanstrichen und -beschichtungen durch verschiedene Untergründe ersichtlich.

- Kalkmörtelputz:
Innenanstrichausblühungen bei Kalkmörtelputz treten häufig fleckenartig auf und können dazu führen, dass sich Innenanstriche schuppenartig vom Untergrund ablösen. Verursacht werden die Ausblühungen durch die Durchfeuchtung von Mauerwerk und Kalkmörtelputz.
- Gipsputz:
Das Schadensbild von Innenanstrichausblühungen bei Gipsputz stellt sich durch unregelmäßig und in unterschiedlicher Intensität auftretende Salzbeläge dar. Der Anstrich kann schuppenartig abgedrückt wer-

den. Die Salze treten in einem hellen Farbton in Erscheinung. Zum Teil kristallisiert die Salzlösung auf dem Anstrich. Verursacht werden die Ausblühungen durch zu starke Durchfeuchtung des Putzträgers oder durch ungenügende Austrocknung des Putzes, z. B. unzureichende Beheizung der betroffenen Räume.
- Ziegelsichtmauerwerk:
Das Schadensbild bei Ausblühungen von Salzen an Ziegelsichtmauerwerk stellt sich als weißer sich im Randbereich des Ziegelsteines und auf dem Fugenmörtel befindlicher Salzbelag dar oder als unregelmäßiger über die Steinfläche verteilter Salzbelag, wobei der Fugenmörtel frei von Ausblühungen bleibt. Die Salze können je nach Luftdurchlässigkeit des Anstrichstoffes auf dem Anstrichfilm auskristallisieren oder den Anstrich schuppenartig ablösen. Verursacht werden die Ausblühungen durch Feuchteeinwirkungen.
- Kalksandstein:
Das Schadensbild zeigt einen leicht abzureibenden wolkenartigen, weißlichen Belag sowie schuppenartige Abplatzungen der Anstriche. Je nach Art der Beschichtung sind blasenartige Erhebungen möglich. Verursacht werden die Ausblühungen durch Feuchteeinwirkungen von außen, aufsteigende Feuchte oder durch partiell auftretende Wasserschäden (Wasserrohrbruch).

Innenanstrichablösungen

In den meisten Fällen sind übermäßige Feuchteeinwirkungen, schlecht haftende Untergründe und zu schnelle Trocknung der Anstriche für das Ablösen der Innenanstriche und -beschichtungen vom Untergrund verantwortlich. Anstrichablösungen treten auf unterschiedlichen Untergründen auf.

- Kalkmörtelputz:
Das Schadensbild bei einem Kalkmörtelputz unterscheidet sich je nach Mörtelgruppe. Bei der Mörtelgruppe (MG) P I sind meist großflächige Teile des Oberputzes an der Rückseite der abgelösten Anstrichschicht auffällig. Bei der MG P II sind entsprechend pulverartige Putzanteile festzustellen. Je nach Mörtelgruppe ist eine unzureichende Haftung des Oberputzes auf dem Untergrund (MG P I) oder eine Putzoberfläche, die zu schnell abgetrocknet ist, als Ursache zu nennen.
- Gipsputz:
Das Schadensbild ist durch das Ablösen des Anstrichs mit an der Rückseite der Beschichtung haftendem Gipsputz gekennzeichnet, hierbei sind Risse im Gipsputz typisch.
- Sichtbeton:
Mögliche Schadensbilder bei Ablösungen des Anstrichs auf Sichtbetonflächen sind sich bis zum Betonuntergrund ablösende Beschichtungen. Diese sind ersichtlich durch das Benetzen des Betongrunds mit Wasser, das anschließend abperlt, und/oder pulverartige Betonteilchen, die an der Rückseite der sich ablösenden Beschichtung haften bleiben.
- Ziegelsichtmauerwerk:
Typische Schadensbilder bei Anstrichablösungen auf Ziegelsichtmauerwerksflächen sind sich bis zum Ziegeluntergrund ablösende Anstrichschichten, die auf folgende Arten von Ablösungen zurückzuführen sind:
  – Auf der Rückseite der abgelösten Anstrichschicht befinden sich keine Ziegelteilchen, was auf ein zu starkes Saugvermögen der Ziegel hindeutet.
  – Es bleiben kleine Ziegelteilchen an der Rückseite des Anstrichs haften, was auf eine ungenügend feste Oberfläche des Ziegels hinweist.
  – Oder es treten Einschlüsse aus dem Ziegel hervor, was durch Fremdkörper im Ziegelmaterial hervorgerufen werden kann.
- Kalksandsteinmauerwerk:
Schadensbilder bei Anstrichablösungen auf Kalksandsteinmauerwerk sind sich partiell ablösende Anstrichschichten. Solche Anstrichablösungen weisen oftmals auf der Rückseite des abgelösten Anstrichs keine Rückstände auf, jedoch Salzbeläge, die hier nachzuweisen sind. Meist sind Feuchteeinwirkungen als Ursache zu nennen.

Mängel und Schäden aufgrund äußerer Einwirkungen

Schimmelpilzbildung an Innenanstrichen

Das Schadensbild bei Schimmelpilzbildung an Innenwänden ist durch fleckenartige Verfärbungen gekennzeichnet. Die Verfärbungen können als grauschwarze, rosa oder grünliche Farb-

Abb. V.12.08: Ablösung des Innenanstrichs einer Wand

Abb. V.12.09: Typische Innenanstrichrisse, verursacht z. B. durch Risse im Kalkmörtelputz

Abb. V.12.10: Ausblühungen von Salzen auf einem Innenanstrich

Abb. V.12.11: Ablösungen der Innenanstriche einer Wandoberfläche

Abb. V.12.12: Anstrichablösungen auf Kalksandsteinmauerwerk

Abb. V.12.13: Schimmelpilzbildung an einer Innenwand

Abb. V.12.14: Abblätternde Außenanstriche an einem Gebäude

Abb. V.12.15: Ausblühung des Anstrichs einer Ziegelmauerwerkaußenwand

töne in Erscheinung treten. Sie lassen sich einfach verschmieren und werden durch Kondenswasser hervorgerufen.

Ungenügende Nassabriebbeständigkeit des Anstrichs

Eine ungenügende Nassabriebbeständigkeit eines Innenanstrichs liegt vor, wenn sich der Anstrich bei der Benetzung mit Wasser leicht auflöst. Bei einer Einhaltung der Eigenschaften der Innenanstriche und -beschichtungen nach DIN EN 13300 „Beschichtungsstoffe – Wasserhaltige Beschichtungsstoffe und Beschichtungssysteme für Wände und Decken im Innenbereich – Einteilung" kann der Verlust der Nassabriebbeständigkeit viele andere Ursachen haben. Zum einen ist es möglich, dass die Verarbeitungshinweise der Hersteller nicht beachtet wurden, wie z. B. das Auftragen der Farbe nicht unter 5 °C. Zum anderen kann es sein, dass bei der Verwendung von Dispersionsfarben auf eine Grundierung verzichtet wurde.

V.12.2.3 Außenanstriche

Bauschäden an Gebäuden sind oftmals auf Schadstoff- und Wasseraufnahme im Fassadenbereich zurückzuführen. Außenanstriche und -beschichtungen sollen eine gute wasserabweisende Wirkung (s. DIN EN 1062-1) haben. Es gibt aber nur wenige organische Beschichtungsmaterialien, die bei lang anhaltender Feuchtebeanspruchung die Feuchte nicht in den Untergrund diffundieren lassen. Die Wasserdampfdurchlässigkeit eines Außenanstrichs muss in Verbindung mit dem Untergrund gesehen werden.

Typische Mängel und Schäden an Außenanstrichen und -beschichtungen werden insbesondere durch Feuchteeinwirkung verursacht. Sie werden in untergrundbedingte Schäden und Mängel, wie z. B. Außenanstrichrisse, und in Mängel und Schäden, die aufgrund äußerer Einwirkungen entstehen, wie u. a. Schimmelpilzbildung an Fassaden, unterschieden.

Untergrundbedingte Mängel und Schäden

Zu den untergrundbedingten Mängeln und Schäden an Außenanstrichen gehören Anstrichrisse, Anstrichausblühungen, Blasenbildung und Ablösungen von Außenanstrichen.

Außenanstrichrisse

Typische Rissschäden sind Anstrichrisse auf Außenputzen. Die Zugfestigkeit des beschichteten Putzes ist besonders zu berücksichtigen. Bei kalten Witterungsverhältnissen und geringer relativer Luftfeuchte sind Anstrichrisse durch die Beschichtung im Putz möglich.

Außenanstrichausblühungen

Ausblühungen treten an Außenanstrichen und -beschichtungen auf unterschiedlichen Untergründen auf:

- Außenputz:
  Auf Außenwandflächen, die der Witterung und permanenter Feuchteeinwirkung ausgesetzt sind, können Salzausblühungen auftreten. Gefährdet sind insbesondere Bauteilanschlüsse und Fassadenflächen im Sockelbereich. Zu den Schadensbildern zählen unauffällige helle Flecken oder auch watteartige Flausche. Verursacht werden sie, wenn wasserlösliche, ausblühfähige Salze im Bauteil gelöst sind und an der Oberfläche auskristallisieren.

- Dämmputz:
  Bei zu früher Beschichtung oder bei erhöhter Wasserdurchlässigkeit der Anstriche können Calciumausblühungen als helle, weißliche, wolkige Verfärbungen sichtbar werden. Dieses Schadensbild tritt vorwiegend an der Wetterseite bestehender Fassaden auf.

- Beton:
  Ausblühungen treten, je nach Wasserbelastung der Außenwand, als wolkenartige, weißliche Flecken auf. Gefährdete Bereiche sind Untersichten von Balkonen oder Fundamentsockeln. Verursacht werden sie durch wasserlösliches Calciumhydroxid aus dem Beton, das mit dem verdunstenden Wasser an die Oberfläche gelangt. In geringerem Umfang können auch Calciumsulfate oder Calciumchloride an der Oberfläche des Betons auftreten. An Wetterseiten werden sie leicht weggespült.

- Kalksandstein:
  Das Schadensbild als Außenwandausblühung zeigt einen leicht abzureibenden wolkenartigen, weißli-

chen Belag sowie schuppenartige Abplatzungen der Anstriche. Je nach Art der Beschichtung sind blasenartige Erhebungen möglich. Verursacht werden die Ausblühungen durch Calciumsulfate, die aus Sulfationen aus dem Fugenmörtel und Calciumionen aus dem Stein entstehen.

- Porenbeton:
Das Schadensbild zeigt sich insbesondere an Bauteilanschlüssen, wie z. B. Fensterbrüstungen. Ausblühungen werden durch starke Durchfeuchtung und wasserlösliche Salze verursacht. Die Salze treten an die Oberfläche des Porenbetons, sodass eine Ablösung der Beschichtung die Folge sein kann.

- Leichtbeton:
Bei mittleren bis dunklen Farbtönen treten gelegentlich helle wolkige Verfärbungen auf, verursacht durch Feuchtebelastung bei noch alkalisch reagierendem Beton.

- Ziegelmauerwerk:
Vorwiegend auf der Wetterseite von Außenwänden aus Ziegelmauerwerk können wolkige, weißliche Verfärbungen auftreten, die durch Feuchteeinwirkung aus dem Inneren des Gebäudes oder durch Regenwasser verursacht werden können. Der Anstrich kann an gestrichenem Sichtmauerwerk schuppenartig oder blasenartig abgelöst werden. Vor allem können durch geringfügige Kristallisationen der Salze leichte Aufwölbung im Anstrich verursacht werden. Salze können erst nach dem Abstoßen des lose sitzenden Anstrichs mit der Lupe erkannt werden. Bei hoher Luftfeuchte zerfließen die Salze und sind nicht mehr sichtbar. Salze können sich im Fugenmörtel und an den äußeren Ziegelflächen befinden oder die volle Ziegelfläche bedecken.

Blasenbildung und Ablösungen von Außenanstrichen

Blasen an Anstrichen können die Folge von verstärkten Wassereinbrüchen und einer Hinterwanderung des Anstrichs sein. Ursache kann das Sammeln und Anstauen von Regenwasser an wasserfesten Grundierungen bzw. unter quellfähigen Deckbeschichtungen alter Anstriche sein. Das Schadensbild ist insbesondere an Dispersionsfarben und Kunstharzputzen zu sehen. Besonders gefährdete Bereiche sind Fensterbrüstungen, Mauerecken und Sockelbereiche.

Meist sind Anstrichablösungen an Porenbetonflächen im Bereich von Außenwänden zu finden. In den meisten Fällen sind übermäßige Feuchteeinwirkungen, schlecht haftende Untergründe und zu schnelle Trocknung der Anstriche für das Ablösen der Außenanstriche und -beschichtungen vom Untergrund verantwortlich. Die Anstrichschichten lösen sich meist schuppenartig ab oder bleiben frei von Rückständen der Porenbetonflächen. Es können auch kleinste Flächen des Anstrichs am Porenbeton haften bleiben. Als Ursache sind Feuchteeinwirkungen zu nennen.

Mängel und Schäden aufgrund äußerer Einwirkungen

Zu den aufgrund äußerer Einwirkungen entstandenen Mängeln und Schäden gehören u. a. die Schimmelpilzbildung an Fassaden, der biologische Bewuchs an Fassaden, wie z. B. Moos, Anstrichverfärbungen, kreidende Anstriche und Anstrichschäden durch Frost.

Schimmelpilzbildung an Fassaden

Hauptsächlich können sich bei Dispersionsfarben auf der Wetterseite von Fassaden wolkenartige, schwarzgraue Verfärbungen bilden. Bei Reibeputzen treten punktartige schwarzgraue Verfärbungen an Fehlstellen im Putz auf, wie z. B. im Bereich von Netzrissen. Ursache sind erhöhte Feuchtebelastung und im Anstrichstoff enthaltene Stoffe, die Grundlage für Schimmelpilzbildung sein können.

Biologischer Bewuchs an Fassaden

Unter biologischem Bewuchs werden Flechten, Algen und Moose an Fassaden verstanden. Der Untergrund verfärbt sich meist grünlich. In den meisten Fällen handelt es sich um Flächen, die permanent durchfeuchtet sind. In Regionen, die sich im Bereich von Gartenanlagen oder auch außerhalb der Stadt befinden, ist mit verstärkter Einwirkung von Mikroorganismen und pflanzlichen Sporen zu rechnen.

Abb. V.12.16: Blasenbildung an Anstrichen an der Außenwandoberfläche

Abb. V.12.17: Anstrichablösungen an einer Außenwand

Abb. V.12.18: Schimmelpilzbildung an Außenwänden

Abb. V.12.19: Biologischer Bewuchs auf einem Anstrich, Blick von außen

Abb. V.12.20: Verfärbung eines Außenanstrichs

Abb. V.12.21: Erneuerung des Außenanstrichs eines denkmalgeschützten Gebäudes (links: vorher, rechts: nachher)

Anstrichverfärbungen

Beim Schadensbild der Anstrichverfärbungen handelt es sich um punkt- oder ablaufartige Verfärbungen, die in Mineralfarben und Dispersionsfarben auftreten können. Die Ablaufspuren finden sich z. B. unter Holzverbretterungen oder unter Holzattiken bei Flachdächern von Bungalows, die mit Wasser nicht mehr zu entfernen sind. Kupferhaltiges Regenwasser reagiert z. B. mit schwefelhaltigem Putz zu grünem Kupfersulfat. Ursache der Anstrichverfärbung sind wasserlösliche eisen-, mangan- oder teerhaltige Stoffe, die ständig mit Regenwasser in Kontakt kommen.

Kreidende Anstriche

Von kreidenden Anstrichen wird gesprochen, wenn beim Überreiben mit der Handfläche oder beim Aufkleben eines Klebebandes Spuren des Weißpigments von der Oberfläche des Anstrichs entfernt werden können. Im Laufe der Jahre nimmt die Kreidung zu, sodass bunte Farbtöne aufhellen. Beim Überreiben mit einem ölgetränkten Lappen wird der ursprüngliche Farbton wieder sichtbar. In extremen Fällen werden die lose sitzenden Pigmente durch Regen abgewaschen und fließen auf andere Flächen wie Fensterbleche und Fassadenflächen. Kreidungserscheinungen treten ungleichmäßig auf und sind an feuchtebelasteten Flächen intensiver. Mögliche Ursachen sind fotochemische Reaktionen zwischen Titandioxid und Bindemittel bzw. Auswanderung von wasserlöslichen Füllstoffen.

Anstrichschäden durch Frost

Typische Frostschäden an Anstrichen sind an craqueléeartiger Rissbildung und Ablösungen vom Untergrund zu erkennen. Auf der Rückseite des abgelösten Anstrichs (z. B. Dispersionsfarben) zeichnen sich eisblumenartige Strukturen ab. Verursacht werden sie durch ungenügende Verfilmung, Gefrieren der Untergrundfeuchte oder Gefrieren von wasserhaltigen Farben.

V.12.2.4 Schadstoffe

Lösemittel

Schadstoffbelastungen von Beschichtungen können vorwiegend im Zusammenhang mit Lösemitteln in Beschichtungen auftreten. Lösemittelhaltige Beschichtungen können an Außenwänden (s. Kap. III.2), Fenstern (s. Kap. III.3), Türen und Toren (s. Kap. III.4), Innenwänden (s. Kap. III.5), Decken (s. Kap. III.6), Treppen (s. Kap. III.7) sowie an Geländern und Brüstungen (s. Kap. III.9) eingesetzt werden.

Schwermetalle

Schwermetallbelastete Beschichtungen können zu Schadstoffbelastungen führen. Schadstoffbelastete Beschichtungen können insbesondere an Außenwänden (s. Kap. III.2), Türen und Toren (s. Kap. III.4), Innenwänden (s. Kap. III.5), Decken (s. Kap. III.6), Treppen (s. Kap. III.7), Balkonen (s. Kap. III.8) sowie Geländern und Brüstungen (s. Kap. III.9) auftreten.

V.12.3 Maßnahmen

V.12.3.1 Allgemeines

Eine wichtige Grundlage für nachfolgende Maßnahmen stellt die genaue Beurteilung und Klassifizierung des Zustands der Anstriche und Beschichtungen im Hinblick auf die Anforderungen dar. Für eine spätere Behebung des Schadens sind eine genaue Ermittlung der Oberflächenbeschaffenheit, die mit der Spanprobe, der Abrissprobe und/oder der Gitterschnittprüfung erfolgen kann, und die Bestimmung der Beschichtungsart durch eine Flammprobe oder einen Lösungsmitteltest von Bedeutung (s. Kap. VI.1.8).

Viele Anstriche, die der Witterung ausgesetzt sind, verwittern und verschmutzen im Alter und aufgrund der Schadstoffemissionen. Außenanstriche auf Putz, wie z. B. mit Binderfarben, haben eine Lebensdauer von ca. 3 bis 5 Jahren, Ölfarbe hingegen hat eine Lebensdauer von ca. 5 bis 8 Jahren. Außenanstriche auf Holz z. B. bei Fenstern oder Türen haben eine Lebensdauer von ca. 3 bis 5 Jahren.

Beim Bauen im Bestand ist es wichtig, Feuchte- oder Putzschäden vor dem Neuanstrich zu sanieren. Um eine Feuchtebelastung von Wänden, Decken usw. zu vermeiden, gibt es wasserabweisende Anstriche, wie u. a. Imprägnierungen (s. Kap. V.2.3.2) und Hydrophobierungsmittel. Hydrophobierungsmittel (s. auch Kap. V.11.3.1 Hydrophobierung) werden als Untergrundvorbehandlung in 2 Arbeitsschritten auf den gründlich gereinigten Untergrund, z. B. Beton, aufgebracht. Es dringt in die poröse Baustoffoberfläche ein und überzieht die oberflächennahen Poren und Risse mit einem dünnen, jedoch nicht geschlossenen Film. Der Film trocknet anschließend transparent aus und ist dadurch nicht mehr sichtbar. Ihre Wirkungsdauer liegt bei ca. 5 Jahren.

Entfernen alter Anstriche

Das Entfernen alter Anstriche wird immer dann notwendig, wenn die Beschaffenheit des alten Anstrichs als Träger für einen weiteren Anstrich nicht mehr ausreicht. Hierbei handelt sich um beispielsweise zerstörte Anstriche (Anstrichrisse, Anstrichablösungen, Blasenbildungen), die keine ausreichende Haftfestigkeit besitzen, oder Anstriche, auf die anstelle eines Dispersionsfarbenanstrichs ein Mineralfarbenanstrich aufgebracht werden soll.

Das Entfernen alter Anstriche unterliegt den Bestimmungen des Umweltbundesamtes. Es gilt das Gesetz über die Umweltverträglichkeit von Wasch- und Reinigungsmitteln (Wasch- und Reinigungsmittelgesetz – WRMG) vom 20. August 1975 in der Neufassung vom 5. März 1987 (BGBl. I S. 875), zuletzt geändert am 29. April 2007 (BGBl. I S. 600). Danach müssen alte polymere Beschichtungen (Dispersionsfarben, Kunstharzputze und lösemittelhaltige Beschichtungsstoffe) möglichst mit umweltfreundlichen, biologisch leicht abbaubaren Abbeizern entfernt werden.

Es sind bei der örtlichen Behörde Erkundigungen einzuholen, welche Vorschriften für den Landkreis oder den Stadtbereich zur Anwendung kommen müssen. Keinesfalls darf die abgebeizte alte Farbe in den Erdboden geschwemmt werden. Es sind Auffangrinnen zu montieren und die alte Farbe mit dem Abbeizmittel in entsprechenden Behältern einer Sondermülldeponie zuzuführen.

Vorbereiten des Untergrunds

Um die fachgerechte Erneuerung der Anstriche und Beschichtungen vornehmen zu können, muss der Untergrund bestimmte Kriterien erfüllen. Die Wandfeuchte darf die Ausgleichsfeuchte nicht überschreiten. Die Tragfähigkeit des Untergrunds muss gegeben sein. Jeder Untergrund muss vor der Neubeschichtung trocken, tragfähig und fettfrei sein. Da Gipsputz, Gips- und Weichfaserplatten stark saugende Untergründe sind, müssen sie, um die notwendige Tragfähigkeit zu erzielen, mit Haftgrund vorbehandelt werden. Der Haftgrund kann auch zur Absperrung von Wasserflecken dienen.

Beim Bauen im Bestand müssen abblätternde Farben, rissige Oberflächen und sich lösende Tapeten (Innenwand) vor dem neuen Anstrich entfernt werden. Die im Folgenden beschriebenen Maßnahmen ermöglichen im und am bestehenden Gebäude (je nach Untergrund und Abnutzung) eine Reinigung sowie eine Vorbehandlung.

Abschaben/Abkratzen

Flache Oberflächen, wie z. B. Gips, Gipskartonplatten, Holz und Untergründe aus eisenhaltigem Metall, lassen sich meist durch einfaches Abkratzen oder Abschaben reinigen. Ovale oder dreieckige Schaber können in Ecken und auf abgerundeten Profilen angewendet werden. Es dürfen keine tiefen Spuren in die Oberfläche gekratzt werden. Alle rauen Ecken müssen zunächst mit einem mittleren und dann mit einem feinkörnigen Schleifpapier geglättet werden.

Trockenes Abbürsten

Abblätternde Farbe lässt sich mit einer harten Drahtbürste entfernen. Um den Untergrund nicht zu beschädigen, sollte der alte Anstrich vorsichtig abgebürstet werden. Nach dem Abbürsten sollte die bearbeitete Fläche zunächst mit einem mittleren und dann mit einem feinkörnigen Granatschleifpapier abgeschliffen werden.

Abschleifen mit Schleifpapier

Wenn die Oberfläche nur leicht abblättert, können die betroffenen Stellen mit feinkörnigem Schleifpapier geglättet werden. Zunächst muss die Fläche mit grobem Schleifpapier abgeschliffen werden und anschließend mit mittlerem und feinem Schleifpapier.

Chemische Abbeizmittel

Um die Oberfläche vorzubereiten, können gegebenenfalls chemische Abbeizmittel eingesetzt werden. Ihre Verwendung findet insbesondere an Außenfassaden statt, selten innerhalb von bestehenden Gebäuden. Bei der Auswahl des Abbeizmittels muss insbesondere auf das Material und die Farbe, die zu entfernen ist, geachtet werden. Zum Auftragen des Abbeizmittels können alte Pinsel verwendet werden. Nach dem Auftragen des Abbeizmittels ist je nach Herstellerangabe die Einwirkzeit zu beachten. Je nach

Abb. V.12.22: Entfernung alter Anstriche auf einer Wand

Abb. V.12.23: Abschaben einer alten Tapete auf einer Wand

Dicke der Farbe kann dieser Vorgang etwa 15 bis 20 Minuten dauern. Anschließend kann die aufgeweichte Farbe mit einem Spachtelmesser oder Schaber vorsichtig entfernt werden.

Chemische Abbeizmittel sind aggressiv. Nach dem Abbeizen müssen alle Abfälle gemäß den Anweisungen des Herstellers fach- und umweltgerecht entsorgt werden. Nach der Behandlung mit dem Abbeizmittel wird die Oberfläche mit feinkörnigem Schleifpapier abgeschliffen und vor dem Auftragen von Grundierung, Beize oder Lack vom Staub gesäubert.

Maßnahmen bei untergrundbedingten Mängeln und Schäden

Maßnahmen bei Anstrichrissen

- Sichtbetonoberfläche:
  Mit der Verwendung von Armierungsfarben (auf Kunststoff-Dispersionsbasis hergestellte, rissüberdeckende, wasserdampfdurchlässige Farben) können Risse an Sichtbetonflächen ausgebessert werden. Eine weitere Möglichkeit zur Schadensbehebung bei Außenanstrichrissen ist ein hochelastischer dreifacher Acrylfarbenanstrich. Ist die Haftung des neuen Anstrichs nicht sichergestellt, muss der alte Anstrich teilweise bzw. vollflächig entfernt werden.
- Kalksandsteinsichtmauerwerk:
  Risse an Innenflächen eines Kalksandsteinmauerwerks können mit Dispersionsfarben zugeschlämmt werden. Sollten erneut Innenanstrichrisse auftreten, ist eine Armierung zu empfehlen.

Maßnahmen bei Mängeln und Schäden aufgrund äußerer Einwirkungen

Maßnahmen bei Anstrichverfärbungen

- Putz:
  Ausbesserungen des Anstrichs sollten nur nach dem Trockenlegen des Putzes erfolgen. Die verfärbten Flächen sind mit einem lösungsmittelhaltigen Grundanstrichstoff auf Polymerisatharzbasis abzusperren, da sonst bei der Verwendung von wasserhaltigen Farben erneut Flecken entstehen können. Es ist ein Probeanstrich vorzusehen.
- Beton:
  Für die Behebung der Verfärbung des Innenanstrichs sind die betroffenen Flächen mit einem Sperranstrich zu versehen, z. B. mit einer Farbe auf Acrylharzbasis. In vielen Fällen genügt ein zusätzlicher Anstrich zur Schadensbeseitigung, jedoch gibt es keine Sicherheit, dass die Verfärbung nicht mehr in Erscheinung treten wird.

V.12.3.2 Innenanstriche

Maßnahmen bei untergrundbedingten Mängeln und Schäden

Innenanstrichrisse

Zu den Maßnahmen zur Beseitigung von Rissen in Innenanstrichen, die durch verschiedene Untergründe hervorgerufen wurden, gehören:

- Anstrichrisse auf Kalkmörtelputz:
  Nachdem die Risse nach den anerkannten Regeln der Technik fach- und sachgerecht ausgebessert wurden, können für den Neuanstrich hochelastische Dispersionsfarben eingesetzt werden.
- Anstrichrisse auf Gipskartonplatten:
  Für die Behebung der Haarrisse im Bereich der Stöße von Gipskartonplatten können bei stumpf gestoßenen Platten Gewebestreifen als Armierung an den Rissen in einer Breite von ca. 15 cm in einen Armierungsdispersionskleber eingeklebt werden.

Innenanstrichausblühungen

Nachdem die Ursache der Feuchteeinwirkung behoben wurde und die Ausgleichsfeuchte bei den unterschiedlichen Untergründen – bei Kalkmörtelputz 0,5 bis 1 %, bei Gipsputz < 1 %, bei Ziegelsichtmauerwerk und Kalksandstein < 2 % – erreicht wurde, können die Salze durch trockenes Abbürsten entfernt werden.

Innenanstrichablösungen

- Anstrichablösungen auf Kalkmörtelputz:
  Bei ungenügender Haftung der Putze (MG P I) ist der Putz großflächig zu entfernen. Um ein erneutes Ablösen zu verhindern, sollte nach Möglichkeit kein Gips zugesetzt werden, sondern Putz der Mörtelgruppe P II zum Einsatz kommen. Bei Putz der Mörtelgruppe P II muss meist der Altanstrich entfernt, die Putzoberfläche gereinigt und der Neuanstrich gegebenenfalls mit einem lösemittelhaltigen Grundanstrich aufgebracht werden.
- Anstrichablösungen auf Gipsputz:
  Für eine Ausbesserung des abgelösten Anstrichs sind die Anstrichschichten zu entfernen und die losen Gipsschichten bis zum festen Gipsgrund mit einer Kunststoffbürste zu beseitigen. Die Gipsputzfläche ist mit einem lösemittelhaltigen Grundanstrich zu versehen, entsprechende Unebenheiten sind auszubessern und der Neuanstrich aufzutragen.
- Anstrichablösungen auf Sichtbeton:
  Für eine Ausbesserung des abgelösten Anstrichs sind die Anstrichschichten und gegebenenfalls Wachsschichten auf der Betonoberfläche zu entfernen.
- Anstrichablösungen auf Ziegelsichtmauerwerk:
  Je nach Schadensintensität sind die entsprechenden Flächen auszubessern. Dafür sind mineralische Anstriche mit einer Messingbürste zu bearbeiten, bei Dispersion bzw. Lackfarben können diese abgebeizt werden. Gegebenenfalls sind die Ziegelsichtmauerwerksflächen mit geeigneten Imprägnierungen zu versehen.
- Anstrichablösungen auf Kalksandsteinmauerwerk:
  Vor der Ausbesserung der abgelösten Anstrichschichten muss die Trockenlegung des Mauerwerks (Ausgleichsfeuchte < 2 %) eingeleitet werden. Anschließend sind die Innenflächen mit Dispersionsfarben zu beschichten.

Maßnahmen bei Mängeln und Schäden aufgrund äußerer Einwirkungen

Schimmelpilzbildung an Innenwänden

Der Schimmelpilz muss fach- und sachgerecht entfernt werden. Die an den Wänden niedergeschlagene Feuchte muss durch bauphysikalische Untersuchungen analysiert werden, sodass anschließend durch entsprechende bauliche Maßnahmen dem Feuchtenniederschlag entgegengewirkt werden kann.

Eine vorbeugende oberflächliche Behandlung der belasteten Flächen mit Schimmelpilzbekämpfungsmitteln dient lediglich als vorübergehende Lösung. Der Einsatz von Farben mit fungiziden Eigenschaften ist nicht zu empfehlen, da sie auf Chlor-, Schwefel-, Stickstoff- und organischen Zinnverbindungen basieren, die für den Menschen, insbesondere in Wohnungen, gesundheitsschädliche Folgen haben.

Stattdessen kann z. B. mit hochprozentigem Essig oder Spiritus eine vorbeugende oberflächliche Behandlung der betroffenen Stellen erfolgen.

Ungenügende Nassabriebbeständigkeit des Anstrichs

Der Altanstrich sollte vollständig entfernt werden, z. B. durch Abbeizen. Bei stark saugendem Untergrund sollte vor dem Neuanstrich gegebenenfalls ein lösemittelhaltiger Grundanstrich vorgesehen werden.

V.12.3.3 Außenanstriche

Maßnahmen bei untergrundbedingten Mängeln und Schäden

Anstrichrisse

Zur Schadensbehebung auf Putzuntergründen werden die betroffenen Flächen mit Wasserhochdruck gereinigt oder abgebeizt und grundiert. Danach wird eine Schlussbeschichtung mit einem wasserabweisenden, diffusionsfähigen Anstrichsystem aufgetragen.

Ausblühungen

- Ausblühungen auf Putz: Salzausblühungen müssen zuerst trocken abgebürstet werden. Kann in den Baustoff weiterhin Feuchte eindringen, sind zuerst Abdichtungs- oder Trockenlegungsmaßnahmen durchzuführen. Andernfalls ist erneut mit Ausblühungen zu rechnen.
- Ausblühungen auf Dämmputz: In Abstimmung mit dem Dämmputz- und Silikatfarbenhersteller sind wasserabweisende Beschichtungen aufzutragen. Nach dem Auftragen der Silikatfarbe ist eine Hydrophobierung mit Siliconharzlösung vorzusehen.
- Ausblühungen auf Beton: Je nach Art des Beschichtungsstoffes können Ausblühungen durch Abwaschen mit salzfreiem, verdünntem Fluat (Neutralisationsmittel) und sorgfältiges Nachwaschen mit Wasser entfernt werden. Nach dem Reinigen der Anstrichflächen ist zu entscheiden, ob ein Neuanstrich erforderlich ist. Dabei ist darauf zu achten, dass ein wasserabweisender Anstrichstoff verwendet wird. Bei schuppenartigen Anstrichablösungen ist der Anstrich zu entfernen und die Einlassstellen, die für das Eindringen von Feuchte verantwortlich sind, sind sorgfältig abzusperren. An Balkonuntersichten sollten zuerst die Einlassstellen am Balkonboden abgedichtet werden.
- Ausblühungen auf Kalksandstein: Die Mauerwerksflächen müssen in trockenem Zustand sein. Bei vorhandener Feuchtebelastung muss zunächst die Austrocknung erfolgen. Die Salzausblühungen können trocken abgebürstet werden. Anschließend sind wasserabweisende Anstriche anzuwenden.
- Ausblühungen auf Porenbeton: Die Porenbetonflächen müssen trocken sein. Bei vorhandener Feuchtebelastung muss zunächst die Austrocknung erfolgen, bevor die Salzausblühungen trocken abgebürstet werden können. Danach kann die abgebürstete Fläche mit einem lösemittelhaltigen Grundanstrichstoff satt getränkt werden.
- Ausblühungen auf Leichtbeton: Wenn der Leichtbeton ausgetrocknet ist, können die Salzausblühungen trocken abgebürstet werden. Durch eine Beschichtung mit einem wasserabweisenden Anstrichstoff werden erneute Salzausblühungen vermieden.
- Ausblühungen auf Ziegelmauerwerk: Die Ziegelmauerwerksflächen müssen in trockenem Zustand sein. Die Salzausblühungen können trocken abgebürstet und dann mit einem wasserabweisenden Anstrich versehen werden. Das Ziegelmauerwerk kann auf der Außenseite vor eindringender Feuchte durch den Auftrag von farblosen Siliconen, Silanen oder einer transparenten Silicon-Acrylharzbeschichtung geschützt werden.

Blasenbildung und Ablösungen von Außenanstrichen

Bei Blasenbildung von Dispersionsanstrichen sind zunächst die Einlassstellen, die für das Eindringen von Feuchte verantwortlich sind, sorgfältig abzudichten. Um die Austrocknung des Anstrichs zu beschleunigen, sollte dieser im Blasenbereich bis zum Putz entfernt werden. Die freigelegten Putzflächen müssen vor erneuter Durchfeuchtung geschützt werden. Kunstharzputze sollten bis zum saugfähigen mineralischen Untergrund beseitigt werden. Anschließend wird ein quellfähiger oder wasserdurchlässiger Grundanstrichstoff und abschließend ein Kunstharzputz mit hoher wasserabweisender Wirkung eingesetzt.

Blättert der Anstrich an Teilflächen oder über die gesamte Fassadenfläche ab, sollten zur Schadensbehebung die betroffenen Fassadenflächen entweder mit Wasserhochdruck gereinigt oder abgebeizt werden. Nach der Trocknung des Untergrunds ist die Fläche zu grundieren. Als Schlussbeschichtung empfiehlt sich ein wasserabweisendes, diffusionsfähiges Anstrichsystem.

Maßnahmen bei Mängeln und Schäden aufgrund äußerer Einwirkungen

Beseitigung von Schimmelpilzbildung an Fassaden

Der Einfluss stärkerer Feuchteeinwirkungen muss durch konstruktive Maßnahmen ausgeschlossen werden. Anschließend erfolgt eine Neubeschichtung. Bei Rissen ist ein Armierungssystem (rissüberbrückendes Beschichtungssystem mit Gewebearmierung) vorzusehen, wobei die Schlussbeschichtung fungizide Eigenschaften besitzen sollte.

Beseitigung von biologischem Bewuchs an Fassaden

Biologischer Bewuchs, wie z. B. Flechten, Algen und Moose, kann mit konzentriertem Fluat entfernt werden. Eine Behandlung der betroffenen Flächen erscheint nur sinnvoll, wenn durch geeignete Maßnahmen eine Minderung der Feuchtebelastung herbeigeführt wird. Zudem sollten nach der Fluatbehandlung und vor einem Neuanstrich die Flächen mit Messingbürsten umfassend gereinigt werden.

Anstrichverfärbungen

Die Anstrichverfärbung kann mit lösemittelhaltigen Anstrichstoffen, wie z. B. Acryllackfarben, vermieden werden. Die Eisenpartikel müssen jedoch vorher durch eine Hochdruckreinigung entfernt werden. Befinden sich die wasserlöslichen Stoffe in Verbretterungen oder in Holzkonstruktionen von Attiken, so sind konstruktive Maßnahmen zur Wasserabweisung durchzuführen. Die Verfärbungen an den Fassadenflächen können nur mit wasserfreien Anstrichstoffen abgesperrt werden.

Kreidende Anstriche

Die kreidenden Flächen sind gründlich abzuschleifen. Anschließend ist ein Neuanstrich vorzusehen.

Anstrichschäden durch Frosteinwirkung

Die durch Frost zerstörten Anstriche sind restlos zu entfernen und bei geeigneter Temperatur neu zu erstellen.

V.12.3.4 Maßnahmen bei Schadstoffbelastungen

Lösemittel

Maßnahmen bei Schadstoffbelastungen von Beschichtungen durch Lösemittel werden in den Kapiteln zu den Bauteilen Außenwände (s. Kap. III.2), Fenster (s. Kap. III.3), Türen und Tore (s. Kap. III.4), Innenwände (s. Kap. III.5), Decken (s. Kap. III.6), Treppen (s. Kap. III.7) sowie Geländer und Brüstungen (s. Kap. III.9) beschrieben.

Schwermetalle

Maßnahmen bei Schadstoffbelastungen von Beschichtungen durch Schwermetalle können den Kap. III.2 (Außenwände), Kap. III.4 (Türen und Tore), Kap. III.5 (Innenwände), Kap. III.6 (Decken), Kap. III.7 (Treppen), Kap. III.8 (Balkone) sowie Kap. III.9 (Geländer und Brüstungen) entnommen werden.

V.13 Abdichtungsstoffe und Abdichtungsbahnen

Autoren: Dipl.-Ing. (FH) Yasemin Wildebrand, Architektin; Dipl.-Ing. (FH) Dirk Fanslau-Görlitz, Architekt

V.13.1 Allgemeines

Abdichtungsstoffe und Abdichtungsbahnen (insbesondere bitumenhaltige Bautenschutzmittel und Bitumenbahnen) bestehen aus einer oder mehreren verklebten, geschweißten oder gespachtelten Abdichtungslagen. Sie haben beim Bauen im Bestand u. a. die Aufgabe, das Bauteil oder das Bauwerksteil des bestehenden Gebäudes flächenhaft vor Feuchte bzw. Wasser zu schützen, da dadurch die Nutzung und die Konstruktion geschädigt werden können.

Wasser kann in natürliches Niederschlagswasser (Oberflächenwasser) und in im Boden vorhandenes Wasser unterteilt werden, das in fein verteiltem Zustand als Bodenfeuchte oder in tropfbar flüssiger Form entweder als Sickerwasser oder als stehendes Grund- bzw. Schichtenwasser vorkommt. Hierbei kann das Grundwasser (oder auch Chemikalien) seinen schädigenden Einfluss auf die erdberührten Bauteile ausüben, wovor die Abdichtung schützen muss. Bauwerksabdichtungen sind an erdberührten Bauteilen, wie Bodenplatte und Kellerwänden, in der Sockelzone sowie in Feucht- und Nassräumen (auch Fugen) erforderlich. Neben diesen müssen auch Dächer (Dachaufbau) mit Abdichtungen z. B. gegen Niederschlagswasser geschützt werden.

Die Abdichtungstechnik unterscheidet zwischen der Bauwerksabdichtung nach DIN 18195 „Bauwerksabdichtungen" und z. B. der Dachabdichtung (Flachdachrichtlinien). Zu Bauwerksabdichtungen gehören solche Abdichtungen, die von massiven Bauteilen oder Boden bedeckt sind, sodass Inspektion oder Wartung nicht möglich sind. Zur Beseitigung von Mängeln und Schäden müssen hierbei umfangreiche Vorarbeiten zum Freilegen der Abdichtung geleistet werden. Im Gegensatz zu Bauwerksabdichtungen liegen z. B. Dachabdichtungen frei, sodass sie regelmäßig unterhalten werden können.

Laut DIN 18195 gilt diese Norm nicht für nachträgliche Abdichtungen in der Bauwerkserhaltung oder in der Baudenkmalpflege, es sei denn, es können hierfür Verfahren angewendet werden, die in dieser Norm beschrieben sind.

Nach dem WTA-Merkblatt 4-6-05/D „Nachträgliches Abdichten erdberührter Bauteile" eignen sich für die nachträgliche Abdichtung der freigelegten Bauteile im Prinzip alle die in der DIN 18195 aufgeführten sowie weitere Stoffe, die sich in der Praxis bewährt haben, wie z. B. mineralische Dichtungsschlämme, flexible Dichtungsschlämme und kalt verarbeitete, kunststoffmodifizierte Beschichtungsstoffe auf Basis von Bitumenemulsionen.

V.13.1.1 Definitionen und Begriffe

Bauwerks- und Dachabdichtungen

Bauwerksabdichtungen verhindern den bauschädigenden Einfluss von Feuchte und Wasser auf ein Bauwerk oder einzelne Bauteile. Bauwerksabdichtung ist ein historisch gewachsener Begriff für die Abdichtung der Bauteile, jedoch nicht die Abdichtung des Daches. Dächer und verwandte Bauteile, wie Dachterrassen, Loggien, Balkone oder Decken von Tiefgaragen, zählen nicht zum Gebiet der Bauwerksabdichtung. Die DIN 18195 fasst den Geltungsbereich weiter, indem sie auch Balkone, Dachterrassen, Parkdecks, Hofkellerdecken, Durchfahrten sowie die Abdichtung unter intensiv begrünten Dachflächen zur Bauwerksabdichtung beschreibt. Derartige Flächen sind jedoch Dächer und sollten entsprechend den Richtlinien für die Planung und Ausführung von Dächern mit Abdichtungen (Flachdachrichtlinien) abgedichtet werden. Die DIN 18195 enthält z. B. keine Aussagen über Gefälle, Aufkantungen, Wärmedämmschichten und Dampfsperren.

V.13.1.2 Anforderungen

Planung erdberührter Bauteile

Eine zweckmäßige Planung und Ausführung eines Bauwerks, insbesondere die der abzudichtenden erdberührten Bauteile beim Bauen im Bestand, ist Grundvoraussetzung für die dauerhafte Wirksamkeit einer Bauwerksabdichtung. Die Gründung und die Umfassungswände sind nach den (allgemein) anerkannten Regeln der Technik zu

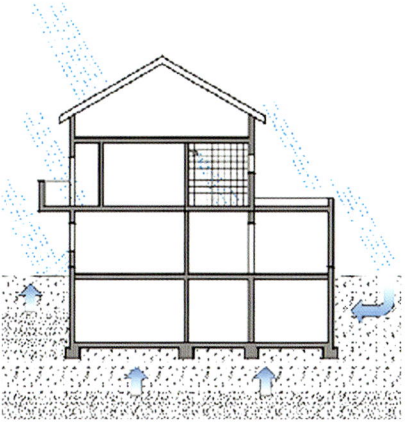

Abb. V.13.01: Schutz gegen Feuchte

bemessen und auszuführen. Dabei müssen u. a. Setzungsunterschiede, Erddruck und gegebenenfalls der Lastfall „drückendes Wasser" berücksichtigt werden. In die Gesamtplanung des Bauwerks oder Bauteils ist insbesondere beim Bauen im Bestand jede Abdichtung vorab einzubeziehen. Die statischen, konstruktiven und bauphysikalischen Erfordernisse sind im Vorfeld zu beachten. Die Eigenschaften des Baugrunds sind, falls notwendig mit einem Bodengutachten, vor Planungsbeginn zu klären. Zur fachgerechten Planung einer Abdichtung ist die Kenntnis des Bemessungswasserstands nach DIN 18195-7 „Bauwerksabdichtungen – Abdichtungen gegen von innen drückendes Wasser – Teil 7: Bemessung und Ausführung" unerlässlich.

Untergrund bei nachträglichen Abdichtungsmaßnahmen erdberührter Bauteile

Bei nachträglichen Abdichtungsmaßnahmen sind die Anforderungen an den Untergrund gemäß WTA-Merkblatt 4-6-05/D „Nachträgliches Abdichten erdberührter Bauteile" zu berücksichtigen. Der Untergrund muss fest, tragfähig, frostfrei und frei von trennenden Substanzen (Trennmittel, Staub, Schmutz usw.) sein. Bei aufgeklebten Abdichtungen muss der Untergrund oberflächentrocken sein. Vertiefungen größer als 5 mm sind mit geeigneten Mörteln zu schließen. Sofern keine Abdichtungen mit überbrückenden Werkstoffen verwendet werden, sind offene Stoßfugen bzw. Unebenheiten durch Verputzen, Vermörteln, durch Dichtungsschlämme oder durch eine Kratzspachtelung zu verschließen. Innenecken und Wand-Boden-Anschlüsse sind als Hohlkehlen auszubilden. Kanten müssen gefast und Kehlen sollten gerundet werden. Bei kunststoffmodifizierten Bitumen-Dickbeschichtungen kann die Ausrundung mit dem Dickbeschichtungsmaterial erfolgen.

Fugenabdichtung bei Außenwänden

Das Abdichten der Außenwände verhindert, z. B. durch Einbringen geeigneter Stoffe in eine Fuge, das Eindringen von Feuchtigkeit und/oder Zugluft zwischen Bauelementen, Bauteilen und Bauwerksteilen aus gleichen oder unterschiedlichen Baustoffen (DIN EN 26927 „Hochbau; Fugendichtstoffe; Begriffe"). Abdichtungen der Außenwände müssen Anforderungen erfüllen, wie sie auch an angrenzende Bauteile gestellt werden. Die Abdichtung darf die statischen und bauphysikalischen Eigenschaften der angrenzenden Bauteile nicht negativ beeinflussen. Die wesentlichen Anforderungen an Abdichtungen (Wetterschutzebene) der Außenwand sind neben Wärmeschutz (s. Kap. I.2.3.1), Feuchte- und Witterungsschutz (s. Kap. III.2.1.2) Luft- und Winddichtigkeit sowie Brandschutz (s. Kap. III.2.1.2).

Schlagregenschutz

Im Außenwandbereich ist der Schutz vor dem Eindringen von Niederschlagswasser in die Konstruktion (Fugenkonstruktion) zu gewährleisten. Der Schlagregenschutz kann in Abhängigkeit von der Lage und Höhe des Gebäudes mit einer Schlagregendichtheitsprüfung gemäß DIN EN 12208 „Fenster und Türen – Schlagregendichtheit – Klassifizierung", die in unterschiedliche Beanspruchungsgruppen unterteilt ist, geprüft werden. Hierbei wird die Fugenkonstruktion in Abhängigkeit vom gewählten Prüfverfahren A und B in die Beanspruchungsklassen 0 bis 9 A bzw. 0 bis 7 B (bisher nach DIN 18055 „Fenster; Fugendurchlässigkeit, Schlagregendichtheit und mechanische Beanspruchung; Anforderungen und Prüfung" A bis D) eingeteilt.

Das Prüfverfahren A entspricht der Vorgehensweise nach DIN 18055 beim Besprühen des Probekörpers. Es wird angenommen, dass der Prüfkörper im oberen Bereich nicht konstruktiv gegen das Eindringen von Regen geschützt wird. Im Verfahren B wird von einer Einbausituation ausgegangen, in welcher der Prüfkörper durch seine tiefe Einbaulage im oberen Bereich geschützt ist. Neben der erläuterten Möglichkeit des Schlagregendichtheitsnachweises besteht bei konstruktiven Fugenausbildungen und bei mit Dichtungsmassen gemäß DIN 18540 „Abdichten von Außenwandfugen im Hochbau mit Fugendichtstoffen" geschlossenen Fugen die Möglichkeit, den Nachweis der Schlagregendichtheit dadurch zu erbringen, dass in Abhängigkeit von der Beanspruchungsgruppe die Fugenausbildung entsprechend der DIN 4108-3 „Wärmeschutz und Energie-Einsparung in Gebäuden – Teil 3: Klimabedingter Feuchteschutz; Anforderungen, Berechnungsverfahren und Hinweise für Planung und Ausführung" (2001-07) und der DIN 4108-3 Berichtigung 1 „Berichtigungen zu DIN 4108-3:2001-07" gewählt wird.

Tauwasserschutz

Die Bildung von Tauwasser in Bauteilen ist gemäß DIN 4108-3 unschädlich, wenn der Wärmeschutz und die Standsicherheit der Bauteile durch Erhöhung des Feuchtegehalts der Bau- und Dämmstoffe nicht gefährdet werden. Dies ist der Fall, wenn folgende Bedingungen erfüllt sind:

- Das während der Tauperiode im Innern des Bauteils anfallende Wasser muss während der Verdunstungsphase wieder an die Umgebung abgegeben werden können.
- Die Baustoffe, die mit Tauwasser in Berührung kommen, dürfen nicht geschädigt werden (z. B. Gefahr von Schimmelpilzbildung usw.).
- Bei Dach- und Wandkonstruktionen (s. Kap. III.11.1.2, Kap. III.12.1.2 und Kap. III.2.1.3) darf eine Tauwassermasse von insgesamt 1 kg/m² nicht überschritten werden.
- Tritt Tauwasser an Berührungsflächen von kapillar nicht wasseraufnahmefähigen Schichten auf, so darf zur Begrenzung des Ablaufens oder Abtropfens eine Tauwassermenge von 0,5 kg/m² nicht überschritten werden.

Weitere Hinweise sowie Anforderungen zur Vermeidung von Tauwasserbildung sind der DIN 4108-3 zu entnehmen. Um Tauwasserbildung im Bereich der Fugenflanken zu unterbinden, ist raumseitig eine dampfdichtere Fugenausbildung zu wählen und/oder außenseitig möglichst eine diffusionsoffene Fugenausbildung anzuordnen. Vorausgesetzt wird hierbei die Erfüllung der Anforderungen an den Wärmeschutz.

Abdichtung gegen Wasser bei Innenwänden

Bei Anforderungen an den Feuchteschutz muss neben dem Material des Untergrunds auch die Notwendigkeit einer Abdichtung berücksichtigt werden.

Eine Abdichtung von Innenwänden – unabhängig vom Material – wird nur dann von der DIN 18195-5 „Bauwerksabdichtungen – Teil 5: Abdichtungen gegen nichtdrückendes Wasser auf Deckenflächen und in Nassräumen" verlangt, wenn es sich um unmittelbar spritzwasserbelastete Fußboden- und Wandflächen in Nassräumen, d. h. u. a. Bäder mit Bodeneinläufen, handelt.

Des Weiteren gilt DIN 18195-5 ausdrücklich nicht für nachträgliche Abdichtungen in der Bauwerkserhaltung oder in der Baudenkmalpflege, es sei denn, es können hierfür Verfahren angewendet werden, die in dieser Norm beschrieben werden. Jedoch empfiehlt die DIN 18195 andererseits bei feuchteempfindlichen Umfassungsbauteilen, wie z. B. Innenwänden aus Trockenbaumaterialien, besonders auf einen ausreichenden Schutz gegen Feuchte zu achten.

Es werden u. a. 3 Feuchteschutzsituationen unterschieden (s. Kap. V.13.1.3):

- mäßig beanspruchte Nassräume und Badezimmer mit Bodeneinlauf,
- feuchteempfindliche Umfassungsbauteile in Badezimmern ohne Bodeneinlauf,
- Badezimmer ohne Bodeneinlauf.

Neben Maßnahmen, einen Bauteil vor Feuchte zu schützen, müssen bei jeglichen Abdichtungs- und Dämmarbeiten der Tauwasserschutz und somit auch der Wärmeschutz beachtet werden.

Die Vermeidung von unzulässigen Mengen an Feuchtigkeit in einer Konstruktion bzw. einem Bauteil wird als Feuchteschutz bezeichnet.

Um die Auswirkungen von Feuchtigkeit beurteilen zu können, müssen zuerst die Ursachen, bekannt sein. Dabei können 3 Arten unterschieden werden:

- Baufeuchte,
- eindringendes Wasser (Niederschlagswasser, Undichtheiten),
- Dampfdiffusion, Tauwasser.

Anforderungen an Abdichtungen an Balkonen und Loggien

Nach DIN 18195-5 sind Balkone Bauteile, die durch nicht drückendes Wasser mäßig beansprucht werden. Beim Bauen im Bestand, wie in der Altbausanierung und insbesondere bei Denkmalpflegemaßnahmen, dürfen auch Abdichtungsmaßnahmen angewendet werden, die nicht dieser Norm entsprechen.

Insbesondere die sogenannte alternative Abdichtung mit Fliesen im Verbund kommt häufig zum Einsatz, da sie sich in der Praxis bewährt hat.

Ebenso finden die Flachdachrichtlinien und die DAfStb-Richtlinie „Schutz und Instandsetzung von Betonbauteilen" des Deutschen Ausschusses für Stahlbeton bei den Sanierungsarbeiten Anwendung. Die DIN EN 12056 „Schwerkraftentwässerungsanlagen innerhalb von Gebäuden" regelt in Verbindung mit der DIN 1986 „Entwässerungsanlagen für Gebäude und Grundstück" die Entwässerung von Balkonen.

Bei den bauphysikalischen Anforderungen, die an eine Abdichtung im Bereich von Balkonen und Loggien gestellt werden, steht ein ausreichender Schutz gegen eindringende Feuchte im Vordergrund. Des Weiteren müssen Abdichtungen witterungsbeständig sein. Dies gilt vor allem für große Temperaturdifferenzen bzw. -spannungen.

Dachabdichtungen

Gemäß DIN 18531 „Dachabdichtungen – Anforderungen, Planungsgrundsätze" müssen Dachabdichtungen das Eindringen von Niederschlagswasser in das Bauwerk verhindern. Das Zusammenwirken der Art der Stoffe, Anzahl der Lagen und deren Anordnung sowie das Verfahren zur Herstellung der Dachabdichtung muss die Funktion der Dachabdichtung sicherstellen. Hierbei muss auch die Bewegung der Unterlage berücksichtigt werden. Der unter den örtlichen Verhältnissen eingesetzte und gewählte Abdichtungsaufbau darf durch übliche Einwirkungen, wie z. B. Sonne, Wasser oder Wind, seine Eigenschaften in seiner Funktion und in seinem Bestand nicht beeinträchtigen.

Bei Abdichtungen im Flachdachbereich muss die Auswahl der Abdichtungsstoffe einerseits sowohl bei ungenutzten als auch genutzten Dachflächen für den Verwendungszweck geeignet und andererseits auf die Unterlage, z. B. den Dämmstoff und die tragende Dachkonstruktion, abgestimmt sein.

Funktionsfähigkeit der Dachabdichtung

Eine dauerhafte Funktionsfähigkeit der Dachabdichtung wird durch die Dachneigung, die Art der Beanspruchung, die Auswahl der Stoffe, die Art des Einbaus sowie die Wartung beeinflusst. Dachabdichtungen müssen wasserdicht an Durchdringungen wie Dachabläufen, Lichtkuppeln usw. und an aufgehende Bauteile angeschlossen sein, auf sie einwirkende planmäßig zu erwartende Lasten weiterleiten und bei Temperaturen von –20 bis +80 °C funktionsfähig bleiben.

Stoffe

Die an Dachabdichtungen gestellten allgemeinen Anforderungen müssen durch entsprechende Eigenschaften der Stoffe sichergestellt werden, indem sie folgenden Anforderungen (unter Berücksichtigung der Einbauart und der Beanspruchung im Zusammenwirken mit anderen Teilen des Dachaufbaus) genügen:

- unter den zu erwartenden Temperaturen und Verformungen: Standfestigkeit, Dehnfähigkeit und Reißfestigkeit,
- sofern für die Dachabdichtung kein besonderer Oberflächenschutz vorgesehen ist: Widerstandsfähigkeit gegen UV-Strahlung,
- bei bestimmungsgemäßem Gebrauch der Dachabdichtung: Perforationsfestigkeit,
- Widerstandsfähigkeit gegen Wasser,
- Widerstandsfähigkeit gegen Angriffe durch Mikroorganismen.

Abdichtungsstoffe und Abdichtungsbahnen

In der DIN 18195-2 „Bauwerksabdichtungen – Teil 2: Stoffe" werden u. a. die an Abdichtungsstoffe gestellten Anforderungen beschrieben. Zu den Abdichtungsstoffen gehören u. a. Bitumenbahnen, Polymerbitumenbahnen, bitumenverträgliche Kunststoff-Dichtungsbahnen aus Ethylen-Vinyl-Acetat-Terpolymer (EVA), kunststoffmodifizierte Bitumen-Dickbeschichtungen und kalt selbstklebende Bitumen-Dichtungsbahnen (KSK).

Bitumenbahnen

Bitumenbahnen sind membranartige Verbundwerkstoffe mit stark anisotropen Materialeigenschaften. Sie bestehen aus einer Trägerlage, die mit Bitumen getränkt und anschließend beschichtet wird. Als Trägereinlage werden Rohfilzpappe, Glasvlies, Glasgewebe, Jutegewebe, Polyestergewebe, Metallbänder aus Aluminium oder Kupfer und Folien aus Polyethylenterephtalat verwendet. Die Einlagen haben die Aufgabe, die Bitumenschichten zu armieren. Sie beeinflussen ihr mechanisches Verhalten:

- Festigkeit,
- Dehnfähigkeit,
- Einreiß- und Weiterreißfestigkeit,
- Nagelausreißfestigkeit,
- Perforationsbeständigkeit (oder -festigkeit),
- Maßhaltigkeit,
- Dimensionsstabilität,
- Verhalten bei Verarbeitung.

Hierdurch ist es möglich, Bitumenbahnen auch auf geneigten bzw. senkrechten Flächen aufzubringen. Die Bitumenbahnen sind in den aufeinander folgenden Normen von der DIN 52128 „Bitumendachbahnen mit Rohfilzeinlage; Begriff, Bezeichnung, Anforderungen" bis DIN 52143 „Glasvlies-Bitumendachbahnen; Begriffe, Bezeichnung, Anforderungen" sowie in der DIN 18190-4 „Dichtungsbahnen für Bauwerksabdichtungen; Dichtungsbahnen mit Metallbandeinlage; Begriff, Bezeichnung, Anforderungen" genormt.

Nackte Bitumenbahnen R 500 N

Nackte Bitumenbahnen sind nach DIN 52129 „Nackte Bitumenbahnen – Begriff, Bezeichnung, Anforderungen" geregelt. Hiernach ist eine nackte Bitumenbahn eine Bahn, die aus einer vollständig mit Bitumen und/oder Naturasphalt getränkten Rohfilzpappe besteht.

Glasvlies-Bitumendachbahnen

In der DIN 52143 „Glasvlies-Bitumendachbahnen – Begriffe, Bezeichnung, Anforderungen" sind Glasvlies-Bitumendachbahnen geregelt. Eine Glasvlies-Bitumendachbahn ist eine rollbare Dachbahn, die aus mit Bitumen getränktem Glasvlies (Trägereinlagen nach DIN 52141 „Glasvlies als Einlage für Dach- und Dichtungsbahnen; Begriff, Bezeichnung, Anforderungen") besteht und beidseitig mit Deckschichten aus Bitumen versehen wird. Es gibt besandete und beschieferte Glasvlies-Bitumendachbahnen.

Bitumen-Dachdichtungsbahnen

Bitumen-Dachdichtungsbahnen werden in der DIN 52130 „Bitumen-Dachdichtungsbahnen – Begriffe, Bezeichnung, Anforderungen" beschrieben. Eine Bitumen-Dachabdichtungsbahn wird wie eine Glasvlies-Bitumendachbahn hergestellt. Jedoch können hier unterschiedliche Trägereinlagen verwendet werden, sodass die Trägereinlage eine entsprechende Kennzeichnung erhält. Es sind Trägereinlagen aus Jutegewebe (J 300), Textilglasgewebe (G 200) und Polyestervlies (PV 200 und nach der DIN 18192 „Verfestigtes Polyestervlies als Einlage für Bitumen- und Polymerbitumenbahnen; Begriff, Bezeichnung, Anforderungen, Prüfung" 200 T oder 250 B) zu verwenden.

Bitumen-Schweißbahnen

Bitumen-Schweißbahnen sind nach DIN 52131 „Bitumen-Schweißbahnen – Begriffe, Bezeichnung, Anforderungen" genormt. Eine Bitumen-Schweißbahn ist eine rollbare Dachbahn, die aus einer mit Bitumen getränkten Trägereinlage besteht und beidseitig mit Deckschichten aus Bitumen versehen ist. Es gibt talkumierte und beschieferte Bitumen-Schweißbahnen.

Polymerbitumen-Dachabdichtungsbahnen

Polymerbitumen-Dachabdichtungsbahnen sind nach DIN 52132 „Polymerbitumen-Dachabdichtungsbahnen – Begriffe, Bezeichnung, Anforderungen" geregelt. Polymerbitumen-Dachabdichtungsbahnen sind rollbare Dachbahnen, die aus mit Bitumen oder Polymerbitumen getränkten Trägereinlagen bestehen und beidseitig mit Deckschichten aus Polymerbitumen versehen sind. Sie werden besandet und beschiefert hergestellt. Bei der Modifizierung mit thermoplastischen Elastomeren erhalten sie das Kennzeichen PYE und mit thermoplastischen Kunststoffen PYP.

Besondere Eigenschaften:

PYE (modifiziert mit Elastomeren, z. B. Styrol-Butadien-Styrol [SBS]):

- geringe Temperaturempfindlichkeit bei der Nutzung,
- gute Wärmestandfestigkeit, auch unter Berücksichtigung schroffer Temperaturwechsel,
- sehr gute Kälteflexibilität,
- ausgeprägtes elastisches Verhalten,
- lange Lebens-/Nutzungsdauer mit hoher Witterungs- und Alterungsbeständigkeit,
- gute Verklebbarkeit von Polymerbitumen-Dachdichtungsbahnen mit Heißbitumen 100/25,
- ausgezeichnete Verschweißbarkeit bei Elastomerbitumen-Schweißbahnen.

PYP (modifiziert mit Plastomeren, z. B. ataktischem Polypropylen [APP]):

- geringe Temperaturempfindlichkeit bei der Nutzung,
- sehr gute Wärmestandfestigkeit und gute Kälteflexibilität,
- plastisches Verhalten, das der Bahn gleichzeitig eine hohe Flächenstabilität verleiht,

Tabelle V.13.01: Anforderungen an EVA, nach DIN 18195-2, Tabelle 7

Eigenschaft[1]	Anforderung
allgemeine Beschaffenheit	frei von Blasen, Rissen und Lunkern
Geradheit (g)	g ≤ 50 mm
Planlage (p)	p ≤ 10 mm
Dicke	Dichtungsbahn ≥ 1,2 mm
Höchstzugkraft längs bzw. quer[2]	≥ 500 bzw. 500 N/50 mm
Reißfestigkeit längs bzw. quer[3]	≥ 10 N/mm^2 bzw. 10 N/mm^2
Höchstzugkraftdehnung längs bzw. quer[2]	≥ 2 % bzw. 2 %
Reißdehnung längs bzw. quer[3]	≥ 280 % bzw. 280 %[3] ≥ 280 % bzw. 280 %[4]
Verhalten der Fügenaht beim Scherversuch	Abriss außerhalb der Fügenaht
Verhalten beim Weiterreißversuch	≥ 80 N[2] ≥ 40 N[3]
Verhalten bei Wasserdruckbeanspruchung	≥ 4 bar/72 h
Verhalten beim Perforationsversuch	dicht, Fallhöhe 300 mm
Maßänderung nach Warmlagerung – verstärkte Bahnen – homogene Bahnen	≤ 1 % ≤ 2 %
Verhalten beim Falzen in der Kälte	≤ – 20 °C
Lagerung in wässrigen Lösungen NaCl/Ca(OH)$_2$/H$_2$SO$_3$	Grenzabweichungen gegenüber Anlieferungszustand
Reißfestigkeit bzw. Reißdehnung	± 20 %
Höchstzugkraft bzw. Höchstzugkraftdehnung	± 20 %

[1] Die Einhaltung der festgelegten Eigenschaften ist durch die Erstprüfung einer bauaufsichtlich anerkannten Prüfstelle und eine werkseigene Produktionskontrolle nachzuweisen.
[2] für verstärkte Bahnen (mit Gewebe-/Gelegeeinlage oder Vlieskaschierung)
[3] für homogene Bahnen
[4] Bahnen mit Glasvlieseinlage ≥ 150 g/m^2

Tabelle V.13.02: Anforderungen an kunststoffmodifizierte Bitumen-Dickbeschichtungen (KMB), nach DIN 18195-2, Tabelle 9

Zusammensetzung und Eigenschaft[1]	Prüfwert/Anforderung[3]	Abweichend jedoch
Zusammensetzung der Flüssigkomponente		
Festkörpergehalt als Massenanteil in %[2]	Wert ist anzugeben; Grenzabweichung ±5 %.	bei einer Temperatur von 105 °C ± 5 K bis zur Gewichtskonstanz
Aschegehalt als Massenanteil in % bezogen auf Festkörper[2]	Wert ist anzugeben; Grenzabweichung ±2 %.	Probenvorbereitung: DIN EN ISO 3251 bei einer Temperatur von 475 °C ± 25 K bis zur Gewichtskonstanz
Bindemittelgehalt als Massenanteil in % einschließlich nicht verdampfbarer organischer Anteile bezogen auf Festkörper[2]	≥ 35 %	
Schichtdickenabnahme bei Durchtrocknung (%)[2]	Wert ist anzugeben; Grenzabweichung ±5 %.	
Eigenschaften der Trockenschicht		
Dichte des Festkörpers[2]	Wert ist anzugeben; Grenzabweichung ±0,1 g/cm³.	
Wärmestandfestigkeit[2]	≥ +70 °C	Vor der Prüfung ist der Probekörper 28 d bei 20 °C/65 % relativer Luftfeuchte zu trocknen; Trockenschichtdicke: min. 3 mm.
Kaltbiegeverhalten[2]	≤ 0 °C	Vor der Prüfung ist der Probekörper 28 d bei 20 °C/65 % relativer Luftfeuchte zu trocknen; Trockenschichtdicke: min. 3 mm.
Wasserundurchlässigkeit	Schlitzbreite: 1 mm Wasserdruck: 0,075 N/mm², 24 h	Vor der Prüfung ist der Probekörper 28 d bei 20 °C/65 % relativer Luftfeuchte zu trocknen; Trockenschichtdicke: min. 4 mm.
Rissüberbrückung	≥ 2 mm Rissversatz etwa 0,5 mm Rissweite zum Zeitpunkt des Entstehens: ≤ 0,5 mm	Prüftemperatur: +4 °C ohne Druckwasserversuch, alternativ kann der Riss auch zentrisch erzeugt werden.
Druckbelastung	0,06 MN/m² für Abdichtungen nach DIN 18195-6: 0,3 MN/m²	

[1] Die Einhaltung der festgelegten Eigenschaften ist durch die Erstprüfung einer bauaufsichtlich anerkannten Prüfstelle nachzuweisen.
[2] Für diese Eigenschaften ist eine werkseigene Produktionskontrolle durchzuführen. Dies gilt auch für die Verstärkungseinlage. Während der Produktionszeit hat die Prüfung mindestens einmal wöchentlich zu erfolgen.
[3] Die bei der Erstprüfung ermittelten Werte sind vom Hersteller anzugeben. Bei der werkseigenen Produktionskontrolle dürfen die Prüfwerte maximal um die in dieser Tabelle angegebenen Grenzabweichungen von den Werten der Erstprüfung abweichen.
Die Verstärkungseinlage ist zu beschreiben: Art der Verstärkungseinlage, Flächengewicht, Zug-/Dehnungswerte, Maschenweite (soweit Gewebe).

- lange Nutzbarkeitsdauer mit hoher Witterungs- und Alterungsbeständigkeit,
- gute Verschweißbarkeit bei Plastomerbitumen-Schweißbahnen.

Polymerbitumen-Schweißbahnen

Die DIN 52133 „Polymerbitumen-Schweißbahnen – Begriffe, Bezeichnung, Anforderungen" gilt für Polymerbitumen-Schweißbahnen. Hiernach sind sie, ebenso wie Polymerbitumen-Dachabdichtungsbahnen, rollbare Dachbahnen, die aus mit Bitumen oder Polymerbitumen getränkten Trägereinlagen bestehen und beidseitig mit Deckschichten aus Polymerbitumen versehen sind. Sie werden beschiefert und talkumiert hergestellt.

Des Weiteren gibt es eine Anzahl weiterer Bitumen- und Polymerbitumenbahnen, deren Eigenschaften und Anforderungen aus den entsprechenden Vorschriften bzw. Normen zu entnehmen sind.

Bitumenverträgliche Kunststoff-Dichtungsbahnen aus Ethylen-Vinyl-Acetat-Terpolymer

In der Tabelle V.13.01 (Auszug aus Tabelle 7 der DIN 18195-2) sind die Anforderungen an bitumenverträgliche Kunststoff-Dichtungsbahnen aus Ethylen-Vinyl-Acetat-Terpolymer (EVA), wie z. B. die allgemeine Beschaffenheit des EVA, die frei von Blasen, Rissen und Lukern sein muss, ersichtlich.

Kunststoffmodifizierte Bitumen-Dickbeschichtungen (KMB)

Bei kunststoffmodifizierten Bitumen-Dickbeschichtungen handelt es sich um kunststoffmodifizierte, ein- oder zweikomponentige Massen auf Basis von Bitumenemulsionen. Die an sie gestellten Anforderungen sind in der DIN 18195-2, Tabelle 9 beschrieben (s. Tabelle V.13.02).

Kalt selbstklebende Bitumen-Dichtungsbahnen (KSK)

Kalt selbstklebende Bitumen-Dichtungsbahnen (KSK) sind aus kunststoffmodifiziertem selbstklebendem Bitumen bestehende Dichtungsbahnen. Das kunststoffmodifizierte selbstklebende Bitumen ist einseitig auf einer reißfesten HPDE-Trägerfolie aufgebracht. An KSK werden nach DIN 18195-2, Tabelle 10 Anforderungen gestellt, wie z. B., dass KSK bei der Prüfung der Wasserundurchlässigkeit bei einem Wasserdruck von 4 bar innerhalb von 24 Stunden keine Undichtheiten aufweisen dürfen.

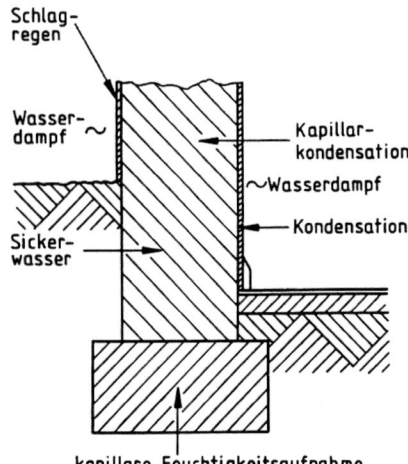

Abb. V.13.02: Unterschiedliche Wasserarten und Lastfälle in Abhängigkeit von den Bodenverhältnissen

Weitere Abdichtungsstoffe

Die an weitere Abdichtungsstoffe und -bahnen gestellten Anforderungen sind den entsprechenden Vorschriften bzw. Normen zu entnehmen:

- Asphaltmastix und Gussasphalt (DIN 18195-2, Tabelle 3),
- Elastomer-(EPDM-)Bahnen (DIN 7864-1 „Elastomer-Bahnen für Abdichtungen; Anforderungen, Prüfung", jedoch abweichend mit werkseitiger Beschichtung zur Nahtfügetechnik) und
- Elastomer-Dichtungsbahnen mit Selbstklebeschicht (DIN 7864-1, jedoch abweichend mit werkseitiger Beschichtung und Selbstklebeschicht, an die zusätzliche Anforderungen gestellt werden).

V.13.1.3 Einsatzgebiete und Verwendung

Bauwerksabdichtung

Das Abdichten von Bauwerken (z. B. mit Bitumen) war in der Antike (auch im Mittelalter) auf besondere Bauwerke beschränkt, wie z. B. öffentliche Bäder, die aus funktionalen Gründen eine Abdichtung benötigten.

In den 20er-Jahren wurden für die Abdichtung erdberührter Kellerwände (gegen aufsteigende Feuchte) Materialien wie z. B. Asphaltmassen oder -pappe, Bleiblech oder Walzblei sowie in Asphalt oder Portlandzement vermauerte Klinker eingesetzt.

Bleibleche und später teergetränkte Rohfilzpappen wurden nach der Jahrhundertwende oftmals verwendet. Neben den seit mehr als 80 Jahren bewährten Abdichtungen mit bitumenhaltigen Stoffen gibt es mittlerweile Abdichtungsverfahren mit Kunststoffen, mit wasserundurchlässigem Beton (WU-Beton) (s. Kap. V.13.3.1), mit Sperrputz, mit Sperrschicht, mit Sperrmörtel, mit Dichtungsschlämmen (s. Kap. V.13.3.1) und die reinen Metallabdichtungen aus Stahlblech, aus Kupfer, aus Zink, aus Aluminium und aus nicht rostendem Stahl (Edelstahl).

Folgende Abdichtungsarten werden nach der Art des Wasserlastfalls voneinander unterschieden:

- Abdichtungen gegen Bodenfeuchte und nicht stauendes Sickerwasser nach DIN 18195-4 „Bauwerksabdichtungen – Teil 4: Abdichtungen gegen Bodenfeuchte (Kapillarwasser, Haftwasser) und nichtstauendes Sickerwasser an Bodenplatten und Wänden, Bemessung und Ausführung",
- Abdichtung gegen nicht drückendes Wasser nach DIN 18195-5 „Bauwerksabdichtungen – Teil 5: Abdichtungen gegen nichtdrückendes Wasser auf Deckenflächen und in Nassräumen; Bemessung und Ausführung",
- Abdichtung gegen von außen drückendes Wasser und stauendes Sickerwasser nach DIN 18195-6 „Bauwerksabdichtungen – Teil 6: Abdichtungen gegen von außen drückendes Wasser und stauendes Sickerwasser; Bemessung und Ausführung".

Für diese Abdichtungsarten werden unterschiedliche Abdichtungsverfahren angewendet. Diese unterscheiden sich voneinander durch die verwendeten Stoffe und die Ausführung der Abdichtung.

Abdichtungen gegen Bodenfeuchte und nicht stauendes Sickerwasser an Bodenplatten und Wänden

Nach DIN 18195-4 „Bauwerksabdichtungen – Teil 4: Abdichtungen gegen Bodenfeuchte (Kapillarwasser, Haftwasser) und nicht stauendes Sickerwasser an Bodenplatten und Wänden, Bemessung und Ausführung" sind für waagerechte Abdichtungen (Horizontalabdichtungen) in oder unter Wänden u. a. folgende Materialien geeignet:

- Bitumen-Dachbahnen mit Rohfilzeinlage,
- Bitumen-Dachdichtungsbahnen,
- Kunststoff-Dichtungsbahnen.

Tabelle V.13.03: Anforderungen an kalt selbstklebende Bitumen-Dichtungsbahnen (KSK) nach DIN 18195-2, Tabelle 10

Eigenschaften[1]	Anforderungen
äußere Beschaffenheit	gleichmäßige Oberfläche, frei von Rissen und Falten
Wasserundurchlässigkeit[2]	≥ 4 bar/24 h
Höchstzugkraft längs bzw. quer[2]	≥ 200 N bzw. 200 N/5 cm
Dehnung bei Höchstzugkraft längs bzw. quer[2]	≥ 150 % bzw. 150 %
Verhalten bei Weiterreißversuch[2]	≥ 60/60 N
Kaltbiegeversuch[2]	≤ −30 °C
Wärmestandfestigkeit[2]	≥ +70 °C
Rissüberbrückung	≥ 5 mm bei 2 mm Rissversatz
Dicke[2]	gesamt ≥ 1,5 mm
Schälwiderstand der Nahtverbindung[2]	Wert ist durch Erstprüfung einer bauaufsichtlich anerkannten Prüfstelle anzugeben.
Trägerfolie[2]	HDPE-Trägerfolie ≥ 0,07 mm dick

[1] Die Einhaltung der festgelegten Eigenschaften ist durch die Erstprüfung einer bauaufsichtlich anerkannten Prüfstelle nachzuweisen.
[2] Die Einhaltung der Produkteigenschaften ist durch eine werkseigene Produktionskontrolle nachzuweisen. Die Häufigkeit der Prüfung ist entsprechend den Bestimmungen von DIN V 52144 festzulegen.

Für Abdichtungen von Außenwänden dürfen alle in der DIN 18195-2 genannten Abdichtungsstoffe mit Ausnahme von Astphaltmastix, Gussasphalt, nackten Bitumenbahnen R 500 N und Bitumen-Dachbahnen mit Rohfilzeinlage R 500 verwendet werden. Abdichtungen mit Deckaufstrichmitteln sollten nicht für unterkellerte Gebäude eingesetzt werden.

Als Abdichtung von Bodenplatten können Bitumenbahnen, kalt selbstklebende Bitumen-Dichtungsbahnen, Kunststoff- und Elastomer-Dichtungsbahnen, kunststoffmodifizierte Bitumen-Dickbeschichtungen und Asphaltmastix verwendet werden. Diese Abdichtungen benötigen als Untergrund eine Betonschicht oder einen gleichwertigen standfesten Untergrund.

Abdichtung gegen nicht drückendes Wasser auf Deckenflächen und in Nassräumen

Je nach Art und Aufgabe der Abdichtung werden Abdichtungen gegen nicht drückendes Wasser auf Deckenflächen und in Nassräumen unterschieden in Abdichtungsbahnen für mäßig beanspruchte Flächen und Abdichtungsbahnen für hoch beanspruchte Flächen.

Mäßig beanspruchte Abdichtungen sind Balkone und ähnliche Flächen im Wohnungsbau sowie unmittelbar spritzwasserbelastete Fußböden- und Wandflächen im Wohnungsbau, soweit sie nicht hinreichend durch andere Maßnahmen (ihre Eignung ist nachzuweisen) gegen Feuchte geschützt sind.

Besondere Beachtung muss häuslichen Bädern ohne Bodeneinlauf mit Umfassungsbauteilen aus z. B. Holzbau, Trockenbau und Stahlbau geschenkt werden.

Zu den Abdichtungen für mäßige Beanspruchung gehören u. a.:

- Bitumen- oder Polymerbitumenbahnen,
- Kunststoff-Dichtungsbahnen aus PIB oder ECB,
- Elastomerbahnen,
- Elastomer-Dichtungsbahnen mit Selbstklebeschicht,
- Asphaltmastix und Asphaltmix in Verbindung mit Gussasphalt,
- kunststoffmodifizierte Bitumen-Dickbeschichtungen (KMB).

Zu den hoch beanspruchten Flächen gehören u. a. Dachterrassen, intensiv begrünte Flächen, Parkdecks, Hofkellerdecken und Durchfahrten, erdüberschüttete Decken, durch Brauch- oder Reinigungswasser stark beanspruchte Fußböden und Wandflächen in Nassräumen, wie z. B. Umgänge in Schwimmbädern und öffentlichen Duschen.

Zu den Abdichtungen für hohe Beanspruchung gehören u. a.:

- nackte Bitumenbahnen,
- Bitumen- oder Polymerbitumenbahnen,
- Kunststoff-Dichtungsbahnen aus PIB oder ECB,
- Kunststoff-Dichtungsbahnen aus EVA, PVC-P oder Elastomeren,
- Asphaltmastix und Asphaltmix in Verbindung mit Gussasphalt,
- Bitumen-Schweißbahn in Verbindung mit Gussasphalt.

Sollten Abdichtungsarbeiten im Zusammenhang mit der Verlegung von Fliesen und Platten vorgenommen werden, können diese auch nach dem ZDB-Merkblatt als sogenannte alternative Abdichtung ausgeführt werden, die sich in der Praxis bewährt hat.

Es können 3 verschiedene Feuchteschutzsituationen unterschieden werden.

Mäßig beanspruchte Nassräume/ Badezimmer mit Bodeneinlauf

Bahnenförmige Abdichtungen an Flächen unter Fliesen bzw. Platten mäßig beanspruchter Nassräume bzw. Badezimmern mit Bodeneinlauf gestalteten sich früher meist sehr aufwendig. Die inzwischen erhältlichen, spachtelbaren Verbundabdichtungen erleichtern das Aufbringen erheblich.

Werden diese zusammen mit Fliesen bzw. Platten angebracht, wird von der sogenannten alternativen Abdichtung bzw. der Abdichtung im Verbund mit Fliesen und Platten, die als Alternative zu den in der DIN 18195-5 „Bauwerksabdichtungen – Teil 5: Abdichtungen gegen nichtdrückendes Wasser auf Deckenflächen und in Nassräumen; Bemessung und Ausführung" beschriebenen Abdichtungen gilt, gesprochen.

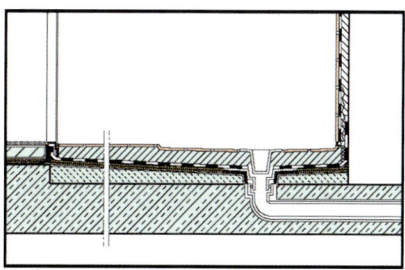

Abb. V.13.03a: Bahnenförmige Abdichtung eines Wohnungsbades mit niveaugleicher Dusche (Quelle: Kalksandstein-Info GmbH, Hannover)

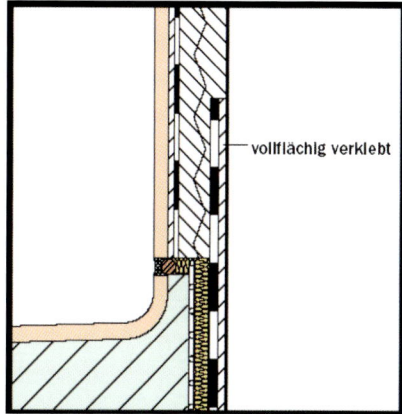

Abb. V.13.03b: Bahnenförmige Abdichtung eines Wohnungsbades mit niveaugleicher Dusche (Quelle: Kalksandstein-Info GmbH, Hannover)

Hier wird davon ausgegangen, dass lediglich die Fugen einen Wasserdurchgang zulassen. Durch das Aufbringen einer Dichtungsschicht auf den Untergrund und die Verlegung der Fliesen und Platten im Dünnbettverfahren wird eine abdichtende Wirkung für mäßige Beanspruchungen erreicht.

Im Merkblatt „Hinweise für die Ausführung von Abdichtungen im Verbund mit Bekleidungen und Belägen aus Fliesen und Platten für den Innen- und Außenbereich" des Zentralverbandes des Deutschen Baugewerbes werden die einzuhaltenden Regeln und Voraussetzungen beschrieben. Bei fachgerechter Ausführung hat sich diese Lösung in der Praxis bewährt, da sie jedoch von der DIN abweicht, sollte sie vertraglich geregelt werden.

Zu den typischen Ausführungsfehlern dieses Verfahrens gehört der Auftrag der Beschichtung und des Fliesenklebers in einer Schicht, was zu Verletzungen der Dichtungsbahn durch die Zahnkelle führen kann.

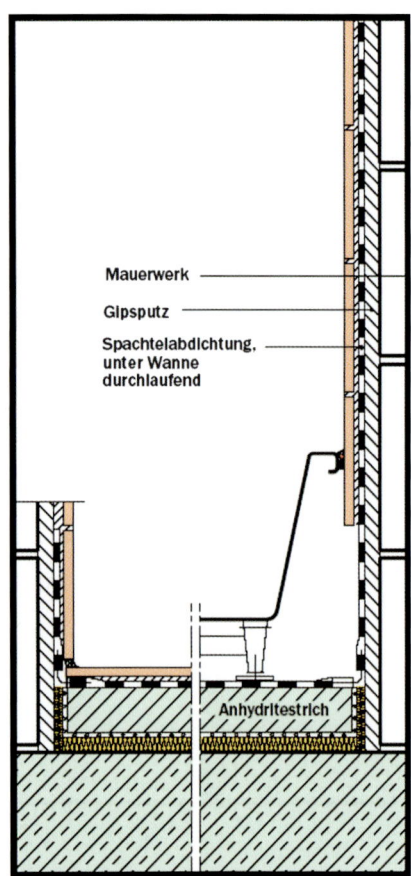

Abb. V.13.04a: Spachtelbare Verbundabdichtung im Wohnungsbad ohne Bodeneinlauf bei feuchteempfindlichen Untergründen (Quelle: Kalksandstein-Info GmbH, Hannover)

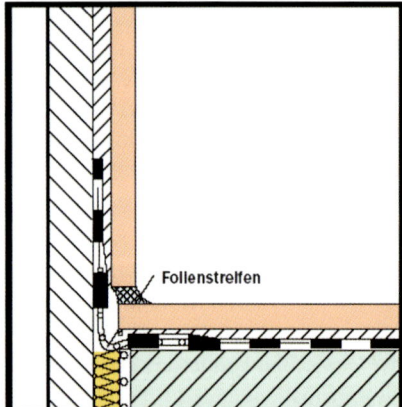

Abb. V.13.04b: Spachtelbare Verbundabdichtung im Wohnungsbad ohne Bodeneinlauf bei feuchteempfindlichen Untergründen (Quelle: Kalksandstein-Info GmbH, Hannover)

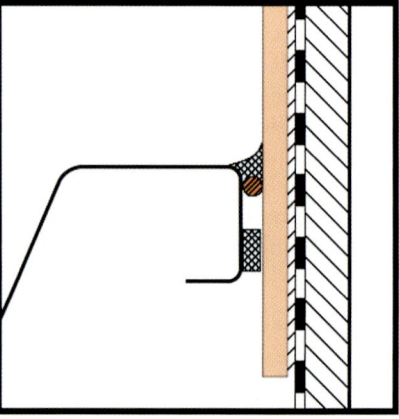

Abb. V.13.04c: Spachtelbare Verbundabdichtung im Wohnungsbad ohne Bodeneinlauf bei feuchteempfindlichen Untergründen (Quelle: Kalksandstein-Info GmbH, Hannover)

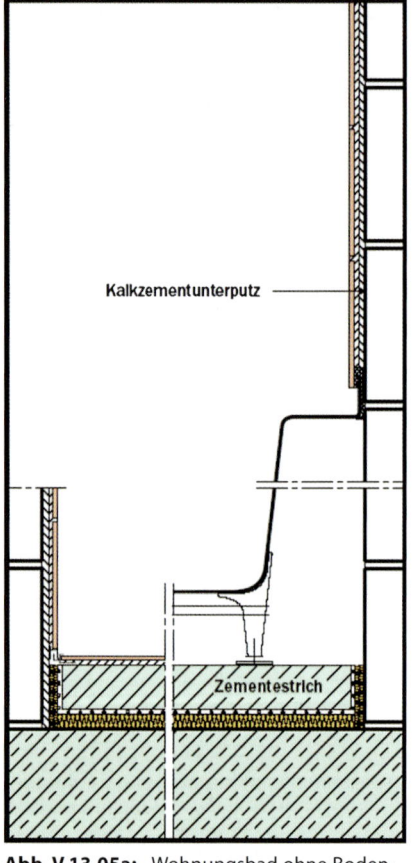

Abb. V.13.05a: Wohnungsbad ohne Bodeneinlauf mit feuchteunempfindlichen Untergründen (Quelle: Kalksandstein-Info GmbH, Hannover)

Bei Abdichtungen an mäßig beanspruchten Nassräumen muss zusätzlich noch die geforderte 15 cm hohe Aufkantung in Form einer Dichtungsbahn hochgeführt werden.

Feuchteempfindliche Umfassungsbauteile in Badezimmern ohne Bodeneinlauf

Bei Abdichtungen an feuchteempfindlichen Untergründen, wie Gipsputzen oder Anhydritestrichen, sollte mindestens eine spachtelbare Abdichtung im Verbund mit Fliesen und Platten ausgeführt werden. Nach DIN V 18550 „Putz und Putzsysteme – Ausführung" (Nr. 7.5.2 „Innenwand- und Innendeckenputz für Feuchträume") müssen Innenwand- und Innendeckenputze für Feuchträume gegen langzeitig einwirkende Feuchte beständig sein. Gipsputze (Putzmörtelgruppe P IV nach DIN V 18550) oder Anhydritestriche sind für häusliche Küchen und Bäder geeignet, wobei sie mit einer geeigneten Grundierung zu versehen sind. Wandbekleidungen oder Beläge (z. B. keramische Fliesen) auf dem Putz, die einer direkten Wasserbelastung (z. B. in Duschkabinen oder im Wannenbereich) ausgesetzt sind, benötigen besondere Maßnahmen. Diese können zusätzliche Abdichtungen mit zweckmäßigen Spachtel- und Anstrichstoffen auf Gipsputzen sein.

Badezimmer ohne Bodeneinlauf

Abdichtungen an Badezimmern ohne Bodeneinlauf mit feuchteunempfindlichen Untergründen werden – falls erwünscht – wie Abdichtungen an mäßig beanspruchten Nassräumen bzw. Badezimmern mit Bodeneinlauf üblicherweise als alternative Abdichtung bzw. Abdichtung im Verbund mit Fliesen und Platten nach dem Merkblatt „Hinweise für die Ausführung von Abdichtungen im Verbund mit Bekleidungen und Belägen aus Fliesen und Platten für den Innen- und Außenbereich" des Zentralverbandes des Deutschen Baugewerbes ausgeführt. Eine 15 cm hohe Aufkantung wird jedoch nicht gefordert.

Bei Abdichtungsarbeiten sollte besonders auf den Übergang zwischen Wand und Boden, vor allem in Eckbereichen, aber auch auf Bereiche mit durchstoßenden Armaturen geachtet werden.

Abdichtungen an Anschlussbereichen

Zu den bei allen 3 Feuchteschutzsituationen besonders gefährdeten Punkten gehören Anschlüsse von Sanitärobjekten, vordergründig Wannen- und Duschanschlüsse, die selten eine dauerhafte Dichtfunktion gegenüber aufgehenden Bauteilen bieten. Entsprechend empfiehlt es sich, die spachtelbare Abdichtung grundsätzlich unter dem Wannen- und Duschbereich durchzuziehen. Die Abdichtung des Wannen- und Duschrandes sollte zusätzlich zur Dichtungsphase mit einem vorkomprimierten Dichtungsband ausgeführt werden. Problematisch ist die Abdichtung von Rohrdurchführungen und Armaturen, die mit großer Sorgfalt sowohl mit vorkomprimierten Dichtungsbändern als auch Dichtungsphasen ausgeführt werden muss.

Fugen

Im Bereich der Fugen, bei denen mit Bewegungen zu rechnen ist (Dehnungsfugen, Fugen in Belägen, konstruktiv notwendige Fugen), muss auch die spachtelbare Verbundabdichtung dehnfähig ausgebildet werden. Vor allem die Randbereiche schwimmender Estriche und senkrechte Eckfugen aufgehender Wände sollten dabei beachtet werden.

Um eine ausreichende Dehnfähigkeit der spachtelbaren Verbundabdichtung zu erreichen, werden im Bereich der Bewegungsfugen unter der Dichtstofffuge im Belag Folienstreifen mit Vliesrändern eingearbeitet.

Abdichtung gegen drückendes Wasser und aufstauendes Sickerwasser

Zu den Abdichtungen gegen drückendes Wasser gehören u. a.:

- nackte Bitumenbahnen und Metallbänder,
- Bitumenbahnen und/oder Polymerbitumen-Dachdichtungsbahnen,
- Bitumen-Schweißbahnen,
- Kunststoff-Dichtungsbahnen aus PVC-P, lose verlegt.

Zu den Abdichtungen gegen aufstauendes Sickerwasser gehören u. a.:

- kunststoffmodifizierte Bitumen-Dickbeschichtungen (KMB),
- Polymerbitumen-Schweißbahnen,
- Bitumen- oder Polymerbitumenbahnen,
- Kunststoff- und Elastomer-Dichtungsbahnen.

Fugenabdichtungen im Außenwandbereich

Fugenabdichtungen sind objektbezogen auch besonders hinsichtlich der Bauausführung und der Wirtschaftlichkeit zu planen. Kann z. B. davon ausgegangen werden, dass planungsgemäß nur sehr kleine Fugenbewegungen auftreten, können Fugenabdichtungsmaterialien zum Einsatz kommen, die als kostengünstig bezeichnet werden. Bei zu erwartenden größeren Fugenbewegungen sind für die Fugenausbildung entsprechend aufwendigere und damit kostenintensivere Lösungen zu entwickeln. Diese sind als wirtschaftlich anzusehen, wenn entsprechende Beanspruchungen vorliegen. Bei der Materialauswahl für Fugenabdichtungen sind auch ökologische Aspekte zu beachten. Aus nachhaltiger, ganzheitlicher Sicht sind konstruktive Lösungen (z. B. Fugenkonstruktionen) vorzuziehen. Sie sind über die gesamte Lebensdauer des Bauwerks, aufgrund ihrer Geometrie und Funktion, weitgehend wartungsfrei.

Die gebräuchlichsten Fugenarten im Außenwandbereich sind starre Fugen (Arbeitsfugen, Montagefugen), Scheinfugen und Bewegungsfugen. Zu den Bewegungsfugen gehören neben Setzungsfugen, Dehnfugen und konstruktiv belüfteten Fugen u. a. auch Fugen mit Dichtungsmassen, Fugen mit elastischen Bändern, Fugen mit vorkomprimierten Bändern und Fugenprofile.

Fugen mit Dichtungsmassen

Fugen mit Dichtungsmassen sind die am häufigsten angewendete Fugenabdichtungsart im Außenwandbereich. In der DIN 18540 „Abdichten von Außenwandfugen im Hochbau mit Fugendichtstoffen" ist die Anwendung und die Qualität von Fugendichtstoffen im Außenwandbereich geregelt. Es dürfen nur elastische Dichtstoffe verwendet werden, die eine Gesamtverformung (Summe aus Stauchung und Dehnung) von mindestens 25 % bezogen auf die Fugenbreite zulassen. Siliconkautschuk (Si) und Polysulfide (SR) erfüllen meist die Anforderungen im Sinne der DIN 18540. Gemäß dieser DIN sind für die Abdichtung von Außenwandfugen andere, weniger elasti-

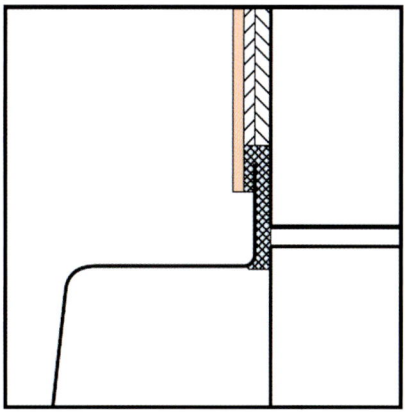

Abb. V.13.05b: Wohnungsbad ohne Bodeneinlauf mit feuchteunempfindlichen Untergründen (Quelle: Kalksandstein-Info GmbH, Hannover)

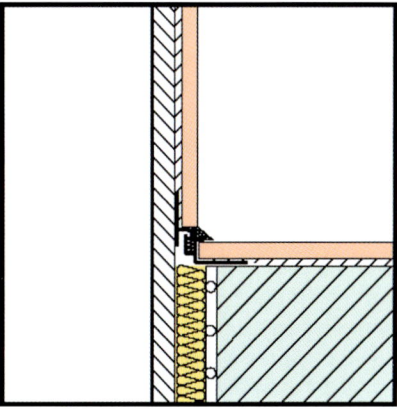

Abb. V.13.05c: Wohnungsbad ohne Bodeneinlauf mit feuchteunempfindlichen Untergründen (Quelle: Kalksandstein-Info GmbH, Hannover)

Abb. V.13.06: Bewegungsfuge mit Dichtungsmasse in einer Außenwandkonstruktion (Quelle: Firma Rüdiger Knäuper, Oldenthal, Zweischalige Wand AG)

sche Dichtstoffe, wie z. B. Acrylate, nicht zulässig.

Fugenabdichtungen sind witterungsabhängig und empfindlich gegenüber Toleranzen, sodass bei der Ausführung von mit Dichtungsmassen geschlossenen Fugen auf besondere Sorgfalt geachtet werden muss. Oftmals sind Vorbehandlungen der Fugenflanken erforderlich (z. B. Auftragen von Primern). Das Einbringen des Fugendichtstoffes darf nur bei trockener Witterung und Temperaturen von 5 bis 40 °C ausgeführt werden.

Fugen mit elastischen Bändern

Meist werden Fugenbänder aus elastischen Dichtungsmassen, die oftmals auf der Basis von Siliconen und Polysulfiden hergestellt sind, vorkonfektioniert. Sie werden vor Ort so auf die Fugenflanken aufgebracht, dass unmittelbar auf die Bauteilränder nur geringe Zug- und keine Druckkräfte übertragen werden. Die Häufigkeit der Mängel und Schäden bei Fugen mit vorkonfektionierten Dichtungsbändern ist geringer als bei Fugen, die mit Dichtungsmassen nach DIN 18540 vor Ort abgedichtet werden. In dem IVD-Merkblatt Nr. 4 „Abdichten von Außenwandfugen im Hochbau mit aufzuklebenden Elastomer-Fugenbändern des Industrieverbandes Dichtstoffe e. V. sind die Anforderungen und Verarbeitung von elastischen Fugenbändern im Einzelnen geregelt.

Fugen mit vorkomprimierten Bändern

Zur Herstellung der Regen- und Winddichtheit werden imprägnierte Schaumstoffdichtbänder bei entsprechender Materialwahl und einer Komprimierung je nach Hersteller zwischen 1:3 und 1:5 eingesetzt. Die Dichtbänder besitzen gute wärme- und schallschutztechnische Eigenschaften und können sowohl die Funktion der Regensperre als auch die Funktion der Windsperre übernehmen. Die Dichtungsbänder werden vorkomprimiert geliefert, wobei die Rückstellung auf Fugenbreite während der Montage so langsam abläuft, dass genügend Zeit für das Einbringen des Dichtungsbandes in die Fuge verbleibt. Die Haftung an den Fugenflanken wird maßgeblich durch die Rückstellkraft des expandierenden Bandes sichergestellt. Dadurch ist, gegenüber den Dichtungsmassen und aufgeklebten elastischen Bändern, keine weitere Vorbehandlung der Fugenflanken erforderlich. Um eine gleichmäßige Anpresskraft, die sich aus der Vorkomprimierung des Dichtungsbandes ergibt, über die gesamte Fugenlänge zu gewährleisten, müssen die Fugenflanken eine ausreichende Tiefe aufweisen und weitgehend parallel verlaufen.

Im Gegensatz zu elastischen Dichtungsmassen sind die Anforderungen an vorkomprimierte Bänder nicht in der DIN geregelt. Die jeweiligen Herstellerangaben müssen bei der Fugenplanung berücksichtigt werden. Die maßgeblichen Eigenschaften sind durch entsprechende Prüfzeugnisse nachzuweisen.

Fugenprofile

Bei sehr geringen Toleranzen im Außenwandbereich, z. B. bei Metall- oder Glasfassaden, sind sogenannte Fugenprofile geeignet, die allein durch Klemmwirkung in den Fugen gehalten werden. Aufgrund der bauüblichen Toleranzen im Bereich von Betonkonstruktionen oder gemauerten Außenwänden kann der Einsatz von Fugenprofilen nicht empfohlen werden, da Fugenprofile nicht über die gesamte Fugenlänge dauerhaft fixiert werden können. Deshalb kann der Schlagregenschutz nicht ausreichend gewährleistet werden. Außerdem ist die Dauerhaftigkeit der Abdichtungsfunktion nicht gesichert.

Dachabdichtung

Gemäß DIN 18531-2 „Dachabdichtungen – Abdichtungen für nicht genutzte Dächer – Teil 2: Stoffe" können als Dachabdichtung eingesetzt werden.

Bitumen- und Polymerbitumenbahnen:
- Bitumen-Dachdichtungsbahnen,
- Bitumen-Schweißbahnen mit Glasvlieseinlage,
- Bitumen-Schweißbahnen mit Glasgewebe- oder Polyestervlieseinlage,
- Bitumen-Schweißbahnen mit Kombinationsträgereinlage mit überwiegendem Glasanteil oder mit überwiegenden Polyesteranteil,
- Polymerbitumen-Schweißbahnen mit Kombinationsträgereinlage mit überwiegendem Glasanteil oder mit überwiegenden Polyesteranteil,
- Polymerbitumen-Dachabdichtungsbahnen (Bahnentyp PYE),
- Polymerbitumen-Schweißbahnen,
- kalt selbstklebende Polymerbitumenbahnen (KSP),
- Polymerbitumenbahnen für einlagige Verlegung,
- Glasvlies-Bitumendachbahnen usw.

Kunststoff- und Elastomerbahnen:
- Ethylen-Vinyl-Acetat-Terpolymer (EVA), homogen und bitumenverträglich,
- Ethylen-Copolymerisat-Bitumen (ECB) mit Einlage, mit oder ohne Kaschierung,
- Chloriertes Polyethylen (PE-C), einseitig kaschiert, bitumenverträglich,
- Chloriertes Polyethylen (PE-C) mit einer Gewebeeinlage (bitumenverträglich),
- Polyisobutylen (PIB), homogen mit Kaschierung,
- weichmacherhaltiges Polyvinylchlorid (PVC-P), homogen und nicht bitumenverträglich,
- weichmacherhaltiges Polyvinylchlorid (PVC-P) mit Einlage und nicht bitumenverträglich,
- weichmacherhaltiges Polyvinylchlorid (PVC-P) mit Verstärkung und nicht bitumenverträglich,
- weichmacherhaltiges Polyvinylchlorid (PVC-P), homogen mit unterseitiger Kaschierung und Selbstklebebeschichtung, bitumenverträglich,
- Ethylen-Propylen-Dien-Terpolymer (EPDM), bitumenverträglich,
- Isobutylen-Isopren-Copolymer (IIR) ohne Kaschierung, bitumenverträglich usw.

Des Weiteren dürfen auch Abdichtungsbahnen verwendet werden, die den Nachweis ihrer Gebrauchstauglichkeit in geeigneter Form erbracht haben.

V.13.2 Typische Mängel und Schäden

Aufgrund der Spannbreite der baustoffbezogenen Mängel und Schäden an Abdichtungen wird im Folgenden eine Auswahl der typischen Mängel und Schäden aufgeführt. Sie werden unterteilt in Mängel und Schäden an Bauwerksabdichtungen, an Fugenabdichtungen an Außenwänden und Mängel und Schäden an Dachabdichtungen.

V.13.2.1 Bauwerksabdichtungen

Typische Schadensbilder beim Bauen im Bestand sind fehlende bzw. defekte Abdichtungen an erdberührten Kellerwänden bzw. nicht unterkellerten Altbauten. Die Folge sind meist durchfeuchtete Wände und eine beeinträchtigte Nutzung der Keller.

Zur Gründerzeit wurde der aufsteigenden Feuchte in Gebäuden wenig Aufmerksamkeit geschenkt. Um Kosten einzusparen, wurden Abdichtungen erdberührter Bauteile bei üblichen Wohnhäusern in Städten und auf dem Lande kaum ausgeführt. Gleiches gilt bei Nichtwohngebäuden für untergeordnete Nutzungen. Durch das Herausheben des Erdgeschosses über das Geländeniveau und gleichzeitige Verwendung von Natursteinen (s. Kap. V.8) im Sockelbereich sollte die Auswirkung der in den Wänden aufsteigenden Feuchte auf die Wohngeschosse verringert werden. Diese Bauweise ist häufig bei Gebäuden festzustellen, die vor 1920 (s. Kap. I.1.2.1) errichtet wurden.

Bei Wohngebäuden, die nach 1920 und insbesondere nach 1948 errichtet wurden, sind die Feuchteschäden vermehrt auf funktionsuntüchtige Abdichtungsmaßnahmen zurückzuführen.

Sockelschwellen aus Eichenholz bildeten bei Fachwerkhäusern (s. Kap. I.1.1) häufig die erste Sperrschicht. Der untere Teil dieser Schwelle war dauernd durchfeuchtet und führte zu weiteren Schäden durch z. B. holzzerstörende Pilze (s. Kap. V.4.2.2).

Bauteildurchfeuchtung

Die Feuchte dringt durch fehlende oder defekte Horizontal- bzw. Vertikalabdichtungen in die erdberührten Bauteile ein und wird über den gesamten Mauerwerksquerschnitt durch die feinen Kapillaren des Mauerwerks horizontal und vertikal transportiert. Grundlage für die kapillare Durchfeuchtung des Mauerwerksquerschnittes ist das Porensystem des Baustoffes sowie dessen Aufbau und Beschaffenheit.

Es werden neben der hygroskopischen Wasseraufnahme und der Wasseraufnahme durch Kapillarkondensation weitere Wasseraufnahmemechanismen unterschieden, wie u. a. kapillare Wasseraufnahme und Wasseraufnahme durch Sicker- bzw. Hangwasser.

Kapillare Wasseraufnahme

Feuchte kann generell nur in Baustoffe eindringen, wenn Fehlstellen vorhanden sind, z. B. wenn die Vertikalabdichtung nicht vorhanden oder verrottet und unwirksam ist. Der erdberührte Bereich wird permanent durchfeuchtet und ein Trocknungsprozess findet nicht statt.

Die Kapillaren des Mauerwerks wirken wie ein Schwamm und transportieren die Feuchte. Die Wasseraufnahme bzw. die kapillare Saugfähigkeit ist der Haupttransportmechanismus von Feuchte, sie wird durch den Wasseraufnahmekoeffizienten angegeben.

Wasseraufnahme durch Sicker- bzw. Hangwasser

Aufgrund einer fehlenden oder nicht mehr funktionsfähigen Vertikalabdichtung der erdberührten Bauteile eines Gebäudes kommt es zu einer Wasseraufnahme. Diese Feuchteaufnahme findet bereits statt, wenn das feuchte Erdreich den saugfähigen Baustoff berührt. Die Wasseraufnahme kann verstärkt werden, wenn die Feuchtebelastung unter einem gewissen Druck (z. B. als Hangwasser) auftritt, etwa durch hydrostatischen Druck aus dem Boden.

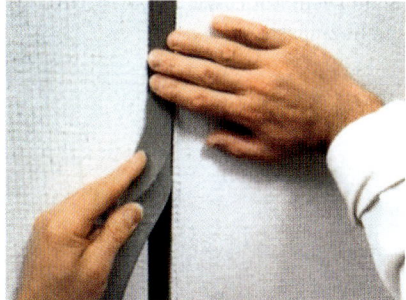

Abb. V.13.07: Dehnfugenband in einer Außenwandfuge (Quelle: Sto AG, Stühlingen)

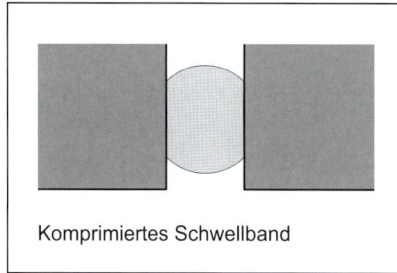

Abb. V.13.08: Komprimiertes Schwellband im Schema

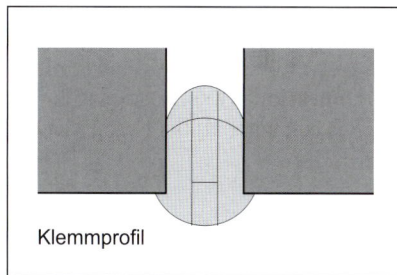

Abb. V.13.09: Klemmprofil, schematische Darstellung

Abb. V.13.10: Durchfeuchtete Kellerwand mit der Folge einer beeinträchtigten Nutzung

Abb. V.13.11: Herausgehobenes Erdgeschoss und Naturstein im Sockelbereich

Abb. V.13.12: Durchfeuchtete Sockelschwelle eines Fachwerkhauses

Abb. V.13.13: Feuchteeintrag durch fehlende Vertikalabdichtung in einem Kellerraum

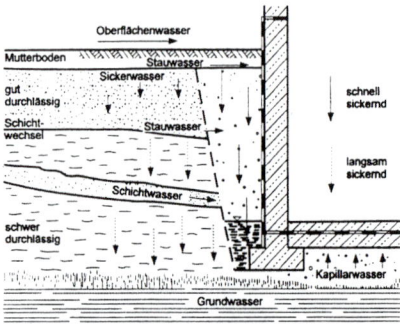

Abb. V.13.14: Schematische Darstellung der unterschiedlichen Wasseraufnahmemechanismen erdberührter Bauteile

Der Feuchtetransport in porösen Baustoffen ist immer abhängig von Porenart, Porengröße und deren Verteilung. Baustoffporen unterscheiden sich in Aufbau und Struktur. Der Feuchtetransport ist nur gegeben bei mindestens einer Öffnung nach außen.

Abdichtungsschäden an Deckenflächen und in Nassräumen

Feuchteschäden aufgrund mangelhafter oder nicht vorhandener Abdichtungen gehören bei Innenwänden je nach Feuchteempfindlichkeit durchaus zu möglichen Schadensfällen.

Die auf die Materialität im Sinne einer Feuchteempfindlichkeit der Wandkonstruktion zurückzuführenden Schäden zeigen sich meist im Nassraum durch das Aufwölben und anschließende Ablösen von Fliesen und Platten oder in angrenzenden Bereichen durch Durchfeuchtungen von Decken und Wänden, die oft zur Schimmelpilzbildung führen. Eine weitere Schadensursache kann bei nicht fachgerechten Abdichtungen an Sanitärobjekten und/oder Durchstoßpunkten von Armaturen und Leitungsrohren, der Verwendung ungeeigneter Materialien oder ebenfalls nicht fachgerechter Ausbildung auch bei der Abdichtung im Verbund mit Fliesen und Platten liegen.

V.13.2.2 Fugenabdichtungen von Außenwänden

Die Abdichtung der Außenwände muss dauerhaft vor Feuchteeintrag schützen. Durch eine unsachgemäß ausgeführte Abdichtung der einzelnen Bauwerksteile oder eine mit Rissen durchsetzte Wetterschutzschicht kann es zum Funktionsverlust der Abdichtung gegen Wasser kommen. Wasser bzw. Feuchte gelangt auf unterschiedlichen Wegen ins Gebäude. Eine funktionsfähige Abdichtung der Außenwände verringert die Gefahr, dass das Wasser durch undichte Stellen in die Außenwand eindringt.

Trotz der Vielzahl der Beanspruchungen von Fugen wird der Planung dieses Bauteils oftmals keine oder nur geringe Bedeutung beigemessen, sodass aufgrund fehlender Planungsvorgaben Fugenabdichtungsarbeiten ohne die notwendige Sorgfalt und mit falschen Abdichtungsmaterialien ausgeführt wurden und werden. Häufig zu beobachtende Mängel und Schäden an Fugenabdichtungen beim Bauen im Bestand sind Schäden an Fugen mit Dichtungsmassen und Schäden an Fugen mit elastischen Bändern.

Fugen mit Dichtungsmassen

An Fugen mit Dichtungsmassen entstehen typische Mängel und Schäden, wie u. a. Schäden durch das Aufreißen des Dichtstoffs (Kohäsionsbruch), Schäden durch Flankenabriss (Adhäsionsbruch) und Schäden durch die Überalterung der Dichtungsmasse.

Aufreißen des Dichtstoffes (Kohäsionsbruch)

Ein häufiges Schadensbild an Fugenabdichtungen stellt das Versagen der Fugenabdichtung durch Aufreißen des Dichtstoffes (Kohäsionsbruch) dar. Risse treten meist an den dünnsten Bereichen im Fugendichtstoff, wie z. B. in der Mitte oder auch an Versprüngen, auf. In den meisten Fällen werden Kohäsionsbrüche an elastischen Dichtungsmaterialien durch erhebliche Überschreitung der zulässigen Gesamtverformung von mehr als 25 % verursacht. Oftmals ist ein Zusammenspiel mehrerer Ursachen für das Aufreißen des Dichtstoffes verantwortlich, z. B. zu geringe Elastizität des Dichtstoffes, plastischer Dichtstoff (Ausgangszustand des Dichtstoffes wird bei Dehnung oder Stauchung nicht mehr erreicht).

Flankenabriss (Adhäsionsbruch)

Ein Flankenabriss (Adhäsionsbruch) kann häufig kurz nach der Bauwerkserstellung und an sehr schmalen Fugen beobachtet werden. Oftmals tritt ein Adhäsionsbruch auf, obwohl die vorhandenen Fugenbewegungen im zulässigen Bereich, zwischen 20 und 25 % bezogen auf die vorgefundenen Fugenbreiten, gemäß DIN 18540 „Abdichten von Außenwandfugen im Hochbau mit Fugendichtstoffen" liegen. Des Weiteren ist ein Flankenabriss bei Überschreitung der aufnehmbaren Haftzugkraft zwischen Dichtungsmasse und Flanke möglich. Dies ist in Bereichen zu beobachten, in denen die Oberflächen des Dichtstoffes nicht perfekt ausgebildet sind und kleine Einrisse vorhanden sind, die sich zu großflächigen Flankenabrissen erweitern können.

Überalterung der Dichtungsmasse

Die Dauerhaftigkeit elastischer Fugendichtstoffe ist je nach Art und Qualität des Dichtstoffes begrenzt. Großen Einfluss auf die Dauerhaftigkeit haben neben der Art und der Qualität des Dichtstoffes insbesondere die Lage der jeweiligen Fuge sowie direkte Sonneneinstrahlung, ständiger Frost-Tau-Wechsel, Schadgase aus der Luft und Fassadenreinigungsmittel. Bei Überalterung der Dichtungsmasse sind häufig netzartige Risse auf der Oberfläche des Dichtstoffes zu beobachten. Diese netzartigen Risse müssen nicht zwangsläufig zum sofortigen Aufreißen des Dichtstoffes oder zu Flankenabrissen führen. Erst nach Jahren oder Jahrzehnten kann eine mögliche schrittweise Zerstörung des Dichtstoffes eintreten. Infolgedessen kann Niederschlagswasser in die Fugenkonstruktion eindringen und zu Feuchteschäden im Gebäudeinneren führen.

Mängel und Schäden an Fugen mit elastischen Bändern

An Fugen mit elastischen Bändern können typische Mängel und Schäden wie u. a. die Verschmutzung von aufgeklebten Fugenbändern und die Überalterung von Fugenbändern auftreten.

Verschmutzung von aufgeklebten Fugenbändern

Besonders schmutzgefährdete Bereiche sind Horizontalfugenabdichtungen mit flach aufgeklebten Fugenbändern. Schon nach wenigen Jahren kann es zu Schmutzablagerungen an den Außenwandoberflächen im Bereich der Fugenbänder kommen, wo u. a. eine erhöhte Staubbelastung in der Umgebungsluft vorliegt und gleichzeitig die Wandkonstruktion einer vergleichsweise geringen Schlagregenbeanspruchung ausgesetzt ist. Dies ist der Fall, da Fugenbänder aus elastischen Dichtstoffen wie Silicon oder Polysulfid im fabrikneuen Zustand eine gewisse Klebrigkeit an der Oberfläche besitzen, die im Laufe der Jahre nachlässt. Dadurch werden Schmutzpartikel aus der Luft auf der Fugenbandoberfläche gebunden, nicht jedoch an den übrigen Wandoberflächen. Bedingt durch die mehr oder weniger sorgfältig durchgeführte Glättung der Bandverklebung über die Fugenlänge können die Schmutzpartikel nicht vom Niederschlag abgespült werden, sondern laufen konzentriert an einzelnen Stellen mit dem Niederschlagswasser über das Band ab. Entsprechende Verschmutzungen sind insbesondere bei geringer Schlagregenbeanspruchung zu beobachten, da sich Schmutzpartikel aus der Luft längere Zeit ansammeln können und nicht vom anfallenden Niederschlagswasser abgewaschen werden können.

Überalterung von Fugenbändern

Das Mängel- und Schadensbild bei Überalterung an vor Ort eingebrachten Dichtungsmassen stellt sich auf den Oberflächen von elastischen Fugenbändern als craqueléeartige Rissbildungen dar. Als Folge der Überalterung können insbesondere an Stoßbereichen durchgehende Risse innerhalb der Dehnzone der Fugenbänder beobachtet werden. Daraufhin kann Niederschlagswasser in die Fugenkonstruktion eindringen und zu Feuchteschäden im Gebäudeinneren führen. Hohe Weichmacheranteile z. B. bewirken insbesondere bei Silicondichtstoffen eine klebrige Oberfläche, zu geringe Polymeranteile sind dagegen für ein frühes Altern und Versagen der Bandabdichtung zu benennen.

Fugen mit vorkomprimierten Dichtungsbändern

Zu den typischen Mängeln und Schäden an Fugen mit vorkomprimierten Dichtungsbändern gehören u. a. unzureichend anliegende Dichtungsbänder an Fugenflanken sowie unzureichend ausgebildete Fugenbandstöße.

Dichtungsbänder an Fugenflanken

Unzureichend an den Fugenflanken anliegende Dichtungsbänder lassen sich ohne größeren Widerstand aus der Fugenkonstruktion herausziehen. Beim Bauen im Bestand kommt es zu Feuchteschäden im Gebäudeinneren, wenn die vorkomprimierten Dichtungsbänder unzureichend an den Fugenflanken anliegen und dadurch Schlagregen in die Fugenkonstruktion eindringen kann. Begünstigt wird dieses Schadensbild durch Nichteinhaltung einer Mindestkomprimierung der Dichtungsbänder (Herstelleranga-

Abb. V.13.15 Verschmutzung von Abdichtungsfugen an der Außenwand eines Gebäudes

Abb. V.13.16: Unzureichende Fugenabdichtung zwischen Verblendschale und Putzflächen einer Gebäudeaußenwand

ben sind zu beachten) im Einbauzustand. Infolgedessen kann das Band bei entsprechenden Fugenflankenbewegungen aus der Fuge herausrutschen.

Unzureichend ausgebildete Fugenbandstöße

Unzureichend ausgebildete Fugenbandstöße stellen eine Schwachstelle bei den Fugenabdichtungen mit vorkomprimierten Dichtungsbändern dar. Je nach Sorgfalt sind bei der Verarbeitung mehr oder weniger große Spalte zu beobachten, die das Eindringen von Schlagregen hinter die Fugenabdichtung begünstigen können und die Konstruktion in wärme- und schallschutztechnischer Hinsicht schwächen. Meist ist entsprechend den Herstellerangaben ein stumpfer Stoß oder auch eine Verklebung zwischen den einzel-

Abb. V.13.17: Risse einer Bitumen-Dachabdichtung eines Gebäudes

nen Fugenbandstreifen gefordert, wobei beim Zuschnitt der Bänder eine gewisse Überlänge vorzusehen ist, um eine Komprimierung des Materials in Richtung der Bandstöße zu ermöglichen.

Fugen mit Fugenprofilen

Zu den Mängeln und Schäden an Fugenprofilen gehören u. a. das Herausrutschen der Klemmprofile und der Flankenabriss eines Putzprofils.

Herausrutschen der Klemmprofile

Fugenprofile sind meist zwischen die Fugenflanken geklemmt (Klemmprofil). Ein häufig auftretendes Schadensbild ist das Herausrutschen der Klemmprofile aus den Fugen. Dadurch ist die abdichtende Wirkung von Fugenprofilen gegen das Eindringen von Wasser (Schlagregen) nicht gewährleistet. Schlagregen kann in die Fugenkonstruktion eindringen und zu Durchfeuchtungsschäden in der Wärmedämmebene und in der Konstruktion führen. Die Fugenprofile müssen mit ausreichendem Anpressdruck vollflächig an den Fugenflanken anliegen. Schon kleine Unebenheiten im Bereich der Fugenflanken können eine partielle Undichtheit, also den Funktionsverlust der Fugenabdichtung, verursachen. Insbesondere in der kälteren Jahreszeit, also bei Temperaturen, die die Elastizität des Materials der Klemmprofile verringert, kann es zum Funktionsverlust der Fugenabdichtung, z. B. zum Ablösen der Klemmprofile, mit den entsprechenden Folgeschäden kommen.

Flankenabriss eines Putzprofils

Ein Flankenabriss eines Putzprofils tritt häufig an Gebäudedehnungsfugen im Bereich von Putzfassaden, die mit winkelförmigen Putzabschlussprofilen aus Metall und dazwischenliegender Verfugung mit elastischem Dichtstoff ausgebildet sind, in Erscheinung. Während die elastische Abdichtung zwischen Putzprofilen relativ selten Schäden aufweist, sind mehr oder weniger große Abrisse zwischen Metallprofil und Putz durch die Überschreitung der aufnehmbaren Haftzugkräfte ein oft zu beobachtendes Schadensbild. Durch diese Flankenrisse kann Schlagregen hinter die Fugenabdichtung gelangen und zu Feuchteschäden führen.

V.13.2.3 Dachabdichtungen

Zu den typischen Mängeln und Schäden an Dachabdichtungen gehören u. a. netzartige Risse, Versprödung, Schrumpfung und Bildung von Blasen und/oder Wellen an Dachabdichtungen.

Netzartige Risse, Versprödung und Schrumpfung

Die sogenannte Krokodilhaut zeigt sich an der Oberfläche bituminöser Dachabdichtungsbahnen in Form netzartiger Risse. Oft folgt eine zunehmende Versprödung bzw. Schrumpfung. Die Materialdicke der Bitumenbahn verringert sich mit der Folge, dass die Einlagen bloßliegen können. Solche Schäden zeigen sich insbesondere im Altbaubestand vor allem bei Bitumendachhäuten, die nackt und/oder ohne ausreichenden Oberflächenschutz dauerhaft der Witterung ausgesetzt waren.

Bildung von Blasen und Wellen

Zu einer Blasen- bzw. Wellenbildung kommt es vor allem bei Dachabdichtungsbahnen mit einer Trägereinlage aus nicht dauerhaft feuchtebeständigen Stoffen, wie z. B. Rohfilzpappe, die insbesondere bei Flachdächern ohne oder mit Gegengefälle lang anhaltender Wasserbelastung ausgesetzt sind.

Dachabdichtungsbahnen mit Metallbandeinlagen dehnen sich bei extremen Temperaturwechseln so stark aus, dass es zu Wellen in den Bahnen und Undichtigkeiten an den Stößen kommen kann.

Glasvlieseinlagen in Bitumen-Dachbahnen verfügen aufgrund einer sehr geringen Zugfestigkeit über keine praktische Dehnfähigkeit, was bei niedrigen Temperaturen schnell zu Rissen in der Dachhaut führen kann.

Bei Einlagen aus Glasvlies oder Glasgewebe kann es zudem bei stehendem Wasser von den Bahnenkanten aus zu einer kapillaren Einleitung von Wasser (Dochtwirkung) kommen, die zu einer alkalischen Reaktion und Schädigung der Trägereinlagen führen kann.

V.13.2.4 Schadstoffe

Abdichtungsstoffe und Abdichtungsbahnen können insbesondere Schadstoffe wie polycyclische aromatische Kohlenwasserstoffe (PAK) und polychlorierte Biphenyle (PCB) aufweisen.

PAK

Schadstoffbelastungen können vorwiegend im Zusammenhang mit bitumen- und steinkohlenteerhaltigen Produkten wie z. B. Abdichtungen (sogenannte Schwarzanstriche) für Trag-/Dränschichten unter Bodenplatten und erdberührte Bauteile (z. B. aus Mauerwerk – s. Kap. V.1) auftreten. Weitere PAK-Belastungen können Füllstoffe wie Schüttungen mit Schlacke von Holz-Fehldecken sowie teerhaltige Dachpappen (s. Kap. III.6), Teer- und Bitumen-Dachbahnen für Abdichtungen von Balkonen (s. Kap III.8) sowie flachen Dächern (s. Kap. III.12) aufweisen.

PCB

Schadstoffbelastungen durch polychlorierte Biphenyle (PCB) können insbesondere im Zusammenhang mit PCB-belasteten Dichtungsmaterial auftreten. Schadstoffbelastete Dichtungsmaterialien können insbesondere in Gebäudedehnungsfugen und Bewegungsfugen zwischen Betonfertigteilen (s. Kap. III.2), Fenstern (s. Kap. III.3) und Türen (s. Kap. III.4) auftreten.

V.13.3 Maßnahmen

Jede Abdichtungsmaßnahme zur Sanierung erfordert eine Voruntersuchung. Zur Feststellung eines Schadens kann u. a. eine Dokumentation der Schadensursache und -quelle durchgeführt werden, sodass Art, Lage und Zustand der vorhandenen Abdichtung erfasst werden. Welche Maßnahme zu welchem Schadensfall geeignet erscheint, sollte aus der Analyse des Ist-zustands (s. Kap. VI.1.1) hervorgehen.

Verarbeitungsart von Abdichtungsstoffen und Abdichtungsbahnen

Wichtig ist bezüglich der Sanierungsmaßnahmen die Verarbeitungsart der einzelnen Abdichtungsstoffe, die vom Material abhängig ist.

Dampfsperre und Ausgleichsschicht

Eine Dampfsperre dient dazu, die unerwünschte Wasserdampfdiffusion in einem Gebäudedachaufbau zu verhindern. Sie ist entsprechend dem zu erwartenden Temperaturgefälle des Daches von innen nach außen und dem zu erwartenden Feuchteanfall zu wählen.

Bei der Verwendung von Bitumenbahnen mit Metallbandeinlage und Metall-Kunststoff-Verbund-Einlage werden hohe Dampfsperrwirkungen erreicht. Diese Bahnen werden im Gießverfahren mit Heißbitumen vollflächig auf einer Ausgleichsschicht aufgebracht.

Dampfsperrbahnen, wie Schweißbahnen, können die Funktion der Ausgleichsschicht unmittelbar übernehmen, wenn sie teilflächig verklebt, lose verlegt oder mechanisch befestigt werden.

Aufgrund ihrer rissüberbrückenden Eigenschaften können schweißbare Dampfsperrbahnen mit Deckschichten aus Polymerbitumen auch vollflächig aufgeschweißt werden.

Bitumenvoranstrich und Bitumen-Klebemasse

Ein Bitumenvoranstrich wird durch Streichen, Rollen oder Spritzen vollflächig auf den besenreinen Untergrund aufgetragen. Vor der Verarbeitung müssen weitere Dachaufbauschichten ausreichend durchgetrocknet sein.

Heiß zu verarbeitende Bitumen-Klebemassen werden je nach Bitumensorte mit einer Verarbeitungstemperatur von ca. 200 °C aufgetragen. Temperaturen über 230 °C sollten bei der Aufbereitung der Klebemasse vermieden werden.

Bitumenbahnen

Dachabdichtungen können vollflächig oder teilflächig auf dem Untergrund verklebt, mechanisch befestigt oder lose verlegt werden. Die Forderungen nach DIN 1055 „Einwirkungen auf Tragwerke" gegen das Abheben durch Windsog müssen dabei berücksichtigt werden.

Die einzelnen Lagen sollten mit Quernahtversatz verlegt werden, ihre Überdeckung an Längs- und Quernähten sollte mindestens 8 cm betragen. Bei einer mehrlagigen Abdichtung werden die Bahnen versetzt angeordnet.

Bürstenstreichverfahren

Beim Bürstenstreichverfahren werden Dachdichtungs- und Dachbahnen verwendet. Es wird sowohl bei Bitumenbahnen als auch bei heiß zu verklebenden Kunststoff-Dichtungsbahnen eingesetzt.

Auf waagerechten oder schwach geneigten Bauwerksflächen sind die Dichtungsbahnen untereinander durch einen vollflächigen Aufstrich aus Klebemasse zu verkleben.

Dabei wird Heißbitumen-Klebemasse vor die Bahn in Bürstenstrichbreite quer zur Verlegerichtung aufgetragen, dass beim Einrollen der Bahn vor der Rolle in ganzer Bahnenbreite ein Klebemassenwulst entsteht. An den Längs- und Querrändern muss die Bitumen-Klebemasse sichtbar heraustreten. Es ist darauf zu achten, dass hohlraumfrei aufgeklebt wird. Die Ränder der aufgeklebten Bahnen sind anzubügeln.

Gießverfahren

Die Bitumenbahnen werden beim Gießverfahren in die ausgegossene Klebemasse eingerollt, wobei ungefüllte Klebemassen verwendet werden. Auf waagerechte und schwach geneigte Bauwerksflächen ist die Klebemasse so auf den Untergrund vor die aufgerollte Bitumenbahn zu gießen, dass sie beim Ausrollen satt in die Klebemasse eingebettet wird. Auf senkrechten und stark geneigten Bauwerksflächen ist die Klebemasse in den Zwickel zwischen Untergrund und angedrückter Bahnenrolle zu gießen. An den Bahnenrändern wird das austretende Klebebitumen glatt gestrichen.

Gieß- und Einwalzverfahren

Die Bitumenbahnen werden beim Gieß- und Einwalzverfahren in die

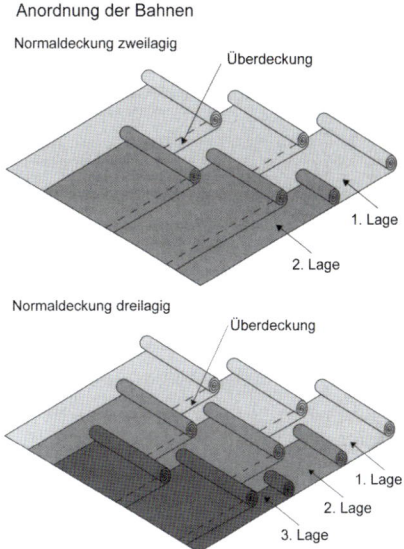

Abb. V.13.18: Anordnung von Bitumenbahnen, schematische Darstellung (Quelle: vdd Industrieverband Bitumen-Dach- und Dichtungsbahnen e. V., Frankfurt/Main)

Abb. V.13.19: Gießverfahren bei Bitumenbahnen (Quelle: vdd Industrieverband Bitumen-Dach- und Dichtungsbahnen e. V., Frankfurt/Main)

Tabelle V.13.04: Bitumen-Klebemassen auf Deckanstrich (Quelle: vdd Industrieverband Bitumen-Dach- und Dichtungsbahnen e. V., Frankfurt/Main)

Stoff	Kurzzeichen	Gehalt an löslichen Bindemitteln Gew.-%	Erweichungspunkt des Bindemittels °C [1]	Verarbeitungstemperatur °C [2]
Bitumen umgefüllt	8/25	99	80– 90	ca. 180
	100/25	99	100–108	ca. 200
	115/15	99	110–120	ca. 210

[1] nach Ring und Kugel
[2] Bei der Aufbereitung der Klebmasse sollten Temperaturen über 230 °C vermieden werden.

Abb. V.13.20: Schweißverfahren bei Bitumenbahnen (Quelle: vdd Industrieverband Bitumen-Dach- und Dichtungsbahnen e. V., Frankfurt/Main)

Abb. V.13.21: Kaltselbstklebeverfahren bei Bitumenbahnen (Quelle: vdd Industrieverband Bitumen-Dach- und Dichtungsbahnen e. V., Frankfurt/Main)

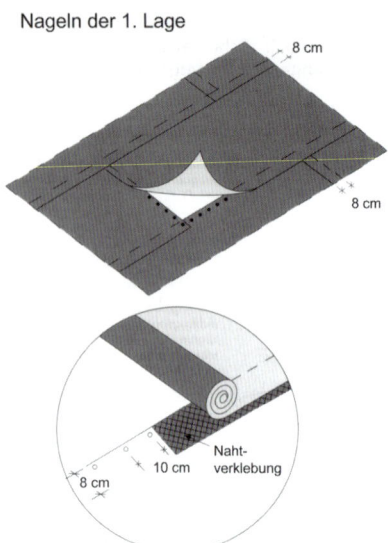

Abb. V.13.22: Nageln einer ersten Lage einer Abdichtung mit Bitumenbahnen (Quelle: vdd Industrieverband Bitumen-Dach- und Dichtungsbahnen e. V., Frankfurt/Main)

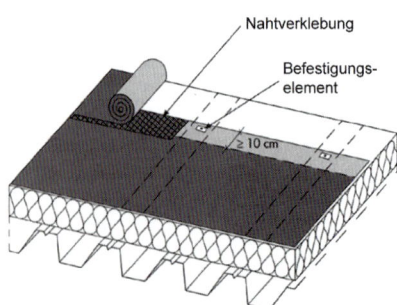

Abb. V.13.23: Mechanische Befestigung von Dachabdichtungen mit Bitumenbahnen auf Stahltrapezprofilen (Quelle: vdd Industrieverband Bitumen-Dach- und Dichtungsbahnen e. V., Frankfurt/Main)

ausgegossene Klebemasse eingewälzt. Hierzu wird nur eine gefüllte Klebemasse verwendet. Auf waagerechte und schwach geneigte Bauwerksflächen ist die Klebemasse so auf den Untergrund vor die aufgerollte Bitumenbahn zu gießen, dass sie beim Ausrollen satt in die Klebemasse eingebettet wird. Die aufzuklebenden Bitumenbahnen müssen straff auf einen Kern aufgewickelt sein und beim Ausrollen in die Klebemasse fest eingewalzt werden. Auf senkrechten und stark geneigten Bauwerksflächen ist die Klebemasse in den Zwickel zwischen Untergrund und angedrückter Bahnenrolle zu gießen. Die ausgetretene Klebemasse ist sofort flächig zu verteilen.

Flämmverfahren

Die Klebemasse wird beim Flämmverfahren durch Wärmezufuhr aufgeschmolzen und in ausreichender Menge auf den Untergrund aufgetragen. Die fest aufgewickelte Dichtungsbahn wird darin ausgerollt. Bei der Verarbeitung von Bitumenbahnen ist im Überdeckungsbereich der Bitumenbahn zusätzlich Klebemasse aufzubringen. Das Flämmverfahren darf nicht bei nackten Bitumenbahnen angewendet werden.

Schweißverfahren (Schmelzverfahren)

Beim Schweißverfahren werden die zu verklebenden Bitumenbahnen aufgeschmolzen und unter leichtem Druck so eingerollt, dass sie vollflächig mit dem Untergrund verkleben.

In Anschlussbereichen kann eine solche Verklebung auch im Umklappverfahren durchgeführt werden. Dabei werden die Bahnen beispielsweise in meterbreiten Abschnitten vor Ort ausgelegt, die Rückseite ganzflächig angeschmolzen und der Abschnitt umgeklappt und angedrückt. Das Schweißverfahren darf nur für Schweißbahnen angewendet werden.

Kaltselbstklebeverfahren

Beim Kaltselbstklebeverfahren werden kalt selbstklebende Polymerbitumenbahnen verwendet. Durch Abziehen der unterseitigen Trennschicht wird die Bahn unter Druck teilflächig oder vollflächig aufgeklebt. Dabei ist darauf zu achten, dass der Untergrund geeignet und entsprechend vorbereitet ist.

Nagelung

Eine Dampfsperre oder die erste Lage einer Abdichtung werden auf einer Holzschalung oder auf Holzwerkstoffen im Bereich der Überdeckung verdeckt mit verzinkten Breitkopfstiften befestigt. Dabei sollte der Nagelabstand 5 bis 10 cm betragen, Überdeckungen sind zu verkleben.

Auf anderen nagelbaren Unterkonstruktionen sind entsprechende Spezialnägel zu verwenden.

Mechanische Befestigungen

Lediglich die erste Lage einer Dachabdichtung wird mechanisch befestigt, die weiteren Lagen werden nach einem der beschriebenen Verfahren aufgeklebt. Nur bei einlagigen Dachabdichtungen aus Polymerbitumenbahnen wird die Abdichtungslage selbst mechanisch befestigt. Dafür werden je nach Untergrund entsprechende Befestigungsmittel, wie z. B. Breitkopfstifte, Tellerdübel, Schrauben, Laschen oder Metallbänder, verwendet.

V.13.3.1 Maßnahmen bei Mängeln und Schäden an Bauwerksabdichtungen

Außenabdichtung

Eine nachträgliche Außenabdichtung ist für die Lastfälle bzw. Anwendungsbereiche der DIN 18195 „Bauwerksabdichtung" geeignet. Anschlüsse, Bewegungsfugen, Durchdringungen sind gemäß WTA-Merkblatt 4-6-05/D „Nachträgliches Abdichten erdberührter Bauteile" auszuführen.

Bei einer Abdichtung erdberührter Bauteile sollte möglichst eine Außenabdichtung angestrebt werden. Zu diesem Zweck müssen die abzudichtenden Flächen freigelegt werden, damit die neue Abdichtung die Bauteile vollständig umschließen kann. In Abhängigkeit von den örtlichen Gegebenheiten kann das Ausheben des Arbeitsraumes manuell oder maschinell erfolgen. Ist der Schaden an der vorhandenen Abdichtung punktuell bzw. örtlich begrenzt, sollte bis ca. 0,5 m unter der Fehlstelle ausgehoben werden. Das Fundament sollte nicht untergraben werden, dies könnte die Standsicherheit des Gebäudes gefährden.

Die Oberflächen der abzudichtenden Bauteile sind nach dem Freilegen zu reinigen. Für die Abdichtung ist ein geeigneter und tragfähiger Untergrund notwendig.

Hierfür sind alle mineralischen Untergründe geeignet, wie z. B. Beton, Mauerwerk, Putz der Mörtelgruppe P II bzw. P III und Estrich.

Der alte Putz muss je nach Abdichtungssystem gegebenenfalls abgeschlagen und der Untergrund von losen Bestandteilen und haftungsmindernden Stoffen befreit werden. Das Mauerwerk ist voll und bündig zu verfugen.

Für die Abdichtung der erdberührten Bauteile eignen sich mehrere Abdichtungsmöglichkeiten. Geeignete Abdichtungsstoffe sind der DIN 18195 „Bauwerksabdichtungen" zu entnehmen (s. Kap. V.13.1.2). Es können zementgebundene starre und flexible Dichtungsschlämme oder selbstklebende Dichtungsbahnen eingesetzt werden. Für die Verarbeitung der Abdichtungsstoffe sind die speziellen Verarbeitungsrichtlinien zu beachten.

Unterhalb der Geländeoberfläche sind bei erdberührten Bauteilen mit eindringender Feuchte verschiedene Abdichtungssysteme möglich:

- wasserdichter Sperrputz der Putzmörtelgruppe P III (Zementmörtel),
- zementgebundene starre oder flexible Dichtungsschlämme,
- Vorsetzen einer wasserdichten Betonwand aus WU-Beton/Sperrbeton,
- wasserdichte Schweißbahn auf Bitumenbasis,
- wasserdichte Kunststoffbahn oder -folie,
- flexible Abdichtungsbahnen mit Weichschaumstoffschicht,
- ein- oder zweikomponentige, gefüllte oder ungefüllte Bitumen-Dickbeschichtung.

Hinweis:
Je nach Versalzungsgrad des Innenputzes ist auch bei Außenabdichtung eine Sanierung des Innenputzes erforderlich, da insbesondere die Schadsalze im Putz auf hygroskopischem Wege die Feuchte aus der Raumluft aufnehmen und nicht von selbst abtrocknen. Die Putzsanierung kann u. U. auch zu einem späteren Zeitpunkt bzw. je nach Beobachtung des Trocknungsverhaltens den Erfordernissen angepasst erfolgen.

Vorteile:
Das Wasser wird noch vor dem Erreichen des Gebäudes und dem Eindringen ins Mauerwerk aufgehalten, d. h., weiterer Wasser- und Schadsalzeintrag ins Mauerwerk wird vermieden. Setz- und Schwundrisse bis ca. 5 mm Breite werden durch die flexible Abdichtung überbrückt und der Wasserdruck wird durch Dränmaßnahmen vermindert.

Nachteile:
Hoher Arbeitsaufwand durch Erdarbeiten und landschaftsgärtnerische Maßnahmen. Gegebenenfalls ist ein statischer Nachweis erforderlich, ob die allseitige Freilegung ohne Gefährdung für die Standsicherheit des Gebäudes durchführbar ist. Im Zweifelsfall muss abschnittsweise vorgegangen werden. Je nach Situation sind Abstützungen oder vorübergehender Abbau von Lichtschächten an Fensteröffnungen, Podesten und anderen Überbauungen erforderlich.

Wannenabdichtung

Ist ein erdberührtes Bauteil nicht von außen zugänglich, kann eine Wannenabdichtung mit aufwendiger Bauwerksunterfangung ausgeführt werden. Bei einer Wannenabdichtung wird zunächst eine Hilfskonstruktion errichtet, die als Untergrund für die Abdichtung dient. Diese Konstruktion (Wanne) ist nicht gegen Feuchte geschützt und muss daher aus geeigneten Baustoffen hergestellt werden. Das eigentliche Bauteil wird gegen die innenseitig abgedichtete Wanne gestellt. Diese Konstruktion wird nur in Ausnahmefällen angewendet, da sie aufwendig ist.

Vertikal- und Horizontalabdichtung

Verfahren zur nachträglichen Abdichtung erdberührter Bauteile beim Bauen im Bestand sind die Vertikalabdichtung bei seitlichem Eindringen von Feuchte unterhalb des Terrains in das erdberührte Bauteil und die anschließende Horizontalabdichtung oberhalb der Kellersohle, wobei die Vertikalabdichtung bei stark erhöhtem Feuchteanteil und Aufsteigen des Wassers entsprechend weit über Terrain geführt wird. Flankierende Maßnahmen wie u. a. Dränmaßnahmen, Perimeterdämmung, nachträgliche

Abb. V.13.24: Durchfeuchtung aufgrund fehlender Außenabdichtung

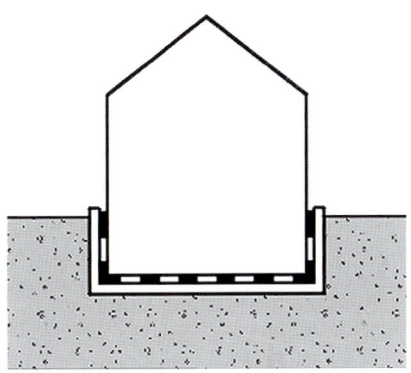

Abb. V.13.25: Schematische Darstellung einer Wannenabdichtung eines Bauwerks

Horizontalabdichtung, Spritzwasserschutz und Trocknung durchfeuchteter Bauteile können parallel zu den Abdichtungsmaßnahmen ausgeführt werden.

Vertikalabdichtung:
Bei der Vertikalabdichtung muss das Mauerwerk bis zur Fundamentsohle freigelegt, gereinigt und außen mit geeigneten Beschichtungs- bzw. Abdichtungssystemen versehen werden. Das Anbringen neuer Vertikalabdichtungen hat den Vorteil, dass gleichzeitig die Kellerräume austrocknen können.

Wenn gewährleistet ist, dass nach dem Einbau einer Dränanlage nach DIN 4095 „Baugrund; Dränung zum Schutz baulicher Anlagen; Planung, Bemessung und Ausführung" diese dauerhaft und funktionstüchtig ist, genügt eine Wandabdichtung gegen Bodenfeuchte und nicht stauendes Wasser nach DIN 18195-4 „Bauwerksabdichtungen – Teil 4: Abdichtungen gegen Bodenfeuchte (Kapillarwasser, Haftwasser) und nicht stauendes Sickerwasser an Bodenplatten und Wänden, Bemessung und Ausführung". Falls große Unebenheiten der Außenwandoberflächen vorhanden sind, kann die Bauwerksabdichtung mit einer Bitumen-Dickbeschichtung (KMB) folgendermaßen erfolgen:

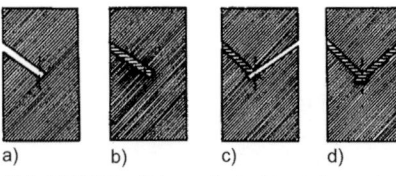

Abb. V.13.26: Schematische Darstellung des V-Schnitt-Verfahrens an einer Außenwand

Bohrlochinjektage – drucklos mit Vorratsgefäß

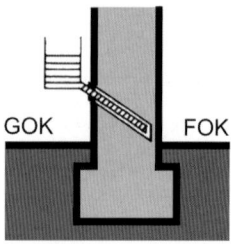

Abb. V.13.27: Schematische Darstellung einer Bohrlochinjektion ohne Druck mit einem entsprechenden Vorratsgefäß

Injektage – Zweischalenmauerwerk

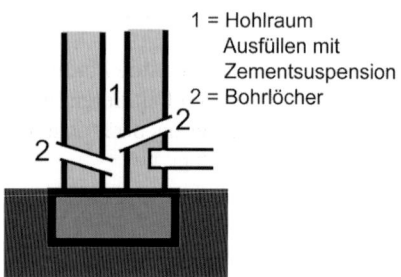

1 = Hohlraum Ausfüllen mit Zementsuspension
2 = Bohrlöcher

Abb. V.13.28: Schematische Darstellung eine chemischen Injektion bei einer zweischaligen Mauerwerk-Außenwand eines Gebäudes mit einer Hohlraumausfüllung durch Zementsuspension

- Freilegen aller Außenwände,
- Entfernen von Schutzplatten und Dränanlage, Reinigen der Außenwände,
- Entfernen der Wärmedämmung an den Stirnseiten der Bodenplatte,
- Entfernen von großen Unebenheiten und Betongraten,
- Putzen von Fehlstellen,
- Herstellen von abgerundeten Kehlen an horizontalen und vertikalen Absätzen und Ecken,
- Voranstrich mit Bitumenemulsion,
- zweilagige Bitumen-Dickbeschichtung mit Gewebeeinlage,
- Dränschutzschicht (Perimeterdämmung),
- Einbau einer neuen Ringdränung nach DIN 4095,
- Auffüllen der Arbeitsräume mit Schotter.

Neben der horizontalen Abdichtung gegen kapillar aufsteigende Feuchte spielt die Vertikalabdichtung des Mauerwerks im erdberührten Bereich im Rahmen der Trockenlegung eines Gebäudes bzw. der Behinderung der Wasseraufnahme eine wesentliche Rolle. Vertikalabdichtungen sind bei anstehendem Hang- oder Sickerwasser notwendig, zusätzlich ist eine Dränanlage vorzusehen.

Vertikalabdichtungen können mit folgenden Systemen ausgeführt werden:

- wasserdichter Sperrputz der Putzmörtelgruppe P III (Zementmörtel),
- zementgebundene starre oder flexible Dichtungsschlämme,
- Vorsetzen einer wasserdichten Betonwand aus WU-Beton/Sperrbeton,
- wasserdichte Schweißbahn auf Bitumenbasis,
- wasserdichte Kunststoffbahn oder -folie,
- flexible Abdichtungsbahn mit Weichschaumstoffschicht,
- ein- oder zweikomponentige, gefüllte oder ungefüllte Bitumen-Dickbeschichtung.

Vertikalabdichtungen können als Außenabdichtung oder Innenabdichtung ausgeführt werden. Bei der Innenabdichtung wird das Mauerwerk weiterhin durchfeuchtet und kann Salze aufnehmen, die das Mauerwerk schädigen können.

Horizontalabdichtung:
Ist eine Mauerwerksfeuchte auf aufsteigende Feuchte zurückzuführen, kann der Einbau einer horizontalen Sperrschicht notwendig werden. Im Folgenden werden 3 Verfahren dargestellt:

- Mechanische Horizontalabdichtung:
Das sicherste Verfahren zur Horizontalabdichtung sind mechanische Sperren aus Edelstahlblechen, Kunststoffplatten und Folien, die über den ganzen Mauerwerksquerschnitt eingebracht werden und den kapillaren Anstieg des Wassers verhindern. Es gibt verschiedene Möglichkeiten zur mechanischen Horizontalabdichtung, die im Folgenden beschrieben sind.

Mauersägeverfahren:
Das Mauerwerk wird z. B. mit einer Säge horizontal aufgetrennt und anschließend aufgekeilt. Dichtungsbahnen, wie z. B. bitumenkaschierte Metallfolie, Bitumenfolie, Kunststofffolie, Zementmörtel und Edelstahlbleche, werden in den entstandenen Schlitz eingebracht und die verbleibenden Fugen mit Mörtel verfüllt.

V-Schnitt-Verfahren:
a) erster Schnitt wird ausgeführt,
b) Verfüllung mit Mörtel,
c) zweiter Schnitt wird ausgeführt,
d) Verfüllung mit Mörtel.

Maueraustausch-Verfahren:
Beim Maueraustausch-Verfahren muss die Statik des Gebäudes besonders beachtet werden. Der Schwerpunkt des Verfahrens liegt darin, dass ein großer Teil des versalzten Mauerwerks entfernt wird und dadurch der Gesamtsalzgehalt des Mauerwerks erheblich reduziert wird. Das vorhandene Mauerwerk wird abschnittsweise entfernt, danach wird eine Dichtung eingebracht und anschließend der Freiraum ausgemauert.

Unterfangung der Fundamente:
Dieses Verfahren ist beim Bauen im Bestand relativ aufwendig und kostenintensiv. Es wird nur bei besonderen Gründen durchgeführt, wenn es z. B. die Statik des Gebäudes erfordert oder wenn ohnehin Erdarbeiten vorgenommen werden. Die Arbeitsschritte sind die Freilegung der Fundamente, die Bauwerksunterfangung mit wasserundurchlässigem Beton und die Anbringung der Vertikalabdichtung an die freigelegten Außenwände.

Chromstahlblech-Verfahren:
Voraussetzung für eine Anwendung dieses Verfahrens ist das Vorhandensein einer Lagerfuge im Mauerwerk, wodurch eine universelle Anwendung ausgeschlossen ist. Chromstahlbleche werden in die Lagerfuge des Mauerwerks überlappend gerammt. Es ist eine Überprüfung des Chloridgehaltes im Mauerwerk notwendig, da eine Korrosion der Bleche möglich ist.

- Chemische Horizontalabdichtung:
Ein weiteres Verfahren ist das Injektionsverfahren, bei dem in der gewünschten Sperrebene über nebeneinander angeordnete Bohrlöcher Injektionsmittel in das Mauerwerk eingebracht werden. Das Einbringen der Injektionsmittel kann unter Druck oder drucklos durch Eingie-

ßen des Mittels in die Bohrlöcher erfolgen. Die Wirksamkeit chemischer Verfahren hängt im Wesentlichen von der gleichmäßigen Verteilung der Injektionsprodukte im Mauerwerk ab. Der Bohrlochabstand ist so eng wie möglich zu wählen (≤ 10 cm), wird jedoch von der Saugfähigkeit des vorhandenen Mauerwerks beeinflusst.

- Elektrophysikalische Entfeuchtung: Die elektrophysikalischen Verfahren beruhen auf dem Prinzip der sogenannten Elektroosmose. Ihre Wirkung ist jedoch umstritten.

Mechanische und chemische Verfahren sind als wirksame und langfristige Lösungen zu erwähnen.

Injektionsverfahren

Die Injektionsverfahren gelten für Abdichtungen der Lastfälle Bodenfeuchte, nicht drückendes Wasser und drückendes Wasser laut WTA-Merkblatt 4-6-05/D „Nachträgliches Abdichten erdberührter Bauteile".

Technische Alternativen zur nachträglichen Vertikalabdichtung erdberührter Bauteile durch Außen- oder Innenabdichtungen sind die Flächeninjektion, die Schleierabdichtung oder die Verlegung.

- Flächeninjektion:
Wenn die örtlichen oder objektabhängigen Bedingungen keine andere Abdichtung zulassen, kann diese Abdichtungsart eingesetzt werden. Hierbei wird mit Flächen- oder Schleierinjektionen über innenseitig vorgenommene Bohrlöcher das angrenzende nicht bindige Erdreich verfestigt und auf der Außenseite des Mauerwerks ein wasserundurchlässiger Film erzeugt.
- Schleierinjektion:
Als Alternative zur vorgenannten Außenabdichtung, bei der das Wasser zwar nicht mehr in den Raum dringt, aber nach wie vor im Mauerwerk verbleibt, kann eine Schleierabdichtung mit einem Polyacrylat-Gel vorgenommen werden.
Bei diesem Verfahren wird das Außenmauerwerk rasterförmig durchbohrt und per Injektion durch diese Löcher eine außenseitige Dichtungsmembran hergestellt.

Vorteile:
Die Wirkung entspricht einer „Außenabdichtung von innen". Erd-, Wasserhaltungs- und Landschaftsgartenarbeiten sind nicht erforderlich und es fällt wenig Staub/Bauschutt an. Mit der Schleierabdichtung werden Schwund- und Setzrisse überbrückt.

Nachteile:
Hoher Material- und Maschinenkostenaufwand. Probebohrungen sind erforderlich. Es dürfen keine Hohlschichten oder größere Hohlräume im Mauerwerk vorhanden sein. Das umliegende Erdreich muss hoch verdichtet sein, um ungewollten Materialabfluss zu vermeiden. Gegebenenfalls sind Nachverpressungen notwendig.

Hinweis:
Wie bei der Außenabdichtung ist auch bei diesem Verfahren zu prüfen, ob eine innenseitige Putzsanierung aufgrund der Schadsalzbelastung notwendig ist.

Maßnahmen bei Mängeln und Schäden durch Innenabdichtungen

Die Abdichtung erdberührter Bauteile sollte meist auf der dem Wasser zugewandten Seite des zu schützenden Bauwerks oder Bauteils ausgeführt werden. Ist eine Außenabdichtung der erdberührten Bauteile nicht möglich oder wirtschaftlich nicht zu vertreten, ist eine nachträgliche Innenabdichtung, d. h. eine Bauwerksabdichtung auf der Innenseite der Kelleraußenbauteile, u. U. möglich.

Bei einer nachträglichen Innenabdichtung sind Anschlüsse, Bewegungsfugen, Durchdringungen laut dem WTA-Merkblatt 4-6-05/D „Nachträgliches Abdichten erdberührter Bauteile" besonders zu berücksichtigen. Anschlüsse, Bewegungsfugen, Durchdringungen sind wesentliche Bestandteile der Bauwerksabdichtung und haben als typische Schwachpunkte einen entscheidenden Einfluss auf die Qualität der Abdichtungsmaßnahme. Um eine Innenabdichtung im Wandbereich wannenartig auszubilden, ist die Abdichtung auch im Einbindungsbereich der Zwischenwand weiterzuführen. Dies kann einerseits durch Injektion oder durch das Abtrennen der Innenwände mit einer Breite von ca. 20 mm

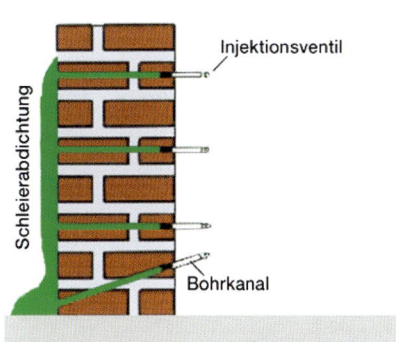

Abb. V.13.29: Schemaskizze der Schleierinjektion bei einer Außenwand-Mauerwerkskonstruktion (Quelle: Springer BauMedien GmbH Heinze, Celle)

von den angrenzenden Außenwänden und die anschließende Durchführung der Abdichtung erfolgen.

Die nachträgliche Innenabdichtung ist geeignet für die Lastfälle Bodenfeuchte und nicht drückendes Wasser nach DIN 18195-4. Bei drückendem Wasser sind gesonderte flankierende Maßnahmen zu treffen. Zu den flankierenden Maßnahmen bei einer nachträglichen Innenabdichtung zählen u. a.:

- nachträgliche Horizontalabdichtung gegen Kapillarfeuchte (WTA-Merkblatt 4-4-04/D),
- Regulierung von Tauwasser (WTA-Merkblatt 2-9-04/D „Sanierputzsysteme"),
- Farbgestaltung (DHBV-Merkblatt Nr. 2 „Nachträgliche Kellerinnenabdichtung"),
- Trocknung durchfeuchteter Bauteile (WTA-Merkblatt 2-9-04/D „Sanierputzsysteme").

Bei einer Innenabdichtung ist zu prüfen, ob die auf Dauer durchfeuchteten Bauteile in ihrer Substanz und Tragfähigkeit gefährdet und ob schädigende Einflüsse auf die Abdichtung zu erwarten sind. In den Voruntersuchungen sind die statischen Belange und der zu erwartende höchste Grundwasserstand zu ermitteln. Damit ein kapillares Ansteigen der Feuchte hinter der Vertikalabdichtung verhindert wird, muss die Innenabdichtung dicht an eine horizontale Wandabdichtung angeschlossen

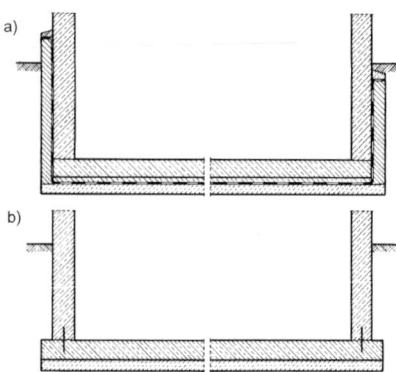

Abb. V.13.30: Gegenüberstellung – a) „Schwarze Wanne", b) „Weiße Wanne"

werden. In die Abdichtungsmaßnahme sind in die Außenwände eingebundene Innenwände mit einzubeziehen. Falls die Horizontalabdichtungen nicht vorhanden bzw. funktionsunfähig sind, müssen oberhalb der nachträglichen Innenabdichtung objektabhängig nachträgliche Horizontalabdichtungen ausgeführt werden, um einen Feuchteanstieg z. B. in die Deckenkonstruktion oder in den Wohnbereich zu verhindern.

Die Flächenabdichtung im Wandbereich kann z. B. mit mineralischen Dichtungsschlämmen oder wasserundurchlässigem Beton (WU-Beton) in entsprechender Schichtdicke ausgeführt werden. Die Flächenabdichtung im Bodenbereich kann z. B. mit zementgebundenen Dichtungsschlämmen, wasserundurchlässigem Beton (WU-Beton) oder kalt verarbeitbaren Bitumenemulsionen, Flüssigkunststoffen und Dichtungsbahnen ausgeführt werden.

Wasserundurchlässiger Beton (WU-Beton)

Betonbauteile, die Feuchteeinbrüche bis hin zum Lastfall „drückendes Wasser" verhindern sollen, werden mit wasserundurchlässigem Beton (WU-Beton) ausgeführt. Grundlage für Bemessung und Ausführung ist die DIN 1045 „Tragwerke aus Beton, Stahlbeton und Spannbeton". Die übliche Bezeichnung für Abdichtungen aus wasserundurchlässigem Beton ist „Weiße Wanne". Der Baustoff Beton übernimmt dabei sowohl die tragende als auch die abdichtende Funktion, meist ohne zusätzliche Dichtungsbahnen oder -folien, Bitumen-Dickbeschichtungen oder Dichtungsschläm-

me. Bei fach- und sachgerechter Ausführung haben sich Konstruktionen aus WU-Beton bewährt.

Qualitätsmerkmale einer Abdichtung aus WU-Beton sind:

- Wasserundurchlässigkeit des Betons,
- Beschränkung der Rissbreite unter Gebrauchslast für den Wand- und Bodenplattenbeton,
- Aufnahme des hydrostatischen Wasserdrucks durch die Wände und die Bodenplatte,
- Auftriebssicherheit im Bauzustand.

In der Abdichtungstechnik wird bei erdberührten Bauteilen zwischen Hautabdichtungen („Schwarze Wanne", „Braune Wanne") und starren Abdichtungen („Weiße Wanne") unterschieden.

- „Schwarze Wanne":
Für hautförmige Abdichtungen wurden früher ausschließlich bituminöse Stoffe oder Teer verwendet. Daher hat sich für diese Abdichtungen der Begriff „Schwarze Wanne" eingebürgert. Hautabdichtungen moderner Art werden auch aus Kunststoff-Dichtungsbahnen hergestellt, die hell sein können.
- „Weiße Wanne":
Im Gegensatz zu Abdichtungen aus bituminösen Stoffen werden Abdichtungen aus wasserundurchlässigem Beton als „Weiße Wannen" bezeichnet. Hierbei übernimmt der Beton zusätzlich zur tragenden Funktion auch die abdichtende Aufgabe. Für diesen Beton wird häufig Hochofenzement verwendet, sodass der Beton im trockenen Zustand sehr hell ist, also weiß aussieht.

Für die Herstellung einer „Weißen Wanne" gibt es in Deutschland zurzeit kein einheitliches und übergeordnetes Regelwerk. Außer der DIN 1045 „Tragwerke aus Beton, Stahlbeton und Spannbeton" mit Erläuterungen vom DAfStb (Deutscher Ausschuss für Stahlbeton) sind hierzu mehrere Merkblätter des Deutschen Beton-Vereins und der Bauberatung Zement heranzuziehen.

„Weiße Wannen" müssen so gestaltet werden, dass Risse und andere lokale Undichtheiten nach Möglichkeit vermieden werden. Konstruktionen aus WU-Beton können in unterschiedlichen Bauweisen geplant und ausgeführt werden:

- Bauweise mit verminderter Rissbildung,
- Bauweise mit eingeschränkter Rissbildung und
- Bauweise mit Rissbildung.

Die Konstruktionsdicken für WU-Beton („Weiße Wannen") sind in Abhängigkeit von den statischen Gegebenheiten und von der Betonierbarkeit der Bauteile sowie von der Fugensicherung zur Erzielung der Wasserundurchlässigkeit zu dimensionieren. Zur Verminderung hoher Zwangspannungen und aus Gründen des Arbeitsablaufes werden in Bauwerken aus WU-Beton Fugen angeordnet. Alle Fugen sind sorgfältig zu planen und auszuführen. Fugenbereiche können in Sohlplatten, beim Übergang von der Sohlplatte zur Wand sowie in Wänden zur Unterteilung in Wandabschnitte entstehen.

Abdichtungen mit Bentonit

Eine weitere Form der Abdichtung stellt die Bentonitabdichtung dar. Aufgrund der braunen Färbung wird diese Form der Abdichtung auch als „Braune Wanne" bezeichnet.

Gelegentlich wird für bestimmte Abdichtungsaufgaben des Tiefbaus (z. B. bei Deponien) auch Bentonit eingesetzt. Bentonit ist eine besondere Art von Ton, dessen vorherrschendes Tonmineral Montmorillonit ein sehr großes Wasseraufnahmevermögen besitzt und dabei sehr quellfähig ist. Bentonit hat eine Poren verstopfende Wirkung. Die Farbe des Bentonits ist Braun, was zur Bezeichnung „Braune Wanne" führte.

Bei Abdichtungen mit Bentonit handelt es sich um eine Hautabdichtung, bei der die mit Feuchte in Berührung kommenden Bauteile erdseitig in Bentonitbahnen gehüllt werden. Fehlstellen aufgrund von Verarbeitungsfehlern werden vom Bentonit durch das Quellvermögen ausgefüllt. Auftretende Spannungen, Risse und Bewegungen können durch das Quellverhalten aufgefangen bzw. geschlossen werden. Um diese Eigenschaften zu gewährleisten, muss das Bentonit ständig durchfeuchtet, feucht gehalten und am Austrocknen gehindert werden.

Der Grad der Wasserundurchlässigkeit mineralischer Abdichtungen auf Bentonitbasis ist im Gegensatz zu wasserdichten Abdichtungsstoffen von verschiedenen Randbedingungen abhängig. Einfluss auf das Quell- und Schwindverhalten des Bentonits haben die unterschiedlichen Salzkonzentrationen. Bei gleichem Wassergehalt und zunehmender Salzkonzentration ergeben sich ein geringeres Quellvermögen und damit ein größeres Schadensrisiko. Vor dem Einsatz von Bentonit als Abdichtung im Grundwasserbereich ist die Wasserqualität zu untersuchen.

Mineralische Dichtungsschlämme

Mineralische Dichtungsschlämme sind ein- oder zweikomponentige Werk-Trockenmörtel, die auf der Baustelle unter Zugabe von Anmachwasser hergestellt werden. Sie bestehen aus feinkörnigen Quarzsanden, Zement als Bindemittel sowie aus physikalisch und chemisch wirkenden Zusätzen. Unterschieden werden mineralische, starre und mineralische, flexible Dichtungsschlämme, die kunststoffvergütete Mörtel enthalten.

Flexible Dichtungsschlämme werden sowohl zur Horizontalabdichtung von erdberührten Bauteilen oder des Fußpunktes als auch zur Abdichtung gegen von innen drückendes oder rückseitig einwirkendes Wasser eingesetzt. Außerdem sind mineralische Dichtungsschlämme Bestandteil einer Abdichtung mit bituminösen Dickbeschichtungen auf feuchtebelasteten Untergründen. Ausschließlich als Außenabdichtung werden mineralische Dichtungsschlämme eingesetzt, z. B.:

- gegen Bodenfeuchte alternativ zur DIN 18195-4,
- gegen nicht drückendes Wasser alternativ zur DIN 18195-5,
- gegen drückendes Wasser bis 3 m Eintauchtiefe,
- in der Beschichtung von Wasserbehältern alternativ zur DIN 18195-7,
- in der Abdichtung von Nassräumen nach dem ZDB-Merkblatt,
- in der Abdichtung und Beschichtung oberhalb des Erdreiches im spritzwassergefährdeten Sockel- und Fassadenbereich.

Gemäß DIN 18195 „Bauwerksabdichtung" werden Dichtungsschlämme gegen Bodenfeuchte und nicht drückendes Wasser, vornehmlich Sicker- und Oberflächenwasser, eingesetzt.

Voraussetzung für eine gute Haltbarkeit und Dauerhaftigkeit der Abdichtung mit Dichtungsschlämmen ist deren Verarbeitung und ein geeigneter und in Abhängigkeit von der vorhandenen Beanspruchung zulässiger Untergrund. Geeignete Untergründe für die Verarbeitung von mineralischen Dichtungsschlämmen sind:

- Mauerwerk (nach DIN 1053 „Mauerwerk"),
- Stahlbeton (nach DIN 1045 „Tragwerke aus Beton, Stahlbeton und Spannbeton"/DIN EN 206-1 „Beton – Teil 1: Festlegung, Eigenschaften, Herstellung und Konformität") und
- Putz (nach DIN V 18550 „Putz und Putzsysteme – Ausführung").

Die Verarbeitung flexibler Dichtungsschlämme ist witterungsabhängig. Die Luft- und Untergrundtemperatur sowie die Temperatur des verarbeiteten Materials muss mindestens +5 °C betragen. Meist werden in der technischen Dokumentation der Hersteller die Verarbeitungstemperaturen und die Luftfeuchte angegeben. Bis zum Erreichen der Regenfestigkeit muss die Beschichtung vor Regeneinwirkung geschützt werden. Während der Trocknungs- und Härtungszeit und bis zur entsprechenden Belastbarkeit der flexiblen Dichtungsschlämme muss die Einwirkung und Belastung durch Wasser, Frost, Sonne und Wind durch geeignete Maßnahmen vermieden werden. Aufgrund der hydraulischen Bindemittel gelten die Regeln für die Nachbehandlung zementgebundener Beschichtungen.

Bitumen-Dickbeschichtungen

Für die Planung und Ausführung von Bauwerksabdichtungen mit kalt verarbeitbaren, kunststoffmodifizierten Bitumen-Dickbeschichtungen liegen produkt- und herstellerunabhängige Verarbeitungsrichtlinien vor. Bitumen-Dickbeschichtungen sind zur Abdichtung erdberührter Bauteile senkrecht und/oder waagerecht einsetzbar. Neben dieser Anwendung haben sich Bitumen-Dickbeschichtungen als

Abb. V.13.31: Ganzflächig aufgetragene Bitumen-Dickbeschichtung senkrecht an einer Bauwerkswand (Quelle: BAKA, Berlin)

kapillardichtende/dampfdichte Spachtelung für die Wände hochwertig genutzter Kellerräume bewährt.

Voraussetzung für die Funktionsfähigkeit und Dauerhaftigkeit einer Abdichtung ist die Einhaltung der Normen und Richtlinien, technischen Regeln und Herstellerangaben für die Verarbeitung von Dickbeschichtungen.

Bezüglich der Anforderungen an den Untergrund sowie Schutzmaßnahmen gegen schädigende Witterungseinflüsse und mechanische Beschädigung sind neben der DIN 18195 „Bauwerksabdichtung" auch die „Richtlinie für die Planung und Ausführung von Abdichtungen mit kunststoffmodifizierten Bitumendickbeschichtungen (KMB) – erdberührte Bauteile" und die technischen Dokumentationen der Hersteller zu beachten.

Die Verarbeitung der Bitumen-Dickbeschichtung erfolgt je nach Konsistenz im Streich-, Spachtel- oder Spritzverfahren. Sie wird in mehreren Schichten in 2 bis 3 Arbeitsgängen aufgetragen, bis die erforderliche Mindestschichtdicke in Abhängigkeit vom jeweiligen Lastfall aufgebaut ist. Meist werden Bitumen-Dickbeschichtungen in 2 Arbeitsgängen mit oder ohne Gewebe ausgeführt. Mit zweilagig aufgebrachten Bitumen-Dickbeschichtungen werden gleichmäßige Schichtdicken erzielt. Die Verarbeitung ist witterungsabhängig. Die Luft- und Untergrundtemperatur sowie die Temperatur des verarbeiteten Materials müssen mindestens +5 °C betragen. Oftmals werden in der technischen Dokumentation der Hersteller die Verarbeitungstemperaturen und die Luftfeuchte angegeben. Bis zum Erreichen der Regenfestigkeit muss die Beschichtung vor Niederschlägen geschützt werden. Während der Trocknungs- und Härtungszeit und bis zur entsprechenden Belastbarkeit der Bitumen-Dickbeschichtung muss die Belastung durch Wasser, Frost, Sonne und Wind durch geeignete Maßnahmen vermieden werden.

Bitumen-Dichtungsbahnen

Folgende Bitumen- oder Kunststoffbahnen können alternativ zum Einsatz von Dichtungsschlämmen oder Bitumen-Dickbeschichtungen ein- oder zweilagig verklebt aufgebracht werden:

- Bitumenbahnen mit Glasvlieseinlage, mit Glasgewebeeinlage, mit Kunststoffeinlage aus Synthesefasern oder Kunststofffolien oder mit Einlage aus Metallbändern,
- Polymerbitumenbahnen mit Glasgewebeeinlage oder mit Kunststoffvlieseinlage,
- kalt selbstklebende Bitumen-Dichtungsbahnen (KSK-Bahnen),
- Kunststoff-Dichtungsbahnen aus zum Teil thermoplastischen Kunststoffen (PIB – Polyisobutylen, ECB – Ethylen-Copolymerisat-Bitumen, PETP – Polyethylenterepthalat, PVC/P – Polyvinylchlorid in unterschiedlicher Zusammensetzung) oder aus Elastomeren (EPDM).

Bitumen-Dichtungsbahnen sind vollflächig miteinander zu verkleben. Hierbei können verschiedene Verfahren (s. Kap. V.13.3) wie z. B. das Bürstenstreichverfahren, Gieß- und Einwalzverfahren, Gießverfahren, Schweißverfahren und das Flämmverfahren bei der Abdichtung von erdberührten Bauteilen zum Einsatz kommen.

Kunststoff-Dichtungsbahnen

Auch Kunststoff-Dichtungsbahnen aus thermoplastischen Kunststoffen (z. B. PIB – Polyisobutylen, ECB – Ethylen-Copolymerisat-Bitumen, PETP – Polyethylenterepthalat, PVC/P – Polyvinylchlorid in unterschiedlicher Zusammensetzung) oder aus Elastomeren (EPDM) können für die Abdichtung von erdberührten Bauteilen eingesetzt werden. Kunststoff-Dichtungsbahnen werden mit Heißkleber verklebt, mechanisch befestigt (s. Kap. V.13.3) oder lose mit Auflast verlegt. Die Verklebung kann durch das Bürstenstreichverfahren (s. Kap. V.13.3) oder Flämmverfahren (s. Kap. V.13.3) erfolgen. Bei mechanischer Befestigung sind Art, Lage und Anzahl der Befestigungsmittel auf die Art des Untergrunds und die zu erwartende Beanspruchung abzustimmen. Als Montagehilfe können kunststoffverträgliche Kaltklebstoffe verwendet werden.

Für die Herstellung von Naht- und Stoßverbindungen werden in Abhängigkeit von der Art der Kunststoff-Dichtungsbahnen folgende Verfahren angewendet:

- Quellschweißen:
  Beim Quellschweißen sind die sauberen Verbindungsflächen mit einem geeigneten Lösemittel (Quellschweißmittel) anzulösen und unmittelbar danach durch Druck zu verbinden. Beim Warmgasschweißen sind die sauberen Verbindungsflächen durch Einwirkung von Warmgas (Heißluft) zu plastifizieren und unmittelbar danach durch Druck zu verbinden.
- Heizelementschweißen:
  Beim Heizelementschweißen sind die sauberen Verbindungsflächen durch einen Heizkeil zu plastifizieren und anschließend unter Druck zu verbinden.
- Verkleben mit Bitumen:
  Beim Verkleben mit Bitumen sind die sauberen Verbindungsflächen vollflächig mit heiß zu verarbeitender Bitumen-Klebemasse zu verbinden. Die Nahtüberdeckung muss mindestens 100 mm betragen.

Die Dichtheit der Naht- und Stoßverbindungen wird meist mit Kombinationen der folgenden Verfahren geprüft:

- Reißnadelprüfung:
  Bei der Reißnadelprüfung wird eine Reißnadel an der Schweißnahtkante entlanggeführt.
- Anblasprüfung:
  Bei der Anblasprüfung wird die Schweißnahtkante mit einem Handgerät für das Warmgasschweißen angeblasen. Es ist eine Spitzdüse oder eine maximal 20 mm breite Flachdüse zu verwenden. Nicht anzuwenden ist die Anblasprüfung bei ECB-Bahnen.
- Optische Prüfung:
  Bei der optischen Prüfung werden die Schweißnahtraupen der Verbindungen von ECB- oder PIB-Dichtungsbahnen durch Betrachten geprüft.
- Druckluftprüfung:
  Bei der Druckluftprüfung wird ein 10 bis 20 mm breiter, aus einer doppelten Schweißnaht gebildeter Prüfkanal mit Druckluft gefüllt. Der Prüfdruck soll etwa 2 bar und die Prüfdauer mindestens 5 Minuten betragen. Die Prüfung gilt als nicht bestanden, wenn der Prüfdruck um mehr als 20 % abfällt oder eine Naht stellenweise aufplatzt. Die Druckluftprüfung ist bei PIB-Dichtungsbahnen nicht anzuwenden.
- Vakuumprüfung:
  Bei der Vakuumprüfung wird eine transparente Prüfglocke auf die Verbindung aufgesetzt und die darin befindliche Luft abgesaugt, nachdem auf die Verbindung eine Prüfflüssigkeit aufgetragen wurde. Die Prüfglocke muss der örtlichen Formgebung angepasst sein, der Prüfdruck soll bei PIB-Dichtungsbahnen höchstens 0,2 bar, bei anderen Dichtungsbahnen meist 0,4 bar betragen. Die Prüfung gilt als nicht bestanden, wenn die Prüfflüssigkeit unter dem Einfluss des Unterdruckes Blasen bildet.

V.13.3.2 Maßnahmen bei Mängeln und Schäden an Fugenabdichtungen von Außenwänden

Um beim Bauen im Bestand die Funktionsfähigkeit der Abdichtung von Außenwänden wiederherzustellen bzw. aufrechtzuerhalten, können mehrere Sanierungs- und Instandsetzungsmaßnahmen getroffen werden. Die unterschiedlichen Mängel und Schäden der verschiedenen Fugenmaterialien erfordern differenzierte Instandsetzungsmethoden.

Fugen mit Dichtungsmassen

Maßnahmen bei aufgerissenen Dichtstoffen (Kohäsionsbruch)

Für die Instandsetzung der Fugen mit Dichtungsmassen ist die Ermittlung der zu erwartenden Gesamtverformung des Dichtstoffes notwendig. Handelt es sich um Außenwandfugen zwischen Bauteilen aus Ortbeton und/oder Betonfertigteilen mit geschlossenem Gefüge sowie aus unverputztem Mauerwerk und/oder Naturstein, ist eine Bemessung der Fuge auf der Grundlage der DIN 18540 „Abdichten von Außenwandfugen im Hochbau mit Fugendichtstoffen" ausreichend.

Entspricht die vorhandene Fugenbreite der Mindestbreite gemäß DIN 18540, kann der alte Dichtstoff sauber herausgeschnitten werden. Anschließend werden die Flanken vollständig von alten Dichtstoffresten und gegebenenfalls vorhandenen Anstrichen gereinigt und nach Auftrag eines neuen Haftprimers ein ausreichend elastischer Dichtstoff gemäß DIN 18540 eingebracht. Aufgrund des hohen Arbeitsaufwandes bei dieser Maßnahme ist sie nur in Ausnahmefällen zu empfehlen.

Eine technisch weniger aufwendige Möglichkeit, die nicht funktionsfähige Fuge instand zusetzen, ist ein Überkleben der Fuge mit elastischen Fugenbändern, wobei in diesem Fall die alte Dichtungsmasse in der Fuge verbleiben kann. Zuvor muss die alte Dichtungsmasse kontrolliert werden, ob eine zwängungsfreie Bewegung der Fugenflanken nach dem Überkleben mit einem Fugenband möglich ist. Falls erforderlich, ist der verhärtete alte Dichtstoff aufzuschneiden, um die Bewegungsmöglichkeit innerhalb der Fuge sicherzustellen.

Des Weiteren bietet sich eine Instandsetzung mit vorkomprimierten Dichtungsbändern an, insbesondere wenn ein Überkleben der Fuge mit elastischen Fugenbändern aufgrund der optisch breiter wirkenden Fuge aus gestalterischen Gründen nicht möglich ist. Erfüllt die vorhandene Fugenbreite die Anforderungen gemäß der DIN 18540, kann meist vorausgesetzt werden, dass für die Ausführung mit vorkomprimierten Fugenbändern kein weiterer Nachweis erforderlich ist.

Maßnahmen bei Flankenabriss (Adhäsionsbruch)

Das aufwendige Entfernen des vorhandenen Dichtstoffes und die Neuabdichtung der Fugen durch Überkleben mit elastischen Fugenbändern ist eine Möglichkeit, die Fugenabdichtung instand zu setzen. Aus technischer und wirtschaftlicher Sicht ist das Überkleben der vorhandenen Fugen mit einem elastischen Fugenband als Instandsetzungsmaßnahme zu empfehlen.

Maßnahmen bei Überalterung der Dichtungsmasse

Weist der Dichtstoff im Wesentlichen noch eine ausreichende Elastizität auf und sind die Fugenbreiten ausreichend, kann der Dichtstoff aus wirtschaftlichen Gründen in der Fuge belassen und die Fuge durch Überkleben mit einem elastischen Fugenband neu abgedichtet werden. Lediglich für den Fall, dass aus gestalterischen Gründen eine optische Verbreiterung der Fuge nicht gewünscht wird, kann der Dichtstoff entfernt und durch Einbringen eines vorkomprimierten Fugenbandes ersetzt werden.

Fugen mit elastischen Bändern

Maßnahmen bei Verschmutzung von aufgeklebten Fugenbändern

Bei stärkeren Verschmutzungen von aufgeklebten Fugenbändern liegt in erster Linie ein ästhetischer Mangel vor. Dieser erfordert nicht in jedem Fall eine sofortige Ausbesserung. Um

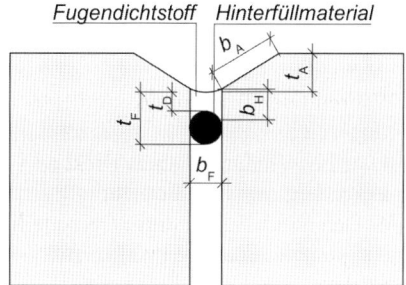

b_F Breite der Fuge
t_A Tiefe der Fase
b_A Breite der Fase
t_F Tiefe des Abdichtungssystems
b_H Breite der Haftfläche
t_D Tiefe des Dichtstoffes

Abb. V.13.32: Fugenausbildung außen, nach DIN 18540

die Langzeitbeständigkeit der Fugenbänder zu erhöhen und aus ästhetischen Gründen sind die Schmutzläufer im Bereich der Fugenbänder durch manuelle regelmäßige Reinigung zu entfernen.

Instandsetzungsmaßnahmen bei der Überalterung von Fugenbändern

Sind an den Oberflächen von Fugenbändern Alterungserscheinungen festzustellen, so sind die entsprechenden Fugenbänder vollständig zu entfernen und durch neue Materialien zu ersetzen. Bei Alterungserscheinungen der Fugenbänder, ausgelöst durch aggressive, materialangreifende Umweltbelastungen, ist die Fugenabdichtung mit entsprechend der Umweltbelastung standhaltenden Materialien zu ersetzen.

Tabelle V.13.05: Fugendichtstoff und Fugenabdichtung nach DIN 18540, Tabelle 1

Fugenabstand	Fugenbreite (b_F)		Tiefe des Fugendichtstoffes[3] (t_D)	
	Nennmaß[1]	Mindestmaß[2]	Nennmaß	Grenzabmaße
bis 2,0 m	15 mm	10 mm	8 mm	± 2 mm
über 2,0–3,5 m	20 mm	15 mm	10 mm	± 2 mm
über 3,5–5,0 m	25 mm	20 mm	12 mm	± 2 mm
über 5,0–6,5 m	30 mm	25 mm	15 mm	± 3 mm
über 6,5–8,0 m	35 mm[4]	30 mm	15 mm	± 3 mm

[1] Nennmaß für die Planung
[2] Mindestmaß zum Zeitpunkt der Fugenabdichtung
[3] Die angegebenen Werte gelten für den Endzustand, dabei ist auch die Volumenänderung des Fugendichtstoffes zu berücksichtigen.
[4] Bei größeren Fugenbreiten sind die Anweisungen des Dichtstoffherstellers zu beachten.

Fugen mit vorkomprimierten Bändern

Maßnahmen bei unzureichend anliegenden Fugenflanken

Bei unzureichend anliegenden Fugenflanken sind zur Instandsetzung der Fugenabdichtung die entsprechenden Fugenbänder aus der Fuge zu entfernen. Diese lassen sich meist leicht herauslösen, da sie aufgrund des Schadensbildes nicht mehr an den Fugenflanken anliegen. Die vorkomprimierten Fugenbänder, die auf die vorhandenen Fugenbreiten und die zu erwartenden Gesamtverformungen abgestimmt sein müssen, werden anschließend neu eingebaut. Oftmals ist eine Untergrundvorbehandlung nicht erforderlich. Die Materialverträglichkeit zwischen dem neu einzubringenden Material, der Fugenflanke, der vorhandenen Anstriche und Klebstoffreste alter Fugenabdichtungen ist in diesem Zusammenhang zu überprüfen.

Maßnahmen bei unzureichend ausgebildeten Fugenbandstößen

Durch Einbringen eines neuen Fugenbandes mit ausreichender Überlänge können die unzureichend ausgebildeten Fugenbandstöße instand gesetzt werden. Zuvor müssen die zu kurz abgeschnittenen Bänder in den entsprechenden Bereichen entfernt werden.

Fugen mit Fugenprofilen

Maßnahmen beim Herausrutschen der Klemmprofile

Eine Instandsetzung von Fugenabdichtungen ist meist mit anderen Abdichtungsmaterialien vorzunehmen, da eine ausreichende Funktionssicherheit von Klemmprofilen nur bei ebenen und parallel laufenden Fugenflanken gewährleistet werden kann. Unterliegen die Fugenflanken keinen großen Schwankungen, kann eine Fugenabdichtung durch vorkomprimierte Dichtungsbänder zur Anwendung kommen. Das Überkleben mit elastischen Dichtungsbändern ist bei größeren Toleranzen innerhalb der Fugenbreiten zu empfehlen, wobei die zu wählende Bandbreite sich nach den maximalen Fugenbreiten richten muss.

Maßnahmen bei Flankenabriss eines Putzprofils

Bei einem Flankenabriss eines Putzprofils stellt meist die Instandsetzung durch kraftschlüssiges Verschließen der Risse zwischen Putzprofil und Putz keine dauerhafte Maßnahme dar. Dabei kann von einer erneuten Rissbildung, neben dem ursprünglichen Riss, ausgegangen werden. Aus diesem Grund muss der zu dick eingebrachte Dichtstoff aus der Fuge herausgeschnitten werden und z. B. durch vorkomprimierte Dichtungsbänder ersetzt werden. Ein erneutes Auftreten von Rissen ist bei der Verwendung von vorkomprimierten Fugenbändern nicht zu erwarten, da sie nur Druckkräfte auf die Fugenprofile an den Putzflanken ausüben und keine Zugkräfte.

V.13.3.3 Maßnahmen zur Beseitigung von Mängeln und Schäden an Dachabdichtungen

Die Art der Maßnahmen zur Beseitigung von Mängeln und Schäden an Dachabdichtungen hängt vom Zustand, von der Art und der Belastung der Dachabdichtung ab.

Nach einer Inspektion sind zur Beseitigung von Mängeln und Schäden an Dachabdichtungsbahnen eine Wartungsmaßnahme und Instandsetzungs- und Erneuerungsarbeiten auszuwählen (s. Kap. III.12.3.3).

V.13.3.4 Maßnahmen bei Schadstoffbelastungen

PAK

Maßnahmen bei Schadstoffbelastungen von Abdichtungsstoffen und Abdichtungsbahnen durch teerhaltige Bitumen- und Steinkohlenteerprodukte werden in Kap. V.1 (Mauerwerk), Kap. III.6 (Decken), Kap. III.8 (Balkone) sowie Kap. III.12 (flache Dächer) beschrieben.

PCB

Maßnahmen bei Schadstoffbelastungen von Abdichtungsstoffen und Abdichtungsbahnen durch polychlorierte Biphenyle (PCB) in Dichtungsmaterialien zeigen die Kapitel zu den Bauteilen Außenwände (s. Kap. III.1), Fenster (s. Kap. III.3) und Türen (s. Kap. III.4) auf.

V.14 Dachdeckungsmaterialien

Autoren: Dipl.-Ing. (FH) Yasemin Wildebrand, Architektin; Dipl.-Ing. Janet Simon

V.14.1 Allgemeines

Dachdeckungsmaterialien dienen dem Schutz und der Gestaltung eines Gebäudes. Bewährte Dachdeckungsmaterialien sind z. B. Ziegel, Betonsteine, Schiefer, Faserzement, Holz, Metall, Bitumen und weiche Dachdeckungsmaterialien. Dachdeckungsmaterialien bestehen aus schuppen- oder tafelförmig angebrachten, ebenen oder profilierten, klein- oder großformatigen, mit Fugen verlegten Materialien.

V.14.1.1 Begriffe und Definitionen

Ziegel

Ziegel bestehen aus Lehm, Tonerde und Sand, die durch Wasserzugabe plastifiziert, geformt, luftgetrocknet und/oder gebrannt werden. Dabei gilt: je höher die Brenntemperatur, desto dichter der Ziegel.

Als spezielle Eigenschaften keramischer Erzeugnisse gelten die hohe Verschleißfestigkeit, große chemische Beständigkeit, hohe Nutzungsdauer, gute Formstabilität (kein Schwinden, Quellen, Kriechen) und die physiologische Unbedenklichkeit.

Ziegel werden in den unterschiedlichsten Farben und Oberflächenstrukturen hergestellt. Sie sind auch mit selbstreinigender Oberfläche (Lotuseffekt) erhältlich.

Seine Naturfarbe verdankt der Ziegel seinen Metallanteilen. Ein hoher Eisenhydroxidanteil bewirkt ein kräftiges Rot und hohe Manganteile geben dem Ziegel eine braune Farbe. Darüber hinaus kann der Ziegel mit anderen Maßnahmen gefärbt werden:

- durchgehende Färbung,
- Engobieren (matter, glasartiger Überzug, der vor dem Brennen aufgebracht wird),
- Glasieren (leicht schmelzbarer, metallversetzter Ton, der vor dem Brennen auf den Formling aufgebracht wird),
- Dämpfen (Reduktion der Sauerstoffanteile des Eisenoxids bei stark eisenhaltigen Tonen).

Betondachsteine

Betondachsteine aus hochverdichtetem Spezialbeton werden aus einer Mischung von quarzhaltigem Sand, Portlandzement und Wasser hergestellt. Aus der dabei entstehenden Beton-Mörtel-Mischung werden die gewünschten Steinprofile geformt und zur Verfestigung ca. 8 Stunden lang in einer Trockenkammer bei etwa 60 °C getrocknet, danach müssen die Steine ca. 4 Wochen an der Luft aushärten.

Ihre Witterungsbeständigkeit erhalten sie durch eine Feuerglasur.

Schiefer

Schiefer lässt sich spalten und weist meist eine mattglänzende, feine Oberflächenstruktur auf. Schiefer hat sich in Millionen von Jahren durch Hitze, Druck und Verformungen aus Tonschlamm gebildet, er besteht überwiegend aus Glimmer, Quarz und Ton und hat von Natur aus keine Risse. Dabei entstand auch die typische Schieferstruktur mit einer Abfolge von Glimmerlagen, die zu einer guten Spaltbarkeit und Witterungsbeständigkeit auch gegen hohe Umweltbelastungen wie sauren Regen führt. Das glatte Material klingt hell beim Anschlagen.

Faserzement

Der Begriff Faserzement bezeichnet ein Material zur Herstellung von zementgebundenen, mit Fasern (Polyacrylfasern) armierten Platten. Als Armierungsfaser diente früher Asbest. Nachdem erkannt wurde, dass Asbestfasern in die Raumluft entweichen und kanzerogen (krebserzeugend) wirken können, finden heutzutage vor allem Polyacrylfasern Anwendung.

Bitumen

Bitumen wird durch Aufbereitung aus Erdöl gewonnen und gilt als ein Abfallprodukt der Petrochemie. Es ist schwarz, zäh-klebrig bis hart und lässt sich unter Wärmezufuhr in einen fließenden Zustand versetzen.

Abb. V.14.01: Dachdeckung aus Ziegeln (Quelle: BAKA, Berlin)

V.14.1.2 Anforderungen

Im Allgemeinen sollen Dachdeckungsmaterialien beim Bauen im Bestand das Gebäude gegen Regen und Tauwasser, Schnee, UV-Strahlung, Einwirkungen aus der Atmosphäre und gegen mechanische Beanspruchungen schützen. Des Weiteren besitzen sie u. a. eine Wärmeschutzfunktion und haben darüber hinaus die Funktion, den Raum gegen Außenlärm zu schützen.

Ziegel

Ziegel sollten eine bestimmte, atmungsaktive Porosität besitzen.

Wichtige Anforderungen an Ziegel sind u. a.:

- Bestimmung der geometrischen Kennwerte nach DIN EN 1024 „Tondachziegel für überlappende Verlegung – Bestimmung der geometrischen Kennwerte",
- Biegetragfähigkeit nach DIN EN 538 „Tondachziegel für überlappende Verlegung – Prüfung der Biegetragfähigkeit",
- Wasserundurchlässigkeit nach DIN EN 539-1 „Dachziegel für überlappende Verlegung – Bestimmung der physikalischen Eigenschaften – Teil 1: Prüfung der Wasserundurchlässigkeit",
- Frostbeständigkeit nach DIN EN 539-2 „Tondachziegel für überdeckende Verlegung – Bestimmung der physikalischen Eigenschaften – Teil 2: Prüfung der Frostwiderstandsfähigkeit",
- Struktur und Oberfläche nach DIN EN 1304 „Dachziegel und Formziegel – Begriffe und Produktanforderungen".

Nach der DIN EN 1304 werden Dachziegel nach der Art der Herstellung, der Form und der Abmessungen unterschieden.

Abb. V.14.02: Hohlfalzziegel als Dachdeckung

Abb. V.14.03: Klosterpfanne als Dachdeckung

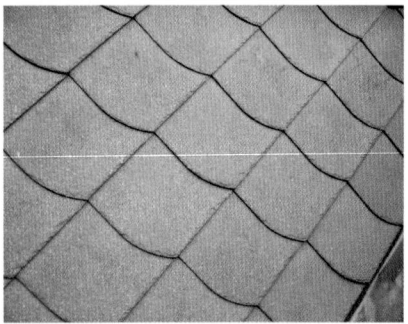

Abb. V.14.04: Schieferplatten als Dachdeckung

Nach dem Herstellungsverfahren wird das Dachdeckungsmaterial aus Ziegel unterschieden in Strangdachziegel und Pressdachziegel.

Strangdachziegel werden als Strang gepresst, wobei Rillen, Falze usw. nur parallel zur Längsrichtung möglich sind (Krempziegel, Hohlpfannen, Mönch- und Nonnenziegel, Biberschwanzziegel).

Pressdachziegel werden einzeln aus Ton gepresst, wobei sowohl Längs- als auch Querfalze möglich sind (Strangfalzziegel, Muldenfalzziegel, Doppelfalzziegel, Flachdachpfannen, Falzpfannen).

Für First, Traufe, Kehle und Ortgang werden entsprechende, nicht genormte Sonderziegel hergestellt. Zur Ergänzung für Dachbe- und -entlüftung, Antennen- und Dunstrohrdurchführung, Laufbohlen- und Steigtrittbefestigung sind Formziegel bzw. Spezialziegel erhältlich. Darüber hinaus gibt es für die meisten Ziegelarten auch passende Glasdachziegel.

Betondachsteine

Betondachsteine sollten wasserabweisend, frostsicher, bruchfest und lange haltbar sein.

Sie sind witterungsbeständig und gewähren einen ungestörten Wasserablauf.

Wegen ihrer guten Maßhaltigkeit gewährleistet der Einsatz von Betondachsteinen eine gute Dichtheit. Betondachsteine werden in unterschiedlichen Formen, Farben und Oberflächenbeschaffenheiten (z. B. matt, glatt, glänzend, schmutzabweisend) hergestellt.

Die Färbung von Betondachsteinen wird meist durch Beimischung von Farbpigmenten (zumeist auf Eisenoxidbasis) oder durch Aufbringen gebrannter Farbgranulate erreicht. Sie sind in Form und Farbgebung den Dachziegeln aus Ton sehr ähnlich und können in allen Klimazonen und Höhenlagen verwendet werden.

Sie werden unterschieden in falzlose glatte Betondachziegel (Biberschwanzform und Dachschindelform) und gefalzte Betondachziegel (Dachpfannenform und Dachziegelformen).

Zur Ergänzung sind für fast alle Typen von Betondachsteinen Sonderformen (z. B. für First, Ortgang, Grat und Lüftung, Antennen- und Dunstrohrdurchgang, Laufbohlen usw.) erhältlich.

Schiefer

Schiefer müssen witterungsbeständig, frostsicher und wasserundurchlässig sein. Sie dürfen weder porig sein noch sollten sie Beimischungen von Schwefel, Kupferkies, Eisenoxid oder Kalkerde enthalten. Sie gelten als langlebig, pflegeleicht und wartungsfreundlich, darüber hinaus sind einzelne Schiefer leicht austauschbar.

Schieferplatten gibt es in verschiedenen Formen, Größen und je nach Abbaugebiet auch in verschiedenen Färbungen (von Schiefergrau bis Schieferblau, als auch Farbschiefer in Purpur, Hellgrün und Dunkelgrün).

Faserzement

Als wichtige Grundlage für die Haltbarkeit von Faserzement-Platten gilt die chemische Beständigkeit des Zements, die jedoch aufgrund der hygroskopischen Wirkung der Fasern herabgesetzt wird.

Faserzement ist witterungsbeständig, nicht brennbar (Baustoffklasse A 2 gemäß DIN 4102), leicht, frostbeständig, hitzebeständig, resistent gegen Fäulnis und Korrosion und besitzt eine hohe Schlag- und Stoßfestigkeit. Faserzement gibt es in unterschiedlichen Formen, Farben und Strukturen. Aus Faserzement werden unter hohem Druck Faserzement-Platten und Faserzement-Wellplatten hergestellt. Faserzement-Platten können auf Dachflächen mit einer Mindestneigung von 25° verlegt werden. Sie werden in verschiedenen Größen, Formen und Farben hergestellt. Faserzement-Wellplatten sind geeignet für eine Mindestneigung von 7°. Sogenannte Standardplatten werden in verschiedenen Abmessungen, meist mit 5 oder 6 Wellen, hergestellt.

Holzschindeln und Bretter

Holzschindeln und Bretter werden aus dem nachwachsenden Rohstoff Holz (s. Kap. V.4) hergestellt und gewinnen wieder mehr und mehr an Bedeutung. Wichtige Eigenschaften sind seine Nachhaltigkeit, Vielseitigkeit, geringe Wärmeleitfähigkeit, Elastizität und Haltbarkeit. Als Bauholz dienen heutzutage meist Nadelhölzer. Sie wachsen schneller als die meisten Laubhölzer und stellen geringere Anforderungen an den Boden. Darüber hinaus wachsen sie meist in langen, geraden Stämmen, weshalb sie besonders für die Herstellung von Balken und Brettern geeignet sind. Bauholz wird in 3 Güteklassen (GK) unterschieden: Bauholz mit besonders hoher (GK I), mit gewöhnlicher (GK II) und mit geringer (GK III) Tragfähigkeit. Neben den gesetzlichen Vorschriften ist die Beachtung von Fachregeln wichtig, da diese in Streitfällen um Mängel oder Schäden oft herangezogen werden.

In Deutschland sind für Holzschindeln die gebräuchlichsten Holzarten Fichte, Kiefer, Zeder, Zirbelkiefer, Lärche,

Douglasie, Eiche und Buche, wobei eine Imprägnierung der genannten Holzarten häufig nicht erforderlich ist.

Bei Auswahl und Pflege von Holzschindeln sind die spezifischen Eigenschaften der einzelnen Holzarten zu beachten. Für bläueempfindliche oder nicht bzw. nur mäßig witterungsbeständige Arten ist ein chemischer Holzschutz (s. Kap. V.4.3.2) notwendig.

Es gibt folgende Arten von Brettern, die beim Bauen im Bestand verwendet werden:

- Parallel besäumte Bretter:
Parallel besäumte Bretter sind sägeraue oder gehobelte Bretter (Glattkantbretter), die in Dicken von mindestens 18 mm nach den Regeln des Zimmererhandwerks gefertigt werden. Sie sind besonders für Stülpschalungen und vertikale Deckelschalungen geeignet.
- Gespundete Bretter:
Gespundete Bretter sind parallel gesäumte Bretter mit in die Längskanten eingefrästen Nuten. Die Nutbreite sollte geringfügig größer als $1/3$ der Brettdicke sein, damit unvermeidliche Quellungen schadlos aufgenommen werden können.
- Profilierte Bretter:
Profilierte Bretter gibt es in verschiedenen Profilarten. Sie sind unbesäumt, parallel besäumt, mit sägerauer Oberfläche oder auch gehobelt, gefast, gefalzt oder mit Nut- und Federkante versehen. Zu den profilierten Brettern gehören gespundete Fasebretter, Stülpschalungsbretter und Profilbretter mit Schattennut (nach DIN 68126 „Profilbretter mit Schattennut").

Bitumen

Bitumen ist frostbeständig und besitzt trotz des geringen Gewichts eine hohe Bruchfestigkeit und Elastizität.

Bitumenschindeln

Bitumenschindeln sind kleinformatig sowie schindelförmig und werden aus einer Trägerschicht aus Glasvlies hergestellt, auf die beidseitig Bitumen aufgebracht wird. Die oberste Deckschicht besteht zum Schutz vor UV-Strahlung aus einem Mineralgranulat, das in verschiedene Farben eingefärbt sein kann.

Bitumenwellplatten

Bitumenwellplatten sind meist einschichtige Platten, die durch das Imprägnieren von gepressten Fasermatten hergestellt werden. Für die Herstellung wird ein Gemisch aus organischen (Rohfilz) und anorganischen (Glasfaser) Faserstoffen als Matten mit Kunstharz getränkt und zur Wellenform gepresst. Anschließend erfolgt unter Druck die Imprägnierung mit hartem Destillationsbitumen. Die Wellen geben der Platte eine verhältnismäßig hohe Steifigkeit. Bitumenwellplatten sind kostengünstig, leicht, wartungsfrei, flexibel und besitzen eine lange Lebensdauer. Die Platten gibt es in verschiedenen Farben.

Metall

Zu den Dachdeckungsmaterialien aus Metall (s. Kap. V.5) gehören Stahl, Kupfer, Zink, Blei und Aluminium, die in Form von Tafeln, ebenen und profilierten Bändern oder Sandwichelementen hergestellt werden.

Die wichtigsten Anforderungen an Metall sind u. a. Langlebigkeit, dauerhaft gute Optik, Korrosionsbeständigkeit, mühelose Reinigungsmöglichkeit, Widerstandsfähigkeit gegen Umwelteinflüsse, Leichtigkeit und einfache Montagemöglichkeit.

Des Weiteren ist beim Einsatz des Metalls darauf zu achten, dass jeder Feuchteeintrag (z. B. durch Luftaustausch über offene Fugen, durch Wasserdampfdiffusion oder durch Kondensatbildung) in die Konstruktion vermieden werden muss.

Zudem ist beim Bauen im Bestand zu beachten, dass temperaturabhängige Längenausdehnungen durch entsprechende konstruktive Maßnahmen so ausgeglichen werden, dass keine Schäden, wie z. B. unkontrollierte Verwerfungen oder Ausbeulungen, auftreten können. Vorbeugend sind gegen mögliche Schäden, wie z. B. Materialunverträglichkeiten mit anderen Bauteilen, geeignete Maßnahmen zu treffen.

Weiche Dachdeckungsmaterialien

Weiche Dachdeckungsmaterialien, wie z. B. handgedroschenes Winterroggenstroh oder dünnhalmiges Rohr, besitzen eine gute Wärmedämmung, sind dicht, leicht und bei einfacher Pflege langlebig. Der Nachteil dieser Art der

Abb. V.14.05: Bitumenschindeln als Dachdeckung (Quelle: BAKA, Berlin)

Abb. V.14.06: Fassadenbekleidung aus Bitumenwellplatten

Deckung ist ihre Empfindlichkeit gegen Feuer und Funkenflug, wodurch bauaufsichtlich geforderte Mindestabstände zu benachbarten Dächern zu beachten sind. Die Eindecktechnik variiert je nach Deckmaterial und Landschaft. Es wird unterschieden in genähte (mit verzinktem Draht auf Latten genäht) und gebundene (mit Bandstöcken auf die Lattung gepresst und die Bandstöcke festgebunden) Deckungen. Besonderes Augenmerk ist bei Weichdeckungen auf den stark wettergefährdeten First zu richten.

V.14.1.3 Einsatzgebiete und Verwendung

Ziegel

Als eines der ältesten Dachdeckungsmaterialien können Dachziegel bei richtiger Herstellung und Verarbeitung mehrere Jahrhunderte überdauern. Sie lassen sich aufgrund ihres kleinen Formats leicht allen Dachformen anpassen. Früher wurden auch für die Außenwandbekleidungen normale

Abb. V.14.07: Ziegelfassade eines Gebäudes

Abb. V.14.08: Schieferplatten als Dachdeckung

Dachziegel, wie z. B. Biberschwanzziegel, Krempziegel, Hohlpfannen oder Pfalzdachziegel, verwendet. Diese wurden hängend als Fassadenbekleidung meist an der Wetterseite angebracht. Heutzutage sind spezielle Vorhangfassadenziegel oder Fassadenplatten mit speziellen Unterkonstruktionen auf dem Markt. Fassadenbekleidungen aus Ziegel werden meist durch Befestigungselemente aus Edelstahl-, Aluminium- oder Holzunterkonstruktion montiert.

Bei der Verlegung von Dachziegeln ist darauf zu achten, dass die Dachneigung (Regeldachneigung) für die jeweilige Deckungsart eingehalten wird. Die Regeldachneigung (Mindestdachneigung) ist in den Fachregeln des Deutschen Dachdeckerhandwerks (DDH ZVDH-Regelwerk) festgelegt.

Kann die erforderliche Mindest- oder Regeldachneigung nicht eingehalten werden, sind Zusatzmaßnahmen (wie z. B. Unterspannbahnen oder Unterdeckungen) erforderlich. Zusatzmaßnahmen an Ziegel- oder Betonsteindeckungen können Unterspannbahn oder Unterdeckung sein:

- Diffusionsoffene Unterspannbahnen können bei Unterschreitung der Regeldachneigung von bis zu 6° eingesetzt werden.
- Unterdeckungen für wasserdichte Unterdächer bei Unterschreitung der Regeldachneigung um mehr als 10° kommen in Form von Bitumen-Schweißbahnen oder Bitumenbahnen mit Vlieseinlage infrage.
- Bei Dachneigungen über 65° oder ungünstiger Lage reicht das Eigengewicht der Dachdeckung oft nicht aus. Die Deckung bedarf dann einer zusätzlichen Sicherung gegen Windsog, die durch zusätzliches Anbringen von korrosionsgeschützten Nägeln, Klammern oder Schrauben erreicht wird.

Vermörtelung oder Innenanstrich sollen den Eintrieb von Flugschnee verhindern. Vermörtelungen werden während der Deckungsarbeiten von außen, Innenanstriche nachträglich von innen ausgeführt und gelten nicht als Zusatzmaßnahme bei zu geringer Dachneigung.

Auch bei Dachaufbauten wie etwa Gauben ist die Regeldachneigung ein zu beachtender Faktor. Werden Gauben nachträglich eingebaut, sind Zusatzmaßnahmen erforderlich. Bei erhöhten Anforderungen an den Dachraum ist zusätzlich eine Unterspannung oder eine Unterdeckung erforderlich.

Betondachsteine

Neben den traditionellen Deckmaterialien werden seit etwa 100 Jahren auch Betondachsteine als Dachdeckung, häufig bei Steildächern, verwendet.

Die groß- oder kleinformatigen profilierten Betondachsteine sind für alle geneigten Dächer von 22° bis 90° geeignet. Der Einsatz bei einer Dachneigung unter 22° ist nur mit Zusatzmaßnahmen möglich. Nicht profilierte Dachsteine (Biberschwanzziegel) sind wie Dachziegel zu verlegen.

Für ihre Verlegung sind die handwerklichen Verlegeregeln sowie die zu beachtenden Details denen für Falzziegel-Deckungen vergleichbar.

Schiefer

Schiefer wird als Dachschiefer sowie zur Bekleidung von Fassaden eingesetzt. Hierbei findet Tonschiefer in Dicken von 5 bis 6 mm Anwendung. In einigen Regionen wird Schiefer aber auch aus spaltbarem Jurakalk hergestellt.

Bei der Verarbeitung ist darauf zu achten, dass die Schieferplatten eine gleichmäßige Färbung aufweisen und fluchtgerechte Flächen besitzen.

Beim Bauen im Bestand ist bei der Verlegung zu beachten, dass je kleiner die Schieferplatte ist, desto steiler die Dachneigung sein muss. Sind die Schieferplatten größer, kann die Dachneigung geringer gewählt werden.

Dachdeckungen aus Schiefer sind nach den Fachregeln des Deutschen Dachdeckerhandwerks (Regeln für Deckungen mit Schiefer, Teile 1 und 2) zu verlegen. Hierbei ist die Dachdeckungsart abhängig von der Dachneigung.

Schiefer kann in folgenden Deckungsarten verlegt werden:

- Altdeutsche Doppeldeckung ≥ 22° (40 %),
- Deutsche Schuppenschablonen (einfache oder Doppeldeckung) ≥ 22° (40 %),
- Rechteckschablonendeckung ≥ 22° (40 %),
- Schablonendeckung (z. B. Fischschuppen- oder Spitzwinkelschablonen) ≥ 30° (58 %).

Zur Befestigung am Dach werden die Schieferplatten meist auf eine Schalung aus 24 mm dicken und bis 20 cm breiten Brettern genagelt oder geschraubt. Für die Verlegung muss die Schalung vollkommen trocken sein, da beim Trocknen einer nassen Schalung die Bretter schwinden und dieser Vorgang zum Zerspringen einzelner Schiefer führen kann. Des Weiteren darf die Schalung nicht federn. Zum Schutz gegen Staub und Flugschnee hat sich in der Praxis bewährt, die Schalung mit einer leichten Dachpappe abzudecken.

Schiefer wird als Außenwandbekleidung häufig mit Nägeln und Schrauben auf einer Holzunterkonstruktion befestigt. Darüber hinaus werden Schieferplatten für eine hinterlüftete Fassadenbekleidung mit Trag- und Halteankern in der Vertikalfuge befestigt. Bei Bestandsbauten sind auch Außenwandbekleidungen aus im Mörtelbett verlegten Schieferplatten anzutreffen. Für dauerhafte Außenwandbekleidungen sollte auf die Verlegung von Schiefer, der den Anforderungen der DIN EN 12326-1 „Schiefer und andere Natursteinprodukte für überlappende Dachdeckungen und Außenwandbekleidungen – Teil 1: Produktspezifikation" entspricht, geachtet werden.

Faserzement

Die ersten Faserzement-Platten wurden vor etwa 70 Jahren als Ersatz für Naturschiefer hergestellt. Außenwandbekleidungen aus Faserzement sind die Hauptanwendung des Baustoffes.

In Ostdeutschland wurden in den vergangenen 30 Jahren häufig auch unbeschichtete Platten zur Außenwandbekleidung von Wetterseiten verwendet. Faserzement-Platten wurden im Bestand für hinterlüftete Außenwandbekleidungen (vorwiegend ebene Faserzement-Platten) sowie als Dachdeckung in verschiedenen Formaten, Dicken und Oberflächen eingesetzt. Je nach Dachneigung, Art der Deckung und Beanspruchung erfolgt die Deckung auf Lattung oder auf einer mit Unterdeckung versehenen Vollschalung. Die Faserzement-Platten werden mit Breitkopfnägeln (verzinkt oder aus Kupfer) mit Sturmhaken (verzinkt, aus Kupfer oder aus rostfreiem Stahl) befestigt. Faserzement-Wellplatten sind aufgrund ihres großen Formats insbesondere für Pfettendachkonstruktionen geeignet. Bei der Deckung stehen für die meisten Anschlusspunkte Standardformteile zur Verfügung. Befestigt werden Faserzement-Wellplatten, je nach Unterkonstruktion, an den vorgebohrten Befestigungspunkten mit verzinkten Holzschrauben oder verzinkten Hakenschrauben. Befestigungspunkte sind durch Kunststoff-Quetschdichtungen zu sichern und mit Kunststoffkappen als Korrosionsschutz abzudecken.

Die Dachdeckungsart ist abhängig von der Dachneigung, wobei die Regeldachneigung (Mindestdachneigung) in den „Fachregeln des Dachdeckerhandwerks" wie folgt festgelegt ist:

Faserzement-Platten:
- Deutsche Deckung, Doppeldeckung ≥ 25° (47 %),
- Waagerechte Deckung ≥ 30° (58 %),

Faserzement-Wellplatten:
- bei Plattenlängen von 1,25 bis 2,5 m, je nach Dachtiefe (Entfernung Traufe–First) ≥ 7° bis 12° (12 bis 22 %),
- Kurzwellplatten (Gesamtlänge 62,5 cm) ≥ 15° (27 %).

Holzschindeln und Bretter

Dachdeckungsmaterialien aus Holzschindeln und Brettern werden auf Dächern verlegt und zur Bekleidung von Außenwänden eingesetzt. Dachdeckungsmaterialien aus Holz finden sich bei ästhetisch anspruchsvollen Fassaden. Darüber hinaus belegen jahrhundertealte Gebäude, dass Außenwandbekleidungen aus Holz den Erwartungen hinsichtlich Nutzungsdauer und Funktionstüchtigkeit mit allen anderen hierfür geeigneten Materialien zumindest gleichgestellt werden können. Bretter sind oft nur noch bei Schutz- und Forsthütten zu finden. Außenwandbekleidungen aus Vollholzprodukten werden in Außenwandbekleidungen aus Brettern, Tafeln und in Schindeln unterteilt. Sie werden meist als vorgehängte Fassade ausgeführt (s. Kap. III.2.1.3).

Dachdeckungsmaterialien aus Holzschindeln sind im Altbaubestand in einzelnen Regionen noch anzutreffen. Schindeldeckungen aus handgespaltenen oder gesägten Schindeln sollten zwei- oder dreilagig ausgeführt werden, wobei auf die Verwendung ausreichend resistenter Holzarten geachtet werden muss. Für Schindeldeckungen sind die Regeln für Dachdeckungen mit Holzschindeln (je nach Deckungsart etwa ≥ 30° [58 %]) anzuwenden.

Dachschindeln werden meist schuppenförmig verlegt. Sie bilden eine leichte Dachhaut. Es werden Legschindeln und Scharschindeln unterschieden.

Abb. V.14.09: Faserzementfassade eines Gebäudes

Abb. V.14.10: Fassade aus Bitumenwellplatten eines Gebäudes

Oftmals werden Legschindeln auf flach geneigten Dächern (15° bis 5°) verlegt und hauptsächlich durch schwere Steine gehalten. Diese Art der Verlegung ist heutzutage nur noch in wenigen Regionen zu finden. Anwendung findet diese Technik noch im Rahmen der Denkmalpflege.

Scharschindeln werden durch Nageln auf der Unterkonstruktion befestigt. Die Nagellöcher werden meist vorgebohrt. Sie können verschiedene Formen und Maße haben und werden zwei- oder dreilagig verlegt.

Beim Einsatz von Holzschindeln und Brettern gelten neben Normen auch Fachregeln des Handwerks. Für Dachdeckungen aus Holz können neben den DIN-Normen folgende Regelwerke maßgebend sein:

- Broschüre „Technik im Zimmererhandwerk", Herausgeber: Bund Deutscher Zimmermeister im Zentralverband des Deutschen Baugewerbes e. V., Kronenstr. 55–58, 10117 Berlin,

Abb. V.14.11: Reetdeckung

Abb. V.14.12: Frostschäden an einer Ziegelfassade im Giebelbereich

- Merkblätter des deutschen Malerhandwerks, insbesondere Merkblatt Nr. 3, „Beschichtungen auf nicht maßhaltigen Außenbauteilen aus Holz", Herausgeber: Bundesausschuss Farbe und Sachwertschutz e. V., Vilbeler Landstr. 255, 60388 Frankfurt a. M.,
- Regeln für Außenwandbekleidungen mit Holzschindeln, Herausgeber: Zentralverband des Deutschen Dachdeckerhandwerks und Bund Deutscher Zimmermeister,
- Regeln für Dachdeckungen mit Holzschindeln.

Bitumen

Bitumenschindeln und Bitumenwellplatten finden als Dachdeckungen und als Außenwandbekleidungen Verwendung.

Des Weiteren wird Bitumen im Baubereich in vielfältigen Formen und Verbindungen eingesetzt:

- Bitumenpappen (als Dichtungsbahnen, Schweißbahnen usw.),
- Bitumenplatten oder -Dachbahnen (für Fassadenbekleidungen, Dacheindeckungen usw.),
- als Lösung und Emulsion (z. B. Kaltbitumen) und im Straßenbau in Form von Fahrbahnbelägen und -oberflächen.

Dachdeckungen aus Bitumen sind nicht mit Dachabdichtungen zu verwechseln. Bitumendeckungen kommen bei leichten, geneigten Dächern zur Anwendung. Die Mindestdachneigung dieser mit nicht vollflächig aufgeklebter Dachdeckung gedeckten Dächer beträgt 5°. Unter 5° geneigte Flächen werden abgedichtet, nicht gedeckt.

Bitumenschindeln werden üblicherweise auf eine flächige Holzbrettschalung, einerseits mit Nägeln und Klammern überdeckend im Verband, andererseits durch Verklebung befestigt. Sie werden meist in Doppeldeckung verlegt. Bitumenwellplatten werden üblicherweise mit Nägeln auf Holzlattung oder -schalung befestigt und eignen sich insbesondere für Leichtkonstruktionen und untergeordnete Bauwerke.

Die Lebensdauer einer Bitumenschindel-Deckung ist wegen des aufwendigen Aufbaus und der starken Mineralschicht gewöhnlich höher als bei Bitumen-Dachbahnen.

Metall

Metallische Werkstoffe haben aufgrund ihrer hervorragenden Eigenschaften (s. Kap. V.5) in den letzten Jahrzehnten zunehmend als Fassadenbekleidungsmaterial (s. Kap. III.2.1.3) sowie Dachdeckungsmaterial an Bedeutung gewonnen. Im Altbaubestand gängige Metalldeckungen sind Kupferdeckung und Bleideckung, heutzutage werden Dächer auch mit Zink, Aluminium oder nicht rostendem Stahl gedeckt.

Metalldeckungen sind auf der Grundlage der DIN 18339 „VOB Vergabe- und Vertragsordnung für Bauleistungen – Teil C: Allgemeine Technische Vertragsbedingungen für Bauleistungen (ATV); Klempnerarbeiten" zu erstellen.

Bei Dächern mit sehr geringer Neigung (mindestens 3° bzw. 5 %) oder sehr komplizierter Form ist die dauerhafteste Dachhaut eine Metalldeckung. Bei Dachneigungen unter 3° sind Längsfalze zusätzlich abzudichten.

Für Metalldeckungen sind vollflächige Unterkonstruktionen notwendig, die eben und trocken sein sollten. Es eignen sich Brettschalungen, aber auch neuartige Holzwerkstoffe, wie OSB-Platten oder mineralfasergebundene Platten. Mineralisch gebundene Spanplatten können bei erhöhten Anforderungen an den Brandschutz verwendet werden.

Metalldeckungen können sowohl hinterlüftet als auch nicht hinterlüftet ausgeführt werden. Hinterlüftungen sind durch Zustromöffnungen, Zuluftgauben oder andere konstruktive Maßnahmen zu gewährleisten.

Weiche Dachdeckungsmaterialien

Weiche Dachdeckungsmaterialien aus Reet und Stroh gehören zu den ältesten Dachdeckungen. In einigen Regionen gelten sie als Alternative zu den typischen Dachdeckungen an Steildächern. Im Gegensatz zu früher werden heutzutage weiche Dachdeckungsmaterialien, wie z. B. handgedroschenes Winterroggenstroh, als etwas Besonderes angesehen. Die Eindeckung eines solchen Daches ist zeit- und kostenintensiv und daher selten anzutreffen.

Die Dachdeckungsart ist abhängig von der Dachneigung, wobei die Regeldachneigung in den „Fachregeln des Dachdeckerhandwerks" wie folgt festgelegt ist:

Reet- und Strohdeckung:

- Mindestdeckung $\geq 45°$ (100 %),
- in windreichen Gegenden $\geq 50°$ (119 %).

V.14.2 Typische Mängel und Schäden

V.14.2.1 Ziegel

Bei engobierten Ziegeln ist die Saugfähigkeit der Oberseite deutlich geringer als die der Unterseite, was sich auf den Feuchtehaushalt der Ziegel auswirken kann und bei ungünstigen Bedingungen zu Frostschäden führen kann. Darüber hinaus kann es bei Dach- und Fassadenziegeln u. a. zu Zerstörungen und Ausblühungen kommen.

Frostschäden

Je poröser ein Ziegel ist, umso größer ist seine kapillare Saugfähigkeit. Reichert sich der Scherben mit Wasser an, kann es zur Volumenänderung und damit zur Zerstörung bei Frosteinwirkung kommen.

Zerstörung des Ziegels

Die Zerstörung des Ziegels kann überwiegend 2 Ursachen haben:

- Fehlerhafte Herstellung:
  Werden für die Ziegelherstellung Tonmischungen beispielsweise in falscher Zusammensetzung, mit unzureichend zerkleinertem Ziegelgut oder mit einem hohen Schadstoffanteil verwendet, kann sich dieses durch oberflächliche Sprengtrichter mit Sprengkernen aus Kalk oder Pyrit bemerkbar machen. Außerdem können Algen- oder Flechtenbewuchs infolge zu sandiger oder großporiger Tonmischung den Ziegel schädigen.
- Von außen einwirkende Chemikalien:
  Schwefelgase als Bestandteile der Luft können mit den im Ziegel eingeschlossenen Bestandteilen eine ausblühende oder austreibende Verbindung eingehen.

Ausblühungen

Als Ausblühung wird das oberflächliche Austreten von Salzen bezeichnet, die aufgrund der Kapillarwirkung mit dem Wasser an die Oberfläche geschwemmt werden und nach der Verdunstung des Wassers dort verbleiben. Salzausblühungen größeren Ausmaßes können entstehen, wenn eine permanente Durchfeuchtung des Ziegels gegeben ist. Die Ausblühungen bei Dach- und Fassadenziegeln lassen sich oft auf ein erhöhtes Vorkommen von Magnesiumsulfat, Calziumsulfat, Kaliumsulfat oder Natriumsulfat zurückführen. Diese können zur Zerstörung des Ziegels führen.

V.14.2.2 Schiefer

Zu den am häufigsten auftretenden Schäden an Schieferdeckungen zählen Verwitterung und Schäden der Befestigung und Unterkonstruktion.

Verwitterung

Sowohl die chemische Zusammensetzung als auch der mineralogische Aufbau bedingen die Lebensdauer von Schiefer. Je dichter und zusammenhängender die Anordnung der witterungsbeständigen Glimmerlagen ist, umso größer ist die Widerstandsfähigkeit gegen schädigende Einflüsse aus der Luft und dem Regen. Verwitterung an Schieferdeckungen können Farbänderung, Moosbildung oder Aufblättern bis zum vollständigen Zerfall sein.

Farbänderung

Farbänderungen können sich bei Schiefer in Form von hell- bis mittelbrauner Fleckenbildung darstellen, die allmählich heller wird. Es handelt sich dabei um die sogenannte Kalkbleichung, die auf einen hohen Kalkgehalt in Verbindung mit feinem Schwefelkies schließen lässt.

Eine leichte Braunfärbung des Steins lässt auf Eisenkarbonate allein als auch in Verbindung mit kohlensäurehaltigem Kalk oder Magnesium schließen, die bei starker Sonneneinstrahlung mit der im Stein vorhandenen Feuchte beschleunigt an die Steinoberfläche gebracht wird.

Oberflächenrosten ist eine Erscheinung bei Schiefer mit hohem Eisenoxidanteil. Die Rostflecken vergrößern sich dabei zunehmend und weisen auf einen allmählichen Zerfall des Steingefüges hin.

Moosbildung

Pflanzenbewuchs, wie Algen, Moos, Flechten und auch höhere Pflanzen, der sich aufgrund von frei werdender Tonerde auf der Steinoberfläche bilden kann, kann durch die Sprengwirkung von Wurzeln, keimenden Samen oder Sporen den Schiefer zerstören.

Aufblättern bis zum vollständigen Zerfall

Der Zerfall von Schieferdeckungen kann schnell gehen oder mehrere Jahre dauern. Ein Zerfall kann an sehr stark kalk- und schwefelkieshaltigen Steinen mit ungünstiger Glimmerlage auftreten. Unterstützt und beschleunigt wird dieser Prozess in Industriegegenden mit stark durch Kohlendioxid und Schwefeldioxid angereicherter Luft. Dabei werden die löslichen Stoffe ausgewaschen, die Masse lockert sich, wird mürbe, nimmt an Volumen zu und zerfällt.

Abb. V.14.13: Zerstörte Fassadenziegel an einem Gebäude

Abb. V.14.14: Verwitterung an einer Außenwandbekleidung aus Schiefer

Abb. V.14.15: Unterschiedliche Schäden an einer Schieferfassade

Abb. V.14.16: Verfärbung an unbeschichteten Faserzement-Platten

Abb. V.14.17: Ausblühungen an unbeschichteten Faserzement-Platten

Befestigung und Unterkonstruktion

Schon bei der Planung sollten die materialtypischen Eigenschaften von Schiefer berücksichtigt werden. Wichtige, bei der Planung und Ausführung von Schieferdeckungen zu berücksichtigende Eigenschaften von Schiefer sind seine leichte Spaltbarkeit, was Auswirkungen auf die Art und die Lage der Befestigung haben kann.

Nichtbeachtung materialspezifischer Eigenschaften kann zu Schäden an der Schieferdeckung (wie z. B. Spaltrissen) führen. Darüber hinaus ist Schiefer kapillar nicht saugend und glatt und eine kraftschlüssige Verbindung zwischen Fassadenplatten und Mörtelbett kommt allein durch Aufwachsen von Zementkristallen auf der Plattenrückseite zustande.

Spaltrisse

Schieferplatten sollten für die Befestigung in ihrer natürlichen Spaltebene möglichst nicht mechanisch beansprucht werden. Löcher in Schieferplatten parallel zu den Schieferlagen sollten durch druckloses Fräsen hergestellt werden, um jede treibende Wirkung auszuschließen. Ursache für Spaltrisse und Ablösungen von ganzen Plattenteilen ist meist eine Montagetechnik, bei der die leichte Spaltbarkeit von Schiefer nicht beachtet wird.

Schieferplatten im Mörtelbett

Im Mörtelbett verlegte Schieferplatten können aufgrund fehlender oder mangelnder Kontaktschicht zu einer verminderten Haftung und bei besonderer Beanspruchung, wie z. B. starker Erwärmung, zur Ablösung der Platten führen.

V.14.2.3 Faserzement

Zu den am häufigsten auftretenden Mängeln und Schäden an Deckungen und Bekleidungen aus Faserzement zählen Oberflächenschäden, Verformungs- und Rissschäden und Schäden der Befestigung und Unterkonstruktion.

Oberflächenschäden

Bei Faserzement wird zwischen Platten ohne Beschichtung und Platten mit Farbbeschichtung unterschieden. Entsprechend unterscheiden sich auch die Oberflächenschäden.

Faserzement-Platten ohne Farbbeschichtung

Faserzementdeckungen und -bekleidungen wurden früher überwiegend mit unbeschichteten Faserzement-Platten in naturgrauer Zementfärbung hergestellt. Die Fasern bestanden meist aus Asbest. Derartige, teilweise bis zu 100 Jahre alte Deckungen sind heutzutage noch ohne nennenswerte Schäden. Die Anwendung von Faserzement-Platten ohne eigene Farbbeschichtung erfuhr mit der Entwicklung der großformatigen, dampfgehärteten Platten eine erhebliche Verbreitung. Normal erhärtete Platten lassen sich durch Pigmentierung der Mischung zwar einfacher herstellen, sie neigen jedoch sehr stark zu Ausblühungen – besonders in noch sehr jungem Zustand. Bei dampfgehärteten Platten ist der Anteil ausblühfähigen freien Kalks nach Beendigung des Härtevorgangs sehr gering und liegt etwa bei 1,5 Massen-%. Dennoch wurden auch bei derartigen Platten Ausblühungen beobachtet. Weitere Oberflächenschäden ergeben sich aus Verfärbungen, Ausblühungen, Auslaugungen und Verschmutzungen.

- Verfärbungen:
Das Abbinden bei Dampfhärtung ergibt auf den Platten Oberflächenschleier, die noch im Werk abgeschliffen werden. Dadurch wird die Oberfläche geöffnet und die Wasseraufnahme begünstigt. Bei unterschiedlichem Wasserverlauf, der witterungsbedingt praktisch nie auszuschließen ist – durch entsprechende Detailausbildungen aber verstärkt oder gemildert werden kann –, markieren sich nach einigen Jahren Liegezeit die Wasserabläufer dermaßen, dass sie auch bei trockenen Platten sichtbar sind.
Schäden durch Verfärbungen infolge Pigmentstörungen sind sowohl an unbeschichteten als auch an beschichteten Asbestzementdeckungen und -bekleidungen zu beobachten. Ein Beispiel hierzu stellen die dampfgehärteten, dunkelgrau durchgefärbten Platten dar. Derartige Platten erhalten ihre Farbe mit einer Durchfärbung der Mischung mittels Eisenoxidpigmenten. Eisenoxidpigmente gibt es in schwarzer (Eisen-II-Oxid) und brauner Farbe (Eisen-III-Oxid). An einigen Objekten konnte beobachtet werden, dass nach kurzer Liegezeit die dunkelgrau eingefärbten Platten rostbraune Flecken bekamen. Durch entsprechende Laboruntersuchungen konnte ermittelt werden, dass die Verfärbungen durch teilweisen Umschlag von schwarzen Eisenoxidpigmenten in rostrote Pigmente zu erklären waren. Dieser Umschlag war bereits werkseitig bei der Dampfhärtung erfolgt, wurde jedoch erst sichtbar, als nach Bewitterung rostrotes Eisenoxid mit dem kapillaren Wassertransport nach außen transportiert wurde und sich an den Oberflächen absetzte.

- Ausblühungen:
Oberflächenmängel können verstärkt auftreten, wenn Salzausblühungen die Oberflächenrauigkeit verstärken. Meist handelt es sich bei Ausblühungen um lösliches Kalkhydrat, das im Luftkontakt mit dem Kohlendioxid zu Kalkstein karbonatisiert. In noch jungem Zustand haben Asbestzement- und Faserzement-Platten noch erhebliche freie Kalkhydratanteile, die ausblühfähig sind.
- Auslaugungen:
Zur Schadensgruppe der Auslaugungen gehört die Silikatablagerung auf Fensterscheiben. Dieses unangenehme Phänomen ist auf Korrosionsvorgänge in der Faserzement-Platte infolge von Kontakt mit sauren Regenwässern, mit einem pH-Wert ≤ 6, zurückzuführen. Dabei werden aus unbeschichteten Asbestzementplatten bestimmte Komponenten (besonders Kalk und Kieselsäure) herausgelöst. Das nunmehr alkalische Wasser läuft über die Fensterscheiben und hinterlässt beim Antrocknen dort Calziumsilikat, das ein sehr starkes Haftvermögen zum Glas hat.

Faserzement-Platten mit Farbbeschichtung

Faserzement-Platten werden heutzutage üblicherweise mit einer Farbbeschichtung hergestellt. Als Schäden an der Farbbeschichtung sind Salzausblühungen, chemische Umsetzungen in der Oberfläche, Auslaugungen und Verschmutzungen zu nennen.

- Ausblühungen:
Ausblühungen an beschichteten Faserzement-Platten sind praktisch nur bei silikatischen Beschichtungen bekannt. Der Grund hierfür liegt darin, dass die Dichtheit derartiger Beschichtungen nicht besonders hoch ist, was aus Gründen der Wasserdampfdurchlässigkeit und des Verformungsverhaltens positiv zu werten ist. So benötigen Platten mit Silikatanstrichen keine Rückseitenabdichtung, um Verkrümmungen zu vermeiden. Häufig sind auch Ausblühungen an der Rückseite der Platten, die über die Überdeckungen nach außen laufen, für die Oberflächenmängel maßgebend.

- Chemische Umsetzungen:
Chemische Umsetzungen in den Platten sind oftmals die Folge des Schadstoffgehaltes in der Atmosphäre bzw. der Niederschläge. Ein Beispiel für die Zerstörung eines silikatischen Anstrichs durch Schwefeldioxid stellen die Schäden an Klein- und Mittelformaten dar, die um 1960 vielfach eingesetzt wurden. Bei diesen Platten war auf einer normal erhärteten Asbestzement-Trägerplatte eine Beschichtung mit farbigem Wasserglas aufgebracht. Durch die steigende SO_2-Belastung, die durch Oxidation zu einer Schwefelsäurebelastung wird, bildet sich aus dem Alkaligehalt des Wasserglases Natriumsulfat. Dieses kann sich unter dem Beschichtungsfilm sammeln. Das Natriumsulfat hat bei 32 °C einen kristallinen Umwandlungspunkt. Die Umwandlung ist mit einer Volumenvergrößerung um ca. 40 % verbunden, was erklärt, dass bei höherer SO_2-Belastung Farbablösungen durch den Natriumsulfat-Kristalldruck entstehen können.

- Auslaugungen:
Auslaugungen als Schäden an Faserzement-Platten werden beobachtet, wenn durch ungünstige Lagerung im Plattenstapel an den Oberflächen entsprechende chemische Vorgänge stattfinden. An Faserzement-Platten aus Asbestzement mit silikatischer Beschichtung kann es zur Bildung dunkler Flecken kommen, die sich deutlich von der Beschichtungsfarbe unterscheiden. Die Flecken kommen streifenförmig oder flächig ohne scharfe Umrandung vor. Ursache für diese Erscheinung kann ein bei falscher Lagerung während des Transports entstehender Wasserfilm sein. Dieser ist in der Lage, die Deckschicht der Platte anzugreifen, da aus der Rückseite der aufliegenden Platte alkalische Stoffe ausgelöst werden können, die einen pH-Wert > 11 annehmen. Hierdurch wird der eigentlich wasserunlösliche Silikatanstrich in wasserlösliches Wasserglas-Natriumsilikat (Na_2SiO_3) umgewandelt. Die Folgen sind Anätzungen der Farbschicht, die optisch auffällig sind.

Abb. V.14.18: Ausblühungen an beschichteten Faserzement-Platten

Abb. V.14.19: Chemische Umsetzung an beschichteten Faserzement-Platten

Verformungs- und Rissschäden

Die Behinderung thermisch bedingter Längenänderungen kann Zwängungen ergeben, die weit über die Aufnahmefähigkeit der Platte bzw. ihrer Befestigungen hinausgehen.

Dies kann z. B. bei einer Fassadenbekleidung der Fall sein, bei der die Fassadenzement-Platten dicht gestoßen verlegt wurden. Sind die Fugen zu klein, können die bei Temperaturänderung entstehenden Spannungen Plattenbeulungen verursachen und zu Rissschäden und Eckabplatzungen führen.

V.14.2.4 Holzschindeln und Bretter

Die typische Problematik bei allen außen liegenden Holzbauteilen bezieht sich auf sichtbare Mängel oder Schäden an der Oberfläche sowie Feuchteschäden. Die Folgen können Pilzbefall (s. Kap. V.4.2.2), Vergrauung, Schwinden und Quellen und u. a. Folgeschäden an Holzschindeln und Brettern durch Korrosion der Befestigungselemente sein.

Vergrauung

Vergrauung ist eine Erscheinung an Außenbauteilen aus Holz. Dabei entsteht eine Graufärbung der Holzoberfläche durch Einwirkung von UV-Licht und/oder Regen, welche die obersten Schichten des Holzes angreifen und chemisch verändern (s. Kap. V.4.2.5).

Schwinden und Quellen

Das Schwinden und Quellen, d. h. die Volumenänderung von Holzschindeln und Brettern infolge wechselnder Holzfeuchte, beeinflusst die technische Verwendung des Holzes nachhaltig. Als Folge können sowohl beim Schwinden als auch beim Quellen (s. Kap. V.4.2.1) Mängel und Schäden in allen Anschlussbereichen der Holzschindeln und Bretter auftreten.

Folgeschäden durch Korrosion der Befestigungsmittel

Werden für die Befestigung der Holzelemente im Außenbereich keine korrosionsgeschützten Verbindungsmittel verwendet oder werden Materialunverträglichkeiten von Metallen nicht ausreichend beachtet, so können an Holzschindeln und Brettern Farbreaktionen oder Verschmutzungen durch Korrosionsprodukte der Befestigungsmittel die Folge sein (s. Kap. V.4.2.7).

V.14.2.5 Bitumen

Zu den Mängeln und Schäden am Dachdeckungsmaterial aus Bitumen zählen Ablösung von Bitumenschindeln von Dach- bzw. Fassadenflächen und Beeinträchtigung durch Alterung.

Ablösen von Bitumenschindeln

Bitumenschindeln können sich lösen und abrutschen, wenn die Nagelung unzureichend erfolgt und/oder die planmäßige Verklebung zwischen den Gebinden nicht eintritt.

Da eine Selbstverklebung aufgrund des Eigengewichtes der Schindeln untereinander nicht zu erwarten ist, ist hier eine zusätzliche Verklebung vorzusehen. Geschieht das nicht, hängen die Schindeln folglich nur an den Nägeln. Das kann bei Windbelastung zu einer mechanischen Flatterbewegung führen, die sogar die Festigkeit der Schindeln überschreiten und diese an den Nagellöchern ausreißen lassen kann.

Ist die Nagelung unzulänglich, können die Breitköpfe der Pappnägel bei mangelndem Eintrieb nicht wirksam werden. Der abstehende Nagelkopf hindert die darüberliegenden Schindeln, eine Klebeverbindung mit dem Untergrund einzugehen.

Beeinträchtigung durch Alterung

Die noch vor 30 Jahren üblichen Bitumenschindeln hatten organische Trägereinlagen. Der heutzutage vorrangig erkannte Nachteil dieser organischen Trägereinlage ist die auf seine Porosität zurückzuführende Saugfähigkeit und die daraus resultierende Feuchteaufnahme. Die faserige Trägereinlage reichert sich mit Feuchte an. Dies führt auf Dauer zu Materialveränderungen. Durch das Wasser quellen die Fasern der Trägereinlage auf, eine Dickenzunahme tritt ein. Dadurch wird die oberseitige Schutzschicht aus Granulat geschädigt, sodass dies bis zur Zerstörung der Bitumenschindel führen kann. Das als Oberflächenschutz dienende mineralische Granulat kann sich flächenartig in unterschiedlichem Maße von der Trägereinlage und der oberen Deckschicht der Bitumenschindeln ablösen. Durch Einflüsse der Materialbewitterung können sich an der Trägereinlage der Bitumenschindeln Materialschäden in Form von Rissen und Löchern sowie kompletten Ab- und Ausbrüchen zeigen. Der fehlende Oberflächenschutz begünstigt die thermisch-energetische Alterung des Bitumens. Folge dieses Alterungsprozesses kann eine beträchtlich eingeschränkte Verformbarkeit der Bitumenschindeln, z. B. bei auftretenden Windlasten wie Windsog, sein. Dieses kann zum Ablösen ganzer Materialbereiche an Dach bzw. Fassaden führen.

V.14.2.6 Metall

Kupfer

Zu den typischen Mängeln und Schäden bzw. Merkmalen des Dachdeckungsmaterials aus Kupfer (s. Kap. V.5.2.3) zählen u. a. Korrosion, Verfärbung anderer Bauteile, Verfärbung der Patina und Schäden bei der Befestigung der Kupferdeckung.

Blei

Zu den häufigsten Schäden an Dachdeckungsmaterialien aus Blei (s. Kap. V.5.2.4) zählen wellenförmige Aufstauchungen, Schäden durch Windsog und Verfärbungen. Das Abschwemmen von Bleisalzen aus der Bleideckung kann zu Schäden an anderen Bauteilen führen.

Zink

Zu den typischen Mängeln und Schäden an Dachdeckungsmaterialien aus Titan (s. Kap. V.5.2.5) zählen Wellenbildung, Korrosion und Weißrostbildung.

Aluminium

Zu den häufigsten Schäden an Dachdeckungsmaterialien aus Aluminium (s. Kap. V.5.2.6) zählen Konstruktionsschäden und Oberflächenschäden.

Nicht rostender Stahl

Zu den typischen Mängeln an Dachdeckungsmaterialien aus Stahl (s. Kap. V.5.2.2) zählen Farbabweichungen oder Auskreiden.

V.14.2.7 Schadstoffe

Asbest

Schadstoffbelastungen von Dachdeckungsmaterialien können vorwiegend im Zusammenhang mit Asbestzement-Platten wie Asbestzement-Wellplatten und -Dachplatten auftreten. Asbestzement-Platten wurden für die Bekleidung von Außenwandflächen (s. Kap. III.2) und Balkonbrüstungen (s. Kap. III.9) sowie als Dachdeckungsmaterial (s. Kap. III.11) eingesetzt.

V.14.3 Maßnahmen

Mängel und Schäden an Dachdeckungsmaterialien beeinträchtigen meist nicht nur die Optik, sondern auch die Funktion des Daches und der Fassade. Häufig sind sie augenscheinlich erkennbar und nachweisbar. Eine wichtige Grundlage für nachfolgende Maßnahmen stellt die genaue Beurteilung und Klassifizierung des Zustands der Dachhaut im Hinblick auf die gestellten Anforderungen dar. Neben der Dokumentation des Schadensbildes (s. Kap. VI.1.1) steht der visuelle Eindruck im Vordergrund. Er unterscheidet sowohl zwischen einem Schaden bzw. einem Mangel an der Dachdeckung als auch über die Notwendigkeit einer Reparatur bei einer rein optischen bzw. gestalterischen Beeinträchtigung.

Dachdeckungsmaterialien unterliegen sowohl der natürlichen Alterung als auch mechanischen Beanspruchungen, Temperaturänderungen und Witterungseinflüssen. Aus diesem Grund ist die Dachdeckung regelmäßig zu prüfen und je nach Art der Deckung zu warten, um ihre Funktionstüchtigkeit dauerhaft zu gewährleisten.

Entstandene Mängel sind oft mit der Neudeckung oder sogar dem Austausch von Teilen oder der gesamten Dachdeckung verbunden. Folglich sollten daher bereits bei der Planung und Bauausführung material- und systemspezifische Eigenschaften sowie Herstellerhinweise zum Material und dessen Verarbeitung berücksichtigt werden.

V.14.3.1 Ziegel

Qualitativ hochwertige Dachziegel und Außenwandbekleidungen aus Ziegeln zeichnen sich durch funktionelle Form, saubere Formung und scharfen Brand aus. Sprünge, Haar- oder Brandrisse, Beulen und Verkrümmungen mindern die Qualität des Ziegels. Ausblühfähige Salze, Kalkeinschlüsse und andere Verunreinigungen dürfen nur in solchem Maße vorhanden sein, dass Zerstörungen sowie qualitätsmindernde Schädigungen ausgeschlossen sind. Eine feine Körnung ist Voraussetzung für die Frostbeständigkeit des Ziegelgutes. Weiterhin dürfen Ziegel nicht abblättern, Engobe und Glasur müssen dauerhaft und die Färbung gleichmäßig sein. Schadensbilder an Ziegeldächern und vorgehängten Fassadenziegeln sind meist auf Herstellungs-, Planungs- oder Ausführungsfehler als auch auf Nichtbeachtung materialspezifischer oder systemspezifischer Eigenschaften zurückzuführen. Bei beschichteten Ziegeln, besonders bei Ziegeln mit Glasuren, ist bei der Planung die Möglichkeit einer Schädigung durch die Asymmetrie der Wasseraufnahmefähigkeit der Ober- und Unterseite zu berücksichtigen.

Als typische Schadensbilder an Ziegeln gelten Frostschäden, Zerstörung des Ziegels sowie Ausblühungen und Schäden der Befestigung und Unterkonstruktion.

Frostschäden

Die Frostbeständigkeit ist abhängig von Wassersättigung, Porengrößenverteilung, mechanischer Festigkeit des Scherbens und der Art der Frosteinwirkung. Je poröser ein Ziegel ist, umso größer ist seine kapillare Saugfähigkeit. Reichert sich der Scherben mit Wasser an, kann es zur Zerstörung bei Frosteinwirkung kommen. Zerstörte Ziegel müssen ausgetauscht werden.

Zerstörung des Ziegels

Kommt es beim Ziegelscherben herstellungsbedingt zu oberflächlichen Sprengtrichtern oder Algen- bzw. Flechtenbewuchs, die den Ziegel langfristig zerstören, sind diese gegen mangelfreie Ziegel auszutauschen.

Bei Schädigung der Ziegel durch von außen einwirkende Chemikalien, wie z. B. Schwefelgase, ist ein Austausch der geschädigten Ziegel notwendig.

Ausblühungen

Treten an der Ziegeloberfläche Salzausblühungen auf, die den Ziegel oder seine Oberfläche schädigen, kann dieser seine Funktion nicht mehr ausreichend erfüllen. Aus diesem Grund müssen solche Ziegel ausgetauscht werden. Da ohne Feuchtigkeit die Salze, die zu Ausblühungen führen, nicht auskristallisieren können, sollten Ziegeldächer bzw. Ziegelfassaden ausreichend be- bzw. entlüftet werden, um den Ziegelscherben regelmäßig auszutrocknen. Ausblühfähige Salze, Kalkeinschlüsse und andere schädliche Stoffe dürfen nicht in solchen Mengen vorhanden sein, dass Beschädigungen hervorgerufen werden können, die die Ziegel für die Bildung einer regensicheren Haut unbrauchbar machen. Geringfügige Absonderungen und Abmehlungen sind zulässig.

V.14.3.2 Schiefer

Schadensbilder an Schieferdächern und -fassaden sind meist auf Planungs- und Ausführungsfehler oder Nichtbeachtung material- oder systemspezifischer Eigenschaften zurückzuführen. Zu den am häufigsten auftretenden Schäden zählen Verwitterungen und Schäden der Befestigung und Unterkonstruktion.

Maßnahmen bei Verwitterungserscheinungen

Im Folgenden werden Maßnahmen zur Beseitigung von Mängeln und Schäden an Schiefer, wie z. B. Farbänderungen, Moosbildung, Aufblättern bis zu vollständigem Zerfall, beschrieben.

Farbänderung

Eine Kalkbleichung, die in Form von hell- bis mittelbrauner Fleckbildung sichtbar wird und ursächlich auf einen hohen Kalk- und Schwefelkiesgehalt zurückzuführen ist, tritt als temporär begrenzte Farbänderung auf, die sich allmählich angleicht.

Eine Braunfärbung des Steins, die auf ein erhöhtes Vorkommen von Eisenkarbonaten schließen lässt, verliert sich nach einiger Zeit. Sie kann aber auch sofort entfernt werden, indem die betroffenen Stellen mit stark verdünnter Salzsäure behandelt, anschließend abgewaschen und abgetrocknet werden.

Schäden in Form von Rostflecken, sogenannten Oberflächenrosten, lassen auf einen allmählichen Zerfall des Steingefüges schließen. Davon betroffene Decksteine müssen ausgetauscht werden.

Moosbildung

Die durch Pflanzenbewuchs wie z. B. Algen, Moos und Flechten angegriffenen oder zerstörten Decksteine sind auszutauschen.

Aufblättern bis zum vollständigen Zerfall

Weil zerstörte Schiefer-Dachdeckungen oder -fassaden oder Teile davon die Schutzfunktion nicht mehr erfüllen können, müssen aufgeblätterte oder zerfallene Decksteine ausgetauscht werden.

Befestigung und Unterkonstruktion

Beim Bauen im Bestand sollten schon bei der Planung die materialtypischen Eigenschaften berücksichtigt werden, um Mängel und Schäden am Dachdeckungsmaterial Schiefer zu vermeiden.

Maßnahmen bei Spaltrissen

Schiefer gilt als leicht spaltbares Material. Treten an Schieferplatten Spaltrisse (bei Außenfassaden in Ankerdornebene) auf, so ist das meist auf eine Montagetechnik zurückzuführen, bei der die leichte Spaltbarkeit der Schieferplatten nicht berücksichtigt wurde. Haben Schieferplatten Spaltrisse, so besteht die Gefahr, dass sich Teile der Platte ablösen und herunterfallen. Schieferplatten mit Spaltrissen oder mit abgelösten Teilen sind abzunehmen und durch neue zu ersetzen. Löcher parallel zur Schieferlage sind so herzustellen, dass jede treibende oder spaltende Wirkung vermieden wird.

Maßnahmen bei Schieferplatten im Mörtelbett

Lösen sich aufgrund fehlender oder mangelnder Kontaktschicht die im Mörtelbett verlegten Schieferplatten von der Wand, sind die Platten neu zu verlegen. Dabei ist darauf zu achten, dass eine kraftschlüssige Verbindung erzeugt wird. Eine kraftschlüssige Verbindung wird durch eine Kontaktschicht aus Zementschlämmen erreicht, die mit einer Dispersion vergütet ist (früher wurde mit Zement gepudert).

V.14.3.3   Faserzement

Oberflächenschäden

Bei den Oberflächenschäden an Faserzement-Platten werden Platten ohne Beschichtung und Platten mit Farbbeschichtung unterschieden.

Faserzement-Platten ohne Farbbeschichtung

Bei Schäden durch Verfärbungen ist Abhilfe nur durch Oberflächenbeschichtung möglich, wobei häufig zwischen Verfärbungen infolge Bewitterung und Verschmutzungen nicht unterschieden werden kann.

Schäden durch Verfärbungen infolge von Pigmentstörungen wurden häufig gemeinsam mit Kalkausblühungen festgestellt. Die Sanierung erfolgte meist mittels Nachanstrich oder bei Fassadendeckungen durch Ersatzverlegung mit z. B. einer Blechfassade. In anderen Fällen wurden die Oberflächenmängel nicht saniert, da die Fassade durch die (ungewollte) Patina Natursteincharakter angenommen hat.

Bei Ausblühungen handelt es sich meist um lösliches Kalkhydrat, das bei Luftkontakt mit dem Kohlendioxid zu Kalkstein karbonatisiert. Bei unbeschichteten Platten wurde für einige Produktgruppen versucht, die Ausblühneigung durch Hydrophobierung der Oberflächen zu vermindern, jedoch ohne überzeugenden Erfolg. Oft ist ein Austausch notwendig.

Silikatablagerungen bewirken keine Anätzungen, sondern lediglich Aufwachsungen, die allerdings nur durch chemische (z. B. flusssäurehaltige) oder mechanische Mittel entfernt werden können. Der Effekt ist offenbar umso stärker, je weniger alkalibeständig die Fenstergläser sind. Der Vorgang wird nicht nur bei Asbestzement, sondern auch bei anderen kalkhaltigen und zementgebundenen Fassadenmaterialien (Sichtbeton, Waschbeton) beobachtet.

Faserzement-Platten mit Farbbeschichtung

Treten an Faserzement-Platten mit silikatischen Beschichtungen Ausblühungen auf, sollten diese Platten ausgetauscht werden.

Die Sanierung von chemischen Umsetzungen ist sehr schwierig, da die losen Farbpartikel erst wieder mit dem Untergrund verbunden werden müssen, wofür eine hochwertige Grundierung einzusetzen ist. Die mechanische Reinigung ist wegen der damit verbundenen Auslösung von Asbestfeinstaub sehr aufwendig. So verbleibt praktisch nur die Neuverlegung mit asbestfreien Faserzement-Platten.

Auslaugungen und als Folge die Anätzungen der Farbschicht an Faserzement-Platten sind nicht zu reparieren und die Platten müssen ausgetauscht werden. Um derartigen Schäden vorzubeugen, geben die Hersteller entsprechende Hinweise, wonach die Platten bei Transport und Lagerung nicht feucht werden dürfen.

Verformungs- und Rissschäden

Bei Zwängungen aufgrund thermisch bedingter Längenausdehnung durch dicht aneinander verlegte Faserzement-Platten sollten die Platten neu und fachgerecht verlegt werden. Schon entstandene Rissschäden oder Verformungen lassen sich nicht sanieren. Die beschädigten Platten sind zu ersetzen.

V.14.3.4   Holzschindeln und Bretter

Im Folgenden wird auf die Maßnahmen zur Beseitigung von Mängeln und Schäden wie Vergrauung, Schwinden und Quellen des Holzes sowie auf die Korrosion der Befestigungsmittel von Holzschindeln und Brettern eingegangen.

Beim Bauen im Bestand ist bereits bei der Planung und Ausschreibung auf die Erhaltung der Güte durch sachgemäßen Einbau und Schutzbehandlung (s. Kap. V.4.3) zu achten.

Vergrauung des Holzes

Bei ungewollter Vergrauung müssen zur Instandsetzung die vergrauten Holzbauteile soweit abgeschliffen werden, bis das Holz seine natürliche Farbe zeigt. Extrem vergraute Flächen sollten ersetzt werden. Zur Verhinderung des Vergrauens kann das Holz wirksam gegen die Einwirkung von UV-Strahlung und/oder Wasser durch Beschichtungen geschützt werden.

Bei Beschichtungen von Holz sind 3 Arten je nach der Durchlässigkeit für UV-Strahlung zu unterscheiden:

- Deckende Beschichtungen sind so pigmentiert, dass UV-Strahlung nicht oder nur zu geringen Teilen durchgelassen wird. Das Holz ist dadurch besonders gut geschützt.
- Transparente Beschichtungen (Klarlackierungen) sind nicht pigmentiert, sie lassen praktisch die gesamte auftreffende UV-Strahlung durch. Das Holz wird in seiner oberflächennahen Schicht stark geschädigt. Es vergraut, sofern durch Feuchtewechsel die Spaltprodukte des Lignins ausgewaschen werden; die Transparentfilme verlieren die Haftung.
- Lasierende Beschichtungen sind mit Pigmenten ausgerüstet, die für sichtbare Strahlung teilweise transparent sind. Die Holzoberfläche scheint je nach Pigmentierung mehr oder we-

niger durch, das Holz ist nur in dem Maße geschützt, wie UV-Strahlung die Beschichtung nicht durchdringen kann. Der UV-Schutz einer lasierenden Beschichtung hängt entscheidend von der Pigmentierung und Dicke der Beschichtung ab, weil diese die Menge der durchgelassenen UV-Strahlung bedingen. Es gelten folgende Regeln:
Je dunkler die von den Pigmenten bestimmte Lasurfarbe ist, desto besser ist die Schutzwirkung gegen UV-Strahlung.
Je dicker die Schichtdicke der Beschichtung ist, desto weniger UV-Strahlung gelangt auf die beschichtete Holzoberfläche.
Da das polymere Bindemittel durch die Bewitterung abgebaut wird und dadurch die Schichtdicke geringer wird, muss die Beschichtung in bestimmten Abständen erneuert werden.
Als Richtwert für Dünnschichtlasuren gilt bei direkter Bewitterung ein Erneuerungsintervall von 2 Jahren, bei starker Bewitterung ein einjähriges Intervall. Lasurbeschichtungen sind deshalb sehr wartungsaufwendig.

Schwinden und Quellen

Sind an Holzdächern und -fassaden Mängel und Schäden in den Anschlussbereichen aufgetreten oder kann es aufgrund von Rissbildung in der Außenhaut zu Schäden an der darunterliegenden Konstruktion durch Feuchteeinwirkungen kommen, sind die beschädigten Teile auszutauschen. Bei der Befestigung der Holzbauteile ist die Volumenänderung durch Schwinden und Quellen (s. Kap. V.4.2.1) zu berücksichtigen. Vorbeugend ist darauf zu achten, dass das Holz in trockenem Zustand eingebaut wird und es auch weitestgehend trocken gehalten wird (s. Kap. V.4.3.1). Um Formänderungen und daraus entstehende Undichtigkeiten klein zu halten, sollte die Brettbreite nicht über 12 bis 14 cm liegen. Die Dicke der Bretter beträgt i. Allg. etwa 20 mm.

Korrosion der Befestigungsmittel

Sind bei Außenwandbekleidungen und Dachdeckungen aus Holz Bereiche durch korrodierte Befestigungsmittel verschmutzt, kann ein großer Teil der Holzbretter meist wieder verwendet werden. Die verschmutzten Bereiche der Bretter müssen so weit abgeschliffen werden, bis das Holz seine natürliche Farbe zeigt. Auch bei stärker beeinträchtigten Teilflächen lassen sich die Verfärbungen durch Abschleifen (bis maximal 2 mm) weitgehend beseitigen. Besonders verschmutzte Schalflächen sollten durch neue ersetzt werden. Verbleibende kleinere Farbunterschiede werden durch Verwendung einer mittleren bis dunklen Lasur überdeckt, wie sie zum Schutz gegen UV-Strahlung erforderlich ist. Je dunkler der Anstrichstoff, desto unauffälliger sind die Verfärbungen. Bei Aufbringen der Renovierungsbeschichtung muss darauf geachtet werden, dass die vom Hersteller geforderte Menge aufgetragen wird. Verschmutzungen empfindlicher Holzschalungen durch Korrosionsprodukte verzinkter Stahlnägel können durch verdeckte Befestigung mit korrosionsgeschützten Verbindungsmitteln vermieden werden. Bei sichtbarer Befestigung sollten ausschließlich Nägel und Schrauben aus nicht rostendem Stahl verwendet werden.

V.14.3.5 Bitumen

Ablösung von Bitumenschindeln

Haben sich Bitumenschindeln aufgrund unzureichender Nagelung oder Verklebung gelöst und/oder sind abgerutscht, ist in den häufigsten Fällen eine gänzliche Neudeckung nach den einschlägigen Regeln vorzunehmen, da eine Nachnagelung meist nicht möglich ist. Die Nagelung der Schindeln hat nach den Regeln etwa in der Mitte, ca. 2 cm über den Fugenschnitten der Schindeln, zu erfolgen und gewährleistet durch die Überlappung in Doppeldeckung, dass die unteren Schindelstreifen im oberen Bereich zusätzlich durch die nächste Nagelung der darauffliegenden Schindelreihe nochmals mit erfasst werden (d. h., nach dieser Regel wird jeder Schindelstreifen durch 2 Nagelreihen erfasst). Wenn aus witterungsbedingten oder konstruktiven Gründen eine Selbstverklebung der Schindeln untereinander nicht zu erwarten ist, sind nach Rücksprache mit dem Schindelhersteller zusätzliche Maßnahmen, z. B. zusätzliche Verklebungen, vorzusehen.

Maßnahmen bei Beeinträchtigung durch Alterung

Weisen die noch vor 30 Jahren üblichen Bitumenschindeln aufgrund ihrer Beschaffenheit und ihres Alters Materialschäden in Form von Rissen und Löchern oder auch kompletten Ab- und Ausbrüchen mit der Folge von Ablösung auf, so müssen die Schindeln ausgetauscht werden. Bei großflächigen Schädigungen sind partielle Reparaturmaßnahmen nicht möglich. Die mit Bitumenschindeln versehenen Flächen müssen mit Schindeln, die eine verbesserte Materialqualität aufweisen, neu eingedeckt werden.

V.14.3.6 Maßnahmen bei Schadstoffbelastungen

Asbest

Maßnahmen bei Schadstoffbelastungen von Dachdeckungsmaterialien durch Asbestzement-Platten (z. B. Asbestzement-Wellplatten und -Dachplatten) werden in den Kapiteln zu den Bauteilen Außenwände (s. Kap. III.2), Balkonbrüstungen (s. Kap. III.9) und geneigte Dächer (s. Kap. III.11) beschrieben.

VI Analysemethoden und -geräte

Autoren: Dipl.-Ing. Tania Brinkmann, Architektin; Dipl.-Ing. Janet Simon; Dipl.-Ing. (FH) Yasemin Wildebrand, Architektin

Die Aufnahme und Analyse der Mängel und Schäden und die Ermittlung der Schadensursache und -quelle sind Grundvoraussetzung jeder Instandsetzungsmaßnahme beim Bauen im Bestand.

Zur Ermittlung von Mängeln und Schäden oder ihren Einflussfaktoren und Ursachen können neben zerstörenden auch zerstörungsfreie Untersuchungsverfahren eingesetzt werden. Zerstörende Untersuchungsmethoden zur Bestimmung von Gefügestörungen oder Fehlstellen wie auch zur Ermittlung des Schichtenaufbaus eines Bauteils sind u. a. Kernbohrungen und Endoskopien. Zu den zerstörungsfreien Untersuchungsverfahren zählen dagegen z. B. Thermografie und Fotogrammetrie sowie die elektrischen Feuchtemessverfahren.

Neben Untersuchungen, die direkt vor Ort am Objekt durchgeführt werden können, gibt es eine Vielzahl von Laboranalysen und Berechnungsverfahren. Die Auswahl des jeweiligen Vorgehens ist abhängig vom Einzelfall. Sie richtet sich insbesondere nach dem jeweiligen Schadensausmaß, dem Wert des Bauwerks sowie dem unter wirtschaftlichen Aspekten zu betrachtenden Untersuchungsaufwand.

Die Auswertung ist von entsprechend geschulten Sachverständigen und Fachleuten durchzuführen, die auch Probeentnahmen und Analysen mitbegleiten sollten.

VI.1 Analysemethoden

Im Folgenden werden die in der Praxis gebräuchlichen Analysemethoden für Bestandsgebäude dargestellt, wobei es sich im Wesentlichen um optische, thermische und akustische sowie elektrische, magnetische und Ultraschallverfahren handelt. Daneben existieren aber noch weitere Methoden, die jedoch hauptsächlich für besonders hochwertige bzw. bedeutende Objekte eingesetzt werden. Diese Verfahren zeichnen sich meist nicht nur durch einen hohen Geräteaufwand aus, sie sind infolgedessen auch sehr kostenintensiv und langwierig, liefern dafür aber auch sehr genaue Ergebnisse. Es handelt sich dabei u. a. um sogenannte Durchstrahlungsprüfungen wie beispielsweise die Computertomografie zur Anfertigung einer vollständigen Schnittdarstellung oder die Kernspinresonanz-Prüfung, bei der Feuchtegehalt und -verteilung über die Resonanzabsorption der Wasserstoffkerne im Magnetfeld bestimmt werden.

VI.1.1 Allgemeines

Bauwerksuntersuchung

Der Zustand eines Bauwerks bestimmt Art, Umfang und Methode der Untersuchung und muss in Abhängigkeit vom Schadensgrad und dem Umfang der beabsichtigten Sanierung und Instandsetzung gewählt werden. Zur visuellen Begutachtung der vorliegenden Mängel und Schäden wird meist eine Dokumentation des Schadensbildes angefertigt.

Bestandsaufnahme und -analyse

Bei der Bestandsaufnahme wird der aktuelle Zustand eines Bauwerks untersucht. Die objektive Erfassung der Bauwerksqualität ist notwendig, um Art, Umfang und Methode der geplanten Instandsetzung entsprechend dem bestehenden Schadensausmaß zu wählen. Die Bestandsaufnahme am Objekt erfolgt durch die Kartierung, die üblicherweise eine Dokumentation des Schadensbildes beinhaltet.

Beurteilung der Tragfähigkeit

Die Beurteilung der Tragfähigkeit eines bereits bestehenden Bauwerks erfolgt häufig durch Überprüfung der statischen Berechnungen und Pläne. Da diese oftmals nicht mehr vorhanden sind, sollte ein Tragwerksplaner zur Zustandsbewertung hinzugezogen werden. Um z. B. Aussagen über die zulässigen sowie die tatsächlich vorherrschenden Spannungen im Gebäude treffen zu können, sind Daten hinsichtlich der Druckfestigkeit der verbauten Materialien erforderlich. Die folgenden Sanierungsmaßnahmen werden dann auf die statischen Gegebenheiten abgestimmt.

Dokumentation des Schadensbildes

Die Dokumentation dient der möglichst genauen Erfassung von Mängeln und Schäden sowie des verbauten Materials. Zur Abgrenzung von besonders gefährdeten Bereichen, die einer speziellen Behandlung bedürfen, ist die Kenntnis der Schadensverteilung eine wichtige Voraussetzung. Insbesondere für den Denkmalschutz sind Dokumentationen z. B. älterer Restaurierungsmaßnahmen eine wertvolle Hilfe.

Die Dokumentation erfolgt u. a. durch aussagefähige Fotos, fotogrammetrische Aufnahmen sowie zeichnerische Kartierung (z. B. verformungsgetreues Aufmaß).

Fotodokumentation

Unterstützend zur Bestandsaufnahme eines Schadensbildes und dessen Kartierung stellt die Fotodokumentation

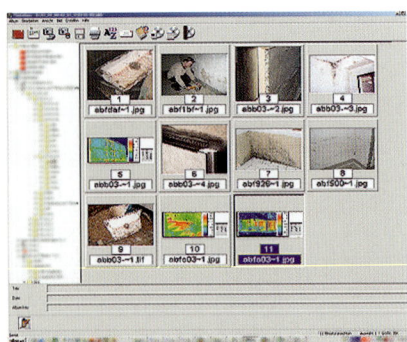

Abb. VI.01: Digitale Fotodokumentation mithilfe einer Bildbetrachtungssoftware

(durch z. B. Digital- oder Videokamera) eine der aussagekräftigsten Methoden dar. Anhand der entsprechenden Aufnahmen können typische Schwachstellen belegt und Aussagen über mögliche Ursachen getroffen werden.

In der Fotodokumentation ist die Lage der fotografischen Aufnahmepunkte enthalten, die die vorhandenen Schäden und Schadensursachen sowie -quellen dokumentieren.

Bei der Aufnahme der Schäden ist u. a. Folgendes zu beachten:

- ausreichende Beleuchtung,
- richtiger Kamerastandort,
- Aufnahmezeitpunkt festhalten,
- nach Möglichkeit mehrere Aufnahmen machen (falls eine misslingt),
- Maßstäbe beachten, gegebenenfalls Messlatte o. Ä. mit aufnehmen,
- bei mehreren ähnlichen Schadensbildern die Bauteile entsprechend markieren.

Fotogrammetrie

Bei der Fotogrammetrie wird mithilfe von Stereomessbildkameras und Auswertungsgeräten eine maßliche Erfassung von z. B. Fassaden vorgenommen, mit der Risse, Deformationen und Durchfeuchtungen maßstabsgetreu dokumentiert werden können. Das Verfahren dient zum Herstellen verformungsgerechter Bestandspläne hoher Genauigkeit.

Kartierung

Eine Kartierung erfolgt z. B. auf der Grundlage von Ansichtsplänen oder großformatigen, entzerrten Fotos. Die Genauigkeit und Aussagekraft ist dabei abhängig vom Maßstab der Pläne. Geeignet sind möglichst verformungsgerechte steingenaue Pläne im Maßstab 1:20 oder kleiner. Die Erstellung der Pläne erfolgt vielfach über fotogrammetrische Verfahren, die größtenteils von Spezialfirmen durchgeführt werden. Alternativ kann das Aufmaß, gegebenenfalls unter Zuhilfenahme fotografischer Aufnahmen, von Hand erfolgen. Nachteilig dabei sind ein hoher Zeit- und Kostenaufwand sowie eine verminderte Genauigkeit.

Die Kartierung aller an einem Bauwerk bestehenden Schäden dient der Dokumentation der Gesamtheit der Schäden, des Schadensbildes sowie zur Festlegung möglicher Sanierungsmaßnahmen. Bei umfangreicheren Objekten können verschiedene Kartierungsarten verwendet werden, wie z. B. Materialkartierung, Kartierung des Materialverlustes, Fugenkartierung sowie Maßnahmenkartierung.

Die Materialkartierung dient der Dokumentation der verbauten Materialien. Sie gibt in Verbindung mit der Schadenskartierung Information über die materialabhängigen Schäden und die erforderlichen Austauschmaterialien.

Die Kartierung des Materialverlustes dient der Dokumentation des Istzustands und liefert Informationen zur Festlegung der Sanierungsmaßnahmen.

Die Fugenkartierung dient der Dokumentation des Fugenzustands und der Mörtelschäden. Des Weiteren können auch verschiedene Fugenmaterialien dokumentiert werden.

Die Maßnahmenkartierung enthält Information über Art und Menge der durchzuführenden Sanierungsmaßnahmen.

Kernbohrung

Anhand der zerstörenden (Bauwerks-)Untersuchung durch die Entnahme eines Bohrkerns kann der genaue Schichtaufbau eines Bauteils ermittelt werden. Die Bestimmung des Aufbaus dient vor allem der Ermittlung der Druckfestigkeit der einzelnen Schichten.

Kernbohrungen erfolgen meist im Nassbohrverfahren und sind sowohl für Beton als auch für Bauteile aus anderen künstlichen Steinen sowie Naturstein anzuwenden.

VI.1.2 Feuchtegehalt von Baustoffen

Zur Feuchtemessung an Baustoffen stehen verschiedene Messmethoden zur Verfügung, die sich nicht nur in der Messgenauigkeit, sondern auch im Geräteaufwand unterscheiden.

Besonders verbreitet ist nach wie vor die klassische gravimetrische Methode mit Probeentnahme vor Ort und Ofentrocknung im Labor. Dieses Verfahren ist zwar langwierig, bei sorgfältiger Anwendung aber sehr genau.

Akustische Verfahren

Die akustischen Eigenschaften von Baustoffen werden im Hörbereich sowie im Ultraschallbereich (umfasst hohe, für den Menschen gerade noch wahrnehmbare Frequenzen) u. a. vom Feuchtegehalt bestimmt. Hohlräume und Inhomogenitäten im Material beeinflussen die Schallausbreitung jedoch in weit stärkerem Maß als die Bauteilfeuchte. Wegen der Abhängigkeit der akustischen Parameter von zahlreichen weiteren Einflussgrößen lassen sich akustische Verfahren nur für beispielsweise orientierende Zwecke anwenden.

Chemische Verfahren

Chemische Verfahren werden zur Baustoffuntersuchung häufig eingesetzt, da sie meist direkt vor Ort anwendbar sind. Dabei wird die chemische Reaktion eines Stoffes auf Wasser beobachtet und analysiert.

Beim Karl-Fischer-Verfahren erfolgt eine quantitative Feuchtemessung über eine Titration. Dabei verbinden sich die Substanzen Jod, Schwefeldioxid und Wasser zu Schwefelsäure und Jodwasserstoff, wobei die braune Färbung des Jods verloren geht. Ist das Ende der Titration erreicht, verfärbt sich die Probe bräunlich, sodass der Zeitpunkt visuell bestimmt werden kann. Bei diesem Vorgang wird Wasser verbraucht, die Reaktion kann also nur so lange ablaufen, bis das gesamte in der Probe enthaltene Wasser verbraucht ist. Der Feuchtegehalt wird nachfolgend aus der Menge der verbrauchten Karl-Fischer-Lösung ermittelt. Mit diesem Verfahren lassen sich bereits geringe Spuren von Wasser im Probekörper nachweisen.

Elektrische Verfahren

Wasser bildet zusammen mit gelösten Salzen im Bauteil einen leitfähigen Elektrolyten. Bei den elektrischen Verfahren werden die elektrische Energie bzw. Strom leitenden Eigenschaften der Baustoffe genutzt, wobei sich erhöhte Feuchtewerte nicht nur in der Erhöhung der elektrischen Leitfähigkeit äußern, sondern auch in der Zunahme der Dielektrizitätskonstante. Bei einem trockenen, isolierenden Baustoff handelt es sich um ein Dielektrikum bzw. einen nicht leitenden Stoff in einem elektrischen Feld. Aus diesem Grund ist die Dielektrizitätskonstante bei diesen Stoffen niedrig und konstant bzw. gleich null. Bei Vorhandensein von Wasser dagegen entsteht beispielsweise durch Bildung einer Salzlösung eine den elektrischen Strom leitende Substanz, weshalb in diesem Fall die Werte der Dielektrizitätskonstante deutlich höher ausfallen.

Zu den elektrischen Verfahren zählen u. a. kapazitive Feuchtemessung und Widerstandsfeuchtemessung.

Kapazitive Feuchtemessung

Bei der kapazitiven Feuchtemessung handelt es sich um ein zerstörungsfreies Oberflächenmessverfahren, mit dem sich die qualitative Feuchteverteilung in mineralischen Baustoffen feststellen lässt. Genau genommen erfasst die Untersuchung jedoch die Kapazität eines im Messgerät befindlichen Kondensators.

Je nach Dielektrikum (Trennmaterial der Kondensatorplatten) ändert sich dessen Kapazität. Befindet sich im Streufeld des Kondensators Material mit höherem Feuchtegehalt, schlägt sich dieser Faktor in einer höheren Dielektrizitätskonstante nieder. Die Kapazität des Kondensators ändert sich ebenso und wird im Messgerät als Gewichtsprozent umgerechnet und angezeigt.

Messfehler bei diesem Verfahren sind vor allem dann möglich, wenn das Messgerät auf unebenen Oberflächen nicht vollständig aufliegt. Um eventuelle Messfehler auszugleichen, sollten daher mehrere Messungen durchgeführt werden.

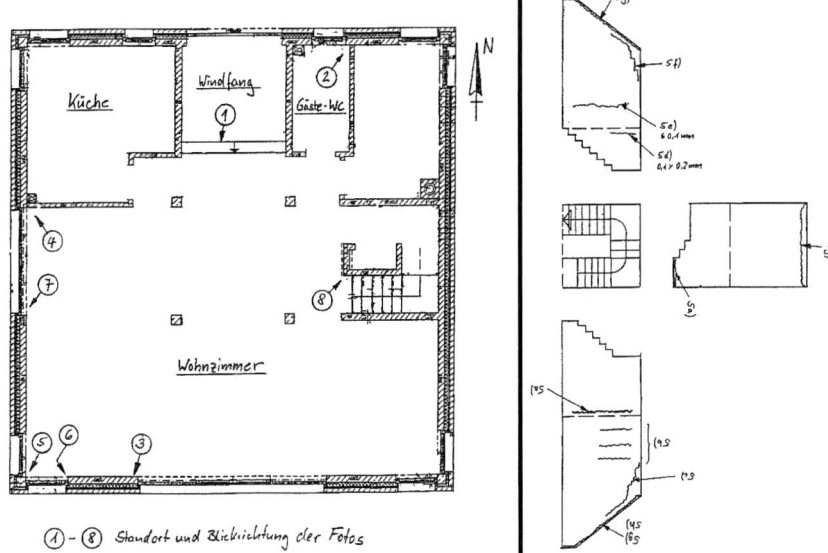

Abb. VI.02: Kartierungsbeispiel, Grundriss und Wandabwicklung

Gravimetrische Feuchtemessung – Darr-Methode

Die gravimetrische Feuchtemessung, auch Darr-Methode genannt, zählt zu den bauteilzerstörenden Untersuchungen und gilt als universell einsetzbares, direktes Messverfahren. Dazu wird am zu untersuchenden Bauteil oder Baustoff einen Probe entnommen und anschließend im Labor untersucht.

Die Probe wird gewogen und anschließend bei üblicherweise 105 °C im Trockenofen getrocknet (für einige Baustoffe werden niedrigere Temperaturen gewählt), wobei das enthaltene freie Wasser entweicht. Bei höheren Temperaturen würde dagegen auch das chemisch gebundene Wasser freigesetzt werden.

Nach dem Trocknen des Prüfguts kann der Wassergehalt festgestellt werden. Durch anschließendes erneutes Wässern wird die Sättigungsfeuchte ermittelt, was auf den Durchfeuchtungsgrad und die Wasseraufnahmefähigkeit schließen lässt.

Die gravimetrische Feuchtemessung eignet sich sowohl für Holz als auch für mineralische Baustoffe oder Dämmstoffe, wobei sich der Feuchtegehalt dieser Baustoffe sehr genau bestimmen lässt.

Ein wesentlicher Nachteil dieser Methode liegt darin, dass die gewonnenen Untersuchungsergebnisse ausschließlich für die Entnahmestelle gelten. Zudem ist die Prüfdauer recht langwierig, da die Ergebnisse erst nach etwa 1 bis 3 Tagen beim jeweiligen Labor abgerufen werden können.

Widerstandsfeuchtemessung

Die Widerstandsfeuchtemessung beruht auf dem Zusammenhang von verändertem Stromfluss in trockenen und feuchten Baustoffen und wird im Wesentlichen für Holz und mit Einschränkungen für mineralische Baustoffe verwendet.

Bei dieser Messmethode werden 2 Messfühler in das zu untersuchende Bauteil geschlagen, gerammt oder gebohrt, anschließend wird der elektrische Widerstand in Abhängigkeit von der elektrischen Leitfähigkeit gemessen. Der Widerstand verändert sich in Abhängigkeit des Feuchtegehaltes und wird am Messgerät in herstellerspezifischen Einheiten angezeigt. Allerdings können ungleiche Feuchteverteilung im Messgut, Temperatur, Homogenität und Dichte des Materials sowie Klebstofffugen, Oberflächenbehandlungen oder schlechter Kontakt der Elektroden zur Verfälschung der Messergebnisse führen. Diese lassen sich jedoch durch mehrere Messungen ausgleichen, wobei völlig einwandfreie Werte dennoch nicht zu erwarten sind.

Hygrometrisches Verfahren

Das hygrometrische Verfahren basiert auf der physikalischen Gegebenheit, dass jeder Baustoff in Abhängigkeit von der relativen Luftfeuchte aus der

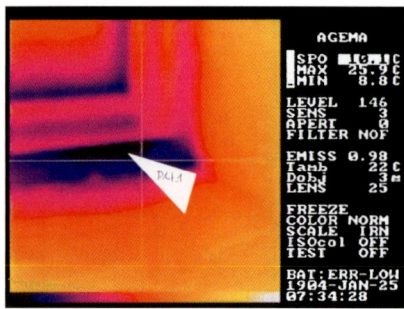

Abb. VI.03: Thermografieaufnahme einer Fensterecke

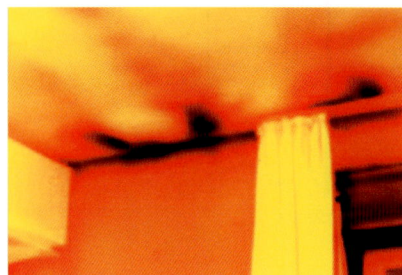

Abb. VI.04: Thermografieaufnahme eines Wandbereiches mit farblicher Kennzeichnung spezifischer Temperaturen, Aufnahme von innen

Abb. VI.05: Prüfaufbau Blower-Door-Drucktest

Umgebungsluft Wasser aufnehmen kann und bei Absinken der relativen Luftfeuchte dieses auch wieder abgibt.

Diese Vorgänge, auch als Sorption bzw. Desorption bezeichnet, werden durch die Sorptionsisothermen beschrieben, aus denen sich umgekehrt die Materialfeuchte eines Baustoffes bestimmen lässt. Diese Art der Feuchtebestimmung ist allerdings relativ ungenau und unsicher, da die Sorptionsisothermen eine Temperatur- und Materialabhängigkeit aufweisen und Bauteilfeuchte nur bis zur Sättigungsfeuchte im Hohlraum feststellbar ist.

VI.1.3 Wärmeleitfähigkeit von Baustoffen

Thermografie

Die Thermografie ist ein Wärmebildsystem zur berührungslosen Temperaturmessung an Objekten, die auf der Tatsache beruht, dass alle Gegenstände der belebten und unbelebten Umwelt Energie in Form von Wärme abstrahlen. Die Wärmestrahlung des betrachteten Objekts wird mittels einer Aufnahmeeinheit in elektrische Signale umgewandelt. Diese Signale werden in einer Prozessoreinheit digitalisiert, in einem Bildspeicher abgelegt und nach einer weiteren Bearbeitung als Wärmebild dargestellt. Zur einfachen Identifizierung werden die spezifischen Temperaturen farblich gekennzeichnet. Die in der Praxis am häufigsten verwendete sogenannte Regenbogenpalette lässt warme Objekte in Rotabstufungen (rot/weiß = warm) und kühle Gegenstände in Blauabstufungen (blau/schwarz = kalt) erscheinen.

Darüber hinaus ist es mithilfe der Thermografie möglich, unterschiedliche Durchfeuchtungsgrade eines Bauteils zu erkennen. Bei dieser Messmethode werden 2 physikalische Gesetzmäßigkeiten ausgenutzt. Durch Verdunstung von Feuchte entsteht an den Bauteiloberflächen eine Temperaturabsenkung. In einem beheizten Bauteil entsteht dabei zwischen feuchten und trockenen Bereichen ein unterschiedlicher Wärmeübergangspunkt. Das Verfahren wird in der Praxis zur Ortung von Wärmebrücken, zur indirekten Messung der Feuchteverteilung aufgrund der Verdunstungswärme von Wasser und zur Ortung des Verlaufs von Leitungen oder von Leckstellen eingesetzt.

Thermometrisches Verfahren

Beim thermometrischen Verfahren wird die Veränderung der Wärmeleitfähigkeit von Baustoffen durch Feuchte genutzt. Das bekannteste Verfahren ist die Sondenmethode, bei der ein elektrisch beheizter Widerstandsdraht über ein Bohrloch in das Bauteil eingebracht und aus der Temperatur in unmittelbarer Umgebung unter Kenntnis der Wärmeleitfähigkeit des Baustoffes auf den Feuchtegehalt der Materialprobe geschlossen wird.

VI.1.4 Luftdichtheit von Gebäuden

Blower-Door-Messung

Seit Anfang der 90er-Jahre werden zur Begrenzung der Wärmeverluste von Neu- und Altbauten Anforderungen an die Luftdichtheit der Hülle gestellt. Als Grenzwert geben die Energieeinsparverordnung (EnEV) und die DIN 4108-7 „Wärmeschutz und Energie-Einsparung in Gebäuden – Teil 7: Luftdichtheit von Gebäuden – Anforderungen, Planungs- und Ausführungsempfehlungen sowie -beispiele" definierte Luftdichtheitswerte vor. Mit dem Blower-Door-Drucktest steht ein standardisiertes Messmittel zur Verfügung, die Luftdichtheit eines Gebäudes quantitativ zu erfassen.

Dazu wird ein Gebläse luftdicht in den Rahmen einer Außentür eingebaut. Anschließend wird im Gebäude eine Druckdifferenz zur Außenluft erzeugt. An einer Messdüse vor dem Gebläse wird der Volumenstrom in Abhängigkeit vom Differenzdruck mit einer Messgenauigkeit von ±5 % gemessen. Es wird dabei ermittelt, wie oft das Luftvolumen des Gebäudes bei einer bestimmten Druckdifferenz zur Außenluft pro Stunde ausgetauscht wird (Luftwechselrate). Bei Undichtheit des Gebäudes dienen Rauchspender, Luftgeschwindigkeitsmesser und die Thermografie als Hilfsmittel zum Orten von Leckstellen.

VI.1.5 Baugrund

Bodengrunduntersuchungen sind beispielsweise bei Setzungsschäden, Gründungsschäden oder Hangschub erforderlich, um für die Wahl und Spezifizierung der Sanierungsverfahren fundierte Aussagen über z. B. statische Gegebenheiten treffen zu können.

Bohrungen

Bohrungen sind zur Feststellung der Schichtenfolge und zur Gewinnung von Bodenproben erforderlich. Dabei dient die Entnahme von Proben der Dokumentation und für Versuche im Labor. Bei der Interpretation der im Labor zu ermittelnden Kennwerte und bei der Festlegung von charakteristischen Werten für weitere Nachweise ist zu beachten, dass der Boden durch die Gründung und die bisherigen Einwirkungen vorbelastet ist.

Rammsondierung

Rammsondierungen dienen z. B. zur Erkundung der Lagerverhältnisse nicht bindiger Böden oder zur Gewinnung von Hinweisen auf die Zustandsform von bindigen Böden. Außerdem können Informationen über bodenphysikalische Kennwerte zur Beurteilung der Belastbarkeit des Bodens gewonnen werden.

Setzung von historischen Holzgründungen

Die Untersuchung von Bauwerkssetzungen, die durch die Zerstörung von bestehenden Holzgründungen verursacht werden, schließt eine eingehende Beobachtung des Verformungsverhaltens des Bauwerks sowie der Gründung selbst ein. Zusätzlich sind Bodenproben unterhalb der Gründung zu entnehmen, mit denen im Labor durch einen Kompressionsversuch die erforderlichen Kennwerte zur Bestimmung der Setzungsrate gewonnen werden können. Die Setzungen des Bodens und jene des Fundaments werden dazu verglichen.

Eine Zerstörung der (Holz-)Gründung liegt mit großer Wahrscheinlichkeit dann vor, wenn die Setzung des Fundaments gegenüber der des Bodens deutlich höher ausfällt.

Dagegen kann eine Zerstörung der Gründungskonstruktion weitgehend ausgeschlossen werden, wenn die gemessenen und ermittelten Werte eng zusammenliegen.

VI.1.6 Bauteile aus Beton

Bewehrungskorrosion

Da Korrosion der Bewehrungsstähle zu den häufigsten Schäden bei Bauteilen aus (Stahl-)Beton zählt, ist deren genaue Untersuchung ausgesprochen wichtig. Der Zustand der Bewehrung hat entscheidenden Einfluss auf die Standfestigkeit der Bauteile. Maßgebliche Beurteilungskriterien hierfür sind die Betondeckung und die Karbonatisierungstiefe.

Bei der Betonstahlkorrosion handelt es sich um einen elektrochemischen Vorgang, bei dem anodische (korrodierende) und kathodische (Stahl erhaltende) Bereiche auf der Stahloberfläche entstehen. Die Messung der daraus resultierenden elektrochemischen Potenzialdifferenz zwischen einer auf die Betonoberfläche gesetzten Bezugselektrode und dem Bewehrungsstahl im Beton ist möglich. Die Korrosionsaktivität an einer bestimmten Stelle nimmt mit sinkenden Potenzialwerten zu.

Bestimmung der Betonüberdeckung

Zur Bestimmung der Betondeckung wird ein Bewehrungssuchgerät verwendet. Hiermit können die Betondeckung und der Stabdurchmesser ermittelt werden. Neben Punktmessgeräten gibt es auch bildgebende Verfahren.

Karbonatisierungstiefe

Die Bestimmung der Karbonatisierungstiefe dient zur Ermittlung der Alkalität, die einen ausreichenden Korrosionsschutz der Bewehrung gewährt.

Bei der Hydratation des im Beton enthaltenen Zements entsteht Calciumhydroxid ($Ca[OH]_2$), das im Festbeton einen pH-Wert von > 12,6 bewirkt. In einem pH-Bereich von 10,5 bis 13,8 bildet sich am Bewehrungsstahl ein dünner Oxidfilm als passivierende Deckschicht aus, die als Korrosionsschutz eine wesentliche Voraussetzung für einen dauerhaften Beton darstellt. Durch den Vorgang der Karbonatisierung (Erhärtung kalkgebundener Baustoffe) sinkt der pH-Wert jedoch auf < 10,5. Dies führt zu einer Aufhebung des passiven Korrosionsschutzes.

Während die Bewehrung im Stahlbeton bei vollständiger Umhüllung mit Zementstein durch dessen hohe Alkalität also auch bei Anwesenheit von Feuchte und Sauerstoff wirksam vor elektrochemischer Korrosion geschützt ist, ist dies im Bereich des karbonatisierten Betons nicht mehr der Fall. Bei einem Feuchteangriff kann die Bewehrung oberflächlich rosten, was mit einer Volumenvergrößerung sowie einem Absprengen der Betonüberdeckung verbunden ist. Je nach Dichte bzw. Porosität des Zementsteins kann die Kohlensäure aus der Luft einige Millimeter bis wenige Zentimeter in den Beton eindringen, was als Karbonatisierungstiefe bezeichnet wird.

Zur Prüfung der Karbonatisierungstiefe wird meist eine Indikatorflüssigkeit benutzt, wie z. B. Phenolphthalein-Lösung, die auf eine frische Betonbruchstelle aufgetragen wird. Bleibt die Indikatorlösung farblos, so liegt der pH-Wert unter 9. Der Farbumschlag dieser chemischen Reaktion erfolgt bei einem pH-Wert um 9, wobei der karbonatisierte Beton grau bleibt, während sich der nicht karbonatisierte Beton rotviolett verfärbt.

VI.1.7 Bauteile aus Holz

Befallsbestimmung holzzerstörender Pilze

Ein Pilzbefall durch holzzerstörende Pilze kann mithilfe der sogenannten Hammerschlagprobe festgestellt werden. Dabei wird mit einem Spitzhammer auf das Holz oder Holzbauteil geschlagen. Bricht das Holz abgehackt, würfelförmig und zerbröselnd, ist dies ein Hinweis auf den Befall durch holzzerstörende Pilze. Eine andere Variante stellt die Klopfprobe dar, bei der der Klang des Holzes Auskunft über eventuelle Schäden gibt. Klingt das Holz beim Anschlagen mit dem Hammer dumpf und gibt es keinen Nachhall, so deutet das auf eine Gefügestörung hin, die z. B. durch holzzerstörende Pilze verursacht worden ist.

Um bestimmen zu können, um welchen Pilzbefall genau es sich handelt, wird eine Probe für eine anschließende Laboruntersuchung entnommen. Dabei reicht es nicht aus, eine reine Holzprobe zu analysieren. Nach Möglichkeit sollten auch Teile des Mycels entfernt und zur Untersuchung gegeben wer-

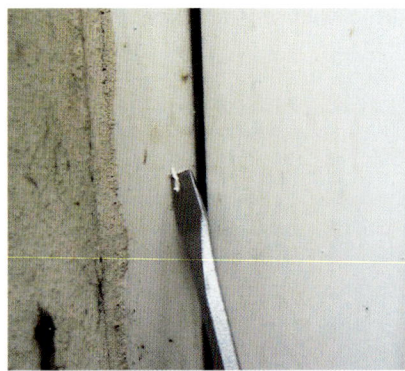

Abb. VI.06: Spanprobe

den. Eine Unterscheidung der Pilze ist anhand ihrer besonderen Eigenschaften schon vor Ort möglich.

Echter Hausschwamm:
* Oberflächenmycel weiß oder grau, leicht vom Untergrund lösbar,
* Mycelstränge brechen knackend,
* Fruchtkörper mit hellem Zuwachsrand, fladenförmig, rund und fleischig.

Brauner Kellerschwamm:
* Oberflächenmycel graubraun oder schwarz, fest am Untergrund anhaftend,
* Fruchtkörperentwicklung eher selten, ovale Form mit warzenartigen Verdickungen.

Weißer Porenschwamm:
* Oberflächenmycel weiß, fächer- bzw. eisblumenartig,
* Mycelstränge in trockenem Zustand biegsam, überwachsen auch anorganische Materialien,
* Fruchtkörper weiß bis grau, der senkrecht zum Substrat wächst.

Ausgebreiteter Hausporling:
* Mycelentwicklung eher selten,
* Fruchtkörper hellocker bis korkfarben mit hellem Zuwachsrand, flache und polsterförmige Schichten.

Blättlinge:
* Mycelentwicklung eher selten, beim Zaunblättling orange-gelbe Stränge,
* Fruchtkörperwachstum bevorzugt an Trockenrissen und Spalten,
* Fruchtkörper korkig-lederartig mit ockerfarbigem oder orange-gelbem Zuwachsrand, Lamellen senkrecht zur Längsachse.

Befallsbestimmung holzzerstörender Insekten

Für eine sorgfältige Diagnose muss zunächst der zweifelsfreie Nachweis der vorkommenden Insektenart erbracht sowie eine Aussage über den Befallsumfang gemacht werden. Bevor Maßnahmen zur Bekämpfung unternommen werden, sollte in jedem Fall geprüft werden, ob es sich um einen aktiven Befall handelt oder ob die Spuren möglicherweise von einem alten Befall stammen.

Bei einem aktiven Insektenbefall lassen sich durch spezifische Merkmale, wie beispielsweise die sichtbaren Ausflugslöcher, Rückschlüsse auf den verursachenden Schädling ziehen.

Eine Unterscheidung der Insekten ist anhand besonderer Eigenschaften schon vor Ort möglich.

Hausbock:
* Ausflugslöcher oval mit einem Durchmesser von 5 bis 10 mm,
* kleine, wulstartige Aufwölbungen im Holz aufgrund darunter liegender Fraßgänge,
* wenig Bohrmehl, feine, puderartige Konsistenz, mit walzenförmigem Kot durchsetzt,
* raspelnde Fraßgeräusche der Larven,
* Vollinsekt ist schwarz oder dunkelbraun und wird bis zu 20 mm lang, mit einem charakteristischen Höcker auf dem Halsschild.

Gemeiner Nagekäfer:
* kreisrunde Ausflugslöcher bis maximal 2 mm Durchmesser,
* kreisförmige Fraßgänge,
* starker Bohrmehlaustritt mit tropfenförmigen Kotpartikeln,
* Vollinsekt ist dunkelbraun und bis zu 5 mm lang.

Brauner Splintholzkäfer:
* kreisrunde Ausflugslöcher von 0,8 bis 2 mm Durchmesser,
* Fraßgänge von anfangs 0,4 mm bis hin zu 1,2 mm,
* feines, puderartiges Bohrmehl,
* Vollinsekt ist rotbraun und wird bis zu 6 mm lang.

Einstechprobe

Mit der Einstechprobe lassen sich holzzerstörte Bereiche auch bei einer intakt aussehenden Oberfläche feststellen. In einen zerstörten Holzbereich dringt ein spitzer Gegenstand leicht einige Millimeter bis Zentimeter in das Holz ein.

Die Integrität von Holzbauteilen lässt sich im Prinzip auch mit zerstörungsfreien und zerstörungsarmen Verfahren bestimmen.

Mit dem Bohrlochwiderstandsverfahren kann man punktuell den Holzaufbau, d. h. die Struktur der Jahresringe, kontrollieren. Ist diese Struktur gestört, ist das ein Verdachtsmoment für innere Schäden.

Ein Ultraschallecho-Verfahren befindet sich gerade in der Erprobungsphase für den routinemäßigen Einsatz am Bauwerk. Wenn eine Seite des Bauteils, z. B. eines Balkens, zugänglich ist, kann über die Qualität des Rückwandechos beurteilt werden, ob das Innere des Bauteils in Ordnung ist oder ob es Verdachtsmomente auf innere Schäden gibt.

VI.1.8 Anstriche und Beschichtungen

Der Zustand der Oberfläche eines bestehenden Anstrichs bzw. einer bestehenden Beschichtung hat wesentlichen Einfluss auf die Qualität des Neuanstrichs bzw. der Neubeschichtung. Die Oberflächenbeschaffenheit kann mit der Gitterschnittprüfung sowie mit der Span- und der Abrissprobe ermittelt werden.

Die Art des Anstrichs bzw. der Beschichtung lässt sich dagegen mithilfe der Flammenprobe oder durch einen Lösungsmitteltest bestimmen. Für den Fall, dass beide Verfahren kein eindeutiges Ergebnis liefern, muss eine Probe über eine Laboranalyse identifiziert werden.

Gitterschnittprüfung

Bei der Gitterschnittprüfung handelt es sich um die Ermittlung der Haftfestigkeit eines ein- oder mehrschichtigen Anstrichs bzw. einer Beschichtung auf deren Untergrund sowie das Haften einzelner Schichten untereinander. Hierzu wird ein Gitterschnittgerät verwendet. Der Gitterschnitt wird rasterartig jeweils bis auf den Untergrund in gleichen Abständen und in gleicher Geschwindigkeit ausgeführt.

Anhand der sich ergebenden Abplatzungen rund um die Schnittflächen kann der Untergrund für eine Weiterbeschichtung bewertet werden. Nur ebene Untergründe, wie beispielsweise Stahlblech oder Kunststoff, liefern auch vergleichbare Ergebnisse. Auf Baustoffen mit unregelmäßiger Oberflächenstruktur, wie Holz, gespachtelte Flächen, Putz oder Beton, lassen sich dagegen nur eingeschränkt vergleichbare Ergebnisse erzielen.

Spanprobe

Bei der Spanprobe handelt es sich um ein optisches Verfahren. Dazu wird mit einer schräg gehaltenen Klinge ein Span aus dem Anstrich geschnitten. Rollt sich der Span auf, so ist ein elastischer Anstrich vorhanden. Hinterlässt er dagegen kleine Farbsplitter, handelt es sich um einen spröden Anstrich. Liegt das Spanbild dazwischen, kann der Fachmann Rückschlüsse auf den Grad der Versprödung ziehen.

Abrissprobe

Die Abrissprobe dient zur Prüfung der Haftzugfestigkeit eines Anstrichs oder einer Beschichtung gegenüber dem Untergrund. Ein Klebeband mit starker Haftung wird flächig auf die Prüffläche geklebt und ruckartig abgezogen. Anhand der Menge und der Beschaffenheit der Rückstände auf dem Klebeband können Aussagen über Art und Umfang der vorzunehmenden Vorarbeiten getroffen werden.

Flammenprobe

Die Flammenprobe ist ein Schnellprüfverfahren, mit dem ermittelt werden kann, ob es sich bei einem vorhandenen Anstrich bzw. einer bestehenden Beschichtung um mineralisches oder organisches Material handelt.

Mineralische Anstriche und Beschichtungen brennen nicht und bilden auch keinerlei Ruß.

Organische Substanzen hingegen sind entflammbar und neigen zur Rußbildung. Zudem können sie in einigen Fällen schon aufgrund ihres spezifischen Bindemittelgeruches identifiziert werden.

Lösungsmitteltest

Der Lösungsmitteltest beruht darauf, dass organische Substanzen in organischen Lösungsmitteln zumindest teilweise gelöst werden, während sich mineralische Stoffe nicht lösen lassen. Durch eine chemische Laboranalyse einer Probe des bestehenden Anstrichs bzw. der Beschichtung können somit organische oder mineralische Inhaltsstoffe ermittelt werden.

VI.1.9 Keramische Fliesen und Platten

Ablösung vom Untergrund

Zur einwandfreien Überprüfung der Ablösung von Fliesen oder Platten vom tragenden Untergrund ist eine Zerstörung des bestehenden Belages zumindest in Teilbereichen unumgänglich. Dazu werden an den vermuteten geschädigten Stellen einige Fliesen entlang ihrer umlaufenden Fugen eingeschnitten. Sind diese dann ohne zusätzliches Werkzeug zu entfernen, ist der eindeutige Beweis einer Ablösung erbracht.

Als Gegenprobe empfiehlt es sich, die Fugen einer offensichtlich fest mit dem Untergrund verbundenen Fliese bzw. Platte einzuschneiden. Zu erkennen sind diese Beläge daran, dass sie bei leichtem Abklopfen einen hellen Klang geben.

Abrissprobe

Die Abrissprobe bei bestehenden Fliesen- und Plattenbelägen dient, analog zur Prüfung der Haftzugfestigkeit einer Beschichtung, der Ermittlung der Abreißfestigkeit gegenüber dem Untergrund. Dieser Wert lässt sich mit einem Haftzugprüfgerät feststellen.

Die Kenntnis über die vorhandene Haftzugfestigkeit bei bestehenden Fliesen- und Plattenbelägen ist dann wichtig, wenn im Zuge einer Sanierung bzw. Instandsetzung dieser Untergrund als Träger für einen neuen Belag dienen soll.

VI.1.10 Risse in Bauteilen

Die Rissbildung in Bauteilen ist unter Einwirkung von Spannungen, die beispielsweise aus Einwirkungen aus ständigen oder veränderlichen Lasten sowie aus temperaturbedingtem Schwinden resultieren, nahezu unvermeidbar. Es sind daher die Rissbreiten so zu begrenzen, dass das Erscheinungsbild und die Dauerhaftigkeit der Konstruktion nicht beeinträchtigt werden.

Rissbild und Rissgeometrie

Sowohl das Rissbild als auch der Rissverlauf können Aufschluss über die Art als auch über die Herkunft eines Risses geben. Eine Beobachtung eventueller Änderungen über einen längeren Zeitraum ist zu empfehlen, beispielsweise mit Gipsmarken oder Rissmonitoren.

Rissvermessung

Die Rissvermessung erfolgt mithilfe von Rissbreitenmesser, Vergleichsmaßstab oder Messlupe. Ermittelt wird neben der Rissbreite auch die Risstiefe, die stark von der Rissform abhängt. So weisen Risse mit V-förmigen Flanken meist eine geringe Tiefe auf, während Risse mit parallel bzw. annähernd parallel verlaufenden Rissflanken oft das ganze Bauteil durchziehen.

Die Definition einer maximal zulässigen bzw. unbedenklichen Rissbreite ist materialbedingt. Bei Stahlbetonbauteilen beispielsweise hängt die zulässige maximale Rissbreite von der Expositionsklasse ab und liegt je nach Anforderung zwischen 0,2 und 0,4 mm, während z. B. bei Putzsystemen meist Haarrisse mit Rissbreiten unter 0,2 mm als unbedenklich gelten.

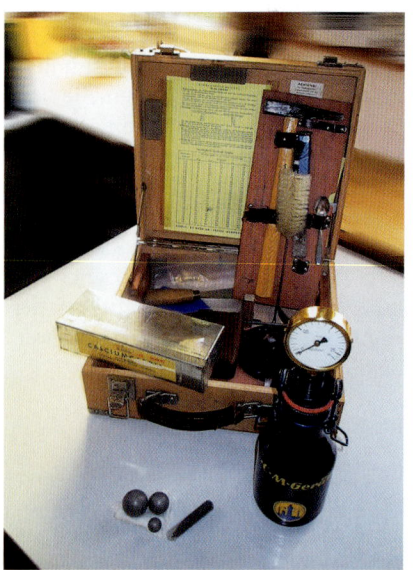

Abb. VI.07: CM-Gerät zur Ermittlung des Feuchtegehaltes von Baustoffen

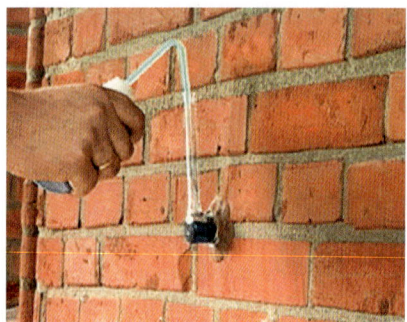

Abb. VI.08: Karsten'sches Prüfröhrchen zur Ermittlung der Wasseraufnahmefähigkeit von Baustoffen (Quelle: Schaper GmbH, Nienhagen)

VI.2 Analysegeräte

Autoren: Dipl.-Ing. Tania Brinkmann, Architektin; Dipl.-Ing. Janet Simon; Dipl.-Ing. (FH) Yasemin Wildebrand, Architektin

VI.2.1 Allgemeines

Bewehrungssuchgerät

Bewehrungssuchgeräte arbeiten nach dem Prinzip der Induktion. Im Messgerät befindet sich neben einem Wegaufnehmer eine an eine Wechselspannung gelegte Spule. Der fließende Strom ist abhängig vom Widerstand der Spule. Da Eisen den magnetischen Fluss in der Messsonde erhöht, ändert sich der Widerstand, je nachdem wie viel und wo sich Bewehrungsstahl im elektromagnetischen Wechselfeld der Spule befindet.

Aus dem funktionalen Verlauf der Induktivität in Abhängigkeit vom Ort lassen sich außer der Lage auch Art und Durchmesser des Bewehrungsstahls sowie die Betondeckung bestimmen.

Dehnungsmessstreifen

Dehnungsmessstreifen (DMS) sind auf Kunststofffolie angebrachte Drähte, die unter elektrischer Spannung stehen. Bei einer mechanischen Beanspruchung aus z. B. Zug- oder Druckkraft ändert der elektrische Leiter seinen elektrischen Widerstand, und über einen Messverstärker wird diese Änderung angezeigt.

Bei Kontrollen vor Ort können mit DMS neben Längenänderungen auch kleinste Verformungen am Prüfobjekt gemessen werden und lassen damit eine Beurteilung der lokalen Beanspruchung zu.

Mikroskop

Die Mikroskopie nimmt bei der Schadenserkennung im Holz- oder Mauerwerksbau eine wichtige Rolle ein (beispielsweise Sporenerkennung von Pilzen, Untersuchung des Bohrmehls von Insektenlarven). Voraussetzung für die effektive Verwendung sind neben entsprechenden Bedienungskenntnissen vor allem spezielle Geräteausstattungen wie z. B. Mikrotome (Schneidegeräte) zur Anfertigung von Dünnschnitten.

VI.2.2 Messgeräte zur Ermittlung des Feuchtegehaltes von Baustoffen und -teilen

CM-Gerät

Das CM-Gerät ist ein Messgerät zur Ermittlung des Feuchtegehaltes von Baustoffen nach dem Calciumcarbid-Verfahren. Bei dieser seit Jahrzehnten gebräuchlichen Methode wird der Wassergehalt einer Probe durch eine chemische Reaktion bestimmt. Die Abkürzung CM steht dabei für Carbidmethode.

Das zu prüfende Material wird vor Ort in einer Mörserschale zerkleinert. Mithilfe einer Präzisionsfederwaage wird eine definierte Menge des Prüfgutes (10, 20 oder 50 g) in eine Edelstahl-Druckflasche abgefüllt. Anschließend wird eine Glasampulle mit Calciumcarbid in die Flasche eingeführt und diese druckfest verschlossen. Zur Zerstörung der Glasampullen dienen 3 unterschiedlich große Stahlkugeln, die sich ebenfalls in der Flasche befinden. Durch kräftiges Schütteln wird die Glasampulle durch die Stahlkugeln zerstört, und das Calciumcarbid wird freigesetzt. Hierdurch reagiert das in der Probe enthaltene Wasser mit dem Calciumcarbid und bildet die Substanz Acetylen, was zu einem Druckanstieg in der Messflasche führt. Über ein am Verschlussdeckel befindliches Manometer kann der entsprechende Wert abgelesen werden. Der hier ermittelte Wert wird einer Tabelle gegenübergestellt und ergibt den Feuchtegehalt.

Karsten'sches Prüfröhrchen

Das Karsten'sche Prüfröhrchen ist ein Gerät zur Ermittlung der Wasseraufnahmefähigkeit von Baustoffen. Ein mit Wasser gefülltes Röhrchen wird mit Dichtungsmasse an dem Prüfkörper befestigt. Anhand einer Messskala wird das kapillare Saugverhalten des Objekts pro definierter Zeiteinheit bestimmt. Diese zu den zerstörungsfreien Verfahren zählende Anwendung dient für Vergleichsmessungen, z. B. zur Überprüfung von Hydrophobierungen.

WA-Prüfplatte

Die Anwendung der Wasseraufnahme-Prüfplatte (WA-Prüfplatte) ermöglicht eine zerstörungsfreie Messung der Wasseraufnahmefähigkeit auf ebenen, mineralischen, kapillaraktiven oder hydrophob beschaffenen Bauteilen bzw. -produkten wie Ziegel, Kalksandstein, Putz, Beton und Naturstein, auf denen sie mit dauerelastischem Kittband befestigt wird.

Die WA-Prüfplatte besteht aus massivem transparentem Acrylglas mit einer Standardprüffläche von 250 × 81 mm. Diese Fläche entspricht den Abmessungen eines Normalformatziegels (240 × 71 mm) plus Stoßfugen- und Lagerfugendicke.

Um beispielsweise die Schlagregenbelastung zu testen, können mithilfe eines Standrohres verschiedene statische Druckhöhen eingestellt werden. Die eingedrungene Wassermenge wird in Abhängigkeit von der Zeit mithilfe eines Messzylinders gemessen.

VI.2.3 Messgeräte zur Ermittlung der Festigkeit von Baustoffen und -teilen

Haftzugprüfgerät

Die Bewertung der Haftzugfestigkeit zwischen verschiedenen Schichten eines Bauteils oder der Oberflächenzugfestigkeit von Baustoffen, wie beispielsweise Estrich, Anstriche und Beschichtungen oder Fliesen und Platten, erfolgt mit dem Haftzugprüfgerät. Dieses Vorgehen ermöglicht im Gegensatz zu herkömmlichen Methoden wie z. B. Ritz- oder Hammerschlagprobe eine eindeutige Beurteilung der Oberflächenfestigkeit. Dazu wird ein metallischer Prüfstempel z. B. mit einem pastösen Methylmethacrylat-Kleber (MMA) auf die Prüfoberfläche geklebt und mit einem definierten Lastanstieg senkrecht nach oben abgezogen. Der ermittelte Wert wird nach Abschluss des Prüfvorgangs am Gerät angezeigt.

Da die Verwendung von unterschiedlichen Klebstoffen (z. B. Reaktionsharz-Kleber auf der Basis von Epoxidharz [EP], Polyurethan [PUR] oder Polymethylmethacrylat [PMMA]) zu unterschiedlichen Messergebnissen führt, sollte immer auch eine Angabe zum eingesetzten Kleber gemacht werden.

Rückprallhammer

Die Auswertung des Rückprallweges eines Schlaggewichtes, beispielsweise eines Rückprallhammers, lässt Rückschlüsse auf die Oberflächenhärte bzw. die Druckfestigkeit des untersuchten Baustoffes zu. Die Druckfestigkeit wird dabei ermittelt, indem die Messergebnisse mit den Vorgaben der statischen Berechnung verglichen werden.

VI.2.4 Messgeräte zur Ermittlung von Gefügestörungen in Bauteilen

Endoskop

Bei einem Endoskop handelt es sich um ein Instrument mit Spezialoptik zur genauen Bestimmung von Hohlräumen und Rissen. Das Gerät besteht aus einem dünnen Metallrohr, durch das Glasfasern und Datenleitungen für Bildgebung und Beleuchtung laufen, die Bilder vom Inneren nach außen übertragen.

Die technische Endoskopie ermöglicht mit relativ geringem Aufwand den Einblick in schwer oder nicht zugängliche Bereiche wie beispielsweise Zwischenräume von Holzbalkendecken, Abseiten von ausgebauten Dachgeschossen oder auch Deckenbalkenauflager im Mauerwerk. Üblicherweise reicht dazu eine Bohrung zum Einführen der Sonde völlig aus. Für bestimmte Fragestellungen bietet sich die Verwendung von Endoskopen an, für die, je nach Bauart, Bohrungen von nur 3 bis 12 mm Durchmesser ausreichen. Videoskope bieten dabei die Möglichkeit der flexiblen Führung des Sichtkopfes. Zur Feststellung des vollen Schadensausmaßes nach einem endoskopischen Erstbefund ist jedoch das Öffnen bzw. Freilegen des geschädigten Bauteils unerlässlich.

Ultraschallgerät

Ultraschallgeräte ermöglichen eine direkte Untersuchung des Inneren von Bauteilen. Mit dem Ultraschallechoverfahren können Fehl- und Hohlstellen durch Auswertung der Reflexion von Ultraschallimpulsen ermittelt werden. Ultraschallecho-Geräte für Beton- und Holzbauteile arbeiten mit vergleichsweise kleinen Frequenzen (50 bis 200 kHz). Es gibt kommerziell erhältliche Handgeräte, die sich insbesondere für die Dickenmessung und die Ortung von Einbauteilen eignen. Des Weiteren ist es möglich, durch das Aussenden von Schallsignalen in einem festen Baukörper strukturelle Materialveränderungen wie beispielsweise Risse festzustellen.

VI.2.5 Messgeräte zur Ermittlung von Rissen in Bauteilen

Rissmarke

Rissmarken sind über einem Riss angebrachte Streifen aus Gips oder Mörtel, die zur Kontrolle von Rissuferbewegungen und deren Bewertung dienen.

Rissmonitor

Bei einem Rissmonitor handelt es sich um ein Messraster zur Verfolgung einer Rissdynamik. Die über einem Riss angebrachten Geräte ermitteln dessen Wachstum oder Schrumpfung sowie Ausmaß und Richtung von Bewegungen. Mithilfe des Rissmonitors ist eine Messung und Auswertung direkt am Bauwerk möglich.

Abb. VI.09: Endoskopie in einer Wand

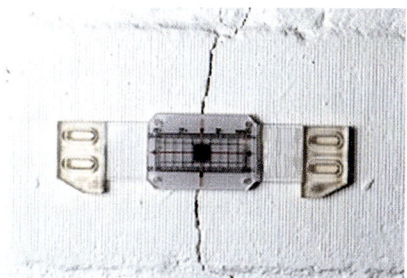

Abb. VI.10: Rissmonitor an einem Bauteil

Abb. VI.11: Maßgenaue Vermessung und Dokumentation von Bauwerken unter Einsatz eines Tachymeters zur Winkel- und Distanzmessung

VI.2.6 Geodätische Messgeräte

Nivelliergerät

Ein Nivelliergerät ist ein Messgerät, mit dem von einem fest stehenden, eingemessenen Punkt die Höhenlage anderer Punkte festgestellt werden kann. Das Verfahren wird zur Untersuchung der Höhenänderungen eingesetzt.

Tachymeter

Bei einem Tachymeter handelt es sich um ein Winkel- und Distanzmessgerät. Es dient zur Einmessung von Punkten nach Richtung, Entfernung und Höhenunterschied mit nur einer Anzielung im Fernrohr. Das Tachymeter ist eine Weiterentwicklung des Theodolits und kann außer zur Winkelmessung auch zur Entfernungsermittlung genutzt werden.

Die Geräte werden unterschieden in optisch-mechanische Tachymeter zum einfachen Ablesen von Distanz und Winkeln, optisch-elektronische Tachymeter als Kombination von optischem Theodolit und elektrooptischer Distanzmessung und elektronische Tachymeter, die Richtungen nach dem Zielvorgang selbsttätig messen, wobei die Entfernungen durch elektronische Distanzmessung berechnet werden.

Zur maßgenauen Vermessung und Dokumentation von Bauwerken eignet sich der Einsatz eines Tachymeters mit eingebauter Schnittstelle in Verbindung mit spezieller Aufmaßsoftware. Der Tachymeter wird dazu mit einem Notebook verbunden, das die gemessenen Werte registriert. Während der Messung werden so gleichzeitig Pläne oder Planteile erfasst und angezeigt und können auch vor Ort bearbeitet werden.

Theodolit

Ein Theodolit ist ein Messgerät, das zur Messung von Horizontal- und Vertikalwinkeln eingesetzt wird. Dieses Instrument besteht im Wesentlichen aus einem Messfernrohr, einem Vertikal- und einem Horizontalteilkreis sowie mehreren Libellen, die sowohl zur lotrechten Ausrichtung des Gerätes als auch zur Überprüfung der horizontalen bzw. vertikalen Lage des vermessenen Objekts dienen. In das Messfernrohr ist ein Fadenkreuz integriert, mit dem das Ziel anvisiert wird. Üblicherweise werden die dabei eingestellten Winkel in der Einheit Gon angezeigt (100 Gon = 90°).

VII Anhang

VII.1 Literaturverzeichnis

A

Achmus, M./Kaiser, J./Rizkallah, V.: Bauschäden beim Bauen im Bestand, Bericht 19, IFB Institut für Bauforschung, Hannover 2003

Achtziger, J./Pfeiffer, G./Ramcke, R./Schätz, M./Zilch, K.: Mauerwerk Atlas, 6. Aufl., Birkhäuser, Basel/Boston/Berlin 2001

Ahnert, R./Krause, K. H.: Typische Baukonstruktionen von 1860–1960, Band I, 6. Aufl., Verlag Bauwesen, Berlin 2000

Ahnert, R./Krause, K. H.: Typische Baukonstruktionen von 1860–1960, Band II, 6. Aufl., Verlag Bauwesen, Berlin 2001

Ahnert, R./Krause, K. H.: Typische Baukonstruktionen von 1860–1960, Band III, 6. Aufl., Verlag Bauwesen, Berlin 2002

Ansorge, D.: Dachdeckungs-, Dachabdichtungs- und Klempnerarbeiten, Fraunhofer IRB Verlag, Stuttgart 2004

Arbeitsgemeinschaft Holz e.V./Informationsdienst Holz (Hrsg.): holzbau-handbuch, Reihe 6: Ausbau und Trockenbau, Teil 4 : Böden und Beläge, Folge 1: Dielenböden, Düsseldorf 1998

Arbeitsgemeinschaft Holz. e.V./Informationsdienst Holz (Hrsg.): holzbau-handbuch, Reihe 6: Ausbau und Trockenbau, Teil 4: Böden und Beläge, Folge 2: Parkett, Düsseldorf 1993

Arbeitsgemeinschaft Holz. e.V./Informationsdienst Holz (Hrsg.): holzbau-handbuch, Reihe 6: Ausbau und Trockenbau, Teil 4: Böden und Beläge, Folge 2: Parkett, Düsseldorf 2001

Architektenkammer Niedersachsen/Zentrum für Weiterbildung/taget GmbH (Hrsg.): Ecobau: Fachplanung Umwelt und Gesundheitsschutz im Hochbau, Seminarordner, Eigenverlag, Hannover 2006

Aurnhammer, K. G.: Schäden an Estrichen, in: Schadenfreies Bauen, Band 15, Fraunhofer IRB Verlag, Stuttgart 1996

B

Balkowski, M.: Handbuch der Bauerneuerung, Verlagsgesellschaft Rudolf Müller, Köln 2004

Bargel, H.-J./Schulze, G.: Werkstoffkunde, 6. Aufl., VDI-Verlag, Düsseldorf 1994

Becker, K./Pfau, J./Tichelmann, K.: Trockenbauatlas, Verlagsgesellschaft Rudolf Müller, Köln 1996

Becker, K./Pfau, J./Tichelmann, K.: Trockenbauatlas, Teil 1, 3. Aufl., Verlagsgesellschaft Rudolf Müller, Köln 2004

BFH-Urteile vom 12. September 2001, IX R 39/97, BStBl. II 2003, S. 569 ff., IX R 52/00, BStBl. II 2003, S. 574 ff.

Blaich, J.: Bauschäden – Analyse und Vermeidung, Fraunhofer IRB Verlag, Stuttgart 1999

Blum, M./Brinkmann, S./Cordes, R./Diestelmeier, B./Ebbert, J./Meyer, G./Pikowski, D./Raab, W./Schaub, M./Schwieger, H.: Kalksandstein – Planung – Konstruktion – Ausführung, 4. Aufl., Verlag Bau + Technik GmbH, Düsseldorf 2003

Brandt, J./Lohmeyer, G./Wolf, H.: Keller richtig gebaut, 3. Aufl., Beton-Verlag, Düsseldorf 1997

Brasholz, A.: Bauteilbeschichtungen, Bauverlag, Wiesbaden/Berlin 1992

Brasholz, A.: Beschichtungs- und Anstrichschäden bei Alt- und Neubauten, 2. Aufl., Bauverlag, Wiesbaden/Berlin 1990

Brasholz, A.: Beschichtungs- und Anstrichschäden bei Alt- und Neubauten, Bauverlag, Wiesbaden/Berlin 1992

Bresch, C.-M.: Außen- und Innenputze, in: Produktsysteme Hilfsmittel in der Praxis, Bauverlag, Wiesbaden/Berlin 1992

Bruckner, H.: Gewerk Mauerwerksbau – Richtig ausführen – Fehler vermeiden, Fraunhofer IRB Verlag, Stuttgart 2002

Bund Deutscher Zimmermeister im Zentralverband des Deutschen Baugewerbes e.V. (Hrsg.): Broschüre – Technik im Zimmererhandwerk, Berlin

Bundesausschuss Farbe und Sachwertschutz e.V. (Hrsg.): Beschichtungen auf nicht maßhaltigen Außenbauteilen aus Holz, in: Merkblätter des deutschen Malerhandwerks, Merkblatt Nr. 3, Frankfurt a. M. 1996

Bundesministerium der Finanzen, Schreiben v. 18. Juli 2003 – S. 2211, BStBl. I 2003, S. 386.

Bundesministerium für Verbraucherschutz, Ernährung und Landwirtschaft: Verbraucherleitfaden Holzschutzmittel, Berlin/Bonn 2003

Bundesverband der Deutschen Zementindustrie e.V. – Bauberatung Zement (Hrsg.): Zement-Merkblatt „Ausblühungen", Informationszentrum Beton 1999

Bundesverband der Deutschen Zementindustrie e.V. – Bauberatung Zement (Hrsg.): Zement-Merkblatt „Instandsetzungsmörtel", Informationszentrum Beton 1999

Bundesverband der Deutschen Zementindustrie e.V. – Bauberatung Zement (Hrsg.): Zement-Merkblatt „Risse im Beton", Informationszentrum Beton 1999

Bundesverband der Deutschen Zementindustrie e.V. Bauberatung – Zement (Hrsg.): Zement-Merkblatt „Sichtbeton", Informationszentrum Beton 1999

Bundesverband der Deutschen Zementindustrie e.V. – Bauberatung Zement (Hrsg.): Zement-Merkblatt „Füllen von Rissen", Informationszentrum Beton 1999

Bundesverband der Gipsindustrie e.V., Industriegruppe Gipsplatten (Hrsg.): Gipsplattenkonstruktionen Fugen und Anschlüsse, Merkblatt Nr. 3, Bundesverband der Gipsindustrie e.V., März 2003

C

Colligan, G./Krewinkel, H. W./Perrault, D./Wigginton, M.: Bauen mit Glas, in: Detail, Heft 3, Institut für internationale Architektur-Dokumentation GmbH, München 1998

Cziesielski, E.: Lufsky Bauwerksabdichtung, 5. Aufl., B. G. Teubner, Stuttgart/Leipzig/Wiesbaden 2001

Cziesielski, E./Schrepfer, T.: Schäden an Industrieböden, in: Schadenfreies Bauen, Band 24, Fraunhofer IRB Verlag, Stuttgart 2001

Cziesielski, E./Vogdt, F. U.: Schäden an WDVS, Fraunhofer IRB Verlag, Stuttgart 2000

D

Deutsche Bauchemie e.V.: Schutz von Holz im Bauwesen, 2. Aufl., Frankfurt 1998

Deutscher Ausschuss für Stahlbeton (Hrsg.): DAfStb-Richtlinie – Schutz und Instandsetzung von Betonbauteilen, Beuth Verlag, Berlin 2001

E

Energieeinsparverordnung – EnEV 2002: Verordnung über energiesparenden Wärmeschutz und energiesparende Anlagentechnik bei Gebäuden

Energiesparverordnung – EnEV 2007: Verordnung über energiesparenden Wärmeschutz und energiesparende Anlagentechnik bei Gebäuden

Erste Verordnung zur Änderung der Energieeinsparverordnung vom 2. Dezember 2004, Bundesgesetzblatt I, S. 3144

F

Feist, W.: Überprüfung der bedingten energetischen Anforderungen im Gebäudebestand bei Beibehaltung der gegenwärtigen Rechtsgrundlage der Wärmeschutzverordnung. Studie im Auftrag des Bundesministeriums für Raumordnung, Bauwesen und Städtebau, Berlin Dezember 1997

Feist, W.: Wirtschaftlichkeitsuntersuchungen ausgewählter Energiesparmaßnahmen im Gebäudebestand, Studie im Auftrag des Bundesministeriums für Wirtschaft, Berlin 1998

Feurich, H.: Sanitärtechnik 1, 8. Aufl., Kramer Verlag, Düsseldorf 1999

Forschungsvereinigung der Gipsindustrie e.V. /Karlheinz, V.: Gips-Datenbuch, Bundesverband der Gipsindustrie e.V., Darmstadt 2003

Franke, L./Schuhmann, I.: Klassifizierung und Analyse von Schäden an Ziegelmauerwerk, in: Schadensatlas, Fraunhofer IRB Verlag, Stuttgart 1998

Frey, H./Herrmann, A./Kuhn, V./Lillich, J./Nestle, H./Nutsch, W./Schulz, P./Waibel, H./Werner, H.: Fachkunde Bau, 5. Aufl., Verlag Europa-Lehrmittel, Haan-Gruiten 1991

Frössel, F.: Handbuch – Putz und Stuck, Callwey Verlag, Stuttgart 2003

Frössel, F.: Lexikon der Putz- und Stucktechnik, Frauenhofer IRB Verlag, Stuttgart 1999

Frössel, F.: Mauerwerkstrockenlegung und Kellersanierung, Fraunhofer IRB Verlag, Stuttgart 2002

G

Gebr. Knauf Westdeutsche Gipswerke (Hrsg.): Handbuch Sanierung, Iphofen 2002

Geist, H.-J.: Blitzschutz, Elektor-Verlag, Aachen 2002

Gesetz über die Umweltverträglichkeit von Wasch- und Reinigungsmitteln (Wasch- und Reinigungsmittelgesetz – WRMG), Ausgabe: 1987-03-05

Grassnick, A./Holzapfel, W./Klindt, L./Niemer, E. U./Wahl, G. P.: Der schadenfreie Hochbau, Band 2, 3. Aufl., Verlagsgesellschaft Rudolf Müller, Köln 1994

H

Hauser, G./Maas, A.: Überprüfung des Wirtschaftlichkeitsgebotes des Energieeinspargesetzes bei den neuen Anforderungen der Wärmeschutzverordnung 1999 Teil II – Wirtschaftlichkeitsberechnung auf der Grundlage konkreter Konstruktion und Baukosten, Fraunhofer Informationszentrum für Raum und Bau, Stuttgart 2000

Hegner, H.-D.: Energieeinsparverordnung 2000, BbauBl 48 (1999) H. 6, S. 10, Bauverlag BV GmbH

Hegner, H.-D./Loga, T.: Erste Schritte zur Einführung von Energieausweisen im Bestand, Beratende Ingenieure Zeitschrift des internationalen Consulting, 34. Jahrgang (2004), S. 30, Springer-VDI-Verlag GmbH & Co. KG Düsseldorf, Mai 2004

Hegner, H.-D./Vogler, I.: Energieeinsparverordnung EnEV – für die Praxis kommentiert, Ernst & Sohn Verlag für Architektur und technische Wissenschaften GmbH und Co. KG, Berlin 2002

Helmut, K.: Schäden an Fassadenputzen, in: Schadenfreies Bauen, Band 9, 2. Aufl., Fraunhofer IRB Verlag, Holzkirchen 1994

Hilmer, K.: Schäden im Gründungsbereich, Ernst & Sohn, Berlin 1991

Holzapfel, W.: Werkstoffkunde für Dach-, Wand- und Abdichtungstechnik, 9. Aufl., Verlagsgesellschaft Rudolf Müller, Köln 1995

I

ift Rosenheim: Stellungnahme 04-05-10, Rosenheim 2004

ift Rosenheim/Böttcher, W./Hartmann, H.-J./Schmid, J.: Verbundfenster, Rosenheim 2005

ift Rosenheim/Daler, R./Hepp, B./Laurich, H./Schmid, J.: Fenster in der Stadtsanierung, Rosenheim 1998

ift Rosenheim/Hans, F.: Ansätze zur Planung und Lösung bei der Sanierung von Fenstern, Rosenheim 1998

ift Rosenheim/Hans, F.: Gutachtenfälle im Zeitalter energiesparender Bauweisen, Rosenheim 2001

ift Rosenheim/Hans, F.: Sanierung von Fenstern, Rosenheim 1998

ift Rosenheim/Hartmann, H.-J.: Sanierung von Fenstern, Rosenheim 1999

ift Rosenheim/Helmut, H.: Klimaschutz durch Fensteraustausch im Altbaubestand, Rosenheim 2000

ift Rosenheim (Hrsg.)/Froelich, H.: Gutachtenfälle im Zeitalter energiesparender Bauweisen, Rosenheim 2000

ift Rosenheim (Hrsg.)/Laurich, H.: Beschichtungen für Holzfenster, Rosenheim 2000

ift Rosenheim/Jehl, W.: Tauwasser in Fenster- und Fassadenkonstruktionen, Rosenheim 2002

ift Rosenheim/Laurich, H.: Beschichtungen für Holzfenster, Rosenheim 2002

ift Rosenheim/Lechner, S.: Das Holzfenster ist kein Gummistiefel, Rosenheim 1999

ift Rosenheim/Leuschner, I.: Entwicklungstendenzen bei Kunststofffenstern, Rosenheim 2003

ift Rosenheim/Schmid, S.: Sprossen und Erscheinungsbild, Rosenheim 2003

Industrieverband Bitumen-Dach- und Dichtungsbahnen e.V. (Hrsg.): Technische Regeln – abc der Bitumenbahnen, Frankfurt/Main 2003

Informationsdienst Holz: Holzhandbuch, Reihe 3: Bauphysik, Teil 5: Holzschutz, Folge 1: Bauliche Empfehlungen, Düsseldorf 1997

Informationsdienst Holz: Holzhandbuch, Reihe 3: Bauphysik, Teil 5: Holzschutz, Folge 2: Baulicher Holzschutz, Düsseldorf 1997

Informationsdienst Holz: Holzhandbuch, Reihe 4: Baustoffe, Teil 2: Vollholz, Folge 2: Einheimische Nutzhölzer und ihre Verwendung, 2. Aufl., Düsseldorf 2000

Informationsdienst Holz: Schäden an Fenstern, Stuttgart 1994

Informationsdienst Holz/ Arbeitsgemeinschaft Holz Düsseldorf (Hrsg.): Metallfassaden und -dachdeckungen, 2. Aufl., Fraunhofer IRB Verlag, Stuttgart 2001

Institut für Bauforschung e.V.: Fachliche Stellungnahme G 590, Hannover 2002

Interpane Glas Industrie AG: Gestalten mit Glas, 6. Aufl., Lauenförde 2002

Irmschler, H.-J./Jäger, W./Schubert, P.: Mauerwerk Kalender 2004, Ernst & Sohn Verlag, Berlin 2004

J

Jangnow, K./Horschler, S./Wolff, D.: Die neue Energieeinsparverordnung 2002, Fachverlag Deutscher Wirtschaftsdienst GmbH & Co. KG, Köln 2002

K

Kabrede, H.-A./Spirgatis, R.: Abdichten erdberührter Bauteile, in: Gebäudeinstandsetzung, Band 1, Fraunhofer IRB Verlag, Stuttgart 2003

Kind-Barbauskas, F./Kauhsen, B./Polónyi, S./Brandt, J.: Beton-Atlas, 2. Aufl., Verlag Bau + Technik GmbH, Düsseldorf 2002

Klaas, H./Schulz, E.: Schäden an Außenwänden aus Ziegel- und Kalksandsteinverblendmauerwerk, Fraunhofer IRB Verlag, Stuttgart 1995

VII.1 Literaturverzeichnis

Klein, W.: Schäden an Fenstern, Fraunhofer IRB Verlag, Stuttgart 1994

Klopfer, H.: Schäden an Sichtbetonoberflächen, Fraunhofer IRB Verlag, Stuttgart 1993

Krämer, G./Pfau, J./Tichelmann, K.: Handbuch – Sanierung, 3. Aufl., Gebr. Knauf Westdeutsche Gipswerke, Iphofen 2002

L

Leineweber, Dr. A.: Energieeinsparverordnung – Fluch oder Segen?, in: BauR 2008, S. 252 und S. 414 ff.

Liersch, K. W.: Schäden an Außenwänden mit Asbestzement-, Faserzement- und Schieferplatten, Band 10, Fraunhofer IRB Verlag, Stuttgart 1995

Lohmeyer, G.: Konstruktion und Ausführung von Flachdächern aus Beton ohne besondere Dichtungsschicht, in: Flachdächer – einfach und sicher, 2. Aufl., Bauverlag, Wiesbaden/Berlin 1987

Lubinski, F./Röbbert, F./Nagel, U./Ziegenbein, K./Fick, K./Kniese, A./Pfeifer, H.: Schäden an Metallfassaden und -dachdeckungen, in: Schadenfreies Bauen, Band 12, 2. Aufl., Fraunhofer IRB Verlag, Stuttgart 2001

Luley, H.-P.: Instandsetzen von Stahlbetonoberflächen, 7. Aufl., Beton-Verlag, Düsseldorf 1997

M

Marx, H. G.: Keramische Beläge und Bekleidungen, 2. Aufl., Verlagsgesellschaft Rudolf Müller, Köln 1995

Mayer, U.: Heizflächen – Internetveröffentlichung der FH OOW – Standort Oldenburg – FB Architektur – SS 2004, Oldenburg 2004

Meisel, U.: Naturstein – Erhaltung und Restaurierung von Außenbauteilen, Bauverlag GmbH, Wiesbaden/Berlin 1988

Müller, R.: Das Türenbuch, DRW-Verlag, Leinfelden-Echterdingen 2002

Muth, W.: Schäden an Dränanlagen, Fraunhofer IRB Verlag, Stuttgart 1997

N

Natterer, J./Herzog, T./Volz, M.: Holzbau Atlas Zwei, 2. Aufl., Fachverlag Holz der Arbeitsgemeinschaft Holz, Düsseldorf 1996

Natterer, J./Herzog, T./Volz, M.: Holzbau Atlas Zwei, 2. Aufl., Sonderausgabe der Arbeitsgemeinschaft Holz e.V., Institut für internationale Architektur-Dokumentation GmbH, München 1996

Neumann, D./Weinbrenner, U.: Frick/Knöll – Baukonstruktionslehre 1, 30. Aufl., B. G. Teubner, Stuttgart 1992

Neumann, D./Weinbrenner, U.: Frick/Knöll – Baukonstruktionslehre 1, 32. Aufl., B. G. Teubner, Stuttgart/Leipzig/Wiesbaden 2001

Neumann, D./Weinbrenner, U.: Frick/Knöll – Baukonstruktionslehre 1, 32. Aufl., B. G. Teubner, Stuttgart/Leipzig/Wiesbaden 2003

Neumann, D./Weinbrenner, U.: Frick/Knöll – Baukonstruktionslehre 2, 2. Aufl., B. G. Teubner, Stuttgart/Leipzig/Wiesbaden 2001

Neumann, D./Weinbrenner, U.: Frick/Knöll – Baukonstruktionslehre 2, 31. Aufl., B. G. Teubner, Stuttgart/Leipzig/Wiesbaden 2001

Neumann, D./Weinbrenner, U./Hestermann, U./Rongen, L.: Frick/Knöll – Baukonstruktionslehre 1, 33. Aufl., B.G. Teubner, Stuttgart/Leipzig/Wiesbaden 2002

Neumann, D./Weinbrenner, U./Hestermann, U./Rongen, L.: Frick/Knöll – Baukonstruktionslehre 2, 32. Aufl., B.G. Teubner, Stuttgart/Leipzig/Wiesbaden 2003

Neumann, H.-R.: Fenster – Sanierung und Modernisierung, Fraunhofer IRB Verlag, Stuttgart 1997

Neunast, A./Lange, F.: Leichtbeton-Handbuch, Verlag Bau + Technik GmbH, Düsseldorf 2001

Niedersächsisches Sozialministerium (Hrsg.): Wärmeschutz im Bestand, in: Kostengünstiges und umweltgerechtes Bauen, Hannover 1996

Niemer, E. U./Klingelhöfer, G./Schütz, J.: Praxis-Handbuch Fliesen, 3. Aufl., Verlagsgesellschaft Rudolf Müller, Köln 2003

O

Oster, N.: Schäden an Balkonen, in: Schadenfreies Bauen, Band 33, Fraunhofer IRB Verlag, Stuttgart 2004

Oswald, R.: Mängel – Schäden – Streitigkeiten, Deutsche Verlags-Anstalt GmbH, Stuttgart 2002

P

Pfefferkorn, W./Klaas, H.: Rissschäden an Mauerwerk, 3. Aufl., Fraunhofer IRB Verlag, Stuttgart 2002

Pfeiffer, M.: Architektonische Gestaltungsmöglichkeiten mit flächenbildenden Metallbauteilen in Außenwandflächen von Geschoßbauten, Peter Lang GmbH, Frankfurt a. M. 1995

Pfeiffer, M.: Architektur- und Ingenieurmanagement, Bauwerk Verlag, Berlin 2004

Pfeiffer, M.: Energiesparhäuser in Text und Bild, 10. Akt., Forum Verlag Herkert GmbH, Mering 2004

Pfitzner, G.: Baukonstruktionslehre, Forschungszentrum Jülich GmbH, Jülich 1994

Pfitzner, G.: Konventionelle Wärmeerzeuger, Forschungszentrum Jülich GmbH, Jülich 1994

Pistohl, W.: Handbuch der Gebäudetechnik 1, 2. Aufl., Werner Verlag, Düsseldorf 1997

Pistohl, W.: Handbuch der Gebäudetechnik 1, 3. Aufl., Werner Verlag, Düsseldorf 2000

Pistohl, W.: Handbuch der Gebäudetechnik 1, 5. Aufl., Werner Verlag, Düsseldorf 2004

Pistohl, W.: Handbuch der Gebäudetechnik 2, 2. Aufl., Werner Verlag, Düsseldorf 1998

Pistohl, W.: Handbuch der Gebäudetechnik 2, 4. Aufl., Werner Verlag, Düsseldorf 2003

R

RAL-Gütegemeinschaften Fenster und Haustüren (Hrsg.): Leitfaden zur Montage, Frankfurt a. M. 2002

Rapp, A. O./Sudhoff, B.: Schäden an Holzfußböden, in: Schadenfreies Bauen, Band 29, Fraunhofer IRB Verlag, Stuttgart 2003

Rathert, P./Hegner, H.-D.: Wärmeschutzverordnung und Heizungsanlagenverordnung mit Erläuterungen, 2. überarbeitete und erweiterte Aufl., Bundesanzeiger-Verlagsgesellschaft, Berlin 1999

Richtlinie für die Planung und Ausführung von Abdichtungen mit kunststoffmodifizierten Bitumendickbeschichtungen (KMB) – erdberührte Bauteile, 2. Ausg., Frankfurt 2001

Richtlinie 2002/91/EG des Europäischen Parlaments und des Rates vom 16. Dezember 2002 über die Gesamtenergieeffizienz von Gebäuden, Amtsblatt der Europäischen Gemeinschaften Nr. L 1 S. 65

Rombock, U.: Moderne Verfahren zur Reinigung von Natursteinfassaden, 2. Aufl., expert-Verlag, Renningen-Malmsheim 1995

Ross, H./Stahl, F.: Praxis-Handbuch Putz, 3. Aufl., Verlagsgesellschaft Rudolf Müller, Köln 2003

Ruffert, G.: Lexikon der Betoninstandsetzung, Fraunhofer IRB Verlag, Stuttgart 1999

Ruhnau, E. B.: Stahlbeton Instandsetzung und Schutz, Verlagsgesellschaft Rudolf Müller, Köln 1986

Ruhnau, R.: Schäden an Außenfugen im Beton- und Mauerwerksbau, Fraunhofer IRB Verlag, Stuttgart 1992

Ruhnau, R./Fouad, N.: Schäden an Außenwänden aus Mehrschicht-Betonplatten, Fraunhofer IRB Verlag, Stuttgart 1998

RWE Bau Handbuch, 13. Aufl., VWEW Energieverlag GmbH, Frankfurt a. M. 2004

S

Sauder, M./Schloenbach, R.: Schäden an Außenmauerwerk aus Naturstein, Fraunhofer IRB Verlag, Stuttgart 1995

Scheewe, H. J.: Schäden an elastischen und textilen Bodenbelägen, in: Schadenfreies Bauen, Band 22, Fraunhofer IRB Verlag, Stuttgart 2001

Schild, E./Lamers, R./Oswald, R./Schnapauff, V.: Innenwände – Decken – Fußböden, in: Schwachstellen, Band 4, 3. Aufl., Bauverlag, Wiesbaden/Berlin 1994

Schild, E./Oswald, R./Rogier, D.: Flachdächer – Dachterrasse – Balkone, in: Schwachstellen, Band 1, 4. Aufl., Bauverlag, Wiesbaden/Berlin 1987

Schlee, J.-P.: Wärmegedämmtes Parkdach – Hofkellerdecke – Wärmegedämmte Verkehrsfläche, Ingenieur-Büro für Fachplanung GmbH, Hamburg 1998

Schmidt-Morsbach, J.: Betonflächen Mängelfibel, Bauverlag, Wiesbaden/Berlin 1987

Schneider, K.-J./Weickenmeier, N.: Mauerwerksbau aktuell, Beuth Verlag/Werner Verlag, Düsseldorf/Berlin 2001

Scholz, W./Knoblauch, H./Hiese, W.: Baustoffkenntnis, 16. Aufl., Werner Verlag, Neuwied 2007

Schubert, R.: Dächer mit Dachabdichtungen, in: Grundlagen systematisch dargestellt, 2. Aufl., Kleffmann, Bochum 2002

Schulz, J.: Sichtbeton-Mängel, 2. Aufl., Vieweg, Wiesbaden 2004

Schulz, W./Zapke, W.: Die neue Energieeinsparverordnung, 11. Akt., Forum Verlag Herkert GmbH, Mering 2004

Schumacher, R.: Schäden an Türen und Toren, in: Schadenfreies Bauen, Band 23, Fraunhofer IRB Verlag, Stuttgart 2001

Schunck, E./Oster, H. J./Barthel, R./Kießl, K.: Geneigte Dächer, in: Dach-Atlas, 4. Aufl., Birkhäuser, Basel/Boston/Berlin 2002

Spilker, R./Oswald, R.: Flachdachsanierung über durchfeuchteter Dämmschicht, Fraunhofer IRB Verlag, Stuttgart 2003

Stangl, A.: Der Energieausweis nach EnEV 2007 – mietrechtliche Aspekte, in: ZMR 2008, S. 14

Sto AG (Hrsg.): Handbuch Altbausanierung – Modernisierung, Stühlingen 1999

Sto AG (Hrsg.): Handbuch Altbausanierung – Modernisierung, Stühlingen 2000

V

Verordnung über einen energiesparenden Wärmeschutz bei Gebäuden (Wärmeschutzverordnung – Wärmeschutz-V) vom 16. August 1994, Bundesgesetzblatt I, S. 2121

Verordnung über energiesparenden Wärmeschutz und energiesparende Anlagentechnik bei Gebäuden (Energieeinsparverordnung – EnEV) vom 16. November 2001, Bundesgesetzblatt I, S. 3085

Volger, E./Laasch, K.: Haustechnik, 10. Aufl., B. G. Teubner, Stuttgart/Leipzig/Wiesbaden 1999

Volkmann und Schmitz WebMarketing GbR c/o Klaeranlagen-Vergleich.de, Pfullendorf

Volland, K.: Einblicke in die Baustoffkunde für Architekten, Werner Verlag, Düsseldorf 1999

Vollenschaar, D.: Wendehorst – Baustoffkunde, 25. Aufl., Vincentz Verlag, Hannover 1998

von Busse, H.-B./Grimme, R./Mertins, J./Waubke, N. V.: Nutzbare Flächen, in: Atlas Flache Dächer, Verlagsgesellschaft Rudolf Müller, Köln 1992

Voßkamp-Bertrams, U./Ihle, M./Pesch, L./Pickel, U.: Betonwerkstein Handbuch, 4. Aufl., Verlag Bau und Technik, Erkrath 2001

vvd Industrieverband Bitumen-Dach- und Dichtungsbahnen e.V.: Technische Regeln – abc der Bitumenbahnen, Frankfurt 2003

VWEW Energieverlag GmbH: RWE Bau Handbuch, 13. Aufl., VWEW Energieverlag GmbH, Frankfurt a. M. 2004

W

Weber, H.: Fassadenschutz und Bausanierung, 5. Aufl., expert-Verlag, Renningen-Malmsheim 1994

Wellpott, E.: Technischer Ausbau von Gebäuden, 7. Aufl., W. Kohlhammer, Stuttgart 1997

Werner, U./Pastor, W.: Der Bauprozeß, 12. Aufl., Werner Verlag, Köln 2008

Wessig, J.: Bautechnik Tabellen, 10. Aufl., Westermann Verlag, Braunschweig 2004

Winkelmyr, S.: Fenster und Türen, in: Modernisieren – Renovieren – Sanieren, Compact Verlag, München 1994

Winkelmyr, S.: Energieeinsparverordnung (EnEV) – Fenster und Türen, in: Modernisieren – Renovieren – Sanieren, Compact Verlag, München 1994

(WTA) Wissenschaftlich-Technische Arbeitsgemeinschaft für Bauwerkserhaltung und Denkmalpflege e.V.: Merkblatt „Beurteilung und Instandsetzung gerissener Putze und Fassaden"

Z

Zentralverband des Deutschen Baugewerbes (Hrsg.): Hinweise für die Ausführung von Abdichtungen im Verbund mit Bekleidungen und Belägen aus Fliesen und Platten für den Innen- und Außenbereich, in: ZDB-Merkblatt, Bonn 2000

Zentralverband des Deutschen Dachdeckerhandwerks e.V. – Fachverband Dach-, Wand- und Abdichtungstechnik (Hrsg.): Regeln für Dächer mit Abdichtungen, Verlagsgesellschaft Rudolf Müller, Köln 2003

Zimmermann, G.: Schäden an Belägen und Bekleidungen, in: Schadenfreies Bauen, Band 25, Fraunhofer IRB Verlag, Stuttgart 2001

Zimmermann, G.: Schäden an Belägen und Bekleidungen mit Keramik- und Werksteinplatten, Fraunhofer IRB Verlag, Stuttgart 2001

Zimmermann, G. (Hrsg.)/Cziesielski, E./Bonk, M.: Schäden an Abdichtungen in Innenräumen, in: Schadenfreies Bauen, Band 8, 2. Aufl., Fraunhofer IRB Verlag, Stuttgart 2003

Zimmermann, G. (Hrsg.)/Liersch, K. W.: Schäden an Außenwänden mit Asbestzement-, Faserzement- und Schieferplatten, in: Schadenfreies Bauen, Band 10, Fraunhofer IRB Verlag, Stuttgart 1995

Internetadressen

www.anti-graffiti-verein-de

www.bafa.de

www.bauförderer.de

www.bauenimbestand.de

www.baunetz.de

www.dibt\Aktuelles\Energieeinsparverordnung Auslegungen der Bund/Länder-Projektgruppe zur EnEV bei der Fachkommission Bautechnik der ARGEBAU

www.hwhlaw.de

www.foerderdatenbank.de

www.idi-al.de

www.kfw-foerderbank.de

www.missel.de

www.schadstoffe-schimmelpilze.de/loesemittel.html

www.schiedel.de

www.ziegeldach.de

VII.2 Stichwortverzeichnis

A

Abbeizmittel 453
Abdichtung 216, 221
– alternative 463
– Arten 462
– Bahnen 457, 463
– spachtelbare 464
– Stoffe 457
Abdichtungsebene, horizontale 122
Abgas
– anlage 261
– leitungen 263
– systeme 261
– verluste 295
Ablagerung 341
Ablauf 279
– spuren 452
– ventile 279
Ableiteeinrichtungen 318
Abmehlungen 491
Abrissfugen 234
Abrissprobe 501
Absanden 415, 440
Absäuern 349
Abschieferung 404
Abschreibung 101
Abschreibungsmöglichkeiten 105
Absenkungen 366
Absetzrisse 193
Absplitterung 404
Abtropfkanten 391
Abwasser 275
– häusliches 275
– hebeanlagen 280
– leitungen 276
Adhäsionsbruch 468
Akustikputze 439
Algen 345, 380, 451, 455
– bildung 138
Alkydharzfarben 447
Allgasgeräte 294
Altbeton, Entfernen von 362
Alterung 490
Aluminium 388
– blech 136
Anblasprüfung 478
Anhydritputze 444
Anlagen mit mittelbarer Beheizung des Warmwassers 304
Anschaffungskosten 101
anschaffungsnaher
– Aufwand (15 %-Grenze) 104
– Herstellungsaufwand 101
Anschlüsse 254
Anstriche 445
– kreidende 452
Anstrich
– ablösungen 449, 451
– risse 448, 450
– schäden 182
– system 455
– verfärbungen 448, 452
Antitropf-Armatur 271
Antriebsarten 328
Antriebssysteme 187
Arbeitsstättenrichtlinien 45

Armierung 145
– Farben 454
Asbest 142, 165, 170, 232, 243, 264, 366, 490, 493
– Richtlinie 232
– schindeln 20
– zement 142, 243, 490, 493
– zement-Fassadenplatten 222
Asbestfasern 42
Asbestose 142, 222, 232, 243, 367
ASI-Arbeiten 153, 170, 223, 236, 248, 369
Asphaltmix 462
Aufsattelung 259
Aufschraubbänder 174
Aufsparrendämmung 246
Aufstauchungen 389, 490
Auftriebssicherung 112
Aufwölbung 230
Aufzugsarten 328
Ausblühsalze 341
Ausblühungen 141, 341, 355, 413, 448, 486, 487, 489
Ausfachungen 19
Ausfluglöcher 379
Ausgleichsfeuchte 454
Auskreiden 389, 490
Auskristallisation 403
Auslaufventile 269
Auslaugungen 489
Außenabdichtung 472
Außenanstriche 446
Außentreppen 208
Außentürschwellen 174
Außenwand-Gasraumheizgeräte 296
Außenwandbekleidungen 128, 135
Außenwände 128
– nicht tragende 131
Ausstattungswerte 317
AVBWasserV 267

B

Bäder 26
Balkonbrüstungen, massive 221
Balkone 215
Barrierefreiheit 106
Baudenkmäler 105
Baugenehmigung 46
Baugrund 90, 113
– verformung 118
Baulasten 94
Bauleitplanung 43
Baumängel 90
Bauordnungsrecht 43, 44, 45
Bauphysik 32
Bauplanungsrecht 43, 91
Bauqualität 27
Baurecht 43
– öffentliches 43
Bauschnittholz 370
Baustellenverordnung 206, 259
Bausubstanz 90
Bauteilanschlüsse, elastische 196
Bauteile, erdberührte 111
Bauvertragsrecht 48

Bauwerksabdichtungen 112, 457, 473, 477
Beanspruchungsklassen 400
Befestigungselemente 169
Begasungsverfahren 386
Bekleidungsmaterial 147
Beläge, elastische 231
Belüftung 253
Bentonit 476
Beschichtungen 176, 216, 218, 228, 445
Beschichtungssysteme 443
Beschläge 163, 174, 178
Beschlagteile 187
Beständigkeit, chemische 482
Bestandsaufnahme 90
– anlagentechnische 36
– bautechnische 36
Bestandsschutz 91, 94, 222
Bestandswohnungen 108
Beton
– Großtafelbauweise 30
– dachsteine 481, 484
– deckung 209
– fertigteil 133
– hohlblocksteine 26
– instandsetzung 353
– rohre 277
– steine 337
– werkstein 408, 412
Betriebsdruck 287
Betriebssicherheitsverordnung 328
Bewegungsfugen 465
Bewehrung, Entrosten der 361
Bewehrungskorrosion 499
Bewehrungssuchgerät 502
Bewitterung 243
Bewuchs, biologischer 345, 380
BG-Richtlinie BGR 128 153, 169, 183
BGI 664 153, 170, 223, 236, 248, 369
BGR 128 182, 188, 197, 206
BGV 286
BHKW 311
Biege- und Torsionsfestigkeit 160
Biegezugfestigkeit 410
Bimssteine 24
Bindemittel 445
Binderschichten 339
Binderverband 339
Biogas 312
Biomasse 312
Biomasseanlage 89
Biozid 221, 256, 383
Bitumen 137, 481
– bahnen 460
– Dachdichtungsbahnen 460
– Dichtungsbahnen 478
– Dichtungsbahnen, kalt selbstklebende 461
– Dickbeschichtungen 119, 461, 477, 478
– Klebemassen 471
– Schweißbahnen 460
– schindeln 483, 486, 493
– voranstrich 471
– wellplatten 483, 486
Blähperlite 424, 426

Blähton 148
Blasenbildung 451
Blauasbest 142, 165, 222, 232, 243, 367
Blaubrenner 299
Bläuepilze 378
Blechrohre 277
Blei 387
– blech 136
– leitungen 268
– Mennige 195, 218
– oxid 144, 180, 186, 195, 203, 212, 221
Blendrahmenfenster 157
Blitzschutzanlage 320
Blockfundamente 114
Blockrahmenfenster 157
Blockverband 339
Blower-Door-Messung 498
Boden
– abläufe 280
– beläge 219, 224, 236, 413
– feuchte 119, 126
– geschütteter 113
– gewachsener 113
– grunduntersuchung 498
– kanal 307
Bohrlochdrucktränkung 385
Bohrmehlaustritt 500
Bohrung 499
Boiler 271
Borkenkäfer 380
Brandbeanspruchung 205
Brandfrüherkennungssysteme 326
Brandschutz 39, 129, 189, 208, 261, 283, 322, 384
brandschutztechnisch 205
Brauner Splintholzkäfer 380
Brennhaut 348
Brennstoffzelle 312
Brenntemperaturen 402
Brennwertkessel 261
Brettschichtholz 370
Bruchsteinmauerwerk 337
Brüstungen 220
Bundesamt für Wirtschaft und Ausfuhrkontrolle (BAFA) 88
Bürstenstreichverfahren 471
Buttering-Floating-Verfahren 430

C

Calciumausblühungen 450
Calciumsilikat 424, 426
Cellulose-Dämmstoff 423, 426
Chemikalien
– Verbotsverordnung 142, 165, 232, 243, 367
– beständigkeit 373, 401
– gesetz 154, 182, 188, 214, 219, 223
chemische Holzschutzmittel 142, 218, 243
Chromstahlblech-Verfahren 474
CM-Gerät 382, 502
CO_2-Gebäudesanierungsprogramm 88
Cushioned-Vinyl-Beläge 232

D

Dach
- abdichtungen 255, 258, 459, 480
- abdichtungsstoffe 253
- abläufe 258
- ausbau 244
- begrünung 252
- belichtung 241
- deckung 239, 388
- deckungsmaterialien 481, 483
- erneuerung 257
- fenster 247
- flächenfenster 241
- rinnen 242
- rinnenheizungen 258
- schichten 258
- schiefer 484
- terrassen 257
- ziegel 484

DAfStb 51
Dämmmaßnahmen, nachträgliche 145
Dämmstoffe 424, 425
Dämmung 244
- nachträgliche 247

Dampf
- diffusion 130
- sperrbahnen 471
- sperre 149
- strahlreinigung 350

Darlehen 88
Dauerfeuchte 389
Dauerhaftigkeit 372
DDT 142, 210, 218, 221, 243, 381, 386
Deckanstrich 445
Deckenbekleidungen 200
Deckeneigenlast 204
Deckenheizung 310
Deckputz 148
Dehnungsmessstreifen 502
Denkmal 45
- eigenschaft 45
- liste 91
- schutz 91
- schutzbehörde 45

Dichte 409
- prüfung 287

Dichtungen 166, 173
Dichtungsbänder 465, 479, 480
Dichtungsmassen 356, 468
Dichtungsphasen 465
Dichtungsprofile 168
Dichtungsschlämme 473, 477
Dickbeschichtung, bituminöse 431
Dielenböden 225
Dienstbarkeit 95
DIN V 18599 80
DIN V 4108-6 79
DIN V 4701-10 79
Direktheizgeräte 293
Direktheizungen 259
Dispersionsfarben 454
Doppelständerwände 192
Drahtanker 333, 347
- nicht rostender 347

Dränage 121
Dränanlagen 113

Dränelemente 127
Dränleitung 115, 122
Dränschicht 115
Drehkippflügel 158
drückendes Wasser 120
Druckfestigkeit 335, 410
Druckluftgründung 115
Dübel 140
Dübelteller 140
Dünnformat 336
Durchbiegung 177
Durchbrandofen 290
Durchbrüche 255
Durchfluss-Wassererwärmer 271, 302
Durchlaufspeicher 275
Düsenstrahlverfahren 124
DVGW 285

E

Eckspaltenbildung 161
Edelstahlwolle 392
Einbau, nachträglicher 330
Einbrüche 366
Einbruchschutz 156, 172
eindeutige Festlegungen 50
Einfachverglasung 28
Einkammer-Hohlprofile 159
Einrohrsystem 305
Einschlaganker 132
Einschubdecken 24
Einstechprobe 500
Einzelentlüftungsanlagen 266
Einzelfundamente 116
Einzelöfen 20
Eisenkonstruktionen 209
Elastomer-Bahnen 462
elektrische Feuchtemessung 382
Elektro-Boiler 274
Elektro-Durchlauferhitzer 274
Elektro-Fußbodendirektheizung 294
Elektro-Schnellheizer (Heizlüfter) 293
Elektro-Warmwasserspeicher 275
Elektro-Wasserheizer 274
Elektroinstallation 28
Elektrokonvektoren 294
Elektroradiatoren 294
Eluierungen 402
Emissionsquellen 182
Endoskop 503
energetische Sanierung 88
Energieausweis 77, 98
Energieausweisformulare 85
Energieberater 57
Energieeinspargesetz 47, 77
Energieeinsparverordnung (EnEV) 33, 37, 47, 77, 97, 419
Energiegewinne, passive solare 397
Energiesparberatung 88
EnEV 2007 § 10 – Nachrüstungspflicht 307
EnEV 2009 84
Engoben 351, 399, 491
Entfeuchtung, elektrophysikalische 475

Entflecken 236
Entglasung 398
Entkernen 20, 205
Entwässerung 215, 221
- innen liegende 248

Entwässerungsanlagen, dezentrale 281
Entzündungstemperatur 373
EP-Harz 351
Epoxidharz 359
Erdung 317
Erdungsanlage 319, 320
Erhaltungsaufwand 101
erneuerbare Energien 89
Erneuerbare-Energien-Gesetz (EEG) 89, 311
Erschließungskosten 95
Estriche 224, 363
Estriche auf Trennschicht 364
Estriche, schwimmende 363
Europäische Norm 50
EVA 461
exogene Ablagerungen 141
Extensivbegrünung 252

F

Fachwerkhäuser 19, 375
Fallleitung 276
Fallrohrheizungen 258
Falzverbindungen 136
Farbabweichungen 389
Farbänderung 487
Faserzement 137, 481
- Platten 485
- Wellplatten 485
- rohre 277

Fassadenplatten 413
Fassadensanierung 31
Fäulnis 168
- schäden 22

Fels 113
Fensterbänke 160
Fernwärme 305
Fertigparkett-Elemente 226
Fertigteile 30
Festigkeitsklasse 365
Feuchte
- und Schimmelpilzschäden 163
- und Witterungsschutz 130
- ausdehnung 231
- eintrag 242, 427
- schäden 193, 204, 467, 469
- schutz 427, 433
- schutzsituationen 463
- transport 468

Feuchtigkeitssperren 22
Feuerschutzplatten 204
Feuerschutztüren 173
FI-Schutzleiter 316
Filterschicht 121
Flachdach 250, 257
- aufsattelung 259

Flachdachoberfläche, befahrbare 252
Flächen
- heizungen 310
- injektion 475
- kühlungen 310
- nutzungsplan 43

Flachglas 394
Flammstrahlen 362
Flämmverfahren 472
Flankenabriss 470
Flechten 346
Fleckbeständigkeit 401
Fliesen, keramische 399
Floatglas 394
Fluat 455
- behandlung 455

Flügelspiel 167
Flügeltore 184
Fördermittel 88
Fördermöglichkeiten 57
Förderprogramm 88
Förderprogramme 57
Formaldehyd 194, 201, 233, 381, 386, 436
Formaldehyd-Emissionsklasse E1 194, 201, 233, 381
Formveränderungen 201
Fotodokumentation 495
Fotogrammetrie 496
Fotovoltaik-Anlage 89
Freigabemessung 236, 369
Frost
- Tau-Wechsel 341, 348
- Tausalz-Beanspruchung 150
- absprengungen 217
- beständigkeit 403, 409
- schäden 151, 452

Fugen 356, 363
- abdichtungen 465
- band 479
- bänder 466, 479
- bandstöße 469, 480
- mörtel 347
- profile 466

Führungsschienen 169
Fundamentverstärkung 123
Fungizide 383
Funktionalismus 23

G

Gängigkeit 166
Garagentore 185
Gas
- brenner, atmosphärische 298
- Durchlaufwasserheizer 273
- Einzelheizung 294
- Konvektionsöfen 295
- Strahlungsheizgeräte 296
- Vorratswasserheizer 273
- Wandheizöfen 295
- Wasserheizer 273
- befeuerte Speicher-Wassererwärmer 303
- radiatoren 296
- raumheizer, raumluftunabhängiger 296
- raumheizgeräte mit Schornsteinanschluss 295
- raumheizgeräte zum Anschluss an Luft-Abgas-Systeme 296
- raumheizgeräte zum Anschluss an Zuluft-/Abgasleitungen 296
- spezialkessel 298

VII.2 Stichwortverzeichnis

Gebäudediagnose 53
Gefährdungsbeurteilung 127
Gefahrstoffverordnung (GefStoffV) 127, 142, 144, 153, 154, 165, 170, 180, 182, 186, 188, 195, 202, 214, 219, 223, 232, 243, 259, 356, 367, 369, 383
Gefälle 217
Geländer 220
Gelbbrenner 299
Gemeiner Nagekäfer 379
Genehmigungspflicht 46
Generationenhaus 106
geothermische Anlagen 314
Geruchsverschluss 279
Geschossdeckendämmung 431
Geschwindigkeitsbegrenzer 330
Gewährleistungsregelung 96
Gewebespachtelung 443
Gipskarton
- Bauplatten – imprägniert 434, 435
- Feuerschutzplatten 435
- Lochplatten 435
- Putzträgerplatten 435
- Zuschnittplatten 435
Gitterschnittprüfung 452, 500
Glasbruch 162, 397
Glasfasergewebe 145
Glasur 399, 491
Glasurriss 402
Glasvlies-Bitumendachbahnen 460
Glaswolle 422
Globalisierung 50
GPSGV 328
Graffiti
- entfernung 144
- prophylaxe 151
Grauwasser 275
gravimetrische Feuchtemessung 497
Grundanstrich 445, 454
Grundbruch 117
Gründerzeit 21
Grundierung 492
Grundsatzlösung
- C 358
- R 1 357
- R 2 357
Grundstücksentwässerung 120
Gründungen 111
Gründungsebene 126
Grundwasserspiegel 126
Gussrohre 267
Güteüberwachung 425

H

Haarrisse 441
Haftgrund 453
Haftung des Architekten 90
Haftungsverlust 345
Haftzugprüfgerät 503
Handläufe 220
Handverdichtung 351
Hartschaumplatten 145
Hauptabsperreinrichtung 285
Hausanschluss 22, 285
Hausbock 378

Hausschwamm 376, 377, 378, 385
Hausstation 301
Heißluftverfahren 385
Heißwasserhochdrucktechnik 152
Heizestriche 363
Heizflächen 308
Heizkessel für flüssige Brennstoffe 298
Heizkessel mit Gasgebläsebrenner 300
Heizkörper 305
Heizkörpernischen 308
Heizwärmeverbrauch 138
Herstellungskosten 101
Hexachlorhexan 201
HOAI 34, 92
Hochdruck-Zerstäubungsbrenner 299
Hohlraumböden 224
Hohlsteindecken 24
Holländischer Verband 339
Holz 225
- balkendecke, unterspannte 205
- balkendecken 19, 198
- dielen 24
- faserplatten 371, 375
- fenster 159
- fußböden 225
- gründungen 118
- pelletheizungen 313
- pellets 292
- pfahlgründungen 118
- pflaster 225
- schädlinge 151
- schindeln 135
- schutz 167
- schutz, bekämpfender 385
- schutzmittel (HSM) 20
- skelettbau 134
- türen 176
- werkstoffe 371
- werkstoffklassen 374
- wespe 380
- wolle-Leichtbauplatten 423, 426
- zementdach 250
- zerstörende Insekten 378
Honorar des Architekten 92
Horizontalabdichtungen 462, 474
- chemische 474
HSM 210
Hüttensteine 337
Hydraulik
- antrieb 330
- aufzüge 329
Hydrophobierung 150, 349, 442
Hydrophobierungsmittel 150, 452
hydrothermale Anlagen 314
hygrometrisches Verfahren 497
hygroskopisch 373
Hygroskopizität 427

I

idi-al 53, 54
Imprägnierungen 151, 352, 384, 404, 417

Imprägnierverfahren 384
Industrialisierung 21
Industrieestriche 364
Injektionen 359, 368
Injektionsverdübelung 352
Injektionsverfahren 475
Innenabdichtung 475
Innenanschlag 157
Innenanstrichausblühung 448
Innenausbau 434
Innendämmung 149
Innenraumbelastung 40, 211
Innentüren 171
Innenwände 189
- nicht tragende 191
Insektizid 201, 221, 256
Insektizide 383
Inspektion 257
Installationswände 192
Instandhaltung 35
Instandhaltungskosten 101
Instandsetzung 35, 257, 492
Instandsetzungsprinzip K 359
Intensivbegrünung 252
ionisierende Strahlung 404
IVD-Merkblatt Nr. 4 466

J

Jahresheizwärmebedarf 31, 47
Jahresprimärenergiebedarf 79
Jahresringlage 231

K

Kachelöfen 290
Kalk
- aussinterungen 343
- fahnen 343
- farben 447
- milch 343
- putz 439
- sandsteine 29, 337
Kaltdächer 251
Kamine 291
Kaminköpfe 26
kapazitive Feuchtemessung 497
Karbolineum 383
Karbonate 414
Karbonatisierungstiefe 499
Karsten'sches Prüfröhrchen 349, 502
Kaufvertrag 94
Kehlbalkendächer 238
Kellerabläufe 280
Kellerschwamm 377
Kerbrisse 140
Kernbohrung 496
Kerndämmung 145, 148
Kessel für feste Brennstoffe 300
Kiesschüttung 392
Kippflügel 158
Klappläden 161
Kleinbohrpfähle 124
Kleinkläranlagen 282
Klemmprofile 470
Klettprinzip 227
Klimaanlagen 324
Klimageräte 324
Klopfprobe 499
KMB 461
KMF 143, 194, 202, 233, 368

Kochendwassergeräte 274
Köcherfundamente 114
Kohäsion 374
- bruch 468
- verlust 345
Kohlebadeofen 272
Kombibänder 175
Kombinationskessel 301
Komfort 327
Kompaktgeräte 324
Kompensationsmaßnahmen 213
Konsolen 334
Konsollasten 191
Konstanttemperaturkessel 297
Konstruktionsvollholz 370
konstruktive Vollholzprodukte 370, 375
Kontaktkorrosion 268
Konvektoren 309
Kork 423
- böden 227
- platten 145
Kornumlagerung 127
Korrosion 137, 222, 276, 389, 390, 490
- der Befestigungsmittel 490
- von Bewehrungsstählen 355
- Schutz vor 160
- Schutzummantelungen 307
Korrosionsschäden 210, 222
Kostenschätzung 56
Kraft-Wärme-Kopplung 311
kraftschlüssige Verbindung 492
Krakelee-Risse 441
Kreditanstalt für Wiederaufbau (KfW) 88
Kredite 88
Kreuzverband 339
Krokodilhaut 470
KSK 461
Kunstharz 228
künstliche Mineralfaser 143, 194, 202, 218, 244, 367
Kunststoff 226
- Dichtungsbahnen 461, 478
- Dispersionsfarben 447
- bahnen 431
- dübel 132
- fenster 159
- rohre 268, 278, 306
- türen 177, 178
Kupfer 387
- blech 136
- korrosion 390
- rohre 267, 268

L

Laminat 227
Landhausdielen 226
Langlöcher 393
Längskanten 432, 433
Lastreserve 205, 256
Lastspannungen 343
Lastveränderung 200
Laubengang 215
Laubfanggitter 259
Laubholz 370
Läuferschichten 339
Legionellen 284, 303

Legionellose 325
Legschindeln 485
leicht flüchtige organische
  Verbindung 143, 179, 186,
  194, 202, 211
leicht flüchtige Schadstoffe 41
Leichtziegel 336
Leitfähigkeit, kapillare 427
Leitung 316
Lindan 142, 210, 218, 221, 243,
  381, 386
Linoleum 28, 226
Loggien 215
Lösemittel 143, 164, 179, 194,
  202, 456
– Organische 179, 194, 211, 221
Lösungsmitteltest 501
Luft
– und Trittschalldämmung 205
– Abgas-Systeme 263
– befeuchter 325
– dichtheit 156, 245, 419, 498
– druckverhältnis 321
– kanalreinigung 325
– schicht 132
– spalt 181
Lüftung 119, 321
Lüftungsanlage 323
Lüftungsgeräte 323
Luftverschmutzung 413
Luftverunreinigung 39
Lunker 356
Luxussanierung 103

M

magmatische Gesteine 406
Mängelbeseitigung 49
Marktanreizprogramm 89
Massivdecken 198
Massivholzbau 134
Maßnahmen
– pakete 88
– planung 55
Maßordnung 334
Material
– dicke 392
– ermüdung 164
– kartierung 496
Mattierung 397
Mauer
– austausch-Verfahren 474
– mörtel 333
– sägeverfahren 474
– verbände 338
– werk 128, 131, 333
– werk, einschalig verputztes 131
Mazeration 381
Mehrgenerationen-Häuser 21
Mehrkammer
– Hohlprofile 159
– grube 282
Mehrscheiben-Isolierglas 394
Mehrschicht
– Leichtbauplatten 423
– tafel 133
Merkblätter 51
Metall 387
– bekleidung 136
– fenster 163

– profile 192
– türen 179
Mietvertrag 96
Mindestkomprimierung 469
Mindestsperrwasserhöhe 279
Mindestwärmeschutz 37
Mineralien, gesteinsbildende 406
Mineralschaum 423
Mischbatterien 269
Mischinstallationen 286
mittel- bis schwer flüchtiger
  Schadstoff 202
Mittellagenabzeichnung 230
Mobilgeräte 324
Moderfäule 378
Modernisierung 34, 88
Modernisierungsmaßnahmen 102
Modulordnung 334
Moosbildung 487
Moose 346
Mörtel 131
– fugen 346
– gruppen 333
– presse 349
– risse 347
Muster-Feuerungsverordnung 262

N

Nachrüstverpflichtungen 83
Nachwaschen 350
Nadelholz 370
Nagelung 472
Nassabriebbeständigkeit 450
natürliche Radioaktivität 356
Natursteine 22, 336, 406
Natursteinmauerwerk 347
Naturwerkstein 412
Netzrisse 344
Neueindeckung 245
Neuverfugung 405
Niederdruck-Feuchtstrahl-
  verfahren 152
Niedertemperatur-Heizkessel 288
Nivelliergerät 503
Normalformat 336
Nullleiter 317
Nutzung 215, 250
Nutzungsänderung 47, 94, 108

O

Oberflächen
– behandlung 159, 235, 368
– beschaffenheit 482
– beschichtung 492
– schäden 488
Oberputz 443
Objektüberwachung 92
Öfen, ölbeheizte 291
öffentliches Baurecht 91
Öffnungsmaße 171
Öl-Badeöfen 273
OSB-Flachpressplatten 371

P

PAK 122, 202, 217, 348, 367, 470
Paternoster 329
Patina 341
Patinieröl 392
PCB 141, 165, 470
PCB-Richtlinie 153, 165, 169, 180, 183
PCP 142, 210, 218, 221, 243, 381, 386
PCP-Richtlinie 214, 219, 222, 386
Pentachlorphenol 201
Perimeter
– dämmplatten 429
– dämmsysteme 430
permanente Systeme 152
Personenaufzüge 328
Pfahlgründungen 117
Pfeilergründung 115, 117
Pflanzenkläranlage 282
Pfützenbildung 258
Phenolphthalein-Lösung 499
Phthalate 212
Pigmente 446
Pigmentstörungen 488
Platten
– bauten 30
– fundamente 114
Plusdach 257
polychlorierte Biphenyle (PCB) 180, 470
polycyclische aromatische
  Kohlenwasserstoffe 127, 202, 232, 255, 348, 367, 470
Polymerbitumen
– Dachabdichtungsbahnen 460
– Schweißbahnen 461
Polystyrol
– Extruderschaum 422, 425
– Hartschaum 421
– Partikelschaum 421
Polyurethan-Hartschaum 422
Polyvinylchlorid (PCV) 212, 233
Poren 356
– injektion 124
– volumen 348
Potenzialausgleich 319
ppm 194, 233
Pressdachziegel 482
Primärenergiebedarf 97
Primärenergieverbrauch 311
Prüfzeichen 425
Putze 437
Putz
– ablösungen 440
– grund 440
– grundvorbereitung und -vor-
  behandlung 442
– risse 440
– schicht 132
– träger 24
– untergrund 442
PVC-Bodenbeläge 30
PYE 460
PYP 460

Q

Qualitätssicherung 36
Quellen 229
Quellmittel 230

R

Radiatoren 309
Radioaktivität 416
Radon 416, 417
– ausgasung 362
– belastung 356
– konzentration 417
Rahmen 171
Rammsondierung 499
Randabschlüsse 217
Rauch- und Wärmeabzugs-
  anlagen (RWA) 255
Rauchschutztüren 173
Rauchübertragung 326
Raumhöhe 246
Raumluftbelastung 183
Raumlufttemperatur 421
Raumordnung 43
Reaktionsharz 151, 369
– kleber 431
Regenfallrohre 242
Regenwasserleitung 276
Regenwassernutzungsanlagen 283
Reihenhäuser 29
Reinigung 235
– biologische 282
– chemische 282
– mechanische 281
Reißnadelprüfung 478
Renaissance 250
Renovierung 34
Renovierungsbeschichtung 493
Reparatur 24
Rettungswege 31, 208
Richtlinien 51
Ringerder 319
Risse 234, 354, 359, 365, 389, 418, 436, 448, 469
Riss
– bildung 118
– breite 501
– marke 349
– monitor 503
– sanierung 196
– schließung 196
– überbrückung 442
– verschluss 442
Rohre, gusseiserne 278
Rohrverbindungen 285
Rollläden 160
Rollladenpanzer 161
Rolltor 185
Rückstau 122
– verschlüsse 281
Runderneuerung 166
Rußbrand 263
Rutschhemmung 228
Rüttelkelle 351

S

Sachkundenachweis 153, 170, 236, 248, 369
Sachmängelhaftung 96
Salpeterausblühungen 342

Salz
- aufnahme 341
- ausblühungen 450
- beläge 448
- säure 491
Sammelheizung 297
Sammelleitung 276
Sammelrufsteuerung 329
Sandstrahlen 362
Sandwich 133
- elemente 483
Sanierputz 444
Sanierung 34, 88
Sanierungs
- arbeiten 153
- gebiete 105
- maßnahmen 369, 417
- mörtel 350
Schachtlüftung
- mit Ventilator 266
- ohne Ventilator 266
Schadenersatz 49
Schadstoffausstoß 289
Schadstoffbelastung 20, 369, 418, 436, 442, 470, 490, 493
Schadstoffe 122
schadstofffreie Baustoffe 42
schadstofffreies Bauen 39
Schadstoffsanierung 405
Schalen- und Kaskadenbrenner 291
Schallschutz 38, 171, 189, 283
- glas 395
schalltechnische Anforderungen 327
Schalung 246
Scharrieren 407
Scharschindeln 485
Schaumglas 423
Schaumstoffdichtbänder 466
Schichten
- bildung 345
- mauerwerk 338
Schiebeläden 161
Schiefer 137, 481
- platten 482
Schimmel
- bildung 416
- pilzbekämpfungsmittel 454
- pilzbildung 427, 429, 449, 451
- pilze 346, 378
Schindeln 26, 135
Schindelstreifen 493
Schlackenfüllung 26
Schlagregendichtheit 156
Schlagregenschutz 458
Schleierinjektion 475
Schleif- und Polierverfahren 167
Schließanlage 175
Schmutzablagerung 469
Schornsteine
- einschalige 263
- mehrschalige 263
- zweischalige 263
Schuppenbildung 415
Schüsselung 230, 234, 366
Schutz
- vor Verkeimung 302
- anstriche 391
- klassen 318
- leiter 317

- schichten 121
- türen 171
Schwächen-Stärken-Profil 53, 54
Schwachstelle 496
Schwarzanstrich 122, 348, 470
Schwarze Wanne 476
Schwarzwasser 275
Schwefeloxide (SO_x) 264
Schweißverfahren 472
Schwellenbereich 216
schwer flüchtige Schadstoffe 41, 141
schwer flüchtige Verbindung 142, 201, 211, 214, 386
Schwimmkastengründung 115
Schwinden 229
- plastisches 354
Schwindrisse 193, 402, 448
Schwingtor 184
Sedimentgesteine 406
Segmentpfähle 124
Seilaufzüge 328
Sektionaltor 184
semipermanente Systeme 152
Setzungen 118, 140
Shading 231
Sheds 254
sicherheitstechnische Einrichtungen 118
Sichtbetonoberfläche 356
Sickerwasser 127
Silikatfarben 447
Silicon-Acrylharzbeschichtung 455
Siliconharzfarben 447
Siphon 127
Skelettbauweise 23
Solarkollektoranlage 89
Solarkollektoren 241
Sonderfunktionen 215
Sonnenkollektoren 302, 313
Sonnenschutzglas 395
Spachtelmethode 360
Spaltrisse 488
Spaltung 140
Spanplatten 375
Sparrendächer 238, 239
Sparrenquerschnitt 245
Speicher-Wassererwärmer 272, 302
- elektrische 293, 303
Sperrholz 371
Sperrschicht 467
Splintholzanteile 380
Sprossen
- aufgeklebte 159
- rahmen 159
Stabparkett 226
Staffelgeschoss 260
Stahl 387
- betonrippendecken 199
- blech 136
- rohre 278
- rohre, verzinkte 268
- trapezprofile 388
- türen 176
Standardverbesserung 102
Steigleitungen 306
Stein
- austausch 350

- ergänzung 417
- wolle 422
- zeugrohre 277
Steinholzestrich 232, 236, 367, 369
Steinkohlenteer 256
–pech 122, 233, 348
Stellplatz
- nachweis 95
- pflicht 94
Stelzlager 254
Sternrisse 344
Steuerung 29, 327
Stirlingmotor 312
Stopfen 125
Strahlen
- belastung 416
- schutzverordnung 398
Strahlungsheizer 293
Strangdachziegel 482
Streifenfundamente 114, 116
Strom- und Raumwärmebereitstellung 311
Stuckornamente 21
Stufen, ausgetretene 210
Stufenbeläge 213
SVOC 123, 202, 217, 256, 367

T

Tachymeter 503
Tafel 137
Tapeten, rissfeste 196
Taupunktkorrosion 301
Taupunkttemperatur 419
Tauwasser 139, 206, 254
Tauwasseranfall 427
Tauwasserbildung 284
Tauwasserschutz 130, 156, 458
Teer- und Bitumen-Dachbahnen 217
Teerasphaltestrich 202, 232, 367
Teerpappe 217, 256
Teilerneuerung 187
Teppich 227
Terrazzo 364
- böden 236
Theodolit 504
thermische Trennung 29, 216
Thermografie 181, 498
thermografisch 148
TN-C-Netz 315
TN-S-Netz 315
Tore 183
TRA 200 328
tragende
- Außenwände 131
- Innenwände 191
- Sprossen 159
Tragfähigkeit 204
Transmissionswärmeverluste 79, 97, 419, 420
Trennlagen 391
Trennwände 189
Treppen
- brüstungen 220
- geländer 220
- hauswände 28, 190
- lift 330
- notwendige 208
- stufen 213

TRGS 505 154, 183, 188, 197, 207, 214
TRGS 519 153, 223, 236, 248, 369
TRGS 521 153, 197, 206, 219, 237, 249, 259, 369
TRGS 524 127, 153, 169, 182, 183, 188, 197, 206, 214, 219, 223, 237, 259, 369
TRGS 551 127, 206, 219, 237, 259, 369
TRGS 602 154, 182, 188, 197, 207, 214, 219
TRGS 610 186, 194, 202, 211
TRGS 905 144, 179, 186, 187, 195, 203, 212, 222
Trinkwarmwasserleitungen 283
Trinkwasserverordnung 267
Trittkanten 213
Trittschallschutz 90, 213
Trockenbau 27, 191
Trockenbaumaterialien 432
Trockenestrich 224
Trockenlegung 134
Trockenlegungsmaßnahmen 455
Trockenmauerwerk 337
Trogtränkung 384
Tropfkanten 168
Tür
- blatt (Türflügel) 171
- erneuerung 181
- schließer 175
- schlösser 175

U

Über- und Unterbauten 95
Überbindemaße 147
Überspannung 317
- Schutz 320
UHB-Decke 205
Ultraschallgerät 503
Umbauzuschlag 93
Umstellbrandkessel 300
Umweltverträglichkeit 396, 453
Universal-Dauerbrandofen 291
Unregelmäßigkeiten 229
Unterbrandofen 290
Unterdecken 200
Unterfangungen 123
Untergrund 258
Untergrundverrieselung 283
Untergrundvorbereitung 361
Unterkonstruktion 147
Unterspannbahn 484
Urheberrecht 91
UV-Schutz 493

V

V-Schnitt-Verfahren 474
Vakuumprüfung 478
VDE 315
VDI 51
VDI 6022 321
Verankerungsmittel 333
Verarbeitungsfehler 231
Verätzungen 398
Verband 338
Verblendmauerwerk 338
Verblendschale 352

Verblendschalen-Sanierungsanker 352
Verblendung 132
Verbrennungskraftmaschinen 311
Verbrennungsluft 298
Verbund-Sicherheitsglas 397
Verbundbauteile 134
Verbundestrich 28, 364
Verdampfungsbrenner 291, 299
Verdrahten 368
Verdübeln 368
Verfärbungen 390, 416, 448, 488
Verformungen 185, 436
Verformungs- und Rissschäden 489
Vergießen 368
Vergrauen 164
Vergrauung 380, 490
Verkaufsstättenverordnung 45
Verkehrsbelastung 255
Verkehrssicherheit 213, 221, 228
Verkehrssicherungspflicht 325
Verkeimung 270
Verkittung 162
Verklebung 139
Verkratzung 162
Verkrustung 141
Verlegung 227
– der Heizleitungen 306
Vermulmung 379
Vernieten 368
Verockern 122
Verpressung 124, 368
Verschleißwiderstand 400
Verschmutzung 141

Versiegelung 404
Versintern 122
Versottung 264
Verspröden 163
Vertikalabdichtung 467, 473
Verwerfungen 167, 393
Verwitterung 164, 178, 413
Verwitterungsbeständigkeit 411
VIU 286
VOB 49
VOC 143, 164, 182, 186, 188, 197, 202, 211, 214, 221
Vor-Ort-Beratung 88
Vorbaurollladen 161
Vorhangfassaden 135
Vorsorgeprinzip 143, 202, 222, 232, 244, 368, 386
Voruntersuchungen 258
Vorwandinstallationen 306

W

WA-Prüfplatte 502
Wandheizungen 310
Wandkonstruktionen 128
Wannenabdichtung 473
Wannengründung 114
Warmdächer 251
Wärme
– brücken 420, 498
– dämm-Verbundsystem 138
– dämmplatten 140
– dämmputze 148, 444
– dämmstoffe 419
– dämmung 129, 204, 420
– durchgang 396
– leitfähigkeitsgruppe 147
– leitung 419

– pumpe 89, 314
– schutz 190, 209, 251, 283
– schutz, unzureichender 361
– schutzglas 394
– schutzverordnung 31
– tauscher 314
– verluste 396
– verteilung 305
Warmwasserbedarf 270
Warmwasserspeichergeräte 271
Wartungsarbeiten 248
Wasser, nicht drückendes 120
Wasseraufnahme 411, 427
– koeffizienten 467
Wasserdampf
– diffusionsfähigkeit 427
– durchlässigkeit 450
Wassererwärmer, dezentrale 270
Wassererwärmung mittels Wärmepumpe 304
WDVS-Komplettsysteme 423
Wechselbrandkessel 300
Wegeführung 208
Weichmacher 141, 165, 180, 212, 233
Weißasbest 142, 165, 222, 232, 243, 366
Weiße Wanne 476
Weißer Porenschwamm 377
Weißrost 390, 490
Wellen 470
– bildung 470
Wellplatte 243
Werkverträge 48
Widerstandsfeuchtemessung 497
Windsog 254, 390

Winterroggenstroh 486
Wirkungsgrad 304
Witterungseinflüsse 247
Witterungsschäden 222
Wohnanpassung 106
Wohnumfeld 108
Wohnungstrennwände 22, 190
Wohnungszuschnitte 23
WTA-Merkblatt
– 4-4-04/D 475
– 4-6-05/D 457, 472, 475
WU-Beton 431, 476
Wurzelpfähle 125

Z

Zähler 285
zentrale Heizungsanlagen 297
Zentralentlüftungsanlagen 266
Zerfall 366
Ziegel 481
– gewölbe 22
Zielwahlsteuerung 330
Zierverband 339
Zink 388
– blech 136
– chromat 144, 180, 187, 195, 203, 212, 218, 221
– staublacke 391
Zirkulation 303
Zuschüsse 88
Zwangsspannungen 343
Zweirohrsystem 305
Zweistoffbrenner 300
Zwischenanstrich 445
Zwischensparrendämmung 246
Zyklopenmauerwerk 338

VII.3 Angaben zum BAKA e.V. und IFB e.V.

VII.3.1 Bundesarbeitskreis Altbauerneuerung e.V. (BAKA)

Elisabethweg 10
13187 Berlin
Tel.: 0 30/4 84 90 78-55
Fax.: 0 30/4 84 90 78-99
E-Mail: info@altbauerneuerung.de
Internet: www.altbauerneuerung.de

Seit mehr als 35 Jahren ist der BAKA die neutrale Plattform für alle Partner am Bau, wenn es um Bauen im Bestand geht. Hier werden beispielhaft Netzwerke und Projekte initiiert, Aufgaben gestellt und praxisorientierte Lösungen erarbeitet. Die Kompetenz und die Erfahrungen der Mitglieder bilden die Basis für Qualität und Nachhaltigkeit. Dies umfasst alle Themen und Fragen der Planung, Technik und Ausführung. Wissen aus Bauforschung, Baupraxis und Innovationen bei der Produkt- und Systementwicklung, Problemkenntnisse und spezielle Qualifikationen fließen hier in einem Netzwerk zusammen.

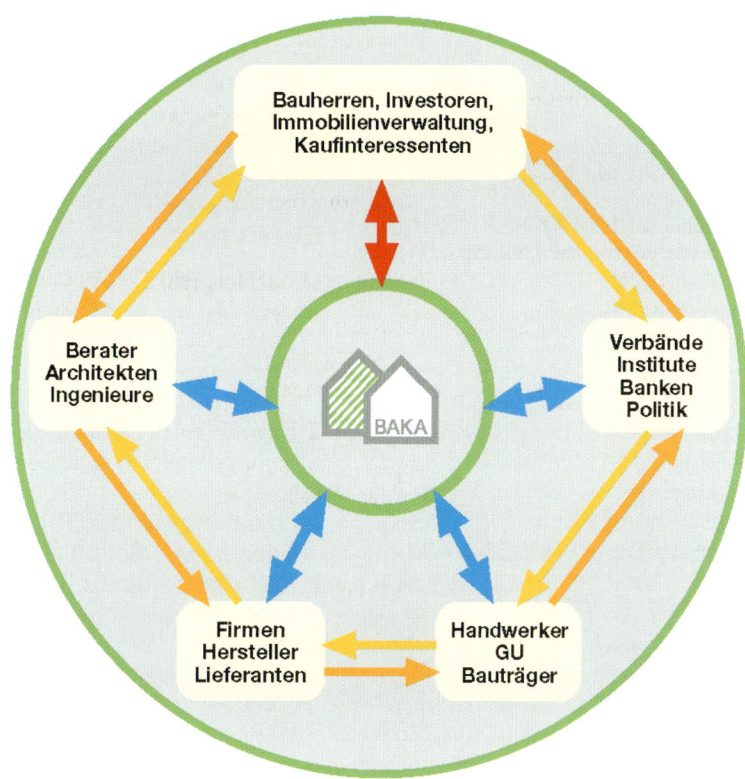

Abb. VII.3.01: Das BAKA-Netzwerk in der Übersicht

BAKA-Projekte

- Marktplatz Bauen im Bestand: Kooperation der Partner am Bau
- Stadtumbau und Revitalisierung der Innenstädte
- Gebäudediagnose „idi-al" – intelligente Diagnose- und Informationsmethode zur Gebäude-Einschätzung und -Unterhaltung
- Almanach Kompetenz Bauen im Bestand – das Buch
- Modellprojekte „Praxis Altbau"
- Wettbewerb „Praxis Altbau", Preis für Produktinnovation
- Intelligentes Fenster & Lüftung
- Energetische Gebäudemodernisierung

- Studiengang „Bauen im Bestand" und Zusammenarbeit mit Hochschulen
- Datenbank Bauforschung und Praxis
- Ausbau und Erweiterung der Beratungsstellen

BAKA-Mitglieder

- Architekten, Ingenieure und Sachverständige (als Berater)
- Forschungs- und Lehrinstitute
- Bauherren, Investoren und Wohnungsgesellschaften
- Handwerker und Bauausführende
- Baustoffhersteller und -verarbeiter
- Dachverbände der Baustoffindustrie und Bauwirtschaft
- Finanzierungsinstitute
- Fachverlage und Fachjournalisten

Mitgliedschaft im Netzwerk

- Interessenvertretung und Lobbyarbeit als gemeinsame Strategie zur Aktivierung der Bauwirtschaft
- Internetpräsenz und Öffentlichkeitsarbeit zum Thema Bauen im Bestand als gemeinsames Marktinstrument
- Präsentation auf Messen und Kongressen
- Gemeinsame Veranstaltungen, Schulungen, Workshops
- Kompetenz für Bauherren und Investoren als Ansprechpartner für alle Fachfragen

VII.3.2 Institut für Bauforschung e. V. (IFB)

An der Markuskirche 1
30163 Hannover
Tel.:   05 11/9 65 16-0
Fax: 05 11/9 65 16-26
E-Mail: office@bauforschung.de
Internet: www.bauforschung.de

Seit mehr als 60 Jahren arbeitet das Institut für Bauforschung e. V. mit großer Erfahrung für die Bau- und Immobilienwirtschaft europaweit. Das traditionsreiche Institut für Bauforschung e. V. (IFB) in Hannover besteht als eingetragener Verein seit dem 23. Mai 1946. Es ist aus der „Arbeitsgemeinschaft für wirtschaftliches Bauen" aus dem Jahre 1920 und der späteren Deutschen Akademie für Bauforschung hervorgegangen. Die grundsätzlichen Ziele vom Institut für Bauforschung e. V. liegen in der wissenschaftlichen Forschung und ihrer Förderung. Zu diesem Zweck werden eigene Untersuchungen angestellt sowie wissenschaftliche Ergebnisse und praktische Erfahrungen gesammelt und ausgewertet. Die gewonnenen Erkenntnisse dienen der aktuellen Information der Mitglieder und der an Planung und Bau Beteiligten aus Forschung, Bildung und Praxis durch Beratung, Gutachten, Untersuchungen, Entwicklungen, Management und Weiterbildung.

IFB-Leistungen

Die Leistungen des IFB tragen zu Wirtschaftlichkeit, Kosteneinsparung, Umweltsicherung und Gesundheitsverträglichkeit, Nutzungsgerechtigkeit, Energieeinsparung und Schadensfreiheit, Qualitätssicherung, Rationalisierung und zum Gebäude- und Facility-Management im Hoch- und Tiefbau bei.

IFB-Forschung

- **Wirtschaftlichkeit** (Senkung von Bau-Kosten/Bau-Nutzungskosten, Wertschöpfung)
- **Qualitätsbewusstsein** (Qualitätsmanagement, Qualitätssicherung)
- **Umweltverträglichkeit** (Ökologie, Wohngesundheit, Lebensdauer, Baustoffe)
- **Energieeinsparung** (Energetische Optimierung, Neubau und Bestand)
- **Nutzergerechtigkeit** (Bedarfsplanung, Sozialgerechtigkeit, Behaglichkeit)
- **Generationsgerechtigkeit** (Servicegerechtigkeit, altersgerechtes Wohnen)
- **Nachhaltigkeit** (Ganzheitliche Netzwerkforschung)

IFB-Beratung

- **Weiterbildung** (Inhouse-Seminare, Fachtagungen, Workshops, Fachexkursionen)
- **Beratungsstellen** (Gesundes Bauen und Wohnen – ökologisches Bauen)
- **Fachexkursionen/Ausstellungen** (Erkenntnisse der Bauforschung)
- **Rechtliche Belange** (Feststellungen, Anregungen)
- **Sammlungen/Auswertungen** (Informationen der Bau-Beteiligten)
- **Förderungen/Erfindungen** (Nachhaltigkeit, Wissenschaft)
- **Datenbankerstellung** (Neutrale Wissensdatenbank)

IFB-Praxis

- **Gebäudemanagement** (Systemaufbau, Managementstrategien, Baubetrieb)
- **Sachverständigenwesen** (Gutachten, Bauschäden)
- **Planungsberatung** (Planungsoptimierung, Planungsprozessmanagement)
- **Bauphysikalische Leistungen** (Berechnungen, Messungen, Diagnosen)
- **Bauberatung** (Baubegleitung, Bauprozessmanagement)
- **Wettbewerbsberatung** (Betreuung, Prüfung, Dokumentation)
- **Qualitätssicherung** (Planungs- und Baubegleitung)

Mitglieder vom Institut für Bauforschung e. V. sind die für das Bauwesen und den Wohnungsbau zuständigen Ministerien des Bundes und mehrerer Bundesländer, Spitzenverbände der Bauwirtschaft, die Wohnungswirtschaft, Immobilienwirtschaft, Versicherungswirtschaft und Energiewirtschaft, Universitäten, Städte, Wohnungsunternehmen, Unternehmen der Wirtschaft, Körperschaften und Einzelpersonen.

Als Gründungsmitglied des Internationalen Rates für Forschung, angewandte Forschung und Dokumentation im Bauwesen (CIB) steht das IFB in vielfältigen nationalen und internationalen Beziehungen zu gleichgerichteten Institutionen und Partnern.

Abb. VII.3.02: Das IFB im Organigramm

SSB
Spezial Seminare Bau

aktuell - fundiert - praxisnah

SSB steht für fundierte und aktuelle Seminare aus den Bereichen

➤ **Baurecht,**
➤ **Bautechnik** und
➤ **Baupraxis**.

SSB-Referenten besetzen seit Jahren Spitzenpositionen in der Lehre wie in der Baupraxis.

Fordern Sie jetzt Ihre aktuelle Seminar-Übersicht an und sichern Sie sich rechtzeitig Ihre Teilnahme an Seminaren von SSB.

SSB Spezial Seminare Bau GmbH
Stolberger Str. 84
50933 Köln
Te.: 0221 5497-348
Fax: 0221 5497-377
info@ssb-seminare.de

www.ssb.seminare.de

Ein Unternehmen der Gruppe Rudolf Müller

Wir produzieren Lebensqualität…

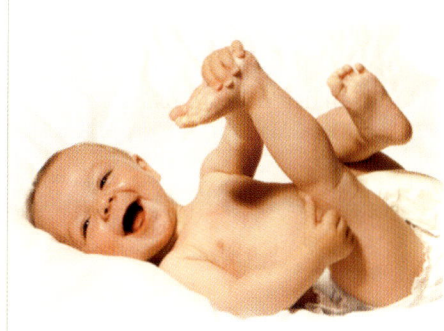

Energiekosten senken, das Raumklima verbessern und eine rundum harmonische Wohnatmosphäre schaffen. Dadurch gewinnen Sie mehr Lebensqualität!

…Wohlgefühl von innen!

THERMOLUT® –
Energiesparen
mit Wohlfühl-Garantie!

Alte Häuser sind oft kalte Häuser. Bauweise und Denkmalschutz erlauben häufig keine wirksame Außendämmung. THERMOLUT® beendet diese ungemütliche Situation zwischen Frieren und hohen Heizkosten durch eine natürlich-energetische Dämmung mit der Holzfaserdämmplatte THERMOLUT®-DP180 in Kombination mit THERMOLUT® Lehmputz von innen!

SCHOMBURG GmbH
Aquafinstraße 2–8
D-32760 Detmold
Tel. +49-5231/953-00
Fax +49-5231/953-333
www.schomburg.de

SCHOMBURG

Aktuelle Neuerscheinungen für Bauunternehmer

Von der energieeffizienten Sanierung bis zur Gebäudetechnik

Die DVD zur energieeffizienten Sanierung

An einem Doppelhaus aus den 30er Jahren, einem Mehrfamilienhaus aus den 20er Jahren und einem denkmalgeschützten Schulgebäude wird die **energieeffiziente Sanierung von Keller, Dach und Fassade** anschaulich vermittelt – von der Bestandsaufnahme bis zur Fertigstellung zeigen die Video-Dokumentationen den Ablauf einer Gebäudesanierung, **Mess- und Sanierungsmethoden** sowie **Materialien** im praktischen Einsatz.

Aus dem Inhalt:
- Gebäudeanalyse und Ermittlung des Sanierungsbedarfs,
- Kellertrockenlegung mit Horizontal- und Vertikalabdichtung,
- Dach- und Fassadendämmung, Fenstersanierung,
- Innendämmung,
- Fußbodenheizungssysteme,
- Erdwärmepumpe,
- zerstörungsfreie Untersuchung von Holzbalkendecken,
- Blower-Door-Messung.

Energieeffiziente Sanierung. Von der Bestandsaufnahme bis zur Fertigstellung. 2008. Video-DVD. Laufzeit ca. 110 Minuten. ISBN 978-3-481-02522-9. **€ 39,–**.

Optimale Modernisierungslösungen im Detail

Der „Atlas Bauen im Bestand" führt Sie zur **optimalen Modernisierungslösung**: Zum einen hilft der Atlas die unterschiedlichen Wohngebäude im Bestand zu erfassen und zu bewerten. Als herausragendes Kriterium dient dabei die weitere, technisch und wirtschaftlich vertretbare Nutzungsdauer der Bauteile und die Gesamtnutzungsdauer des Objekts. Des Weiteren liefert der Atlas **umfassende bauteilbezogene Modernisierungslösungen** im Detail und geht ausführlich auf die anlagentechnische Sanierung ein. Dabei berücksichtigt er die Anforderungsprofile und Kennziffern **zur Erreichung der energetischen Vorgaben nach EnEV-, KfW-60-, KfW-40- und Passivhaus-Standard.**

Atlas Bauen im Bestand. Katalog für nachhaltige Modernisierungslösungen im Wohnungsbaubestand. Vom Institut für Bauforschung e.V. (IFB). 2008. DIN A4. Gebunden. 283 Seiten mit 648 Abbildungen, Details und 168 Tabellen. ISBN 978-3-481-02356-0. **€ 89,–**.

So planen Sie Gebäudetechnik richtig!

Bis zu 50 Prozent der Baukosten entfallen heute auf die Gebäudetechnik. Damit nimmt dieser Bereich eine wichtige Stellung bei der Gebäudeplanung ein. Bereits in der Entwurfsphase muss das **gebäudetechnische Konzept berücksichtigt und geplant werden.** Denn die Auswahl hängt von Architektur und Nutzeranforderungen ab.

Der „Atlas Gebäudetechnik" **unterstützt Sie maßgeblich bei der Planung gebäudetechnischer Konzepte.** Außerdem stellt er die **Einsatzmöglichkeiten** moderner Technologien detailliert vor: Nutzung von regenerativen Energien, Wärmepumpen, Schutz- und Sicherheitstechnik und vieles mehr.

Ihre Vorteile:

Viele **Fotos, Zeichnungen** und anschauliche Beispiele erklären die Technik und ihre gebäudetypischen Voraussetzungen. Alle **wichtigen Leistungsdaten und Kosten** sind dokumentiert.

Atlas Gebäudetechnik. Grundlagen, Konstruktionen, Details. Von Prof. Dr.-Ing. Jörn Krimmling, Dipl.-Ing. André Preuß, Dipl.-Ing. Jens Uwe Deutschmann und Dr.-Ing. Eberhard Renner. DIN A4 Festeinband. 412 Seiten. 599 Abbildungen und 200 Tabellen. ISBN 978-3-481-02307-2. **€ 99,–**.

DER ONLINE-SHOP FÜR BAUPROFIS

DAMIT SIE BESCHEID WISSEN

Verlagsgesellschaft
Rudolf Müller GmbH & Co. KG
Postfach 410949 • 50869 Köln
Telefon: 0221 5497-120
Telefax: 0221 5497-130
service@rudolf-mueller.de
www.rudolf-mueller.de
www.baufachmedien.de

Lehmbaustoffe – mit 15jähriger Erfahrung · · · · · · · · ·

Lehm ist ein Baustoff mit 9000 Jahren Geschichte und mit den besten Eigenschaften für nachhaltiges Bauen. In der Altbau- und Denkmalpflege eignen sich Lehmbaustoffe ideal zur Erhaltung und Ergänzung alter Bauteile und Oberflächen. Wir, von Conluto, bauen seit vielen Jahren auf diesen natürlichen und vielseitigen Baustoff Lehm.

 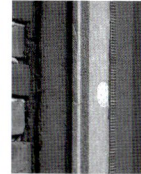

Wir produzieren für Ihre Baustelle
- Lehmfertigputze, Lehmsteine, Lehmmörtel, Lehmbauplatten
- Stampflehm
- Dämmstoffe aus nachwachsenden Rohstoffen
- Lehmfarben und farbige Lehm-Edelputze

Durch uns erhalten Sie
- planerische Gestaltungsfreiheit
- geprüfte Sicherheit
- leichte Verarbeitung
- intelligente Details
- Perfektion der Oberflächen

Detmolder Str. 61 – 65 32825 Blomberg | Istrup
Fon +49 5235 50257-0 www.conluto.de

conluto®
Baustoffe aus Lehm.

Bei Anruf Abo!
Rufen Sie jetzt an: 0221 5497-321

Verlagsgesellschaft
Rudolf Müller GmbH & Co. KG
Postfach 41 09 49 • 50869 Köln
Telefon: 0221 5497-321
Telefax: 0221 5497-130
service@rudolf-mueller.de
www.rudolf-mueller.de
www.bautenschutz-bausanierung.de

Rissinjektion im Beton

DESOI®

Injektionstechnik
Mischtechnik
Spritztechnik

MADE IN GERMANY

DESOI-Systeme geprüft und praxisbewährt

Von der Produktauswahl bis zur Einweisung vor Ort profitieren Sie von fast 30 Jahren Know-how.

Wir unterstützen mit unseren Produkten Ihren Injektionserfolg!

Sprechen Sie mit uns!
DESOI GmbH
Gewerbestraße 16
36148 Kalbach/Rhön

Tel.: +49 6655 9636-0
Fax: +49 6655 9636-6666

E-Mail: info@desoi.de
Internet: www.desoi.de

Erfolg lässt sich abonnieren!

Bestellen Sie die Fachzeitschriften Ihrer Branche

B+B Bauen im Bestand
Die Praxis- und verarbeiterorientierte Fachzeitschrift zum Thema Bautenschutz und Bausanierung.
Jahresabo:
8 Ausgaben € 132,– (Ausland: € 140,–)

Baugewerbe
Das Magazin für erfolgreiche Bauunternehmer.
Jahresabo:
20 Ausgaben € 185,– (Ausland: € 206,–)

bauen mit holz
Fachzeitschrift für konstruktiven Holzbau und Ausbau.
Jahresabo:
11 Ausgaben € 136,– (Ausland € 173,–)

DDH
DAS DACHDECKER-HANDWERK
Fachzeitschrift für Dach-, Wand- und Abdichtungstechnik.
Jahresabo:
23 Ausgaben € 197,– (Ausland: € 221,–)

FeuerTRUTZ
Brandschutz Magazin für Fachplaner.
Jahresabo:
6 Ausgaben € 72,– (Ausland € 89,–)

TROCKENBAU-AKUSTIK
Fachmagazin speziell für den trockenen Ausbau. Für ausführende Betriebe und Architekten.
Jahresabo:
12 Ausgaben € 128,– (Ausland: € 140,–)

Verlagsgesellschaft Rudolf Müller GmbH & Co. KG
Postfach 410949 • 50869 Köln
Telefon: 0221 5497-120
Telefax: 0221 5497-130
service@rudolf-mueller.de
www.rudolf-mueller.de